装备科技译著出版基金

航天器动力学与嵌入式模型控制

Spacecraft Dynamics and Control：The Embedded Model Control Approach

[意大利] 恩瑞科·卡努托（Enrico Canuto）
[意大利] 卡罗·诺瓦拉（Carlo Novara）
[荷　兰] 卢卡·玛索蒂（Luca Massotti）
[意大利] 多纳托·卡鲁奇（Donato Carlucci）
[意大利] 卡洛斯·佩雷斯·蒙蒂内格罗（Carlos Perez Montenegro）
著

练军想　易昭湘　张剑铭　叶小容　丁永彬　译
涂良成　审校

国防工业出版社
·北京·

著作权合同登记　图字：01－2022－4037 号

图书在版编目(CIP)数据

航天器动力学与嵌入式模型控制／（意）恩瑞科·卡努托（Enrico Canuto）等著；练军想等译．—北京：国防工业出版社，2023．2

书名原文：Spacecraft Dynamics and Control：The Embedded Model Control Approach

ISBN 978-7-118-12786-7

Ⅰ．①航…　Ⅱ．①恩…　②练…　Ⅲ．①航天器-飞行力学　②航天器-飞行控制　Ⅳ．①V412．4　②V525

中国国家版本馆 CIP 数据核字（2023）第 022952 号

Spacecraft Dynamics and Control：The Embedded Model Control approach，1st edition

ISBN：9780081007006

《航天器动力学与嵌入式模型控制》（练军想　易昭湘　张剑铭　叶小容　丁永彬译）

ISBN：978-7-118-12786-7

※

国防工业出版社出版发行

（北京市海淀区紫竹院南路 23 号　邮政编码 100048）

北京虎彩文化传播有限公司印刷

新华书店经售

*

开本 787×1092　1/16　**印张** 38¼　**字数** 885 千字

2023 年 4 月第 1 版第 1 次印刷　**印数** 1—1500 册　**定价** 286.00 元

（本书如有印装错误，我社负责调换）

国防书店：（010）88540777　　书店传真：（010）88540776

发行业务：（010）88540717　　发行传真：（010）88540762

译 者 序

航天技术已成为衡量一个国家综合国力和科技水平的重要因素。中国，在从航天大国向航天强国迈进的征程中，迫切需要与国家发展实力相称的航天技术与航天装备。伴随新一代全球通信卫星与空间互联网星座、空间引力波探测卫星等为代表的大规模、高精度空间设施的研究开发，无论是面向基础科研的高精度深空探测任务，还是面向行业应用的通信、导航、遥感等需求，都需要高可靠、高精度的轨道和姿态控制作为技术支撑。

在中山大学天琴中心无拖曳控制研究室全体师生的共同努力下，经过认真地翻译、校稿、审定，终于将意大利都灵理工大学恩瑞科·卡努托教授的新著——《航天器动力学与嵌入式模型控制》，在国内翻译出版了！这部600余页、共计70余万字的专著，是卡努托教授在都灵理工大学研究生课程《航空航天建模与控制》讲义的基础上，扩充和修订之后形成的一部力作。本书在国内出版，无疑将拓展国内航天领域对于轨道姿态动力学及控制方法的研究视野。本书对航天器动力学与控制的经典理论和方法进行了精炼化的阐述。其一大特色，是将嵌入式模型控制的理论和方法引入航天器轨道和姿态控制系统设计，将最新的研究成果有机融入到各个章节，并依托GOCE卫星的控制系统设计的工程实例，进行了深入的诠释。

本书系统介绍了航天器轨道和姿态控制，主要内容如下。

第1章、第2章的内容为基础理论。第3~5章为轨道动力学模型和摄动分析。第3章分析了二体问题、开普勒方程和轨道参数，并以李雅普诺夫直接法分析轨道稳定性，给出了Hill-Clohessy-Wiltshire（HCW）状态方程的第一种推导。第4章的环境影响部分，分析了摄动力和摄动力矩，综合考虑了干扰力和干扰力矩的影响，并分析了柔性附件和液体晃动导致的内部力和力矩。第5章摄动轨道动力学对HCW方程展开了全面分析，介绍了离散时间随机方程描述的扰动特性分析方法，依据冻结轨道的定义和条件完善了高斯和拉格朗日行星运动方程，对HCW方程和相关的反馈稳定性进行了分析，对切向运动和径向运动之间的反馈解耦条件进行了推导，并讨论了限制性三体问题。

第6章、第7章是姿态建模与控制部分，体现了姿态模型理论和控制方法的有机融合。第6章对李雅普诺夫直接法加以扩展，一方面给出闭环稳定条件；另一方面设计四元数状态预测器，并与经典的卡尔曼滤波进行了对比分析。第7章讨论了经典的刚体运动欧拉方程和完备的闭环姿态动力学模型，分析了重力梯度和气动干扰力矩作用下的刚体姿态变化。此外，还对主动章动阻尼、航天器磁力矩器抑制翻滚，以及反作用飞轮和磁力矩姿态控制进行了介绍。

第8~10章为姿态确定部分。第8章为轨道和姿态传感，阐述了测量误差的建模和离散化方法。第9章为轨道和姿态的调节驱动，主要阐述了反作用飞轮、控制力矩陀螺、磁力矩器3种经典的航天器驱动机构。第10章为姿态确定，分析了圆锥相交的两轴姿态确定方法和三轴TRIAD姿态确定方法，介绍了经典的Wahba问题，讨论了通过方向测量值确定角速率的问题。

第11~14章为案例分析和拓展部分。第11章为轨道控制和预测，是第2~5章的拓展和深化。第12章给出了一个完整的科学卫星任务姿态控制案例，深入分析了5种模式的姿态控制问题，旨在实现高精度的无拖曳姿态控制需求。第13章总结归纳了动态系统相关知识，介绍了状态方程的原理和特性，讨论了闭环传递函数、灵敏度和补灵敏度等概念，并阐述了动力学系统中随机过程、状态估计和预测问题。第14章结合单输入/单输入系统的案例，对所有的不确定性进行了分类，以Z变换的形式，对不确定源的上界进行描述，并推导了误差传递关系；运用H_∞范数和小增益定理，推导了两个稳定性不等式和4个性能指标不等式，给出了控制律的设计方法。

当前，航天控制技术还面临很多基础的共性问题，包括极端条件带来的非线性与不确定性问题、模型描述的准确性与有效调控问题等。本书涵盖的相关理论和技术，可以为航天器的轨道和姿态控制提供坚实的理论支撑与系统的设计方案，且为轨道动力学与控制、姿态控制提供了高精度的参考算法。此外，还可以为不确定性状态预测器设计、基于模型的控制律设计等具体的航天器控制问题，提供参考解决方案。因此，翻译该著作，可以加快相关理论和方法在国内的传播、理解和运用，有力促进我国航天器控制技术的发展。

本书系统介绍航天器动力学和控制的理论，较全面地反映了航天器动力学和控制技术的最新进展，其学术水平主要体现在：嵌入式模型控制方法属于该领域最新研究成果，它不仅扩充了航天器动力学和控制理论体系，而且完善了现有的航天器控制技术和方法。本书中的案例源于多项重大项目的工程实践成果，大多数模型和算法都已经在地面仪器和原型样机上完成了测试，如 GOCE 卫星的全推进无拖曳和姿态控制，在该卫星的任务规划阶段发挥了作用。

本书的章节划分清晰、公式推导过程翔实，且提供了大量的习题，适合研究生开展相关专业知识的学习。另外，本书提供了大量的设计案例和详细的分析流程，借助计算机和仿真软件可以开展设计和验证，适合工程技术人员作为技术参考。本书既可作为航空航天及控制专业硕士研究生和博士研究生的教材，也可用作为航空航天领域研究人员的参考书籍。

本书的出版，得到了装备科技译著出版基金的大力支持，在此表示衷心感谢！深深感谢国防工业出版社辛俊颖编辑的精心把关、修订和指导！感谢杨书望、刘佳恒、吕鹏、唐甲巍、龙文岳、单莹、高鑫、郑元剑、林珏琪、任禹泓、刘刚、刘延昊、陈赟伊、李志明等同学的辛苦付出！

由于译者水平有限，书中难免出现翻译不准确甚至错误之处，敬请读者批评指正。

练军想

2023 年 3 月 7 日于中山大学珠海校区天琴中心

目　录

第1章　绪　　论

1.1　目标和原由

1.1.1　成书历史和预期读者

本书是在意大利都灵理工大学研究生课程讲义的基础上，经过重大拓展和多次修订而写成的。都灵理工大学所开课程的名称是“航空航天建模与控制”，授课对象为航空航天与计算机工程专业的一年级和二年级硕士生，由本书的作者之一主讲该课程。追根溯源，这些课程讲义是在 G. Sechi 所提供的关于姿态控制基本原理简略讲义的基础上，精心整理而成的。G. Sechi 曾供职于欧空局（ESA）/欧洲航天技术中心。

本书既包含基础性主题，又包含前沿性主题。基础性主题可以在数本新近出版的经典教材中找到，如下列研究者的著作：Battin[1]、De Ruiter 和合作者[2]、Greenwood[3]、Hughes[4]、Kaplan[5]、Markley 和 Crassidis[6]、Montenbruck 和 Gill[7]、Schaub 和 Junkins[8]、Sidi[9]、Vallado[10]、Wakker[11]、Wertz[12]，以及 Wie[13]。在本书中，着重强调的是状态方程和反馈设计，面向更具体的控制问题展开阐述。例如，基于不确定性的状态预测器设计、基于模型的控制律设计等。举例来说，在第 6 章中，本书对姿态运动学的经典问题进行了扩展，以涵盖反馈设计、闭环稳定特性，以及由陀螺仪和星敏感器数据驱动的姿态状态预测器设计。

本书适用于多种不同类型的读者。首先，航空航天和控制科学专业的博士研究生和研究者是适合的读者群体，因为本书中大部分的设计流程可以人工或在简单计算机程序的辅助下得到复现；其次，本书比较适合航空航天和控制领域的工程师，因为可以在本书中找到分步骤的、可初测的流程，以引导从需求开始入手，完成状态预测器、控制参数设计等工作；最后，本书还适合本科生和研究生学习之用，因为本书提供了基本概念和公式、详细的中间过程和最终结果的推导，以及练习和仿真。

1.1.2　需要嵌入式模型控制方法的原因

本书的目标是，在航天器轨道和姿态控制系统中，推广应用基于模型的控制设计方法，而模型则以状态方程的形式表示。为了实现这一目标，在本书第 13 章中，加入了对动力学系统的介绍，系统模型也往往以状态方程的形式展开推导。在众多的基于模型的控制设计方法中，本书的作者选择了他们所熟悉的嵌入式模型控制（embedded model control，EMC）方法，作为重点内容开展讨论。在第 14 章中，给出了单输入/单输出（single-input single-output，SISO）控制系统的研究案例。对于本书中专用术语“嵌入式”模型控制，不要与计算机或电气工程领域的“嵌入式系统”相混淆。在本书中，嵌入式模型的含义是：任何控制单元的确立（不限于航天应用背景），都围绕着被控对象的一组离散时间状态方程而展开。这组描述被控对象的离散时间状态方程，被称为嵌入式模型。与嵌入式模型控制含义相近的另一个术语，应该是内模控制（internal model control，IMC）。然而，嵌入式模型控制的方法和实现，与内模控制均有所不同[14-15]。

由于状态方程的存在，控制回路的实施可以围绕一个实时的被控对象模型（嵌入式模型）展开。这一模型，与实际的物理被控对象同步、并列运行，这是 EMC 的第一原则。该原则意味着发送给物理被控对象（本书中为航天器）的数控指令，同样下达给了嵌入式模型。此外，嵌入式模型不仅包含“从指令到输出”的动态系统（简言之，可控的动态系统），还须包含干扰项的动态模型。这些干扰项的动态模型，形式上表示为一组方程，具备存储实际被控对象与嵌入式模型之间所有历史差异的能力。上述差异以状态变量的形式存储，在实际的物理被控对象中将被抵消，且只能通过测量模型误差反映出来。也就是说，通过同步比较物理被控对象的量测值与嵌入式模型的输出，以获取两者之间的差异，这些差异被合称为不确定性。然而，这些不确定性可能只是部分不确定或部分未知。由于它们的复杂性，因此在嵌入式模型中可能没有将其充分表征。对于干扰项动态模型的处理方法，是嵌入式模型设计中的关键步骤。利用所谓的“设计模型”优势，定义所有预期的不确定性分类（初始状态、因果型不确定性或随机干扰源、参数不确定性、未建模动力学等），并逐一明确它们的特性。

干扰项动态模型的概念和实践催生了第二个原则。如何对相应的状态进行更新呢？这个问题被称为噪声设计与估计[16]。其原因在于，干扰项动态模型的输入样本，在取值上必须完全自由，以获得最苛刻的不确定性驱动来源。如果采用随机系统框架，任意的输入信号都归结为白噪声过程。这是 EMC 的第二个原则。噪声设计与估计意味着确定噪声从何处进入到嵌入式模型，且设计和调整实时的噪声估计机制。对输入噪声连续检测的唯一方法是，利用前面定义的测量模型误差进行噪声相关计算。模型误差形式上与卡尔曼滤波中的新息信号相同，但实质上两者并不完全一致。模型误差与内模控制方法（IMC）中的驱动反馈信号，也是形式相近、实质不同。噪声估计相关计算算法（噪声估计器），不论是静态还是动态，必须设计为从输出到噪声的反馈，且具备在所有不确定性条件下确保闭环误差系统稳定的能力。其中，闭环误差系统由设计与嵌入式模型之间的差值和噪声估计器组成。嵌入式模型和噪声估计器共同实现闭环状态预测器的功能。状态预测器的设计是建立在不确定性的基础上的，且预测误差（真值减去嵌入式模型的变量值）受到本源的不确定性影响。对于某些准则而言，专用术语“噪声估计器”并不意味着最优的噪声估计，然而它与当前的模型误差相关，且考虑了噪声分布可能存在的奇异性。若非直接受不确定性本源的影响，不会将噪声加载到状态变量上。

由于嵌入式模型和参考状态变量都是控制律的组成要素，因此在第三个方面关注基于模型的控制律的设计。理论上，在经典的分离定理中，一个基于模型的设计应该忽略不确定性影响，仅仅关心性能指标的实现。实际上，控制律设计受状态预测器动态特性的约束，设计过程不能以降低状态预测器的性能指标为代价，这涉及状态预测器与控制律设计之间的优先级问题。这种序贯设计方法称为标准设计，具有可校验特性（即便在运行过程中），使得测量的跟踪误差（嵌入式模型减去参考变量）在数值上为0。

最后一个方面，关注控制器设计的方法。在两类情形下（在状态预测器与控制律设计中及在参考发生器设计中），设计方法均为闭环极点配置，具体运用状态预测器和整个控制回路的渐近灵敏度与补灵敏度予以实现。相比于 J. C. Doyel[17] 等的经典鲁棒控制器设计方法，这个方法可能会显得简略和粗放。鲁棒控制器设计利用了误差方程线性特性和不确定性输出信号的适当上界作为条件。由于闭环极点通常较小，并且可以通过协同解耦消除极点，因此可以通过解析、仿真和现场优化来完善首次试验设计。

本书中列出的大多数 EMC 模型和算法，都已经在地面仪器和原型样机上测试过。本书第 12 章给出了 GOCE 卫星在任务 A/B 阶段全推进无拖曳的规划设计参见文献［18］。

1.1.3 合理的阅读顺序与本书内容

图 1.1 展示了本书各章节的逻辑关系。阅读的顺序是自上向下。黑色的节点是引出点。一对求和节点简化了框图。某些章节的阅读，都要求安排在其他某章的前面（优先级依据图中从上到下的链路设定）。例如，第 2 章的阅读要先于第 3 章，而第 3 章的阅读又要比下面的章节优先。又如，第 4 章要在第 2 章之后阅读。图 1.1 被划分为 3 列：①左侧主要关注轨道动力学与控制；②中间部分阐述传感器和执行机构的模型和性能，以及姿态确定算法；③右侧则关注姿态建模与姿态控制。并给出了各章之间精确的交叉参考（可能让部分读者觉得困惑），好处在于限制了解析索引的使用。

在仿真案例和练习中，大部分参考了假定的 GOCE 卫星参数。这是由于本书所采用的 GOCE 卫星参数，包括传感器、执行机构、环境等参数，与真实任务并不相同。本书只提供仿真的数据和讨论。

1. 引入型章节

图中左侧的第 2 章系统整理了矢量、矩阵和四元数代数的知识，接着定义了空间（笛卡儿坐标系）和时间坐标，进一步引入了表征姿态的经典数学工具（旋转矩阵、欧拉角和四元数）。本书中略去了有关罗德里格斯参数（Rodrigues parameters）和修正罗德里格斯参数的表达方法，相关省略内容可以参见文献［6］。第 2 章的结尾给出了无穷小量和误差旋转的内容，这是贯穿全书的重要数学工具之一。图中右侧的第 13 章始于对动态系统知识的总结归纳，其中第一部分介绍了状态方程的基础原理和特性，如稳定性、可控性和可观性等，简要提及了时变的周期系统。该章的核心内容是线性时不变（linear time-invariant，LTI）误差方程的推导。为了推导该误差方程，定义了所有的误差集合，并规整到一张表格中。通过误差方程的 Z 变换，导出了经典的闭环传递函数、灵敏度和补灵敏度等概念。对这些量的近似，被广泛应用于本书中状态预测器和控制律设计的极点配置过程中。在第 13 章中，由于仅假定因果型的不确定性（与预测和跟踪误差无关）起作用，因此依据经典的分离定理开展极点配置。考虑到随机过程是带扰动的动力学系统综合设计的必备知识，第 13 章以随机过程的基本原理作为结束。本书中虽然有涉及被动系统概念和平均动态系统，但这些知识点在书中没有赘述。傅里叶变换、拉普拉斯变换及 Z 变换的定义和性质，可以参见文献［21-22］。概率论的基本概念和相关假设参见文献［23］。

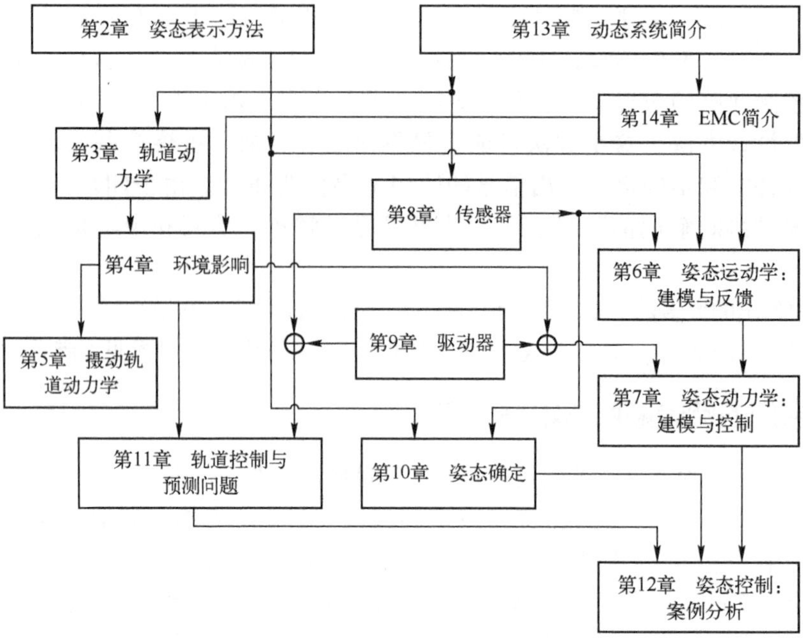

图 1.1　本书各章合理的阅读顺序

本书第 13 章是第 14 章（EMC 简介）的预备内容。在第 14 章中，对所有的不确定性进行了分类：初始状态影响、因果型不确定性和参数不确定性、未建模动力学等。以 Z 变换方程的形式，对不确定源的上界进行公式化描述，并建立与灵敏度函数/补灵敏度函数之间的误差联系。运用 H_∞ 范数和小增益定理，推导两个稳定性不等式（一个不等式源于未建模动力学；另一个则源于参数不确定性）和 4 个性能指标不等式。性能指标不等式，受因果型不确定性成分驱动（随机扰动、传感器和执行机构噪声）。在频域内，采用渐进逼近的方式使得闭环极点处于精准位置，并将前述不等式转化为简单的设计工具。相比于经典的鲁棒控制方法[17]，初看起来，这些不等式可能会显得简略和粗放，但它们可以用解析的、仿真的现场优化方法加以改进和求解。结合一个 SISO 系统的案例分析贯穿第 14 章。第 13 章和第 14 章不属于经典的轨道和姿态控制的内容范畴，构成了全书的结束部分。

2. 轨道模型和控制

本书第 3~5 章的内容，与传统教材有一定的重复，但也扩充了一些知识点。第 3 章着重表述二体问题、开普勒方程和轨道参数，并以李雅普诺夫（Lyapunov）直接法分析轨道稳定性作为该章的结尾。上述稳定性分析给出了 Hill-Clohessy-Wiltshire（HCW）状态方程的第一种推导。第 4 章为环境扰动分析，考虑了干扰力和干扰力矩的影响，并简要介绍挠性附件和液体晃动导致的内部作用力和力矩。同时，引入了离散时间随机方程描述的扰动特性分析方法。该方法的阐释，围绕 GOCE 卫星的气动力和气动力矩状态方程展开。在第 5 章中，对高斯和拉格朗日行星运动方程的传统问题，都依据冻结轨道的定义和条件加以完善。在一定程度上，对 HCW 状态方程和相关的反馈稳定性进行了分析。对切向运动和径向运动之间的反馈解耦条件进行推导，并利用仿真予以证明。第 5 章以限制性三体问题作为该章结尾。第 11 章的轨道控制内容，在本书编写过程中是删减最多的部分。最初规划的有三部分内容：①轨道阻力补偿［也称为无拖曳控制（drag-free control)］；②轨道四元数预测；③海拔高度的控制。但本书最终只保留了前面两部分内容。这些内容在其他教材中很少见到。从历史和科学的角度，对无拖曳控制进行了简短介绍。本书没有涉及航天器发射和着陆过程的控制，因为这些内容需要专门的书籍予以详细介绍，只在第 3 章中简要提及了轨道转移的部分内容［兰伯特 (Lambert) 问题和重力辅助］；也没有涉及轨道估计算法，有兴趣的读者可以参见文献［7］。

3. 姿态模型和控制

第 6 章和第 7 章是本书的核心。这两章的内容以一种非同寻常的方式加以组织，其中既包括建模问题，又包括控制问题。第 6 章从刚体姿态运动学的 3 种经典描述方式开始，即姿态矩阵、欧拉角和四元数。如前所述，罗德里格斯参数在本书中没有提及。运用欧拉运动学理论，引入转动物体的相关概念和方程。这些概念和方程，一般都与刚体的姿态动力学问题一起，被统筹考虑和分析。第 6 章的第二部分，着重阐述四元数运动学误差（连续时间和离散时间），以及几种镇定反馈系统。从比例反馈开始，然后转到比例-积分反馈（PI），其中积分环节起到一阶扰动的作用。进一步，控制方式转到比例-积分-微分反馈（PID），微分环节通过四元数反馈实现。最后转到由积分链组合的反馈回路。姿态状态的预测器运用了微分反馈，这也是典型的 EMC 型方法的应用。在有关文献资料的帮助下，对李雅普诺夫直接法加以扩展，一方面找出闭环稳定条件；另一方面证明误差四元数运动学的闭环回路可渐进收敛为线性时不变（LTI）的状态方程。这些方法和结论被用于设计四元数状态预测器。该预测器由陀螺仪和星敏感器的测量数据驱动，将其性能与经典的卡尔曼滤波进行了比较。

第 7 章包含三部分内容：①经典的刚体运动欧拉方程和完整的闭环姿态动力学；②无力矩作用条件下的刚体姿态，以及重力梯度和气动干扰力矩作用下的刚体姿态；③经典的姿态控制问题（主动章动阻尼、航天器磁力矩器抑制翻滚、反作用飞轮和磁力矩姿态控制）。第 7 章第一部分的姿态闭环动力学，在四元数运动学和欧拉方程的基础上，出于抑制扰动的目的，增加了姿态和角速率此例微分反馈。利用李雅普诺夫直接法研究了闭环稳定性。姿态和角速率可以通过两类不同的状态预测器给出：一类预测器由陀螺仪和星敏感器数据共同驱动，如第 6 章所述；另一类预测器仅由星敏感器数据驱动，且在第 7 章的姿态控制系统中有具体应用。这两类状态预测器都是基于第 14 章中的不确定性方法设计而得到的。第 7 章第二部分讨论受重力梯度及气动力矩影响的姿态动力学特性，这是 GOCE 卫星所特有的问题。由于要求星体的最小惯量主轴与轨道切向对齐，因此 GOCE 卫星的标称姿态是开环不稳定的。第 7 章第三部分将姿态控制的对象假定为一个由反作用飞轮和磁力矩器共同作用的航天器（磁力矩器是为了解决飞轮的饱和问题）。控制设计和仿真的结果表明，嵌入式模型对扰动特性的建模及相关预测，可以获得一个完全解耦的控制器，实现了无转动的航天器与有转动的反作用飞轮之间的解耦；同时表明，无须精致的模型，仅仅依靠无参数的扰动特性建模便可以消除全部的扰动影响。

第 12 章通过一个完整的任务案例分析航天器姿态控制，这是一个假定的、类似于 GOCE 的科学卫星任务。该案例首先参照国际标准对姿态需求进行讨论和描述，姿态控制设计采用了特有的状态预测器，通过切换输入数据（测量和指令）和调整噪声估计器增益，适应不同的控制模式。考虑了 5 种控制模式：第一种是粗定向模式，利用磁力矩器和简单地球敏感器、太阳敏感器，实现航天器消旋和对日定向；紧接着的两种中间模式，均为精指向模式，控制过程利用了星敏感器的数据；最后两种模式，即预工作模式和标准工作模式，均为无拖曳模式，旨在实现具有挑战意义的无拖曳和姿态需求。相比于真实的 GOCE 任务中仅采用磁力矩器作为姿态控制的执行机构，本章的案例中除了考虑一对冗余的小型离子推进器外，还增加了电微推组合推进器。在 GOCE 任务的 A 阶段和 B 阶段设计了完整的全推进轨道和姿态控制系统，但是因电微推技术不成熟，GOCE 在 2000 年以后部分放弃了全推进控制方案。

4. 姿态确定和相关技术

第 8 章着重介绍轨道和姿态传感器。该章一开始介绍测量误差的建模和离散化。在离散化的过程中，假定随机误差要么受漂移分量的影响，要么它们的测量值像惯性传感器（加速度计和陀螺仪）一样被积分。第 8 章第一部分介绍陀螺仪和加速度计这类惯性传感器，详细介绍了 6 维的静电加速度计动力学模型（测量三维线运动和三维角运动），这种加速度计是实际安装在 GOCE 卫星上的高精度传感器。本章提及了加速度计稳定控制器，但没有给出仿真数据。鉴于传统的质量转子陀螺仪在航天器姿态控制历史和现实中的重要性，本书对这类陀螺仪进行了详细分析。在嵌入式模型方法的帮助下，设计了速率积分陀螺的闭环控制，其过程考虑了带动态反馈的状态预测器和抑制干扰的控制律。上述设计，也作为 EMC 方法的一个应用案例予以强化。第 8 章第二部分描述全球卫星导航系统，特别介绍了 NAVSTAR GPS，这些内容都是标准化的。第 8 章第三部分关注于 4 种经典的姿态传感器：太阳敏感器、地球敏感器、星跟踪器和三轴磁强计，省略了传感器的标定和初始化内容。

第 9 章介绍 3 种经典的航天器驱动机构：线动量驱动器（也称为推进系统或推力器）、角动量驱动器（反作用飞轮和控制力矩陀螺）和磁力矩器。本章没有涉及能量消耗型的驱动器[5-6]。第 9 章的开始介绍可靠性的一些基本内容，在整本书中，略微用到一些可靠性的概念。该章第一部分介绍推进系统，首先给出了著名的齐奥尔科夫斯基（Tsiolkovsky）公式、Delta-V 机动及当前技术现状；然后分析了满足特定力和力矩需求的最小尺寸推进组件的设计问题。这个问题的求解，得益于 Walsh 矢量的帮助。除了介绍设计布局，还找出了不同推进器之间的优化和约束分布规律。通过一个非负的、较小的推力边界条件施加约束，以推进矢量的欧几里得范数的形式定义优化性能。在 GOCE 的全推进设计案例中，给出了以推进剂消耗量为指标的优化方法，并进行了求解。该方法虽然没有被 GOCE 采纳，但在 NGGM 下一代重力卫星计划中得以保留。第 9 章第二部分给出了反作用飞轮的几何特性、分布规律和干扰特点，并简要介绍控制力矩陀螺的特点。第 9 章第三部分介绍磁力矩器，这也是第 4 章中有关内容的补充说明。

第 10 章分析根据一组同步测量的方向数据确定静态姿态的这一经典问题。该问题在第 2 章中介绍参考坐标系时已有涉及。一组观测方向定义了一个观测坐标系。第 10 章从方向误差的统计特性开始介绍，需要用到球面高斯分布知识作为基础。第 10 章第一部分分析圆锥相交的两轴姿态确定方法和三轴姿态确定（TRIAD）方法，这些方法在早期的空间任务中都有应用，并推导了三轴姿态确定中重要的误差协方差公式。第10章第二部分介绍经典的Wahba问题，利用任意有限观测方向的测量数据确定姿态。在文献［6］的基础上，Wahba姿态确定归结为一个极大似然估计的问题，并利用奇异值分解进行求解，给出载体系到惯性系的姿态转移矩阵估计值。研究了在两个观测值的条件下，上述求解过程的统计效率，并将其与三轴姿态确定误差协方差方法进行比较。进一步，给出了现代的求解方法，如q-方法、四元数估计（QUEST）方法及最优四元数估计器（ESOQ）改进方法等，这些方法都直接给出了四元数的估计值。该章第二部分的结尾对三轴姿态确定和四元数估计两种方法进行了蒙特卡罗比较。第10章第三部分给出了通过方向测量值确定角速率的问题。

1.1.4 本书省略的主题

由于篇幅和写作时间的限制，本书中略去了轨道和姿态的建模控制中为数不多的几个重要问题。

在第4章中，没有涉及日食对人造地球卫星的影响。关于挠性组件和液体晃动导致的卫星内部扰动，也只是简要提及，有关相对姿态控制的问题，并没有给出系统性的分析。仅仅在第14章的SISO案例研究中，假设存在一些特殊的挠性组件，它们给姿态控制的设计增加了挑战性。对于这一问题，经典的更全面研究可以参见文献［9，13］。

离线传感器标定（磁强计、星敏感器）和初始化，也没有涉及。相关内容可以参见文献［6］。陀螺和加速度计零偏与漂移的在线预测与补偿，在第6章、第7章和第12章中都有涉及。GPS传统算法在第8章中有提及，但本书没有深入探讨。在第11章的轨道四元数预测中，只考虑了总体的距离和速率误差特性。在第9章中，仅提到了开关推进的内容，并没有给出详细的使用方法。

在第10章中，利用天文观测确定姿态时，没有涉及基于EKF（扩展卡尔曼滤波）的递归算法。如果要阐述这些内容，还需要专门的一章篇幅才够涵盖。

另一个姿态控制的问题，即姿态参考坐标系的生成，也只是部分涉及。目前，有3种主要的姿态参考坐标系：①轨道参考坐标系；②扫描轨迹，如Hipparcos卫星（参见第6章）；③指向任意天体或行星方位的参考。本书仅在第11章中分析了轨道参考坐标系，第二、第三种姿态参考在第14章的SISO案例分析中有简要提及。至于不同的轨道和姿态控制模式之间的工作流程与切换，没有设计专门的监控系统予以处理。第12章中仅使用了单个的逻辑变量用于切换不同的控制模式，故障检测和隔离恢复也没有涉及。

1.1.5 作者贡献和致谢

每位作者对本书各章节均有特别贡献。本书的概念和结构设计，主要由恩瑞科·卡努托负责，他同时撰写了第1~3章、第6~8章、第10~12章和第14章。卡罗·诺瓦拉负责动态系统理论和相关定理，并撰写了第5章和第13章。卢卡·玛索蒂负责整理所有的手稿，以及传感器/执行机构建模与性能分析的内容，并撰写了第4章和第9章。卡洛斯·佩雷斯·蒙蒂内格罗和多纳托·卡鲁奇负责仿真程序的运行、解释和讨论。作者对本书的匿名审稿人表示衷心感谢，他们提出了有益的评论和建议。所有的仿真结果和作图，都是使用有学术版权的 MATLAB/Simulink 给出的。作者也一并诚挚感谢所有读者的更正、批评、评价和建议。

由于恩瑞科·卡努托前期参与了欧洲的 Hipparcos 卫星任务，他被意大利都灵理工大学的 F. Donati 教授引入到航天器建模与控制领域。F. Donati 和 M. Vallauri 是基于模型控制的论文[24]的共同作者，EMC 方法就是在这篇论文激励下而产生的。在此，表达对他们诚挚的谢意，感谢他们在生活和科研上对恩瑞科·卡努托的指导。

恩瑞科·卡努托和他的学生将 EMC 方法应用于原型设计，以及由都灵的 TASI（thales alenia space italia）领导的研究中。该项研究属于欧空局资助的项目，而且与都灵理工大学签订了研究合同。与 TASI 控制系统员工开展合作的内容及成果，是本书得以成稿的宝贵来源。向以下人员表示感谢：G. Sechi（目前在 ESA/ESTEC）、S. Cesare、A. Bacchetta、P. Martella、M. Buonocore、S. Dionisio、F. Cometto 和 M. Parisch。

本书的部分内容是恩瑞科·卡努托在华中科技大学引力中心的两个访学时段内写成的。引力中心的热情好客令人难以忘怀。特别感谢引力中心学术带头人罗俊院士，同时感谢叶贤基、周泽兵和梅健伟 3 位教授。

本书的很多内容和案例由恩瑞科·卡努托和他在都灵理工大学的博士生合作完成，他们是 A. Rolino、D. Andreis、F. Musso、J. Ospina、W. Acuña-Bravo、A. Molano-Jimenez、L. Colangelo 和 M. Lotufo，同时感谢来自华中科技大学的博士生马云和李洪银。

最后，恩瑞科·卡努托教授的工作能得以顺利完成，还要感谢他妻子 Maria Angela 女士的耐心支持。

1.2 符号规则和符号列表

1.2.1 符号规则

自由三维矢量用黑斜体 $\boldsymbol{v}$ 表示，附加的参考坐标系则用下标表示。例如，$\boldsymbol{v}_i$ 是 $\boldsymbol{v}$ 在惯性系中的坐标矢量，惯性系记作 $\mathscr{I}=\{O,\boldsymbol{i}_1,\boldsymbol{i}_2,\boldsymbol{i}_3\}$。矢量 $\boldsymbol{v}$ 的坐标值，表示为带数字的下标形式 $v_j, j=1,2,3$。矢量 $\boldsymbol{v}_i$ 的通用坐标表示为 $\boldsymbol{v}_{ij}, j=1,2,3$，按数字下标的先后顺序，表示参考引用。坐标矢量是一般列向量。但是，如果将坐标矢量插入到一个文本行中，在一行之内，非标准化的 $\boldsymbol{v}=[v_1,v_2,v_3]$ 仍表示三维的列向量，$\boldsymbol{v}=[v_1,\cdots,v_j,\cdots,v_n]$ 表示 n 维的列向量。

因为符号 $\boldsymbol{q}$ 已被用于表示四元数的矢量部分，本书中用独特的 Euclid Fraktur 字体符号 $\mathfrak{q}$ 表示完整的四维四元数。四元数的坐标按照汉密尔顿（Hamilton）表示方法排序，将四元数复数的实部 q_0 放在开始位置。虽然汉密尔顿表示方法与绝大多数航天类教材的表示形式不同，但是矢量的分量从 0 开始计数，适合 C 语言的编程习惯。所以，四元数表示为

$$\mathrm{q}=\begin{bmatrix}q_0\\ \boldsymbol{q}\end{bmatrix}=\begin{bmatrix}q_0\\ q_1\\ q_2\\ q_3\end{bmatrix}=[q_0,\boldsymbol{q}] \tag{1.1}$$

式中：最后一个括号表示行矢量形式。

基本准则是：相同的符号表示同一个变量。变量的更加精细化含义，则使用如下的各种标识予以区分。

(1) 变量的真值（数学或仿真意义上的）不带标识，如 $y(t)$。

(2) 变量的测量值，用 $\breve{}$ 标识，如 $\breve{y}(t)$。

(3) 通用的误差形式，用波浪号标识，如 $\tilde{y}(t)$。

(4) 对于变量真值 $x(t)$ 而言，其基于当前和过去时刻测量值 $\breve{y}(t)$ 的估计值，用符号 $\hat{}$ 标识，$x(t)$ 的估计值表示为 $\hat{x}(t)=\hat{x}(t/\breve{y}(t),\cdots)$。

(5) 对于变量真值 $x(t)$ 而言，其基于过去时刻测量值的预测值，用 $\hat{}$ 标识，如 $x(t)$ 的预测值表示为 $\hat{x}(t)=\hat{x}(t/\breve{y}(t-\Delta t),\cdots),\Delta t>0$。

其他的符号标识及它们对应的含义，可以查阅表 1.1。对于矢量和四元数而言，本书采用了相同的符号标识以描述精细化含义（参见表 13.2，列出了误差表示形式及各自的含义）。

包含两个以上元素的集合或序列，用大括号内元素列表的形式表示。例如，$\mathcal{S}=\{\boldsymbol{s}_1,\cdots,\boldsymbol{s}_k,\cdots,\boldsymbol{s}_n\}$。如果 n 已知，该表述形式也可简化为 $\mathcal{S}=\{\boldsymbol{s}_k,k=1,2,\cdots,n\}$ 或 $\mathcal{S}=\{s_k\}$。圆括号通常用以表示函数或对角矩阵。

对于表 1.2 中的随机变量和随机过程，静态随机过程 $d(t)$ 的单边功率谱密度（power spectral density，PSD）表示为 $S_d^2(f)\geqslant 0,f\geqslant 0$。其中，上标 2 表示平方，此处仅从适用角度考虑，但并不严格。所有的功率谱密度都是非负的量。这样标识的好处是可以用 $S_d(f)\geqslant 0$ 表示功率谱的平方根。由于 $S_d(f)$ 的使用很普遍，因此将其命名为谱密度（spectral density，SD），这一命名同样实用，却不严格。

1.2.2 符号列表

本书用到的主要矢量和矩阵符号，集中整理在表 1.1 中。主要的随机变量和变量的详细描述，如表 1.2 所示。

表 1.1 矢量和矩阵符号

序号	对象		符号	应用	备注
1	矢量和坐标系	实数集	$\mathbb{R}$	$\mathbb{R}^n$ 是 n 维实空间	列向量，下标为小写字体的坐标系符号
2		集合，面	$\mathcal{S}$		
3		坐标矢量	$\boldsymbol{v},\boldsymbol{v}_i$	参考坐标系中的矢量	
4		矢量欧几里得范数	$v=\lvert\boldsymbol{v}\rvert$	除非另有说明，否则为欧几里德范数	

续表

序号	对象		符号	应用	备注
5	矢量和坐标系	坐标值	$v_j, j=1,\cdots,n$		
6		内联列向量	$\boldsymbol{v}=[v_1,\cdots,v_j,\cdots,v_n]$	在文本行中使用	列记号的替代方法
7		矢量维数	$\dim\boldsymbol{v}=n$		
8		笛卡儿参考坐标系	$\mathscr{B}=\{O,\boldsymbol{b}_1,\boldsymbol{b}_2,\boldsymbol{b}_3\}$，简化 $\mathscr{B}$	小写字母 b 可以用作下标	
9		$\mathscr{B}$ 坐标系的矢量阵	$\boldsymbol{B}=[\boldsymbol{b}_1 \quad \boldsymbol{b}_2 \quad \boldsymbol{b}_3]$	行向量	来源于 Hughes[4]
10		通用惯性坐标系	$\mathscr{I}=\{O,\boldsymbol{i}_1,\boldsymbol{i}_2,\boldsymbol{i}_3\}$		
11		参考/目标姿态坐标系	$\mathscr{R}=\{C,\boldsymbol{r}_1,\boldsymbol{r}_2,\boldsymbol{r}_3\}$	我们更喜欢用 target 这个词，但我们用下标 r	
12		笛卡儿自然坐标	$\boldsymbol{e}_k=[e_{k1},e_{k2},e_{k3}]$ $e_{k\neq j}=0, e_{kk}=1$		$k=1,2,3$
13		坐标系中的矢量时间导数	$(\dot{\boldsymbol{v}})_b$		
14		点积	$\boldsymbol{v}_1 \cdot \boldsymbol{v}_2=\boldsymbol{v}_1^{\mathrm{T}}\boldsymbol{v}_2$		
15		平面	$\mathscr{P}=\{\boldsymbol{v}_1,\boldsymbol{v}_2\}$		
16		四元数	$\mathfrak{q}=[q_0,\boldsymbol{q}]$	内联符号。单位 $i=[1,0]$，反向 $-i=[-1,0]$	
17		四元数：标量分量	q_0	第一个坐标	汉密尔顿符号
18		四元数：矢量分量	$\boldsymbol{q}$	后 3 个坐标	同上
19		四元数乘法	$\mathfrak{q}_1 \otimes \mathfrak{q}_2$		
20	矩阵	矩阵	$\boldsymbol{A}$		
21		矩阵元素	$(\boldsymbol{A})_{ij}=a_{ij}$		
22		方阵：特征值	$\Lambda(\boldsymbol{A})=\{\lambda_1,\cdots,\lambda_n\}$		
23		矩阵的迹	$\operatorname{tr}\boldsymbol{A}$		
24		矩阵的范数	$\lVert\boldsymbol{A}\rVert$		通用符号，可用下标表示
25		对角阵	$\boldsymbol{D}=\operatorname{diag}(d_1,\cdots,d_n)$	这些元素根据某种标准进行排序	
26		转换/旋转矩阵	$\boldsymbol{R}_b^a$	从 B 坐标到 A 坐标的转换（被动变换，自下而上），将 A 旋转到 B（主动变换，自上而下）	
27		投影矩阵	$\Pi(\boldsymbol{v})=\boldsymbol{I}_n-\boldsymbol{v}\boldsymbol{v}^{\mathrm{T}}$		正交到 $\boldsymbol{v}$
28		叉积矩阵	$\boldsymbol{V}_{\times}=\boldsymbol{v}\times$		
29		$\boldsymbol{A}$ 的零空间或核空间	$\mathfrak{N}(\boldsymbol{A})$		

表 1.2　随机变量和变量阐述

序号	变　量		符　号	应　用	备　注
1	在第13章中定义的随机变量	随机向量的期望值	$\mathscr{E}\{\boldsymbol{v}\}=\boldsymbol{\mu}$	$\dim\boldsymbol{v}=n$, $\boldsymbol{v}=[v_1,\cdots,v_j,\cdots,v_n]$	
2		协方差矩阵	$P_v=\mathscr{E}\{(v-\mu)(v-\mu)^{\mathrm{T}}\}$		
3		方差	$\sigma_j^2=\mathscr{E}\{(v_j-\mu_j)^2\}=\mathrm{var}\{v_j\}$	P_v的对角线元素	第j个坐标值
4		标准差（sd）	$\sigma_j=\sqrt{\mathscr{E}\{(v_j-\mu_j)^2\}}$	同样的符号可能适用于估计值，即均方根（RMS），也被称为分散性	
5		$\boldsymbol{v}(t)$的协方差矩阵	$R_v(\tau)=\mathscr{E}\{\boldsymbol{v}(t)\boldsymbol{v}^{\mathrm{T}}(t+\tau)\}$	二阶零均值平稳过程	$E\{\boldsymbol{v}\}=0$, $P_v=R_v(0)P_v=R_v(0)$
6		$\boldsymbol{v}(t)$的单侧PSD	$S_v^2(f)=2\mathscr{F}(R_v(\tau)R_v(\tau))\geqslant 0$	同第5行	对$f\geqslant 0$的定义
7		（单侧）$\boldsymbol{v}(t)$的频谱密度	$S_v(f)=\sqrt{2\mathscr{F}(R_v(\tau))}$	同第5行	同第6行
8	变量阐述和误差，参见表13.2	傅里叶变换	$\mathscr{F}$		
9		离散时间	$t_i=iT,t_k=kT$		T时间单位
10		真实变量	$\boldsymbol{y}(t)$		t可以换为t_i或i
11		测量变量	$\check{\boldsymbol{y}}(t)$		
12		预测变量	$\hat{\boldsymbol{y}}(t)=\hat{\boldsymbol{y}}(t/\check{\boldsymbol{y}}(t-\Delta t),\cdots)=\hat{\boldsymbol{y}}(t/t-\Delta t)$		
13		估计值	$\hat{\boldsymbol{y}}(t)=\hat{\boldsymbol{y}}(t/\check{\boldsymbol{y}}(t),\cdots)=\hat{\boldsymbol{y}}(t/t)$		
14		预测误差	$\tilde{\boldsymbol{y}}(t)=\boldsymbol{y}(t)-\hat{\boldsymbol{y}}(t)$	设计性能	仅能从仿真中得出
15		参考值	$\boldsymbol{y}_r(t)$		
16		平衡点	$\underline{\boldsymbol{y}}(t)$		
17		平均值	$\bar{\boldsymbol{y}}(t)$		
18		摄动	$\delta\boldsymbol{y}(t)=\boldsymbol{y}(t)-\underline{\boldsymbol{y}}(t)$		源于平衡点
19		真实跟踪误差	$\tilde{\boldsymbol{y}}_r(t)=\boldsymbol{y}(t)-\boldsymbol{y}_r(t)$	需求	仅能从仿真中得出
20		模型误差	$\tilde{\boldsymbol{y}}_m(t)=\boldsymbol{y}(t)-\check{\boldsymbol{y}}(t)$	不确定性信号	仅能从仿真中得出
21		测量模型误差	$\boldsymbol{e}_m(t)=\hat{\boldsymbol{y}}(t)-\check{\boldsymbol{y}}(t)$	不确定性估计的来源	测量
22		测量跟踪误差	$\boldsymbol{e}_r(t)=\hat{\boldsymbol{y}}(t)-\boldsymbol{y}_r(t)$	测量性能	测量
23		经典控制误差	$\boldsymbol{e}(t)=\check{\boldsymbol{y}}(t)-\boldsymbol{y}_r(t)$	噪声的测量性能	测量
24		传递函数（TF）	$P(s),P(z)$	通常应用于设计模型	拉氏变换和Z变换
25		传递函数（TF）	$M(s),M(z)$	通常应用于嵌入式模型	

续表

序号	变量		符号	应用	备注
26	变量阐述和误差，参见表13.2	灵敏度	$S(s),S(z)$	状态预测器（标有波浪号）和控制设计	不要与频谱密度混淆
27		补灵敏度	$V(s)=I-S(s),V(z)$	同第26行	
28		误差传递函数	$\Delta P(s)=P(s)-M(s)$		
29		分式型误差传递函数	$\partial P(s)=M^{-1}(s)\Delta P(s)$	未建模的动力学	

1.3 缩略语

表1.3整理了从A到G顺序排列的缩略语，表1.4中整理了从H到P顺序排列的缩略语，表1.5中整理了从Q到Z顺序排列的缩略语。

表1.3 首字母A~G的缩略语

序号	缩写	含义	序号	缩写	含义
1	ADC	analog to digital converter，模数转换器	2	ANC	active nutation damping，主动章动阻尼
3	(A/R) KE	(absolute/relative) knowledge error，(绝对/相对) 知识误差，即预测误差	4	(A/R) PE	(absolute/relative) performance error，(绝对/相对) 性能误差，即真实跟踪误差
5	A (O) CS	attitude (and orbit) control system，姿态（和轨道）控制系统	6	ARW	angular random walk，角度随机游走
7	AS	asymptotic stability (also GPS antispoofing)，渐近稳定（或GPS抗欺骗）	8	AU	astronomical unit，天文单位（日地距离）
9	BIBO	bounded input bounded output，有界输入有界输出	10	CESS/CSS/FSS/DSS	coarse earth sun sensor/coarse/fine/digital，低精度地球太阳敏感器/低精度/高精度/数字式太阳敏感器
11	CMG	control moment gyro，控制力矩陀螺	12	CoM	center of mass，质心
13	CoP	center of pressure，压心	14	CPM	coarse pointing model (an ACS mode)，低精度指向模型（姿态控制系统模式）
15	CS	complementary sensitivity，补灵敏度	16	CT (DT)	continuous time (discrete time)，连续时间（离散时间）
17	DAC	digital to analog converter，数模转换器	18	D (A) C	direct (alternating) current，DC直流（交流），DC即零频率
19	DF	dynamic feedback (in a state predictor)，动态反馈（状态预测）	20	DF (A) C	drag-free (and attitude) control，无拖曳（姿态）控制
21	DFM	drag-free mode (an ACS mode)，无拖曳模式（姿态控制系统模式）	22	DoF	degree of freedom，运动自由度
23	ECEF	earth centered earth fixed，地球中心地球固连坐标系	24	ECI	earth centered inertial，地球中心惯性坐标系
25	EMC	embedded model control，嵌入式模型控制	26	EMF	earth magnetic field，地球磁场
27	ESOQ	estimator of the optimal quaternion，最优四元数估计器（一种算法）	28	FDIR	fault detection isolation and recovery，故障检测隔离和恢复
29	FIR/IIR	finite (infinite) impulse response，有限冲击响应/无限冲击响应	30	FoV	field of view，视场
31	GEO/GSO	geostationary/geosynchronous orbit，地球静止轨道/地球同步轨道	32	GMST	greenwich mean sidereal time，格林尼治平均恒星时
33	GNSS	global navigation satellite system，全球导航卫星系统	34	GOCE	gravity field and steady state ocean circulation explorer，重力场和稳态海洋环流探测器（卫星）

表 1.4　首字母 H~P 的缩略语

序号	缩　写	含　　义	序号	缩　写	含　　义
1	H-C-W 方程	hill-clohessy-wiltshire，HCW 方程	2	HF（LF）	high frequency（low frequency），高频（低频）
3	HFS/P/A	high - frequency stability，performance，actuator，高频稳定性/高频特性/高频执行器	4	IR	infrared，红外线
5	IMU	inertial measurement unit，惯性测量单元	6	IPA	ion propulsion assembly，离子推进组件
7	J2000	开始于 2000 年 1 月 1 日正午的儒略日	8	J_x,x=2,3…	重力场带状调和系数
9	LFS/P/M	low - frequency stability，performance，measurement，低频稳定性/低频特性/低频执行器	10	L（R）HS	left（right）hand side，左侧（右侧）
11	L(M/H)EO	low（medium/high）earth orbit，地球低轨（中轨/高轨）	12	LORF	local orbital frame，当地轨道坐标系
13	LoS	line of sight，视线方向	14	LTI/V	linear time invariant/varying，线性时不变/线性时变
15	LVLH	local vertical local horizontal，当地垂直当地水平坐标系	16	L_x,x=1,…,5	第 1~5 拉格朗日点（x=1,2 时，也表示 GPS 载波频点）
17	（M）BW	（measurement）bandwidth，（测量）带宽	18	MPA	micropropulsion assembly，微推进组件
19	(M/P) FPM	(magnetic/propulsion) fine pointing mode，(磁场/推进) 精确指向模式 (姿态控制系统)	20	MTR	magnetic torque rod，磁力矩棒（也称为磁力矩器）
21	(NAVSTAR) GPS	(navigation system with time and ranging) global positioning system，(授时和测距导航系统) 全球定位系统	22	NEA	noise equivalent angle，噪声当量角(对星体跟踪器而言)
23	NGGM	next generation gravity mission，下一代重力任务	24	PID，PI，PD	proportional integrative derivative，比例积分微分
25	PM	proof mass，检验质量	26	PSD/SD	power spectral density/spectral density，功率谱密度
27	PSF	point spread function，点扩散函数			

表 1.5　首字母 Q~Z 的缩略语

序号	缩　写	含　　义	序号	缩　写	含　　义
1	QUEST	quaternion estimation (algorithm)，四元数估计（算法）	2	QMM	QUEST measurement model，四元数估计测量模型
3	RAAN	right ascension of ascending node，升交点赤经	4	RCS	reaction control system，反作用控制系统
5	RMS	root mean square，均方根	6	ROE	relative orbit elements，相对轨道根数
7	RW	reaction wheel，反作用飞轮	8	SAA	sun aspect angle，太阳方位角
9	S/C	spacecraft，航天器	10	SI	international system of units，国际单位体系
11	SISO/MIMO	单输入单输出/多输入多输出	12	SLERP interpolation (algorithm)	spherical linear interpolation，球面线性插值（算法）
13	SNR	signal-to-noise ratio，信噪比	14	SPS	standard position，rate，and time service (of the GPS)，(GPS 的) 标准定位、测速和授时服务
15	STA	star tracker assembly，星体跟踪器组件	16	SVD	singular value decomposition，奇异值分解
17	TAM	three - axis magnetometer，三轴磁强计	18	TPBVP	two-point boundary value problem，两点边界值问题
19	TRIAD	three - axis attitude determination，三轴姿态确定（算法）	20	UTC	universal coordinated time，世界协调时
21	VECT	vectorial part of a quaternion，四元数的矢量部分（算法）	22	xD，x=1，2，3	x 维度

参考文献

[1] R.H. Battin. An Introduction to Mathematics and Methods of Astrodynamics, AIAA Education Series, AIAA, New York, 1987.
[2] A.H.J. De Ruiter, C.J. Damaren, J.R. Forbes. Spacecraft Dynamics and Control. An Introduction, J. Wiley & Sons, Ltd, Chichester, UK, 2013.
[3] D.T. Greenwood. Principles of Dynamics, Prentice-Hall, Englewood Cliffs, 1965.
[4] P.C. Hughes. Spacecraft Attitude Dynamics, Dover Publications, Inc., New York, 2004.
[5] M.H. Kaplan. Modern Spacecraft Dynamics & Control, John Wiley & Sons, New York, 1976.
[6] F.L. Markley, J.L. Crassidis. Fundamentals of Spacecraft Attitude Determination and Control, Springer Science, New York, 2014.
[7] O. Montenbruck, E. Gill. Satellite Orbits: Models, Methods, Applications, Springer-Verlag, Berlin, 2000.
[8] H. Schaub, J.L. Junkins. Analytical Mechanics of Space Systems, second ed., AIAA Education Series, AIAA, Reston, VA, 2009.
[9] M.J. Sidi. Spacecraft Dynamics and Control. A Practical Engineering Approach, Cambridge Univ. Press, 1997.
[10] D.A. Vallado. Fundamentals of Astrodynamics and Applications, McGraw-Hill, New York, 1997.
[11] K.F. Wakker. Fundamentals of Astrodynamics, Institutional Repository Library, Delft University of Technology, Delft, the Netherlands, 2015.
[12] J.R. Wertz. Spacecraft Attitude Determination and Control, D. Reidel Pu. Co., Dordrecht, 1978.
[13] B. Wie. Space Vehicle Dynamics and Control, AIAA Education Series, AIAA Inc., Reston, 1988.
[14] B.A. Francis. The internal model principle of control theory, Automatica 12 (5) (1976) 457–465.
[15] M. Morari, E. Zafiriou. Robust Process Control, Prentice-Hall, Englewood Cliffs, NJ, 1988.
[16] E. Canuto, A. Molano, L. Massotti. Drag-free control of the GOCE satellite: noise and observer design, IEEE Transactions on Control Systems Technology 18 (2) (March 2010) 501–509.
[17] J.C. Doyle, K. Glover, K. Zhou. Robust and Optimal Control, first ed., Prentice-Hall, Englewood Cliffs, NJ, 1996.
[18] European Space Agency. The GOCE Satellite Site. http://www.esa.int/export/esaLP/goce.html.
[19] E. Canuto. Drag-free and attitude control for the GOCE satellite, Automatica (July 2008) 1766–1780.
[20] E. Canuto, L. Colangelo, M. Lotufo, S. Dionisio. Satellite-to-satellite attitude control of a long-distance spacecraft formation for the Next Generation Gravity Mission, European Journal of Control 25 (September 2015) 1–16.
[21] A. Papoulis. The Fourier Integral and its Applications, McGraw-Hill, New York, 1962.
[22] G.H. Franklin, J.D. Powell, M. Workman. Digital Control of Dynamic Systems, third ed., Ellis-Kagle Press, Half Moon Bay, CA, 1998.
[23] A. Papoulis. Probability, Random Variables, and Stochastic Processes, third ed., McGraw-Hill, New York, 1991.
[24] F. Donati, M. Vallauri. Guaranteed control of 'almost-linear' plants, IEEE Transaction on Automatic Control 29 (1) (1984) 34–41.

第 2 章 姿态表示方法

2.1 目 标

本章关注刚体在三维空间中的指向。航天器和各类天体（如行星）可以很好地近似为刚体。刚体指向的数学表达即为姿态。姿态表征与笛卡儿参考坐标系及矢量在这些坐标系内的坐标值密切相关。表达相对姿态关系，需要定义两个坐标系：观测者坐标系和体坐标系。其中，体坐标系代表了被研究的刚体。姿态，定义为体坐标系相对于观测者坐标系的指向关系。尽管姿态的表示和测量通常都相对于惯性系，但观测者坐标系不一定就是惯性系。当空间指向随时间变化时，坐标系也成为随时间变化的函数。

在本书中，姿态可以采用多种不同的方式表达，每种姿态表达方式都具有不同的特性和使用方法。在工程实践中，也是多种表达方式并存。最先介绍的方向余弦矩阵（也称为姿态矩阵），可以有两种解释：①坐标的转换，如从载体系到观测者坐标系的坐标转换；②从一个坐标系到另一个坐标系的转动。任何一个姿态矩阵，都可以通过绕观察者系、体坐标系和中间过渡系坐标轴的基本转动来构造。欧拉角是构造这些基本转动的自由度。数学家欧拉指出，基本转动的最小维数是 3。欧拉角的姿态表示方法，像球面坐标一样，受奇异问题的困扰（类似万向节锁定现象），因而不适应高效和稳健的数值计算。单位四元数方法，是现代姿态计算的主要候选方案。四元数是汉密尔顿（W. R. Hamilton）在 1843 年发明的，单位四元数是四元数的子集。单位四元数的 4 个分量是基本欧拉转动定理中 4 个欧拉参数（转角和轴向）的代数表示。除了欧拉和汉密尔顿，19 世纪的法国数学家罗德里格斯在此领域做出了决定性和启发性的贡献。近年来，F. L. Markley[10] 和 M. D. Shuster[16-17] 系统整理了这个领域的工作。

本章一开始回顾了矢量和矩阵的知识，重点介绍三维矢量的运算。这些运算在本书中将会广泛使用。在矩阵部分重点介绍正交矩阵（姿态矩阵也属于正交矩阵）、笛卡儿坐标系之间的坐标变换；同时介绍四元数及其运算法则。本章第二部分讨论笛卡儿坐标系的实例化内容，目的在于定义和构建描述航天器线运动、角运动过程最重要的坐标系。根据不同的用途和构建方式，主要分为体坐标系、天文坐标系、轨迹坐标系和观测坐标系等。本章第三部分关注姿态表示。本章的最后部分通过无穷小转动给出姿态误差的表示方法。

2.2 矢量和矩阵

2.2.1 三维矢量

三维的笛卡儿坐标系（或称为参考坐标系）$\mathscr{E}=\{O,\boldsymbol{e}_1,\boldsymbol{e}_2,\boldsymbol{e}_3\}$，是3个从原点$O$出发的正交单位矢量$\boldsymbol{e}_k,k=1,2,3$按序排列的集合。第三个轴$\boldsymbol{e}_3$定义为极轴，$\{\boldsymbol{e}_1,\boldsymbol{e}_2\}$构成的平面称为参考平面或观察者平面。某个从$O$点到$P$点的矢量$\boldsymbol{v}=\overrightarrow{OP}$，唯一表征为$\boldsymbol{v}$在3个笛卡儿轴$\boldsymbol{i}_k$上的投影分量，记作$v_k=\boldsymbol{v}\cdot\boldsymbol{i}_k$详见（图2.2），此处的点号表示标量积，将在2.2.2节中给出定义，标量v_k表示矢量$\boldsymbol{v}$在坐标系$\mathscr{E}$中的第k个坐标值。坐标值可以整理为列向量v的形式，即坐标矢量，或者简称矢量。需要特别指出的是，在一行文字中表述坐标矢量$v=[v_1,v_2,v_3]$时，也是指列向量。大括号$\{v_1\cdots\}$表示元素的集合或序列，如$\{v_1,v_2\}$表示两个元素的集合。如果集合是某个函数的变量，那么表示为$f(v_1,v_2,v_3)$的形式。如果$\mathbb{R}$定义为实数集，那么坐标矢量v的维数可以写作$\dim v=3$，或者表示为$v\in\mathbb{R}^3$。根据文献［7］的矢量符号定义，矢量$\boldsymbol{v}$的坐标分解形式记为

$$\boldsymbol{v}=\boldsymbol{E}v=[\boldsymbol{e}_1\quad\boldsymbol{e}_2\quad\boldsymbol{e}_3]\begin{bmatrix}v_1\\v_2\\v_3\end{bmatrix},v_k=\boldsymbol{v}\cdot\boldsymbol{e}_k \tag{2.1}$$

式中：$\boldsymbol{E}$为坐标系$\mathscr{E}$中的单位矢量阵。坐标轴之间的相互正交关系，可以通过坐标轴单位矢量之间的标量积表示。$\boldsymbol{E}$与其转置的标量积，结果为单位矩阵。

$$\begin{bmatrix}\boldsymbol{e}_1\\\boldsymbol{e}_2\\\boldsymbol{e}_3\end{bmatrix}\cdot[\boldsymbol{e}_1\quad\boldsymbol{e}_2\quad\boldsymbol{e}_3]=I \tag{2.2}$$

3个轴向$\{\boldsymbol{e}_1,\boldsymbol{e}_2,\boldsymbol{e}_3\}$的顺序，既可以按右手系定义，也可以按左手系定义。以下的3种排列顺序：123、231和312，其中任意一种排列都可标记为ijk。如果$\boldsymbol{e}_i\times\boldsymbol{e}_j=\boldsymbol{e}_k$成立，那么轴系顺序为右手系，符号×表示叉乘，将在2.2.2节中给出其定义。如果$\boldsymbol{e}_i\times\boldsymbol{e}_j=-\boldsymbol{e}_k$成立，那么轴系顺序为左手系。下式中的正负号，分别表示了右手系和左手系。

$$\begin{bmatrix}\boldsymbol{e}_1\\\boldsymbol{e}_2\\\boldsymbol{e}_3\end{bmatrix}\times[\boldsymbol{e}_1\quad\boldsymbol{e}_2\quad\boldsymbol{e}_3]=\pm\begin{bmatrix}0&\boldsymbol{e}_3&-\boldsymbol{e}_2\\-\boldsymbol{e}_3&0&\boldsymbol{e}_1\\\boldsymbol{e}_2&-\boldsymbol{e}_1&0\end{bmatrix} \tag{2.3}$$

式中："正"号表示右手系，"负"号表示左手系。本书中只采用了右手系的坐标顺序。在图2.1中，形象化地给出了右手系的定义：中指指向$\boldsymbol{e}_3$方向，食指指向$\boldsymbol{e}_2$方向，大拇指指向$\boldsymbol{e}_1$方向。

笛卡儿坐标系的轴向可以用x轴、y轴和z轴表示，因而坐标符号$v=[v_1,v_2,v_3]$也可以表述为$v=[x,y,z]$。集合$\{x,y,z\}$中的字母，可以对应替换下标数字1、2、3。满足$\boldsymbol{v}\cdot\boldsymbol{v}=1$的矢量$\boldsymbol{v}$是单位矢量，其坐标值$v_k$是$\boldsymbol{v}$与$\boldsymbol{e}_k$两个矢量夹角$\alpha_k$的余弦，也被称为$\boldsymbol{v}$的第$k$个方向余弦。$\boldsymbol{v}$的欧几里得范数或称为$\boldsymbol{v}$的长度，用$|\boldsymbol{v}|$表示，具体定义是$|\boldsymbol{v}|=\sqrt{\boldsymbol{v}\cdot\boldsymbol{v}}=\sqrt{\boldsymbol{v}\cdot\boldsymbol{v}}=\sqrt{\boldsymbol{v}^{\mathrm{T}}\boldsymbol{v}}$。根据这一定义，可以将$v_k$写作$v_k=|\boldsymbol{v}|\cos\alpha_k$。图2.2中，

直观阐释了矢量 $\boldsymbol{v}$ 如何分解到正交投影轴系的几何关系。$v_k\boldsymbol{e}_k$ 表示各轴上的投影坐标，α_k 表示从 $\boldsymbol{e}_k$ 到 $\boldsymbol{v}$ 的夹角，同时给出了投影平面。

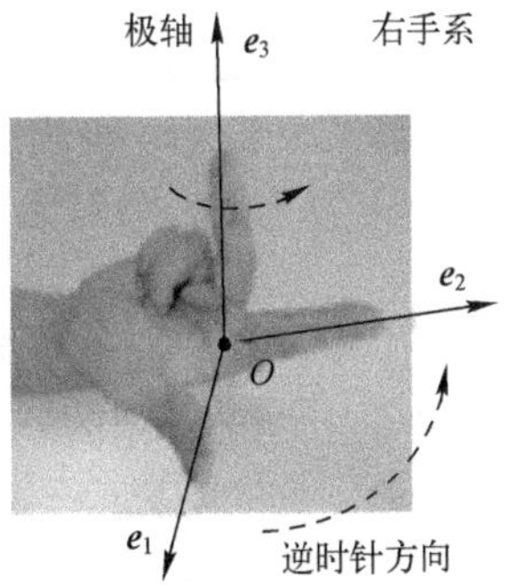

图 2.1　右手笛卡儿坐标系

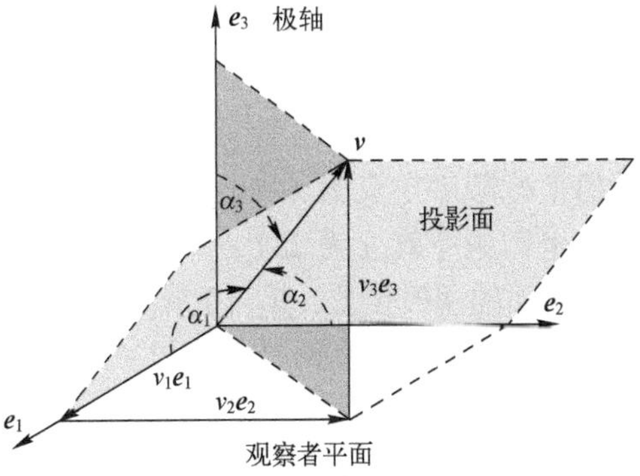

图 2.2　笛卡儿坐标系和矢量 $\boldsymbol{v}$ 的分解

在半径为 r 的球面上，矢量 $\boldsymbol{r}$ 满足 $\sqrt{\boldsymbol{r}\cdot\boldsymbol{r}}=r$。矢量 $\boldsymbol{r}$ 的坐标值可以表示为球坐标的形式，具体包含半径 r、方位角 α 及极角 β。

$$\boldsymbol{r}=\begin{bmatrix} r_1 \\ r_2 \\ r_3 \end{bmatrix}=r\begin{bmatrix} \cos\alpha\sin\beta \\ \sin\alpha\sin\beta \\ \cos\beta \end{bmatrix},\quad -\pi\leqslant\alpha<\pi, 0\leqslant\beta<\pi \tag{2.4}$$

可以借助图 2.3 解释球坐标的概念。方位角 α 是从 $\boldsymbol{i}_1$ 轴到 $\boldsymbol{r}$ 在参考平面上的正交投影矢量 $\boldsymbol{p}=r\sin\beta(\cos\alpha\boldsymbol{i}_1+\sin\alpha\boldsymbol{i}_2)$ 的夹角；极角 β 是从 $\boldsymbol{i}_3$ 轴到 $\boldsymbol{r}$ 的夹角。将矢量 $\boldsymbol{r}$ 写作 $\boldsymbol{r}=\boldsymbol{p}+\cos\beta\boldsymbol{i}_3$，并将表达式 $\boldsymbol{p}=r\sin\beta(\cos\alpha\boldsymbol{i}_1+\sin\alpha\boldsymbol{i}_2)$ 代入以替换 $\boldsymbol{p}$，则可以证明式（2.4）。方位角 α 也称为赤经或经度，极角 β 也称为余纬或倾斜角。$r_3>0$ 的区域为北半球；$r_3<0$ 的区域为南半球。

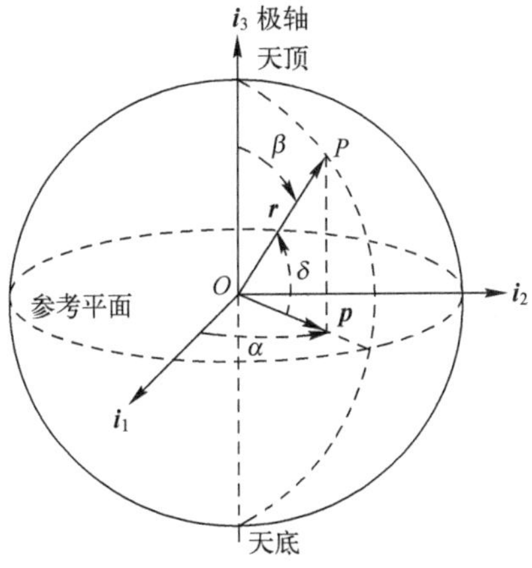

图 2.3　球坐标的示意图

极角 β 往往被仰角 $\delta=\pi/2-\beta$ 的概念代替，δ 也被称为下倾角或纬度。仰角和极角互为余角，从参考平面到 $\boldsymbol{i}_3$ 的方向定义为正角度方向。式（2.4）中的坐标值表达式，可改写为包含仰角 δ 的形式。

$$\boldsymbol{r}=\begin{bmatrix}r_1\\r_2\\r_3\end{bmatrix}=r\begin{bmatrix}\cos\alpha\cos\delta\\\sin\alpha\cos\delta\\\sin\delta\end{bmatrix},-\pi\leqslant\alpha<\pi,-\frac{\pi}{2}\leqslant\delta<\frac{\pi}{2} \tag{2.5}$$

式（2.4）和式（2.5）中球坐标分量的顺序，会因为极轴的选择不同而变化。既可选定 $\boldsymbol{i}_1$（x 轴）为极轴，也可选定 $\boldsymbol{i}_2$（y 轴）为极轴。将式（2.4）和式（2.5）当前的坐标顺序定义为 123。如果选 x 轴为极轴，坐标顺序变为 312；如果选 y 轴为极轴，坐标顺序就变为 231。

在球面的两极位置，$\beta=\{0,\pi\}$ 及 $\delta=\pm\pi/2$。此时，由于 $r_1=r_2=0$，方位角 α 可以取任意值，因此球坐标在两极点奇异。这一奇异特性也称为二维的万向节锁定问题。

1. 二维平台锁定

为了便于理解二维平台锁定问题的实际含义，在观测者坐标系的原点 O 放置一个天线，以跟踪在球面上运动的目标点 P，有 $\overrightarrow{OP}=\boldsymbol{r}$。天线只扫描 $r_3>0$ 的北半球区域。天线的指向轴 $\boldsymbol{a}$ 有两个自由度：方位 $-\pi\leqslant\alpha_a<\pi$ 和仰角 $0\leqslant\delta_a<\pi$。假设天线的视场角宽度 $\phi\ll\pi$，也就是说，当且仅当 $\arccos(\boldsymbol{a}\cdot\boldsymbol{r}/r)\leqslant\phi/2$ 时，目标可见。如果天线指向的天顶方向，$\delta_a=\pi/2$，天线的指向轴与极轴重合，即 $\boldsymbol{a}=\boldsymbol{i}_3$。此时，无论方位角 α_a 如何变化，天线的实际指向都不变，意味着已经失去了一个自由度。现在，假定目标点 P 按一个任意的运动方向经过天顶，意味着任意一个不等于 α_a 的方位 α。此时，天线为了跟踪点 P 的运动，天线指向的方位角将要产生 $\alpha-\alpha_a$ 的突变。如果 $|\alpha-\alpha_a|\geqslant\phi/2$，由于跟踪天线的视场角限制，目标将会丢失；当 $|\alpha-\alpha_a|<\phi/2$ 时，由于连续运动的天线不可能跟踪瞬时跳变目标，也有可能导致目标丢失。

练习 1：

在半径为 r 的球面上，有两点 P_1 和 P_2，其球坐标分别为 $\boldsymbol{r}_1$ 和 $\boldsymbol{r}_2$。证明：经过这两点的大圆弧的方程为

$$\boldsymbol{r}(\varphi)=\frac{\boldsymbol{r}_1\sin(\Omega-\varphi)+\boldsymbol{r}_2\sin\varphi}{\sin\Omega},\quad 0\leqslant\varphi<2\pi \tag{2.6}$$

式中：$\cos\Omega=\boldsymbol{r}_1\cdot\boldsymbol{r}_2/r^2$。

在式（2.6）中，将 $\varphi=\gamma\Omega$，$0\leqslant\gamma<1$ 代入，$\boldsymbol{r}_1$ 和 $\boldsymbol{r}_2$ 之间的大圆弧段即可获得。这一段大圆弧是球面上 P_1 和 P_2 之间最短的距离，记作 d，也被称为正交距离，其值 $d=r\Omega$。当 $\varphi=\gamma\Omega$，$0\leqslant\gamma<1$ 时，式（2.6）可以理解为球面线性插值（spherical linear interpolation，SLERP）[14]。一旦 $\Omega\to0$，则退化为普通线性插值。

2.2.2 矢量运算

给定坐标矢量 $\boldsymbol{v}_1$ 和 $\boldsymbol{v}_2$，最基本的运算是矢量加法、点乘和叉乘。矢量加法定义为 $\boldsymbol{v}_1+\boldsymbol{v}_2=\boldsymbol{v}_2+\boldsymbol{v}_1$。矢量点乘又称为标量积或内积，定义为 $\boldsymbol{v}_1\cdot\boldsymbol{v}_2=\boldsymbol{v}_2\cdot\boldsymbol{v}_1$。点乘在前文已经提到过。矢量叉乘定义为 $\boldsymbol{v}_1\times\boldsymbol{v}_2=\boldsymbol{v}_2\times\boldsymbol{v}_1$。矢量长度的加法运算，满足如下的三角不等式。

$$|\boldsymbol{v}_1|-|\boldsymbol{v}_2|\leqslant|\boldsymbol{v}_1+\boldsymbol{v}_2|\leqslant|\boldsymbol{v}_1|+|\boldsymbol{v}_2| \tag{2.7}$$

练习 2：

给出式（2.7）中左侧不等式的证明过程。

矢量的点乘可以写成两个矢量之间夹角的形式，即

$$\boldsymbol{v}_1 \cdot \boldsymbol{v}_2 = |\boldsymbol{v}_1||\boldsymbol{v}_2|\cos\alpha \tag{2.8}$$

式（2.8）证明了柯西-许瓦茨不等式（Cauchye-Schwarz inequality）。

$$\boldsymbol{v}_1 \cdot \boldsymbol{v}_2 \leqslant |\boldsymbol{v}_1||\boldsymbol{v}_2| \tag{2.9}$$

如果两个矢量的内积为0，那么称这两个矢量正交。如果两个矢量使得式（2.9）中的等号成立，那么称这个两个矢量平行；如果式（2.9）中的不等号成立，那么称两个矢量线性无关。给定两个矢量 $\boldsymbol{v}_1$ 和 $\boldsymbol{v}_2$，$\boldsymbol{v}_1$ 可以分解为：$\boldsymbol{v}_1$ 在单位矢量$\boldsymbol{v}_2/|\boldsymbol{v}_2|$上的正交投影 $\boldsymbol{p}$ 及 $\boldsymbol{e}=\boldsymbol{v}_1-\boldsymbol{p}$ 的矢量和。其中，$\boldsymbol{v}_1$ 在$\boldsymbol{v}_2/|\boldsymbol{v}_2|$上的正交投影 $\boldsymbol{p}$ 可以表示为 $\boldsymbol{p}=(\boldsymbol{v}_1 \cdot \boldsymbol{v}_2/|\boldsymbol{v}_2|)\boldsymbol{v}_2/|\boldsymbol{v}_2|$。结合对应的坐标矢量，下列等式关系成立：

$$\boldsymbol{v}_1 = \boldsymbol{p}+\boldsymbol{e} = \frac{\boldsymbol{v}_2}{|\boldsymbol{v}_2|}\frac{\boldsymbol{v}_2^{\mathrm{T}}\boldsymbol{v}_1}{|\boldsymbol{v}_2|}+\boldsymbol{v}_1-\frac{\boldsymbol{v}_2}{|\boldsymbol{v}_2|}\frac{\boldsymbol{v}_2^{\mathrm{T}}\boldsymbol{v}_1}{|\boldsymbol{v}_2|}=P\boldsymbol{v}_1+(I-P)\boldsymbol{v}_1 \tag{2.10}$$

其中，

$$P\left(\frac{\boldsymbol{v}_2}{|\boldsymbol{v}_2|}\right)=\frac{\boldsymbol{v}_2\boldsymbol{v}_2^{\mathrm{T}}}{|\boldsymbol{v}_2|^2},\quad \Pi\left(\frac{\boldsymbol{v}_2}{|\boldsymbol{v}_2|}\right)=I-P\left(\frac{\boldsymbol{v}_2}{|\boldsymbol{v}_2|}\right)=I-\frac{\boldsymbol{v}_2\boldsymbol{v}_2^{\mathrm{T}}}{|\boldsymbol{v}_2|^2} \tag{2.11}$$

式中：$\boldsymbol{P}$ 和 Π 均为矩阵的平方形式，也称为投影矩阵。这是本书中坐标变换的第一个例子。此处的 $\boldsymbol{P}$，是矢量外积的一种特殊情况。两个坐标矢量 $\boldsymbol{v}_1$ 和 $\boldsymbol{v}_2$ 的外积定义为 $\boldsymbol{P}_{12}=\boldsymbol{v}_1\boldsymbol{v}_2^{\mathrm{T}}$。

在某些情况下，会用到复数矢量 $\boldsymbol{v}=\boldsymbol{a}+\mathrm{j}\boldsymbol{b}$ 和共轭矢量$\bar{\boldsymbol{v}}=\boldsymbol{a}-\mathrm{j}\boldsymbol{b}$。它们的内积运算，包含复矢量的共轭转置 $\boldsymbol{v}^*=\bar{\boldsymbol{v}}^{\mathrm{T}}=\boldsymbol{a}^{\mathrm{T}}-\mathrm{j}\boldsymbol{b}^{\mathrm{T}}$。共轭转置是对偶矢量的简单实例[9]。给定两个复矢量 $\boldsymbol{v}_1=\boldsymbol{a}_1+\mathrm{j}\boldsymbol{b}_1$ 和 $\boldsymbol{v}_2=\boldsymbol{a}_2+\mathrm{j}\boldsymbol{b}_2$，它们的内积定义为

$$\boldsymbol{v}_1 \cdot \boldsymbol{v}_2 = \boldsymbol{v}_1^*\boldsymbol{v}_2=\bar{\boldsymbol{v}}_1^{\mathrm{T}}\boldsymbol{v}_2 \tag{2.12}$$

其中，$\boldsymbol{v}_1^*\boldsymbol{v}_2=0$ 意味着两个矢量正交。如果 $\boldsymbol{v}_1^*\boldsymbol{v}_2=1$ 成立，那么 $\boldsymbol{v}$ 为单位复矢量。

练习3：

给定一个复数矢量 $\boldsymbol{v}_1=\boldsymbol{a}_1+\mathrm{j}\boldsymbol{b}_1$，请证明：$\bar{\boldsymbol{v}} \cdot \boldsymbol{v}=0$；或者等价问题，若 $\boldsymbol{v}^{\mathrm{T}}\boldsymbol{v}=0$，则 $\boldsymbol{a} \cdot \boldsymbol{b}=0$ 且 $|\boldsymbol{a}|=|\boldsymbol{b}|=|\boldsymbol{v}|/\sqrt{2}$。

矢量叉乘运算的结果，也是矢量。因而，如果给坐标矢量 $\boldsymbol{v}$ 定义一个叉乘矩阵 $\boldsymbol{V}_\times$，那么矢量的叉乘运算也可以写为矢量变换的形式。

$$\boldsymbol{v}=\begin{bmatrix} v_1 \\ v_2 \\ v_3 \end{bmatrix},\quad \boldsymbol{V}_\times=\begin{bmatrix} 0 & -v_3 & v_2 \\ v_3 & 0 & -v_1 \\ -v_2 & v_1 & 0 \end{bmatrix} \tag{2.13}$$

其中，$\boldsymbol{V}_\times$的另一种等价形式是 $\boldsymbol{v}\times$。

练习4：

结合式（2.13），证明：

$$\boldsymbol{v}=\boldsymbol{v}_1\times\boldsymbol{v}_2=-\boldsymbol{v}_2\times\boldsymbol{v}_1=V_{1\times}\boldsymbol{v}_2=-V_{2\times}\boldsymbol{v}_1 \tag{2.14}$$

练习5：

在式（2.14）的帮助下，请证明：$\boldsymbol{v}\times\boldsymbol{v}=0$ 和 $\boldsymbol{v}_1 \cdot (\boldsymbol{v}_1\times\boldsymbol{v}_2)=\boldsymbol{v}_2 \cdot (\boldsymbol{v}_1\times\boldsymbol{v}_2)=0$。这一结论也表明，两个平行矢量的叉乘结果为0。两个矢量的叉积 $\boldsymbol{v}_1\times\boldsymbol{v}_2$，与这两个矢量 $\boldsymbol{v}_1$ 和 $\boldsymbol{v}_2$ 都正交。

练习 6：

证明：三重标量积 $\boldsymbol{v}_1\cdot(\boldsymbol{v}_2\times\boldsymbol{v}_3)$ 的结果，是矩阵 $\boldsymbol{V}=[\boldsymbol{v}_1\quad\boldsymbol{v}_2\quad\boldsymbol{v}_3]$ 的特征值。

$$\boldsymbol{v}_1\cdot(\boldsymbol{v}_2\times\boldsymbol{v}_3)=\boldsymbol{v}_2\cdot(\boldsymbol{v}_3\times\boldsymbol{v}_1)=\boldsymbol{v}_3\cdot(\boldsymbol{v}_1\times\boldsymbol{v}_2)=\det[\boldsymbol{v}_1\quad\boldsymbol{v}_2\quad\boldsymbol{v}_3]=\det\boldsymbol{V} \tag{2.15}$$

练习 7：

证明：矩阵 $V=[\boldsymbol{v}_1\quad\boldsymbol{v}_2\quad\boldsymbol{v}_3]$ 的伴随矩阵，可以表示为如下的矢量叉乘形式。

$$\mathrm{adj}V=\begin{bmatrix}\det V_{11} & -\det V_{21} & \det V_{31}\\ -\det V_{12} & \det V_{22} & -\det V_{32}\\ \det V_{13} & -\det V_{23} & \det V_{33}\end{bmatrix}=\begin{bmatrix}(\boldsymbol{v}_2\times\boldsymbol{v}_3)^{\mathrm{T}}\\ (\boldsymbol{v}_1\times\boldsymbol{v}_2)^{\mathrm{T}}\\ (\boldsymbol{v}_3\times\boldsymbol{v}_1)^{\mathrm{T}}\end{bmatrix} \tag{2.16}$$

式中：$(-1)^{i+j}\det\boldsymbol{V}_{ij}$ 为矩阵 $\boldsymbol{V}$ 的第 i 行、j 列元素 v_{ij} 的余子式。

伴随矩阵使我们可以保留共轭转置矩阵的伴随项特性。假定式（2.15）中矩阵 $\boldsymbol{V}$ 的秩是 2，即 $\mathrm{rank}\boldsymbol{V}=2$。换言之，我们假定 $\boldsymbol{V}^{\mathrm{T}}$ 有一个一维的零空间 $\mathscr{N}(\boldsymbol{V}^{\mathrm{T}})=\{\lambda\boldsymbol{n}\}$。在 $\boldsymbol{n}^{\mathrm{T}}\boldsymbol{n}=1$ 及 λ 为实数标量的前提下，该零空间的定义为 $\lambda\boldsymbol{V}^{\mathrm{T}}\boldsymbol{n}=0$。式（2.16）中 $\mathrm{adj}\boldsymbol{V}$ 的任何一个行矢量 $\boldsymbol{v}_j\times\boldsymbol{v}_h(j\neq h=1,2,3)$ 都属于 $\mathscr{N}(\boldsymbol{V}^{\mathrm{T}})$，也即 $\boldsymbol{V}^{\mathrm{T}}v_j\times v_h=0$。与此对偶的一个结果是，$\mathrm{adj}(\boldsymbol{V}^{\mathrm{T}})$ 的行矢量（$\mathrm{adj}\boldsymbol{V}$ 的列矢量）属于 $\mathscr{N}(\boldsymbol{V}^{\mathrm{T}})$。这一简单、有趣的结果，可以拓展到一般的 $n\times n$ 方阵 $\boldsymbol{A}$，条件是 $\mathrm{rank}\boldsymbol{A}<n$（$\det\boldsymbol{A}=0$）。这一拓展的过程，用到了如下性质：$\boldsymbol{A}\mathrm{adj}(\boldsymbol{A})=\det(\boldsymbol{A})\boldsymbol{I}_n$。在矩阵不满秩的情形下，$\mathrm{adj}(\boldsymbol{A})$ 的所有列都正交于 $\boldsymbol{A}$ 的行，并张成 $\boldsymbol{A}$ 的零空间。如果 $\mathrm{rank}\boldsymbol{A}=n-1$，任何 $\mathrm{adj}(\boldsymbol{A})$ 非零的列均可定义一维的 $\mathscr{N}(\boldsymbol{A})$。这一性质在 10.5.2 节中将被用于寻找姿态确定问题的非奇异解，该姿态确定问题也被称为 Wahba 问题[12]。$\boldsymbol{A}\mathrm{adj}(\boldsymbol{A})=\det(\boldsymbol{A})\boldsymbol{I}_n$ 的对角单位阵，对应于 $\det\boldsymbol{A}$ 的拉普拉斯展开。

$$\det\boldsymbol{A}=\sum_{j=1}^{n}a_{ij}(-1)^{i+j}\det\boldsymbol{A}_{ij}=\boldsymbol{a}_i^{\mathrm{T}}(\mathrm{adj}\boldsymbol{A})_i,\ i=1,2,\cdots,n \tag{2.17}$$

式中：$\boldsymbol{a}_i^{\mathrm{T}}$ 为 $\boldsymbol{A}$ 的第 i 行；$(\mathrm{adj}\boldsymbol{A})_i$ 为 $\mathrm{adj}\boldsymbol{A}$ 的第 i 列。

在某些情况下，会用到三重矢量积 $\boldsymbol{u}_1=\boldsymbol{v}_1\times(\boldsymbol{v}_2\times\boldsymbol{v}_3)$ 和 $\boldsymbol{u}_2=\boldsymbol{v}_2\times(\boldsymbol{v}_1\times\boldsymbol{v}_3)$。三重矢量积的结果 $\boldsymbol{u}_k$，正交于 $\boldsymbol{v}_k,k=1,2$，且可以写作 $\boldsymbol{v}_j,j=1,2,j\neq k$ 和 $\boldsymbol{v}_3$ 的线性组合形式。

$$\begin{cases}\boldsymbol{u}_1=\boldsymbol{v}_1\times(\boldsymbol{v}_2\times\boldsymbol{v}_3)=(\boldsymbol{v}_1^{\mathrm{T}}\boldsymbol{v}_3)\boldsymbol{v}_2-(\boldsymbol{v}_1^{\mathrm{T}}\boldsymbol{v}_2)\boldsymbol{v}_3=(\boldsymbol{v}_2\boldsymbol{v}_1^{\mathrm{T}}-\boldsymbol{v}_2^{\mathrm{T}}\boldsymbol{v}_1\boldsymbol{I})\boldsymbol{v}_3\\ \boldsymbol{u}_2=\boldsymbol{v}_2\times(\boldsymbol{v}_1\times\boldsymbol{v}_3)=(\boldsymbol{v}_2^{\mathrm{T}}\boldsymbol{v}_3)\boldsymbol{v}_1-(\boldsymbol{v}_2^{\mathrm{T}}\boldsymbol{v}_1)\boldsymbol{v}_3=(\boldsymbol{v}_1\boldsymbol{v}_2^{\mathrm{T}}-\boldsymbol{v}_1^{\mathrm{T}}\boldsymbol{v}_2\boldsymbol{I})\boldsymbol{v}_3\end{cases} \tag{2.18}$$

练习 8：

根据式（2.18），证明：

$$\begin{cases}\boldsymbol{v}\times(\boldsymbol{v}\times)=(\boldsymbol{v}\times)^2=V_\times^2=\boldsymbol{v}\boldsymbol{v}^{\mathrm{T}}-\boldsymbol{v}^{\mathrm{T}}\boldsymbol{v}\boldsymbol{I}\\ \boldsymbol{v}_1\times(\boldsymbol{v}_2\times)-\boldsymbol{v}_2\times(\boldsymbol{v}_1\times)=\boldsymbol{v}_2\boldsymbol{v}_1^{\mathrm{T}}-\boldsymbol{v}_1\boldsymbol{v}_2^{\mathrm{T}}=(\boldsymbol{v}_1\times\boldsymbol{v}_2)\times\end{cases} \tag{2.19}$$

比较式（2.19）的第一行与式（2.11）的第二个等式，可以发现 $-(\boldsymbol{v}/|\boldsymbol{v}|)\times(\boldsymbol{v}/|\boldsymbol{v}|\times)=I-P(\boldsymbol{v}/|\boldsymbol{v}|)$，这意味着 $-(\boldsymbol{v}/|\boldsymbol{v}|)\times(\boldsymbol{v}/|\boldsymbol{v}|\times)$ 是一个投影矩阵。

练习 9：

证明单位矢量 $\boldsymbol{v}$、$|\boldsymbol{v}|=1$，满足

$$\begin{cases}(\boldsymbol{v}\times)^0=I\\ (\boldsymbol{v}\times)^{2k+1}=(-1)^k(\boldsymbol{v}\times),k\geqslant 0\\ (\boldsymbol{v}\times)^{2k+2}=(-1)^k(\boldsymbol{v}\times)^2,k\geqslant 0\end{cases} \tag{2.20}$$

练习 10：

结合式（2.19），证明下面的等式：

$$\begin{aligned}|\boldsymbol{v}_1\times\boldsymbol{v}_2|^2 I-(\boldsymbol{v}_1\times\boldsymbol{v}_2)(\boldsymbol{v}_1\times\boldsymbol{v}_2)^{\mathrm{T}}&=\boldsymbol{v}_1\boldsymbol{v}_1^{\mathrm{T}}|\boldsymbol{v}_2|^2+\boldsymbol{v}_2\boldsymbol{v}_2^{\mathrm{T}}|\boldsymbol{v}_1|^2-(\boldsymbol{v}_1\cdot\boldsymbol{v}_2)(\boldsymbol{v}_1\boldsymbol{v}_2^{\mathrm{T}}+\boldsymbol{v}_2\boldsymbol{v}_1^{\mathrm{T}})\\&=-(\boldsymbol{v}_2\boldsymbol{v}_1^{\mathrm{T}}-\boldsymbol{v}_1\boldsymbol{v}_2^{\mathrm{T}})^2\end{aligned}\tag{2.21}$$

有关矢量的等式集合参见文献［10］。

2.2.3 n 维矢量

坐标矢量 $\boldsymbol{v}\in\mathbb{R}^3$ 可以拓展到 $\boldsymbol{v}\in\mathbb{R}^n$，其中 $n<\infty$。除了三维矢量的叉乘运算，像欧几里得范数、矢量加法、标量乘法、正交投影、外积等运算都可以推广到 $\boldsymbol{v}\in\mathbb{R}^n$。定义一个不依赖坐标的矢量 $\boldsymbol{v}=\overrightarrow{OP}$，它是直接从原点 O 出发、指向任意点 P 的有向线段。如果对 $\mathbb{R}^n$ 上的 n 维实矢量赋予矢量加法 $\boldsymbol{v}=\boldsymbol{v}_1+\boldsymbol{v}_2$ 和标量乘法 $\boldsymbol{v}=\alpha\boldsymbol{v}_1$ 两种运算，那么 $\mathbb{R}^n$ 构成一个矢量空间，且上述矢量加法和标量乘法运算都在该空间内完成[9]。在该空间内，如果赋予内积运算 $\boldsymbol{v}=\boldsymbol{v}_1^{\mathrm{T}}\boldsymbol{v}_2$ 的定义，那么矢量空间 $\mathbb{R}^n$ 变成希尔伯特（Hilbert）空间。如果存在线性无关的矢量集合 $\{\boldsymbol{v}_1,\cdots,\boldsymbol{v}_k,\cdots,\boldsymbol{v}_n\}$（线性无关意味着对任何可能的系数集 $\{\alpha_k\}$，$\sum_{k=1}^{n}\alpha_k\boldsymbol{v}_k\neq 0$ 都成立），那么 $\{\boldsymbol{v}_1,\cdots,\boldsymbol{v}_k,\cdots,\boldsymbol{v}_n\}$ 构成 $\mathbb{R}^n$ 的一组基底，记作 $\mathcal{V}$。假定维数 n 已知，$\mathcal{V}=\{\boldsymbol{v}_1,\cdots,\boldsymbol{v}_k,\cdots,\boldsymbol{v}_n\}$ 也可简化记作 $\mathcal{V}=\{\boldsymbol{v}_k\}$。根据式（2.1），基矢量可以定义为 $\boldsymbol{V}=[\boldsymbol{v}_1\ \ \cdots\ \ \boldsymbol{v}_k\ \ \cdots\ \ \boldsymbol{v}_n]$。坐标矢量 $\boldsymbol{v}_k$，可以从非奇异的基矩阵 $\boldsymbol{V}=[\boldsymbol{v}_1\ \ \cdots\ \ \boldsymbol{v}_k\ \ \cdots\ \ \boldsymbol{v}_n]$ 中获得。

如果基矢量都是 $|\boldsymbol{v}_k|=1$ 的单位矢量，而且相互之间都正交，即 $\boldsymbol{v}_k\cdot\boldsymbol{v}_h=0,k\neq h$，那么这组基是正交基且构成笛卡儿坐标系。$\mathbb{R}^n$ 的自然正交基（或简称自然基）是单位矢量集合 $\{\boldsymbol{e}_1,\cdots,\boldsymbol{e}_k,\cdots,\boldsymbol{e}_n\}$，其坐标矢量 $\boldsymbol{e}_k=[e_{1k},\cdots,e_{jk},\cdots,e_{nk}]$ 除了在第 k 个元素为 1、其余都是 0，即 $e_{jk}=0,j\neq k$，$j=1,2,\cdots,n$，且 $e_{kk}=1$。自然正交基矩阵即为单位矩阵 $\boldsymbol{I}_n$，通常记作 $\boldsymbol{I}$。

2.3 矩　　阵

2.3.1 矩阵的一般知识

本书中矩阵用大写的黑斜体字母表示，如 $\boldsymbol{A}$，矩阵的元素则用 a_{jk} 表示。一个 $n\times m$ 的矩阵，是 m 个列向量 $\boldsymbol{a}_k\in\mathbb{R}^n,k=1,2,\cdots,m$ 的有序排列，表述为

$$\boldsymbol{A}=[\boldsymbol{a}_1\ \ \cdots\ \ \boldsymbol{a}_k\ \ \cdots\ \ \boldsymbol{a}_m]=\begin{bmatrix}a_{11}&\cdots&a_{1k}&\cdots&a_{1m}\\ \vdots&\ddots&\vdots&\ddots&\vdots\\ a_{j1}&\cdots&a_{jk}&\cdots&a_{jm}\\ \vdots&\ddots&\vdots&\ddots&\vdots\\ a_{n1}&\cdots&a_{nk}&\cdots&a_{nm}\end{bmatrix}\tag{2.22}$$

矩阵 $\boldsymbol{A}\in\mathbb{R}^{n\times m}$。在 $\boldsymbol{v}=\boldsymbol{A}\boldsymbol{u}$ 中，$\boldsymbol{A}$ 代表了从矢量 $\boldsymbol{u}\in\mathbb{R}^{m}$ 到矢量 $\boldsymbol{v}\in\mathbb{R}^{n}$ 的变换（或称为映射）。

对于方阵 $\boldsymbol{A}\in\mathbb{R}^{n\times n}$，可以找到矢量 $\boldsymbol{v}_k$ 满足 $\boldsymbol{A}\boldsymbol{v}_k=\lambda_k\boldsymbol{v}_k$。这表明矢量 $\boldsymbol{v}_k$ 经过矩阵 $\boldsymbol{A}$ 变换之后，方向得以保留，而长度发生了变化。矩阵 $\boldsymbol{A}$ 的这类矢量被称为（右侧）特征向量，标量因子 λ_k 则被称为对应于 $\boldsymbol{v}_k$ 的特征值。方阵 $\boldsymbol{A}\in\mathbb{R}^{n\times n}$ 有 n 个特征值，统一表述为矩阵的谱 $\Lambda(\boldsymbol{A})=\{\lambda_1,\cdots,\lambda_k,\cdots,\lambda_n\}$。特征值的排列顺序可以任意组合。特征值 λ_k 可能为实数，也可能是复数。如果某个特征值 λ_k 为复数，必定还有一个共轭的特征值 $\overline{\lambda}_k$ 与之对应。特征值是如下实系数代数方程的根：

$$\det(\lambda\boldsymbol{I}-\boldsymbol{A})=\Pi(\lambda)=\lambda^n+a_{n-1}\lambda^{n-1}+\cdots+a_1\lambda+a_0=0 \tag{2.23}$$

式中：$\Pi(\lambda)$ 为方阵 $\boldsymbol{A}$ 的特征多项式。根据 Cayley-Hamilton 定理，矩阵 $\boldsymbol{A}$ 也满足特征多项式，即

$$\Pi(\boldsymbol{A})=\boldsymbol{A}^n+a_{n-1}\boldsymbol{A}^{n-1}+\cdots+a_1\boldsymbol{A}+a_0\boldsymbol{I}_n=0$$

如果方阵 $\boldsymbol{A}$ 的特征值各不相等，即 $\lambda_k\neq\lambda_h(k\neq h)$，存在 n 个特征向量 $\boldsymbol{v}_k$，且线性无关，那么这些特征向量构成一组基。若特征值是复数，则对应的特征向量的坐标也为复数。特征向量可以被归一化为单位矢量，并按特征值的排列顺序将对应的单位列向量组建为矩阵 $\boldsymbol{V}$。n 个形式为 $\boldsymbol{A}\boldsymbol{v}_k=\lambda_k\boldsymbol{v}_k$ 的特征向量方程，可以联立为如下的矩阵方程。

$$\boldsymbol{A}\boldsymbol{V}=\boldsymbol{V}\Lambda_{\boldsymbol{A}},\Lambda_{\boldsymbol{A}}=\mathrm{diag}(\Lambda(\boldsymbol{A})) \tag{2.24}$$

式中：$\Lambda_{\boldsymbol{A}}=\mathrm{diag}(\Lambda(\boldsymbol{A}))$ 为对角矩阵，其主对角线即为按特定顺序排列的特征值。由于 $\boldsymbol{V}$ 是基矩阵，式（2.24）可以改写为 $\boldsymbol{A}=\boldsymbol{V}\Lambda_{\boldsymbol{A}}\boldsymbol{V}^{-1}$ 或 $\Lambda_{\boldsymbol{A}}=\boldsymbol{V}^{-1}\boldsymbol{A}\boldsymbol{V}$。第二个等式 $\Lambda_{\boldsymbol{A}}=\boldsymbol{V}^{-1}\boldsymbol{A}\boldsymbol{V}$，是矩阵 $\boldsymbol{A}$ 的相似变换。我们说，$\Lambda_{\boldsymbol{A}}$ 和 $\boldsymbol{A}$ 相似。第一个等式 $\boldsymbol{A}=\boldsymbol{V}\Lambda_{\boldsymbol{A}}\boldsymbol{V}^{-1}$，可以看作矩阵 $\boldsymbol{A}$ 的特征向量分解形式。如下的两个等式，将方阵的行列式、迹与特征值联系起来。

$$\det\boldsymbol{A}=\prod_{k=1}^{n}\lambda_k,\mathrm{tr}\boldsymbol{A}=\sum_{k=1}^{n}a_{kk}=\sum_{k=1}^{n}\lambda_k \tag{2.25}$$

考虑方阵的转置 $\boldsymbol{A}^{\mathrm{T}}$，并假定其特征值各不相同。特征向量分解形式可以写作 $\boldsymbol{A}^{\mathrm{T}}=\boldsymbol{U}\Lambda(\boldsymbol{A}^{\mathrm{T}})\boldsymbol{U}^{-1}$，其中 $\boldsymbol{U}=[\boldsymbol{u}_1\ \cdots\ \boldsymbol{u}_k\ \cdots\ \boldsymbol{u}_n]$ 是 $\boldsymbol{A}^{\mathrm{T}}$ 的特征向量矩阵。转置矩阵的特征向量，满足特征向量方程 $\boldsymbol{u}_k^{\mathrm{T}}\boldsymbol{A}=\lambda_k\boldsymbol{u}_k^{\mathrm{T}},k=1,2,\cdots,n$，因而也被称为左特征向量。很容易证明下面的等式：

$$\boldsymbol{V}^{-1}=\boldsymbol{U}^{\mathrm{T}},\Lambda(\boldsymbol{A}^{\mathrm{T}})=\Lambda(\boldsymbol{A}) \tag{2.26}$$

式（2.26）表明，$\boldsymbol{A}^{\mathrm{T}}$ 的特征值与 $\boldsymbol{A}$ 的特征值相同，且 $\boldsymbol{V}^{-1}$ 的行向量即是 $\boldsymbol{A}^{\mathrm{T}}$ 的特征向量。由于左、右特征向量满足 $\boldsymbol{V}\boldsymbol{U}^{\mathrm{T}}=\boldsymbol{V}\boldsymbol{V}^{-1}=\boldsymbol{I}$，因此也被称为互倒向量。根据式（2.26），矩阵 $\boldsymbol{A}$ 的特征向量分解形式可以表示为右、左特征向量的外积加权和：

$$\boldsymbol{A}=\boldsymbol{V}\Lambda(\boldsymbol{A})\boldsymbol{U}^{\mathrm{T}}=\sum_{k=1}^{n}\lambda_k\boldsymbol{v}_k\boldsymbol{u}_k^{\mathrm{T}} \tag{2.27}$$

对称矩阵 $\boldsymbol{A}\in\mathbb{R}^{n\times n}$ 满足 $\boldsymbol{A}=\boldsymbol{A}^{\mathrm{T}}$，具有 n 个实数特征值，实的正交特征向量满足 $\boldsymbol{v}_k^{\mathrm{T}}\boldsymbol{v}_k=1$ 且 $\boldsymbol{v}_k^{\mathrm{T}}\boldsymbol{v}_h=0,k\neq h$。利用矩阵符号，可以写作 $\boldsymbol{V}^{-1}=\boldsymbol{V}^{\mathrm{T}}$ 或 $\boldsymbol{V}^{\mathrm{T}}\boldsymbol{V}=\boldsymbol{I}_n$。对于任一方阵 $\boldsymbol{V}$，如果其列向量 $\boldsymbol{v}_k$ 都相互正交，那么称 $\boldsymbol{V}$ 为正交矩阵。由于 $\boldsymbol{V}\boldsymbol{V}^{\mathrm{T}}=\boldsymbol{V}^{\mathrm{T}}\boldsymbol{V}=\boldsymbol{I}$，$\boldsymbol{V}$ 矩阵的各行也是相互正交的。对于正交矩阵，另一个更合适的称谓是规范正交矩阵（orthonormal），但此称谓很少使用。运用式（2.24），对称矩阵可以分解为 $\boldsymbol{A}=\boldsymbol{V}\Lambda_{\boldsymbol{A}}\boldsymbol{V}^{\mathrm{T}}$。式（2.10）中的投影矩阵是对称阵。

满足 $\boldsymbol{A}^{\mathrm{T}}=-\boldsymbol{A}$ 的矩阵 $\boldsymbol{A}$，称为反对称矩阵。式（2.13）中的叉乘算子 $\boldsymbol{V}_{\times}$，即为反对称矩阵。

对称矩阵与矩阵的二次型 $q(\boldsymbol{x})=\boldsymbol{x}^{\mathrm{T}}\boldsymbol{A}\boldsymbol{x}$ 联系密切，其中 $\boldsymbol{A}\in\mathbb{R}^{n\times n}$。事实上，由于 $\boldsymbol{x}^{\mathrm{T}}\boldsymbol{A}\boldsymbol{x}=\boldsymbol{x}^{\mathrm{T}}\boldsymbol{A}^{\mathrm{T}}\boldsymbol{x}$，任何一个方阵都可以表示为对称矩阵$(\boldsymbol{A}+\boldsymbol{A}^{\mathrm{T}})/2$ 与反对称矩阵$(\boldsymbol{A}-\boldsymbol{A}^{\mathrm{T}})/2$ 之和。仅对称部分体现在二次型中，即

$$q(\boldsymbol{x})=\boldsymbol{x}^{\mathrm{T}}\boldsymbol{A}\boldsymbol{x}=\boldsymbol{x}^{\mathrm{T}}\frac{\boldsymbol{A}+\boldsymbol{A}^{\mathrm{T}}}{2}\boldsymbol{x} \tag{2.28}$$

若 $\boldsymbol{x}^{\mathrm{T}}\boldsymbol{A}\boldsymbol{x}\geqslant 0$，具有正数（非负）特征值的对称矩阵，被称为正定（半正定）矩阵。具有负数（非正）特征值的对称矩阵，被称为负定（半负定）矩阵，且有 $\boldsymbol{x}^{\mathrm{T}}\boldsymbol{A}\boldsymbol{x}\leqslant 0$。利用特征向量分解，二次型可以转化为标准型，方法是使用转换后的矢量 $\boldsymbol{z}=\boldsymbol{V}^{\mathrm{T}}\boldsymbol{x}$ 代替 $\boldsymbol{x}$。假设 $\boldsymbol{A}$ 是对称阵，利用 $A=\boldsymbol{V}\Lambda_{A}\boldsymbol{V}^{\mathrm{T}}$，一般化的特征值可以表示为 $\lambda_k=s_k\rho_k^{-2}$，其中 $s_k=\mathrm{sgn}(\lambda_k)$。$\boldsymbol{z}$ 的一般化的坐标值可以表示为 z_k，可以用如下的系列等式导出标准型。

$$q(\boldsymbol{x})=\boldsymbol{x}^{\mathrm{T}}\boldsymbol{A}\boldsymbol{x}=\boldsymbol{x}^{\mathrm{T}}\boldsymbol{V}\Lambda_{A}\boldsymbol{V}^{\mathrm{T}}\boldsymbol{x}=\sum_{k=1}^{n}s_k\frac{z_k^2}{\rho_k^2} \tag{2.29}$$

对于半正定的矩阵 $\boldsymbol{A}$，$s_k\geqslant 0, k=1,2,\cdots,n$，方程 $q(\boldsymbol{x})=q_0$ 描述了一个中心在原点的 n 维椭圆。对于 $n=2$ 的情形，$q(\boldsymbol{x})$是抛物线，其包络线是 $q(\boldsymbol{x})=q_0$ 定义的椭圆。各个特征向量 $\boldsymbol{v}_k$ 构成椭圆的主轴，且 ρ_k 是椭圆沿 $\boldsymbol{v}_k$ 方向的半长轴。n 个等式 $\rho_k=\rho, k=1,2,\cdots,n$，定义了半径为 ρ 的球。

在 7.4 节中，有一个 $n\times m$ 的范德蒙矩阵 $\boldsymbol{V}$。该矩阵的每行都是 n 个实系数的、0 到 $m-1$ 阶几何级数。

$$\boldsymbol{V}=\begin{bmatrix} 1 & \cdots & \alpha_1^{j-1} & \cdots & \alpha_1^{m-1} \\ \vdots & & \vdots & & \vdots \\ 1 & \cdots & \alpha_i^{j-1} & \cdots & \alpha_i^{m-1} \\ \vdots & & \vdots & & \vdots \\ 1 & \cdots & \alpha_n^{j-1} & \cdots & \alpha_n^{m-1} \end{bmatrix} \tag{2.30}$$

转置矩阵 $\boldsymbol{V}^{\mathrm{T}}$ 也是范德蒙矩阵。如果 $\boldsymbol{V}$ 是方阵，其行列式的值为

$$\det\boldsymbol{V}=\prod_{1\leqslant i<j\leqslant n}(\alpha_j-\alpha_i) \tag{2.31}$$

这表明当且仅当所有的系数 α_i 都不相同时，范德蒙矩阵才是可逆矩阵。

2.3.2 正常正交矩阵

一个实的正交矩阵 $\boldsymbol{V}\in\mathbb{R}^{n\times n}$可以看作是对某个矢量的变换，而且该变换不影响矢量的长度和矢量的内积。换言之，通过正交矩阵的变换后，矢量只发生了方向的旋转。

$$\begin{cases}\boldsymbol{v}^{\mathrm{T}}\boldsymbol{V}^{\mathrm{T}}\boldsymbol{V}\boldsymbol{v}=\boldsymbol{v}^{\mathrm{T}}\boldsymbol{v} \\ \boldsymbol{v}_1^{\mathrm{T}}\boldsymbol{V}^{\mathrm{T}}\boldsymbol{V}\boldsymbol{v}_2=\boldsymbol{v}_1^{\mathrm{T}}\boldsymbol{v}_2\end{cases} \tag{2.32}$$

这意味着 $\boldsymbol{V}$ 满足

$$\boldsymbol{V}^{\mathrm{T}}\boldsymbol{V}=\boldsymbol{V}\boldsymbol{V}^{\mathrm{T}}=\boldsymbol{V}^{-1}\boldsymbol{V}=\boldsymbol{V}\boldsymbol{V}^{-1}=\boldsymbol{I}_n\Rightarrow\boldsymbol{V}^{-1}=\boldsymbol{V}^{\mathrm{T}} \tag{2.33}$$

在正交矩阵 $\boldsymbol{V}\in\mathbb{R}^{n\times n}$ 的集合上，矩阵乘法是封闭的，因此也构成了正交群 $O(n)$。事实上，给定两个正交矩阵 $\boldsymbol{V}$ 和 U，会发现

$$(\boldsymbol{V}U)(\boldsymbol{V}U)^{\mathrm{T}}=\boldsymbol{V}UU^{\mathrm{T}}\boldsymbol{V}^{\mathrm{T}}=I \tag{2.34}$$

由于 $\det(\boldsymbol{V}^{\mathrm{T}}\boldsymbol{V})=(\det\boldsymbol{V})^2=1$，因此 $\det\boldsymbol{V}=\pm1$。所有行列式 $\det\boldsymbol{V}=\pm1$ 的正交矩阵集合，是正交群 $O(n)$ 的子群，称为特殊正交矩阵群，记作 $SO(n)$。$SO(n)$ 中的矩阵称为正常旋转或旋转，它们也被冠以正常正交矩阵的名称，往往用符号 $\boldsymbol{R}$ 表示。$O(n)$ 上的矩阵，如果行列式值为负，就表示关于某个平面的镜像关系。例如，$\boldsymbol{V}=\mathrm{diag}\{1,1,-1\}\in O(3)$ 表示三维矢量关于 $\{x,y\}$ 平面的镜像变换。因为 $\det(\boldsymbol{V}_1\boldsymbol{V}_2)=\det(\boldsymbol{V}_1)\det(\boldsymbol{V}_2)$，两个连续镜像变换的结果相当于一个旋转变换。

下面的定理是 2.6.4 节欧拉旋转定理的引入性介绍。将会用到式（2.12）中矢量的共轭转置关系，即 $\boldsymbol{v}^*=\bar{\boldsymbol{v}}^{\mathrm{T}}$。

定理 1：三维正交矩阵 $\boldsymbol{R}$ 的特征值 $\lambda_k(\boldsymbol{R}),k=1,2,3$，分布在复平面内的单位圆上，即 $|\lambda_k|=1,\forall k$。可以更具体地表述为：在 $0\leqslant\vartheta\leqslant\pi$ 的范围内，$\lambda_1=\pm1$，$\lambda_2=\mathrm{e}^{\mathrm{j}\vartheta}$ 及 $\lambda_3=\mathrm{e}^{-\mathrm{j}\vartheta}$。与各特征值对应的单位特征向量 $\{\boldsymbol{v}_1,\boldsymbol{v}_2,\boldsymbol{v}_3\}$，在三维复数空间 $\mathbb{C}^3$ 中相互正交，即 $j\neq k$ 时，$\boldsymbol{v}_j^*\boldsymbol{v}_k=0$，$j=k=1,2,3$ 时，$\boldsymbol{v}_k^*\boldsymbol{v}_k=1$。更具体地表述为：$\boldsymbol{v}_1$ 是实矢量，$\boldsymbol{v}_2=\bar{\boldsymbol{v}}_3$ 互为共轭复矢量。$\sqrt{2}\boldsymbol{v}_2=\sqrt{2}(\boldsymbol{a}+\mathrm{j}\boldsymbol{b})$ 的实部、虚部与 $\boldsymbol{v}_1$，三者一起共同构成了右手笛卡儿坐标系 $\mathscr{C}=\{O,\boldsymbol{c}_1=\boldsymbol{v}_1,\boldsymbol{c}_2=\sqrt{2}\boldsymbol{b},\boldsymbol{c}_3=\sqrt{2}\boldsymbol{a}\}$。

证明：根据特征向量方程 $\boldsymbol{R}\boldsymbol{v}=\lambda\boldsymbol{v}$ 的标量积，可得出如下的系列等式。

$$\begin{aligned}&\boldsymbol{v}^*\boldsymbol{R}^{\mathrm{T}}\boldsymbol{R}\boldsymbol{v}=\bar{\lambda}\lambda\boldsymbol{v}^*\boldsymbol{v}=|\lambda|^2\boldsymbol{v}^*\boldsymbol{v}\\&\boldsymbol{v}^*\boldsymbol{v}=|\lambda|^2\boldsymbol{v}^*\boldsymbol{v}\\&|\lambda|^2=1\end{aligned} \tag{2.35}$$

以特征值为未知数，上述等式的解为：在 $0\leqslant\vartheta\leqslant\pi$ 的范围内，$\lambda_1=\pm1$，$\lambda_{2,3}=\mathrm{e}^{\mathrm{j}\vartheta}$。先假定 $\vartheta>0$。两个不同的特征向量点乘，得到新的等式序列：

$$\boldsymbol{v}_k^*\boldsymbol{v}_j=\lambda_k\bar{\lambda}_k\boldsymbol{v}_k^*\boldsymbol{v}_j=\lambda_k\boldsymbol{v}_k^*\boldsymbol{R}\boldsymbol{v}_j=\lambda_k\lambda_j\boldsymbol{v}_k^*\boldsymbol{v}_j \tag{2.36}$$

由于 $\lambda_k\lambda_j\neq1$，意味着 $\boldsymbol{v}_k^*\boldsymbol{v}_j=0$。进而，因为 $\boldsymbol{v}_2=\boldsymbol{a}+\mathrm{j}\boldsymbol{b}$ 正交于 $\boldsymbol{v}_3=\bar{\boldsymbol{v}}_2=\boldsymbol{a}-\mathrm{j}\boldsymbol{b}$，换言之，$\boldsymbol{v}_3^*\boldsymbol{v}_2=\boldsymbol{v}_3^{\mathrm{T}}\boldsymbol{v}_2=0$，练习 3 已经证明：$\boldsymbol{a}\cdot\boldsymbol{b}=0$，$\sqrt{2}|\boldsymbol{a}|=\sqrt{2}|\boldsymbol{b}|=1$。按右手顺序定义的平面 $\{\boldsymbol{a},\boldsymbol{b}\}$ 对应于 $\boldsymbol{v}_1$ 轴，即第一个轴。绕 $\boldsymbol{v}_1$ 旋转 $\vartheta=\pi/2$，使得第二个轴转向第三个轴。根据如下等式：

$$\boldsymbol{R}(\boldsymbol{a}+\mathrm{j}\boldsymbol{b})=\mathrm{e}^{\mathrm{j}\vartheta}(\boldsymbol{a}+\mathrm{j}\boldsymbol{b})=\cos\vartheta\boldsymbol{a}-\sin\vartheta\boldsymbol{b}+\mathrm{j}(\sin\vartheta\boldsymbol{a}+\cos\vartheta\boldsymbol{b}) \tag{2.37}$$

按 $\vartheta=\pi/2$ 计算，可以发现 $\boldsymbol{b}$ 转向 $\boldsymbol{a}$，第二个矢量是 $\sqrt{2}\boldsymbol{b}$，如图 2.4 所示。因此，矢量的原点 O 和三元组 $\{\boldsymbol{c}_1=\boldsymbol{v}_1,\boldsymbol{c}_2=\sqrt{2}\boldsymbol{b},\boldsymbol{c}_3=\sqrt{2}\boldsymbol{a}\}$ 构成笛卡儿坐标系。当 $\vartheta=0$ 及行列式 $\det\boldsymbol{R}=1$ 时，3 个特征值都等于 1，意味着 $\boldsymbol{R}=\boldsymbol{I}_3$。如果行列式 $\det\boldsymbol{R}=1$，那么 $\lambda_1=1$（正常旋转）；如果行列式 $\det\boldsymbol{R}=-1$，那么 $\lambda_1=-1$。

1. 几何解释

上述代数推理结果，可以通过几何图形给出解释。当 $\boldsymbol{R}$ 的行列式 $\det\boldsymbol{R}=1$ 时，由 $\boldsymbol{R}$ 描述的转动关系，如图 2.4 所示。根据图形，可以证明如下结果。

（1）三维矢量，经过 $\boldsymbol{R}$ 产生旋转变换，其旋转轴是唯一的实特征向量 $\boldsymbol{v}_1$ 轴。$\boldsymbol{v}_1$ 轴也称为 $\boldsymbol{R}$ 的旋转轴或欧拉轴。

(2) 被旋转的矢量 $\boldsymbol{Ru}$，在一个正交于 $\boldsymbol{v}_1$ 的平面的移动。换言之，在组合 $\{\boldsymbol{b},\boldsymbol{a}\}$ 张成的正交平面 Π 上，只有正交投影 $\boldsymbol{u}_{\perp}=\boldsymbol{u}-(\boldsymbol{u}\cdot\boldsymbol{v}_1)\boldsymbol{v}_1$ 在旋转。

(3) 正交投影 $\boldsymbol{u}_{\perp}$ 转动的角度为 ϑ，是 $\boldsymbol{R}$ 的特征向量虚部的指数部分。角度的正方向（逆时针）是从 $\boldsymbol{b}$ 到 $\boldsymbol{a}$。ϑ 称为 $\boldsymbol{R}$ 的主旋转角。

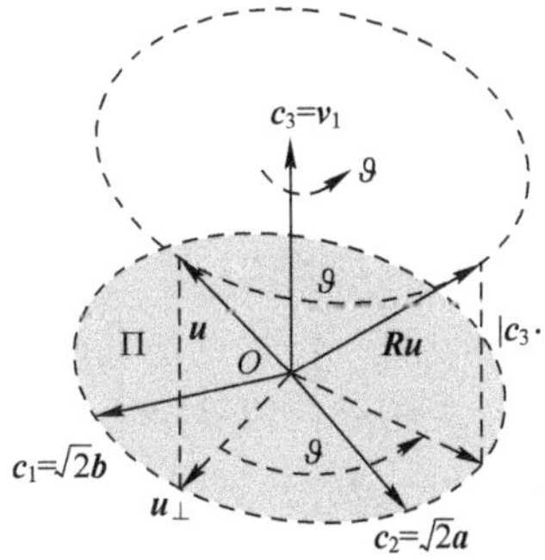

图 2.4　正常正交矩阵特征向量定义的笛卡儿坐标系

在行列式 $\det R=-1$ 的非正常情形下，与 $\boldsymbol{v}_1$ 平行的矢量分量关于平面 Π 形成镜像变换。组合 $\{\boldsymbol{b},\boldsymbol{a}\}$ 张成平面 Π。在平面 Π 上的分量，绕 $\boldsymbol{v}_1$ 轴转动 ϑ。

在 $\boldsymbol{v}_k^*\boldsymbol{v}_j=0$，$k\neq j$ 和 $\boldsymbol{v}_k^*\boldsymbol{v}_k=1$ 的前提下，将特征向量 $\{\boldsymbol{v}_1,\boldsymbol{v}_2,\boldsymbol{v}_3=\bar{\boldsymbol{v}}_2\}$ 整理为复数矩阵 $\boldsymbol{V}=[\boldsymbol{v}_1\quad \boldsymbol{v}_2\quad \bar{\boldsymbol{v}}_2]$ 的形式，有如下矩阵等式成立：$V^{-1}=V^*=\bar{V}^{\mathrm{T}}$。式（2.24）中的特征值/特征向量等式表明，行列式 $\det\boldsymbol{R}=1$ 的正常旋转变换 $\boldsymbol{R}$ 等同于下面的特征值对角矩阵。

$$\boldsymbol{R}=\boldsymbol{V}\begin{bmatrix}1 & 0 & 0\\ 0 & \mathrm{e}^{\mathrm{j}\vartheta} & 0\\ 0 & 0 & \mathrm{e}^{-\mathrm{j}\vartheta}\end{bmatrix}\boldsymbol{V}^* \tag{2.38}$$

由于 $\boldsymbol{R}$ 是实数矩阵，式（2.38）的虚部为 0。根据式（2.27），式（2.38）可以简化为 $\boldsymbol{R}=\boldsymbol{v}_1\boldsymbol{v}_1^{\mathrm{T}}+2\mathrm{Re}(\mathrm{e}^{\mathrm{j}\vartheta}\boldsymbol{v}_2\bar{\boldsymbol{v}}_2^{\mathrm{T}})$。通过运算变换，$\boldsymbol{R}$ 的实数形式为

$$\boldsymbol{R}=\boldsymbol{C}\begin{bmatrix}\cos\vartheta & -\sin\vartheta & 0\\ \sin\vartheta & \cos\vartheta & 0\\ 0 & 0 & 1\end{bmatrix}\boldsymbol{C}^{\mathrm{T}}=\boldsymbol{CZ}(\vartheta)\boldsymbol{C}^{\mathrm{T}} \tag{2.39}$$

式中：$\boldsymbol{C}=[\boldsymbol{c}_1\quad \boldsymbol{c}_2\quad \boldsymbol{c}_3]=[\sqrt{2}\boldsymbol{b}\quad \sqrt{2}\boldsymbol{a}\quad \boldsymbol{v}_1]$ 为 $\mathcal{C}$ 的基矩阵。矩阵 $\boldsymbol{Z}(\vartheta)$ 是一个特殊旋转矩阵，其形式明确指出了旋转轴和旋转角度。此处的旋转轴是第三个轴（z 轴，也是极轴）。第一个特征向量 $\boldsymbol{v}_1$ 被选作基底中的第三个轴。旋转角 ϑ 的三角函数构成矩阵的元素。

在一般矢量 $\boldsymbol{u}$ 上左乘 $\boldsymbol{R}$，得到

$$\boldsymbol{r}=\boldsymbol{Ru}=\begin{bmatrix}\cos\vartheta(\boldsymbol{c}_1\cdot\boldsymbol{u})\boldsymbol{c}_1-\sin\vartheta(\boldsymbol{c}_2\cdot\boldsymbol{u})\boldsymbol{c}_2\\ \sin\vartheta(\boldsymbol{c}_1\cdot\boldsymbol{u})\boldsymbol{c}_1+\cos\vartheta(\boldsymbol{c}_2\cdot\boldsymbol{u})\boldsymbol{c}_2\\ (\boldsymbol{c}_3\cdot\boldsymbol{u})\boldsymbol{c}_3\end{bmatrix} \tag{2.40}$$

点乘 $\boldsymbol{c}_k\cdot\boldsymbol{u}$ 表示矢量 $\boldsymbol{u}$ 在单位矢量 $\boldsymbol{c}_k(k=1,2,3)$ 上的正交投影。第三行表明，$\boldsymbol{u}$ 沿旋转轴 $\boldsymbol{c}_3=\boldsymbol{v}_1$ 方向的分量，保持不变。而正交平面 $\Pi=\{\boldsymbol{c}_1,\boldsymbol{c}_2\}$ 上的分量，都依逆时针方向转动了 ϑ 角度。结果是：矢量 $\boldsymbol{u}$ 的端点在平行于 Π、且与 Π 相距 $|\boldsymbol{c}_3\cdot\boldsymbol{u}|$ 的平面内

发生了移动，如图 2.4 所示。

2. 欧拉初等旋转变换

式（2.39）中矩阵 $\boldsymbol{Z}(\vartheta)$ 是 3 种欧拉初等旋转矩阵中的一种形式。欧拉初等变换是构建任何三维旋转的基石，另外两种初等旋转矩阵 $\boldsymbol{X}(\vartheta)$ 和 $\boldsymbol{Y}(\vartheta)$，可以通过对 $\{\sqrt{2}\boldsymbol{b},\sqrt{2}\boldsymbol{a},\boldsymbol{v}_1\}$ 的重新排序得到。$\boldsymbol{R}$ 的旋转轴，要么是 $\{\boldsymbol{v}_1,\sqrt{2}\boldsymbol{b},\sqrt{2}\boldsymbol{a}\}$ 的第一个轴，要么是 $\{\sqrt{2}\boldsymbol{a},\boldsymbol{v}_1,\sqrt{2}\boldsymbol{b}\}$ 的第二个轴。

练习 11：

证明：$\boldsymbol{X}(\vartheta)$ 和 $\boldsymbol{Y}(\vartheta)$ 具有如下的表达形式：

$$\boldsymbol{X}(\vartheta)=\begin{bmatrix}1 & 0 & 0\\ 0 & \cos\vartheta & -\sin\vartheta\\ 0 & \sin\vartheta & \cos\vartheta\end{bmatrix},\boldsymbol{Y}(\vartheta)=\begin{bmatrix}\cos\vartheta & 0 & \sin\vartheta\\ 0 & 1 & 0\\ -\sin\vartheta & 0 & \cos\vartheta\end{bmatrix} \tag{2.41}$$

且 $\boldsymbol{X}(\vartheta)$、$\boldsymbol{Y}(\vartheta)$ 和 $\boldsymbol{Z}(\vartheta)$ 的旋转轴是单位元素 1 所在的列。相应地，参考坐标系是 $\mathbb{R}^3$ 的自然笛卡儿坐标系。

需要注意的是，在某些教材中，$\boldsymbol{X}(\vartheta)$、$\boldsymbol{Y}(\vartheta)$ 和 $\boldsymbol{Z}(\vartheta)$ 的元素 $\sin\vartheta$ 前面的符号与式（2.39）和式（2.41）中的相反，具体表示为

$$\boldsymbol{X}_{-}(\vartheta)=\begin{bmatrix}1 & 0 & 0\\ 0 & \cos\vartheta & \sin\vartheta\\ 0 & -\sin\vartheta & \cos\vartheta\end{bmatrix},\boldsymbol{Y}_{-}(\vartheta)=\begin{bmatrix}\cos\vartheta & 0 & -\sin\vartheta\\ 0 & 1 & 0\\ \sin\vartheta & 0 & \cos\vartheta\end{bmatrix}$$

$$\boldsymbol{Z}_{-}(\vartheta)=\begin{bmatrix}\cos\vartheta & \sin\vartheta & 0\\ -\sin\vartheta & \cos\vartheta & 0\\ 0 & 0 & 1\end{bmatrix} \tag{2.42}$$

在式（2.42）中，特意加了“负号”下标。式（2.39）和式（2.41）中的正负号选择，将在 2.6.4 节的构造部分予以解释。

练习 12：

证明：对于任意角度 ψ，有 $\boldsymbol{Z}(\vartheta+\psi)=\boldsymbol{Z}(\vartheta)\boldsymbol{Z}(\psi)=\boldsymbol{Z}(\psi)\boldsymbol{Z}(\vartheta)$ 及 $\boldsymbol{Z}(-\vartheta)=\boldsymbol{Z}^{\mathrm{T}}(\vartheta)$。

练习 13：

给定式（2.4）中单位矢量 $\boldsymbol{r}/r$ 的球坐标，证明下面的等式成立，并给出几何解释。

$$\begin{bmatrix}\cos\alpha\sin\beta\\ \sin\alpha\sin\beta\\ \cos\beta\end{bmatrix}=\boldsymbol{Z}(\alpha)\boldsymbol{Y}(\beta)\begin{bmatrix}0\\ 0\\ 1\end{bmatrix} \tag{2.43}$$

由于 3 个旋转角度各不相同，欧拉初等旋转用下面的符号表示。

$$\boldsymbol{X}(\varphi),\boldsymbol{Y}(\theta),\boldsymbol{Z}(\psi) \tag{2.44}$$

或者简单标记为 1 号、2 号和 3 号旋转。3 个角度 $\{\phi,\theta,\psi\}$ 即为欧拉角。

式（2.39）的分解表示形式反映出三维正常正交矩阵的另一个重要性质，正如下面的定理展示的，正交矩阵可以用 3 个合适的欧拉角表征。

定理 2：任何三维的正常正交矩阵 $\boldsymbol{R}$，可以表示为 3 个适当的欧拉角特定形式。在某个观测者坐标系 $\mathscr{E}$ 中，$\boldsymbol{R}$ 的旋转轴 $c_3=v_1$，球坐标为 $\{\alpha,\beta\}$。若 $\boldsymbol{R}$ 有复数特征值，则 ϑ 为其指数部分。

证明：根据式（2.43），旋转轴 $\boldsymbol{c}_3=\boldsymbol{v}_1$ 在任意的观测者坐标系 $\mathcal{E}$ 中可以写作 $\boldsymbol{v}_1=\boldsymbol{Z}(\alpha)\boldsymbol{Y}(\beta)\boldsymbol{e}_3$ 的形式，其中 $\boldsymbol{e}_3=[0,0,1]$。由于 $\{\boldsymbol{c}_1,\boldsymbol{c}_2\}$ 是一对正交矢量，这对矢量位于与 $\boldsymbol{c}_3,\boldsymbol{c}_k(k=1,2)$ 正交的平面内。$\boldsymbol{c}_k$ 可以写作 $\boldsymbol{c}_k=\boldsymbol{Z}(\alpha)\boldsymbol{Y}(\beta)\boldsymbol{Z}(\gamma)\boldsymbol{e}_k$，其中 $\boldsymbol{e}_1=[1,0,0]$，$\boldsymbol{e}_2=[0,1,0]$，且角度 γ 使 $\boldsymbol{Y}(-\beta)\boldsymbol{Z}(-\alpha)\boldsymbol{c}_k$ 与 $\boldsymbol{e}_k$ 对齐。因此，式（2.39）中的等式可以写为

$$\begin{aligned}&\boldsymbol{R}=\boldsymbol{C}\boldsymbol{Z}(\vartheta)\boldsymbol{C}^{\mathrm{T}}=\boldsymbol{Z}(\alpha)\boldsymbol{Y}(\beta)\boldsymbol{Z}(\gamma)I_3\boldsymbol{Z}(\vartheta)I_3\boldsymbol{Z}(-\gamma)\boldsymbol{Y}(-\beta)\boldsymbol{Z}(-\alpha)\\&I_3=[\boldsymbol{e}_1\quad \boldsymbol{e}_2\quad \boldsymbol{e}_3]\end{aligned}\tag{2.45}$$

练习 12 给出了最终的表达式为

$$\boldsymbol{R}(\alpha,\beta,\vartheta)=\boldsymbol{Z}(\alpha)\boldsymbol{Y}(\beta)\boldsymbol{Z}(\vartheta)\boldsymbol{Y}(-\beta)\boldsymbol{Z}(-\alpha)\tag{2.46}$$

这从另一个方面证明了上述定理。

作为定理 2 的一个必然结果，任何一个正常正交矩阵（正常旋转）可以由 3 个独立欧拉旋转相乘得到。此处，独立变换是指先后两个旋转，必须绕不同的旋转轴转动。在式（2.46）的基础上重新编排，可以得到正交矩阵 $\boldsymbol{R}(\alpha,\beta,\vartheta)\boldsymbol{Z}(\alpha)\boldsymbol{Y}(\beta)=\boldsymbol{Z}(\alpha)\boldsymbol{Y}(\beta)\boldsymbol{Z}(\vartheta)$，相乘的顺序可以自由定义。这也是三元集合 $\{\alpha,\beta,\vartheta\}$ 构成的独立欧拉旋转。如果改变式（2.43）的球坐标系，且变换特征向量的顺序，那么会得出另一种不同的旋转编排。

2.3.3 基变换

将式（2.1）的矢量形式拓展到 n 维的实数空间 $\mathbb{R}^n$，可以通过自然基将坐标矢量 $\boldsymbol{u}\in\mathbb{R}^n$ 和无坐标的矢量 $\vec{\boldsymbol{u}}$ 联系起来。自然基由正交的单位矢量集合 $\{\boldsymbol{e}_k,k=1,2,\cdots,n\}$ 构成。$\boldsymbol{e}_k=[0,\cdots,0,1,0,\cdots,0]$，即除了在第 k 个位置上为 1，其余的位置上都为 0。

$$\vec{\boldsymbol{u}}=\boldsymbol{E}\boldsymbol{u}=[\boldsymbol{e}_1\quad\cdots\quad\boldsymbol{e}_k\quad\cdots\quad\boldsymbol{e}_n]\begin{bmatrix}u_1\\ \vdots\\ u_k\\ \vdots\\ u_n\end{bmatrix},\quad u_k=\vec{\boldsymbol{u}}\cdot\boldsymbol{e}_k\tag{2.47}$$

根据式（2.47），正交矩阵 $\boldsymbol{V}$ 的任何单位矢量 $\boldsymbol{v}_k$，都可表示为

$$\vec{\boldsymbol{V}}=[\boldsymbol{v}_1\quad\cdots\quad\boldsymbol{v}_k\quad\cdots\quad\boldsymbol{v}_n]=\boldsymbol{E}\boldsymbol{V}\tag{2.48}$$

与式（2.47）类似，但采用一般性坐标 $u_{vk}=\boldsymbol{u}\cdot\boldsymbol{v}_k$，利用 $\boldsymbol{V}$ 可以将其改写为

$$\vec{\boldsymbol{u}}=\vec{\boldsymbol{V}}\boldsymbol{u}_v=[\boldsymbol{v}_1\quad\cdots\quad\boldsymbol{v}_k\quad\cdots\quad\boldsymbol{v}_n]\begin{bmatrix}u_{v1}\\ \vdots\\ u_{vk}\\ \vdots\\ u_{vn}\end{bmatrix}\tag{2.49}$$

利用式（2.47）和式（2.49）相等，在式（2.48）中根据右手法则替换 $\boldsymbol{V}$，再根据式（2.33）中一般正交矩阵 $\boldsymbol{O}(n)$ 有 $\boldsymbol{V}^{-1}=\boldsymbol{V}^{\mathrm{T}}$ 成立，可以得到基变换的等式。

$$\begin{aligned}&\vec{\boldsymbol{u}}=\boldsymbol{E}\boldsymbol{u}=\boldsymbol{E}\boldsymbol{V}\boldsymbol{u}_v\\&\boldsymbol{u}=V\boldsymbol{u}_v,\quad \boldsymbol{u}_v=\boldsymbol{V}^{\mathrm{T}}\boldsymbol{u}\end{aligned}\tag{2.50}$$

式（2.50）中第二行的方程很有用。它们表示从 $\mathcal{V}$ 到 $\mathcal{E}$ 的基变换，以及从 $\mathcal{E}$ 到 $\mathcal{V}$ 的反变换。在式（2.50）的启发下，由式（2.32）可知，距离运算和内积运算与坐标矢量的基无关。内积可以通用化地表示为 $\boldsymbol{u}^{\mathrm{T}}\boldsymbol{W}\boldsymbol{v}$，其中 $\boldsymbol{W}$ 是任意的 $n\times n$ 方阵。正如式（2.29）所表示的，根据 $\boldsymbol{V}^{\mathrm{T}}$ 导出的 $\boldsymbol{u}$ 和 $\boldsymbol{v}$ 的基变换，反映了如下 $\boldsymbol{W}$ 的等效变换。

$$\boldsymbol{u}^{\mathrm{T}}\boldsymbol{V}\boldsymbol{V}^{\mathrm{T}}\boldsymbol{W}\boldsymbol{V}\boldsymbol{V}^{\mathrm{T}}\boldsymbol{v}=\boldsymbol{u}_v^{\mathrm{T}}\boldsymbol{V}^{\mathrm{T}}\boldsymbol{W}\boldsymbol{V}\boldsymbol{v}_v \tag{2.51}$$

练习 14：

证明： 变换后的三维矢量 $\boldsymbol{V}^{\mathrm{T}}\boldsymbol{u}$ 的叉乘矩阵，与矢量叉乘之后的变换式等价。也就是说，类似式（2.51），有

$$(\boldsymbol{V}^{\mathrm{T}}\boldsymbol{u})\times=\boldsymbol{V}^{\mathrm{T}}(\boldsymbol{u}\times)\boldsymbol{V} \tag{2.52}$$

针对式（2.50），可以给出两种不同的解释。

1. 坐标变换

第一种解释更为实际：正交矩阵 $\boldsymbol{V}$ 将矢量 $\boldsymbol{u}$ 的坐标从 $\mathcal{V}$ 系变换到 $\mathcal{E}$ 系；而转置的正交矩阵 $\boldsymbol{V}^{\mathrm{T}}$ 则将坐标从 $\mathcal{E}$ 系变换到 $\mathcal{V}$ 系。换言之，$\boldsymbol{u}$ 和 $\boldsymbol{u}_v$ 是同一个矢量 $\boldsymbol{u}$ 在不同的坐标系中投影的坐标值。在坐标矢量 $\boldsymbol{u}$ 的下标加上基底符号（矢量矩阵的小写字母，如用 v 代表 $\boldsymbol{V}$），是一个较好的表示方法。考虑两个正交基 $\mathcal{A}=\{\boldsymbol{a}_k\}$ 和 $\mathcal{B}=\{\boldsymbol{b}_k\}$，将式（2.50）推广到 $\mathbb{R}^n$ 中的任一变换，令它们的基矩阵为 $\boldsymbol{A}$ 和 $\boldsymbol{B}$，基矩阵的列表示为 $\mathcal{E}$ 中的坐标矢量 $\boldsymbol{a}_k$ 和 $\boldsymbol{b}_k$。给定一个矢量 $\boldsymbol{u}$，利用式（2.50）可将 $\mathcal{B}$ 变换到 $\mathcal{E}$ 中，再将 $\mathcal{E}$ 变换到 $\mathcal{A}$ 中，得到如下等式。

$$\begin{cases}\boldsymbol{u}_a=A^{\mathrm{T}}\boldsymbol{u}\\ \boldsymbol{u}=\boldsymbol{B}\boldsymbol{u}_b\end{cases} \tag{2.53}$$

在式（2.53）的第一行中，利用 $\boldsymbol{u}=\boldsymbol{B}\boldsymbol{u}_b$ 替换掉 $\boldsymbol{u}$，得到从 $\mathcal{B}$ 到 $\mathcal{A}$ 的变换矩阵 $\boldsymbol{R}_b^a$［式（2.54）的首行］及逆变换矩阵 $\boldsymbol{R}_a^b$［式（2.54）的第二行］。

$$\begin{cases}\boldsymbol{u}_a=\boldsymbol{A}^{\mathrm{T}}\boldsymbol{B}\boldsymbol{u}_b=\boldsymbol{R}_b^a\boldsymbol{u}_b\\ \boldsymbol{u}_b=(\boldsymbol{A}^{\mathrm{T}}\boldsymbol{B})^{-1}\boldsymbol{u}_a=(\boldsymbol{A}^{\mathrm{T}}\boldsymbol{B})^{\mathrm{T}}\boldsymbol{u}_a=\boldsymbol{B}^{\mathrm{T}}A\boldsymbol{u}_a=\boldsymbol{R}_a^b\boldsymbol{u}_a\end{cases} \tag{2.54}$$

在式（2.54）的第二行中，利用了正交矩阵的群属性，可以参见式（2.34）。符号 $\boldsymbol{R}_b^a$ 的表示方法非常标准化，可以自底向上读作：“*从下标 b 表示的 $\mathcal{B}$ 系，到上标 a 表示的 $\mathcal{A}$ 系的坐标变换*”。逆变换则是 $\boldsymbol{R}_b^a$ 的转置，也即 $(\boldsymbol{R}_b^a)^{-1}=(\boldsymbol{R}_b^a)^{\mathrm{T}}=\boldsymbol{R}_a^b$。由于 $\boldsymbol{R}_b^a$ 的第 k 个列矢量是 α 中 $\boldsymbol{b}_k$ 的坐标矢量 b_{ak}，式（2.54）可以写为

$$\boldsymbol{B}=\boldsymbol{A}\boldsymbol{R}_b^a,\quad \boldsymbol{A}=\boldsymbol{B}\boldsymbol{R}_a^b \tag{2.55}$$

我们用符号 $\boldsymbol{R}$ 表示坐标*旋转*，因为这里仅讨论行列式为 1 的*有理转动*（$\det\boldsymbol{R}=1$）。式（2.54）的*坐标转换*在拉丁文中解释为 alias，意味着“其他的”［图 2.5（b）］。这一坐标转换，也称为*被动变换*。

2. 矢量旋转

考虑 $\mathcal{A}=\{\boldsymbol{a}_k\}$ 系中，坐标矢量为 $\boldsymbol{u}_a$ 的某个矢量 $\boldsymbol{u}$，假定转动 $\boldsymbol{u}$ 得到一个新的矢量 $\boldsymbol{v}$。以坐标量转换的形式，可以记作 $\boldsymbol{v}_a=\boldsymbol{R}\boldsymbol{u}_a$，其中 $\boldsymbol{R}$ 必定为正交矩阵，$\boldsymbol{u}_a$ 的长度保持不变。现在，我们将同样的转动施加到 $\mathcal{A}$ 中的单位矢量 $\boldsymbol{a}_k,k=1,2,\cdots,n$。由于正交矩阵保持正交性，就会得到一个新的坐标系，记作 $\mathcal{B}=\{\boldsymbol{b}_k\}$。结果是，分别在 $\mathcal{A}$ 系和 $\mathcal{B}$ 系中的两个矢量 $\boldsymbol{u}$ 和 $\boldsymbol{v}$，具有相同的坐标矢量 $\boldsymbol{u}_a$，即

$$u = Au_a$$
$$v = Bu_a = Av_a = ARu_a \tag{2.56}$$

根据式（2.55），在式（2.56）的第二行中，用 AR_b^a 取代 B，可以得到如下等式。

$$v_a = Ru_a = R_b^a u_a \tag{2.57}$$

式（2.57）的意义是，在坐标系 $\mathscr{A}$ 中，转换矩阵 R_b^a 将 u_a 旋转成为 v_a。进一步的证明，可以假定 $u = e_k$ 或 $u_a = e_k$，其中 e_k 是 I_n 的第 k 列，而 I_n 又是 α 系中的自然基底矩阵，$A = I_n$。旋转之后的矢量为 $b_{ak} = R_b^a e_k$，是矩阵 $B = R_b^a$ 的第 k 列，其中 B 是 $\mathscr{B}$ 系的基矩阵。因而，R_b^a 将 $\mathscr{A}$ 旋转成 $\mathscr{B}$，在拉丁文中的新解释为 alibi，意味着“在别处”[图 2.5（a）]。这一坐标转换，也称为主动变换。

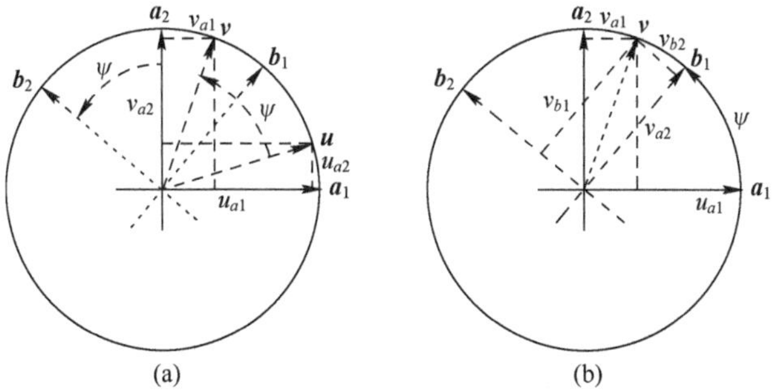

图 2.5　二维转动和变换

（a）坐标转换；（b）矢量旋转。

式（2.54）中的坐标变换，以及式（2.57）中的旋转运算，可以进一步推广到多个坐标系的变换序列和多次旋转运算。我们考虑坐标系序列 $\{\mathscr{E}_0 = \mathscr{E}, \mathscr{E}_1, \cdots, \mathscr{E}_k, \cdots, \mathscr{E}_n\}$，以及对应各坐标系的坐标矢量序列 $\{u_0, u_1, \cdots, u_k, \cdots, u_n\}$，$u_{k-1} = R_k^{k-1} u_k$ 表示从 $\mathscr{E}_k$ 到 $\mathscr{E}_{k-1}$ 的变换。从 $\mathscr{E}_n$ 到 $\mathscr{E}_0$ 的整体性变换 R_n^0，则按如下从右到左的乘积顺序表示为

$$u_0 = R_n^0 u_n = R_1^0 R_2^1 \cdots R_k^{k-1} \cdots R_n^{n-1} u_n \tag{2.58}$$

而从左到右的乘积顺序，则将 $\mathscr{E}_0$ 系的坐标轴转换到与 $\mathscr{E}_n$ 系的坐标轴重合。下述根据式（2.55）的矢量变换，证明了这一结论。

$$\begin{aligned}
E_1 &= E_0 R_0^1 \\
E_2 &= E_1 R_1^2 = E_0 R_0^1 R_1^2 = E_0 R_0^2 \\
&\vdots \\
E_{k+1} &= E_k R_k^{k+1} = E_0 R_0^1 R_1^2 \cdots R_k^{k+1} = E_0 R_0^{k+1} \\
&\vdots \\
E_n &= E_{n-1} R_{n-1}^n = E_0 R_0^1 R_1^2 \cdots R_k^{k+1} \cdots R_{n-1}^n = E_0 R_0^n
\end{aligned} \tag{2.59}$$

在本书中，专用术语 alias 和 alibi 将会被频繁用于区分变换和旋转。

3. 奇异值分解

给定一个实矩阵 $A = [a_1 \quad \cdots \quad a_k \quad \cdots \quad a_m] \in \mathbb{R}^{n \times m}$，以及两个对称且半正定的矩阵 $G_L = AA^{\mathrm{T}}$ 和 $G_R = A^{\mathrm{T}}A \neq AA^{\mathrm{T}}$。它们的特征向量分解形式满足

$$
\begin{aligned}
\boldsymbol{G}_L &= \boldsymbol{A}\boldsymbol{A}^{\mathrm{T}} = \boldsymbol{U}\Sigma\Sigma^{\mathrm{T}}\boldsymbol{U}^{\mathrm{T}} \\
\boldsymbol{G}_R &= \boldsymbol{A}^{\mathrm{T}}\boldsymbol{A} = \boldsymbol{V}\Sigma_R^2\boldsymbol{V}^{\mathrm{T}}
\end{aligned}
\tag{2.60}
$$

式中：$\boldsymbol{U}\in\mathbb{R}^{n\times n}$为$O(n)$群中的正交矩阵，对应$\boldsymbol{A}$的左奇异矢量；$\boldsymbol{V}\in\mathbb{R}^{m\times m}$为$O(m)$群中的正交矩阵，对应$\boldsymbol{A}$的右奇异矢量。假定$n\geqslant m$，$\boldsymbol{\Sigma}_R\in\mathbb{R}^{m\times m}$是非负的对角矩阵，且对角线元素均满足$\sigma_k\geqslant 0$，也即$\boldsymbol{A}$的奇异值。按照奇异值从大到小的顺序排列：

$$
\boldsymbol{\Sigma}_R = \mathrm{diag}(\sigma_1\geqslant\cdots\geqslant\sigma_k\geqslant\cdots\geqslant\sigma_m\geqslant 0)
\tag{2.61}
$$

式中：$\boldsymbol{\Sigma}\in\mathbb{R}^{n\times m}$为分块矩阵，其上部分块为$\boldsymbol{\Sigma}_R$，下部则为0。

$$
\boldsymbol{\Sigma} = \begin{bmatrix}\boldsymbol{\Sigma}_R \\ 0\end{bmatrix}
\tag{2.62}
$$

将$\boldsymbol{V}^{\mathrm{T}}\boldsymbol{V}$插入到式（2.60）的第一行中间，可以得到$\boldsymbol{A}$的奇异值分解，即

$$
\boldsymbol{A}\boldsymbol{A}^{\mathrm{T}} = \boldsymbol{U}\Sigma\boldsymbol{V}^{\mathrm{T}}\boldsymbol{V}\Sigma\boldsymbol{U}^{\mathrm{T}} \Rightarrow \boldsymbol{A} = \boldsymbol{U}\boldsymbol{\Sigma}\boldsymbol{V}^{\mathrm{T}}
\tag{2.63}
$$

如果$\boldsymbol{A}$是方阵，那么$\boldsymbol{\Sigma}=\boldsymbol{\Sigma}_R$成立。$\boldsymbol{A}\in\mathbb{R}^{n\times m}$的 Frobenius 范数 $\|\boldsymbol{A}\|_F$ 定义为

$$
\|\boldsymbol{A}\|_F = \sqrt{\mathrm{tr}(\boldsymbol{A}^{\mathrm{T}}\boldsymbol{A})} = \sqrt{\mathrm{tr}(\boldsymbol{A}\boldsymbol{A}^{\mathrm{T}})} = \sqrt{\sum_{k=1}^{n}\boldsymbol{a}_k\cdot\boldsymbol{a}_k} = \sqrt{\sum_{k=1}^{n}|\boldsymbol{a}_k|^2} = \sqrt{\sum_{k=1}^{n}\sigma_k^2}
\tag{2.64}
$$

练习 15：

给定方阵$\boldsymbol{A}\in\mathbb{R}^{n\times n}$的奇异值分解形式$\boldsymbol{A}=\boldsymbol{U}\boldsymbol{\Sigma}\boldsymbol{V}^{\mathrm{T}}$，证明：正交矩阵$\boldsymbol{U}\boldsymbol{V}^{\mathrm{T}}\in\mathbb{R}^{n\times n}$是 Frobenius 范数意义下最接近$\boldsymbol{A}$的正交矩阵。

$$
\boldsymbol{U}\boldsymbol{V}^{\mathrm{T}} = \mathrm{argmin}_{\boldsymbol{R}\boldsymbol{R}^{\mathrm{T}}=\boldsymbol{I}}\|\boldsymbol{A}-\boldsymbol{R}\|_F
\tag{2.65}
$$

提示：由于 $\mathrm{trace}(\boldsymbol{R}\boldsymbol{R}^{\mathrm{T}})=n$，式（2.65）可以转换为

$$
\mathrm{argmin}_{\boldsymbol{R}\in O(n)}\|\boldsymbol{A}-\boldsymbol{R}\|_F^2 = \mathrm{argmax}_{\boldsymbol{R}\in O(n)}\mathrm{tr}(\boldsymbol{R}\boldsymbol{A}^{\mathrm{T}}) = \mathrm{argmax}_{\boldsymbol{R}\in O(n)}\mathrm{tr}(\boldsymbol{S}\boldsymbol{\Sigma})
\tag{2.66}
$$

式中：$\boldsymbol{S}=\boldsymbol{U}^{\mathrm{T}}\boldsymbol{R}\boldsymbol{V}$为正交矩阵。因为 $\mathrm{tr}\boldsymbol{S}\leqslant n$，优化的解是$\boldsymbol{S}=\boldsymbol{I}$和$\boldsymbol{R}=\boldsymbol{U}\boldsymbol{V}^{\mathrm{T}}$。如果我们想要得到$\boldsymbol{R}\in\boldsymbol{SO}(n)$（在 2.3.2 节中定义的正常旋转特殊群），或者说想达成 $\det(\boldsymbol{R})=1$，那么其解需要通过对角矩阵$\boldsymbol{\Sigma}_R$做如下修正。

$$
\boldsymbol{R} = \boldsymbol{U}\boldsymbol{\Sigma}_R\boldsymbol{V}^{\mathrm{T}},\quad \boldsymbol{\Sigma}_R = \mathrm{diag}(1,\cdots,1,\det(\boldsymbol{U}\boldsymbol{V}^{\mathrm{T}}))
\tag{2.67}
$$

练习 16：

正交派生问题。给定$n\times m$的矩阵$\boldsymbol{B}$和$\boldsymbol{C}$，证明：正交矩阵$\boldsymbol{R}\in O(n)$是练习 15 的解（$\boldsymbol{A}=\boldsymbol{B}\boldsymbol{C}^{\mathrm{T}}$），其中$\boldsymbol{R}$是使得 Frobenius 范数$\|\boldsymbol{B}-\boldsymbol{R}\boldsymbol{C}\|_F$取值最小的矩阵。

提示：矩阵迹的特性，可以允许我们写出与式（2.66）的第一行相同的等式：

$$
\mathrm{argmin}_{\boldsymbol{R}\in O(n)}\|\boldsymbol{B}-\boldsymbol{R}\boldsymbol{C}\|_F^2 = \mathrm{argmax}_{\boldsymbol{R}\in O(n)}\boldsymbol{R}\boldsymbol{C}\boldsymbol{B}^{\mathrm{T}}
\tag{2.68}
$$

4. 伪逆矩阵

给定一个满秩的实矩阵$\boldsymbol{A}\in\mathbb{R}^{n\times m}$，$n<m$，即 $\mathrm{rank}\boldsymbol{A}=n$，伪逆矩阵$\boldsymbol{A}^{\dagger}$定义为$\boldsymbol{A}^{\dagger}=\boldsymbol{A}^{\mathrm{T}}(\boldsymbol{A}\boldsymbol{A}^{\mathrm{T}})^{-1}$。由于$\boldsymbol{A}^{\dagger}$满足$\boldsymbol{A}\boldsymbol{A}^{\dagger}=\boldsymbol{A}\boldsymbol{A}^{\mathrm{T}}(\boldsymbol{A}\boldsymbol{A}^{\mathrm{T}})^{-1}=\boldsymbol{I}_n$，因此$\boldsymbol{A}^{\dagger}$也是$A$的右逆矩阵。给定一个矢量$\boldsymbol{v}\in\mathbb{R}^n$，以及一个欧几里得范数最小的矢量$\boldsymbol{u}\in\mathbb{R}^m$且$m>n$，如果这两个矢量满足$\boldsymbol{v}=\boldsymbol{A}\boldsymbol{u}$，那么有$\boldsymbol{u}=\boldsymbol{A}^{\dagger}\boldsymbol{v}$。可以通过增加一个矢量$\boldsymbol{u}_{\perp}\in\mathcal{N}(\boldsymbol{A})$的方法，证明最小范数的性质。$\boldsymbol{u}_{\perp}$是属于$\boldsymbol{A}$的零空间的元素，即$\boldsymbol{A}\boldsymbol{u}_{\perp}=0$。事实上，我们可以写出如下表示矢量（第一行）和平方范数（第二行）的等式。

$$\begin{aligned}&\boldsymbol{u}=\boldsymbol{A}^{\dagger}\boldsymbol{v}+\boldsymbol{u}_{\perp}\Rightarrow\boldsymbol{A}\boldsymbol{u}=\boldsymbol{v}\\&\boldsymbol{u}^{\mathrm{T}}\boldsymbol{u}=\boldsymbol{v}^{\mathrm{T}}(\boldsymbol{A}^{\dagger})^{\mathrm{T}}\boldsymbol{A}^{\dagger}\boldsymbol{v}+\boldsymbol{u}_{\perp}^{\mathrm{T}}\boldsymbol{u}_{\perp}+2\boldsymbol{v}^{\mathrm{T}}(\boldsymbol{A}^{\dagger})^{\mathrm{T}}\boldsymbol{u}^{\mathrm{T}}=\boldsymbol{v}^{\mathrm{T}}(\boldsymbol{A}\boldsymbol{A}^{\mathrm{T}})^{-1}\boldsymbol{v}+\boldsymbol{u}_{\perp}^{\mathrm{T}}\boldsymbol{u}_{\perp}\end{aligned}\tag{2.69}$$

在式（2.69）中，第二行的等式表明：矢量 $\boldsymbol{u}$ 的最小范数，可以通过令 $\boldsymbol{u}_{\perp}=0$ 而得到。也可以通过对矩阵 $\boldsymbol{A}$ 实施伪逆变换得到。由于 $\boldsymbol{A}^{\dagger}\boldsymbol{A}\boldsymbol{u}\in\mathcal{R}(\boldsymbol{A}^{\mathrm{T}})=\mathbb{R}^{n}$，$n<m$，矩阵 $\Pi(\boldsymbol{A})=\boldsymbol{A}^{\dagger}\boldsymbol{A}$ 是从 $\mathbb{R}^{m}$ 到 $\mathcal{R}(\boldsymbol{A}^{\mathrm{T}})$ 的投影矩阵。因为 $\boldsymbol{A}(\boldsymbol{I}_m-\boldsymbol{A}^{\dagger}\boldsymbol{A})\boldsymbol{u}=0$，投影矩阵 $(\boldsymbol{I}_m-\boldsymbol{A}^{\dagger}\boldsymbol{A})$ 将 $\mathbb{R}^{m}$ 映射到零空间 $\mathcal{N}(\boldsymbol{A})=\mathbb{R}^{m-n}$。从几何意义出发，$\boldsymbol{A}\boldsymbol{u}=\boldsymbol{v}$ 定义了一个线性的线性流形 $\mathcal{V}$，该流形与 $\boldsymbol{A}$ 的零空间平行。最小范数矢量 $\boldsymbol{u}\in\mathcal{V}$，正交于 $\mathcal{N}(\boldsymbol{A})$，等价于 $\boldsymbol{A}^{\dagger}\boldsymbol{v}$。

练习 17：

给定一个由 $\boldsymbol{A}\boldsymbol{u}=\boldsymbol{v}$ 定义的线性流形 $\mathcal{V}$，证明：$(\boldsymbol{u}-\boldsymbol{A}^{\dagger}\boldsymbol{v})\in\mathcal{N}(\boldsymbol{A})$。

伪逆变换，当 $n>m$ 时是矩阵 $\boldsymbol{A}$ 的左逆变换。如果 $\mathrm{rank}\boldsymbol{A}=m$ 且 $\boldsymbol{v}=\boldsymbol{A}\boldsymbol{u}+\boldsymbol{e}$，对 $\boldsymbol{e}^{\mathrm{T}}\boldsymbol{e}$ 取极小值时可以得到 $\boldsymbol{u}=\boldsymbol{A}^{\dagger}\boldsymbol{v}$，其中 $\boldsymbol{A}^{\dagger}\boldsymbol{A}=(\boldsymbol{A}^{\mathrm{T}}\boldsymbol{A})^{-1}\boldsymbol{A}^{\mathrm{T}}\boldsymbol{A}=\boldsymbol{I}_m$。矩阵 $\Pi(\boldsymbol{A})=\boldsymbol{A}\boldsymbol{A}^{\dagger}$ 是从 $\mathbb{R}^{n}$ 到 $\mathcal{R}(A)=\mathbb{R}^{m}$ 的投影矩阵，$m<n$。

练习 18：

给定一对矢量 $\boldsymbol{v},\boldsymbol{e}\in\mathbb{R}^{n}$，假定 $\boldsymbol{v}=\boldsymbol{A}\boldsymbol{u}+\boldsymbol{e}$，且 A 是一个 $n\times m$ 矩阵，$n>m$，$\mathrm{rank}\boldsymbol{A}=m$。证明：如果 $\boldsymbol{e}$ 是欧几里得范数定义下的最小范数矢量，那么有 $\boldsymbol{e}=\boldsymbol{v}-\boldsymbol{A}\boldsymbol{A}^{\dagger}\boldsymbol{v}\in\mathcal{N}(\boldsymbol{A}^{\mathrm{T}})$。

2.3.4 矩阵微分

对于一个 n 维的坐标矢量 $\boldsymbol{x}$，给定一个标量函数 $f(\boldsymbol{x})$，且假定这个函数是光滑的。也即函数 $f(\boldsymbol{x})$ 存在任意阶导数，在任何感兴趣的位置点 $\underline{\boldsymbol{x}}$ 均可展开成幂级数序列。这个序列往往在展开到二阶时，就被截断了。这意味着函数在局部区域用的二次型函数近似表示为

$$f(\boldsymbol{x})=f(\underline{\boldsymbol{x}})+\nabla f(\underline{\boldsymbol{x}})(\boldsymbol{x}-\underline{\boldsymbol{x}})+\frac{1}{2}(\boldsymbol{x}-\underline{\boldsymbol{x}})^{\mathrm{T}}H(\underline{\boldsymbol{x}})(\boldsymbol{x}-\underline{\boldsymbol{x}})+o(|\boldsymbol{x}-\underline{\boldsymbol{x}}|^{3})\tag{2.70}$$

行向量 $\nabla f(\underline{\boldsymbol{x}})$ 是 f 的梯度矢量，细化表述为

$$\nabla f(\underline{\boldsymbol{x}})=\left.\frac{\partial f(\boldsymbol{x})}{\partial\boldsymbol{x}}\right|_{\boldsymbol{x}=\underline{\boldsymbol{x}}}=f_{x}(\underline{\boldsymbol{x}})=\begin{bmatrix}\dfrac{\partial f(\underline{\boldsymbol{x}})}{\partial x_1} & \cdots & \dfrac{\partial f(\underline{\boldsymbol{x}})}{\partial x_k} & \cdots & \dfrac{\partial f(\underline{\boldsymbol{x}})}{\partial x_n}\end{bmatrix}\tag{2.71}$$

一个 m 维、任意阶可导的矢量函数 $\boldsymbol{f}(\boldsymbol{x})\in\mathbb{R}^{m}$，可以在 $\underline{\boldsymbol{x}}$ 附近展开成级数序列，矢量函数的级数往往取一阶截断。

$$\boldsymbol{f}(\boldsymbol{x})=\boldsymbol{f}(\underline{\boldsymbol{x}})+J(\underline{\boldsymbol{x}})(\boldsymbol{x}-\underline{\boldsymbol{x}})+o(|\boldsymbol{x}-\underline{\boldsymbol{x}}|^{2})\tag{2.72}$$

式中：$J(\underline{\boldsymbol{x}})\in\mathbb{R}^{m\times n}$ 为雅克比矩阵，细化的表述为

$$J(\underline{\boldsymbol{x}})=\left.\frac{\partial\boldsymbol{f}(\boldsymbol{x})}{\partial x}\right|_{x=\underline{x}}=\boldsymbol{f}_{x}(\underline{\boldsymbol{x}})=\begin{bmatrix}\dfrac{\partial f_1(\underline{\boldsymbol{x}})}{\partial x_1} & \cdots & \dfrac{\partial f_1(\underline{\boldsymbol{x}})}{\partial x_k} & \cdots & \dfrac{\partial f_1(\underline{\boldsymbol{x}})}{\partial x_n}\\ & \ddots & & \ddots & \\ \dfrac{\partial f_j(\underline{\boldsymbol{x}})}{\partial x_1} & & \dfrac{\partial f_j(\underline{\boldsymbol{x}})}{\partial x_k} & & \dfrac{\partial f_j(\underline{\boldsymbol{x}})}{\partial x_n}\\ & \ddots & & \ddots & \\ \dfrac{\partial f_m(\underline{\boldsymbol{x}})}{\partial x_1} & & \dfrac{\partial f_m(\underline{\boldsymbol{x}})}{\partial x_k} & & \dfrac{\partial f_m(\underline{\boldsymbol{x}})}{\partial x_n}\end{bmatrix}\tag{2.73}$$

式（2.70）中的对称矩阵 $\boldsymbol{H}(\underline{\boldsymbol{x}})$ 是标量函数 $f(\boldsymbol{x})$ 的海森（Hessian）矩阵，细化的表述为

$$\boldsymbol{H}(\underline{\boldsymbol{x}})=\left.\frac{\partial^2 f(\boldsymbol{x})}{\partial \boldsymbol{x}\,\partial \boldsymbol{x}^{\mathrm{T}}}\right|_{\boldsymbol{x}=\underline{\boldsymbol{x}}}=f_{xx}(\underline{\boldsymbol{x}})=\begin{bmatrix} \dfrac{\partial^2 f(\underline{\boldsymbol{x}})}{\partial x_1^2} & \cdots & \dfrac{\partial^2 f(\underline{\boldsymbol{x}})}{\partial x_1\,\partial x_k} & \cdots & \dfrac{\partial^2 f(\underline{\boldsymbol{x}})}{\partial x_1\,\partial x_n} \\ & \ddots & & \ddots & \\ \dfrac{\partial^2 f(\underline{\boldsymbol{x}})}{\partial x_k\,\partial x_1} & & \dfrac{\partial^2 f(\underline{\boldsymbol{x}})}{\partial x_k^2} & & \dfrac{\partial^2 f(\underline{\boldsymbol{x}})}{\partial x_k\,\partial x_n} \\ & \ddots & & \ddots & \\ \dfrac{\partial^2 f(\underline{\boldsymbol{x}})}{\partial x_n\,\partial x_1} & & \dfrac{\partial^2 f(\underline{\boldsymbol{x}})}{\partial x_n\,\partial x_k} & & \dfrac{\partial^2 f(\underline{\boldsymbol{x}})}{\partial x_n^2} \end{bmatrix} \tag{2.74}$$

海森矩阵的迹 $\mathrm{tr}H(\underline{\boldsymbol{x}})$，就是熟知的 f 在 $\underline{\boldsymbol{x}}$ 处的拉普拉斯变换。关于梯度和海森矩阵的替代表达形式，可以参见式（2.71）和式（2.74）。式（2.70）中的一阶项是 $\{\underline{\boldsymbol{x}},f(\underline{\boldsymbol{x}})\}$ 的正切超平面，二阶项是二次型函数，类似可参见式（2.28）。如果 f 是局部的凸函数，在任意小的球域 $S(\underline{\boldsymbol{x}},\rho)=\{\Delta\boldsymbol{x},|\Delta\boldsymbol{x}|=|\boldsymbol{x}-\underline{\boldsymbol{x}}|<\rho\}$ 内，f 必定满足

$$f(\alpha\Delta\boldsymbol{x}_1+(1-\alpha)\Delta\boldsymbol{x}_2)\leqslant\alpha f(\Delta\boldsymbol{x}_1)+(1-\alpha)f(\Delta\boldsymbol{x}_2),\Delta\boldsymbol{x}_1,\Delta\boldsymbol{x}_2\in S(\underline{\boldsymbol{x}},\rho) \tag{2.75}$$

如果 f 函数一阶和二阶可导，式（2.75）成立的充要条件就是海森矩阵是半正定的，即 $H(\underline{\boldsymbol{x}})\geqslant 0$。

2.4 单位四元数

*四元数*由爱尔兰数学家汉密尔顿于 1843 年发明，是复数的扩展（超复数）。四元数是四维的矢量：

$$\mathfrak{q}=q_0+q_1\boldsymbol{i}+q_2\boldsymbol{j}+q_3\boldsymbol{k}=q_0+\boldsymbol{q} \tag{2.76}$$

其中，q_0 是标量部分；$\boldsymbol{q}$ 是矢量或虚部。四元数的基元满足下列的性质：

$$\begin{aligned} &1\otimes\boldsymbol{i}=\boldsymbol{i},1\otimes\boldsymbol{j}=\boldsymbol{j},1\otimes\boldsymbol{k}=\boldsymbol{k}\\ &\boldsymbol{i}\otimes\boldsymbol{i}=\boldsymbol{j}\otimes\boldsymbol{j}=\boldsymbol{k}\otimes\boldsymbol{k}=-1\\ &\boldsymbol{i}\otimes\boldsymbol{j}=\boldsymbol{k},\boldsymbol{j}\otimes\boldsymbol{k}=\boldsymbol{i},\boldsymbol{k}\otimes\boldsymbol{i}=\boldsymbol{j}\\ &\boldsymbol{j}\otimes\boldsymbol{i}=-\boldsymbol{k},\boldsymbol{k}\otimes\boldsymbol{j}=-\boldsymbol{i},\boldsymbol{i}\otimes\boldsymbol{k}=-\boldsymbol{j} \end{aligned} \tag{2.77}$$

此处使用标准的乘法符号 $\otimes$。第一行和第二行只是重复虚数的性质，第三行和第四行重复了叉乘的性质。

本书采用四元数的汉密尔顿表示[15]。汉密尔顿的表达式具体说明如下：其中第三点给出了四元数和旋转矩阵的等价性预期可应用的场合，将在 2.6.5 节中进一步讨论。

（1）第一部分 q_0 为实部。

（2）乘法运算法则，基于 $\boldsymbol{i}\otimes\boldsymbol{j}=\boldsymbol{k}$，满足右手定则。

（3）式（2.94）中的罗德里格斯公式的叉乘项，提供等效的旋转矩阵 $\boldsymbol{R}(\mathfrak{q})$，并带有一个正号。因此可以写出 $R_b^e(\mathfrak{q})=R(\mathfrak{q})$，其中 b 代表体坐标系，e 代表观测坐标系，以及 $\mathfrak{q}=\mathfrak{q}_b^e$ 是体坐标系相对于观测坐标系的四元数表达式。换句话说，$\mathfrak{q}$ 像 $R_b^e(\mathfrak{q})$ 一样将观察者的坐标系旋转到载体的坐标系中（角标读法为自上而下）。

（4）四元数的组合与式（2.58）中的旋转矩阵类似。

（5）本体到观测坐标系的转换 $\boldsymbol{u}_e=R_b^e(\mathfrak{q})\boldsymbol{u}_b$ 通过助记表达式表达（请参见定理3）。

$$\boldsymbol{u}_e=\mathfrak{q}_b^e\otimes\boldsymbol{u}_b\otimes\mathfrak{q}_e^b=\mathfrak{q}\otimes\boldsymbol{u}_b\otimes\mathfrak{q}^{-1} \tag{2.78}$$

四元数的分量可以在四维坐标矢量 $\mathfrak{q}\in\mathbb{R}^4$ 中表示，即

$$\mathfrak{q}=\begin{bmatrix}q_0\\q_1\\q_2\\q_3\end{bmatrix}=\begin{bmatrix}q_0\\\boldsymbol{q}\end{bmatrix} \tag{2.79}$$

式中：$\boldsymbol{q}\in\mathbb{R}^3$。通常，利用1.2.1节中定义的*行内坐标符号*，式（2.79）通常可以简化为 $\mathfrak{q}=[q_0\quad \boldsymbol{q}]$。式（2.79）中的分量组合顺序和大部分的航天类教科书是不同的，在航天类教科书中，q_0 常常被放在第四个位置上，符号也相应地改写为 q_4。

希尔伯特空间的3种运算法则：标量乘法、矢量和及内积运算被应用到四元数中。叉乘运算被*四元数乘法*替代，四元数的乘法将在接下来的章节中定义。$\mathfrak{q}$ 的长度 $|\mathfrak{q}|$ 是欧几里得范数 $|\mathfrak{q}|=\sqrt{\mathfrak{q}^{\mathrm{T}}\mathfrak{q}}=\sqrt{q_0^2+\boldsymbol{q}^{\mathrm{T}}\boldsymbol{q}}$。四元数的单位长度 $|\mathfrak{q}|=1$，称为*单位四元数*或简单的*四元数*。任意长度的四元数有时称为*全四元数*。标量分量为0的四元数，$q_0=0$，被称为*纯四元数*或*矢量四元数*，通常用矢量部分 $\boldsymbol{q}$ 或 $\mathfrak{q}$ 来表示。

纯四元数扩展了虚数 $\mathrm{j}b$，其性质是 $(\mathrm{j}b)^2=-b^2$，它是 $|\mathrm{j}b|$ 长度的平方的负数。这是通过证明 $\boldsymbol{q}\otimes\boldsymbol{q}$ 的平方等于 $\boldsymbol{q}$ 长度的负平方，即 $\boldsymbol{q}\otimes\boldsymbol{q}=-[|\boldsymbol{q}|^2,0]$。

练习19：

结合式（2.77），证明：$\boldsymbol{q}\otimes\boldsymbol{q}=-[|\boldsymbol{q}|^2,0]$ 成立。

在此基础上，可以将复数 $c=a+\mathrm{j}b$ 的欧拉公式（或极坐标）$c=|c|\mathrm{e}^{\mathrm{j}\phi}$ 很自然地扩展到四元数，其中 $|c|=\sqrt{a^2+b^2}$ 及 $\phi=\arctan(b/a)$。式（2.76）的极坐标形式为

$$\begin{aligned}&\mathfrak{q}=q_0+\boldsymbol{q}=q(\cos\phi+\sin\phi\boldsymbol{v}),\quad 0\leqslant\phi<2\pi\\&\boldsymbol{v}=v_1\boldsymbol{i}+v_2\boldsymbol{j}+v_3\boldsymbol{k}\end{aligned} \tag{2.80}$$

式中：$q=|\mathfrak{q}|$ 及 $\boldsymbol{v}$ 均为单位矢量，即 $|\boldsymbol{v}|=1$。

*四元数乘法*由式（2.77）推导得出，假定两个四元数 $\mathfrak{a}=a_0+\boldsymbol{a}$、$\mathfrak{b}=b_0+\boldsymbol{b}$，通过利用式（2.77）来推导出四元数之间的乘法。

$$\mathfrak{a}\otimes\mathfrak{b}=(a_0+\boldsymbol{a})\otimes(b_0+\boldsymbol{b})=a_0b_0+a_0\boldsymbol{b}+b_0\boldsymbol{a}+\boldsymbol{a}\otimes\boldsymbol{b} \tag{2.81}$$

式（2.81）中最后项的前3个乘式是可交换的，

$$\boldsymbol{a}\otimes\boldsymbol{b}=(a_1\boldsymbol{i}+a_2\boldsymbol{j}+a_3\boldsymbol{k})\otimes(b_1\boldsymbol{i}+b_2\boldsymbol{j}+b_3\boldsymbol{k})=-\boldsymbol{a}\cdot\boldsymbol{b}+\boldsymbol{a}\times\boldsymbol{b} \tag{2.82}$$

式（2.82）右侧中的左项是矢量 $\boldsymbol{a}$ 和矢量 $\boldsymbol{b}$ 的内积的负数，交换性仍然有效；右项则是不可以交换顺序的叉乘。结合式（2.81）和式（2.82）可得四元数乘法的最终表达式为

$$\begin{aligned}&\mathfrak{c}=c_0+\boldsymbol{c}=a_0b_0-\boldsymbol{a}\cdot\boldsymbol{b}+a_0\boldsymbol{b}+b_0\boldsymbol{a}+\boldsymbol{a}\times\boldsymbol{b}\\&c_0=a_0b_0-\boldsymbol{a}\cdot\boldsymbol{b},\quad \boldsymbol{c}=a_0\boldsymbol{b}+b_0\boldsymbol{a}+\boldsymbol{a}\times\boldsymbol{b}\end{aligned} \tag{2.83}$$

如前所述，改变乘法的顺序就会产生一个新的四元数，这与式（2.83）仅仅在矢量部分不同。

$$\begin{aligned}\mathfrak{d}&=d_0+\boldsymbol{d}=a_0b_0-\boldsymbol{a}\cdot\boldsymbol{b}+a_0\boldsymbol{b}+b_0\boldsymbol{a}-\boldsymbol{a}\times\boldsymbol{b}\\ d_0&=b_0a_0-\boldsymbol{b}\cdot\boldsymbol{a},\quad \boldsymbol{d}=b_0\boldsymbol{a}+a_0\boldsymbol{b}-\boldsymbol{a}\times\boldsymbol{b}\end{aligned}\tag{2.84}$$

现在我们不用 $\mathfrak{q}=q_0+\boldsymbol{q}$ 这种表达方式，转而使用式（2.79）中的坐标矢量。式（2.83）中的四元数乘法可以由以下矩阵的形式给出。

$$\mathfrak{a}\otimes\mathfrak{b}=\begin{bmatrix}a_0\\ \boldsymbol{a}\end{bmatrix}\otimes\begin{bmatrix}b_0\\ \boldsymbol{b}\end{bmatrix}=\begin{bmatrix}a_0 & -\boldsymbol{a}^{\mathrm{T}}\\ \boldsymbol{a} & a_0I+\boldsymbol{a}\times\end{bmatrix}\begin{bmatrix}b_0\\ \boldsymbol{b}\end{bmatrix}=\begin{bmatrix}a_0b_0-\boldsymbol{a}^{\mathrm{T}}\boldsymbol{b}\\ \boldsymbol{a}b_0+a_0\boldsymbol{b}+\boldsymbol{a}\times\boldsymbol{b}\end{bmatrix}=\begin{bmatrix}a_0 & -a_1 & -a_2 & -a_3\\ a_1 & a_0 & -a_3 & a_2\\ a_2 & a_3 & a_0 & -a_1\\ a_3 & -a_2 & a_1 & a_0\end{bmatrix}\begin{bmatrix}b_0\\ b_1\\ b_2\\ b_3\end{bmatrix}\tag{2.85}$$

与叉乘的符号类似，四元数的乘积矩阵可以表示为

$$\mathfrak{a}\otimes=A_{\otimes}=\begin{bmatrix}a_0 & -\boldsymbol{a}^{\mathrm{T}}\\ \boldsymbol{a} & a_0I+\boldsymbol{a}\times\end{bmatrix}\tag{2.86}$$

练习 20：

证明：结合律$(\boldsymbol{a}\otimes\boldsymbol{b})\otimes\boldsymbol{c}=\boldsymbol{a}\otimes(\boldsymbol{b}\otimes\boldsymbol{c})$成立，并写出 $b\otimes a$ 的矩阵表达式。

在一些教科书中，如文献［10］，$\mathfrak{a}\otimes\mathfrak{b}$ 和 $\mathfrak{b}\otimes\mathfrak{a}$ 用不同的顺序和不同的乘法符号来表示，即 $\mathfrak{a}\otimes\mathfrak{b}\equiv\mathfrak{a}\odot\mathfrak{b}$[10]。我们更加倾向于使用标准的符号来表示四元数。

练习 21：

当 $\mathfrak{a}$ 或 $\mathfrak{b}$，或者两者都是纯四元数的情况下，写出式（2.85）的矩阵表达公式。

在单位四元数 $i=[1\quad 0]$中，只有当标量非零时，可以得到 $\mathfrak{q}\otimes\mathfrak{i}=\mathfrak{i}\otimes\mathfrak{q}=\mathfrak{q}$。

练习 22：

证明：如果 $\mathfrak{d}=[0,v]$是一个纯单位四元数，那么 $\mathfrak{d}\otimes\mathfrak{d}=-\mathfrak{i}=[-1,0]$。

四元数的乘积［式（2.85）］可以写成两个四元数积的和，涉及旋转轴 v 的恒等式 $\mathfrak{i}=1$ 及纯四元数 $\mathfrak{d}=[0,v]$。这是通过重写如下单位四元数的极坐标分解［式（2.80）］来实现的。

$$\mathfrak{q}=\begin{bmatrix}\cos\phi\\ \sin\phi v\end{bmatrix}=\cos\phi\begin{bmatrix}1\\ 0\end{bmatrix}+\sin\phi\begin{bmatrix}0\\ \boldsymbol{v}\end{bmatrix}=\cos\phi i+\sin\phi\mathfrak{d}\tag{2.87}$$

且四元数乘积矩阵 $\mathfrak{q}\otimes$为

$$\begin{aligned}\mathfrak{q}\otimes&=Q_{\otimes}=\cos\phi\mathrm{i}\otimes+\sin\phi\mathfrak{d}\otimes=\cos\phi I_4+\sin\phi\boldsymbol{v}\otimes\\ \mathfrak{d}\otimes&=\boldsymbol{v}\otimes=\begin{bmatrix}0 & -\boldsymbol{v}^{\mathrm{T}}\\ \boldsymbol{v} & \boldsymbol{v}\times\end{bmatrix}\end{aligned}\tag{2.88}$$

式中：$\boldsymbol{I}_4$ 为 4×4 的单位矩阵；$\boldsymbol{v}\otimes$已经被 $\mathfrak{d}\otimes$替代，因为其可以更好地阐明纯四元数的性质。结合练习 22，假设 $|\boldsymbol{v}|=1$，可得$(\boldsymbol{v}\otimes)^{2k}=(-1)^k\boldsymbol{I}_4$ 且$(\boldsymbol{v}\otimes)^{2k+1}=(-1)^k\boldsymbol{v}\otimes$，其中$k>0$。通过对式（2.88）中的三角函数进行级数展开，得到四元数乘积矩阵 $\boldsymbol{Q}_{\otimes}$的指数形式如下[10]。

$$\mathfrak{q}\otimes=\boldsymbol{Q}_{\otimes}=\sum_{k=0}^{\infty}(-1)^k\frac{\phi^{2k}}{(2k)!}(-1)^k(\boldsymbol{v}\otimes)^{2k}+\sum_{k=0}^{\infty}(-1)^k\frac{\phi^{2k+1}}{(2k+1)!}(-1)^k(\boldsymbol{v}\otimes)^{2k+1}=\exp(\phi\boldsymbol{v}\otimes) \tag{2.89}$$

练习 23：

证明：$(\boldsymbol{v}\otimes\mathfrak{q}-\mathfrak{q}\otimes\boldsymbol{v})/2=[0,\boldsymbol{v}\times\boldsymbol{q}]$（四元数乘法性质）。

1. 共轭与逆

使用式（2.76）中的符号。对于复数，$\mathfrak{q}=q_0+\boldsymbol{q}$ 的共轭$\bar{\mathfrak{q}}$，可以通过改变其虚部的符号得到

$$\bar{\mathfrak{q}}=q_0-\boldsymbol{q} \tag{2.90}$$

并且求积运算 $\mathfrak{q}\,\bar{q}=\bar{q}\mathfrak{q}$ 等于四元数长度的平方。

$$\mathfrak{q}\otimes\bar{q}=q_0^2+\boldsymbol{q}\cdot\boldsymbol{q}=q^2 \tag{2.91}$$

在单位四元数的情况下，由式（2.91）可将*四元数的逆* $\mathfrak{q}^{-1}$定义为四元数的共轭。

$$\mathfrak{q}\otimes\bar{\mathfrak{q}}=\mathfrak{q}\otimes q^{-1}=\mathfrak{q}^{-1}\otimes\mathfrak{q}=1 \tag{2.92}$$

四元数的逆的性质留给读者自行证明，即$(\mathfrak{a}\otimes\mathfrak{b}^{-1})^{-1}=\mathfrak{b}\otimes\mathfrak{a}^{-1}$

定理 3：*单位四元数的坐标变换。*假设$\mathfrak{u}=[0,\boldsymbol{u}]$，$\mathfrak{w}=[0,\boldsymbol{w}]$是纯四元数，并且假设$\mathfrak{q}=[q_0,q]$为单位四元数。证明：等式 $\mathfrak{w}\otimes\mathfrak{q}=\mathfrak{q}\otimes\mathfrak{u}$ 成立，或者其等价形式 $\mathfrak{w}=\mathfrak{q}\otimes\mathfrak{u}\otimes\mathfrak{q}^{-1}$。可以重写为$\boldsymbol{w}=\boldsymbol{R}(\mathfrak{q})\boldsymbol{u}$ 的矩阵形式，其中$\boldsymbol{R}(\mathfrak{q})$是矩阵$\boldsymbol{SO}(3)$的正常正交矩阵。矩阵$\boldsymbol{R}(\mathfrak{q})$的形式称为罗德里格斯公式，这将在 2.6.4 节中进行讨论。

证明：将 $\mathfrak{q}$ 写为式（2.80）中的极坐标的形式，如 $\mathfrak{q}=[q_0=\cos\phi,\boldsymbol{q}=\sin\phi\boldsymbol{v}]$其中$\boldsymbol{v}^{\mathrm{T}}\boldsymbol{v}=1$，并且用矩阵形式 $\boldsymbol{Q}_1(\mathfrak{q})\boldsymbol{w}=\boldsymbol{Q}_2(\mathfrak{q})\boldsymbol{u}$ 来表示等式 $\mathfrak{w}\mathfrak{q}=\mathfrak{q}\mathfrak{u}$，其中 $\boldsymbol{Q}_1(\mathfrak{q})$和 $\boldsymbol{Q}_2(\mathfrak{q})$是如下形式的4×3的矩阵。

$$\boldsymbol{Q}_1(\mathfrak{q})=\begin{bmatrix}-\boldsymbol{q}^{\mathrm{T}}\\ q_0\boldsymbol{I}-\boldsymbol{q}\times\end{bmatrix},\quad \boldsymbol{Q}_2(\mathfrak{q})=\begin{bmatrix}-\boldsymbol{q}^{\mathrm{T}}\\ q_0\boldsymbol{I}+\boldsymbol{q}\times\end{bmatrix} \tag{2.93}$$

如果 $\boldsymbol{Q}_1^{\mathrm{T}}(\mathfrak{q})\boldsymbol{Q}_1(\mathfrak{q})=\boldsymbol{I}$，等式 $\boldsymbol{w}=\boldsymbol{Q}_1^{\mathrm{T}}(\mathfrak{q})\boldsymbol{Q}_2(\mathfrak{q})\boldsymbol{u}$ 表示 $\boldsymbol{R}(\mathfrak{q})=\boldsymbol{Q}_1^{\mathrm{T}}(\mathfrak{q})\boldsymbol{Q}_2(\mathfrak{q})$，即为定理所要证明的目标。第一个等式由下列等式序列来证明：

$$\boldsymbol{Q}_1^{\mathrm{T}}(\mathfrak{q})\boldsymbol{Q}_1(\mathfrak{q})=\boldsymbol{q}\boldsymbol{q}^{\mathrm{T}}+q_0^2\boldsymbol{I}-\boldsymbol{q}\times(\boldsymbol{q}\times)=\boldsymbol{q}\boldsymbol{q}^{\mathrm{T}}-\boldsymbol{q}\boldsymbol{q}^{\mathrm{T}}+q_0^2\boldsymbol{I}+\boldsymbol{q}^{\mathrm{T}}\boldsymbol{q}\boldsymbol{I}=\boldsymbol{I}$$

接下来计算 $\boldsymbol{R}(\mathfrak{q})=\boldsymbol{Q}_1^{\mathrm{T}}(\mathfrak{q})\boldsymbol{Q}_2(\mathfrak{q})$，经过一些变型之后可得

$$\begin{aligned}\boldsymbol{R}(\mathfrak{q})&=[-\boldsymbol{q}\quad q_0\boldsymbol{I}+\boldsymbol{q}\times]\begin{bmatrix}-\boldsymbol{q}^{\mathrm{T}}\\ q_0\boldsymbol{I}+\boldsymbol{q}\times\end{bmatrix}=2\boldsymbol{q}\boldsymbol{q}^{\mathrm{T}}-\boldsymbol{q}^{\mathrm{T}}\boldsymbol{q}\boldsymbol{I}+q_0^2\boldsymbol{I}+2q_0\boldsymbol{q}\times\\&=(1-\cos(2\phi))\boldsymbol{v}\boldsymbol{v}^{\mathrm{T}}+\cos(2\phi)\boldsymbol{I}+\sin(2\phi)\boldsymbol{v}\times\end{aligned} \tag{2.94}$$

最后一个表达式是$\boldsymbol{R}(\mathfrak{q})$以$\{2\phi,\boldsymbol{v}\}$为函数的罗德里格斯公式。

2.6.4 节中将$\{2\phi,\boldsymbol{v}\}$代入式（2.94）中，其由主旋转 $\theta=2\phi$ 和 $\boldsymbol{R}$ 的旋转轴 $\boldsymbol{v}$ 组成。由于 $\phi=\theta/2$，$\boldsymbol{R}$ 的单位四元数 $\mathfrak{q}$ 的极坐标形式被写为 $\mathfrak{q}=[q_0=\cos(\theta/2),\boldsymbol{q}=\sin(\theta/2)\boldsymbol{v}]$，其中 θ 为主旋转角，$\boldsymbol{v}$ 是 $\boldsymbol{R}$ 的旋转轴，具体参见 2.3.2 节。

定理 3 的结论，四元数等式 $\mathfrak{w}=\mathfrak{q}\otimes\mathfrak{u}\otimes q^{-1}$，即通过 $\mathfrak{q}$ 的逆结合公式 $\mathfrak{w}\mathfrak{q}=\mathfrak{q}\mathfrak{u}$ 得到，对$\boldsymbol{w}=\boldsymbol{R}(\mathfrak{q})\boldsymbol{u}$ 进行坐标变化，即从定义了的坐标系到另一个坐标系的转换。另外，$\boldsymbol{R}(\mathfrak{q})$表示了坐标系从由 $\boldsymbol{u}$ 到 $\boldsymbol{w}$ 转换。在 2.6.4 节中，由欧拉旋转定理可以证明 $\mathfrak{q}$ 完全等价

于坐标系旋转 $\boldsymbol{R}(\mathfrak{q})$。最后，通过利用 $\boldsymbol{u}=\boldsymbol{u}_b$，$\boldsymbol{w}=\boldsymbol{u}_e$，且 $\mathfrak{q}=q_b^e$，得到了式（2.78）预期的助记表达式 $\boldsymbol{u}_e=q_b^e\otimes\boldsymbol{u}_b\otimes q_e^b$。将上式重写为 $\mathfrak{w}=\mathfrak{q}\otimes\mathfrak{u}\otimes q^{-1}$，当应用于类似 $\boldsymbol{u}=[u_0,\boldsymbol{u}]$ 这样的通用四元数时，其中 u_0 可以是任意标量，对矢量部分进行变换并且保持标量部分不变。换言之，变换后输出的四元数为 $\mathfrak{w}=[\boldsymbol{w}_0=\boldsymbol{u}_0,\boldsymbol{w}]$，这是根据等式 $[u_0,0]=\mathfrak{q}\otimes[u_0,0]\otimes q^{-1}$ 而得的。

2. 球面线性插值（SLERP）

由于单位四元数位于单位半径的三维球体上，因此式（2.6）可扩展为单位四元数。其给出了一对通过四元数 $\mathfrak{q}_1$ 和 $\mathfrak{q}_2$ 的大圆 $\mathfrak{q}(\varphi)$：

$$\mathfrak{q}(\varphi)=\frac{\mathfrak{q}_1\sin(\Omega-\varphi)+\mathfrak{q}_2\sin\varphi}{\sin\Omega},\quad 0\leqslant\varphi<2\pi \tag{2.95}$$

其中，$\cos(\Omega/2)=\mathfrak{q}_1\cdot\mathfrak{q}_2$。通过将 φ 替换为 $\gamma\Omega$，$0\leqslant\gamma<1$，即可得两个四元数之间的大圆弧，可以证明这个圆弧是三维单位球面上的最短距离路径[2]。球面线性插值也可以用四元数幂来表示，给出一个四元数 $\mathfrak{q}=[\cos(\vartheta/2),\boldsymbol{q}=\sin(\vartheta/2)\boldsymbol{v}]$，四元数幂的定义为

$$\mathfrak{q}^{\alpha}=[\cos(\alpha\vartheta/2),\sin(\alpha\vartheta/2)\boldsymbol{v}] \tag{2.96}$$

式中，α 为实标量。四元数幂满足性质 $\mathfrak{q}^{\alpha}\otimes\mathfrak{q}^{\beta}=\mathfrak{q}^{\alpha+\beta}$ 且 $(\mathfrak{q}^{\alpha})^{\beta}=\mathfrak{q}^{\alpha\beta}$。如果 $\mathfrak{q}_1$ 和 $\mathfrak{q}_2$ 分别是初始四元数和最终的四元数，$\mathfrak{q}_2$ 可以通过四元数的合成 $\mathfrak{q}_2=\mathfrak{q}_1\otimes(\mathfrak{q}_1^{-1}\otimes\mathfrak{q}_2)$ 得到。其中

$$\mathfrak{q}_1^{-1}\otimes\mathfrak{q}_2=[\cos(\Omega/2),\sin(\Omega/2)v] \tag{2.97}$$

因此，中间圆弧 $\varphi=\gamma\Omega$ 可通过下式得出

$$\mathfrak{q}(\gamma)=\mathfrak{q}_1\otimes(\mathfrak{q}_1^{-1}\otimes\mathfrak{q}_2)^{\gamma} \tag{2.98}$$

练习 24：

利用等式 $\mathfrak{w}=\mathfrak{q}\otimes\mathfrak{u}\otimes\mathfrak{q}^{-1}$，$\mathfrak{u}=[u_0,\boldsymbol{u}]$，$\mathfrak{w}=[w_0=u_0,\boldsymbol{w}]$，证明：$\mathfrak{q}\otimes u^{\gamma}\otimes\mathfrak{q}^{-1}=(\mathfrak{q}\otimes\mathfrak{u}\otimes\mathfrak{q}^{-1})^{\gamma}$，其中 γ 为标量。

练习 25：

证明：下列等式。

$$\begin{aligned}&\mathfrak{q}_1\otimes(\mathfrak{q}_1^{-1}\otimes\mathfrak{q}_2)^{\gamma}=(\mathfrak{q}_2\otimes\mathfrak{q}_1^{-1})^{\gamma}\otimes\mathfrak{q}_1,(\mathfrak{q}_1\otimes\mathfrak{q}_2^{-1})^{1-\gamma}\otimes\mathfrak{q}_2=\mathfrak{q}_2\otimes(\mathfrak{q}_2^{-1}\otimes\mathfrak{q}_1)^{1-\gamma}\\&(\mathfrak{q}_1\otimes\mathfrak{q}_2^{-1})^{1-\gamma}\otimes\mathfrak{q}_2=\mathfrak{q}_1\otimes(\mathfrak{q}_1^{-1}\otimes\mathfrak{q}_2)^{\gamma}\end{aligned} \tag{2.99}$$

提示：证明需要利用结合律 $(\mathfrak{a}\otimes\mathfrak{b})\otimes\mathfrak{c}=\mathfrak{a}\otimes(\mathfrak{b}\otimes\mathfrak{c})$，求逆性质 $(\mathfrak{a}\otimes\mathfrak{b}^{-1})^{-1}=\mathfrak{b}\otimes\mathfrak{a}^{-1}$，指数性质 $\mathfrak{q}^{\alpha}\otimes\mathfrak{q}^{\beta}=\mathfrak{q}^{\alpha+\beta}$、$(\mathfrak{q}^{\alpha})^{\beta}=\mathfrak{q}^{\alpha\beta}$，以及练习 24 的结果。

2.5 空间坐标和时间基准

2.5.1 惯性坐标系

定义 1：在三维空间中，点 P 在 $0\leqslant t<t_1$ 时间段内的运动轨迹，定义为笛卡儿坐标系 $\mathscr{E}=\{O,\boldsymbol{e}_1,\boldsymbol{e}_2,\boldsymbol{e}_3\}$ 中的坐标矢量 $\boldsymbol{r}(t)$，其中 $\boldsymbol{r}=\overrightarrow{OP}=\boldsymbol{E}r$。观测轨迹的坐标系，称为观测者坐标系。轨迹具有的自由度 $n=3$。如果轨迹 $\boldsymbol{r}(t)$ 和时间 t 在某个构造的坐标系中均可测量，就称为坐标系实例化。

如果点 P 具有不变的质量 m，且 $\mathscr{E}$ 为惯性系，那么轨迹 $\boldsymbol{r}(t)$ 遵守牛顿运动方程，用状态空间的形式表述为

$$\begin{aligned}\dot{\boldsymbol{r}} &= \boldsymbol{v}, \quad \boldsymbol{r}(0)=\boldsymbol{r}_0 \\ \dot{\boldsymbol{v}} &= \boldsymbol{F}/m, \quad \boldsymbol{v}(0)=\boldsymbol{v}_0\end{aligned} \tag{2.100}$$

式中：$\boldsymbol{v}$ 和 $\boldsymbol{F}$ 分别为速度矢量 $\vec{v}=\vec{\boldsymbol{E}}\boldsymbol{v}$ 和力矢量 $\vec{F}=\vec{\boldsymbol{E}}\boldsymbol{F}$ 的坐标矢量。用矢量 $\vec{r}$ 和 $\vec{v}$ 的形式改写式（2.100），且假定坐标原点的速度为 $\vec{v}_0=\vec{\boldsymbol{E}}\boldsymbol{v}_0$，可以发现惯性坐标系的性质。

$$\begin{aligned}\dot{\vec{r}} &= \vec{v} = \boldsymbol{E}\boldsymbol{v}+(\mathrm{d}\vec{\boldsymbol{E}}/\mathrm{d}t)\boldsymbol{r}, \quad \vec{r}(0)=\vec{r}_0 \\ \dot{\vec{v}} &= \vec{\boldsymbol{E}}\boldsymbol{F}/m+\dot{\vec{v}}_0, \quad \vec{v}(0)=\vec{v}_0(0)\end{aligned} \tag{2.101}$$

如果令 $\dot{\vec{v}}_0(t)=0$、$\mathrm{d}\vec{\boldsymbol{E}}(t)/\mathrm{d}t=0$，式（2.101）就退化为式（2.100），且初始速度等于坐标原点的常值速度 $\boldsymbol{v}_0$。以下内容，继续陈述定义。

定义 2：如果一个坐标系 $\mathscr{I}=\{O,\boldsymbol{i}_1,\boldsymbol{i}_2,\boldsymbol{i}_3\}$ 的坐标原点 O 不做加速运动，且其坐标轴 $\boldsymbol{i}_k(k=1,2,3)$ 不旋转，就称该坐标系为惯性坐标系。也可表达为如下 4 个矢量的导数为 0。

$$\begin{aligned}&\mathrm{d}\boldsymbol{v}_0/\mathrm{d}t=0 \\ &\mathrm{d}\boldsymbol{i}_k/\mathrm{d}t=0, \quad k=1,2,3\end{aligned} \tag{2.102}$$

定义 2 是从纯运动学的角度给出的惯性坐标系定义，与受力无关。在经典力学中，惯性系的定义通常与力相关[5]，表述为："如果相对某类参考坐标系，粒子的运动不受任何外力的影响时，仅做匀速直线运动，那么这类参考坐标系称为惯性系。"

练习 26：

证明：在 $\boldsymbol{F}(t)=0(t\geqslant 0)$ 的条件下，式（2.100）的解 $\boldsymbol{r}(t)$ 是时间 t 的线性函数。

考虑 4 种实例化的情况。

（1）**体坐标系**：原点和坐标轴都由刚体上的点来定义，如设备、传感器、执行器、航天器或星体。

（2）**天文坐标系**：原点和坐标轴由宇宙中太阳系内的点和方向来定义。

（3）**轨道坐标系**：坐标轴指向某个点轨迹的 3 个瞬时方向。

（4）**观测坐标系**：由天体的有限个方向构成，天体的坐标在某些天文坐标系中已知，且在某些仪器坐标系中被测量。

2.5.2 体坐标系

定义 3：刚体是忽略了相对变形的连续点质量构成的整体。换言之，刚体内部任何两个点之间的距离始终保持常值，且不随时间变化，也不会受施加到刚体上的外力影响。

通过刚体内 3 个不共线的点，可以对体坐标系 $\mathscr{B}=\{C,\boldsymbol{b}_1,\boldsymbol{b}_2,\boldsymbol{b}_3\}$ 进行实例化。例如，在图 2.6 中，简单的球形刚体用质心 C、点 P_1 和点 P_2 3 个点实例化构成体坐标系。3 个点定义出两个不平行的单位矢量。

$$\boldsymbol{s}_1=\frac{\overrightarrow{CP_1}}{|\overrightarrow{CP_1}|}, \quad \boldsymbol{s}_2=\frac{\overrightarrow{CP_2}}{|\overrightarrow{CP_2}|} \tag{2.103}$$

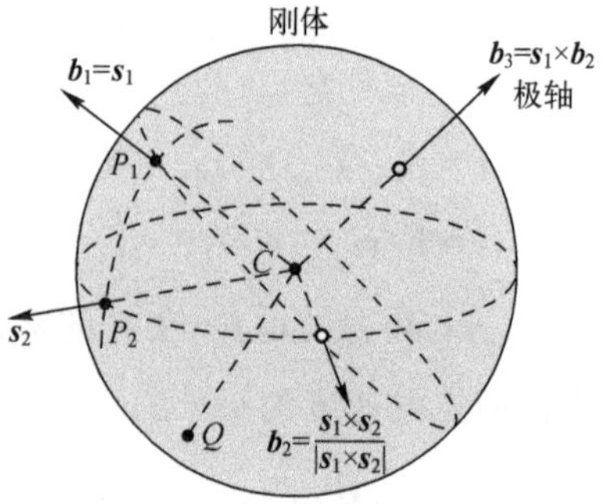

图 2.6　球形刚体和体坐标系三轴姿态确定（TRIAD）结构

依据体坐标系的右手定则，三轴姿态确定（TRIAD）算法表述为

$$\boldsymbol{b}_1=\boldsymbol{s}_1,\quad \boldsymbol{b}_2=\frac{\boldsymbol{s}_1\times\boldsymbol{s}_2}{|\boldsymbol{s}_1\times\boldsymbol{s}_2|},\quad \boldsymbol{b}_3=\boldsymbol{s}_1\times\boldsymbol{b}_2 \tag{2.104}$$

练习 27：

由于点质量有 3 个运动自由度，且刚体内部的距离是常值，证明：刚体的运动自由度是 6。

提示：先证明 3 个点的组合$\{C,P_1,P_2\}$运动自由度为 6；然后增加任意一个点 Q，进一步证明运动自由度并没有增多。

航天器的体坐标系通常实例化为刚体平台的 3 个正交轴。用该平台搭载姿态传感器，并表征与航天器轨道之间的关系。

2.5.3　天文坐标系

不受扰动影响的二体运动轨道平面，是惯性坐标系的备选惯性平面$\{O,\boldsymbol{i}_1,\boldsymbol{i}_2\}$，如日地二体系统。日地二体系统的轨道平面被称为黄道面（源自拉丁语的“黄道线”，日食线），二体系统的质心构成无加速运动坐标原点。黄道面的法线方向（靠近地球北极）定义第三个轴向 $\boldsymbol{i}_3$。解决如何选择 $\boldsymbol{i}_1$ 轴的指向问题的方法是，倾向于假定地球自转轴是惯性坐标轴，类似地，赤道面是惯性系平面（赤道面源自拉丁语“平等的”，当日地连线的指向落在赤道平面，白天和夜晚等长）。因而，$\boldsymbol{i}_1$ 轴定义为指向黄道面和赤道面的交线，这两个平面的夹角为 $\varepsilon\cong 0.41\mathrm{rad}(23.5°)$，如图 2.7 所示。这个轴向的选取沿着从地球出发指向太阳的方向，且正好是太阳的轨迹穿过赤道的时刻，即春分点(3 月 21 日左右）或秋分点（9 月 21 日左右)。最终结果是 $\boldsymbol{i}_1$ 轴定义为地球-太阳的春分点方向。这一指向也被称为白羊座第一点，这是因为在古希腊天文学家希帕克的时代(公元前 130 年左右)，该方向正指向白羊座的边界。出于这一原因，这个方向也用白羊座的符号 Υ 标记。从春分点到秋分点，太阳的方向高于赤道面（夏季位于北半球)，秋分点之后则正好相反。

目前有两个惯性系可用：太阳中心/黄道面和地球中心/赤道面。赤道面坐标系的坐标原点位于地球质心，$\boldsymbol{i}_3$ 轴与地球自转轴重合，指向地球北极，第一个轴 $\boldsymbol{i}_1$ 的指向与黄道面坐标系 $\boldsymbol{i}_1$ 轴的指向选择相同，都指向春分点。这两个惯性系的实例化并非想象中的那么简单，下面将仔细阐明。

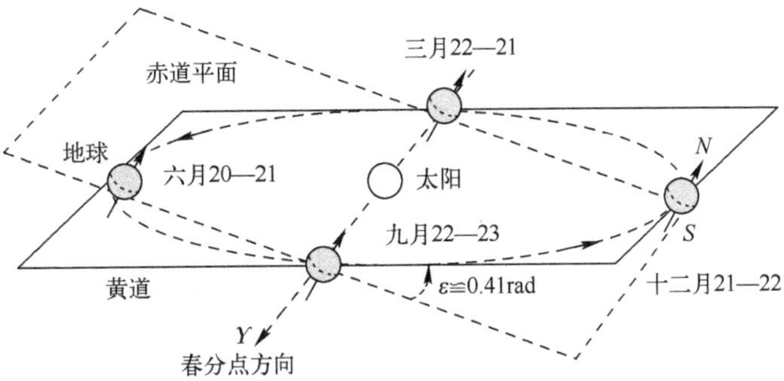

图 2.7　黄道平面、地球-太阳轨道和赤道平面

由于其他行星的影响，黄道极存在进动（进动是指某个轴沿圆锥面移动，该圆锥也称为进动锥，参见 6.3.3 节）。由于太阳和月球对赤道隆起施加的作用力，地球自转轴也存在进动和章动（章动是指进动轴向从一个进动锥滑向另一个进动锥）。因此，春分点在空间中的指向并不固定。这意味着按上述定义的惯性参考坐标系会随时间变换，必须要想办法保持恒定。国际天文联合会制定了恒定的惯性坐标系。

定义 4：国际天球参考坐标系（ICRF）$\mathscr{J}=\{O,\boldsymbol{j}_1,\boldsymbol{j}_2,\boldsymbol{j}_3\}$ 的原点位于太阳系质心，坐标轴则指向遥远银河系外的射电天体。选择这一坐标轴指向的目的是希望不受天体自行运动的影响（天体自行指的是从太阳系质心观察，天体的角位置发生变化）。坐标平面 $\{O,\boldsymbol{j}_1,\boldsymbol{j}_2\}$ 与 J2000（2000 年 1 月 1 日正午）当天的赤道面平行，参见 2.5.7 节。$\boldsymbol{j}_1$ 轴则指向 J2000 同一日期的春分点。如果考察绕地球中心轨道运行的卫星运动，那么将坐标原点从 O 移到地球质心 E，在这种情形下，建立起地球中心惯性（ECI）坐标系，记作 $\mathscr{J}_E=\{E,\boldsymbol{j}_1,\boldsymbol{j}_2,\boldsymbol{j}_3\}$，如图 2.8 所示。通常用一般惯性坐标系的符号 $\mathscr{J}=\{E,\boldsymbol{j}_1,\boldsymbol{j}_2,\boldsymbol{j}_3\}$ 表示 ECI 坐标系。

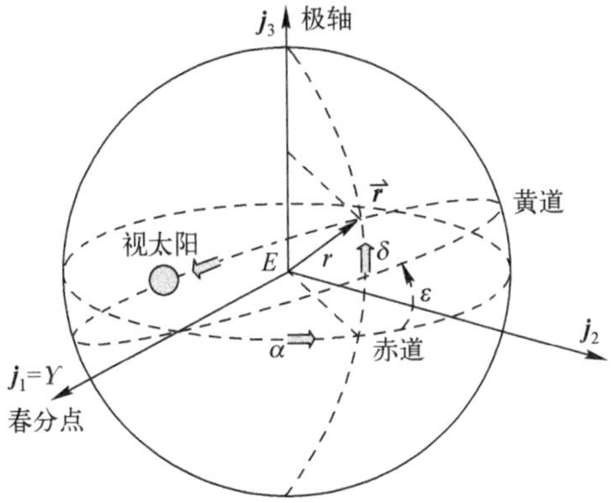

图 2.8　地心惯性赤道坐标系和球面坐标

在地球中心惯性坐标系 $\mathscr{J}_E$ 中，球坐标矢量 $\boldsymbol{r}$ 的表示 $\boldsymbol{r}_j$，遵循式（2.5）。球坐标的三元组合用 $\{\alpha,\delta,r\}$ 表示，正如图 2.8 所描述的，分别是赤经、赤纬和半径。

在任意的 t 时刻，赤道惯性系 $\mathscr{T}_E=\{E,\boldsymbol{t}_1,\boldsymbol{t}_2,\boldsymbol{t}_3\}$ 称为“真实日期”坐标系。可能的定义是 $\boldsymbol{t}_1$ 指向 t 时刻真实的春分点，$\boldsymbol{t}_3$ 指向 t 时刻真实的天极。从“真实日期”坐标 $\boldsymbol{r}_t$ 到 J2000 的 $\boldsymbol{r}_j$ 坐标转换，可以表述为

$$\boldsymbol{r}_t = N(t)P(t)\boldsymbol{r}_j \tag{2.105}$$

式中：$P(t)$、$N(t)$均为时间相关的旋转矩阵，类似式（2.39）中的 $\boldsymbol{R}$，分别表示日月进动和章动。更详细的解释参见文献［18］。进动轴的慢速漂移（长期运动）角速度在 0.1mrad/年以下，而章动的幅值则小于 0.1mrad 的范围。进动和章动都是由于其他天体的引力导致的，因此可以被预测。

定义 5：国际地球参考坐标系［或称为地球中心地球固连（ECEF）坐标系］是与地球相对固连的非惯性参考系，记作 $\mathscr{E}=\{E,\boldsymbol{e}_1,\boldsymbol{e}_2,\boldsymbol{e}_3\}$。坐标原点在地球质心 E，极轴 $\boldsymbol{e}_3$ 指向当前 t 时刻地球北极方向，也称为天球历书极。$\boldsymbol{e}_1$ 轴指向格林尼治参考子午线方向。

从地球中心地球固连坐标系的坐标矢量 $\boldsymbol{r}_e$，向惯性坐标系坐标矢量 $\boldsymbol{r}_j$ 转换的过程，除了经过“真实日期”的转换步骤，还要另外多经历两个转动步骤：①地球绕真实天球极 $\boldsymbol{t}_3$ 的旋转 Ω_t［rad］（格林尼治视恒星时）；②地球北极相对于地球表面的极移，这是由地轴的进动/章动导致的。此处的地轴极移，不能混淆于式（2.105）中因其他天体引力造成的进动/章动。此处讨论的地轴进动和章动是由于非球形、非刚体的地球因自转而导致的地轴自由运动。地球自转时，非球形惯量导致地轴的自由进动；地球四季变化引起质量分布的变化，从而导致产生年度变化的地球章动。此处讨论的地轴进动和章动不能完全预测，必须结合观测，再给出事后计算。地轴极移运动的幅值在 0.002mrad 以下。从地球固连参考系坐标 $\boldsymbol{r}_e$ 到惯性参考系坐标的完整转化公式为

$$\boldsymbol{r}_e = \Pi(t)Z(\Omega_t)N(t)P(t)\boldsymbol{r}_j \tag{2.106}$$

式中：$Z(\Omega_t)$为地球自转；$\Pi(t)$为极移[18]。

由于地球的进动和章动都是小量，此处我们做一个简化，将地球中心惯性坐标系的极轴作为地球中心地球固连坐标系的极轴，即$\{E,\boldsymbol{e}_1,\boldsymbol{e}_2,\boldsymbol{e}_3=\boldsymbol{j}_3\}$。参考子午线方向的 $\boldsymbol{e}_1$ 轴，由格林尼治平均恒星时（GMST）$\Omega_0(t)$定义，由于地球章动，仅略区别于 Ω_t。格林尼治平均恒星时的定义，参见 2.5.7 节。结合图 2.9，地球中心惯性坐标系 $\mathscr{I}_E$ 中的 $\boldsymbol{e}_1$ 轴坐标，可以表示为

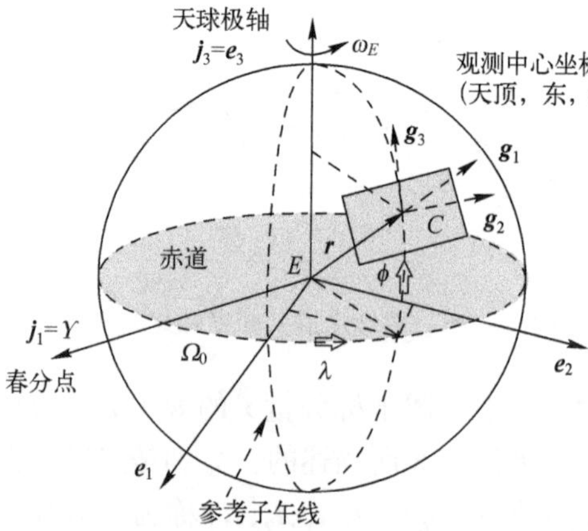

图 2.9　地球—固定参考坐标系和观测中心坐标系

$$
\boldsymbol{e}_1=\boldsymbol{J}_E\begin{bmatrix}\cos\Omega_0(t)\\ \sin\Omega_0(t)\\ 0\end{bmatrix},\quad \boldsymbol{J}_E=[\boldsymbol{j}_1\quad \boldsymbol{j}_2\quad \boldsymbol{j}_3] \tag{2.107}
$$

或者利用从地球中心惯性坐标系到地球中心地球固连坐标系的欧拉旋转 $Z(\Omega_0(t))$，表示为

$$
\boldsymbol{e}_1=Z(\Omega_0)\boldsymbol{j}_1 \tag{2.108}
$$

$Z(\Omega_0)$ 就是从地球中心地球固连坐标系中的坐标矢量 $\boldsymbol{r}_e$ 到地球中心惯性坐标系的 $\boldsymbol{r}_j$ 转换矩阵，即 $\boldsymbol{r}_j=Z(\Omega_0(t))\boldsymbol{r}_e$。

练习 28：

用 $\boldsymbol{r}$ 表示黄道惯性坐标系下矢量 $\vec{r}$ 的坐标，用 $\boldsymbol{r}_i$ 表示地球中心惯性坐标系下同一矢量 $\vec{r}$ 的坐标。在图 2.8 的辅助下，证明：$\boldsymbol{r}_i=\boldsymbol{X}(\varepsilon)\boldsymbol{r}$，其中 $\varepsilon\cong 0.41\text{rad}$ 表示黄赤夹角，$\boldsymbol{X}(\varepsilon)$ 表示式（2.41）中的欧拉转动。

由物体所在当地的天向、东向和北向构成的当地地理坐标系 $\mathcal{G}=\{C,\boldsymbol{g}_1,\boldsymbol{g}_2,\boldsymbol{g}_3\}$，坐标原点为 C，当地地理系地球中心地球固连（ECEF）在原点 C 处与地球相固联。$(\boldsymbol{g}_2,\boldsymbol{g}_3)$ 所构成的平面是穿过原点 C 的当地水平面，$\boldsymbol{g}_3$ 沿着当地子午线指向北，$\boldsymbol{g}_2$ 则指向当地的东向，$\boldsymbol{g}_1$ 沿着当地地垂线指向天顶。地球不是一个标准的球体，而是接近于椭球，当地地垂线 $\boldsymbol{g}_1$ 并非与地球半径方向重合。这个垂线偏差需通过建立 C 的大地坐标予以考察，详见 2.5.5 节。在图 2.9 中，已假定当地地垂线 $\boldsymbol{g}_1$ 方向与矢径 $\boldsymbol{r}$ 方向重合，没有严格加以区分。

2.5.4 轨道坐标系

定义轨道坐标系的一个例子，Frenet 坐标系 $C=\{P,\boldsymbol{t},\boldsymbol{n},\boldsymbol{b}\}$。该坐标系基于点 P 在空间中的运动曲线 $\boldsymbol{r}(t)$，通过运动学的特性予以定义。速度 $\boldsymbol{v}=\dot{\boldsymbol{r}}$ 的方向与加速度 $\boldsymbol{a}=\ddot{\boldsymbol{r}}$ 的方向并不一致。为了定义轨道坐标系，必须用无限小的弧长 $\mathrm{d}s(t)=|\boldsymbol{v}(t)|\mathrm{d}t$ 对曲线进行参数化。坐标原点为 P，第一个坐标轴是单位切矢量 $\boldsymbol{t}=\mathrm{d}\boldsymbol{r}(s)/\mathrm{d}s$；第二个轴是单位法矢量 $\boldsymbol{n}=(\mathrm{d}\boldsymbol{t}(s)/\mathrm{d}s)/\kappa$，其中 $\kappa=|\mathrm{d}\boldsymbol{t}(s)/\mathrm{d}s|=1/\rho$ 为曲率（直线的曲率为 0），ρ 为曲率半径；第三个轴是与前述两个轴都正交的单位矢量，$\boldsymbol{b}=\boldsymbol{t}\times\boldsymbol{n}$。在本书中，因为与时间的符号 t 太接近，符号 $\boldsymbol{t}$ 很少被用于表示坐标轴（在 10.3 节中有例外）。$\{\boldsymbol{t},\boldsymbol{n}\}$ 构成的平面是一个密切平面，在该平面上存在沿 $\boldsymbol{t}$ 方向瞬时运动，曲率中心 C 也位于该平面上。曲率中心通过矢量 $\overrightarrow{PC}=\rho\boldsymbol{n}$ 定义。相应地，也有密切圆。3 个坐标轴及其微分可以通过下面 Frenet 公式表述。

$$
\begin{bmatrix}\dfrac{\mathrm{d}\boldsymbol{t}(t)}{\mathrm{d}t}\\ \dfrac{\mathrm{d}\boldsymbol{n}(t)}{\mathrm{d}t}\\ \dfrac{\mathrm{d}\boldsymbol{b}(t)}{\mathrm{d}t}\end{bmatrix}=\dot{s}\begin{bmatrix}0 & \kappa & 0\\ -\kappa & 0 & \tau\\ 0 & -\tau & 0\end{bmatrix}\begin{bmatrix}\boldsymbol{t}(t)\\ \boldsymbol{n}(t)\\ \boldsymbol{b}(t)\end{bmatrix}=\boldsymbol{\omega}\times\begin{bmatrix}\boldsymbol{t}(t)\\ \boldsymbol{n}(t)\\ \boldsymbol{b}(t)\end{bmatrix} \tag{2.109}
$$

式中：$\dot{s}=|\boldsymbol{v}|$，τ 为曲线的挠率，$\boldsymbol{\omega}=\dot{s}(\tau\boldsymbol{t}+\kappa\boldsymbol{b})$ 为 Frenet 坐标系的角速度矢量。将 $\tau=0$ 代入到式（2.109），则可得出 $\mathrm{d}\boldsymbol{b}/\mathrm{d}t=0$，意味着平面曲线的法线方向恒定，也使得角

速度可以简单表示为 $\boldsymbol{\omega}=\dot{s}\boldsymbol{b}/\rho$。

练习 29：

空间中某个点的速度矢量为 $\boldsymbol{v}$，加速度矢量为 $\boldsymbol{a}$，证明如下表达式。

$$\begin{aligned}\boldsymbol{v}&=\dot{\boldsymbol{r}}=\dot{s}\boldsymbol{t}\\ \boldsymbol{a}&=\dot{\boldsymbol{v}}=\ddot{s}\boldsymbol{t}+\frac{\dot{s}^2}{\rho}\boldsymbol{n}\end{aligned}\tag{2.110}$$

式中：$\ddot{s}$ 为切向加速度；$\dot{s}^2/\rho$ 为向心加速度。式（2.110）表明，Frenet 坐标系是运动学三元组 $\{\boldsymbol{r},\boldsymbol{v},\boldsymbol{a}\}$ 定义的唯一坐标系。

练习 30：

在惯性坐标系 $\mathcal{I}=\{O,\boldsymbol{i}_1,\boldsymbol{i}_2,\boldsymbol{i}_3\}$ 中，给定圆形轨迹 $\boldsymbol{r}(t)=r\cos\omega t\,\boldsymbol{i}_1+r\sin\omega t\,\boldsymbol{i}_2$，证明 $s=r\omega t$，找出 Frenet 坐标系，并证明曲率 $\kappa=r^{-1}$ 且轨迹曲线的挠率为 0。

将练习 30 推广到椭圆形平面轨迹，引入偏近点角 E 的概念。根据式（2.29），令 $n=2$，$s_1=s_2=1$，$q_0=1, x=z_1, y=z_2, a=\rho_1, b=\rho_2$，则椭圆的标准表达公式为

$$\frac{x^2}{a^2}+\frac{y^2}{b^2}=1\tag{2.111}$$

其中，$a\geqslant b$，则 a 为半长轴，b 为半短轴。两个主轴分别与惯性坐标系 $\mathcal{I}=\{O,\boldsymbol{i}_1,\boldsymbol{i}_2,\boldsymbol{i}_3\}$ 中的前两个轴重合，O 点是椭圆的中心。给定一个矢量 $\boldsymbol{c}=\overrightarrow{OC}$，其中 C 是椭圆上的一点。构建矢量 $\boldsymbol{q}=\overrightarrow{OQ}$，$Q$ 位于半径为 a 的辅助圆上，如图 2.10 所示。因而有 $x=\boldsymbol{c}\cdot\boldsymbol{i}_1=\boldsymbol{q}\cdot\boldsymbol{i}=|\boldsymbol{q}|\cos E=a\cos E$，其中 E 是坐标轴 $\boldsymbol{i}_1$ 和矢量 $\boldsymbol{q}$ 之间的夹角，即偏近点角。将 $x=a\cos E$ 代入式（2.111），可以发现 $y=b\sin E$，且有

$$\boldsymbol{c}(t)=a\cos E(t)\boldsymbol{i}_1+b\sin E(t)\boldsymbol{i}_2\tag{2.112}$$

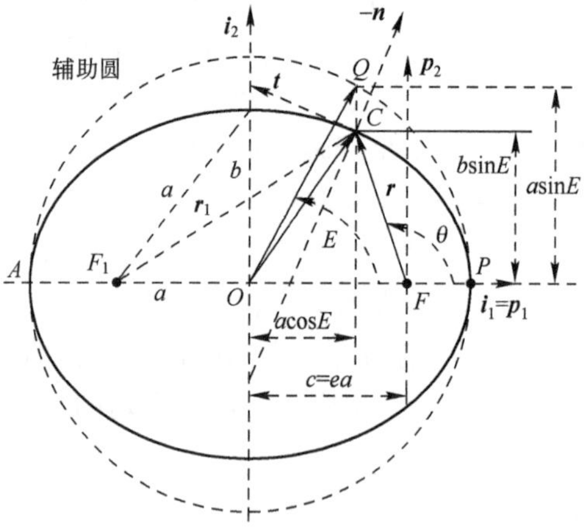

图 2.10　椭圆轨迹、偏心和真近点角、Frenet 坐标系和近焦点坐标系

图 2.10 展示了椭圆的右侧焦点 F 的坐标为 $[c=ae,0]$，其中 $0\leqslant e<1$ 为椭圆的偏心率。左侧焦点 F_1 的坐标为 $[-c,0]$。矢量 $\boldsymbol{r}=\overrightarrow{FC}$ 将在 3.3.3 节中作为 $\boldsymbol{c}$ 矢量的替换。坐标轴 $\boldsymbol{i}_1$ 与矢量 $\boldsymbol{r}$ 之间的夹角 θ，称为真近点角。点 C 的坐标值 $[x_r,y_r]$ 往往在近焦点坐标系 $\mathcal{P}=\{F,\boldsymbol{p}_1=\boldsymbol{i}_1,\boldsymbol{p}_2,\boldsymbol{p}_3=\boldsymbol{i}_3\}$ 中定义，近焦点坐标系的原点为 F。既可使用真近点角描述矢量 $\boldsymbol{r}$，也可用偏近点角描述矢量 $\boldsymbol{r}$，即

$$
\begin{aligned}
&\boldsymbol{r}(t)=r(t)\cos\theta(t)\boldsymbol{p}_1+r(t)\sin\theta(t)\boldsymbol{p}_2, \quad r=|\boldsymbol{r}| \\
&\boldsymbol{r}(t)=a(\cos E(t)-e)\boldsymbol{p}_1+b\sin E(t)\boldsymbol{p}_2
\end{aligned} \tag{2.113}
$$

式（2.113）的第二行表达式的优点在于，只包含唯一的时变量 $E(t)$，而不显含 $r(t)$ 和 $\theta(t)$。式（2.113）中的 3 个参数 a、b、e 之间的相互关系为

$$
a^2=b^2+c^2, c=ae \tag{2.114}
$$

最靠近右侧焦点 F 的椭圆上的点 P，称为*近拱点*；而点 A 称为*远拱点*。连接 P、A 两点线，则称为*拱线*。

练习 31：

利用下列几何结构特性证明式（2.114）：从椭圆上任一点 C 到焦点的距离之和是常数，并且是半长轴的两倍，即 $|\overrightarrow{F_1C}|+|\overrightarrow{FC}|=2a$。同时，证明：式（2.112）和式（2.113）收敛于 $e\to 0$ 的圆轨道。

练习 32：

给出式（2.112）中的椭圆轨迹，证明：弧度的时间变化率与偏近点角变化率有以下关系：

$$
\dot{s}(t)=\sqrt{a^2\sin^2E(t)+b^2\cos^2E(t)}\,\dot{E}(t)=\sigma(E)\dot{E}(t) \tag{2.115}
$$

接下来，利用式（2.115）证明可以由下式得出 Frenet 坐标系的前两个轴。

$$
\begin{bmatrix}\boldsymbol{t}\\ \boldsymbol{n}\end{bmatrix}=\frac{1}{\sigma(E)}\begin{bmatrix}-a\sin E & b\cos E\\ -b\cos E & -a\sin E\end{bmatrix}\begin{bmatrix}\boldsymbol{i}_1\\ \boldsymbol{i}_2\end{bmatrix} \tag{2.116}
$$

其中，副法线轴为 $\boldsymbol{b}=\boldsymbol{i}_3$，曲率半径为 $\rho=(ab)^{-1}\sigma^3(E)$。

在 3.3.4 节关于轨道的描述中，将介绍由运动学矢量 $\{\boldsymbol{r},\boldsymbol{v}\}$ 定义的一对轨迹坐标系：①*当地轨道坐标系*，简称 LORF，也称其为*开普勒坐标系*，与 Frenet 坐标系中第一个 $\boldsymbol{t}$ 轴相同，LORF 的第一轴与 $\boldsymbol{v}$ 是对齐的；②*Hill 坐标系和当地水平垂直坐标系*，简称 LVLH 坐标系，其中一个轴与 $\boldsymbol{r}$ 是对齐的。

2.5.5 地球球面坐标系和大地坐标系

在地球中心地球固连坐标系 $\mathcal{E}$ 的球面坐标中将 $\boldsymbol{r}$ 表示为 $\boldsymbol{r}_e=[x_e, y_e, z_e]$，称其为*地心坐标*，由式（2.5）推导而来。该坐标由 $\{\lambda, \phi, r\}$ 表示，其名为经度、纬度和半径。

练习 33：

给定一个具有地心坐标 $\{\lambda, \phi, r\}$ 的点 C，求出位于点 C 的观测中心坐标系 $\mathcal{G}=\{C, \boldsymbol{g}_1, \boldsymbol{g}_2, \boldsymbol{g}_3\}$ 到地球中心地球固连坐标系的转换矩阵 $\boldsymbol{R}_g^e$。

在上文中已经提到，地球并不是一个球体，而是接近于一个*扁球体*（绕其短轴旋转的椭球体）。地球的椭球体法线方程为

$$
\frac{x_e^2}{a_e^2}+\frac{y_e^2}{a_e^2}+\frac{z_e^2}{b_e^2}=1, a_e>b_e \tag{2.117}
$$

式中：$a_e=R_e$ 为平均赤道半径；$b_e=a_e\sqrt{1-e_e^2}$ 为极半径。地球表面上的一点 C 或航空/航天飞行器的质心通常相对于参考椭球体定位，如 WGS-84（世界大地测量系统 1984）。

WGS-84 的原点和坐标轴与地球中心地球固连坐标系的原点和坐标轴相同，其半长轴和偏心率分别为 $R_e=6378137.0\text{m}$ 和 $e_e=0.0818$。偏心率可以写成地球扁率的函数，即

$$e_e=\sqrt{1-(1-f_e)^2}=\sqrt{f_e(2-f_e)} \tag{2.118}$$

在图 2.11 中，式（2.117）与正交于 $\boldsymbol{e}_3$ 的赤道平面 $z_e=0$ 的交线是半径为 a_e 的大圆。赤道面的截面在图 2.11 中用单位矢量 $\boldsymbol{e}$ 表示。式（2.117）与经度 λ 的交点是独立于 λ 的椭圆，其标准形式为

$$\frac{1}{a_e^2}\left(w_e^2+\frac{z_e^2}{1-e_e^2}\right)=1 \tag{2.119}$$

式中：$w_e=\pm\sqrt{x_e^2+y_e^2}$ 为经度为 λ 的赤道轴上的坐标。

正确的参考面应该是大地水准面[18]，它是一个与所有重力场垂线成直角且相交的等势面，因此对应于在地球重力作用下处于平衡状态的海面。在航海学、制图学和测量学中，大地水准面近似为椭球面。大地水准面的峰值与参考椭球面的偏差约为±100m。

图 2.11 中的测地坐标为 $\{\lambda,\phi,h\}$，称为椭球体上的经度、纬度和高度。与地球中心地球固连笛卡儿坐标的关系是通过求解矢量 $\overrightarrow{PN}$ 沿法向 $\boldsymbol{n}$ 的长度 R_n 得到的。借助于图 2.11，可知 $\boldsymbol{t}$ 与 $\boldsymbol{e}$ 之间的角 $\pi/2+\varphi$ 的切线（在赤道平面内）是椭圆在点 P 的斜率 $\mathrm{d}z_e/\mathrm{d}s_e$，结合式（2.119）可以写出下式。

$$\tan\left(\frac{\pi}{2}+\varphi\right)=-\frac{\cos\varphi}{\sin\varphi}=\frac{\mathrm{d}z_e}{\mathrm{d}s_e}=-(1-e^2)\frac{w_e}{z_e} \tag{2.120}$$

从图 2.11 中可以发现，$\omega_e=R_n\cos\varphi$，可将式（2.120）替换为式（2.119），再进行一些变型后可得

$$R_n=\frac{a_e}{\sqrt{1-e^2\sin^2\varphi}} \tag{2.121}$$
$$z_e=R_n(1-e^2)\sin\varphi$$

$\boldsymbol{r}=\overrightarrow{OC}$ 且 $r=|\boldsymbol{r}|$ 的笛卡儿坐标、地心坐标和测地坐标之间的关系由下列等式给出。

$$\begin{bmatrix}x_c\\y_c\\z_c\end{bmatrix}=r\begin{bmatrix}\cos\phi\cos\lambda\\\cos\phi\sin\lambda\\\sin\phi\end{bmatrix}=(R_n(\varphi)+h)\begin{bmatrix}\cos\varphi\cos\lambda\\\cos\varphi\sin\lambda\\(1-\eta(\varphi,h))\sin\varphi\end{bmatrix} \tag{2.122}$$
$$\eta(\varphi,h)=\frac{R_n(\varphi)}{R_n(\varphi)+h}e^2$$

其中，表明不同纬度之间存在以下关系：

$$\tan\varphi=(1-\eta(\varphi,h))\tan\phi \tag{2.123}$$

从笛卡儿坐标到大地坐标的转换并不是直截了当的，并且已经对其进行了广泛的研究。在文献［8］中可以找到几种封闭形式和迭代解。

D. K. Olson 在文献［13］中提出了一种简单的两步算法。其具体算法如下。

第一步，利用地心纬度 φ 和半径 r 的截断幂级数近似得出大地纬度 φ_0，即

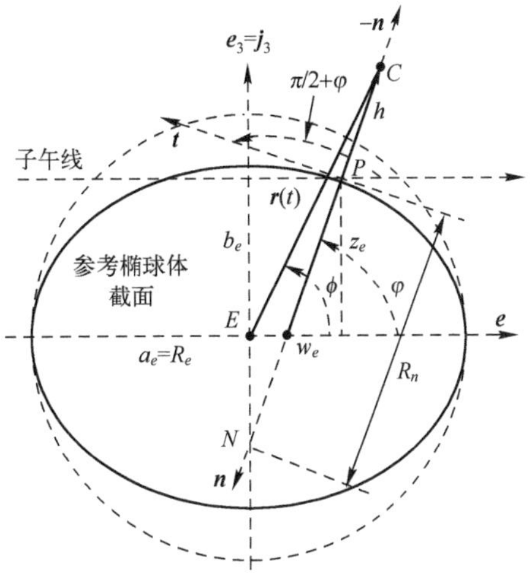

图 2.11　地球沿子午线的球面坐标和大地坐标（被放大的极地扁平度）

$$\begin{cases} s_0=\sin\varphi_0=s\left(1+e^2c^2\alpha\left(1+\dfrac{e^2}{2}(2\alpha+s^2(1-5\alpha))\right)\right) \\ c_0=\cos\varphi_0=c\left(1-e^2s^2\alpha\left(1+\dfrac{e^2}{2}(1-2\alpha-c^2(1-5\alpha))\right)\right) \end{cases} \tag{2.124}$$

此处

$$s=\sin\phi=z_e/r,\quad c=\cos\phi=\sqrt{x_e^2+y_e^2}/r,\quad \alpha=a_e/r \tag{2.125}$$

在较低的纬度处，φ_0 可以通过去解式（2.124）反正弦（反余弦）函数，近似得到

$$\begin{cases} \varphi_0=\arcsin s_0,c_0=\sqrt{1-s_0^2},\ |\phi|<1(\text{rad}) \\ \varphi_0=\arccos c_0,s_0=\sqrt{1-c_0^2},1\leqslant|\phi|<\pi/2(\text{rad}) \end{cases} \tag{2.126}$$

第二步，借助图 2.12 计算纬度修正 $\Delta\varphi$ 和高度 h。关键矢量$\overrightarrow{P_0C}$，其切向和法向坐标$\{l_0,h_0\}$与$\overrightarrow{P_0C}$的笛卡儿坐标$\{w_0,z_0\}$和$\overrightarrow{OC}$的笛卡儿坐标$\{w,z\}$相关。

$$\begin{cases} l_0=-w_0\sin\varphi_0+z_0\cos\varphi_0 \\ h_0=w_0\cos\varphi_0+z_0\sin\varphi_0 \\ w_0=w-R_n\cos\varphi_0 \\ z_0=z-(1-e^2)R_n\cos\varphi_0 \end{cases} \tag{2.127}$$

在式（2.127）中，使用了式（2.121）中定义的矢量$\overrightarrow{P_0N_0}$的长度 $R_n=a_e/\sqrt{1-e^2\sin^2\varphi_0}$。纬度修正 $\Delta\varphi$ 在通过 P_0 并以 $R_0\neq N_0$ 为中心的椭圆的密切圆上近似得出。密切圆已经在 2.5.4 节中定义，半径 $\rho_0=|\overrightarrow{R_0P_0}|=R_n(1-e^2)/(1-e^2\sin^2\varphi_0)$ 与练习 32 中的 Frenet 轴$\{\boldsymbol{t}_0,\boldsymbol{n}_0\}$定义的 P_0 中的曲率半径重合。结合近似得出的与$\overrightarrow{PP_0}$相对的角度 $\Delta\varphi$ 和式（2.122）中推导出的经度 λ，就可以得到以下最终表达式。

$$\begin{cases}\varphi=\varphi_0+\Delta\varphi, \Delta\varphi=\dfrac{l_0}{\rho_0+h_0} \\ h=h_0+\Delta h, \Delta h=l_0\dfrac{\Delta\varphi}{2} \\ \lambda=\arctan(y_e, x_e)\end{cases} \tag{2.128}$$

用 MATLAB 代码对该算法进行了测试，计算精度约为 2.0×10^{-17}。在大地高度为 300~30000km 的子午线上，得到的高度误差在 10^{-12}以下，与文献［13］一致。

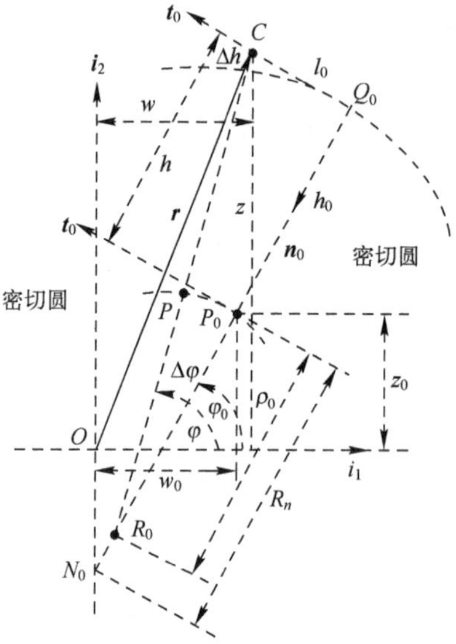

图 2.12 大地纬度修正的几何示意图

2.5.6 观测坐标系

观测坐标系由有限个天体方向的集合 $\boldsymbol{s}_j, j=1,2,\cdots,n$ 构成。可以根据一些天体的方位得到坐标单位矢量 $\breve{\boldsymbol{s}}_j$ 在惯性坐标系 $\mathcal{I}=\{C,\boldsymbol{i}_1,\boldsymbol{i}_2,\boldsymbol{i}_3\}$ 中的表示，坐标单位矢量在航天器体坐标系$\mathcal{B}=\{C,\boldsymbol{b}_1,\boldsymbol{b}_2,\boldsymbol{b}_3\}$中的测量值为 $\breve{\boldsymbol{m}}_j$。实际上，方向矢量 $\boldsymbol{s}_j$ 在通用传感器的仪器坐标系 $\mathcal{M}_j=\{C,\boldsymbol{m}_{1j},\boldsymbol{m}_{2j},\boldsymbol{m}_{3j}\}$ 中的测量值为 $\breve{\boldsymbol{m}}_{mj}$，然后通过传感器坐标系到体坐标系的转换 $\breve{\boldsymbol{m}}_j=R_{mj}^b\breve{\boldsymbol{m}}_{mj}$将其转换为体坐标。$n$ 组测量值$\{\breve{\boldsymbol{s}}_j,\breve{\boldsymbol{m}}_j\}$通过体坐标到惯性坐标的转换矩阵 $\boldsymbol{R}=R_b^i=[\boldsymbol{b}_1 \quad \boldsymbol{b}_2 \quad \boldsymbol{b}_3]$联系在一起。$n$ 组测量方程为

$$\breve{\boldsymbol{m}}_j=\boldsymbol{R}^{\mathrm{T}}\breve{\boldsymbol{s}}_j+\hat{\boldsymbol{n}}_j, j=1,2,\cdots,n \tag{2.129}$$

式中：$\hat{\boldsymbol{n}}_j$ 为影响 $\breve{\boldsymbol{s}}_j$ 和 $\breve{\boldsymbol{m}}_j$ 的所有误差，且 $n\geqslant2$。通过寻找所有$\{\boldsymbol{R}^{\mathrm{T}}\breve{\boldsymbol{s}}_j,\breve{\boldsymbol{m}}_j\}$的最小对准误差来找出正交矩阵 $\boldsymbol{R}\in\boldsymbol{SO}(3)$的估计值$\hat{R}$。结合表 1.2，将带有$\hat{}$标记的表示为变量的估计值。1965 年，G. Wahba[19]提出了以下问题。

$$\begin{cases}\hat{R}=\operatorname{argmin}_{\boldsymbol{R}\in\boldsymbol{SO}(3)} J(\boldsymbol{R}) \\ J(\boldsymbol{R})=\sum\limits_{j=1}^{n} w_j^2 \ |\breve{\boldsymbol{m}}_j-\boldsymbol{R}^{\mathrm{T}}\breve{\boldsymbol{s}}_j|^2=\sum\limits_{j=1}^{n} w_j^2 \ |\hat{\boldsymbol{n}}_j|^2\end{cases} \tag{2.130}$$

式中：w_j^2 为非负标量（权值）；$|\cdot|$为欧几里得范数。此后，式（2.130）被称为 Wahba 问题，并且是练习 16 中普鲁克正交问题的特例，在 $n=3$ 时，$\boldsymbol{R}\in \boldsymbol{SO}(3)$有以下矩阵：

$$\begin{cases} B=\boldsymbol{S}=[w_1\breve{s}_1 \quad \cdots \quad w_j\breve{s}_j \quad \cdots \quad w_n\breve{s}_n] \\ C=\boldsymbol{M}=[w_1\breve{\boldsymbol{m}}_1 \quad \cdots \quad w_j\breve{\boldsymbol{m}}_j \quad \cdots \quad w_n\breve{\boldsymbol{m}}_n] \end{cases} \tag{2.131}$$

Wahba 问题的解将在 10.4 节和 10.5 节中详细说明。

作为概述，考虑包含在正交矩阵 $\boldsymbol{S}$ 和 $\boldsymbol{M}$ 中的 3 个正交方向 $\boldsymbol{s}_j, j=1,2,3$ 及其无误差的测量值 s_j 和 m_j 的理想情况。矩阵形式的测量方程（2.129）变为

$$\boldsymbol{M}=\boldsymbol{R}^{\mathrm{T}}\boldsymbol{S} \tag{2.132}$$

并通过对 $\boldsymbol{S}$ 求逆得到估计值 $\widehat{R}^{\mathrm{T}}=MS^{\mathrm{T}}$，正交矩阵如 $\boldsymbol{S}$ 和 $\boldsymbol{M}$ 可以类比在式（2.104）中三轴姿态确定算法，根据一对非平行的方向矢量 $\boldsymbol{s}_j, j=1,2$ 构造而成。例如，10.2 节和 10.3 节所示，存在误差的测量值必须像式（2.130）中那样进行加权，在这种情况下，三轴姿态确定算法不能与 Wahba 问题的解进行比较。

2.5.7 纪元和时间尺度

纪元以儒略历日期的形式计算，这是自公元前 4713 年 1 月 1 日中午以来的一个小数，因此提供了一个连续的时间标尺。起始日期由 J. Scaliger 在 1583 年公历改革时提出的，起点从中午开始，以便天文学家的观测（主要在夜间进行），这里指的是单一的儒略日。由于儒略日的数字相当大，因此可以定义新的起始纪元，如对应于 2000 年 1 月 1 日中午的 J2000。J2000 日期 $D(t)$和儒略日期 $JD(t_{TS})$（此处 $t=t_{TS}$，将在下一段中定义的以秒为单位的时间）有如下关系。

$$D(t)=JD(t_{TS})-2451545.0. \tag{2.133}$$

$D(t)$的 J2000 日期是 $D(t)$整数部分 $\mathrm{int}D(t)$。时刻 t 的日期也可以用六元组 $\boldsymbol{d}(t)=\{y,M,d,h,m,s\}$ 表示，其中 y 表示年份；$M=1,2,\cdots,12$ 表示一年中的月份；$d=1,2,\cdots,31$ 表示月份中的日期；$h=0,1,\cdots,23$ 表示一天中的小时；$m=0,1,\cdots,59$ 表示分钟；$s=0,1,\cdots,59$ 表示秒。D. A. Vallado 在文献［18］中提出了将六元组 $\boldsymbol{d}$ 转换为儒略日期的以下公式，但仅限于从 1900 年 3 月 1 日到 2100 年 2 月 28 日之间的日期。

$$\begin{cases} JD(\boldsymbol{d}(t))=1721013.5+367y-\mathrm{int}\left(\dfrac{7}{4}\left(y+\mathrm{int}\left(\dfrac{M+9}{12}\right)\right)\right)+\mathrm{int}\left(\dfrac{275}{9}M\right)+d+\dfrac{S}{S_{\mathrm{mean}}}, \\ S(t)=3600\mathrm{h}+60\mathrm{m}+s \end{cases} \tag{2.134}$$

其中，int 表示取整。以秒为单位的一天中的时间 $S(t)$取决于下面定义的时间尺度。一天中的时间由三元组 $\boldsymbol{s}=\{h,m,s\}$ 表示。一年中的时间为 $y=\{M,d,h,m,s\}$。一年中的平均太阳日为 $S_{\mathrm{mean}}=84600\mathrm{s}$。真太阳日长度 S_{true}是地球相对于太阳的自转周期。地球相对于春分点的自转周期 S_e 则称为恒星日。

时间尺度

其中一个关键的问题是如何计算从初始纪元开始的时间 t。存在两个主要的时间尺度：

（1）原子钟的原子刻度以 SI 秒（SI 为国际标准单位秒）为基础，定义为特定铯 133 辐射的 9.192631770×10^9 个周期，这提供了非常精确和恒定的时间测量基准。

（2）地球自转速度（与一天的时长相等的时间周期）。过去是由天文观测提供，因为它有可变的和不可预测的成分；如今由全球卫星导航系统（GNSS）的测量结果决定。

原子钟时标可以由不论何地何人进行测量得出，但根据相对论，它们的流逝速率是局部的。在实际应用方面，国际原子时（TAI）是由位于法国塞夫尔的国际原子能机构给出的，它综合了许多实验室的原子时标准。GPS 时间由国际原子时减去恒定偏移量得出：

$$t_{GPS}=t_{TAI}-19.0 \tag{2.135}$$

与国际原子时并行的另一个时间尺度是由于历史原因而定义的陆地时间（TT），其定义为

$$t_{TT}\cong t_{TAI}+32.0 \tag{2.136}$$

此处省略秒的小数部分。

世界时（UT）是由地球自转速率定义的。世界时有几种不同的定义，但一般世界时指的是 UT1，它是根据地球的极轴漂移进行校正的。

协调世界时（UTC）是一种混合的时间尺度标准，它使用 SI 秒作为基本尺度，但偶尔会进行 1 秒的调整——闰秒，以保证 $|t_{UTC}-t_{UT1}|\leqslant0.9\text{s}$。协调世界时是民用的时间尺度。根据国际协议，通常在 6 月底和 12 月底对其进行调整，并且在必要时也会进行调整。剩余差值表 $t_{UTC}-t_{UT1}$ 由国际地球自转和参考系统服务中心发布。因此，由于潮汐摩擦所导致地球自转速度减慢，使协调世界时逐渐偏离国际原子时。自 2015 年 7 月 1 日起

$$t_{UTC}=t_{TAI}-36.0 \tag{2.137}$$

例如，J2000 在陆地时间尺度中时间为 $\boldsymbol{d}(t_{TT})=\{2000,1,1,12,0,0\}$，而在协调世界时时间尺度中，通过忽略秒的小数部分，其为 $\boldsymbol{d}(t_{UTC})\cong\{2000,1,1,11,58,56\}$，因此对于 J2000 日期 $t_{UTC}=t_{TAI}-32.0$ 并且利用式（2.136）可以得到 $t_{UTC}\cong t_{TT}-64.0$。

格林尼治平均恒星时（GMST）$\Omega_0(t)$ 已经在 2.5.3 节中提到，它是参考子午线相对于平春分点的赤经。可以通过比例因子 $s_e=S_{mean}(2\pi)^{-1}$ 从角度单位转换为时间单位，使一天对应于地球的一周。由式（2.133）定义的 J2000 日期 $\mathrm{int}D(t)$（D 的整数部分）的午夜 $\{h,m,s\}=\{0,0,0\}$ 的格林尼治平均恒星时记为

$$\begin{gathered}\Omega_0(t)=S_{mean}\theta_e(t)+(\varpi_1+(\varpi_2+\varpi_3C(t))C(t))C(t)\\ \varpi_1=8.640184812866\times10^6,\quad \varpi_2=93.104\times10^{-3},\quad \varpi_3=6.2\times10^{-6}\end{gathered} \tag{2.138}$$

其中，$t=t_{UT1}$，$\theta_e(t)$ 是地球在同一纪元的自转角，以天的小数部分表示，三阶多项式的变量 $C(t)$ 是自 J2000 的儒略世纪数 $C(D(t))$。

$$C(D(t))=\frac{JD(t)-2451545.0}{36525} \tag{2.139}$$

式（2.138）中地球自转 $\theta_e(t)$ 的表达式为

$$\begin{gathered}\theta_e(t)=\theta_{e0}+\varpi_eD(t)\\ \theta_{e0}=0.2790572733,\quad \varpi_e=1.002737909350795d^{-1}\end{gathered} \tag{2.140}$$

式中：θ_{e0}是地球在 J2000 午夜的自转角，ϖ_e 是与恒星日 $S_e=S_{\text{mean}}/\varpi_e$ 对应的地球平均自转速率。地球相对于地球中心惯性坐标系 $\mathcal{J}_e=\{E,\boldsymbol{j}_1,\boldsymbol{j}_2,\boldsymbol{j}_3\}$ 的平均自转速率 $\boldsymbol{\omega}_e$ 与ϖ_e 成正比，即

$$\omega_e=\varpi_e/s_e=2\pi\,\varpi_e/S_{\text{mean}}=72.92115\mu\text{rad/s} \tag{2.141}$$

2.6 刚体姿态的表征

2.6.1 定义

定义 6：定义体坐标系 $\mathcal{B}=\{C,\boldsymbol{b}_1,\boldsymbol{b}_2,\boldsymbol{b}_3\}$ 相对于观测者坐标系 $\mathcal{E}=\{C,\boldsymbol{e}_1,\boldsymbol{e}_2,\boldsymbol{e}_3\}$ 的转换矩阵 $\boldsymbol{R}(\mathcal{B},\mathcal{E})$ 为刚体的姿态。两个坐标系的原点与自身质心 C 重合。观测者坐标系可以是任意的，不一定与 2.2.3 节中定义的自然基相同。

由于体坐标系也可以是任意的，因此姿态 $\boldsymbol{R}(\mathcal{B},\mathcal{E})$ 是任意的，但会因$\{\mathcal{B},\mathcal{E}\}$的选择而唯一确定。从另一个角度来说，给定一组$\{\mathcal{B},\mathcal{E}\}$，$\boldsymbol{R}(\mathcal{B},\mathcal{E})\subset\mathfrak{R}$ 是与之等价的集合，因此存在等价表示，并且可将其分成 3 类。

第一种表示方法 $\boldsymbol{R}(\mathcal{B},\mathcal{E})\in \boldsymbol{SO}(3)$ 是唯一的，它是体坐标系 $\mathcal{B}$ 的正交基矩阵 $\boldsymbol{B}_e=[\boldsymbol{b}_{e1}\quad \boldsymbol{b}_{e2}\quad \boldsymbol{b}_{e3}]$，也是姿态矩阵，其矩阵的列 $\boldsymbol{b}_{ek}$是观测坐标系中 $\boldsymbol{b}_k$ 的坐标。可以利用 2.3.3 节中的矢量矩阵符号和式（2.48）与式（2.55）中的等式得出：

$$\boldsymbol{B}=\boldsymbol{E}\boldsymbol{B}_e=\boldsymbol{E}\boldsymbol{R}_b^e \tag{2.142}$$

其中，等式 $\boldsymbol{B}_e=\boldsymbol{R}_b^e$，证明了 $\boldsymbol{B}_e$ 是从体坐标系到观测者坐标系的坐标转换矩阵。换句话说，$\boldsymbol{B}_e$ 也是在式（2.57）观测者坐标系中的旋转矩阵。实际上，为了简单起见，如果假设$\boldsymbol{E}_e=[\boldsymbol{e}_{e1}\quad \boldsymbol{e}_{e2}\quad \boldsymbol{e}_{e3}]=I_3$，那么 $\boldsymbol{b}_k$ 是 $\boldsymbol{e}_k$ 的旋转矢量。如定理 2 所证明的那样，相对于旋转矩阵的 3 个实际的自由度，该表示具有更多的参数——3×3=9 个。实际上，任何正交矩阵 $V=[\boldsymbol{v}_1\quad \boldsymbol{v}_2\quad \boldsymbol{v}_3]$都满足恒等式 $VV^{\mathrm{T}}=\boldsymbol{I}$，这等同于 2×3=6 个点积 $\boldsymbol{v}_k\cdot\boldsymbol{v}_k=1$ 且 $\boldsymbol{v}_k\cdot\boldsymbol{v}_j=0,j\neq k,k=1,2,3$。

第二种表示方法是由 2.3.2 节中提出的 3 个欧拉角 $\theta_1=\varphi$、$\theta_2=\theta$ 和 $\theta_3=\psi$ 中的 12 个序列 $\boldsymbol{\theta}=\{\theta_i,\theta_j,\theta_k\},i,j,k=1,2,3$ 组成的一个有限集合 $\boldsymbol{\Theta}$。这是最简洁的表示形式，但存在类似于 2.2.1 节中提到的平台锁定的特殊奇异情况。在 2.3.2 节中，证明了任意旋转矩阵 $\boldsymbol{R}(\mathcal{B},\mathcal{E})$（第一种表示方法）都可以由绕笛卡儿坐标轴$j=1,2,3$ 的 3 个独立欧拉旋转公式 $\boldsymbol{R}(\theta_j,\boldsymbol{v}_j)$相乘得出。

$$\boldsymbol{R}(\mathcal{B},\mathcal{E})=\boldsymbol{R}(\theta_i,\boldsymbol{v}_i)\boldsymbol{R}(\theta_j,\boldsymbol{v}_j)\boldsymbol{R}(\theta_k,\boldsymbol{v}_k), \tag{2.143}$$

其中，$\boldsymbol{R}(\theta_j,\boldsymbol{v}_j)$可以是式（2.39）中的 $\boldsymbol{Z}(\theta_3)$或式（2.41）中的 $\boldsymbol{X}(\theta_1)$、$\boldsymbol{\gamma}(\theta_2)$，独立性意味着两个连续旋转的旋转轴必须不同。

对于数值计算最有效的第三种表示方法是单位四元数 $\mathfrak{q}$，这对于数值计算是最为有效的，其具有 4 个分量和唯一约束 $\mathfrak{q}\cdot\mathfrak{q}=1$。已在 2.4 节中定义了单位四元数及其极坐标形式，即 $\mathfrak{q}=[\cos\vartheta,\sin\vartheta\boldsymbol{v}]$，其中 $\boldsymbol{v}$ 是 3 维单位矢量。定理 3 已经证明了单位四元数等价于坐标转换矩阵 $\boldsymbol{R}(\mathfrak{q})$。定理 1 讨论了部分欧拉旋转定理，它将有助于证明 $\boldsymbol{v}$ 是 $\boldsymbol{R}(\mathfrak{q})$的实特征向量（旋转轴），根据式（2.39）可得 2ϑ 是 $\boldsymbol{R}(\mathfrak{q})$的主旋角。在给定

$\boldsymbol{R}$ 的情况下，q 也不是唯一的，因为其有两个等价的表示，但是可以很容易地消除歧义。其中也存在单位四元数派生出的其他表示方法，但在此处不对其进行解释和使用，详情请参见文献［10］。

2.6.2 用坐标转换/旋转矩阵表示姿态

2.3.3 节重点介绍了坐标转换和单个矢量的旋转。在此再次对其进行简要概述。

1. 坐标转换

考虑笛卡儿坐标系 $\mathcal{A}=\{O,\boldsymbol{a}_1,\boldsymbol{a}_2,\boldsymbol{a}_3\}$，其坐标基矩阵在体坐标系 $\mathcal{B}$ 中为 $\boldsymbol{A}_b=[\boldsymbol{a}_{b1}\quad \boldsymbol{a}_{b2}\quad \boldsymbol{a}_{b3}]$，且在观测者坐标系 $\mathcal{E}$ 中为 $\boldsymbol{A}_e=[\boldsymbol{a}_{e1}\quad \boldsymbol{a}_{e2}\quad \boldsymbol{a}_{e3}]$。结合矢量符号和式（2.142），可得出预期的等式。

$$\boldsymbol{A}=\boldsymbol{E}\boldsymbol{A}_e=\boldsymbol{B}A_b=\boldsymbol{E}R_b^eA_b\Rightarrow\boldsymbol{A}_e=\boldsymbol{R}_b^eA_b \tag{2.144}$$

2. 矢量旋转

假设 $\mathcal{A}=\{O,\boldsymbol{a}_1,\boldsymbol{a}_2,\boldsymbol{a}_3\}$ 为一个在 $\mathcal{E}$ 中具有坐标基矩阵 $\boldsymbol{A}_e$ 的坐标系，并对 $\mathcal{A}$ 施加旋转 $\boldsymbol{R}$，得到新坐标系 $\mathcal{F}=\{O,\boldsymbol{f}_1,\boldsymbol{f}_2,\boldsymbol{f}_3\}$ 的坐标基矩阵 $\boldsymbol{F}_e=\boldsymbol{R}\boldsymbol{A}_e$。假设对 $\mathcal{E}$ 的自然基矩阵 $\boldsymbol{E}_e=I$ 施加相同的旋转，得到 $\mathcal{E}$ 中坐标系 $\mathcal{B}$ 的坐标基矩阵 $\boldsymbol{R}$。结合式（2.142），该假设证明了等式 $\boldsymbol{R}=R_b^e$ 且 $\boldsymbol{F}_e=R_b^e\boldsymbol{A}_e$，后者是式（2.57）的扩展。

练习 34：

假设 $\mathcal{A}=\{O,\boldsymbol{a}_1,\boldsymbol{a}_2,\boldsymbol{a}_3\}$，$\mathcal{B}=\{C,\boldsymbol{b}_1,\boldsymbol{b}_2,\boldsymbol{b}_3\}$ 是在 $\mathcal{E}$ 中具有以下坐标基矩阵的两个坐标系：

$$\boldsymbol{A}_e=\begin{bmatrix}0&1&0\\1&0&0\\0&0&-1\end{bmatrix},\boldsymbol{B}_e=\begin{bmatrix}\frac{1}{2}&0&\frac{\sqrt{3}}{2}\\\frac{\sqrt{3}}{2}&0&-\frac{1}{2}\\0&1&0\end{bmatrix} \tag{2.145}$$

给定一个矢量 $\boldsymbol{r}$，其在 $\mathcal{E}$ 中具有以下坐标。

$$\boldsymbol{r}_e=\frac{1}{\sqrt{3}}\begin{bmatrix}1\\1\\1\end{bmatrix} \tag{2.146}$$

分别求出 $\boldsymbol{r}$ 在 $\mathcal{A}$ 和 $\mathcal{B}$ 中的矢量坐标 $\boldsymbol{r}_a$ 和 $\boldsymbol{r}_b$，以及从 $\mathcal{A}$ 到 $\mathcal{B}$ 的坐标转换矩阵 $\boldsymbol{R}_a^b$。

提示： 根据 $\boldsymbol{R}_a^e=\boldsymbol{A}_e$，$\boldsymbol{R}_b^e=\boldsymbol{B}_e$，且 $\boldsymbol{r}_a=\boldsymbol{A}_e^{\mathrm{T}}\boldsymbol{r}_e$，$\boldsymbol{r}_b=\boldsymbol{B}_e^{\mathrm{T}}\boldsymbol{r}_e$ 可以解出第一个问题。根据最后两个等式，第二个问题的解可由等式 $\boldsymbol{r}_b=\boldsymbol{B}_e^{\mathrm{T}}\boldsymbol{A}_e\boldsymbol{r}_a$ 得出。

2.6.3 用欧拉角序列表示姿态

定义 7： 任意坐标系 $\mathcal{E}=\{O,\boldsymbol{e}_1,\boldsymbol{e}_2,\boldsymbol{e}_3\}$ 中的欧拉旋转矩阵 $\boldsymbol{R}(\theta_j,\boldsymbol{v}_j)$，$j=1,2,3$ 表示绕轴 $\boldsymbol{v}_j=\boldsymbol{e}_j$ 旋转一个角 θ_j，该角在逆时针方向上为正。对于任何给定的 $\mathcal{E}$，3 个欧拉旋转矩阵 $\boldsymbol{R}(\theta_j,\boldsymbol{v}_j)$，$j=1,2,3$，表示为：

$$
R(\theta_1, v_1) = X(\varphi) = \begin{bmatrix} 1 & 0 & 0 \\ 0 & \cos\varphi & -\sin\varphi \\ 0 & \sin\varphi & \cos\varphi \end{bmatrix}
$$

$$
R(\theta_2, v_2) = Y(\theta) = \begin{bmatrix} \cos\theta & 0 & \sin\theta \\ 0 & 1 & 0 \\ -\sin\theta & 0 & \cos\theta \end{bmatrix} \tag{2.147}
$$

$$
R(\theta_3, v_3) = Z(\psi) = \begin{bmatrix} \cos\psi & -\sin\psi & 0 \\ \sin\psi & \cos\psi & 0 \\ 0 & 0 & 1 \end{bmatrix}
$$

式（2.147）已经在式（2.39）和式（2.41）中定义。三轴的旋转角$\{\varphi,\theta,\psi\}$称为欧拉角。坐标矢量 v_j 与单位矩阵的第 e_j 列相等，即$[v_1 \quad v_2 \quad v_3] = I_3$。

欧拉旋转的关键性质是不可交换性，这一性质由以下定理证明。

定理 4：欧拉初等旋转不可交换，即

$$
R(\theta_j, v_j)R(\theta_i, v_i) \neq R(\theta_i, v_i)R(\theta_j, v_j), j \neq i, v_j \neq v_i \tag{2.148}
$$

证明：如果两个矩阵具有相同的特征向量，那么它们是可交换的，这对于欧拉旋转矩阵来说并不成立。因其每个旋转轴 v_i 是如定理 1 所证明的 $R(\theta_i, v_i)$ 的唯一特征向量，而不是$R_j(\theta_j, v_j)$,$j \neq i, v_j \neq v_i$ 的唯一特征向量。

定理 4 适用于任何一对具有不同实特征向量的旋转矩阵。

练习 35：

证明 $X(\varphi)Y(\theta) \neq Y(\theta)X(\varphi)$。

定理 4 的结论是，在 $v_i \neq v_j$ 和 $v_j \neq v_k$ 的条件下，可以通过 $N_e = 12 = 3\times2\times2$ 个不同的序列$\{\{\theta_i, v_i\}, \{\theta_j, v_j\}, \{\theta_k, v_k\}\}$来完成旋转矩阵的最小组合方式。换句话说，必须围绕不同的轴连续旋转两次。$N_e = 12$ 是满足该规则的排列数目。排列分为两个子集。反对称施加到 3 个不同的旋转轴上，构成奇偶两类排列：

$$
\text{偶数：}123,231,312,\ \text{奇数：}321,213,132 \tag{2.149}
$$

对称或正常欧拉序列以相同的旋转轴开始和结束，并且可以通过将 Tait-Bryan 序列的第三个元素替换为第一个元素而得出。

$$
\text{偶数：}121,232,313,\ \text{奇数：}323,212,131 \tag{2.150}
$$

将观测者坐标系 $\mathscr{E}_0$ 旋转到体坐标系 $\mathscr{B} = \mathscr{E}_n$ 的矩阵 $R = R_b^e = R_n^0$ 的组合方式（不一定是最小的）可以通过两种不同的方式来完成：固有（将在本教科书中使用）和非固有的组合方式。

1. 固有组合

$\mathscr{B} = \mathscr{E}_n$ 是通过围绕坐标系自身的笛卡儿轴 $e_{kj}, j = 1,2,3$ 连续旋转的中间坐标系 $\mathscr{E}_k = \{O, e_{k1}, e_{k2}, e_{k3}\}, k = 0,1,\cdots,n-1 \geq 2$ 来获得的。初始坐标系为 $\mathscr{E} = \mathscr{E}_0 = \{O, e_{01}, e_{02}, e_{03}\}$。从左到右连续旋转的顺序已经在式（2.59）中给出。我们只需要用 $R(\theta_{j(k)}, e_{k,j(k)})$ 替换 R_k^{k+1}，其中符号 $j(k) = 1,2,3$ 替代一般的 j，因为其可以清楚地表明第 k 个笛卡儿旋转轴。在此替换后，式（2.59）的最后一个等式变为

$$
\begin{aligned}
R_b^e &= R_n^0 = R_1^0 R_2^1 \cdots R_{k+1}^k \cdots R_n^{n-1} \\
&= R(\theta_{j(0)}, e_{0,j(0)}) R(\theta_{j(1)}, e_{1,j(1)}) \cdots R(\theta_{j(k)}, e_{k,(k)}) \cdots R(\theta_{j(n-1)}, e_{n-1,j(n-1)})
\end{aligned} \tag{2.151}
$$

上文中已经提到，从左到右的旋转（角标自上而下阅读）等同于从右到左的坐标变换（角标自下而上阅读）。

2. 非固有组合

$\mathscr{B}=\mathscr{E}_n$ 是通过围绕初始坐标系 $\mathscr{E}_0=\mathscr{E}=\{O,\boldsymbol{e}_{01},\boldsymbol{e}_{02},\boldsymbol{e}_{03}\}$ 的笛卡儿轴 $\boldsymbol{e}_j, j=1,2,3$ 连续旋转的中间坐标系 $\mathscr{E}_k=\{O,\boldsymbol{e}_{k1},\boldsymbol{e}_{k2},\boldsymbol{e}_{k3}\}, k=0,1,\cdots,n-1\geqslant 2$ 而获得的。用 $\mathscr{E}_k=\{O,\boldsymbol{e}_{k1},\boldsymbol{e}_{k2},\boldsymbol{e}_{k3}\}$ 表示 $\boldsymbol{E}_k$ 在初始坐标系 $\mathscr{E}_0$ 的坐标基矩阵，这意味着 $\boldsymbol{E}_0=I$。根据矢量旋转可以得出 $\boldsymbol{E}_k=\boldsymbol{R}(\theta_{j(k-1)},\boldsymbol{e}_{j(k-1)})E_{k-1}, k=0,1,\cdots,n-1$。对这 n 个等式进行递推即可得出以下方程组：

$$\begin{aligned}
&\boldsymbol{E}_1=\boldsymbol{R}(\theta_{j(0)},\boldsymbol{e}_{j(0)})\boldsymbol{E}_0=\boldsymbol{R}(\theta_{j(0)},\boldsymbol{e}_{j(0)})\\
&\vdots\\
&\boldsymbol{E}_k=\boldsymbol{R}(\theta_{j(k-1)},\boldsymbol{e}_{j(k-1)})\boldsymbol{E}_{k-1}=\boldsymbol{R}(\theta_{j(k-1)},\boldsymbol{e}_{j(k-1)})\cdots\boldsymbol{R}(\theta_{j(0)},\boldsymbol{e}_{j(0)})\\
&\vdots\\
&\boldsymbol{E}_n=\boldsymbol{R}(\theta_{j(n-1)},\boldsymbol{e}_{j(n-1)})\boldsymbol{E}_{n-1}=\boldsymbol{R}(\theta_{j(n-1)},\boldsymbol{e}_{j(n-1)})\cdots\boldsymbol{R}(\theta_{j(k-1)},\boldsymbol{e}_{j(k-1)})\cdots\boldsymbol{R}(\theta_{j(0)},\boldsymbol{e}_{j(0)})
\end{aligned} \tag{2.152}$$

这表明非固有组合是由右向左组成的。由于 $\boldsymbol{E}_n$ 是 $\mathscr{E}_0$ 坐标中 $\mathscr{E}_n$ 的坐标基矩阵，由此得出 $\boldsymbol{E}_n$ 是从 $\mathscr{E}_n$ 到 $\mathscr{E}_0$ 的坐标变换，即可得 $\boldsymbol{E}_n=\boldsymbol{R}_n^0$。因此，式（2.151）和式（2.152）都给出了最后一个坐标系 $\mathscr{B}=\mathscr{E}_n$ 相对于初始坐标系 $\mathscr{E}=\mathscr{E}_0$ 的姿态矩阵的组合。

总而言之，欧拉旋转的组成可以有 3 种不同的解释。

（1）*固有组合和矢量旋转*：欧拉旋转矩阵按式（2.151）以从左到右的顺序组成，每次的连续旋转都围绕与之最近的中间坐标系中的笛卡儿轴。

（2）*固有组合和坐标变换*：欧拉坐标变换按式（2.151）从右向左的顺序组成，并将其坐标从最终坐标系逐渐变换到初始坐标系。

（3）*非固有组合*：欧拉旋转矩阵按式（2.152）以从右到左的顺序组成，并且每次的连续旋转都围绕初始坐标系的笛卡儿轴。

一种通用的最小组合方式由 321 Tait-Bryan 转序给出：

$$\boldsymbol{R}_b^e(\psi,\theta,\varphi)=Z(\psi)Y(\theta)X(\varphi)=\begin{bmatrix} r_{11}=c_\theta c_\psi & r_{12}=-c_\varphi s_\psi+s_\varphi s_\theta c_\psi & r_{13}=s_\varphi s_\psi+c_\varphi s_\theta c_\psi \\ r_{21}=c_\theta s_\psi & r_{22}=c_\varphi c_\psi+s_\varphi s_\theta s_\psi & r_{23}=-s_\varphi c_\psi+c_\varphi S_\theta s_\psi \\ r_{31}=-s_\theta & r_{32}=s_\varphi c_\theta & r_{33}=c_\varphi c_\theta \end{bmatrix} \tag{2.153}$$

其中缩写 $c_\xi=\cos\xi$，$s_\xi=\sin\xi$ 与 $\xi=\phi,\theta,\psi$ 一起使用。大多数教科书中都如文献［10］一样具有 12 个最小组合的表格，但应特别注意 2.3.2 节中概述的欧拉旋转的替代选择。

将任何代数表达式［如式（2.153）］与图 2.13（左）所示的几何图像结合在一起进行研究是很有帮助的。第一次旋转 $R(\theta_3=\psi,\boldsymbol{e}_3)=Z(\psi)$ 将 $\{\boldsymbol{e}_1,\boldsymbol{e}_2\}\in\mathscr{E}$ 移动到观察者平面上的 $\{\boldsymbol{e}_{11},\boldsymbol{e}_{12}\}\in\mathscr{E}_1$（为清晰起见，轴的顶端位于球面之外）。第二次旋转 $R(\theta_2=\theta,\boldsymbol{e}_{12})=Y(\theta)$ 将 $\{\boldsymbol{e}_{11},\boldsymbol{e}_{13}=\boldsymbol{e}_3\}\in\mathscr{E}_1$ 沿观测者的子午线移动到 $\{\boldsymbol{e}_{21}=\boldsymbol{b}_1,\boldsymbol{e}_{23}\}\in\mathscr{E}_2$（向下为正方向）。第三次旋转将 $\{\boldsymbol{e}_{22}=\boldsymbol{e}_{12},\boldsymbol{e}_{23}\}\in\mathscr{E}_2$ 沿包含本体极轴的本体面移动到最终位置 $\{\boldsymbol{e}_{32}=\boldsymbol{b}_2,\boldsymbol{e}_{33}=\boldsymbol{b}_3\}\in\mathscr{E}_3=\mathscr{B}$。方向矢量 $\boldsymbol{e}_{12}$ 称为节点线。对于沿着如图 2.13 所示轨迹移动的航天器而言，321 序列可以将轨迹坐标系（Frenet 坐标系 $C=\{C,\boldsymbol{t},\boldsymbol{n},\boldsymbol{b}\}$）与航天器体坐标系 $\mathscr{B}=\{C,\boldsymbol{b}_1,\boldsymbol{b}_2,\boldsymbol{b}_3\}$ 对齐。第三个角度 ψ 称为*偏航角*，表示 $\boldsymbol{b}_1$ 在密切面 $\{\boldsymbol{t},\boldsymbol{n}\}$ 中相

对于轨迹方向 $\boldsymbol{t}$ 的横向对准误差；第二角度 θ 称为俯仰角，表示 $\boldsymbol{b}_1$ 相对于密切面 $\boldsymbol{t}$ 的向下（正）和向上（负）对准误差；第一角度 φ 称为滚转角，表示主体平面 $(\boldsymbol{b}_2,\boldsymbol{b}_3)$ 绕 $\boldsymbol{b}_1$ 旋转，且围绕 $\boldsymbol{t}$ 产生的小的对准误差。

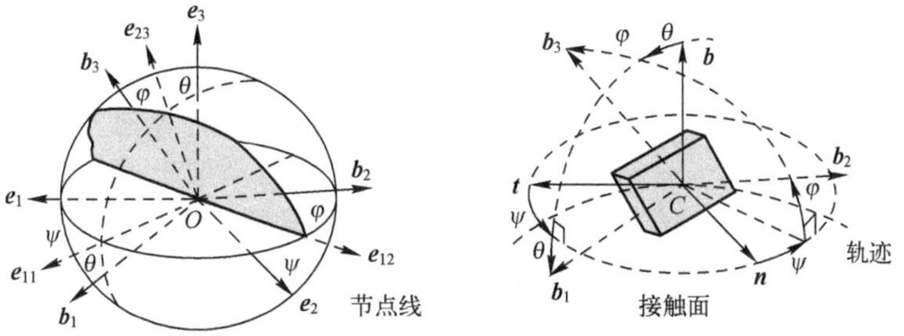

图 2.13　321Tait-Bryan 转序的几何示意图

3. 太阳视运动和万向节

正常欧拉转序 313 的姿态矩阵为

$$\boldsymbol{R}_b^e(\psi_1,\varphi,\psi_2)=\begin{bmatrix} r_{11}=c_{\psi1}c_{\psi2}-s_{\psi1}c_{\varphi}s_{\psi2} & r_{12}=-c_{\psi1}s_{\psi2}-s_{\psi1}c_{\varphi}c_{\psi2} & r_{13}=s_{\psi1}s_{\varphi} \\ r_{21}=s_{\psi1}c_{\psi2}+c_{\psi1}c_{\varphi}s_{\psi2} & r_{22}=-s_{\psi1}s_{\psi2}+c_{\psi1}c_{\varphi}c_{\psi2} & r_{23}=-c_{\psi1}S_{\varphi} \\ r_{31}=s_{\varphi}s_{\psi2} & r_{32}=c_{\psi2}s_{\varphi} & r_{33}=c_{\varphi} \end{bmatrix} \tag{2.154}$$

这对于在两个倾斜平面之间的转换坐标非常有用。地球-太阳方向矢量从黄道坐标到赤道坐标的转换，这一转换给出了太阳视运动的方程，类似于万向节输入和输出角坐标的转换。R. Hooke 注意到了这两种转换的相似性[11]，并提出了万向节可以用来跟踪日规阴影运动的建议。

考虑 2.5.3 节中定义的黄道惯性坐标系 $\mathcal{J}=\{E,\boldsymbol{i}_1,\boldsymbol{i}_2,\boldsymbol{i}_3\}$ 和赤道惯性坐标系 $\mathcal{J}=\{E,\boldsymbol{j}_1=\boldsymbol{i}_1,\boldsymbol{j}_2,\boldsymbol{j}_3\}$，并用 $\boldsymbol{S}$ 表示地球-太阳的方向矢量，如图 2.14（a）所示。赤道面与黄道面的夹角为 $\phi=\varepsilon$（图 2.8）；在时刻 t，黄道面上的太阳经度为 $\psi_1=\lambda_s(t)$；$\boldsymbol{S}$ 在赤道面上的赤经为 $\psi_2=\alpha(t)$，这是未知的。为了求得 α，$\boldsymbol{S}$ 必须通过旋转矩阵 $\boldsymbol{R}=Z(-\lambda_s)X(-\varepsilon)Z(\alpha)$ 将 $\boldsymbol{S}$ 旋转到赤道平面上的 $\boldsymbol{a}$ 方向。利用矢量旋转变换，$\boldsymbol{S}$ 和 $\boldsymbol{a}$ 在初始坐标系和最终坐标系中具有相同的坐标矢量［1，0，0］，由此可得

$$Z(\lambda_s)\begin{bmatrix}1\\0\\0\end{bmatrix}=X(-\varepsilon)Z(\alpha)\begin{bmatrix}1\\0\\0\end{bmatrix} \tag{2.155}$$

以及所求的实际的和近似的角度方程为

$$\begin{aligned} &\tan\alpha(t)=\cos\varepsilon\ \tan\lambda_s(t) \\ &\alpha(t)\cong\lambda_s(t)-\frac{\varepsilon^2}{4}\sin 2\lambda_s(t)\cong\lambda_s(t)-0.042\sin 2\lambda_s(t) \end{aligned} \tag{2.156}$$

其中，近似利用 $\cos\varepsilon\cong 1-\varepsilon^2/2$，$t$ 是年份时间 $y=\{M,d,h,m,s\}$，单位为 s。式（2.156）揭示了固定在地球上的观测者所看到的太阳运动 α（日规以有限的精度记录的视太阳运动或真太阳运动）与从黄道面上看到的太阳运动是不同的。角度差 $\lambda_s(t)-\alpha(t)$ 通过时间尺度 $s_e=S_{\text{mean}}(2\pi)^{-1}$ 转换为时间，给出了时间方程为

$$\Delta S(t) = S_{\text{mean}}\frac{\lambda_s(t)-\alpha(t)}{2\pi} \cong 565\sin 2\lambda_s(t)\,\text{s} \tag{2.157}$$

假设地球绕太阳均匀旋转，即 $\lambda_s(t)=\omega_s t+\lambda_s(0)$ 且 $\omega_s=(2\pi)/(365.25S_{\text{mean}})$，$S_{\text{mean}}=$ 84600s，则式（2.157）中的表达式是日期 t 的平均太阳日与视太阳日之差。考虑到由于地-日轨道偏心率的影响，所以 $\dot{\lambda}_s(t)$ 不是恒定的，从而对式（2.156）进行修正。

万向节的几何形状如图 2.14（b）所示。我们的目的是计算输入角速度 ω_1 和输出角速度 ω_2 之间的传动比 $\tau=\omega_1/\omega_2$，并证明该传动比具有类似于式（2.156）的表达形式。惯性轴 $\boldsymbol{e}_3$ 与带有静电悬浮的输入轴对准，该静电悬浮机构处于输入万向轴 $\boldsymbol{e}_{11}$ 的中心 E_1 和 E_2 上，输入万向轴 $\boldsymbol{e}_{11}$ 从惯性轴 $\boldsymbol{e}_1$ 旋转角度 ψ_1。万向节意为双环，是一种中心支撑，允许本体绕着通过中心的单一轴线旋转。轴 $\boldsymbol{b}_3$ 与携带静电悬浮的输出轴对准，该静电悬浮处于输出万向节轴线 $\boldsymbol{b}_1$ 的中心 B_1 和 B_2 上，该轴从 $\boldsymbol{e}_2$ 旋转角度 ψ_2。最后一个轴是定义倾角 ϕ 的节点线。万向轴彼此之间保持固定且正交，这一条件定义了传动比 τ。$\boldsymbol{b}_1$ 的惯性坐标矢量 $\boldsymbol{b}_1$ 和 $\boldsymbol{e}_{11}$ 的惯性坐标矢量 $\boldsymbol{e}_{11}$ 由下式给出：

$$\boldsymbol{b}_1 = Z(\pi/2)X(\phi)Z(\psi_2(t))\begin{bmatrix}1\\0\\0\end{bmatrix} = \begin{bmatrix}-\cos\phi\sin\psi_2(t)\\ \cos\psi_2(t)\\ \sin\phi\sin\psi_2(t)\end{bmatrix},\quad \boldsymbol{e}_{11}=\begin{bmatrix}\cos\psi_1(t)\\ \sin\psi_1(t)\\ 0\end{bmatrix} \tag{2.158}$$

万向轴的正交性 $\boldsymbol{e}_{11}^{\mathrm{T}}\boldsymbol{b}_1=0$ 给出了以下类似于式（2.156）的角度恒等式：

$$\tan\psi_1(t)=\cos\phi\tan\psi_2(t) \tag{2.159}$$

对式（2.159）中 ψ_1 和 ψ_2 进行微分可得可变传动比：

$$\tau(t)=\frac{\omega_1}{\omega_2}=\frac{\dot{\psi}_1}{\dot{\psi}_2}=\frac{1+\cos^2\phi}{2\cos\phi}-\frac{\sin^2\phi}{2\cos\phi}\cos 2\phi_1(t) \tag{2.160}$$

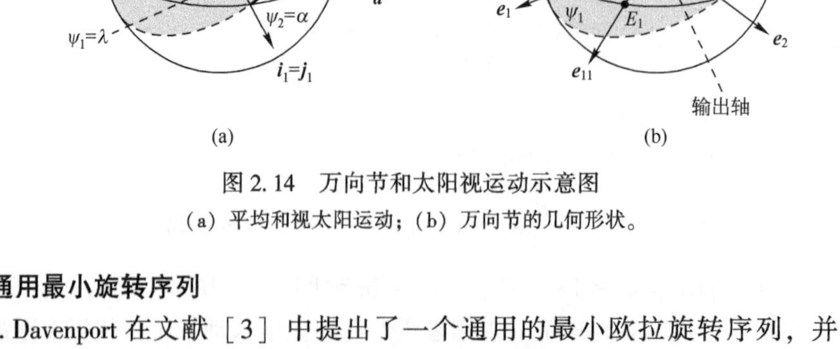

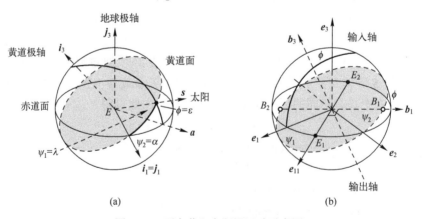

图 2.14　万向节和太阳视运动示意图

（a）平均和视太阳运动；（b）万向节的几何形状。

4. 通用最小旋转序列

P. B. Davenport 在文献［3］中提出了一个通用的最小欧拉旋转序列，并且文献［10，16］中也给出了该序列。本质上，给定诸如 $\mathscr{E}$ 和 $\mathscr{B}$ 的初始坐标系和最终坐标系，第一旋转轴 $\boldsymbol{v}_1$ 被固定在 $\mathscr{E}$ 上，且 $\vec{v}_1=\boldsymbol{E}\boldsymbol{v}_1$。第三旋转轴 $\boldsymbol{v}_3$ 被固定在 $\mathscr{B}$ 上，且 $\vec{v}_3=\boldsymbol{B}\boldsymbol{v}_3$。

第二旋转轴与 $\boldsymbol{v}_1$ 和 $\boldsymbol{v}_3$ 正交，即 $\boldsymbol{v}_2=\boldsymbol{v}_3\times\boldsymbol{v}_1$。

2.6.4 欧拉旋转定理和罗德里格斯公式

1. 欧拉旋转定理

1775 年欧拉证明：如果刚体上某一点 P 在惯性系中保持不动，此时刚体的任何移动都可以等效为绕固定单位矢量 $\boldsymbol{e}$ 的一次旋转，单位矢量 $\boldsymbol{e}$ 的原点即为 P 点。旋转轴称为*欧拉轴*。用数学术语来解释，在 3 维空间中，任何两个具有共同原点的笛卡儿坐标系 $\mathscr{A}$和 $\mathscr{B}$ 都通过绕某个固定轴的旋转而联系在一起。另外，Chasles 定理指出，刚体的最一般的运动等同于刚体中一个点的平动，再加上绕穿过该点的轴转动[5]。由于旋转部分与刚体中点的选择无关，因此通常将该点选为刚体质心 C，且转动可以独立于平动进行研究。

在 2.3.2 节中定理 1 的几何解释证明了任何正交矩阵 $\boldsymbol{R}\in \boldsymbol{SO}(3)$ 都围绕其唯一实特征向量 $\boldsymbol{v}=\boldsymbol{v}_1$ 进行矢量*旋转*，且旋转角（*主旋转角*）为复特征值的指数 ϑ。$\boldsymbol{v}$ 相比于一般的 $\boldsymbol{e}$ 在这里更加合适，后者表示观测坐标轴和误差矢量。定理 2 证明了 $\boldsymbol{R}$ 可以由旋转轴 $\boldsymbol{v}$ 的两个球坐标 $\{\alpha,\beta\}$ 和 $\boldsymbol{R}$ 的主旋转角 ϑ 这 3 个欧拉角及其旋转矩阵综合而成。定理 2 的证明指出，要建立由 $\boldsymbol{v}$ 定义的笛卡儿坐标系 C，可以在与 $\boldsymbol{v}$ 正交的平面上任意选择 $\{\boldsymbol{c}_1,\boldsymbol{c}_2\}$，使得三轴满足右手螺旋定则。定理 1 和定理 2 目前是通过构造 $\boldsymbol{R}$ 的表示形式来完成的，称 $\boldsymbol{R}$ 的表达式为*罗德里格斯*（Rodrigues）公式，它是由 ϑ 和在某个坐标系中 $\boldsymbol{v}$ 的 3 个坐标 $\boldsymbol{v}=[v_1,v_2,v_3]$ 唯一定义的。$\boldsymbol{v}$ 称为*欧拉轴*。这 4 个参数 $\{\vartheta,\boldsymbol{v}\}$ 称为*欧拉参数*。

2. 罗德里格斯公式

假设 $\boldsymbol{R}$ 将通用坐标系 $\mathscr{A}=\{C,\boldsymbol{a}_1,\boldsymbol{a}_2,\boldsymbol{a}_3\}$ 旋转到 $\mathscr{B}=\{C,\boldsymbol{b}_1,\boldsymbol{b}_2,\boldsymbol{b}_3\}$，这意味着 $\boldsymbol{R}=\boldsymbol{R}_b^a$。同时 $\boldsymbol{R}$ 将通用矢量 $\boldsymbol{r}$ 旋转到 $\boldsymbol{s}$。由 $\boldsymbol{v}$ 定义的笛卡儿坐标系 $\mathscr{C}$的任意轴 $\{\boldsymbol{c}_1,\boldsymbol{c}_2\}$ 现在被选为 $\boldsymbol{r}$ 在 $\boldsymbol{v}$ 的正交平面上的投影 $\boldsymbol{p}=\boldsymbol{r}-(\boldsymbol{r}\cdot\boldsymbol{v})\boldsymbol{v}$ 和与 $\boldsymbol{v}$ 和 $\boldsymbol{r}$ 都正交的叉乘 $\boldsymbol{v}\times\boldsymbol{r}$。$\boldsymbol{p}$ 和 $\boldsymbol{v}\times\boldsymbol{r}$ 的大小可以根据 $\boldsymbol{r}\cdot\boldsymbol{v}=|\boldsymbol{r}|\cos\phi$ 得出，并给出 $|\boldsymbol{p}|=|\boldsymbol{r}||\sin\phi|$，$|\boldsymbol{v}\times\boldsymbol{r}|=|\boldsymbol{r}||\sin\phi|$，由此可得坐标轴的三元组表示为

$$\boldsymbol{c}_1=\frac{\boldsymbol{p}}{|\boldsymbol{p}|}=\frac{\boldsymbol{r}-(\boldsymbol{r}\cdot\boldsymbol{v})\boldsymbol{v}}{|\boldsymbol{r}-(\boldsymbol{r}\cdot\boldsymbol{v})\boldsymbol{v}|},\quad \boldsymbol{c}_2=\frac{\boldsymbol{v}\times\boldsymbol{r}}{|\boldsymbol{v}\times\boldsymbol{r}|},\quad \boldsymbol{c}_3=\boldsymbol{v} \tag{2.161}$$

其满足右手螺旋定则，且选择空间坐标轴的第三个轴（极轴）为旋转轴。结合图 2.15，$\boldsymbol{s}$ 可以表示为

$$\boldsymbol{s}=(\boldsymbol{r}\cdot\boldsymbol{v})\boldsymbol{v}+\cos\vartheta(\boldsymbol{r}-(\boldsymbol{r}\cdot\boldsymbol{v})\boldsymbol{v})+\sin\vartheta(\boldsymbol{v}\times\boldsymbol{r}) \tag{2.162}$$

根据矢量旋转变换，由式（2.57）中的 $\boldsymbol{s}_a=\boldsymbol{R}_b^a\boldsymbol{r}_a$，可保证 $\mathscr{A}$（其中 $\boldsymbol{r}$ 旋转的初始坐标系）中 $\boldsymbol{r}$ 和 $\boldsymbol{s}$ 的坐标 r_a 和 s_a 是相关的，其中 $\boldsymbol{R}_b^a$ 是将 $\mathscr{A}$旋转到 $\mathscr{B}$（角标读法为自上而下）的旋转矩阵。同时，可以写出等式 $\boldsymbol{v}=\boldsymbol{R}_b^a\ \vec{v}$，$\boldsymbol{v}$ 是旋转轴 $\vec{v}$ 的坐标矢量。根据 $\boldsymbol{v}$ 坐标对式（2.162）进行改写可得罗德里格斯恒等式：

$$\boldsymbol{s}_a=\boldsymbol{R}_b^a(\vartheta,\boldsymbol{v})\boldsymbol{r}_a=((1-\cos\vartheta)\boldsymbol{v}\boldsymbol{v}^{\mathrm{T}}+I\cos\vartheta+\sin\vartheta\boldsymbol{v}\times)\boldsymbol{r}_a \tag{2.163}$$

其中，$\boldsymbol{R}_b^a(\vartheta,\boldsymbol{v})$代表 $\boldsymbol{R}_b^a$ 的*罗德里格斯表达*。结合式（2.19），$\boldsymbol{R}_b^a(\vartheta,\boldsymbol{v})$可重写为 $\boldsymbol{v}\times$ 的二次多项式，即

$$\boldsymbol{R}_b^a(\vartheta,\boldsymbol{v})=(1-\cos\vartheta)\boldsymbol{v}\boldsymbol{v}^{\mathrm{T}}+I\cos\vartheta+\sin\vartheta\boldsymbol{v}\times=I+\sin\vartheta(\boldsymbol{v}\times)+(1-\cos\vartheta)(\boldsymbol{v}\times)^2 \quad (2.164)$$

式（2.164）中的多项式是旋转矢量 $\boldsymbol{\theta}=\vartheta\boldsymbol{v}$ 的指数矩阵表示的任何姿态矩阵的基础，这类似于式（2.89）中的四元数指数。

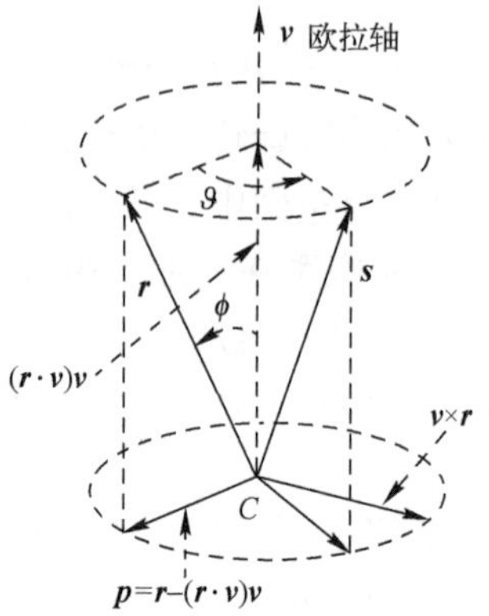

图 2.15　欧拉轴和旋转矢量分量

定理 5：任意由欧拉参数 $\{\vartheta,\boldsymbol{v}\}$ 函数化的姿态矩阵 $\boldsymbol{R}(\vartheta,\boldsymbol{v})$ 都可以写成旋转矢量 $\boldsymbol{\theta}=\vartheta\boldsymbol{v}$ 的指数矩阵 $\boldsymbol{R}(\vartheta,\boldsymbol{v})=\exp(\vartheta\boldsymbol{v}\times)=\exp(\boldsymbol{\theta}\times)$[10]。

证明：式（2.164）中三角函数的级数展开式与式（2.20）共同将式（2.164）转换为指数级数，即

$$\begin{aligned}\boldsymbol{R}_b^a(\vartheta,\boldsymbol{v})&=I+\sum_{k=0}^{\infty}(-1)^k\frac{\vartheta^{2k+1}}{(2k+1)!}(-1)^k(\boldsymbol{v}\times)^{2k+1}+\\&\quad\sum_{k=0}^{\infty}(-1)^k\frac{\vartheta^{2k+2}}{(2k+2)!}(-1)^k(\boldsymbol{v}\times)^{2k+2}\\&=\sum_{k=0}^{\infty}\frac{\vartheta^k}{k!}(\boldsymbol{v}\times)^k=\exp(\vartheta\boldsymbol{v}\times)=\exp(\boldsymbol{\theta}\times)\end{aligned} \quad (2.165)$$

由于 $\boldsymbol{R}_b^a(-\vartheta,\boldsymbol{v})=\boldsymbol{R}_a^b(\vartheta,\boldsymbol{v})$，$\boldsymbol{r}$ 在旋转坐标系 $\mathcal{B}$ 中的坐标矢量 $\boldsymbol{r}_b$ 满足 $\boldsymbol{r}_b=\boldsymbol{R}(-\vartheta,\boldsymbol{v})\boldsymbol{r}_a=((1-\cos\vartheta)\boldsymbol{v}\boldsymbol{v}^{\mathrm{T}}+I\cos\vartheta-\sin\vartheta\boldsymbol{v}\times)\boldsymbol{r}_a$。最后一个括号内的表达式在某些教材中称为罗德里格斯公式[10]。与式（2.164）的关键区别在于 $\sin\vartheta$ 的负号。此外，由于 $\boldsymbol{R}_b^a(-\vartheta,\boldsymbol{v})$ 是从 $\mathcal{A}$ 到 $\mathcal{B}$ 的坐标变换，因此现在必须从上到下念读角标。

可以很容易获得从 $\{\vartheta,\boldsymbol{v}\}$ 到 $\boldsymbol{R}_b^a(\vartheta,\boldsymbol{v})$ 的转换，反之亦然。

（1）从欧拉参数到姿态矩阵的转换。

给定 $\{\vartheta,\boldsymbol{v}\}$，通过将式（2.163）展开为以下形式从而得出 $\boldsymbol{R}_b^a(\vartheta,\boldsymbol{v})$ 为

$$\boldsymbol{R}_b^a(\vartheta,\boldsymbol{v})=\begin{bmatrix}c_\vartheta+(1-c_\vartheta)v_1^2 & (1-c_\vartheta)v_1v_2-s_\vartheta v_3 & (1-c_\vartheta)v_1v_3+s_\vartheta v_2\\(1-c_\vartheta)v_1v_2+s_\vartheta v_3 & c_\vartheta+(1-c_\vartheta)v_2^2 & (1-c_\vartheta)v_2v_3-s_\vartheta v_1\\(1-c_\vartheta)v_1v_3-s_\vartheta v_2 & (1-c_\vartheta)v_2v_3+s_\vartheta v_1 & c_\vartheta+(1-c_\vartheta)v_3^2\end{bmatrix} \quad (2.166)$$

（2）从姿态矩阵到欧拉参数的转换。

给定 $\boldsymbol{R}_b^a(\vartheta,\boldsymbol{v})$，通过对等式迹 $\mathrm{trace}\boldsymbol{R}_b^a=1+2\cos\vartheta$ 变换之后求反余弦得出主旋转角 ϑ，且欧拉矢量 $\boldsymbol{v}$ 从式（2.166）可得出

$$\vartheta = \cos^{-1}((\mathrm{tr}(\boldsymbol{R}_b^a)-1)/2)$$

$$\boldsymbol{v} = \frac{1}{2\sin\vartheta}\begin{bmatrix} r_{32}-r_{23} \\ r_{13}-r_{31} \\ r_{21}-r_{12} \end{bmatrix} \tag{2.167}$$

如果 $\vartheta = 2k\pi$ 且 k 为整数，那么 $\boldsymbol{R}_b^a = I$ 且 $\boldsymbol{v}$ 可以具有任何方向。

如果 $\boldsymbol{v} = \boldsymbol{a}_1$，其中 $\boldsymbol{a}_1$ 是由 $\boldsymbol{R}_b^a(\vartheta, \boldsymbol{v})$ 旋转得出的坐标系 $\mathscr{A}$ 的第一个轴，那么可以找到式（2.41）的第一个欧拉旋转 $X(\vartheta)$，因此式（2.163）可以写为

$$\boldsymbol{R}_b^a(\vartheta, \boldsymbol{a}_1) = (1-\cos\vartheta)\begin{bmatrix} 1 & 0 & 0 \\ 0 & 0 & 0 \\ 0 & 0 & 0 \end{bmatrix} + I\cos\vartheta + \sin\vartheta\begin{bmatrix} 0 & 0 & 0 \\ 0 & 0 & -1 \\ 0 & 1 & 0 \end{bmatrix} = \begin{bmatrix} 1 & 0 & 0 \\ 0 & \cos\vartheta & -\sin\vartheta \\ 0 & \sin\vartheta & \cos\vartheta \end{bmatrix} \tag{2.168}$$

练习 36：

给定坐标系 $\mathscr{A} = \{C, \boldsymbol{a}_1, \boldsymbol{a}_2, \boldsymbol{a}_3\}$，证明：$\{\vartheta, \boldsymbol{a}_2\}$ 和 $\{\vartheta, \boldsymbol{a}_3\}$ 可以分别推出式（2.41）中的 $\boldsymbol{Y}(\vartheta)$ 和式（2.39）中的 $Z(\vartheta)$。

式（2.168）和练习 36 的结果验证了式（2.39）和式（2.41）中欧拉旋转矩阵的选择是合理的。式（2.42）中的选择对应于罗德里格斯公式 $\boldsymbol{R}_b^a(-\vartheta, \boldsymbol{v}) = \boldsymbol{R}_a^b(\vartheta, \boldsymbol{v})$。

练习 37：

体坐标系 $\mathscr{B}$ 是通过欧拉转序 321 和以度为单位的欧拉角 $\{5, 15, -10\}$ 从观测者坐标系 E 得来的。计算体坐标系的坐标变换矩阵 $\boldsymbol{R}_b^a$、主旋转角 ϑ 和欧拉轴的坐标矢量 $\boldsymbol{v}$。

下一个定理指出，将一个矢量旋转成另一个矢量的矩阵 $\boldsymbol{R}$ 可以利用罗德里格斯公式计算得出。此处留给读者自行证明。

定理 6： 给定在同一观测坐标系 E 中具有坐标 $\boldsymbol{r}$ 和 $\boldsymbol{s}$ 的一对单位矢量 $\boldsymbol{r}$ 和 $\boldsymbol{s}$，从具有以下欧拉参数 $\{\vartheta, \boldsymbol{v}\}$ 的式（2.163）中得出使得 $\boldsymbol{s} = \boldsymbol{R}\boldsymbol{r}$ 的旋转矩阵 $\boldsymbol{R}$。

$$\vartheta = \sin^{-1}(|\boldsymbol{r}\times\boldsymbol{s}|), \boldsymbol{v} = \frac{\boldsymbol{r}\times\boldsymbol{s}}{|\boldsymbol{r}\times\boldsymbol{s}|} \tag{2.169}$$

假定从 $\boldsymbol{r}$ 到 $\boldsymbol{s}$ 的旋转为正方向。

2.6.5 四元数

如在 2.4 节中预期的那样，姿态矩阵 $\boldsymbol{R}(\vartheta, \boldsymbol{v})$ 的欧拉参数 $\{\vartheta, \boldsymbol{v}\}$ 可以转化为单位四元数。

$$\mathfrak{q} = \begin{bmatrix} \cos(\vartheta/2) \\ \sin(\vartheta/2)\boldsymbol{v} \end{bmatrix} = \begin{bmatrix} q_0 \\ \boldsymbol{q} \end{bmatrix}, \quad \mathfrak{q}\cdot\mathfrak{q} = 1 \tag{2.170}$$

其中，$-\pi \leqslant \vartheta < \pi$。式（2.170）中 $\vartheta/2$ 的原因在 2.4 节中已提到。通过将式（2.163）中的罗德里格斯公式中的欧拉参数替换为四元数分量即可得到证明。实际上，通过将 ϑ 替换为 $2(\vartheta/2)$、将 $\sin(\vartheta/2)\boldsymbol{v}$ 替换为 $\boldsymbol{q}$，就可以得到一个新的关于四元数分量的罗德里格斯公式，即

$$\begin{aligned} \boldsymbol{R}_b^a(\vartheta, v) &= 2\sin^2(\vartheta/2)\boldsymbol{v}\boldsymbol{v}^{\mathrm{T}} + (2\cos^2(\vartheta/2)-1)I + 2\sin(\vartheta/2)\cos(\vartheta/2)\boldsymbol{v}\times \\ &= 2\boldsymbol{q}\boldsymbol{q}^{\mathrm{T}} + (2q_0^2-1)I + 2q_0\boldsymbol{q}\times = \boldsymbol{R}_b^a(q_0, \boldsymbol{q}) = \boldsymbol{R}_b^a(\mathfrak{q}) \end{aligned} \tag{2.171}$$

练习 38：

证明： $\boldsymbol{R}_b^a(\mathfrak{q})=I+2(q_o I+\boldsymbol{q}\times)\boldsymbol{q}\times$。

符号 $\boldsymbol{R}_b^a(\mathfrak{q})$ 读作“四元数 Q 的姿态矩阵”。另一种表示法是将上标和下标附加到 $\mathfrak{q}$ 上，如 $\mathfrak{q}_b^a$ 或简称 $\mathfrak{q}_b$，该表示法相对于某个已知的坐标系读作“坐标系 $\mathscr{B}$ 的四元数”。

从 $\boldsymbol{R}$ 的 9 个参数减少到式（2.170）的 4 个参数并不能消除歧义。对于任何整数 k，$\{\vartheta,\boldsymbol{v}\}$ 等价于 $\{-\vartheta+2k\pi,-\boldsymbol{v}\}$ 且等价于 $\{\vartheta+2k\pi,\boldsymbol{v}\}$，因此可以通过两种方式获得相同的式（2.170）中的四元数，即从正的矢量对 $\{\vartheta,\boldsymbol{v}\}$ 和从负的矢量对 $\{-\vartheta,-\boldsymbol{v}\}$，但是它们会合并成式（2.170）的相同表示形式。如果我们限制为正，则可以沿着 ϑ 或沿相反方向 $\vartheta-2\pi$ 获得相同的旋转，从而提供另两对四元数：右手系的 $q_+=[\vartheta,\boldsymbol{v}]$ 和左手系的 $q_-=[-2\pi+\vartheta,\boldsymbol{v}]$。左手系的四元数虽然表示相同的旋转，但由于符号相反而不同，如下式所示。

$$\mathfrak{q}_+=\begin{bmatrix}\cos(\vartheta/2)\\ \sin(\vartheta/2)\boldsymbol{v}\end{bmatrix},\mathfrak{q}_-=\begin{bmatrix}\cos(-\pi+\vartheta/2)\\ \sin(-\pi+\vartheta/2)\boldsymbol{v}\end{bmatrix}=-\begin{bmatrix}\cos(\vartheta/2)\\ \sin(\vartheta/2)\boldsymbol{v}\end{bmatrix}=-\mathfrak{q}_+ \tag{2.172}$$

我们通常使用的是*右手系下的四元数*。与 $\{\vartheta,\boldsymbol{v}\}$ 相反的旋转是 $\{\vartheta,-\boldsymbol{v}\}$。对应的四元数为

$$\mathfrak{q}^{-1}=\begin{bmatrix}\cos(\vartheta/2)\\ -\sin(\vartheta/2)\boldsymbol{v}\end{bmatrix}=\begin{bmatrix}q_0\\ -\boldsymbol{q}\end{bmatrix} \tag{2.173}$$

是 $\mathfrak{q}$ 的逆四元数，已在式（2.92）中定义。

练习 39：

找出式（2.147）中 3 个欧拉旋转的四元数和转序 321 中的旋转轴。

解： 欧拉四元数为

$$\mathfrak{q}_1=\begin{bmatrix}\cos(\varphi/2)\\ \sin(\varphi/2)\boldsymbol{e}_1\end{bmatrix},\mathfrak{q}_2=\begin{bmatrix}\cos(\theta/2)\\ \sin(\theta/2)\boldsymbol{e}_2\end{bmatrix},\mathfrak{q}_3=\begin{bmatrix}\cos(\psi/2)\\ \sin(\psi/2)\boldsymbol{e}_3\end{bmatrix}[\boldsymbol{e}_1\quad \boldsymbol{e}_2\quad \boldsymbol{e}_3]=I \tag{2.174}$$

式（2.174）中的坐标矢量 $\boldsymbol{e}_k,k=1,2,3$ 与相关欧拉旋转轴相同，并且不依赖于旋转序列。在图 2.13 中 321 转序的情况下，连续的旋转轴为 $\{\boldsymbol{e}_3,\boldsymbol{e}_{23},\boldsymbol{b}_1\}$。其体坐标是分别通过 $\{\boldsymbol{O},\boldsymbol{e}_{13},\boldsymbol{e}_{23},\boldsymbol{e}_3\}$、$\{\boldsymbol{O},\boldsymbol{b}_1,\boldsymbol{e}_{23},\boldsymbol{e}_{32}\}$、$\{\boldsymbol{O},\boldsymbol{b}_1,\boldsymbol{b}_2,\boldsymbol{b}_3\}$ 利用观测者坐标系到体坐标系的变换得来的，有

$$[\boldsymbol{v}_1=\boldsymbol{e}_1\quad \boldsymbol{v}_2=X(-\varphi)\boldsymbol{e}_2\quad \boldsymbol{v}_3=X(-\varphi)Y(-\theta)\boldsymbol{e}_3]=\begin{bmatrix}1 & 0 & -\sin\theta\\ 0 & \cos\varphi & \sin\varphi\cos\theta\\ 0 & -\sin\varphi & \cos\varphi\cos\theta\end{bmatrix} \tag{2.175}$$

式中：$[\boldsymbol{e}_1\quad \boldsymbol{e}_2\quad \boldsymbol{e}_3]=\boldsymbol{I}$ 为自然坐标基的矩阵。

1. 平台锁定

旋转矩阵 $\boldsymbol{R}$ 的欧拉角 $\{\varphi,\theta,\psi\}$，无论它们的顺序是什么，都可以证明为三维单位球面上的 4 维矢量 $\mathfrak{q}=[q_0,q_1,q_2,q_3]$，$\mathfrak{q}\cdot\mathfrak{q}=1$ 的球坐标。它们受到奇点的影响，称其为平台锁定，类似于二维单位球面上的三维点 $\boldsymbol{r}=[r_1,r_2,r_3]$，$\boldsymbol{r}\cdot\boldsymbol{r}=1$ 的方位角 $|\alpha|\leqslant\pi$ 和极角 $0\leqslant\beta\leqslant\pi$ 在式（2.4）中［或在式（2.5）中的角度范围 $|\delta|\leqslant\pi/2$］。奇点出现

在$\beta=\{0,\pi\}$和$\delta=\pm\pi/2$处，其中方位角α变得不可确定。可以通过用$\boldsymbol{r}$的笛卡儿坐标代替球坐标来避免奇异。单位四元数$\mathfrak{q}=[q_0,\boldsymbol{q}]$的作用与其类似。具有旋转轴$\boldsymbol{v}_k,k=1,\cdots,n$的欧拉旋转的任何转序$\{\{\theta_1,\boldsymbol{v}_1\},\cdots,\{\theta_k,\boldsymbol{v}_k\},\cdots,\{\theta_n,\boldsymbol{v}_n\}\}$的平台锁定发生在连续旋转的三元组$\{\{\theta_{k-1},\boldsymbol{v}_{k-1}\},\{\theta_k,\boldsymbol{v}_k\},\{\theta_{k+1},\boldsymbol{v}_{k+1}\}\}$中，第一轴和第三轴$\{\boldsymbol{v}_{k-1},\boldsymbol{v}_{k+1}\}$对齐：$\boldsymbol{v}_{k-1}=\pm\boldsymbol{v}_{k+1}$，在这种情况下，会丢失一个自由度。当转序的最小维度$n=3$时，一个自由度的损失会造成很大的影响。下面的引理说明了三维平台锁定的条件。

引理1：当第二旋转角为零或$\pm\pi$时，正常欧拉序列会发生平台锁定；当第二旋转角为$\pm\pi/2$时，Tait-Bryan转序会发生平台锁定。

证明：在具有旋转矩阵$\boldsymbol{R}((\theta_k,\boldsymbol{v}_k))=\boldsymbol{R}(\theta_k)$和$\boldsymbol{R}(\theta_h,\theta_j,\theta_k)=\boldsymbol{R}_h(\theta_h)\boldsymbol{R}_j(\theta_j)\boldsymbol{R}_h(\theta_k)$的正常欧拉转序$\{\{\theta_i,\boldsymbol{v}_i\},\{\theta_j,\boldsymbol{v}_j\},\{\theta_k,\boldsymbol{v}_k\}\},i,j,k=1,2,3$中，中间旋转在$\theta_j=\{0,\pm\pi\}$时并不转动。实际上，

$$\begin{aligned}&\boldsymbol{R}_j(0)=I\\&\boldsymbol{R}_j(\pm\pi)=\mathrm{diag}(r_{j1},r_{j2},r_{j3}),r_{jj}=1,r_{j,h\neq j}=-1\end{aligned}\tag{2.176}$$

并且总的旋转简化为

$$\begin{aligned}&\boldsymbol{R}(\theta_h,0,\theta_k)=\boldsymbol{R}(\theta_h+\theta_k)\\&\boldsymbol{R}(\theta_h,\pm\pi,\theta_k)=\boldsymbol{R}(\theta_h-\theta_k)R_j(\pm\pi)\end{aligned}\tag{2.177}$$

由于缺失了一个自由度，在Tait-Bryan转序$\{\theta_h,\theta_j,\theta_k\}$中，只有中间旋转$\boldsymbol{R}_j(\pm\pi/2)$具有下列形式之一。

$$\boldsymbol{R}_1\left(\pm\frac{\pi}{2}\right)=\begin{bmatrix}1&0&0\\0&0&\mp1\\0&\pm1&0\end{bmatrix},\boldsymbol{R}_2\left(\pm\frac{\pi}{2}\right)=\begin{bmatrix}0&0&\mp1\\0&1&0\\\mp1&0&0\end{bmatrix},\boldsymbol{R}_3\left(\pm\frac{\pi}{2}\right)=\begin{bmatrix}0&\mp1&0\\\pm1&0&0\\0&0&1\end{bmatrix}\tag{2.178}$$

将$\boldsymbol{R}_k(\theta_k)$的轴与$\boldsymbol{R}_h(\theta_h)$的轴对齐，总的旋转简化为

$$\boldsymbol{R}(\theta_h,\pm\pi/2,\theta_k)=\boldsymbol{R}_h(\theta_h\mp\theta_k)\boldsymbol{R}_j(\pm\pi/2)\tag{2.179}$$

平台锁定在硬件和软件应用中都是非常不利的。

2. 硬件平台锁定

图2.16显示了3个框架，每个框架都带有一个旋转轴。外框架绕$\boldsymbol{e}_3$旋转角ψ（偏航）（轴固定在航天器上）。中间框架绕$\boldsymbol{e}_{21}$旋转角度θ（俯仰），这是固定在航天器上的平面$\{\boldsymbol{e}_1,\boldsymbol{e}_2\}$上的外部旋转$\psi$的结果。内框架绕$\boldsymbol{b}_1$旋转角度$\varphi$（滚动），位于由中间框架定义的中间平面上。内框架可以携带带有导航仪器的平台，如加速计和陀螺仪。当$\theta=0$时，中间平面是水平的，在这种情况下，$\boldsymbol{b}_1=\boldsymbol{e}_{11}$。当$\theta=\pm\pi/2$时，中间平面是垂直的。后一种情况对应于框架锁定，因为最里面的圆盘将绕$\boldsymbol{b}_1=\mp\boldsymbol{e}_3$旋转。在这种情况下，所有旋转轴位于与航天器平面$\{\boldsymbol{e}_1,\boldsymbol{e}_2\}$正交的同一平面$\{\boldsymbol{e}_{21},\boldsymbol{e}_3\}$中，并且在该平面中不可能有角$\varphi$（滚动）的旋转。在框架锁定的情况下，$\varphi$将用于测量绕航天器轴$\boldsymbol{e}_3$的旋转，因此就会导致缺失了一个自由度。

万向节平台的常见用途是携带惯性仪器，如加速计和陀螺仪[惯性测量单元（IMU），参见第8章]。加速度计测量航天器载荷平台的惯性加速度，陀螺仪测量航天器的惯性角速度。为此，平台的轴必须保持与准惯性参照系（目标参照系）对齐。无

论航天器的角运动是怎样的，都需要通过万向节驱动器对测量的欧拉角进行主动补偿，确保与目标坐标系对齐。当姿态远离目标坐标系时，可能会发生万向节锁定。通常，目标坐标系是期望的着陆坐标系。例如，$\boldsymbol{b}_1$ 与当地垂线对齐，而 $\boldsymbol{b}_3$ 与登月舱的着陆点水平面和下降路径平面的交线对齐。第四冗余框架可以通过自动将中间框架保持在接近零俯仰角来避免万向节锁定。阿波罗的惯性测量单元并没有使用第四个框架[6]。1969 年夏天执行阿波罗 11 号任务时，指挥舱飞行员 M. Collins 在月球轨道上操纵指挥舱时，休斯顿的地面协助小组警告他不要使惯性测量单元以免发生万向节锁定。他回答说，希望第四框架可以作为圣诞礼物。

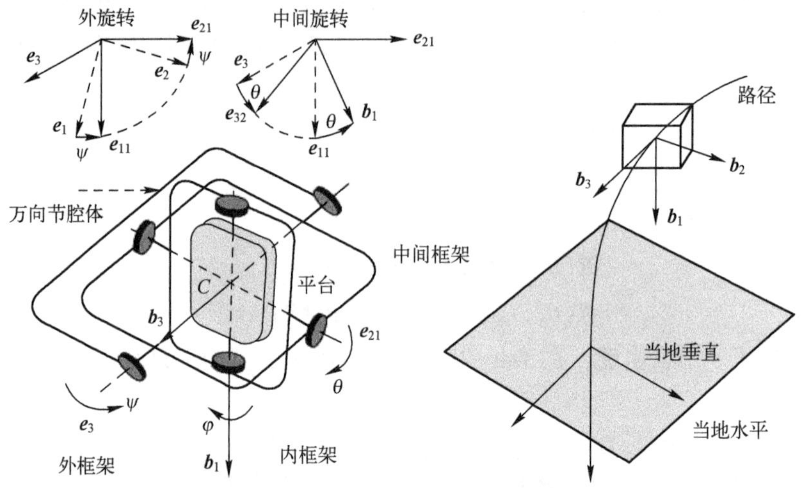

图 2.16　含万向节的平台示意图

3. 四元数的组合

下面的引理指出，四元数的组合遵循与旋转矩阵的相同规则。需要考虑坐标系 $\{\mathcal{E}_k, k=0,1,\cdots,n\}$ 的转序和姿态矩阵 $\boldsymbol{R}_k^{k-1}$ 的四元数 $\mathfrak{q}_k^{k-1}$。

引理 2： 给定姿态矩阵的组合 $\boldsymbol{R}_n^0=\boldsymbol{R}_1^0\cdots\boldsymbol{R}_j^{j-1}\cdots\boldsymbol{R}_n^{n-1}$，四元数的组合遵循相同的规则，坐标系变换从右到左，矢量变换从左到右。换句话说，

$$\mathfrak{q}_n^0=\mathfrak{q}_1^0\otimes\cdots\otimes\mathfrak{q}_k^{k-1}\otimes\cdots\otimes\mathfrak{q}_n^{n-1} \tag{2.180}$$

证明： 考虑矢量四元数序列 $\{\mathfrak{u}_0,\mathfrak{u}_1,\cdots,\mathfrak{u}_k,\cdots,\mathfrak{u}_n\}$，其等价于坐标系 $\mathcal{E}_k$ 中 $\boldsymbol{u}$ 的坐标。结合定理 3 可以建立以下转换序列：

$$\begin{aligned}
&\mathfrak{u}_{n-1}\otimes\mathfrak{q}_n^{n-1}=\mathfrak{q}_n^{n-1}\otimes\mathfrak{u}_n\\
&\mathfrak{u}_{n-2}\otimes\mathfrak{q}_{n-1}^{n-2}\otimes\mathfrak{q}_n^{n-1}=\mathfrak{q}_{n-1}^{n-2}\otimes\mathfrak{q}_n^{n-1}\otimes\mathfrak{u}_n\\
&\vdots\\
&\mathfrak{u}_{k-1}\otimes\mathfrak{q}_k^{k-1}\otimes\cdots\otimes\mathfrak{q}_{n-1}^{n-2}\otimes\mathfrak{q}_n^{n-1}=\mathfrak{q}_k^{k-1}\otimes\cdots\otimes\mathfrak{q}_{n-1}^{n-2}\otimes\mathfrak{q}_n^{n-1}\otimes\mathfrak{u}_n\\
&\vdots\\
&\mathfrak{u}_0\otimes\mathfrak{q}_1^0\otimes\cdots\otimes\mathfrak{q}_k^{k-1}\otimes\cdots\otimes\mathfrak{q}_{n-1}^{n-2}\otimes\mathfrak{q}_n^{n-1}=\mathfrak{q}_1^0\otimes\cdots\otimes\mathfrak{q}_k^{k-1}\otimes\cdots\otimes\mathfrak{q}_{n-1}^{n-2}\otimes\mathfrak{q}_n^{n-1}\otimes\mathfrak{u}_n
\end{aligned} \tag{2.181}$$

由此证明了上述引理。

练习 40：

给定一对欧拉参数

$$(\vartheta_1, \boldsymbol{\nu}_1) = \left(\pi/2, \begin{bmatrix}0\\0\\1\end{bmatrix}\right), \quad (\vartheta_2, \boldsymbol{\nu}_2) = \left(\pi/2, \begin{bmatrix}0\\1\\0\end{bmatrix}\right) \tag{2.182}$$

求出与之相关的四元数 $\mathfrak{q}_1$ 和 $\mathfrak{q}_2$，它们的乘积 $\mathfrak{q} = \mathfrak{q}_1 \otimes \mathfrak{q}_2$ 和逆 $\mathfrak{q}^{-1}$。

解：四元数 $\mathfrak{q}_1$ 和 $\mathfrak{q}_2$，以及它们的乘积 $\mathfrak{q} = \mathfrak{q}_1 \otimes \mathfrak{q}_2$ 为

$$\mathfrak{q}_1 = \sqrt{2}/2\begin{bmatrix}1\\0\\0\\1\end{bmatrix}, \quad \mathfrak{q}_2 = \sqrt{2}/2\begin{bmatrix}1\\0\\1\\0\end{bmatrix}, \quad \mathfrak{q} = \mathfrak{q}_1 \otimes \mathfrak{q}_2 = \begin{bmatrix}\cos(\pi/3)\\-\sin(\pi/3)/\sqrt{3}\\\sin(\pi/3)/\sqrt{3}\\\sin(\pi/3)/\sqrt{3}\end{bmatrix} \tag{2.183}$$

通过将欧拉轴 $\boldsymbol{\nu}$ 看作三棱锥体的平分线，可以更好地理解主旋转角 $\vartheta = 2\pi/3$，该棱锥体的顶点位于原点 O，该棱锥体的边是已经被 $\mathfrak{q}$ 旋转的坐标系 $\mathscr{E} = \{O, \boldsymbol{e}_1, \boldsymbol{e}_2, \boldsymbol{e}_3\}$ 的轴线。由于所有的轴系交换，即 $\boldsymbol{e}_3$ 旋转为 $\boldsymbol{e}_1$，依此类推，棱锥体边的交换需要绕平分线轴旋转 $2\pi/3$。

2.6.6 姿态表征之间的转换

从欧拉角序列、欧拉参数和四元数到姿态矩阵 $\boldsymbol{R}$ 的转换是直接转换，并且给出了唯一的结果。它们已经在上文中进行了研究，可以在式（2.151）、式（2.166）和式（2.171）中找到。在式（2.167）中给出了从姿态矩阵到欧拉参数的转换。从四元数 $\mathfrak{q}$ 到欧拉角的转换可以通过四元数的姿态矩阵 $\boldsymbol{R}(\mathfrak{q})$ 得出。在这里只需要研究从姿态矩阵到欧拉角和四元数的转换，因为它们有多个解。

1. 姿态矩阵到欧拉角的转换

从姿态矩阵 $\boldsymbol{R}$ 到欧拉角 $\{\theta_1, \theta_2, \theta_3\}$ 的转换需要选择欧拉角的转序。在这里我们对 321 转序 $\{\theta_1 = \psi, \theta_2 = \theta, \theta_3 = \varphi\}$ 和 313 转序 $\{\theta_1 = \psi_1, \theta_2 = \varphi, \theta_3 = \psi_2\}$ 进行详细的推导，其余转序请读者自行推导。

注意，可以从 r_{31} 中提取 $\theta_2 = \theta$，因此可以从式（2.153）中得出 321 转序的欧拉角。除非 $r_{31} = \pm 1$，否则在 $[-\pi, \pi)$ 范围内存在两个余弦值相反的可选值，即

$$\theta = \begin{cases} -\arcsin(r_{31}) \\ \pi + \arcsin(r_{31}) \end{cases} \tag{2.184}$$

可以通过选择对应于 $\cos\theta > 0$ 的最小角度 $\theta = -\arcsin(r_{31})$ 来消除奇异。如果 $\cos\theta \neq 0$，那么可以由 r_{32} 和 r_{33} 得出 $\theta_3 = \varphi$，并且由 r_{21} 和 r_{11} 得出 $\theta_1 = \psi$。这里必须使用四象限反正切函数来得出范围 $[-\pi, \pi)$ 中的值，即

$$\begin{gathered} \theta_1 = \psi = \arctan2(sr_{21}, sr_{11}), \theta_3 = \varphi = \arctan2(sr_{32}, sr_{33}) \\ s = \text{sign}(\cos\theta) \end{gathered} \tag{2.185}$$

当 $\theta_2 = \pm\pi/2$ 时，出现了万向节锁定，根据式（2.179），由 r_{22} 只能得到 $\psi \mp \varphi$，公式可以写为

$$
\boldsymbol{R}\left(\psi,\pm\frac{\pi}{2},\varphi\right)=\begin{bmatrix}\cos(\psi\mp\varphi) & -\sin(\psi\mp\varphi) & 0\\ \sin(\psi\mp\varphi) & \cos(\psi\mp\varphi) & 0\\ 0 & 0 & 1\end{bmatrix}\begin{bmatrix}0 & 0 & \pm1\\ 0 & 1 & 0\\ \mp1 & 0 & 0\end{bmatrix}
=\begin{bmatrix}0 & -\sin(\psi\mp\varphi) & \pm\cos(\psi\mp\varphi)\\ 0 & \cos(\psi\mp\varphi) & \pm\sin(\psi\mp\varphi)\\ \mp1 & 0 & 0\end{bmatrix} \tag{2.186}
$$

对式（2.186）与 $\boldsymbol{R}$ 的元素进行比较可以得出以下公式，其中两个角度中的任何一个都可以被赋予一个适当的值。

$$
\begin{aligned}
&\psi-\varphi=\arccos(r_{22}),\sin\theta\geqslant0\\
&\psi+\varphi=\arccos(r_{22}),\sin\theta<0
\end{aligned} \tag{2.187}
$$

M. D. Shuster 和 F. L. Markley 在文献［17］中提出了一种可以避免使用式（2.187）的替代算法。其可以通过观察而令

$$
\begin{aligned}
&-r_{12}\pm r_{23}=\sin(\psi\mp\varphi)(1\pm\sin\theta)\\
&r_{22}\pm r_{13}=\cos(\psi\mp\varphi)(1\pm\sin\theta)
\end{aligned} \tag{2.188}
$$

第一步，根据式（2.184）计算 θ。

第二步，根据式（2.185）计算 ψ 或 φ。由于 $r_{31}=\pm1$ 的 atan2 的结果未定义，因此可以给所选择的角度赋予任意合适的值。

第三步，根据式（2.188）的解计算其余的角度值。

$$
\begin{aligned}
&\psi-\varphi=\operatorname{atan2}(-r_{12}+r_{23},r_{22}+r_{13}),\quad \sin\theta\geqslant0\\
&\psi+\varphi=\operatorname{atan2}(-r_{12}-r_{23},r_{22}-r_{13}),\quad \sin\theta<0
\end{aligned} \tag{2.189}
$$

练习 41：

给定姿态矩阵

$$
\boldsymbol{R}=\begin{bmatrix}1/2 & (1/\sqrt{2}-1)/2 & (1+1/\sqrt{2})/2\\ 1/2 & (1+1/\sqrt{2})/2 & (1/\sqrt{2}-1)/2\\ -1/\sqrt{2} & 1/2 & 1/2\end{bmatrix} \tag{2.190}
$$

用上述方法中的前一种方法求出 321 转序的欧拉角。

解： 利用式（2.184）可以得到最小角度解，即

$$
\theta=-\arcsin\left(-\frac{1}{\sqrt{2}}\right)=\frac{\pi}{4},\theta=-\arcsin(-1/\sqrt{2})=\pi/4 \tag{2.191}
$$

另一种是 $\theta=3\pi/4$，由式（2.185）可得

$$
\varphi=\arctan2(s/2,s/2)=\pi/4,\quad \psi=\arctan2(s/2,s/2)=\pi/4,\quad s=1 \tag{2.192}
$$

其欧拉角为

$$
\{\pi/4,\pi/4,\pi/4\},\{3\pi/4,-3\pi/4,-3\pi/4\} \tag{2.193}
$$

通过式（2.154）可以得到 313 转序的欧拉角，并且可由 r_{33} 推导得到 $\theta_2=\varphi$。除 $r_{33}=\pm1$ 的情况之外，在 $[-\pi,\pi)$ 范围内存在两个正弦值相反的可选值。

$$
\theta_2=\varphi=\pm\arccos(r_{33}) \tag{2.194}
$$

可以通过选取正值 $\varphi=\arccos(r_{33})$ 来消除歧义，此时其对应的 $\sin\varphi\geqslant0$。若 $\sin\varphi\neq0$，则 r_{31} 和 r_{32} 处有 $\theta_3=\psi_2$，并且 r_{13} 和 r_{23} 处有 $\theta_1=\psi_1$，则需要利用四象限反正切函数得到 $[-\pi,\pi)$ 范围内的值，即

$$\begin{aligned}&\theta_3=\psi_2=\operatorname{atan2}(sr_{31},sr_{32}),\theta_1=\psi_1=\operatorname{atan2}(sr_{13},-sr_{23})\\&s=\operatorname{sign}(\sin\theta_2)\end{aligned}\tag{2.195}$$

当 $\theta_2=\{0,\pm\pi\}$ 时，万向节锁定，由 r_{11} 只能得到 $\psi_1\pm\psi_2$，符合式（2.177），因此可以改写为

$$\begin{aligned}\boldsymbol{R}(\psi_1,(0,\pi),\psi_2)&=\begin{bmatrix}\cos(\psi_1\pm\psi_2)&-\sin(\psi_1\pm\psi_2)&0\\\sin(\psi_1\pm\psi_2)&\cos(\psi_1\pm\psi_2)&0\\0&0&1\end{bmatrix}\begin{bmatrix}1&0&0\\0&\pm1&0\\0&0&\pm1\end{bmatrix}\\&=\begin{bmatrix}\cos(\psi_1\pm\psi_2)&\mp\sin(\psi_1\pm\psi_2)&0\\\sin(\psi_1\pm\psi_2)&\pm\cos(\psi_1\pm\psi_2)&0\\0&0&\pm1\end{bmatrix}\end{aligned}\tag{2.196}$$

将式（2.196）与 $\boldsymbol{R}$ 中的各项进行比较，得到下列等式，两个角各自都可以给出一个较为简单的值。

$$\begin{aligned}&\psi_1+\psi_2=\arccos(r_{11}),\quad\cos\varphi\geqslant0\\&\psi_1-\psi_2=\arccos(r_{22}),\quad\cos\varphi<0\end{aligned}\tag{2.197}$$

练习 42：

由于 313 欧拉转序的求解与 321 转序相似，其另一种算法可以避免式（2.197）中的歧义。

2. 从姿态矩阵到四元数的转换

考虑式（2.171）中下列各项：

$$\boldsymbol{R}(\mathfrak{q})=\begin{bmatrix}r_{11}&r_{12}&r_{33}\\r_{21}&r_{22}&r_{23}\\r_{31}&r_{32}&r_{33}\end{bmatrix}=\begin{bmatrix}q_0^2+q_1^2-q_2^2-q_3^2&2(q_1q_2-q_0q_3)&2(q_1q_3+q_0q_2)\\2(q_1q_2+q_0q_3)&q_0^2+q_2^2-q_1^2-q_3^2&2(q_2q_3-q_0q_1)\\2(q_1q_3-q_0q_2)&2(q_2q_3+q_0q_1)&q_0^2+q_3^2-q_1^2-q_2^2\end{bmatrix}\tag{2.198}$$

可以得到含有 4 个未知数的 9 个方程，四元数项必须满足幅值大小的约束。假设转换在离散时间 $t_i=iT$ 处重复。只有在必要的时候对步骤 i 进行详细描述。使用符号 $q_k=s_k|q_k|=s_kp_k$ 进行表示，其中 $s_k=\operatorname{sgn}(q_k)$。由于其中 s_k 未知，第一组方程为

$$\begin{bmatrix}1&1&-1&-1\\1&-1&1&-1\\1&-1&-1&1\\1&1&1&1\end{bmatrix}\begin{bmatrix}q_0^2\\q_1^2\\q_2^2\\q_3^2\end{bmatrix}=\begin{bmatrix}r_{11}\\r_{22}\\r_{33}\\1\end{bmatrix}\tag{2.199}$$

式（2.199）可由式（2.198）的对角项及单位 1 进行推导得到，提供了 4 个正数解 $p_k=|q_k|,k=0,1,2,3$，即

$$\begin{bmatrix} p_0 \\ p_1 \\ p_2 \\ p_3 \end{bmatrix} = \frac{1}{2} \begin{bmatrix} \sqrt{1+r_{11}+r_{22}+r_{33}} \\ \sqrt{1+r_{11}-r_{22}-r_{33}} \\ \sqrt{1-r_{11}+r_{22}-r_{33}} \\ \sqrt{1-r_{11}-r_{22}+r_{33}} \end{bmatrix} \tag{2.200}$$

为了求解未知量 s_k，对第二组等式进行列写：

$$\begin{bmatrix} 0 & 0 & -1 & 1 & 0 & 0 \\ 0 & 1 & 0 & 0 & 1 & 0 \\ 0 & 0 & 1 & 1 & 0 & 0 \\ -1 & 0 & 0 & 0 & 0 & 1 \\ 0 & -1 & 0 & 0 & 1 & 0 \\ 1 & 0 & 0 & 0 & 0 & 1 \end{bmatrix} \begin{bmatrix} q_0q_1 \\ q_0q_2 \\ q_0q_3 \\ q_1q_2 \\ q_1q_3 \\ q_2q_3 \end{bmatrix} = \frac{1}{2} \begin{bmatrix} r_{12} \\ r_{13} \\ r_{21} \\ r_{23} \\ r_{31} \\ r_{32} \end{bmatrix} \tag{2.201}$$

由式（2.198）非对角项进行推导可得式（2.201）。此时得到了 6 个等式，可以通过 4 种方式求解。

$$\begin{bmatrix} q_0 \\ q_1 \\ q_2 \\ q_3 \end{bmatrix} = s_0 \begin{bmatrix} p_0 \\ \dfrac{(r_{32}-r_{23})}{(4p_0)} \\ \dfrac{(r_{13}-r_{31})}{(4p_0)} \\ \dfrac{(r_{21}-r_{12})}{(4p_0)} \end{bmatrix}, \begin{bmatrix} q_0 \\ q_1 \\ q_2 \\ q_3 \end{bmatrix} = s_1 \begin{bmatrix} \dfrac{(r_{32}-r_{23})}{(4p_1)} \\ p_1 \\ \dfrac{(r_{12}+r_{21})}{(4p_1)} \\ \dfrac{(r_{13}+r_{31})}{(4p_1)} \end{bmatrix}$$

$$\begin{bmatrix} q_0 \\ q_1 \\ q_2 \\ q_3 \end{bmatrix} = s_2 \begin{bmatrix} \dfrac{(r_{13}-r_{31})}{(4p_2)} \\ \dfrac{(r_{12}+r_{21})}{(4p_2)} \\ p_2 \\ \dfrac{(r_{32}+r_{23})}{(4p_2)} \end{bmatrix}, \begin{bmatrix} q_0 \\ q_1 \\ q_2 \\ q_3 \end{bmatrix} = s_3 \begin{bmatrix} \dfrac{(r_{21}-r_{12})}{(4p_3)} \\ \dfrac{(r_{13}+r_{31})}{(4p_3)} \\ \dfrac{(r_{32}+r_{23})}{(4p_3)} \\ p_3 \end{bmatrix} \tag{2.202}$$

其中，s_k 仍然是未知量。式（2.202）中解的选择取决于式（2.200）中哪个分母 p_k 是正数。

为了减小数值误差，在时刻 i 处，从式（2.200）的 4 个解中选取最大解。

$$\begin{gathered} \bar{k}(i) = \operatorname{argmax}_{k=0,1,2,3} p_k(i) \\ p_{\max}(i) = p_{\bar{k}(i)}(i) \end{gathered} \tag{2.203}$$

并且最大解被用来选择式（2.202）中的 4 个等式。其中 $k=\bar{k}(i)$ 表示所选择的解，此处 s_k 仍然是未知量。

符号 s_k 可以避免符号跃变，且 s_k 是状态方程的解：

$$s_{\bar{k}(i)}=s(i)=s(i-1)\operatorname{sgn}(q_{(\bar{k}(i-1))}(i)),s(0)=1,\bar{k}(0)=\arg\max_{k=0,1,2,3}p_k(0) \quad (2.204)$$

最后一步，进行四元数归一化，并且旋转角、欧拉轴可以根据下式进行计算：

$$\begin{gathered}0\leqslant\vartheta=2\arccos(q_0)<2\pi\\ \text{如果 }\vartheta>0,\boldsymbol{v}=\frac{1}{\sqrt{1-q_0^2}}\boldsymbol{q},\text{否则 }\boldsymbol{v}=0\end{gathered} \quad (2.205)$$

式（2.205）计算了正角度 ϑ，这表明负号被转换到了旋转矢量 $\boldsymbol{v}$ 上。考虑 $\psi\geqslant0$ 时 $Z(-\psi)$ 的情况，其四元数为 $\mathfrak{q}=[\cos(-\psi/2),0,0,-\sin(\psi/2)]$。由式（2.205）可得 $\psi\geqslant0$ 和 $\boldsymbol{v}=[0,0,-1]$。

2.7 无穷小及误差旋转

刚体的姿态控制，在体坐标系 $\mathscr{B}=\{C,\boldsymbol{b}_1,\boldsymbol{b}_2,\boldsymbol{b}_3\}$ 和目标（或参考）坐标系 $\mathscr{R}=\{C,\boldsymbol{r}_1,\boldsymbol{r}_2,\boldsymbol{r}_3\}$ 之间具有理想的调整范围。我们更倾向于将“目标”看作“参考”的同义词，因为后者已经是“坐标系”的一个属性，但这两个术语可以互换使用，因为“参考”是控制理论[1]留下的概念。目标坐标系的下标是 r。由于很多原因，体坐标系与目标坐标系完全对准是无法实现的。姿态控制误差是对它们未对准的一种度量。在控制理论和实践中，控制误差被定义为“目标/参考量”减去“被测量”的差值。本书中对此有两个主要的改动。首先，因为理想的控制目标关注的是“真实”量而不是“测量”量，而我们关注的应是“目标”减去“真实”量得到的差值；其次，与文献［10］和文献［20］中相一致，但是不同于欧洲标准[4]，我们采用相反的差值，真值减去目标/参考量，在 6.5.1 节、7.3.1 节和 13.5 节中将此变量定义为真实跟踪误差（true tracking error）。误差可能与不同的变量有关，如状态、输出和性能变量。欧洲标准定义了一个通用的性能误差（performance error），为目标/期望与实际输出的差值。姿态误差的定义将在 6.5.1 节和 12.3.2 节进行完善。

定义 8： *真实姿态跟踪误差*（true attitude tracking error）为旋转矩阵 $\boldsymbol{E}_b^r$（或者等价的四元数 $\mathfrak{e}_b^r$），将刚体的目标坐标系 $\mathscr{R}$ 与体坐标系 $\mathscr{B}$ 对准。通过第三个坐标系，即观测者坐标系 $\mathscr{E}=\{C,\boldsymbol{e}_1,\boldsymbol{e}_2,\boldsymbol{e}_3\}$，体坐标系到观测者坐标系、目标坐标系到观测者坐标系的转换分别为 $\boldsymbol{R}_b^e$ 和 $\boldsymbol{R}_r^e$，其对应的四元数 $\mathfrak{q}_b^e$ 和 $\mathfrak{q}_r^e$，误差可由下式定义：

$$\begin{gathered}E_b^r=(\boldsymbol{R}_r^e)^{-1}\boldsymbol{R}_b^e=\boldsymbol{R}_e^r\boldsymbol{R}_b^e\\ \mathfrak{e}_b^r=(\mathfrak{q}_r^e)^{-1}\otimes\mathfrak{q}_b^e=\mathfrak{q}_e^r\otimes\mathfrak{q}_b^e\end{gathered} \quad (2.206)$$

矩阵和四元数的求逆替代了标准控制误差中的减号。根据坐标变换，$\boldsymbol{E}_b^r$ 将体坐标转换为目标/参考坐标。

由于我们希望误差较小，因此误差最合适的表示方法为式（2.165）中旋转矢量 $\boldsymbol{\theta}=\vartheta\boldsymbol{v}=[\theta_1,\theta_2,\theta_3]=\vartheta[v_1,v_2,v_3]$ 的指数矩阵 $\exp(\boldsymbol{\theta}\times)$，$\{\vartheta,\boldsymbol{v}\}$ 是 E_b^r 和 ϑ 的无穷小欧拉参数。将级数展开式保留到二阶项可得到

$$E_b^r(\vartheta,\boldsymbol{v})=I+\boldsymbol{\theta}\times+\frac{1}{2}(\boldsymbol{\theta}\times)^2+o(|\vartheta|^3)$$

$$\cong\begin{bmatrix}1 & -\theta_3 & \theta_2\\ \theta_3 & 1 & -\theta_1\\ -\theta_2 & \theta_1 & 1\end{bmatrix}+\frac{1}{2}\begin{bmatrix}\theta_3^2-\boldsymbol{\theta}^{\mathrm{T}}\boldsymbol{\theta} & \theta_2\theta_3 & \theta_1\theta_3\\ \theta_3\theta_2 & \theta_2^2-\boldsymbol{\theta}^{\mathrm{T}}\boldsymbol{\theta} & \theta_1\theta_2\\ \theta_3\theta_1 & \theta_2\theta_1 & \theta_1^2-\boldsymbol{\theta}^{\mathrm{T}}\boldsymbol{\theta}\end{bmatrix} \tag{2.207}$$

式中：$o(|\vartheta|^3)$ 为高阶截断误差。$\boldsymbol{e}$ 为矢量部分，类似表达式 $e_b^r=[e_0,\boldsymbol{e}]$。在式（2.171）中，这是通过把标量部分展开到二阶项 $e_0=1-\vartheta^2/2+o(\vartheta^4)$，并且利用式（2.19）第一行的叉乘等式得到的。结果的近似展开为

$$\begin{aligned}E_b^r(e_b^r)&=(2e_0^2-1)I+2e_0\boldsymbol{e}\times+2\boldsymbol{e}\boldsymbol{e}^{\mathrm{T}}=I+2e_0\boldsymbol{e}\times+2(\boldsymbol{e}\boldsymbol{e}^{\mathrm{T}}-\boldsymbol{e}^{\mathrm{T}}\boldsymbol{e}I)\\&=I+2(1-\vartheta^2/2+o(\vartheta^4))\boldsymbol{e}\times+2(\boldsymbol{e}\times)^2\\&\cong I+2\boldsymbol{e}\times+2(\boldsymbol{e}\times)^2\end{aligned} \tag{2.208}$$

在式（2.208）中，只保留了 $e_0=1-\vartheta^2/2+o(\vartheta^4)$ 中的零阶项，$\vartheta^2\boldsymbol{e}\times$ 为三阶的。在出现二阶项之前式（2.207）和式（2.208）相等，且包含等式：

$$\boldsymbol{\theta}=\vartheta\boldsymbol{v}=2\boldsymbol{e} \tag{2.209}$$

其与级数展开 $\boldsymbol{e}=\sin(\vartheta/2)\boldsymbol{v}=(\vartheta/2+o(|\vartheta|^3))\boldsymbol{v}$ 一致。尽管式（2.207）和式（2.208）的一阶近似对于多数应用是足够的，适应大误差需求的是四元数计算。一阶近似允许控制和估计算法采用与误差成比例的反馈校正。相对于欧拉角和 Tait-Bryan 角，矢量 $\boldsymbol{\theta}=[\theta_1,\theta_2,\theta_3]$ 可以称为笛卡儿角矢量（cartesian angle vector）。

欧拉最小组合 $R(\theta_1,\theta_2,\theta_3)$ 的级数展开，Tait-Bryan 角或正常欧拉角，为式（2.207）3 个展开式的乘积，其可被近似为

$$\begin{aligned}\boldsymbol{R}(\theta_1,\theta_2,\theta_3)&=\prod_{k=1}^{3}\left(\boldsymbol{I}+\theta_k\boldsymbol{v}_k\times+\frac{1}{2}\theta_k^2(\boldsymbol{v}_k\times)^2+o(|\theta_k|^3)\right)\\&\cong\boldsymbol{I}+\sum_{k=1}^{3}\theta_k\boldsymbol{v}_k\times\left(\boldsymbol{I}+\frac{\theta_k}{2}(\boldsymbol{v}_k\times)\right)\pm\\&\quad\sum_{k=1}^{3}(-1)^{k+\mathrm{mod}(k,3)}\theta_k\theta_{\mathrm{mod}(k,3)+1}(\boldsymbol{v}_k\times)(\boldsymbol{v}_{\mathrm{mod}(k,3)+1}\times)\end{aligned} \tag{2.210}$$

其中，最后一项的正负号分别适用于式（2.149）和式（2.150）中的奇数和偶数项。

在定义了二阶修正项 $o(\theta_j\theta_k)$ 的旋转矢量 $\boldsymbol{\theta}=\sum_{k=1}^{3}\theta_k\boldsymbol{v}_k$ 之后，可以用类似于式（2.207）的形式改写式（2.210）中的二阶展开式，这在 Tait-Bryan（泰特·布莱恩）转序和正常欧拉序列之间是不同的。

$$\begin{aligned}&\boldsymbol{R}(\theta_1,\theta_2,\theta_3)\cong\boldsymbol{I}+\boldsymbol{\theta}\times+\frac{1}{2}(\boldsymbol{\theta}\times)^2+o(\theta_j\theta_k)\\&\text{泰特·布莱恩}:o(\theta_j\theta_k)=\pm(\theta_2(\theta_1\boldsymbol{v}_3+\theta_3\boldsymbol{v}_1)-\theta_1\theta_3\boldsymbol{v}_2)\times\\&\text{适定的欧拉形式}:o(\theta_j\theta_k)=\pm\theta_2(\theta_1-\theta_3)(\boldsymbol{v}_1\times\boldsymbol{v}_2)\times\end{aligned} \tag{2.211}$$

从式（2.211）中得出的一阶展开式 $I+\boldsymbol{\theta}\times$ 的常见用法排除了正常欧拉序列，因为 $\boldsymbol{v}_1=\boldsymbol{v}_3$。

参考文献

[1] K.J. Åström, R.M. Murray. Feedback Systems. An Introduction for Scientist and Engineers, Princeton University Press, Princeton, NJ, 2008.

[2] E.B. Dan, M. Koch, M. Lillholm. Quaternions, Interpolation and Animation, Technical Report DIKU-TR-98/5, University of Copenhagen, Denmark, July 17, 1998.

[3] P.B. Davenport. Rotations about nonorthogonal axes, AIAA Journal 11 (6) (1973) 853–857.

[4] European Cooperation for Space Standardization (ECSS), Space Engineering. Control Performance Guidelines, Doc. ECSS-E-HB-60-10C, November 15, 2008.

[5] D.T. Greenwood. Principles of Dynamics, Prentice-Hall, Englewood Cliffs, NJ, 1965.

[6] D. Hoag. Apollo Guidance and Navigation Considerations of Apollo IMU Gimbal Lock, MIT Instrumentation Laboratory Document E-1344, April 1963.

[7] P.C. Hughes. Spacecraft Attitude Dynamics, Dover Publications, New York, 2004.

[8] M. Ligas, P. Banasik. Conversion between Cartesian and geodetic coordinates on a rotational ellipsoid by solving a system of nonlinear equations, Geodesy and Cartography 60 (2) (2011) 145–159.

[9] D.G. Luenberger. Optimization by Vector Space Methods, John Wiley & Sons, 1998.

[10] F.L. Markley, J.L. Crassidis. Fundamentals of Spacecraft Attitude Determination and Control, Springer Science, New York, 2014.

[11] A. Mills. Robert Hooke's universal joint and its application to sundials and the sundial-clock, Notes rec. R. Soc 61 (2007) 219–236.

[12] D. Mortari. ESOQ: a closed-form solution of Wahba problem, The Journal of Astronautical Sciences 45 (2) (1997) 195–204.

[13] D.K. Olson. Converting Earth-centered, Earth-fixed coordinates to geodetic coordinates, IEEE Transactions on Aerospace and Electronic Systems 32 (1) (1996) 473–476.

[14] K. Shoemake. Animating rotation with quaternion curve, Computer Graphics 19 (3) (1995) 245–254.

[15] J. Solà. Quaternion Kinematics for the Error-State KF, July 24, 2016. http://www.iri.upc.edu/people/jsola/JoanSola/objectes/notes/kinematics.pdf.

[16] M.D. Shuster, F.L. Markley. Generalization of the Euler angles, The Journal of Astronautical Science 51 (2) (2003) 123–132.

[17] M.D. Shuster, F.L. Markley. General formula for extracting the Euler angles, Journal of Guidance, Control and Dynamics 29 (1) (2006) 215–217.

[18] D.A. Vallado. Fundamentals of Astrodynamics and Applications, second ed., 2001 (Microcosm Press, El Segundo, CA, and Kluwer Academic Pu., Dordrecht).

[19] G. Wahba. A least-squares estimate of satellite attitude, SIAM Review 7 (3) (1965) 409.

[20] J.T. Wen, K. Kreutz-Delgado. The attitude control Problem, IEEE Transactions on Automatic Control 36 (10) (1991) 1148–1162.

第 3 章　轨道动力学

3.1 引　　言

本章的目的是推导经典二体问题的自由运动。求解闭合形式的自由运动是经典动力学的基础，可以采用状态空间模型的统一方法。在 3.2 节中，将二体问题表述为两个互相解耦的单体问题：质心运动和相对运动。一旦两个物体质量比趋于无穷大，它们便趋于彼此独立，这是本章的基本假设。3.3 节的主题是相对运动的自由响应（也称为限制性二体问题）。经典方法是采用角动量守恒定律和偏心向量来获得轨迹方向和形状，给出了开普勒方程形式表示的自由响应。3.4 节中介绍如何将轨道参数用于自由响应。由于轨道预测是状态方程积分的结果，因此状态和轨道参数之间的转换是必不可少的工具。3.5 节讨论能量守恒，地心轨道的类型、兰伯特的转移轨道问题，以及行星的双曲线飞行，其目的是简要介绍前面几节中推导得出的自由运行轨迹的应用。在天体动力学的教科书中，这些问题都得到了广泛而详尽的论述，文献［6］提供了参考。最后一节通过李雅普诺夫直接法对轨道稳定性进行研究。顺便给出了重要的 Hill-Clohessy-Wiltshire 方程，也将在第 5 章中进一步研究。

3.2 二 体 问 题

本节我们用状态方程来表示经典的二体问题，这些状态方程可方便地分为两个互相解耦的问题。因此，两组状态方程变得彼此独立。第一个问题确定了惯性系的原点；第二个问题被称为限制性二体问题，是微分学和牛顿经典力学的早期应用。对自由响应的研究最早是由牛顿进行的，与著名的开普勒行星运动定律密切相关。

3.2.1 原点运动方程与相对运动方程

如图 3.1 所示，考虑质量恒定的两个质点 P_0和 P_1，其质量分别为 m_0和 m_1，相对于任意原点 O 的位置矢量分别为 $\boldsymbol{r}_0=\overrightarrow{OP_0}$和 $\boldsymbol{r}_1=\overrightarrow{OP_1}$，绝对速度分别为 $\boldsymbol{v}_0$ 和 $\boldsymbol{v}_1$。

用 $\boldsymbol{r}=\boldsymbol{r}_1-\boldsymbol{r}_0$ 表示两个质点相对位置，根据牛顿第二定律和万有引力定律得出以下运动方程：

$$\dot{\boldsymbol{r}}_0=\boldsymbol{v}_0$$

$$\dot{\boldsymbol{v}}_0=\frac{Gm_0m_1}{m_0r^3}\boldsymbol{r}+\frac{1}{m_0}\boldsymbol{F}_0$$

$$\dot{\boldsymbol{r}}_1=\boldsymbol{v}_1$$

$$\dot{\boldsymbol{v}}_1=-\frac{Gm_0m_1}{m_1r^3}\boldsymbol{r}+\frac{1}{m_1}\boldsymbol{F}_1 \tag{3.1}$$

其中，$r=|\boldsymbol{r}|$，$\boldsymbol{F}_0$ 和 $\boldsymbol{F}_1$ 均为受到的外力；$G=66.7\times10^{-12}\,\mathrm{m^3/kgs^2}$ 为万有引力常数。式（3.1）的状态维数 $n=12$。$\boldsymbol{F}_0$ 和 $\boldsymbol{F}_1$ 考虑了在第 4 章中研究的摄动力，它们包括由于行星非均匀质量分布而产生的点质量引力偏差 $\boldsymbol{g}_{01}=Gm_0m_1\boldsymbol{r}/r^3(\mathrm{N})$，以及其他星体带来的引力扰动。

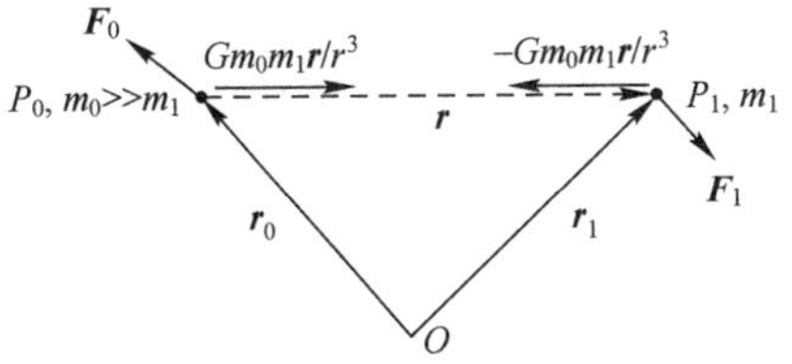

图 3.1　二体几何及受力示意图

式（3.1）的**自由运动响应**存在封闭的解。当外力远小于引力，即 $|\boldsymbol{F}_0|,|\boldsymbol{F}_1|\ll|\boldsymbol{g}_{01}|=Gm_0m_1/r^2$ 时，**受迫运动**可以近似为自由响应的扰动，该问题将在第 5 章中讨论。在满足 $\boldsymbol{F}_0=\boldsymbol{F}_1=0$ 的情况下，式（3.1）的积分方法涉及状态方程的分步简化，可通过以下两步实现：

（1）将式（3.1）分解为一对状态方程，每个状态方程的状态维度 $n=6$，当 $\boldsymbol{F}_0=\boldsymbol{F}_1=0$ 且 $m_0/m_1\to\infty$ 时，它们互不影响。第一个方程是质心（center-of-mass，CoM）运动方程，具有自由响应；而第二个方程是相对质心运动方程，具有非零解，被称为**限制性二体问题方程**。

（2）牛顿发现了限制性问题方程的自由响应，在闭合轨道的情况下服从开普勒三大定律。一般的解决方案是利用两个守恒定律，可以将状态维数从 $n=6$ 减小到 $n=1$。自由响应由 6 维向量 $\boldsymbol{p}$ 表示，称为**经典轨道根数**，可转换为状态变量。前 5 个轨道根数 $\boldsymbol{p}_k(k=1,2,\cdots,5)$ 为**运动常量**，不随时间变化，并限制了运动轨迹的方位和形状，该运动轨迹为圆锥曲线的形式。第 6 个轨道要素 $\boldsymbol{p}_6$ 是随时间变化的角度，为极坐标形式的圆锥曲线方程的参数。

求解第一步是对式（3.1）中状态变量执行以下转换：

$$\begin{aligned}&\boldsymbol{r}=\boldsymbol{r}_1-\boldsymbol{r}_0,\boldsymbol{v}=\boldsymbol{v}_1-\boldsymbol{v}_0\\&\boldsymbol{r}_c=\frac{m_0}{m_0+m_1}\boldsymbol{r}_0+\frac{m_1}{m_0+m_1}\boldsymbol{r}_1,\quad \boldsymbol{v}_c=\frac{m_0}{m_0+m_1}\boldsymbol{v}_0+\frac{m_1}{m_0+m_1}\boldsymbol{v}_1\end{aligned} \tag{3.2}$$

该转换用质心位置矢量 $\boldsymbol{r}_c$ 和相对位置矢量 $\boldsymbol{r}$ 替换径向矢量 $\boldsymbol{r}_0$ 和 $\boldsymbol{r}_1$。将式（3.2）代入式（3.1），可得到

$$\begin{aligned}&\dot{\boldsymbol{r}}_c=\boldsymbol{v}_c\\&\dot{\boldsymbol{v}}_c=\frac{m_1}{m_0}\frac{\boldsymbol{F}_0+\boldsymbol{F}_1}{1+m_1/m_0}\\&\dot{\boldsymbol{r}}=\boldsymbol{v}\end{aligned}$$

$$\dot{\boldsymbol{v}}=-\frac{G(m_0+m_1)}{r^3}\boldsymbol{r}+\frac{1}{m_1}\left(\boldsymbol{F}_1-\frac{m_1}{m_0}\boldsymbol{F}_0\right) \tag{3.3}$$

其中，$r=|\boldsymbol{r}|$是P_0和P_1之间的距离，前两个方程描述了质心运动，证明了在P_0和P_1之间相互的引力是内力，并不影响二体的质心。后两个方程为限制性二体问题方程，涉及二体系统的相对运动，本章的目的是对其进行求解。

前两个方程的自由响应表明，二体的质心以恒定速度运动，即

$$\boldsymbol{r}_c(t)=\boldsymbol{r}_{c0}+\boldsymbol{r}_{c0}t \tag{3.4}$$

因此，可以选择二体质心作为**二体惯性系**的原点，即$\boldsymbol{r}_c=\boldsymbol{r}_0=0$。

式（3.3）只是通过外力$\boldsymbol{F}_0$和$\boldsymbol{F}_1$进行了耦合。如果其中一个质量远大于另一个质量，即满足$m_0/m_1\to\infty$的情况，它将完全解耦，就像由天体（地球、月球、行星）和人造卫星（探测器）组成的二体系统一样，外力是有界的。将$m_0/m_1\to\infty$应用于式（3.3），可以得到解耦方程：

$$\begin{aligned}&\dot{\boldsymbol{r}}_c=\boldsymbol{v}_c\\&\dot{\boldsymbol{v}}_c=0\\&\dot{\boldsymbol{r}}=\boldsymbol{v}\\&\dot{\boldsymbol{v}}=-\frac{\mu}{r^2}\frac{\boldsymbol{r}}{r}+\frac{\boldsymbol{F}}{m}\end{aligned} \tag{3.5}$$

其中，下标1已经去掉，$\mu=Gm_0$是较大质量点P_0的引力常数；$\boldsymbol{r}$是相对位置矢量。式（3.4）的自由响应成为式（3.5）中前两个方程的总响应。由于二体质心倾向于与较大的质量点P_0一致，因此可以选择P_0作为二体惯性系的原点。$\{\boldsymbol{r},\boldsymbol{v}\}$定义了二体问题的**运动学参数**，替代了向量$\boldsymbol{p}$中的轨道根数。式（3.5）最后两个方程构成**限制性二体问题方程**，将在3.2.2节中进行讨论。

3.2.2 限制性二体问题方程

式（3.5）中限制性二体问题方程是中心力场中质点$P=P_1$（后文将不会使用符号P_1）状态方程的特例：

$$\begin{aligned}&\dot{\boldsymbol{r}}=\boldsymbol{v}\\&\dot{\boldsymbol{v}}=\frac{\boldsymbol{F}_c(\boldsymbol{r})+\boldsymbol{F}}{m},\boldsymbol{F}_c=-mg(r)\frac{\boldsymbol{r}}{r}\end{aligned} \tag{3.6}$$

式中：$\boldsymbol{F}_c(\boldsymbol{r})$为**有心力**，其大小$mg(r)$只取决于$P$与原点$P_0$之间的距离$r=|\overrightarrow{P_0P}|$。有心力场定义为标量函数$V(\boldsymbol{r})<0$的负梯度，$V(\boldsymbol{r})$称为**势能函数**，它仅取决于惯性坐标矢量$\boldsymbol{r}$。假定势能为负，并且随着$r=|\boldsymbol{r}|$的增加而收敛至零，因此需要正功$W=V(r_2)-V(r_1)$才能使$P$远离原点，即从$\boldsymbol{r}_1$移至$\boldsymbol{r}_2$，其中$r_2>r_1$。在二体问题中，惯性系下表示的力$\boldsymbol{F}_C$与势能$V$的关系为

$$\boldsymbol{F}_c(r)=-\nabla^{\mathrm{T}}V(\boldsymbol{r})=-m\nabla^{\mathrm{T}}\left(-\frac{\mu}{r}\right)=-m\mu\frac{1}{r^2}\frac{\boldsymbol{r}}{r} \tag{3.7}$$

其中，梯度向量的转置∇^{T}代表列向量。

表 3.1 列出了太阳系一些天体的质量 m_x、引力参数 μ_x、赤道半径 R_x 及重力加速度 $\boldsymbol{g}_x$ 的数值 $g_x=\mu_0/R_x^2$，其中下标 x 表示特定的天体。天体的赤道半径定义为根据质量拟合所得椭球的半长轴，由于自转的因素，天体质量在赤道会有隆起，而极地平坦，除地球之外，其他天体的参数以地球参数的倍数表示。

表 3.1 太阳系一些天体的质量、引力参数赤道半径及重力加速度

序号	天体 x	质量 m_x	赤道半径 R_x	引力参数 μ_x	重力加速度 g_x
1	地球 e	5.97×10^{24}kg	6.38×10^6m	$0.3986\times10^{15}\mathrm{m}^3/\mathrm{s}^2$	$9.78\mathrm{m/s}^2$
2	太阳 s	333×10^3	109	333×10^3	28.0
3	木星 ♃	318	11.2	318	2.53
4	土星 ♄	95.2	9.45	95.2	1.07
5	金星 ♀	0.815	0.95	0.815	0.904
6	火星 ♂	0.107	0.533	0.107	0.376
7	月球 l	0.0123	0.273	0.0123	0.165

3.3 限制性二体问题的自由响应

本节的主要内容为惯性坐标系中，式（3.6）的自由响应$\{\boldsymbol{r}(t),\boldsymbol{v}(t)\}$，即当 $\boldsymbol{F}=0$ 时式（3.6）的响应。这种处理方法可适用于地球周围的物体。二体惯性系是以地球为中心的惯性系 $\mathcal{J}_E=\{E,\boldsymbol{j}_1,\boldsymbol{j}_2,\boldsymbol{j}_3\}$，原点为地球的质心 $P_0=E$，方程为

$$
\begin{aligned}
&\dot{\boldsymbol{r}}(t)=\boldsymbol{v}(t),\quad \boldsymbol{r}(0)=\boldsymbol{r}_0\\
&\dot{\boldsymbol{v}}(t)=\boldsymbol{g}(\boldsymbol{r}(t))=-\frac{\mu}{r^2(t)}\frac{\boldsymbol{r}(t)}{r(t)},\boldsymbol{v}(0)=\boldsymbol{v}_0
\end{aligned}
\tag{3.8}
$$

第一步，式（3.8）的解可以由**经典轨道根数**组成的 6 维向量 $\boldsymbol{p}(\boldsymbol{r},\boldsymbol{v})=[\Omega,i,\omega,a,e,\theta]$ 隐式表示，而该向量由两个守恒定律求得。这 6 个要素分别是升交点赤经 $\boldsymbol{p}_1=\Omega$、轨道倾角 $\boldsymbol{p}_2=i$、近拱点幅角 $\boldsymbol{p}_3=\omega$、半长轴 $\boldsymbol{p}_4=a$、偏心率 $\boldsymbol{p}_5=e$ 及真近点角 $\boldsymbol{p}_6=\theta$。

第二步，从 $\boldsymbol{p}(\boldsymbol{r},\boldsymbol{v})$ 中获得关于**运动学参数**$\{\boldsymbol{r},\boldsymbol{v}\}$ 的显式自由响应。$\boldsymbol{r}(t)$ 的三维轨迹就是限制二体问题的**轨迹**。

隐式表示的解是由有心重力加速度 $\boldsymbol{g}(\boldsymbol{r})=-g(r)\boldsymbol{r}/r$ 推导得出的，体现了开普勒三大定律：

（1）行星的轨道是一个椭圆，太阳位于两个焦点之一。换句话说，轨迹 $r(t)$ 位于太阳和行星组成的平面内，且形状为椭圆。这种形状表示轨迹平面中存在某一不变向量，该向量幅值大小和方向余弦是恒定的，被称为**偏心率矢量** $\boldsymbol{e}$，位于通过椭圆焦点的拱点连线上。$\boldsymbol{e}$ 的大小 $e=|\boldsymbol{e}|\geqslant0$，就是所谓的**偏心率**，决定了椭圆的形状；$\boldsymbol{e}$ 的方向决定了椭圆的长轴。偏心率还决定了轨迹是否闭合，当 $e<1$ 时，轨迹闭合，如行星的轨道；当 $e\geqslant1$ 时，轨迹不闭合，如行星间飞行任务的轨迹。

（2）行星和太阳连线在相等时间内扫过区域的面积相等。恒定的掠面速度表明行

星相对太阳每单位质量角动量 $\boldsymbol{h}=\boldsymbol{r}\times\boldsymbol{v}$ 的大小 h 是恒定的。此外，由于 $\boldsymbol{h}$ 的方向是恒定的，所以 $\boldsymbol{h}$ 的三维惯性坐标也是恒定的。

（3）行星轨道周期的平方与轨道半长轴的立方成正比。真近点角 $\theta(t)$ 为可变参数中的一个，指的是径矢量 $\boldsymbol{r}$ 与偏心率矢量 $\boldsymbol{e}$ 之间的夹角。第三定律指出 θ 是关于时间的周期函数，且周期遵循比例 $T_0 \propto \sqrt{a^3}$，其中 a 是椭圆的半长轴。

遵循开普勒定律的轨道被称为**开普勒轨道**，且 $\{\boldsymbol{r},\boldsymbol{v}\}$ 表示了式（3.8）的自由响应。摄动轨道则是在受到较小力 $\boldsymbol{F}$ 时式（3.6）的响应，其中较小力意味着 $|\boldsymbol{F}| \ll |\boldsymbol{F}_c|$。开普勒（1571—1630 年）通过对丹麦天文学家第谷·布拉赫（Tycho Brahe）收集的火星轨道数据进行了分析和近似，发现了行星运动的三大定律。由于火星轨道的高偏心率（接近 10%），火星数据在考虑了哥白尼日心理论的情况下，还是令人困惑。此外，第谷·布拉赫严密保护自己的观测数据，直到他去世，数据才全部由开普勒所用。

3.3.1 第一守恒定律：平面轨道

开普勒第一定律表明，式（3.8）的自由响应位于某一平面内，即轨道平面。通过观察可以看出，式（3.8）中的加速度 $\dot{\boldsymbol{v}}=\lim\limits_{\Delta t\to 0}(\boldsymbol{v}(t+\Delta t)-\boldsymbol{v}(t))/\Delta t$ 始终指向 $\boldsymbol{r}$ 的相反方向，并且在较小的时间间隔 Δt 内，位于 $\boldsymbol{r}$ 和 $\boldsymbol{v}\Delta t$ 确定的平面内，这就解释了该平面包含位置和速度组合 $\{\boldsymbol{r}_1,\boldsymbol{v}\}$。由此得出结论，不存在垂直于轨道平面的加速度，并且响应被限制于平面内。下面进行规范证明，给出 P 相对于原点 O 的单位质量上角动量 $\boldsymbol{h}=\boldsymbol{r}\times\boldsymbol{v}$ 关于时间的导数。

$$\dot{\boldsymbol{h}}=\dot{\boldsymbol{r}}\times\boldsymbol{v}+\boldsymbol{r}\times\dot{\boldsymbol{v}}=\boldsymbol{r}\times\dot{\boldsymbol{v}} \tag{3.9}$$

将式（3.8）中的 $\dot{\boldsymbol{v}}$ 代入式（3.9）可得第一守恒定律：

$$\dot{\boldsymbol{h}}=\boldsymbol{r}\times\dot{\boldsymbol{v}}=-\boldsymbol{r}\times g(r)\frac{\boldsymbol{r}}{r}=0 \tag{3.10}$$

该定律揭示了第一个运动常数：**角动量**。其中，$\boldsymbol{h}$ 是常矢量，即矢量方向、轨道极轴和矢量大小恒定。方向恒定的常矢量可理解为惯性的，故将其选择为惯性系的一个轴，从而轨道平面也是惯性的且正交于 $\boldsymbol{h}$。一个典型的例子是日地轨道平面，就是所谓的黄道平面，在第 2 章中将其选为黄道坐标系的参考平面。由此得出 $\boldsymbol{h}$ 的 3 个惯性坐标 $\boldsymbol{h}=[h_1,h_2,h_3]$ 均为常数，对应的 3 个轨道根数 $\boldsymbol{p}_k, k=1,2,4$，其中球面坐标 $\boldsymbol{p}_1=\Omega, -\pi\leqslant\Omega\leqslant\pi$ 和 $\boldsymbol{p}_2=i, 0\leqslant i<\pi$，确定了地心惯性坐标系中 $\boldsymbol{h}$ 的方向，半长轴 $\boldsymbol{p}_4=a$。最后一个参数是关于 $\boldsymbol{h}$ 的大小 $h=|\boldsymbol{h}|$ 的表达式，尚待确定。如图 3.2 所示，Ω 和 i 的定义如下。

（1）升交点赤经 Ω 是春分点的方向 $\boldsymbol{j}$ 与 $\boldsymbol{n}$ 之间的夹角，$\boldsymbol{n}$ 为轨道平面与赤道平面的交线（后文称交点线）方向，并且从地球的质心指向升交点 N，该升交点是该直线与轨道两个交点之一，在此处速度矢量 $\boldsymbol{v}$ 指向天极 $\boldsymbol{j}_3$。

（2）轨道倾角 i 是天极 $\boldsymbol{j}_3$ 绕着交点线旋转到轨道极点 $\boldsymbol{h}/h$ 的旋转角度。

这些定义可以概括为欧拉旋转序列 31，即 $Z(\Omega)X(i)$ 转换，把轨道极坐标系 $\boldsymbol{e}_3=[0,0,1]$ 转换到惯性坐标 $\boldsymbol{h}/h$，即

$$\boldsymbol{h}/h=Z(\Omega)X(i)\boldsymbol{e}_3 \tag{3.11}$$

由式（3.11）得出的角动量守恒和轨道平面适用于式（3.6）中的任何有心力$\boldsymbol{F}_c = F_c(r)\boldsymbol{r}/r$，轨迹形状取决于$F_c(r)$。

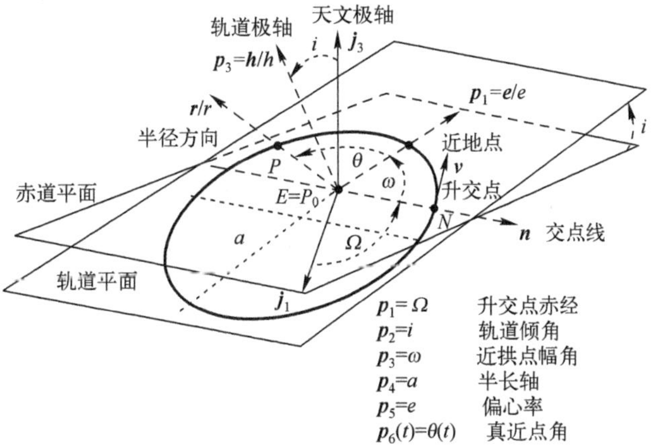

图 3.2　轨道常数和可变参数

通过观察式（3.9）并结合图 3.3 所示，开普勒第二定律指出，掠面速度是恒定的，且在短时间间隔Δt中扫过的轨道面积ΔA可以近似为

$$\Delta A \cong \frac{1}{2}|\boldsymbol{r}(t+\Delta t)||\boldsymbol{v}(t)\Delta t|\cos\gamma = \frac{1}{2}|\boldsymbol{r}\times\boldsymbol{v}\Delta t| = \frac{1}{2}|\boldsymbol{h}|\Delta t = \frac{1}{2}h\Delta t = 常数 \tag{3.12}$$

其中，忽略了二阶项，且γ是当地水平线和速度矢量$\boldsymbol{v}$之间的航迹角。当取极限$\Delta t\to 0$时，得到了开普勒第二定律的公式。

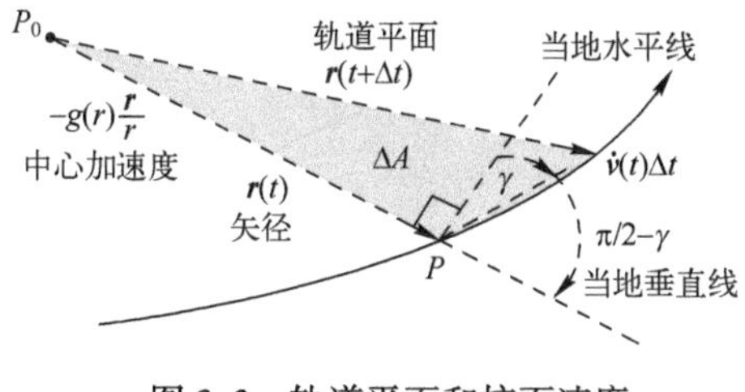

图 3.3　轨道平面和掠面速度

$$\frac{\mathrm{d}A}{\mathrm{d}t} = \frac{1}{2}h = 常数 \tag{3.13}$$

如果轨迹是闭合的并且形状是椭圆形（开普勒第一定律），那么第三定律告诉我们它也是周期性的。利用式（3.13），在T_o时间段内扫过的面积恒定为

$$A(t+P) - A(t) = A_P = \frac{1}{2}hT_o \tag{3.14}$$

其中，$A_p = \pi ab$，a、b分别表示半长轴和半短轴，$b = a\sqrt{1-e^2}$，其轨道周期的表达式为

$$T_o = 2\pi\frac{a^2\sqrt{1-e^2}}{h} \tag{3.15}$$

式中：e为轨道偏心率。为得到最终的表达式，必须借助第二守恒定律找到h和a之间的关系。

3.3.2 第二守恒定律：轨道形状和方向

第二守恒定律验证了偏心率 $\boldsymbol{p}_5=e$ 不随时间而变化，该时间不变性决定了轨道形状及轨道平面中轨迹的方向。首先写出以下一系列恒等式：

$$\frac{\boldsymbol{r}}{r}\times\frac{\boldsymbol{h}}{r^2}=\frac{\boldsymbol{r}}{r}\times\frac{\boldsymbol{r}\times\boldsymbol{v}}{r^2}=\frac{(\boldsymbol{r}\cdot\dot{\boldsymbol{r}})}{r^2}\frac{\boldsymbol{r}}{r}-\frac{\dot{\boldsymbol{r}}}{r}=\frac{2}{r^2}\frac{\mathrm{d}r^2}{\mathrm{d}t}\frac{\boldsymbol{r}}{r}-\frac{\dot{\boldsymbol{r}}}{r}=\frac{\mathrm{d}}{\mathrm{d}t}\left(-\frac{\boldsymbol{r}}{r}\right) \tag{3.16}$$

第二守恒定律是利用式（3.8）中第二个方程与 $\boldsymbol{h}$ 作叉乘，再转化为时间导数，并将式（3.16）的结果代入叉积的第二项，又有 $\dot{\boldsymbol{h}}=0$，可得

$$\mu\left(\frac{\dot{\boldsymbol{v}}}{\mu}+\frac{1}{r^2}\frac{\boldsymbol{r}}{r}\right)\times\boldsymbol{h}=\mu\frac{\mathrm{d}}{\mathrm{d}t}\left(\frac{\boldsymbol{v}\times\boldsymbol{h}}{\mu}-\frac{\boldsymbol{r}}{r}\right)=\mu\frac{\mathrm{d}\boldsymbol{e}}{\mathrm{d}t}=0 \tag{3.17}$$

求解方程（3.17）可得轨道平面偏心率 $\boldsymbol{e}$，即

$$\boldsymbol{e}=\frac{\boldsymbol{v}\times\boldsymbol{h}}{\mu}-\frac{\boldsymbol{r}}{r} \tag{3.18}$$

偏心率矢量方向与**椭圆长轴**对齐。为证明这一点，我们在近焦点坐标系 $\mathscr{P}=\{E,\boldsymbol{p}_1,\boldsymbol{p}_2,\boldsymbol{p}_3\}$ 内找到了 $\boldsymbol{e}$ 的坐标矢量 $\boldsymbol{e}_p$，近焦点坐标系已在第 2 章中定义，如图 3.4 所示。由于 $\boldsymbol{e}$ 是恒定的，因此可以选择 $\boldsymbol{r}$ 和 $\boldsymbol{v}$ 作为近焦点坐标，如 $\boldsymbol{r}_p=[r,0,0]$ 和 $\boldsymbol{v}_p=[0,v,0]$，其中最后一个坐标表示 $\boldsymbol{v}$ 与椭圆相切。结合 $\boldsymbol{h}_p=[0,0,h=rv]$，由式（3.18）直接计算可得

$$\boldsymbol{e}_p=[rv^2/\mu-1,0,0] \tag{3.19}$$

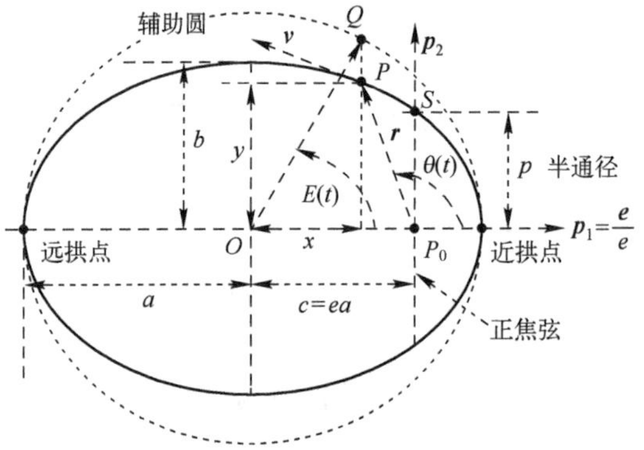

图 3.4　椭圆几何图形和主要参数

数值大小 e 是轨道偏心率大小，当它为零即当轨道形状变成为圆形时，偏心率矢量 $\boldsymbol{e}$ 的方向不确定。在这种情况下，位置矢径和速度正交，即 $\boldsymbol{v}\cdot\boldsymbol{r}=0$，矢径大小变为常数，即 $r=a$，其中 a 表示半长轴。零偏心率和圆形轨道之间的等价关系可以借助恒等式 $v^2=\mu/r=\mu/a$ 来证明，这将在 3.5.1 节中针对圆形轨道进行证明。式（3.18）在上述恒等式成立条件下可推出零偏心向量，证明如下：

$$\boldsymbol{e}=\frac{\boldsymbol{v}\times\boldsymbol{h}}{\mu}-\frac{\boldsymbol{r}}{r}=\frac{\boldsymbol{v}\times(\boldsymbol{r}\times\boldsymbol{v})}{\mu}-\frac{\boldsymbol{r}}{r}=\frac{(\boldsymbol{v}\cdot\boldsymbol{v})\boldsymbol{r}-\cancel{(\boldsymbol{v}\cdot\boldsymbol{r})\boldsymbol{v}}}{\mu}-\frac{\boldsymbol{r}}{r}=\frac{1}{\mu}\left(v^2-\frac{\mu}{r}\right)\boldsymbol{r}=0 \tag{3.20}$$

由于 $\boldsymbol{e}$ 指向近拱点方向，因此它是轨迹 $\boldsymbol{r}(t)$ 的自然起点，可以得到 $\boldsymbol{r}(0)/|\boldsymbol{r}(0)|=\boldsymbol{e}/e$。这表明将第三个轨道根数 $\boldsymbol{p}_3$ 定义为近拱点幅角，即图 3.2 中的 $\boldsymbol{n}$ 与 $\boldsymbol{e}/e$ 的角度 $-\pi\leqslant\omega<\pi$。另一种选择要求 $\boldsymbol{e}\to 0$，将 $\boldsymbol{p}_3$ 定义为初始轨迹 $\boldsymbol{r}(0)$ 的幅角。

3.3.3 轨道形状为圆锥曲线

鉴于目前轨道已经明确了常值轨道根数的五个分量 $\boldsymbol{p}_5=(p_k,k=1,2,\cdots,5)$，为得到自由响应，还需要一个平面轨迹方程。该轨迹为平面曲线，可以用近焦点坐标系内 $\boldsymbol{r}=\overrightarrow{P_0P}$ 的极坐标形式 (r,θ) 来表示，其中 θ 是 $\boldsymbol{r}$ 相对于 $\boldsymbol{e}$ 的幅角。θ 就是常说的**真近点角**，是 $\boldsymbol{p}$ 的第六个元素，即 $\boldsymbol{p}_6=\theta,-\pi\leqslant\theta\leqslant\pi$。平面曲线由 $\boldsymbol{e}$ 和 $\boldsymbol{r}$ 的点积可以得到。由标量积的性质可得

$$\boldsymbol{r}\cdot\boldsymbol{e}=re\cos\theta=\boldsymbol{r}\cdot\left(\frac{\boldsymbol{v}\times\boldsymbol{h}}{\mu}-\frac{\boldsymbol{r}}{r}\right)=\frac{\boldsymbol{h}\cdot(\boldsymbol{r}\times\boldsymbol{v})}{\mu}-r=\frac{h^2}{\mu}-r \tag{3.21}$$

从而得到位置矢径关于常数 p 的表达式为

$$r(t)=\frac{p}{1+e\cos\theta(t)},p=h^2/\mu \tag{3.22}$$

式（3.22）即圆锥曲线的极坐标方程。

式（3.22）中的常数 p 就是**半通径**，是过右焦点 F_0 并垂直于长轴的弦长的一半，右焦点即图 2.10 中的 F。在图 3.4 中，p 为线段 $\overline{P_0S}$ 的长度，p 关于 a 表达式可以从椭圆的标准方程 $x^2/a^2+y^2/b^2=1$ 中获得，其中 (x,y) 是 P 以椭圆中心 O 为原点的笛卡儿坐标。加入半通径后，点 S 坐标为 $(c=ae,p)$，可得

$$\frac{c^2}{a^2}+\frac{p^2}{b^2}=e^2+\frac{p^2}{a^2(1-e^2)}=1\Rightarrow p=a(1-e^2) \tag{3.23}$$

式（3.23）中 p 的表达式，切记不要与 $b=a\sqrt{1-e^2}$ 混淆，将其代入式（3.22），可重写为

$$r(t)=\frac{a(1-e^2)}{1+e\cos\theta(t)} \tag{3.24}$$

又结合式（3.22）和式（3.23），推导可得

$$h=\sqrt{\mu p}=\sqrt{\mu a(1-e^2)} \tag{3.25}$$

可验证关于轨道周期 T_0 的开普勒第三定律。

轨道周期的最后表达式为

$$T_o=\frac{2\pi}{\omega_o}=2\pi\sqrt{\frac{a^3}{\mu}} \tag{3.26}$$

其中

$$\omega_o=\sqrt{\frac{\mu}{a^3}} \tag{3.27}$$

为**平均轨道角速率**，单位为 rad/s。对于行星轨道，半长轴 a 通常写为

$$a=R_p+h \tag{3.28}$$

式中：R_p 为表 3.1 中行星的赤道半径；h 为距行星表面的平均轨道高度，请勿与前文的角动量大小 $|\boldsymbol{h}|$ 混淆。

应该指出，式（3.22）和式（3.24）假定已知时刻 t 的真近点角 θ，但是一旦给定初始条件 $\theta(0)=\theta_0$，就不能为 $\theta(t)$ 指定任意值。事实上，我们缺少标量状态方程，即 3.3.5 节中的开普勒方程，在给定初始时间和初始真近点角 $\{t_0=0,\ \theta_0\}$ 的情况下，可以将其积分得到 $\theta(t)$。该方程的时间积分可以借助另一个极坐标**偏近点角** E 来进行。

圆锥曲线

表 3.2 总结了式（3.22）所描述的不同圆锥曲线的标准形式、偏心率 e 和半通径 p，均为关于 a 和 b 的函数。曲线形状的闭合与否取决于式（3.22）的分母 $1+e\cos\theta$。其中，$e<1$（轨道闭合）时，分母 $1+e\cos\theta$ 不为 0 且 $|r|$ 有界；$e>=1$（轨道不闭合）时，$|r|$ 无界。

表 3.2　不同圆锥曲线的标准形式、偏心率和半通径

序号	名　称	标准形式	偏心率	半通径	形　状
0	圆	$x^2+y^2=a^2$	0	a	闭合
1	椭圆	$x^2/a^2+y^2/b^2=1$	$0<\sqrt{1-b^2/a^2}<1$	b^2/a	闭合
2	抛物线	$y^2=4ax$	1	$2a$	不闭合
3	双曲线	$x^2/a^2-y^2/b^2=1$	$\sqrt{1+b^2/a^2}>1$	b^2/a	不闭合

3.3.4　轨道坐标系和自由运动公式

根据轨道根数 $\boldsymbol{p}(t)=(\boldsymbol{p}_5,\theta(t))$ 和式（3.24），可写出在任意时刻 t、任意坐标系中 $(\boldsymbol{r},\boldsymbol{v})$ 的自由运动响应。关于地心轨道，常用的坐标系有地心惯性坐标系 $\mathcal{J}=\{E,\boldsymbol{j}_1,\boldsymbol{j}_2,\boldsymbol{j}_3\}$、**近焦点坐标系** $\mathcal{P}=\{E,\boldsymbol{p}_1,\boldsymbol{p}_2,\boldsymbol{p}_3\}$、**当地水平当地垂直坐标系（LVLH）** $\mathcal{L}=\{P,\boldsymbol{l}_1,\boldsymbol{l}_2,\boldsymbol{l}_3\}$。前两个坐标系为惯性坐标系，在 2.5.4 节中已经定义，第三个坐标系为轨道坐标系。其他的轨道坐标系是**当地轨道参考坐标系**（LORF，也称为**开普勒坐标系** $\mathcal{O}=\{P,\boldsymbol{o}_1,\boldsymbol{o}_2,\boldsymbol{o}_3\}$）和 Hill **坐标系** $\mathcal{H}=\{P,\boldsymbol{h}_1=\boldsymbol{l}_3,\boldsymbol{h}_2=\boldsymbol{l}_1,\boldsymbol{h}_3=\boldsymbol{l}_2\}$。如图 3.5 所示，绘制了近焦点坐标系、当地水平当地垂直坐标系、当地轨道参考坐标系和 Hill 坐标系的各轴，并补充了当地轨道坐标系示意图。

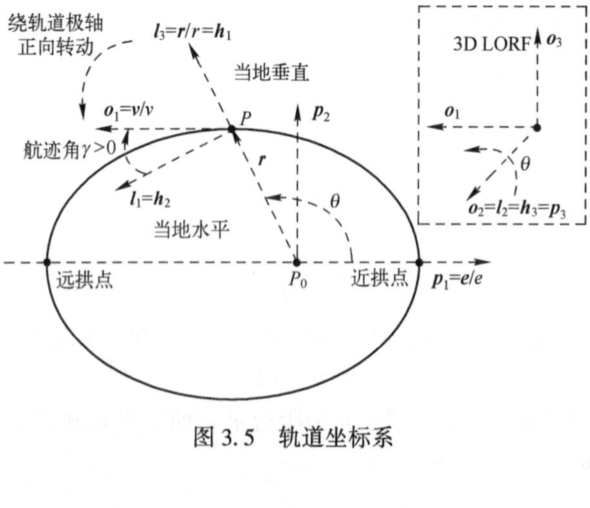

图 3.5　轨道坐标系

近焦点坐标系的轴 $\boldsymbol{p}_1$ 指向 $e>0$ 时的 $\boldsymbol{e}$ 方向，$\boldsymbol{p}_2$ 指向轨道平面中的半通径方向，$\boldsymbol{p}_3$ 指向轨道极轴，定义如下。

$$\boldsymbol{p}_1=\boldsymbol{e}/e,\boldsymbol{p}_3=\boldsymbol{h}/h,\boldsymbol{p}_2=\boldsymbol{p}_3\times\boldsymbol{p}_1 \tag{3.29}$$

当地水平当地垂直坐标系的轴 $\boldsymbol{l}_3$ 指向当地垂直方向，$\boldsymbol{l}_1$ 在轨道平面中且指向运动方向，$\boldsymbol{l}_2$ 指向轨道极轴，定义如下。

$$\boldsymbol{l}_3=\boldsymbol{r}/r,\boldsymbol{l}_2=\boldsymbol{p}_3=\boldsymbol{h}/h,\boldsymbol{l}_1=\boldsymbol{l}_2\times\boldsymbol{l}_3 \tag{3.30}$$

式（3.30）定义与通常的约定不同，通常的约定是将 $\boldsymbol{l}_3$ 指向地球（或行星）的质心。这将使第二轴 $\boldsymbol{l}_2$ 方向与轨道极轴相反。对于围绕地球的载人飞行情况，该坐标系更加合理。实际上，沿着地球的子午线飞行时，第一个轴指向为北（南），第二个轴指向东（西），第三个轴指向天底（向下）。如前所述，在这里我们通常与近焦点坐标系保持一致。当地水平当地垂直坐标系是姿态运动学（第 6 章）和姿态动力学（第 7 章）的主要轨道坐标系。事实上，航天器体坐标系通常需要与当地水平当地垂直坐标系对齐，且其误差（或当地姿态）将通过体坐标系到当地水平当地垂直坐标系的 321 变换 $R_b^l(\psi,\theta,\varphi)=Z(\psi)Y(\theta)X(\varphi)$ 表示，其中围绕当地水平方向（飞行方向）旋转的角度 φ 被称为**横滚角**，绕轨道极的旋转角度 θ 被称为**俯仰角**，绕当地垂直线的旋转角度 ψ 被称为**偏航角**。Hill 坐标系[11]如图 3.5 所示，其实只是重新排序的当地水平当地垂直坐标系，它更适用于轨道运动学和动力学（第 5 章），只是将近焦点坐标系旋转一个真近点角 θ。我们将在第 5 章中看到，沿平面内的轴（第一轴和第二轴，如径向轴 $\boldsymbol{h}_1=\boldsymbol{I}_3$ 和纵向轴 $\boldsymbol{h}_2=\boldsymbol{I}_1$）的轨道扰动是严格相关的，沿平面外的轴 $\boldsymbol{h}_3=\boldsymbol{I}_2$（第三轴）的轨道摄动与平面内的轴是解耦的。

欧洲重力场和稳态洋流探测卫星（GOCE）使用了当地轨道坐标系[4]，第一轴 $\boldsymbol{o}_1$ 是飞行运动方向，第二轴 $\boldsymbol{o}_2$ 是 $\boldsymbol{h}$ 方向，第三轴由右手系求得，其定义为

$$\boldsymbol{o}_1=\frac{\boldsymbol{v}}{v},\boldsymbol{o}_2=\frac{\boldsymbol{h}}{h},\boldsymbol{o}_3=\boldsymbol{o}_1\times\boldsymbol{o}_2 \tag{3.31}$$

当地轨道坐标系不是［3］中指出的 Frenet 坐标系，因为第二轴和第三轴并不像 Frenet 坐标系那样直接由向心加速度定义，而是用 $\boldsymbol{h}$ 定义。

当地水平当地垂直坐标系和当地轨道坐标系之间通过**航迹角**相互关联，该航迹角定义为水平轴 $\boldsymbol{l}_1$ 和运动方向 $\boldsymbol{o}_1$ 之间的角度，从 $\boldsymbol{l}_1$ 到 $\boldsymbol{o}_1$ 为正。符号约定与轨道极轴方向、从 $\boldsymbol{l}_3$ 到 $\boldsymbol{l}_1$ 的逆时针方向都不相关。后文很少使用 γ，

$$\sin\gamma=\boldsymbol{r}\cdot\boldsymbol{v} \tag{3.32}$$

练习 1：

证明：从 Hill 坐标系到近焦点坐标系的变换矩阵 $\boldsymbol{R}_h^p(\theta)=Z(\theta)$。

练习 2：

证明：从当地轨道坐标系到近焦点坐标系的变换矩阵 $\boldsymbol{R}_o^p(\theta)$，当地水平当地垂直坐标系到近焦点坐标系的变换矩阵 $\boldsymbol{R}_l^p(\theta)$ 满足

$$\begin{aligned}&\boldsymbol{R}_o^p(\theta,\gamma)=Z(\theta-\gamma)P,\quad P=\begin{bmatrix}0&0&1\\1&0&0\\0&1&0\end{bmatrix}\\&\boldsymbol{R}_l^p(\theta,\gamma)=Z(\theta)P\end{aligned} \tag{3.33}$$

式中：P 为轴变换矩阵，可以通过欧拉旋转的方式表示。

1. 位矢 $\boldsymbol{r}$ 的自由响应

接下来求解由 ECI 位置矢量 $\boldsymbol{r}$ 自由响应，首先写出由当地垂直当地水平坐标系 LVLH 的矢量 $\boldsymbol{r}_l(r(\theta))=[0,0,r(a,e,\theta)]$ 表示的自由响应，并结合等式（3.33），可得近焦点坐标系内坐标向量 $\boldsymbol{r}_p$：

$$\boldsymbol{r}_p(\theta)=Z(\theta)Pr_l(r)=r(a,e,\theta)\begin{bmatrix}\cos\theta\\ \sin\theta\\ 0\end{bmatrix} \tag{3.34}$$

按照 313 欧拉序列将惯性坐标轴旋转至近焦点坐标轴 $\{\Omega,\boldsymbol{j}_3\},\{i,\boldsymbol{n}\},\{\omega,\boldsymbol{p}_3\}$，可求得从近焦点坐标系到惯性坐标系的转换矩阵。而且，可以得到惯性矢量对 $\{\boldsymbol{r},\boldsymbol{v}\}$ 是关于 $\boldsymbol{p}$ 中的 6 个轨道根数 $[\Omega,i,\omega,a,e,\theta(t)]$ 的函数 $\{\boldsymbol{r}(\boldsymbol{p}),\boldsymbol{v}(\boldsymbol{p})\}$。首先写出 $\boldsymbol{r}(\boldsymbol{p})$ 的自由响应，即

$$\boldsymbol{r}(\boldsymbol{p})=R_p^i(\Omega,i,\omega)\boldsymbol{r}_p(\theta)=Z(\Omega)X(i)Z(\omega+\theta)\begin{bmatrix}r(a,e,\theta)\\ 0\\ 0\end{bmatrix} \tag{3.35}$$

其中，$r(a,e,\theta)$ 在式（3.24）中给出，$\boldsymbol{v}(\boldsymbol{p})$ 的自由响应推导见下文。

练习 3：

证明： 式（3.35）的闭合表达式为

$$\boldsymbol{r}(\boldsymbol{p})=r(a,e,\theta)\begin{bmatrix}\cos\Omega\cos u-\sin\Omega\cos i\sin u\\ \sin\Omega\cos u+\cos\Omega\cos i\sin u\\ \sin i\sin u\end{bmatrix} \tag{3.36}$$

其中，$r(\cdot)$ 由式（3.24）给出，$u=\omega+\theta$。

2. 速度 $\boldsymbol{v}$ 的自由响应

已知近焦点坐标向量 $\boldsymbol{v}_p$，根据惯性向量求取 $\boldsymbol{v}$ 的自由响应与上文求取 $\boldsymbol{r}$ 的自由响应方法相同。

首先，对式（3.34）中 $\boldsymbol{r}_p(\theta)$ 求导，可得

$$\dot{\boldsymbol{r}}_p=\dot{r}\begin{bmatrix}\cos\theta\\ \sin\theta\\ 0\end{bmatrix}+r\begin{bmatrix}-\sin\theta\\ \cos\theta\\ 0\end{bmatrix}\dot{\theta} \tag{3.37}$$

其中，

$$\dot{r}(\theta,\dot{\theta})=\frac{pe\sin\theta}{(1+e\cos\theta)^2}\dot{\theta}=\frac{re\sin\theta}{1+e\cos\theta}\dot{\theta} \tag{3.38}$$

由式（3.34）和式（3.37）推导得出标量积 $\boldsymbol{r}_p\cdot\dot{\boldsymbol{r}}_p=\boldsymbol{r}\cdot\dot{\boldsymbol{r}}$，下文将用到，其简单形式为

$$\boldsymbol{r}_p\cdot\dot{\boldsymbol{r}}_p=\boldsymbol{r}\cdot\dot{\boldsymbol{r}}=r\dot{r} \tag{3.39}$$

其与 rv 不同。

其次，通过计算角动量 $\boldsymbol{h}_p=\boldsymbol{r}_p\times\dot{\boldsymbol{r}}_p$，可得 $\dot{\theta}$ 的表达式。由守恒定律［式（3.10）］可知，$\boldsymbol{h}_p$ 坐标第三项沿轴 $\boldsymbol{p}_3=\boldsymbol{h}/h$，其余均为零，推导 $\boldsymbol{r}_p\times\dot{\boldsymbol{r}}_p$ 可得

$$r^2\dot{\theta}=h \tag{3.40}$$

式（3.40）为角动量守恒的另一种形式。将 $\dot{\theta}$ 代入式（3.37）和式（3.38），并结合

式（3.23）和式（3.25）可得最终结果。

$$\boldsymbol{v}_p(a,e,\theta)=\frac{h}{p}\begin{bmatrix}-\sin\theta\\e+\cos\theta\\0\end{bmatrix}=\sqrt{\frac{\mu}{a(1-e^2)}}\begin{bmatrix}-\sin\theta\\e+\cos\theta\\0\end{bmatrix}\tag{3.41}$$

练习 4：

证明：对于 $e<1$，在轨道周期 T_0中，$\boldsymbol{v}_p$描述了一个以$[0,he/p,0]$为中心，以 h/p 为半径的圆。

根据式（3.35）计算 $\boldsymbol{v}$ 的自由响应，即

$$\boldsymbol{v}(\boldsymbol{p})=R_p^i(\Omega,i,\omega)\boldsymbol{v}_p(a,e,\theta)=Z(\Omega)X(i)Z(\omega)\boldsymbol{v}_p(a,e,\theta)\tag{3.42}$$

上述过程可以沿时间计算（轨道递推）$\{\boldsymbol{r}(t),\boldsymbol{v}(t)\}$，替代式（3.8）的数值积分。数值积分时，需要初始条件$\{\boldsymbol{r}(0),\boldsymbol{v}(0)\}$。从运动学参数到轨道根数的转换（和其逆过程）将在 3.4.2 节讨论。

3.3.5 开普勒方程

如 3.3.3 节所提到的，给定 $\theta(t_0)=\theta_0$，利用本节将要推导的开普勒方程可以计算出任意时刻 t 的自由响应 $\theta(t)$，但需要借助另一个极坐标参数，即偏近点角 E。θ 的状态方程可以从式（3.40）和式（3.24）推导得到

$$\dot{\theta}(t)=\frac{h}{r^2(t)}=\sqrt{\frac{\mu}{p^3}}(1+e\cos\theta(t))^2,\theta(0)=\theta_0\tag{3.43}$$

求解微分方程得

$$\int_{\theta_0}^{\theta(t)}\frac{\mathrm{d}\vartheta}{(1+e\cos\vartheta)^2}=\sqrt{\frac{p^3}{\mu}}(t-t_0)\tag{3.44}$$

由于存在左侧的积分，该解不可能是闭合的解析形式。开普勒引入了一个变量，从而简化了求解过程。利用图 3.4 中的偏近点角 E 和 $b=a\sqrt{1-e^2}$，式（3.34）和式（3.41）中的 $\boldsymbol{r}_p$ 和 $\boldsymbol{v}_p$ 的近焦点坐标可以分别改写为

$$\begin{aligned}\boldsymbol{r}_p&=r\begin{bmatrix}\cos\theta\\\sin\theta\\0\end{bmatrix}=a\begin{bmatrix}\cos E-e\\\sqrt{1-e^2}\sin E\\0\end{bmatrix}\\\boldsymbol{v}_p&=\frac{h}{p}\begin{bmatrix}-\sin\theta\\e+\cos\theta\\0\end{bmatrix}=a\begin{bmatrix}-\sin E\\\sqrt{1-e^2}\cos E\\0\end{bmatrix}\dot{E}\end{aligned}\tag{3.45}$$

其中，求解$\dot{E}$的表达式就是本节的目的。式（3.45）中的位置矢径、速度和真近点角都可以用关于 E 和$\dot{E}$的函数表达，即

$$\begin{aligned}&r=a(1-e\cos E)\\&v=a\dot{E}(1-e^2\cos E)\\&\tan\left(\frac{\theta}{2}\right)=\sqrt{\frac{1+e}{1-e}}\tan\left(\frac{E}{2}\right)\end{aligned}\tag{3.46}$$

其中，第三个等式用到公式 $\tan(\theta/2)=\sin\theta/(1+\cos\theta)$。为获得 E 的状态方程，我们不再用式（3.43），而从计算式（3.45）（关于偏近点角的函数）和式（3.41）（关于真近点角的函数）中得到点积 $\boldsymbol{r}_p\cdot\boldsymbol{v}_p$，即

$$\begin{aligned}&\boldsymbol{r}_p(E)\cdot\boldsymbol{v}_p(E)=ea^2\dot{E}(1-e\cos E)\sin E\\&\boldsymbol{r}_p(\theta)\cdot\boldsymbol{v}_p(\theta)=e\sqrt{\frac{\mu}{a(1-e^2)}}r\sin\theta=ea\sqrt{\frac{\mu}{a}}\sin E\end{aligned}\tag{3.47}$$

其中，后一个等式是从式（3.45）中 $\boldsymbol{r}_p$ 的第二行推导得来的。式（3.47）中第一行和第二行公因数抵消后可得**开普勒方程**：

$$\dot{E}(t)(1-e\cos E(t))=\sqrt{\frac{\mu}{a^3}}=\omega_o,E(0)=0\tag{3.48}$$

常数 ω_0 已经在式（3.27）中定义，为**平均轨道角速率**，它是关于引力常数 μ 和轨道半长轴 a 的函数。对式（3.48）从近地点 $E_0=0$ 到一般点偏近点角 E 进行积分，得到隐式的自由响应。

$$\begin{aligned}&E(t)=e\sin E(t)+M(t)\\&M(t)=M_0+\omega_0(t-t_0),M_0=E(t_0)-e\sin E(t_0)\end{aligned}\tag{3.49}$$

其中，线性项 $M(t)$ 被称为**平近点角**。$\mathrm{d}M$ 和 $\mathrm{d}q$ 之间的微分等式可以从以下微分恒等式得到：

$$\begin{aligned}&\mathrm{d}\theta=\frac{h}{r^2}\mathrm{d}t=\frac{\sqrt{a\mu(1-e^2)}}{r^2}\mathrm{d}t,\mathrm{d}M=\omega_0\mathrm{d}t=\sqrt{\frac{\mu}{a^3}}\mathrm{d}t\\&\Rightarrow\mathrm{d}\theta=\frac{a^2}{r^2}\sqrt{1-e^2}\,\mathrm{d}M\end{aligned}\tag{3.50}$$

式（3.49）为一个隐式非线性方程，必须迭代求解。例如，通过固定点方程[12]迭代计算

$$E_{k+1}=e\sin E_k+M,E_0=M\tag{3.51}$$

直到 $|E_{k+1}-E_k|\leqslant\varepsilon$。式（3.51）对于 $e<1$ 可收敛到稳定解，但对于 $e\to1$ 收敛逐渐变慢。

另一种方法是 Newtone-Raphson 迭代[12]。给定 $E=E_k+\Delta E_k$，将对式（3.49）在 E_k 处展开到一阶项 ΔE_k，并得到二阶残差 ΔE_k 表达式。

$$\begin{aligned}&E=E_k+\Delta E_k=e\sin E_k+e\cos E_k\Delta E_k+M+o(|\Delta E_k|^2)\\&\Delta E_k\cong\frac{e\sin E_k+M-E_k}{1-e\cos E_k}\end{aligned}\tag{3.52}$$

将式（3.52）第一行中的 E 用下一步结果 E_{k+1} 替代，可得迭代方程式为

$$E_{k+1}=E_k+\Delta E_k,\quad E_0=M\tag{3.53}$$

直到 $|\Delta E_k|\leqslant\varepsilon$，$\varepsilon$ 约满足 $\varepsilon\leqslant|\Delta r|/a$。

图 3.6 对比了使用 Newtone-Raphson 法式（3.53）和固定点方法式（3.51）的迭代次数 N，其假设条件为 $|E_{k+1}-E_k|\leqslant1\mu\text{rad}$ 且 $M=\pi/10$（图 3.6（a））。显然，这两种方法对于较小的偏心率（$e<0.01$）都是等效的，但如图 3.6（b）所示，Newtone-Raphson 法的迭代次数 N 对于较大范围的 e 和 M 值来说看起来更稳定。

在圆形轨道，即 $e=0$ 的情况下，自由响应退化为平均运动，且位置矢径恒等于半长轴。

$$\begin{aligned}\theta(t)&=E(t)=\omega_o t\\ r(t)&=a\end{aligned} \tag{3.54}$$

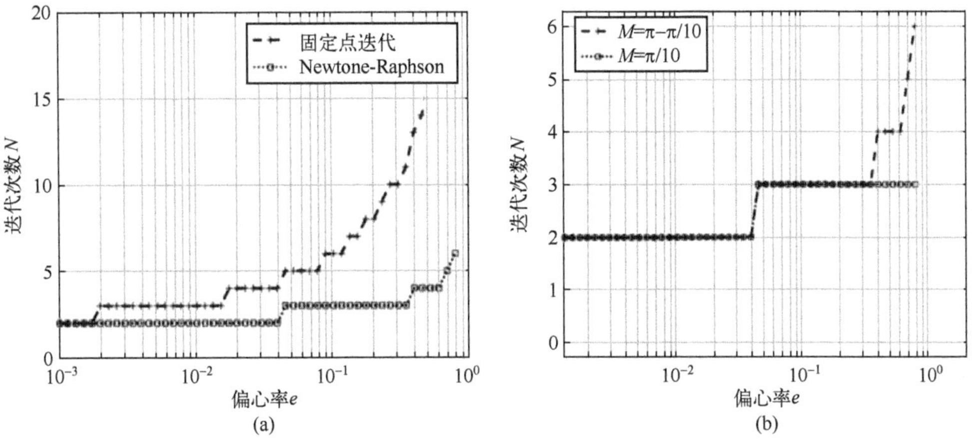

图 3.6 固定点迭代和 Newtone-Raphson 迭代的比较及不同 M 值下的 Newtone-Raphson 迭代

（a）固定点迭代和 Newtone-Raphson 迭代的比较；（b）不同 M 值下的 Newtone-Raphson 迭代。

3.4 轨道递推

轨道递推指的是式（3.6）从初始条件 $\boldsymbol{p}(t_0)$ 或 $\{\boldsymbol{r}(t_0),\boldsymbol{v}(t_0)\}$，到最终状态 $\{\boldsymbol{r}(t_1),\boldsymbol{v}(t_1)\}$ 的积分过程。在假设 $\boldsymbol{F}(t)=0, t_0\leqslant t<t_1$ 的情况下，积分过程是自由运动响应。轨道递推可以选择采用以下 3 种方法：

（1）轨道参数递推。给定 $\boldsymbol{p}(t_0)$，参数将通过开普勒方程递推到 $\boldsymbol{p}(t)$，然后转换为 $\{\boldsymbol{r}(\boldsymbol{p}(t)),\boldsymbol{v}(\boldsymbol{p}(t))\}$。可以根据**拉格朗日/吉布斯系数**[14]给出简洁的递推形式。

（2）对式（3.6）数值积分。当 $F(t)\neq 0$ 时，需要采用这种方法。初始条件通常由 $\boldsymbol{p}(t_0)$ 给出，并转换为 $\{\boldsymbol{r}(t_0),\boldsymbol{v}(t_0)\}$。在任意时刻 t，状态向量 $\{\boldsymbol{r}(t),\boldsymbol{v}(t)\}$ 又可以转换为 $\boldsymbol{p}(t)$。

（3）参考轨道附近的线性化。给定参考轨道 $\{\underline{\boldsymbol{r}}(t),\underline{\boldsymbol{v}}(t)\}$（如圆形轨道），$\{\boldsymbol{r}(t),\boldsymbol{v}(t)\}$ 可以写为

$$\begin{bmatrix}\boldsymbol{r}\\ \boldsymbol{v}\end{bmatrix}(t)=\begin{bmatrix}\underline{\boldsymbol{r}}\\ \underline{\boldsymbol{v}}\end{bmatrix}(t)+\begin{bmatrix}\delta\boldsymbol{r}\\ \delta\boldsymbol{v}\end{bmatrix}(t) \tag{3.55}$$

其中，扰动 $\{\delta\boldsymbol{r},\delta\boldsymbol{v}\}$ 为一个线性方程的二阶解。

3.4.1 轨道根数向运动学参数的变换

相较于 μ/r^2，$|\boldsymbol{F}/m|$ 可忽略不计时，由轨道根数 $\boldsymbol{p}(t)$ 到状态量 $\{\boldsymbol{r}(\boldsymbol{p}(t)),\boldsymbol{v}(\boldsymbol{p}(t))\}$ 的变换实质上是对式（3.6）的数值积分。这种变换利用了 3.3.4 节中的公式和 3.3.5 节中的开普勒方程。

执行步骤如下：

(1) 偏近点角递推。给定初始时间 t_0、当前时间 t、引力常数 μ、半长轴 a、偏心率 e、偏差 ε，计算出 $M(t)=\sqrt{\mu/a^3}(t-t_0)$，并通过式（3.53）中的 Newtone-Raphson 法迭代求解开普勒方程（3.49），从而可以得出 $E(t)$。$\theta(t)$则由式（3.46）的第三行求得。

(2) 近焦点坐标计算。给定 E，可以分别根据式（3.46）和式（3.48）计算幅值 r 和导数$\dot{E}$。焦点矢径和速度矢量 $\boldsymbol{r}_p(t)$和 $\boldsymbol{v}_p(t)$从式（3.45）求得。

(3) 惯性坐标计算。给定常量参数$\{\Omega,i,\omega\}$，根据式（3.35）和式（3.42）可以分别计算地心惯性坐标系向量 $\boldsymbol{r}(t)$和 $\boldsymbol{v}(t)$。

当式（3.6）中$|\boldsymbol{F}/m|$不能忽略时，应采用数值积分，根据惯性坐标重写为

$$\begin{aligned}&\dot{\boldsymbol{r}}(t)=\boldsymbol{v}(t),\boldsymbol{r}(t_0)=\boldsymbol{r}_0\\&\dot{\boldsymbol{v}}(t)=-\frac{\mu}{r^2(t)}\frac{\boldsymbol{r}(t)}{r(t)}+\frac{\boldsymbol{F}(t)}{m},\boldsymbol{v}(t_0)=\boldsymbol{v}_0\end{aligned}\tag{3.56}$$

在数值积分情况下，先前的步骤可以同样用于给定轨道根数 $\boldsymbol{p}_0=\boldsymbol{p}(t_0)$计算初始条件$\boldsymbol{r}(t_0)=\boldsymbol{r}_0$和$\boldsymbol{v}(t_0)=\boldsymbol{v}_0$。当 $M(t_0)=0$，即 $E(t_0)=\theta(t_0)=0$ 时，该步骤可以简化。通常，时间曲线 $F(t)/m$ 不能预先给出，而是取决于$\{\boldsymbol{r}(t),\boldsymbol{v}(t)\}$和其他状态变量，这将在第 4 章中进行说明。

上述 3 步过程的结果 $\boldsymbol{x}(t)=\{\boldsymbol{r}(t),\boldsymbol{v}(t)\}$可以转换为简单的矩阵形式，类似于线性动态系统的状态转移矩阵[14]。

$$\boldsymbol{x}(t)=\boldsymbol{\phi}(t,t_0)\boldsymbol{x}(t_0)=\boldsymbol{\phi}_\theta(\theta(t),\boldsymbol{x}_0)\boldsymbol{x}_0=\boldsymbol{\phi}_E(E(t),\boldsymbol{x}_0)\boldsymbol{x}_0\tag{3.57}$$

矩阵 $\boldsymbol{\phi}(\cdot)$不是状态转换矩阵（参见 13.2.2 节），因为它是式（3.8）中二体非线性状态方程的响应矩阵。事实上，$\boldsymbol{\phi}(\cdot)$取决于初始状态 $\boldsymbol{x}_0$和当前轨道近点角，即 $\theta(t)$或$E(t)$，而不仅取决于 $\{t,\ t_0\}$[14]。在这里，我们将 θ 作为 $\boldsymbol{\phi}(\cdot)$独立的自变量。从式（3.45）的轨道平面内近焦点坐标开始，即

$$\boldsymbol{r}_p(t)=\begin{bmatrix}x_p\\y_p\end{bmatrix}=r\begin{bmatrix}\cos\theta\\\sin\theta\end{bmatrix},\boldsymbol{v}_p(t)=\begin{bmatrix}\dot{x}_p\\\dot{y}_p\end{bmatrix}=\frac{h}{p}\begin{bmatrix}-\sin\theta\\e+\cos\theta\end{bmatrix}\tag{3.58}$$

位置矢径 $\boldsymbol{r}$ 可以写成初始条件 $\boldsymbol{r}_{p0}=\boldsymbol{r}_p(0)$、$\boldsymbol{v}=\boldsymbol{v}_p(0)$与拉格朗日系数 F、G 的组合。

$$\boldsymbol{r}_p(t)=[\boldsymbol{r}_{p0}\quad\boldsymbol{v}_{p0}]\begin{bmatrix}F\\G\end{bmatrix}=\begin{bmatrix}x_{p0}&\dot{x}_{p0}\\y_{p0}&\dot{y}_{p0}\end{bmatrix}\begin{bmatrix}F\\G\end{bmatrix}\tag{3.59}$$

又有 $\det[\boldsymbol{r}_{p0}\quad\boldsymbol{v}_{p0}]=|\boldsymbol{r}_{p0}\times\boldsymbol{v}_{p0}|=h=\sqrt{\mu p}$和三角变换，拉格朗日系数可以写为

$$\begin{bmatrix}F\\G\end{bmatrix}(t,t_0)=\frac{1}{\sqrt{\mu p}}\begin{bmatrix}\dot{y}_{p0}x_p-\dot{x}_{p0}y_p\\-y_{p0}x_p+x_{p0}y_p\end{bmatrix}=\begin{bmatrix}1-\dfrac{r}{p}(1-\cos\Delta\theta)\\\dfrac{rr_0}{h}\sin\Delta\theta\end{bmatrix}\tag{3.60}$$

其中，$r=|\boldsymbol{r}_p|=p(1+e\cos\theta)^{-1},r_0=r(t_0)=|\boldsymbol{r}_{p0}|$且 $\Delta\theta=\theta(t)-\theta_0$ 为差分近点角。F 和 G 的微分可将式（3.57）表达为显式形式，即

$$\begin{bmatrix}\boldsymbol{r}_p\\\boldsymbol{v}_p\end{bmatrix}(t)=\boldsymbol{\phi}(t,t_0)\begin{bmatrix}\boldsymbol{r}_{p0}\\\boldsymbol{v}_{p0}\end{bmatrix}=\begin{bmatrix}F(t,t_0)I_3&G(t,t_0)I_3\\\dot{F}(t,t_0)I_3&\dot{G}(t,t_0)I_3\end{bmatrix}\begin{bmatrix}\boldsymbol{r}_{p0}\\\boldsymbol{v}_{p0}\end{bmatrix}\tag{3.61}$$

这就是**拉格朗日自由运动响应**。根据式（3.60）的时间导数并使用式（3.40）中$\dot{\theta}=h/r^2$，

式（3.38）中$\dot{r}=he\sin\theta/p$，$\dot{r}_0=\dot{r}(t_0)$，r 和 r_0之间的关系（参见文献［14］），可以计算出$\dot{F}$和$\dot{G}$，得到最终公式：

$$\begin{bmatrix}\dot{F}\\\dot{G}\end{bmatrix}(t,t_0)=\frac{1}{p}\begin{bmatrix}-\dot{r}(1-\cos\Delta\theta)-\sin\Delta\theta\dfrac{h}{r}\\p-r_0(1-\cos\Delta\theta)\end{bmatrix}=\frac{1}{p}\begin{bmatrix}-\dot{r}_0(1-\cos\Delta\theta)-\sin\Delta\theta\dfrac{h}{r_0}\\p-r_0(1-\cos\Delta\theta)\end{bmatrix}\tag{3.62}$$

这直接证明式（3.61）不需要用惯性坐标$\{\boldsymbol{r},\boldsymbol{v}\}$代替近焦点坐标，也证明了式（3.61）是式（3.8）的闭式解。这意味着式（3.61）可以重写为从初始近焦点坐标系到当前惯性坐标系的响应，即

$$\begin{bmatrix}\boldsymbol{r}\\\boldsymbol{v}\end{bmatrix}(t)=\boldsymbol{\phi}(t,t_0)\begin{bmatrix}\boldsymbol{r}_0\\\boldsymbol{v}_0\end{bmatrix}=\boldsymbol{\phi}(t,t_0)\begin{bmatrix}R_p^i(\Omega,i,\omega)\boldsymbol{r}_{p0}\\R_p^i(\Omega,i,\omega)\boldsymbol{v}_{p0}\end{bmatrix}\tag{3.63}$$

式（3.61）可反转变换为

$$\begin{bmatrix}\boldsymbol{r}_{p0}\\\boldsymbol{v}_{p0}\end{bmatrix}=\begin{bmatrix}\dot{G}(t)I_3 & -G(t)I_3\\-\dot{F}(t)I_3 & F(t)I_3\end{bmatrix}\begin{bmatrix}\boldsymbol{r}_p\\\boldsymbol{v}_p\end{bmatrix}(t)\tag{3.64}$$

这是因为式（3.61）中矩阵的行列式满足$F\dot{G}-\dot{F}G=1$。

上述等式由式（3.59）和角动量守恒求得，即$\boldsymbol{r}_{p0}\times\boldsymbol{v}_{p0}=\boldsymbol{r}_p\times\boldsymbol{v}_p$ 和 $\boldsymbol{r}_p\times\boldsymbol{v}_p=(F\dot{G}-\dot{F}G)(\boldsymbol{r}_{p0}\times\boldsymbol{v}_{p0})$。

3.4.2 运动学参数到轨道根数的转换

对式（3.56）数值积分时，在任意时刻t，我们对$\{\boldsymbol{r}(t),\boldsymbol{v}(t)\}$对应的经典轨道根数$\boldsymbol{p}(\boldsymbol{r}(t),\boldsymbol{v}(t))=[\Omega,i,\omega,a,e,\theta]$很关注。根据式（3.36），$\boldsymbol{r}$ 的坐标为

$$\boldsymbol{r}=\begin{bmatrix}r_1\\r_2\\r_3\end{bmatrix}=r\begin{bmatrix}\cos\Omega\cos u-\sin\Omega\cos i\sin u\\\sin\Omega\cos u+\cos\Omega\cos i\sin u\\\sin i\sin u\end{bmatrix}\tag{3.65}$$

（1）给定$\{\boldsymbol{r},\boldsymbol{v}\}$、幅值$r$、速度大小$v$、惯性矢量$\boldsymbol{h}$和轨道角动量的大小$h$，即

$$r=|\boldsymbol{r}|,v=|\boldsymbol{v}|$$
$$\boldsymbol{h}=\boldsymbol{r}\times\boldsymbol{v}=\begin{bmatrix}h_1\\h_2\\h_3\end{bmatrix}=h\begin{bmatrix}\sin\Omega\sin i\\-\cos\Omega\sin i\\\cos i\end{bmatrix},h=|\boldsymbol{h}|\tag{3.66}$$

（2）根据给定的μ、r 和 v，结合式（3.88）计算半长轴a，即

$$a=\left(\frac{2}{r}-\frac{v^2}{\mu}\right)^{-1}\tag{3.67}$$

（3）将偏心率e由式（3.18）的形式改写为式（3.20）的形式，它避免了叉积计算，并得出

$$\boldsymbol{e}=\frac{\boldsymbol{v}\times(\boldsymbol{r}\times\boldsymbol{v})}{\mu}-\frac{\boldsymbol{r}}{r}=\left(\frac{v^2}{\mu}-\frac{1}{r}\right)\boldsymbol{r}-\frac{\boldsymbol{r}\cdot\boldsymbol{v}}{\mu}\boldsymbol{v}\tag{3.68}$$
$$e=|\boldsymbol{e}|$$

（4）轨道倾角 i 由式（3.66）中的 h_3 和 h 得出

$$i=\arccos(h_3/h),\quad 0\leqslant i<\pi \tag{3.69}$$

（5）同样地，升交点赤经 Ω 由式（3.66）可得

$$\Omega=\operatorname{atan2}(h_1,-h_2),-\pi\leqslant\Omega<\pi \tag{3.70}$$

当 $i\to0$(赤道轨道)时,Ω 变为不确定的,这需要将 Ω 设为零或预定值 Ω_0。

（6）由于当 $e\to0$ 时，近地点幅角 ω 不确定，因此升交角 u［式（3.36）已经定义］可根据式（3.65）中坐标计算得出。

$$u=\operatorname{atan2}(r_3\sin i+(-r_1\sin\Omega+r_2\cos\Omega)\cos i, r_1\cos\Omega+r_2\sin\Omega),-\pi\leqslant u<\pi \tag{3.71}$$

（7）为了计算真近点角 θ，我们需要 $\sin\theta$ 和 $\cos\theta$。余弦由圆锥曲线的式（3.22）给出：

$$\cos\theta=\frac{h^2-\mu r}{e\mu r} \tag{3.72}$$

为了得到正弦，可以利用式（3.40）和式（3.38）替换 $\dot{\theta}$，利用式（3.22）替换 $(1+e\cos\theta)$，以及式（3.39）中的 $r\dot{r}$，可得

$$\dot{r}=\frac{er\sin\theta}{(1+e\cos\theta)r}\frac{h}{r}=\frac{\mu re}{hr}\sin\theta\Rightarrow\sin\theta=\frac{hr\dot{r}}{e\mu r}=\frac{h\boldsymbol{r}\cdot\boldsymbol{v}}{e\mu r} \tag{3.73}$$

最后，得出

$$\begin{aligned}&\theta=\operatorname{atan2}(h\boldsymbol{r}\cdot\boldsymbol{v},h^2-\mu r),-\pi\leqslant\theta<\pi\\&\omega=u-\theta\end{aligned} \tag{3.74}$$

当 $e\to0$(圆形轨道),θ 变得不确定时，可将 $\theta=u-\omega$ 设置为预先定义的 $\omega=0$ 或任何其他值。

（8）平近点角由 $M=\sqrt{\mu/a^3}\,t$ 可得。偏近点角 E 与当 $e\to0$ 时的 θ 一样,是不确定的,只能通过式（3.46）的第三行由 θ 计算得出，或通过下式得出。

$$E=\operatorname{atan2}\left(\frac{\boldsymbol{r}\cdot\boldsymbol{v}}{\sqrt{\mu a}},1-\frac{r}{a}\right),-\pi\leqslant E<\pi \tag{3.75}$$

练习 5：

通过式（3.46）的第一行计算 $\cos E$，借助式（3.45）和式（3.47）重写 $\boldsymbol{r}\cdot\boldsymbol{v}$ 并计算 $\sin E$，证明等式（3.75）。

3.4.3 线性化

虽然式（3.61）提供了式（3.8）中二体非线性方程的闭式解，但推导一个线性摄动方程可以为第 5 章 $\boldsymbol{F}\neq0$ 条件下求解受迫运动作准备。在过去两个世纪的过程中，设计了不同的摄动方法。这里采用一般非线性方程：

$$\dot{x}(t)=\boldsymbol{f}(\boldsymbol{x}(t)),\quad \boldsymbol{x}(t_0)=\boldsymbol{x}_0 \tag{3.76}$$

在一些参考轨迹 $\underline{\boldsymbol{x}}(t)$ 附近线性化，并假定 $\underline{\boldsymbol{x}}(t)$ 满足方程（3.76）。在最简单的情况下，假设 $\underline{\boldsymbol{x}}(t)$ 描述了一个圆形轨道，其初始状态扰动为 $\delta\boldsymbol{x}_0=\boldsymbol{x}_0-\underline{\boldsymbol{x}}_0$。摄动方程则变为

$$\begin{aligned}&\delta\dot{\boldsymbol{x}}(t)=\boldsymbol{A}(t)\delta\boldsymbol{x}(t)+o(|\delta\boldsymbol{x}|^2),\quad \delta\boldsymbol{x}(t_0)=\delta\boldsymbol{x}_0\\&\boldsymbol{A}(t)=\frac{\partial\boldsymbol{f}(\underline{\boldsymbol{x}}(t))}{\partial\boldsymbol{x}}\end{aligned} \tag{3.77}$$

式中：$\boldsymbol{A}(t)$为沿参考轨迹计算的$\boldsymbol{f}(\cdot)$的时变雅可比矩阵；扰动状态$\delta\boldsymbol{x}=[\delta\boldsymbol{r},\delta\boldsymbol{v}]$由位矢和速度扰动$\delta\boldsymbol{r}$和$\delta\boldsymbol{v}$组成；$o(\cdot)$为二阶项。$\boldsymbol{f}$和$\boldsymbol{A}$的表达式为

$$\boldsymbol{f}(\boldsymbol{r},\boldsymbol{v})=\begin{bmatrix}\boldsymbol{v}\\ \boldsymbol{g}(\boldsymbol{r})=-\dfrac{\mu}{r^3}\boldsymbol{r}\end{bmatrix},\boldsymbol{A}=\begin{bmatrix}0 & I\\ \dfrac{\partial \boldsymbol{g}(\underline{r})}{\partial \boldsymbol{r}}=-\dfrac{\mu}{\underline{r}^3}\left(I-3\dfrac{\underline{\boldsymbol{rr}}^{\mathrm{T}}}{\underline{r}^2}\right) & 0\end{bmatrix} \tag{3.78}$$

其中，外积$\underline{\boldsymbol{rr}}^{\mathrm{T}}$与坐标系有关。忽略高阶项后，式（3.77）变为线性，并根据状态转移矩阵$\boldsymbol{\Phi}(t,t_0)$得到自由响应，即

$$\delta\boldsymbol{x}(t)=\boldsymbol{\Phi}(t,t_0)\delta\boldsymbol{x}_0 \tag{3.79}$$

如果$\boldsymbol{\Phi}(t,t_0)$将解释为相对于初始状态x_0的雅可比矩阵$\boldsymbol{x}(t)$，那么结合式（3.57）中的矩阵$\boldsymbol{\Phi}(t,t_0)$可以得到以下关系。

$$\begin{gathered}\boldsymbol{\Phi}(t,t_0)=\frac{\partial \boldsymbol{x}(t)}{\partial \boldsymbol{x}_0}=\frac{\partial}{\partial \boldsymbol{x}_0}(\boldsymbol{\phi}(t,t_0)\boldsymbol{x}_0)=\boldsymbol{\phi}(t,t_0)+\boldsymbol{\Psi}(t,\boldsymbol{x}_0)\\ \boldsymbol{\Psi}(t,\boldsymbol{x}_0)=\begin{bmatrix}\boldsymbol{r}_0\dfrac{\partial f}{\partial \boldsymbol{r}_0}+\boldsymbol{v}_0\dfrac{\partial g}{\partial \boldsymbol{r}_0} & \boldsymbol{r}_0\dfrac{\partial f}{\partial \boldsymbol{v}_0}+\boldsymbol{v}_0\dfrac{\partial g}{\partial \boldsymbol{v}_0}\\ \boldsymbol{r}_0\dfrac{\partial \dot{f}}{\partial \boldsymbol{r}_0}+\boldsymbol{v}_0\dfrac{\partial \dot{g}}{\partial \boldsymbol{r}_0} & \boldsymbol{r}_0\dfrac{\partial \dot{f}}{\partial \boldsymbol{v}_0}+\boldsymbol{v}_0\dfrac{\partial \dot{g}}{\partial \boldsymbol{v}_0}\end{bmatrix}\end{gathered} \tag{3.80}$$

$\boldsymbol{\Psi}(t,\boldsymbol{x}_0)$的条目可在文献［12，14］中参考，由 R. H. Battin[2]取得。

3.5 轨道分析

本节简要介绍太空任务中椭圆轨道和双曲线轨道的应用。首先从能量守恒定律出发，以便于更好地理解二体问题自由响应的形状和性质；然后对地心轨道进行分类并简要研究。兰伯特问题可以看作控制问题，是一种自由响应，也称为两点边界值问题。在实际中，仅部分初始条件已知。如何使用轨迹的最终点表示初始速度，该问题已被广泛研究，是太空任务的核心。本节最后简要介绍星际飞行中的双曲线轨迹。

3.5.1 能量守恒定律

能量守恒定律指的是动能和势能之和守恒。式（3.7）已经定义势能$V(r)=-m\mu/r$，而动能为$T=0.5mv^2$，其中$v=|\boldsymbol{v}|$。T和V的加减引出了总能量E和拉格朗日量L。假设m为常数，则可以从T和V中消除m。对于相同的量，将使用相同的符号，即

$$\begin{aligned}E(r,v)&=T+V=\frac{1}{2}v^2-\frac{\mu}{r}\\ L(r,v)&=T-V=\frac{1}{2}v^2+\frac{\mu}{r}\end{aligned} \tag{3.81}$$

我们的目的是证明E是不变的。注意到在$\boldsymbol{F}=0$的情况下，式（3.56）可以从欧拉-拉格朗日方程获得

$$\frac{\mathrm{d}}{\mathrm{d}t}\left(\frac{\partial L(\boldsymbol{r},\dot{\boldsymbol{r}})}{\partial \dot{\boldsymbol{r}}}\right)=\frac{\partial L(\boldsymbol{r},\dot{\boldsymbol{r}})}{\partial \boldsymbol{r}} \tag{3.82}$$

其中 $L(r,v)=L(\boldsymbol{r},\dot{\boldsymbol{r}})$。

练习 6：

在 $\boldsymbol{F}=0$ 的情况下，利用式（3.81）的第二行的公式和式（3.82），推导式（3.56）。

为证明 $E(t)=E_0$，我们重写式（3.8）中第二个方程作为一个零恒等式，并与 $\boldsymbol{v}$ 进行点积，可得

$$\left(\dot{\boldsymbol{v}}+\frac{\mu}{r^2}\frac{\boldsymbol{r}}{r}\right)\cdot\boldsymbol{v}=\frac{1}{2}\frac{\mathrm{d}}{\mathrm{d}t}(\boldsymbol{v}\cdot\boldsymbol{v})+\frac{1}{2}\frac{\mu}{r^3}\frac{\mathrm{d}}{\mathrm{d}t}(\boldsymbol{r}\cdot\boldsymbol{r})=0 \tag{3.83}$$

式（3.83）进一步化为

$$\frac{1}{2}\frac{\mathrm{d}v^2}{\mathrm{d}t}+\frac{1}{2}\frac{\mu}{r^3}\frac{\mathrm{d}r^2}{\mathrm{d}t}=\frac{\mathrm{d}}{\mathrm{d}t}\left(\frac{v^2}{2}\right)+\frac{\mu\dot{r}}{r^2}=\frac{\mathrm{d}}{\mathrm{d}t}\left(\frac{v^2}{2}-\frac{\mu}{r}\right)=0 \tag{3.84}$$

对最后一个等式积分得到能量守恒方程：

$$E(r,v)=\frac{v^2}{2}-\frac{\mu}{r}=E_0 \tag{3.85}$$

椭圆轨道运动的积分常数 E_0 可以在任何轨道点上求得，如在图 3.4 中的近拱点 P 处，此处 $\theta=0$、$r(0)=a(1-e)$ 和 $\boldsymbol{r}(0)\cdot\boldsymbol{v}(0)=0$。位矢和速度正交，使角动量的大小 h 可以写为

$$h=|\boldsymbol{r}(0)\times\boldsymbol{v}(0)|=r(0)v(0)=(a-c)v(0)=a(1-e)v(0) \tag{3.86}$$

由式（3.25）有 $h^2=\mu a(1-e^2)$，并结合式（3.85）、式（3.86），可得出能量是恒定的，并等于：

$$E(t)=E_0=\frac{h^2}{2a^2(1-e)^2}-\frac{\mu}{a(1-e)}=\frac{\mu}{2a}\frac{1+e-2}{(1-e)}=-\frac{\mu}{2a} \tag{3.87}$$

该结果表达式可以看出能量仅取决于半长轴 a，而不取决于由偏心率 e 决定的轨道形状。由式（3.85）和式（3.87）可得，轨道速率 $v=|\boldsymbol{v}|$ 为

$$v=\sqrt{\frac{2\mu}{r}+2E}=\sqrt{\frac{2\mu}{r}-\frac{\mu}{a}} \tag{3.88}$$

该方程式称为**活力公式**，式（3.67）已经出现。对于圆轨道有 $r=a$，并且速度变为恒定且等于：

$$v=v_c=\sqrt{\frac{\mu}{a}} \tag{3.89}$$

表 3.3 中总结了速度的近似表达式，适用于抛物线和双曲线。

抛物线轨道的能量为零。相应的轨道速度 v_e 称为**逃逸速度**，它允许从封闭曲线的轨道中逃出。

表 3.3　能量和轨道速度

序号	轨道	偏心率 e	半长轴 a/m	每单位质量能量 $E/(\mathrm{m}^2/\mathrm{s}^2)$	轨道速度 v/(m/s)
0	圆	0	$r=a$	$-0.5\mu/a<0$	$v_c=\sqrt{\mu/r}$
1	椭圆	<1	>0	$-0.5\mu/a<0$	$\sqrt{\mu(2/r-1/a)}$
2	抛物线	1	∞	0	$v_e=\sqrt{2\mu/r}=\sqrt{2}v_c$

续表

序号	轨道	偏心率 e	半长轴 a/m	每单位质量能量 $E/(\mathrm{m^2/s^2})$	轨道速度 $v/(\mathrm{m/s})$
3	抛物线，地球				$v_e=11.2\mathrm{km/s}$
4	双曲线	>1	<0	$-0.5\mu/a>0$	$\sqrt{\mu(2/r-1/a)}$

练习 7：

牛顿的加农炮。在半径 R_e 和引力常数 μ（参见表 3.1）的地球球体上，炮弹以初始轨道速度 v_0 从高度 $h>0$ 的地点沿水平方向发射，仅受点质量重力的影响。需要找到保证圆形轨道的初始速度 $v_0=v_c$，从而确保炮弹不会遇到地球表面。当 $v_0<v_c$ 时，会出现亚轨道轨迹，在这种情况下，炮弹会碰到地球表面。式（3.68）$e=(v_0/v_c)^2-1$，$e<0$ 对于 $v_0<v_c$ 意味着什么？如何恢复亚轨道的 $e>0$？它们还构成轨道吗？

提示：图 3.7 显示了圆形轨道和椭圆形轨道在地球表面星下点轨迹，比例为 $1:R_e$。e 的符号取决于地球的质心位于哪个焦点位置。

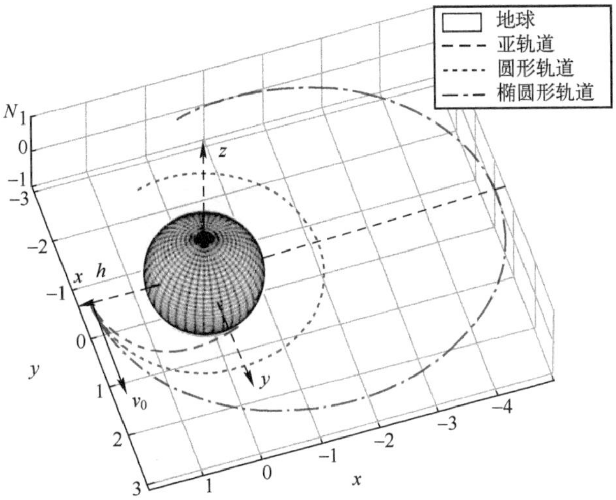

图 3.7　牛顿的加农炮：亚轨道、圆形和椭圆形轨道

3.5.2　地心轨道的类型

太空飞行极限通常由卡曼线确定，该线通常在 $h=100\mathrm{km}$ 处。更准确地说，卡曼线界定为在稀有大气中飞机（航天器）需要以圆形轨道速度 $v_c(h)=\sqrt{\mu/(R_e+h)}$ 飞行的高度。形式上，用 $L(\rho,v_c)$ 表示升力，用 ρ 表示空气密度，用 $\beta(m)$ 表示质量为 m 的飞行器的弹道系数，则卡曼高度 h 是升力和重力平衡的高度，即

$$\begin{aligned}&\frac{L(\rho(h),v_c(h))}{m}=g(h)\Rightarrow\frac{1}{2}\times\frac{\rho(h)}{\beta(m)}v_c^2(h)=\frac{\mu}{(R_e+h)^2}\Rightarrow\\&\Rightarrow\frac{1}{2}\times\frac{\rho(h)}{\beta(m)}\frac{\mu}{R_e+h}=\frac{\mu}{(R_e+h)^2}\Rightarrow h=\frac{2\beta(m)}{\rho(h)}-R_e\end{aligned}\tag{3.90}$$

地心轨道可以根据高度、轨道倾角及与地球自转周期或地球绕太阳公转的同步性进

行分类。

根据高度分类适用于近圆形轨道。地球低轨道的范围为 $h<2000$km，地球中等轨道的高度可达地球同步轨道（the geosynchronous orbit，GEO）高度，约为 35800km，地球高轨道高度位于地球同步轨道之上。地球同步轨道高度 h_{GEO} 要求轨道周期 T_0 与一个恒星日一致，即 $\omega_0=\frac{2\pi}{P_0}=\omega_e=0.0729$mrad/s，对应于半长轴为

$$a_{\mathrm{GEO}}=R_e+h_{\mathrm{GEO}}=\left(\frac{\mu_e}{\omega_e^2}\right)^{1/3}\cong 42200\mathrm{km} \tag{3.91}$$

由轨道倾角规定的两个重要的轨道类型是**赤道轨道和极地轨道**。**地球静止轨道**由于其小倾角 $|i|<0.1$rad，因此对地和赤道同步。此情况适用于通信领域，卫星被固定在相对于地球的视位置。在 500~900km 高度的地球**极轨道**非常适合地球观测，因为它们的轨道周期小于 6000s，每天越过地球的赤道 14 次，越过间隔小于 0.45rad。图 3.8 显示了在 $h=700$km 高度的近极轨道的星下点轨迹，轨道是与太阳同步的，将在下面的段落进行详述。

星下点轨迹是指在 ECEF 坐标系中一天内卫星轨迹 $\boldsymbol{r}_e(t)=Z(\Omega_0(t))\boldsymbol{r}(t)$ 对应的经纬度 $\{\lambda(t),\varphi(t)\}$，其中 $\Omega_0(t)$ 是格林尼治标准恒星时间。同一 $\{\lambda(t),\varphi(t)\}$ 上两个连续阶段之间的时间间隔称为**重复周期**。

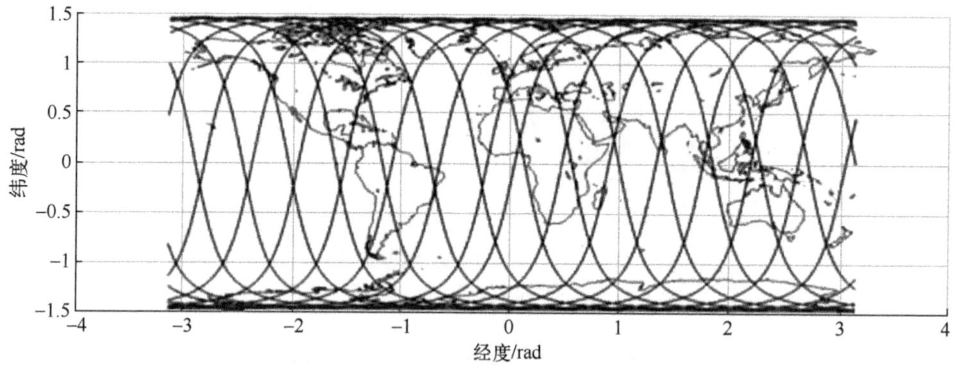

图 3.8 近极轨道的星下点轨迹，$h=700$km

第一类**同步轨道**为地球同步轨道；第二类为**太阳同步轨道**。对于搭载地球扫描雷达和光学仪器的地球低轨道卫星，在勘测阶段必须在相同的光照条件下进行观测，这也使固定的太阳能电池板能够指向太阳。但是，由于地日指向在一年内是会变化的，因此在太空中卫星轨道平面无法保持固定，并且交点线必须按照地球的旋转速度 ω_s（约为 0.2μrad/s）进行旋转，交点线的旋转称为**交点进动**。通过平均升交点赤经 $\overline{\Omega}(t)=T_o^{-1}\int_t^{t+T_o}\Omega(t)\,\mathrm{d}\tau$ 可得进动角速率：

$$\dot{\overline{\Omega}}(t)=T_o^{-1}(\overline{\Omega}(t+T_o)-\overline{\Omega}(t))=\omega_s \tag{3.92}$$

式中：T_0 为式（3.26）中定义的轨道周期。这种轨道是**非开普勒轨道**的第一个例子，其轨迹由自由响应和**受迫响应**组成，而不仅仅是式（3.6）中限制性二体问题的自由响应。该轨道必须通过一些摄动力 $\boldsymbol{F}$ 来确保交点进动，而摄动力 $\boldsymbol{F}$ 是偏离地球到卫星矢

径 $\boldsymbol{r}$ 的，从而其力不作用在中心。幸运的是，**地球的扁率**（请参见4.2.2节）会自然地为特定的平均轨道倾角 i 提供所需的力，5.3.2节将会详细说明，我们可以写出

$$\dot{\bar{\Omega}}(t)=-\frac{3J_2}{2}\left(\frac{R_e}{\bar{a}}\right)^2\frac{\bar{\omega}_o}{(1-\bar{e}^2)^2}\cos\bar{i} \tag{3.93}$$

式中：$\bar{a}=R_e+\bar{h}$ 为平均半长轴；$\bar{e}$为平均偏心率；$\bar{\omega}_o=\sqrt{\mu/\bar{a}^3}$ 为平均轨道周期；$J_2=1.083\times10^{-3}$为考虑地球两极的平坦度后的地球重力势能系数。平均轨道根数 i、a、e 的定义方法与 Ω 的定义方法相同。为求解式（3.93）中 $\bar{i}$，假设平均海拔高度$\bar{h}\ll R_e$且平均偏心率$\bar{e}\ll1$，$\dot{\bar{\Omega}}(t)=\omega_s$，则得到以下平均倾角 $\bar{i}$ 的简化表达式为

$$\bar{i}\cong\pi/2+\frac{\omega_s}{\bar{\omega}_o}\frac{1}{1.5J_2} \tag{3.94}$$

这种偶然的结果完全符合地球观测轨道处于极地轨道并与太阳同步的要求。太阳同步轨道通常根据经过上升和下降交点的当地平均太阳时进行分类。例如，如果升交点阶段发生在中午，那么该轨道称为“中午–午夜”轨道；如果它发生在日落，那么该轨道被称为晨昏轨道。晨昏轨道位于地球晨昏面上。

1. Molnyia 轨道

Molnyia轨道在俄语中又称为闪电轨道，偏心率 $e\cong0.741$，是高偏心率轨道，周期为12h，对应半长轴为 $a=26600$km，轨道倾角为 $i=1.1$rad（63.4°），近地点幅角 $\omega=-\pi/2$。该轨道是为地球高纬度的俄罗斯地区卫星通信设计的，为了应对高纬度，位于北纬的远地点幅角必须相对于交点线保持静止。事实上，如图3.9中的星下点轨迹所示，在接近远地点时，轨道相对于地球纬度趋于低速运动。这反过来又使位于南纬的近地点幅角 $\omega=-\pi/2$，对摄动不敏感，尤其对地球的扁率不敏感。平均值 $\bar{\omega}$ 的零速率方程是 J_2的函数，它是根据与式（3.93）类似的表达式得出的，在5.3.2节中将会详述。具体如下：

$$\dot{\bar{\omega}}(t)=\frac{3J_2}{2}\left(\frac{R_e}{\bar{a}}\right)^2\frac{\bar{\omega}_o}{(1-\bar{e}^2)^2}\left(2-\frac{5}{2}\sin^2\bar{i}\right)=0 \tag{3.95}$$

必须通过代入$\bar{e}$和$\bar{a}$的合适值来求解 $\bar{i}$。式（3.95）的解 $\bar{i}$，与$\dot{\bar{\Omega}}=0$条件下式（3.93）的解不相符，该结果使这些轨道具有负的交点进动。图3.9显示了每100s记录的Molnyia轨道的星下点轨迹，大部分时间都在北纬的远地点附近。

给定预期的轨道周期占比因子 τ_m，在特定时段应从远地点周围的地面看到卫星，即 $E=\pi$，对应的偏近点角范围$\{\pi-E_{\max},\pi+E_{\max}\}$可以使用式（3.49）迭代计算。

$$E_{\max}(k+1)=\pm e\sin(\pi\pm E_{\max}(k))+\pi\tau_m,E_{\max}(0)=\pi\tau_m \tag{3.96}$$

练习8：

给定 $\tau_m=2/3$ 和 $e=0.741$，通过式（3.96）计算范围$\pm E_{\max}$。给定以12h为周期的轨道，从地球赤道计算轨道高度，并根据过近地点时间计算出 $E=\pi-E_{\max}$ 和 $E=\pi+E_{\max}$ 的通过时间。

2. 回归轨道设计

一般希望通过选择地球卫星的半长轴 a，使得赤道上的高度 $h=a-R_e$，以使最终的星下点轨迹在经过精确的天数和轨道运行之后得以重复出现。该时间间隔的天数 N 被

称为**重复周期**。由重力异常和环境引起的摄动（请参见第 4 章）将影响重复周期，达不到开普勒轨道平均周期的精确倍数：$T_o=2\pi/\omega_o=2\pi\sqrt{a^3/\mu}$。定义摄动的**轨道速率和周期，不规则轨道速率**定义为 $\omega_a=\omega_o+\dot{M}$，其中$\dot{M}$是对平近点角 M 的时间导数，而 M 则在等式中（3.49）定义。**龙轨道**（draconic orbit）速率由 $\omega_d=\omega_o+\dot{M}+\dot{\omega}$定义，其中$\dot{\omega}$是近地点幅角的导数。根据地球 J_2 摄动，$\dot{M}$及$\dot{\omega}$的分量$\dot{\overline{M}}$和$\dot{\overline{\omega}}$可以分别在式（5.67）中找到。地球卫星的**龙轨道周期** $T_d=2\pi/\omega_d$ 是两次连续通过赤道平面升交点（或降交点）之间的时间间隔。地球中心地球固连坐标系中的升交点角速率是$\dot{\Omega}_e=\dot{\Omega}-\omega_e<0$，其中$\dot{\Omega}$是交点进动速率，$\omega_e=2\pi\,\varpi_e/S_{\text{mean}}$是相对于地球中心惯性坐标系的**平均真实地球旋转速率**。S_{mean}(**平均太阳日**)的值和ϖ_e 的值在 2.5.7 节中给出。$S_e=2\pi/\omega_e=S_{\text{mean}}/\varpi_e$ 是**恒星日**，即春分点连续两次上中天的时间间隔。$S_d=2\pi/(\omega_e-\dot{\Omega})$是卫星的**交点日**，即格林尼治子午线与卫星升交点的两次连续对准的时间间隔。对于太阳同步卫星，有$\dot{\Omega}=\omega_s$。**地球的旋转速率** ω_s 可以写为 $\omega_s=2\pi/(S_{\text{mean}}Y)$，其中 $Y=365.256$ 天和 $\omega_e=2\pi(Y+1)/(S_{\text{mean}}Y)$。比率为

$$N_d=\frac{\omega_d}{\omega_e-\dot{\Omega}}=\frac{S_{\text{mean}}\omega_d Y}{2\pi\left(Y+1-\dfrac{\dot{\Omega}S_{\text{mean}}Y}{2\pi}\right)}=\frac{N_s Y}{\left(Y+1-\dfrac{\dot{\Omega}S_{\text{mean}}Y}{2\pi}\right)} \tag{3.97}$$

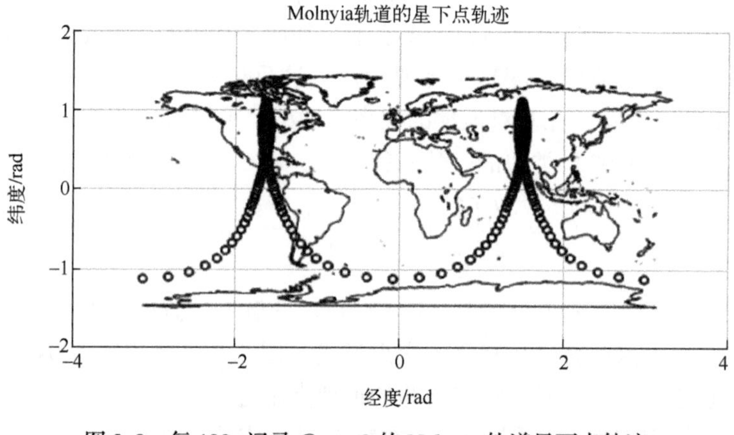

图 3.9 每 100s 记录 $\Omega=\pi/2$ 的 Molnyia 轨道星下点轨迹

是交点日的卫星转数，而 N_s 是太阳日的卫星转数。对于此处考虑的太阳同步卫星，$N_d=N_s=(2\pi)^{-1}S_{\text{mean}}\omega_d$。回归轨道旨在设计合适的 N_d，即

$$N_d=\frac{R}{C}=\text{int}N_d+\frac{r}{C} \tag{3.98}$$

其中，$\{R,C\}$和$\{r,C\}$是互质的太阳日数，int 表示取整。整数 C 是以天为单位的**重复周期**，R 是在 C 期间的卫星转数，而 r（R/C 的余数）是在重复周期的每天中小数转数的总和。

例如，假设一个无拖曳卫星，高度 $h>600$km（阻力可以忽略不计），或者是选一

个现役无拖曳卫星，如 GOCE[8]。仅考虑 J_2摄动，并假设偏心率贡献为 $2e^2$量级，相对于 J_2可以忽略不计，则平近点角和式（5.67）中近地点幅角的导数推导出的近似表达式为

$$N_d(a,i)=\frac{S_{\text{mean}}}{2\pi}(\omega_o+\dot{M}+\dot{\omega})=\frac{S_{\text{mean}}}{2\pi}\sqrt{\frac{\mu}{a^3}}\left(1+\frac{3J_2}{2}\left(\frac{R_e}{a}\right)^2(3-4\sin^2 i)\right) \tag{3.99}$$

比 J_2更精确的表达式应该包含更高阶的谐波分量[13]。太阳同步的无拖曳 GOCE 卫星的运行阶段是在 $h_{\text{GOCE}}=259.6\text{km}$ 处进行的，对应于 $N_{\text{GOCE}}=979/61$[15]。

练习 9：

利用式（3.98）和式（3.99），假设一太阳同步卫星回归周期 $C_{\text{GOCE}}=61$ 天，求出使 $|h-h_{\text{nom}}|$最小的转数 R，其中 $h_{\text{nom}}=260\text{km}$，同时求出轨道倾角 i。

解： 用 $R=978$ 和 $h=259\text{km}$ 给出的解非常接近 GOCE 数据[15]，其差异的存在是由于式（3.99）中的近似值。

单位长度 $L_d(a,i)=2\pi R_e/N_d(a,i)$ 中的地面跟踪真实时段受半长轴和轨道倾角变化的影响，其中半长轴变化量 Δa 影响最大。忽略式（3.99）中的 J_2项校正，倾斜效果消失，地面跟踪时段由下式给出。

$$\frac{\Delta L_d}{L_d(a)}=\frac{\mathrm{d}\sqrt{a^3}}{\mathrm{d}a}\frac{\Delta a}{\sqrt{a^3}}=\frac{3}{2}\frac{\Delta a}{a}=\frac{3}{2}\frac{\Delta h}{a} \tag{3.100}$$

地面跟踪精度受到高度的影响[9,15]。

3.5.3 兰伯特问题

兰伯特问题是状态方程（3.56）的两点边值问题（给定初末位置和转移时间，求解初末速度），通常假设 $\boldsymbol{F}(t)=0$ 来求解。换句话说，给定当前焦点 $F=P_0$，自由响应 $\{\boldsymbol{r},\boldsymbol{v}\}$ 满足初始位置 $\boldsymbol{r}(t_1)=\boldsymbol{r}_1$ 和最终位置 $\boldsymbol{r}(t_2)=\boldsymbol{r}_2$，其中 $t_2=t_1+\Delta t$，Δt 是给定的转移时间。如果将点 P_1和点 P_2关联到 $\boldsymbol{r}_1$ 和 $\boldsymbol{r}_2$，我们考虑转移时间段内，寻找经过两个点的轨迹。解决该问题对应于找到初始和最终速度 $\boldsymbol{v}_1$和 $\boldsymbol{v}_2$，它们完全确定了自由响应。

在图 3.10（b）中，自由响应被界定为初始轨道和最终轨道之间的转移轨道。在初始轨道的点 P_1，航天器速度为 $\boldsymbol{u}_1$。为了进入到转移轨道中，$\boldsymbol{u}_1$变为 $\boldsymbol{v}_1$。在转移轨道的点 P_2处，航天器速度为 $\boldsymbol{v}_2$，该速度将变为 $\boldsymbol{u}_2$，以便进入最终轨道。初始和最终速度差为

$$\begin{aligned}\Delta\boldsymbol{v}_1&=\boldsymbol{v}_1-\boldsymbol{u}_1\\\Delta\boldsymbol{v}_2&=\boldsymbol{u}_2-\boldsymbol{v}_2\end{aligned} \tag{3.101}$$

速度差由合适的推进系统提供。在 t_k时刻施加理想推力脉冲 $\boldsymbol{F}_k,k=1,2$，与 $\Delta\boldsymbol{v}_k$及航天器的质量成正比，即

$$\boldsymbol{F}_k(t_k)=m\Delta\boldsymbol{v}_k\delta(t-t_k) \tag{3.102}$$

式中，$\delta(t-t_k)$为狄拉克增量（参见 13.2.1 节）。从节省推进剂的原则出发，要求最大限度地减少所谓的 ΔV（参见 9.2 节），其定义为

$$\Delta v=\Delta v_1+\Delta v_2=|\boldsymbol{v}_1-\boldsymbol{u}_1|+|\boldsymbol{u}_2-\boldsymbol{v}_2| \tag{3.103}$$

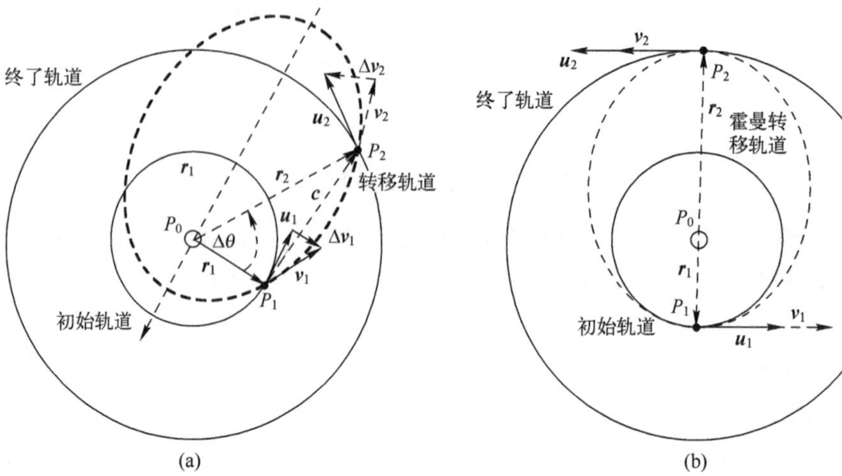

图 3.10 (a) 绕 P_0 的圆形轨道之间的椭圆转移及 (b) 霍曼转移

要解决兰伯特问题，假设一个椭圆转移轨道，需要对式 (3.64) 中的拉格朗日自由响应重新编排，以找到初始速度和最终速度。写出初始轨道的近焦点坐标中 $\{\boldsymbol{r}_k,\boldsymbol{v}_k\}$，$k=1,2$ 的坐标，得到

$$\begin{bmatrix}\boldsymbol{v}_1\\ \boldsymbol{v}_2\end{bmatrix}=\frac{1}{G}\begin{bmatrix}-FI_3 & I_3\\ -I_3 & \dot{G}I_3\end{bmatrix}\begin{bmatrix}\boldsymbol{r}_1\\ \boldsymbol{r}_2\end{bmatrix} \tag{3.104}$$

从式 (3.60) 和式 (3.62) 代入拉格朗日系数 $\{F,G,\dot{G}\}$，最终表达式为

$$\begin{bmatrix}\boldsymbol{v}_1\\ \boldsymbol{v}_2\end{bmatrix}=\frac{\sqrt{\mu/p}}{r_1r_2\sin\Delta\theta}\begin{bmatrix}p\boldsymbol{c}+r_2(1-\cos\Delta\theta)\boldsymbol{r}_1\\ p\boldsymbol{c}-r_1(1-\cos\Delta\theta)\boldsymbol{r}_2\end{bmatrix} \tag{3.105}$$

其中，$\boldsymbol{c}=\boldsymbol{r}_2-\boldsymbol{r}_1$ 指的是图 3.10 中的**弦 $\boldsymbol{c}$**，连接了起点和终点。式 (3.105) 中未知的参数，除 $\boldsymbol{r}_k,k=1,2$ 之外，还有沿转移轨道的半通径 $p=a(1-e^2)$ 和近点角差 $\Delta\theta=\theta_2-\theta_1$。$\Delta\theta$ 具有两个值，这些值决定转移椭圆的最短弧和最长弧。在最短路径的情况下，$\Delta\theta$ 是图 3.10 中的弦 $\boldsymbol{c}$ 的对应角度，即：

$$\Delta\theta=\cos^{-1}\left(\frac{\boldsymbol{r}_1\cdot\boldsymbol{r}_2}{r_1r_2}\right) \tag{3.106}$$

半通径 p 与偏心率 e 和初始近点角 θ_1 一起，都是位矢长度 $r_k=p(1+e\cos\theta_k)^{-1},k=1,2$ 的未知参数。解决 3 个未知数集合 $\{p,e,\theta_1\}$ 的第三个条件是 Δt。给定一个 p 的估计值 $p(j),j=0,1,\cdots,e(j)$ 和 $\theta_1(j)$ 可从 r_k 解出，并通过将 θ_k 转换为偏近点角和平近点角来计算估计值 $\Delta\theta_1$。$p(j)$ 必须像文献 [14] 中一样进行迭代，使 $|\Delta t(j)-\Delta t|$ 的收敛低于阈值 ε。

另一种更通用的替代方法是**打靶法**，这是一种典型的两点边值方法。图 3.11 提供了方框图。该方法对于缺少初始条件 $\boldsymbol{v}_0=\boldsymbol{v}_1(0)$ 的情况，采用 p 的估计值 $p(0)$ 来求解方程式 (3.105)。它允许式 (3.56) 在未知轨道参数下积分。初始速度 $v(j)$ 由积分误差 $\boldsymbol{e}(j)=\boldsymbol{r}_2-\boldsymbol{r}_2(j)$ 驱动的反馈律 $K(\boldsymbol{e}(j))$ 逐步校正，直到达到收敛条件 $|\boldsymbol{e}(j)|<\eta$。由于不

准确的初值 $p(0)$ 造成的时间误差 $\delta t(0)=\Delta t-\Delta t(0)$，初始误差 $\boldsymbol{e}(0)$ 可能会很大，因此文献［14］中的打靶法伴随着 $\boldsymbol{e}(j)$ 的闭环迭代和 $\Delta t(j)\to\Delta t$ 的开环迭代。反馈律 $K(\boldsymbol{e}(j))$ 必须确保闭环稳定性。由于采用积分，该方法让式（3.56）可以求解 $\boldsymbol{F}(t)\neq 0$ 的情况。

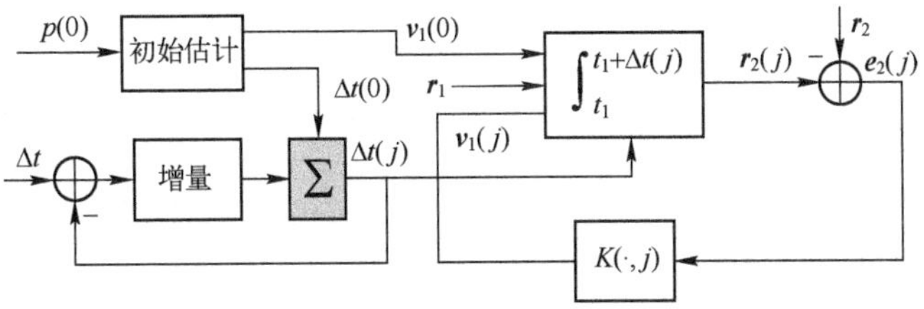

图 3.11　文献［14］中打靶法的方框图

霍曼转移：对于 $\Delta\theta=(0,\pm\pi)$，式（3.105）的解变得奇异。$\Delta\theta=0,\Delta\theta=\pm\pi$，告诉我们 P_1 和 P_2 位于转移轨道的拱点线上，并且假设 $\rho=r_2/r_1>1$，P_1 即是近拱点，P_2 即是远拱点。由此可得 a 和 e 及初始真近点角 θ_1，即

$$a=r_1\frac{\rho+1}{2},e=\frac{\rho-1}{\rho+1},\theta_1=0 \tag{3.107}$$

用 $u_1=\sqrt{\mu/r_1}$ 表示转移轨道速度，即沿初始圆轨道的 P_1 的绝对速度，我们从式中（3.58）得到

$$\begin{aligned}\boldsymbol{v}_1&=\sqrt{\frac{\mu}{a(1-e^2)}}\begin{bmatrix}0\\1+e\end{bmatrix}=u_1\sqrt{\frac{2\rho}{\rho+1}}\begin{bmatrix}0\\1\end{bmatrix}\\ \boldsymbol{v}_2&=\sqrt{\frac{\mu}{a(1-e^2)}}\begin{bmatrix}0\\-1+e\end{bmatrix}=-u_1\sqrt{\frac{2}{\rho(1+\rho)}}\begin{bmatrix}0\\1\end{bmatrix}\end{aligned} \tag{3.108}$$

图 3.10（b）中相应的轨道被称为霍曼转移轨道，这是德国工程师 W. Hohmann 在 1925 年为行星际飞行提出的，转移时间 Δt 是轨道周期的一半。

$$\Delta t=\frac{T_o}{2}=\frac{\pi}{2}\sqrt{\frac{(r_1+r_2)^3}{2\mu}} \tag{3.109}$$

练习 10：

证明：霍曼转移轨道是点 P_1 和点 P_2 之间的最小能量消耗轨道。

提示：在式（3.87）中使用 E_0 的表达式，通过证明半长轴 $a>0$（椭圆轨道）具有最小长度来找到解。复习 $|F_1P_1|+|FP_1|+|F_1P_1|+|FP_1|=4a$，其中 F_1 和 F 是焦点。

定义在式（3.103）中的霍曼转移 Δv 被证明是所有可能的轨迹（包括抛物线和双曲线）中最小的 Δv。Δv 与 u_1 的关系由式（3.108）推导而来：

$$\Delta v=u_1\left((\rho-1)\sqrt{\frac{2}{\rho(\rho+1)}}+\sqrt{\frac{1}{\rho}}-1\right) \tag{3.110}$$

从式（3.110）中得出的一些实际情况，将在下一个练习中进行分析。

练习 11：

证明：$\Delta v_{\infty}=\lim\limits_{\rho\to\infty}\Delta v=\sqrt{2}-1$，其对应从点 P_1 达到逃逸速度的脉冲。证明：Δv 在有限的 ρ 处具有最大 $\Delta v_{\max}>\Delta v_{\infty}$，然后向 Δv_{∞} 衰减。这意味着存在一个 $\rho_{\min}$，使得达到 $\rho>\rho_{\min}$ 所需的推进剂比加速到逃逸速度所需的推进剂更多。

3.5.4 双曲线轨道和引力辅助

1. 双曲线轨道

双曲线轨道的能量为正，这意味着大于势能的动能可以使点质量 P 从 P_0 产生的引力中逃逸出来。因此，在星际航行中采用双曲线轨道。

在图 3.12 中，惯性近焦点坐标系 $\mathscr{P}=\{O,\boldsymbol{p}_1,\boldsymbol{p}_2,\boldsymbol{p}_3\}$ 的原点位于圆锥曲线的中心 O，但也可能会选择焦点 P_0，O 点的速度假定为零。双曲线轨迹可以解释为点质量 P 的轨迹，如行星间探测器靠近行星的焦点 P_0，而没有被行星的引力捕获。考虑一个由 $r\to\infty$ 定义的遥远位置 P，其中双曲线分支存在两个渐近线，相对于 $\boldsymbol{p}_1$ 轴具有真近点角 $\pm\theta_{\infty}$。θ_{∞} 可以从 $r\to\infty$ 条件下圆锥曲线的式（3.24）计算得到，即

$$\cos\theta_{\infty}=-1/e \tag{3.111}$$

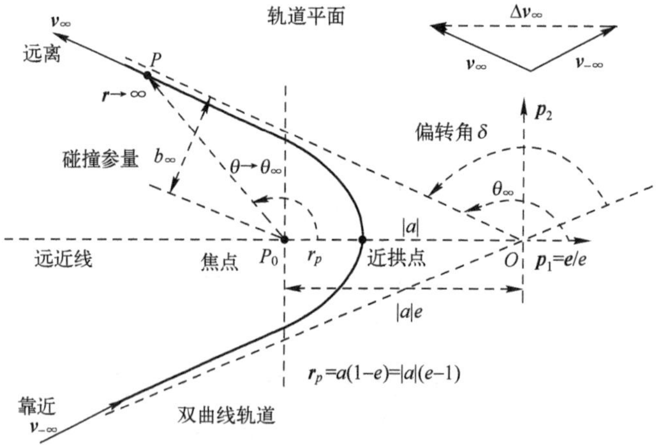

图 3.12 双曲线轨道

同时，通过使用式（3.85）中的能量和式（3.87）中的能量常数，渐近速度大小 v_{∞}（也称为**双曲线超速度**），可以与负半长轴 $a<0$ 相关，参见双曲线中心 O 的近拱点的横坐标。我们发现

$$E=\frac{v_{\infty}^2}{2}-\lim_{r\to\infty}\frac{\mu}{r}=-\frac{\mu}{2a}\Rightarrow v_{\infty}=\sqrt{\frac{\mu}{|a|}} \tag{3.112}$$

从式（3.88）中的活力公式和式（3.112）可以发现，轨道速度 v 是由逃逸速度 $v_c=\sqrt{2\mu/r}$ 和双曲线超速度 v_{∞} 组成的，即

$$v=\sqrt{\frac{2\mu}{r}+\frac{\mu}{|a|}}=\sqrt{v_c^2+v_{\infty}^2} \tag{3.113}$$

给定 v_{∞} 和 θ_{∞}，可以计算以下参数，即运动方向 $\boldsymbol{v}_{\pm\infty}/|\boldsymbol{v}_{\pm\infty}|$、偏心率 e 和半长轴 a，

反之亦然。靠近和远离速度向量 $\boldsymbol{v}_{\pm\infty}$ 的近焦点分量及其差 $\Delta\boldsymbol{v}_{\infty}=\boldsymbol{v}_{\infty}+\boldsymbol{v}_{-\infty}$ 为

$$\boldsymbol{v}_{\infty}=v_{\infty}\begin{bmatrix}-\cos(\pi-\theta_{\infty})\\ \sin(\pi-\theta_{\infty})\\ 0\end{bmatrix}=\frac{v_{\infty}}{e}\begin{bmatrix}-1\\ \sqrt{e^2-1}\\ 0\end{bmatrix},\boldsymbol{v}_{-\infty}=\frac{v_{\infty}}{e}\begin{bmatrix}1\\ \sqrt{e^2-1}\\ 0\end{bmatrix},\Delta\boldsymbol{v}_{\infty}=\frac{v_{\infty}}{e}\begin{bmatrix}-2\\ 0\\ 0\end{bmatrix} \tag{3.114}$$

其他重要参数是偏转角 δ，是指渐近线之间的角度；碰撞参量（动量臂）b_{∞}，是指 P_0 与渐近线之间的距离。偏转角由下式给出：

$$\sin(\delta/2)=\sin(\theta_{\infty}-\pi/2)=1/e \tag{3.115}$$

其中，e 越小，表示轨迹弯曲程度大；e 越大，则表示轨迹弯曲程度小或被 P_0 吸引较小。在式（3.25）中，$e>1$ 时的恒定角动量幅值 $h=\sqrt{\mu|a|(e^2-1)}$ 可以重写为相对于 P_0 渐近速度 $\boldsymbol{v}_{\infty}$ 的动量。这又提供了动量臂 b_{∞} 的表达，即

$$h=\sqrt{\mu|a|(e^2-1)}=|\boldsymbol{r}_{\infty}\times\boldsymbol{v}_{\infty}|=v_{\infty}b_{\infty}\rightarrow b_{\infty}=|a|\sqrt{e^2-1} \tag{3.116}$$

动量臂近似于椭圆半短轴 b。

在最接近 P_0 的近拱点处，$r_p=a(1-e)>0$ 表示位置矢径，而 $v_p=\sqrt{v_{\infty}^2+2\mu/r_p}$ 是从式（3.85）推导得出的轨道速度。

2. 引力辅助

到目前为止，假定惯性系的速度为零，质量为 m 的质点 P 的速度已经在以 O 或 P_0 为中心的惯性系中定义。现在让我们将 P 和 P_0 的轨迹放在国际天文参考系 $J=\{S,\boldsymbol{j}_1,\boldsymbol{j}_2,\boldsymbol{j}_3\}$ 中，该坐标系原点 S 位于太阳系质心，用 $\boldsymbol{v}_0$ 表示 P_0 相对于 J 的速度，该速度称为日心速度。P 的日心进出速度为 $\boldsymbol{u}_{\pm\infty}=\boldsymbol{v}_{\pm\infty}+\boldsymbol{v}_0$。其差 $\Delta\boldsymbol{u}_{\infty}=\boldsymbol{u}_{\infty}+\boldsymbol{u}_{-\infty}=\Delta\boldsymbol{v}_{\infty}$ 保持与 $\Delta\boldsymbol{v}_{\infty}$ 相同，这是因为相对于 P_0 的能量在近焦点坐标系中保持不变。但是，$\boldsymbol{u}_{\pm\infty}$ 的方向和大小可能会发生很大变化，从而在太阳系中获得或失去动能并使星间轨道方向改变。D' Alembert 和 Laplace 早在 18 世纪后期就记录了这一概念。乌克兰工程师 Y. Kondryatuk 在 1938 年出版的书中首次提出了相应的操作，即引力辅助。1959 年，苏联的 Luna3 探测器拍摄了月球的另一侧时，进行了首次引力辅助演习。1974 年 2 月，美国水手 10 号探测器是使用引力辅助装置的第一个行星际探测器，利用金星弯曲其路径并将其近日点下降到水星轨道的水平。意大利科学家 G. Colombo 利用探测卫星周期是水星周期的两倍的事实提出了多重“水星掠过”的想法[7]。从那以后，引力辅助在星际飞行任务中已经重复使用多次。该技术允许航天器在不消耗推进剂的情况下改变方向和速度，从而节省了时间并增加了科学载荷（质量和功率）。

当 $|\boldsymbol{u}_{\pm\infty}=\boldsymbol{v}_{\pm\infty}+\boldsymbol{v}_0|>|\boldsymbol{v}_{\infty}|$ 时，获得动能，能量源为质量 m_0 的质点 P_0。当然，通过假设 $m_0\gg m$，P_0 损失或获得的能量完全可以忽略不计。如果 $\boldsymbol{v}_{\infty}$ 具有与 $\boldsymbol{v}_0$ 相同方向的分量，即 P 接近 P_0 的阶段，近地点附近的双曲线，出现在 P_0 的后方，即 P_0 的运动方向的相反方向，如图 3.13 左图所示。

相反地，当 $|\boldsymbol{u}_{\pm\infty}=\boldsymbol{v}_{\pm\infty}+\boldsymbol{v}_0|<|\boldsymbol{v}_{\infty}|$ 时，如果 $\boldsymbol{v}_{\infty}$ 具有与 $\boldsymbol{v}_0$ 相反的方向的分量，则会损失动能。这意味着接近 P_0 的 P 的双曲线阶段出现在 P_0 的前方，在 P_0 的运动方向的同一侧，如图 3.13 右图所示。

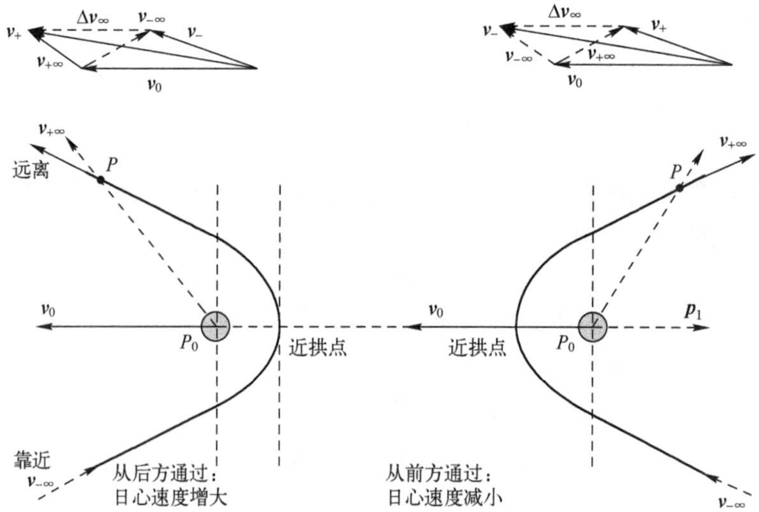

图 3.13 双曲线轨迹（飞越天体）

3.6 轨道稳定性

轨道的稳定性是通过对圆形轨道的摄动为基础展开分析的，将在 5.5.1 节中再次讨论。从式（3.54）中可以导出，满足以下状态方程：

$$
\begin{aligned}
&\ddot{r}(t)=\dot{r}(t)=0,\quad r(0)=a\\
&\ddot{\theta}(t)=0,\quad \dot{\theta}(t)=\omega_o=\sqrt{\mu/a^3},\theta(0)=\theta_0\\
&\ddot{\phi}(t)=\dot{\phi}(t)=0,\phi(0)=0
\end{aligned}
\tag{3.117}
$$

式中：r 为位矢大小；θ 为真近点角。至于式（3.54），由于摄动的存在，位置矢量不再位于轨道平面内，而是加入了一个仰角 ϕ，如图 3.14 所示。自由响应、角动量 h_0 和式（3.117）的能量表达式为

$$
\begin{aligned}
&r(t)=a,\quad \theta(t)=\theta_0+\omega_o t,\quad \phi(t)=0\\
&h_0=a^2\omega_0,\quad E_0=-\frac{\mu}{2a}
\end{aligned}
\tag{3.118}
$$

该摄动轨道方程与式（3.8）相同，但被改写为矢径为 r、方位角为 $\theta=\alpha$、仰角为 $\phi=\delta$ 的球面坐标 $\{r,\alpha,\delta\}$。旋转矩阵 $\boldsymbol{Z}(\theta)Y(-\varphi)$ 指的是将近焦点坐标系旋转到摄动轨道坐标系 $\mathcal{S}=\{P,\boldsymbol{s}_1=\boldsymbol{r}/r,\boldsymbol{s}_2,\boldsymbol{s}_3\}$ 中，其中 P 是摄动轨道中的质点。另一个旋转顺序是 $Y(-\phi)\boldsymbol{Z}(\theta)$，乍一看似乎比较合理，因为最后一次旋转是近点角 θ。不幸的是，所产生的摄动轨道的状态方程将明确取决于 θ，这是我们要避免的。为了写出等式，可以从矢径向量的近焦点坐标开始。

$$
\boldsymbol{r}=\boldsymbol{Z}(\theta)Y(-\phi)\begin{bmatrix}r\\0\\0\end{bmatrix}=r\begin{bmatrix}\cos\theta\cos\phi\\ \sin\theta\cos\phi\\ \sin\phi\end{bmatrix},-\pi\leqslant\theta<\pi,-\frac{\pi}{2}\leqslant\phi<\frac{\pi}{2}
\tag{3.119}
$$

然后找到摄动轨道坐标系中 $\boldsymbol{v}=\dot{\boldsymbol{r}}$ 和 $\boldsymbol{a}=\dot{\boldsymbol{v}}$ 的坐标 $\boldsymbol{v}_s$ 和 $\boldsymbol{a}_s$ 坐标。

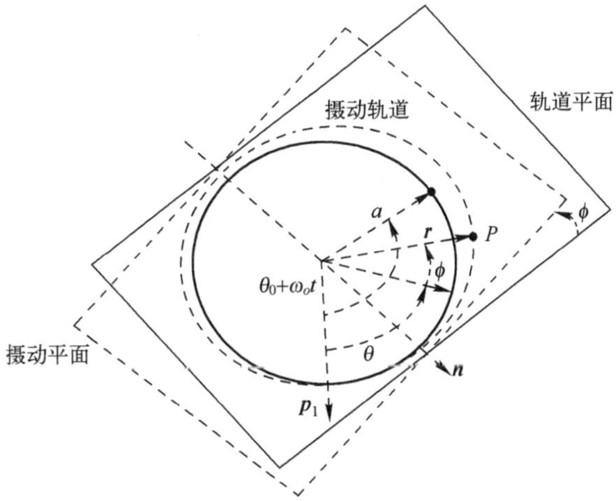

图 3.14　圆形轨道与摄动轨道

练习 12：

证明：在旋转序列 $\boldsymbol{Z}(\theta)Y(-\phi)$ 的情况下，坐标矢量 $\boldsymbol{r}_s$、$\boldsymbol{v}_s$ 和 $\boldsymbol{a}_s$ 如下：

$$\boldsymbol{r}_s=\begin{bmatrix} r\\ 0\\ 0\end{bmatrix},\quad \boldsymbol{v}_s=\begin{bmatrix} \dot r\\ \dot r\dot\theta\cos\varphi\\ r\dot\phi\end{bmatrix}=\begin{bmatrix} \dot r\\ r\omega_{s3}\\ r\omega_{s2}\end{bmatrix}$$
$$\boldsymbol{a}_s=\begin{bmatrix} \ddot r-r(\omega_{s2}^2+\omega_{s3}^2)\\ r\dot\omega_{s3}+2\dot r\omega_{s3}-r\omega_{s2}\omega_{s3}\tan\varphi\\ r\dot\omega_{s2}+2\dot r\omega_{s2}+r\omega_{s3}^2\tan\varphi\end{bmatrix} \tag{3.120}$$

根据角速率 $\omega_{s2}=\dot\phi$ 和 $\omega_{s3}=\dot\theta\cos\phi$ 的定义，其中下标 s 表示坐标系 $\mathbb{S}$，而 2 和 3 分别表示$Y(-\phi)$和 $\boldsymbol{Z}(\theta)$。证明角动量 $\boldsymbol{h}$ 和其大小 $h=|\boldsymbol{h}|$ 满足

$$\begin{aligned}\boldsymbol{h}&=\boldsymbol{r}\times\boldsymbol{v}=-r^2\omega_{s2}\boldsymbol{s}_2+r^2\omega_{s3}\boldsymbol{s}_3\\ h&=|\boldsymbol{r}\times\boldsymbol{v}|=r^2\sqrt{\omega_{s2}^2+\omega_{s3}^2}\end{aligned} \tag{3.121}$$

且 h 为常值。

由定义 $\boldsymbol{a}_s=\boldsymbol{g}_s(r)$ 可得受摄坐标方程，其中 $\boldsymbol{g}_s(r)=[-\mu/r^2,0,0]$ 是重力加速度矢量。

$$\begin{cases}\ddot r=r(\omega_{s2}^2+\omega_{s3}^2)-\dfrac{\mu}{r^2}\\ r\dot\omega_{s3}=-2\dot r\omega_{s3}+r\omega_{s2}\omega_{s3}\tan\phi\\ r\dot\omega_{s2}=-2\dot r\omega_{s2}-r\omega_{s3}^2\tan\phi\end{cases} \tag{3.122}$$

注意，式（3.122）不依赖于 θ，因此在拉格朗日方程中 θ 是一个可忽略的周期变量（参见练习 13）。换句话说，θ 仅仅是$\dot\theta$ 的积分。

练习 13：

使用拉格朗日方程式（3.82）和用 $\{r,\theta,\varphi,\dot r,\dot\theta,\dot\phi\}$ 代替 $\{\boldsymbol{r},\dot{\boldsymbol{r}}\}$，证明：式（3.122）。证明对于 $|\phi|<\pi/2$，式（3.122）中的第二个式子对应于常值运动：

$$H=r^2\dot{\theta}\cos^2\phi=r^2\omega_{s3}\cos\phi \tag{3.123}$$

等效于证明 θ 是周期的。

练习 14：

根据式（3.120）和（3.121），证明：根据 3.3.4 节的定义，摄动轨道坐标系 $\mathcal{S}=\{P,\boldsymbol{s}_1=\boldsymbol{r}/r,\boldsymbol{s}_2,\boldsymbol{s}_3\}$ 并不是摄动轨道 Hill 坐标系。根据 $\mathcal{S}$ 的轴系计算 Hill 坐标系 $\mathcal{H}=\{P,\boldsymbol{h}_1=\boldsymbol{r}/r,\boldsymbol{h}_2,\boldsymbol{h}_3=(\boldsymbol{r}\times\boldsymbol{v})/h\}$。

练习 15：

证明： $\boldsymbol{h}\cdot\dot{\boldsymbol{v}}=0$。

练习 16：

证明： 从近焦点坐标系到摄动轨道引起的状态方程（θ 明确出现）的旋转矩阵为 $Y(-\phi)\boldsymbol{Z}(\theta)$。

很容易证明，式（3.117）是式（3.122）的参考稳定轨迹，参见 13.3.1 节。从式（3.117）的参考轨迹可以定义球坐标的标准化扰动向量（长度单位）$\{r,\theta,\phi\}$（矢径、方位角、仰角）和其变化率 $\{\dot{r},\omega_{s3}=\dot{\theta}\cos\phi,\omega_{s2}=\dot{\phi}\}$。

$$\delta\boldsymbol{x}(t)=\begin{bmatrix}\delta r=r-a\\ \delta v_r=\dot{r}/\omega_0\\ \delta y=a(\theta-(\theta_0+\omega_0 t))\\ \delta v_y=a\delta\omega_{s3}/\omega_0=a(\omega_{s3}/\omega_o-1)\\ \hdashline \delta z=-a\phi\\ \delta v_z=a\omega_{s2}/\omega_0\end{bmatrix} \tag{3.124}$$

其中，虚线分隔平面内变量 $\{\delta r,\delta v_r,\delta y,\delta v_y\}$ 和平面外变量 $\{\delta z,\delta v_z\}$。式（3.122）在式（3.117）附近的一阶展开是一个线性时不变的状态方程，它是众所周知的 hille-clohessye-wiltshire（HCW）方程的**归一化形式**[5]，将在 5.5 节中再次推导。

$$\delta\dot{\boldsymbol{x}}(t)=\omega_0\begin{bmatrix}0&1&0&0&0&0\\3&0&0&2&0&0\\0&0&0&1&0&0\\0&-2&0&0&0&0\\0&0&0&0&0&1\\0&0&0&0&-1&0\end{bmatrix}\delta\boldsymbol{x}(t)+o(|\delta\boldsymbol{x}(t)|^2),\quad \delta\boldsymbol{x}(0)=\delta\boldsymbol{x}_0 \tag{3.125}$$

其中，$o(|\delta\boldsymbol{x}(t)|^2)$ 表示高阶残差，虚线指出了平面内和平面外状态变量之间的解耦。

HCW 方程的性质如下。

（1）轨道平面摄动 ϕ，又称为交叉轨迹摄动，其正比于 $\delta z=a\phi$，与矢径 r 和真近点角 θ 解耦，自由响应如下。

$$\delta z(t)+\mathrm{j}\delta v_z(t)=\mathrm{e}^{-\mathrm{j}\omega_o t}(\delta z_0+\mathrm{j}\delta v_{z0}) \tag{3.126}$$

（2）径向扰动 δr 和 $\delta y=a\delta\theta$ 是耦合的，自由响应的纵向扰动 $\delta y=a(\theta-(\theta_0+\omega_0 t))$ 则是无界的。

$$\begin{bmatrix} \delta r \\ \delta v_r \\ \delta y \\ \delta v_y \end{bmatrix}(t)=\begin{bmatrix} 4-3c & s & 0 & 2(1-c) \\ 3s & c & 0 & 2s \\ 6(s-\omega_0 t) & -2(1-c) & 1 & 4s-3\omega_o t \\ -6(1-c) & -2s & 0 & -3+4c \end{bmatrix}\begin{bmatrix} \delta r_0 \\ \delta v_{r0} \\ \delta y_0 \\ \delta v_{y0} \end{bmatrix} \tag{3.127}$$

其中，$s=\sin(\omega_0 t)$，$c=\cos(\omega_0 t)$。注意，θ 的循环特性使径向状态变量$\{\delta r,\delta v_r\}$的自由响应与 δz 无关。

(3) 6 个特征值$\{0,0,\pm \mathrm{j}\omega_0,\pm \mathrm{j}\omega_0\}$位于虚轴上，并且由于式（3.125）是围绕式（3.122）参考轨迹的一个摄动方程，因此无法推断非线性方程（3.122）围绕平衡点［式（3.117）］的稳定性。稳定性必须借助适当的李雅普诺夫函数来研究，如13.3.4 节李雅普诺夫直接方法所建议的那样。

式（3.125）~式（3.127）是由外部扰动加速度驱动的，将在 5.5.1 节中再次推导。在那里，标准化的 HCW 方程将描述一个点质量 P_2（这里是 P）相对于主点质量 P_1在圆形轨道上运行的摄动轨道。

文献［10］研究了式（3.122）的稳定性，这需要消去式（3.122）中的一个自由度。通过$\dot{\vartheta}^2=\dot{\theta}^2\cos^2\phi+\dot{\phi}^2$ 定义新角速度$\dot{\vartheta}$将式（3.122）简化为

$$\begin{aligned} \ddot{r}(t)&=r\dot{\vartheta}-\mu/r^2 \\ r\ddot{\vartheta}&=-2\dot{r}\dot{\vartheta} \end{aligned} \tag{3.128}$$

其中，第二个方程对应角动量的不变性，也就是 $r^2\dot{\vartheta}=h_0$。式（3.128）不依赖于循环变量 ϑ。如果 r 是常数，即 $r=a$，那么可以得到式（3.118）的圆形轨道。研究了扰动的轨道半径 $r=a+\delta r$ 和角动量保持常数条件下的稳定性。这个选择对应于通过 $\underline{r}=a,\underline{\dot{\vartheta}}=\omega_o=h_0/a^2$ 定义参考轨道，并重写式（3.125）中摄动方程为

$$\begin{aligned} \delta\dot{r}(t)&=\delta\dot{v} \\ \delta\dot{v}(t)&=h_0^2/(a+\delta r)^3-\mu/(a+\delta r)^2 \end{aligned} \tag{3.129}$$

其中，摄动的状态向量用 $\delta\boldsymbol{x}=[\delta r,\delta v]$ 给出，平衡点是 $\delta\underline{\boldsymbol{x}}=[\delta\underline{r},\delta\underline{v}]=0$。将式（3.129）的稳定性称为径向/轨道稳定性，并通过寻找合适的李雅普诺夫函数来证明。

李雅普诺夫函数，形式为[10]

$$V(\delta\boldsymbol{x})=\frac{1}{2}\delta v^2+\frac{h_0^2}{2}\left(\frac{1}{(a+\delta r)^2}-\frac{1}{a^2}\right)-\mu\left(\frac{1}{a+\delta r}-\frac{1}{a}\right)=\frac{1}{2}\delta v^2+V(\delta r,0) \tag{3.130}$$

对于任意 δx，满足 $V(0)=0$ 且 $\dot{V}(\delta\boldsymbol{x})=0$。

练习 17：

证明：对于任何 $\delta\boldsymbol{x}$，有 $\dot{V}(\delta\boldsymbol{x})=0$。

为了证明 $V(\delta\boldsymbol{x})$是平衡点 $\delta\underline{\boldsymbol{x}}=0$ 附近的李雅普诺夫函数，我们将 $V(\delta r,0)$展开到二阶项的幂级数，并要求

$$\begin{aligned} \left.\frac{\partial V(\delta r,0)}{\partial \delta r}\right|_{r=a}&=-\frac{1}{a^2}\left(\frac{h_0^2}{a}-\mu\right)=-\frac{1}{a^2}(a^3\omega_o^2-\mu)=0 \\ \left.\frac{\partial^2 V(\delta r,0)}{\partial \delta r^2}\right|_{r=a}&=\frac{1}{a^3}\left(\frac{3h_0^2}{a}-2\mu\right)=\frac{\mu}{a^3}=\omega_o^2>0 \end{aligned} \tag{3.131}$$

式（3.131）中的条件证明了对于径向扰动，圆轨道在李雅普诺夫意义下是稳定的。与此相反，沿圆形轨道的点质量运动在是李雅普诺夫意义下不稳定的，因为相对式（3.118）中的$\delta\vartheta(t)=\vartheta(t)-\underline{\vartheta}(t)$，$\underline{\vartheta}(t)=\vartheta_0+\omega_0 t$摄动发散。实际上$\delta\vartheta(t)$是有界的，且$|\delta\vartheta|\leqslant\pi$，因此圆形轨道在径向和角速率存在扰动时，在拉格朗日意义下[1]是稳定的。

参考文献

[1] A. Bacciotti, L. Rosier. Liapunov Functions and Stability in Control Theory, second ed., Springer-Verlag, Berlin, 2005.

[2] R.H. Battin. An Introduction to Mathematics and Methods of Astrodynamics, AIAA Education Series, AIAA, New York, 1987.

[3] O. Baur, E.W. Grafarend. Orbital rotations of a satellite. Case study: GOCE, Artificial Satellites 40 (2) (2005) 87–107.

[4] E. Canuto. Drag-free and attitude control for the GOCE satellite, Automatica 44 (7) (2008) 1766–1780.

[5] E. Canuto, A. Molano-Jimenez, C. Perez-Montenegro, L. Massotti. Long-distance, drag-free, low-thrust, LEO formation control for gravity monitoring, Acta Astronautica 69 (7–8) (2011) 571–582.

[6] A.H.J. De Ruiter, C.J. Damaren, J.R. Forbes. Spacecraft Dynamics and Control. An Introduction, J. Wiley & Sons, Ltd, Chichester, UK, 2013.

[7] J.A. Dunne, E. Burgess. Mariner Venus-Mercury mission, in: The Voyage of Mariner 10. Mission to Venus and Mercury, National Aeronautics and Space Administration. Scientific and Technical Information Office, Washington, DC, 2004. SP-424.

[8] M. Fehringer, G. André, D. Lamarre, D. Maeusli. A jewel in ESA's crown. GOCE and its gravity measurement system, ESA Bulletin (133) (February 2008) 15–23.

[9] R. Kahle, S. D'Amico. The TerraSAR-X precise orbit control – concept and flight results, in: Int. Symp. on Space Flight Dynamics (ISSFD), Laurel, MD, USA, May 5–9, 2014.

[10] H. Leipholz. Stability Theory. An Introduction to the Stability of Dynamic Systems and Rigid Bodies, second ed., Springer Verlag, 1987.

[11] F.L. Markley, J.L. Crassidis. Fundamentals of Spacecraft Attitude Determination and Control, Springer Science, New York, 2014.

[12] O. Montenbruck, E. Gill. Satellite Orbits: Models, Methods, Applications, Springer-Verlag, Berlin, 2000.

[13] M.J. Nadoushan, N. Assadian. Repeat ground track orbit design with desired revisit time and optimal tilt, Aerospace Science and Technology 40 (2015) 200–208.

[14] H. Schaub, J.L. Junkins. Analytical mechanics of space systems, in: second ed.AIAA Education Series, AIAA, Reston, VA, 2009.

[15] C. Steiger, A. Da Costa, P.P. Emanuelli, M. Fehringer, R. Floberhagen. Evolution of flight operations for ESA's gravity mission GOCE, in: Proc. 12th Int. Conf. on Space Operations, Stockholm, Sweden, Paper 1262715, June 11–15, 2012.

[16] K.F. Wakker. Fundamentals of Astrodynamics, Institutional Repository Library, Delft University of Technology, Delft, the Netherlands, 2015.

第 4 章　环境因素：摄动力与摄动力矩

4.1　目　　标

本章旨在分析环境因素对航天器产生的摄动。为简明起见，将力和力矩一同讨论。摄动可由两种相互作用导致：

(1) 航天器的物理特性（质量、电偶极子）与空间环境场（地球重力异常，第三体的引力作用和地球磁场）之间的作用，产生的摄动可以称为本体力或者本体力矩。

(2) 空间辐射和粒子流作用在航天器表面产生的摄动，可以被称为表面力或表面力矩。

另外，航天器的内部可能存在力和力矩，因此不能将航天器视为一个质点或刚体。第 9 章中进行轨道和姿态控制时执行器所产生的内部力和力矩是很重要的。

航天器受到的本体力及表面力与航天器（S/C）所处的轨道以及地球自身的运动相关。这些本体力及表面力在时域上具有以轨道周期为基本周期的特性。一般来说，由于环境因素的复杂性和不可预测性，很难得到精确的控制模型。因此，区分 4.2~4.7 节中以仿真为目的的精细模型和 4.8 节中的嵌入式模型是非常重要的内容。嵌入式控制模型本质上是低阶的宽频随机模型（其阶数必须根据实验或仿真的功率谱来设计）。基于此，嵌入式控制模型采用已校准的多项式和三角函数序列来表征低频噪声。

更详细的分类讨论如下。

(1) 除球形、单极（monopole）类可被假设为点质量的天体之外，地球和其他任意天体都存在引力势异常。地球的质量分布不均匀导致的引力摄动，会对航天器产生很大的扰动。异常主要由通常称为 J_2 项（详见 3.5.2 节）的地球（或天体）表面不平整和中心场假设得出的引力加速度发生偏离导致。来自太阳、月亮和行星之类的其他天体对航天器的影响，被称为三体作用力。在三体作用力下，航天器会偏离仅在两体作用下的运行轨道。作用在各微元质量上的引力加速度矢量之间的差（引力梯度）会在航天器质心（CoM）附近产生力矩，使得圆柱体型航天器的轴与空间引力方向对齐。

(2) 太阳、地球和航天器本体自身产生的电磁辐射所导致的力及力矩由航天器表面朝向与空间电磁场特性决定。本质上，光子与航天器表面发生的是动量的传递。电磁辐射压主要由太阳产生。当合力矢量不通过质心，即航天器压心（CoP）和质心不重合时，就会产生作用力矩。

(3) 大气阻力会根据航天器的指向及热特性产生对应的力和力矩，类似于辐射压力，大气电中性分子与航天器表面存在动量转换。简单来说，对于航天器而言最重要的是，大气微粒会进入航天器内部，与航天器本体相互作用，最后随机地从航天器内部逸出。若粒子逸出时携带的动量忽略不计，则大气粒子的总动量均会被转移到航天器上，大气阻力的作用方向与航天器速度的方向是相反的。阻力大小取决于大气的密度大小，而大气密度会随着航天器在轨道的不同位置、太阳和地球活动的变化而发生改变。因此，获得精确的大气模型对火箭的发射、低轨卫星的控制及重启都具有重要的意义。本节主要对低轨卫星及其对应的大气层（*热大气层*）进行研究分析，考虑到其重要性，后文会给出一些大气密度模型的细节。

（4）磁力矩是由天体磁场和航天器剩余磁性之间的相互作用产生的。航天器的剩余磁性是由卫星星载电子器件的电流产生的。

（5）航天器内部力矩只会由活动部件产生，如太阳能电池板、大型反射天线和液体的晃动。对于这些力矩，和其他教材中相同，采用不详细考虑特殊物理效应的统一模型进行计算。内部转矩可通过增加动质量方程将航天器刚体状态空间方程转换为多体动力学进行计算。7.4.6 节概述了该模型，可通过两种方法之一对多体动力学的扩展进行分析解释：寄生动力学，不将其作为嵌入式模型的一部分；或者将扰动当成嵌入式模型的一部分。另外，给出了一些简单的数值计算例子。

为了得到描述航天器运动的状态方程（第 3 章和第 5 章中轨道运动的内容，第 6 章和第 7 章中姿态控制的内容），必须将上述环境力/扭矩归为（输入）干扰。因此，必须将它们与第 9 章中要处理的*控制*（*或驱动*）*力和转矩*区分开。注意，（*输入*）*摄动*中可能同时包括了扰动和控制，就像第 5 章中受扰动的轨道一样。通常，这类摄动在动力学系统中的自由响应引起的干扰非常微弱。4.8 节介绍可应用于所有干扰类别（也适用于内部扭矩）的通用模型。建立该模型的目的是使干扰成为嵌入式模型的一部分，以提供实时的干扰估计和预测。控制律对于干扰的预测能大大减少航天器受到的干扰。干扰估计会对航天器的运行环境进行监测。干扰信号通常分为两个主要部分：*已知部分*和*未知部分*。已知部分是卫星运动状态（位置、姿态和速度）和已知参数的显函数。不确定性和不可预测性则是与已知分量相伴的未知分量，这些未知分量是由白噪声向量驱动的离散时间随机信号。结果信号可以展开为分段多项式和三角函数，它们由任意且有界的信号（离散白噪声）驱动，以无法预测的方式改变其幅度和相位。动力学模型的阶次和结构是根据实验和仿真结果的统计平均值（如频谱密度）进行设计和调整的，后面章节会提供此方法在空气动力扰动中的应用。

4.2 引力和引力矩

4.2.1 引力位球谐函数

以 P_0为中心的大物体（如行星），μ 为引力常数，其在 P 点产生的引力加速度可表示为

$$\boldsymbol{g}(\boldsymbol{r})=-\frac{\mu}{r^2}\frac{\boldsymbol{r}}{r},\ \boldsymbol{r}=\overrightarrow{P_0P},\ r=|\boldsymbol{r}| \tag{4.1}$$

如果采用中心力场假设，将大质量物体的质量集中在点 P_0处，式（4.1）是成立的。当大质量物体在空间中的半径为 r_0时，即 $r>r_0$，其中 r 和 r_0 的量级相同，则必须通

过起点在质心 P_0 处的位置矢量 $\boldsymbol{s}$ 来计算。由于重力属于保守力引力场，可通过距离 $|\boldsymbol{r}-\boldsymbol{s}|$ 的负引力位函数 V 的梯度描述 P 点的加速度，V 通过下式定义。

$$V=-G\iiint_B \frac{\mathrm{d}m}{|\boldsymbol{r}-\boldsymbol{s}|}=-G\iiint_B \frac{\rho(\boldsymbol{s})\mathrm{d}^3\boldsymbol{s}}{|\boldsymbol{r}-\boldsymbol{s}|} \tag{4.2}$$

式中：$\mathrm{d}m=\rho(\boldsymbol{s})\mathrm{d}^3\boldsymbol{s}$ 为质量微元；$\boldsymbol{r}-\boldsymbol{s}$ 为 P 的相对位置（图 4.1）；G 为万有引力常数；B 为航天器体积的大小。3.2 节的符号及假设适用于本处。

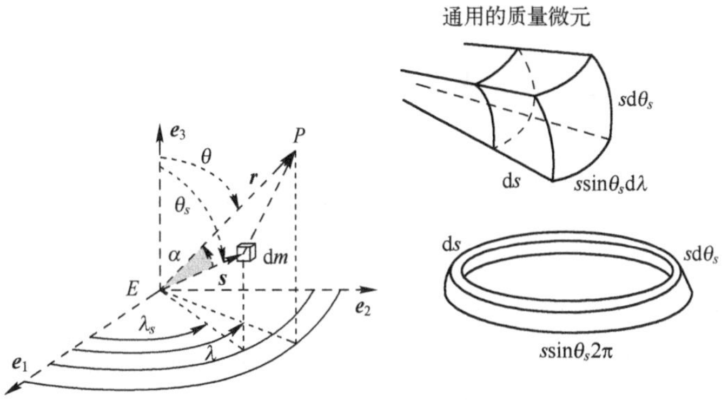

图 4.1　不同质量几何形状的引力特性

假定这个大体积物体是地球，这意味着 $P_0=E$，并且我们分别用极坐标 (r,λ,θ) 和 (s,λ,θ) 表示矢量 P 及 $\boldsymbol{s}$，其中 θ 和 θ_S 表示余纬度。原本在以地球为中心的地固坐标系中采用笛卡儿坐标 $\mathscr{E}=\{E,\boldsymbol{e}_1,\boldsymbol{e}_2,\boldsymbol{e}_3\}$ 表示的 $\boldsymbol{r}$ 和 $\boldsymbol{s}$ 可表示为

$$\boldsymbol{r}=\begin{bmatrix} r_1 \\ r_2 \\ r_3 \end{bmatrix}=r\begin{bmatrix} \sin\theta\cos\lambda \\ \sin\theta\sin\lambda \\ \cos\theta \end{bmatrix},\quad \boldsymbol{s}=s\begin{bmatrix} \sin\boldsymbol{\theta}_s\cos\boldsymbol{\lambda}_s \\ \sin\boldsymbol{\theta}_s\sin\boldsymbol{\lambda}_s \\ \cos\boldsymbol{\theta}_s \end{bmatrix} \tag{4.3}$$

等式（4.3）中的坐标使得式（4.2）中的质量微元 $\mathrm{d}m$ 可表示为

$$\mathrm{d}m=\rho(\boldsymbol{s})\mathrm{d}^3\boldsymbol{s}=\rho(s,\lambda_s,\theta_s)s^2\sin\theta_s\mathrm{d}s\mathrm{d}\lambda_s\mathrm{d}\theta_s \tag{4.4}$$

当 $r>s=|\boldsymbol{s}|$ 时，即点 P（如航天器的质心）在较大的物体之外，式（4.2）可以扩展为以下勒让德多项式（或球谐函数）。

$$\frac{1}{|\boldsymbol{r}-\boldsymbol{s}|}=\frac{1}{r\sqrt{1+\dfrac{s^2}{r^2}-2\dfrac{s}{r}\cos\alpha}}=\frac{1}{r}\sum_{k=0}^{\infty}\left(\frac{s}{r}\right)^k P_k(\cos\alpha)$$

$$\cos\alpha=\frac{\boldsymbol{r}\cdot\boldsymbol{s}}{rs}=\cos\theta\cos\theta_s+\sin\theta\sin\theta_s\cos(\lambda-\lambda_s) \tag{4.5}$$

它是向量 $\boldsymbol{s}$ 和 $\boldsymbol{r}$ 之间的角度 α 的函数（图 4.1）。函数 $P_k(x)$ 可根据罗德里格斯法求得：

$$P_k(x)=\frac{1}{2^k k!}\frac{\mathrm{d}^k(x^2-1)^k}{\mathrm{d}x^k} \tag{4.6}$$

低阶勒让德多项式为

$$P_0(\cos\alpha)=1, P_1(\cos\alpha)=\cos\alpha, P_2(\cos\alpha)=\frac{1}{2}(3\cos^2\alpha-1)$$
$$P_3(\cos\alpha)=\frac{1}{2}(5\cos^3\alpha-3\cos\alpha), P_4(\cos\alpha)=\frac{1}{8}(35\cos^4\alpha-30\cos^2\alpha+3),\cdots \tag{4.7}$$

关于勒让德多项式的一个定理可使 $P_k(\cos\alpha)$ 重新表示为

$$P_k(\cos\alpha)=P_k(\cos\theta)P_k(\cos\theta_s)+Q_k(\theta,\theta_s,\lambda-\lambda_s) \tag{4.8}$$

式中：Q_k为其他勒让德函数的序列（有关详细信息，请参见文献［18，21，33］）。将式（4.8）和式（4.5）代入式（4.2），在假设地球为球形的条件下 $0\leqslant s\leqslant s_{\max}=R_e$，对式（4.2）进行整合。$R_e$为赤道半径且 $\mu=\mu_e$，得到引力位函数 V 的球形谐波展开式为

$$V=-\frac{\mu}{R_e}\left(\frac{R_e}{r}-\sum_{n=1}^{\infty}J_n\left(\frac{R_e}{r}\right)^{n+1}P_n\left(\frac{r_3}{r}\right)\right)+Q(\theta,\lambda)$$
$$\cos\theta=\sin\phi=r_3/r \tag{4.9}$$

其中，级数可以描述地球带状质量分布的不规则性，仅取决于纬度 $\phi=\pi/2-\theta$，而 Q 表示地球的扇形和田形异常，这类异常的特性取决于经度 λ。呈圆带状不规则的物体被称为扁椭球，以 $\boldsymbol{e}_3$ 为中心极轴划分圆环状质量微元。实际的行星远不是扁椭球，地球的扁圆不对称性也非常明显。基于此，地球的质量微元写为

$$\mathrm{d}m=\rho(\boldsymbol{s})\mathrm{d}^3\boldsymbol{s}=\rho(s,\theta_s)2\pi s^2\sin\theta_s\mathrm{d}s\mathrm{d}\theta_s \tag{4.10}$$

地球的带形谐波系数，$J_n, n=0,1,2,\cdots$，地球质量表示为 m_e，谐波系数写为

$$J_n=-\frac{2\pi}{m_e}\iint_B\rho(s,\theta_s)\left(\frac{s}{R_e}\right)^n s^2\sin\theta\mathrm{d}s\mathrm{d}\theta \tag{4.11}$$

（1）0 阶的地球非球形摄动，对应于球形或单极矩的质点引力位函数，即等式（4.9）中的第一项。

$$J_0=-\frac{2\pi}{m_e}\iint_B\rho(s,\theta_s)s^2\sin\theta\mathrm{d}s\mathrm{d}\theta=-1 \tag{4.12}$$

（2）一阶地球非球形摄动，首先定义了地球质心的垂直坐标，通过选择地固坐标系的原点，可将系数设置为零。

$$J_1=-\frac{2\pi}{m_e}\iint_B\rho(s,\theta_s)\frac{s}{R_e}s^2\sin\theta\mathrm{d}s\mathrm{d}\theta=0 \tag{4.13}$$

（3）二阶地球非球形摄动式 $J_2=1.083\times10^{-3}$，该值描述了两极的平坦程度（四极矩）。

（4）三阶地球非球形摄动式 $J_3=-2.533\times10^{-6}$，该值是指地球质量相对于赤道的垂直不对称性的梨形分布。

（5）四阶和五阶地球非球形摄动式分别为 $J_4=-1.620\times10^{-6}$和 $J_5=-2.273\times10^{-7}$。

4.2.2 J_2摄动项

由于 $n\leqslant2$ 和地球形状的不规则性，式（4.9）中的引力势函数可简化为

$$V=V_{00}(r)+V_{20}(r,r_3)=-\frac{\mu}{r}\left(1+\gamma_2(r)\left(\frac{1}{3}-\left(\frac{r_3}{r}\right)^2\right)\right),\gamma_2(r)=\frac{3J_2}{2}\left(\frac{R_e}{r}\right)^2>0 \tag{4.14}$$

在赤道处由于地球凸起而致的引力势为 $V_{20}(r,r_3=0)/V_{00}(r)>0$，而在两极处的引力势对应于 $V_{20}(r,r_3\cong r)/V_{00}(r)<0$。在地球中心地球固连坐标系下，引力加速度矢量与势函数的空间梯度矢量相等，即

$$\begin{aligned}\boldsymbol{g}&=-\nabla^{\mathrm{T}}V(\boldsymbol{r})=\boldsymbol{g}_0+\boldsymbol{g}_2\\\boldsymbol{g}_0&=-\nabla^{\mathrm{T}}V_{00}(\boldsymbol{r})=-\frac{\mu}{r^2}\frac{\boldsymbol{r}}{r}\\\boldsymbol{g}_2&=-\nabla^{\mathrm{T}}V_{20}(\boldsymbol{r})=-\gamma_2(r)\frac{\mu}{r^2}\left(\left(1-5\left(\frac{r_3}{r}\right)^2\right)\frac{\boldsymbol{r}}{r}+2\frac{r_3}{r}\boldsymbol{e}_3\right)\end{aligned}\tag{4.15}$$

其中，∇^{T} 将梯度坐标转换为列向量，$\boldsymbol{e}_3=[0,0,1]$。

等式（4.15）表明，$\boldsymbol{g}$ 值受地球扁率的影响，其沿极轴的垂直分量 $\boldsymbol{g}_{23}=-\gamma_2(R_e/r)2\mu r^{-3}r_3\boldsymbol{e}_3$ 使得轨道偏离中心，从而增加了使轨道偏离开普勒轨道的扰动因素。垂直分量在$r_3=0$ 处的赤道处为零，在极点 $r_3=\pm R_e$ 处的值最大。在地球低纬度地区 $R_e/r\cong 1$ 处，$\boldsymbol{g}_2$的大小可能达到球面引力的 0.3%，对于质量为 1000kg 的卫星，则意味着会受到大约 30N 的 $\boldsymbol{g}_2$项的力。此外，$\boldsymbol{g}_2$仅取决于极坐标 r_3，而极坐标 r_3不会因坐标转换而改变，即 $\boldsymbol{g}$ 在地球中心地球固连坐标系和地球中心惯性坐标系中是相同的向量。

通过当地水平当地垂直坐标系到惯性坐标系的转换矩阵 $\boldsymbol{R}_l^i$ 的逆矩阵 $\boldsymbol{R}_i^l$，即可完成到当地水平垂直坐标系$\mathcal{L}=\{P,\boldsymbol{l}_1,\boldsymbol{l}_2,\boldsymbol{l}_3,\}$的转换，表达式为

$$\boldsymbol{R}_l^i=[\mathbf{1}_1\quad\mathbf{1}_2\quad\mathbf{1}_3]=Z(\Omega)X(i)Z(u)\begin{bmatrix}0&0&1\\1&0&0\\0&1&0\end{bmatrix}=\begin{bmatrix}c_\Omega&-s_\Omega c_i&s_\Omega s_i\\s_\Omega&c_\Omega c_i&-c_\Omega s_i\\0&s_i&c_i\end{bmatrix}\begin{bmatrix}-s_u&0&c_u\\c_u&0&s_u\\0&1&0\end{bmatrix}\tag{4.16}$$

其中，$\mu=\omega+\theta$。在当地水平当地垂直坐标系下能定义 r_l及在惯性坐标系下的 r_3/r 的表达式为

$$\begin{aligned}\boldsymbol{r}_l/r&=\boldsymbol{R}_i^l\boldsymbol{r}/r=\begin{bmatrix}0\\0\\1\end{bmatrix}\\r_3/r&=\boldsymbol{i}_3\cdot\boldsymbol{l}_3=[0\quad 0\quad 1]\boldsymbol{R}_l^i\begin{bmatrix}0\\0\\1\end{bmatrix}=s_is_u\end{aligned}\tag{4.17}$$

其中，$\boldsymbol{e}_3$ 为第三惯性轴。$r_3\boldsymbol{i}_3/r=s_1s_u\boldsymbol{i}_3$ 左乘 $\boldsymbol{R}_i^l$ 得出在当地水平当地垂直坐标系中的表达式为

$$\boldsymbol{e}_l=\boldsymbol{R}_i^l\boldsymbol{i}_3s_1s_u=\boldsymbol{R}_i^l\begin{bmatrix}0\\0\\s_1s_u\end{bmatrix}=\begin{bmatrix}s_ic_u\\c_i\\s_is_u\end{bmatrix}s_is_u\tag{4.18}$$

在式（4.15）中用r_l替换r，e_l 替换$(r_3/r)e_3$，可得出在当地水平当地垂直坐标系中的引力加速度向量，即

$$\boldsymbol{g}_l=\boldsymbol{g}_l+\boldsymbol{g}_l=-\frac{\mu}{r^2}\left(\frac{\boldsymbol{r}_l}{r}+\gamma_2(1-5(s_is_u)^2)\frac{\boldsymbol{r}_1}{r}+2\gamma_2\boldsymbol{e}_l\right)\tag{4.19}$$

化简当地水平当地垂直坐标系分量得

$$\boldsymbol{g}_l=\boldsymbol{g}_{l0}+\overline{\boldsymbol{g}}_{l2}+\boldsymbol{g}_{l2}(u)=-\frac{\mu}{r^2}\left(\begin{bmatrix}0\\0\\1\end{bmatrix}+\gamma_2\begin{bmatrix}0\\0\\(2-3\sin^2 i)/2\end{bmatrix}+\gamma_2\begin{bmatrix}\sin^2 i\sin(2u)\\\sin(2i)\sin u\\3\sin^2 i\cos(2u)/2\end{bmatrix}\right) \quad (4.20)$$

假设航天器运行轨道是圆轨道，并且 $r=a$。J_2项中式（4.20）的 $\boldsymbol{g}_{l2}$部分可以分为常数分量 $\overline{\boldsymbol{g}}_{l2}$和关于辐角 u 的短周期分量 $\boldsymbol{g}_{l2}(u)$。实际上，由于在轨道上的扰动因素会影响半长轴 a 和倾角 i（请参阅第 5 章），因此常数项应视为可变的。与轨道周期相比变化率较慢，被称为长期变化。地球的扁率通过变化范围为 $1-2\gamma_2$（极轨道，$i=\pm\pi/2$）到 $1+\gamma_2$（赤道轨道，$i=0$）影响径向加速度的幅值 μ/r^2。由于地球在赤道处存在质量凸起，重力加速度在赤道处增大。由于地球是扁椭球，因此在赤道轨道不存在周期性分量。可以利用这些在地心轨道特殊的效应。当航天器位于远离赤道的轨道时，那么虽然存在周期性，但会产生水平和正交两个方向的加速度分量。通过旋转如 3.5.2 节所述的节点线，以跟踪太阳矢量。当航天器运行轨道是非圆轨道，则分解为等式（4.20），还应包括 $1/r^2$ 的周期分量。在 3.3.3 节中，式（3.24）的一阶表达式近似于 $r^{-2}\cong a^{-2}(1+2e\cos\theta)$，与式（4.20）中的 γ_2 常值和短周期分量相比较，γ_2 量级的偏心率带来的影响不应被忽略。

4.2.3 高阶引力异常

为完整起见，下文展示了阶次 $n=3,4,5$ 时的引力摄动加速度。在地球中心惯性坐标系或地球中心地球固连坐标系中，三阶的地球非均匀质量分布引力梯度可以分解为径向和极轴项，如等式（4.15）所示。

$$\begin{aligned}\boldsymbol{g}_3&=-\nabla^{\mathrm{T}}V_{30}(r,r_3)=-\nabla^{\mathrm{T}}\left(-V_{00}(r)\gamma_3(r)\frac{r_3}{r}\left(\frac{3}{5}-\left(\frac{r_3}{r}\right)^2\right)\right)\\&=-\gamma_3(r)\frac{\mu}{r^2}\begin{pmatrix}0\\-\left(3\frac{r_3}{r}-7\left(\frac{r_3}{r}\right)^3\right)\frac{\boldsymbol{r}}{r}+\frac{3}{5}\begin{bmatrix}0\\0\\1-5\left(\frac{r_3}{r}\right)^2\end{bmatrix}\end{pmatrix}\end{aligned} \quad (4.21)$$

$$\gamma_3(r)=-\frac{5J_3}{2}\left(\frac{R_e}{r}\right)^3>0$$

其中，$V_{00}(r)=-\mu/r$。$V_{30}(r_3/r)/V_{00}(r)$的不对称分布说明了地球的轻微梨形质量分布，1958 年春季发射仍在绕地球运行的美国卫星 Vanguard I 的离心率周期性变化也验证了这一点。从 $r_3/r=1$（北极）到 $r_3/r=-1$（南极），增大到 $r_3/r=\sqrt{3/5}$后，减小到赤道处 $r_3=0$，然后增加到 $r_3/r=-\sqrt{3/5}$，之后在到南极之间再一次减小。

考虑到四阶的引力摄动加速度可表示为

$$\boldsymbol{g}_4=\gamma_4(r)\frac{\mu}{r^2}\begin{bmatrix}\left(3-42\left(\frac{r_3}{r}\right)^2+63\left(\frac{r_3}{r}\right)^4\right)\frac{r_1}{r}\\\left(3-42\left(\frac{r_3}{r}\right)^2+63\left(\frac{r_3}{r}\right)^4\right)\frac{r_2}{r}\\\left(-15+70\left(\frac{r_3}{r}\right)^2-63\left(\frac{r_3}{r}\right)^4\right)\frac{r_3}{r}\end{bmatrix},\gamma_4(r)=-\frac{5J_4}{8}\left(\frac{R_e}{r}\right)^4>0 \quad (4.22)$$

考虑到五阶的摄动方程可表示为

$$g_5=\gamma_5(r)\frac{\mu}{r^2}\begin{bmatrix}3\left(35\frac{r_3}{r}-210\left(\frac{r_3}{r}\right)^3+231\left(\frac{r_3}{r}\right)^5\right)\frac{r_1}{r}\\3\left(35\frac{r_3}{r}-210\left(\frac{r_3}{r}\right)^3+231\left(\frac{r_3}{r}\right)^5\right)\frac{r_2}{r}\\\left(15-315\left(\frac{r_3}{r}\right)^2+945\left(\frac{r_3}{r}\right)^4-693\left(\frac{r_3}{r}\right)^6\right)\frac{r_3}{r}\end{bmatrix},\gamma_5(r)=-\frac{J_5}{8}\left(\frac{R_e}{r}\right)^5>0\quad(4.23)$$

把式（4.22）和式（4.23）分解为径向和极向分量的工作留给读者们。

4.2.4 沿极轨道的引力加速度谱

式（4.9）中引力势的完全展开，变成球形谐波[1,18,21,33]，这使得田形和扇形异常非常明显。

$$V(r,\phi,\lambda)=\frac{R_e}{r}\overline{C}_{00}-\frac{\mu}{R_e}\sum_{n=1}^{\infty}\sum_{m=0}^{n}\left(\frac{R_e}{r}\right)^{n+1}\overline{P}_{nm}(\sin\phi)(\overline{C}_{nm}\cos(m\lambda)+\overline{S}_{nm}\sin(m\lambda))$$

(4.24)

式中：$\{\phi,\lambda\}$为纬度和经度；$\overline{P}_{nm}(\sin\phi)$为 n 阶和 m 次的规范化勒让德函数，而$\{\overline{C}_{nm},\boldsymbol{S}_{nm}\}$为规范化的斯托克斯系数。如前所述，如果地球中心地球固连坐标位于地球的中心，则单极系数为 $\overline{C}_{00}=1$。偶极系数可以设置为零，即 $\overline{C}_{10}=\overline{C}_{11}=\overline{S}_{11}=0$。带状谐波对应于 $m=0$，田形谐波对应于 $0\leqslant n<m$，扇形谐波对应于 $n=m$。通过下式确保式（4.9）的恒成立：

$$\overline{C}_{n0}=-\frac{J_n}{\sqrt{2n+1}},\overline{S}_{n0}=0$$
$$\overline{P}_{n0}(\sin\phi)=\sqrt{2n+1}P_n(\sin\phi),n\geqslant 0\quad(4.25)$$

W. M Kaula 发现，地球斯托克斯系数$(\overline{C}_{nm},\overline{S}_{nm})$的极限大致符合以下所示的 Kaula 准则（参考［1］）：

$$\lim_{n\to\infty}\sqrt{\sum_{m=0}^{n}(\overline{C}_{nm}^2+\overline{S}_{nm}^2)}\cong\sqrt{2n}\frac{10^{-5}}{n^2}\quad(4.26)$$

考虑一个在圆形地球轨道上，在赤道上方高度为 h 的航天器，其半长轴 $a=R_e+h$。根据式（3.27）可得出平均轨道速度为

$$\omega_o=\frac{1}{a}\sqrt{\frac{\mu}{a}}=\frac{\nu_o}{a}\quad(4.27)$$

式中：ν_o 为航天器质心的速度大小，考虑沿圆轨道的 n 阶空间谐波，其波长为 $\lambda=2\pi a/n$。波长与轨道谐波的阶数相对应，其周期 T_n 和频率 f_n 由下式给出：

$$T_n=\frac{1}{f_n}=\frac{2\pi}{n\omega_o}\Rightarrow n=\frac{f_n}{f_0}\quad(4.28)$$

现在，通过假设 $r=a$，$h/R_e\ll 1$，以及 $n\gg 1$，把式（4.9）中的$(R_e/r)^{n+1}$展开为 h 的函数，代入式（4.28）可得出极限：

$$\lim_{n\to\infty}\left(\frac{R_e}{a}\right)^{n+1}\cong\frac{1}{1+n\dfrac{h}{a}}=\frac{1}{1+\dfrac{f_n}{f_o}\dfrac{h}{a}}=\frac{f_h}{f_n}\tag{4.29}$$

其中，$f_h=f_0a/h>f_0$ 是由轨道高度限制的截止频率，最后一个等号包含 $n\to\infty$ 和 $f_n\to\infty$ 隐含条件。现在计算式（4.24）中的 n 次谐波分量 $V_n(r=a,\phi,\lambda)$ 的 L_2 范数。

$$\begin{aligned}|V_n(a)|&=\frac{\mu}{R_e}\left(\frac{R_e}{a}\right)^{n+1}\times\sqrt{\int_{-\pi/2}^{\pi/2}\int_{-\pi}^{\pi}\left(\sum_{m=0}^{n}\bar{P}_{nm}(\sin\varphi)(\bar{C}_{nm}\cos(m\lambda)+\bar{S}_{nm}\sin(m\lambda))\right)^2\mathrm{d}\lambda\,\mathrm{d}\varphi}\\&=\frac{\mu}{R_e}\left(\frac{R_e}{a}\right)^{n+1}\sqrt{\sum_{m=0}^{n}(\bar{C}_{nm}^2+\bar{S}_{nm}^2)/2}\end{aligned}\tag{4.30}$$

之所以采用这种形式，是因为 $\bar{P}_{nm}$ 已标准化。借助式（4.26）和式（4.29），引力位的渐近线谱变为

$$\lim_{n\to\infty}|V_n(f_n)|\cong\frac{\mu10^{-5}}{R_e}\frac{f_hf_0}{f_n^2}\sqrt{\frac{f_0}{f_n}}\tag{4.31}$$

式（4.31）中的渐近谱可以转换为引力位的空间梯度，换句话说，可以转换为引力加速度 $g_n(f_n)=|\boldsymbol{g}_n(f_n)|[m/s^2]$。可以证明，通过使用等式 $f_h=f_0a/h$，引力加速度的高阶近似可以表述如下：

$$\lim_{n\to\infty}|\boldsymbol{g}_n(f_n)|\approx\frac{\mu10^{-5}}{R_ea}\frac{f_h}{f_0n\sqrt{n}}=\frac{\mu10^{-5}}{R_eh}\frac{f_o\sqrt{f_0}}{f_n\sqrt{f_n}},\quad n=\frac{f_n}{f_o}\tag{4.32}$$

式（4.32）是线状谱（离散频率），其大小的平方 $|\boldsymbol{g}_n(f_n)|^2$ 可解释为方差。将 $|\boldsymbol{g}_n(f_n)|^2$ 除以线频率间隔 $\Delta f_n\cong f_{n+1}-f_n=f_0$ 可将线状谱转换为功率谱密度（PSD）$S_g^2(f_n)=\dfrac{|\boldsymbol{g}_n(f_n)|^2}{\Delta f_n}$。在式（4.32）中，渐进衰减为 30dB/dec，可以证明 $\boldsymbol{g}(t)$ 分量的二阶随机模型的正确性。当嵌入式重力模型必须以轨道扰动的形式包含宽带重力加速度时[3]，$n\leqslant3$ 的低阶项可以明确地建模。在此，宽带频率对应于全球导航卫星系统接收机的最小奈奎斯特频率，也可以表述为 $f_{\max}=0.5\text{Hz}$。

练习 1：

对于一个在 $h=260\text{km}$ 处的近圆形轨道，如重力场和稳态海洋环流探测卫星（GOCE）。式（4.32）中的 $f_h\cong5\text{mHz}$ 且 $f_0\cong0.2\text{mHz}$，试计算与 GOCE 科学频带的上限 $f_1=0.1\text{Hz}$ 对应的阶数 n_1 和波长 λ_1。

4.2.5 第三体的摄动力

如图 4.2 所示，考虑等质量的点 $P_i,i=0,2,\cdots,n-1$，惯性位置和速度用矢量 $\boldsymbol{r}_j$ 及 $\boldsymbol{v}_j$ 表示。每个点质量的牛顿方程为

$$\dot{\boldsymbol{v}}_i=\sum_{j\neq i}^{n-1}\frac{Gm_j}{r_{ji}^3}(\boldsymbol{r}_j-\boldsymbol{r}_i),r_{ji}=|\boldsymbol{r}_j-\boldsymbol{r}_i|\tag{4.33}$$

我们关心 $P_0=E$（地球）周围的质点运动，特别考查 $P_1=C$ 的情况，该点的质量与

其他点质量相比可忽略（$m_1 \ll m_{i\neq 1}$）。P_0以外的点质量会扰乱两物体的相对位置 $\boldsymbol{r}=\boldsymbol{r}_1-\boldsymbol{r}_0$ 和速度 $\boldsymbol{v}=\boldsymbol{v}_1-\boldsymbol{v}_0$。考虑 P_0和 P_1的不同，扰动方程（4.33）变为

$$\begin{aligned}\dot{\boldsymbol{v}} &= -\frac{\mu}{r^2}\frac{\boldsymbol{r}}{r}+\frac{\boldsymbol{F}}{m_1}\\ \boldsymbol{F} &= m_1\sum_{j=2}^{n-1}\left(-\frac{Gm_j}{r_j^3}(\boldsymbol{r}_j-\boldsymbol{r}_0)+\frac{Gm_j}{r_{j1}^3}(\boldsymbol{r}_j-\boldsymbol{r}_0-\boldsymbol{r}_1)\right)\\ r_j &= r_{j0},\mu=\mu_0\end{aligned} \tag{4.34}$$

式（4.34）具有两体方程的相同形式，但受到 $n-2$ 个物体的干扰引力 $\boldsymbol{F}$。通过定义 n 体质心可以得出与两体情况下式（3.3）相同形式的公式，即

$$\boldsymbol{r}_c=\sum_{i=0}^{n-1}\frac{m_i}{m}\boldsymbol{r}_i, m=\sum_{i=0}^{n-1}m_i \tag{4.35}$$

可以选择它作为惯性系的自然原点 O。在太阳系环境中，太阳系的质心会因行星轨道偏心率而变化，并且距太阳质心点的距离为 1.2×10^6km，因此位于太阳的外部。当 $P_1=C$ 为绕地球轨道运行的卫星时，原点 O 变为地球的中心点 E 位置，假定该中心点以恒定速度平移。因此，在等式（4.34）中，可以设置 $\boldsymbol{r}_0=0$。

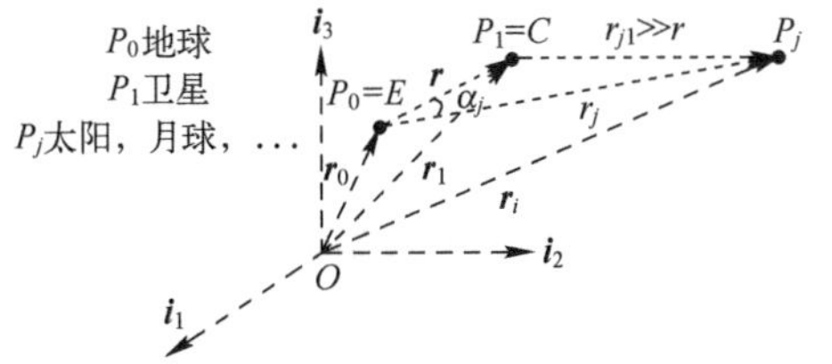

图 4.2　n 体运动的几何问题

当 $r_j \gg r$ 时，式（4.34）中的引力扰动可以简化，这是地心轨道卫星的常见情况。为此，重新得出式（4.34）中 $1/r_{j1}^3$ 的表达式，其中 r_{j1} 是其他物体到卫星的距离，形式为

$$\begin{aligned}&1/r_{j1}^3=r_j^{-3}(1+(r/r_j)^2-2(r/r_j)\cos\alpha_j)^{-3/2}\\ &r_j r\cos\alpha_j=(\boldsymbol{r}_j-\boldsymbol{r}_0)\cdot\boldsymbol{r}\end{aligned} \tag{4.36}$$

然后在式（4.36）的第一行中进行级数展开，得到一阶项：

$$\frac{1}{r_{j1}^3}\cong\frac{1}{r_j^3}\left(1+3\frac{r}{r_j}\cos\alpha_j\right) \tag{4.37}$$

将式（4.37）代入式（4.34），并令 $\boldsymbol{r}_0=0, m=m_1$ 和 $\mu_j=Gm_j$，可得近似等式：

$$\begin{aligned}\boldsymbol{F} &\cong m\sum_{j=2}^{n-1}\left(-\frac{Gm_j}{r_j^3}\boldsymbol{r}_j+\frac{Gm_j}{r_j^3}\boldsymbol{r}_j\left(1+3\frac{r}{r_j}\cos\alpha_j\right)-\frac{Gm_j}{r_j^3}\boldsymbol{r}_1\left(1+3\frac{r}{r_j}\cos\alpha_j\right)\right)\\ &= m\sum_{j=2}^{n-1}\left(3\frac{\mu_j r}{r_j^3}\cos\alpha_j\frac{\boldsymbol{r}_j}{r_j}-\frac{\mu_j}{r_j^3}\left(1+3\frac{r}{r_j}\cos\alpha_j\right)\boldsymbol{r}_1\right)\end{aligned} \tag{4.38}$$

由于 $r_j \gg r$，可以进一步简化为以下最终表达式。

$$\boldsymbol{F}\cong m\sum_{j=2}^{n-1}\left(-\frac{\mu_j}{r_j^2}\frac{r}{r_j}\left(\frac{\boldsymbol{r}}{r}-3\cos\alpha_j\frac{\boldsymbol{r}_j}{r_j}\right)\right) \tag{4.39}$$

最后一个表达式表明，扰动幅度取决于距坐标系原点 E 距离的比值 r/r_j 和中心引力加速度的大小 μ_j/r_j^2。

练习 2：

证明：等式（4.39）中的最大加速度 $a_{j,\max}$ 在 $a_j=k\pi$ 时取得，其中 k 为整数，并且最大值为 $a_{y,\max}=2g_jr/r_j$。

练习 3：

证明：地球同步卫星的扰动为表 4.1 的值。

表 4.1　地球同步卫星的最大三体加速度

序号	天体	与地球的最小距离/km	引力常数/(m^3/s^2)	最大扰动加速度/(m/s^2)
1	太阳	147×10^6（近日点）	0.133×10^{21}	3.5×10^{-6}
2	月球	0.363×10^6（近地点）	4.90×10^{12}	12.5×10^{-6}
3	木星	593×10^6	127×10^{15}	52×10^{-12}
4	金星	40×10^6	325×10^{12}	0.43×10^{-9}
5	火星	56×10^6	42.8×10^{12}	20.5×10^{-12}

与地球的吸引力相比，太阳和行星在地球卫星上施加的加速度较小（请参见表 4.1），所以可以使用精确到约 0.1% 的太阳和行星坐标值[21]。为此，在给定的时间间隔内，太阳和行星都可以使用开普勒根数及其相对于黄道的导出结果。表 4.2 中报告的太阳和木星的数值，指的是 J2000 的均值黄道和春分点，并且有效期至 2050 年。

月球的星历更加复杂，因为月球轨道与黄道面成固定夹角 0.09rad，而不在地球赤道面上，所以在地球赤道上的倾角也随之变化。因此，需要一个特定的模型[21]。在不考虑春分点进动校正的情况下，从春分点开始的太阳黄道仰角 λ_s 的简化表达式为

$$\begin{aligned}&\lambda_s(t)=\varpi_s+M_s(t)+\delta M_{s1}\sin M_s(t)+\delta M_{s2}\sin(2M_s(t))\\&M_s(\boldsymbol{d})=M_s(0)+\omega_s t,t=84600\boldsymbol{d}\end{aligned}\tag{4.40}$$

$\{\varpi_s,M_s(0)\}$ 来自表 4.2，$\{\delta M_{s1}=0.033\text{rad},\delta M_{s2}=0.35\text{mrad}\}$ 包括由于轨道偏心引起的校正，$\omega_s=0.2\mu\text{rad/s}$ 是地球的旋转速度，d 是 J2000 日期，以天为单位。

表 4.2　开普勒根数[32]

序号	根数（J2000）	符号	单位	太阳	木星
1	半长轴	$a(0)$	km	149.6×10^6（天文单位）	778.9×10^6
2	半长轴导数	$\dot{a}$	km/百年	0	-17.4×10^3
3	偏心率	$e(0)$	m/m	0.0167	0.0480
4	偏心率导数	$\dot{e}$	1/百年	-43.9×10^{-6}	-133×10^{-6}
5	轨道倾角	$i(0)$	rad	0	0.0227
6	轨道倾角导数	di/dt	mrad/百年	0	−0.032
7	升交点赤经	$\Omega(0)$	rad	0	1.75
8	升交点赤经导数	$\dot{\Omega}$	mrad/百年	0	3.58
9	近地点辐角	$\omega(0)$	rad	4.94	0.257

续表

序号	根数（J2000）	符号	单位	太阳	木星
10	近地点辐角导数	$\dot{\omega}$	mrad/百年	0	3.70
11	平近点角	$M(0)$	rad	6.24	0.600
12	平近点角导数	$\dot{M}$	rad/百年	628.3	53.0

4.2.6 引力梯度力矩

1. 哑铃型航天器

图 4.3 中的哑铃模型由一对分开的点质量组成，两点之间的距离为 d。LVLH 坐标平面 $\{\boldsymbol{l}_1,\boldsymbol{l}_3=\boldsymbol{r}/r\}$ 决定了哑铃模型的姿态俯仰角 θ 从 $\boldsymbol{l}_3$ 到 $\boldsymbol{l}_1$ 变化的值为正，引力矩可用下式表示。

$$\boldsymbol{M}_g=m\boldsymbol{s}\times(\boldsymbol{g}(\boldsymbol{r}_1)-\boldsymbol{g}(\boldsymbol{r}_2)) \tag{4.41}$$

当 $\boldsymbol{g}(\boldsymbol{r}_1)=\boldsymbol{g}(\boldsymbol{r}_2)$ 时，扭矩为零。这表明引力梯度转矩是由引力场不均匀，其作用在如哑铃形状物体而引起的。引力梯度 $\boldsymbol{g}(\boldsymbol{r}_1)-\boldsymbol{g}(\boldsymbol{r}_2)$ 表示 $\boldsymbol{g}(\boldsymbol{r})$ 在航天器质心处的向量 $\boldsymbol{s}$，其中 $s=|\boldsymbol{s}|=d/2$。进行与式（4.37）类似的展开，并且 $\cos\alpha=\sin\theta$，可以得到如下等式。

$$\begin{aligned}\boldsymbol{g}(\boldsymbol{r}_1)-\boldsymbol{g}(\boldsymbol{r}_2)&=-\frac{\mu}{r_1^3}(\boldsymbol{r}+\boldsymbol{s})+\frac{\mu}{r_2^3}(\boldsymbol{r}-\boldsymbol{s})\\&\cong-\mu\frac{1+3\dfrac{s}{r}\sin\theta}{r^3}(\boldsymbol{r}+\boldsymbol{s})+\mu\frac{1-3\dfrac{s}{r}\sin\theta}{r^3}(\boldsymbol{r}-\boldsymbol{s})\\&=-\frac{3\mu\sin\theta}{r^3}d\boldsymbol{l}_3-\frac{2\mu}{r^3}\boldsymbol{s}\end{aligned} \tag{4.42}$$

由于 $\boldsymbol{s}=d(\cos\theta\boldsymbol{l}_1-\sin\theta\boldsymbol{l}_3)/2$，且其绕航天器体轴 $\boldsymbol{b}_2=\boldsymbol{l}_2$ 的转动惯量等于 $J_2=md^2/2$，因此转矩表达式变为

$$\boldsymbol{M}_g=\frac{m\,d^2}{4}\frac{3\mu}{r^3}\sin(2\theta)\boldsymbol{l}_2=\frac{3\mu}{2r^3}J_2\sin(2\theta)\boldsymbol{l}_2 \tag{4.43}$$

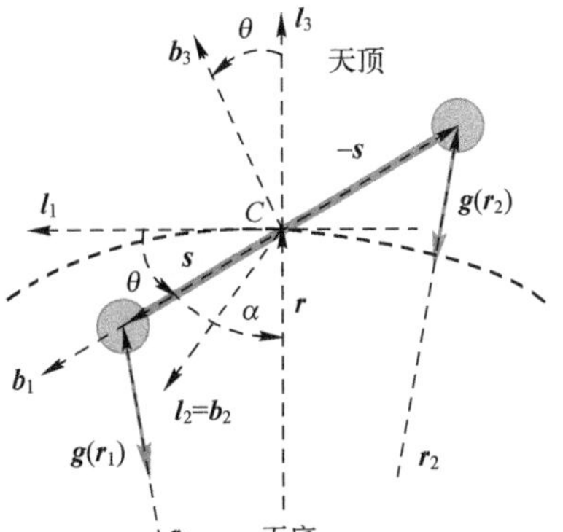

图 4.3　哑铃型航天器的引力梯度力矩

最后一个表达式证明，转矩与向量 $\boldsymbol{l}_3$ 正交，并且转矩在 $\theta=k\pi/2$ 处（k 为整数），转矩变为零。在7.5.1节中我们将看到，当哑铃型航天器处于水平状态时，在 $\theta=\{0,\pi\}$ 的角度范围内，具有一对不稳定的平衡点，即 $\underline{\theta}=\pm\pi/2$；而当哑铃型航天器与局部引力矢量对齐时，$\underline{\theta}=\pm\pi/2$ 是一对临界稳定的平衡点。

2. 通用的转矩表达

将方程（4.43）扩展到质量分布的一般形式。在哑铃状质量分布的情况下，我们已经看到，引力梯度转矩的产生是由于不均匀的引力作用在延伸的轴线上。$\boldsymbol{s}=\boldsymbol{r}-\boldsymbol{r}_c$ 表示航天器质心的相对位置，其中 $\boldsymbol{r}$ 是质量位置矢量，$\boldsymbol{r}_c$ 是航天器的质心位置矢量。本体坐标系中向量分别用 $\boldsymbol{s}$ 及 $\boldsymbol{r}_c=(r_{1c},r_{2c},r_{3c})$ 表示。此时，C 点的转矩值可以由下式确定。

$$\boldsymbol{M}_g=\int_B \boldsymbol{s}\times\boldsymbol{g}(\boldsymbol{r}_1)\mathrm{d}m \tag{4.44}$$

式中：B 是航天器的体积。根据质心 C，引力加速度可以拓展写为

$$\boldsymbol{g}(\boldsymbol{r}_1)=\boldsymbol{g}(\boldsymbol{r}_c)+\nabla\boldsymbol{g}(\boldsymbol{r}_c)\boldsymbol{s}+\cdots \tag{4.45}$$

在航天器本体坐标系中，把引力梯度矩阵（也称为引力张量）定义为 $\boldsymbol{U}_b(\boldsymbol{r}_c)=\nabla\boldsymbol{g}(\boldsymbol{r}_c)=\nabla^2V(\boldsymbol{r}_c)$。通过定义质心 $\int_B \boldsymbol{s}\mathrm{d}m=0$，将式（4.45）代入式（4.44），那么 $\boldsymbol{M}_g$ 可以表示为

$$M_g=\left(\int_B s\mathrm{d}m\right)\times g(r_c)+\int_B \boldsymbol{s}\times\boldsymbol{U}_b(\boldsymbol{r}_c)\boldsymbol{s}\mathrm{d}m \tag{4.46}$$

通过进一步明确向量的坐标表达式，等式（4.46）可重写为

$$\boldsymbol{M}_g=\int_B\begin{bmatrix}0 & -s_3 & s_2\\ s_3 & 0 & -s_1\\ -s_2 & s_1 & 0\end{bmatrix}\begin{bmatrix}U_{11}s_1+U_{12}s_2+U_{13}s_3\\ u_{12}s_1+u_{22}s_2+U_{23}s_3\\ U_{13}s_1+U_{23}s_2+U_{33}s_3\end{bmatrix}\mathrm{d}m \tag{4.47}$$

式（4.47）中的积分隐藏了围绕航天器轴的质量分布而产生的惯量矩阵 $\boldsymbol{J}$，具体为 $\boldsymbol{J}_{jk},j,k=1,2,3$ 项。用质量微元的位矢 $\boldsymbol{s}$ 表达 J 的公式为

$$\boldsymbol{J}=\int_B(\boldsymbol{s}^{\mathrm{T}}\boldsymbol{s}I_3-\boldsymbol{s}\boldsymbol{s}^{\mathrm{T}})\mathrm{d}m \tag{4.48}$$

用惯量矩阵和引力张量以及引力梯度力矩的一般表达式来替代式（4.47）中的 $\boldsymbol{J}_{jk}$，得到

$$\boldsymbol{M}_g=\begin{bmatrix}(J_{33}-J_{22})U_{23}+(U_{22}-U_{33})J_{23}+U_{12}J_{13}-U_{13}J_{12}\\ (J_{11}-J_{33})U_{13}+(U_{22}-U_{11})J_{13}+U_{23}J_{12}-U_{12}J_{23}\\ (J_{22}-J_{11})U_{12}+(U_{11}-U_{22})J_{12}+U_{13}J_{23}-U_{23}J_{13}\end{bmatrix} \tag{4.49}$$

3. 球形引力和主对角线惯量

式（4.49）简化了球形引力加速度的表达式。球形引力表达式为 $g(\boldsymbol{r}_c)=-(\mu/r_c^3)\boldsymbol{r}_c$，其中 $r_c=|\boldsymbol{r}_c|$。引力梯度矩阵 $\boldsymbol{U}_b(\boldsymbol{r}_c)$ 是通过计算相对于 $\boldsymbol{r}_c$ 的雅可比矩阵 $\boldsymbol{g}(\boldsymbol{r}_c)$ 得出的。由于 $\boldsymbol{r}_c$ 的雅可比矩阵是单位矩阵，使得引力梯度矩阵 $r_c^3=(\boldsymbol{r}_c^{\mathrm{T}}\boldsymbol{r}_c)^{3/2}$ 能转换为 $3\boldsymbol{r}_c^{\mathrm{T}}(\boldsymbol{r}_c^{\mathrm{T}}r_c)^{1/2}=3\boldsymbol{r}_c^{\mathrm{T}}r_c$，引力张量则可以表示为

$$\boldsymbol{U}_b(\boldsymbol{r}_c)=-\mu\left(\frac{I_3}{r_c^3}-\frac{3}{r_c^5}\begin{bmatrix}x_c^2 & x_cy_c & x_cz_c\\ x_cy_c & y_c^2 & y_cz_c\\ x_cz_c & y_cz_c & z_c^2\end{bmatrix}\right)=\frac{3\mu}{r_c^5}\left(\boldsymbol{r}_c\boldsymbol{r}_c^{\mathrm{T}}-\frac{\boldsymbol{r}_c^{\mathrm{T}}\boldsymbol{r}_c}{3}I_3\right) \tag{4.50}$$

将式（4.50）代入式（4.49）中，得到球形引力梯度力矩：

$$\boldsymbol{M}_g=\frac{3\mu}{r_c^5}\begin{bmatrix}(J_{33}-J_{22})r_{2c}r_{3c}+(r_{2c}^2-r_{3c}^2)J_{23}+r_{1c}(r_{2c}J_{13}-r_{3c}J_{12})\\(J_{11}-J_{33})r_{3c}r_{1c}+(r_{3c}^2-r_{1c}^2)J_{13}+r_{2c}(r_{3c}J_{12}-r_{1c}J_{23})\\(J_{22}-J_{11})r_{1c}r_{2c}+(r_{1c}^2-r_{2c}^2)J_{12}+r_{3c}(r_{1c}J_{23}-r_{2c}J_{13})\end{bmatrix}\tag{4.51}$$

当惯量矩阵为对角矩阵时，可以进一步简化表达式（4.51）。在这种情况下，航天器中心轴可以被称为主轴（请参见7.2.5节）。等式（4.51）则可以简化为

$$\boldsymbol{M}_g(t)=\frac{3\mu}{r_c^5}\begin{bmatrix}(J_{33}-J_{22})r_{2c}r_{3c}\\(J_{11}-J_{33})r_{3c}r_{1c}\\(J_{22}-J_{11})r_{1c}r_{2c}\end{bmatrix}\tag{4.52}$$

式（4.52）表明引力梯度力矩不影响有 $J_{11}=J_{22}=J_{33}$ 和 $J_{jk}=0, j\neq k$ 参数特性的球形转动惯量的航天器。而对于 $J_{11}=J_{22}$，并且 $J_{jk}=0$，$j\neq k$ 的圆柱形航天器，则导致表达式（4.52）中的第三部分会消失。

表达式（4.51）可以通过以下定理变为向量形式：

定理1：在球形引力的情况下，对于 $g(\boldsymbol{r}_c)=-(u/r_c^3)\boldsymbol{r}_c$ 和任意惯量矩阵 J，式（4.46）可以写为：

$$\boldsymbol{M}_g=\frac{3\mu}{r_c^3}\frac{\boldsymbol{r}_c}{r_c}\times J\frac{\boldsymbol{r}_c}{r_c}\tag{4.53}$$

证明：通过将（4.50）中 $\boldsymbol{U}_b(\boldsymbol{r}_c)$ 及式（4.48）中的零矢量 $\boldsymbol{s}\times(\boldsymbol{r}_c^{\mathrm{T}}\boldsymbol{r}_c)\boldsymbol{s}/3$ 用以下公式表示，那么式（4.53）可以改写为

$$\begin{aligned}\boldsymbol{M}_g&=\frac{3\mu}{\boldsymbol{r}_c^5}\int_B\boldsymbol{r}_c\times(\boldsymbol{s}^{\mathrm{T}}\boldsymbol{s}I_3-\boldsymbol{s}\boldsymbol{s}^{\mathrm{T}})\boldsymbol{r}_c\mathrm{d}m=\frac{3\mu}{\boldsymbol{r}_c^5}\int_V\boldsymbol{s}\times\boldsymbol{r}_c(\boldsymbol{r}_c^{\mathrm{T}}\boldsymbol{s})\mathrm{d}m\\&=\frac{3\mu}{\boldsymbol{r}_c^5}\int_V\left(\boldsymbol{s}\times\boldsymbol{r}_c(\boldsymbol{r}_c^{\mathrm{T}}\boldsymbol{s})-\frac{\boldsymbol{s}\times(\boldsymbol{r}_c^{\mathrm{T}}\boldsymbol{r}_c)\boldsymbol{s}}{3}\right)\mathrm{d}m\\&=\int_V\boldsymbol{s}\times\frac{3\mu}{\boldsymbol{r}_c^5}\left(\boldsymbol{r}_c\boldsymbol{r}_c^{\mathrm{T}}-I_3\frac{\boldsymbol{r}_c^{\mathrm{T}}\boldsymbol{r}_c}{3}\right)\boldsymbol{s}\mathrm{d}m=\int_V\boldsymbol{s}\times U_b(\boldsymbol{r}_c)\boldsymbol{s}\mathrm{d}m\end{aligned}\tag{4.54}$$

由上可知，最终表达式与式（4.46）相同。

等式（4.53）的向量形式说明了引力梯度力矩的主要特性如下。

（1）引力梯度力矩垂直于由 $\boldsymbol{r}_c/r_c$ 定义的当地垂直方向。

（2）引力梯度力矩随着从航天器到地球质心的距离 r_c 的立方幂而减小。

（3）对于球对称形状的航天器，即拥有对角惯量矩阵且受到平衡引力的航天器，该值为零。

练习4：

在图4.3中计算哑铃型航天器的惯量矩阵 $\boldsymbol{J}$ 并通过式（4.53）证明等式（4.43）。

4. 引力梯度力矩及欧拉角

考虑半长轴为 a 的圆形轨道。航天器姿态定义为从本体坐标系转换到LVLH坐标系的转换矩阵 $\boldsymbol{R}_b^l(\psi,\theta,\varphi)$，矩阵包括3个元素 $\{\theta_3=\psi,\theta_2=\theta,\theta_1=\varphi\}$，分别为偏航角、俯仰

角、滚动角。明确表达 $R_b^l(\psi,\theta,\varphi)$ 的公式可以在 2.6.3 节中找到，通过三角函数 $c_x=\cos x, s_x=\sin x, x=\{\varphi,\theta,\psi\}$ 进行简化，使得该矩阵能在式（4.55）中重现。在本体坐标系中，航天器的质心位置可以通过对 $\boldsymbol{R}_l^b$ 进行逆变换求得

$$\boldsymbol{r}_c=\begin{bmatrix} r_{1c} \\ r_{2c} \\ r_{3c} \end{bmatrix}=R_l^b\begin{bmatrix} 0 \\ 0 \\ a \end{bmatrix}=a\begin{bmatrix} -\sin\theta \\ \sin\varphi\cos\theta \\ \cos\varphi\cos\theta \end{bmatrix}=a\boldsymbol{l}_{3b}(\boldsymbol{\theta})$$

$$\boldsymbol{R}_b^l(\psi,\theta,\varphi)=Z(\psi)Y(\theta)X(\varphi)=\begin{bmatrix} c_\theta c_\psi & -c_\varphi s_\psi+s_\varphi s_\theta c_\psi & s_\varphi s_\psi+c_\varphi s_\theta c_\psi \\ c_\theta s_\psi & c_\varphi c_\psi+s_\varphi s_\theta s_\psi & -s_\varphi c_\psi+c_\varphi s_\theta s_\psi \\ -s_\theta & s_\varphi c_\theta & c_\varphi+c_\theta \end{bmatrix} \tag{4.55}$$

式中：$\boldsymbol{l}_{3b}(\boldsymbol{\theta})$ 为航天器本体坐标中的向量 $\boldsymbol{l}_3$，它是欧拉角向量 $\boldsymbol{\theta}=[\varphi,\theta,\psi]$ 的函数。通过假设航天器本体轴为主轴，惯量矩阵 $\boldsymbol{J}$ 为对角矩阵，并且用式（4.53）来替代式（4.55），可得到欧拉角函数表达形式的引力梯度力矩，即

$$\boldsymbol{M}_g=3\omega_o^2\boldsymbol{l}_{3b}(\theta)\times\boldsymbol{J}\boldsymbol{l}_{3b}(\boldsymbol{\theta})=\frac{3}{2}\omega_o^2\begin{bmatrix} (J_{33}-J_{22})\sin(2\varphi)\cos^2\theta \\ -(J_{11}-J_{33})\sin(2\theta)\cos\varphi \\ -(J_{22}-J_{11})\sin(2\theta)\sin\varphi \end{bmatrix} \tag{4.56}$$

式中：$\omega_0=\sqrt{\mu/a^3}$ 为轨道角速率。

练习 5：

求方程式（4.56）中姿态平衡条件 $\{\underline{\psi}=\underline{\theta}=\underline{\varphi}=0\}$ 附近的近似小角度表达形式及近似残差的阶数。在 7.5.1 节所讲述的航天器姿态平衡时，航天器本体坐标系和 LVLH 坐标系对齐。

练习 6：

欧洲 GOCE 卫星的轨道高度为 $h=260\text{km}$，形状为近圆柱形，并具有惯量矩（参见 7.2.5 节），其中，

$$J_{11}=153, J_{22}=2691, J_{33}=2653\text{kgm}^2, J_{jk}=0, j\neq k \tag{4.57}$$

根据式（4.56）计算引力梯度对 GOCE 产生的力矩。

4.3 电磁辐射力和力矩

4.3.1 微元受力

作用在航天器表面的电磁辐射会产生辐射压和作用力。如果航天器的压心与质心不重合，就会产生力矩。光子具有动量，可以被航天器表面反射、吸收或散射。光子撞击航天器表面，会导致航天器的动量发生变化，从而引起航天器表面单位面积受到的压力增加。航天器受到的辐射压力取决于以下几点。

（1）航天器的几何形状。

（2）航天器本体坐标系下辐射的方向。

（3）航天器表面的光学特性。

地球附近航天器受到的辐射主要来自太阳、地球及大气层的红外辐射，以及大气层反射地球的辐射（称为逆辐射）。在近地轨道，电磁辐射力小于4.4节中的大气阻力。大致而言，当轨道高度 $h>800$km 时，太阳光压产生的力比大气阻力更大。太阳光压必须细分为从X射线到射频的信号频段，以及由质子和电子组成的、变化极大且不可预测的太阳风。

对于占太阳光压小于1%的太阳风压力，则可以忽略或表示为随机过程模型。文献[16，21，33]中论述了地球辐射的模型。表4.3中列出了太阳和地球辐射通量的典型值。

表4.3 太阳和地球的辐射通量 [W/m^2]

序号	辐射通量	平均值/(W/m^2)	变化范围	注释
1	平均太阳辐射通量	1371	±10	1AU
2	太阳辐射量变化范围	1316~1428	3.4%/年 0.1%/11年为一个周期	冬至/夏至
3	逆辐射	<475	NA	仅白昼半球
4	地球红外辐射量	<260	NA	无

入射航天器的电磁波通过以下方式与航天器表面相互作用（图4.4）。

(1) 纯吸收：辐射被航天器表面完全吸收。

(2) 镜面反射：辐射被航天器表面镜面反射。

(3) 漫反射：辐射按照兰伯特的扩散模型，在航天器的任何方向进行扩散或反射（参考1760年出版的兰伯特《光度学》）。

(4) 透射：辐射通过航天器表面发生透射。

不同模式的分数（或系数）之和必须等于1，即

$$C_a+C_s+C_d+C_t=1 \tag{4.58}$$

式中：$C_a=\varepsilon$ 为吸收系数，根据基尔霍夫定律[31]，该系数等于发射率 ε；C_d 为漫反射系数；C_s 为反射系数；C_t 为透射系数。

由于大多数航天器表面都是不透明的，因此不会发生透射或透射的光信号非常弱，这意味着 $C_t\cong 0$。表4.4列出了典型的航天器表面系数值。

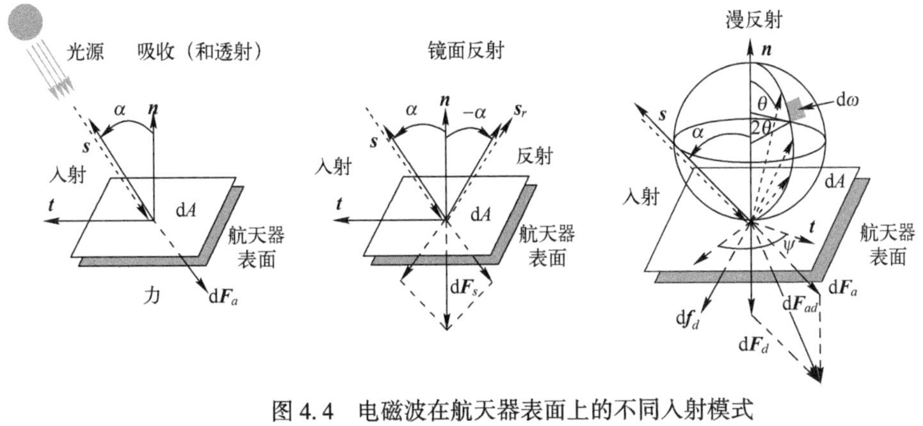

图4.4 电磁波在航天器表面上的不同入射模式

表 4.4 航天器表面电磁波作用系数[28]

序 号	类 别	$C_a=\varepsilon$	C_s	C_d	C_t
1	太阳帆板	0.79	0.04	0.17	0
2	镀金薄膜	0.12	0.14	0.74	0
3	高增益天线	0.70	0.30	0	0

电磁辐射压力的大小 p(Pa 或 N/m^2)为

$$p=\frac{\Phi}{c} \tag{4.59}$$

式中：Φ 为光源的辐照度（每单位面积的功率密度，W/m^2）；c 为真空中的光速。在距离太阳一个天文单位（AU，太阳与地球之间的距离，参见表 4.2 的最后一行）处，太阳光压的辐照度为 $\Phi_{\text{Sun}}=1371\pm10\text{W/m}^2$，相应的太阳光压的压强为 $p_{\text{Sun}}=4.6\times10^{-6}\text{Pa}$。太阳辐射会随时间而变化。用 $\boldsymbol{n}\mathrm{d}A$ 来表示最小面积向量，$\boldsymbol{n}$ 是外法线，入射波方向与矢量 $\boldsymbol{s}$ 的方向相反。图 4.4 中的入射角是 α，辐射压力在航天器表面上的分量可以定义为 $\cos\alpha=\boldsymbol{n}\cdot\boldsymbol{s}\geqslant0$，并且具有以下表达式。

（1）在纯吸收的情况下，微元力 $\mathrm{d}\boldsymbol{F}_a$ 的方向与矢量 $-\boldsymbol{s}$ 的方向相同，并与垂直于入射波的微元面积$(\boldsymbol{n}\cdot\boldsymbol{s})\mathrm{d}A$ 成正比，可得

$$\mathrm{d}\boldsymbol{F}_a=-p\cos\alpha\mathrm{d}A\boldsymbol{s} \tag{4.60}$$

（2）在太阳光压发生镜面反射的情况下，入射力 $\mathrm{d}\boldsymbol{F}_{si}$和反射力 $\mathrm{d}\boldsymbol{F}_{sr}$的合力为 $\mathrm{d}\boldsymbol{F}_s$，即

$$\begin{aligned}
&\mathrm{d}\boldsymbol{F}_{si}=p(\boldsymbol{n}\cdot\boldsymbol{s})\mathrm{d}A(-\sin\alpha\boldsymbol{t}-\cos\alpha\boldsymbol{n})\\
&\mathrm{d}\boldsymbol{F}_{sr}=p(\boldsymbol{n}\cdot\boldsymbol{s})\mathrm{d}A(\sin\alpha\boldsymbol{t}-\cos\alpha\boldsymbol{n})\\
&\mathrm{d}\boldsymbol{F}_s=-2p\cos^2\alpha\mathrm{d}A\boldsymbol{n}
\end{aligned} \tag{4.61}$$

如图 4.4 所示，切向分量相减，法线分量则相加，$\boldsymbol{t}$ 是切向单位矢量。

（3）对于漫反射，合力是式（4.60）中的吸收分量与半球漫反射平均量之和。

选图 4.4 中单位球面的一个表面微元，无穷小立体角 $\mathrm{d}\omega$ 与半径为 $\sin2\theta$ 的弧线平行的长度为 $\sin2\theta\mathrm{d}\psi$，沿子午线的高度为 $\mathrm{d}\theta$。立体角 $\mathrm{d}\omega$ 的面元漫反射合力由下式给出。

$$\mathrm{d}\boldsymbol{f}_d=p\cos\alpha\mathrm{d}A(\sin\theta\boldsymbol{t}-\cos\theta\boldsymbol{n})\mathrm{d}\omega=p\cos\alpha\mathrm{d}A(\sin\theta\boldsymbol{t}-\cos\theta\boldsymbol{n})\sin2\theta\mathrm{d}\theta\mathrm{d}\psi \tag{4.62}$$

其中，$0\leqslant\theta\leqslant\pi/2$ 是漫反射方向与表面法线 $\boldsymbol{n}$ 之间的角度，$-\pi\leqslant\psi\leqslant\pi$ 是方位角。立体角在半球 2π 上的积分为纯漫反射力 $\mathrm{d}\boldsymbol{F}_d$，其中对称的切向分量彼此抵消，法线分量保持不变。

$$\mathrm{d}\boldsymbol{F}_d=\frac{1}{2\pi}\int_{-\pi}^{\pi}\int_0^{\pi/2}\mathrm{d}\boldsymbol{f}_d=-p\cos\alpha\mathrm{d}A\int_0^{\pi/2}\cos\theta\sin2\theta\mathrm{d}\theta\boldsymbol{n}=-\frac{2}{3}p\cos\alpha\mathrm{d}A\boldsymbol{n} \tag{4.63}$$

式（4.60）和式（4.63）求和得到总合力 $\mathrm{d}\boldsymbol{F}_d$，即

$$\mathrm{d}\boldsymbol{F}_{ad}=-p\cos\alpha\mathrm{d}A\left(\boldsymbol{s}+\frac{2}{3}\boldsymbol{n}\right) \tag{4.64}$$

通过式（4.60）、式（4.61）和式（4.64），得出微元辐射力 $\mathrm{d}\boldsymbol{F}_r$，当 $\cos a\geqslant0$ 不为零时，代入漫反射系数 C_d 和镜面反射系数 C_s，以及入射角 α、微元面积 $\mathrm{d}A$、辐射压力 p，可得

$$
\begin{aligned}
\mathrm{d}\boldsymbol{F}_r &= -p\cos\alpha \mathrm{d}A(C_d(\boldsymbol{s}+2\boldsymbol{n}/3)+C_a\boldsymbol{s}+2C_s\cos\alpha\boldsymbol{n}) \\
&= -p\cos\alpha \mathrm{d}A((1-C_s)\boldsymbol{s}+2(C_s\cos\alpha+C_d/3)\boldsymbol{n}),\cos\alpha\geqslant 0 \\
\mathrm{d}\boldsymbol{F}_r &= 0,\cos\alpha<0
\end{aligned} \tag{4.65}
$$

另外，当 $\cos a<0$ 时，$\mathrm{d}\boldsymbol{F}_r=0$。由于微元辐射力与 C_a 无关，并且在式（4.58）中假定 $C_t=0$，可以得出 $C_a=1-C_s-C_d$。

4.3.2 电磁辐射力和力矩

为了计算太阳光压辐射的总合力，将航天器表面的 n 个有限平面细分为面积为 A_k，$k=1,\cdots,n$的表面微元。维度 n 决定了模型的精度，特别是在曲面的情况下，尽管太阳光压辐射的总合力的解析表达式可能是针对特定的形状得出的[37]。用 $\boldsymbol{n}_k$ 表示航天器表面的法向量，用 α_k 表示入射角，用 C_{dk}表示漫反射系数，用 C_{sk}表示镜面反射系数，用 $\boldsymbol{F}_{rk}$表示作用在压心 C_k 上的辐射力，那么总合力可以表示为

$$
\boldsymbol{F}_r = \sum_{k=1}^{n}\boldsymbol{F}_{rk} \tag{4.66}
$$

其中，在定义 $\cos\alpha_k=\boldsymbol{s}\cdot\boldsymbol{n}_k$ 时，第 k 个表面力 $\boldsymbol{F}_{rk}$可以从式（4.65）中得出下面等式。

$$
\begin{aligned}
\boldsymbol{F}_{rk} &= \iint_{A_k}\mathrm{d}\boldsymbol{F}_{rk} \\
&= -p((1-C_{sk})\boldsymbol{s}+2(C_{sk}\max(\cos\alpha_k,0)+C_{dk}/3)\boldsymbol{n}_k)\max(\cos\alpha_k,0)A_k
\end{aligned} \tag{4.67}
$$

练习 7：

欧洲 GOCE 卫星的运行轨道为近圆的太阳同步晨昏近极轨道，当卫星运行到升交点时，当地太阳时的时间为 18:00，轨道倾角 $i=\pi/2+\Delta i,\Delta i=0.117\mathrm{rad}$。太阳能电池板是固定的，并且始终朝向太阳。假设面向太阳的表面是一个平面，面积为 $A=9\mathrm{m}^2$，并且航天器表面的法线与航天器运行轨道法线重合，表达式为 $\boldsymbol{n}=\boldsymbol{p}_3$。为了避免日食，航天器的近地点幅角 $\omega=0$。请根据表 4.4 中给出的太阳能电池板系数，计算并画出一年内太阳能电池板上太阳辐射力 $\boldsymbol{F}_{\mathrm{r}}(t)$的近焦分量和大小。

1. 压心

C_k 代表压力中心点，定义如下。

定义 1： 假设第 k 个平面的面积为 A_k。$\boldsymbol{a}_k=\overrightarrow{CC_k}$ 为航天器质心到辐射力 $\boldsymbol{F}_{rk}$作用于航天器压心 C_k 的矢量。假设在整个航天器表面上施加均匀的微元力，则航天器的压心 C_k 与航天器表面的中心重合（也称为几何对称中心），$\boldsymbol{a}_k$ 可以定义为

$$
\boldsymbol{a}_k = \frac{1}{A_k}\iint_A \boldsymbol{s}\mathrm{d}A \tag{4.68}
$$

式中：$\boldsymbol{s}$ 为航天器表面的某个辐射入射点的位矢。航天器表面为多边形的情况下，可以基于 3 个相邻的顶点$\{P_0,P_1,P_2\}$来定义二维（2D）坐标系 $\mathcal{S}=\{P_0,\boldsymbol{s}_1,\boldsymbol{s}_2\}$。假设原点是顶点 P_0，第一个坐标轴 $\boldsymbol{s}_1$ 过顶点 P_1，而与 $\boldsymbol{s}_1$ 正交的第二个坐标轴 $\boldsymbol{s}_2$，位于由$\{\boldsymbol{s}_1,P_2\}$定义的平面中，两个坐标轴的表达式为

$$
\boldsymbol{s}_1=\frac{\overrightarrow{P_0P_1}}{|\overrightarrow{P_0P_1}|},\boldsymbol{s}_2=\frac{\overrightarrow{P_0P_2}-(\overrightarrow{P_0P_2}\cdot\boldsymbol{s}_1)\boldsymbol{s}_1}{|\overrightarrow{P_0P_2}-(\overrightarrow{P_0P_2}\cdot\boldsymbol{s}_1)\boldsymbol{s}_1|} \tag{4.69}
$$

航天器表面分别为三角形和四边形，其对应顶点的坐标可以表示为 $P_0=(0,0)$，$P_1=(x_1,0)$，$P_2=(x_2,y_2)$ 和 $P_3=(x_3,y_3)$。根据顶点坐标则能求出航天器的表面中心坐标 (a_1,a_2) 和航天器的表面积 A。

（1）当航天器表面为三角形时：

$$a_1=(x_1+x_2)/3, a_2=y_2/3, A=x_1y_2/2 \tag{4.70}$$

（2）当航天器表面为四边形时：

$$\begin{aligned} A&=((x_1-x_3)y_2+x_2y_3)/2 \\ a_1&=\frac{1}{3}\left(x_2+\frac{(x_1^2-x_3^2)y_2+x_2x_3y_3}{(x_1-x_3)y_2+x_2y_3}\right) \\ a_2&=\frac{1}{3}\left(y_2+\frac{y_3(x_2y_3-x_3y_2)}{(x_1-x_3)y_2+x_2y_3}\right) \end{aligned} \tag{4.71}$$

在高精度的模型中，应考虑航天器表面之间的阴影，这意味着航天器的表面积和压心会随时间变化[33]。

2. 力矩

电磁力矩 $\boldsymbol{M}_{\mathrm{r}}$ 可以表示为向量 $\boldsymbol{a}_k\times\boldsymbol{F}_{rk}$ 的总和参考式（4.67），其中 $k=1,2,\cdots,n$，

$$\boldsymbol{M}_{\mathrm{r}}=\sum_{k=1}^{n}\boldsymbol{a}_k\times\boldsymbol{F}_{rk} \tag{4.72}$$

航天器的压心向量 $\boldsymbol{a}$ 由 $\boldsymbol{M}_{\mathrm{r}}=\boldsymbol{a}\times\boldsymbol{F}_{\mathrm{r}}$ 定义。

4.3.3 航天器的红外辐射

1. 红外辐射

航天器表面温度为 Θ（单位：K）都会发射红外波段的电磁波。如 4.3.1 节和图 4.4 所示，假设以漫反射形式对外发生红外辐射。式（4.64）成立需要满足以下条件。

（1）在航天器表面发出的辐射是均匀的，并且沿着航天器的表面法线 $\boldsymbol{n}$，这意味着发射角 $\alpha=0$。

（2）在式（4.64）中，电磁辐射产生的压强 p（$\mathrm{N/m^2}$）满足 Stefan－Boltzman 法则[31]：

$$p(\varepsilon,\Theta)=\frac{\sigma\varepsilon\Theta^4}{c}, \sigma=5.67\times10^{-8}\frac{W}{m^2K^4} \tag{4.73}$$

式中：ε 为发射系数，对于黑体 $\varepsilon=1$，而对于灰体 $\varepsilon<1$。

由于航天器外部电磁场的作用，因此不考虑式（4.64）中的第一项，那么第 k 个表面的作用力 $\boldsymbol{F}_{ek}$ 包含了温度 Θ_k、发射率 ε_k、面积 A_k 3 个系数，并且作用力与法线 $\boldsymbol{n}_k$ 方向相反，表达式为

$$\boldsymbol{F}_{ek}=-\frac{2}{3}p(\varepsilon_k,\Theta_k)\boldsymbol{n}_kA_k \tag{4.74}$$

通过式（4.66）及（4.72）可以求出合力 $\boldsymbol{F}_e$ 和合力矩 $\boldsymbol{M}_e$。通常，红外辐射产生的合力和合力矩可以忽略不计，因为其在整个航天器表面为均匀辐射，净辐射力会变得很小。

2. 光子辐射

假设航天器发射光子的过程是随机且离散的，所以光子发射可以用泊松过程描述。将式（4.73）中的光子微元发射功率除以光子发射能量，可以求出光子的单位时间基本发射率 d_p，即

$$E_{ph}=h\nu=h\frac{c}{\lambda}[J],\quad h=0.663\times10^{-33}\mathrm{Js} \tag{4.75}$$

式中：h 为普朗克常数；ν 和 λ 分别为电磁波的频率（Hz）和波长（m）。波长 λ 和温度 Θ 的关系，由维恩定律可以写为

$$\lambda_{\max}=b/\Theta,\quad b=2.9\times10^{-3}\mathrm{m}\cdot\mathrm{K} \tag{4.76}$$

例如，在 $\Theta=300\mathrm{K}$ 处，波长变为 8～15μm，位于长红外波段：

$$\lambda_{\max}\cong9.7\mu\mathrm{m} \tag{4.77}$$

根据式（4.73）和式（4.75），微元发射率 $\mathrm{d}\rho$ 可写为

$$\mathrm{d}\rho=\frac{\mathrm{d}P}{E_{ph}}=\frac{\sigma\varepsilon\Theta^4}{h\nu}\mathrm{d}A=\lambda(\Theta)\frac{\sigma\varepsilon\Theta^4}{hc}\mathrm{d}A=\lambda(\Theta)\frac{p(\Theta)}{h}\mathrm{d}A\left[\frac{\mathrm{Nm}}{\mathrm{m}^2\mathrm{Js}}\mathrm{m}^2=\mathrm{s}^{-1}\right] \tag{4.78}$$

对于表 4.4 中的太阳能电池板，假设 $\Theta=300\mathrm{K}$ 和 $\varepsilon=0.80$，则每单位面积的发射率为

$$\frac{\mathrm{d}\rho}{\mathrm{d}A}(\Theta)=\lambda_{\max}(\Theta)\frac{p(\Theta)}{h}\cong18\times10^{21}\frac{\text{光子数}}{\mathrm{m}^2\mathrm{s}} \tag{4.79}$$

根据泊松分布，在时间 T 中，单位面积的 n 个光子的发射概率为

$$P(N=n,T)=\frac{\mu(\Theta,T)^n\mathrm{e}^{-\mu(\theta,T)T}}{n!},\quad \mu(\Theta,T)=\frac{\mathrm{d}\rho(\Theta)}{\mathrm{d}A}T \tag{4.80}$$

式中：N 为一个随机变量（每单位面积的光子数），期望值和方差定义为

$$\mathcal{E}\{N\}=\mathrm{var}\{N\}=\mu(\Theta,T) \tag{4.81}$$

假设在时间间隔 $iT\leqslant t\leqslant(i+1)T$ 内的发射序列 $\{N(i)\}$ 是统计独立的，可以当作一种泊松分布的白噪声。式（4.74）中的发射压强 $p(i)$ 可以写为

$$p(i)=\frac{N(i)E_{ph}}{Tc}\ \frac{\mathrm{N}}{\mathrm{m}^2} \tag{4.82}$$

4.4 大气阻力和力矩

4.4.1 简介

大气阻力即为大气分子与卫星表面的相互作用，其值取决于分子的密度 $p_a(\mathrm{kg/m^3})$ 和大气分子的热运动速率 ν_a。热运动速率遵循气体定律，该定律假设单位质量的动能等于热能，如

$$\frac{1}{2}\nu_a^2=\frac{R\Theta_a}{M_a},\quad R=8131\ \frac{J}{\mathrm{kmol}\cdot\mathrm{K}} \tag{4.83}$$

式中：M_a 为摩尔质量（kg/kmol）；Θ_a 为绝对温度（K）。摩尔质量是单位摩尔物质的质量。摩尔数是指质量为 12g 的碳 12 中原子的数量。分子密度可以通过分子平均自由

程 λ_a 转换成长度，其中 λ_a 可由动态黏度 μ_a[kg/(m·s)]，密度 ρ_a 和式（4.83）中的热运动速率 ν_a 计算得出

$$\lambda_a=\frac{\mu_a}{\rho_a}\sqrt{\frac{\pi M_a}{2R\Theta_a}}=\frac{\mu_a\sqrt{\pi}}{\rho_a\nu_a} \tag{4.84}$$

航天器主轴长 L 对应的 Knudsen 数 $K_n=\lambda_a/L$，可分为以下 3 种情况[29]。

（1）在距离地球表面超过 200km 时，自由分子体系 $K_n\geqslant 10$，被航天器表面反弹或释放的气体粒子不与周围大气相互作用。因此，这类情况适用于绕行卫星和国际空间站。

（2）当 $K_n\leqslant 0.1$ 时，连续流动的大气会出现在低于地球表面海拔 100km 处，因此这类情况适用于返回式空间飞行器。

（3）介于以上两种情况之间时，分子自由体系会发生以下两种不同的分子间相互作用，这取决于在式（4.83）中的航天器相对速度为 $\boldsymbol{\nu}_r(\nu_r=\boldsymbol{\nu}_r)$ 时的分子速率比 ν_r/ν_a 与大气热运动速率 ν_a。①当 $\nu_r/\nu_a\geqslant 10$ 时，发生极高热流；②当 $\nu_r/\nu_a<10$ 时，发生一般热流。

这里我们假设为极高热流。

练习 8：

验证欧洲 GOCE 卫星的平均大气流是否接近极高热流。假设有如下条件：①航天器轨道高度为 $h=260$km 的圆形轨道；②$v_r=a\omega_0$，其中 a 是半长轴，而 ω_0 是轨道角速度；③$M_a=19$kmol/kg；④$\Theta_a=1000$K，表示中等太阳活动的平均温度。

4.4.2 微元受力

如图 4.5 所示，法线单位矢量为 $\boldsymbol{n}$ 的平面单元的面积为 dA，相对于大气以相对速度 $\boldsymbol{\nu}_r$ 移动。假设大气分子以速度 $-\boldsymbol{\nu}_r$ 撞击航天器表面。法线向量 $\boldsymbol{n}$ 和单位速度矢量 $\boldsymbol{e}_v=\boldsymbol{\nu}_r/v_r$ 定义了面元的法平面 $\mathcal{N}$。切向矢量 $\boldsymbol{t}$ 是垂直于 $\mathcal{N}$ 中 $\boldsymbol{n}$ 的单位矢量，方向由 $\boldsymbol{e}_v$ 确定。入射角 α 可写为

$$\cos\alpha=\boldsymbol{e}_v\cdot\boldsymbol{n} \tag{4.85}$$

进一步

$$\boldsymbol{v}_r=v_r(\cos\alpha\boldsymbol{n}+\sin\alpha\boldsymbol{t}) \tag{4.86}$$

在 4.3.1 节中，J C. Maxwell 首次提到，根据航天器的表面性质，其中包括温度 Θ_s，大气分子会以两种极端方式与航天器表面交换动量[29]，如图 4.5 所示。

（1）当大气分子发生镜面反射或弹性反射时，航天器表面无能量变化。这意味着出射速度 $\boldsymbol{\nu}_o$ 与入射速度 $-\boldsymbol{\nu}_r$ 共面，并且入射角和反射角等于 α。因此，可以得到

$$\boldsymbol{v}_o=\boldsymbol{\nu}_r(\cos\alpha\ \boldsymbol{n}-\sin\alpha\ \boldsymbol{t}) \tag{4.87}$$

施加到航天器本体的每单位大气质量的动量为 $\Delta\boldsymbol{\nu}_s=-\boldsymbol{\nu}_r-\boldsymbol{\nu}_o$，即为入射速度 $-\boldsymbol{\nu}_r$ 与出射速度 $\boldsymbol{\nu}_o$ 之间的差。通过改变和使用等式（4.86）和式（4.87），切向分量相互抵消。那么，指向航天器本体的法向分量总和的表达式为

$$\Delta\boldsymbol{\nu}_s=((-\boldsymbol{\nu}_r-\boldsymbol{\nu}_o)\cdot\boldsymbol{n})\boldsymbol{n}+((-\boldsymbol{\nu}_r-\boldsymbol{\nu}_o)\cdot\boldsymbol{t})\boldsymbol{t}=-2\nu_r\cos\alpha\ \boldsymbol{n} \tag{4.88}$$

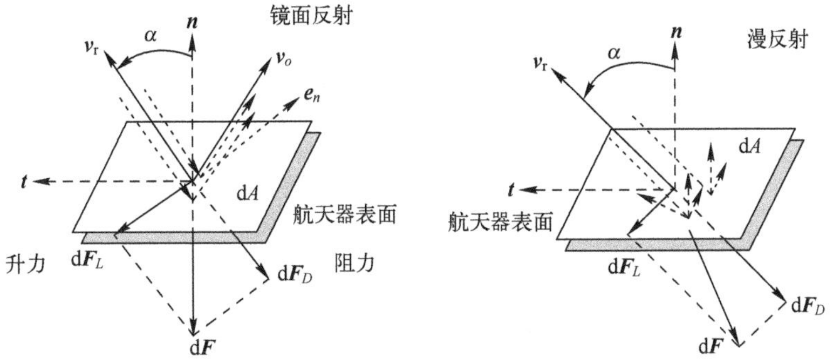

图 4.5　平面表面微元上分子流的镜面反射和漫反射

（2）当粒子撞击航天器表面时，能量会从粒子转移到航天器上，主要会发生漫反射或热反射。它们可能会被航天器表面重新发射，发射的每单位质量的动能等于 $0.5v_d^2$。航天器表面发射的能量取决于航天器的表面温度 $\boldsymbol{\Theta}_s$，发射能量符合理想气体定律，那么动能的表达式可以写为 $0.5v_d^2=R\Theta_s/M_a$。分子能量的释放可以在航天器表面的任何方向发生，但平均切向速度为零。换句话说，平均发射速度与 $\boldsymbol{n}$ 向量的方向一致，因此可以写为 $\boldsymbol{\nu}_d=\nu_d(\theta_s)\boldsymbol{n}$。入射速度与平均速度之差（包括切向分量）为 $\Delta\boldsymbol{\nu}_d=-\boldsymbol{\nu}_r-\boldsymbol{\nu}_d$，即为每单位大气质量转移到航天器本体的动量。

$$\Delta\boldsymbol{\nu}_d=((-\boldsymbol{\nu}_r-\boldsymbol{\nu}_d)\cdot\boldsymbol{n})\boldsymbol{n}+((-\boldsymbol{\nu}_r-\boldsymbol{\nu}_d)\cdot\boldsymbol{t})\boldsymbol{t}=-(\nu_r\cos\alpha+\nu_d)\boldsymbol{n}-\nu_r\sin\alpha\,\boldsymbol{t} \tag{4.89}$$

通过 J. C. Maxwell 提出的一对系数[29]，可以推断航天器每单位质量的总动量是式（4.88）和式（4.89）的线性组合。切向调节因子 $0\leqslant\sigma_t\leqslant1$ 和法向调节因子 $0\leqslant\sigma_n\leqslant1$（也称为麦克斯韦气体表面相互作用参数），被用来表示漫反射系数。麦克斯韦方程的极端条件如下。

（1）由 $\sigma_t=\sigma_n=0$ 定义的纯镜面反射。

（2）由 $\sigma_t=\sigma_n=1$ 定义的纯漫反射。

航天器单位质量的总动量为

$$\Delta\boldsymbol{\nu}=-((2-\sigma_n)\nu_r\cos\alpha+\sigma_n\nu_d)\boldsymbol{n}-\sigma_t\nu_r\sin\alpha\,\boldsymbol{t} \tag{4.90}$$

式（4.88）和式（4.89）描述的是麦克斯韦方程的极端条件。基本的大气阻力公式是通过将式（4.90）乘以密度为 ρ 的质量流量 $\mathrm{d}\phi=\rho\boldsymbol{\nu}_r\cdot\boldsymbol{n}\mathrm{d}A$，其中航天器表面与大气的接触面积为 $\mathrm{d}A$，因此大气阻力公式可以写为

$$\mathrm{d}\boldsymbol{F}=\mathrm{d}\phi\Delta\boldsymbol{\nu}=\rho\boldsymbol{\nu}_r\cdot\boldsymbol{n}\mathrm{d}A\Delta\boldsymbol{\nu}=-\rho\nu_r^2\cos\alpha(((2-\sigma_n)\cos\alpha+\sigma_n\nu_d/\nu_r)\boldsymbol{n}+\sigma_t\sin\alpha\,\boldsymbol{t})\mathrm{d}A \tag{4.91}$$

用 $\boldsymbol{e}_\nu$ 代替 $\boldsymbol{t}$ 并借助式（4.86），可以得到用于仿真计算的表达式，即

$$\begin{aligned}\mathrm{d}\boldsymbol{F}&=-\frac{1}{2}\rho\nu_r^2(C_n\boldsymbol{n}+C_\nu\boldsymbol{e}_\nu)\mathrm{d}A\\&=-\frac{1}{2}\rho\nu_r^2\cos\alpha(2\times((2-\sigma_n-\sigma_t)\cos\alpha+\sigma_n\nu_d/\nu_r)\boldsymbol{n}+2\sigma_t\boldsymbol{e}_\nu)\mathrm{d}A\end{aligned} \tag{4.92}$$

对于大多数实际情况而言，假设 $\nu_d/\nu_r\ll1$，即为纯吸收，则可以得到普遍适用的大气阻力表达式，即

$$\mathrm{d}\boldsymbol{F}_D=-\rho\nu_r^2\cos\alpha\sigma_t\boldsymbol{e}_\nu\mathrm{d}A \tag{4.93}$$

式（4.93）表明阻力方向与大气流动方向相同。在式（4.93）中，应当注意的是，

不要混淆航天器表面属性值 ν_d 和式（4.83）中的大气属性值 ν_a。不等式 $\nu_d(\Theta_s)/\nu_r \ll 1$ 与假定的极高热流兼容，因为在热大气层中，有 $\Theta_s < \Theta_a$，所以需要假设 $\nu_a(\Theta_a)/\nu_r \ll 1$。

为了进行精确的仿真，沿 $\boldsymbol{e}_v$ 方向的阻力分量 $\mathrm{d}\boldsymbol{F}_D$，必须结合正交分量 $\mathrm{d}\boldsymbol{F}_L$ 使用。将向量 $\boldsymbol{n}$ 分解到 $\boldsymbol{e}_v$ 和 $\boldsymbol{e}_n$ 方向上，可以表示为 $\boldsymbol{n}=\cos\alpha\boldsymbol{e}_v+\sin\alpha\boldsymbol{e}_n$。微元力 $\mathrm{d}\boldsymbol{F}$ 表示为阻力和升力之和，即

$$\mathrm{d}\boldsymbol{F}=\mathrm{d}\boldsymbol{F}_D+\mathrm{d}\boldsymbol{F}_L=-\frac{1}{2}\rho\nu_r^2(C_D\boldsymbol{e}_v+C_L\boldsymbol{e}_n)\mathrm{d}A \tag{4.94}$$

对阻力系数和升力系数进行定义：

$$\begin{aligned}C_D(\alpha,\nu_d,\nu,\sigma_n,\sigma_t)&=2\cos\alpha(\sigma_t+(2-\sigma_n-\sigma_t)\cos^2\alpha+\sigma_n\cos\alpha\nu_d/\nu_r)\\C_L(\alpha,\nu_d,\nu,\sigma_n,\sigma_t)&=2\cos\alpha\sin\alpha((2-\sigma_n-\sigma_t)\cos\alpha+\sigma_n\nu_d/\nu_r)\end{aligned} \tag{4.95}$$

练习 9：

计算式（4.95）中定义的阻力系数和升力系数。在纯镜面反射和纯漫反散的情况下，证明在纯漫反散和 $v_d/v_r\to 0$ 的情况下，升力系数趋于零。

在 3.5.2 节中已经提到，质量为 m 的航天器的弹道系数 $\beta(m)$，但实际上研究对象是飞机而并非航天器，并且有如下定义。

$$\beta(m)=\frac{m}{C_DA_{\mathrm{ref}}}(\mathrm{kg/m^2}) \tag{4.96}$$

在参考区域 A_{ref} 内，空气动力学阻力系数为 C_D。对于像 GOCE 这类细长的航天器，其形状由与大气流动方向垂直的表面和平行于流动方向的侧面组成。C_D 可用于计算前额表面的阻力（此前已有讨论），以及与航天器侧面对齐的大气流产生的表面摩擦力（此前未考虑）。

弹道系数决定了航天器克服大气阻力的能力。在 GOCE 卫星的设计阶段，由于空气阻力系数 C_D 做了过大的估算，再加上没有预估到的低水平的太阳活动，因此计算得到的大气阻力恰好小于航天器的最小推力 0.6mN，从而导致 GOCE 卫星无法在预定高度实现无拖曳控制。将航天器的轨道高度降低，则会有利于阻力和航天器推力的匹配，但是由于目前缺少满足条件的推进器，因此这种设想无法实现。只有从 283.5km 降低到 259.5km 的轨道高度，才能实现无拖曳控制（参见 11.2 节）和对地球进行科学观测。通过对已知的轨道数据进行拟合，可以确定 GOCE 卫星的阻力系数保持在 $C_D\cong 3.4\pm 0.2$ 的范围内[9,25]。对于质量为 $m=1000\mathrm{kg}$ 且表面积为 $A_{\mathrm{ref}}\cong 1\mathrm{m}^2$ 的航天器，其弹道系数接近 $28\mathrm{kg/m^2}$。GOCE 卫星的热模型，被用于设计轨道高度约为 350km 的新一代重力卫星。

4.4.3 航天器的大气阻力和力矩

在 4.3 节中电磁辐射的合力是通过将航天器表面细分为 n 个面积为 A_k，$k=1,2,\cdots,n$ 的微元来计算的。$\boldsymbol{a}_k=\overrightarrow{CC_k}$是航天器主体的质心和表面力压心的向量。式（4.92）中第 k 个表面上的大气阻力 $\mathrm{d}\boldsymbol{F}_{ak}$，可以由相对速度向量 $\boldsymbol{e}_v$、航天器表面的法向量 $\boldsymbol{n}$ 和空气动力学系数 C_{nk} 与 C_{vk} 来计算。航天器表面的阴影面积可以通过可变面积及的向量 $\boldsymbol{a}_k$ 来求解。合力 $\boldsymbol{F}_a$ 是微元力在航天器自身表面上积分的结果，也是 $\boldsymbol{F}_{ak}$ 的总和。

$$\boldsymbol{F}_a = \sum_{k=1}^{n} \boldsymbol{F}_{ak} = \sum_{k=1}^{n} \iint_{A_k} \mathrm{d}\boldsymbol{F}_{ak} = -\frac{1}{2}\rho v_r^2 \sum_{k=1}^{n} (C_{n,k}\boldsymbol{n}_k + C_{\nu,k}\boldsymbol{e}_\nu) A_k \tag{4.97}$$

在下一个等式中，通过将下标 k 附加到 a、σ_n、σ_t、v_d 中，进一步求得空气动力学混合系数 C_{nk}和 C_{vk}。

$$\begin{aligned} C_{nk} &= 2\max(\cos\alpha_k, 0)((2-\sigma_{nk}-\sigma_{tk})\max(\cos\alpha_k, 0)+\sigma_{nk}v_{dk}/v_r) \\ C_{vk} &= 2\max(\cos\alpha_k, 0)\sigma_{tk} \end{aligned} \tag{4.98}$$

要使热模型更加精准地贴近现实的情况，用高斯函数替代 $\max(\cos\alpha_k, 0)$，并且 α 的绝对值 $|\alpha| \leqslant \pi/2$，这意味着在大气流动方向平行于航天器表面时，也会对航天器产生空气阻力。

航天器表面的力矩 $\boldsymbol{M}_{ak}$的和为 $\boldsymbol{M}_a$，即

$$\boldsymbol{M}_a = \sum_{k=1}^{n} \boldsymbol{a}_k \times \boldsymbol{F}_{ak} \tag{4.99}$$

航天器的压心向量 $\boldsymbol{a}$ 由 $\boldsymbol{M}_a = \boldsymbol{a} \times \boldsymbol{F}_a$ 定义。

4.4.4 航天器-大气相对速度

航天器相对于周围大气的相对速度 $\boldsymbol{v}_r$ 取决于大气的动力学特性。将大气速度分解为地球自转、大气自转及相对于地球的风速分量 $\boldsymbol{w}_g$，可以将相对速度写为

$$\boldsymbol{v}_r = \boldsymbol{v} - \boldsymbol{v}_a, \boldsymbol{v}_a = \boldsymbol{\omega}_e \times \boldsymbol{r} + \boldsymbol{w} \tag{4.100}$$

式中：$\boldsymbol{r}$ 和 $\boldsymbol{v}$ 分别为航天器相对于地球质心的位置和速度；$\boldsymbol{\omega}_e$ 为地球的旋转矢量，其大小为 $\omega_e = |\boldsymbol{\omega}_e| = 0.0729\text{mrad/s}$。在 ECI 坐标中，式（4.100）可以写为

$$\begin{bmatrix} v_{r1} \\ v_{r2} \\ v_{r3} \end{bmatrix} = \begin{bmatrix} v_1 \\ v_2 \\ v_3 \end{bmatrix} - \left(\omega_e \begin{bmatrix} -r_2 \\ r_1 \\ 0 \end{bmatrix} + \begin{bmatrix} w_{i1} \\ w_{i2} \\ w_{i3} \end{bmatrix} \right) \tag{4.101}$$

在高度 $h=300\text{km}$ 的近圆轨道上，半长轴为$(r_1^2+r_2^2)^{1/2} \cong a$，卫星速度为 $v=\sqrt{\mu/a}=7730\text{m/s}$，在赤道上与地球共转的大气速度分量为 $\omega_e a \cong 480\text{m/s}$，约为卫星速度的 6%。

根据相对速度单位矢量为 $\boldsymbol{w}_1 = \boldsymbol{v}_r/|\boldsymbol{v}_r|$和在天顶方向（LVLH 坐标系的极点）以航天器质心 C 为原点的风参考坐标系：$\mathcal{W} = \{C, \boldsymbol{w}_1, \boldsymbol{w}_2 = -\boldsymbol{l}_3 \times \boldsymbol{w}_1, \boldsymbol{w}_3 = \boldsymbol{w}_1 \times \boldsymbol{w}_2\}$。通常，用天底方向向量$-\boldsymbol{l}_3$ 代替天顶方向向量，即与 3.3.4 节中的 LVLH 的坐标定义相一致。风坐标系与 3.3.4 节的 LORF 相似，不同之处在于我们用 $\boldsymbol{v}_r$ 代替了航天器的速度 $\boldsymbol{v}$。从航天器本体坐标系到风坐标系的转换矩阵 $\boldsymbol{R}_b^w$ 与风坐标系到航天器本体坐标系的转换，均由 1-3-2 Tait-Bryan 序列$\{\mu, \beta, -\alpha\}$定义。第一个旋转角 μ 为倾斜角，当侧滑角 $\beta=0$ 时，将风坐标系以滚动角旋转角度 μ，使得风坐标平面$\{\boldsymbol{w}_1, \boldsymbol{w}_3\}$与航天器对称平面$\{\boldsymbol{b}_1, \boldsymbol{b}_3\}$平行。第二个角度是侧滑角 β，在零滚动角的条件下，使得风坐标系的垂直平面和航天器对称平面平行。第三个是攻角 α，它使风的速度矢量与航天器对称平面中的第一条本体轴线平行。当攻角 α 为负时，使航天器保持朝向天顶的标准正方向。航天器本体坐标系中的相对速度 v_r 为

$$\boldsymbol{v}_r = \boldsymbol{R}_b^w \boldsymbol{e}_1 = Y(\alpha)Z(-\beta)X(-\mu)[1,0,0] = [\cos\alpha\cos\beta, -\sin\beta, -\sin\alpha\cos\beta]$$

后面两个坐标为负值。

为了解决对地球同步旋转大气估算的偏差，必须对风的流动进行建模。A. E. Hedin 开发了针对水平风的流动模型（HWM93），这是一种常见的高轨道大气模型[10]。风的速度矢量 $\boldsymbol{w}_g$ 的坐标是基于地球地面水平坐标系 $\mathcal{G}=\{C,\boldsymbol{g}_1,\boldsymbol{g}_2,\boldsymbol{g}_3\}$ 给出的，坐标系的 3 个轴分别指向天顶、东方、北方。风还可以用 $\boldsymbol{w}_g=\{w_{g1},w_{g2},w_{g3}\}$ 表示。请读者尝试把以下公式转换到 ECI 坐标系中。

$$\boldsymbol{w}_i(t)=Z(\Omega_0(t_0)+\omega_e(t-t_0)+\boldsymbol{\lambda}(t))Y(-\varphi(t))\boldsymbol{w}_g(t) \tag{4.102}$$

式中：λ 和 φ 分别为卫星质心 C 的经度和纬度；Ω_0 为时间 $t=t_0$ 处格林尼治子午线的赤经或时间是在格林尼治平均恒星时（GMST）t_0 处。图 4.6 所示为处于轨道高度 $h=$ 325km，轨道周期约为 5500s 的近地轨道的 3 个轨道周期内，水平方向上风的速度分量。两个极点对应风速最大值。

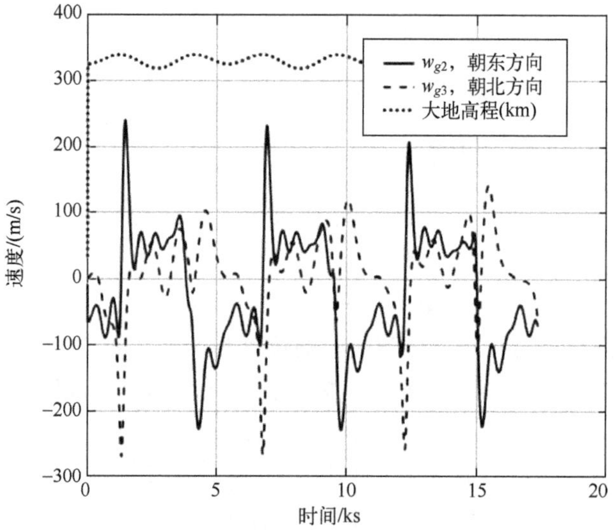

图 4.6　轨道高度 $h=325$km 近地轨道的水平风分量

4.4.5　总的空气阻力表达式

空气阻力表达式（4.97）可以根据以下参数和变量以合成的方式进行描述。

（1）A_{ref}是式（4.96）中可供参考的航天器表面积，用于计算/估算空气动力学系数 C_{Dk}，$k=1$，2，3。

（2）C_{Dk}是第 k 个航天器本体坐标的空气动力学系数，可以用以下参数的描述。

（3）$\{\alpha,\beta\}$是在 4.4.4 节中已经引入的一对参数（攻角、侧滑角）。

（4）ν_r/ν_a 和 Θ_a 分别为 4.4.1 节的分子速率比和大气温度。GOCE 卫星对应的值为 $\nu_r/\nu_a=5.5\sim10.5$[24]。

（5）σ 为 4.4.3 节中麦克斯韦的气体表面相互作用的参数。

总的空气阻力表达式为

$$F_{ak}=-\frac{1}{2}C_{Dk}(\alpha,\beta,\nu_r/\nu_a,\sigma,\Theta_a)A_{\mathrm{ref}}\nu_r^2 \tag{4.103}$$

式（4.96）中的阻力系数 C_D 由 $C_D=C_{D1}(0,0,\nu_r/v,\sigma,\Theta_a)$确定。

4.5 大气密度

本节旨在从基础上理解大气模型。有关大气模型的研究历史，有关资料可以查阅文献［33］。有关最新的 Jacchia-Bowman 2008 大气模型（JB2008 文献［2］），请参见文献［18］。上述资料中的数值精确到 3 位有效数字，这对于高精度的仿真可能是不够的。

4.5.1 气压方程

当仅考虑由于重力随高度 h 的变化而产生的大气压力变化，可以得到最简单大气模型。考虑高度在 $h\sim h+\mathrm{d}h$ 之间的大气层，用 ρ 表示大气密度，单位为 $\mathrm{kg/m^3}$，用 p 表示大气压力，单位为 Pa，用 g 表示重力加速度。那么，大气压平衡的方程可表示为

$$\mathrm{d}p(h)=p(h+\mathrm{d}h)-p(h)=-\rho(h)g(h)\mathrm{d}h \tag{4.104}$$

根据理想气体定律，大气压与大气温度 Θ(K) 和摩尔质量 M_a(kg/kmol) 有关。

$$\rho(h)=p(h)\frac{M_a(h)}{R\Theta_a(h)} \tag{4.105}$$

摩尔质量 M_a 会随大气成分的变化而变化。结合式（4.104）和式（4.105），暂不考虑高度 h 的影响，即可得到如下的大气压方程。

$$\frac{\mathrm{d}\rho}{\rho}=\frac{\mathrm{d}M_a}{M_a}\left(\frac{\mathrm{d}\Theta_a}{\Theta_a}\right)^{-1}-\frac{M_a g}{R\Theta_a}\mathrm{d}h \tag{4.106}$$

式（4.106）可以通过考虑从 $h_0\geqslant 0$ 到 $h_1\geqslant h_0+\Delta h_1$ 的有限层来求解，在每层中，温度 Θ_a、摩尔质量 M_a 和重力加速度 g 均与高度 h 无关。

$$g(h)=g_e\frac{R_e^2}{(R_e+h)^2}\cong\frac{\mu_e}{(R_e+h_0)^2}=g_0,h_0\leqslant h<h_1 \tag{4.107}$$

式中：$g_e=9.81\mathrm{m/s^2}$ 为半径 $R_e=6.38\times10^6\mathrm{m}$ 的赤道处重力加速度大小（请参见表 3.1）。如果使用地球的极半径，那么对应重力加速度的值就会略有变化。式（4.107）给出了大气密度 ρ 的指数模型。

$$\rho(h)=\rho_0\mathrm{e}^{-\frac{h-h_0}{H_0}},\quad \rho_0=\rho(h_0),\quad H_0=\frac{R\Theta_a}{M_{aj}g_0},\quad h_0\leqslant h<h_1 \tag{4.108}$$

式中：H_0为密度标高，在平均海拔 $h=0$ 处的值约为 8.3km。其他的初始参数为

$$M_a(0)=28.96\mathrm{kg/kmol},\quad \rho_a(0)=1.20\mathrm{kg/m^3},\quad \Theta_a(0)=290\mathrm{K} \tag{4.109}$$

在文献［35］中，在海拔 $0\leqslant h_0\leqslant 1000$km 范围内，可以确定 ρ_0、h_0 及 H_0 3 个系数的值。很明显，从式（4.108）中可以看出，大气密度 ρ 主要取决于温度 Θ_a 和摩尔质量 M_a，而 Θ_a 和 M_a 会随 h 的变化而变化（图 4.7）。

低于 105km 的海拔高度，大气分子含有不饱和的湍流混合成分，从而确定了均质层的特性，温度首先从平均海平面开始降低，最后升高，在约 50km 处达到峰值，最后再次降低。在海拔约 100km 处，温度降至最低值约为 180K。在海拔高度 105km 以上，开始进入非均匀层，中性分子会根据其分子质量分层（图 4.7），温度明显升高，趋向

于大气温度的极限值 Θ_∞，90~105km 是同球心大气层和异球心大气层之间的过渡层，该过渡层包括卡曼线。3.5.2 节中已经对这条线做出了定义，卡曼线通常位于 100km 的高度。高层大气模型从 90km 的海拔高度处开始生效，尽管该区域在发射和再入大气过程的问题尚未全部解决[22]。

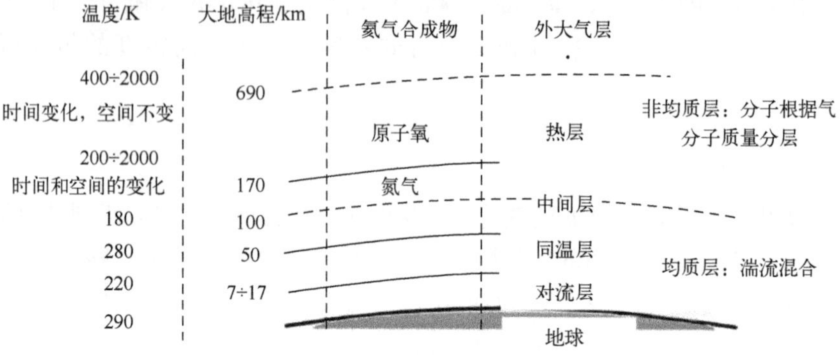

图 4.7　地球大气层

通过假设大气层的中性分子发生湍流混合，在范围 $h_0=90\leqslant h<h_1=105\text{km}$ 内，可以计算出分隔上下大气层的密度 ρ。为此，根据可变温度、摩尔质量和重力对气压方程式（4.106）进行积分。摩尔质量 M_a 由六阶多项式 $M_a(h)=\sum_{k=0}^{6}m_k(h-h_0)^k$ 近似，系数为

$$\begin{aligned}&m_0=28.2,m_1=-85.6\times10^{-3},m_2=0.128\times10^{-3},m_3=-10.1\times10^{-6}\\&m_4=-10.2\times10^{-6},m_5=1.50\times10^{-6},m_6=99.8\times10^{-9}\end{aligned}\tag{4.110}$$

积分后的解为

$$\begin{aligned}&\rho(h)=\rho(h_0)\frac{M(h)}{M(h_0)}\frac{\Theta(h_0)}{\Theta(h)}\mathrm{e}^{-\frac{W(h)}{R}},h\geqslant h_0=90\text{km}\\&W(h)=\int_{h_0}^{h}\frac{M(z)g(z)}{\Theta(z)}\mathrm{d}z\end{aligned}\tag{4.111}$$

其中，$\rho(h_0)=3.46\times10^{-6}\text{kg/m}^3$，$\Theta(h_0)=183\text{K}$，第二行的公式是以 10m 的小步长对大气层进行数值求解。

4.5.2　扩散方程

在非均匀层中，气压方程式（4.106）可以由以下扩散方程代替，其中 $i=1,2,\cdots,6$ 代表了大气层的 6 种中性成分。

$$\frac{\mathrm{d}n_i}{n_i}=-(1+\alpha_i)\frac{\mathrm{d}\Theta_\mathrm{a}}{\Theta_\mathrm{a}}-\frac{M_ig(h)}{R\Theta_\mathrm{a}}\mathrm{d}h\tag{4.112}$$

式中：n_i、M_i 和 a_i 分别为粒子密度或每单位体积（m^{-3}）的原子数、中性粒子 i 的分子质量和热扩散率。大气平均密度 ρ 和摩尔质量 M_a 可以由下式得出

$$\rho(h)=\sum_i n_i(h)M_i/N_A,\quad M_a(h)=\rho(h)/n\tag{4.113}$$

其中，$n=\sum_{i=1}^{6} n_i$，常数 $N_A=0.6022\times10^{27}$。大气压方程（4.106）和扩散方程（4.112）均由温度 Θ_a 和重力加速度 g 影响。

当 $i=1,2,\cdots,n$，初始条件 $n_i(h_1)$ 可以通过大气层海平面粒子密度 $n_i(0)$ 求得，并且 $h_1=105\text{km}$，i 表示的每种分子，在海平面的体积分数 q_i 保持恒定，但氧分子 O_2 除外，因为氧分子会分解成氧原子，从而降低了式（4.113）中的平均分子量 $M_a(h)$。具体参数已在表 4.5 列出。

表 4.5　大气层中性粒子参数

序号 i	符号	在海平面处体积分数 q_i/m^{-3}	分子质量 $M_i/(\text{kg/kmol})$	热扩散 a_i
1	N_2	0.781	28.0	0
2	Ar	0.00934	39.9	0
3	He	0.08×10^{-3}	4.00	-0.38
4	O_2	0.210	32.0	0
5	O	0	16.0	0（>0 当 h>0）
6	H	0.001×10^{-3}	1.01	0

考虑到在低海拔处，$M_a(h_1)=25.2\text{kg/kmol}$ 和 $\rho(h_1)=10.6\times10^{-8}\text{kg/m}^3$，并且在均质层会发生氧气分解，则大气粒子密度可由下式推算。

$$
\begin{aligned}
&n_i(h_1)=N_A\rho(h_1)\frac{q_i}{M_a(0)},\quad i=1,2,3\\
&n_4(h_1)=N_A\rho(h_1)\left(\frac{1+q_4}{M_a(0)}-\frac{1}{M_a(h_1)}\right)\\
&n_5(h_1)=2N_A\rho(h_1)\left(\frac{1}{M_a(h_1)}-\frac{1}{M_a(0)}\right)
\end{aligned}
\tag{4.114}
$$

氢分子仅存在于 $h\geqslant h_6=500\text{km}$ 处，表达式 $\log_{10}n_6(h_6)=79.1-39.4\log_{10}\Theta_a(h_6)+5.5\log_{10}\Theta_a^2(h_6)$ 可以确定氢分子密度。氢分子的扩散方程可以逐步积分成式（4.115）所示。当 $h\geqslant h_1$，方程（4.112）的积分形式可以写为

$$
\begin{aligned}
&n_i(h)=n_i(h_i)\left(\frac{\Theta_a(h)}{\Theta_a(h_i)}\right)^{-(1+\alpha_i)}\mathrm{e}^{-\frac{M_iG_i(h)}{R}},\quad h\geqslant h_i,i=1,2,\cdots,6\\
&G_i(h)=\int_{hi}^{h}\frac{g(z)}{R}\mathrm{d}z,\quad h_i=h_1,i=1,2,\cdots,5
\end{aligned}
\tag{4.115}
$$

在式（4.111）中，$G_i(h)$ 必须通过数值积分，得到 $W(h)$。

J. G. C. Walker 和 C. E. Roberts[17,27] 采用了 L. G. Jacchia[14] 在 1960 年和 1970 年之间测得的实际卫星的经验温度曲线代替 $\Theta_a(h)$，从而对式（4.112）完成了求解。该经验曲线适用于 $h=125\text{km}$ 以上的高度，其中温度 $\Theta_a(h)$ 值会出现一个拐点。经验公式为

$$
\begin{aligned}
&\Theta_a(h)=\Theta_\infty-(\Theta_\infty-\Theta_x)\mathrm{e}^{-D(\Theta_x,h_x)x(h)}\\
&D(\Theta_x,h_x)=\frac{\Theta_x-\Theta_0}{\Theta_\infty-\Theta_x}\frac{r_x(h_x)}{h_x-h_0},\quad x(h)=\frac{h-h_x}{R_e+h}
\end{aligned}
\tag{4.116}
$$

式中：D 和 x 均为无量纲的。在式（4.116）中，$\Theta_0=183\text{K}$ 是 $h_0=90\text{km}$ 处的非均质层的初始温度，$r_x=1.9(R_e+h_x)$ 是 h_0 到 h_x 的可变轮廓半径，Θ_x 是经验式给出的拐点处的温度。

$$\Theta_x=444.0-0.0238\Theta_\infty-393\mathrm{e}^{-0.00213\Theta_\infty} \tag{4.117}$$

式中：Θ_∞ 为外大气层温度，即大气的边界温度对航天器外部输入所起的作用。

通过比较式（4.116）和式（4.107），可得

$$\begin{aligned} &\mathrm{d}\Theta_a(h)=D(\Theta_\infty-\Theta_x)\mathrm{e}^{-Dx(h)}\mathrm{d}x(h) \\ &\mathrm{d}x(h)=\frac{R_e+h_x}{(R_e+h)^2}\mathrm{d}h \\ &g(h)\mathrm{d}h=g_e\frac{R_e^2}{R_e+h_x}\mathrm{d}x(h) \end{aligned} \tag{4.118}$$

式中：$\mathrm{d}x$ 为无量纲；$h_x=125\text{km}$ 为拐点处的高度。将式（4.118）替换为式（4.112），得到如下微分方程。

$$\begin{aligned} &\frac{\mathrm{d}n_i}{n_i}=-\frac{\gamma_i(\Theta_x,h_x)\Theta_\infty+(1+\alpha_i)(\Theta_\infty-\Theta_x)\mathrm{e}^{-D(\Theta_x,h_x)x(h)}}{\Theta_\infty-(\Theta_\infty-\Theta_x)\mathrm{e}^{-D(\Theta_x,h_x)x(h)}}D(\Theta_x,h_x)\mathrm{d}x(h) \\ &\gamma_i(\Theta_x,h_x)=\frac{M_ig_e}{RD(\Theta_x,h_x)\Theta_\infty}\frac{R_e^2}{R_e+h_x} \end{aligned} \tag{4.119}$$

积分式中，从 h_x 到 h 的区域，对式（4.119）进行积分，求得 Walker-Roberts 表达式[27]，即

$$\begin{aligned} &n_i(h)=n_i(h_x)\mathrm{e}^{-D(\Theta_x,h_x)\gamma_i(\Theta_x,h_x)x(h)}\left(\frac{1-\vartheta_x}{1-\vartheta_x\mathrm{e}^{-D(\Theta_x,h_x)x(h)}}\right)^{1+\alpha_i+\gamma_i(\Theta_x,h_x)} \\ &\vartheta_x=\frac{\Theta_\infty-\Theta_x}{\Theta_\infty} \end{aligned} \tag{4.120}$$

我们对“热大气层”的底层区域感兴趣，该层的海拔高度为 100~700km，大多数卫星都在此轨道高度范围运行，并且过去和现在都是国际空间站和其他空间站的轨道。图 4.8 展示了 125~1000km 的轨道高度，大气层中各成分的粒子密度 n_i，$i=1,2,\cdots,n=6$ 的演变过程。使用 NRL-MSIS-E-90 编码［11］进行比较。与由式（4.120）和表 4.5 计算的密度 $n_i(h)$ 作比较。图 4.8 中并未报告，但在图 4.9 中，两者显示出了良好的一致性。

在外部温度 $\Theta_\infty=1350\text{K}$，图 4.9 比较了 NRL-MSISE-E-90 模型与式（4.113）和式（4.120）的解析模型计算出来的大气密度。图 4.9 所示为较低外部温度下的热大气层密度分布图，表明 Θ_∞ 是热大气层密度的影响因素。

练习 10：

使用式（4.120）计算 125~1000km 的海拔高度范围，大气温度 $\Theta_\infty=1000\text{K}$ 的大气密度，并将计算得到的值与式（4.113）在图 4.9 中的图像作对比。

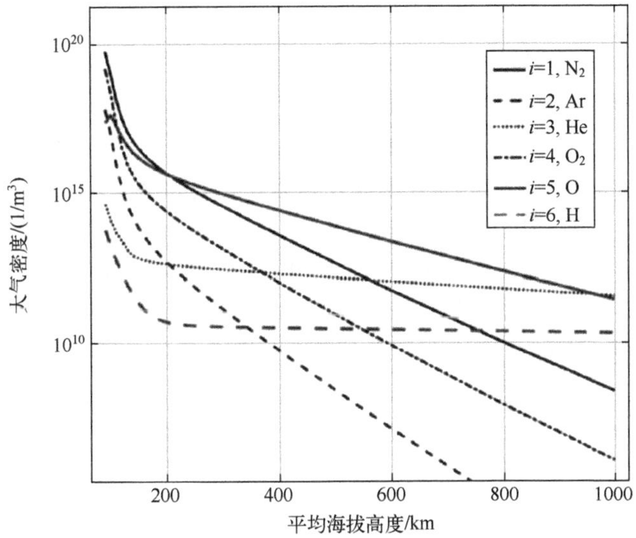

图 4.8　温度 $\Theta_\infty = 1350$K，NRL-MSIS-E-90 不同种类的大气密度

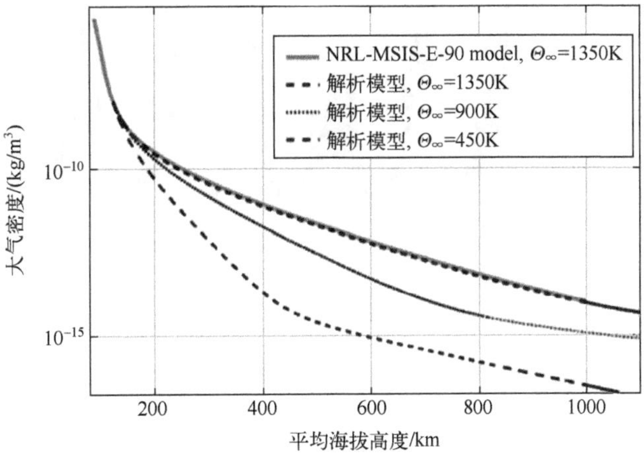

图 4.9　MSIS-E-90 与本节模型的高空大气密度比较

4.5.3　Jacchia 大气温度模型及优化

为了完善分析模型，需要建立外部温度 Θ_∞ 的模型，因为它是热大气层密度的扰动函数。外大气层的温度是随时间变化的，并且受昼夜效应、太阳的紫外线辐射、太阳风和地磁暴的影响。

（1）日照效应是太阳紫外线辐射加热的结果，并根据地理纬度产生日密度变化。

（2）极端的太阳紫外线辐射是造成 Θ_∞ 短期（日）和长期（年）变化的原因。1946 年，加拿大射电天文学家 A. Covington 观测到一个频率为 2.8GHz（10.7cm 波长）的辐射量。该辐射量与太阳活动和辐照度的变化密切相关，包括太阳黑子的数量和面积。这种测量辐射量的方法优势是在所有天气条件下可重复。从那时起，以 $F_{10.7}$命名，波长为 10.7cm 的太阳辐射通量的光谱密度为 0.1×10^{-21} W/(m²Hz)，该值是连续记录的日平均值，提供了最准确的太阳活动周期的证据。图 4.10 涵盖了约

5.5 个周期，总时间跨度为 11 年，自 1947 年以来记录的太阳黑子活动的每日辐射通量数据。从 2002 年到 2008—2009 年，$F_{10.7}$的下降速度变得相当缓慢，然后保持在 65~75，辐射通量较低且较为稳定。该范围对应于完全没有太阳黑子的辐射量，并且在 2008 年持续了很长时间，超出了预期的最低活动辐射量。这种平和的太阳活动是偶然的。欧洲 GOCE 卫星于 2009 年 3 月开始启动工作，最初计划是只进行 20 个月的科学观测，但由于太阳辐射的阻力小于预期，完全可以通过电动推进器技术进行补偿，因此该飞行任务得以持续到 2013 年 11 月。2015—2016 年连续出现最大的 $F_{10.7}$ 辐射项，似乎都要比平时低，并且低于 1970 年的最大值，从而证实了太阳辐射活动确实处于比较低等级的状态。

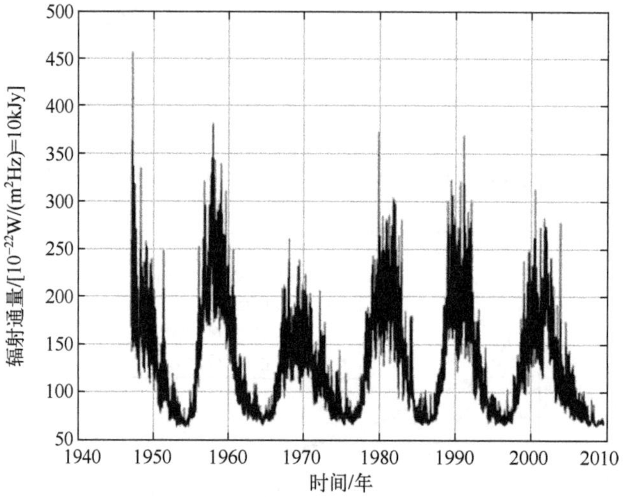

图 4.10　1947—2009 年太阳辐射通量的频谱密度

图 4.11 所示为自 1947 年以来日太阳辐射通量的功率谱，横坐标的单位为（1/day)，最小刻度为 $\Delta f=0.06\times10^{-3}$(1/day)。我们可以通过尖锐的轮廓分别识别出周期为 11 年和 27 天的峰值。由图 4.11 可知，横坐标 $f_{11y}=0.3\times10^{-3}$(1/day)处，对应的周期为 9.2 年，低频峰值比周期约为 10.5 年的峰值还要低得多。之所以出现这种差异，是因

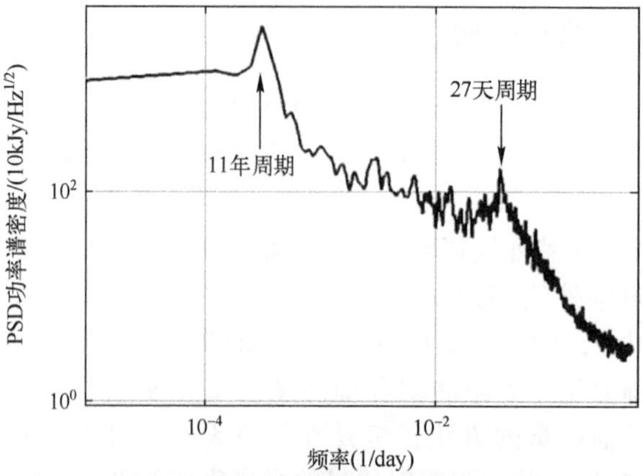

图 4.11　日太阳辐射通量的频谱密度（27 天）

为频率分辨率 Δf 非常接近 f_{11y}。换句话说，只有少量的周期是有效的。谱峰值出现在横坐标 $f_{27d}=0.0365(1/day)$ 处，对应周期非常接近 27.3 天的太阳活动周期。从地球上看，太阳的交会周期是太阳的自转周期，由于地球绕太阳公转，因此交会周期比太阳的恒星周期（约 25 天）长。

（3）团状太阳风能直接引起大气密度的短期变化，也能间接受地磁暴的影响。

（4）地磁暴是大气密度变化的另一个原因。自 1932 年以来，每天每隔 3 小时记录一次以 nT 为单位的日地磁指数 A_p，以此来表示地磁暴的强度。图 4.12 所示为与太阳辐射通量 $F_{10.7}$ 重叠的地磁指数 A_p 的日平均值。尽管两者之间存在一定的相关性，但通过比较它们的谱密度（图 4.11 仅显示了日太阳通量的谱密度），可以发现地磁指数的变化比太阳辐射通量 $F_{10.7}$ 要更加不规律。

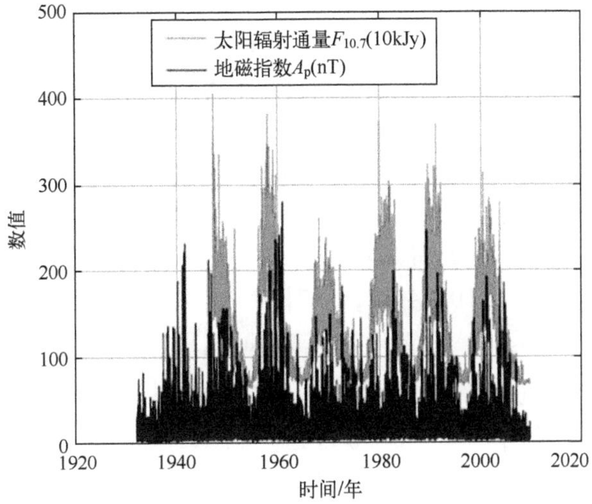

图 4.12　地磁指数和太阳辐射通量的日平均值

简化的 Jacchia 大气外层温度模型[21]，解释了上述现象，即

$$\Theta_\infty=\Theta_F(F_{10.7},\overline{F}_{10.7})\times(1+\delta\theta(\varphi,\alpha,\alpha_S,\delta_S))+\Delta\Theta_A(A_p,h) \tag{4.121}$$

式中：$\overline{F}_{10.7}$ 为监测了 81 天 $F_{10.7}$ 的平均值；φ 为卫星的地心纬度；$\alpha=\Omega_0+\lambda$ 为航天器的赤经，为 GMST Ω_0 和经度 λ 的和；α_S 和 δ_S 分别为太阳的赤经和赤纬；A_p 为地磁指数。下面式子：

$$\Delta\alpha_s=\alpha-\alpha_S=\Omega_0+\phi-\alpha_S \tag{4.122}$$

式中：$\Delta\alpha_s$ 为太阳地方时角。式（4.121）中的经验函数可以在文献［21］中找到。Bowman 及他的同事建立了新的航天器阻力数据和新的太阳活动指数来纠正和改善 Jacchia 模型，其代号为 JB2008[2]。文献［18］论述了温度方程的修正和原理。

4.5.4　中、短时间的大气密度分量

现阶段公认的大气模型是 NRL-MSIS-E-00。文献［34］将 JB2008 与 NRL-MSIS-E-00 作比较，空间研究委员也在报告中指出[7]，NRL-MSIS-E-00 模型的分辨率更高，但 JB2008 模型的太阳辐射通量具有更高的精度。自 1980 年以来，J. M. Picone 及他的同事使用质谱仪和非相干散射（MSIS）雷达收集太空中的大气数据，形成了一个从地

面到外大气层的大气经验模型[26]，在首字母缩略词中用 E 表示，NRL 则是指海军研究实验室。该模型使用了大量的实验数据，最新版本是 MSIS-E-00（其中 00 表示 2000 年）。

旧版 MSIS-E-90 模型用于 GOCE 卫星的无拖曳和姿态控制的设计和测试（请参见第 11 章和第 12 章）。在设计期间以及航天器实际在轨运行的大气模型是必须要解决的问题。在设计需求上，热大气层密度模型的时间分辨率必须达到 0.1s，才能与 5Hz 的奈奎斯特频率相匹配，而 MSIS-E-90 模型的测量频点约为 2.5mHz，对应的采样周期在 10min 以内。由于太阳指数 $F_{10.7}$是以 24h 为时间周期的每日数据（约等于 0.01mHz），因此与 GOCE 卫星需要的短期模型相比，MSIS-E 可以称为中等时长模型。考虑到航天器的运行，将原定的 284km 的轨道高度降低到 260km，以使得推进器满足更大的大气阻力需求[15]。幸运的是，较低的轨道高度有利于 GOCE 科学任务的实现。通过基于 Hickey 经验模型的 MSIS-E-90 的大气密度进行随机插值，从而实现了 GOCE 的设计需求[12]。其中 Hickey 经验模型的原始奈奎斯特频率为 33mHz，在没有短期模型数据的情况下会增大到 5Hz。

原始的 Hickey 模型是一组 $j=1,2,3,4$ 的 4 个二阶色噪声，根据绝对地心纬度 $|\phi|$ 和 3h 的地磁指数 A_p 选择对应值。

$$\begin{cases}\{0\leqslant|\phi|<0.7,0.7\leqslant|\phi|<\pi/2\}\\\{0\leqslant A_p<7,A_p>7\}\end{cases}\tag{4.123}$$

原始单位时间 $T_h=15\text{s}$ 时，有色噪声的离散时间（DT）状态空间方程为

$$\begin{aligned}&\begin{bmatrix}h_{1j}\\h_{2j}\end{bmatrix}(k+1)=\begin{bmatrix}1&1\\-\alpha_j&\beta_j\end{bmatrix}\begin{bmatrix}h_{1j}\\h_{2j}\end{bmatrix}(k)+\begin{bmatrix}0\\\gamma_j\end{bmatrix}w(k)\\&\partial\rho_j(k)=[-\alpha_j\quad\beta_j]\begin{bmatrix}h_{1j}\\h_{2j}\end{bmatrix}(k)+\gamma_j w(k)\end{aligned}\tag{4.124}$$

式中：k 为离散时间；系数 a_j、β_j 和 γ_j 随 j 变化；输入量 w 是零均值单方差白噪声，输出$\partial\rho_j$ 为密度分数，满足约束 $|\partial\rho_j(k)|<0.2$，且必须与 MSIS-E 模型的 ρ_m 组合，以提供校正后的密度 ρ。

$$\rho(k)=\rho_m(k)(1+\partial\rho_j(k))\tag{4.125}$$

有色噪声方程（4.124）已通过低采样率状态空间方程扩展到 GOCE 时间单位 $T=T_h/N_h,N_h=150$，该方程以 N_h为步长，其自由响应和强制响应与式（4.124）一致。可以通过在较低频率下的 Z 传递函数来进行与上述方法相同的扩展。

图 4.13 所示为 Hickey 模型校正之前和之后，在中高等级的太阳指数 $F_{10.7}=220\times 10\text{kJy}$ 及中低时间段的地磁指数 $A_p=20\text{nT}$ 的条件下，轨道高度 $h=325\text{km}$ 的近圆轨道处的 MSIS-E-00 大气模型的谱密度。轨道高度 $h=325\text{km}$ 是欧洲下一代重力飞行任务的近地轨道的下限值。该飞行器作为 GOCE 飞行任务的继任者，目前正在研究中[4,5]。低于 1mHz 的校正密度与 MSIS-E-00 模型计算得到的密度一致。当高于 1mHz 时，它会与 MSIS-E-00 轮廓一致。当 Hickey 模型的奈奎斯特频率高于 33mHz 时，它会随着 Hickey 模型的高频部分的渐近线而下滑。

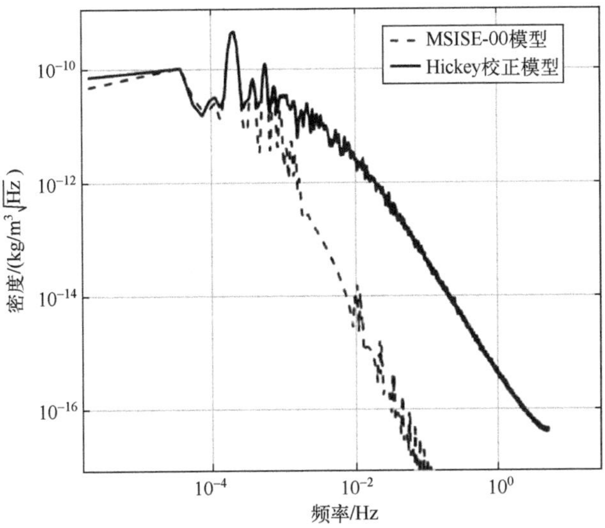

图 4.13　用 Hickey 模型校正前后，在 325km 高度处的热大气层谱密度

4.6　行星磁场对航天器产生的力矩

4.6.1　磁场模型

在距地心距离为 r 处，地球磁场分布（EMF）可以由位于地球质心的磁偶极子 $\boldsymbol{d}_m = H_e\boldsymbol{s}_m$ 产生的磁场来近似，磁偶极子的大小为 $H_e = 7.95\times10^{15}\,\text{Wbm}$。在位置 r 处的磁通密度 $\boldsymbol{B}_e$ 可以由下面的梯度表示。

$$\boldsymbol{B}_e(\boldsymbol{r}) = -\nabla\left(\frac{\boldsymbol{d}_m\cdot\boldsymbol{r}}{r^3}\right) \tag{4.126}$$

回想一下：

$$\begin{aligned}&\frac{\partial}{\partial r_k}r = \frac{\partial}{\partial r_k}\sqrt{r_x^2+r_y^2+r_z^2} = \frac{r_k}{r}\\&\frac{\partial}{\partial r_k}\frac{1}{r^3} = -3\frac{r_k}{r^5}\end{aligned} \tag{4.127}$$

可以得到

$$\boldsymbol{B}_e(\boldsymbol{r}) = \frac{1}{r^3}\left(3\frac{\boldsymbol{d}_m\cdot\boldsymbol{r}}{r^2}\boldsymbol{r}-\boldsymbol{d}_m\right) = \frac{H_e}{r^3}\left(3\frac{\boldsymbol{s}_m\cdot\boldsymbol{r}}{r^2}\boldsymbol{r}-\boldsymbol{s}_m\right) \tag{4.128}$$

在地球赤道处，可以发现 $H_e/r^3 \cong 27\mu\text{Wb/m}^2 = 27\mu\text{T}$ 和 $|\boldsymbol{B}_e<70|\mu\text{T}$。磁偶极子单位向量 $\boldsymbol{s}_m$ 的方向是从北磁极指向南磁极，在 ECEF 坐标系中（经度 $\boldsymbol{\lambda}_m$ 和纬度 ϕ_m）可以表示为

$$\boldsymbol{s}_{m(2010)} = -\begin{bmatrix}\cos\varphi_m\cos\lambda_m\\ \cos\varphi_m\sin\lambda_m\\ \sin\varphi_m\end{bmatrix} \cong \begin{bmatrix}0.061\\0.067\\-0.995\end{bmatrix} \cong \begin{bmatrix}s_m\\s_m\\-1+s_m^2\end{bmatrix} \tag{4.129}$$

在 2005—2015 年，磁偶极子的经度和纬度的最新变化[6,19,20]为

$$\begin{aligned}&\lambda_m(2005)\cong -1.98\text{rad}(-114.4°), \quad \phi_m(2005)\cong 1.44\text{rad}(82.7°)\\&\lambda_m(2010)\cong -2.31\text{rad}(-132.6°), \quad \phi_m(2010)\cong 1.48\text{rad}(85°)\\&\lambda_m(2015)\cong -1.26\text{rad}(-72.6°), \quad \phi_m(2015)\cong 1.40\text{rad}(80.3°)\end{aligned} \tag{4.130}$$

地球磁极的常规定义与磁铁对磁极的定义相反，因为磁铁内部的磁力线定义的方向为从南极到北极，地球的磁力线则定义为从地理上的北极到地理上的南极。其原因是地球上从南到北的方向是与磁场对齐的磁铁（指南针）的方向一致。

地球磁通密度 $|\boldsymbol{B}_e|$ 的等高线图如图 4.14 所示。

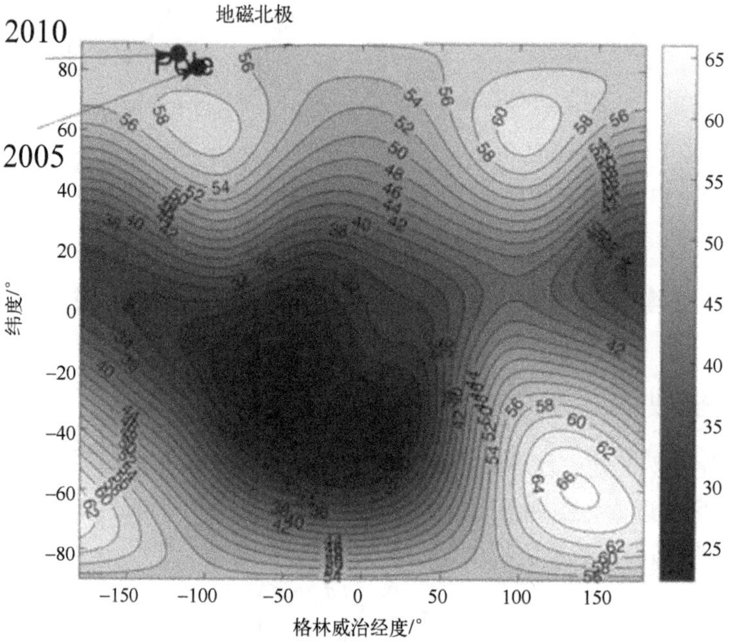

图 4.14　地球磁通密度（以 μT 为单位）的等高线图

图 4.14 中的数据来源于地球表面的磁场模型（WMM9 2005）[20]。地球磁场北极位于左上方。磁偶极子的单位向量会随时间而发生变化。

忽略地球的自转，式（4.129）中的单位矢量 $-\boldsymbol{s}_m$ 可以用于定义地磁惯性系 $\mathcal{M}=\{E,\boldsymbol{m}_1,\boldsymbol{m}_2,\boldsymbol{m}_3\}$ 中的 $\boldsymbol{m}_3$ 的方向，$\boldsymbol{m}_1$ 是地磁赤道与黄道面的交点，并指向春分点。任何基于地心的开普勒轨道都可以通过在惯性系 $\mathcal{M}$ 中的升交点赤经 $\boldsymbol{\Omega}_m$ 和地磁倾角 i_m 来定义。这样便能从式（4.128）中得出 LVLH 坐标系中向量 $\boldsymbol{B}_e$ 的坐标 $\boldsymbol{B}_l$，即

$$\begin{aligned}&\boldsymbol{B}_l=\frac{H_e}{a^3}\left(3\,\frac{\mathbf{s}_l\cdot\mathbf{r}_l}{a^2}\mathbf{r}_l-\mathbf{s}_l\right)=\frac{H_e}{a^3}\begin{bmatrix}\sin i_m\cos\theta\\ \cos i_m\\ -2\sin i_m\sin\theta\end{bmatrix}\\&|\boldsymbol{B}_l|=\frac{H_e}{a^3}\sqrt{1+3\sin^2 i_m\sin^2\theta}\end{aligned} \tag{4.131}$$

其中，LVLH 坐标系中 $\boldsymbol{s}_m$ 和 $\boldsymbol{r}$ 的坐标，可以分别表示为

$$\boldsymbol{s}_l=\boldsymbol{P}^{\mathrm{T}}Z(-\theta)X(-i_m)Z(-\Omega_m)\begin{bmatrix}0\\0\\-1\end{bmatrix},\quad P=\begin{bmatrix}0&0&1\\1&0&0\\0&1&0\end{bmatrix} \tag{4.132}$$

$$\boldsymbol{r}_l=a[0,0,1]$$

4.6.2 航天器的磁场及磁力矩

由于环路电流的作用，航天器都会产生磁场。星载的有源设备（太阳能板）提供电流或吸收电流（传感器、执行器、计算机、仪器等）。电流在闭合电路（非零的等效面积）中流动，并产生磁场，该磁场与封闭回路的面积及电流大小成正比。在整个航天器中，偶极子以矢量方式叠加，从而产生可变且非零的力与力矩。

长度 $l=|\boldsymbol{s}|$，电流为 I 的电导体沿 $\boldsymbol{s}$ 方向，切割磁通密度为 $\boldsymbol{B}_e$ 的均匀磁场，产生的力为

$$\boldsymbol{F}=I\boldsymbol{s}\times\boldsymbol{B}_e \tag{4.133}$$

式中：$|\boldsymbol{B}|$为以 $\mathrm{Wb/m^2=Vs/m^2=T}$ 为单位的磁通密度的大小。处于均匀磁场中的线圈 Γ，用 $\mathrm{d}\boldsymbol{s}$ 表示线圈弧长微元，其长度$|\mathrm{d}\boldsymbol{s}|=\mathrm{d}l$。那么，线圈受到的合力等于零。

$$\boldsymbol{F}=I\oint_{\Gamma}\boldsymbol{s}\times\boldsymbol{B}_e \tag{4.134}$$

相对于点 C 的力矩，这并不成立，因为

$$\begin{aligned}&\boldsymbol{M}_m=I\oint_{\Gamma}\boldsymbol{r}\times(\mathrm{d}\boldsymbol{s}\times\boldsymbol{B}_e)=I\oint_{\Gamma}\boldsymbol{r}\cdot\boldsymbol{B}_e\mathrm{d}\boldsymbol{s}\\&\oint_{\Gamma}\boldsymbol{r}\cdot\mathrm{d}\boldsymbol{s}=0\end{aligned} \tag{4.135}$$

式中：$\boldsymbol{r}$ 为线圈弧长微元 $\mathrm{d}\boldsymbol{s}$ 的位置向量，矢量 $\boldsymbol{r}$ 的线积分为零，因为它可以作为函数的梯度求解。实际上，$\boldsymbol{r}=(r_1,r_2,r_3)$可以通过函数 $\boldsymbol{r}^{\mathrm{T}}\boldsymbol{r}/2$ 的梯度求解。用 S 表示线圈的横截面积，用 n 表示线圈平面的法线。定义磁偶极矩 $\boldsymbol{m}(\mathrm{A\cdot m^2})$，则式（4.135）可以转换为

$$\boldsymbol{M}_m=IS\boldsymbol{n}\times\boldsymbol{B}_e=\boldsymbol{m}\times\boldsymbol{B}_e \tag{4.136}$$

航天器处于均匀已知的磁场中，测量航天器的剩余磁场。磁力矩与磁场正交。绕地球轨道飞行的航天器处于磁通密度为 $\boldsymbol{B}_e$ 的可变地球磁场中，其结果与方程（4.136）描述的一致。假设$|\boldsymbol{m}|\leqslant 1\mathrm{Am^2}$，则地球的磁通密度的大小约为$|\boldsymbol{B}_e|\leqslant 60\mu\mathrm{T}$，因此磁力矩大小由下面式子得出。

$$|\boldsymbol{M}_m|\leqslant|\boldsymbol{m}||\boldsymbol{B}_e|=60\mu\mathrm{Nm} \tag{4.137}$$

根据等式（4.136），地球磁场分布可用于产生控制力矩，并分为 3 个正交分量 $m_k\boldsymbol{b}_k,k=1,2,3$，每个分量都与体轴 $\boldsymbol{b}_k$ 对齐。相关的执行器称为*磁力矩器*，没有活动部件，结构非常简单，并且通常作为辅助控制姿态的制动器或用于卸载反作用轮的力而被安装在航天器上。唯一关键的问题是，执行器产生的力矩在与地球磁场分布正交的平面内，因此不能任意控制航天器的每个主轴（二维平面瞬时可控）。

为简单起见，假设航天器的 3 个主轴分别与 LVLH 的 3 个坐标轴对齐，以 $\boldsymbol{M}_c$（在航天器本体坐标系中）为所需的控制力矩以及 $\boldsymbol{m}=[m_1,m_2,m_3](\mathrm{Am^2})$为相应的磁偶极矩。式（4.136）为作用在航天器上的实际力矩 $\boldsymbol{M}_u=\boldsymbol{m}\times\boldsymbol{B}$。其中，由于航天器的 3 个主

轴分别与 LVLH 的 3 个坐标轴对齐，可以由式（4.131）中的 $\boldsymbol{B}_l$ 得到 $\boldsymbol{B}=\boldsymbol{B}_l[T=Vs/m^2]$。另外，$\boldsymbol{M}_u$ 只能是 $\boldsymbol{M}_c$ 在垂直于 $\boldsymbol{b}=\boldsymbol{B}/|\boldsymbol{B}|$ 平面上的投影，因此 $\boldsymbol{M}_u$ 可写为

$$\boldsymbol{M}_u=\boldsymbol{\Pi}(\boldsymbol{b})\boldsymbol{M}_c=(\boldsymbol{I}_3-\boldsymbol{b}\boldsymbol{b}^{\mathrm{T}})\boldsymbol{M}_c=\frac{-\boldsymbol{B}\times\boldsymbol{B}\times}{|\boldsymbol{B}|^2}\boldsymbol{M}_c=\boldsymbol{m}_u\times\boldsymbol{B} \tag{4.138}$$

使用式（2.11）中的符号，$\boldsymbol{\Pi}(\boldsymbol{b})$ 是一个投影矩阵，磁场产生的控制磁力矩可以写为

$$\boldsymbol{m}_u=\frac{\boldsymbol{b}\times\boldsymbol{M}_c}{|\boldsymbol{B}|} \tag{4.139}$$

幸运的是，在式（4.131）中，由于不同的纬度 ϕ_m，不同的轨道异常 θ 会使 $\boldsymbol{B}$ 的方向随时间而发生变化。在整个轨道周期内会出现在某个方向上，有一段时间磁力矩消失的现象。事实上，投影矩阵 $\boldsymbol{\Pi}(\boldsymbol{b})$ 的轨道平均值没有奇异值，属于三维连续可控，与二维瞬时可控性不同。

练习 11：

假设 $\boldsymbol{B}=\boldsymbol{B}_l$，使用式（4.131）计算式（4.138）中的矩阵 $-\boldsymbol{B}\times\boldsymbol{B}\times$，并证明：

$$\frac{1}{T_o}\int_t^{t+T_o}(-\boldsymbol{B}(\tau)\times\boldsymbol{B}(\tau)\times)\mathrm{d}\tau=\left(\frac{H_e}{a^3}\right)^2\begin{bmatrix}1+\sin^2 i_m & 0 & 0\\ 0 & \frac{5}{2}\sin^2 i_m & 0\\ 0 & 0 & \frac{1}{2}\times(1+\cos^2 i_m)\end{bmatrix} \tag{4.140}$$

式中：i_m 为地磁场倾角。在式（4.140）中，得出平均矩阵的条件数 $\lambda_{\min}(i_m)/\lambda_{\max}(i_m)$。结果表明，当 $i_m\to 0$ 时，平均矩阵失去了可控性。请证明，由下式定义的投影矩阵 $\Pi(\boldsymbol{b})$ 的平均 $\overline{\Pi}(\boldsymbol{b})$，如式（4.140）中所示，是对角矩阵，并且 $i_m\to 0$ 时，$\overline{\Pi}(\boldsymbol{b})$ 有奇异值：

$$\overline{\Pi}(b)=\overline{\Pi}(i_m)=\frac{1}{T_o}\int_t^{t+T_o}\frac{-\boldsymbol{B}(\tau)\times\boldsymbol{B}(\tau)\times}{|\boldsymbol{B}(\tau)|^2}\mathrm{d}\tau \tag{4.141}$$

练习 12：

给定一个圆轨道，在地磁惯性系中定义为 $\Omega_m=0$ 和 $i_m=\pi/2$，证明下式中的投影矩阵 $\Pi(\boldsymbol{b})$ 成立。

$$\Pi(\boldsymbol{b})=\frac{2}{5-3\cos(2\theta)}\begin{bmatrix}2(1-\cos(2\theta)) & 0 & \sin(2\theta)\\ 0 & \frac{5-3\cos(2\theta)}{2} & 0\\ \sin(2\theta) & 0 & \frac{1+\cos(2\theta)}{2}\end{bmatrix} \tag{4.142}$$

4.7 航天器内力和内力矩

4.7.1 简介

航天器内力和内力矩是由航天器的运动部件引起的。首要的特点是运动部件之间引

发的控制力和力矩作用到航天器，并且运动部件扰动会产生使航天器偏离预定轨道的加速度，需要对其进行补偿。内部物质喷射的反作用力和旋转产生的力矩是控制航天器质心姿态和轨道的最有效方法。该方法基于两个主要原理。

（1）*物质喷射*：产生的反作用力（推进力）可用齐奥尔科夫斯基方程描述，具体方程在 9.2.1 节中讨论。反作用力不通过航天器质心能产生控制力矩。因此，只用推进器（纯推进卫星）就可以实现对轨道和姿态的控制。但其主要缺点是有限的燃料可能会限制任务的持续时间。

（2）*质量旋转*：可在任意方向上产生可变的角动量，因此能产生用于姿态控制的控制力矩。质量块由电动机驱动，并且对应的执行器可区分为固定轴变速电机（反作用飞轮）和可沿所需方向定向的万向轴定速电机（控制力矩陀螺）。这两个执行器都将在第 9 章中讨论。其主要缺点是产生的摩擦力和力矩会导致航天器降速和故障。

推力带来的扰动力和力矩是由理想推力矢量与作用在航天器上的实际推力有偏差引起的。它们包括推力矢量在大小和方向上的偏差及可变性、电噪声和量化误差，将在 9.3.4 节中提及。推力带来的扰动力和力矩也会影响回转质量，由于静态、动态的不平衡，回转质量也表现出其他特殊的扰动，当反作用飞轮在黏弹性支承轴上旋转时，这些扰动会使反作用飞轮发生振动。

在这里，我们将讨论由于柔性部件（如太阳能电池板）和燃料罐中液体晃动而引起的扰动力矩。

4.7.2 太阳能电池板和液体晃荡力矩

航天器通常由主体和其他连接的结构（如太阳能面板、天线和雷达）组成。主体可看作为刚性的，而其他结构则是柔性的且容易发生振荡。航天器的另一个重要组成部分是在储罐中容易晃荡的推进剂，因此是另一个振源。易弯曲的结构和液体晃荡引起的振动与姿态变化相耦合，因此可能会限制姿态控制系统的性能。液体晃荡的固有频率和阻尼系数可以通过隔膜和泡沫等装置，以及各种形状的液体容器[8]来调节。下面的内容提供基本处理方案。

本节中使用了 7.2.6 节中的航天器姿态动力学模型，该模型已包括柔性结构和液体振荡（通常为*附加*）的动力学模型。一个基本的结论是，在给定了航天器柔性结构和振荡模型的固有频率和阻尼系数后，可以得到线性二阶系统。航天器和附属物的整体状态方程可以写为

$$\begin{bmatrix} J & H \\ \boldsymbol{H}^{\mathrm{T}} & M \end{bmatrix}\begin{bmatrix} \dot{\boldsymbol{\omega}} \\ \dot{\boldsymbol{v}} \end{bmatrix}=\begin{bmatrix} -\boldsymbol{\omega}\times J & -\boldsymbol{\omega}\times H \\ 0 & -F \end{bmatrix}\begin{bmatrix} \boldsymbol{\omega} \\ \boldsymbol{v} \end{bmatrix}+\begin{bmatrix} \boldsymbol{M} \\ -K\boldsymbol{\eta} \end{bmatrix} \tag{4.143}$$

式中：$\boldsymbol{\omega}\in\mathbb{R}^3$为刚体旋转角速度（rad/s）；$\boldsymbol{\eta}\in\mathbb{R}^m$为以长度单位为米的附加模态振幅矢量，其中 m 是附加模态模式的数量；$\boldsymbol{v}=\dot{\boldsymbol{\eta}}\in\mathbb{R}^m$为模态速率（m/s）；$\boldsymbol{M}\in\mathbb{R}^3$为作用在航天器上的外部力矩；$\boldsymbol{\omega}\times(J\boldsymbol{\omega}+H\boldsymbol{v})$为在 7.2.6 节中定义的航天器的*陀螺力矩*，而$-H\dot{\boldsymbol{v}}$是由于太阳能电池板、天线和液体晃荡的运动耦合而产生的内部力矩。方程（4.143）中的矩阵为：$\boldsymbol{J}\in\mathbb{R}^{3\times3}$是 4.2.6 节中已经论述过的整个卫星（航天器和附加模型）的惯量矩阵，$\boldsymbol{H}\in\mathbb{R}^{3\times m}$是模式耦合矩阵（kg · m），$\boldsymbol{F}\in\mathbb{R}^{m\times m}$和 K 分别是粘滞摩擦矩阵（Ns/m）和柔度矩阵（N/m），$\boldsymbol{M}$ 是附加模型质量的矩阵（kg），而 $\boldsymbol{\Omega}=(M^{-1}K)^{\frac{1}{2}}$是固有频率矩

阵。式（4.143）中矩阵的数值是通过实验确定的。

方程（4.143）中状态空间方程是多体动力学的典型形式，将在 7.4.6 节和 7.7.1 节中再次提到。参数的推导可以在文献［30，36］中找到。接下来将讨论两个简单的例子。

示例 1：太阳能电池板。

假设卫星由刚性主体和两个相同的太阳能电池板组成。卫星绕着主轴 $\boldsymbol{b}_3$ 产生惯性角位移 ψ（自旋运动），每一个太阳能板只有一种柔性运动模式，且与另一个太阳能板的运动解耦。假设液体晃荡可以忽略不计，简化后的模型方程（4.143）为线性且不随时间变化，即

$$
\begin{aligned}
&J_3\dot{\omega}_3+H_p\dot{\boldsymbol{\nu}}_p=M_3\\
&M_p\dot{\boldsymbol{\nu}}_p+H_p^{\mathrm{T}}\dot{\omega}_3=-F_p\boldsymbol{\nu}_p-K_p\boldsymbol{\eta}_p\\
&H_p=[h_p\quad h_p],\quad F_p=\begin{bmatrix}f_p & 0\\ 0 & f_p\end{bmatrix}\\
&K_p=\begin{bmatrix}k_p & 0\\ 0 & k_p\end{bmatrix},\quad M_p=\begin{bmatrix}m_p & 0\\ 0 & m_p\end{bmatrix}
\end{aligned}
\tag{4.144}
$$

式中：$\boldsymbol{\eta}_p$为板的振幅；$\boldsymbol{\nu}_p$为模态速率（m/s）；$\omega_3=\dot{\psi}$；$\boldsymbol{J}_3$为总惯量矩阵。板的参数有粘滞摩擦系数f_p、弹性联轴器的硬度 k_p、质量 m_p和耦合系数 $h_p=L_pm_p$（单位等于长度乘以质量）。由于两个板是相同的，在用标量 η_p和 ν_p替换向量 $\boldsymbol{\eta}_p$和 $\boldsymbol{\nu}_p$后，方程（4.144）可以简化为

$$
\begin{cases}
\dot{\psi}=\omega_3\\
\dot{\eta}_p=v_p\\
\boldsymbol{J}_3\dot{\omega}_3+2h_p\dot{v}_p=M_3\\
2h_p\dot{\omega}_3+2m_p\dot{v}_p=-2f_pv_p-2k_p\eta_p
\end{cases}
\tag{4.145}
$$

在式（4.145）中，从 M_3到ψ（下标 p 代表板）的传递函数，结合低频和高频的极限，可得到（请参见 13.2.3 节）：

$$
\begin{cases}
P_p(s)=\dfrac{\psi(s)}{M_3(s)}=\dfrac{1}{J_3s^2}\cdot\dfrac{J_3}{J_b}\dfrac{s^2+2\zeta_p\omega_ps+\omega_p^2}{s^2+2\zeta_{ps}\omega_{ps}s+\omega_{ps}^2}=M_p(s)\cdot\Pi_p(s)\\
P_{p0}(s)=\lim\limits_{s\to 0}P_p(s)=\dfrac{1}{J_bs^2}\dfrac{\omega_p^2}{\omega_{ps}^2}=\dfrac{1}{J_3s^2}=M(s)\\
P_{p\infty}(s)=\lim\limits_{s\to\infty}P_p(s)=\dfrac{1}{J_bs^2}
\end{cases}
\tag{4.146}
$$

太阳能板的阻尼比 $\zeta_p=0.5f_p/m_p$和固有频率 $\omega_p=(k_p/m_p)^{\frac{1}{2}}$是式（4.146）中的复零点。航天器（不包含太阳能帆板）的转动惯量为 $J_b=J_3-\dfrac{2h_p^2}{m_p}=J_3-2L_p^2/m_p$。整个卫星的阻尼比 $\zeta_{ps}=\zeta_p\sqrt{J_3/J_b}>\zeta_p$ 和固有频率 $\omega_{ps}=\omega_p\sqrt{J_3/J_b}>\omega_p$。

练习 13：

根据以上柔性运动模态是存在（$h_p>0$）还是不存在（$h_p=0$）的两种情况，证明：方程（4.146）的相对次数 $r=2$。证明方程（4.146）的低频极限 $P_{p0}(s)$ 代表了整个卫星的惯量，而 $P_{p\infty}(s)$ 仅能代表航天器的主体部分。注意到，整个系统的传递函数 $\Pi_p(s)$ 是 $M_p=(J_3s^2)^{-1}$ 模型的寄生动力学系统，该模型把卫星视为一个刚体。

练习 14：

使用式（4.152）中的数据，计算方程（4.146）的复数域零点和极点，并给出 $P_p(\mathrm{j}\omega)$ 的幅值图和相位图。

在嵌入式模型的设计中，方程（4.146）第一行中的全通寄生传递函数 $\Pi_p(s)$ 可以用 3 种不同的方式处理：

（1）该模型考虑了所有的动力学特性，可能会使控制设计复杂化，并且受角频率和阻尼比的不确定性影响。

（2）当 ω_{ps} 在目标闭环带宽（BW）内时，$\Pi_p(s)$ 的输出效应视为需要消除的干扰。

（3）$\Pi_p(s)$ 被视为未建模的动力学特性（请参见 14.2.1 节），必须阻止输出进入控制反馈，并且不应该被姿态命令激发。

第二种和第三种方法需要将式（4.146）中第一行的传递函数 P_p 分解为两个传递函数之和，即 M_p 模型和扰动模型 ΔP_p（或模型误差）。请读者证明以下部分分式分解：

$$P_p(s)=M_p(s)+\Delta P_p(s)=\frac{1}{J_3s^2}+\frac{2m_pL_p^2}{J_3J_b}\frac{1}{s^2+2\zeta_{ps}\omega_{ps}s+\omega_{ps}^2} \tag{4.147}$$

在第二种方法中，模型输入可以写为等式（4.145）中的力矩 M_3 和干扰力矩 M_d 之和，即

$$\begin{aligned}\psi(s)&=\frac{1}{J_3s^2}(M_3+M_d)=\frac{1}{J_3s^2}(1+D_p(s))M_3\\ D_p(s)&=\frac{2m_pL_p^2}{J_b}\frac{s^2}{s^2+2\zeta_{ps}\omega_{ps}s+\omega_{ps}^2}\end{aligned} \tag{4.148}$$

式中：$D_p(s)$ 为一个高通传递函数，当满足条件 $2m_pL_p^2\ll J_b$ 时，滤波器的高频极限小于 1，并且共振频率为 ω_{ps}。

关于第三种方法，传递函数 $D_p(s)$ 变为分式型可忽略的动力学系统 $\partial P_p(s)=M_p^{-1}(s)\Delta P_p(s)$（请参见 14.2.1 节），并直接影响输出 ψ。

$$\begin{aligned}\psi(s)&=\frac{1}{J_3s^2}M_3+\partial P_p(s)\psi_m(s)\\ \psi_m(s)&=\frac{1}{J_3s^2}M_3,\quad \partial P_p(s)=D_p(s)=M_p^{-1}(s)P_p(s)-1\end{aligned} \tag{4.149}$$

其中，ψ_m 是模型的输出。

练习 15：

给出式（4.148）中的 $D_p(\mathrm{j}\omega)$ 的幅值图和相位图。

示例 2：推进剂晃荡。

基于前述卫星模型，但假设在单个等量储箱中的燃料晃荡是不可忽略的，

式（4.145）变为

$$\begin{aligned}&J_3\dot{\omega}_3+2h_p\dot{v}_p+h_l\dot{v}_l=M_3\\&2m_p\dot{v}_p+2h_p\dot{\omega}_3=-2f_pv_p-2k_p\eta_p\\&m_l\dot{v}_l+h_l\dot{\omega}_3=-f_lv_l-k_l\eta_l\end{aligned}\tag{4.150}$$

式中：η_l为以长度单位表示的推进剂晃荡幅度；ν_l为推进剂的晃荡速度；f_l、k_l、m_l及$h_l=L_lm_l$均为晃荡模式的参数（下标 l 代表液体）。这些参数是粘滞摩擦系数f_l、弹性联轴器的刚度k_l、液体质量m_l和耦合系数h_l(kgm)。参数的物理含义可以在文献［30］中找到。方程（4.150）的传递函数由下式所定：

$$P(s)=\frac{\psi(s)}{M_3(s)}=\frac{1}{J_3s^2}\frac{P_p(s)P_l(s)}{P_p(s)P_l(s)-(2m_pL_p^2P_l(s)+m_lL_l^2P_p(s))}=\frac{1}{J_3s^2}\Pi(s)\tag{4.151}$$

其中，$P_p(s)=s^2+2\zeta_p\omega_ps+\omega_p^2, P_l(s)=s^2+2\zeta_l\omega_ls+\omega_l^2$，$\Pi(s)$是寄生动力学模型。图4.15所示为式（4.151）中$|P(\mathrm{j}2\pi f)|$和根据式（4.149）定义的（仅限于太阳能电池板）整个系统的相对误差动力学模型$|\partial P(\mathrm{j}2\pi f)|=|M^{-1}P-1$的波特图。图4.15中具体的参数值为

$$\begin{aligned}&J_3=800\text{kgm}^2,\quad h_p=20\text{kgm},\quad m_p=20\text{kg},\quad f_p=0.48\text{Ns/m},\quad k_p=320\text{N/m}\\&h_l=12.5\text{kgm},\quad m_l=50\text{kg},\quad f_l=0.3\text{Ns/m},\quad k_l=112\text{N/m}\end{aligned}\tag{4.152}$$

从图4.15中可以发现，$|\partial P(\mathrm{j}2\pi f)|$的最大值大于1。超调可以通过对干扰进行预测、消除或滤波来减弱。采用滤波策略，将整个系统控制带宽缩小。所有策略都必须考虑阻尼比ζ_p和ζ_l以及晃荡频率ω_l的不确定性。

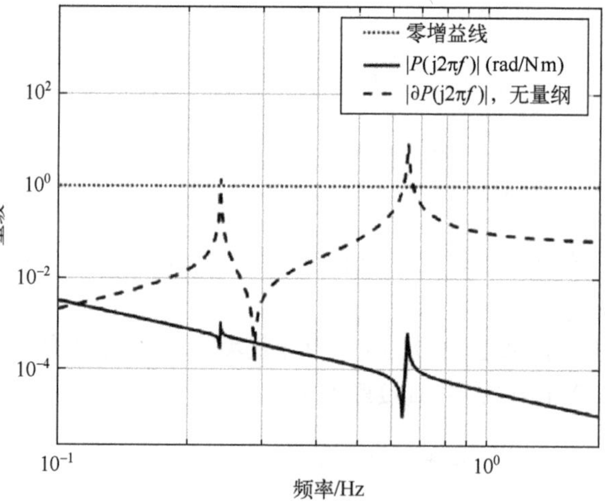

图4.15　$P(\mathrm{j}\omega)$和$\partial P(\mathrm{j}\omega)$的波特图

练习16：

利用式（4.152）中的数据，将式（4.150）的形式改写为输出$y=\omega_3$的状态空间方程，推导从M_3到ψ的传递函数，并计算出极点和零点。

对本节进行总结，式（4.143）可以改写为

$$
\begin{bmatrix} I & 0 & 0 \\ 0 & J & H \\ 0 & H^{\mathrm{T}} & M \end{bmatrix} \begin{bmatrix} \dot{\boldsymbol{n}} \\ \dot{\boldsymbol{\omega}} \\ \dot{\boldsymbol{v}} \end{bmatrix} = \begin{bmatrix} 0 & 0 & I \\ 0 & 0 & 0 \\ -K & 0 & -F \end{bmatrix} \begin{bmatrix} \eta \\ \omega \\ \boldsymbol{v} \end{bmatrix} + \begin{bmatrix} 0 \\ M+h \\ 0 \end{bmatrix} \tag{4.153}
$$
$$
\boldsymbol{h} = -\boldsymbol{\omega} \times (J\boldsymbol{\omega} + H\boldsymbol{v})
$$

其中，左乘状态函数导数的矩阵是可逆的。

练习 17：

通过求左乘状态函数导数的矩阵的逆阵，将式（4.153）改写成状态空间方程的正交形式并证明拉普拉斯变换 $\boldsymbol{\omega}(s)$ 可以写成与式（4.148）类似的形式。

$$
\boldsymbol{\omega}(s) = (Js)^{-1}(I + D(s))(\boldsymbol{M} + \boldsymbol{h}) \tag{4.154}
$$

尽管 $\boldsymbol{h}$ 在 $\boldsymbol{\omega}$ 和 $\boldsymbol{v}$ 中均为非线性，但在这里已被作为输入信号。证明传递函数矩阵 $D(s)$ 可以写为

$$
D(s) = s^2 H (M_{\mathrm{r}} s^2 + Fs + K)^{-1} H^{\mathrm{T}} J^{-1} \tag{4.155}
$$

其中，$M_{\mathrm{r}} = M - H^{\mathrm{T}} J^{-1} H$。求出 $D(s)$ 的低频和高频极限。

4.8 嵌入式扰动模型

本节介绍可应用于所有干扰类型（及内部力矩）的通用模型。建立该模型的目的是使之成为嵌入式模型的一部分，并提供实时的干扰估计和预测。干扰信号主要分为已知分量和未知分量。已知分量是卫星运动状态（位置、姿态和速度）和已知参数。不确定性和不可预测性会导致未知分量，而未知分量是由白噪声驱动的离散模型表征的。产生的信号也可以展开为一组分段多项式和三角函数，这些函数在任意有界信号的驱动下，以不可预测的方式改变自身的幅值和相位。已知或未知的初始条件的自由响应定义了一类叠加在随机模型上的确定性信号。随机模型的阶次和结构是根据实验和仿真的统计平均值（如谱密度）来设计和调整的。基于第 13 章和第 14 章的讨论，提出了该模型。本节以空气动力学的应用作为结束。

4.8.1 随机状态空间方程

航天器位置和姿态的摄动仿射状态空间方程为

$$
\begin{aligned}
\dot{\boldsymbol{q}}(t) &= \boldsymbol{f}_q(\boldsymbol{x}) \\
\dot{\boldsymbol{v}}(t) &= \boldsymbol{f}_v(\boldsymbol{x}) + \boldsymbol{b}(\boldsymbol{x})\boldsymbol{u} + \boldsymbol{h}(\boldsymbol{x}, \boldsymbol{z}, \boldsymbol{u}, \boldsymbol{w})
\end{aligned} \tag{4.156}
$$

式中：$\boldsymbol{x} = [\boldsymbol{q},\ \boldsymbol{v}]$ 为位置/姿态构成的状态向量；线速度/角速度表示为 $\boldsymbol{v}$，$\boldsymbol{u}$ 为控制向量；$\boldsymbol{z}$ 为外部信号；$\boldsymbol{w}$ 为白噪声（相关的不确定性为**因果关系**）。仿射线性/角加速度 $\boldsymbol{f}_v(\boldsymbol{x}) + \boldsymbol{b}(\boldsymbol{x})\boldsymbol{u}$ 会受到 $\boldsymbol{h}(\boldsymbol{x}, \boldsymbol{z}, \boldsymbol{u}, \boldsymbol{w})$ 的干扰。前面几节中描述的扰动可以根据 $\boldsymbol{h}(\cdot)$ 的参数进行分类。

（1）引力异常。辐射、大气阻力和磁场扰动仅取决于 $\boldsymbol{x}$、$\boldsymbol{z}$ 和 $\boldsymbol{w}$。对 $\boldsymbol{w}$ 的依赖使得 $\boldsymbol{h}(\cdot)$ 可以细分为已知的分量 $\boldsymbol{h}_{\mathrm{nom}}(\boldsymbol{x}, \boldsymbol{z}; \boldsymbol{p}_{\mathrm{nom}})$，它是参数向量 $\boldsymbol{p}_{\mathrm{nom}}$ 的函数，不确定分量为 $\widetilde{\boldsymbol{h}}(\boldsymbol{x}, \boldsymbol{z}, \boldsymbol{w}; \boldsymbol{p})$。$\widetilde{\boldsymbol{h}}(\cdot)$ 通过 $\boldsymbol{w}$（因果不确定性）和 $\boldsymbol{p} = \boldsymbol{p}_{\mathrm{nom}} + \widetilde{\boldsymbol{p}}$（参数不确定性）不确定地输入到系统。地球的重力异常，如式（4.15）中的 g_2 分量，仅取决于惯性系中航天器

质心的位置矢量 $\boldsymbol{r}_i$，并且已有明确参数。宽带动态模型应考虑高阶谐波，在星载控制处理器中，禁止对该模型进行类似于式（4.9）所示的谐波展开。被采纳的随机模型需要根据 4.2.4 节的内容再进行整合。式（4.39）中的三体摄动力仍然取决于 $\boldsymbol{r}_i$，也取决于三体之间的位置矢量，对应于外部变量 $\boldsymbol{z}$。式（4.53）中的引力梯度力矩取决于航天器质心矢量 $\boldsymbol{r}_c$，可以明确地建模。不确定度主要集中在航天器剩余寿命期间可变的惯量矩阵 $\boldsymbol{J}$ 和被忽略的低阶重力异常上。式（4.66）、式（4.72）、式（4.74）、式（4.97）和式（4.99）中的辐射和阻力/力矩是复杂的，因此需要一个多项式或随机模型来描述。由于多项式和三角级数是状态方程的自由响应，采用一个包含随机信号（强制响应）和确定性信号（自由响应）的唯一状态空间方程，将随机动力模型设计成包含所需的多项式/三角级数自由响应。大气阻力和力矩在本节的最后有明确的论述。式（4.136）中的磁力矩取决于在磁通量密度为 $\boldsymbol{B}_e$ 的地球磁场中，航天器的位置和姿态。航天器磁场 $\boldsymbol{m}$ 可能是部分已知的，但在这种情况下，也需要一个随机模型来描述航天器磁场的未知部分。

（2）航天器内力和内力矩主要取决于控制量 $\boldsymbol{u}$，但与控制量 $\boldsymbol{u}$ 有相关性的有状态变量 $\boldsymbol{x}$ 和不可预测的误差源 $\boldsymbol{w}$。

通过将 $\boldsymbol{h}(\cdot)$（也称为交叉耦合信号）拆分为如下所示的标称分量和不确定分量。

$$\boldsymbol{h}(\boldsymbol{x},\boldsymbol{z},\boldsymbol{u},\boldsymbol{w})=\boldsymbol{h}_{\text{nom}}(\boldsymbol{x},\boldsymbol{z},\boldsymbol{u};\boldsymbol{p}_{\text{nom}})+\widetilde{\boldsymbol{h}}(\boldsymbol{x},\boldsymbol{z},\boldsymbol{u},\boldsymbol{w};\boldsymbol{p}) \tag{4.157}$$

扰动消除（也称为干扰抑制）至少在理论上变得可行，并且由 $\boldsymbol{u}$ 的 $\boldsymbol{u}_d$ 分量决定，因此有

$$\begin{aligned}\boldsymbol{b}(\boldsymbol{x})\boldsymbol{u}_d&=-\boldsymbol{h}(\boldsymbol{x},\boldsymbol{z},\boldsymbol{u},\boldsymbol{w})\\ \boldsymbol{u}&=\boldsymbol{u}_c+\boldsymbol{u}_d\end{aligned} \tag{4.158}$$

式中：$\boldsymbol{u}_c$ 为抵消干扰力的控制量并追踪参考状态变量 $\boldsymbol{x}_r$。式（4.158）只是一个理想的控制律，因为到目前为止尚不清楚如何测量 $\widetilde{\boldsymbol{h}}(\cdot)$。在以下 3 个条件下是可以适当减化的。

（1）由控制要求可得，对于任意存在的 $\boldsymbol{x}$，$\boldsymbol{b}(\boldsymbol{x})$ 必须取非零值。

（2）因为预估的带宽决定了 $\boldsymbol{h}_{\text{nom}}(\cdot)$ 的预计误差，那么在宽频带内，对变量 $\boldsymbol{x}$ 和 $\boldsymbol{z}$ 进行实时预测，以准确消除已知分量 $\boldsymbol{h}_{\text{nom}}(\cdot)$，并精确计算 $\boldsymbol{b}(\boldsymbol{x})$。

（3）必须从宽频带内的预测残差实时估算未知项 $\widetilde{\boldsymbol{h}}(\cdot)$。

对于控制计算和执行期间产生的时间延迟，即控制时间单元的计算，用“预测”表达比用“估算”更贴切。

第三个条件是最重要的，因为已知的模型 $\boldsymbol{h}_{\text{nom}}(\boldsymbol{x},\boldsymbol{z},\boldsymbol{u};\boldsymbol{p}_{\text{nom}})$ 可能非常复杂，并且无法对大气阻力扰动进行预测。因此，最好将 $\boldsymbol{h}_{\text{nom}}(\cdot)$ 简化为有限阶多项式/三角级数，或者用纯随机模型 $\boldsymbol{h}(\boldsymbol{w})$ 来完整地表示它。后者是本书所采用的方法。

由于嵌入式模型是直接在离散时间系统中设计的，因此必须采用以下离散时间系统随机方程，此时 $t_i=iT$：

$$\begin{gathered}\boldsymbol{x}_d(i+1)=A_d\boldsymbol{x}_d(i)+G_d\boldsymbol{w}(i)\\ \boldsymbol{d}(i)=H\boldsymbol{x}_d(i)+G\boldsymbol{w}(i)\\ E\{\boldsymbol{w}(i)\}=0,\quad E\{\boldsymbol{w}(i)\boldsymbol{w}^{\mathrm{T}}(i+n)\}=P_w\delta_n\\ E\{\boldsymbol{x}_d(0)\}=\boldsymbol{x}_{d0},\quad E\{(\boldsymbol{x}_d(0)-\boldsymbol{x}_{d0})(\boldsymbol{x}_d(0)-\boldsymbol{x}_{d0})^{\mathrm{T}}\}=P_0\\ E\{(\boldsymbol{x}_d(0)-\boldsymbol{x}_{d0})\boldsymbol{w}^{\mathrm{T}}(0)\}=0\end{gathered} \tag{4.159}$$

式中：δ_n 在 $n\neq0$ 时为零，且 $n=0$ 时等于 1；$\boldsymbol{w}$ 为用协方差矩阵 $\boldsymbol{P}_\omega$ 表示的二阶平稳白噪声，把 $\boldsymbol{d}(i)$ 代入未知的嵌入式模型 $\widetilde{\boldsymbol{h}}(\boldsymbol{x},\boldsymbol{z},\boldsymbol{u};\boldsymbol{p})$，式（4.158）可以写成理想的控制律。

$$\boldsymbol{b}(\hat{\boldsymbol{x}})\boldsymbol{u}_d(i)=-\boldsymbol{h}_{\text{nom}}(\hat{\boldsymbol{x}},\hat{\boldsymbol{z}},\boldsymbol{u};\boldsymbol{p}_{\text{nom}})-\hat{\boldsymbol{d}}(i) \tag{4.160}$$

其中，符号^作为状态预测器输出的单步长预测变量的标记。考虑到多项式和三角函数，$\{A_d,G_d\}$ 通常是不可控的。在这种情况下，必须将式（4.159）分解为可控和不可控的状态变量。A_d的谱 $\boldsymbol{\lambda}_k\in\Lambda(A_d)$ 位于单位圆周上，即 $|\boldsymbol{\lambda}_k|=1$，那么 $\boldsymbol{d}$ 驱动的嵌入式模型是不稳定的，必须像式（4.160）那样对 $\boldsymbol{d}$ 进行预测和消除。$\boldsymbol{w}$ 模型的不确定性在本书中被称为因果关系的不确定性，因为只要相关的航天器测量值 $y(i)$［参见式（13.127）］可用时就可以估算 $\boldsymbol{w}(i)$，但是不能预测 $\boldsymbol{w}(i)$。换句话说，最好的预测是零均值，这没有任何意义。

这就引出以下 3 个问题。

（1）随机方程［如式（4.159）］如何适用于普遍情况下的$\widetilde{\boldsymbol{h}}(\cdot)$？

（2）若 $\boldsymbol{d}$ 的预测值 $\hat{\boldsymbol{d}}$ 是错误的，预测误差$\widetilde{\boldsymbol{d}}=\widetilde{\boldsymbol{h}}(\cdot)-\boldsymbol{d}$ 对整体闭环系统稳定性有什么影响？

（3）若扰动模型［式 4.159）］作为嵌入式模型的一部分，那么哪个是实时噪声矢量估计 $\boldsymbol{w}(i)$ 的驱动机制？

第一个问题已在文献［4］中把式（4.159）作为阶次小于等于 n 次的分段多项式（其中 $n+1$ 是单位特征值 $\boldsymbol{\lambda}_k=1$ 的个数）来解决。阶数 n 和时间 T 已经被证明适应于随机动力学模型的精度。第二个问题将在第 14 章中讨论。

第三个问题的解决方案将在 13.6 节中给出，并从第 6 章开始一直使用。它取决于定义为测量值减去模型输出的模型误差。该误差与因果不确定性（输入/过程噪声）的残差相关，且已在式（4.159）中通过 $\boldsymbol{w}(i)$ 建模。设计了一个从模型误差到输入噪声合适的反馈，称为噪声估计器（也称为不确定性估计器）。噪声估计器的输出与输入噪声的估计（不一定是最优的）和状态校正同时考虑。以上准则支持动态噪声估计器的设计，因为它们在区分必须预测和抑制的不确定性（因果和参数不确定性）和不能融入到控制律的不确定性方面（14.2.1 节中可忽略的动力学系统）看起来是有效的。由嵌入式模型和噪声估计器组成的闭环系统构成状态预测器。我们更倾向于此名称而不是状态观察器，是因为其输出是嵌入式模型状态的一步预测。反馈设计可以保证渐进稳定性和预测误差方面的性能。从 6.6.5 节开始将广泛使用状态预测器，并在 6.6 节得到首次应用。

如文献［4］中所述，式（4.159）中随机方法的另一个优点是扰动解耦。因为$\widetilde{\boldsymbol{h}}(\cdot)$的每个扰动分量都可以被赋予和其他分量无关的随机方程。各分量之间的相关性由标称模型 $\boldsymbol{h}_{\text{nom}}(\cdot)$和宽带噪声估计来保证，因为后者通过噪声矢量 $\boldsymbol{w}$，在随机动力学系统的状态变量 $\boldsymbol{x}_d$ 中累积了$\widetilde{\boldsymbol{h}}(\cdot)$的未知相关性。这种效应与假设的 $\boldsymbol{w}$ 白噪声存在部分不同，并可能导致闭环系统的不稳定。由于这些原因，必须保证状态预测器和控制系统的整体稳定性与综合性能不受$\widetilde{\boldsymbol{h}}(\cdot)$不确定区域的影响。在第 14 章中将解决此问题，并在 7.3.4 节、7.7.3 节和 11.3 节中指导状态预测器的设计。

4.8.2 大气阻力和力矩

式（4.159）适用于4.4节中的大气阻力和力矩。假设航天器主体受到的合力 $\boldsymbol{F}_a$ 的3个分力 $F_{aj}, j=1,2,3$，并通过等效的阻力系数 C_{aj} 和面积 A_j，参考式（4.97）分力可以简化为

$$F_{aj}=-\frac{1}{2}\rho v_r^2 C_{aj} A_j \tag{4.161}$$

大气密度模型没有考虑到 $\boldsymbol{h}_{nom}(\cdot)$。图4.16所示为中等太阳活动等级下，即 $F_{10.7}\cong 200\times 10$mJy，地磁指数 $A_p\cong 16$nT，并且航天器本体坐标系与LVLH的偏差小于0.02rad，在近极轨道 $h=325$km，类GOCE卫星受到分力 F_{aj} 的时域图和功率谱密度图。如4.5.4节所述，高度 $h=325$km是GOCE卫星后续任务的最小轨道高度（根据文献［4-5］的研究）。这里重要的不是分力的时域差异或频谱幅值的大小，而是形状，因为幅值大小随太阳活动而变化。时域图是近周期信号和随机分量的组合。谐波的基本频率是轨道平均角频率 $f_0\cong 0.2$mHz，这是频谱中较大共振峰的频率。如果可以通过宽频状态预测器预测 F_{aj}，如GOCE卫星（奈奎斯特频率为5Hz），对于每个分量 j，状态变量阶数满足 $n\geqslant n_{max}=2$ 就足够了。如图4.16（b）所示，$-n_{max}20$dB/dec是最小的斜率，可以适用于高频频谱密度和边界值。

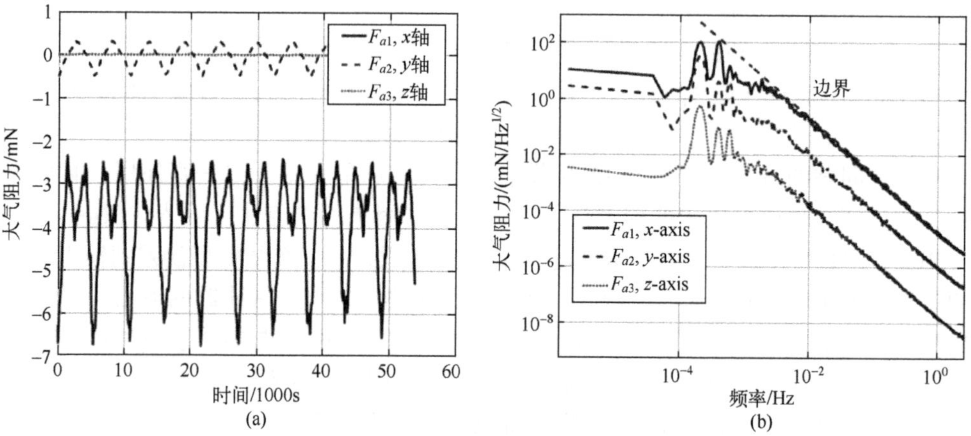

图4.16 航天器轴向受到的大气阻力

（a）时域图；（b）谱密度和边界斜率图。

在二阶随机系统中，式（4.159）的矩阵和矢量变为

$$\begin{gathered}\boldsymbol{A}_d=\begin{bmatrix}I_3 & I_3\\ 0 & I_3\end{bmatrix},\quad \boldsymbol{G}_d=\begin{bmatrix}0 & I_3 & 0\\ 0 & 0 & I_3\end{bmatrix}\\ \boldsymbol{H}=[I_3 \quad 0],\quad C=[I_3 \quad 0 \quad 0]\\ \boldsymbol{x}_d=\begin{bmatrix}\boldsymbol{x}_{d1}\\ \boldsymbol{x}_{d2}\end{bmatrix},\quad \boldsymbol{w}=\begin{bmatrix}\boldsymbol{w}_0\\ \boldsymbol{w}_1\\ \boldsymbol{w}_2\end{bmatrix},\quad \boldsymbol{d}_a=\boldsymbol{F}_a/\boldsymbol{m}\end{gathered} \tag{4.162}$$

其中，输出矢量 $\boldsymbol{d}_a$ 是线性加速度（m/s^2）。类似的状态方程适用于大气阻力和力矩。如果式（4.162）在 t_0 时开始集成到控制单元中，就可以从地面或在航天器表面对大气阻力 $\boldsymbol{F}_a(t)=\boldsymbol{F}_{a0}+\dot{\boldsymbol{F}}_{a0}(t-t_0)$ 的偏差和趋势进行近似计算，从而对式（4.159）施加适当的

初始条件。这样能使初始预测误差变小，平均误差迅速收敛到零。

练习 18：

根据上述 $\boldsymbol{F}_a(t)$ 的初始表达式，计算式（4.162）中的二阶多变量状态方程的初始状态。

参考文献

[1] B. Bertotti, P. Farinella. Physics of the Earth and the Solar System, Kluwer Academic, Dordrecht, 1990.

[2] B.R. Bowman, W. Tobiska, F.A. Marcos, C. Valladares. The JB2006 empirical thermospheric density model, Journal of Atmospheric and Solar-Terrestrial Physics 70 (5) (2008) 774—793.

[3] E. Canuto, L. Massotti. Local orbital frame predictor for LEO drag-free satellite, Acta Astronautica 66 (2010) 446—454.

[4] E. Canuto, L. Colangelo, M. Lotufo, S. Dionisio. Satellite-to-satellite attitude control of a long-distance spacecraft formation for the Next Generation Gravity Mission, European Journal of Control 25 (September 2016) pp.1—16.

[5] S. Cesare, A. Allasio, A. Anselmi, S. Dionisio, S. Mottini, M. Parisch, L. Massotti, P. Silvestrin. From GOCE to the next generation gravity mission, ESA-SP, in: Proc of the 5th Int. GOCE User Workshop, L. Ouwehand ed., 24—28 November 2014, Paris, France, vol. 728, 2015, p. 24.

[6] A. Chulliat, S. Macmillan, P. Alken, C. Beggan, M. Nair, B. Hamilton, A. Woods, V. Ridley, S. Maus, A. Thomson. The US/UK World Magnetic Model for 2015—2020, Technical Report, NOAA National Geophysical Data Center, 2015.

[7] Committee on Space Research (COSPAR), CIRA 2012. COSPAR International Reference Atmosphere", Models of the Earth's Upper Atmosphere, Version 1, July 31, 2012.

[8] F.T. Dodge. The New "Dynamic Behaviour of Liquids in Moving Containers", Southwest Research Institute, San Antonio, 2000.

[9] F. Gini, Ph.D. dissertation in Astronautical and Satellite Sciences, Università degli Studi di Padova, 2014. GOCE Precise Non-gravitational Force Modelling for POD Applications.

[10] A.E. Hedin, et al. Revised global model of thermosphere winds using satellite and ground-based observations, Journal of Geophysical Research 96 (1991) 7657—7688.

[11] A.E. Hedin. Extension of the MSIS thermospheric model into the middle and lower atmosphere, Journal of Geophysical Research 96 (A2) (1991) 1159—1172.

[12] M.P. Hickey. A simulation of small-scale thermosphere density variations for engineering applications, NASA Contr. Report 4605 (May 1994).

[13] L.G. Jacchia. Revised Static Models of the Thermosphere and Exosphere with Empirical Temperature Profiles, SAO Special Report No. 332, Smithsonian Astrophysical Observatory, Cambridge, MA, 1971.

[14] L.G. Jacchia. Thermospheric Temperature, Density and Composition: New Models, SAO Special Report No. 375, Smithsonian Astrophysical Observatory, Cambridge, MA, 1977.

[15] A. Jaggi, H. Bock, R. Floberhagen. GOCE orbit predictions for SLR tracking, GPS Solutions 15 (2011) 129—137.

[16] P.C. Knocke, J.C. Ries, B.D. Tapley. Earth radiation pressure effects on satellites, in: Proc. AIAA/AAS Astrodynamics Specialist Conf., Washington, DC, 1988, pp. 577—586.

[17] J. de Lafontaine, P. Hughes. An analytic version of Jacchia's 1977 model atmosphere, Celestial Mechanics 29 (1983) 3—26.

[18] F.L. Markley, J.L. Crassidis, Fundamentals of Spacecraft Attitude Determination and Control, Springer Verlag, New York, 2014.

[19] S. Maus, S. Macmillan, S. McLean, B. Hamilton, A. Thomson, M. Nair, C. Rollins. The US/UK World Magnetic Model for 2010—2015, NOAA Technical Report NESDIS/NGDC-1, 2010.

[20] S. McLean, S. Macmillan, S. Maus, V. Lesur, A. Thomson, D. Dater. The US/UK World Magnetic Model for 2005—2010, NOAA Technical Report NESDIS/NGDC-1, December 2004.

[21] O. Montenbruck, E. Gill. Satellite Orbits: Models, Methods, Applications, Springer-Verlag, Berlin, 2000.

[22] National Aeronautics and Space Administration, Models of Earth's atmosphere (80 ~ 2500 km), NASA Space Vehicle Design Criteria (Environment), NASA SP-8021 (March 1973).

[23] J.A. O'Keefe, A. Eckeis, R.K. Squires. Vanguard measurements give pear-shaped component of Earth figure, Science 129 (February 1959) 565—566.

[24] G. Koppenwallner. Satellite aerodynamics and determination of thermospheric density and wind, in: 27the Int. Symp. on Rarefied Gas Dynamies, AIP Conferenee Proeeedings, vol. 1333, 2011, pp. 1307—1312.

[25] C. Pardini, L. Anselmo. GOCE reentry predictions for the Italian civil protection authorities, in: 5th Int. GOCE User Workshop, Paris, France, November 24—28, 2014.

[26] J.M. Picone, A.E. Hedin, D.P. Drob, A.C. Aikin. NRLMSISE-00 empirical model of the atmosphere: statistical comparisons and scientific issues, Journal of Geophysical Research, Space Physics 107 (A12) (December 2002) SIA 15.1–SIA 16.
[27] C.E. Roberts Jr. An analytic model for upper atmosphere densities based upon Jacchia's 1970 models, Celestial Mechanics 4 (1971) 368–377.
[28] M. Ruiz Delgado. Radiation pressure. Modelling the space environment, Universidad de Madrid, Handouts, European Masters in Aeronautics and Space (April 2008).
[29] C. Shen. Rarefied Gas Dynamics. Fundamentals, Simulation and Micro Flows, Springer, Berlin, 2005.
[30] M.J. Sidi, Spacecraft Dynamics and Control. A Practical Approach, Cambridge University Press, Cambridge, 1997.
[31] R. Siegel, J.R. Howell. Thermal radiation Heat Transfer, McGraw-Hill-Kogakusha, Tokyo, 1972.
[32] E.M. Standish, J.G. Williams, Orbital ephemerides of the Sun, Moon, and planets, in: P.K. Seidelmann (Ed.), Explanatory Supplement to the Astronomical Almanac, University Science Books, Mill Valley, 1992, pp. 279–323 (Chapter 8).
[33] D.A. Vallado. Fundamentals of Astrodynamics and Applications, Space Technology Library, Microcosm Press, 2001.
[34] D.R. Weimer. A comparison of the JB2008 and NRLMSISE-00 neutral density models, Geospace Environment Modeling (GEM) Meeting at Fall American Geophysical Union (2014) (handouts).
[35] J.R. Wertz (Ed.). Spacecraft Attitude Determination and Control, Kluwer Academic, Dordrecht, The Netherlands, 1978.
[36] B. Wie. Space Vehicle Dynamics and Control, AIAA Education Series, AIAA Inc., Reston, 1988.
[37] M. Ziebart. Generalized analytical Solar radiation pressure modeling algorithm for spacecraft of complex shape, Journal of Spacecraft and Rockets 41 (5) (September–October 2004) 840.

第5章　摄动轨道动力学

5.1　目　　的

第3章研究了在较大物体所产生的引力作用下，被看作质点的较小物体的运动。该研究的基本假设是两个物体之间的相互作用只有质量较大物体的中心引力，也就是说，质量较小物体沿着理想的开普勒轨道运动。

本章将研究物体不仅受到中心引力的作用，还受到其他力作用下的运动规律，我们将这种其他力称为摄动力。例如，由航天器的推进器产生的驱动力表现为一种相对于开普勒运动的摄动。在4.2节中已经讨论的示例中是由于较大物体的非球形引起的摄动（引力不规则），或者是由于第三个物体的引力引起的摄动。更多示例则包括由非保守力引起的摄动，如大气阻力和太阳光压。大气阻力与地球低轨道是息息相关的，由于它会使轨道的半长轴逐渐减小，因此会导致航天器更早重新进入地球大气层并在其中燃烧。使用摄动这个词的动机是由于这些力明显弱于较大物体的中心引力。受到摄动力作用下的轨道称为非开普勒轨道。

在5.2节中，将回顾一般形式的限制性二体问题，并讨论如何使用相关状态方程来预测和仿真在中心引力场和摄动力作用下的物体运动。5.3节将介绍高斯方程和拉格朗日方程，这些方程通过轨道根数的方法来表示摄动运动。5.5节将再次推导Hill-Clohessy-Wiltshire（HCW）方程（参见3.6节），该方程描述了追踪航天器在摄动轨道下相对于目标航天器的相对运动。此外，本节还推导得出了一种反馈控制策略，该策略能够控制相对运动的大小，并且在必要时能够使其逐渐减小并趋于零。这些操作可以由追踪航天器执行，该航天器要么与目标航天器交会对接，要么跟踪一个参考轨道。5.6节将提出经典的限制性三体问题，此时航天器会受到两个明显更大物体的引力吸引，如地球和月球。此外，还推导了经典的拉格朗日点（共线平动点和三角平动点），讨论其稳定性并且简要概述围绕共线平动点的两类轨道，李萨如轨道和Halo轨道。

5.2　摄动轨道

参照3.2节中的公式，我们考虑质量为 m_0 和 m_1 的两个点分别为 P_0 和 P_1，它们的位置分别由 $\boldsymbol{r}_0$ 和 $\boldsymbol{r}_1$ 表示。如3.2节所述，二体系统的质心（CoM）是轨道惯性坐标系的原点 O。在卫星（位于 P_1 处）绕行星（位于 P_0 处）运行的情况下，可以假设原点 O 与行星质心重合，这就意味着 $\boldsymbol{r}_0=0$。这样可以用3.2.1节中的限制性二体运动公式［式（3.5）］来描述质量为 m_1 的物体的运动。

$$\ddot{\boldsymbol{r}}(t)=-\frac{\mu}{r^3(t)}\boldsymbol{r}(t)+\frac{\boldsymbol{F}(t)}{m},\quad \boldsymbol{r}(0)=\boldsymbol{r}_0,\quad \dot{\boldsymbol{r}}(0)=\dot{\boldsymbol{r}}_0 \tag{5.1}$$

其中，$\boldsymbol{F}$ 是作用在航天器上所有摄动力的总和，$\mu=\mu_0=Gm_0$，而且我们已经令 $\boldsymbol{r}=\boldsymbol{r}_1$ 并且 $m=m_1$。

5.2.1 Cowell 方法

在一般摄动的情况下，可以采用一种简单而通用的方法来确定物体的运动，其运动规律由式（5.1）来描述。对式（5.1）的摄动加速度进行数值积分，该方法称为 Cowell 方法。

5.2.2 Encke 方法

Encke 方法是 Cowell 方法的一种变型，从计算的角度来看，它的效率更高。基本思想是将摄动加速度 $\ddot{\boldsymbol{r}}$ 的数值积分替换为参考开普勒轨道的加速度 $\ddot{\boldsymbol{R}}$ 中的摄动加速度 $\ddot{\boldsymbol{r}}$ 的偏差 $\ddot{\boldsymbol{\delta}}$ 的数值积分，此参考开普勒轨道称为密切轨道（来自拉丁文 osculari，表示亲吻）。

定义 1：考虑一个质量 $m=m_1$ 的物体，它运行在位置矢径为 $\boldsymbol{r}$ 的摄动轨道上，这是式（5.1）的解。在任何给定的时刻 t，密切轨道被定义为在限制性二体方程的时间区间 $[t,\infty)$ 内的解 $\boldsymbol{R}$。限制性二体方程如下：

$$\ddot{\boldsymbol{R}}(\tau)=-\frac{\mu}{R(\tau)^3}\boldsymbol{R}(\tau),\quad \boldsymbol{R}(\tau=t)=\boldsymbol{r}(t),\quad \dot{\boldsymbol{R}}(\tau=t)=\dot{\boldsymbol{r}}(t),\quad \tau\in[t,\infty) \tag{5.2}$$

根据该定义，在任何给定的时刻 t 处，密切轨道是由时刻 t 处摄动轨道的状态向量 $\boldsymbol{x}(t)=[\boldsymbol{r}(t),\boldsymbol{v}(t)]$ 定义的开普勒轨道。我们观察到，密切轨道是随时间变化的，但是在任何时刻 t 处，摄动轨道和密切轨道都是有联系的。我们称它们为相互吻切的，或者换句话说，它们“彼此亲吻”。

密切轨道的定义相当微妙。实际上，让我们考虑在 t 时刻处由下标 1 和 2 表示并由它们的状态向量 $\boldsymbol{x}_1(t)=[\boldsymbol{r}_1,\boldsymbol{v}_1]$ 和 $\boldsymbol{x}_2(t)=[\boldsymbol{r}_2,\boldsymbol{v}_2]$ 定义的两个轨道，$\boldsymbol{x}_1(t)$ 和 $\boldsymbol{x}_2(t)$ 是它们位置和速度的惯性坐标。当且仅当 $\boldsymbol{x}_1(t)=\boldsymbol{x}_2(t)$ 时，轨道彼此密合。那么，两个轨道之间的区别是什么？由于 $\boldsymbol{a}_1(t)\neq\boldsymbol{a}_2(t)$，它们仅仅是加速度不同。更具体地，我们可以假设由下标 2 表示的摄动轨道具有非开普勒加速度，即 $\boldsymbol{a}_2(t)\neq-\mu\boldsymbol{r}_2/|\boldsymbol{r}_2|^3=-\mu\boldsymbol{r}_1/|\boldsymbol{r}_1|^3$，而由下标 1 表示的密切轨道具有开普勒加速度，即 $\boldsymbol{a}_1(t)=-\mu\boldsymbol{r}_1/|\boldsymbol{r}_1|^3$。此外，在相同时刻具有不同状态的两个开普勒轨道，如 $\boldsymbol{x}_1(t)\neq\boldsymbol{x}_2(t)$，即使 $\boldsymbol{a}_1(t)=\boldsymbol{a}_2(t)$，这两个轨道也不是密切的。这种情况通常发生在，如果 $\boldsymbol{r}_1(t)=\boldsymbol{r}_2(t)$，但 $\boldsymbol{v}_1(t)\neq\boldsymbol{v}_2(t)$，如牛顿炮弹轨道（请参见第 3 章练习 7），通常仅发生在初始速度不同和轨道偏心率不同的情况下。图 5.1 描绘了一个密切轨道在时刻 t 处受阻力加速度 $\Delta\boldsymbol{a}_2(t)\propto-\boldsymbol{v}(t)$ 下的摄动，从而使轨道衰减。

通过定义摄动轨道的偏差为

$$\boldsymbol{\delta}=\boldsymbol{r}-\boldsymbol{R} \tag{5.3}$$

由式（5.1）和式（5.2），可以写出相对运动方程为

$$\ddot{\boldsymbol{\delta}}=\frac{\mu}{R^3}(\boldsymbol{r}-\boldsymbol{\delta})-\frac{\mu}{r^3}\boldsymbol{r}+\frac{\boldsymbol{F}}{m} \tag{5.4}$$

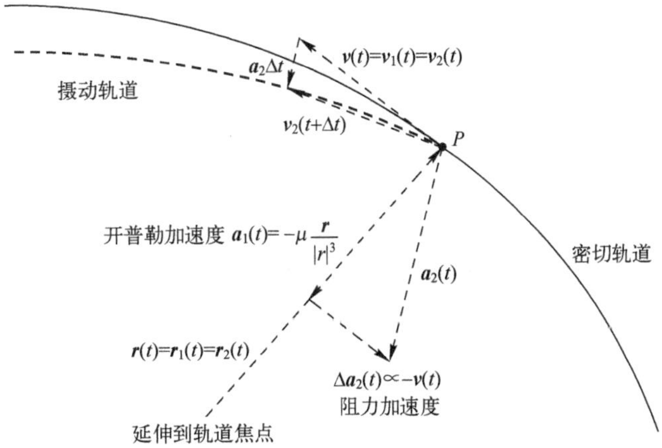

图 5.1　由于阻力而引起的密切轨道和受摄动轨道的示意图

或等效为

$$\ddot{\boldsymbol{\delta}}=-\frac{\mu}{R^3}\left(\left(\frac{R^3}{r^3}-1\right)\boldsymbol{r}+\boldsymbol{\delta}\right)+\frac{\boldsymbol{F}}{m} \tag{5.5}$$

由于 R^3/r^3-1 是两个几乎相等的数字之间的差，因此式（5.5）的积分可能会受到数值误差的影响，可以通过定义标量来规避该问题。

$$q=\frac{\boldsymbol{\delta}\cdot(\boldsymbol{\delta}-2\boldsymbol{r})}{r^2} \tag{5.6}$$

现在是在不同数量级之间做减法。我们可以很容易地看出 $q=R^2/r^2-1$，它使我们可以将 R^3/r^3-1 写为

$$\frac{R^3}{r^3}-1=q\,\frac{3+3q+q^2}{1+(1+q)^{3/2}} \tag{5.7}$$

这样，在不需要两个数值大小相近的数做减法的情况下，可以通过式（5.6）和式（5.7）计算 R^3/r^3-1。

Encke 方法可以总结如下。考虑时间间隔 $[t,t+\Delta t]$，其中 Δt 足够小。在此时间间隔内，执行以下操作：

（1）在时间 $\tau\in[t,t+\Delta t]$ 内的 $\boldsymbol{R}(\tau)$ 通过式（5.2）的数值积分计算。

（2）假设时间 $\tau\in[t,t+\Delta t]$ 的 $\boldsymbol{r}(\tau)=\boldsymbol{r}(t)$ 为常数。

（3）在时间 $\tau\in[t,t+\Delta t]$ 内的 $\boldsymbol{\delta}(\tau)$ 通过式（5.5）的数值积分计算，并且利用式（5.6）和式（5.7）辅助计算，初始条件为 $\boldsymbol{\delta}(t)=\dot{\boldsymbol{\delta}}(t)=0$。

（4）摄动的位置更新值替换为 $\boldsymbol{r}(t+\Delta t)=\boldsymbol{R}(t+\Delta t)+\boldsymbol{\delta}(t+\Delta t)$，速度更新值替换为 $\dot{\boldsymbol{r}}(t+\Delta t)=\dot{\boldsymbol{R}}(t+\Delta t)+\dot{\boldsymbol{\delta}}(t+\Delta t)$。

（5）从时间间隔 $[0,\Delta t]$ 开始，按照时间间隔 $\{[\Delta t,2\Delta t]\cdots[i\Delta t,(i+1)\Delta t],\cdots,[(N-1)\Delta t,N\Delta t]\}$ 的顺序重复这些操作。计算序列为 $t\in[0,N\Delta t]$ 获得的 $\boldsymbol{r}(t)$ 和 $\dot{\boldsymbol{r}}(t)$，此处 $N\Delta t$ 为最终仿真结束时间。

5.3 轨道根数动力学

Cowell 方法和 Encke 方法提出了一个摄动二体方程（5.1）的数值解，其中摄动轨道使用位置 $\boldsymbol{r}(t)$ 和速度 $\boldsymbol{v}(t)$ 来描述。第一个问题是，这些方法没有直接说明摄动如何影响已在 3.4 节中介绍的 6 个轨道根数 $\boldsymbol{p}=[\Omega,i,\omega,a,e,\theta]$。第二个问题是，它们提供了运动的数值描述，除了少数特殊情况，没有任何分析结论。在以下各章节中推导的高斯和拉格朗日行星方程可以解决这些问题，它们的积分提供了受摄轨道的轨道根数随时间的变化情况。

5.3.1 高斯行星运动方程

考虑由式（5.1）描述的二体系统，其中 $E=P_0$ 表示地球质心，P_1 代表航天器质心。我们将使用在 2.5 节和 3.3.4 节中已经定义的两个坐标系：地球中心惯性（ECI）坐标系 $\mathcal{J}_E=\{P_0,\boldsymbol{j}_1,\boldsymbol{j}_2,\boldsymbol{j}_3\}$ 和 Hill 坐标系 $\mathcal{H}=\{P_1,\boldsymbol{h}_1=\boldsymbol{r}/r,\boldsymbol{h}_2,\boldsymbol{h}_3=\boldsymbol{h}/h\}$。Hill 坐标系的前两个轴，即 $\boldsymbol{h}_1$ 径向轴和 $\boldsymbol{h}_2$ 沿轨道切向轴，是在 5.2 节中定义的密切轨道平面中的单位矢量，并且第三个轴 $\boldsymbol{h}_3$，是正交于该平面并平行于密切轨道角动量的单位矢量。

我们的目标是推导出微分方程，该方程描述 $\boldsymbol{p}=[\Omega,i,\omega,a,e,\theta]$ 的轨道根数在式（5.1）中存在非零摄动力 $\boldsymbol{F}$ 时是如何随时间变化的，如图 5.2 所示。

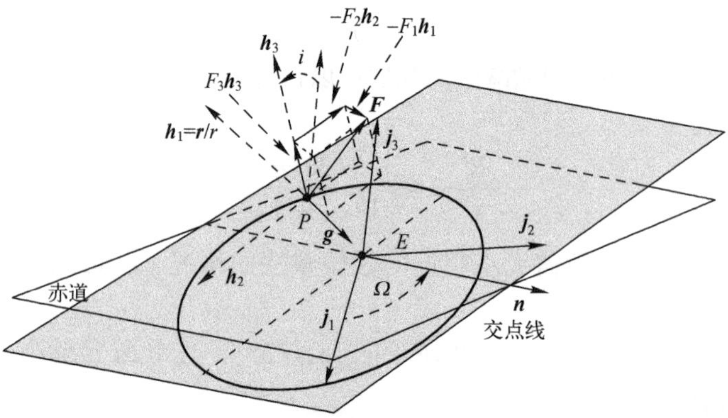

图 5.2　开普勒轨道和摄动力

在之前的向量 $\boldsymbol{p}$ 中，近地点辐角 ω 已替换为 $u=\omega+\theta$。$\boldsymbol{F}$ 将由摄动加速度 $\boldsymbol{a}=\boldsymbol{F}/m$ 和 Hill 坐标系下的矢量 $\boldsymbol{a}_h=[a_{h1},a_{h2},a_{h3}]$ 替代。时变参数 $\boldsymbol{p}(t)$ 是密切轨道向量，要计算的摄动 $\mathrm{d}\boldsymbol{p}(t)$ 定义为在最小时间间隔 $\mathrm{d}t$ 上的增量 $\mathrm{d}\boldsymbol{p}(t)=\boldsymbol{p}(t+\mathrm{d}t)-\boldsymbol{p}(t)$。在真近点角的情况下，增量 $\mathrm{d}\theta(t)=d\theta_{\mathrm{osc}}(t)+\mathrm{d}\theta_{\mathrm{pert}}(t)$ 写为两项之和。增量 $\mathrm{d}\theta_{\mathrm{osc}}$ 指的是密切轨道的自由响应 θ_{osc}；增量 $\mathrm{d}\theta_{\mathrm{pert}}$ 指的是由于在 $\boldsymbol{F}$ 作用下引起的摄动角度 θ_{pert}。无力作用下的真近点角 $\theta_{\mathrm{osc}}(t)$ 是 3.3.5 节中微分方程式（3.43）的解。在此重写为

$$\frac{\mathrm{d}\theta_{\mathrm{osc}}(t)}{\mathrm{d}t}=\frac{h}{r^2}=\sqrt{\frac{\mu}{a^3\sqrt{1-e^2}}}(1+e\cos\theta(t))^2 \tag{5.8}$$

在下文中，自由力和摄动力之间近点角的区别也适用于微分 $\dot{\theta}_{\mathrm{osc}}$ 和 $\dot{\theta}_{\mathrm{pert}}$，因此时变的

近点角 $\theta(t)$ （密切轨道近点角）可以认为是前一时刻的自由力和受迫力响应结合的结果。纬度辐角 u 的参数也有相同的特点，可以写为 $u=\dot{u}_{\text{pert}}+\dot{\theta}_{\text{osc}}$。下面要导出的 6 个摄动方程可以按以下归一化形式排列：

$$
\begin{aligned}
&P\dot{\boldsymbol{p}}(t)=A(\boldsymbol{p}(t))\boldsymbol{a}_h(t),\boldsymbol{p}(0)=\boldsymbol{p}_0\\
&\dot{\boldsymbol{p}}(t)=[\dot{\Omega},\mathrm{d}i/\mathrm{d}t,\dot{u}_{\text{pert}},\dot{a},\dot{e},\dot{\theta}_{\text{pert}}]
\end{aligned}
\tag{5.9}
$$

式（5.9）写成矩阵形式为

$$
A(\boldsymbol{p}(t))=\frac{\sqrt{1-e^2}}{a\omega_0(1+ec)}\begin{bmatrix}0&0&\sin u\\0&0&\cos u\sin i\\0&0&-\sin u\cos i\\2es(1+ec)&2(1+ec)^2&0\\s(1+ec)&c(2+ec)+e&0\\c(1+ec)&-s(2+ec)&0\end{bmatrix}
\tag{5.10}
$$

$$
P=\operatorname{diag}(\sin i,\sin i,\sin i,(1-e^2)/a,1,e)
$$

其中，$c=\cos\theta$，$s=\sin\theta$。偏心率 e 被视为$\dot{\theta}_{\text{pert}}$的因子，以消除 $A(\boldsymbol{p}(t))$的比率 $1/e$。由于 $\sin i$ 是角度微分的公因子，因此类似的缩放适用于$\{\Omega,i,u\}$。最终观察到轨道形状参数$\{a,e,\theta\}$的微分与轨道方向参数$\{\Omega,i,u\}$无关。

以下内容是文献［4，8，11］中相关内容的综合。作为必要的工具，我们从第 3 章的式（3.22）~式（3.24）、式（3.27）、式（3.38）和式（3.40）中回顾以下方程。

$$
r=\frac{p}{1+e\cos\theta}=\frac{a(1-e^2)}{1+e\cos\theta}=\frac{h^2/\mu}{1+e\cos\theta}
$$

$$
\omega_o=\sqrt{\mu/a^3},\quad h=\sqrt{\mu a(1-e^2)}
$$

$$
\dot{\theta}=h/r^2
$$

$$
\begin{aligned}
\dot{r}&=\frac{pe\sin\theta}{(1+e\cos\theta)^2}\dot{\theta}=\frac{h}{r^2}\frac{pe\sin\theta}{(1+e\cos\theta)^2}=\frac{he\sin\theta}{p}=\frac{he\sin\theta}{a(1-e^2)}\\
&=\sqrt{\frac{\mu}{a(1-e^2)}}e\sin\theta\left[\sqrt{\frac{m^3}{ms^2}}=m/s\right]
\end{aligned}
\tag{5.11}
$$

$$
r\dot{\theta}_{osc}=\frac{h}{r}=\frac{\sqrt{\mu a(1-e^2)}}{r}=\sqrt{\frac{\mu}{a(1-e^2)}}(1+e\cos\theta)
$$

从 3.3.4 节中，我们回顾从 Hill 坐标系到 ECI 坐标系 $\mathcal{J}_E=\{P_0,\boldsymbol{j}_1,\boldsymbol{j}_2,\boldsymbol{j}_3\}$ 的转换矩阵 $\boldsymbol{R}_h^j$。

$$
\begin{aligned}
\boldsymbol{R}_h^j&=\begin{bmatrix}\boldsymbol{j}_1\\\boldsymbol{j}_2\\\boldsymbol{j}_3\end{bmatrix}[\boldsymbol{h}_1\quad\boldsymbol{h}_2\quad\boldsymbol{h}_3]=Z(\Omega)X(i)Z(\omega+\theta)\\
&=\begin{bmatrix}c_\Omega c_u-s_\Omega c_i s_u&-c_\Omega s_u-s_\Omega c_i c_u&s_\Omega s_i\\s_\Omega c_u+c_\Omega c_i s_u&-s_\Omega s_u+c_\Omega c_i c_u&-c_\Omega s_i\\s_i s_u&s_i c_u&c_i\end{bmatrix}
\end{aligned}
\tag{5.12}
$$

式中采用了 2.2.1 节的矢量矩阵表示法及缩写 $c_x=\cos x$ 和 $s_x=\sin x$，其中 $x=\Omega,i,u$。通用惯性坐标轴的符号 $\boldsymbol{j}_k$ 以及相关的上/下标 j 避免与倾角 i 混淆。平均轨道角速度为 $\omega_o=\sqrt{\mu/a^3}$，轨道周期为 $T_0=2\pi/\omega_o$。

1. 半长轴摄动

从 3.5.1 节中的式（3.87）开始讨论，密切轨道的半长轴为 $a=-\mu/2E$，其中 E 是与轨道相关的单位质量的总能量，请勿与开普勒方程的偏近点角 E 相混淆。此后，将不再提及偏近点角。其遵循

$$\dot{a}=\frac{\mu}{2}\frac{\dot{E}}{E^2}=\frac{2a^2}{\mu}\dot{E} \tag{5.13}$$

根据经典力学，单位质量的功率为：

$$\dot{E}=\boldsymbol{a}\cdot\boldsymbol{v} \tag{5.14}$$

式中：$\boldsymbol{v}=\dot{\boldsymbol{r}}$ 为航天器速度；$\boldsymbol{a}$ 为摄动加速度。因此 $\boldsymbol{r}=r\boldsymbol{h}_1$，速度矢量 $\boldsymbol{v}$ 可以在 Hill 坐标系下表示为

$$\boldsymbol{v}=\dot{r}\boldsymbol{h}_1+r\mathrm{d}\boldsymbol{h}_1/\mathrm{d}t=\dot{r}\boldsymbol{h}_1+r\dot{\theta}_{\mathrm{osc}}\boldsymbol{h}_3\times\boldsymbol{h}_1=\dot{r}\boldsymbol{h}_1+r\dot{\theta}_{\mathrm{osc}}\boldsymbol{h}_2 \tag{5.15}$$

则式（5.13）写为

$$\dot{a}=\frac{2a^2}{\mu}(a_{h1}\dot{r}+a_{h2}r\dot{\theta}_{\mathrm{osc}}) \tag{5.16}$$

其中，$\dot{\theta}_{\mathrm{osc}}$ 已经在式（5.8）中被定义，通过从式（5.11）中替换 $r\dot{\theta}_{\mathrm{osc}}$ 和 $\dot{r}$，关于 a 的高斯行星运动方程被定义为

$$\begin{aligned}\frac{\dot{a}}{a}&=2\sqrt{\frac{\mu}{a(1-e^2)}}\frac{a}{\mu}(e\sin\theta a_{h1}+(1+e\cos\theta)a_{h2})\\&=\frac{2\sqrt{1-e^2}}{a\omega_o(1-e^2)}(e\sin\theta a_{h1}+(1+e\cos\theta)a_{h2})\end{aligned} \tag{5.17}$$

式（5.17）表明，在小偏心率的情况下，即对于 $e\ll1$，半长轴摄动的主要影响来自于 $\boldsymbol{a}=\boldsymbol{F}/m$ 的沿轨道分量 a_{h2}。

练习 1：

假设式（5.17）由于大气阻力而产生的恒定切向摄动 $a_{h2}(t)=-a_{h0}=-100\mu\mathrm{m/s^2}$，假设径向摄动为零，即 $a_{h1}=0$，并且将轨道真近点角近似为 $\theta=\omega_0 t$，$\omega_0=1.17\mathrm{mrad}/s$。通过 ω_0 计算初始密切轨道半长轴 a_0，并假设 $e=e_0=0.05$，求解式（5.17）的摄动 $\delta a=a-a_0$。

2. 偏心率摄动

由 3.3.3 节中的式（3.25）可知，密切轨道单位质量的角动量大小由 $h=\sqrt{\mu a(1-e^2)}$ 给出。其微分写为

$$\dot{h}=\frac{\sqrt{\mu(1-e^2)}}{2\sqrt{a}}\dot{a}-\frac{\sqrt{\mu a}\,e}{\sqrt{1-e^2}}\dot{e} \tag{5.18}$$

在 7.2.3 节中，由相对于惯性系原点 P_0（此处为地球质心）旋转的点质量 P_1 的牛

顿方程，可知，角动量 $m\dot{\boldsymbol{h}}$ 的时间微分等于相对于 P_0 的力矩 $\boldsymbol{r}\times\boldsymbol{F}$，则可以写出

$$\dot{\boldsymbol{h}}=\boldsymbol{r}\times\boldsymbol{a}=-ra_{h3}\boldsymbol{h}_2+ra_{h2}\boldsymbol{h}_3 \tag{5.19}$$

因此 $\boldsymbol{h}$ 在 Hill 坐标系中表示为

$$\boldsymbol{h}=\boldsymbol{r}\times\boldsymbol{v}=r\boldsymbol{h}_1\times(v_1\boldsymbol{h}_1+v_2\boldsymbol{h}_2)=rv_2\boldsymbol{h}_3=h\boldsymbol{h}_3 \tag{5.20}$$

式中，v_j, $j=1,2,3$ 是 Hill 坐标系中 $\boldsymbol{v}$ 的分量，对式（5.20）进行微分以获得以下与式（5.19）相同的替代形式。

$$\dot{\boldsymbol{h}}=\dot{h}\boldsymbol{h}_3+h\dot{\boldsymbol{h}}_3 \tag{5.21}$$

通过比较式（5.19）和式（5.21），可以发现：

$$\dot{h}=ra_{h2},\quad \dot{\boldsymbol{h}}_3=-\frac{ra_{h3}}{h}\boldsymbol{h}_2=\frac{ra_{h3}}{h}\boldsymbol{h}_1\times\boldsymbol{h}_3 \tag{5.22}$$

$\dot{h}$ 的两个公式［式（5.18）和式（5.22）］可以联立得到

$$\frac{\sqrt{\mu(1-e^2)}}{2\sqrt{a}}\dot{a}-\frac{\sqrt{\mu a}\,e}{\sqrt{1-e^2}}\dot{e}=ra_{h2} \tag{5.23}$$

结合式（5.17），对式（5.23）进行变形可得 $\dot{e}$ 的表达式为

$$\dot{e}=\frac{1-e^2}{2ae}\dot{a}-\frac{\sqrt{1-e^2}}{\sqrt{\mu a}\,e}ra_{h2}=\sqrt{\frac{a(1-e^2)}{\mu}}\left(a_{h1}\sin\theta+\frac{a_{h2}}{e}\left(1+e\cos\theta-\frac{r}{a}\right)\right) \tag{5.24}$$

最后，通过式（5.11）和一些变形处理可以得到 e 的高斯行星方程为

$$\dot{e}=\frac{\sqrt{1-e^2}}{a\omega_o}\left(\sin\theta a_{h1}+\left(\cos\theta+\frac{\cos\theta+e}{1+e\cos\theta}\right)a_{h2}\right) \tag{5.25}$$

偏心率方程与半长轴方程（5.17）非常相似，因为仅 $\boldsymbol{a}=\boldsymbol{F}/m$ 的平面坐标（切向分量和径向分量）会引起微扰。其主要区别在于：同样对于小偏心率 $e\ll1$，必须同时考虑切向分量和径向分量。

练习 2：

假设式（5.25）由于大气阻力而产生的恒定的切向摄动 $a_{h2}(t)=-a_{h0}=-100\mu\text{m/s}^2$，假定径向摄动为零，即 $a_{h1}=0$，并且将轨道真近点角近似为 $\theta=\omega_0 t$，$\omega_0=1.17\text{mrad/s}$。通过 ω_0 计算初始密切半长轴 a_0，并假设 $a=a_0$ 和 $e=e_0=0$，根据摄动 $\delta e=e$ 求解式（5.25）。在一个轨道周期内绘制 δe 并计算 $e_{\max}=\max|\delta e(t)|$ 的值。

3. 轨道倾角摄动

在式（5.12）中，Hill 坐标系到 ECI 坐标系的转换矩阵为 $\boldsymbol{R}_h^i$，可以发现 $\boldsymbol{h}_3\cdot\boldsymbol{j}_3=\boldsymbol{h}\cdot\boldsymbol{j}_3/h=\cos i$。这个恒等式的时间微分为

$$-\sin i\frac{\mathrm{d}i}{\mathrm{d}t}=\frac{(\dot{\boldsymbol{h}}\cdot\boldsymbol{j}_3)h-(\boldsymbol{h}\cdot\boldsymbol{j}_3)\dot{h}}{h^2}=\frac{(\dot{\boldsymbol{h}}\cdot\boldsymbol{j}_3)h-h\dot{h}\cos i}{h^2} \tag{5.26}$$

其中，$\boldsymbol{j}_3$ 被视为惯性方向。由式（5.19）、式（5.22）和式（5.26）得

$$\not{\sin}\, i\frac{\mathrm{d}i}{\mathrm{d}t}=r\frac{(a_{h3}\boldsymbol{h}_2-a_{h2}\boldsymbol{h}_3)\cdot\boldsymbol{j}_3+a_{h2}\cos i}{h}=\not{\sin}\, i\, r\frac{a_{h3}\cos u}{h} \tag{5.27}$$

其中，与 a_{h2} 成比例的项相互抵消，并且使用了式（5.12）中的恒等式 $\boldsymbol{h}_2\cdot\boldsymbol{j}_3=$

sin $i$cos$u$。最后，在式（5.27）中替换式（5.11）中 r 的表达式可得出 di/dt 的高斯方程为

$$\frac{\mathrm{d}i}{\mathrm{d}t}=\sqrt{\frac{a(1-e^2)}{\mu}}\frac{\cos u}{1+e\cos\theta}a_{h3}=\frac{\sqrt{1-e^2}}{a\omega_0}\frac{\cos u}{1+e\cos\theta}a_{h3} \tag{5.28}$$

由式（5.28）可知，轨道倾角仅受正交于轨道平面的 $\boldsymbol{a}=\boldsymbol{F}/m$ 摄动。假设小偏心率，近地点辐角为零并且半长轴恒定，即 $e\ll1$，$\omega=0$ 和 $a=a_0$。第三个假设代表纵向摄动可忽略不计，或者通过某些轨道控制使半长轴保持恒定。在这些假设下，式（5.28）简化为

$$\frac{\mathrm{d}i}{\mathrm{d}t}\cong\frac{a_{h3}(t)}{a_0\omega_0}\cos\theta(t) \tag{5.29}$$

在恒定摄动 $a_{h3}=a_{h0}$ 下并通过假设 $\theta(t)=\omega_0 t$，可以发现时间响应为

$$\delta i(t)\cong i-i_0=\frac{a_{h0}}{a_0\omega_o^2}\sin\omega_o t \tag{5.30}$$

这证明了轨道倾角的摄动接近于周期性且均值为零。

4. 升交点赤经摄动

让我们考虑交点线 $\boldsymbol{n}$，可以根据图 5.2 写成 $\boldsymbol{n}=\cos\Omega\boldsymbol{j}_1+\sin\Omega\boldsymbol{j}_2$。借助于式（5.12）（特别是 $\boldsymbol{R}_h^j$ 的第三列），可以发现 $\boldsymbol{h}_3=(\sin\Omega\boldsymbol{j}_1-\cos\Omega\boldsymbol{j}_2)\sin i+\cos i\boldsymbol{j}_3$ 和 $\boldsymbol{n}\cdot\boldsymbol{h}_3=0$。换句话说，这条交点线正交于法线 $\boldsymbol{h}_3$。因此，$\boldsymbol{h}_3$ 的任何破坏正交性的摄动都必须通过节点线的偏差来补偿，如以下微分方程所证明的那样。

$$\frac{\mathrm{d}(\boldsymbol{h}_3\cdot\boldsymbol{n})}{\mathrm{d}t}=\dot{\boldsymbol{h}}_3\cdot\boldsymbol{n}+\boldsymbol{h}_3\cdot\dot{\boldsymbol{n}}=0 \tag{5.31}$$

结合提供 $\boldsymbol{h}_3$ 的式（5.22）和式（5.12），通过 $\boldsymbol{R}_h^j$ 的项获得 ECI 坐标系和 Hill 坐标系之间的标量积。并结合微分 $\dot{\boldsymbol{n}}=(-\sin\Omega\boldsymbol{j}_1+\cos\Omega\boldsymbol{j}_2)\dot{\Omega}$获得式（5.31）中两个项的显式表达式。最后，得到以下等式：

$$\begin{aligned}\boldsymbol{h}_3\cdot\dot{\boldsymbol{n}}&=(-\sin\Omega\boldsymbol{h}_3\cdot\boldsymbol{j}_1+\cos\Omega\boldsymbol{h}_3\cdot\boldsymbol{j}_2)\dot{\Omega}=-\dot{\Omega}\sin i\\ -\dot{\boldsymbol{h}}_3\cdot\boldsymbol{n}&=\frac{ra_{h3}}{h}\sin u\end{aligned} \tag{5.32}$$

式（5.32）第一行和第二行右侧的表达式及式（5.11）的 r 和 h 表达式与式（5.31）替换，得到了 Ω 的高斯行星方程。

$$\begin{aligned}\dot{\Omega}&=\frac{r\sin u}{h\sin i}a_{h3}=\frac{a(1-e^2)}{\sqrt{\mu a(1-e^2)}}\frac{\sin u}{(1+e\cos\theta)\sin i}a_{h3}=\sqrt{\frac{a(1-e^2)}{\mu}}\frac{\sin u}{(1+e\cos\theta)\sin i}a_{h3}\\ &=\frac{\sqrt{1-e^2}}{\omega_0 a(1+e\cos\theta)}\frac{\sin u}{\sin i}a_{h3}\end{aligned} \tag{5.33}$$

5. 纬度辐角摄动

利用纬度辐角的微分$\dot{u}_{\mathrm{pert}}$，替代近地点辐角的微分$\dot{\omega}$。在继续讨论之前，首先给出本节的前提，以两种不同的方式分解$\dot{u}_{\mathrm{pert}}$。

$$\dot{u}_{\mathrm{pert}}=\dot{u}-\dot{\theta}_{\mathrm{osc}}=\dot{\omega}+\dot{\theta}-\dot{\theta}_{\mathrm{osc}}=\dot{\omega}+\dot{\theta}_{\mathrm{pert}}+\cancel{\dot{\theta}_{\mathrm{osc}}-\dot{\theta}_{\mathrm{osc}}}$$

通过式（5.12）中 Hill 坐标系中$\boldsymbol{j}_3$的分量与标量三重乘积的公式可以写出

$$\boldsymbol{h}_1 \cdot (\boldsymbol{j}_3 \times \boldsymbol{h}_3) = \det\begin{bmatrix} 1 & s_i s_u & 0 \\ 0 & s_i c_u & 0 \\ 0 & c_i & 1 \end{bmatrix} = s_i c_u \tag{5.34}$$

式（5.34）中的时间微分和式（5.27）中的 di/dt 提供了等式：

$$\begin{aligned} \boldsymbol{h}_1 \cdot (\boldsymbol{j}_3 \times \dot{\boldsymbol{h}}_3) + \dot{\boldsymbol{h}}_1 \cdot (\boldsymbol{j}_3 \times \boldsymbol{h}_3) &= \cos i \cos u \frac{\mathrm{d}i}{\mathrm{d}t} - \sin i \sin u \dot{u} \\ &= r\frac{\cos i \cos^2 u}{h} a_{h3} - \sin i \sin u \dot{u} \end{aligned} \tag{5.35}$$

通过式（5.22）中的第二个等式，式（5.15）中的$\dot{\boldsymbol{h}}_1 = \dot{\theta}_{\text{osc}} \boldsymbol{h}_3 \times \boldsymbol{h}_1 = \dot{\theta}_{\text{osc}} \boldsymbol{h}_2$和式（5.12）获得式（5.34）右侧项中微分的替代表达式，即

$$\begin{aligned} \boldsymbol{h}_1 \cdot (\boldsymbol{j}_3 \times \dot{\boldsymbol{h}}_3) + \dot{\boldsymbol{h}}_1 \cdot (\boldsymbol{j}_3 \times \boldsymbol{h}_3) &= -\left(\boldsymbol{j}_3 \times \frac{r a_{h3}}{h} \boldsymbol{h}_2\right) \cdot \boldsymbol{h}_1 + \dot{\theta}_{\text{osc}} (\boldsymbol{j}_3 \times \boldsymbol{h}_3) \cdot \boldsymbol{h}_2 \\ &= \frac{r a_{h3}}{h} \cos i - \dot{\theta}_{\text{osc}} \sin i \sin u \end{aligned} \tag{5.36}$$

其中，$\dot{\theta}_{\text{osc}}$在式（5.8）中定义。现在，令式（5.35）与式（5.36）相等。$\dot{u}_{\text{pert}}$的前两个表达式和一些变形可以得到方程式：

$$\dot{u}_{\text{pert}} = \dot{\omega} + \dot{\theta}_{\text{pert}} = \dot{u} - \dot{\theta}_{\text{osc}} = -\frac{r}{h} \frac{\cos i \sin u}{\sin i} a_{h3} \tag{5.37}$$

用式（5.11）中的r和h替换式（5.37），转换为纬度辐角的高斯行星方程，即

$$\dot{u}_{\text{pert}} = -\frac{\sqrt{1-e^2}}{a\omega_0} \frac{\sin u \cos i}{(1+e\cos\theta)\sin i} a_{h3} \tag{5.38}$$

近地点辐角的方程可以从式（5.37）中获得。

6. 真近点角摄动

从式（5.11）中矢径方程的第二个恒等式开始，通过对其进行时间微分，得到

$$r(\dot{e}\cos\theta - e\dot{\theta}\sin\theta) + \dot{r}(1+e\cos\theta) = 2h\dot{h}/\mu \tag{5.39}$$

可以将$\dot{\theta}$作为$\dot{r}$、$\dot{e}$和$\dot{h}$的函数来求解式（5.39），即

$$\dot{\theta} = \frac{1}{e\sin\theta}\left(\cos\theta \dot{e} - \frac{2h}{\mu r}\dot{h} + \frac{\dot{r}}{r}(1+e\cos\theta)\right) \tag{5.40}$$

式（5.11）、式（5.22）和式（5.25）的第一个等式提供式（5.40）的微分，即

$$\begin{aligned} \dot{r} &= \frac{he\sin\theta}{a(1-e^2)} \\ \dot{h} &= r a_{h2} \\ \dot{e} &= \frac{h}{\mu}\left(a_{h1}\sin\theta + a_{h2}\left(\cos\theta + \frac{\cos\theta + e}{1+e\cos\theta}\right)\right) \end{aligned} \tag{5.41}$$

替换式（5.40）中的 3 个等式和一些变形即可得出过渡方程式：

$$\dot{\theta}=\frac{h}{\mu e}\left(a_{h1}\cos\theta+\frac{a_{h2}}{\sin\theta}\left(\frac{\cos^2\theta(1+e\cos\theta)+\cos^2\theta+e\cos\theta}{1+e\cos\theta}\right)\right)-\frac{h}{\mu e}\frac{2a_{h2}}{\sin\theta}+\frac{h}{r^2}$$

$$=\frac{h}{\mu e}\left(a_{h1}\cos\theta+\frac{a_{h2}}{\sin\theta}\left(\frac{(\cos^2\theta-1)(1+e\cos\theta)+(\cos^2\theta-1)}{1+e\cos\theta}\right)\right)+\dot{\theta}_{\mathrm{osc}} \tag{5.42}$$

其中，$\dot{\theta}_{\mathrm{osc}}=h/r^2$ 在式（5.11）中给出。等式$\dot{\theta}=\dot{\theta}_{\mathrm{pert}}+\dot{\theta}_{\mathrm{osc}}$和进一步的变形可以得到真近点角摄动的高斯行星方程。

$$e\dot{\theta}_{\mathrm{pert}}=\frac{\sqrt{1-e^2}}{a\omega_0}\left(a_{h1}\cos\theta-a_{h2}\frac{2+e\cos\theta}{1+e\cos\theta}\sin\theta\right) \tag{5.43}$$

其中，偏心率 e 被看作比例因子。

5.3.2 拉格朗日行星方程

1. 通用方程

拉格朗日行星方程，与 5.3.1 节的高斯方程不同，式（5.1）中的摄动加速度 $\boldsymbol{a}=\boldsymbol{F}(t)/m$ 仅限于第三物体的引力加速度和 P_0 中行星的引力异常。两种摄动已在 4.2.1~4.2.4 节中讨论。我们将绕 P_0 转动的 P_1 小物体的总引力势函数$V(\boldsymbol{r})$分解为中心势 $V_0(r)=-\mu/r$（$r=|\boldsymbol{r}|$）和摄动势 $U(\boldsymbol{r})$。相对于通常的 R[11]，我们更喜欢这种表示法[8]，因为 R 主要用于旋转矩阵。包含摄动势的 V 和引力加速度 $\boldsymbol{g}$ 表示为

$$\begin{cases}V(\boldsymbol{r})=V_0(r)+U(\boldsymbol{r})=-\dfrac{\mu}{r}+U(\boldsymbol{r})\\ \boldsymbol{g}(\boldsymbol{r})=-\nabla^{\mathrm{T}}V(\boldsymbol{r})=-\dfrac{\mu}{r^3}\boldsymbol{r}-\nabla^{\mathrm{T}}U(\boldsymbol{r})\end{cases} \tag{5.44}$$

保留了 3.2.2 节和 4.2.1 节中的符号规定。在 ECI 坐标系下，以 P_0 为中心的惯性坐标，可以将式（5.1）中的两体摄动方程重写为

$$\begin{cases}\dot{\boldsymbol{r}}(t)=\boldsymbol{v}\\ \dot{\boldsymbol{v}}(t)=-\dfrac{\mu}{r^3}\boldsymbol{r}-\begin{bmatrix}\partial U(\boldsymbol{r})/\partial r_1\\ \partial U(\boldsymbol{r})/\partial r_2\\ \partial U(\boldsymbol{r})/\partial r_3\end{bmatrix}\end{cases} \tag{5.45}$$

其中，$\boldsymbol{r}=[r_1,r_2,r_3]$和$\boldsymbol{v}=[v_1,v_2,v_3]$是 P_1 的位置和速度坐标。式（5.45）是一个自治状态方程。由 5.2 节中的定义 1 可知，在任意时刻 t，满足式（5.45）的$\{\boldsymbol{r}(t),\boldsymbol{v}(t)\}$都定义了一个密切轨道，该轨道可以通过轨道根数$\boldsymbol{p}(\boldsymbol{r},\boldsymbol{v})=[\Omega,i,\omega,a,e,M]$来具体化表示。在接下来的推导中，真近点角 $\theta(t)$将由平近点角 $M(t)$替代，该平近点角 $M(t)$通过 3.3.5 节的式（3.49）表示为

$$M(t)=\omega_o t=E(t)-e\sin E(t),\quad \omega_o=\sqrt{\mu/a^3} \tag{5.46}$$

式中：E 为偏近点角；ω_0（在其他教科书中用 n 表示）为平均轨道角速度。拉格朗日方程关注的是长周期变化，这对于典型的开普勒轨道参数是恒定的，或者对于开普勒轨道具有恒定的角速率，如$\dot{M}(t)=\omega_o$ 是恒定的。我们可以将$\{\boldsymbol{r}(t),\boldsymbol{v}(t)\}$对时间微分写为关

于$\boldsymbol{p}(t)$的表达式，即

$$\boldsymbol{r}(t)=\boldsymbol{f}(\boldsymbol{p}(t)),\quad \boldsymbol{v}(t)=\boldsymbol{g}(\boldsymbol{p}(t))$$

$$\dot{\boldsymbol{r}}(t)=\frac{\partial \boldsymbol{f}(\boldsymbol{p}(t))}{\partial t}+\sum_{k=1}^{6}\frac{\partial \boldsymbol{f}(\boldsymbol{p})}{\partial p_k}\frac{\mathrm{d}p_k}{\mathrm{d}t} \tag{5.47}$$

$$\dot{\boldsymbol{v}}(t)=\frac{\partial \boldsymbol{g}(\boldsymbol{p}(t))}{\partial t}+\sum_{k=1}^{6}\frac{\partial \boldsymbol{g}(\boldsymbol{p})}{\partial p_k}\frac{\mathrm{d}p_k}{\mathrm{d}t}$$

式（5.47）意味着$\{\boldsymbol{r}(t),\boldsymbol{v}(t)\}$表示的摄动轨道是矢量$\boldsymbol{p}(t)$表示的密切轨道的连续序列的包络。令式（5.45）和式（5.47）中的位置和速度微分相等，可以得到以下等式：

$$\begin{aligned}
&\frac{\partial \boldsymbol{f}(\boldsymbol{p}(t))}{\partial t}=\boldsymbol{v}(t)\\
&\sum_{k=1}^{6}\frac{\partial \boldsymbol{f}(\boldsymbol{p})}{\partial p_k}\dot{p}_k(t)=\sum_{k=1}^{6}\frac{\partial \boldsymbol{r}}{\partial p_k}\dot{\boldsymbol{p}}_k(t)=\frac{\partial \boldsymbol{r}}{\partial \boldsymbol{p}}\dot{\boldsymbol{p}}(t)=0\\
&\frac{\partial \boldsymbol{g}(\boldsymbol{p}(t))}{\partial t}=-\frac{\mu}{r^3}\boldsymbol{r}\\
&\sum_{k=1}^{6}\frac{\partial \boldsymbol{g}(\boldsymbol{p})}{\partial p_k}\dot{p}_k(t)=\sum_{k=1}^{6}\frac{\partial \dot{\boldsymbol{r}}}{\partial p_k}\dot{p}_k(t)=\frac{\partial \dot{\boldsymbol{r}}}{\partial \boldsymbol{p}}\dot{\boldsymbol{p}}(t)=-\nabla^{\mathrm{T}}U(\boldsymbol{r})
\end{aligned} \tag{5.48}$$

这里矩阵表示为

$$\frac{\partial \boldsymbol{r}}{\partial \boldsymbol{p}}=\begin{bmatrix}\frac{\partial r_1}{\partial p_1} & \cdots & \frac{\partial r_1}{\partial p_6}\\ \frac{\partial r_2}{\partial p_1} & \cdots & \frac{\partial r_2}{\partial p_6}\\ \frac{\partial r_3}{\partial p_1} & \cdots & \frac{\partial r_3}{\partial p_6}\end{bmatrix},\quad \frac{\partial \dot{\boldsymbol{r}}}{\partial \boldsymbol{p}}=\frac{\partial \boldsymbol{v}}{\partial \boldsymbol{p}}=\begin{bmatrix}\frac{\partial v_1}{\partial p_1} & \cdots & \frac{\partial v_1}{\partial p_6}\\ \frac{\partial v_2}{\partial p_1} & \cdots & \frac{\partial v_2}{\partial p_6}\\ \frac{\partial v_3}{\partial p_1} & \cdots & \frac{\partial v_3}{\partial p_6}\end{bmatrix} \tag{5.49}$$

是矢量函数$\boldsymbol{r}=\boldsymbol{f}(\boldsymbol{p})$和$\boldsymbol{v}=\boldsymbol{g}(\boldsymbol{p})$的3×6的雅可比矩阵。

由于式（5.45）中的摄动势$U(\boldsymbol{r})$取决于$\boldsymbol{r}(\boldsymbol{p})$，因此将3×1列矢量$-\nabla^{\mathrm{T}}U(\boldsymbol{r})$左乘6×3雅可比矩阵的转置$(\partial \boldsymbol{r}(\boldsymbol{p})/\partial \boldsymbol{p})^{\mathrm{T}}$，可以得到相对于$\boldsymbol{p}$的行矢量梯度。

$$\left(\frac{\partial U(\boldsymbol{r}(\boldsymbol{p}))}{\partial \boldsymbol{p}}\right)^{\mathrm{T}}=\left(\frac{\partial \boldsymbol{r}(\boldsymbol{p})}{\partial \boldsymbol{p}}\right)^{\mathrm{T}}\nabla^{\mathrm{T}}U(\boldsymbol{r})=\begin{bmatrix}\frac{\partial U(\boldsymbol{r}(\boldsymbol{p}))}{\partial \Omega}\\ \vdots\\ \frac{\partial U(\boldsymbol{r}(\boldsymbol{p}))}{\partial M}\end{bmatrix} \tag{5.50}$$

拉格朗日行星方程的隐式表达式可以通过两个步骤获得。首先，将式（5.48）中第四行的最后一个等式与式（5.50）中的$(\partial \boldsymbol{r}(\boldsymbol{p})/\partial \boldsymbol{p})^{\mathrm{T}}$左乘；其次，从式（5.48）的第二行中减去零等式$(\partial \boldsymbol{r}/\partial \boldsymbol{p})^{\mathrm{T}}(\partial \boldsymbol{r}/\partial \boldsymbol{p})\dot{\boldsymbol{p}}(t)=0$，得出

$$\boldsymbol{L}\dot{\boldsymbol{p}}(t)=\left(\left(\frac{\partial \boldsymbol{r}}{\partial \boldsymbol{p}}\right)^{\mathrm{T}}\frac{\partial \boldsymbol{v}}{\partial \boldsymbol{p}}-\left(\frac{\partial \boldsymbol{v}}{\partial \boldsymbol{p}}\right)^{\mathrm{T}}\frac{\partial \boldsymbol{r}}{\partial \boldsymbol{p}}\right)\dot{\boldsymbol{p}}(t)=-\left(\frac{\partial U(\boldsymbol{r}(\boldsymbol{p}))}{\partial \boldsymbol{p}}\right)^{\mathrm{T}} \tag{5.51}$$

式中：$\boldsymbol{L}$为可以显式计算和求逆的6×6矩阵。详见后文。

2. 拉格朗日括号

式（5.51）中矩阵 $\boldsymbol{L}$ 的一般元素 L_{ij} 具有以下形式，称为拉格朗日括号，通常用 $[p_i, p_j]$ 表示为

$$L_{ij}=[p_i,p_j]=\left(\frac{\partial \boldsymbol{r}}{\partial p_i}\right)^{\mathrm{T}}\left(\frac{\partial \boldsymbol{v}}{\partial p_j}\right)-\left(\frac{\partial \boldsymbol{v}}{\partial p_i}\right)^{\mathrm{T}}\left(\frac{\partial \boldsymbol{r}}{\partial p_j}\right) \tag{5.52}$$

拉格朗日括号的一些性质（很容易检验）如下。

（1）$L_{ii}=[p_i,p_i]=0$

（2）$L_{ij}=[p_i,p_j]=-L_{ji}=-[p_j,p_i]$。

（3）$L_{ij}=[p_i,p_j]$ 很明显地不依赖于时间 t，因为 $\boldsymbol{r}$ 和 $\boldsymbol{v}$ 仅依赖于式（5.47）表示的 $\boldsymbol{p}$，即 $\partial L_{ij}/\partial t=\partial[p_i,p_j]/\partial t=0$

练习 3：

通过计算 $\partial[p_i,p_j]/\partial t$ 来证明之前所提到的第三个性质。

由于这些特性，$\boldsymbol{L}$ 是一个反对称矩阵（主对角线元素为零）。因此，只需要计算 $N=6\times5/2=15$ 个上对角括号元素 $L_{ij}=[p_i,p_j], i=1,2,\cdots,6; j=i+1,\cdots,6$。可以通过在密切轨道的已知任意点（如在近拱点附近）的 $\boldsymbol{r}(\boldsymbol{p})$ 和 $\boldsymbol{v}(\boldsymbol{p})$ 来计算。接下来，将 $\boldsymbol{p}$ 分解为角度和轨迹的参数，即 $\boldsymbol{p}=[\boldsymbol{a},\boldsymbol{b}]$，包含 $\boldsymbol{a}=[\Omega,i,\omega]$（角度）和 $\boldsymbol{b}=[a,e,M]$（轨迹），并且证明 $\boldsymbol{r}$ 和 $\boldsymbol{v}$ 可以写为近焦点坐标系到 ECI 坐标系转换矩阵 $\boldsymbol{R}_p^j(\boldsymbol{a})$ 的乘积，$\boldsymbol{a}$ 是角度参数的函数，而焦点坐标是轨迹参数矢量 $\boldsymbol{b}$ 的函数。

由于我们选择在近拱点附近计算，因此从式（3.45）中的近拱点坐标系中获得惯性矢量，即

$$\boldsymbol{r}(\boldsymbol{p})=\boldsymbol{R}_p^i(\boldsymbol{a})\boldsymbol{r}_p(\boldsymbol{b})=\boldsymbol{R}_p^i(\boldsymbol{a})\begin{bmatrix}a(\cos E-e)\\ a\sqrt{1-e^2}\sin E\\ 0\end{bmatrix}=\boldsymbol{R}_p^i(\boldsymbol{a})\begin{bmatrix}a(1-e)+o(M^2)\\ a\sqrt{\dfrac{1+e}{1-e}}M+o(M^3)\\ 0\end{bmatrix} \tag{5.53}$$

速度矢量 $\boldsymbol{v}$ 以相同的方式获得并给出

$$\boldsymbol{v}(\boldsymbol{p})=\boldsymbol{R}_p^i(\boldsymbol{a})\boldsymbol{v}_p(\boldsymbol{b})=\boldsymbol{R}_p^i(\boldsymbol{a})\begin{bmatrix}-a\dot{E}\sin E\\ a\sqrt{1-e^2}\,\dot{E}\cos E\\ 0\end{bmatrix}=\boldsymbol{R}_p^i(\boldsymbol{a})\begin{bmatrix}-\sqrt{\dfrac{\mu}{a}}\dfrac{M}{(1-e)^2}+o(M^3)\\ \sqrt{\dfrac{\mu(1+e)}{a(1-e)}}+o(M^2)\\ 0\end{bmatrix} \tag{5.54}$$

在式（5.53）和（5.54）中，近拱点附近有：

$$\sin E=E+o(E^3),\quad \cos E=1+o(E^2),\quad M=E(1-e)+o(E^3)$$

$$\dot{E}=\frac{\omega_0}{1-e\cos E}=\sqrt{\frac{\mu}{a}}\frac{1}{1-e}+o(E^2)$$

在用 ω 替换 u 后，$\boldsymbol{R}_p^j(\boldsymbol{a})$ 与式（5.12）中的 $\boldsymbol{R}_h^j$ 相同，即

$$\boldsymbol{R}_p^j(\boldsymbol{a})=Z(\Omega)X(i)Z(\omega)=\begin{bmatrix}c_\Omega c_\omega-s_\Omega c_i s_\omega & -c_\Omega s_\omega-s_\Omega c_i c_\omega & s_\Omega s_i\\ s_\Omega c_\omega+c_\Omega c_i s_\omega & -s_\Omega s_\omega+c_\Omega c_i c_\omega & -c_\Omega s_i\\ s_i s_\omega & s_i c_\omega & c_i\end{bmatrix} \tag{5.55}$$

其中缩写 $c_x=\cos x$，$s_x=\sin x$，$x=\Omega,i,u$

式（5.53）~式（5.55）中的表达式表明，拉格朗日括号可以分为以下 3 类。

（1）3 个角度括号$[a_j,a_k]$，$j,k=1,2,3$：$[\Omega,i]$，$[\Omega,\omega]$，$[i,\omega]$。

（2）3 个轨迹括号$[b_j,b_k]$，$j,k=1,2,3$：$[a,e]$，$[a,M]$，$[e,M]$。

（3）9 个混合括号$[a_j,b_k]$，$j,k=1,2,3$：$[\Omega,a]$，$[\Omega,e]$，$[\Omega,M]$，$[i,a]$，$[i,e]$，$[i,M]$和$[\omega,a]$，$[\omega,e]$，$[\omega,M]$。

角度括号、轨迹括号和混合括号具有以下通用表达式：

$$
\begin{aligned}
[a_i,a_j]_{M=0} &= \boldsymbol{r}_p^{\mathrm{T}}\left(\frac{(\partial R_p^i)^{\mathrm{T}}}{\partial a_i}\frac{\partial R_p^i}{\partial a_j}-\frac{(\partial R_p^i)^{\mathrm{T}}}{\partial a_j}\frac{\partial R_p^i}{\partial a_i}\right)\boldsymbol{v}_p\bigg|_{M=0}\\
[b_i,b_j]_{M=0} &= \left(\frac{\partial \boldsymbol{r}_p}{\partial b_i}\right)^{\mathrm{T}}\frac{\partial \boldsymbol{v}_p}{\partial b_j}-\left(\frac{\partial \boldsymbol{r}_p}{\partial b_j}\right)^{\mathrm{T}}\frac{\partial \boldsymbol{v}_p}{\partial b_i}\bigg|_{M=0} \qquad (5.56)\\
[b_i,a_j]_{M=0} &= \left(\frac{\partial \boldsymbol{r}_p}{\partial b_i}\right)^{\mathrm{T}}R_i^p\frac{\partial R_p^i}{\partial a_j}\boldsymbol{v}_p-\left(\frac{\partial \boldsymbol{v}_p}{\partial b_i}\right)^{\mathrm{T}}R_i^p\frac{\partial R_p^i}{\partial a_j}\boldsymbol{r}_p\bigg|_{M=0}
\end{aligned}
$$

其必须在近拱点附近轨道进行计算，即 $M=0$ 附近。在下文中，将使用符号 $\eta=1-e^2$。

练习 4：

角度括号

根据式（5.55）计算微分$\partial R_p^i/\partial\Omega$，$\partial R_p^i/\partial i$ 和$\partial R_p^i/\partial\omega$，并使用式（5.56）的第一行证明以下等式。

$$
L_{12}=[\Omega,i]=-\sqrt{\eta\mu a}\sin i,\quad L_{13}=[\Omega,\omega]=0,\quad L_{23}=[i,\omega]=0 \qquad (5.57)
$$

练习 5：

轨迹括号

根据式（5.53）和式（5.54）计算雅可比矩阵$\partial\boldsymbol{r}_p/\partial\boldsymbol{b}$ 和$\partial\boldsymbol{v}_p/\partial\boldsymbol{b}$，并使用式（5.56）的第二行证明以下等式。

$$
L_{45}=[a,e]=0,\quad L_{46}=[a,M]=-\frac{1}{2a}\sqrt{\mu a},\quad L_{56}=[e,M]=0 \qquad (5.58)
$$

练习 6：

混合括号

使用式（5.56）中的第三行及在练习 4 和练习 5 中计算的微分矩阵，证明以下等式。

$$
\begin{aligned}
&L_{14}=[\Omega,a]=\frac{\sqrt{\eta\mu a}}{2a}\cos i,\quad L_{24}=[i,a]=0,\quad L_{34}=[\omega,a]=\frac{\sqrt{\eta\mu a}}{2a}\\
&L_{15}=[\Omega,e]=-e\sqrt{\frac{\mu a}{\eta}}\cos i,\quad L_{25}=[i,e]=0,\quad L_{35}=[\omega,e]=-e\sqrt{\frac{\mu a}{\eta}} \qquad (5.59)\\
&L_{16}=[\Omega,M]=0,\quad L_{26}=[i,M]=0,\quad L_{36}=[\omega,M]=0
\end{aligned}
$$

式（5.57）~式（5.59）中的括号$[p_i,p_j]$及其相反数$[p_j,p_i]$是式（5.51）中对称矩阵 $\boldsymbol{L}$ 的分量，其形式为

$$
\boldsymbol{L}=E\sqrt{\eta\mu a}\begin{bmatrix} 0 & -1 & 0 & \frac{\cot i}{2a} & -\frac{\cot i}{\eta} & 0 \\ 1 & 0 & 0 & 0 & 0 & 0 \\ 0 & 0 & 0 & \frac{1}{2a} & -\frac{1}{\eta} & 0 \\ -\frac{\cot i}{2a} & 0 & -\frac{1}{2a} & 0 & 0 & -\frac{1}{2a\sqrt{\eta}} \\ \frac{\cot i}{\eta} & 0 & \frac{1}{\eta} & 0 & 0 & 0 \\ 0 & 0 & 0 & \frac{1}{2a\sqrt{\eta}} & 0 & 0 \end{bmatrix}E \tag{5.60}
$$

$$
E=\mathrm{diag}(\sin i,1,1,1,e,1),\quad \eta=1-e^2
$$

其中，比例因子矩阵 E 包括偏心率 e 和 $\sin i$，因此它们可能趋于零。由式（3.25）可知，$h=\sqrt{\mu a(1-e^2)}=\sqrt{\eta\mu a}$是单位质量的轨道角动量。式（5.60）中对矩阵 $\boldsymbol{L}$ 求逆，得出拉格朗日行星方程的显式表达式[11]为

$$
E\dot{\boldsymbol{p}}(t)=A(\boldsymbol{p})E^{-1}\left(-\frac{\partial U}{\partial \boldsymbol{p}}\right)^{\mathrm{T}}+B\sqrt{\frac{\mu}{a^3}}
$$

$$
A(\boldsymbol{p})=\frac{1}{\sqrt{\eta a\mu}}\begin{bmatrix} 0 & 1 & 0 & 0 & 0 & 0 \\ -1 & 0 & \cot i & 0 & 0 & 0 \\ 0 & -\cot i & 0 & 0 & \eta & 0 \\ 0 & 0 & 0 & 0 & 0 & 2a\sqrt{\eta} \\ 0 & 0 & -\eta & 0 & 0 & \eta\sqrt{\eta} \\ 0 & 0 & 0 & -2a\sqrt{\eta} & -\eta\sqrt{\eta} & 0 \end{bmatrix},\quad B=\begin{bmatrix} 0 \\ 0 \\ 0 \\ 0 \\ 0 \\ 1 \end{bmatrix} \tag{5.61}
$$

$$
\boldsymbol{p}=[\Omega,i,\omega,a,e,M],\quad E=\mathrm{diag}(\sin i,1,1,1,e,1)
$$

逆矩阵 $\boldsymbol{L}^{-1}=E^{-1}AE^{-1}$与汉密尔顿动力学泊松括号的矩阵 $\boldsymbol{P}$ 有关，即 $\boldsymbol{P}^{\mathrm{T}}=\boldsymbol{L}^{-1}$[3]。比例因子$(\mu a)^{-1/2}$可用平均轨道角速度 ω_0 表示为

$$
\frac{1}{\sqrt{\mu a}}=\frac{1}{\omega_0 a^2}\quad\left[\frac{\mathrm{s}}{\mathrm{m}^2}\right] \tag{5.62}
$$

3. 由地球扁率引起的平均摄动

将式（5.44）与式（4.14）进行比较，可以写出由于地球扁平化（J_2 带谐项）而引起的摄动势 U，即

$$
\begin{aligned}
U(\boldsymbol{r}(\boldsymbol{p}))=U(\boldsymbol{p})&=-\frac{\mu}{r}\frac{3J_2}{2}\left(\frac{R_e}{r}\right)^2\left(\frac{1}{3}-\left(\frac{r_3}{r}\right)^2\right) \\
&=-\frac{\mu}{a}\frac{3J_2}{2}\left(\frac{R_e}{a}\right)^2\left(\frac{a}{r}\right)^3\left(\frac{1}{3}-\sin^2 i\,\frac{1-\cos 2(\omega+\theta)}{2}\right)
\end{aligned} \tag{5.63}
$$

其中，$r=|\boldsymbol{r}|$，$\boldsymbol{r}=[r_1,r_2,r_3]$，$r_3=r\sin i\sin u$，$u=\omega+\theta$，$a/r=(1-e^2)^{-1}(1+e\cos\theta)$。

如 4.2.2 节所述，式（5.63）中的带谐势包括短周期和长周期可变参数，其中短周期表示轨道周期的周期性变化，如由真近点角 θ 引起的周期性变化，而长周期是指在

开普勒轨道上恒定的轨道参数（如 a、e、i 和 ω）的变化。如文献［7］所述，长周期变化仅指 ω，而 a、e 和 i 的变化称为长期变化。由于我们关注的是长周期变化，因此采用短期参数的平均值。首先考虑$(a/r)^3$ 的平均值，其利用了式（3.50）中的微分等式 $\mathrm{d}\theta=(a/r)^2\sqrt{1-e^2}$，即

$$\overline{\left(\frac{a}{r}\right)^3}=\frac{\omega_0}{2\pi}\int_0^{2\pi/\omega_0}\left(\frac{a}{r}\right)^3\mathrm{d}t=\frac{1}{2\pi}\int_0^{2\pi}\left(\frac{a}{r}\right)^3\mathrm{d}M$$
$$=\frac{1}{2\pi(1-e^2)^{3/2}}\int_0^{2\pi}(1+e\cos\theta)\,\mathrm{d}\theta=(1-e^2)^{-3/2} \tag{5.64}$$

其中，上横线表示平均值（参见文献［7，11］）。经过类似的推导，可以得出等式

$$\overline{\left(\frac{a}{r}\right)^3\cos 2\theta}=\overline{\left(\frac{a}{r}\right)^3\sin 2\theta}=0 \tag{5.65}$$

结合式（5.64）可以给出平均势的表达式为

$$\overline{U}(\boldsymbol{p})=-\frac{\mu}{a\,(1-e^2)^{3/2}}\frac{3J_2}{2}\left(\frac{R_e}{a}\right)^2\left(\frac{1}{3}-\frac{\sin^2 i}{2}\right) \tag{5.66}$$

由于$\overline{U}(p)$仅取决于$\{i,a,e\}$中的轨道根数，并且这 3 个轨道根数的平均值$\{\bar{i},\bar{a},\bar{e}\}$是恒定的，因此式（5.61）中拉格朗日行星方程的平均值变为

$$\dot{\bar{\boldsymbol{p}}}(t)=\begin{bmatrix}\dot{\bar{\Omega}}\\ \dot{\bar{i}}\\ \dot{\bar{\omega}}\\ \dot{\bar{a}}\\ \dot{\bar{e}}\\ \dot{\bar{M}}\end{bmatrix}(t)=\frac{3J_2}{2}\left(\frac{R_e}{\bar{a}}\right)^2\frac{\bar{\omega}_o}{(1-\bar{e}^2)^2}\begin{bmatrix}-\cos\bar{i}\\ 0\\ 2-\frac{5}{2}\sin^2\bar{i}\\ 0\\ 0\\ \left(1-\frac{3}{2}\sin^2\bar{i}\right)\sqrt{1-\bar{e}^2}\end{bmatrix},\quad \bar{\boldsymbol{p}}(0)=\bar{\boldsymbol{p}}_0 \tag{5.67}$$

其中，$\bar{\omega}_0=\sqrt{\mu/\bar{a}^3}$。式（5.67）的第一行方程已在 3.5.2 节中用于导出太阳同步轨道的倾角。在 3.5.2 节中使用了第三行方程来导出极高偏心率的 Molnyia 轨道的倾角，同时需要一个恒定的近地点辐角。

练习 7：

通过式（5.66）中$\overline{U}(p)$的负梯度来推导式（5.67）。

5.3.3 冻结轨道

冻结轨道的概念可以追溯到早期的人造卫星。

定义 2： 冻结轨道是在理想条件下，一个或多个平均轨道根数在以中心天体（比如地球）的引力异常影响下保持恒定。该概念可以扩展到其他摄动形式。

我们对恒定的平均轨道偏心率进行研究。从式（5.67）中可以看出，在地球扁平度的作用下$\dot{\bar{e}}=0$。在 4.2.3 节中也提到过，地球的弱梨形形状由第二颗美国卫星 Vanguard I

的偏心率随时间的变化所证实。这两个结果表明，需要研究 J_2 和 J_3 摄动下的平均拉格朗日方程。为此，令 $u=\omega+\theta$，使用4.2.3节中的 J_3 摄动项来表示式（5.63）。

$$
\begin{aligned}
U(\boldsymbol{r}) &= -\frac{\mu}{r}\frac{3J_2}{2}\left(\frac{R_e}{r}\right)^2\left(\frac{1}{3}-\left(\frac{r_3}{r}\right)^2\right)-\frac{\mu}{r}\frac{5J_3}{2}\left(\frac{R_e}{r}\right)^3\frac{r_3}{r}\left(\frac{3}{5}-\left(\frac{r_3}{r}\right)^2\right)\\
&= -\frac{\mu}{a}\frac{3J_2}{2}\left(\frac{R_e}{a}\right)^2\left(\frac{1}{3}-\sin^2 i\,\frac{1-\cos 2u}{2}\right)\left(\frac{a}{r}\right)^3\\
&\quad -\frac{\mu}{a}\frac{5J_3}{2}\left(\frac{R_e}{a}\right)^3\sin i\left(\left(\frac{3}{5}-\frac{3}{4}\sin^2 i\right)\sin u+\frac{1}{4}\sin^2 i\sin 3u\right)\left(\frac{a}{r}\right)^4
\end{aligned}
\tag{5.68}
$$

J_2 引力势的平均值可以在式（5.66）中找到。J_3 引力势的平均值需要下述的平均值协助给出[12]：

$$
\begin{aligned}
&\overline{\left(\frac{a}{r}\right)^4\cos\theta}=e(1-e^2)^{-5/2}\\
&\overline{\left(\frac{a}{r}\right)^4\sin\theta}=\overline{\left(\frac{a}{r}\right)^4\cos 3\theta}=\overline{\left(\frac{a}{r}\right)^4\sin 3\theta}=0
\end{aligned}
\tag{5.69}
$$

通过与式（5.64）相同的方法计算，得出的 J_2、J_3 引力势的平均值为：

$$
\overline{U}(\boldsymbol{p})\cong-\frac{\mu}{a}\left(\frac{R_e}{a}\right)^2\left(\frac{J_2}{4(1-e^2)^{3/2}}(2-3\sin^2 i)+\frac{3J_3 e}{8(1-e^2)^{5/2}}\left(\frac{R_e}{a}\right)\sin i(4-5\sin^2 i)\sin\omega\right) \tag{5.70}
$$

式（5.61）中的主要方程必须转换为平均方程，其中第三个方程是近地点辐角 ω，第五个方程是偏心率 e。进行近似处理 $\eta=1-e^2\cong1$，由于我们期望其为冻结的近极轨道，因此平均常值偏心率必须非常小，接近 $e=0.001$，这意味着在以下推导中，我们可以假设 $\eta\cong1$。平均方程为

$$
\begin{aligned}
\frac{\mathrm{d}\bar{e}}{\mathrm{d}t}&\cong\frac{1}{\bar{e}\sqrt{\bar{a}\mu}}\left(\frac{\partial\,\overline{U}}{\partial\,\omega}-\frac{\partial\,\overline{U}}{\partial\,M}\right)\\
\frac{\mathrm{d}\bar{\omega}}{\mathrm{d}t}&\cong\frac{1}{\sqrt{\bar{a}\mu}}\left(\frac{\cos\bar{i}}{\sin\bar{i}}\frac{\partial\,\overline{U}}{\partial\,i}-\frac{1}{\bar{e}}\frac{\partial\,\overline{U}}{\partial\,e}\right)
\end{aligned}
\tag{5.71}
$$

偏心率的微分仅涉及式（5.70）中 J_3 的分量。通过令 $\eta\cong1$ 并用上横线标记为平均值，平均偏心率的微分由文献[11]给出

$$
\frac{\mathrm{d}\bar{e}}{\mathrm{d}t}\cong-\sqrt{\frac{\mu}{\bar{a}^3}}\left(\frac{R_e}{\bar{a}}\right)^3\frac{3J_3}{8}\sin\bar{i}(4-5\sin^2\bar{i})\cos\bar{\omega} \tag{5.72}
$$

由式（5.72）可知，可以在3种条件下使 $\bar{e}$ 保持为常值：①使轨道变为与赤道重合，即 $\bar{i}=0$；②通过施加平均倾角 $\bar{i}=\sin^{-1}\sqrt{4/5}$，这与3.5.2节中的Molnyia轨道的条件相同；③通过施加 $\cos\bar{\omega}=0$。我们只研究最后一个条件，因为它适用于通用的平均倾角 $\bar{i}$，另外两个条件定义了奇异轨道。通用条件总结如下：

$$
\frac{\mathrm{d}\bar{e}}{\mathrm{d}t}=0\Leftrightarrow\cos\bar{\omega}=0\Rightarrow\bar{\omega}=\pm\frac{\pi}{2} \tag{5.73}
$$

此处需要进一步确定解的正负号。

式（5.71）中近地点辐角的微分同时涉及 J_2 和 J_3 项，并且在推导出 $\overline{U}(\boldsymbol{p})$ 的微分

之后就可以忽略 e^2，微分由下式表示。

$$\frac{\mathrm{d}\bar{\omega}}{\mathrm{d}t}\cong\sqrt{\frac{\mu}{\bar{a}^3}}\left(\frac{R_e}{\bar{a}}\right)^2\frac{3J_2}{4}(5\cos^2\bar{i}-1)+\frac{1}{\bar{e}\sin\bar{i}}\sqrt{\frac{\mu}{\bar{a}^3}}\frac{3J_3}{8}\left(\frac{R_e}{\bar{a}}\right)^3(\sin^2\bar{i}(5\cos^2\bar{i}-1)-\bar{e}^2\cos^2\bar{i}(15\cos^2\bar{i}-11))\sin\bar{\omega} \tag{5.74}$$

如果选择近极轨道并且定义 $\bar{i}=\pi/2+\Delta\bar{i}$ 和 $\Delta\bar{i}\ll 1\text{rad}$，并且忽略 $\Delta\bar{i}$ 和 $\bar{e}\Delta\bar{i}$ 中的二阶项，那么根据式（5.74）中的 $\mathrm{d}\bar{\omega}/\mathrm{d}t=0$ 可以得出稳定条件：

$$\bar{e}\cong-\frac{J_3}{2J_2}\left(\frac{R_e}{\bar{a}}\right)\sin\bar{i}\sin\bar{\omega} \tag{5.75}$$

因为对于近极轨道，我们有 $\sin\bar{i}>0$，根据 4.2.1 节，有 $-J_3/J_2>0$，所以式（5.75）意味着 $\bar{e}=0$，并从式（5.73）中舍去 $\bar{\omega}=-\pi/2$。最后，平均偏心率的稳定条件为

$$\bar{\omega}=\pi/2,\quad \bar{e}\cong-\frac{J_3}{2J_2}\left(\frac{R_e}{\bar{a}}\right)\sin\bar{i}\approx 0.001 \tag{5.76}$$

更准确的条件应包含高次谐波。

练习 8：

根据式（5.75）计算太阳同步卫星 GOCE 在轨道高度 $h=260\text{km}$ 处的稳定的 $\bar{e}$。

练习 9：

由式（5.76）定义的平均平衡点，分别用 $\Delta\bar{e}$ 和 $\Delta\bar{\omega}$ 表示 $\bar{e}$ 和 $\bar{\omega}$ 的平均摄动。对于由 $\bar{i}=\pi/2$ 定义的极地轨道，推导式（5.72）和式（5.74）的线性时不变二阶摄动状态方程。证明状态方程的虚数特征根由下式给出

$$\lambda_{1,2}=\pm\mathrm{j}\sqrt{\frac{\mu}{\bar{a}^3}}\left(\frac{R_e}{\bar{a}}\right)^2\frac{3J_2}{4} \tag{5.77}$$

5.4 从 N 体系统到三体系统

根据 4.2.5 节中的公式，考虑惯性位置矢量为 $\boldsymbol{r}_i$ 的 n 个点质量 $P_i, i=0,1,\cdots,n-1$，其质量为恒值 m_i。每个点质量的牛顿方程为

$$\ddot{\boldsymbol{r}}_i=\sum_{j\neq i}^{n-1}\frac{Gm_j}{r_{ji}^3}(\boldsymbol{r}_j-\boldsymbol{r}_i)+\frac{\boldsymbol{F}_i}{m_i},\quad r_{ji}=|\boldsymbol{r}_j-\boldsymbol{r}_i| \tag{5.78}$$

式中：$\boldsymbol{F}_i$ 为作用在第 i 个点质量上的非引力的合力。式（5.78）描述了质量为 m_i 的 n 个物体的运动，这些物体通过中心引力的相互作用，被称为 n 体系统方程。n 体质心由下式定义：

$$\boldsymbol{r}_c=\sum_{i=0}^{n-1}\frac{m_i}{m}\boldsymbol{r}_i,\quad m=\sum_{i=0}^{n-1}m_i \tag{5.79}$$

如 4.2.5 节所述，n 体质心是与 n 体系统相关的惯性系的原点 O。如果位于 P_i 的一颗或多颗卫星以 $E=P_0$ 为中心绕地球运行，则可以假定原点 O 与地球的质心一致，这意味着 $\boldsymbol{r}_0=0$。

对于 $n=3$，每个点质量的牛顿方程为

$$\ddot{\boldsymbol{r}}_i=\frac{Gm_j}{r_{ji}^3}(\boldsymbol{r}_j-\boldsymbol{r}_i)+\frac{Gm_k}{r_{ki}^3}(\boldsymbol{r}_k-\boldsymbol{r}_i)+\frac{\boldsymbol{F}_i}{m_i} \tag{5.80}$$

其中，$i,j,k\in\{0,1,2\},i\neq j\neq k$。该方程描述了 3 个物体中任何一个物体的运动，它们通过中心引力与其他两个物体相互作用。式（5.80）被称为三体系统方程。在本章中，将研究式（5.80）涵盖的两个重要案例。

第一种情况涉及由一个大物体和两个小物体组成的系统，如由地球和两个航天器组成的系统，其目的是描述两个小物体之间的相对运动。待研究的方程组是 H-C-W 方程，在 3.6 节已经出现，将在 5.5 节中再次推导和研究。

第二种情况涉及一个由小物体组成的系统，该小物体受两个大物体的引力作用，如卫星受到地球和月球的引力作用。这引出了在 5.6 节中研究的限制性三体方程。

经典的三体系统$\{P_o=S,P_1=E,P_2=M\}$是太阳-地球-月球系统，已经由牛顿、欧拉和拉格朗日研究，直到 1887 年庞加莱证明了这个三体系统没有解析解的存在，只能由代数表达式和积分给出。这些难题很好地解释了自从巴伦天文学家和希腊天文学家以来，在推导太阳和地球引力作用下简单而准确的月球运动的数学模型（月球理论[7]）所做的努力。第三体的轨道运动，如月球可以用惯性系来描述，如黄道坐标系（在这里用惯性系表示法 $\mathcal{I}=\{O,\boldsymbol{i}_1,\boldsymbol{i}_2,\boldsymbol{i}_3\}$ 表示），也可以用会合坐标系或公转坐标系来描述[11]太阳-地球的系统。$\mathcal{O}=\{O,\boldsymbol{o}_1,\boldsymbol{o}_2,\boldsymbol{o}_3\}$。两个坐标系的原点 O 是该系统（太阳、地球）的质心；黄道坐标系和会合坐标系的两极是重合的，即 $\boldsymbol{i}_3=\boldsymbol{o}_3$，并且与地球的公转平面正交。第一条黄道轴 $\boldsymbol{i}_1$ 与地球的平春分点对齐，而第一条会合轴线不是惯性空间恒定的，而是太阳到地球的方向 $\boldsymbol{o}_1=\overrightarrow{P_0P_1}/|\overrightarrow{P_0P_1}|$。由于第三天体月球绕地球运动，因此定义两个主要轨道周期是必要的。用 $\boldsymbol{m}_1=\boldsymbol{r}_2/|\boldsymbol{r}_2|$表示地球到月球的方向，其中 $\boldsymbol{r}_2=\overrightarrow{P_1P_2}$。月球恒星周期 $T_m=2\pi/\omega_m\cong 27.3$ 天是 $\boldsymbol{m}_1$ 与 $\boldsymbol{i}_1$ 两次对齐之间的时间间隔，而月球会合周期 $T_{mo}=2\pi/\omega_{mo}\cong 29.5$ 天是 $\boldsymbol{m}_1$ 与 $\boldsymbol{o}_1$ 两次对齐之间的时间间隔。显然，月球的惯性角速率 $\omega_m=\omega_s+\omega_{mo}$是地球的公转角速率 ω_s ［请参见式（3.92）和式（4.40）］和月球会合速率 ω_{mo}之和，这意味着有以下周期关系。

$$P_{mo}=(1/P_m-(2\pi)^{-1}\omega_s)^{-1} \tag{5.81}$$

月球会合周期与月相周期（满月-满月）是直接关联的。

5.5 HCW 方程

5.5.1 状态方程和稳定性

考虑一个三体系统$\{P_0,P_1,P_2\}$，其中 $m_0\gg m_j,j=1,2$，且相应的方程为式（5.80）。如上所述，对于这种系统由于通用惯性系 $\mathcal{I}=\{O,\boldsymbol{i}_1,\boldsymbol{i}_2,\boldsymbol{i}_3\}$ 的原点为 $O=P_0$，因此有 $\boldsymbol{r}_0=0$。所以，对于 P_0 中的点质量，式（5.80）右侧的第二项可以忽略不计。换句话说，可以假设每个质量 m_j，$j=1,2$ 都受到质量为 m_0 的 P_0 产生的中心引力场的作用，而 P_1 和 P_2 之间引力的相互作用可忽略不计。

根据式（5.80），点 P_1 和点 P_2 遵循的限制性二体方程为

$$\begin{aligned}\ddot{\boldsymbol{r}}_1&=-\frac{\mu}{r_1^3}\boldsymbol{r}_1+\frac{\boldsymbol{F}_1}{m_1}\\ \ddot{\boldsymbol{r}}_2&=-\frac{\mu}{r_1^3}\boldsymbol{r}_2+\frac{\boldsymbol{F}_2}{m_2}\end{aligned} \tag{5.82}$$

其中，$\mu=Gm_0$ 并且 $r_k=|\boldsymbol{r}_k|, k=1,2$。式（5.82）的第二行描述了由 m_0 产生的引力场中点质量 m_2 的运动，而与另一点 P_1 的运动无关。但是，在几种空间应用领域中，我们更感兴趣的是描述 P_2 相对于另一点 P_1 的运动。当 P_2 表示追踪航天器，与 P_1 表示的目标航天器会合时，两个航天器都围绕地球的质心 P_0 旋转，如图 5.3 所示。这里，会合（或者一般的编队）是指追踪航天器靠近目标航天器直至目标距离 d_t，然后便可以开始其他任务（如编队保持或对接）。

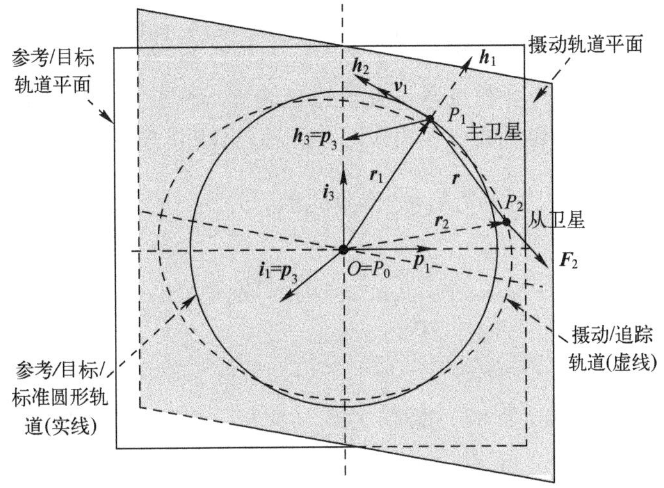

图 5.3　参考轨道和摄动轨道

1. 相对运动的非线性微分方程

为了正确描述 P_2 和 P_1 之间的相对运动，我们定义它们的相对位置 $\boldsymbol{r}=\boldsymbol{r}_2-\boldsymbol{r}_1$，其中 $r=|\boldsymbol{r}|$，并且假设目标卫星的轨道是开普勒轨道，这意味着 $\boldsymbol{F}_1=0$ 且 $\boldsymbol{F}=\boldsymbol{F}_2$。因此，我们将式（5.82）改写为

$$\ddot{\boldsymbol{r}}_2=\ddot{\boldsymbol{r}}_1+\ddot{\boldsymbol{r}}=-\frac{\mu}{r_2^3}(\boldsymbol{r}_1+\boldsymbol{r})+\frac{\boldsymbol{F}}{m_2}=-\frac{\mu}{|\boldsymbol{r}_1+\boldsymbol{r}|^3}(\boldsymbol{r}_1+\boldsymbol{r})+\frac{\boldsymbol{F}}{m_2} \tag{5.83}$$

该方程描述了惯性系中 P_2 相对于 P_1 的运动，其原点为 $O=P_0$。下面，我们将选择目标航天器的近焦点坐标系 $\mathscr{P}=\{P_0,\boldsymbol{p}_1,\boldsymbol{p}_2,\boldsymbol{p}_3\}$ 作为惯性系。

通常由 P_1 的轨道来描述在非惯性轨道坐标系 $\mathscr{T}=\{P_1,\boldsymbol{t}_1,\boldsymbol{t}_2,\boldsymbol{t}_3\}$ 中的相对运动更为方便。为了给出这样的描述，结合 6.2.2 节，惯性加速度 $\ddot{\boldsymbol{r}}$ 可以写为

$$\ddot{\boldsymbol{r}}=(\ddot{\boldsymbol{r}})_t+2\boldsymbol{\omega}_1\times(\dot{\boldsymbol{r}})_t+\boldsymbol{\omega}_1\times(\boldsymbol{\omega}_1\times\boldsymbol{r})+\dot{\boldsymbol{\omega}}_1\times\boldsymbol{r} \tag{5.84}$$

式中：$(\dot{\boldsymbol{r}})_t$ 和 $(\ddot{\boldsymbol{r}})_t$ 分别为轨道坐标系 $\mathscr{T}$ 中的速度和加速度矢量；$\boldsymbol{\omega}_1$ 和 $\dot{\boldsymbol{\omega}}_1$ 分别为在惯性坐标系 $\mathscr{P}$ 中表示的坐标系 $\mathscr{T}$ 的角速度和加速度。如果选择目标航天器轨道的 Hill 坐标系 $\mathscr{H}=\{P_1,\boldsymbol{h}_1=\boldsymbol{r}_1/|\boldsymbol{r}_1|,\boldsymbol{h}_2,\boldsymbol{h}_3=\boldsymbol{\omega}_1/|\boldsymbol{\omega}_1|\}$ 作为轨道坐标系，那么下标 t 替换为 h，然后写为

$$\begin{aligned}
&\boldsymbol{r}_1=r_1\boldsymbol{h}_1,\quad \vec{\boldsymbol{r}}=x\boldsymbol{h}_1+y\boldsymbol{h}_2+z\boldsymbol{h}_3=\boldsymbol{H}r\\
&(\dot{\boldsymbol{r}})_h=\dot{x}\boldsymbol{h}_1+\dot{y}\boldsymbol{h}_2+\dot{z}\boldsymbol{h}_3=\boldsymbol{H}\dot{r}=\boldsymbol{H}v\\
&(\ddot{\boldsymbol{r}})_h=\ddot{x}\boldsymbol{h}_1+\ddot{y}\boldsymbol{h}_2+\ddot{z}\boldsymbol{h}_3=\boldsymbol{H}\ddot{r}\\
&\boldsymbol{F}=F_1\boldsymbol{h}_1+F_2\boldsymbol{h}_2+F_3\boldsymbol{h}_3=\boldsymbol{H}F
\end{aligned} \tag{5.85}$$

其中，$\boldsymbol{r}=[x,y,z]$是由矢量矩阵$\boldsymbol{H}=[\boldsymbol{h}_1 \quad \boldsymbol{h}_2 \quad \boldsymbol{h}_3]$定义的 Hill 坐标系中 P_2 的坐标矢量。这 3 个坐标通常称为径向（x）、纵向或沿轨道切线方向（y）、垂直轨道或平面外轨道方向（z）。方向组合（径向、纵向）被称为轨道面内方向对。结合式（5.82）和式（5.83），写出相对加速度$\ddot{\boldsymbol{r}}$：

$$
\begin{aligned}
&\ddot{\boldsymbol{r}}_1=\ddot{r}_1\boldsymbol{h}_1=-\frac{\mu}{r_1^2}\boldsymbol{h}_1\\
&\ddot{\boldsymbol{r}}_2=-\frac{\mu}{r_2^3}\boldsymbol{r}_2=-\frac{\mu}{r_2^3}(\boldsymbol{r}_1+\boldsymbol{r})=-\frac{\mu}{r_2^3}((r_1+x)\boldsymbol{h}_1+y\boldsymbol{h}_2+z\boldsymbol{h}_3)
\end{aligned}
\tag{5.86}
$$

另外，由于主轨道是开普勒轨道，且轨道极轴 $\boldsymbol{h}_3$ 是惯性的并用 h 表示主轨道每单位质量的角动量的大小［参见式（3.40）］，可以写出微分方程：

$$
\begin{aligned}
&\boldsymbol{\omega}_1=\dot{\theta}_1\boldsymbol{h}_3=\frac{h}{r_1^2}\boldsymbol{h}_3=\omega_1\boldsymbol{h}_3\\
&\dot{\boldsymbol{\omega}}_2=-2\frac{h}{r_{\theta 1}^3}\dot{r}_1\boldsymbol{h}_3=-2\omega_1\frac{\dot{r}_1}{r_1}\boldsymbol{h}_3=\dot{\omega}_1\boldsymbol{h}_3\\
&h=r_1^2\dot{\theta}_1
\end{aligned}
\tag{5.87}
$$

通过将式（5.85）~式（5.87）替换为式（5.84），并进行一些简化后，相对运动的非线性微分方程为

$$
\begin{aligned}
&\ddot{x}=2\omega_1\dot{y}+\dot{\omega}_1y+\omega_1^2x+\frac{\mu}{r_1^3}r_1-\frac{\mu}{r_2^3}(r_1+x)+\frac{F_1}{m_2}\\
&\ddot{y}=-2\omega_1\dot{x}-\dot{\omega}_1x+\omega_1^2y-\frac{\mu}{r_2^3}y+\frac{F_2}{m_2}\\
&\ddot{z}=-\frac{\mu}{r_2^3}z+\frac{F_3}{m_2}
\end{aligned}
\tag{5.88}
$$

式（5.88）只能通过数值积分来求解。

2. 相对运动的线性状态方程

因为目标航天器和追踪航天器之间的距离很小，可以将式（5.88）线性化，即 $r=|\boldsymbol{r}_2-\boldsymbol{r}_1|\ll r_1$。使用二项式定理，可以将 μ/r_2^3 项在 r_1 处展开和近似，即

$$
\frac{\mu}{r_2^3}=\frac{\mu}{r_1^3}\left(1+\frac{r^2}{r_1^2}+\frac{2\boldsymbol{r}_1\cdot\boldsymbol{r}}{r_1^2}\right)^{-3/2}\cong\frac{\mu}{r_1^3}\left(1-\frac{3}{2}\left(2\frac{\boldsymbol{r}_1\cdot\boldsymbol{r}}{r_1^2}+\frac{r^2}{r_1^2}\right)\right)\cong\frac{\mu}{r_1^3}\left(1-3\frac{x}{r_1}\right)
\tag{5.89}
$$

上述近似值仅保留 $o(|x|/r_1)$ 阶的项，其中 $|x|$ 是 $\boldsymbol{r}$ 的径向分量，而忽略了 $o(r^2/r_1^2)$ 阶或更高阶次的项。通过假设 $h\geqslant h_{\min}=300\text{km}$ 的轨道高度，主要考虑 $r_{\max}\leqslant 0.1h_{\min}$ 的相对运动，其对应于 $3(r^2/r_1^2)/2\leqslant 30\times10^{-6}$，并证实了其近似值的合理性。

将式（5.89）代入式（5.88）中，并消除 $\boldsymbol{r}$ 坐标中的二阶项，非线性方程简化为线性时变的周期性方程：

$$
\begin{cases}
\ddot{x}=2\omega_1\dot{y}+\dot{\omega}_1y+(\omega_1^2+2\mu/r_1^3)x+F_1/m_2\\
\ddot{y}=-2\omega_1\dot{x}-\dot{\omega}_1x+(\omega_1^2-\mu/r_1^3)y+F_2/m_2\\
\ddot{z}=-(\mu/r_1^3)z+F_3/m_2
\end{cases}
\tag{5.90}
$$

其中，系数 ω_1、$\dot{\omega}_1$ 和 r_1 是周期性的，主轨道周期 $P_o=2\pi/\omega_o$，由 $\omega_o=\sqrt{\mu/a_1^3}$ 和半长轴 a_1 定义。通过将上述表示形式改为 $e=e_1$、$\theta=\theta_1$、$\dot{\theta}=\omega_1$、$\dot{\omega}_1=-2\dot{\theta}^2\sin\theta(1+e\cos\theta)^{-1}$ 和 $\mu/r_1^3=\dot{\theta}^2(1+e\cos\theta)^{-1}$（其中由读者自行证明最后两个等式），状态方程式（5.90）变为

$$\begin{bmatrix} \mathrm{d}\boldsymbol{r}/\mathrm{d}t \\ \mathrm{d}\boldsymbol{v}/\mathrm{d}t \end{bmatrix}=\begin{bmatrix} 0 & I_3 \\ A_{21}(\theta(t)) & A_{22}(\theta(t)) \end{bmatrix}\begin{bmatrix} \boldsymbol{r} \\ \boldsymbol{v} \end{bmatrix}(t)+\frac{1}{m_2}\begin{bmatrix} 0 \\ B_2 \end{bmatrix}\boldsymbol{F}(t) \tag{5.91}$$

其具有以下向量和矩阵：

$$\boldsymbol{r}=[x,y,z],\quad \boldsymbol{v}=[v_1,v_2,v_3],\quad \boldsymbol{F}=[F_1,F_2,F_3],\quad B_2=I_3$$

$$\boldsymbol{A}_{21}(t)=\frac{\dot{\theta}^2}{1+e\cos\theta}\begin{bmatrix} 3+e\cos\theta & -2e\sin\theta & 0 \\ 2e\sin\theta & e\cos\theta & 0 \\ 0 & 0 & -1 \end{bmatrix},\quad \boldsymbol{A}_{22}(t)=2\dot{\theta}\begin{bmatrix} 0 & 1 & 0 \\ -1 & 0 & 0 \\ 0 & 0 & 0 \end{bmatrix} \tag{5.92}$$

通过将自变量 t 更改为 θ，就可以找到式（5.91）的自由响应[9]。换句话说，通过将式（5.91）中的 $\mathrm{d}t$ 和 $\mathrm{d}\theta$ 及式（5.92）中的矩阵进行更改：

$$\begin{aligned} A_{21}(\theta)&=\frac{1}{1+e\cos\theta}\begin{bmatrix} 3+e\cos\theta & -2e\sin\theta & 0 \\ 2e\sin\theta & e\cos\theta & 0 \\ 0 & 0 & -1 \end{bmatrix} \\ A_{22}(\theta)&=\frac{2}{1+e\cos\theta}\begin{bmatrix} e\sin\theta & 1+e\cos\theta & 0 \\ -(1+e\cos\theta) & e\sin\theta & 0 \\ 0 & 0 & e\sin\theta \end{bmatrix},\quad B_2=\frac{1}{\dot{\theta}^2}I_3 \end{aligned} \tag{5.93}$$

然后将以下转换应用于状态向量 $[\boldsymbol{r},\mathrm{d}\boldsymbol{r}/\mathrm{d}\theta]$：

$$\begin{bmatrix} \boldsymbol{r}_s \\ \boldsymbol{v}_s \end{bmatrix}(\theta)=S(\theta)\begin{bmatrix} \boldsymbol{r} \\ \mathrm{d}\boldsymbol{r}/\mathrm{d}\theta \end{bmatrix}=\begin{bmatrix} (1+e_1\cos\theta(t))I_3 & 0 \\ -e_1\sin\theta(t)I_3 & (1+e_1\cos\theta(t))I_3 \end{bmatrix}\begin{bmatrix} \boldsymbol{r} \\ \mathrm{d}\boldsymbol{r}/\mathrm{d}\theta \end{bmatrix} \tag{5.94}$$

式（5.94）转换为式（5.91）的改良版，其带有新状态向量 $[\boldsymbol{r},\mathrm{d}\boldsymbol{r}/\mathrm{d}\theta]$ 和式（5.93）的矩阵，最后转换成为 Tschauner-Hempel 方程[9]。

练习 10：

由于式（5.94）中的 $S(\theta)$ 是自变量 θ 的函数，请根据式（5.91）、式（5.93）和式（5.94）证明 Tschauner-Hempel 方程。

$$\begin{bmatrix} \mathrm{d}\boldsymbol{r}_s/\mathrm{d}\theta \\ \mathrm{d}\boldsymbol{v}_s/\mathrm{d}\theta \end{bmatrix}=\begin{bmatrix} 0 & I_3 \\ F_{21}(\theta) & F_{22} \end{bmatrix}\begin{bmatrix} \boldsymbol{r}_s \\ \boldsymbol{v}_s \end{bmatrix}(\theta)+\frac{1}{m_2}\begin{bmatrix} 0 \\ G_2(\theta) \end{bmatrix}\boldsymbol{F}(\theta) \tag{5.95}$$

其中存在以下矩阵：

$$F_{21}(\theta)=\begin{bmatrix} 3(1+e\cos\theta)^{-1} & 0 & 0 \\ 0 & 0 & 0 \\ 0 & 0 & -1 \end{bmatrix},\quad F_{22}=\begin{bmatrix} 0 & 2 & 0 \\ -2 & 0 & 0 \\ 0 & 0 & 0 \end{bmatrix},\quad G_2(\theta)=(1+e\cos\theta)B_2 \tag{5.96}$$

3. Hill-Clohessy-Wiltshire 方程

归一化 Hill-Clohessy-Wiltshire（HCW）方程假设目标航天器轨道为圆形，即 $e_1=0$，根据以下等式和状态转移矩阵 $\boldsymbol{S}_0$ 并结合式（5.91）可得

$$\omega_1(t)=\omega_o,\quad \mu/r_1^3(t)=\mu/a_1^3=\omega_o^2,\quad \dot{\omega}_1(t)=0$$

$$\begin{bmatrix} \boldsymbol{r} \\ \Delta\boldsymbol{r} \end{bmatrix}=S_0\begin{bmatrix} \boldsymbol{r} \\ \boldsymbol{v} \end{bmatrix},\quad S_0=\begin{bmatrix} I_3 & 0 \\ 0 & \omega_0^{-1}I_3 \end{bmatrix} \tag{5.97}$$

其中，S_0 替代相对速度 $\boldsymbol{v}$，相对增量 $\Delta\boldsymbol{r}=\boldsymbol{v}/\omega_0$。

练习 11：

根据式（5.91），式（5.92）和式（5.97）证明归一化 HCW 方程可以写为

$$\begin{bmatrix} \dot{\boldsymbol{r}} \\ \Delta\dot{\boldsymbol{r}} \end{bmatrix}(t)=\omega_0\begin{bmatrix} 0 & I_3 \\ A_{21} & A_{22} \end{bmatrix}\begin{bmatrix} \boldsymbol{r} \\ \Delta\boldsymbol{r} \end{bmatrix}(t)+\frac{1}{m_2\omega_o}\begin{bmatrix} 0 \\ I_3 \end{bmatrix}\boldsymbol{F}(t) \tag{5.98}$$

并且有以下矩阵和向量：

$$\boldsymbol{A}_{21}=\begin{bmatrix} 3 & 0 & 0 \\ 0 & 0 & 0 \\ 0 & 0 & -1 \end{bmatrix},\quad \boldsymbol{A}_{22}(t)=\begin{bmatrix} 0 & 2 & 0 \\ -2 & 0 & 0 \\ 0 & 0 & 0 \end{bmatrix},\quad \Delta\boldsymbol{r}=\begin{bmatrix} \Delta x \\ \Delta y \\ \Delta z \end{bmatrix}=\frac{1}{\omega_o}\begin{bmatrix} v_x \\ v_y \\ v_z \end{bmatrix} \tag{5.99}$$

根据式（5.98）可以得出轨道面外相对运动与轨道面内解耦，因此在对状态变量重新排序后，可以方便地将式（5.98）分成两组方程式。轨道面内方程为

$$\dot{\boldsymbol{x}}_{xy}(t)=A_{xy}\boldsymbol{x}_{xy}(t)+B_{xy}\boldsymbol{F}_{12}(t) \tag{5.100}$$

此处矩阵和向量有以下形式：

$$\boldsymbol{A}_{xy}=\omega_o\begin{bmatrix} 0 & 1 & 0 & 0 \\ 3 & 0 & 0 & 2 \\ 0 & 0 & 0 & 1 \\ 0 & -2 & 0 & 0 \end{bmatrix},\quad \boldsymbol{B}_{xy}=\frac{1}{\omega_0 m_2}\begin{bmatrix} 0 & 0 \\ 1 & 0 \\ 0 & 0 \\ 0 & 1 \end{bmatrix},\quad \boldsymbol{x}_{xy}=\begin{bmatrix} x \\ \Delta x \\ y \\ \Delta y \end{bmatrix},\quad \boldsymbol{F}_{12}=\begin{bmatrix} F_1 \\ F_2 \end{bmatrix} \tag{5.101}$$

轨道面外方程为无阻尼振荡方程：

$$\begin{gathered} \begin{bmatrix} \dot{z} \\ \Delta\dot{z} \end{bmatrix}(t)=A_z\begin{bmatrix} z \\ \Delta z \end{bmatrix}+B_zF_3 \\ A_z=\omega_0\begin{bmatrix} 0 & 1 \\ -1 & 0 \end{bmatrix},\quad B_z=\frac{1}{\omega_0 m_2}\begin{bmatrix} 0 \\ 1 \end{bmatrix} \end{gathered} \tag{5.102}$$

轨道面外方程的特征值由虚数对 $\Lambda_z=\Lambda(A_z)=\{\pm \mathrm{j}\omega_o\}$ 给出，可以通过状态转换获得 $\boldsymbol{A}_{xy}$ 的特征值：

$$\boldsymbol{x}_{xy}=S_{xz}z_{xy}=\begin{bmatrix} 0 & 2 & 0 & -2 \\ 2 & 0 & 0 & 0 \\ 4 & 0 & 3 & 3 \\ 0 & -4 & 0 & 3 \end{bmatrix}z_{xy} \tag{5.103}$$

其将 $\boldsymbol{A}_{xy}$ 转换为分块对角矩阵，即

$$\dot{\boldsymbol{z}}_{xy}=F_{xy}\boldsymbol{x}_{xy}+G_{xy}\boldsymbol{F}_{12}$$

$$F_{xy}=S_{xy}^{-1}\boldsymbol{A}_{xy}S_{xy}=\omega_o\begin{bmatrix} 0 & -1 & 0 & 0 \\ 1 & 0 & 0 & 0 \\ 0 & 0 & 0 & 1 \\ 0 & 0 & 0 & 0 \end{bmatrix},\quad G_{xy}=S_{xy}^{-1}B_{xy}=\frac{1}{\omega_0 m_2}\begin{bmatrix} 1/2 & 0 \\ 0 & -1 \\ -2/3 & 1 \\ 0 & -1 \end{bmatrix} \tag{5.104}$$

式（5.104）等效于一个双积分器和一个振荡器的并行计算，其特征值为

$$\Lambda_{xy}=\Lambda(A_{xy})=\Lambda(F_{xy})=\{0,0,\pm j\omega_o\} \tag{5.105}$$

这意味着轨道面内相对运动是不稳定分量和振荡分量的组合。通过求解其自由响应，可以使相对运动轨迹变得清晰。

式（5.100）和式（5.102）中的归一化 HCW 方程与在 3.6 节中通过摄动圆形轨道得到的方程相同。其与 3.6 节中方程的唯一区别是增加了摄动加速度 $\boldsymbol{F}/m_2$；其与 3.6 节中式（3.124）的状态变量对应关系如下。

$$\boldsymbol{x}=[x,\Delta x,y,\Delta y,z,\Delta z]\Leftrightarrow\delta\boldsymbol{x}=[\delta r,\delta v_r,\delta y,\delta v_y,\delta z,\delta v_z] \tag{5.106}$$

通过假设其初始条件

$$\boldsymbol{x}(0)=\boldsymbol{x}_0=[x_0,\Delta x_0,y_0,\Delta y_0,z_0,\Delta z_0] \tag{5.107}$$

在 $\boldsymbol{F}_2=0$ 的条件下，式（5.100）和式（5.102）的自由响应为

$$\begin{bmatrix}x\\\Delta x\\y\\\Delta y\end{bmatrix}=e^{A_{xy}t}\begin{bmatrix}x_0\\\Delta x_0\\y_0\\\Delta y_0\end{bmatrix}=\begin{bmatrix}4-3c & s & 0 & 2(1-c)\\3s & c & 0 & 2s\\6(s-\omega_0 t) & -2(1-c) & 1 & 4s-3\omega_o t\\-6(1-c) & -2s & 0 & -3+4c\end{bmatrix}\begin{bmatrix}x_0\\\Delta x_0\\y_0\\\Delta y_0\end{bmatrix} \tag{5.108}$$

$$z(t)=z_{\max}\sin(\omega_o(t-t_0)+\psi_0),\quad z_{\max}=\sqrt{z_0^2+\Delta z_0^2},\quad \psi_0=\mathrm{atan2}(z_0,\Delta z_0)$$

其中，$c=\cos(\omega_o t)$ 且 $s=\sin(\omega_o t)$。式（5.108）与 3.6 节的式（3.127）相同，表明不稳定的双积分器纵向运动 y 具有线性自由响应，并且仅影响纵向坐标 y，而径向坐标 x 发生偏移但是有界。

在文献［5］中，T. A Lovell 和 S. Tragesser 利用式（5.108）中自由响应的周期性来推导 6 个相似的相对轨道要素（ROE），类似于开普勒轨道的 6 个轨道根数。实际上，根据式（5.108）可以将轨道面内运动和轨道面外运动改写为

$$\begin{aligned}x(t-t_0)&=x_c-x_{\max}\sin(\omega_o(t-t_0)+\theta_r)\\y(t-t_0)&=y_c+2x_{\max}\cos(\omega_o(t-t_0)+\theta_r)\\z(t-t_0)&=z_{\max}\sin(\omega_o(t-t_0)+\psi_0)\end{aligned} \tag{5.109}$$

其中，取决于式（5.106）中 $\boldsymbol{x}_0$ 的初始条件 $\boldsymbol{x}(t_0)=\boldsymbol{x}_0$ 的 6 个相对轨道要素由下式给出。

$$\begin{aligned}x_c&=2(2x_0+\Delta y_0)\\x_{\max}&=\sqrt{(x_c-x_0)^2+\Delta x_0^2}\\y_c&=y_0-2\Delta x_0-\frac{3}{2}x_c\omega_0(t-t_0)\\\theta_r&=\mathrm{atan2}(\Delta x_0,x_c-x_0)\\z_{\max}&=\sqrt{z_0^2+\Delta z_0^2}\\\psi_0&=\mathrm{atan2}(z_0,\Delta z_0)\end{aligned} \tag{5.110}$$

通过观察式（5.109），相对运动的几何形状变得清晰。第三行中的轨道平面外运动是幅度为 $z_{\max}$ 的周期性振荡，该振荡正交于目标航天器轨道面。第一行和第二行中的轨道平面内运动构成了一个椭圆，其纵向半长轴等于 $y_{\max}=2x_{\max}$，而径向半短轴等于 $x_{\max}$。根据式（5.110），椭圆的中心 $\{x_c,y_c\}$ 以 $\dot{y}_c=3x_c\omega_0/2$ 的速率在纵向方向上漂移

（请参见第三行）。如果 $x_c=0$，则漂移消失。总之，径向自由响应总是有界的，而如果将初始条件固定为 $x_c=2(2x_0+\Delta y_0)=0$，纵向自由响应也会变得有界。

如 3.6 节所述，只有纵向自由响应 $y(t)$ 是无界的，所有其他响应项都是有界的，因为它们与 $y(t)$ 是解耦的，并且 3.6 节中的定理 1 已经证明了它们在圆形轨道周围的局部李雅普诺夫稳定性，这意味着追踪航天器轨道的形状和方向保持靠近目标航天器圆轨道。此外，如果纵向摄动 y 用 3.6 节中真近点角表示，即 $y(t)=a\delta\theta(t)=a(\theta_2(t)-\theta_1(t))$，其中 θ_2 代表追踪航天器真近点角，$\theta_1=\theta_{10}+\omega_0 t$ 代表目标航天器真近点角，可以写出不等式 $|y|/a=|\delta\theta|\leqslant\pi$。如果所有其他变量都保持有界，那么不等式是成立的，这意味着两颗卫星的相对位置是有界的，但会沿轨道漂移。这种类型的局部不稳定性与具有相同初始条件但自然频率不同的一对振荡器具有相同的不稳定特性。总而言之，由于 $|\delta\theta|\leqslant\pi$，尽管 $\delta\theta$ 局部不稳定，所有状态变量均保持有界，如 3.6 节所述，此条件称为拉格朗日意义下的稳定。

练习 12：

考虑一个目标航天器 P_1 绕参考地心圆轨道运行，该航天器在距地球赤道半径 $h=300\text{km}$ 的高度飞行。该轨道称为参考轨道或目标轨道。目标轨道和追踪轨道参数如表 5.1 所示。从目标轨道参数获得的追踪轨道参数为 $p_2=p_1(1+\partial p)$，其中 p_1 代表目标航天器，p_2 代表追踪航天器，∂p 代表极小差值，偏心率 e_2 和过近地点时间 t_2 除外。初始沿轨道方向距离 d_{nom} 和追踪航天器过近地点时间 t_2 的关系式为

$$t_2\cong\frac{d_{\text{nom}}}{a_1\omega_2},\quad \omega_2=\sqrt{\frac{\mu}{a_2^3}} \tag{5.111}$$

要求：在 10 个轨道周期内分别对非线性方程（5.82）和 H-C-W 方程（5.98）进行积分。

表 5.1 目标轨道和追踪轨道参数

序号	参数	符号	单位	目标轨道（如 Ω_1）	追踪轨道微分（如 $\partial\Omega$）
1	升交点赤经	$\Omega_1,\partial\Omega$	rad	$\pi/2$	0.0001
2	轨道倾角	$i_1,\partial i$	rad	$\pi/2+0.113$	0.0001
3	近地点辐角	$\omega_1,\partial\omega$	rad	0	0
4	半长轴	$a_1,\partial a$	km	6678.14	0.00005
5	航天器质量	$m_k,k=1,2$	kg	1000	0
6	偏心率	e_1,e_2		0	0.0001
7	过近地点时间	$t_1=t_0,t_2$	s	0	0.518
8	初始距离（沿轨道）	$d=\|\boldsymbol{r}(t_0)\|$	km	NA	4.36（$d_{\text{nom}}=4\text{km}$）
9	轨道角速度	ω_o	mrad/s	1,16	NA
10	轨道周期	$T_o=2\pi/\omega_o$	s	5430	NA
11	仿真时间单位	T_s	s	1	NA
12	最大执行力	$F_{\max}$	N	2	NA

注：NA，不适用。

解：假设式（5.82）中的摄动 $\boldsymbol{F}_1$ 和 $\boldsymbol{F}_2$ 在 300km 轨道高度处的主要影响是大气阻力。如 11.2 节所述，这些阻力已由无拖曳控制装置准确消除。在这种情况下，残余摄动加速度是微牛量级的阻力残余和重力异常（例如，由于地球扁平度引起的重力异常）的组合。图 5.4（a）显示了在目标航天器轨道 Hill 坐标系 $\mathscr{H}=\{P_1,\boldsymbol{h}_1=\boldsymbol{r}_1/|\boldsymbol{r}_1|,\boldsymbol{h}_2,\boldsymbol{h}_3=\boldsymbol{\omega}_1/|\boldsymbol{\omega}_1|\}$ 中具有坐标矢量 $\boldsymbol{r}=[x,y,z]$ 的相对运动 $\boldsymbol{r}=\boldsymbol{r}_2-\boldsymbol{r}_1$ 的时间曲线。图 5.4（b）显示了式（5.82）中的非线性状态方程和式（5.98）中的 H-C-W 方程的数值解。两种解的图像重叠，没有明显差异。实际上，一旦航天器之间的距离增加，它们就会逐渐发散。

就轨道根数而言，图 5.4 中纵向坐标的漂移是由半长轴之差 ∂a 引起的。径向和纵向振荡主要是由偏心率之差 e_2-e_1 引起的。正交轨道方向坐标的振荡分别是由升交点赤经 $\partial\Omega$ 和轨道倾角 ∂i 的差异引起的。注意到仿真的目标航天器轨道正好是圆形轨道，因此可以与 H-C-W 方程的解进行比较，并且椭圆轨道应与线性时变方程（5.90）进行比较。目标航天器圆轨道也可以解释为实质上的参考轨道。

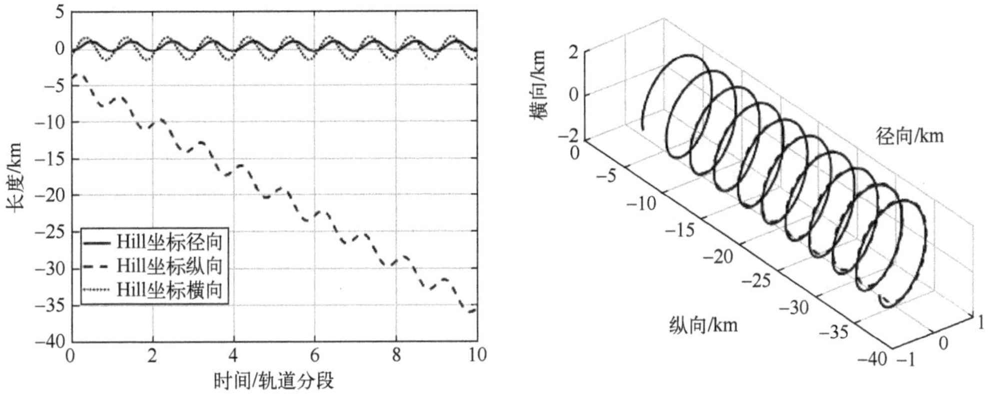

(a)　　　　(b)

图 5.4　Hill 坐标系下的相对运动（追踪减目标）

（a）时变曲线；（b）三维曲线。

5.5.2　反馈稳定性

5.5.1 节的内容表明，沿两个略有不同的轨道运行的两个物体，它们之间的相对运动在局部上是不稳定的，从某种意义上说，随着时间的增加，两个物体的位置趋于发散。现在，我们可以通过适当的反馈律将两个物体保持在彼此靠近的状态，如果目标航天器轨道是圆形轨道，就可以根据 H-C-W 方程（5.98）设计该反馈律。

为此，需要对等式进行改造。文献［1］建议用式（5.98）中的 $x_c/2$ 替代式（5.106）中的 Δy，这是式（5.110）中纵向漂移的一个因素。通过定义新的纵向位置增量：

$$\delta y=x_c/2=2x+\Delta y \tag{5.112}$$

并通过如下形式更新式（5.106）中的 $\boldsymbol{x}$：

$$\boldsymbol{x}=[\boldsymbol{x}_x,\boldsymbol{x}_y,\boldsymbol{x}_z]=[x,\Delta x,y,\delta y,z,\Delta z] \tag{5.113}$$

式（5.98）中的 H-C-W 方程变为

$$\dot{\boldsymbol{x}}(t)=A\boldsymbol{x}(t)+B_u(\boldsymbol{u}(t)+\boldsymbol{d}(t)),\quad \boldsymbol{u}(t)=\frac{\boldsymbol{F}_u(t)}{m_2\omega_o^2},\quad \boldsymbol{d}(t)=\frac{\boldsymbol{F}_d(t)}{m_2\omega_o^2} \tag{5.114}$$

其中，输入力已分为执行力 $\boldsymbol{F}_u=[F_{ux},F_{uy},F_{uz}]$ 和摄动力 $\boldsymbol{F}_d=[F_{dx},F_{dy},F_{dz}]$，向量 $\boldsymbol{u}$ 和 $\boldsymbol{d}$ 以长度为单位，矩阵为

$$\boldsymbol{A}=\omega_0\begin{bmatrix}A_{xx} & A_{xy} & 0\\ A_{yx} & A_{yy} & 0\\ 0 & 0 & A_{zz}\end{bmatrix},\quad \boldsymbol{B}_u=\omega_o\begin{bmatrix}B_{xx} & 0 & 0\\ 0 & B_{yy} & 0\\ 0 & 0 & B_{zz}\end{bmatrix}$$

$$\boldsymbol{A}_{xx}=\boldsymbol{A}_{zz}=\begin{bmatrix}0 & 1\\ -1 & 0\end{bmatrix},\quad \boldsymbol{A}_{yy}=\begin{bmatrix}0 & 1\\ 0 & 0\end{bmatrix},\quad \boldsymbol{A}_{xy}=\begin{bmatrix}0 & 0\\ 0 & 2\end{bmatrix},\quad \boldsymbol{A}_{yx}=\begin{bmatrix}-2 & 0\\ 0 & 0\end{bmatrix} \tag{5.115}$$

$$\boldsymbol{B}=\boldsymbol{B}_{xx}=\boldsymbol{B}_{yy}=\boldsymbol{B}_{zz}=\begin{bmatrix}0\\ 1\end{bmatrix}$$

式（5.114）的主要性质为状态矩阵 $\boldsymbol{A}$ 既不是对角型矩阵也不是三角形矩阵，而特征值是三个对角线分块矩阵对应的值。其中本质的问题是在状态反馈下是否可以保留相同的性质，在第 6 章中解耦状态反馈的条件下，其答案是肯定的。

状态反馈解耦

将状态反馈律 $\boldsymbol{u}(t)=\boldsymbol{Kx}(t)$ 的反馈矩阵 $\boldsymbol{K}$ 写为

$$\boldsymbol{K}=\begin{bmatrix}P_{xx} & K_{xy} & 0\\ K_{yx} & P_{yy} & 0\\ 0 & 0 & P_{yy}\end{bmatrix}=\begin{bmatrix}p_{x1} & p_{x2} & k_{x3} & k_{x4} & 0 & 0\\ k_{y1} & k_{y2} & p_{y3} & p_{y4} & 0 & 0\\ 0 & 0 & 0 & 0 & p_{z1} & p_{z2}\end{bmatrix} \tag{5.116}$$

其中，反馈增益 $\{P_{xx},P_{yy},P_{zz}\}$ 是设计增益，必须根据闭环特征值给出：

$$\begin{aligned}&\lambda_{x1,x2}=(-\zeta_x\pm\sqrt{1-\zeta_x^2})\omega_o,\zeta_x>0\\ &\lambda_{y1,y2}=\{-\omega_0\gamma_{y1},-\omega_0\gamma_{y2}\},\gamma_{y1}>0,\gamma_{y2}>0\\ &\lambda_{z1,z2}=(-\zeta_z\pm\sqrt{1-\zeta_z^2})\omega_0,\zeta_z>0\end{aligned} \tag{5.117}$$

第二对特征值限制了纵向相对运动，即将式（5.110）中的漂移比例因子 x_c 设为零，而第一行和第三行中的复数特征值使式（5.110）中的平面内半径 x_{max} 和平面外半径 z_{max} 的和为零或达到期望值。为此，应保持闭环固有频率等于目标航天器轨道速率 ω_0。

练习 13：

根据式（5.117）中的特征值，找到 $\{P_{xx},P_{yy},P_{zz}\}$ 中标量增益的表达式。

交叉耦合增益 $\{K_{xy},K_{yx}\}$ 必须保证闭环特征值与 $A-B_uK$ 对角分块矩阵的特征值一致。文献［1］中已证明以下引理。

引理： 当且仅当下式（5.118）成立时，$A-B_uK$ 的特征值是对角矩阵 $\{A_k-B_uP_k,k=xx,yy,zz\}$ 的特征值：

$$(A_{xy}-BK_{xy})(\lambda I-A_{yy}+BP_{yy})^{-1}(A_{yx}-BK_{yx})=0,\quad B=\begin{bmatrix}0\\ 1\end{bmatrix} \tag{5.118}$$

根据 $\{K_{xy},K_{yx}\}$ 的标量项，式（5.118）的第一个等式与以下非线性方程相对应：

$$
\begin{aligned}
&2k_{x3}-k_{y1}(2-k_{x4})=0\\
&k_{x3}(k_{y1}+2p_{y2})+2p_{y1}(2-k_{x4})=0\\
&k_{y2}k_{x3}=0\\
&k_{y2}(2-k_{x4})=0
\end{aligned}
\tag{5.119}
$$

式（5.119）具有两组解，但是只有其中一种（在文献［1］中称为位置解耦解）可以作为依赖于设计的交叉耦合增益，因此可以进行优化。

练习 14：

证明： 式（5.119）的两个解为

$$
\begin{aligned}
&\{k_{x4}=2,k_{x3}=0,k_{y1},k_{y2}\text{取任意值}\}\\
&\{k_{y2}=0,k_{y1}=k_c=-p_{y2}(1\pm\sqrt{1-4p_{y1}/p_{y2}^2}),k_{x3}=k_{y1}(1-k_{x4}/2),k_{x4}\text{取任意值}\}
\end{aligned}
\tag{5.120}
$$

接下来证明：只有第二组解的 $k_{x4}=0$ 和 $k_{x3}=k_{y1}=k_c$ 可以作为具有允许优化自由度的非零增益。最后证明：

$$
\min_{\{\gamma_{y1},\gamma_{y2}\}}|k_c|=2\min\{\gamma_{y1},\gamma_{y2}\}
\tag{5.121}
$$

可以很容易地在式（5.117）中找到 4 个特征值参数 $\{\zeta_x,\gamma_{y1},\gamma_{y2},\zeta_z\}$，其在最快响应和最小控制率之间进行了权衡。

通过用干扰抑制来增强状态反馈，并通过将 $\{x_r,y_r,0\}$ 固定为式（5.113）中 $\boldsymbol{x}$ 的相对位置坐标 $\{x,y,z\}$ 的参考值，得出以下控制律。

$$
\begin{aligned}
&F_{ux}=-m_2\omega_o^2(2\zeta_x\Delta x-2\min\{\gamma_{y1},\gamma_{y2}\}(y-y_r)+3x_r)-F_{dx}\\
&F_{uy}=-m_2\omega_o^2(\gamma_{y1}\gamma_{y2}(y-y_r)+(\gamma_{y1}+\gamma_{y2})(\delta y-2x_r)-2\min\{\gamma_{y1},\gamma_{y2}\}(x-x_r))-F_{dy}\\
&F_{uz}=-m_2\omega_o^2 2\zeta_z\Delta z-F_{dz}
\end{aligned}
\tag{5.122}
$$

此处指出，对于 $x_r\neq0$，径向命令分量 F_{ux} 仍然不等于零。这与以下事实相对应：$x_r\neq0$ 不是自然平衡，而是式（5.114）的强制平衡，这与 y_r 不同，y_r 是与其他因素无关的自然平衡。

练习 15：

证明： 式（5.122）中的控制律保证了 LTI 方程（5.114）的跟踪误差 $\widetilde{\boldsymbol{x}}_r=\boldsymbol{x}-\boldsymbol{x}_r$ 由 $\{\zeta_x>0,\gamma_{y1}>0,\gamma_{y2}>0,\zeta_z>0\}$ 渐近收敛于零。

练习 16：

通过仿真证明：当式（5.122）中的控制律具有表 5.2 中的增益时，可以使图 5.4 中的相对运动保持稳定，并使追踪航天器以表 5.2 中的目标相对位置靠近目标航天器轨道。假设式（5.122）中，$F_{dj}=0,j=x,z,y$，证明在 Hill 坐标系中的最大执行力满足 $|F_{dj}|\leqslant2N$。表 5.2 中的纵向增益是在最大执行力和靠近主轨道时间之间进行简单的权衡。式（5.122）中的控制律必须同时具有能够预测 F_{dj} 的状态预测器，该状态预测器由一个参考发生器来确定副卫星的追踪轨道。由于无拖曳控制，仿真的目标航天器轨道和追踪航天器轨道都接近于测地线（仅受引力作用）（请参见 11.2 节），因此唯一的干扰力具有引力性质，并且对应于由地球扁平度所主导的引力异常。对于近地轨道，可以直接从目标航天器和追踪航天器全球卫星系统接收机（GNSS）的位置差和速度差中推算出式（5.113）的状态矢量 $\boldsymbol{x}$（参见第 8 章），以及通过将目标航天器的数据无线传输到

追踪航天器中。关于由光学传感器引导的航天器交会对接在这里不展开讨论。

表 5.2　追踪航天器的目标位置和控制增益

序号	参数	符号	单位	值
1	目标相对位置（目标 Hill 坐标系）	$\{x_r, y_r, z_r\}$	m	{20,20,0}
2	纵向增益	$\{\gamma_{y1}, \gamma_{y2}\}$	—	{0.2,0.2}
3	径向和轨道面法线方向阻尼比	$\{\zeta_x, \zeta_z\}$	—	{0.5,0.5}

解：图 5.5 显示了相对运动 $\boldsymbol{r}=\boldsymbol{r}_2-\boldsymbol{r}_1$ 随时间变化曲线和三维（3D）曲线，它们在大约 6 个轨道周期内收敛到参考相对位置。会合 3D 轨迹是在图 5.5（b）中左上角的实线。长螺旋形轨迹（虚线）为图 5.4 的开环轨迹。

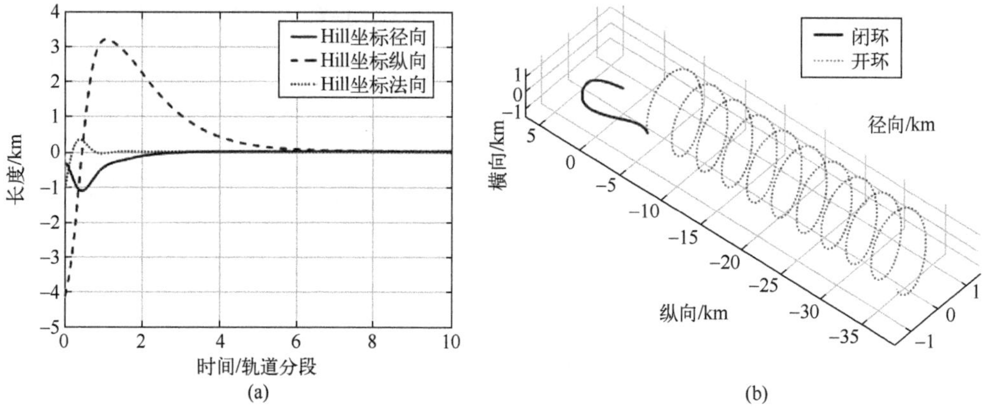

图 5.5　Hill 坐标系中的闭环相对运动

（a）随时间变化曲线；（b）开环（虚线）和闭环（实线）运动的三维曲线。

图 5.6（a）所示为图 5.5（a）的放大图，显示了 3 个相对坐标到达的参考位置。图 5.6（b）显示了在 Hill 坐标系中的执行力。主导力为径向力 F_{ux}，因为式（5.122）中 F_{ux} 的第二项与纵向跟踪误差 $\tilde{y}_r=y-y_r$ 成比例。预期最大力的值为 2N。起初，F_{ux} 经历了一个较短的饱和时间，这在图 5.6 中无法看出。如前所述，由于非零的径向参考，径向执行分量收敛到非零值。

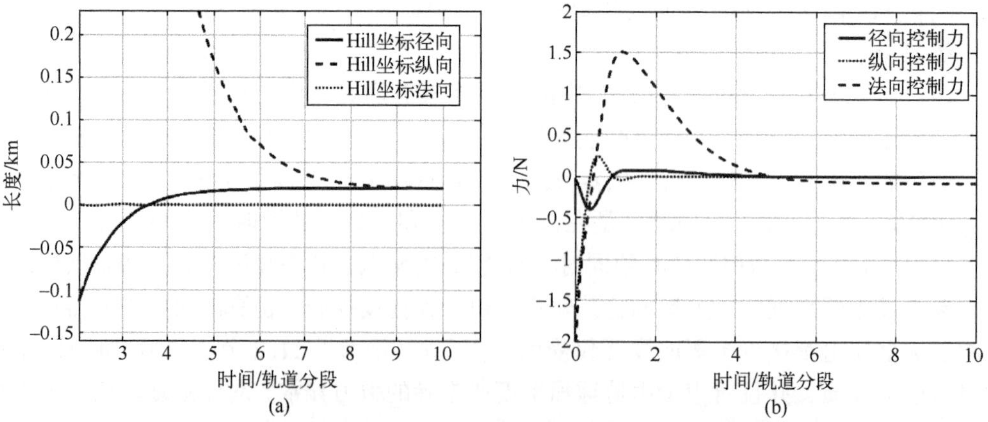

图 5.6　三个相对坐标到达的参考位置及在 Hill 坐标系中的执行力

（a）图 5.5（a）的放大图；（b）在 Hill 坐标系中执行力。

在如图 5.6 所示靠近目标的过程中，应执行避免碰撞策略。必须根据测量和控制误差进行设计。图 5.7 显示 20m 的防撞阈值既没有被接触也没有被越过。应将 20m 阈值与靠近过程中的制动冲程进行比较。通过假设在 30ks 处达到的靠近速度 $v_{max} \leqslant 20mm/s$，表 5.1 的数据可确保制动时间 $\tau_{brake} \leqslant m_2 v_{max}/F_{max}=10s$ 受到限制，这相当于远小于 0.2m 的制动冲程。

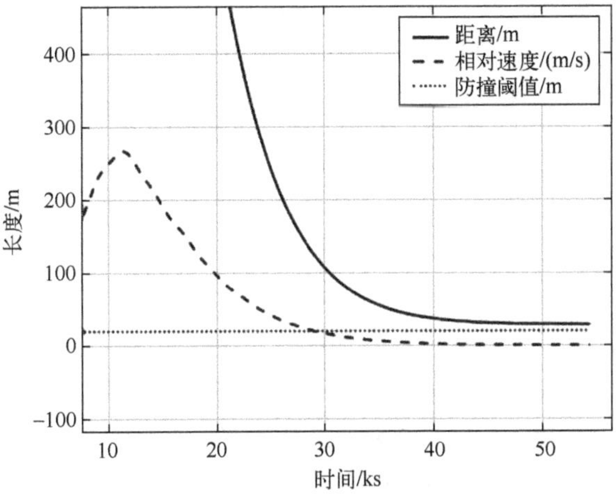

图 5.7　目标靠近阶段的距离、相对速度和防撞阈值

5.6　限制性三体问题

5.6.1　状态方程

考虑图 5.8 中的三体系统 $\{P_0, P_1, P_2\}$，其中 $m_1 \ll m_i, i=0,2$，并假设较大质量的点 P_0 和 P_2（这两个为主体）绕它们共同的质心 O 在圆轨道上运行。转动角速度为

$$\omega_o=\sqrt{(\mu_0+\mu_2)/d^3} \tag{5.123}$$

此处 $\mu_i=Gm_i$，并且 $d=|\overrightarrow{P_0P_2}|$ 表示两个天体之间的距离。

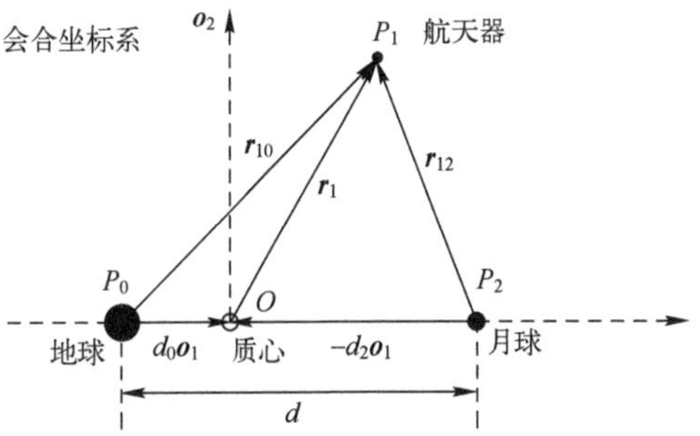

图 5.8　三体系统（地球、月球和航天器）的几何示意图

令 $\mathscr{O}=\{O, \boldsymbol{o}_1, \boldsymbol{o}_2, \boldsymbol{o}_3\}$ 是共同的参考轨道坐标系，选择与 5.4 节中已经介绍过的会合坐标系一致。由于坐标系是由主天体的轨道平面定义的，即 $\boldsymbol{o}_1$ 和 $\boldsymbol{o}_2$ 位于轨道平面

上，因此 $\boldsymbol{o}_1=\overrightarrow{P_0O}/|\overrightarrow{P_0O}|$是第一条会合轴，方向是从 P_0 指向连接两个主天体的线段 P_0P 上的 O，$\boldsymbol{o}_3$ 是惯性轨道的极坐标轴，而 $\boldsymbol{o}_2=\boldsymbol{o}_3\times\boldsymbol{o}_1$ 是第二个会合轴。由于旋转线段$\overrightarrow{P_0P_2}$，坐标系 $\mathscr{O}$ 是非惯性坐标系，$\{\boldsymbol{o}_1,\boldsymbol{o}_2\}$ 在轨道平面内绕极坐标轴旋转，角速度为式（5.123）的 ω_0。坐标系的角速率矢量可以表示为 $\boldsymbol{\omega}_0=\omega_0\boldsymbol{o}_3$，并且坐标轴矢量的时间微分如下：

$$\dot{\boldsymbol{o}}_1=\boldsymbol{\omega}_o\times\boldsymbol{o}_1=\omega_0\boldsymbol{o}_2,\quad \dot{\boldsymbol{o}}_2=\boldsymbol{\omega}_o\times\boldsymbol{o}_2=-\omega_0\boldsymbol{o}_1,\dot{\boldsymbol{o}}_3=0 \tag{5.124}$$

本节总结了文献［2，4，11，13］中的处理方法。

小质点 P_1 的位置 $\boldsymbol{r}_1$、速度$\dot{\boldsymbol{r}}_1$ 和加速度 $\ddot{\boldsymbol{r}}_1$ 在会合轨道坐标系 $\mathscr{O}$ 中的坐标必须考虑坐标系的旋转。

$$\begin{aligned}
&\boldsymbol{r}_1=x\boldsymbol{o}_1+y\boldsymbol{o}_2+z\boldsymbol{o}_3\\
&\dot{\boldsymbol{r}}_1=\dot{x}\boldsymbol{o}_1+\dot{y}\boldsymbol{o}_2+\dot{z}\boldsymbol{o}_2+x\dot{\boldsymbol{o}}_1+y\dot{\boldsymbol{o}}_2+z\dot{\boldsymbol{o}}_3=(\dot{x}-y\omega_0)\boldsymbol{o}_1+(\dot{y}+x\omega_0)\boldsymbol{o}_2+\dot{z}\boldsymbol{o}_3\\
&\ddot{\boldsymbol{r}}_1=(\ddot{x}-2\omega_0\dot{y}-\omega_0^2x)\boldsymbol{o}_1+(\ddot{y}+2\omega_0\dot{x}-\omega_0^2y)\boldsymbol{o}_2+\ddot{z}\boldsymbol{o}_3
\end{aligned} \tag{5.125}$$

式中：$-2\omega_0\dot{y}\boldsymbol{o}_1$ 和 $2\omega_0\dot{x}\boldsymbol{o}_2$ 均为科里奥利加速度；$-\omega_o^2x\boldsymbol{o}_1$ 和$-\omega_o^2y\boldsymbol{o}_2$ 均为向心加速度。

借助图 5.8，可以看出 P_1 相对于 P_0 和 P_2 的相对位置及其大小为

$$\begin{aligned}
&\boldsymbol{r}_1-\boldsymbol{r}_0=d_0\boldsymbol{o}_1+\boldsymbol{r}_1\\
&\boldsymbol{r}_1-\boldsymbol{r}_2=-d_2\boldsymbol{o}_1+\boldsymbol{r}_1\\
&r_{10}=|\boldsymbol{r}_1-\boldsymbol{r}_0|=\sqrt{(x+d_0)^2+y^2+z^2}\\
&r_{12}=|\boldsymbol{r}_1-\boldsymbol{r}_2|=\sqrt{(x-d_2)^2+y^2+z^2}
\end{aligned} \tag{5.126}$$

其中，$d_0=|\overrightarrow{P_0O}|$、$d_2=|\overrightarrow{P_2O}|$及已经在式（5.123）中使用的距离 d 表示为 $d=d_0+d_2$。

将式（5.126）中的相对位置和式（5.125）中的加速度坐标替换到式（5.80），得出了通用的圆轨道限制性三体方程。

$$\begin{aligned}
&\ddot{x}-2\omega_0\dot{y}-\omega_0^2x=-\mu_0\frac{x+d_0}{r_{10}^3}-\mu_2\frac{x-d_2}{r_{12}^3}+\frac{F_{11}}{m_1}\\
&\ddot{y}+2\omega_0\dot{x}-\omega_0^2y=-\mu_0\frac{y}{r_{10}^3}-\mu_2\frac{y}{r_{12}^3}+\frac{F_{12}}{m_1}\\
&\ddot{z}=-\mu_0\frac{z}{r_{10}^3}-\mu_2\frac{z}{r_{12}^3}+\frac{F_{13}}{m_1}
\end{aligned} \tag{5.127}$$

其中，公共轨道坐标系 $\mathscr{O}$ 中 $\boldsymbol{F}_1$ 的分量写为 $\boldsymbol{F}_1=[F_{11},F_{12},F_{13}]$。式（5.127）中的状态变量由 x，y 和 z，以及$\dot{x}$，$\dot{y}$和$\dot{z}$给出。式（5.127）必须用式（5.80）给出的 P_0 和 P_2 的轨道方程来完善，且 $m_i\gg m_1,i=0,2$ 并且 $\boldsymbol{F}_i=0,i=0,2$。

5.6.2 自由响应：运动中唯一已知的常数

通过在式（5.127）中令 $\boldsymbol{F}_1=0$，可以得出非线性受限三体方程的自由响应。原则上，该方法与第 3 章中的二体问题相同。在第 3 章中，找到了状态向量$[\boldsymbol{r},\boldsymbol{v}]$的 5 个非线性组合，它们在时间上保持为常值，即每单位质量的角动量 h（3 个运动常数）和偏心率向量 e（由于与 $\boldsymbol{h}$ 正交而只有两个运动常数），然后使用开普勒方程计算剩余自由度的时

间响应（偏近点角 E）。但是，对于目前的三体问题只有一个运动常数是已知的。

定义标量函数为

$$U_g(x,y,z)=\frac{\mu_0}{r_{10}^3}+\frac{\mu_2}{r_{12}^3} \tag{5.128}$$

其中，下标 g 代表重力，其梯度写为

$$\begin{aligned}\frac{\partial U_g}{\partial x}&=-\mu_0\frac{x+d_0}{r_{10}^3}-\mu_2\frac{x-d_2}{r_{12}^3}\\ \frac{\partial U_g}{\partial y}&=-\mu_0\frac{y}{r_{10}^3}-\mu_2\frac{y}{r_{12}^3}\\ \frac{\partial U_g}{\partial z}&=-\mu_0\frac{z}{r_{10}^3}-\mu_2\frac{z}{r_{12}^3}\end{aligned} \tag{5.129}$$

用式（5.127）和 $\boldsymbol{F}_1=0$ 替换式（5.129）得到以下自治方程：

$$\begin{aligned}&\ddot{x}-2\omega_p\dot{y}-\omega_p^2x=\frac{\partial}{\partial x}U_g(x,y,z)\\ &\ddot{y}+2\omega_p\dot{x}-\omega_p^2y=\frac{\partial}{\partial y}U_g(x,y,z)\\ &\ddot{z}=\frac{\partial}{\partial z}U_g(x,y,z)\end{aligned} \tag{5.130}$$

将上述方程式分别乘以 $2\dot{x}$、$2\dot{y}$、$2\dot{z}$，再将所得的方程式相加得出以下等式：

$$\dot{x}\ddot{x}+\dot{y}\ddot{y}+\dot{z}\ddot{z}-\omega_p^2x\dot{x}-\omega_p^2y\dot{y}=\dot{x}\frac{\partial}{\partial x}U_g+\dot{y}\frac{\partial}{\partial y}U_g+\dot{z}\frac{\partial}{\partial z}U_g=\frac{\mathrm{d}}{\mathrm{d}t}U_g \tag{5.131}$$

对式（5.131）的各个部分积分后得到的运动常数为

$$\dot{x}^2+\dot{y}^2+\dot{z}^2-\omega_0^2(x^2+y^2)-2U_g=\text{常数}=-C_J \tag{5.132}$$

其中，C_J 是常数，称为雅可比积分或雅可比常数。式（5.132）可以改写为

$$U(x,y,z)-\frac{1}{2}C_J=\frac{1}{2}(x^2+y^2+z^2) \tag{5.133}$$

此方程

$$U(x,y,z)=U_g(x,y,z)+\frac{\omega_0^2}{2}(x^2+y^2) \tag{5.134}$$

称为有效势。这意味着 $-U(x,y,z)$ 是点 P_1 上的有效引力势能，而不是 $-U_g$，因为 P_1 的坐标 $[x,y,z]$ 在旋转的轨道坐标系 $\mathscr{O}$ 中给出。旋转坐标系势能由附加项 $\omega_o^2(x^2+y^2)/2$ 表示。

5.6.3 自由响应：拉格朗日平动点及其稳定性

作为研究自由响应的第二步，我们推导了圆轨道受限三体方程的平动点，其与 $\boldsymbol{F}_1=0$ 相对应。可以通过在式（5.127）中将所有微分项设置为零来找到这些点，得出代数方程。

这些方程的解对应于平衡点 $[\underline{x}_j,\underline{y}_j,\underline{z}_j]$，$j=1,2,\cdots,n$，其中 n 是解的基数。

$$\mu_0 \frac{x+d_0}{r_{10}^3}+\mu_2 \frac{x-d_2}{r_{12}^3}-\omega_0^2 x=0$$

$$\mu_0 \frac{y}{r_{10}^3}+\mu_2 \frac{y}{r_{12}^3}-\omega_0^2 y=0 \tag{5.135}$$

$$\mu_0 \frac{z}{r_{10}^3}+\mu_2 \frac{z}{r_{12}^3}=0$$

首先，第三个方程由$\underline{z}_j=0$（不论j取何值）求解，实际上这意味着所有平动点都位于$\{x,y\}$平面中。式（5.135）中的第二个方程通过$\underline{y}_j=0$或通过下式求解：

$$\gamma_1=\frac{\mu_0}{\underline{r}_{10}^3}+\frac{\mu_2}{\underline{r}_{12}^3}=\omega_o^2 \tag{5.136}$$

假设$\underline{y}_j\neq 0$，用式（5.136）中的ω_0^2替换式（5.135）中的第一个方程后得到

$$\mu_0 \frac{d_0}{\underline{r}_{10}^3}-\mu_2 \frac{d_2}{\underline{r}_{12}^3}=0 \tag{5.137}$$

由于公共轨道坐标系$\mathscr{O}$的原点O是较大质点P_0和P_2的质心，因此得出等式$\mu_0 d_0=\mu_2 d_2$，这意味着$\underline{r}_{10}=\underline{r}_{12}$。此外，由式（5.126）和式（5.136）可知，$\underline{r}_{10}=\underline{r}_{12}=d=d_0+d_2$，即$|\underline{\boldsymbol{r}}_1-\underline{\boldsymbol{r}}_0|=|\underline{\boldsymbol{r}}_1-\underline{\boldsymbol{r}}_2|=d$。最后一个方程式确定了两个平动点，用$L_4$和$L_5$表示，它们是由$|\underline{\boldsymbol{r}}_1-\underline{\boldsymbol{r}}_0|=d$和$|\underline{\boldsymbol{r}}_1-\underline{\boldsymbol{r}}_2|=d$定义的两个圆的交点，如图5.9所示。

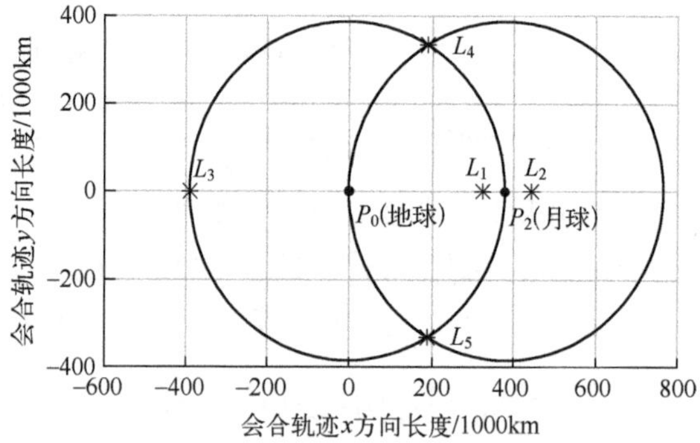

图5.9　地月系统的拉尔朗日平衡点$L_1\sim L_5$

现在让我们考虑$\underline{y}_j=0$的情况。可以将式（5.135）中的第一个等式重写为

$$f(\underline{x}_j)=\mu_0 \frac{\underline{x}_j+d_0}{|\underline{x}_j+d_0|^3}+\mu_2 \frac{\underline{x}_j-d_2}{|\underline{x}_j-d_2|^3}-\omega_0^2\,\underline{x}_j=0$$

$$\Rightarrow \frac{\mu_0}{|\underline{x}_j+d_0|^3}+\frac{\mu_2}{|\underline{x}_j-d_2|^3}=\omega_o^2+\Delta\omega_o^2 \tag{5.138}$$

并且

$$\Delta\omega_o^2=\frac{1}{\underline{x}_j}\left(\frac{\mu_2 d_2}{|\underline{x}_j-d_2|^3}-\frac{\mu_0 d_0}{|\underline{x}_j+d_0|^3}\right)$$

如表5.3所示，对于式（5.138）全部的3个解（在下一段中定义的共线平动点），可以证明$\Delta\omega_o^2$项为正。虽然找不到该方程的解析解，但可以用数值和图形的方式进行

求解。图 5.10 显示，式（5.138）具有 3 个解，它们确定了其他 3 个平动点，分别由 L_1、L_2 和 L_3 表示。

表 5.3　地-月拉格朗日点

序号	平动点	地球到平动点的距离/km	月球到平动点的距离/km	$\Delta\omega_o^2/\omega_o^2$
1	CoM	4700（+）	384400	NA
2	L_4, L_5	384400	384400	0
3	L_1	326400	58000	4.1
4	L_2	448900	64500	2.2
5	L_3	381700	766100	0.01

注：(+)，表示在地球内部的平衡点；NA，不适用。

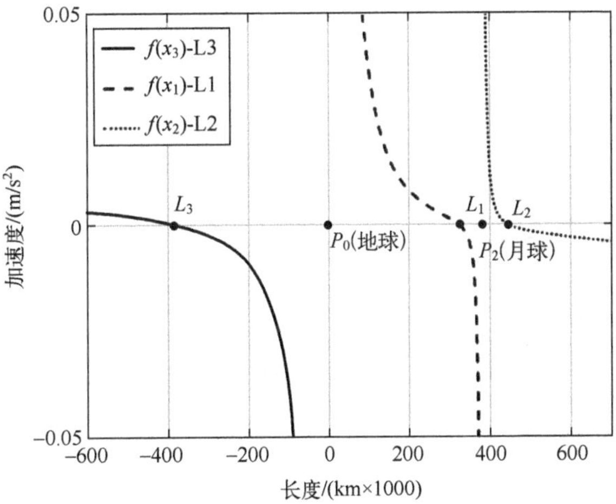

图 5.10　平动点 L_1、L_2 和 L_3 及由质点表示的地球和月球

总而言之，自由圆轨道受限三体方程（5.127）具有 5 个平动点，如图 5.9 所示。它们用 $L_j=\{\underline{x}_j,\underline{y}_j,0\}$ 表示，被称为拉格朗日点或平动点。它们可以分为以下两类。

（1）L_1、L_2 和 L_3 表示的 3 个共线平动点。这些是不稳定的平动点（有关证明，请参见 5.6.4 节），但是可以通过少量的控制动作使其稳定下来。其应用包括观测太阳和太阳风的日地 L_1 点，用于天文观测的日地 L_2 点，用于与月球"背面"通讯的地月 L_2 点。

（2）两个三角平动点 L_4 和 L_5。当 $m_0/m_2>24.96$ 时，三角平动点临界稳定（有关证明，请参见 5.6.4 节）。如果忽略太阳的引力作用，那么地月三角平动点就会变得临界稳定。

自由圆轨道受限三体系统的可能摄动源于太阳的引力场和辐射压力，它们可能会在三角平动点周围产生较大的轨道运动，且轨道偏心率不为零。

练习 17：

地-月拉格朗日点

参考图 5.8 和表 3.1，以下数据为地月系统的参数：$\mu_0=0.3986\times10^{15}\ \mathrm{m^3/s^2}$，$\mu_2=0.0123\mu_0=4.9\times10^{12}\mathrm{m^3/s^2}$，$d=d_0+d_2$，$d_0=4760\mathrm{km}$，$d_2=380{,}000\mathrm{km}$，$\omega_0=2.662\mu\mathrm{rad/s}$。

地-月拉格朗日点的位置如表 5.3 所示。

进行数值模拟，以研究地-月拉格朗日点 L_4 附近的航天器运动（P_1 为质点）。假定初始条件为：$x(0)=188{,}000\text{km}$，$y(0)=337{,}000\text{km}$，$z(0)=0\text{m}$，$\dot{x}(0)=30\text{m/s}$，$\dot{y}(0)=0\text{m/s}$，$\dot{z}(0)=0\text{m/s}$。在 $\boldsymbol{F}_1=0$ 作用下的 $3\times10^7\text{s}$ 内，对式（5.127）进行数值积分。仿真得到的航天器 2D 轨迹是图 5.11（a）和图 5.11（b）中浅色且复杂的曲线。曲线与定义的拉格朗日点 L_4 和 L_5 的两个大圆同时显示。可以看出，从靠近 L_4 的初始位置开始，运动轨迹保持靠近 L_4，从而确定了此平动点的临界稳定性。

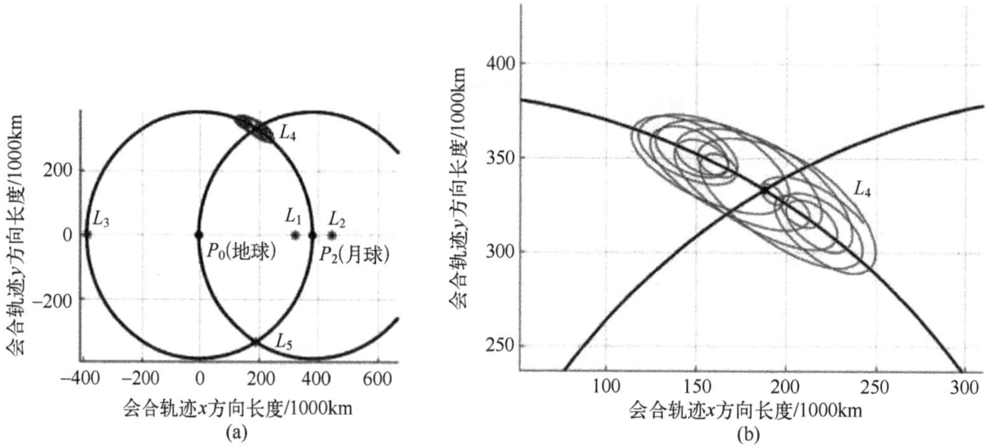

图 5.11　仿真得到的航天器 2D 轨迹

（a）仿真的航天器绕地-月拉格朗日点 L_4 的轨道；（b）放大图。

5.6.4　运动的线性化方程和稳定性分析

本节将圆轨道受限三体方程（5.127）线性化。此操作对于分析拉格朗日点的稳定性和研究准周期（或李萨如）轨道和 Halo 轨道非常重要。我们令

$$\underline{\boldsymbol{r}}=\underline{x}\boldsymbol{o}_1+\underline{y}\boldsymbol{o}_2+\underline{z}\boldsymbol{o}_3 \tag{5.139}$$

是$\underline{z}=0$ 的拉格朗日平动点的位置矢量，并令

$$\delta\boldsymbol{r}=\delta x\boldsymbol{o}_1+\delta y\boldsymbol{o}_2+\delta z\boldsymbol{o}_3=\boldsymbol{r}_1-\underline{\boldsymbol{r}} \tag{5.140}$$

为 P_1 相对于该平动点的位置矢量，$\delta z=z$。参考式（5.127），将 r_{10}和 r_{12}重写为

$$\begin{aligned}r_{10}^{-3}&=|\boldsymbol{r}_1-\boldsymbol{r}_0|=|\underline{\boldsymbol{r}}+\delta\boldsymbol{r}-\boldsymbol{r}_0|^{-3}=((\underline{x}+\delta x+d_0)^2+(\underline{y}+\delta y)^2+z^2)^{-3/2}\\ r_{12}^{-3}&=|\boldsymbol{r}_1-\boldsymbol{r}_2|=|\vec{\underline{r}}+\delta\boldsymbol{r}-\boldsymbol{r}_2|^{-3}=((\underline{x}+\delta x-d_2)^2+(\underline{y}+\delta y)^2+z^2)^{-3/2}\end{aligned} \tag{5.141}$$

使用二项式定理扩展这些方程式并保留级数式中的前两项：

$$\begin{aligned}r_{10}^{-3}&=\underline{r}_{10}^{-3}(1-3\,\underline{r}_{10}^{-2}(\underline{x}+d_0)\delta x+\underline{y}\delta y))+o(|\delta x|^2,|\delta y|^2,|\delta x\delta y|)\\ r_{12}^{-3}&=\underline{r}_{12}^{-3}(1-3\,\underline{r}_{12}^{-2}((\underline{x}-d_2)\delta x+\underline{y}\delta y))+o(|\delta x|^2,|\delta y|^2,|\delta x\delta y|)\end{aligned} \tag{5.142}$$

联立式（5.127）、式（5.135）和式（5.142），可以得到线性化的三体微分方程：

$$\delta\ddot{x}-2\omega_0\delta\dot{y}-(\omega_0^2-\mu_0\,\underline{r}_{10}^{-3}-\mu_2\,\underline{r}_{12}^{-3}+3\mu_0\,\underline{r}_{10}^{-5}(\underline{x}+d_0)^2+3\mu_2 r_{12}^{-5}(\underline{x}-d_2)^2)\delta x-$$

$$3y(\mu_0\,\underline{r}_{10}^{-5}(\underline{x}+d_0)+\mu_2 r_{12}^{-5}(\underline{x}-d_2))\delta y=\frac{\boldsymbol{F}_{11}}{m_1}$$

$$\delta\ddot{y}+2\omega_0\delta\dot{x}-3\underline{y}(\mu_0\underline{r}_{10}^{-5}(\underline{x}+d_0)+\mu_2\underline{r}_{12}^{-5}(\underline{x}-d_2))\delta x-$$

$$(\omega_o^2-\mu_0\underline{r}_{10}^{-3}-\mu_2\underline{r}_{12}^{-3}+3\underline{y}^2(\mu_0\underline{r}_{10}^{-5}+\mu_2\underline{r}_{12}^{-5}))\delta y=\frac{F_{12}}{m_1}$$

$$\delta\ddot{z}+(\mu_0\underline{r}_{10}^{-3}+\mu_2\underline{r}_{12}^{-3})\delta z=\frac{F_{13}}{m_1} \tag{5.143}$$

通过定义以下 4 个参数：

$$\begin{aligned}
\gamma_1&=\mu_0\underline{r}_{10}^{-3}+\mu_2\underline{r}_{12}^{-3}\\
\gamma_2&=3\underline{y}^2(\mu_0\underline{r}_{10}^{-5}+\mu_2 r_{12}^{-5})\\
\gamma_3&=3\underline{y}(\mu_0\underline{r}_{10}^{-5}(\underline{x}+d_0)+\mu_2\underline{r}_{12}^{-5}(\underline{x}-d_2))\\
\gamma_4&=3\mu_0\underline{r}_{10}^{-5}(\underline{x}+d_0)^2+3\mu_2\underline{r}_{12}^{-5}(\underline{x}-d_2)^2
\end{aligned} \tag{5.144}$$

将式（5.143）转换为 LTI 微分方程：

$$\begin{aligned}
\delta\ddot{x}&=2\omega_0\delta\dot{y}+(\omega_o^2-\gamma_1+\gamma_4)\delta x+\gamma_3\delta y+\frac{F_{11}}{m_1}\\
\delta\ddot{y}&=-2\omega_0\delta\dot{x}+\gamma_3\delta x+(\omega_0^2-\gamma_1+\gamma_2)\delta y+\frac{F_{12}}{m_1}\\
\delta\ddot{z}&=-\gamma_1\delta z+\frac{F_{13}}{m_1}
\end{aligned} \tag{5.145}$$

第三个方程与其他两个方程解耦，并且是无阻尼振荡方程，是临界稳定的。前两个方程可以按如下方法研究。

首先，考虑平衡点是共线平动点（L_1、L_2 或 L_3）的情况，如 5.6.3 节中定义并如图 5.9 所示。在这种情况下，有$\underline{y}=0$，这可以从式（5.144）得出 $\gamma_2=\gamma_3=0$，$r_{10}=|\underline{x}+d_0|$和 $r_{12}=|\underline{x}-d_2|$。

通过最后两个等式又可以得到新的等式 $\gamma_4=3\gamma_1$。因此，式（5.145）中的前两个方程可以重写为

$$\begin{aligned}
\delta\ddot{x}&=2\omega_0\delta\dot{y}+(\omega_o^2+2\gamma_1)\delta x+\frac{F_{11}}{m_1}\\
\delta\ddot{y}&=-2\omega_0\delta\dot{x}+(\omega_o^2-\gamma_1)\delta y+\frac{F_{12}}{m_1}
\end{aligned} \tag{5.146}$$

式（5.146）的特征多项式 $P_{123}(s)$为

$$P_{123}(s)=s^4+(2\omega_0^2-\gamma_1)s^2+(\omega_0^2-\gamma_1)(\omega_0^2+2\gamma_1)=s^4+a_2s^2+a_0 \tag{5.147}$$

多项式$\{\lambda_i,i=1,2,3,4\}$的根分别为

$$\begin{aligned}
&\lambda_1=\sqrt{w_1}>0,\quad \lambda_2=-\sqrt{w_1}<0,\quad w_1=\frac{1}{2}(\gamma_1-2\omega_0^2+\delta)>0\\
&\lambda_{3,4}=\pm \mathrm{j}\sqrt{|w_2|}=\pm \mathrm{j}\omega_{xy},\quad w_2=-\frac{1}{2}(2\omega_0^2-\gamma_1+\delta)<0
\end{aligned} \tag{5.148}$$

其中，上式中的 $\delta=\sqrt{\gamma_1(9\gamma_1-8\omega_0^2)}$。从式（5.138）中可以看出，$\gamma_1=\omega_o^2+\Delta\omega_o^2$ 成立，在表 5.3 中，对于任何共线平动点，不等式 $\Delta\omega_0^2>0$ 成立。因此，式（5.147）中的

常系数 a_0 为负，而 a_2 可以为正或负，具体符号取决于不同的共线平动点。这意味着 $a_2^2-4a_0>0$，因此 $\omega_1>0$ 且 $\lambda_1>0$，如式（5.148）所示。因此，证明了式（5.146）是不稳定的。特征值与 $P_{123}(s)$ 中系数的关系为

$$
\begin{aligned}
a_0&=(\omega_0^2-\gamma_1)(\omega_0^2+2\gamma_1)=-w_1|w_2|=-w_1\omega_{xy}^2\\
a_2&=(2\omega_0^2-\gamma_1)=-w_1+|w_2|=-w_1+\omega_{xy}^2
\end{aligned}
\tag{5.149}
$$

现在考虑当平衡点是三角平动点时，如 5.6.3 节中所定义的 L_4 或 L_5。在这种情况下，由式（5.136）和式（5.144）的第一行可以得出等式 $\gamma_1=\omega_0^2$。因此，可以将式（5.145）中的前两个方程式重写为

$$
\begin{aligned}
\delta\ddot{x}&=2\omega_0\delta\dot{y}+\gamma_4\delta x+\gamma_3\delta y+\frac{F_{11}}{m_1}\\
\delta\ddot{y}&=-2\omega_0\delta\dot{x}+\gamma_3\delta x+\gamma_2\delta y+\frac{F_{12}}{m_1}
\end{aligned}
\tag{5.150}
$$

式（5.150）的特征多项式 $P_{45}(s)$ 为

$$
P_{45}(s)=s^4+(4\omega_o^2-\gamma_2-\gamma_4)s^2+\gamma_2\gamma_4-\gamma_3^2=s^4+a_2s^2+a_0 \tag{5.151}
$$

我们已经证明得出了三角平动点的等式 $\underline{r}_{10}=\underline{r}_{12}=d$ 和 $\mu_0d_0=\mu_2d_2$。由于 d 是地球到月球的距离，因此 3 个点 P_0、P_2 和 $L_i,i=4,5$ 中的任意一个构成了等边三角形，反过来又意味着 $\underline{x}+d_0=\underline{x}-d_2=d/2$、$\underline{x}/d=1/2-d_0/d$ 和 $\underline{y}/d=\pm\sqrt{3}/2$。最后一个等式的正号和负号分别对应于 L_4 和 L_5。所以，可以将式（5.144）中的 4 个系数的表达式简化为

$$
\gamma_2=\omega_o^2,\quad \gamma_2=\frac{9}{4}\omega_o^2,\quad \gamma_3=\pm\frac{3\sqrt{3}}{4}\left(1-\frac{2d_0}{d}\right)\omega_0^2,\quad \gamma_4=\frac{3}{4}\omega_o^2 \tag{5.152}
$$

式（5.151）中的 $P_{45}(s)$ 系数为

$$
\begin{cases}
a_2=\left(4-\dfrac{9}{4}-\dfrac{3}{4}\right)\omega_0^2=\omega_o^2>0\\
a_0=\dfrac{27}{16}\left(1-\left(1-2\dfrac{d_0}{d_0+d_2}\right)^2\right)\omega_0^4=\dfrac{27}{4}\dfrac{d_0}{d_0+d_2}\left(1-\dfrac{d_0}{d_0+d_2}\right)\omega_o^4=\dfrac{27}{4}\beta(1-\beta)\omega_o^4>0
\end{cases}
\tag{5.153}
$$

第二行中的系数 β 来源于等式 $\mu_0d_0=\mu_2d_2$ 和 $\mu_j=Gm_j$，$(j=0,2)$，并且可以写出 $\beta=d_0/d=\mu_2/(\mu_0+\mu_2)=m_2/(m_0+m_2)<1$。式（5.153）中的两个系数 a_0 和 a_2 是正数，但是由于多项式是四阶，因此这个条件不足以充分证明其稳定性，还需要对不等式 $1\geqslant 4a_0/a_2^2=27\beta(1-\beta)>0$ 加以证明。$P_{45}(s)$ 中的根 $\lambda_i,i=1,2,\cdots,4$，即

$$
\begin{aligned}
&\lambda_{1,2}=\pm\sqrt{w_1},\quad \lambda_{3,4}=\pm\sqrt{w_2}\\
&w_1=\frac{\omega_0^2}{2}\left(-1+\sqrt{1-27\beta(1-\beta)}\right)\\
&w_2=\frac{\omega_o^2}{2}\left(-1-\sqrt{1-27\beta(1-\beta)}\right)
\end{aligned}
\tag{5.154}
$$

并且可以区分两种情况。

（1）临界稳定性。在 $1\geqslant 27\beta(1-\beta)>0$ 的条件下，$w_{1,2}$ 为负，并且 4 个根 $\lambda_i,i=1,2,3,4$ 为虚数：$\lambda_{1,2}=\pm \mathrm{j}\sqrt{|w_1|}$，$\lambda_{3,4}=\pm \mathrm{j}\sqrt{|w_2|}$。因此，式（5.146）是临界稳定的。

(2) 不稳定性。在 $27\beta(1-\beta)>1$ 的条件下，$w_{1,2}$是具有负实部的共轭复数，即 $w_{1,2}= w\exp(\pm j(\pi/2+\theta))$ 且 $0<\theta<\pi/2$，$w=|w_{1,2}|$。平方根可以写为 $\pm\sqrt{w_{1,2}}=\pm\sqrt{w}\exp(\pm j(\pi/4+\theta/2))$，并且包含一对具有正实部的复数对，由此得出其不稳定。

三角平动点的边界稳定条件是：当 $0<\beta<1$ 时，$\beta^2-\beta+1/27\geqslant 0$。

反过来又可以分为以下两个方面的不等式：

$$
\begin{aligned}
0<\beta\leqslant\frac{1}{2}\left(1-\sqrt{\frac{23}{27}}\right)=0.0385<1 \\
\frac{1}{2}\left(1+\sqrt{\frac{23}{27}}\right)=0.961\leqslant\beta<1
\end{aligned}
\tag{5.155}
$$

由于 $\beta=(m_0/m_2+1)^{-1}$，因此只有第一行的不等式适用于大质量比 $m_0/m_2\gg 1$，即 $\beta\ll 1$。在式（5.155）中第一行左侧的不等式按质量比 m_0/m_2 可以重写为

$$
\frac{m_0}{m_2}>\left(1+\sqrt{\frac{23}{27}}\right)\Big/\left(1-\sqrt{\frac{23}{27}}\right)=24.96 \tag{5.156}
$$

地球/月球质量比 $m_{\mathrm{Earth}}/m_{\mathrm{Moon}}\cong 81.3$ 也满足上述不等式。

5.6.5 李萨如与 Halo 轨道

共线平动点附近的运动由式（5.146）中的两个方程式及式（5.145）中的第三个方程式表示。这 3 个方程可以重写为状态空间的形式：

$$
\begin{aligned}
\delta\dot{\boldsymbol{r}}_{xy}&=\boldsymbol{A}_{xy}\delta\boldsymbol{r}_{xy}+\frac{\boldsymbol{u}}{m_1} \\
\delta\ddot{z}&=-\gamma_1\delta z+\frac{F_{13}}{m_1}
\end{aligned}
\tag{5.157}
$$

其中，$\gamma_1=\omega_o^2+\Delta\omega_o^2$，$\Delta\omega_o^2>0$，并且有以下向量和矩阵成立。

$$
\delta\boldsymbol{r}_{xy}=\begin{bmatrix}\delta x\\ \delta y\\ \delta\dot{x}\\ \delta\dot{y}\end{bmatrix},\quad \boldsymbol{u}=\begin{bmatrix}0\\0\\F_{11}\\F_{12}\end{bmatrix},\quad \boldsymbol{A}_{xy}=\begin{bmatrix}0&0&1&0\\0&0&0&1\\ \omega_o^2+2\gamma_1&0&0&2\omega_o\\0&\omega_0^2-\gamma_1&-2\omega_0&0\end{bmatrix} \tag{5.158}
$$

$\boldsymbol{A}_{xy}$的 4 个特征值在式（5.148）中。式（5.157）中第二行的特征值为

$$
\lambda_{5,6}=\pm j\sqrt{\gamma_1}=\pm j\omega_z \tag{5.159}
$$

由于式（5.148）中存在正特征值 λ_1，因此在$(\delta x,\delta y)$平面中式（5.157）的自由响应是不稳定的。但是，如果选择特定的初始条件，式（5.157）的自由响应也可以是有界的。为此，考虑$\boldsymbol{A}_{xy}$的模态分解：

$$
\begin{aligned}
&\boldsymbol{A}_{xy}=V\Lambda_{xy}\boldsymbol{U}^{\mathrm{T}} \\
&\Lambda_{xy}=\mathrm{diag}(\lambda_1,\cdots,\lambda_4),\quad V=[\boldsymbol{v}_1\ \ \cdots\ \ \boldsymbol{v}_4],\quad \boldsymbol{U}^{\mathrm{T}}=\begin{bmatrix}\boldsymbol{u}_1^{\mathrm{T}}\\ \vdots\\ \boldsymbol{u}_4^{\mathrm{T}}\end{bmatrix}
\end{aligned}
\tag{5.160}
$$

式中：$\boldsymbol{v}_i$ 和 λ_i 分别为 $\boldsymbol{A}_{xy}$的特征向量和特征值；$\boldsymbol{u}_i$ 为 $\boldsymbol{A}_{xy}$的左特征向量。由线性代数

（请参见 2.3.1 节和 13.2 节）可知，进入自由响应的 $\boldsymbol{A}_{xy}$ 矩阵指数可写为

$$\exp(\boldsymbol{A}_{xy}t)=V\exp(\boldsymbol{\Lambda}_{xy}t)\boldsymbol{U}^{\mathrm{T}} \tag{5.161}$$

因此，式（5.157）中第一个方程的自由响应为

$$\delta\boldsymbol{r}_{xy}(t)=\exp(\boldsymbol{A}_{xy}t)\delta\boldsymbol{r}_{xy}(0)=V\exp(\boldsymbol{\Lambda}_{xy}t)\boldsymbol{U}^{\mathrm{T}}\delta\boldsymbol{r}_{xy}(0)=\sum_{i=1}^{4}\xi_i v_i\exp(\boldsymbol{\lambda}_i t) \tag{5.162}$$

其中，$\xi_i=\boldsymbol{u}_i^{\mathrm{T}}\delta\boldsymbol{r}_{xy}(0)$是模态系数。通过在式（5.158）中选择初始条件 $\delta\boldsymbol{r}_{xy}(0)$使得 $\xi_1=\xi_2=0$，自由响应［式（5.162）］简化为仅包含振荡的模型，式（5.162）变为

$$\delta\boldsymbol{r}_{xy}(t)=\xi_3\boldsymbol{v}_3\exp(\mathrm{j}\omega_{xy}t)+\xi_4\boldsymbol{v}_4\exp(-\mathrm{j}\omega_{xy}t)=2(\mathrm{Re}(\xi_3\boldsymbol{v}_3)\cos(\omega_{xy}t)-\mathrm{Im}(\xi_3\boldsymbol{v}_3)\sin(\omega_{xy}t)) \tag{5.163}$$

其中，ω_{xy}已在式（5.148）的第二行中定义。

练习 18：

证明：在式（5.158）中使式（5.162）中 $\xi_1=\xi_2=0$ 的初始条件为

$$\begin{aligned}\delta\dot{x}(0)&=\boldsymbol{\kappa}^{-1}(\omega_{xy})\omega_{xy}\delta y(0)\\ \delta\dot{y}(0)&=-\boldsymbol{\kappa}(\omega_{xy})\omega_{xy}\delta x(0)\end{aligned} \tag{5.164}$$

其中，对于地月系统 $\boldsymbol{\kappa}(\omega_{xy})=(2\omega_o\omega_{xy})^{-1}(\omega_o^2-\gamma_1+\omega_{xy}^2)$，$\boldsymbol{\kappa}\cong 2.91$。

提示：用式（5.148）的特征值表示法证明 $\boldsymbol{A}_{xy}$ 的左特征向量 $\boldsymbol{u}_i, i=1,2$。

$$\boldsymbol{u}_1=\begin{bmatrix}u_{11}\\u_{12}\\u_{13}\\u_{14}\end{bmatrix}=-\frac{1}{\delta}\begin{bmatrix}\omega_o(\omega_o^2+2\gamma_1)\\ \dfrac{(\omega_o^2-\gamma_1)(\omega_o^2+2\gamma_1-w_1)}{2\sqrt{w_1}}\\ \omega_0\sqrt{w_1}\\ (\omega_0^2+2\gamma_1-w_1)/2\end{bmatrix},\quad \boldsymbol{u}_2=\begin{bmatrix}u_{11}\\-u_{12}\\-u_{13}\\u_{14}\end{bmatrix} \tag{5.165}$$

接着，求解方程 $\boldsymbol{u}_i^{\mathrm{T}}\delta\boldsymbol{r}_{xy}(0)=0, i=1,2$，符号工具可能会有所帮助。同时，结合式（5.163）和式（5.164）证明 δx 和 δy 的自由响应是有界的。

$$\begin{bmatrix}\delta x\\ \boldsymbol{\kappa}^{-1}\delta y\end{bmatrix}(t)=\begin{bmatrix}\cos(\omega_{xy}t) & \sin(\omega_{xy}t)\\ -\sin(\omega_{xy}t) & \cos(\omega_{xy}t)\end{bmatrix}\begin{bmatrix}\delta x(0)\\ \boldsymbol{\kappa}^{-1}\delta y(0)\end{bmatrix} \tag{5.166}$$

式（5.157）中第二个方程的自由响应由下式给出

$$\delta z(t)=\delta z(0)\cos(\omega_z t)+\frac{\delta\dot{z}(0)}{\omega_z}\sin(\omega_z t) \tag{5.167}$$

1. 李萨如轨道

通过联立式（5.166）和式（5.167），并选择初始条件 $\delta x(0)=\delta z(0)=0$，$\delta\dot{z}=-\omega_z\, y(0)$，得到以下自由响应。

$$\begin{aligned}\delta x(t)&=\sin(\omega_{xy}t)\boldsymbol{\kappa}^{-1}\delta y(0)\\ \delta y(t)&=\cos(\omega_{xy}t)\delta y(0)\\ \delta z(t)&=-\sin(\omega_z t)\delta y(0)\end{aligned} \tag{5.168}$$

图 5.12 所示为被称为李萨如轨道的准周期轨道示例图。如果频率比 ω_{xy}/ω_z 不是一个有理数，那么李萨如轨道不是闭合的。

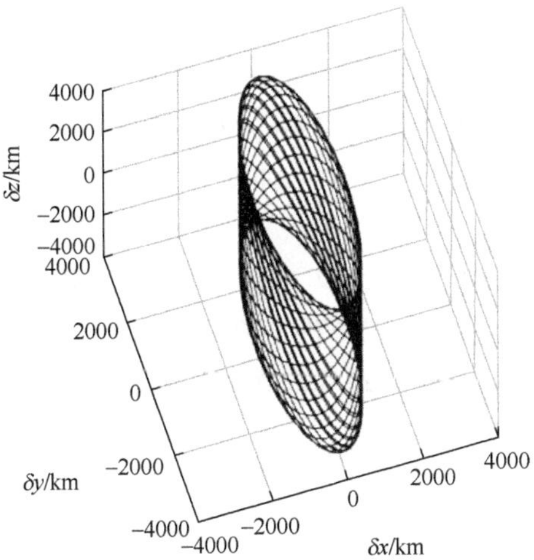

图 5.12 绕着地-月 L_2 拉格朗日点的李萨如轨道

2. Halo 轨道

如果频率比 ω_{xy}/ω_z 是一个有理数，那么李萨如轨道变为封闭轨道，并且具有周期性，则可称为 Halo 轨道，如图 5.13 所示。

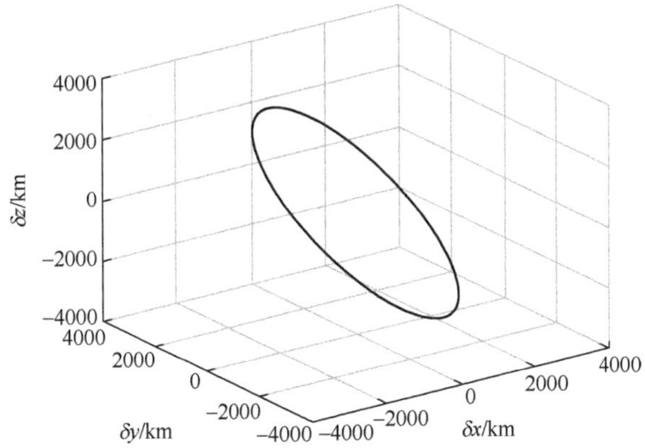

图 5.13 地-月 L_2 拉格朗日点的 Halo 轨道

由于在实际情况下，式（5.157）的解不是周期性的，因此需要一个反馈控制来强制调整合理的频率比以实现周期性的闭合轨道，即 Halo 轨道。这种控制通常称为频率控制或周期控制。

李萨如轨道和 Halo 轨道是线性化方程（5.157）的解，而航天器在拉格朗日共线平动点附近的实际运动是由非线性方程（5.127）来确定的，并且不与李萨如轨道和 Halo 轨道重合。尽管有这些限制，但这些轨道还是很重要的，因为它们可以用作多个航天任务（例如，最近的两次欧洲任务）的参考轨道。于 2015 年 12 月 2 日发射的 LISA 探路者已经开始在轨运行（标称任务寿命是 11 个月，可延长至 17 个月），位于日地拉格朗日 L_1 点附近的 Halo 轨道上[6]。于 2013 年 12 月 19 日发射的 GAIA 卫星，在拉格朗日 L_2 点附近的李萨如轨道运行（标称任务寿命为 5 年）[10]。

练习 19：

考虑地月 L_2 拉格朗日点，有 $\omega_o = 2.66\mu rad/s$，$\omega_{xy}/\omega_0 = 1.86$，$\omega_z/\omega_o = 1.79$ 和 $\kappa = 2.91$（请参见练习 18）。假设初始条件 $y(0) = 3500km$。根据式（5.168）并针对 $t = [0.16 \times 2\pi/\omega_o)$ 绘制对应的李萨如轨道，如图 5.12 所示。

练习 20：

考虑地月 L_2 拉格朗日点，有 $\omega_o = 2.66\mu rad/s$，$\omega_o = 2.66\mu rad/s$，$\omega_{xy}/\omega_0 = 1.86$ 和 $\kappa = 2.91$（请参见练习 18）。假设初始条件 $y(0) = 3500km$，并假设使用了频率控制，则轨道平面外频率变为 $\omega_z = \omega_{xy}$。根据式（5.168）并针对 $t = [0.16 \times 2\pi/\omega_o)$ 绘制相应的 Halo 轨道，如图 5.13 所示。

参考文献

[1] E. Canuto, A. Molano -Jimenez, C. Perez-Montenegro, L. Massotti. Long-distance, drag-free, low-thrust, LEO formation control foe Earth gravity monitoring, Acta Astronautica 69 (2011) 571-582.

[2] R. Fitzpatrick. An Introduction to Celestial Mechanics, Cambridge University Press, 2012.

[3] H. Goldstein. Classical Mechanics, second ed., Addison-Wesley Pu. Co., Reading, MA, 1980.

[4] M. H. Kaplan. Modern Spacecraft Dynamics & Control, John Wiley & Sons, 1976.

[5] T. A. Lovell, S. Tragesser. Guidance for relative motion of low Earth orbit spacecraft based on relative orbit el-ements, in: AAS/AIAA Astrodynamics Specialist Conf., Providence, RI, 2004. AIAA 2004-4988.

[6] P. McNamara, G. Racca. Introduction to LISA Pathfinder, in: ESA Doc. LISA-lpf-rp-0002, March 30, 2009.

[7] A. E. Roy. Orbital Motion, fourth ed., IOP publishing, Bristol, 2005.

[8] M. J. Sidi. Spacecraft Dynamics and Control, Cambridge University Press, 1997.

[9] A. Sinclair, R. E. Sherrill. T. A. Lovell. Review of the solutions to the Tschauner-Hempel equations for satellite relative motion, in: 22nd AAS/AIAA Space Flight Mechanics Meeting, Charleston, South Carolina, 2012. AAS 12-149.

[10] The GAIA collaboration team, The GAIA mission, Astronomy and Astrophysics 595 (A1) (2016) 1-36.

[11] D. A. Vallado. Fundamentals of Astrodynamics and Applications, second ed., Microcosm Press, El Segundo, CA, 2001 (Kluwer Academic Pu., Dordrecht).

[12] K. F. Wakker. Fundamentals of Astrodynamics, Institutional Repository Library, Delft University of Technology, Delft, The Netherlands, 2015.

[13] B. Wie. Space Vehicle Dynamics and Control, in: AIAA Education Series, 1998.

第 6 章　姿态运动学：建模与反馈

6.1　目　标

姿态运动学是建立刚体状态空间方程的第一步。以下是 3 类可供选择的运动学方程，与第 2 章的姿态表征相一致。

（1）旋转矩阵的运动学方程（也称为泊松矩阵方程），有 9 个状态变量和 6 个约束条件，可用于解析化的场合，如证明活动坐标系下角速率和矢量运动学，后者使惯性传感器的基本状态方程公式化成为可能。

（2）欧拉角运动学方程，其状态变量可以在不受任何约束的情况下简化为 3 个。根据欧拉角序列的不同，该方程存在几种不同的形式，当接近万向节锁定状态时，这些方程都趋于奇异。因此常采用平衡点附近和远离万向节锁定状态的线性摄动方程，揭示姿态运动学特征性质。研究了两种重要刚体运动（自旋、进动）的欧拉运动学方程的受迫响应。进动通常被视为刚体动力学的无力矩响应，这是符合预期的，因为它不涉及力矩，而只涉及角速率。

（3）四元数运动学方程，由于其无奇异性，常用于仿真和控制单元的嵌入/内部模型。

由于姿态预测和控制需要由四元数误差（相对于测量量或目标四元数）计算反馈律，四元数误差运动学成为反馈设计和性能评估的重要工具。因此，研究了几种反馈律（比例、积分、微分和它们之间的组合），并借助文献推导了它们的稳定性条件。稳定性条件表明，反馈设计可以通过误差运动学的渐近线性方程来实现。进一步要讨论的是离散时间（DT）四元数状态方程和动态反馈，可以看作是比例-积分-微分反馈的扩展。利用动态反馈实现了由姿态和角速度（陀螺仪）计算的姿态状态预测器。因为离散时间状态空间方程本身就是一步预测器，术语“状态预测器”比“状态观测器”更可取。由于陀螺仪的测量包含漂移，设计状态预测器作为漂移预校准的替代或改进，连续估计速率传感器的误差。利用稳定性条件的渐近结果，以及闭环灵敏度和互补灵敏度的渐近特性，在线性域内进行反馈增益设计，这是典型的嵌入式模型控制（EMC）设计过程。频域设计允许误差需求指标由谱密度（SD）分布表示，并将其与卡尔曼滤波器进行了性能比较。在比较中，卡尔曼滤波器被视为实现静态反馈的最优状态观测器，而嵌入式模型控制实现动态反馈。

6.2 姿态矩阵和矢量运动学

6.2.1 泊松矩阵运动学

从泊松矩阵运动学开始。

1. 基本方程

通过构造时间导数，得到了时变姿态矩阵 $\boldsymbol{R}_b^e(t)$ 的微分。我们用到了坐标转换和矢量旋转，$\boldsymbol{R}_b^e(t)$ 将观测者坐标系 $\mathscr{E}$ 旋转到体坐标系 $\mathscr{B}(t)$ 中。观测者坐标系是任意的，不一定是惯性的。给定一个任意的时间间隔 Δt，我们将姿态矩阵的时间预测 $\boldsymbol{R}_b^e(t+\Delta t)$ 表示为 $\boldsymbol{R}_b^e(t)$ 与增量旋转矩阵 $\Delta\boldsymbol{R}(t)=\exp(\Delta\boldsymbol{\theta}_b(t)\times)$ 的合成，其旋转矢量 $\Delta\boldsymbol{\theta}_b(t)=\boldsymbol{\omega}_b(t)\Delta t$ 与 Δt 成正比。矢量 $\boldsymbol{\omega}_b(t)$ 是 $\Delta\boldsymbol{R}(t)$ 对应的瞬时角速度。根据 2.6.4 节中的欧拉旋转定理，$\Delta\boldsymbol{\theta}_b(t)$ 中的旋转矢量坐标在当前体坐标系 $\mathscr{B}(t)$ 和预测体坐标系 $\mathscr{B}(t+\Delta t)$ 中一致，但是我们决定用 $\Delta\boldsymbol{\theta}_b(t)$ 和 $\boldsymbol{\omega}_b(t)$ 表示当前体坐标，因为 $\mathscr{B}(t+\Delta t)$ 只是一个方程推导的数学技巧。

由于 Δt 任意小，矩阵指数 $\exp(\Delta\boldsymbol{\theta}_b(t)\times)$ 的幂级数可以只保留一阶项，因此姿态矩阵的时间预测为

$$\boldsymbol{R}_b^e(t+\Delta t)=\boldsymbol{R}_b^e(t)\exp(\boldsymbol{\omega}_b\Delta t\times)=\boldsymbol{R}_b^e(t)(\boldsymbol{I}+\boldsymbol{\omega}_b\Delta t\times+o(|\boldsymbol{\omega}_b|\Delta t^2)) \tag{6.1}$$

通过将式（6.1）代入到下一个方程的导数定义中，并且求解 $\Delta t\to 0$ 下的极限，我们得到了姿态矩阵导数。

$$\dot{\boldsymbol{R}}_b^e(t)=\lim_{\Delta t\to 0}\frac{\boldsymbol{R}_b^e(t+\Delta t)-\boldsymbol{R}_b^e(t)}{\Delta t}=\lim_{\Delta t\to 0}\boldsymbol{R}_b^e(t)\frac{\boldsymbol{\omega}_b(t)\Delta t\times+o(|\boldsymbol{\omega}_b(t)|\Delta t^2)}{\Delta t}$$

$$\Rightarrow\dot{\boldsymbol{R}}_b^e(t)=\boldsymbol{R}_b^e(t)\boldsymbol{\omega}_b(t)\times,\boldsymbol{R}_b^e(0)=\boldsymbol{R}_0 \tag{6.2}$$

$\boldsymbol{\omega}_b(t)$ 的微分定义：

$$\boldsymbol{\omega}_b(t)=\lim_{\Delta t\to 0}\frac{\Delta\boldsymbol{\theta}_b(t)}{\Delta t} \tag{6.3}$$

式（6.2）中第二行的方程称为泊松运动学方程，是姿态运动学的基本状态方程，$\boldsymbol{R}_0$ 是初始条件。注意到自然平衡组合 $\{\dot{\boldsymbol{R}}_b^e=0,\boldsymbol{\omega}_b=0\}$ 与任意确定的旋转矩阵 $\boldsymbol{R}_b^e=\boldsymbol{R}_0$ 相对应。在确定的旋转矩阵中，$\boldsymbol{R}_b^e=\boldsymbol{I}$ 意味着体坐标系和观测者坐标系的完美重合。

将式（6.2）的泊松运动学方程应用于 $\boldsymbol{r}=\overrightarrow{OP}$ 的体坐标矢量 $\boldsymbol{r}_b$ 上，由于体坐标系的旋转，得到了体坐标系下的切速度 $\dot{\boldsymbol{r}}_{\omega b}$。

$$\dot{\boldsymbol{r}}_{\omega b}=\boldsymbol{R}_e^b\dot{\boldsymbol{r}}_{\omega e}=\boldsymbol{R}_e^b\dot{\boldsymbol{R}}_b^e\boldsymbol{r}_b=\boldsymbol{\omega}_b\times\boldsymbol{r}_b \tag{6.4}$$

式中：$\dot{\boldsymbol{r}}_{\omega e}$ 为观测者坐标系中的切速度。切速度 $\dot{\boldsymbol{r}}_{\omega b}$ 和 $\dot{\boldsymbol{r}}_{\omega e}$ 一定不能与 6.2.2 节中推导的相对速度 $\dot{\boldsymbol{r}}_b$ 和 $\dot{\boldsymbol{r}}_e$ 相混淆。

2. 观测者坐标系中的角速率

$\boldsymbol{R}_b^e(t)$ 可以写成旋转矢量 $\boldsymbol{\theta}=\vartheta\boldsymbol{v}$ 的指数矩阵 $\boldsymbol{R}_b^e(t)=\exp(\boldsymbol{\theta}_b(t)\times)$，但是下面的等式只有当 $\dot{\boldsymbol{\theta}}$ 为常数时才成立。(匀速定轴转动条件下，下式才具有可交换性)。

$$\dot{\boldsymbol{R}}_b^e(t)=(\dot{\boldsymbol{\theta}}(t)\times)\exp(\boldsymbol{\theta}(t)\times)=\exp(\boldsymbol{\theta}(t)\times)(\dot{\boldsymbol{\theta}}(t)\times) \tag{6.5}$$

这意味着，一般来说，尽管式（6.5）与式（6.2）相似，但是我们必须知道$\dot{\boldsymbol{\theta}}(t)\neq\boldsymbol{\omega}_b(t)$。下面利用等式$\dot{\vartheta}\vartheta=\boldsymbol{\theta}^{\mathrm{T}}\boldsymbol{\theta}=\boldsymbol{\theta}^{\mathrm{T}}\boldsymbol{\omega}_b$ 推导它们之间的关系，该等式的证明留给读者。

将式（6.2）改写成观测者坐标系中的角速率坐标，即 $\boldsymbol{\omega}_e=\boldsymbol{R}_b^e\boldsymbol{\omega}_b$，在坐标变换下，通过右乘同一方程$(\boldsymbol{R}_b^e(t))^{\mathrm{T}}\boldsymbol{R}_b^e(t)=I$，并利用在坐标变化下叉乘矩阵 $\boldsymbol{\omega}_b\times$满足 $\boldsymbol{\omega}_e\times=\boldsymbol{R}_b^e(\boldsymbol{\omega}_b\times)R_e^b$。新方程为

$$\dot{\boldsymbol{R}}_b^e(t)=\boldsymbol{\omega}_e(t)\times\boldsymbol{R}_b^e(t),\boldsymbol{R}_b^e(0)=R_0 \tag{6.6}$$

式中：R_0 为初始条件。将式（6.6）应用于$\boldsymbol{r}=\overrightarrow{OP}$的体坐标向量 $\boldsymbol{r}_b$ 中，得到了由于体坐标系旋转而产生的切速度，但这次是在观测者坐标中。

$$\dot{\boldsymbol{r}}_{\omega e}=\dot{\boldsymbol{R}}_b^e(t)\boldsymbol{r}_b=\boldsymbol{\omega}_e(t)\times\boldsymbol{R}_b^e(t)\boldsymbol{r}_b=\boldsymbol{\omega}_e(t)\times\boldsymbol{r}_e \tag{6.7}$$

$\dot{\boldsymbol{\theta}}$、$\boldsymbol{\omega}_b$ 和 $\boldsymbol{\omega}_e$ 之间的直接关系和逆关系由文献［3］得到。考虑到四元数 $\mathfrak{q}(\boldsymbol{R}_b^e)=[q_0,\boldsymbol{q}]$，其中 $q_0=\cos(\vartheta/2)$，$\boldsymbol{q}=q\boldsymbol{v}=q\boldsymbol{\theta}/\vartheta$，$q=\sin(\vartheta/2)$，$\boldsymbol{\theta}(t)=\vartheta\boldsymbol{v}=\vartheta\boldsymbol{q}/q$ 的时间导数满足以下恒等式。

$$\dot{\boldsymbol{\theta}}(t)=\frac{\boldsymbol{\theta}}{\boldsymbol{\vartheta}}\dot{\vartheta}+\frac{\vartheta}{2}\left(\cot\left(\frac{\vartheta}{2}\right)\omega_b+\frac{\boldsymbol{\theta}}{\vartheta}\times\omega_b\right)-\frac{\boldsymbol{\theta}}{2}\cot\left(\frac{\vartheta}{2}\right)\dot{\vartheta} \tag{6.8}$$

其中，用到了隐藏在式（6.73）中的微分方程$\dot{\boldsymbol{q}}(t)=(q_0\boldsymbol{\omega}_b+\boldsymbol{q}\times\boldsymbol{\omega}_b)/2$（其中 $\boldsymbol{\omega}=\boldsymbol{\omega}_b$）。将$\dot{\vartheta}$替换为先前的恒等式$\dot{\vartheta}=\boldsymbol{\theta}^{\mathrm{T}}\boldsymbol{\omega}_b/\vartheta$，使用式（2.19）第一行中的叉乘等式，以及一些处理得到了与 $\boldsymbol{\omega}_b$ 的直接关系。

$$\dot{\boldsymbol{\theta}}(t)=\left(I+\frac{1}{2}\boldsymbol{\theta}\times+\frac{1}{\boldsymbol{\vartheta}^2}\left(1-\frac{\vartheta}{2}\cot\left(\frac{\vartheta}{2}\right)(\boldsymbol{\theta}\times)^2\right)\right)\boldsymbol{\omega}_b(t) \tag{6.9}$$

除了 $\boldsymbol{\theta}\times$的符号变化，$\boldsymbol{\omega}_e$ 的表达式与式（6.9）在形式上是相同的。

通过将 6.4.1 节中式（6.73）中的 $\boldsymbol{\omega}=\boldsymbol{\omega}_b$ 显式地表示为$[0,\boldsymbol{\omega}_b]=2\mathfrak{q}^{-1}\otimes\dot{\mathfrak{q}}$，可以发现 $\boldsymbol{\omega}_b$ 与$\dot{\boldsymbol{\theta}}$之间的逆关系。中间步骤是根据$\{\vartheta,\dot{\vartheta},\boldsymbol{\theta},\dot{\boldsymbol{\theta}}\}$计算$\dot{\mathfrak{q}}$，执行乘积 $\mathfrak{q}^{-1}(\vartheta,\dot{\vartheta},\boldsymbol{\theta},\dot{\boldsymbol{\theta}})\otimes\dot{\mathfrak{q}}(\vartheta,\boldsymbol{\theta})$并提取 $\boldsymbol{\omega}_b$。将$\dot{\vartheta}$替换为$\dot{\vartheta}=\boldsymbol{\theta}^{\mathrm{T}}\boldsymbol{\omega}_b/\vartheta$，使用式（2.19）中的叉乘等式，以及一些处理得到逆关系。

$$\boldsymbol{\omega}_b(t)=\left(I-\frac{1-\cos\vartheta}{\vartheta^2}(\boldsymbol{\theta}\times)+\frac{\vartheta-\sin\vartheta}{\vartheta^3}(\boldsymbol{\theta}\times)^2\right)\dot{\boldsymbol{\theta}}(t) \tag{6.10}$$

当$|\vartheta|\to0$ 时，式（6.9）和式（6.10）的极限为

$$\begin{aligned}&\lim_{|\vartheta|\to0}\boldsymbol{\omega}_b=\left(I-\frac{1}{2}\boldsymbol{\theta}\times+\frac{1}{6}(\boldsymbol{\theta}\times)^2\right)\dot{\boldsymbol{\theta}}\\&\lim_{|\vartheta|\to0}\dot{\boldsymbol{\theta}}=\left(I+\frac{1}{2}\boldsymbol{\theta}\times+\frac{1}{12}(\boldsymbol{\theta}\times)^2\right)\boldsymbol{\omega}_b\end{aligned} \tag{6.11}$$

3. 逆变换

逆变换 $\boldsymbol{R}_e^b=(\boldsymbol{R}_b^e)^{\mathrm{T}}$ 的导数是通过对式（6.2）进行转置并利用等式$(\boldsymbol{\omega}\times)^{\mathrm{T}}=-\boldsymbol{\omega}\times$、$\boldsymbol{\omega}_e\times=\boldsymbol{R}_b^e(\boldsymbol{\omega}_b\times)\boldsymbol{R}_e^b$ 得到的。

$$\dot{\boldsymbol{R}}_e^b(t)=-\boldsymbol{\omega}_b(t)\times\boldsymbol{R}_e^b(t)=-\boldsymbol{R}_e^b(t)(\boldsymbol{R}_b^e(t)\boldsymbol{\omega}_b(t)\times\boldsymbol{R}_e^b(t))\Rightarrow\dot{\boldsymbol{R}}_e^b(t)=-\boldsymbol{R}_e^b(t)\boldsymbol{\omega}_e(t)\times,\boldsymbol{R}_e^b(0)=R_0 \tag{6.12}$$

式（6.12）相对于式（6.2）的符号变化是合理的，因为它意味着逆变换的导数。同样适用于矢量 $\boldsymbol{\omega}_e$。

练习 1：

对欧拉旋转 $Z(\psi)$ 进行微分，并求解初始状态为 $Z(\psi_0)$ 的微分方程。

解：记 $\omega_z=\dot{\psi}$，并由式（6.2）可得：

$$\begin{aligned}&\dot{Z}(\psi)=Z(\psi)\mathbf{Z}_\times(\omega_z)=\mathbf{Z}_\times(\omega_z)Z(\psi),Z(\psi(0))=Z(\psi_0)\\&\mathbf{Z}_\times(\omega_z)=\begin{bmatrix}0&-\omega_z&0\\\omega_z&0&0\\0&0&0\end{bmatrix}\end{aligned}\tag{6.13}$$

式中：$\mathbf{Z}_\times(\omega_z)$为叉乘矩阵。由于式（6.13）中的矩阵乘积是可互换的，因此答案为

$$\begin{aligned}&\mathrm{Z}(\psi(t))=\exp\left(\int_0^t \mathrm{Z}_\times(\omega_z(\tau))\mathrm{d}\tau\right)\mathrm{Z}(\psi_0)=\mathrm{Z}(\psi(t)+\psi_0)\\&\psi(t)=\int_0^t\omega_z(\tau)\mathrm{d}\tau\end{aligned}\tag{6.14}$$

4. 角速率合成

我们想找到由下式给出的从 $\mathscr{E}=\mathscr{E}_0$ 到 $\mathscr{B}=\mathscr{E}_n$ 的固有旋转部分的角速率。

$$R_b^e=R_n^0=R_1^0(\boldsymbol{\vartheta}_1,\boldsymbol{v}_1)\cdots R_k^{k-1}(\boldsymbol{\vartheta}_k,\boldsymbol{v}_k)\cdots R_n^{n-1}(\boldsymbol{\vartheta}_n,\boldsymbol{v}_n)\tag{6.15}$$

式（6.15）已经在式（2.58）和式（2.151）中定义过。为简单起见，省略参数$\{\boldsymbol{\vartheta}_k,\boldsymbol{v}_k\}$。利用式（6.2），式（6.15）的时间导数为如下恒等式：

$$\dot{R}_b^e=R_b^e\boldsymbol{\omega}_b\times=R_1^0(\boldsymbol{\omega}_1\times)R_n^1+\cdots+R_k^0(\boldsymbol{\omega}_k\times)R_n^k+\cdots+R_n^{n-1}(\boldsymbol{\omega}_n\times)\tag{6.16}$$

式中：$\boldsymbol{\omega}_k$ 为 $\mathscr{E}_k$ 坐标系下 R_k^{k-1} 的角速度，并且 $R_n^k=R_{k+1}^k\cdots R_n^{n-1}$。通过在 $\boldsymbol{\omega}_k\times$之前插入 $R_b^kR_k^b=R_n^kR_k^n$，并注意在体坐标中，叉乘矩阵 $\boldsymbol{\omega}_k\times$满足 $\boldsymbol{\omega}_{kb}\times=R_k^b(\boldsymbol{\omega}_k\times)R_b^k$，式（6.16）转换为

$$R_b^e\boldsymbol{\omega}_b\times=R_b^e\left(\sum_n^{k=1}\boldsymbol{\omega}_{kb}\times\right)\Rightarrow\boldsymbol{\omega}_b=\sum_n^{k=1}\boldsymbol{\omega}_{kb}\tag{6.17}$$

式（6.17）证明了一个基本结果，即如果在体坐标系中提供旋转部分的坐标，那么旋转部分的角速度可以进行矢量求和。同样的结果适用于任何坐标系。

练习 2：

证明：对于式（6.15）中任何一个旋转序列角速度的坐标系，式（6.17）都成立。

5. 加速度矩阵

式（6.2）和式（6.6）的微分给出了关于 $\boldsymbol{\omega}_b$ 和 $\boldsymbol{\omega}_e$ 的两个方程。

$$\begin{cases}\ddot{R}_b^e=\dot{R}_b^e\boldsymbol{\omega}_b\times+R_b^e\dot{\boldsymbol{\omega}}_b\times=R_b^e(\dot{\boldsymbol{\omega}}_b\times+(\boldsymbol{\omega}_b\times)^2)\\\ddot{R}_b^e=(\dot{\boldsymbol{\omega}}_e\times+(\boldsymbol{\omega}_e\times)^2)R_b^e\end{cases}\tag{6.18}$$

将式（6.18）中第 1 个式应用于 $\boldsymbol{r}_b$，在观测者坐标系中旋转而引起的点加速度为：

$$\ddot{\boldsymbol{r}}_{\omega b}=(\dot{\boldsymbol{\omega}}_b\times+(\boldsymbol{\omega}_b\times)^2)\boldsymbol{r}_b\tag{6.19}$$

其中，第一个分量是切向加速度或欧拉加速度，第二个分量是向心加速度。这里的加速度$\ddot{\boldsymbol{r}}_{\omega b}$一定不能与将在 6.2.2 节中推导得出的相对加速度$\ddot{\boldsymbol{r}}_b$ 和取决于相对速度$\dot{\boldsymbol{r}}_b$ 的

科里奥利加速度相混淆。

练习 3：

证明：与式（6.17）相似的方程也适用于式（6.18）中的角加速度矢量。

6.2.2 矢量运动学

考虑矢量 $\boldsymbol{r}=\overrightarrow{OP}$，对体坐标系到观测者坐标系的变换式 $\boldsymbol{r}_e=\boldsymbol{R}_b^e\boldsymbol{r}_b$ 求微分，利用式（6.2），得到速度矢量：

$$\dot{\boldsymbol{r}}_e(t)=\boldsymbol{R}_b^e(t)(\dot{\boldsymbol{r}}_b(t)+\boldsymbol{\omega}_b(t)\times\boldsymbol{r}_b(t)) \tag{6.20-1}$$

表示观测者坐标系中 P 的相对速度 $\dot{\boldsymbol{r}}_e$ 与体坐标系中 P 的相对速度 $\dot{\boldsymbol{r}}_b$ 及式（6.4）中切速度 $\boldsymbol{\omega}_b(t)\times\boldsymbol{r}_b(t)$ 的关系。$\dot{\boldsymbol{r}}_e$ 和 $\dot{\boldsymbol{r}}_b$ 的无坐标矢量记为 $(\dot{\boldsymbol{r}})_e$、$(\dot{\boldsymbol{r}})_b$，与绝对速度 $\dot{\boldsymbol{r}}$ 区分。

用 2.2.1 节的矢量符号重复式（6.20）是有指导意义的：

$$\boldsymbol{E}\dot{\boldsymbol{r}}_e=(\dot{\boldsymbol{r}})_e=\boldsymbol{B}\dot{\boldsymbol{r}}_b+\boldsymbol{B}(\boldsymbol{\omega}_b\times)\boldsymbol{B}^{\mathrm{T}}\boldsymbol{B}\boldsymbol{r}_b=(\dot{\boldsymbol{r}})_b+\boldsymbol{\omega}\times\boldsymbol{r} \tag{6.20-2}$$

式中：$\boldsymbol{B}$ 和 $\boldsymbol{E}$ 分别为 $\mathscr{B}$（体坐标系）和 $\mathscr{E}$（观测者坐标系）的矢量矩阵；$\boldsymbol{\omega}$ 为 $\mathscr{B}$ 相对于 $\mathscr{E}$ 的角速度矢量。在式（6.20b）中，用到了式（2.2）中的等式，但是重新写为 $\boldsymbol{E}^{\mathrm{T}}\boldsymbol{E}=\boldsymbol{I}$，也用到了式（2.55）中的等式，通过 $\boldsymbol{B}(\boldsymbol{\omega}_b\times)\boldsymbol{B}^{\mathrm{T}}=(\boldsymbol{B}\boldsymbol{\omega}_b)\times$ 将式（2.52）应用到了矢量矩阵 $\boldsymbol{B}$，记 $\boldsymbol{B}=[\boldsymbol{b}_1\quad\boldsymbol{b}_2\quad\boldsymbol{b}_3]$。利用式（6.20-2），可以写出 $\boldsymbol{B}$ 相对于 $\mathscr{E}$ 的微分为

$$(\dot{\boldsymbol{B}})_e=\boldsymbol{\omega}\times\boldsymbol{B}=(\boldsymbol{B}\omega_b)\times\boldsymbol{B}=\boldsymbol{B}(\omega_b\times) \tag{6.20-3}$$

式（6.20-1）表明，矢量 $\boldsymbol{r}$ 在两种不同的任意坐标系下的时间导数，如 $\mathscr{E}$ 和 $\mathscr{B}$，其中一种相对于另一种旋转，必须考虑到坐标系的相对旋转。表示相对旋转的项是 $\dot{\boldsymbol{r}}_{\omega b}=\boldsymbol{\omega}_b\times\boldsymbol{r}_b$，已经在式（6.4）中出现过。注意，这里的坐标系不一定为惯性系。事实上，式（6.20-1）可以借助式（6.12）进行逆变换，得到

$$\dot{\boldsymbol{r}}_b(t)=\boldsymbol{R}_e^b(t)(\dot{\boldsymbol{r}}_e(t)-\boldsymbol{\omega}_e(t)\times\boldsymbol{r}_e(t)) \tag{6.21}$$

式（6.20-1）通常用于分解 P 点的速度 $\dot{\boldsymbol{r}}$ 得到两个分量，该点属于某个质心为 C 的物体（如图 6.1 所示，不一定是刚体），即质心速度 $\dot{\boldsymbol{r}}_C=\mathrm{d}\overrightarrow{OC}/\mathrm{d}t$ 和“体”速度 $\dot{\boldsymbol{s}}=\mathrm{d}\overrightarrow{CP}/\mathrm{d}t$ 之和。

$$\boldsymbol{r}=\overrightarrow{OC}+\overrightarrow{CP}=\boldsymbol{r}_C+\boldsymbol{s}\Rightarrow\dot{\boldsymbol{r}}=\dot{\boldsymbol{r}}_C+\dot{\boldsymbol{s}} \tag{6.22}$$

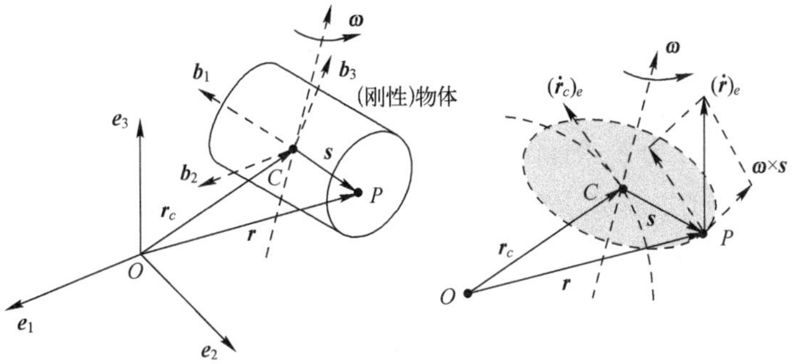

图 6.1 旋转体（不一定是刚体）的几何形状

如果只对观测者坐标系中的相对速度 $(\dot{\boldsymbol{r}})_e$ 感兴趣，并在观测者坐标系中表示 $(\dot{\boldsymbol{r}}_C)_e$，在体坐标系中表示 $(\dot{\boldsymbol{s}})_e$，那么得到如下分解式。

$$\dot{\boldsymbol{r}}_e=\dot{\boldsymbol{r}}_{Ce}+R_b^e(\dot{\boldsymbol{s}}_b+\boldsymbol{\omega}_b\times\boldsymbol{s}_b) \tag{6.23}$$

如果该物体为刚体，那么$\dot{\boldsymbol{s}}_b=0$。

为了更好地理解式（6.23），我们使用了矢量矩阵$\boldsymbol{E}$，可以写为

$$\boldsymbol{r}=\boldsymbol{E}\boldsymbol{r}_e\Rightarrow\dot{\boldsymbol{r}}=\dot{\boldsymbol{E}}\boldsymbol{r}_e+\boldsymbol{E}\dot{\boldsymbol{r}}_e=\dot{\boldsymbol{E}}\boldsymbol{r}_e+(\dot{\boldsymbol{r}})_e \tag{6.24}$$

对比式（6.24）和式（6.23）可以看出，后者不包含（正确）由于$\mathcal{E}$相对于惯性系的旋转而引起的$\dot{\boldsymbol{E}}\boldsymbol{r}_e$。当然，如果$\mathcal{E}$本身就是惯性系，那么$\dot{\boldsymbol{E}}\boldsymbol{r}_e=0$且式（6.23）给出的是绝对速度。

利用式（6.2）对式（6.20）做进一步微分，得到观测者坐标系下的相对加速度$(\ddot{\boldsymbol{r}})_e$的坐标。

$$\begin{aligned}\ddot{\boldsymbol{r}}_e&=\dot{R}_b^e(\dot{\boldsymbol{r}}_b+\boldsymbol{\omega}_b\times\boldsymbol{r}_b)+R_b^e(\ddot{\boldsymbol{r}}_b+\dot{\boldsymbol{\omega}}_b\times\boldsymbol{r}_b+\boldsymbol{\omega}_b\times\dot{\boldsymbol{r}}_b)\\&=R_b^e(\ddot{\boldsymbol{r}}_b+2\boldsymbol{\omega}_b\times\dot{\boldsymbol{r}}_b+\dot{\boldsymbol{\omega}}_b\times\boldsymbol{r}_b+\boldsymbol{\omega}_b\times\boldsymbol{\omega}_b\times\boldsymbol{r}_b)\end{aligned} \tag{6.25}$$

其中，等号右侧第三个和第四个分量是切向和向心加速度，已经在式（6.19）中提到，它们是由体坐标系在观测者坐标系中的旋转而产生的。如果点P独立于体坐标系运动，那么第一和第二分量非零。第二个分量称为科里奥利加速度。

将式（6.25）应用于图6.1中点P的相对加速度$(\ddot{\boldsymbol{r}})_e$，可得出

$$\ddot{\boldsymbol{r}}_e=\ddot{\boldsymbol{r}}_{Ce}+R_b^e(\ddot{\boldsymbol{s}}_b+2\boldsymbol{\omega}_b\times\dot{\boldsymbol{s}}_b+\dot{\boldsymbol{\omega}}_b\times\boldsymbol{s}_b+\boldsymbol{\omega}_b\times\boldsymbol{\omega}_b\times\boldsymbol{s}_b) \tag{6.26}$$

在刚体的情况下：

$$\ddot{\boldsymbol{r}}_e=\ddot{\boldsymbol{r}}_{Ce}+R_b^e(\dot{\boldsymbol{\omega}}_b\times\boldsymbol{s}_b+\boldsymbol{\omega}_b\times\boldsymbol{\omega}_b\times\boldsymbol{s}_b) \tag{6.27}$$

惯性传感器

在图6.2中，考虑质心为C和体坐标系$\mathcal{B}=\{C,\boldsymbol{b}_1,\boldsymbol{b}_2,\boldsymbol{b}_3\}$下的质量为$M$的航天器，以及质心为$A$的质量$m\ll M$的检验质量（PM，也称为测试质量）。如图6.2所示，检验质量坐标系$\mathcal{A}=\{A,\boldsymbol{a}_1,\boldsymbol{a}_2,\boldsymbol{a}_3\}$。检验质量通过一个微小的力$\boldsymbol{F}_a$悬浮在电极笼中，这个力是可以测量的。航天器受到部分未知的外力$\boldsymbol{F}$和检验质量悬浮的反作用力$-\boldsymbol{F}_a$。航天器和检验质量受到当地重力加速度$\boldsymbol{g}$的影响，这在C和A上是相同的。航天器体坐标系相对于惯性坐标系$\mathcal{I}=\{O,\boldsymbol{i}_1,\boldsymbol{i}_2,\boldsymbol{i}_3\}$以角速率$\boldsymbol{\omega}$旋转。悬浮力$\boldsymbol{F}_a$的目的是使检验质量保持在电极笼的中心，这要求相对位置$\boldsymbol{s}=\boldsymbol{r}-\boldsymbol{r}_C$保持恒定，相对速度$\dot{\boldsymbol{s}}=\dot{\boldsymbol{r}}-\dot{\boldsymbol{r}}_C$和加速度$\ddot{\boldsymbol{s}}=\ddot{\boldsymbol{r}}-\ddot{\boldsymbol{r}}_C$强制控制为零。

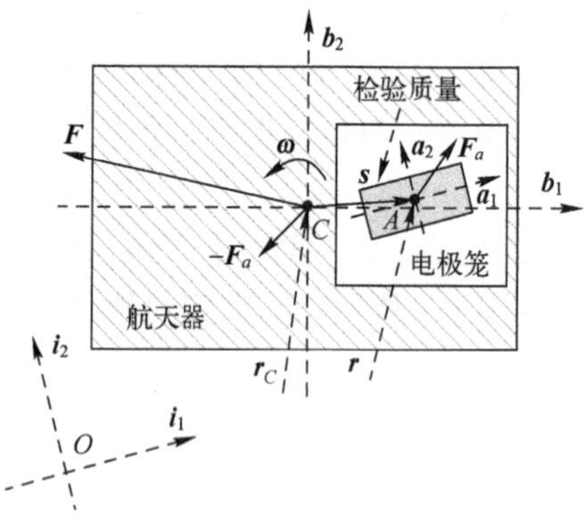

图6.2 电极笼中检验质量的2D示意图

因为$\boldsymbol{s}=\boldsymbol{B}\boldsymbol{s}_b$是用体坐标矢量$\boldsymbol{s}_b$来测量的，所以速度和加速度必须用同样的方式表示。这是利用式（6.20-1）和式（6.25）完成的，方法是假设$\mathcal{E}=\mathcal{I}$，使用$\mathcal{I}$的矢量矩阵$\boldsymbol{I}$和$\boldsymbol{\omega}$的体坐标向量$\boldsymbol{\omega}_b$，并将下标e（观测者的坐标系）替换为i（惯性坐标系）。

$$\begin{aligned}\dot{\boldsymbol{s}}&=\boldsymbol{I}\dot{\boldsymbol{s}}_i=\boldsymbol{I}R_b^i(\dot{\boldsymbol{s}}_b+\boldsymbol{\omega}_b\times\boldsymbol{s}_b)\\\ddot{\boldsymbol{s}}&=\boldsymbol{I}\ddot{\boldsymbol{s}}_i=\boldsymbol{I}R_b^i(\ddot{\boldsymbol{s}}_b+2\boldsymbol{\omega}_b\times\dot{\boldsymbol{s}}_b+\dot{\boldsymbol{\omega}}_b\times\boldsymbol{s}_b+\boldsymbol{\omega}_b\times\boldsymbol{\omega}_b\times\boldsymbol{s}_b)\end{aligned} \tag{6.28}$$

现在可以用作用力来表示相对加速度$\ddot{s}_b$，并导出由条件$\ddot{s}_b=0$和$\dot{s}_b=0$定义的平衡方程。

首先，我们把航天器和检验质量分别看作是集中在各自质心上的点质量，写出它们的牛顿方程如下。

$$\begin{aligned}\ddot{\boldsymbol{r}}_{\mathrm{C}}(t)&=(\boldsymbol{F}-\boldsymbol{F}_{\mathrm{a}})/M+\boldsymbol{g}(\boldsymbol{r}_{\mathrm{C}})\\ \ddot{\boldsymbol{r}}(t)&=\boldsymbol{F}_{\mathrm{a}}/m+\boldsymbol{g}(\boldsymbol{r})\end{aligned} \tag{6.29}$$

其中，$\boldsymbol{g}$是用3.3节中的假设和符号写成的，忽略了重力梯度$\boldsymbol{g}(\boldsymbol{r})-\boldsymbol{g}(\boldsymbol{r}_C)$。

其次，我们得到了相对方程：

$$\ddot{\boldsymbol{s}}(t)=\ddot{\boldsymbol{r}}-\ddot{\boldsymbol{r}}_{\mathrm{C}}=\left(\frac{1}{m}+\frac{1}{M}\right)\boldsymbol{F}_{\mathrm{a}}-\frac{\boldsymbol{F}}{M}\cong\frac{\boldsymbol{F}_{\mathrm{a}}}{m}-\boldsymbol{a} \tag{6.30}$$

其中，假设$M\gg m$。最后一项$\boldsymbol{a}=B\boldsymbol{a}_b$是要测量的航天器的非引力加速度。通过以下步骤得到检验质量相对位置$\boldsymbol{s}_b$（在体坐标系中）的二阶微分方程。

（1）将式（6.28）的第二个等式中$\ddot{\boldsymbol{s}}$的表达式替换为式（6.30）的左侧部分。

（2）用体坐标表示所有向量［这允许舍弃式（6.28）的系数IR_b^i］。

（3）在式（6.30）的左侧部分中分离出$\ddot{\boldsymbol{s}}$的体坐标$\ddot{\boldsymbol{s}}_b$。

最后，可以发现：

$$\ddot{\boldsymbol{s}}_b(t)=\frac{\boldsymbol{F}_{\mathrm{a}}}{m}-\boldsymbol{a}_b-2\boldsymbol{\omega}_b\times\dot{\boldsymbol{s}}_b-\dot{\boldsymbol{\omega}}_b\times\boldsymbol{s}_b-\boldsymbol{\omega}_b\times\boldsymbol{\omega}_b\times\boldsymbol{s}_b \tag{6.31}$$

在平衡条件$\ddot{\boldsymbol{s}}_b=0$，$\dot{\boldsymbol{s}}_b=0$，$\boldsymbol{s}_b=\underline{\boldsymbol{s}}_b$下，式（6.31）可得到如下惯性传感器方程：

$$\boldsymbol{F}_{\mathrm{a}}(t)=m_{\mathrm{a}}(\boldsymbol{a}_b+\dot{\boldsymbol{\omega}}_b\times\underline{\boldsymbol{s}}_b+\boldsymbol{\omega}_b\times\boldsymbol{\omega}_b\times\underline{\boldsymbol{s}}_b) \tag{6.32}$$

如果忽略静电传感器噪声、悬浮噪声和内部寄生力，那么式（6.32）在悬浮力$\boldsymbol{F}_{\mathrm{a}}$的整个频带宽度内有效。通过使检验质量置于航天器质心，即$A=C$，设置一对$k=1,2$、$\boldsymbol{s}_1=-\boldsymbol{s}_2$的惯性传感器，或通过获得$\{\underline{\boldsymbol{s}}_b,\boldsymbol{\omega}_b,\dot{\boldsymbol{\omega}}_b\}$和质量$m_{\mathrm{a}}$，来实现$\boldsymbol{a}_b$与向心加速度和欧拉加速度［式（6.32）中右侧的第二项和第三项］的分离。

练习4：

用式（6.32）写出满足$\boldsymbol{s}_1=-\boldsymbol{s}_2$的一对惯性传感器（$k=1,2$）的$\boldsymbol{a}_b$的方程。

6.3 欧拉角运动学

6.3.1 通用公式

通过$\mathscr{E}_1=\{C,\boldsymbol{e}_{11},\boldsymbol{e}_{12},\boldsymbol{e}_{13}\}$和$\mathscr{E}_2=\{C,\boldsymbol{e}_{21},\boldsymbol{e}_{22},\boldsymbol{e}_{23}\}$，写出从$\mathscr{E}=\mathscr{E}_0=\{C,\boldsymbol{e}_1,\boldsymbol{e}_2,\boldsymbol{e}_3\}$到$\mathscr{B}=\mathscr{E}_3=\{C,\boldsymbol{b}_1,\boldsymbol{b}_2,\boldsymbol{b}_3\}$的最小欧拉合成。

$$R_b^e=R(\theta_1,\boldsymbol{v}_1)R(\theta_2,\boldsymbol{v}_2)R(\theta_3,\boldsymbol{v}_3) \tag{6.33}$$

式中：$\boldsymbol{v}_1$为$\mathscr{E}$的一个轴；$\boldsymbol{v}_2$为$\mathscr{E}_1$的一个轴；$\boldsymbol{v}_3$为$\mathscr{E}_2$的一个轴。方便起见，记$R_k=R(\theta_k)$，$R_k^{\mathrm{T}}=R(-\theta_k),k=1,2,3$。从式（6.16）到式（6.17），$R_b^e$的时间导数$\dot{R}_b^e$为

$$\dot{R}_b^e=R_b^e\boldsymbol{\omega}_b\times=R_1(\boldsymbol{\omega}_1\times)R_2R_3+R_1R_2(\boldsymbol{\omega}_2\times)R_3+R_b^e(\boldsymbol{\omega}_3\times)$$

$$= R_b^e((R(-\theta_3)R(-\theta_2)\boldsymbol{\omega}_1)\times+(R(-\theta_3)\boldsymbol{\omega}_2)\times+\boldsymbol{\omega}_3\times) \tag{6.34}$$

其中，$\boldsymbol{\omega}_k=\dot{\theta}_k\boldsymbol{v}_k, k=1,2,3$，$\dot{\theta}_k$ 是欧拉角速率。通过在叉乘矩阵 $\boldsymbol{\omega}_k\times$中提取旋转矢量 $\boldsymbol{\omega}_k$，并且用$\dot{\theta}_k\boldsymbol{v}_k$ 替换 $\boldsymbol{\omega}_k$，我们得到了整体角速率 $\boldsymbol{B\omega}_b=\boldsymbol{B\omega}$ 的体坐标和欧拉角速率之间的关系。

$$\boldsymbol{\omega}=\begin{bmatrix}\omega_1\\ \omega_2\\ \omega_3\end{bmatrix}=\boldsymbol{V}(\theta_2,\theta_3)\dot{\boldsymbol{\theta}}=\boldsymbol{R}(-\theta_3)[\boldsymbol{R}(-\theta_2)\boldsymbol{v}_1 \quad \boldsymbol{v}_2 \quad \boldsymbol{v}_3]\begin{bmatrix}\dot{\theta}_1\\ \dot{\theta}_2\\ \dot{\theta}_3\end{bmatrix} \tag{6.35}$$

其中，$\boldsymbol{\theta}$ 现在代表欧拉角向量而不是式（6.5）中的旋转矢量。在 $\boldsymbol{\omega}_b$ 中省略下标 b。ω_j 的下标 $j=1$，2，3 代表笛卡儿坐标，而$\dot{\theta}_k$ 的下标 $k=1$，2，3 代表欧拉序列中的旋转顺序。$\boldsymbol{\theta}$ 的笛卡儿坐标可以替换表示为 $\theta_x=\varphi$，$\theta_y=\theta$，$\theta_z=\psi$。读者可能注意到第一个欧拉角 θ_1 不在矩阵 $\boldsymbol{V}$ 中。为了得到 $\boldsymbol{V}$ 的行列式，我们考虑了 Tait-Bryan 序列 321，其给出了以下行列式。

$$\begin{aligned}\det\boldsymbol{V}(\theta,\varphi)&=\det\boldsymbol{X}(-\varphi)\det[Y(-\theta)\boldsymbol{e}_3\ \boldsymbol{e}_2\ \boldsymbol{e}_1]\\ &=\det\boldsymbol{X}(-\varphi)\det\begin{bmatrix}-s_\theta & 0 & 1\\ 0 & 1 & 0\\ c_\theta & 0 & 0\end{bmatrix}=\cos\theta\end{aligned} \tag{6.36}$$

也考虑了适当的欧拉序列 313，得到

$$\begin{aligned}\det\boldsymbol{V}(\varphi,\psi_2)&=\det\boldsymbol{Z}(-\psi_2)\det[X(-\varphi)\boldsymbol{e}_3 \quad \boldsymbol{e}_1 \quad \boldsymbol{e}_3]\\ &=\det\left(\boldsymbol{Z}(-\psi_2)\begin{bmatrix}0 & 1 & 0\\ s_\varphi & 0 & 0\\ c_\varphi & 0 & 1\end{bmatrix}\right)=\sin\varphi\end{aligned} \tag{6.37}$$

在式（6.36）和式（6.37）中，用到了欧拉旋转矩阵 $\boldsymbol{X}(\varphi)$、$\boldsymbol{Y}(\theta)$和 $\boldsymbol{Z}(\psi)$。将式（6.36）和式（6.37）扩展到任何 Tait-Bryan 序列和适当的欧拉序列都是很简单的。

引理 6.1：给定式（6.33）的欧拉合成，式（6.35）中矩阵 $\boldsymbol{V}(\theta_2,\theta_3)$ 的行列式如下：

$$\begin{aligned}&\text{Tait-Bryan 序列}:\det\boldsymbol{V}(\theta_2,\theta_3)=\cos\theta_2\\ &\text{适定的欧拉序列}:\det\boldsymbol{V}(\theta_2,\theta_3)=\sin\theta_2\end{aligned} \tag{6.38}$$

上述行列式与万向节锁定条件相对应，对于 Tait-Bryan 序列为 $\theta_2=\pm\pi/2$，对于欧拉序列为 $\theta_2=\{0,\pi\}$。

通过排除万向节锁定条件，也就是假设 $\det\boldsymbol{V}(\theta_2,\theta_3)\neq 0$，式（6.35）可以通过逆变换得到欧拉角运动学方程。

$$\begin{aligned}&\dot{\boldsymbol{\theta}}(t)=B(\theta_2,\theta_3)\boldsymbol{\omega}(t),\boldsymbol{\theta}(0)=\boldsymbol{\theta}_0\\ &B(\theta_2,\theta_3)=V(\theta_2,\theta_3)^{-1}=\frac{1}{\det\boldsymbol{V}}\begin{bmatrix}\boldsymbol{v}_1^{\mathrm{T}}\\ (\boldsymbol{v}_3\times R(-\theta_2)\boldsymbol{v}_1)^{\mathrm{T}}\\ (R(-\theta_2)\boldsymbol{v}_1\times\boldsymbol{v}_2)^{\mathrm{T}}\end{bmatrix}R(\theta_3)\end{aligned} \tag{6.39}$$

式（6.39）虽然在 $\boldsymbol{\theta}$ 状态下是非线性的，但在输入向量 $\boldsymbol{\omega}$ 条件下却是线性的。换句话说，式（6.39）是 13.2.1 节定义的仿射状态方程。

6.3.2 自旋刚体

Tait-Bryan 角的欧拉运动学方程适用于描述所谓的自旋刚体，其中旋转（自旋）围绕标称惯性体轴，即自转轴。自旋旋转是不受限的，角速率是标称恒定的，不同于围绕两个与自转轴正交的轴的旋转角，该旋转角的组合被称为倾斜偏角（也称为横倾角）。倾斜角描述了自旋轴方向相对于标称惯性轴的小的、有界的波动。给定一组 Tait-Bryan 序列 $\{\{\theta_1,\boldsymbol{v}_1\},\{\theta_2,\boldsymbol{v}_2\},\{\theta_3,\boldsymbol{v}_3\}\}$，自旋轴选为 $\vec{v}_1=\boldsymbol{E}\boldsymbol{v}_1$，其中 $\boldsymbol{v}_1$ 可以是 3 个自然正交轴 $\boldsymbol{e}_k,k=1,2,3$ 中的任意一个，这取决于 Tait-Bryan 序列。这个选择可以通过证明由式（6.40）定义的纯自旋运动是一个稳定轨迹来证明，该稳定轨迹是 $\dot{\underline{\theta}}_2(t)=\dot{\underline{\theta}}_3(t)=0$，$\dot{\underline{\theta}}_1(t)=\underline{\omega}_s$ 的解。

$$\begin{aligned}&\underline{\theta}_1(t)=\underline{\theta}_1(0)+\underline{\omega}_s t,\quad \underline{\omega}_1(t)=\underline{\omega}_s\\&\underline{\theta}_2(t)=\underline{\theta}_3(t)=0\\&\underline{\omega}_2(t)=\underline{\omega}_3(t)=0\end{aligned}\tag{6.40}$$

在式（6.35）中代入稳定角速率得到

$$\underline{\boldsymbol{\omega}}=R(-\underline{\theta}_3)R(-\underline{\theta}_2)\boldsymbol{v}_1\,\underline{\omega}_s\tag{6.41}$$

考虑到 $\boldsymbol{v}_2\dot{\theta}_2+\boldsymbol{v}_3\dot{\theta}_3=0$，需要 $\dot{\underline{\theta}}_2(t)=\dot{\underline{\theta}}_3(t)=0$。式（6.40）中标称轨迹的状态空间方程是基于如下摄动矢量的：

$$\delta\boldsymbol{\theta}=\begin{bmatrix}\theta_1-\underline{\theta}_1(t)\\\theta_2\\\theta_3\end{bmatrix},\quad \delta\boldsymbol{\omega}=\boldsymbol{\omega}-\underline{\boldsymbol{\omega}},\underline{\boldsymbol{\omega}}=\boldsymbol{v}_1\underline{\boldsymbol{\omega}}_s\tag{6.42}$$

将式（6.39）展开到式（6.42）中摄动的线性项，得到微分方程：

$$\delta\dot{\boldsymbol{\theta}}(t)=\begin{bmatrix}0&\dfrac{\partial\boldsymbol{B}(0)}{\partial\theta_2}\boldsymbol{v}_1\underline{\omega}_s&\dfrac{\partial\boldsymbol{B}(0)}{\partial\theta_3}\boldsymbol{v}_1\underline{\omega}_s\end{bmatrix}\delta\boldsymbol{\theta}(t)+\boldsymbol{B}(0)\delta\boldsymbol{\omega}(t),\quad \delta\boldsymbol{\theta}(0)=\delta\boldsymbol{\theta}_0\tag{6.43}$$

下面解释了简化记号 $\boldsymbol{B}(0)$。由 $\boldsymbol{V}(0)=[\boldsymbol{v}_1\quad\boldsymbol{v}_2\quad\boldsymbol{v}_3]=\boldsymbol{B}^{\mathrm{T}}(0)$ 的正交性和 $\boldsymbol{B}(0)\boldsymbol{V}(0)\boldsymbol{v}_1=\boldsymbol{v}_1$ 得到等式：

$$\begin{aligned}\partial B(0)/\partial\theta_k\boldsymbol{v}_1&=-B(0)(\partial V(0)/\partial\theta_k)V^{-1}(0)\boldsymbol{v}_1\\&=-[\boldsymbol{v}_1\quad\boldsymbol{v}_2\quad\boldsymbol{v}_3]^{\mathrm{T}}\left.\frac{\partial V(\theta_2,\theta_3)}{\partial\theta_k}\right|_{\theta_2=\theta_3=0}\begin{bmatrix}1\\0\\0\end{bmatrix}\end{aligned}$$

推导出了以下等式：

$$\begin{aligned}\frac{\partial B(0)}{\partial\theta_2}\boldsymbol{v}_1&=-[\boldsymbol{v}_1\quad\boldsymbol{v}_2\quad\boldsymbol{v}_3]^{\mathrm{T}}\left.\frac{\partial R(-\theta_2)}{\partial\theta_2}\right|_{\theta_2=0}\boldsymbol{v}_1=\pm\boldsymbol{v}_3\\\frac{\partial B(0)}{\partial\theta_3}\boldsymbol{v}_1&=-[\boldsymbol{v}_1\quad\boldsymbol{v}_2\quad\boldsymbol{v}_3]^{\mathrm{T}}\left.\frac{\partial R(-\theta_3)}{\partial\theta_3}\right|_{\theta_3=0}\boldsymbol{v}_1=\mp\boldsymbol{v}_2\end{aligned}\tag{6.44}$$

该等式适用于全部 6 个 Tait-Bryan 序列。当应用到 Tait-Bryan 序列 321 时，

式（6.39）变为

$$\begin{bmatrix}\dot{\varphi}\\ \dot{\theta}\\ \dot{\psi}\end{bmatrix}(t)=\frac{1}{\cos\theta}\begin{bmatrix}\cos\theta & 0 & \sin\theta\\ 0 & \cos\theta & 0\\ 0 & 0 & 1\end{bmatrix}X(\varphi)\begin{bmatrix}\omega_1\\ \omega_2\\ \omega_3\end{bmatrix}(t)$$

$$\begin{bmatrix}\varphi=\theta_3\\ \theta=\theta_2\\ \psi=\theta_1\end{bmatrix}=P\boldsymbol{\theta},\quad P=\begin{bmatrix}0 & 0 & 1\\ 0 & 1 & 0\\ 1 & 0 & 0\end{bmatrix} \tag{6.45}$$

其中，通过变换矩阵 $\boldsymbol{P}$ 而交换 θ_1 和 θ_3，可得到欧拉角 $\{\varphi,\theta,\psi\}$ 的一般顺序。摄动状态空间方程（6.43）的显式形式为

$$\begin{bmatrix}\dot{\varphi}\\ \dot{\theta}\\ \delta\dot{\psi}\end{bmatrix}(t)=\begin{bmatrix}0 & \underline{\omega}_s & 0\\ -\underline{\omega}_s & 0 & 0\\ 0 & 0 & 0\end{bmatrix}\begin{bmatrix}\varphi\\ \theta\\ \delta\psi\end{bmatrix}(t)+\begin{bmatrix}\omega_1\\ \omega_2\\ \delta\omega_3\end{bmatrix}(t),\quad \boldsymbol{\theta}=\begin{bmatrix}\theta_1=\psi\\ \theta_2=\theta\\ \theta_3=\varphi\end{bmatrix} \tag{6.46}$$

$$\underline{\psi}(t)=\psi_0+\underline{\omega}_s t,\dot{\underline{\psi}}(t)=\underline{\omega}_s,\quad \delta\psi=\psi-\underline{\psi},\quad \delta\omega_3=\omega_3-\underline{\omega}_s$$

在交换第一列、第三列及第一行、第三行时，式（6.46）中的状态矩阵对应于式（6.43）中的状态矩阵。式（6.46）是临界稳定的，因为 $\boldsymbol{\Lambda}=\{0,\pm j\underline{\omega}_s\}$ 中的特征值位于虚轴上。这对虚数特征值是通过体轴 $\boldsymbol{b}_1$ 和 $\boldsymbol{b}_2$ 绕 $\boldsymbol{b}_3$ 的旋转来证明的。由于自旋运动，E 中的自旋轴 $\boldsymbol{b}_3$ 的初始偏角 $\{\varphi_0,\theta_0\}$ 产生相对于横向轴 $\boldsymbol{b}_1$ 和 $\boldsymbol{b}_2$ 的周期振荡。下一个练习中将证明振荡周期等于自旋周期 $T_s=2\pi/\underline{\omega}_s$。

练习 5：

证明：式（6.46）对复数偏角 $q=\varphi+j\theta$ 和自旋角 ψ 的自由响应满足

$$\begin{aligned}&q(t)=\exp(-j\underline{\omega}_s t)q_0,\quad q_0=\varphi_0+j\theta_0\\ &\psi(t)=\psi_0+\delta\psi_0+\underline{\omega}_s t\end{aligned} \tag{6.47}$$

练习 6：

证明：标称自旋轴 $\boldsymbol{s}=\boldsymbol{e}_3$ 和自旋轴 $\boldsymbol{b}_3$ 之间的倾斜偏角 v 满足 $v=\arccos(\cos\theta\cos\varphi)$。通过假设角度很小，即 $|\varphi|,|\theta|\ll 1\text{rad}$，证明倾斜偏角可以近似为 $v\cong\sqrt{\varphi^2+\theta^2}$。

提示：实际自旋轴的惯性坐标矢量 $\boldsymbol{b}_{3i}$ 满足 $\boldsymbol{b}_{3i}=\boldsymbol{Z}(\psi)\boldsymbol{Y}(\theta)\boldsymbol{X}(\varphi)\boldsymbol{e}_3$，其中 $\boldsymbol{e}_3=[0,0,1]$。

术语倾斜偏角指 v。同样的术语适用于定义 v 的 $\{\varphi,\theta\}$ 的分量。术语横向角速度适用于 $\{\omega_1,\omega_2\}$ 的元素及其范数 $\omega_t=\sqrt{\omega_1^2+\omega_2^2}$。

6.3.3 自旋和进动

当自旋轴不是固定在标称惯性坐标系上，而是在以固定轴为中心的圆锥体（进动锥）上滑动时，用适当的欧拉序列 313 来描述进动自旋。此时的运动可以用两种方式来表述：①作为欧拉运动学方程在恒定角速率下的受迫响应；②作为刚性轴对称体的无力矩运动的自由响应，将在 7.4.5 节中进行研究。该运动定律允许观测仪器（如望远镜）的视场（FOV）在天空中以连续大圆的方式扫描，即自旋运动，同时保持自旋轴与近惯性的地-日方向成一个固定的角度，即进动锥角。在这种情况下，旋转轴与仪器

轴线（垂直于视场的轴）正交，进动锥轴不是惯性的而是跟踪地-日方向。1989 年发射的欧洲卫星 Hipparcos 也采用了类似的扫描律，精确测量到了分辨率为 2nrad 以下的方位、天体固有运动和超过 100000 颗恒星的视差，这些恒星现在被收集在 Hipparcos 和 Tycho 星表中[6]。航天器以 0.82mrad/s 的速率绕对称轴自旋，大约每 2 小时转一圈。自旋轴与双望远镜的光轴平面正交。为了在同一焦平面上同时投影两个分离的天区，光轴和相应的视场的角距为 1rad。自旋运动使两个分离的视场扫描一个天体大圆，并将一对角距为 1rad 的恒星成像到一个特定焦平面上，这是精确测量它们的角距的前提条件。为了扫描整个天球，自旋轴绕航天器-太阳所成的直线以 6.4 转/年的速度旋转，形成具有 43°半锥角的进动锥。

由式（6.37）中 $\boldsymbol{V}(\varphi,\psi_2)$ 的逆变换可以推导出如下 313 运动学方程：

$$\begin{bmatrix}\dot{\psi}_1\\ \dot{\varphi}\\ \dot{\psi}_2\end{bmatrix}(t)=\frac{1}{\sin\varphi}\begin{bmatrix}0 & 1 & 0\\ \sin\varphi & 0 & 0\\ 0 & -\cos\varphi & \sin\varphi\end{bmatrix}\boldsymbol{Z}(\psi_2)\begin{bmatrix}\omega_1\\ \omega_2\\ \omega_3\end{bmatrix}(t) \tag{6.48}$$

式（6.48）与进动角 ψ_1 不直接相关。进动自旋对应于受迫平衡轨道，可得

$$\begin{aligned}&\dot{\underline{\psi}}_1=\underline{\omega}_p=s_p\,|\underline{\omega}_p|,\dot{\underline{\varphi}}=0,\dot{\underline{\psi}}_2=\underline{\omega}_n=s_n\,|\underline{\omega}_n|\\ &\underline{\varphi}(t)=\nu\\ &\underline{\psi}_1(t)=\underline{\psi}_1(0)+\underline{\omega}_p t,\underline{\psi}_2(t)=\underline{\psi}_2(0)+\underline{\omega}_n t\end{aligned} \tag{6.49}$$

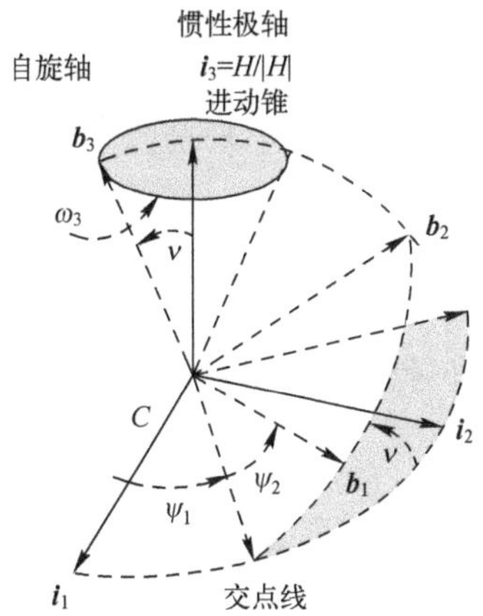

图 6.3　进动自旋运动的惯性坐标系和体坐标系
（角度和角速度不加下画线）

其中，$s_p=\mathrm{sgn}(\underline{\omega}_p)$，$s_n=\mathrm{sgn}(\underline{\omega}_n)$，$\underline{\omega}_p$ 代表进动角速率；章动角（来自于拉丁语 nutatio，点头）$0\leqslant\nu\leqslant\pi$ 如图 6.3 所示；$\dot{\underline{\psi}}_2=\underline{\omega}_n$ 是体章动率（也称为相对自旋率）；围绕体轴 $\boldsymbol{b}_3$ 的角速度 $\underline{\omega}_3=\cos\nu\,\underline{\omega}_p+\underline{\omega}_n$ 是（绝对）自旋率，自旋率是进动角速率沿 $\boldsymbol{b}_3$ 的分量；$\dot{\underline{\varphi}}$ 是章动率，等于 0；$\underline{\psi}_1$ 和 $\underline{\psi}_2$ 都是恒定速率；$\underline{\psi}_1$ 是体轴绕惯性主轴 $\boldsymbol{i}_3$［参见式（6.56）］的角运动（进动）；$\underline{\psi}_2$ 是体轴 $\{\boldsymbol{b}_1,\boldsymbol{b}_2\}$ 绕 $\boldsymbol{b}_3$ 的角运动（相对自旋、体章动）。假设自旋率和进动率符号相同，即 $\underline{\omega}_3=s_p|\underline{\omega}_3|$（将在 7.4.5 节对于轴对称情况证明）。$\dot{\underline{\varphi}}$ 不能与体章动率 $\underline{\omega}_n$ 相同，$\underline{\omega}_n$ 将在 7.4.2 节中根据体惯性矩来定义。在这里，$\underline{\omega}_n$ 是纯运动学变量。用图 6.3 中的 $\boldsymbol{H}/|\boldsymbol{H}|$ 表示惯性极 $\boldsymbol{i}_3$，其意义将在 7.4.1 节中阐释清楚。由于 $\underline{\omega}_p$ 的符号 s_p 和 $\underline{\omega}_n$ 的符号 s_n 可能不同，可以区分两种进动自旋运动：当 $s_p=s_n$ 时为直接进动；当 $s_p=-s_n$ 时为逆进动。为简单起见，假设 $0\leqslant\nu<\pi/2$。

利用式（6.37），通过将式（6.49）的平衡速率代入到式（6.35）中，发现体角速度为

$$\underline{\boldsymbol{\omega}}(t)=\boldsymbol{Z}(-\underline{\psi}_2(t))\begin{bmatrix}0 & 1 & 0\\ \sin\nu & 0 & 0\\ \cos\nu & 0 & 1\end{bmatrix}\begin{bmatrix}\underline{\omega}_p\\ 0\\ \underline{\omega}_n\end{bmatrix}=\begin{bmatrix}\underline{\omega}_p\sin\nu\sin\underline{\psi}_2(t)\\ \underline{\omega}_p\sin\nu\cos\underline{\psi}_2(t)\\ \underline{\omega}_p\cos\nu+\underline{\omega}_n\end{bmatrix} \tag{6.50}$$

式（6.50）表明横向角速率$\underline{\omega}_t=\sqrt{\underline{\omega}_1^2+\underline{\omega}_2^2}=|\underline{\omega}_p|\sin\nu$，且自旋率$\underline{\omega}_3$为常数。这也表明角速度的幅值$|\underline{\boldsymbol{\omega}}|$是常值，且满足

$$\underline{\omega}=|\underline{\boldsymbol{\omega}}|=\sqrt{\underline{\omega}_p^2+2\cos\nu\underline{\omega}_p\,\underline{\omega}_n+\underline{\omega}_n^2} \tag{6.51}$$

因为$\mathrm{sgn}(\underline{\omega}_p)=\mathrm{sgn}(\underline{\omega}_3)$，可以得到

$$s_p(|\underline{\omega}_3|-|\underline{\omega}_p|\cos\nu)=s_n|\underline{\omega}_n| \tag{6.52}$$

式（6.52）证明了当$|\underline{\omega}_3|>|\underline{\omega}_p|\cos\nu$时为直接进动，当$|\underline{\omega}_3|<|\underline{\omega}_p|\cos\nu$时为逆进动。在7.4.2节中，将证明图6.4所示的直接进动和逆进动分别是长轴形（杆状）轴对称和扁圆形（圆盘状）轴对称刚体的无力矩响应。假设质量密度均匀。

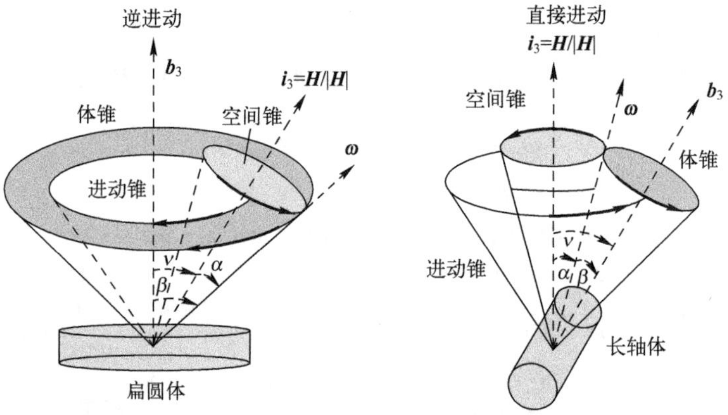

图6.4　直接进动和逆进动的空间锥、体锥和进动锥（角速度矢量没有下画线）

角速度矢量$\underline{\boldsymbol{\omega}}$在体坐标系下的体锥上滑动，其轴线为$\boldsymbol{b}_3$，其半锥角由下式给出。

$$\sin\beta=\frac{|\underline{\omega}_p|\sin\nu}{\underline{\omega}}=\frac{\underline{\omega}_t}{\underline{\omega}}\geqslant 0,\quad \cos\beta=\frac{|\underline{\omega}_p\cos\nu+\underline{\omega}_n|}{\underline{\omega}}=\frac{|\underline{\omega}_3|}{\underline{\omega}}\geqslant 0 \tag{6.53}$$

角速度$\underline{\boldsymbol{\omega}}$的惯性分量为

$$\underline{\boldsymbol{\omega}}_i(t)=Z(\underline{\psi}_1(t))X(\nu)Z(\underline{\psi}_2(t))\underline{\boldsymbol{\omega}}=\begin{bmatrix}\underline{\omega}_n\sin\nu\sin\underline{\psi}_1(t)\\ -\underline{\omega}_n\sin\nu\cos\underline{\psi}_1(t)\\ \underline{\omega}_p+\underline{\omega}_n\cos\nu\end{bmatrix} \tag{6.54}$$

其描述了以$\boldsymbol{i}_3$为中心的另一个圆锥，称为空间锥，它固定在惯性系中，其半锥角由下式给出。

$$\sin\alpha=\frac{|\underline{\omega}_n|\sin\nu}{\underline{\omega}}\geqslant 0,\quad \cos\alpha=\frac{|\underline{\omega}_n\cos\nu+\underline{\omega}_p|}{\underline{\omega}}\geqslant 0 \tag{6.55}$$

因此，$\underline{\boldsymbol{\omega}}$同时在空间锥和体锥上滑动，由于进动，体锥在空间锥上滑动。利用图6.3，自旋体轴$\boldsymbol{b}_3$的惯性分量描述了进动锥，其半锥角为ν。

$$\boldsymbol{b}_{3i}(t)=Z(\underline{\psi}_1(t))X(\nu)\begin{bmatrix}0\\0\\1\end{bmatrix}=\begin{bmatrix}\sin\nu\sin\underline{\psi}_1(t)\\-\sin\nu\cos\underline{\psi}_1(t)\\\cos\nu\end{bmatrix} \tag{6.56}$$

练习 7：

证明：$\alpha=|\nu-\beta|$。

练习 8：

由式（6.54）和式（6.56）证明向量 $\boldsymbol{i}_3$、$\underline{\boldsymbol{\omega}}$、$\boldsymbol{b}_3$ 在沿锥面运动时保持共面。

图 6.4 所示为直接进动（右）与逆进动（左）两种情况下的不同锥体的示意图。角速度矢量没有下画线。

练习 9：

考虑进动扰动 $\delta\psi_1$、章动扰动 $\delta\varphi$、相对自旋扰动 $\delta\psi_2$，将其整合为以下向量：

$$\begin{bmatrix}\delta\psi_1\\\delta\varphi\\\delta\psi_2\end{bmatrix}=\begin{bmatrix}\psi_1-\underline{\psi}_1\\\varphi-\nu\\\psi_2-\underline{\psi}_2\end{bmatrix},\quad \delta\boldsymbol{\omega}_s=\boldsymbol{Z}(\underline{\psi}_2)(\boldsymbol{\omega}_b-\underline{\boldsymbol{\omega}}_b) \tag{6.57}$$

证明式（6.48）相对于式（6.49）中平衡轨道的摄动方程为

$$\begin{bmatrix}\delta\dot{\psi}_1\\\delta\dot{\varphi}\\\delta\dot{\psi}_2\end{bmatrix}(t)=\underline{\omega}_p\begin{bmatrix}0&-\dfrac{\cos\nu}{\sin\nu}&0\\0&0&-1\\0&\dfrac{1}{\sin\nu}&0\end{bmatrix}\begin{bmatrix}\delta\psi_1\\\delta\varphi\\\delta\psi_2\end{bmatrix}(t)+\begin{bmatrix}0&\dfrac{1}{\sin\nu}&0\\1&0&0\\0&-\dfrac{\cos\nu}{\sin\nu}&1\end{bmatrix}\delta\boldsymbol{\omega}_s(t) \tag{6.58}$$

也需证明式（6.58）中的状态矩阵的特征值为$\{0,\pm j\underline{\omega}_p\}$。

练习 10：

根据前文所述的 Hipparcos 扫描律，求出 Hipparcos 体轴 $\mathscr{B}=\{C,\boldsymbol{b}_1,\boldsymbol{b}_2,\boldsymbol{b}_3\}$ 在黄道坐标［赤经 $\alpha(t)$ 和赤纬 $\delta(t)$］中的表达式，并绘制出一年时间内的变化，如图 6.5 所示。进动角速率由 $\underline{\omega}_p=1.274\mu\text{rad/s}$ 给出，章动角 $\nu=0.75\text{rad}$，自旋角速率 $\underline{\omega}_3=0.82\text{mrad/s}$，地球绕太阳公转角速率 $\omega_s=0.199\mu\text{rad/s}$。$\omega_s$ 不应与式（6.46）中的标称自旋率相混淆。在图 6.3 中，进动锥的 $\boldsymbol{i}_3$ 轴不是惯性的，它与在黄道面内旋转的航天器-太阳方向一致。

提示：图 6.5（b）是自旋轴 $\boldsymbol{b}_3$ 的轨迹与星图的重叠，该星图的视星等小于 7（参见 8.9.2 节）。可以把银河系认作是一条从左侧开始，大约在 1 弧度赤纬处的微弱余弦形条带。初始条件为 $\psi_1(0)=0$ 和 $\psi_2(0)=0$，这意味着在由 $t=0$ 和 $\alpha(0)=0$ 定义的春分点处的自旋轴［图 6.5（b）中左侧的黑色正方形］具有负偏差 $\delta(0)=-\nu$。图 6.5（a）表示望远镜平均轴 $\boldsymbol{b}_1$（两个视场的中线方向）在两个月内的轨迹。剩下的两个空洞是在 6 个月的过程中填补的。

练习 11：

考虑到关于坐标系 $\mathscr{E}=\{C,\boldsymbol{e}_1,\boldsymbol{e}_2,\boldsymbol{e}_3\}$ 的 Hipparcos 扫描律，其中 $\boldsymbol{e}_3$ 是位于黄道平面上的航天器-太阳方向，$\boldsymbol{e}_1$ 位于黄道平面上，$\boldsymbol{e}_2$ 是黄极。轴 $\boldsymbol{e}_3$ 被假定为惯性轴，正在绕黄极旋转，在式（6.48）中由 $\boldsymbol{i}_3$ 表示。除了地球公转角速率 ω_s，其余这些记法都与式（6.48）中的符号相同。证明运动方程满足

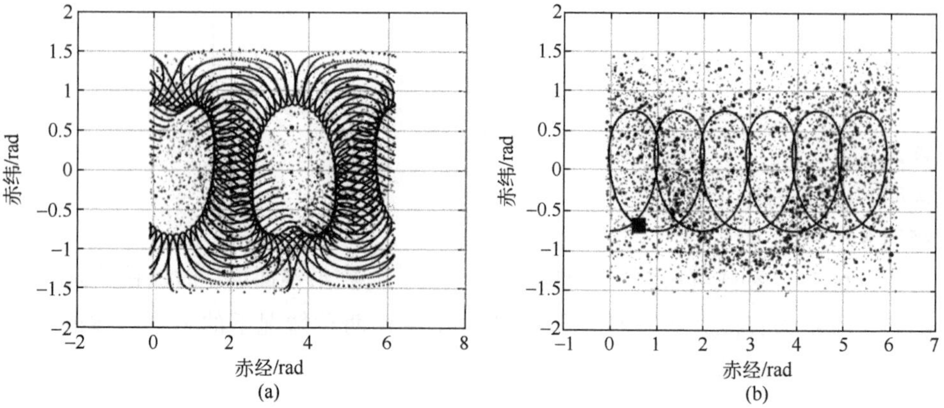

图 6. 5　Hipparcos 望远镜和自旋轴分别在黄道坐标下的两个月和一年的轨迹

（a）Hipparcos 望远镜；（b）自旋轴。

$$\begin{bmatrix}\dot{\psi}_1\\ \dot{\varphi}\\ \dot{\psi}_2\end{bmatrix}(t)=\frac{1}{\sin\varphi}\begin{bmatrix}0 & 1 & 0\\ \sin\varphi & 0 & 0\\ 0 & -\cos\varphi & \sin\varphi\end{bmatrix}Z(\psi_2)\begin{bmatrix}\omega_1\\ \omega_2\\ \omega_3\end{bmatrix}(t)-\frac{1}{\sin\varphi}\begin{bmatrix}\cos\varphi\cos\psi_1\\ \sin\varphi\sin\psi_1\\ -\cos\psi_1\end{bmatrix}\omega_s \tag{6.59}$$

练习 12：

考虑当地水平当地垂直（LVLH）坐标系 $\mathscr{L}=\{C,\boldsymbol{l}_1,\boldsymbol{l}_2,\boldsymbol{l}_3\}$，质量点 P 被重命名为 C，表示质心。假设升交点赤经 Ω、轨道倾角 i、近地点幅角 ω 是时变的，在地球中心惯性（ECI）坐标系 $\mathscr{J}=\{C,\boldsymbol{j}_1,\boldsymbol{j}_2,\boldsymbol{j}_3\}$ 中写出 LVLH 坐标系的运动学方程。用纬度幅角 $u=\omega+\theta$ 替换 ω。哪一个是使方程奇异（受万向节锁定影响）的轨道倾角 i？假设平衡轨道

$$\Omega=\underline{\Omega},\quad i=\underline{i},\quad \underline{u}=\underline{\omega}+\underline{\theta}(t),\quad \dot{\underline{\Omega}}=\dot{\Omega}_o,\quad \dot{\underline{u}}=\dot{\underline{\theta}}=\omega_o \tag{6.60}$$

对应于交点进动的圆轨道，写出线性时不变相关摄动方程，求出状态矩阵的特征值。

解：LVLH 坐标系到 ECI 坐标系的变换矩阵为

$$R_l^j=Z(\Omega)X(i)Z(u)\boldsymbol{P},\quad \boldsymbol{P}=\begin{bmatrix}0 & 0 & 1\\ 1 & 0 & 0\\ 0 & 1 & 0\end{bmatrix} \tag{6.61}$$

其中，$\boldsymbol{P}$ 是一个重排序矩阵。如果忽略该矩阵，在旋转了一个真近点角 θ 的大小后，那么 LVLH 坐标系与近焦点坐标系 $\mathscr{P}=\{C,\boldsymbol{p}_1,\boldsymbol{p}_2,\boldsymbol{p}_3\}$ 重合。由于式（6.61）中的变换对应于 313 旋转序列，因此利用式（6.48）可得：

$$\begin{bmatrix}\dot{\Omega}\\ \mathrm{d}i/\mathrm{d}t\\ \dot{u}\end{bmatrix}(t)=\frac{1}{\sin i}\begin{bmatrix}0 & 1 & 0\\ \sin i & 0 & 0\\ 0 & -\cos i & \sin i\end{bmatrix}Z(u)\boldsymbol{P}\begin{bmatrix}\omega_{l1}\\ \omega_{l2}\\ \omega_{l3}\end{bmatrix}(t) \tag{6.62}$$

其中，$\omega_{lj},j=1,2,3$ 为 LVLH 坐标系中 LVLH 角速度的一般分量。万向节锁定发生在 $i=0$ 定义的赤道轨道的情况下。练习 9 提供了摄动方程和相关特征值。

6. 3. 4　姿态加速度运动学

我们将在 7. 3. 1 节中看到，式（6. 39）中的角速度 $\boldsymbol{\omega}$ 不是刚体姿态变化的主要输

入（原因）。在第 7 章中，基本输入与角加速度$\dot{\boldsymbol{\omega}}$成正比，写为

$$\dot{\boldsymbol{\omega}}(t)=\dot{\boldsymbol{\omega}}_u(t)+\dot{\boldsymbol{\omega}}_d(t) \tag{6.63}$$

其中，输入加速度$\dot{\boldsymbol{\omega}}_u$ 包括自主激励输入，扰动加速度$\dot{\boldsymbol{\omega}}_d$ 包括外部和内部扰动输入。有人可能会提出反对意见，式（6.63）中的 $\boldsymbol{\omega}$ 是一个体坐标向量，它的时间导数是体坐标系旋转。这类术语，称为陀螺仪加速度，将在 7.2.6 节中进行解释，现在包含在$\dot{\boldsymbol{\omega}}_d$中。我们有充分的理由去寻找主要输入，特别是扰动项。实际上，主要输入可以假定为 t_1 到$t_2=t_1+T$ 之间的任意值，其中 $T>0$ 是最小时间单位（参见 13.2.1 节）。在 4.8 节中已经讨论过这个话题，其中一般干扰被合成为离散时间线性时不变系统的输出，该系统由任意输入的矢量 $\boldsymbol{w}(i)$驱动。在这里，我们希望继续在连续时间域中讨论，并按如下方式合成$\dot{\boldsymbol{\omega}}_d$。

$$\begin{aligned}&\dot{\boldsymbol{d}}(t)=A_d\boldsymbol{d}(t)+G_w\boldsymbol{w}(t),\quad \boldsymbol{d}(0)=\boldsymbol{d}_0\\&\dot{\boldsymbol{\omega}}_d(t)=H_d\boldsymbol{d}(t)+D_w\boldsymbol{w}(t)\end{aligned} \tag{6.64}$$

式中：$\boldsymbol{d}$ 为式（6.64）的状态矢量，其分量为 $\boldsymbol{d}_0,\cdots,\boldsymbol{d}_j,\cdots,\boldsymbol{d}_{m-1}$；$\boldsymbol{w}(t)$为任意有界信号构成的矢量。$\{H_d,A_d\}$是可观的，$\{A_d,G_w\}$是可控的。最简单的合成方式是假设坐标解耦和一系列 m 个积分器，从主要输入到输出的表达式为

$$A_d=\begin{bmatrix}0&I&&0&0\\0&0&\ddots&&0\\&&\ddots&I&\\0&0&&0&I\\0&0&&0&0\end{bmatrix},\quad G_w=\begin{bmatrix}0&I&&0&0&0\\0&0&\ddots&&0&0\\&&\ddots&I&&\\0&0&&0&I&0\\0&0&&0&0&I\end{bmatrix}, \tag{6.65}$$
$$C_d=[I\quad 0\quad \cdots\quad 0\quad 0],\quad D_w=[I\quad 0\quad \cdots\quad 0\quad 0\quad 0]$$

其中，$\dim\boldsymbol{d}=3m$，$\dim\boldsymbol{w}=3(m+1)$。式（6.65）的拓扑被称为*层级*，因为积分器是串联的，但是输入 $\boldsymbol{w}$ 以并联的方式分配给它们，如图 6.6 所示。其中积分器布局以一系列阶梯状层级排列。

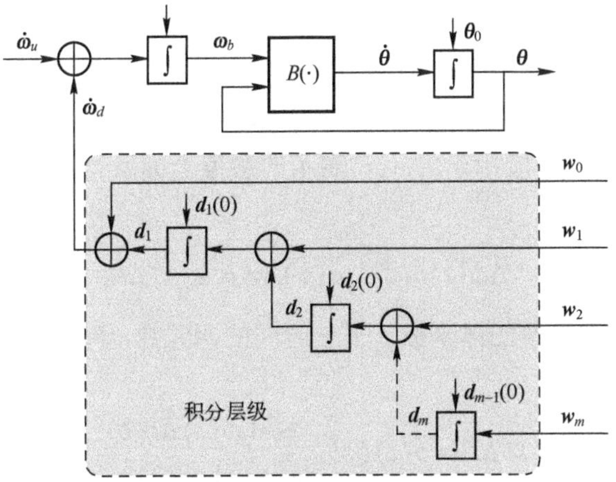

图 6.6　干扰的姿态运动学

层级方案区别于所有积分器输出相加的*并联布局*和只有一个输入的*串联布局*。式（6.65）是有界输入有界输出（BIBO）不稳定的（参见 13.3.3 节）。如果 $\boldsymbol{w}(t)$是一

个随机过程，其任意性意味着在奈奎斯特频率 $f_{\max}=0.5/T$ 限制的频带内，其特性接近白噪声特性。这种过程称为宽频带，可以通过内插离散时间白噪声的样本 $\boldsymbol{w}(iT)$ 来实现。零阶插值器使 $\boldsymbol{w}(t)$ 为阶梯信号，状态向量 $\boldsymbol{d}_t$ 为阶数$<m$ 的分段多项式的组合。

每对积分器的状态向量可以由 $\{\boldsymbol{d}_j,\boldsymbol{d}_{j+1}\}$ 给出，该对积分器可以被调谐在角频率矩阵 $\Omega_j>0$ 上的振荡器代替，即

$$\begin{bmatrix} \dot{\boldsymbol{d}}_j \\ \dot{\boldsymbol{d}}_{j+1} \end{bmatrix}(t)=\begin{bmatrix} 0 & \Omega_j \\ -\Omega_j & 0 \end{bmatrix}\begin{bmatrix} \boldsymbol{d}_j \\ \boldsymbol{d}_{j+1} \end{bmatrix}+\begin{bmatrix} \boldsymbol{w}_j \\ \boldsymbol{w}_{j+1} \end{bmatrix} \tag{6.66}$$

在随机假设下，式（6.66）是单频过程的模型。

练习 13：

证明：式（6.65）的可观性和可控性。

通过排除万向节锁条件或通过假设 $\det V\neq 0$，利用反馈线性化[12]可以建立从主输入到姿态矢量 $\boldsymbol{\theta}$ 的完整串联积分器（标准形式）。因此，式（6.39）可以写为

$$\begin{aligned} &\dot{\boldsymbol{\theta}}(t)=\boldsymbol{\omega}_\theta(t), \quad \boldsymbol{\theta}(0)=\boldsymbol{\theta}_0 \\ &\dot{\boldsymbol{\omega}}_\theta(t)=B(\boldsymbol{\theta})(\dot{\boldsymbol{\omega}}_u(t)+\boldsymbol{d}(t)), \quad \boldsymbol{\omega}_\theta(0)=\boldsymbol{\omega}_{\theta 0} \end{aligned} \tag{6.67}$$

其中，$B(\boldsymbol{\theta})=B(\theta_2,\theta_3)=V^{-1}(\boldsymbol{\theta})$，扰动 $\boldsymbol{d}$ 包含已知项和未知项，表达式为

$$\boldsymbol{d}=\dot{\boldsymbol{\omega}}_d(t)+V(\boldsymbol{\theta})\dot{B}(\boldsymbol{\theta})V(\boldsymbol{\theta})\dot{\boldsymbol{\theta}}(t)+\text{其他已知项} \tag{6.68}$$

练习 14：

求出 321 和 313 旋转序列对应的式（6.67）的显式表达式。

6.4 四元数运动学

6.4.1 开环四元数运动学

考虑时间 t 上的变化四元数 $\mathfrak{q}(t)=q_0(t)+\boldsymbol{q}(t)$ 和任意时间单位 Δt。假设 $\mathfrak{q}=\mathfrak{q}_b^e$，其对应于从观测者坐标系到体坐标系的旋转或本体坐标系-观测者坐标系的转换 $\boldsymbol{R}_b^e$。将一个小的旋转 $\{\Delta\phi(t),\boldsymbol{e}(t)\}$ 应用于由 $\mathfrak{q}(t)$ 表示的参考坐标系，其中 $\Delta\phi$ 是 Δt 期间的角速度积分 $\omega(t)\Delta t$。

$$\Delta\phi(t)=\int_t^{t+\Delta t}\nu(\tau)\,\mathrm{d}\tau=\omega(t)\Delta t \tag{6.69}$$

通过用 $\boldsymbol{e}$ 表示旋转矢量的体坐标，下一时间的四元数 $\mathfrak{q}(t+\Delta t)$ 是以下四元数乘法的结果。

$$\mathfrak{q}(t+\Delta t)=\mathfrak{q}(t)\otimes\begin{bmatrix} \cos(\omega(t)\Delta t/2) \\ \sin(\omega(t)\Delta t/2)\boldsymbol{e}(t) \end{bmatrix} \tag{6.70}$$

式（6.70）中四元数乘积的推导得到了一系列等式：

$$\mathfrak{q}(t+\Delta t)=\cos(\omega\Delta t/2)\mathfrak{q}(t)+\sin(\omega\Delta t/2)\begin{bmatrix} -\boldsymbol{q}^{\mathrm{T}}\boldsymbol{e} \\ q_0\boldsymbol{e}+\boldsymbol{q}\times\boldsymbol{e} \end{bmatrix}$$

$$=c(t)\mathfrak{q}(t)+\frac{1}{2}s(t)\mathfrak{q}(t)\otimes\omega(t)\Delta t \tag{6.71}$$

$$c(t)=\cos(\omega\Delta t/2),\quad s(t)=\frac{\sin(\omega\Delta t/2)}{\omega\Delta t/2}$$

其中，$\boldsymbol{\omega}=\omega\boldsymbol{e}$ 是体坐标系下角速度 $\boldsymbol{\omega}$ 的矢量四元数，$\omega=|\boldsymbol{\omega}|$。如 2.4 节所述，坐标向量的黑体字是像 $\boldsymbol{\omega}$ 这样的矢量四元数。通过建立差商$(\mathfrak{q}(t+\Delta t)-\mathfrak{q}(t))/\Delta t$，式（6.71）的左侧修改为

$$\frac{\mathfrak{q}(t+\Delta t)-\mathfrak{q}(t)}{\Delta t}=\frac{c-1}{\Delta t}\mathfrak{q}(t)+\frac{1}{2}s\mathfrak{q}(t)\otimes\omega(t) \tag{6.72}$$

并且当 $\Delta t\to0$ 时，收敛到状态空间方程：

$$\dot{\mathfrak{q}}(t)=\frac{1}{2}\mathfrak{q}(t)\otimes\boldsymbol{\omega}(t),\quad \mathfrak{q}(0)=q_0 \tag{6.73}$$

式（6.73）表示四元数的导数是大小为 $\omega/2$ 的非酉四元数（要求读者证明），这是通过绕角速度方向 $\boldsymbol{e}$ 旋转角 π 的当前四元数来实现的。对于式（6.2）中的姿态矩阵运动学，$\{\dot{\mathfrak{q}}=0,\boldsymbol{\omega}=0\}$所产生的自然平衡对应于一个常数四元数 $\mathfrak{q}=\mathfrak{q}_0$。在平衡中，$R_b^e=I$ 和 $\vartheta=0$ 对应的单位四元数 $i=[1,\boldsymbol{v}=0]$是重要的，因为这意味着体坐标系和观测者坐标系之间的精确对准。相反四元数（antipodal quaternion）$-i=[-1,\boldsymbol{v}=0]$（参见 2.6.5 节）是对应于 $\vartheta=\pm2\pi$ 的平衡点，因此其完全等价于 $R_b^e=I$ 和 $i=[1,\boldsymbol{v}=0]$。在实现误差反馈时，如在状态预测器或控制律中，平衡点的模糊性可能令人心烦。该问题将在 6.4.2 节中解决。作为基准，6.5.1 节中定义的误差四元数将收敛到 $i=[1,\boldsymbol{v}=0]$。

练习 15：

证明：逆四元数的运动学方程为

$$\dot{\mathfrak{q}}^{-1}(t)=-\frac{1}{2}\boldsymbol{\omega}(t)\otimes\mathfrak{q}^{-1}(t) \tag{6.74}$$

证明：通过分离式（6.73）中的标量分量和矢量分量，改变矢量部分的符号，得到逆四元数，证明如下。

$$\dot{\mathfrak{q}}^{-1}(t)=\frac{1}{2}\begin{bmatrix}-\boldsymbol{q}^{\mathrm{T}}\boldsymbol{\omega}\\-(q_0\boldsymbol{\omega}+\boldsymbol{q}\times\boldsymbol{\omega})\end{bmatrix}=-\frac{1}{2}\begin{bmatrix}-\boldsymbol{\omega}^{\mathrm{T}}(-\boldsymbol{q})\\q_0\boldsymbol{\omega}+\boldsymbol{\omega}\times(-\boldsymbol{q})\end{bmatrix} \tag{6.75}$$

练习 16：

证明：将体坐标向量 $\boldsymbol{\omega}$ 替换为观测者坐标系的坐标向量 $\boldsymbol{\omega}_e$，可以将式（6.73）转化为

$$\dot{\mathfrak{q}}(t)=\frac{1}{2}\boldsymbol{\omega}_e(t)\otimes\mathfrak{q}(t),\quad \mathfrak{q}(0)=\mathfrak{q}_0 \tag{6.76}$$

证明：使用 2.4 节中 $\mathfrak{q}$ 的坐标变换。

1. 离散时间运动学

式（6.71）在定义了非零时间单位 $T=\Delta t$、相关离散时间 $t=iT$、速度增量后，立即给出了式（6.73）的采样数据形式，其中速度增量为

$$\Delta\boldsymbol{q}(i)=\boldsymbol{\omega}(i)T=\int_{iT}^{(i+1)T}\boldsymbol{\omega}(\tau)\mathrm{d}\tau \tag{6.77}$$

通过使用这样的定义，并设置 $\omega=|\boldsymbol{\omega}|$，式（6.71）转化为

$$\mathfrak{q}(i+1)=c(i)\mathfrak{q}(i)+\frac{1}{2}s(i)\mathfrak{q}(i)\otimes T\boldsymbol{\omega}(i)$$
$$c(i)=\cos(\omega(i)T/2),\quad s(i)=\frac{\sin(\omega(i)T/2)}{\omega(i)T/2} \tag{6.78}$$

不应该将式（6.78）作为式（6.73）的解，因为在式（6.77）中已经单独积分了 $\boldsymbol{\omega}(t)$。实际上，只有在 $iT\leqslant t<(i+1)T$ 这一步 $\boldsymbol{\omega}(t)=\boldsymbol{\omega}(i)$ 时，式（6.78）才是式（6.73）的解。式（6.78）可在角速度增量足够小时进行简化，即

$$\omega(i)T/2\ll 1 \tag{6.79}$$

可得

$$\mathfrak{q}(i+1)\cong\mathfrak{q}(i)+\frac{1}{2}\mathfrak{q}(i)\otimes\begin{bmatrix}0\\ \boldsymbol{\omega}(i)T\end{bmatrix} \tag{6.80}$$

值得注意的是，与式（6.78）不同，式（6.80）没有提供精确的单位四元数，而且式（6.78）的递推也存在数值误差。当迭代式（6.78）或式（6.80）时，$\mathfrak{q}(i+1)$ 必须在进一步处理之前归一化为单位四元数。

2. 四元数运动学的矩阵形式

借助于式（6.71），式（6.73）可以改写为矩阵形式，有以下两种可能的形式。

第一种在输入中是仿射的，写为

$$\dot{\mathfrak{q}}(t)=\frac{1}{2}Q(\mathfrak{q})\boldsymbol{\omega}(t) \tag{6.81}$$

其中，

$$Q(\mathfrak{q})=\begin{bmatrix}-q_1 & -q_2 & -q_3\\ q_0 & -q_3 & q_2\\ q_3 & q_0 & -q_1\\ -q_2 & q_1 & q_0\end{bmatrix} \tag{6.82}$$

第二种是无输入时变方程，写为

$$\dot{\mathfrak{q}}(t)=\frac{1}{2}\Omega(\boldsymbol{\omega})\mathfrak{q}(t) \tag{6.83}$$

其中，Ω 是如下斜对称矩阵。

$$\Omega(\boldsymbol{\omega})=\begin{bmatrix}0 & -\omega_1 & -\omega_2 & -\omega_3\\ \omega_1 & 0 & \omega_3 & -\omega_2\\ \omega_2 & -\omega_3 & 0 & \omega_1\\ \omega_3 & \omega_2 & -\omega_1 & 0\end{bmatrix}(t)=\begin{bmatrix}0 & -\boldsymbol{\omega}^{\mathrm{T}}\\ \boldsymbol{\omega} & -\boldsymbol{\omega}\times\end{bmatrix}(t) \tag{6.84}$$

练习 17：

假设体坐标系（下标为 b）相对于惯性坐标系（下标为 i）的四元数 $\mathfrak{q}_b^i$ 是一对四元数的组合 $\mathfrak{q}_b^i=\mathfrak{q}_l^i\otimes\mathfrak{q}_b^l$。例如，$\mathfrak{q}_l^i$ 是轨道 LVLH 坐标系（下标为 l）相对于惯性坐标系的四元数。证明

$$\dot{\mathfrak{q}}_b^i(t)=\frac{1}{2}\mathfrak{q}_b^i\otimes(R_l^b\boldsymbol{\omega}_l+\boldsymbol{\omega}_b) \tag{6.85}$$

式中：$\boldsymbol{\omega}_l$ 为 LVLH 坐标下的绝对 LVLH 角速度；$\boldsymbol{\omega}_d$ 为体坐标系下相对于 LVLH 坐标系的体角速度。

将状态空间方程（6.73）扩展为角加速度作为主要输入，可以采用与 6.3.4 节相同的方法，但是要注意标识符 $\boldsymbol{\omega}=\boldsymbol{\omega}_b$。

6.4.2 闭环四元数运动学

作为对 6.5 节中闭环方程的介绍，我们研究了比例反馈 $\boldsymbol{\omega}=-p\boldsymbol{q}$（$p>0$、标量）在式（6.73）中的应用，称它为无符号反馈。不同于式（6.90）中定义的有符号反馈。闭环方程变为

$$\dot{\mathfrak{q}}(t)=-p\frac{1}{2}\mathfrak{q}\otimes\boldsymbol{q}\Rightarrow\begin{bmatrix}\dot{q}_0\\ \dot{\boldsymbol{q}}\end{bmatrix}(t)=\frac{p}{2}\begin{bmatrix}1-q_0^2\\ -q_0\boldsymbol{q}\end{bmatrix},\quad \begin{bmatrix}q_0\\ \boldsymbol{q}\end{bmatrix}(0)=\begin{bmatrix}q_{00}\\ \boldsymbol{q}_0\end{bmatrix} \tag{6.86}$$

四元数分量表明，q_0 的自由响应与 $\boldsymbol{q}$ 解耦，且具有闭环形式

$$q_0(t)=\frac{1-a\mathrm{e}^{-pt}}{1+a\mathrm{e}^{-pt}},\quad t\geqslant 0,\quad a=\frac{1-q_{00}}{1+q_{00}} \tag{6.87}$$

渐近极限 $\lim_{t\to\infty}q_0(t)=1$ 对应于正平衡点 $i=[1,0]$，其中 i 是单位四元数。利用李雅普诺夫函数证明了 $i=[1,0]$ 的渐近稳定性（asymptotic stability，AS）：

$$V(\mathfrak{q})=(q_0-1)^2+\boldsymbol{q}^{\mathrm{T}}\boldsymbol{q}=2(1-q_0) \tag{6.88}$$

李雅普诺夫函数是 $\mathfrak{q}$ 与 $i=[1,0]$ 偏差的欧几里得范数的平方。V 是关于 q_0 的一个线性函数，在 $q_0=1$ 时取最小值 $V_{\min}=0$，对应于 $i=[1,0]$；在 $q_0=-1$ 时取最大值 $V_{\max}=4$，对应于 $-i=[-1,0]$。式（6.88）的导数为

$$\dot{V}=-2\dot{q}_0=\boldsymbol{q}^{\mathrm{T}}\boldsymbol{\omega}=-p\boldsymbol{q}^{\mathrm{T}}\boldsymbol{q} \tag{6.89}$$

对于任意 $|q_0|<1$，式（6.89）都是负定的，表明平衡点四元数 $i=[1,0]$ 是渐近稳定而 $-i=[-1,0]$ 是不稳定的。实际上，任何满足 $\boldsymbol{v}^{\mathrm{T}}\boldsymbol{v}=1$ 且 $\varepsilon>0$ 的 $-i$ 的小扰动 $\mathfrak{q}_0(\varepsilon,\boldsymbol{v})=(-1+\varepsilon,\pm\sqrt{\varepsilon(2-\varepsilon)}\,\boldsymbol{v})$ 都会被迫收敛到 i。

式（6.87）的初始时间导数 $\dot{q}_0=p(1-q_0^2(0))/2$ 表示响应速度。$q_0(0)\to\pm1$ 时响应最慢，此时 $\dot{q}_0(0)=0$。然而，在正向情况下，当 $q_0(0)\to1$ 时，响应开始接近渐近稳定平衡点 i，而在负向情况下，当 $q_0(0)\to-1$ 时，响应缓慢，如图 6.7（虚线）所示。此时，$q_0(0)=\cos(\pi-\varepsilon)$，$\varepsilon=0.1$，且 $p=2\mathrm{rad/s}$。

文献［8，9，15］提到的著名的解决方法为将 $\boldsymbol{\omega}=-p\boldsymbol{q}$ 替换为有符号反馈：

$$\begin{aligned}&\boldsymbol{\omega}(t)=-p\,\mathrm{sgn}(q_0(t))\boldsymbol{q}(t)\\&\mathrm{sgn}(q_0)=1,\quad q_0\geqslant0\\&\mathrm{sgn}(q_0)=-1,\quad q_0<0\end{aligned} \tag{6.90}$$

在这种情况下，相反四元数 $-i=[-1,0]$ 也变成了渐近稳定的平衡态。事实上，如果式（6.88）和式（6.89）被替换为

$$\begin{aligned}&V(\mathfrak{q})=(1-|q_0|)^2+\boldsymbol{q}^{\mathrm{T}}\boldsymbol{q}=2(1-|q_0|)\\&\dot{V}(\mathfrak{q})=-2\dot{q}_0\mathrm{sgn}q_0=-p\boldsymbol{q}^{\mathrm{T}}\boldsymbol{q}\end{aligned} \tag{6.91}$$

我们有 $V([\pm1,0])=0$ 和 $\dot{V}([\pm1,0])=0$。此外，由于 $\dot{V}(q)<0$ 在任意小的 $[\pm1,0]$ 邻域内成

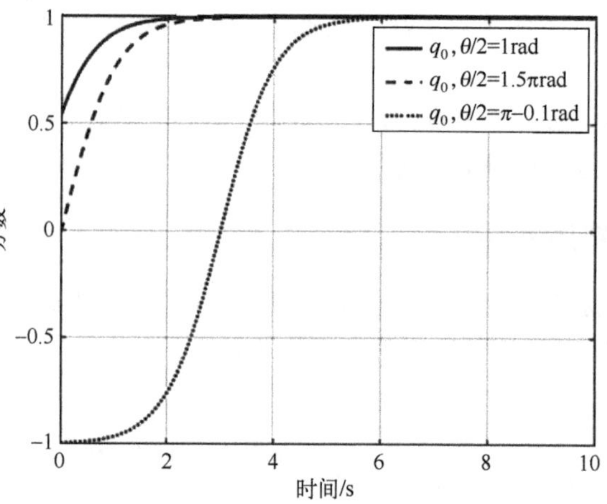

图 6.7　在无符号反馈的情况下，q_0 对不同初始值的自由响应

立，因此这两个平衡四元数构成了三维球面 $\mathfrak{q}^{\mathrm{T}}\mathfrak{q}=1$ 的最大不变集，满足 $\mathrm{d}V(t)/\mathrm{d}t=0$。因此，LaSalle 的不变性原理（参见 13.3.4 节）保证：根据 $\mathrm{sgn}q_0(0)$，$\mathfrak{q}(t)$的任何自由响应都渐近收敛于$[\pm1,0]$的任意一个平衡点。在由 $q_0(t)\geqslant0$ 定义的上半球中，无符号反馈律和有符号反馈律一致。在式（6.90）的有符号反馈下，$q_0(t)$的自由响应在小于 $5/p\cong2.5$s 时趋近于±1，如图 6.7（虚线）所示。

综上所述，由式（6.86）可以证明，$\boldsymbol{q}$ 的一般分量 $q_k,k=1,2,3$ 的自由响应也与其他分量解耦，并且依赖于 $q_0(t)$。而且，在有符号反馈的情况下，自由响应仅依赖于 $|q_0(t)|$，并且渐近收敛为 0，具体如下。

$$\lim_{t\to\infty}q_k(t)=\lim_{t\to\infty}q_{k0}\exp\left(-\frac{p}{2}\int_0^t|q_0(\tau)|\mathrm{d}\tau\right)=0 \tag{6.92}$$

练习 18：

证明：式（6.87）成立，并推导出 $\boldsymbol{\omega}=-p\mathrm{sgn}(q_0)\boldsymbol{q}$ 情况下的类似表达式。

6.5　误差四元数运动学

6.5.1　误差定义

在 2.7 节中，真实姿态跟踪误差被定义为使参考四元数 $\mathfrak{q}_r^e$ 与体四元数 $\mathfrak{q}_b^e$ 一致的误差四元数 $\mathfrak{e}_b^r$，参考四元数和体四元数都在观测者坐标系 $\mathscr{E}=\{C,\boldsymbol{e}_1,\boldsymbol{e}_2,\boldsymbol{e}_3\}$ 中定义。我们采用简化的记号：

$$\tilde{\mathfrak{q}}_r=\mathfrak{e}_b^r,\quad \mathfrak{q}_r=\mathfrak{q}_r^e,\quad \mathfrak{q}=\mathfrak{q}_b^e \tag{6.93}$$

其中误差变量用波浪号标记，而上标被省略，有时下标也被省略。在简化记号中，误差定义为

$$\tilde{\mathfrak{q}}_r=\mathfrak{q}_r^{-1}\otimes\mathfrak{q} \tag{6.94}$$

其中，正如 2.7 节所指出的，逆四元数替换了标准控制误差所定义[2]的负号，零误差对应于单位四元数 $\mathfrak{i}=[1,0]$。粗略地说，式（6.94）表示“真”姿态减去“参考”姿态，

类似于下面定义的“真”姿态减去“模型”姿态的预测误差。

在推导误差状态方程之前，我们根据表 13.2 统一定义了整个四元数误差集。并且把误差细分为可测量的和不可测量的。可测量误差作为嵌入式模型控制单元的实时变量，用标记或下标字母 e 表示。不可测量误差用$\tilde{q}$表示，并且只能通过先验模拟或后验数据处理得到。真正的跟踪误差$\tilde{q}_r$，应该是无法测量的，因为它包含了真四元数 q，它是设计模型的变量（参见 13.6.1 节和 14.2.1 节），并且只能从数值模拟中获得。不可测量这个术语似乎不合适，因为真四元数是可以测量的。我们并不是在使用不可测量的属性，但是，在真正的四元数 q 和测量的量$\breve{q}$之间，可能存在一个复杂的、部分未知的信号链和结构误差，这些如果没有得到充分的解释，可能会破坏控制系统的稳定或严重降低控制系统的性能。误差及相关框图如图 6.8 所示。14.1 节提供了不同模块的含义。一般时间 t 表示 $t_i=iT$，其中 T 为控制单元的最小时间单位。

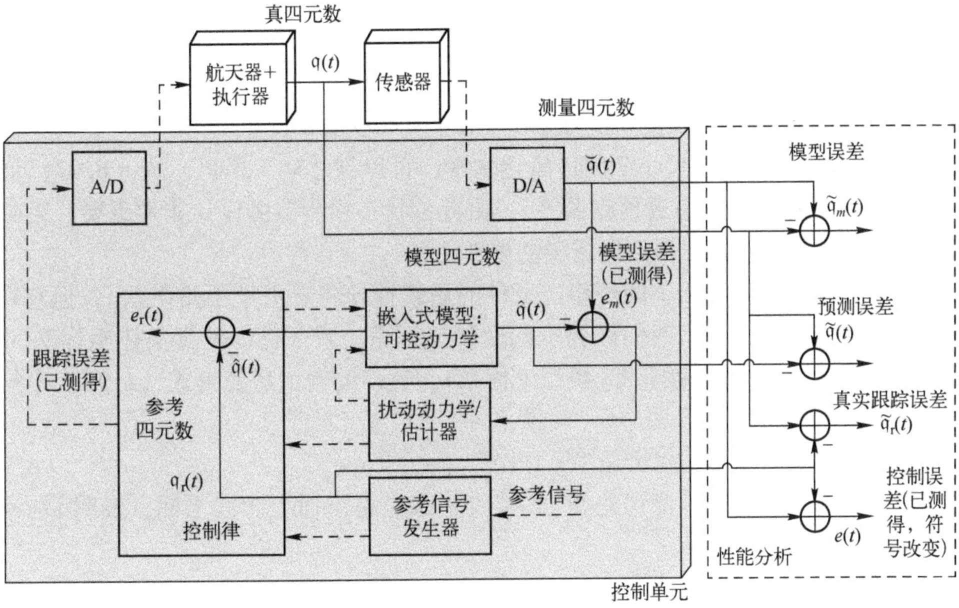

图 6.8　四元数误差框图

其他不可测量误差为预测误差$\tilde{q}$和模型误差$\tilde{q}_m$，由于包含了真四元数 q，因此称为不可测量误差。预测误差由下式定义：

$$\tilde{q}=\hat{q}^{-1}\otimes q \tag{6.95}$$

模型误差由下式定义：

$$\tilde{q}_m=q^{-1}\otimes\breve{q} \tag{6.96}$$

预测误差$\tilde{q}$对应于真四元数 q 和预测模型四元数$\hat{q}$的偏差值。其他可用名称是欧洲标准[7]中的“认知误差”和文献［2］中的“观测者误差”。在欧洲标准[7]中，误差定义为实际输出与已知估计输出之间的差值。这里我们区分了预测和估计。因为$\hat{q}(t)=\hat{q}(t/t-kT)$是从过去测量值$\breve{q}(t-kT)$，$k>0$ 中实时估计得到的，$\hat{q}(t)$将被称为在时间 t 处的预测四元数。当预测算法明确使用估计$\hat{q}(t)=\hat{q}(t/\breve{q}(t),\cdots)=\hat{q}(t/t)$，“估计”用到了当前测量值$\breve{q}(t)$，“估计”值$\hat{q}(t)$通常隐藏在算法中，因为它是一个中间步骤，而不是最终的结果。式（6.95）可以改写成 $\mathfrak{q}=\hat{\mathfrak{q}}(t)\otimes\tilde{\mathfrak{q}}$，与文献［9］一致，除了元素的顺序是相反的，这是由于文献［9］中对$\otimes$的补充定义。

模型误差$\tilde{\mathfrak{q}}_m$ 解释了控制单元中可获得的测量量$\breve{\mathfrak{q}}$与真实四元数 $\mathfrak{q}$ 之间的差异，这种差异是由于传感器误差和被忽略的动力学。

可测量误差如下。

（1）可测量模型误差：$e_m=\hat{\mathfrak{q}}^{-1}\otimes\breve{\mathfrak{q}}$，与$\tilde{\mathfrak{q}}_m$ 具有相同的含义，但是其中未知的四元数 $\mathfrak{q}$ 被已知预测$\hat{\mathfrak{q}}$所代替。

（2）可测量跟踪误差：$e_r=\hat{\mathfrak{q}}_r^{-1}\otimes\hat{\mathfrak{q}}$，与$\tilde{\mathfrak{q}}_r$ 有相同的意义，但是，与（1）提到的一样，$\mathfrak{q}$ 被$\hat{\mathfrak{q}}$所取代。

（3）经典控制误差：$e=\mathfrak{q}_r^{-1}\otimes\breve{\mathfrak{q}}$的负值对应于被测四元数$\breve{\mathfrak{q}}$与参考四元数 $\mathfrak{q}_r$ 的差值。

因为 4 个变量定义了 6 个误差，所以必须添加两个等式。最重要的是以下的等式，提供真正的跟踪误差$\tilde{\mathfrak{q}}_r$ 和控制误差 e：

$$\begin{aligned}\tilde{\mathfrak{q}}_r&=(\mathfrak{q}_r^{-1}\otimes\hat{\mathfrak{q}})\otimes(\hat{\mathfrak{q}}^{-1}\otimes\mathfrak{q})=e_r\otimes\tilde{\mathfrak{q}}\cong\tilde{\mathfrak{q}}\\ e&=(\mathfrak{q}_r^{-1}\otimes\hat{\mathfrak{q}})\otimes(\hat{\mathfrak{q}}^{-1}\otimes\breve{\mathfrak{q}})=e_r\otimes\tilde{\mathfrak{q}}_m\cong\tilde{\mathfrak{q}}_m\end{aligned}\tag{6.97}$$

如 13.6 节所述，e_r 如果小于测量量化水平，可以被忽略。所以，式（6.97）证明了真正的跟踪误差$\tilde{\mathfrak{q}}_r$ 可以逼近预测误差$\tilde{\mathfrak{q}}$，由此，状态预测器的设计非常重要。第二个等式证明了经典控制误差 e 可以逼近模型误差$\tilde{\mathfrak{q}}_m$。

误差状态空间方程和相关闭环稳定条件的后续推导将着重于预测误差$\tilde{\mathfrak{q}}$，但它在$\tilde{\mathfrak{q}}_r$ 中做了必要的修改。为此，我们区分了两个体坐标系，带下标 b 的真实体坐标系 $\mathcal{B}$ 和带下标 m 的模型体坐标系 $\mathcal{M}=\mathcal{B}$（模型坐标系）。这样的表示法使得式（6.95）中的预测误差方程改写为

$$\tilde{\mathfrak{q}}=\hat{\mathfrak{q}}^{-1}\otimes\mathfrak{q}\Leftrightarrow\mathfrak{q}_b^m=(\mathfrak{q}_m^e)^{-1}\otimes\mathfrak{q}_b^e\tag{6.98}$$

自上而下念读下标，表明预测误差使 $\mathcal{M}$ 与 $\mathcal{B}$ 一致；自下而上念读下标，表明$\tilde{\mathfrak{q}}$是模型坐标系下的体四元数。

6.5.2 误差状态方程

我们将证明式（6.98）中的预测误差$\tilde{\mathfrak{q}}$满足误差状态方程：

$$\dot{\tilde{\mathfrak{q}}}(t)=\frac{1}{2}\tilde{\mathfrak{q}}\otimes\tilde{\boldsymbol{\omega}}=\frac{1}{2}\begin{bmatrix}-\tilde{\boldsymbol{q}}\cdot\tilde{\boldsymbol{\omega}}\\ \tilde{q}_0\tilde{\boldsymbol{\omega}}+\tilde{\boldsymbol{q}}\times\tilde{\boldsymbol{\omega}}\end{bmatrix}\tag{6.99}$$

误差状态方程与式（6.73）相似，除了需要注意的角速度误差$\tilde{\boldsymbol{\omega}}$，因为它是体角速度 $\boldsymbol{\omega}$ 和模型角速度$\hat{\boldsymbol{\omega}}$之间的差值。要在体坐标中表示$\tilde{\boldsymbol{\omega}}$，$\hat{\boldsymbol{\omega}}$必须通过 $R_m^b(\tilde{\mathfrak{q}}^{-1}=\mathfrak{q}_m^b)$或 2.4 节中四元数的坐标逆变换转为体坐标。

$$\tilde{\boldsymbol{\omega}}=\boldsymbol{\omega}-R_m^b(\tilde{\mathfrak{q}}^{-1})\hat{\boldsymbol{\omega}}=\boldsymbol{\omega}-\tilde{\mathfrak{q}}^{-1}\otimes\hat{\boldsymbol{\omega}}\otimes\tilde{\mathfrak{q}}=\boldsymbol{\omega}-\mathfrak{q}_m^b\otimes\hat{\boldsymbol{\omega}}\otimes\mathfrak{q}_b^m\tag{6.100}$$

对式（6.98）求导，借助于式（6.73）和式（6.74）得到等式：

$$\begin{aligned}\dot{\tilde{\mathfrak{q}}}(t)&=\dot{\hat{\mathfrak{q}}}^{-1}\otimes\mathfrak{q}+\hat{\mathfrak{q}}^{-1}\otimes\dot{\mathfrak{q}}=-\frac{1}{2}\hat{\boldsymbol{\omega}}\otimes\hat{\mathfrak{q}}^{-1}\otimes\mathfrak{q}+\frac{1}{2}\hat{\mathfrak{q}}^{-1}\otimes\mathfrak{q}\otimes\boldsymbol{\omega}\\ &=\frac{1}{2}\tilde{\mathfrak{q}}\otimes\boldsymbol{\omega}-\frac{1}{2}\hat{\boldsymbol{\omega}}\otimes\tilde{\mathfrak{q}}\end{aligned}\tag{6.101}$$

逆四元数恒等式$\widetilde{\mathfrak{q}}\otimes\widetilde{\mathfrak{q}}^{-1}=i$的应用使我们能够以式（6.99）、式（6.100）的形式重写式（6.101），即

平衡点扰动

$$\dot{\widetilde{\mathfrak{q}}}(t)=\frac{1}{2}\widetilde{\mathfrak{q}}\otimes(\boldsymbol{\omega}-\widetilde{\mathfrak{q}}^{-1}\otimes\hat{\boldsymbol{\omega}}\otimes\widetilde{\mathfrak{q}}) \tag{6.102}$$

式（6.99）在平衡点$\widetilde{\mathfrak{q}}=[1,0]$和$\widetilde{\boldsymbol{\omega}}=0$处的线性近似有助于更好理解姿态误差运动特性。扰动四元数误差为$\delta\widetilde{\mathfrak{q}}=[\widetilde{q}_0-1,\widetilde{\boldsymbol{q}}]$，$|\widetilde{\boldsymbol{q}}|\ll 1$，扰动速率误差为$\widetilde{\boldsymbol{\omega}}$。如2.7节所述，用$\boldsymbol{R}_m^b(\widetilde{\mathfrak{q}}^{-1})\cong I-2\widetilde{\boldsymbol{q}}\times$逼近式（6.100），写作

$$\widetilde{\boldsymbol{\omega}}\cong\boldsymbol{\omega}-\hat{\boldsymbol{\omega}}+2\widetilde{\boldsymbol{q}}\times\hat{\boldsymbol{\omega}}=\delta\widetilde{\boldsymbol{\omega}}+2\widetilde{\boldsymbol{q}}\times\hat{\boldsymbol{\omega}} \tag{6.103}$$

其中，$\delta\widetilde{\boldsymbol{\omega}}$是准对齐坐标系坐标之间的差，因为$|\widetilde{\boldsymbol{q}}|\ll 1$。通过展开式（6.102）中的四元数乘积，并利用$\widetilde{\mathfrak{q}}=[\widetilde{q}_0,\widetilde{\boldsymbol{q}}]$，忽略$\widetilde{\boldsymbol{q}}$和$\delta\widetilde{\boldsymbol{\omega}}$中的二阶项，并设$\widetilde{\boldsymbol{\theta}}=2\widetilde{\boldsymbol{q}}$，得到了线性状态方程。

$$\begin{cases}\dot{\widetilde{q}}_0(t)=0\\ \dot{\widetilde{\boldsymbol{\theta}}}(t)=-\hat{\boldsymbol{\omega}}(t)\times\widetilde{\boldsymbol{\theta}}+\delta\widetilde{\boldsymbol{\omega}}\end{cases} \tag{6.104}$$

式（6.104）是线性时变的，因为$\hat{\boldsymbol{\omega}}$不一定是常数而且不能忽略。式（6.104）中的叉乘项称为*姿态交叉耦合项*。当$\hat{\boldsymbol{\omega}}$为单一分量占主导地位时，如6.3.3节的自旋转动，交叉耦合仅存在于两个角之间，根据角的名称，可以称为*横滚-偏航耦合*等。自旋摄动方程式（6.46）就是这种形式，定义为

$$\widetilde{\boldsymbol{\theta}}=(\varphi,\theta,\delta\psi),\quad \hat{\boldsymbol{\omega}}=(0,0,\underline{\omega}_s),\quad \delta\widetilde{\boldsymbol{\omega}}=(\omega_{bx},\omega_{by},\delta\omega_{bz}) \tag{6.105}$$

练习 19：

证明：式（6.104）状态矩阵的特征值位于虚轴上，当$|\hat{\boldsymbol{\omega}}|>0$时，其中两个是复共轭的。

实现：

误差方程式（6.99）和式（6.100）仅对分析和设计有用。由于$\widetilde{\mathfrak{q}}=\hat{\mathfrak{q}}^{-1}\otimes\mathfrak{q}$，误差式（6.99）对应于真四元数的状态方程（图6.9中替代航天器的*设计模型*）和预测$\hat{\mathfrak{q}}$的状态方程（图6.9中的*嵌入式模型*）之间的差。嵌入模型方程为

$$\dot{\hat{\mathfrak{q}}}(t)=\frac{1}{2}\hat{\mathfrak{q}}\otimes\hat{\boldsymbol{\omega}}=\frac{1}{2}\hat{\mathfrak{q}}\otimes(\breve{\boldsymbol{\omega}}-\widetilde{\boldsymbol{\omega}}) \tag{6.106}$$

$$e_m=\hat{\mathfrak{q}}^{-1}\otimes\breve{\mathfrak{q}}$$

其中，$\boldsymbol{\omega}$已被由$\widetilde{\boldsymbol{\omega}}_m$破坏的噪声测量值$\breve{\boldsymbol{\omega}}$替换，$\breve{\mathfrak{q}}$是被模型误差$\widetilde{\mathfrak{q}}_m$（现在是指测量误差）破坏的四元数测量值。在图6.9中，$\widetilde{\boldsymbol{\omega}}=-\mathrm{sgn}(e_{m0})\boldsymbol{f}(\boldsymbol{e}_m)$是从测量模型误差$e_m$到$\widetilde{\boldsymbol{\omega}}$的反馈函数，$\hat{\boldsymbol{\omega}}$已在式（6.100）中定义。设计模型与嵌入模型的差异主要体现在测量模型误差e_m上。将$\widetilde{\boldsymbol{\omega}}$从体坐标系到模型坐标系的转换矩阵$\boldsymbol{R}_b^m(\widetilde{\mathfrak{q}})$简化为$\boldsymbol{R}_b^m(\widetilde{\mathfrak{q}})=\boldsymbol{I}$，并且相应的误差包含在$\widetilde{\boldsymbol{\omega}}$中。

在图6.9和整本书中，我们习惯用求和节点表示误差定义，就像式（6.106）的第二行那样，求和节点的负号表示逆四元数。式（6.106）的第一行是*嵌入模型*，其在图6.9中用双实线框表示，里面有积分符号。双实线框表示非线性函数。在图6.9和全书中，VECT方框（矢量部分的缩写）将四元数的矢量部分挑选出来（参见表1.5）。连接$\breve{q}$与$\hat{q}_0$的虚线表示初始条件仅为四元数测量值，这意味着预测误差$\widetilde{\mathfrak{q}}=\hat{\mathfrak{q}}^{-1}\otimes\mathfrak{q}$的初始条件非常接

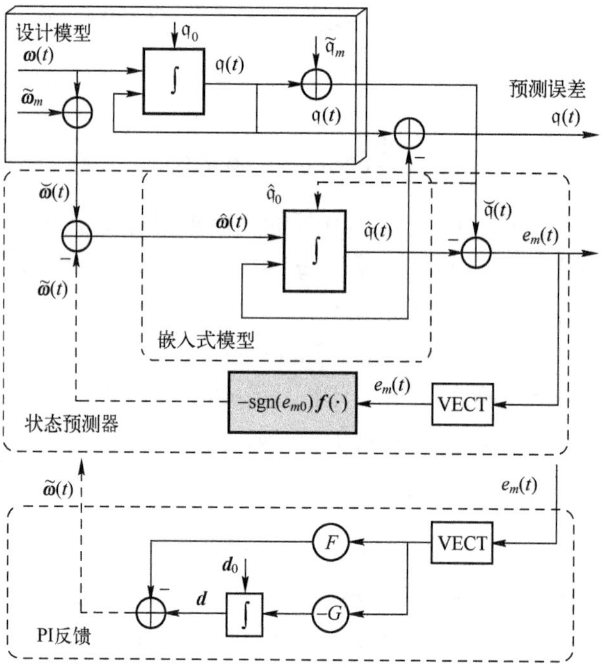

图 6.9　具有一般反馈和 PI 反馈的式（6.106）的方框图

近正平衡点 $i=[1,0]$，即$\tilde{q}_0(0)\geqslant 0$。$\breve{\boldsymbol{\omega}}$和$\breve{\mathfrak{q}}$的测量由式（6.107）中航天器的设计模型解释。

$$\begin{cases}\dot{\mathfrak{q}}(t)=\dfrac{1}{2}\mathfrak{q}\otimes\boldsymbol{\omega}\\ \breve{\mathfrak{q}}=\mathfrak{q}\otimes\tilde{\mathfrak{q}}_m\\ \breve{\boldsymbol{\omega}}=\boldsymbol{\omega}+\tilde{\boldsymbol{\omega}}_m\end{cases}\tag{6.107}$$

其中，包括测量误差$\tilde{\mathfrak{q}}_m$ 和$\tilde{\boldsymbol{\omega}}_m$。式（6.107）和式（6.106）中的测量模型误差 e_m 由下式给定

$$e_m=\hat{\mathfrak{q}}^{-1}\otimes\breve{\mathfrak{q}}=\tilde{\mathfrak{q}}\otimes\tilde{\mathfrak{q}}_m\tag{6.108}$$

由式（6.107）的测量误差驱动的误差方程由式（6.99）变为

$$\begin{cases}\dot{\tilde{\mathfrak{q}}}(t)=\dfrac{1}{2}\tilde{\mathfrak{q}}(t)\otimes(\breve{\boldsymbol{\omega}}-\tilde{\boldsymbol{\omega}}_m)(t)\\ \tilde{\boldsymbol{\omega}}(t)=-\mathrm{sgn}(e_{m0})\boldsymbol{f}(\boldsymbol{e}_m)\\ e_m(t)=\hat{\mathfrak{q}}^{-1}(t)\otimes\breve{\mathfrak{q}}(t)=\tilde{\mathfrak{q}}(t)\otimes\tilde{\mathfrak{q}}_m(t)\end{cases}\tag{6.109}$$

式（6.109）在第二行中包含了一个通用的从测量模型误差 e_m 到角速率$\tilde{\boldsymbol{\omega}}$的有符号反馈，后文会解释。反馈的负号被图 6.9 求和节点上$\tilde{\boldsymbol{\omega}}$的负号所抵消，得到了作为输出的角速率的预测值$\hat{\boldsymbol{\omega}}$。在没有姿态和角速度测量误差的情况下，式（6.109）成为一个自治状态方程（参见 13.2.1 节）。

以下章节至 6.5.8 节的目的是推导出图 6.9 和式（6.109）中闭环系统在不同反馈规律下的稳定性条件。

（1）静态或比例反馈。

（2）比例积分（PI）反馈。

(3) 纯积分和比例微分（PD）级联的动态反馈，如文献［5，13］所示。

(4) 与以前的反馈律并行的多积分反馈。

根据 4.8 节提出的第三个问题“如何实时估计白噪声矢量 $\boldsymbol{w}$，该白噪声矢量驱动了嵌入式模型的扰动动力学”，可以给出这种反馈律的意义。作为基准，反馈的积分部分是描述作用于嵌入模型的可控部分的未知扰动的摄动模型。反馈的静态或动态部分是噪声估计器（也称为不确定性估计器），它将模型误差与摄动模型的驱动噪声联系起来。在这里，摄动模型描述了角速率扰动，如 6.6 节和 8.5.2 节中提到的陀螺仪传感器的偏差和漂移。在静态情况下，扰动只是用一个有界的任意信号（统计学架构中的白噪声矢量）来建模。在 PI 反馈的情况下，用白噪声和随机漂移的组合来模拟扰动。在动态反馈情况下，扰动由随机漂移建模。在多重积分的情况下，采用不同顺序的随机漂移组合。

将反馈律应用于误差方程式（6.99），研究自治状态方程在初始状态扰动下的稳定性，即李雅普诺夫稳定性，得到闭环方程为式（6.109），但前提是零测量误差，即$\tilde{q}_m=[1,0]$和$\tilde{\boldsymbol{\omega}}_m=0$。利用 13.3.4 节李雅普诺夫直接法研究系统的稳定性，给出了系统反馈增益的稳定性条件。在测量误差不为零时，必须证明 BIBO 的稳定性（参见 13.3.3 节）。6.5.3 节、6.5.6 节、6.5.7 节和 6.5.9 节研究了李雅普诺夫稳定性的条件。虽然 6.5.4 节仅研究比例反馈下的 BIBO 稳定性的条件，但可以推广到本章讨论的其他反馈律。

6.5.3 比例反馈：闭环李雅普诺夫稳定性

静态反馈（比例反馈是一种特殊情况）对应于

$$\tilde{\boldsymbol{\omega}}(t)=-\mathrm{sgn}(\tilde{q}_0)\boldsymbol{f}(\tilde{\boldsymbol{q}}(t)) \tag{6.110}$$

其中，$\boldsymbol{f}=[f_1,f_2,f_3]$是需要设计的反馈律，满足$\boldsymbol{f}(0)=\boldsymbol{0}$。有人可能会问为什么式（6.110）只取决于矢量部分$\tilde{\boldsymbol{q}}$而不取决于整个四元数$\tilde{\mathfrak{q}}$。首先，对应$\tilde{\boldsymbol{\omega}}$的情况下，反馈输出仅仅是一个矢量，而不是四元数；其次，受$\tilde{\mathfrak{q}}^{\mathrm{T}}\tilde{\mathfrak{q}}=1$约束的$\tilde{\mathfrak{q}}$只有 3 个自由度；最后，渐近稳定闭环系统的自由响应迫使反馈信号（在这种情况下为$\tilde{\boldsymbol{q}}$和$\tilde{\boldsymbol{\omega}}$）收敛到零，如式（6.92）所示，这反过来意味着四元数标量部分趋向于 1。

稳定性研究采用李雅普诺夫直接法，如 6.4.2 节。一个候选李雅普诺夫函数是式（6.91）[16]中的$V(\mathfrak{q})$。求 V 在$\tilde{\boldsymbol{\omega}}=-\mathrm{sgn}(\tilde{q}_0)\boldsymbol{f}(\tilde{\boldsymbol{q}})$下的时间导数，得到

$$\dot{V}=-2\mathrm{sgn}(\tilde{q}_0)\dot{\tilde{q}}_0=\mathrm{sgn}(\tilde{q}_0)\tilde{\boldsymbol{q}}^{\mathrm{T}}\tilde{\boldsymbol{\omega}}=-\tilde{\boldsymbol{q}}^{\mathrm{T}}\boldsymbol{f}(\tilde{\boldsymbol{q}}) \tag{6.111}$$

定理 1：式（6.99）和式（6.110）在平衡点四元数$[\pm1,0]$附近的局部李雅普诺夫稳定性的充要条件为

$$\begin{aligned}&\boldsymbol{f}(0)=0\\&\frac{\partial\boldsymbol{f}(0)}{\partial\tilde{\boldsymbol{q}}}+\left|\left(\frac{\partial\boldsymbol{f}(0)}{\partial\tilde{\boldsymbol{q}}}\right)^{\mathrm{T}}\right.>0\end{aligned} \tag{6.112}$$

其中，用到了简化记号

$$\frac{\partial\boldsymbol{f}(0)}{\partial\tilde{\boldsymbol{q}}}=\frac{\partial\boldsymbol{f}(\tilde{\boldsymbol{q}})}{\partial\tilde{\boldsymbol{q}}}\bigg|_{\tilde{\boldsymbol{q}}=0} \tag{6.113}$$

证明：将式（6.111）展开到二阶项，得到

$$-\dot{V}=\left(\boldsymbol{f}^{\mathrm{T}}(0)+\left(\sum_{j=1}^{3}\tilde{q}_j\frac{\partial f_j(\tilde{\boldsymbol{q}})}{\partial\tilde{\boldsymbol{q}}}\right)_{\tilde{q}=0}\right)\tilde{\boldsymbol{q}}+$$

$$\frac{1}{2}\tilde{\boldsymbol{q}}^{\mathrm{T}}\left(\frac{\partial \boldsymbol{f}(0)}{\partial \tilde{\boldsymbol{q}}}+\left(\frac{\partial \boldsymbol{f}(0)}{\partial \tilde{\boldsymbol{q}}}\right)^{\mathrm{T}}+\left(\sum_{j=1}^{3}\tilde{q}_j\frac{\partial^2 f_j(\tilde{\boldsymbol{q}})}{\partial \tilde{\boldsymbol{q}}^2}\right)_{\tilde{q}=0}\right)\tilde{\boldsymbol{q}}+o(|\tilde{\boldsymbol{q}}|^3)$$

$$=\boldsymbol{f}^{\mathrm{T}}(0)\tilde{\boldsymbol{q}}+\frac{1}{2}\tilde{\boldsymbol{q}}^{\mathrm{T}}\left(\frac{\partial \boldsymbol{f}(0)}{\partial \tilde{\boldsymbol{q}}}+\left(\frac{\partial \boldsymbol{f}(0)}{\partial \tilde{\boldsymbol{q}}}\right)^{\mathrm{T}}\right)\tilde{\boldsymbol{q}}+o(|\tilde{\boldsymbol{q}}|^3) \tag{6.114}$$

通过将式（6.112）代入到最后一个等式，$\dot{V}$在$\tilde{\boldsymbol{q}}=0$附近成为局部负定，证明了充分条件。反过来，式（6.112）是使二阶展开式负定的必要条件。

在线性时不变的情况下，当$\boldsymbol{f}(\tilde{\boldsymbol{q}})=F\tilde{\boldsymbol{q}}, F>0$，$\dot{V}$变为

$$\dot{V}=-2\operatorname{sgn}(\tilde{q}_0)\dot{\tilde{q}}_0=\operatorname{sgn}(\tilde{q}_0)\tilde{\boldsymbol{q}}^{\mathrm{T}}\tilde{\boldsymbol{\omega}}=-\tilde{\boldsymbol{q}}^{\mathrm{T}}F\tilde{\boldsymbol{q}}\leqslant 0 \tag{6.115}$$

这是对式（6.91）的推广。正如在文献［4，8］中所看到的，虽然在$\tilde{\mathfrak{q}}^{\mathrm{T}}\tilde{\mathfrak{q}}=1$所定义的所有球域中，除了$\tilde{q}_0=\pm1$（平衡点），$\dot{V}$都是负定的，但稳定性都是局部的。事实上，球域分成两个半球，每一个半球都收敛于不同的平衡点。因为$F>0$对于任何对角化的$F=\operatorname{diag}(f_1>0, f_2>0, f_3>0)$都满足，所以稳定性条件意味着反馈律解耦。

一般而言，式（6.111）和不等式$V(\tilde{\mathfrak{q}})\geqslant 0$，$|\tilde{\mathfrak{q}}|\leqslant 1$意味着，式（6.99）和式（6.73）中从$\boldsymbol{\omega}$到$\mathfrak{q}$的四元数运动学是无源的[12,14]。实际上，式（6.111）的积分可以写成无源条件[13]的形式，即

$$\int_0^t \dot{V}(\tau)\mathrm{d}\tau+V(\tilde{\mathfrak{q}}_0)=V(\tilde{\mathfrak{q}}(t))\Rightarrow\int_0^t \operatorname{sgn}(\tilde{q}_0)\tilde{\boldsymbol{q}}^{\mathrm{T}}\tilde{\boldsymbol{\omega}}\mathrm{d}\tau+V(\tilde{\mathfrak{q}}_0)\geqslant 0 \tag{6.116}$$

此外，通过假设$\boldsymbol{f}(\tilde{\boldsymbol{q}})=F\tilde{\boldsymbol{q}}, F>0$，图6.9中从$\tilde{\boldsymbol{\omega}}$到$\tilde{\mathfrak{q}}$的闭环动力学系统变为严格无源（或耗散）[13]，因为式（6.115）变为

$$\dot{V}=-\tilde{\boldsymbol{q}}^{\mathrm{T}}F\tilde{\boldsymbol{q}}+\operatorname{sgn}(\tilde{q}_0)\tilde{\boldsymbol{q}}^{\mathrm{T}}\tilde{\boldsymbol{\omega}} \tag{6.117}$$

严格无源条件为

$$\int_0^t \operatorname{sgn}(\tilde{q}_0)\tilde{\boldsymbol{q}}^{\mathrm{T}}\tilde{\boldsymbol{\omega}}\mathrm{d}\tau+V(\tilde{\mathfrak{q}}_0)\geqslant f_{\min}\int_0^t|\tilde{\boldsymbol{q}}|^2\mathrm{d}\tau \tag{6.118}$$

其中，$f_{\min}>0$是F的最小特征值。

6.5.4 比例反馈：闭环BIBO稳定性

通过假设渐近稳定和足够小的测量误差，$\tilde{\mathfrak{q}}$与式（6.109）中$[\pm1,0]$的差保持较小似乎是合理的。然而，有多小？如果将式（6.110）限制在比例反馈，并且从式（6.109）中得到$e_m=[e_{m0},\boldsymbol{e}_m]=\tilde{\mathfrak{q}}\otimes\tilde{\mathfrak{q}}_m$，那么反馈律变为

$$\tilde{\boldsymbol{\omega}}=-\operatorname{sgn}(\tilde{q}_0)\boldsymbol{f}(\boldsymbol{e}_m)=-\operatorname{sgn}(\tilde{q}_0)F\boldsymbol{e}_m=-\operatorname{sgn}(\tilde{q}_0)F[\tilde{\boldsymbol{q}}\quad \tilde{q}_0 I+\tilde{\boldsymbol{q}}\times]\begin{bmatrix}\tilde{q}_{m0}\\ \tilde{\boldsymbol{q}}_m\end{bmatrix}, F>0 \tag{6.119}$$

其中，等式右边的表达式为受$\boldsymbol{e}_m$限制的四元数乘积。

首先根据文献［11］，证明在式（6.119）前提下，候选李雅普诺夫函数$V(\tilde{\mathfrak{q}})=2(1-|\tilde{q}_0|)$保持李雅普诺夫特性，这相当于证明在除了$\tilde{\mathfrak{q}}=[\pm1,0]$的情况下，满足$\dot{V}(\tilde{\mathfrak{q}})=-2\operatorname{sgn}(\tilde{q}_0)\dot{\tilde{q}}_0<0$。因此，把式（6.115）写为

$$\dot{V}=-2\operatorname{sgn}(\tilde{q}_0)\dot{\tilde{q}}_0=-\tilde{\boldsymbol{q}}^{\mathrm{T}}F\tilde{\boldsymbol{q}}\tilde{q}_{m0}-\tilde{\boldsymbol{q}}^{\mathrm{T}}F(\tilde{q}_0 I+\tilde{\boldsymbol{q}}\times)\tilde{\boldsymbol{q}}_m \tag{6.120}$$

通过观察得到$1-\tilde{q}_{m0}>0$，式（6.120）中正负项的分离导致中间项展开

$$\dot{V}=-\tilde{\boldsymbol{q}}^{\mathrm{T}}F\tilde{\boldsymbol{q}}-\frac{((\tilde{q}_0I+\tilde{\boldsymbol{q}}\times)\tilde{\boldsymbol{q}}_m)^{\mathrm{T}}F(\tilde{q}_0I+\tilde{\boldsymbol{q}}\times)\tilde{\boldsymbol{q}}_m}{4(1-\tilde{q}_{m0})}+$$
$$\left(\tilde{\boldsymbol{q}}^{\mathrm{T}}F\tilde{\boldsymbol{q}}(1-\tilde{q}_{m0})-\tilde{\boldsymbol{q}}^{\mathrm{T}}F(\tilde{q}_0I+\tilde{\boldsymbol{q}}\times)\tilde{\boldsymbol{q}}_m+\frac{((\tilde{q}_0I+\tilde{\boldsymbol{q}}\times)\tilde{\boldsymbol{q}}_m)^{\mathrm{T}}F(\tilde{q}_0I+\tilde{\boldsymbol{q}}\times)\tilde{\boldsymbol{q}}_m}{4(1-\tilde{q}_{m0})}\right)$$

记$|\boldsymbol{x}^2|=\boldsymbol{x}^{\mathrm{T}}\boldsymbol{x}$，$F=\sqrt{F}^{\mathrm{T}}\sqrt{F}>0$，上式可以写为

$$\dot{V}=-\tilde{\boldsymbol{q}}^{\mathrm{T}}F\tilde{\boldsymbol{q}}-\frac{|\sqrt{F}(\tilde{q}_0I+\tilde{\boldsymbol{q}}\times)\tilde{\boldsymbol{q}}_m|^2}{4(1-\tilde{q}_{m0})}+\left|\sqrt{F(1-\tilde{q}_{m0})}\,\tilde{\boldsymbol{q}}-\frac{\sqrt{F}(\tilde{q}_0I+\tilde{\boldsymbol{q}}\times)\tilde{\boldsymbol{q}}_m}{2\sqrt{1-\tilde{q}_{m0}}}\right|^2 \tag{6.121}$$

对式（6.121）应用三角不等式$|\boldsymbol{x}+\boldsymbol{y}|\leqslant|\boldsymbol{x}|+|\boldsymbol{y}|$，证明当且仅当以下不等式成立时，$\dot{V}<0$，

$$\tilde{\boldsymbol{q}}^{\mathrm{T}}F\tilde{\boldsymbol{q}}>\tilde{\boldsymbol{q}}^{\mathrm{T}}F\tilde{\boldsymbol{q}}(1-\tilde{q}_{m0})\Rightarrow 0<\tilde{q}_{m0}<1 \text{ 且 } |\tilde{q}_0|<1 \tag{6.122}$$

相当于，不等式$0<\tilde{q}_{m0}<1$和$|\tilde{q}_0|<1$是$\dot{V}<0$的充分条件。通过将$\tilde{q}_{m0}$写为$\tilde{q}_{m0}=\cos(\vartheta_m/2)>0$，式（6.122）表明$|\vartheta_m|<\pi$，这对于误差四元数来说是一个非常宽松的条件。

因为$0<\tilde{q}_{m0}<1$和$|\tilde{q}_0|<1$成立时$\dot{V}<0$，所以可以把式（6.120）写为

$$\operatorname{sgn}(\tilde{q}_0)\dot{\tilde{q}}_0=\frac{1}{2}\tilde{\boldsymbol{q}}^{\mathrm{T}}F\tilde{q}_{m0}\left(\tilde{\boldsymbol{q}}+\tilde{q}_0\left(I+\frac{\tilde{\boldsymbol{q}}}{\tilde{q}_0}\times\right)\frac{\tilde{\boldsymbol{q}}_m}{\tilde{q}_{m0}}\right)\geqslant\frac{1}{2}|\tilde{\boldsymbol{q}}|\lambda_{\min}(F)\tilde{q}_{m0}(|\tilde{\boldsymbol{q}}|-q_m(F)) \tag{6.123}$$

其中，

$$q_m(F)=\frac{\lambda_{\max}(F)}{\lambda_{\min}(F)}\left|\left(I+\frac{\tilde{\boldsymbol{q}}}{\tilde{q}_0}\times\right)\frac{\tilde{\boldsymbol{q}}_m}{\tilde{q}_{m0}}\right|>0$$

已经被最大化。我们可以证明存在时间$t_1<\infty$，使得

$$|\tilde{\boldsymbol{q}}|\leqslant q_m(F),\quad t>t_1 \tag{6.124}$$

在$q_m(F)\geqslant 1$的情况下，由于$|\tilde{\boldsymbol{q}}|\leqslant 1$，证明过程很简单。但由于$\tilde{q}$和$\tilde{q}_m$的误差本质，因此对$q_m(F)<1$感兴趣。因为当$0<q_m(F)<1$，$|\tilde{\boldsymbol{q}}|=\sqrt{1-\tilde{q}_0^2}<1$和$\operatorname{sgn}(\tilde{q}_0)\dot{\tilde{q}}_0>0$时，存在一个有限的时间$t_1$，所以式（6.124）变得有效。事实上，在$\operatorname{sgn}(\tilde{q}_0)>0$和$\dot{\tilde{q}}_0>0$的正号的情况下，极限$\tilde{q}_0\to 1$和$|\tilde{\boldsymbol{q}}|\to 0<q_m(F)$成立。类似的极限成立也适用于负号，即$\tilde{q}_0\to -1$和$|\tilde{\boldsymbol{q}}|\to 0$。我们总结了上述发现，即

$$\limsup_{t\to\infty}|\tilde{\boldsymbol{q}}(t)|\leqslant q_m(F)=\frac{\lambda_{\max}(F)}{\lambda_{\min}(F)}\left|\left(I+\frac{\tilde{\boldsymbol{q}}}{\tilde{q}_0}\times\right)\frac{\tilde{\boldsymbol{q}}_m}{\tilde{q}_{m0}}\right| \tag{6.125}$$

如果从反馈（6.119）中减去角速度测量误差$\tilde{\boldsymbol{\omega}}_m$（图 6.9），经过一些处理后，式（6.125）变为

$$\limsup_{t\to\infty}|\tilde{\boldsymbol{q}}(t)|\leqslant\frac{1}{\lambda_{\min}(F)}\left(\lambda_{\max}(F)\left|\left(I+\frac{\tilde{\boldsymbol{q}}}{\tilde{q}_0}\times\right)\frac{\tilde{\boldsymbol{q}}_m}{\tilde{q}_{m0}}\right|+\frac{|\tilde{\boldsymbol{\omega}}_m|}{|\tilde{q}_{m0}|}\right) \tag{6.126}$$

作为帮助，在式（6.109）中，$\tilde{\boldsymbol{\omega}}-\tilde{\boldsymbol{\omega}}_m$直接右乘$-\tilde{\boldsymbol{q}}^{\mathrm{T}}/2$得到了$\dot{\tilde{q}}_0$。由式（6.126）可知，测量误差越小，预测误差界越小。通过设计$\lambda_{\max}(F)=\lambda_{\min}(F)$来减小$\tilde{q}_m$对误差$\tilde{q}$的贡献，通过增大$\lambda_{\min}(F)$来减小$\tilde{\boldsymbol{\omega}}_m$对误差$\tilde{q}$的贡献。为了进一步减少$\tilde{\boldsymbol{\omega}}_m$的贡献，通过在反馈中添加适当的动力学描述来估计陀螺仪的偏差和漂移，这将在 6.5.5 节中讨论。如果$\tilde{q}(t)$和$\tilde{q}_m(t)$建模为随机过程，$\tilde{q}_m(t)$近似为一个白噪声过程，那么$\lim\limits_{\varepsilon\to 0}\tilde{q}(t-\varepsilon)$和$\tilde{q}_m(t)$

是独立统计的，由于$\tilde{\mathrm{q}}_m$是原因，$\tilde{\mathrm{q}}$是结果，式（6.126）中叉乘的期望值为零。

6.5.5 比例反馈：指数收敛

定理1没有给出$|\tilde{\boldsymbol{q}}|$收敛到0时的收敛速率，也没有给出$\tilde{q}_0$趋向于单位四元数的收敛速率。在有符号反馈$\tilde{\boldsymbol{\omega}}=-\mathrm{sgn}(\tilde{q}_0)F\tilde{\boldsymbol{q}}$下的闭环动力学［式（6.86）］由$\dot{\tilde{q}}_0(t)=\mathrm{sgn}(\tilde{q}_0)\tilde{\boldsymbol{q}}^{\mathrm{T}}F\tilde{\boldsymbol{q}}/2$变化为

$$\dot{\tilde{\mathrm{q}}}(t)=-\mathrm{sgn}(\tilde{q}_0)\frac{1}{2}\tilde{\mathrm{q}}\otimes F\tilde{\boldsymbol{q}} \tag{6.127}$$

我们对计算$\mathrm{d}|\tilde{\boldsymbol{q}}|/\mathrm{d}t$感兴趣，根据式（6.127），其由下式给出。

$$\frac{\mathrm{d}|\tilde{\boldsymbol{q}}|}{\mathrm{d}t}=\frac{\mathrm{d}}{\mathrm{d}t}\sqrt{1-\tilde{q}_0^2}=-\frac{\tilde{q}_0\dot{\tilde{q}}_0}{\sqrt{1-\tilde{q}_0^2}}=-|\tilde{q}_0|\frac{\tilde{\boldsymbol{q}}^{\mathrm{T}}F\tilde{\boldsymbol{q}}}{2\sqrt{\tilde{\boldsymbol{q}}^{\mathrm{T}}\tilde{\boldsymbol{q}}}},\quad |\tilde{\boldsymbol{q}}(0)|=|\tilde{\boldsymbol{q}}_0| \tag{6.128}$$

也对$|\tilde{q}_0|\to1$时的极限感兴趣。从式（6.128）可以得到两个不等式：一个关于$\mathrm{d}|\tilde{\boldsymbol{q}}|/\mathrm{d}t$；另一个关于$|\tilde{\boldsymbol{q}}(t)|$。

$$\begin{aligned}&\lim_{|\tilde{q}_0|\mapsto1}\frac{\mathrm{d}|\tilde{\boldsymbol{q}}|}{\mathrm{d}t}\leqslant-\lim_{|\tilde{q}_0|\mapsto1}|\tilde{\boldsymbol{q}}|\lambda_{\min}(F)/2\\&\lim_{|\tilde{q}_0|\mapsto1}|\tilde{\boldsymbol{q}}(t)|\leqslant\lim_{|\tilde{q}_0|\mapsto1}\mathrm{e}^{-\lambda_{\min}(F)t/2}|\tilde{\boldsymbol{q}}_0|\end{aligned} \tag{6.129}$$

第一个不等式是通过将式（6.128）中的正定二次型最小化得到的，通过求解第一个不等式的上界得到第二个不等式。显然存在一个有限的时间$t_1>0$，取决于$\tilde{q}_0(0)$和F，因此可以将式（6.129）改写为

$$|\tilde{\boldsymbol{q}}(t)|\leqslant\exp(-\lambda_{\min}(F)(t-t_1)/2)|\tilde{\boldsymbol{q}}_0|,\quad t>t_1(\tilde{q}_0(0),F) \tag{6.130}$$

可以看到，式（6.130）中的不等式是以下渐近线性方程的解：

$$\lim_{|\tilde{q}_0|\mapsto1}\dot{\tilde{\boldsymbol{q}}}(t)=-\frac{1}{2}F\tilde{\boldsymbol{q}}(t),\quad \tilde{\boldsymbol{q}}(0)=\tilde{\boldsymbol{q}}_0,F>0 \tag{6.131}$$

其最长时间常数为$\tau_{\max}=(\lambda_{\min}(F))^{-1}$，所以，式（6.131）得到了以下重要结论。

结论1：在定理1的稳定性条件下，闭环误差四元数运动学特性（6.127）是渐近线性时不变的，与$\mathrm{sgn}(\tilde{q}_0)$无关，收敛于式（6.131）。

综上所述，我们还观察到，当$\tilde{q}(0)\geqslant0$时，类似式（6.90）的符号反馈并不失去其有效性，因为它保证了病态条件下正确的反馈符号。假设式（6.109）中的测量量$\breve{q}$在$t\geqslant t_1$时改变了符号，并且没有进行检测和校正。这个符号的变化包含了式（6.109）中e_m和$\boldsymbol{e}_m$的符号。虽然$-\breve{q}$等价于$\breve{q}$，但模型状态$\hat{q}(t)$被迫跟踪$-\breve{q}$，从而导致状态预测的瞬时突变和中断。在符号反馈下，没有瞬变发生，$\hat{q}(t)$继续跟踪$\breve{q}(t)$。只有$\breve{q}(t)$和$e_m(t)$的时间分布有符号变化。图6.10所示为$t=5s$时，$\breve{q}(t)$的符号变化分别对$\hat{q}$和e_m的标量部分$\hat{q}_0$和e_{m0}的影响。在符号反馈的情况下，$\hat{q}_0(t)$在稳态值$\hat{q}_{0\infty}\cong0.47$时保持不变，而$e_{m0}(t)$从1跳到−1，并保持为−1，直到符号再次发生变化，因为−1是一个稳定的平衡点。在无符号反馈的情况下，$e_{m0}(t)$会跳到不稳定平衡点−1，经过类似于图6.7（两

个图形中的点虚线）的缓慢瞬态后又回到稳定值 1。$\hat{q}_0(t)$ 在经过长时间的瞬态后跳到相反的稳态值$\hat{q}_{0\infty} \cong -0.47$。避免$\breve{q}(t)$的符号变化是一件简单的事情。

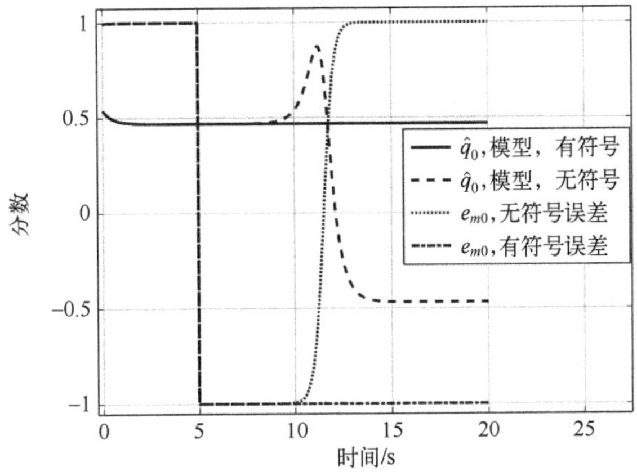

图 6.10　在有符号和无符号反馈下测量符号变化的影响

6.5.6　比例积分反馈：闭环稳定性

考虑线性时不变系统的比例积分反馈：

$$\begin{aligned}\widetilde{\boldsymbol{\omega}}(t) &= -\mathrm{sgn}(\widetilde{q}_0)F\widetilde{\boldsymbol{q}}+\boldsymbol{d} \\ \dot{\boldsymbol{d}}(t) &= -\mathrm{sgn}(\widetilde{q}_0)G\widetilde{\boldsymbol{q}}\end{aligned} \tag{6.132}$$

式（6.132）的意义超出了简单 PI 反馈的意义，它涉及如何对角速度测量量$\breve{\boldsymbol{\omega}}$的不确定度进行建模。利用李雅普诺夫函数证明了误差稳定性，该函数对式（6.91）进行了扩展，包含了 $\boldsymbol{d}$ 的二次函数如下。

$$V(\widetilde{q}_0,\boldsymbol{d}) = 2(1-|\widetilde{q}_0|)+\frac{1}{2}\boldsymbol{d}^{\mathrm{T}}G^{-1}\boldsymbol{d}, \quad G>0 \tag{6.133}$$

式（6.133）的候选函数满足

$$\begin{aligned}&V(\widetilde{q}_0=\pm1,\boldsymbol{d}=0)=0 \\ &V(|\widetilde{q}_0|<1,\boldsymbol{d}^{\mathrm{T}}\boldsymbol{d}>0)>0\end{aligned} \tag{6.134}$$

在 $F>0$ 和 $G>0$ 时，V 的时间导数得到了负半定函数：

$$\dot{V} = -2\mathrm{sgn}(\widetilde{q}_0)\dot{\widetilde{q}}_0+\boldsymbol{d}^{\mathrm{T}}G^{-1}\dot{\boldsymbol{d}} = \widetilde{\boldsymbol{q}}^{\mathrm{T}}(-F\widetilde{\boldsymbol{q}}+\mathrm{sgn}(\widetilde{q}_0)\boldsymbol{d})-\mathrm{sgn}(\widetilde{q}_0)\boldsymbol{d}^{\mathrm{T}}\widetilde{\boldsymbol{q}} = -\widetilde{\boldsymbol{q}}^{\mathrm{T}}F\widetilde{\boldsymbol{q}} \tag{6.135}$$

我们能够得出结论，式（6.99）和式（6.132）所有的变量，包括导数$\dot{\widetilde{\mathfrak{q}}}$，对于有界的初始条件都是有界的。

因为由式（6.99）和式（6.132）组成的整个闭环方程是自治的，渐近稳定性可以借助于 LaSalle 的不变性原理来证明（参见 13.3.4 节和文献［14］）。为此，假设 $\mathcal{V}=\{\{\widetilde{\mathfrak{q}},d\}:\dot{V}=0\}$ 为满足 $\dot{V}=0$ 的轨迹集合。我们必须证明除式（6.136）的平衡点$\{\underline{\widetilde{\mathfrak{q}}}=[\pm1,0],\underline{\widetilde{\boldsymbol{d}}}=0\}$之外，没有变化轨迹属于最大的不变集 $\mathcal{S}\subset\mathcal{V}$。因为 $F>0$，当且仅当$\widetilde{\boldsymbol{q}}=0$ 时，

$$\begin{cases}\dot{\tilde{\mathrm{q}}}(t)=\dfrac{1}{2}\tilde{\mathrm{q}}(t)\otimes\tilde{\boldsymbol{\omega}}(t)\\ \tilde{\boldsymbol{\omega}}(t)=-F\tilde{\boldsymbol{q}}+\boldsymbol{d}\\ \dot{\boldsymbol{d}}(t)=-G\tilde{\boldsymbol{q}}\end{cases}\tag{6.136}$$

式（6.135）可得到$\dot{V}=0$。最后一个等式对应于四元数$\tilde{\mathrm{q}}=[\pm1,0]$和式（6.136）的平衡条件$\{\dot{\tilde{\mathrm{q}}}(t)=0,\dot{\boldsymbol{d}}(t)=0\}$。两个四元数$\tilde{\mathrm{q}}=[\pm1,0]$都属于$\mathcal{S}\subset\mathcal{V}$，是式（6.132）中有符号反馈下的稳定平衡点。因此，平衡点$\{\tilde{\mathrm{q}}=[\pm1,0],\underline{\boldsymbol{d}}=0\}$是渐近稳定的。

同样的结果可以通过Barbalat引理得到证明（参见13.3.4节和文献［13］），它更适用于非自治方程。证明是具有完整性和可比性的。引理表明$\tilde{\boldsymbol{q}}$会收敛于零，如果其有界、能量有限且$\dot{\tilde{\boldsymbol{q}}}$有界，那么有界性由$\dot{V}\leqslant0$保证。能量有限的性质由下式证明：

$$\lim_{t\to\infty}\int_0^t\dot{V}(\tau)\mathrm{d}\tau=\lim_{t\to\infty}V(t)-V(0)<\infty\tag{6.137}$$

最后，$\lim\limits_{t\to\infty}\tilde{\boldsymbol{q}}(t)=0$表明$\lim\limits_{t\to\infty}\tilde{q}_0(t)=\pm1$。$\boldsymbol{d}$的渐近收敛性来自误差方程分量的以下极限。

$$\begin{aligned}\lim_{t\to\infty}\begin{bmatrix}\dot{\tilde{q}}\\ \dot{\tilde{\boldsymbol{q}}}\end{bmatrix}(t)&=\lim_{t\to\infty}\frac{1}{2}\begin{bmatrix}-\tilde{\boldsymbol{q}}^{\mathrm{T}}(-\mathrm{sgn}(\tilde{q}_0)F\tilde{\boldsymbol{q}}+\boldsymbol{d})\\ \tilde{q}_0(-\mathrm{sgn}(\tilde{q}_0)F\tilde{\boldsymbol{q}}+\boldsymbol{d})+\tilde{\boldsymbol{q}}\times(-\mathrm{sgn}(\tilde{q}_0)F\tilde{\boldsymbol{q}}+\boldsymbol{d})\end{bmatrix}\\ &=\lim_{t\to\infty}\begin{bmatrix}0\\ \boldsymbol{d}\end{bmatrix}(t)\end{aligned}\tag{6.138}$$

由于以下等式和$\lim\limits_{t\to\infty}\tilde{\boldsymbol{q}}(t)=0$，

$$\lim_{t\to\infty}\dot{\tilde{\boldsymbol{q}}}(t)=\lim_{t\to\infty}\boldsymbol{d}(t)\tag{6.139}$$

式（6.138）证明了$\lim\limits_{t\to\infty}\boldsymbol{d}(t)=0$。

式（6.135）中的$\dot{V}$仅仅是负半定的，这一事实阻碍了$\tilde{\boldsymbol{q}}$渐近收敛性的直接证明。文献［1］提出并论证了使$\dot{V}<0$的V的优化方法。

无源性

根据6.5.3节，比例反馈$-\mathrm{sgn}(\tilde{q}_0)F\tilde{\boldsymbol{q}}$使系统从$\boldsymbol{d}$到$\tilde{\mathrm{q}}$严格无源（因此耗散）。已知仅一条积分路径是无源的，但耗散系统与无源系统之间的负反馈互联，使得图6.9所示的整个闭环系统（包括PI反馈）严格无源[12]。

同样，在这种情况下，$F>0$和$G>0$可以由正定对角矩阵满足，这使得解耦反馈成为可能。结论1的以下推广是可以证明的。

结论2：在PI反馈式（6.132）下，除了由于式（6.138）和式（6.139）而收敛于零的二阶项$\tilde{\boldsymbol{q}}\times\boldsymbol{d}$，误差四元数运动学式（6.99）是渐近线性时不变的。与$\mathrm{sgn}(\tilde{q}_0)$无关的LTI方程为

$$\begin{bmatrix}\dot{\tilde{\boldsymbol{q}}}\\ \dot{\boldsymbol{d}}\end{bmatrix}(t)=\begin{bmatrix}-F/2 & I/2\\ -G & 0\end{bmatrix}\begin{bmatrix}\tilde{\boldsymbol{q}}\\ \boldsymbol{d}\end{bmatrix}(t),\quad\begin{bmatrix}\tilde{\boldsymbol{q}}\\ \boldsymbol{d}\end{bmatrix}(0)=\begin{bmatrix}\tilde{\boldsymbol{q}}_0\\ \boldsymbol{d}_0\end{bmatrix}\tag{6.140}$$

稳定性条件$F>0$和$G>0$对应于式（6.140）的Routhe-Hurwitz稳定性准则。

6.5.7 动态反馈：闭环稳定性

式（6.132）的 PI 反馈本质上是一个全通滤波器，其传递函数 $F(s)$ 对于 $s\to 0$ 具有无界增益，对于 $s\to\infty$ 具有有限增益。如文献［5］所示，这种反馈并不总是实用的，因为它没有充分利用积分通道在整个频域内简单而有效的滤波能力［式（6.132）的第二个方程］。在实践中，参照图 6.9，我们不采用作用于四元数输入运动学的直接反馈 $-\mathrm{sgn}(\tilde{q}_0)F\tilde{\boldsymbol{q}}$，将 $-\mathrm{sgn}(\tilde{q}_0)G\tilde{\boldsymbol{q}}$ 与微分反馈律并联。该反馈律由 $\tilde{\mathfrak{q}}$ 驱动，能够保证二阶环路的闭环稳定性，二阶环路由图 6.11 中标有“积分”的积分器与四元数运动学模块串联而成。自然解（natural solution）假定 $\tilde{\boldsymbol{\omega}}$ 的估计值 $\boldsymbol{w}$ 作为微分反馈的输入，式（6.132）替换为

$$\begin{cases}\tilde{\boldsymbol{\omega}}(t)=\boldsymbol{d}\\ \dot{\boldsymbol{d}}(t)=-\mathrm{sgn}(\tilde{q}_0)G\tilde{\boldsymbol{q}}-HL^{-1}\boldsymbol{w}, \quad L>0\end{cases} \tag{6.141}$$

矢量 $\boldsymbol{w}$（暂时使用与白噪声向量相同的符号）由图 6.11 中的状态观测器估计［状态方程为下方的式（6.142）］。状态观测器复制了式（6.99）中的误差四元数运动学表达式，但输入为 $\boldsymbol{w}$，四元数 $\mathfrak{p}=[p_0,\boldsymbol{p}=\boldsymbol{\eta}/2]$ 作为输出。输入 $\boldsymbol{w}$ 由四元数误差 $\tilde{\mathfrak{p}}=\mathfrak{p}^{-1}\otimes\tilde{\mathfrak{q}}=[\tilde{p}_0,\tilde{\boldsymbol{p}}]$ 的比例反馈估计得到。这个误差的几何意义可以解释如下：用 $\tilde{\mathfrak{q}}=\mathfrak{p}\otimes\tilde{\mathfrak{p}}$ 的中间坐标系 $\mathscr{F}$ 表示反馈坐标系，并用下标 f 表示。回忆式（6.98）中 $\tilde{\mathfrak{q}}=\tilde{\mathfrak{q}}_b^m$，我们可以说，$\mathfrak{p}=\mathfrak{p}_f^m$ 使得模型坐标系（上标 m）与反馈坐标系（自上而下读）一致，$\tilde{\mathfrak{p}}=\tilde{\mathfrak{p}}_b^f$ 使得反馈坐标系与体坐标系一致，而它们的乘积使得模型坐标系与体坐标系一致。观测者状态方程的形式为

$$\begin{aligned}\dot{\mathfrak{p}}(t)&=\frac{1}{2}\mathfrak{p}\otimes\boldsymbol{w}\\ \boldsymbol{w}(t)&=\mathrm{sgn}(\tilde{p}_0)L\tilde{\boldsymbol{p}}\end{aligned} \tag{6.142}$$

其中，正如式（6.106）中那样，用到了近似 $R_b^f\cong I$。我们将通过李雅普诺夫直接法证明 $G>0$、$H=hG>0$ 和 $L>0$ 是式（6.106）、式（6.141）和式（6.142）组成的闭环系统的充分稳定条件。有关框图在图 6.11 中，其中 SVECT 部分（有符号矢量部分的简称）提供四元数 $\mathfrak{q}$ 的有符号矢量 $\mathrm{sgn}(q_0)\boldsymbol{q}$ 作为输出。

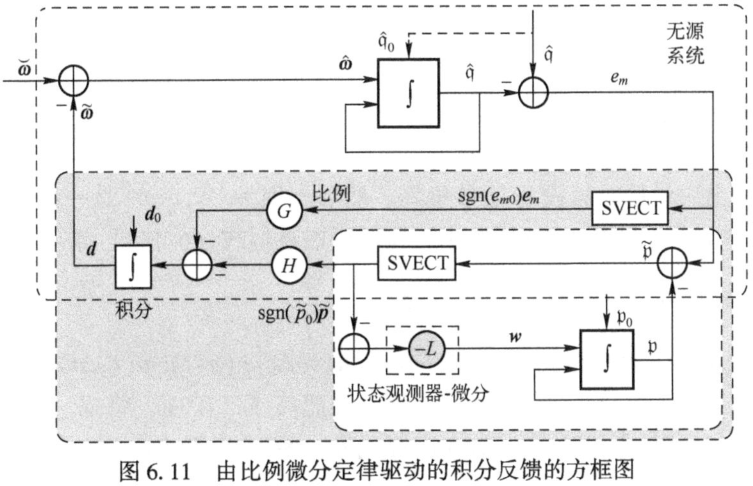

图 6.11　由比例微分定律驱动的积分反馈的方框图

文献［13］提出了一种类似的用于姿态控制的反馈律，文献［5］提出了一种类似的姿态嵌入模型误差反馈律。在文献［5］中，由于姿态角较小，状态观测器的四元数运动学表达式被线性化，使得观测器成为了一个低通滤波器。

稳定性由文献［13］中的一个候选函数 V 来证明。函数 V 是式（6.133）的扩展，包含四元数误差$\widetilde{\mathfrak{p}}$，其满足

$$\dot{\widetilde{\mathfrak{p}}}(t)=\frac{1}{2}\widetilde{\mathfrak{p}}\otimes\widetilde{\boldsymbol{w}} \tag{6.143}$$

通过$\widetilde{\boldsymbol{\omega}}=\boldsymbol{d}$和变换矩阵 $R_b^f(\widetilde{\mathfrak{p}}=\mathfrak{p}_b^f)$，$R_b^f(\widetilde{\mathfrak{p}}=\mathfrak{p}_b^f)$是之前定义的、由误差$\widetilde{\mathfrak{p}}$决定的、从体坐标系到反馈坐标系 $\mathscr{F}$的变换矩阵，速度估计误差$\widetilde{\boldsymbol{w}}$由下式给出：

$$\widetilde{\boldsymbol{w}}=\boldsymbol{d}-\widetilde{\mathfrak{p}}^{-1}\otimes R_b^f\boldsymbol{w}\otimes\widetilde{\mathfrak{p}}=\boldsymbol{d}-\boldsymbol{w} \tag{6.144}$$

推荐李雅普诺夫函数定义为

$$V(\widetilde{q}_0,\widetilde{p}_0,\boldsymbol{d})=2(1-|\widetilde{q}_0|)+2h(1-|\widetilde{p}_0|)+\frac{1}{2}\boldsymbol{d}^{\mathrm{T}}G^{-1}\boldsymbol{d} \tag{6.145}$$

通过假设 $G>0$、$L>0$ 和 $h>0$，V 具有与式（6.133）相同的性质，即

$$\begin{aligned}&V(\widetilde{q}_0=\pm1,\widetilde{p}_0=\pm1,\boldsymbol{d}=0)=0\\&V(|\widetilde{q}_0|<1,|\widetilde{p}_0|<1,\boldsymbol{d}^{\mathrm{T}}\boldsymbol{d}>0)>0\end{aligned} \tag{6.146}$$

消去几项并利用式（6.142）中的 $\boldsymbol{w}(t)=\mathrm{sgn}(\widetilde{p}_0)L\widetilde{\boldsymbol{p}}$，时间导数$\dot{V}$化为

$$\begin{aligned}\dot{V}&=-2\mathrm{sgn}(\widetilde{q}_0)\dot{\widetilde{q}}_0-2\mathrm{sgn}(\widetilde{p}_0)h\dot{\widetilde{p}}_0+\boldsymbol{d}^{\mathrm{T}}G^{-1}\dot{\boldsymbol{d}}\\&=\cancel{\mathrm{sgn}(\widetilde{q}_0)\widetilde{\boldsymbol{q}}^{\mathrm{T}}\boldsymbol{d}}+\mathrm{sgn}(\widetilde{p}_0)h\widetilde{\boldsymbol{p}}^{\mathrm{T}}(\cancel{\boldsymbol{d}}-\boldsymbol{w})-\boldsymbol{d}^{\mathrm{T}}G^{-1}(\cancel{\mathrm{sgn}(\widetilde{q}_0)G\widetilde{\boldsymbol{q}}}+\cancel{\mathrm{sgn}(\widetilde{p}_0)H\widetilde{\boldsymbol{p}}})\\&=-\widetilde{\boldsymbol{p}}^{\mathrm{T}}hL\widetilde{\boldsymbol{p}}\end{aligned} \tag{6.147}$$

其中，系数 2 和四元数微分方程中的系数 1/2 约掉了。因为对于 $L>0$、$h>0$ 和 $H=hG$，$\dot{V}$是负半定的，式（6.147）证明图 6.11 中闭环系统的所有信号都是有界的。与 6.5.6 节相似的论证证明了图 6.11 中所有的误差四元数$(\widetilde{\mathfrak{q}},\mathfrak{p},\widetilde{\mathfrak{p}})$收敛于$[\pm1,0]$，$\boldsymbol{w}$ 和 $\boldsymbol{d}$ 收敛于 0。

1. 因果型微分

信号 $y(t)$的因果导数（causal derivative）由以下差商定义：

$$\Delta y_T(t)=\frac{y(t)-\dfrac{1}{T}\displaystyle\int_0^t h(t-\tau)y(\tau)\mathrm{d}\tau}{T},\quad T=\lim_{t\to\infty}\int_0^t h(\tau)\mathrm{d}\tau \tag{6.148}$$

式中：h 为脉冲响应（参见 13.2.2 节）。差商$(y(t)-y(t-T))/T$ 由理想脉冲 $h(t)=T\delta(t-T)$ 得到，其中 $\delta(t)$是狄拉克函数。式（6.142）中的状态观测器的意义可以由$\widetilde{\mathfrak{q}}$的因果导数给出。最后，假设 L 是对角阵。然后，因为$\{\widetilde{\mathfrak{q}},\mathfrak{p},\widetilde{\mathfrak{p}}\}$是一组三重四元数误差，通过$\widetilde{\mathfrak{p}}=\mathfrak{p}^{-1}\otimes\widetilde{\mathfrak{q}}$并假设 $\Delta t>0$ 任意小，我们可以近似式（6.142）如下：

$$\begin{aligned}&\boldsymbol{p}(t)-\boldsymbol{p}(t-\Delta t)\cong\frac{1}{2}\boldsymbol{w}(t-\Delta t)\Delta t\\&(\boldsymbol{w}(t)-\boldsymbol{w}(t-\Delta t))\Delta t\cong L\Delta t(\widetilde{\boldsymbol{q}}(t)-\widetilde{\boldsymbol{q}}(t-\Delta t)-(\boldsymbol{p}(t)-\boldsymbol{p}(t-\Delta t)))\end{aligned} \tag{6.149}$$

其中，用到了等式 $R_b^f=I$ 和$\widetilde{q}_0=p_0=1$，并且已经忽略了二阶项。将式（6.149）的第一个等式代入第二个等式，将 $\boldsymbol{w}(t-\Delta t)$从等式左边移项到等式右边，取极限 $L\Delta t/2\to I$ 得到

$$\lim_{L\Delta t/2\to I} \boldsymbol{w}(t) \cong \lim_{L\Delta t/2\to I}\left(L(\widetilde{\boldsymbol{q}}(t)-\widetilde{\boldsymbol{q}}(t-\Delta t))+\left(I-\frac{1}{2}L\Delta t\right)\boldsymbol{w}(t-\Delta t)\right)=2\,\frac{\widetilde{\boldsymbol{q}}(t)-\widetilde{\boldsymbol{q}}(t-\Delta t)}{\Delta t} \tag{6.150}$$

矩阵 $A=I-L\Delta t/2$ 是一个离散状态矩阵，它与式（6.150）一样收敛于 0，除系数 2 之外，它提供了时间单位 Δt 内的$\widetilde{\boldsymbol{q}}$的差商，这是式（6.148）定义的因果导数的简单例子。$\mathrm{sgn}(\widetilde{q}_0)$的独立性是通过假设结论 1 的渐近条件来证明的。

练习 20：

用求式（6.149）类似的近似方法，证明：$2\boldsymbol{w}(t)$是与式（6.148）一致的因果导数。

提示：假设 $\Delta t\to 0$，用下式替换式（6.149）。

$$\begin{aligned}\dot{\boldsymbol{p}}(t)&\cong\frac{1}{2}\boldsymbol{w}(t),\boldsymbol{p}(0)=0\\ \boldsymbol{w}(t)&\cong L(\widetilde{\boldsymbol{q}}(t)-\boldsymbol{p}(t))\end{aligned} \tag{6.151}$$

2. 无源性[12]

图 6.11 中由两个无源系统组成的从 $\boldsymbol{w}$ 到$\widetilde{\mathfrak{q}}$的系统并不是无源的，比例反馈$-\mathrm{sgn}(\widetilde{q}_0)G\widetilde{\boldsymbol{q}}$并不稳定。加入由状态观测器误差$\widetilde{\mathfrak{p}}$驱动的反馈$-\mathrm{sgn}(\widetilde{p}_0)hG\widetilde{\boldsymbol{p}}$，并通过状态观测器的负反馈 $\boldsymbol{w}=-\mathrm{sgn}(\widetilde{p}_0)L(-\widetilde{\boldsymbol{p}})$，使得从 $\boldsymbol{w}$ 到$-\widetilde{\boldsymbol{p}}$的闭环系统无源，从而使得整个闭环系统严格无源。对式（6.147）进行积分，可证明无源性。

$$\int_0^t -\mathrm{sgn}(\widetilde{p}_0)\,\widetilde{\boldsymbol{p}}(\tau)\boldsymbol{w}(\tau)\mathrm{d}\tau + V(\widetilde{\mathfrak{q}}_0,\widetilde{\mathfrak{p}}_0,\boldsymbol{d}_0)=V(\widetilde{\mathfrak{q}}(t),\widetilde{\mathfrak{p}}(t),\boldsymbol{d}(t))\geqslant 0 \tag{6.152}$$

结论 2 的以下扩展是可以证明的。

结论 3：除了与 $\boldsymbol{d}$、$\widetilde{\boldsymbol{q}}$、$\widetilde{\boldsymbol{p}}$一起收敛于 0 的二阶项$\widetilde{\boldsymbol{q}}\times\boldsymbol{d}$ 和$\widetilde{\boldsymbol{p}}\times(\boldsymbol{d}-L\widetilde{\boldsymbol{p}})$，由式（6.141）和式（6.142）组成的动态反馈下的误差四元数运动学式（6.99）是渐近线性和时不变的。将在 6.6.1 节中使用的渐近 LTI 方程是由以下四元数矢量部分到角矢量的状态转换得到的

$$\widetilde{\boldsymbol{\theta}}=2\widetilde{\boldsymbol{q}},\quad \boldsymbol{\eta}=2\boldsymbol{p} \tag{6.153}$$

练习 21：

利用图 6.11 及式（6.109）、式（6.153）证明结论 3 中包含的由测量误差$\widetilde{\boldsymbol{\omega}}_m$ 和$\widetilde{\boldsymbol{q}}_m$驱动的 LTI 状态方程：

$$\begin{aligned}\dot{\widetilde{\boldsymbol{x}}}(t)&=\widetilde{F}\widetilde{\boldsymbol{x}}(t)+\widetilde{B}\widetilde{\boldsymbol{u}}(t),\widetilde{\boldsymbol{x}}(0)=\widetilde{\boldsymbol{x}}_0\\ \widetilde{\boldsymbol{y}}(t)&=\widetilde{C}\widetilde{\boldsymbol{x}}(t)\end{aligned} \tag{6.154}$$

在满足以下矢量和矩阵时成立。

$$\widetilde{\boldsymbol{x}}=\begin{bmatrix}\widetilde{\boldsymbol{\theta}}\\ \boldsymbol{d}\\ \boldsymbol{\eta}\end{bmatrix},\quad \widetilde{\boldsymbol{u}}=\begin{bmatrix}\widetilde{\boldsymbol{\omega}}_m\\ \widetilde{\boldsymbol{\theta}}_m=2\widetilde{\boldsymbol{q}}_m\end{bmatrix},\quad \widetilde{\boldsymbol{y}}=\widetilde{\boldsymbol{\theta}}$$

$$\widetilde{F}=\begin{bmatrix}0 & I & 0\\ -(G+H)/2 & 0 & H/2\\ L/2 & 0 & -L/2\end{bmatrix},\quad \widetilde{B}=\begin{bmatrix}-I & 0\\ 0 & -(G+H)/2\\ 0 & L/2\end{bmatrix},\quad \widetilde{C}=[I\quad 0\quad 0] \tag{6.155}$$

为了避免式（6.155）中的系数1/2，在后续中将明确使用式（6.153）中的角向量。

练习22：

证明：稳定性条件 $G>0$，$H=hG>0$ 和 $L>0$ 对应于式（6.154）的 Routh–Hurwitz 稳定性准则。

在这种情况下，$G>0$ 和 $L>0$ 也可以由正定对角矩阵实现。

6.5.8 积分链反馈

6.5.6 节中的 PI 反馈和 6.5.7 节中的动态反馈都可以像 6.3.4 节那样通过一条积分链来扩展，这使得航天器的不确定性可以作为一个未知的扰动来处理，并被嵌入式模型补偿。积分器可以串联添加，也可以并联添加。并联布局可以保持无源性，但单个输出并不可观。串联布局可以通过单个输出实现可观。本节所研究的串联按 6.3.4 节的层级布置，如图 6.12 所示，由以下非线性状态空间方程定义：

$$
\begin{aligned}
&\dot{\hat{\mathfrak{q}}}(t)=\frac{1}{2}\hat{\mathfrak{q}}\otimes(\breve{\boldsymbol{\omega}}-\boldsymbol{d})\\
&\dot{\boldsymbol{d}}(t)=\boldsymbol{d}_1-G\mathrm{sgn}(e_{m0})\boldsymbol{\theta}_m-H\mathrm{sgn}(\widetilde{p}_0)\widetilde{\boldsymbol{\eta}}\\
&\dot{\boldsymbol{d}}_1(t)=\boldsymbol{d}_2-G_1\mathrm{sgn}(e_{m0})\boldsymbol{\theta}_m-H_1\mathrm{sgn}(\widetilde{p}_0)\widetilde{\boldsymbol{\eta}}\\
&\vdots\\
&\dot{\boldsymbol{d}}_m(t)=-G_m\mathrm{sgn}(e_{m0})\boldsymbol{\theta}_m-H_m\mathrm{sgn}(\widetilde{p}_0)\widetilde{\boldsymbol{\eta}}\\
&\dot{\mathfrak{p}}(t)=\frac{1}{2}\mathfrak{p}\otimes L\mathrm{sgn}(\widetilde{p}_0)\widetilde{\boldsymbol{\eta}}
\end{aligned}
\tag{6.156}
$$

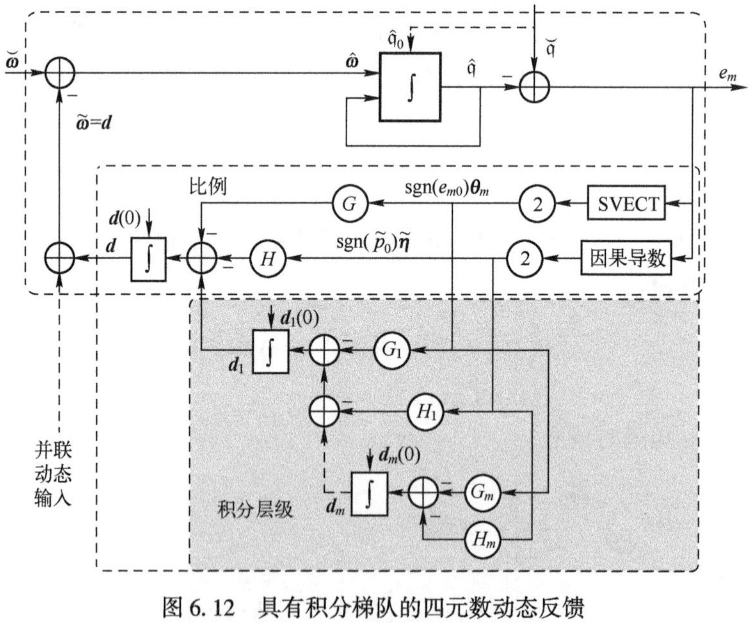

图 6.12　具有积分梯队的四元数动态反馈

其中，增益矩阵假定为对角正定阵，从四元数矢量部分到式（6.153）的角矢量部分的系数 2 包含在角矢量 $\boldsymbol{\theta}_m=2\boldsymbol{e}_m$ 和 $\widetilde{\boldsymbol{\eta}}=2\widetilde{\boldsymbol{p}}$ 中，测量模型误差是 $e_m=\hat{\mathfrak{q}}^{-1}\otimes\breve{\mathfrak{q}}=[e_{m0},\boldsymbol{e}_m]$，

因果导数误差为$\tilde{\mathfrak{p}}=\mathfrak{p}^{-1}\otimes e_m=[\tilde{p}_0,\tilde{\boldsymbol{p}}]$。

练习 23：

证明： 由式（6.107）中的真四元数减去式（6.156）中的第一行方程得到的非线性误差方程是$\dot{\tilde{\mathfrak{q}}}(t)=\tilde{\mathfrak{q}}\otimes(\boldsymbol{d}-\tilde{\boldsymbol{\omega}}_m)/2$的近似。

提示： 正如式（6.106），假设近似$\boldsymbol{R}_m^b\cong\boldsymbol{I}$，其中$m$代表模型坐标系，$b$代表体坐标系。

在结论 3 的帮助下，假设练习 23 的非线性误差动力学渐近收敛于一个 LTI 状态方程，并且$2\tilde{\boldsymbol{p}}\to2(\tilde{\boldsymbol{q}}-\boldsymbol{p})=\tilde{\boldsymbol{\theta}}-\boldsymbol{\eta}$，由此可以得到稳定性条件。通过限制到$m=1$的情况下，并借助于式（6.154），由测量误差［如式（6.155）］驱动的 LTI 方程有以下状态$\tilde{\boldsymbol{x}}$和系数矩阵。

$$\tilde{\boldsymbol{x}}=\begin{bmatrix}\tilde{\boldsymbol{\theta}}\\ \boldsymbol{d}\\ \boldsymbol{d}_1\\ \boldsymbol{\eta}\end{bmatrix},\quad \tilde{\boldsymbol{F}}=\begin{bmatrix}0 & I & 0 & 0\\ -G-H & 0 & I & H\\ -G_1-H_1 & 0 & 0 & H_1\\ L & 0 & 0 & -L\end{bmatrix},\quad \tilde{\boldsymbol{B}}=\begin{bmatrix}-I & 0\\ 0 & -G-H\\ 0 & -G_1-H_1\\ 0 & L\end{bmatrix}\tag{6.157}$$
$$\tilde{\boldsymbol{C}}=[I\quad 0\quad 0\quad 0]$$

若式（6.157）中的增益矩阵为对角矩阵，其一般元素表示为g_k、h_k、g_{1k}、h_{1k}、l_k，$k=1,2,3$，则状态矩阵的特征多项式为乘积$P(\lambda)=\prod_{k=1}^{3}P_k(\lambda)$，其中一般因子$P_k(\lambda)$为

$$P_k(\lambda)=\lambda^4+l_k\lambda^3+(g_k+h_k)\lambda^2+(g_{1k}+h_{1k}+g_kl_k)\lambda+g_{1k}l_k\tag{6.158}$$

下一个结论是非常基本的。

结论 4：

给定一个任意的频谱$\Lambda_k=\{\lambda_{1k},\cdots,\lambda_{4k}\},k=1,2,3$和相应的特征多项式$\prod_k(\lambda)=\lambda^4+c_{3k}\lambda^3+\cdots+c_{0k}$，式（6.158）中的所有增益都可以通过将$P_k(\lambda)$和$\prod_k(\lambda)$的系数对应相等而分别得到解，这意味着式（6.157）是可稳定的。

练习 24：

证明： 式（6.158）中的增益$g_{1k}+h_{1k}$可以设为零，而式（6.157）的输入–输出传递函数的零点和极点没有变化。

图 6.12 中由“因果导数”表示的方框与图 6.11 中相同。

6.5.9 离散时间闭环稳定性

因为状态预测是在离散时间方式实现的，所以需要找到合适的闭环稳定条件，它们只适用于比例反馈情况。利用式（6.78），得到式（6.99）中误差运动学的离散方程：

$$\begin{aligned}&\tilde{\mathfrak{q}}(i+1)=c(i)\tilde{\mathfrak{q}}(i)+\frac{1}{2}s(i)\tilde{\mathfrak{q}}(i)\otimes T\tilde{\boldsymbol{\omega}}(i)\\&c(i)=\cos(T\tilde{\omega}(i)/2),\quad s=\frac{2\sin(T\tilde{\omega}(i)/2)}{T\tilde{\omega}(i)},\quad \tilde{\omega}(i)=|\tilde{\boldsymbol{\omega}}(i)|\end{aligned}\tag{6.159}$$

为了能找出一个保证闭环系统渐近稳定的静态反馈，使用式（6.91）中的李雅普诺夫函数$V(i)=V(t=iT)$。$V(i)$和差值$\Delta V(i)$由下式给出：

$$V(i)=(1-|\tilde{q}_0|)^2+\tilde{\boldsymbol{q}}^{\mathrm{T}}\tilde{\boldsymbol{q}}=2(1-|\tilde{q}_0|)$$
$$\Delta V(i)=V(i+1)-V(i)=-2(|\tilde{q}_0(i+1)|-|\tilde{q}_0(i)|) \tag{6.160}$$

且两者在平衡点[±1,0]处都为0。下面的引理源自于式（6.160）。

引理2：如果除点[±1,0]外，满足$|\tilde{q}_0(i+1)|>|\tilde{q}_0(i)|$，那么比例反馈$T\tilde{\boldsymbol{\omega}}(i)=-2f\mathrm{sgn}(\tilde{q}_0)\tilde{\boldsymbol{q}}(i)$（$f>0$，标量）使得式（6.159）渐近稳定并且收敛于两个平衡点[±1,0]中的任意一个。

为了找出f的上下限，计算$-\Delta V$的表达式为

$$|\tilde{q}_0(i+1)|-|\tilde{q}_0(i)|=|c(i)\tilde{q}_0(i)+s(i)\mathrm{sgn}(\tilde{q}_0)f(1-\tilde{q}_0^2)|-|\tilde{q}_0(i)|>0 \tag{6.161}$$

其中，记$c(i)=\cos(f|\tilde{\boldsymbol{q}}(i)|)$，$s(i)=(f|\tilde{\boldsymbol{q}}(i)|)^{-1}\sin(f|\tilde{\boldsymbol{q}}(i)|)$，$|\tilde{\boldsymbol{q}}|=\sqrt{1-\tilde{q}_0^2}$。对式（6.161）右侧进行整理得到

$$\sin(f\sqrt{1-\tilde{q}_0^2})\sqrt{1-\tilde{q}_0^2}+|\tilde{q}_0|\cos(f\sqrt{1-\tilde{q}_0^2})>|\tilde{q}_0| \tag{6.162}$$

其可以改写为

$$\sin(f\sqrt{1-\tilde{q}_0^2}+\phi)>\sin\phi\Rightarrow f\sqrt{1-\tilde{q}_0^2}>0\Rightarrow f>0$$
$$0\leqslant\phi=\arcsin|\tilde{q}_0|<\pi/2 \tag{6.163}$$

关于f的下限，f必须为正，这与6.5.3节的结果一致。

完整闭环误差方程为

$$\tilde{q}_0(i+1)=\left(c(i)+s(i)f\frac{1-\tilde{q}_0^2(i)}{|\tilde{q}_0(i)|}\right)\tilde{q}_0(i)$$
$$\tilde{\boldsymbol{q}}(i+1)=(c(i)-s(i)f|\tilde{q}_0(i)|)\tilde{\boldsymbol{q}}(i) \tag{6.164}$$

练习25：

写出式（6.164）的自由响应。

对于f的上限值，由式（6.162）可知，反馈增益f可以解释为一个角度，意味着$f<\pi$为临时上限值。通过式（6.162）中假设$f\sqrt{1-\tilde{q}_0^2}\ll 1$，可以得到与离散时间域一致的更小的上限，当$|\tilde{q}_0|\to 1$时达到该上限。新的上限是通过将式（6.162）近似为以下不等式得到的。

$$f(1-\tilde{q}_0^2)+|\tilde{q}_0|\left(1-\frac{f^2(1-\tilde{q}_0^2)}{2}\right)>|\tilde{q}_0|\Rightarrow 0<f<2 \tag{6.165}$$

接下来，为了避免出现负的特征值$\lambda=1-f$，f将进一步被限制在$0<f\leqslant 1$的范围内。我们可以给出下面的结果，它与结论1相似。

结论5：在比例反馈$T\tilde{\boldsymbol{\omega}}=-2\mathrm{sgn}(\tilde{q}_0)f\tilde{\boldsymbol{q}}$（$0<f\leqslant 1$）下，当$|\tilde{q}_0|\to 1$时，式（6.164）变为渐近线性和时不变，通过加入测量误差，式（6.164）写为

$$\tilde{\boldsymbol{q}}(i+1)=(1-f)\tilde{\boldsymbol{q}}(i)-\frac{1}{2}\tilde{\boldsymbol{\omega}}_m(i)T-f\tilde{\boldsymbol{q}}_m(i) \tag{6.166}$$

6.6 反馈实现和极点配置

通过合并结论1~5，我们可以给出以下实现规则，这些规则将在13.6.2节中重复。

（1）反馈是围绕式（6.159）中非线性离散嵌入式模型实现的，它是控制单元的一部分。利用零阶保持器（ZOH）插值将前面章节中的连续时间方程转化为离散时间方程。

（2）反馈增益由渐近稳定闭环离散时间频谱$\widetilde{\Lambda}=\{\widetilde{\lambda}_1=1-\widetilde{\gamma}_1,\cdots,\widetilde{\lambda}_k=1-\widetilde{\gamma}_k,\cdots\}$计算得到，其中$\widetilde{\gamma}_k$表示互补特征值。该频谱被分配给离散时间形式的渐近 LTI 误差方程，如式（6.140）、式（6.155）和式（6.157），也被分配给离散时间形式的由式（6.159）中的嵌入式模型和相关反馈构成的（非线性）闭环系统。后续，集合$\widetilde{\Lambda}$将被互补集合$\widetilde{\Gamma}=\{\widetilde{\gamma}_1,\cdots,\widetilde{\gamma}_k,\cdots,\widetilde{\gamma}_n\}$替换。

（3）如果$\widetilde{\lambda}_k=\widetilde{\rho}_k\exp(\mathrm{j}\widetilde{\phi}_k)$，闭环极点的配置应确保$\widetilde{\rho}_k<\widetilde{\rho}_{\max}<1$和$|\widetilde{\phi}_k|<\widetilde{\phi}_{\max}\ll\pi/2$。在本书中，作为基准，我们约定$\widetilde{\phi}_{\max}=0$（特征值实数部分满足$0\leqslant\widetilde{\lambda}_k\leqslant\widetilde{\rho}_{\max}<1$）。复数闭环特征值在 5.5.2 节中已经用到。

（4）通过使用极点配置公式

$$0<\widetilde{\gamma}_k=\widetilde{\gamma}_1 2^{-\widetilde{\alpha}(k-1)}\leqslant 1,\widetilde{\alpha}\geqslant 0,\quad \widetilde{\gamma}_1=2\pi\widetilde{f}_1 T\leqslant 1,k=1,2,\cdots,n \tag{6.167}$$

用$\{\widetilde{\gamma}_1,\widetilde{\alpha}\}$表示$\widetilde{\gamma}_k\in\widetilde{\Gamma}$，相对于性能判据，极点配置可以通过分析或仿真进行优化。当式（6.167）中的$\widetilde{\alpha}=0$时得到相同极点，$\widetilde{\alpha}>0$时可以调节状态预测器谐波响应的幅值超调（参见文献［5］）。式（6.167）的使用将贯穿全书。

上面提到的大多数参数都用波浪线标记，因为它们指的是状态预测器灵敏度，用$\widetilde{S}(z)$表示。上述过程是基于某些性能判据的直接增益优化的替代方案。目标是显式地将需求和闭环特征值关联起来。任何后续的优化都是为了找出与需求相关的一些裕度。需求可以在时域和频域表示。姿态需求的定义和讨论参见 12.3.2 节。状态预测器灵敏度$\widetilde{S}(z)$和互补灵敏度$\widetilde{V}(z)$的定义和推导参见 13.6.2 节。状态预测器的不确定性设计在 14.3 节中讨论。

后续，我们假设姿态测量是由集成星敏感器提供的，角速度测量是由三轴陀螺仪提供的。

6.6.1 状态预测器的极点配置

我们重点关注 6.5.7 节中的状态预测器，它被称为动态反馈（DF）预测器。极点配置是通过坐标解耦来完成的，这使得我们可以改写图 6.11 中框图的误差方程，具体描述如下。解耦意味着图 6.11 中的反馈矩阵 $\boldsymbol{G}$、$\boldsymbol{H}$ 和 $\boldsymbol{L}$ 是对角阵。在图 6.13 所示的框图中，符号 Σ 代替积分，并对应于离散时间四元数运动学式（6.78）或线性方程 $\boldsymbol{d}(i+1)=\boldsymbol{d}(i)+$输入。

因为解耦，我们可以把设计限制为$\widetilde{\boldsymbol{\theta}}=2\widetilde{\boldsymbol{q}}$的一般坐标$\widetilde{\theta}$和 $\boldsymbol{\eta}=2\boldsymbol{p}$ 的坐标 η，其中$\widetilde{\boldsymbol{q}}$是预测误差$\widetilde{\mathfrak{q}}$的矢量部分，$\boldsymbol{p}$ 是因果导数 $\mathfrak{p}$ 的矢量部分。同样的简化适用于积分状态 $\boldsymbol{d}$ 的坐标 d，相对于图 6.11 其符号已经改变。借助于图 6.13，一般坐标的离散时间方程为

$$\begin{aligned}\widetilde{\boldsymbol{x}}(i+1)&=\widetilde{F}\widetilde{\boldsymbol{x}}(i)+\widetilde{B}\widetilde{\boldsymbol{u}}(i)\\ \widetilde{\boldsymbol{y}}(i)&=\widetilde{C}\widetilde{\boldsymbol{x}}(i)\end{aligned} \tag{6.168}$$

其中

$$\widetilde{\boldsymbol{x}}=\begin{bmatrix}\widetilde{\theta}\\-d\\\eta\end{bmatrix},\quad \widetilde{\boldsymbol{F}}=\begin{bmatrix}1&1&0\\-g-h&1&h\\l&0&1-l\end{bmatrix},\quad \widetilde{\boldsymbol{B}}=[\widetilde{\boldsymbol{H}}\quad\widetilde{\boldsymbol{L}}]=\begin{bmatrix}-1&0\\0&-g-h\\0&l\end{bmatrix}$$

$$\widetilde{\boldsymbol{C}}=[1\quad 0\quad 0],\quad \widetilde{\boldsymbol{u}}=\begin{bmatrix}\widetilde{\omega}_mT\\\widetilde{\theta}_m\end{bmatrix} \tag{6.169}$$

与式（6.157）不同，式（6.169）中的误差状态矢量$\widetilde{\boldsymbol{x}}$包含了有符号的分量$-d$。这是因为图 6.11 中的一对负号在图 6.13 中被消除了，因此在式（6.169）中也消除了。

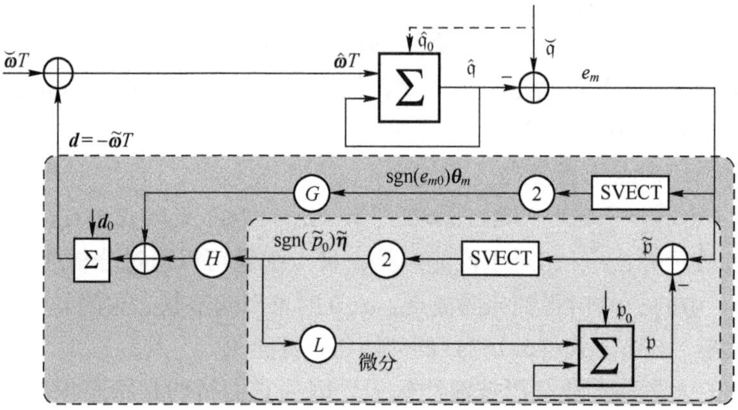

图 6.13　动态反馈预测器：图 6.11 的离散时间实现

标量增益 g、h 和 l 是图 6.13 中对角矩阵 $\boldsymbol{G}$、$\boldsymbol{H}$ 和 $\boldsymbol{L}$ 的一般分量。该方程由速率 $\widetilde{\omega}_mT$ 和姿态测量误差$\widetilde{\theta}_m$ 驱动，其中$\widetilde{\theta}_m$ 是$\widetilde{\boldsymbol{\theta}}_m=2\widetilde{\boldsymbol{q}}_m$ 的一个分量。式（6.168）中的所有变量为角度，均由弧度表示。虽然在表 6.1 中，星敏感器和陀螺仪的时间单位 T_s 和 T_g 是不同的，但是为了简单起见，我们保守假设 $T=\max(T_s,T_g)=T_s$。在第 14 章的案例研究中将使用不同的时间单位。给定一组互补特征值$\widetilde{\Gamma}=\{\widetilde{\gamma}_1,\widetilde{\gamma}_2,\widetilde{\gamma}_3\}$，由式（6.168）中状态矩阵的特征多项式推导出如下增益方程。

$$l=\sum_{k=1}^{3}\widetilde{\gamma}_k,\quad gl=\prod_{k=1}^{3}\widetilde{\gamma}_k,\quad g+h=\widetilde{\gamma}_1\widetilde{\gamma}_2+\widetilde{\gamma}_1\widetilde{\gamma}_3+\widetilde{\gamma}_2\widetilde{\gamma}_3 \tag{6.170}$$

表 6.1　典型的导航等级误差和状态预测器需求

序号	参数	符号	单位	值（+）	备注
1	姿态偏置	b_s	mrad	250（0）	无
2	姿态随机误差（NEA）	$\widetilde{\sigma}_{NEA}$	μrad	25~100（30）	最大值指向光轴方向
3	姿态传感器时间单位	T_s	s	1（1）	当前标准是 0.1s
4	角速率偏置	b_ω	μrad/s	≤1(−1~1)	无
5	角速率误差	$\widetilde{S}_\omega$	μrad/(s $\sqrt{Hz}$)	≤0.5(0.3)	角度随机游走
6	角速率漂移	$\widetilde{S}_\omega f_\omega$	μrad/(s^2 $\sqrt{Hz}$)	≤0.5(0.3)	f_ω≤1mHz
7	角速率传感器时间单位	T_g	s	≤0.01(1)	无
8	设计时间单位	$T=T_s$	s	1	无

续表

序号	参数	符号	单位	值（+）	备注
9	姿态预测误差范围	$\{f_\theta, \widetilde{S}_{\theta0,\max}\}$	$[\mathrm{Hz}, \mathrm{mrad}/\sqrt{\mathrm{Hz}}]$	$\{0.001, 0.2\}$	式（6.176）和式（6.179），图6.14（b）
10	速率偏置预测误差范围	$\{f_b, \widetilde{S}_{b0,\max}\}$	$[\mathrm{Hz}, \mathrm{mrad}/\sqrt{\mathrm{Hz}}]$	$\{0.001, 0.001\}$	式（6.182），图6.14（a）

注：（+）括号内的值是在本节和6.6.2节的模拟运行中使用的值。

1. 姿态预测误差

我们的目的是通过13.6节找到式（6.168）的输入信号和输出信号之间的传递函数，即输入信号（模型误差$\widetilde{\theta}_m$及角速率测量误差$\widetilde{\omega}_m T$）和输出信号（姿态预测误差$\widetilde{y}=\widetilde{\theta}$）之间的传递函数。为了简化推导，我们通过状态方程$x_y(i+1)=x_y(i)-\widetilde{\omega}_m(i)T$和输出方程$d_y(i)=x_y(i)$将$-\widetilde{\omega}_m T$转换为输出。$-\widetilde{\omega}_m T$的输出变换使得式（6.168）在新的状态向量$\widetilde{\boldsymbol{x}}=[\widetilde{\theta}-x_y, -d, -\eta]$的基础上可以改写为

$$\begin{aligned}\widetilde{\boldsymbol{x}}(i+1)&=\widetilde{F}\widetilde{\boldsymbol{x}}(i)+\widetilde{L}(\widetilde{\theta}_m(i)+d_y(i))\\ \widetilde{y}(i)&=\widetilde{C}\widetilde{\boldsymbol{x}}(i)+d_y(i)\end{aligned} \tag{6.171}$$

扰动转移到输出是闭环传递函数计算的标准步骤（参见13.6.2节）。式（6.171）的Z变换称为设计方程，容易得到

$$\widetilde{\theta}(z)=-\widetilde{V}(z,\Gamma)\widetilde{\theta}_m(z)+\widetilde{S}(z,\Gamma)d_y(z) \tag{6.172}$$

并且其中包含了传递函数：

$$\widetilde{V}(z,\widetilde{\Gamma})=-\widetilde{C}(zI-\widetilde{F})^{-1}\widetilde{L},\quad \widetilde{S}(z,\widetilde{\Gamma})=1-\widetilde{V}(z) \tag{6.173}$$

在式（6.172）中，$\widetilde{S}=1-\widetilde{V}$为灵敏度；$\widetilde{V}$为互补灵敏度（CS）。传递函数及其渐近线的表达式（参见13.2.3节）由式（6.169）推出，即

$$\begin{aligned}\widetilde{S}(z)&=\frac{(z-1)^2(z-1+l)}{(z-1)^3+l(z-1)^2+(g+h)(z-1)+gl}\\ \widetilde{S}_0(z)&=\lim_{z\to1}\widetilde{S}(z)=(z-1)^2/g\\ \widetilde{V}_\infty(z)&=\lim_{z-1\to\infty}\widetilde{V}(z)=(g+h)(z-1)^{-2}\end{aligned} \tag{6.174}$$

将$\widetilde{S}_0(z)$和$\widetilde{V}_\infty(z)$转换到频域，分别定义了在离散时间频域$0\leqslant f<f_{\max}=0.5/T$内的灵敏度和互补灵敏度的带宽（BW）$\widetilde{f}_s$和$\widetilde{f}_v$，其中$f_{\max}$为奈奎斯特频率。

$$\begin{aligned}|\widetilde{S}_0(jf)|&=(f/\widetilde{f}_s)^2,\quad \widetilde{f}_s=\frac{f_{\max}}{\pi}\sqrt{g}=\frac{f_{\max}}{\pi}\sqrt{\frac{\widetilde{\gamma}_1\widetilde{\gamma}_2\widetilde{\gamma}_3}{\widetilde{\gamma}_1+\widetilde{\gamma}_2+\widetilde{\gamma}_3}}\leqslant\frac{f_{\max}}{\pi\sqrt{3}}\\ |\widetilde{V}_\infty(jf)|&=(\widetilde{f}_v/f)^2,\quad \widetilde{f}_v=\frac{f_{\max}}{\pi}\sqrt{g+h}=\frac{f_{\max}}{\pi}\sqrt{\widetilde{\gamma}_1\widetilde{\gamma}_2+\widetilde{\gamma}_1\widetilde{\gamma}_3+\widetilde{\gamma}_2\widetilde{\gamma}_3}\leqslant\frac{\sqrt{3}f_{\max}}{\pi}\end{aligned} \tag{6.175}$$

设计过程严格遵循14.3节，但不包括可忽略动力学和参数不确定性。假设预测误差$\widetilde{\theta}$为二阶稳定过程，可以将式（6.172）中的设计方程转化为（单边）频谱密度的性能不等式（参见13.7.3节）。为了达成这个目的，我们需要：①模型误差$\widetilde{\theta}_m$的频谱密度$\widetilde{S}_m(f)$；②输出扰动d_y的频谱密度$S_d(f)$；③$\widetilde{\theta}$的频谱密度$\widetilde{S}_\theta(f)$的频谱边界$\widetilde{S}_{\theta,\max}(f)$。$\widetilde{\theta}$的稳定性假设体现在$\widetilde{\theta}_m$和$d_y$。具体地说，不考虑可忽略动力学使得$\widetilde{\theta}_m$变为传感器随机误差，不考虑参数不确定性使得$d_y$变为随机扰动。给出要设计的互补频谱$\widetilde{\Gamma}$，性能不

等式满足

$$\widetilde{S}_\theta^2(f)=|\widetilde{V}(jf,\widetilde{\Gamma})|^2\widetilde{S}_m^2(f)+|\widetilde{S}(jf,\widetilde{\Gamma})|^2 S_d^2(f)\leqslant\widetilde{S}_{\theta,\max}^2(f) \tag{6.176}$$

其中，左侧可以称为状态预测器误差预算。

式（6.176）中$\widetilde{S}_m^2$和S_d^2的典型表达式和值参见8.2.2节、8.2.3节和8.9.3节。它们有如下特点。

（1）测量误差频谱密度$\widetilde{S}_m$等于星敏感器误差频谱密度的高频分量平坦部分（flat HF component）$\widetilde{S}_m=\widetilde{S}_{\mathrm{NEA}}=\widetilde{\sigma}_{\mathrm{NEA}}/\sqrt{f_{\max}}$，$\widetilde{\sigma}_{\theta m}^2=\widetilde{\sigma}_{\mathrm{NEA}}^2$是误差方差。

标准差$\widetilde{\sigma}_{\mathrm{NEA}}$是噪声等效角。

（2）陀螺仪测量的离散时间速率误差方程，也将用于6.6.2节中卡尔曼滤波器的设计，该误差方程为

$$\begin{aligned}&b_\omega(i+1)=b_\omega(i)+\widetilde{w}_b(i),\quad b_\omega(0)=b_{\omega0}\\&\widetilde{\omega}_m(i)=(b_\omega(i)+\widetilde{w}_\omega(i))/T\\&\widetilde{w}_\omega=N(0,\widetilde{\sigma}_\omega^2=\widetilde{S}_\omega^2T^2\sqrt{f_{\max}}),\quad \widetilde{w}_b=N(0,\widetilde{\sigma}_b^2=\widetilde{S}_\omega^2f_\omega^2T^4\sqrt{f_{\max}})\end{aligned} \tag{6.177}$$

其中，高斯变量的符号$N(\cdot)$也在13.7.1节中使用，所有变量均以弧度度量。b_ω/T是由噪声$\widetilde{w}_b$驱动的随机游走/漂移（也称为偏差不稳定性），$\widetilde{w}_\omega$是一种宽频带噪声，积分后产生一种姿态随机游走。频谱密度$\widetilde{S}_\omega$[rad/(s$\sqrt{\mathrm{Hz}}$)]被称为角度随机游走（ARW），是$f>f_\omega$时速率测量误差$\widetilde{\omega}_m$的频谱密度。$\widetilde{S}_\omega f_\omega$[rad/s^2/$\sqrt{\mathrm{Hz}}$]是加速度噪声$\widetilde{w}_b/T^2$的频谱密度。$\widetilde{\omega}_m$的频谱密度是随机漂移频谱密度$\widetilde{S}_\omega f_\omega/f$和水平频谱密度$\widetilde{S}_\omega=\widetilde{\sigma}_\omega/\sqrt{f_{\max}}$的合成，其中$\widetilde{\sigma}_\omega^2$是误差的方差。对它们的平方和进行积分得到输出频谱密度$S_d(f)$（也给出了低频、高频渐近线）。

$$S_d(f)=\frac{\widetilde{S}_\omega}{2\pi f}\sqrt{1+\left(\frac{f_\omega}{f}\right)^2}\ [\mathrm{rad}/\sqrt{\mathrm{Hz}}],\quad \lim_{f\to0}S_d(f)=\frac{\widetilde{S}_\omega f_\omega}{2\pi f^2},\quad \lim_{f\to\infty}S_d(f)=\frac{\widetilde{S}_\omega}{2\pi f} \tag{6.178}$$

第8章（表8.1、表8.3、表8.4和表8.8）中导航等级传感器的典型值如表6.1所示。在6.6.2节的仿真运行中使用了括号内的值。星敏感器的姿态测量误差和三维陀螺仪的角速率误差是相对应的。

如图6.14（a）所示，边界$\widetilde{S}_{\theta,\max}(f)$通常分解为定义在$f\leqslant f_\theta$（截止频率）下的平坦低频边界$\widetilde{S}_{\theta0}(f)$和斜率为$-n$($-n$20dB/decade)的高频递减边界。频谱界限参数如表6.1第9行。它们的组合可以简化为（也给出了低频、高频渐近线）

$$\widetilde{S}_{\theta,\max}(f)=\frac{\widetilde{S}_{\theta0,\max}}{\sqrt{(1+(f/f_\theta)^2)^n}},\quad \lim_{f\to0}\widetilde{S}_{\theta,\max}(f)=\widetilde{S}_{\theta0,\max},\quad \lim_{f\to\infty}\widetilde{S}_{\theta,\max}(f)=\widetilde{S}_{\theta0,\max}\left(\frac{f_\theta}{f}\right)^n \tag{6.179}$$

对式（6.179）在整个频段$0\leqslant f<f_{\max}$内积分，得到方差边界$\widetilde{\sigma}_{\theta,\max}^2$，可近似为

$$\widetilde{\sigma}_{\theta,\max}\cong\widetilde{S}_{\theta0,\max}\sqrt{\frac{\pi f_\theta}{\rho(n)}}\Rightarrow\frac{\widetilde{\sigma}_{\theta,\max}}{\widetilde{\sigma}_{\theta0,\max}}=\sqrt{\frac{\pi}{\rho(n)}\frac{f_\theta}{f_{\max}}} \tag{6.180}$$

其中，$\widetilde{\sigma}_{\theta0,\max}=\widetilde{S}_{\theta0,\max}\sqrt{f_{\max}}$。在式（6.180）中，对于$n=1,2$，有$\rho(1)=1,\rho(2)=2$。接下来，假设$n=1$。

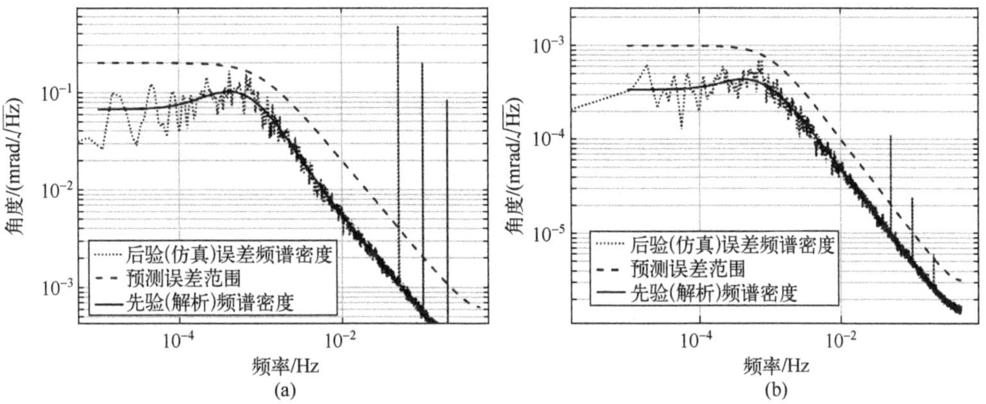

图 6.14 先验（解析和边界）和后验（仿真）频谱密度

（a）姿态预测误差；（b）角速率偏差预测误差。

练习 26：

利用 A. Papoulis[10]教材中功率谱部分的方差方程，证明 $n=1,2$ 时，式（6.180）中的左半近似恒等式成立。也可以写出从输入噪声到过程输出的相关连续时间状态方程，并利用稳态连续时间协方差李雅普诺夫方程。微分连续时间李雅普诺夫方程如式（13.206）所示。

2. 角速率偏差预测误差

偏差预测误差$\tilde{b}_\omega=b_\omega-d$[rad]的 Z 变换等式为

$$\tilde{b}_\omega(z)=\tilde{V}(z)(-\tilde{w}_\omega(z)+(z-1)\tilde{\theta}_m(z))+(z-1)^{-1}\tilde{S}(z)\tilde{w}_b(z) \tag{6.181}$$

其中，最后一项可以忽略，因为从式（6.177）和表 6.1 中可以发现$\tilde{\sigma}_b^2\ll\tilde{\sigma}_\omega^2$。给定与式（6.179）[图 6.14（b）] 中相同类型的频谱边界，其参数、水平低频边界、截止频率和高频斜率包含在$\{\tilde{S}_{b0,\max},f_b,n=1\}$中，可将偏置误差预算写成与式（6.176）类似的形式。

$$\tilde{S}_b^2(f)=|\tilde{V}(jf,\tilde{\Gamma})|^2((2\pi fT)^2\tilde{S}_{NEA}^2+\tilde{S}_\omega^2T^2)\leqslant\tilde{S}_{b,\max}^2(f) \tag{6.182}$$

截止频率 f_b 将频域分成两个子域：低频和高频。频谱边界参数如表 6.1 中的第 10 行所示。

人们可能想知道像式（6.179）中那样的频谱界限是否适用于偏差预测误差，因为四元数运动学对平坦低频谱的积分产生无界漂移。原则上，可以通过将频谱边界$\tilde{S}_{b,\max}(f)$设计为带通来避免漂移，换句话说，通过赋予低频边界一个导数阶数 $\delta\geqslant1$ 来避免漂移。实际上，13.6.3 节中的稳定性定理 8 暗含了，预测误差只需为有界方差即可，如果$\tilde{S}_{b,\max}(f)$的表达式为式（6.179）的形式，则过程方差是有界的。事实上，本节的状态预测器将是渐近稳定闭环系统的一部分，将在 7.3.4 节中进行设计，虽然残差偏置误差由四元数运动学进行积分，但积分结果仍受整体闭环稳定性的约束。

练习 27：

借助式（6.168）、式（6.169）和式（6.177）证明式（6.181）。

3. 传感器选择和极点配置的不等式设计

式（6.176）和式（6.182）中的误差预算不等式转换为 4 个设计不等式，如

14.3.3 节所示。总的误差预算分配在星敏感器谱密度$\widetilde{S}_m=\widetilde{S}_{\mathrm{NEA}}$和陀螺仪角度随机游走$\widetilde{S}_\omega$之间，后者在式（6.178）中定义了输出扰动的谱密度 S_d。分配通过归一化的权值 $w_{v\theta}^{-2}+w_{s\theta}^{-2}=1$（对于姿态误差预算）和 $w_{b,\mathrm{NEA}}^{-2}+w_{b,\mathrm{GYRO}}^{-2}=1$（对于偏差误差预算）来完成。当式（6.181）中出现$\widetilde{w}_\omega$和$\widetilde{w}_b$ 等白噪声时，读者不应将之前的权值符号与字母 w 混淆。14.3.3 节中的式（14.48）中定义的两对非负加权函数为

$$\begin{aligned}&W_{v\theta}=w_{v\theta}\frac{\widetilde{S}_{NEA}}{\widetilde{S}_{\theta,\max}},\quad W_{s\theta}=w_{s\theta}\frac{\widetilde{S}_d}{\widetilde{S}_{\theta,\max}}\\&W_{vb,\mathrm{NEA}}=w_{vb,NEA}\frac{2\pi fT\,\widetilde{S}_{\mathrm{NEA}}}{\widetilde{S}_{b,\max}},\quad W_{vb,\mathrm{GYRO}}=w_{vb,\mathrm{GYRO}}\frac{\widetilde{S}_\omega T}{\widetilde{S}_{b,\max}}\end{aligned}\tag{6.183}$$

其中，权重函数 W_{vb}进一步拆分为 $W_{vb,\mathrm{NEA}}$和 $W_{vb,\mathrm{GYRO}}$两部分来恢复两个加权函数，因为式（6.181）中忽略$\widetilde{S}(z)\widetilde{w}_b(z)$意味着相关的权重函数 W_{sb}可以设置为 0，同时丢失一个权重函数。

在 14.3.3 节中，下一步是借助式（6.175）中的$\{\widetilde{V},\widetilde{S}\}$的低频和高频渐近线，将式（6.183）中的两对加权函数分解为它们的低频和高频分量。最终，得到 8 个不等式，其中 4 个不等式用于约束传感器误差，其余 4 个不等式用于约束$\{\widetilde{V},\widetilde{S}\}$的带宽$\{\tilde{f}_v,\tilde{f}_s\}$。

4. 传感器误差范围

通过推进低频渐近线$|\widetilde{V}_0(jf)|=1$ 直到$f=\tilde{f}_v$（最高至互补灵敏度带宽），推进高频渐近线$|\widetilde{S}_\infty|\cong 1$ 低至$f=\tilde{f}_s$（最低至灵敏度带宽），可以得到传感器误差的范围。因此，我们得到

$$\begin{aligned}&\mathrm{LFM}:\max\{\max_{f\leqslant f_v}\sim W_{v\theta}(f),\max_{f\leqslant f_v}\sim W_{vb,\mathrm{NEA}}(f)\}\leqslant 1\\&\mathrm{LFM},\ \mathrm{HFA}:\max\{\max_{f\leqslant f_v}\sim W_{vb,\mathrm{GYRO}}(f),\max_{f\geqslant f_s}\sim W_{s\theta}(f)\}\leqslant 1\end{aligned}\tag{6.184}$$

上边的不等式为传感器不等式，如 14.3.3 节中的低频测量不等式（LFM）所示。下边的不等式是另一个传感器不等式，因为它涉及陀螺仪误差，但在 14.3.3 节应被视为执行器不等式（高频执行器不等式 HFA）。在这里是 LFM 和 HFA 的混合。

利用式（6.178）中$\widetilde{S}_d$ 和式（6.179）中$\widetilde{S}_{\theta,\max}$的低频、高频渐近线，通过将与$\widetilde{S}_{\theta,\max}$相同的表达式应用于$\widetilde{S}_{b,\max}$，可以将式（6.184）中 4 个权值函数的极大值用灵敏度和互补灵敏度带宽表示出来。

$$\begin{aligned}&\max_{f\leqslant f_v}\sim W_{v\theta}(f)=w_{v\theta}\frac{\widetilde{S}_{\mathrm{NEA}}}{\widetilde{S}_{\theta,\max}(\tilde{f}_v)}\cong w_{v\theta}\frac{\widetilde{S}_{\mathrm{NEA}}}{\widetilde{S}_{\theta0,\max}}\max(1,\tilde{f}_v/f_\theta)\\&\max_{f\leqslant f_v}\sim W_{vb,NEA}(f)=w_{vb,NEA}\frac{2\pi\tilde{f}_vT\widetilde{S}_{\mathrm{NEA}}}{\widetilde{S}_{b,\max}(\tilde{f}_v)}\cong w_{vb,NEA}\frac{2\pi\tilde{f}_vT\widetilde{S}_{\mathrm{NEA}}}{\widetilde{S}_{b0,\max}}\max(1,\tilde{f}_v/f_b)\\&\max_{f\leqslant f_v}\sim W_{vb,\mathrm{GYRO}}(f)=w_{vb,\mathrm{GYRO}}\frac{\widetilde{S}_\omega T}{\widetilde{S}_{b,\max}(\tilde{f}_v)}\cong w_{vb,\mathrm{GYRO}}\frac{\widetilde{S}_\omega T}{\widetilde{S}_{b0,\max}}\max(1,\tilde{f}_v/f_b)\\&\max_{f\geqslant f_s}\sim W_{s\theta}(f)=w_{s\theta}\frac{\widetilde{S}_d(\tilde{f}_s)}{\widetilde{S}_{\theta,\max}(\tilde{f}_s)}\cong w_{s\theta}\frac{\widetilde{S}_\omega T}{2\pi\tilde{f}_sT\widetilde{S}_{\theta0,\max}}\max\left(\frac{f_\omega}{\tilde{f}_s},\frac{\tilde{f}_s}{f_\theta}\right)\end{aligned}\tag{6.185}$$

以上四行等号右边的表达式是相似的，因为式（6.178）和式（6.179）中的谱密

度被低频和高频渐近线的分段分布所代替。

通过替换式（6.184）中式（6.185）的近似值，第一个不等式给出了星敏感器$\widetilde{S}_{\mathrm{NEA}}$的范围，第二个不等式给出了陀螺仪$\widetilde{S}_{\omega}$的范围。使式（6.184）在$\widetilde{S}_{NEA}$和$\widetilde{S}_{\omega}$中显式表达，留给读者解决。因为传感器不等式依赖于通过带宽$\widetilde{f}_s$和$\widetilde{f}_v$的极点配置设计，它们被用来检查传感器数据是否兼容。相反的情况将迫使传感器的选择被修改。传感器谱密度的$\{\widetilde{S}_{NEA},\widetilde{S}_{\omega}\}$和$\{\widetilde{f}_s,\widetilde{f}_v\}$也可以通过式（6.176）和式（6.182）中的误差预算的（多重判据）最小值得到。这里不采用这种方式。

5. 极点配置

在$\widetilde{V}$的高频段和$\widetilde{S}$的低频段构建极点配置不等式：

$$\begin{aligned}&\mathrm{LFP}:\max_{f\leqslant\tilde{f}_s}\sim|\widetilde{S}(\mathrm{j}f)|W_{s\theta}(f)\leqslant 1\\&\mathrm{HFP}:\max_{f\geqslant\tilde{f}_v}\sim\{|\widetilde{V}(\mathrm{j}f)|W_{v\theta}(f),|\widetilde{V}(\mathrm{j}f)|W_{vb,\mathrm{NEA}}(f),|\widetilde{V}(\mathrm{j}f)|W_{vb,\mathrm{GYRO}}(f)\}\leqslant 1\end{aligned}\tag{6.186}$$

其中，14.3.3节的缩写LFP、HFP已经提到过了。式（6.186）中上边的不等式使得$\tilde{f}_s$的设计成为可能，下边的不等式使得$\tilde{f}_v$的设计成为可能。式（6.175）中$\widetilde{S}$、式（6.178）中S_d和式（6.179）中$\widetilde{S}_{\theta,\max}$的低频渐近线使得$\widetilde{f}_s$在上边的不等式中显式表达为

$$(\tilde{f}_s)^{-2}\frac{w_{s\theta}\widetilde{S}_{\omega}f_{\omega}}{2\pi\widetilde{S}_{\theta,\max}(\tilde{f}_s)}\leqslant 1\Rightarrow\tilde{f}_s\geqslant\tilde{f}_{s,\min}\cong f_{\omega}\sqrt{\frac{w_{s\theta}\widetilde{S}_{\omega}T}{\pi f_{\omega}T\widetilde{S}_{\theta0,\max}}}\tag{6.187}$$

其中，假设在式（6.179）中，当$n=1$时$\tilde{f}_s>f_\theta$、$\sqrt{1+(\tilde{f}_s/f_\theta)^2}\leqslant 2$。一个精确的最大值应该考虑更精确的分布$\sqrt{1+(\tilde{f}_s/f_\theta)^2}$。式（6.186）中第二个不等式中的元素必须在频带$f\geqslant\tilde{f}_v$内最大化。它们的表达式与频率函数$\phi(f)=(\tilde{f}_v/f)^2\sqrt{1+(f/f_x)^2}$成正比，在$x=b$，$\theta$时达到最大值$f=\tilde{f}_v$。如果假设$\tilde{f}_v>\tilde{f}_s>f_x$，就可以用到近似$\phi(\tilde{f}_v)\cong\tilde{f}_v/f_x$和式（6.175）中$\widetilde{V}$的高频渐近线。因此，式（6.186）第二行关于$\tilde{f}_v$的解决方案为

$$\tilde{f}_v\leqslant\tilde{f}_{v,\max}=\min\left\{f_\theta\frac{\widetilde{S}_{\theta0,\max}}{w_{v\theta}\widetilde{S}_{\mathrm{NEA}}},\quad f_b\sqrt{\frac{\widetilde{S}_{b0,\max}}{w_{vb,\mathrm{NEA}}2\pi f_bT\widetilde{S}_{\mathrm{NEA}}}},\quad f_b\frac{\widetilde{S}_{b0,\max}}{w_{vb,\mathrm{GYRO}}\widetilde{S}_{\omega}T}\right\}\tag{6.188}$$

表6.2总结了设计不等式及其来源。

表6.2　设计不等式总结

序号	误差分配	频域	预算项	设计不等式	设计用途
1	姿态预测误差	LF:$f\leqslant\tilde{f}_v$	$\|\widetilde{V}\|\widetilde{S}_{\mathrm{NEA}}$	$\max W_{v\theta}\leqslant 1$	低频测量，集成星敏感器选择
2		LF:$f\leqslant\tilde{f}_s$	$\|\widetilde{S}\|S_d$	$\max\|\widetilde{S}(\mathrm{j}f)\|W_{v\theta}\leqslant 1$	低频性能：极点配置
3		HF:$f\geqslant\tilde{f}_v$	$\|\widetilde{V}\|\widetilde{S}_{\mathrm{NEA}}$	$\max\|\widetilde{V}(\mathrm{j}f)\|W_{v\theta}\leqslant 1$	高频性能：极点配置
4		HF:$f\geqslant\tilde{f}_s$	$\|\widetilde{S}\|S_d$	$\max W_{s\theta}\leqslant 1$	高频执行器：陀螺仪选择
5	角速率偏置误差	LF:$f\leqslant\tilde{f}_v$	$2\pi fT\|\widetilde{V}\|\widetilde{S}_{\mathrm{NEA}}$	$\max W_{vb,\mathrm{NEA}}\leqslant 1$	低频测量，集成星敏感器选择
6		LF:$f\leqslant\tilde{f}_v$	$\|\widetilde{V}\|\widetilde{S}_{\omega}$	$\max W_{vb,\mathrm{GYRO}}\leqslant 1$	低频测量：陀螺仪选择
7		HF:$f\geqslant\tilde{f}_v$	$2\pi fT\|\widetilde{V}\|\widetilde{S}_{\mathrm{NEA}}$	$\max\|\widetilde{V}(\mathrm{j}f)\|W_{vb,\mathrm{NEA}}\leqslant 1$	高频性能，极点配置
8		HF:$f\geqslant\tilde{f}_v$	$\|\widetilde{V}\|\widetilde{S}_{\omega}$	$\max\|\widetilde{V}(\mathrm{j}f)\|W_{vb,\mathrm{GYRO}}\leqslant 1$	高频性能：极点配置

当上述设计不等式不满足或裕度较小时，设计往往不可行，需要放宽一些参数。

表 6.1 给出了可行极点配置的限制：

$$\tilde{f}_{s,\min}=0.71\text{mHz}\leqslant\tilde{f}_s<\tilde{f}_v\leqslant\tilde{f}_{v,\max}=2.2\text{mHz} \tag{6.189}$$

以及表 6.1 中传感器数据的兼容性。

式（6.170）中的闭环互补频谱$\tilde{\Gamma}=\{\tilde{\gamma}_1,\tilde{\gamma}_2,\tilde{\gamma}_3\}$的频率$\tilde{f}_k=\tilde{\gamma}_k(2\pi T)^{-1},k=1,2,3$，如表 6.3 所示。互补特征值$\{\tilde{\gamma}_1,\tilde{\gamma}_2,\tilde{\gamma}_3\}$已经由式（6.167）计算得到。通过重复仿真运行进行优化，得到满足$\tilde{f}_{s,\min}\leqslant\tilde{f}_1\leqslant\tilde{f}_{v,\max}$的最佳组合$\{\tilde{\gamma}_1=2\pi\tilde{f}_1T,\tilde{\alpha}\geqslant0\}$。最小准则为稳定条件下姿态预测的均方根误差$\tilde{\sigma}_\theta$。最佳组合是$\{\tilde{\gamma}_1=0.00023,\tilde{\alpha}=1\}$并且对应于频率$\tilde{f}_1=1.45\text{mHz}$。此外，$\tilde{\alpha}=1$可以使$|\tilde{S}(jf)|$和$|\tilde{V}(jf)|$在中频区域的超调适度衰减，如图 6.15（b）和图 6.16（a）所示。

表 6.3 仿真性能比较（括号内为卡尔曼滤波性能）

序号	变量	符号	单位	值	公式，图
1	动态反馈预测器的频谱$\tilde{\Gamma}$（mHz）	$\tilde{f}_k,k=1,2,3$	mHz	1.45，0.73，0.036	式（6.170）
2	$\tilde{f}_1$ 的设计极限	$\tilde{f}_{s,\min},\tilde{f}_{v,\max}$	mHz	0.71，0.22	式（6.189）
3	卡尔曼滤波器的频谱 Γ_{KF}（mHz）	$f_{k\text{KF}},k=1,2$	mHz	1.2，0.16	式（6.190）
4	姿态预测误差$\tilde{\theta}$（均方根，每个坐标）	$\tilde{\sigma}_\theta$	mrad	0.0088（0.0086）	式（6.172）
5	姿态模型误差 θ_m（均方根，每个坐标）	$\sigma_{\theta m}\cong\tilde{\sigma}_{\text{NEA}}$	mrad	0.030（0.030）	θ_m，图 6.13 中 $\boldsymbol{\theta}_m$ 的分量
6	偏置预测误差$\tilde{b}_\omega$（均方根，每个坐标）	$\tilde{\sigma}_b$	mrad	0.018（0.0077）	式（6.181）

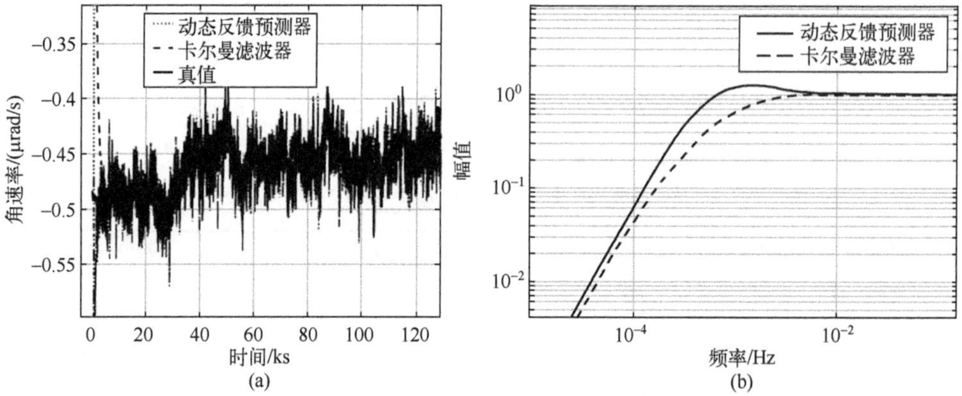

图 6.15 陀螺仪偏差时间分布及灵敏度

（a）陀螺仪偏差时间分布：真值、偏差预测（卡尔曼滤波、动态反馈预测）；（b）灵敏度。

图 6.14 所示为姿态预测误差和角速率偏差预测误差的后验（仿真）频谱密度。通过式（6.176）和式（6.182）得到的先验（解析）频谱密度$\tilde{S}_\theta$和$\tilde{S}_b$与仿真数据重合。仿真的频谱密度低于预期的目标界限。$f_k=k0.05\text{Hz},k=1,2,3$ 时的 3 条频谱线模拟了高频模型误差（在这种情况下为周期信号），这一点将在下一节中讨论。由于谱线的幅值

在理想情况下是无穷大的，因此应从相关周期信号的时间分布来测量谱线的误差贡献。因为由频谱密度估计导致的频率量化，使得误差贡献看起来是有限的（13.7.3 节）。

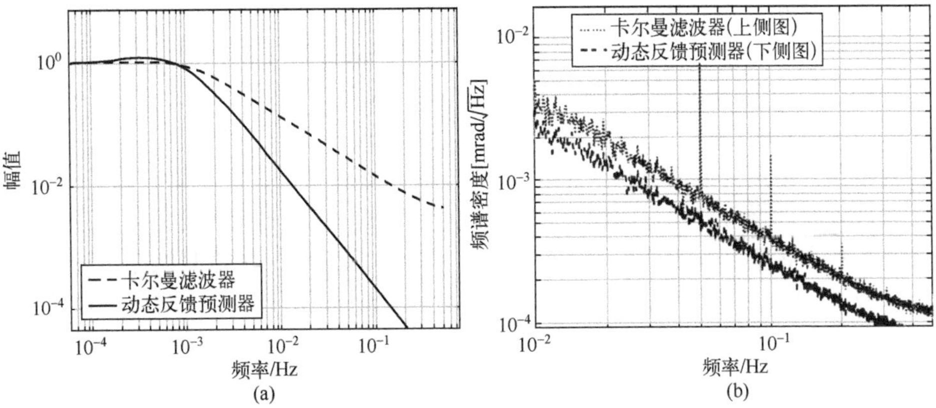

图 6.16　补灵敏度和预测四元数分量的谱密度

（a）补灵敏度；（b）预测四元数分量的频谱密度。

6.6.2　与稳态卡尔曼滤波器的比较

在 13.7.5 节中式（13.219）的预测形式中考虑稳态离散时间卡尔曼滤波器。用于增益设计的误差方程与式（6.140）相同，但被转换成与式（6.168）相同的单自由度的离散时间方程。省略了动态反馈状态 $\boldsymbol{\eta}$（反馈为静态）反馈增益 l_1 和 l_2 以及 d 的符号调整，式（6.169）改写如下：

$$\widetilde{\boldsymbol{x}}=\begin{bmatrix}\widetilde{\theta}\\ d\end{bmatrix},\quad \widetilde{F}=\begin{bmatrix}1-l_1 & 1\\ -l_2 & 1\end{bmatrix},\quad \widetilde{B}=[\widetilde{H}\quad -\widetilde{L}]=\begin{bmatrix}1 & -l_1\\ 0 & -l_2\end{bmatrix}$$
$$\widetilde{C}=[1\quad 0],\quad \widetilde{\boldsymbol{u}}=\begin{bmatrix}\widetilde{\omega}_m T\\ \widetilde{\theta}_m\end{bmatrix} \tag{6.190}$$

式（6.190）表明，围绕两个离散时间积分器串联构成的嵌入式模型实现了静态反馈。该反馈可以看作是图 6.9 中关于四元数运动学的 PI 反馈。相对于 6.6.1 节的动态反馈，该滤波器可以被视为一个具有静态反馈的最优二阶状态预测器。

陀螺仪误差$\widetilde{\omega}_m T$满足式（6.177）。在式（6.177）和表 6.1 中定义的噪声统计数据，决定了稳态增益矩阵$\widetilde{L}$和$\widetilde{F}$的互补频谱 $\boldsymbol{\Gamma}_{KF}=(\gamma_{1KF},\gamma_{2KF})$。相关频率 $f_{kKF}=(2\pi T)^{-1}\gamma_{kKF}$，连同式（6.169）中动态反馈预测器的频谱$\widetilde{\boldsymbol{\Gamma}}$的频率$\widetilde{f}_k=(2\pi T)^{-1}\widetilde{\gamma}_k, k=1,2,3$，如表 6.3 所示。

表 6.3 中的性能结果是通过仿真图 6.13 中动态反馈的四元数预测器和图 6.9（PI 反馈）卡尔曼滤波器的四元数预测器得到的。后验结果表明，式（6.190）中的卡尔曼滤波器在预测式（6.181）中的角速率偏差的误差$\widetilde{b}_\omega$ 方面更准确。结果如图 6.15（a）所示。均方根误差$\widetilde{\sigma}_b$ 小于动态反馈预测器值的一半。动态反馈预测器的频谱相对于姿态预测误差$\widetilde{\theta}$进行了优化，但注意确保偏置误差$\widetilde{b}_\omega$ 的频谱密度低于图 6.14（b）的目标界限。作为优化的结果，图 6.15（b）中动态反馈状态预测器的灵敏度大小$|\widetilde{S}(jf)|$显

示了一个比卡尔曼滤波器更窄的带宽，并且受到中频超调的影响。动态反馈状态预测器的超调和卡尔曼滤波器的无超调是 $|\widetilde{V}(jf)|$ 的连续时间相对程度不同造成的，如图 6.16（a）所示。

关于姿态预测误差（真值减去预测姿态）和测量模型误差 θ_m 的均方根基本上是相同的。后者是图 6.13 中矢量 $\boldsymbol{\theta}_m$ 的一个一般分量，在两种情况下都是反馈输入，主要由星敏感器测量误差控制。

初看起来，卡尔曼滤波器似乎优于动态反馈状态预测器，并可以直接实现。首先，动态反馈预测器的设计，虽然有点复杂，但是允许我们推导出连贯的界限，引导设计者走向极点配置和传感器的选择。其次，来自一个仿真测试，在该测试中，3 个频率为 $f_k=k0.05\text{Hz}, k=1,2,3$ 的周期信号被添加到姿态测量中。只有动态反馈预测器才能将这些谱线从预测姿态中消除，如图 6.16（b）所示。这是由于互补灵敏度幅值 $|\widetilde{V}(jf)|$ 有更大的高频斜率（-40dB/dec），如图 6.16（a）所示。这种比较可能有问题，因为卡尔曼滤波器假设测量误差的可观测动态包含在滤波器状态方程中（在这种情况下是陀螺仪漂移）。如 6.3.4 节所述，可将卡尔曼滤波器作为单边过程进行调整，以考虑周期性误差/干扰。这种可能受到不确定度 f_k 影响的并发情况可以通过如图 6.16 所示的合适的动态状态预测器来避免。

当这些谱线是由于可忽略动力学引起的（参见第 14 章的案例研究），它们在预测姿态中的残差可能会破坏整个闭环系统的稳定性。在 14.4.3 节中，为了避免失稳，带有静态反馈［如式（6.190）］的二阶观测器的闭环极点将配置于比噪声协方差施加的卡尔曼增益所要求的更低的频带内。新的极点将被迫接近另一种动态反馈状态预测器的极点，因为后者的设计就是为了从姿态预测中消除可忽略动力学残差。尽管有此变化，在其他条件不变的情况下，14.4.3 节中的闭环性能似乎更倾向于动态反馈状态预测。

前面的论述表明，上述在 6.6.1 节展开的动态反馈预测器和相应的设计方法，对用于轨道和姿态控制系统的设计有益。这些设计程序将在后面的章节中进行。

参考文献

[1] M.R. Akella, D. Thakur, F. Mazenc. Partial Lyapunov strictification: smooth angular velocity observers for attitude tracking control, Journal of Guidance, Control and Dynamics 38 (3) (March 2015) 442–451.

[2] K.J. Åström, R.M. Murray, Feedback Systems. An Introduction for Scientist and Engineers, Princeton University Press, Princeton, NJ, 2008.

[3] O.A. Bauchau, L. Trainelli. The vectorial parameterization of rotation, Nonlinear Dynamics 32 (1) (2003) 71–92.

[4] S.P. Bhat, D.S. Bernstein. A topological obstruction to continuous global stabilization of rotational motion and the unwinding phenomenon, Systems & Control Letters 39 (2000) 63–70.

[5] E. Canuto, L. Colangelo, M. Lotufo, S. Dionisio. Satellite-to-satellite attitude control of a long-distance spacecraft formation for the Next Generation Gravity Mission, European Journal of Control 25 (September 2015) 1–16.

[6] European Space Agency, The Hipparcos and Tycho Catalogues. Astrometric and Photometric Star Catalogues Derived from the ESA Hipparcos Space Astrometry Mission, vol. 1–17, June 1997. ESA SP-1200.

[7] European Cooperation for Space Standardization (ECSS), Space Engineering. Control Performance Guidelines, November 15, 2008. Doc. ECSS-E-ST-60-10C.

[8] R. Kristiansen, P.J. Nicklasson, J.T. Gravdahl. "Satellite attitude control by quaternion-based backstepping", IEEE Transactions Control Systems Technology 17 (1) (2009) 227–232.

[9] F.L. Markley, J.L. Crassidis. Fundamentals of Spacecraft Attitude Determination and Control, Springer Science, New York, 2014.

[10] A. Papoulis. Probability, Random Variables and Stochastic Processes, third ed., McGraw-Hill, Inc., New York, 1991.
[11] A.H.J. de Ruiter. Spacecraft attitude tracking with guaranteed performance bounds, Journal of Guidance, Control and Dynamics 36 (4) (July—August 2013) 1214—1220.
[12] J.-J.E. Slotine, W. Li. Applied Nonlinear Control, Prentice-Hall, Englewood Cliffs, NJ, 1991.
[13] A. Tayebi. Unit quaternion observer based attitude stabilization of a rigid spacecraft without velocity measurement, in: Proc. 45th IEEE Conf. on Decision and Control, San Diego, CA, December 13—15, 2006, pp. 1557—1561.
[14] P. Tsiotras. Further passivity results for the attitude control problem, IEEE Transactions on Automatic Control 43 (11) (1998) 1597—1600.
[15] B. Wie, P.M. Barba. Quaternion feedback for spacecraft large angle maneuvers, Journal of Guidance, Control, and Dynamics 8 (3) (1985) 360—365.
[16] B. Wie, H. Weiss, A. Arapostathis. Quaternion feedback regulator for spacecraft eigenaxis rotations, Journal of Guidance, Control, and Dynamics 12 (3) (May—June 1989) 375—380.

第7章　姿态动力学：建模与控制

7.1　概　　述

在第6章中，本书推导了航天器姿态角速度与其姿态相关参数之间的微分关系，并进一步将其扩展到姿态闭环反馈回路稳定性的研究中。该研究的目的主要是实现星载姿态预测器，该预测器是由星敏感器组件进行姿态测量并由三维陀螺仪进行角速度测量来驱动的。事实上，第6章的结论是通过设计和评估航天器姿态参数和陀螺仪的测量偏差的状态观测器得来的。整个第6章被称为姿态运动学（来自古希腊的kinesis，运动），这是因为姿态参数是随时间变化的。第6章的姿态运动学适用于刚体，刚体姿态在笛卡儿坐标系下描述，刚体相对于目标坐标系的姿态随时间的变化量需要被描述和预测。运动学微分方程虽然是多变量和非线性的，但它相当于从角速度到姿态的单次积分，也就是说，相当于一阶微分方程。

在本章中，运动学方程由动力学（源自古希腊的dynamis，动力）微分方程进一步完善，因为它们将姿态运动的外部和内部原因（力矩）和本体角速度联系起来。此处，正是应用了牛顿第二定律建立了外部非平衡力和运动的时变关系，从而在力/力矩和位移/转动之间建立了二阶微分关系。7.2节回顾了角动量的概念和相关的牛顿旋转方程。本节最终完成了角动量在体坐标系的转换，也一并介绍了惯量矩、主轴、欧拉运动方程和刚体转动的陀螺效应。

在大多数教科书中，7.2节姿态动力学之后介绍欧拉运动方程的自由响应和受迫响应，以及完整的姿态状态方程（动力学和运动学），而本书中该部分将在7.4节中讨论，在7.3节中，主要讨论在姿态和角速率反馈下的二阶姿态状态方程的性质。我们的目标是推导出反馈回路的指令力矩，能够迫使运动学变量（角加速度、角速率和姿态）跟踪各自目标/参考轨迹（正如2.7节中提到的，我们更倾向于使用“目标”来代替“参考”，以避免出现“参考的参考系”这种说法，但“参考”一词将广泛使用）。闭环系统的渐近稳定性是整个回路所需要的第一个性质。在连续和离散时间域均需推导出稳定性条件。7.3节的第二部分旨在设计作为反馈控制律组成部分的3个运动变量（加速度、速度和姿态）的状态预测器。除了角速度和姿态跟踪误差，反馈律还包括目标加速度和扰动加速度，因为后者可以精确地消除内部和外部扰动。所有的扰动都被认为是未知的，但可以从测量值中通过观测得出。“未知扰动”包含了所有的力矩分量（随机力矩、已知的陀螺/重力力矩、参数不确定性），这些都没有显含在反馈律中。对其进行连续测量的基本工具是包含随机动力学的状态预测器。为此，本节最终得出两个由不同测量集组成的状态预测器。首先，采用与6.6节相同的方法，设计了由陀螺仪和姿态测量装置进行驱动的状态预测器。我们只需要一个角速度预测器来完成姿态（和陀螺偏置）预测器，它是由陀螺仪测量进行驱动的，并且能够预测“未知的扰动”。然后设计并仿真了包括干扰抑制律在内的总体反馈律，目的是当姿态和轨道控制系统（AOCS）关机并重启后出现异常状况时恢复目标姿态。然后将第一个状态预测器转换成第二种形式，这种形式能够单独使用星敏感器的测量值。

7.4 节遵循了欧拉旋转方程在角速度和姿态方面无力矩响应的经典推导方法[12,29,34,36]。推导的重心是在 6.3.3 节中已经介绍过的章动角，它是角动量和自转轴之间的夹角。角速度矢量的无力矩运动可以在体坐标系（在惯性椭球面上绘制的波尔霍德曲线）和惯性坐标系（潘索结构）中以几何形式表示。本节给出了轴对称体情况下的姿态无力矩响应的表达式和几何形式。在存在能量耗散的情况下，概述了陀螺稳定性的条件。这一部分将在 7.6 节中重新讨论，并回顾了经典主动章动控制（ANC）。

7.5 节的第一部分遵循了文献［12，29，34，36］中关于重力梯度稳定的经典处理方法，在早期的空间任务中的低地球轨道（LEO）航天器上曾作为被动姿态稳定子系统。第二部分涉及气动力学稳定性，以及接近和远离欧拉角为零时相对应的标称姿态稳定性。小型低地球轨道航天器可能会关注空气动力学小范围（平衡角接近零度）稳定性。GOCE 卫星提出了在不稳定的零俯仰平衡态附近的对称非零平衡角的稳定性，该细长的航天器装有一对尾翼以改善纵轴的俯仰稳定性。对只涉及平衡点周围的小扰动进行稳定性分析，仿真分析表明采用适当尺寸和布局的尾翼，可以实现俯仰角在以不稳定的零俯仰平衡态为中心的宽而有界的范围内摆动。应使用李雅普诺夫直接法对其进行完整的分析。本节中使用了相应的仿真模型来测试较大的初始误差对姿态控制的影响。

7.6 节涉及了早期任务阶段的两种经典控制策略。首先，对 ANC 进行回顾和仿真，证明了干扰抑制的好处；其次，基于磁力矩器实现航天器的去翻滚：介绍了经典的“B-dot”策略。实验与文献中所得到的结果相吻合，特别是文献［18-20］中 M. Lovera 及其合作者的结果。但由于篇幅有限，此处对仿真结果不做详细讨论。第 12 章将再次讨论用磁力矩器进行去翻滚控制的问题，并将其作为假设的类似 GOCE 任务的第一种控制模式进行模拟。在 7.7 节中，我们重新使用稳定条件和反馈设计的理论，设计了一种将反作用飞轮和磁力矩器作为执行器的控制策略。

7.7 节给出了具有定轴转动轮的刚性航天器的多体方程。如果它们的角速度可以在大范围内调节，就被称为反作用轮，是现代卫星的关键姿态执行器。通过角速度调节可以使角动量在航天器和飞轮之间传递和积累。由于积累的动量不能是任意的，因此必须采用一些额外的执行机构来卸载和调整，使飞轮的动量保持在合理的范围内。这可以通过排出工质（通过推进器）或通过结合地球磁场（EMF）的磁力矩器传递电磁能来实现。本节只讨论第二种解决方案。在部分参考文献的基础上，提出了一种解耦控制策略，并进行了仿真设计和验证。

为了简单起见，在本章的大部分内容中，没有给出状态方程的初始条件。

7.2 姿态动力学

7.2.1 牛顿旋转方程

原则上，对于**刚体牛顿旋转方程**，可以通过写出位置 P、方向为 $\boldsymbol{r}$ 的每个无穷小的质量微元 $\mathrm{d}m$ 的牛顿方程，计算其关于参考点的角动量。将每处的角动量对总体积 B 积分可得总角动量。我们在此处采用了一个稍微不同的步骤如下。

（1）刚体关于给定参考点的角动量 $\boldsymbol{H}$ 可以通过将每一点角动量 $\boldsymbol{r}\times\mathrm{d}m\dot{\boldsymbol{r}}$ 对总体积 B 积分得到。对 $\boldsymbol{H}$ 时间微分可得 $\mathrm{d}\boldsymbol{H}/\mathrm{d}t$。

（2）力的总力矩 $\boldsymbol{M}$ 可以通过对每一点处的力矩微元 $\boldsymbol{r}\times\mathrm{d}\boldsymbol{F}$ 积分得到。

（3）牛顿转动方程的形式为 $\mathrm{d}\boldsymbol{H}/\mathrm{d}t=\boldsymbol{M}$。

（4）在 $\boldsymbol{M}=0$ 的情况下自由响应 $\boldsymbol{H}(t)=\boldsymbol{H}_0$，也就是说，**角动量在大小和方向上都是守恒的**，这就是刚体的**陀螺效应**。

根据参考点的不同，方程有不同的形式。将选择 3 个参考点：①一个固定点 O，即所选惯性系的原点；②物体质心（CoM）C；③在惯性系中任意运动的点 A。一个重要的结论是，如果把运动参考点 A 的惯性力当作外力，那么在这 3 种情况下都可以得到相同的方程。

7.2.2 相对于固定参考点的角动量

在图 7.1 中，考虑刚体关于固定点 O 的角动量 $\boldsymbol{H}$，O 是惯性坐标系 $\mathscr{I}=\{O,\boldsymbol{i}_1,\boldsymbol{i}_2,\boldsymbol{i}_3\}$ 的原点，体坐标系用 $\mathscr{B}=\{C,\boldsymbol{b}_1,\boldsymbol{b}_2,\boldsymbol{b}_3\}$ 表示。

角动量 $\boldsymbol{H}$ 是位于 P 处的质量元 $\mathrm{d}m$ 的角动量微元 $\boldsymbol{r}\times\dot{\boldsymbol{r}}\,\mathrm{d}m$ 在整个体积 B 上的积分：

$$\boldsymbol{H}=\int_B \boldsymbol{r}\times\dot{\boldsymbol{r}}\,\mathrm{d}m \tag{7.1}$$

当把刚体分成 N 个质量元 $m_i,i=1,2,\cdots,N$ 的集合，它们的位置矢量和速度矢量分别为 $\boldsymbol{r}_i$ 和 $\dot{\boldsymbol{r}}_i$。相应的式（7.1）可以表示为

$$\boldsymbol{H}=\sum_{i=1}^{N} m_i\boldsymbol{r}_i\times\dot{\boldsymbol{r}}_i \tag{7.2}$$

式（7.1）中的积分符号比式（7.2）的加和符号更普遍，在整个章节中都会使用。令 $\dot{\boldsymbol{r}}\times\dot{\boldsymbol{r}}=0$，再对式（7.1）进行时间微分可以得到

$$\dot{\boldsymbol{H}}=\int_B \boldsymbol{r}\times\ddot{\boldsymbol{r}}\,\mathrm{d}m \tag{7.3}$$

当牛顿方程应用于每个质量元时，写作 $\ddot{\boldsymbol{r}}\,\mathrm{d}m=\mathrm{d}\boldsymbol{F}+\mathrm{d}\boldsymbol{F}_{\mathrm{int}}$，其中 $\mathrm{d}\boldsymbol{F}$ 表示总的外部力微元，而 $\mathrm{d}\boldsymbol{F}_{\mathrm{int}}$ 表示总的内部力微元，因为它们被施加给点 P 处的质量元。由于其内力相互抵消，因此 O 处的合力仅包含外力。此时合力矩为

$$\boldsymbol{M}=\int_B \boldsymbol{r}\times\mathrm{d}\boldsymbol{F} \tag{7.4}$$

由式（7.3）和式（7.4）可以得出**牛顿转动方程**为

$$\dot{\boldsymbol{H}} = \int_B \boldsymbol{r} \times \ddot{\boldsymbol{r}} \mathrm{d}m = \boldsymbol{M} \tag{7.5}$$

这表明固定点 O 的角动量随时间的变化率等于作用在刚体上的外力的总力矩。

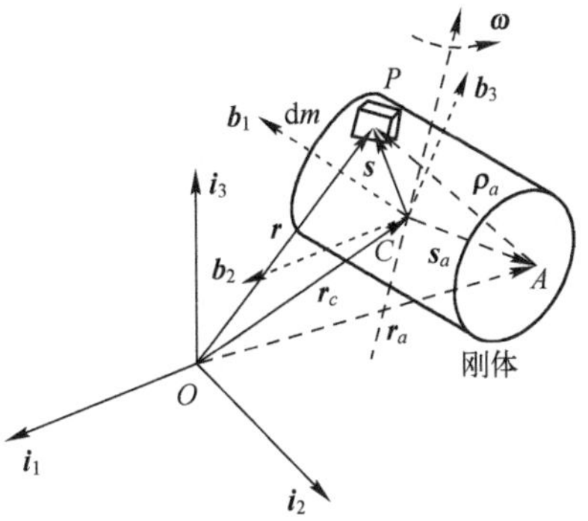

图 7.1　以固定点 O、物体质心 C、任意点 A 为参考的刚体矢量

7.2.3　质心的角动量

质心 C 的位置 $\boldsymbol{r}_c$ 和速度 $\boldsymbol{v}_c$ 定义为

$$\boldsymbol{r}_c = \frac{1}{m}\int_B \boldsymbol{r}\mathrm{d}m, \quad \dot{\boldsymbol{r}}_c = \frac{1}{m}\int_B \dot{\boldsymbol{r}}\mathrm{d}m \tag{7.6}$$

如果在等式（7.1）中用 $\boldsymbol{r}=\boldsymbol{r}_c+\boldsymbol{s}$ 来替代 $\boldsymbol{r}$，（如图 7.1 所示，$\boldsymbol{s}=\overrightarrow{CP}$，表示 P 与质心间的相对位置），由此可得

$$\begin{aligned}\boldsymbol{H} &= \int_B (\boldsymbol{r}_c + \boldsymbol{s}) \times (\dot{\boldsymbol{r}}_c + \dot{\boldsymbol{s}})\mathrm{d}m \\ &= \boldsymbol{r}_c \times \dot{\boldsymbol{r}}_c\int_B \mathrm{d}m + \boldsymbol{r}_c \times \int_B \dot{\boldsymbol{s}}\mathrm{d}m + \int_B \boldsymbol{s}\mathrm{d}m \times \dot{\boldsymbol{r}}_c + \int_B \boldsymbol{s} \times \dot{\boldsymbol{s}}\mathrm{d}m\end{aligned} \tag{7.7}$$

用 $\boldsymbol{H}_c$ 表示关于 C 的角动量，式（7.7）可以简化为

$$\boldsymbol{H} = m\boldsymbol{r}_c \times \dot{\boldsymbol{r}}_c + \int_B \boldsymbol{s} \times \dot{\boldsymbol{s}}\mathrm{d}m = m\boldsymbol{r}_c \times \dot{\boldsymbol{r}}_c + \boldsymbol{H}_c \tag{7.8}$$

由于假设物体为刚体，即 $\int_B \dot{\boldsymbol{s}}\mathrm{d}m = \int_B \boldsymbol{s}\mathrm{d}m = 0$。式（7.8）表明，围绕固定点 O 的角动量 $\boldsymbol{H}$ 是刚体质量 m 全部集中在质心 C 上相对于 O 点的角动量，与刚体相对于 C 点的角动量 $\boldsymbol{H}_c$ 的总和。

相应地，式（7.4）中关于外力矩的表达可以改写为

$$\boldsymbol{M} = \int_B (\boldsymbol{r}_c + \boldsymbol{s}) \times \mathrm{d}\boldsymbol{F} = \boldsymbol{r}_c \times \int_B \mathrm{d}\boldsymbol{F} + \int_B \boldsymbol{s} \times \mathrm{d}\boldsymbol{F} = \boldsymbol{r}_c \times \boldsymbol{F} + \boldsymbol{M}_c \tag{7.9}$$

式中：$\boldsymbol{M}_c$ 为关于 C 的外力矩；$\boldsymbol{F}$ 为作用于 C 处的合外力。对式（7.8）进行微分可得

$$\dot{\boldsymbol{H}}=\boldsymbol{r}_c\times m\ddot{\boldsymbol{r}}_c+\dot{\boldsymbol{H}}_c \tag{7.10}$$

式（7.5），用 $\boldsymbol{M}$ 代替 $\mathrm{d}\boldsymbol{H}/\mathrm{d}t$，用式（7.9）中最右边的两项替代 $\boldsymbol{M}$，即用 $\boldsymbol{F}$ 替代 $m\ddot{\boldsymbol{r}}_c$，并在两边同时消去 $\boldsymbol{r}_c\times\boldsymbol{F}$，得出一个新的旋转微分方程，即

$$\dot{\boldsymbol{H}}_c=\boldsymbol{M}_c \tag{7.11}$$

比较式（7.5）和式（7.11），可以发现它们形式上是相同的，无论力矩的参考点是固定点 O 还是物体的质心 C，角动量的变化率都等于相应参考点的外部力矩。进一步，$\boldsymbol{M}_c=0$ 的自由响应是 $\boldsymbol{H}_c(t)=\boldsymbol{H}_{c0}$，表示角动量在大小和方向上都是守恒的。

总之，定义了 3 个角动量。

（1）围绕固定点 O 的动量 $\boldsymbol{H}$ 是式（7.8）中两项的总和。

（2）相对于物体质心 C 的动量 $\boldsymbol{H}_c$ 将用于姿态动力学的研究，这是本章的目标。

（3）式（7.10）中的 $m\boldsymbol{r}_c\times\dot{\boldsymbol{r}}_c$ 是集中于点 C 上的质量 m 围绕固定点 O 的角动量。在第 3 章中二体问题的求解中采用了单位质量的角动量 $\boldsymbol{r}_c\times\dot{\boldsymbol{r}}_c=\boldsymbol{r}\times\boldsymbol{v}$（省略下标 c）。

7.2.4 任意点的角动量

假设任意一点 A 在惯性系中移动。它可以是刚体上的一个点，如图 7.1 所示。使用以下分解：

$$\boldsymbol{s}=\overrightarrow{CP}=\overrightarrow{CA}+\overrightarrow{AP}=\boldsymbol{s}_a+\boldsymbol{\rho}_a \tag{7.12}$$

式（7.7）中关于 O 的角动量 $\boldsymbol{H}$ 可以改写为

$$\begin{aligned}\boldsymbol{H}&=\int_B(\boldsymbol{r}_c+\boldsymbol{s}_a+\boldsymbol{\rho}_a)\times(\dot{\boldsymbol{r}}_c+\dot{\boldsymbol{s}}_a+\dot{\boldsymbol{\rho}}_a)\mathrm{d}m\\&=m\boldsymbol{r}_c\times\dot{\boldsymbol{r}}_c+m\boldsymbol{r}_c\times\dot{\boldsymbol{s}}_a+m\boldsymbol{s}_a\times\dot{\boldsymbol{r}}_c+m\boldsymbol{s}_a\times\dot{\boldsymbol{s}}_a+\boldsymbol{r}_c\times\int_B\dot{\boldsymbol{\rho}}_a\mathrm{d}m+\\&\quad\int_B\boldsymbol{\rho}_a\mathrm{d}m\times\dot{\boldsymbol{r}}_c+\boldsymbol{s}_a\times\int_B\dot{\boldsymbol{\rho}}_a\mathrm{d}m+\int_B\boldsymbol{\rho}_a\mathrm{d}m\times\dot{\boldsymbol{s}}_a+\int_B\boldsymbol{\rho}_a\times\dot{\boldsymbol{\rho}}_a\mathrm{d}m\end{aligned} \tag{7.13}$$

利用质心恒等式简化式（7.13）中的最后一个表达式：

$$\int_B\boldsymbol{s}\mathrm{d}m=0\Rightarrow m\boldsymbol{s}_a=-\int_B\boldsymbol{\rho}_a\mathrm{d}m,\quad\int_B\dot{\boldsymbol{s}}\mathrm{d}m=0\Rightarrow m\dot{\boldsymbol{s}}_a=-\int_B\dot{\boldsymbol{\rho}}_a\mathrm{d}m \tag{7.14}$$

即

$$\boldsymbol{H}=m\boldsymbol{r}_c\times\dot{\boldsymbol{r}}_c+\boldsymbol{H}_a-m\boldsymbol{s}_a\times\dot{\boldsymbol{s}}_a,\quad\boldsymbol{H}_a=\int_B\boldsymbol{\rho}_a\times\dot{\boldsymbol{\rho}}_a\mathrm{d}m \tag{7.15}$$

其中，左侧方程与式（7.10）相似，除了最后一项 $-m\boldsymbol{s}_a\times\dot{\boldsymbol{s}}$。利用图 7.1 对式（7.15）进行微分，可以得到

$$\dot{\boldsymbol{H}}=\dot{\boldsymbol{H}}_a+m\boldsymbol{r}_c\times\ddot{\boldsymbol{r}}_c-m\boldsymbol{s}_a\times\ddot{\boldsymbol{s}}_a=\dot{\boldsymbol{H}}_a+m(\boldsymbol{r}_a-\not{\boldsymbol{s}}_a)\times\ddot{\boldsymbol{r}}_c+m\boldsymbol{s}_a\times(\not{\ddot{\boldsymbol{r}}}_c-\ddot{\boldsymbol{r}}_a) \tag{7.16}$$

消去式（7.16）中的相等项，并利用等式 $m\ddot{\boldsymbol{r}}_c=\boldsymbol{F}$，可以写出角动量变化率 $\dot{\boldsymbol{H}}$ 的最终分解式：

$$\dot{\boldsymbol{H}}=\dot{\boldsymbol{H}}_a+\boldsymbol{r}_a\times\boldsymbol{F}-m\boldsymbol{s}_a\times\ddot{\boldsymbol{r}}_a \tag{7.17}$$

如果把关于 O 的外力矩 $\boldsymbol{M}$ 用关于 A 的力矩 $\boldsymbol{M}_a$ 改写，可以得到如下分解。

$$\boldsymbol{M}=\int_B(\boldsymbol{r}_a+\boldsymbol{\rho}_a)\times\mathrm{d}\boldsymbol{F}=\boldsymbol{r}_a\times\boldsymbol{F}+\int_B\boldsymbol{\rho}_a\times\mathrm{d}\boldsymbol{F}=\boldsymbol{r}_a\times\boldsymbol{F}+\boldsymbol{M}_a \tag{7.18}$$

由式（7.17）与式（7.18）可得一个通用的转动微分方程：

$$\dot{\boldsymbol{H}}_a=\boldsymbol{M}_a+(-\boldsymbol{s}_a)\times(-m\ddot{\boldsymbol{r}}_a)=\boldsymbol{M}_a+\boldsymbol{s}_a\times m\ddot{\boldsymbol{r}}_a \tag{7.19}$$

除了作用在物体质心 C 上惯性力 $-m\ddot{r}_a$ 关于 A 处的力矩，其他与式（7.5）和式（7.11）几乎完全等价。

当 $A=O$ 时，式（7.19）可化简为式（7.5），这是由于 $\ddot{r}_a=0$（A 成为一个固定点），而当 $A=C$（点 A 与质心一致）时可化简为式（7.11），这是由于 $s_a=0$。此外，通过将加速参考点 A 的惯性力 $m\ddot{\boldsymbol{r}}_a$ 包含在外力 $\boldsymbol{F}$ 中，即通过重新定义 $\boldsymbol{M}_a=\int_B \boldsymbol{\rho}_a \times \mathrm{d}\boldsymbol{F}+\boldsymbol{s}_a\times m\ddot{\boldsymbol{r}}_a$，可以将式（7.19）改写成与式（7.5）相同的形式。

7.2.5 惯量矩阵

体坐标中的角动量 $\boldsymbol{H}_c$，已经在式（7.8）中定义，再一次将其写出

$$\boldsymbol{H}_c=\int_B \boldsymbol{s}\times\dot{\boldsymbol{s}}\mathrm{d}m \tag{7.20}$$

由于物体是刚性的，因此速度 $\dot{\boldsymbol{s}}$ 仅由围绕通过质心 C 的轴 $\boldsymbol{e}=\boldsymbol{\omega}/|\boldsymbol{\omega}|$（$\dot{\boldsymbol{s}}=\boldsymbol{\omega}\times\boldsymbol{s}$）的极微小旋转 $|\boldsymbol{\omega}|\mathrm{d}t$ 引起。用 $\boldsymbol{\omega}$ 表示体坐标角速度向量，结合式（2.19）中的矢量乘法特性可得

$$\boldsymbol{H}_c=\int_B \boldsymbol{s}\times(\boldsymbol{\omega}\times\boldsymbol{s})\mathrm{d}m=\left(\int_B(\boldsymbol{s}^{\mathrm{T}}\boldsymbol{s}I_3-\boldsymbol{s}\boldsymbol{s}^{\mathrm{T}})\mathrm{d}m\right)\boldsymbol{\omega}=\boldsymbol{J}\boldsymbol{\omega} \tag{7.21}$$

通过明确 $\boldsymbol{s}$ 的坐标，式（7.21）中的对称矩阵 $\boldsymbol{J}$（称为关于质心的**惯量矩阵**）变为

$$\boldsymbol{J}=\begin{bmatrix} J_{11} & J_{12} & J_{13}\\ J_{12} & J_{22} & J_{23}\\ J_{13} & J_{23} & J_{33}\end{bmatrix}=\int_B\begin{bmatrix} s_2^2+s_3^2 & -s_1s_2 & -s_1s_3\\ -s_1s_2 & s_1^2+s_3^2 & -s_2s_3\\ -s_1s_3 & -s_2s_3 & s_1^2+s_2^2\end{bmatrix}\mathrm{d}m \tag{7.22}$$

对角元素 $J_{jj},j=1,2,3$ 被称为**惯量矩**，任何有序下标 $\{j,k,l\}$ 都满足不等式

$$J_{ij}\leqslant J_{kk}+J_{ll},\quad jj\neq kk\neq ll=1,2,3 \tag{7.23}$$

练习 1：

给定 $J_{kk}=2600\mathrm{kgm}^2$，$J_{ll}=2700\mathrm{kgm}^2$，找出满足式（7.23）的最小和最大的 J_{jj}。

式（7.23）中的等式仅在质量分布为平面即 $s_j=0$ 时成立。非对角元素 $J_{jk},j\neq k$ 被称为**惯量乘积**。

正如下列定理 1 证明的那样，J 满足正定（半正定）矩阵的性质。

定理 1： 惯量矩阵为正定（半正定）矩阵。

证明： 对于任意给定的 $\boldsymbol{x}$，建立其二次型 $\boldsymbol{x}^{\mathrm{T}}(\boldsymbol{s}^{\mathrm{T}}\boldsymbol{s}I-\boldsymbol{s}\boldsymbol{s}^{\mathrm{T}})\boldsymbol{x}$，令 $\boldsymbol{x}^{\mathrm{T}}\boldsymbol{s}=|\boldsymbol{x}\|\boldsymbol{s}|\cos\theta$，二次型可以写为

$$\boldsymbol{x}^{\mathrm{T}}(\boldsymbol{s}^{\mathrm{T}}\boldsymbol{s}I-\boldsymbol{s}\boldsymbol{s}^{\mathrm{T}})\boldsymbol{x}=|\boldsymbol{x}|^2|\boldsymbol{s}|^2(1-\cos\theta^2)\geqslant 0 \tag{7.24}$$

定理得证。

式（7.21）和式（7.22）中的表达式清楚地表明，J 的分量取决于体坐标系 $\mathscr{B}$。该特性在定理 2 中定义。考虑两个不同的体坐标系 $\mathscr{B}_1$ 和 $\mathscr{B}_2$，以及 $\boldsymbol{s}$ 各自的坐标矢量 $\boldsymbol{s}_1$ 和 $\boldsymbol{s}_2$，它们与变换矩阵 $\boldsymbol{R}_2^1$ 的关系为

$$\boldsymbol{s}_1=R_2^1\boldsymbol{s}_2,\quad \boldsymbol{s}_2=(R_2^1)^{\mathrm{T}}\boldsymbol{s}_1=R_1^2\boldsymbol{s}_1 \tag{7.25}$$

定理 2： 给定两个体坐标系 $\mathscr{B}_1$ 和 $\mathscr{B}_2$，则相关的惯量矩阵 $\boldsymbol{J}_1$、$\boldsymbol{J}_2$ 有如下关系。

$$\boldsymbol{J}_2=R_1^2\boldsymbol{J}_1R_2^1 \tag{7.26}$$

证明：设 $\boldsymbol{H}_{c1}=\boldsymbol{J}_1\boldsymbol{\omega}_1$ 为角动量 $\boldsymbol{H}_c$ 在 $\mathscr{B}_1$ 坐标下的表示，将 $\boldsymbol{H}_{c1}$，$\boldsymbol{\omega}_1$转换到 $\mathscr{B}_2$ 坐标系下可得如下等式。

$$\boldsymbol{H}_{c2}=R_1^2\boldsymbol{H}_{c1}=R_1^2\boldsymbol{J}_1\boldsymbol{\omega}_1=R_1^2\boldsymbol{J}_1R_2^1\boldsymbol{\omega}_2 \tag{7.27}$$

定理得证。

矩阵 $\boldsymbol{J}$ 是正定（半正定）的，正如在定理 1 中证明的那样，定义一个二次型，因此定义了一类三维椭球体（**惯量椭球体**），其中，三元组 $\{\boldsymbol{p}_1,\boldsymbol{p}_2,\boldsymbol{p}_3\}$ 的 3 条正交轴称为惯量主轴（简称主轴），以 C 为中心的参考系，用 $\mathscr{P}=\{C,\boldsymbol{p}_1,\boldsymbol{p}_2,\boldsymbol{p}_3\}$ 表示，是惯量主轴坐标系。接下来的定理 3 证明了相对于 $\mathscr{P}$的惯量矩阵 $\boldsymbol{J}_p$ 是对角矩阵，可以写为

$$\boldsymbol{J}_p=\begin{bmatrix} J_{p1} & 0 & 0 \\ 0 & J_{p2} & 0 \\ 0 & 0 & J_{p3} \end{bmatrix} \tag{7.28}$$

由于式（7.28）中非主对角线元素为零，因此当 $j\neq k$ 时，式（7.22）中的积分 $\int_B s_js_k\mathrm{d}m$ 也为零。对角元素 $J_{pj},j=1,2,3$ 被称为**主惯量矩**，是与 $\boldsymbol{p}_j$ 相关的 J 的特征值。当 $J_{p1}=J_{p2}=J_{p3}$时，航天器是**球形**的（具有球惯量）。当 $j\neq k$ 时，且对于任一对**横向惯性矩**均满足 $J_{pj}=J_{pk}=J_p$，则称其为具有轴对称性的**圆柱形**（称为**轴对称体**）。轴对称物体的**航天器轴**是主轴 $\boldsymbol{p}_l,l\neq j\neq k$，它与**轴向惯量矩** $J_{pl}\neq J_p$ 相关。当 $J_{pl}>J_p$ 时，该航天器就会形如欧洲 GOCE[27] 卫星一样是细长的。GOCE 在标称寿命开始时相对于体坐标系 B 的惯量矩阵与主坐标系略有偏离，由下式给出。

$$\boldsymbol{J}_{\mathrm{GOCE}}=\begin{bmatrix} 152.6 & -23.4 & -5.5 \\ -23.4 & 2690.8 & 0.9 \\ -5.5 & 0.9 & 2652.6 \end{bmatrix}\mathrm{kgm}^2 \tag{7.29}$$

式（7.29）中的 $\boldsymbol{J}_{\mathrm{GOCE}}$矩阵与文献［28］中的惯量矩阵稍有不同（更加保守），该文献提出并讨论了在轨结果。当 $J_p<J_{pl}$时，圆柱体变为圆盘状，称为**扁平体**。当惯量矩阵 $\boldsymbol{J}$ 为对角阵时，不采用双下标，并写作 $J=\mathrm{diag}(J_1,J_2,J_3)$。

定理 3：给定一个体坐标系 $\mathscr{B}$，以及惯性矩阵 $\boldsymbol{J}_b$［下标 b 的表示意义与式（7.26）相同］，从体坐标轴到主轴的坐标转换矩阵为 $\boldsymbol{R}_b^p$，那么，总存在 $\boldsymbol{J}_p=\boldsymbol{R}_b^p\boldsymbol{J}_b\boldsymbol{R}_p^b$，且 $\boldsymbol{J}_p$ 是对角阵。

证明：来自半正定矩阵的特征值/特征向量分解 $\boldsymbol{J}_b=U\boldsymbol{J}_p\boldsymbol{U}^{\mathrm{T}}$（请参见 2.1.3 节），其中 $\boldsymbol{U}=\boldsymbol{R}_p^b$ 是特征向量矩阵。

练习 2：

计算式（7.29）中 GOCE 的惯量矩阵 $\boldsymbol{J}_{\mathrm{GOCE}}$的特征值和特征向量，并证明从体轴到主轴以 321 Tait-Bryan 序列 $\{\psi,\theta,\phi\}$ 的坐标转换矩阵 $\boldsymbol{R}_b^p$ 的值近似等于 $\{0.020,0.009,\pi/2-0.025\}$ rad。

7.2.6 欧拉旋转方程

在得到体坐标角动量向量 $\boldsymbol{H}_c$ 后，在相同的体坐标系下，我们希望给出式（7.11）中牛顿旋转方程的形式。结合第 2.2.1 节中的一些向量表达，可以写出 $\vec{H}_c=\vec{B}\boldsymbol{H}_c=\vec{B}$

$J\boldsymbol{\omega}$，其中$\vec{B}$是体坐标系的矢量矩阵。假设物体为刚体，可认为 $\mathrm{d}J/\mathrm{d}t=0$；结合第 6.2.2 节中的式（6.20-2）和式（6.20-3），$\vec{H}_c$ 的时间微分 $\mathrm{d}\vec{H}_c/\mathrm{d}t$ 可以分解为如下形式：

$$(\dot{\vec{H}}_c)_i=\dot{\vec{H}}_c=(\dot{\vec{H}}_c)_b+\vec{\omega}\times\vec{H}_c=\vec{B}\dot{\boldsymbol{H}}_c+\dot{\vec{B}}\boldsymbol{H}_c=\vec{B}(\dot{\boldsymbol{H}}_c+\boldsymbol{\omega}\times\boldsymbol{H}_c)=\vec{B}(J\dot{\boldsymbol{\omega}}+\boldsymbol{\omega}\times J\boldsymbol{\omega}) \quad (7.30)$$

其中，下标 i 代表惯性系，考虑完整性，在第一项中保留，后面的各项中予以省略。$\dot{\boldsymbol{H}}_c$ 和$\dot{\boldsymbol{\omega}}$分别是体坐标$\vec{H}_c$ 和$\vec{\omega}$的微分。最终，由等式$\dot{\vec{H}}_c=\vec{M}_c=\vec{B}\boldsymbol{M}_c=\vec{B}\boldsymbol{M}$（$\boldsymbol{M}_c$ 中的下标 c 已经被省略)，可以推导出经典的欧拉旋转方程如下：

$$\dot{\boldsymbol{\omega}}(t)=-J^{-1}\boldsymbol{\omega}(t)\times J\boldsymbol{\omega}(t)+J^{-1}\boldsymbol{M}(t),\quad \boldsymbol{\omega}(0)=\omega_0 \quad (7.31)$$

右边的第一项是陀螺仪加速度，第二项是外部的角加速度。陀螺仪这个术语是由法国物理学家 L. Foucault 在 1856 年创造的，借用了古希腊语的 gyros（圆圈）和 skopein（观察）。1852 年，悬挂在巴黎万神殿顶上的长摆证明了地球自转的可视性和可测量性（1851 年），随后 L. Foucault 重新发明并且命名了陀螺仪，设计了另一个概念简单但难以观察到的地球自转的证明方法。在 1860 年电动机出现之前，旋转的陀螺仪可以在 10min 内保持其运动状态，这相当于地球自转角度小于 45mrad，因此需要显微镜来观察万向节围绕旋转质量的圆周运动（gyros）。

把 $\vec{\boldsymbol{M}}_c=0$ 下的自治方程，重写为无坐标矢量$\vec{\boldsymbol{H}}_c$，就变为 $\dot{\vec{\boldsymbol{H}}}_c=0$，这表明角动量$\vec{\boldsymbol{H}}_c$ 在幅值和方向上是恒定（惯性）的。但这并不意味着 $\boldsymbol{H}_c$ 是常数。事实上，在 7.2.7 节中可以看到 $\boldsymbol{H}_c$ 其实是时变的。令 $M(t)=0$，从式（7.31）中得出的体坐标系下的自治方程如下。

$$(\dot{\boldsymbol{H}}_c(t))_b=J\dot{\boldsymbol{\omega}}(t)=-\boldsymbol{\omega}(t)\times J\boldsymbol{\omega}(t) \quad (7.32)$$

它是一个非线性方程，在接下来的段落及 7.4 节中我们将继续研究此方程。定理 4 对主轴进行了第一个证明，并给出了 $\boldsymbol{H}_c$ 是常数的条件。

定理 4： 当且仅当 $\boldsymbol{J}$ 是可逆的，且 $\boldsymbol{\omega}$ 是常数并与主轴对齐时，式（7.32）中 $\boldsymbol{H}_c(t)=J\boldsymbol{\omega}(t)$的自由响应是常数，即 $\boldsymbol{\omega}\times J\boldsymbol{\omega}=0$。这表明主轴是惯性轴，并且刚体绕此惯性轴以恒定的速率转动。

证明： 若 $\boldsymbol{J}$ 是可逆的，则常量 $\boldsymbol{H}_c$ 和 $\boldsymbol{\omega}(t)\times J\boldsymbol{\omega}(t)=0$ 中隐含着常量 $\boldsymbol{\omega}$。当 $\boldsymbol{J}$ 奇异时，这并不正确，因为 $\boldsymbol{\omega}$ 可以分解为 $\boldsymbol{\omega}=\boldsymbol{\omega}_0+\Delta\boldsymbol{\omega}(t)$，其中变量分量 $\Delta\boldsymbol{\omega}(t)$属于 $\boldsymbol{J}$ 的核 $\mathcal{N}(\boldsymbol{J})$，所以，$J\Delta\boldsymbol{\omega}(t)=0$。此时，$J\boldsymbol{\omega}$ 是常量但 $\boldsymbol{\omega}$ 不是。常量 $\boldsymbol{\omega}$ 的方向由 $\boldsymbol{\omega}\times J\boldsymbol{\omega}=0$ 确定。将此等式转换到主坐标系下为

$$\begin{bmatrix} 0 & -\omega_3 & \omega_2 \\ \omega_3 & 0 & -\omega_1 \\ -\omega_2 & \omega_1 & 0 \end{bmatrix}\begin{bmatrix} J_1\omega_1 \\ J_2\omega_2 \\ J_3\omega_3 \end{bmatrix}=0 \quad (7.33)$$

其中，省略了式（7.28）中的下标 p。当且仅当有一个角速度分量不为零（对任意的 $j=1$，$\omega_j\neq0$ 和 $\omega_k=0,k\neq j$）时式（7.33）有一个非平凡解。因此，用$\vec{\boldsymbol{b}}_j$表示第 j 个主轴，我们可以得到$\vec{\boldsymbol{H}}_c=\omega_j\ \vec{\boldsymbol{b}}_j$。此时，由于$\vec{\boldsymbol{M}}_c=0$，因此$\vec{\boldsymbol{H}}_c$在幅值和方向上都是恒定的。由于 ω_j 是恒定的，因此$\vec{\boldsymbol{b}}_j$就一定是恒定的，也是惯性的。

如果体坐标系与主轴重合，那么式（7.31）可以简化为

$$\begin{bmatrix}\dot{\omega}_1\\ \dot{\omega}_2\\ \dot{\omega}_3\end{bmatrix}(t)=\begin{bmatrix}\omega_2\omega_3(J_2-J_3)/J_1\\ \omega_1\omega_3(J_3-J_1)/J_2\\ \omega_1\omega_2(J_1-J_2)/J_3\end{bmatrix}+\begin{bmatrix}M_1/J_1\\ M_2/J_2\\ M_3/J_3\end{bmatrix} \tag{7.34}$$

令 ω_3 为变参数，假定其准线性形式为

$$\begin{bmatrix}\dot{\omega}_1\\ \dot{\omega}_2\\ \dot{\omega}_3\end{bmatrix}(t)=\begin{bmatrix}0 & \sigma_1\omega_3 & 0\\ -\sigma_2\omega_3 & 0 & 0\\ 0 & 0 & 0\end{bmatrix}\begin{bmatrix}\omega_1\\ \omega_2\\ \omega_3\end{bmatrix}+\begin{bmatrix}M_1/J_1\\ M_2/J_2\\ M_3/J_3\end{bmatrix}+\begin{bmatrix}0\\ 0\\ -\sigma_3\omega_1\omega_2\end{bmatrix} \tag{7.35}$$

其中：

$$\sigma_1=(J_2-J_3)/J_1,\quad \sigma_2=(J_1-J_3)/J_2,\quad \sigma_3=(J_2-J_1)/J_3, \tag{7.36}$$

将$-\sigma_3\omega_1\omega_2$ 分离出来作为扰动输入，式（7.35）中状态矩阵的特征值为

$$\lambda_{1,2}=\pm\sqrt{\sigma_1\sigma_2}\,\omega_3,\quad \lambda_3=0 \tag{7.37}$$

练习 3：

利用式（7.37），求式（7.35）中临界稳定与不稳定状态矩阵的充要条件，注意 $\mathrm{sgn}(\sigma_1\sigma_2)$的符号可以是任意的。

外部力矩 $\boldsymbol{M}$ 通常可以分解为指令力矩 $\boldsymbol{M}_u$ 与扰动力矩 $\boldsymbol{M}_d$ 之和（$\boldsymbol{M}=\boldsymbol{M}_u+\boldsymbol{M}_d$）。$\boldsymbol{M}_u$ 由第 9 章中的执行机构给出，相应地，令 ω_1 或 ω_2 为变参数，可以写出两个与式（7.35）类似的等式。

式（7.34）具有以下重要的实际意义。

（1）通过采用对称结构和适当的质量布局，可以使航天器的体轴与主轴非常接近［请参见式（7.29）中 GOCE 卫星的惯量矩阵］。有时则可以将可移动的质量块（称为微调质量）安装在卫星上，以便使卫星在轨期间恢复其对称性。

（2）**输入解耦**。主惯量矩阵允许将 $\boldsymbol{M}$ 的每个分量 $\boldsymbol{M}_j$ 和 $\boldsymbol{M}_u$ 的每个分量 $\boldsymbol{M}_{uj}$分配给单个主轴，因此简化了控制器的设计。精细仿真中采用了不确定且时变的实际惯量矩阵来测试控制系统的性能。

（3）**动态解耦**。如果体坐标系是与主轴重合的，且陀螺力矩 $\boldsymbol{M}_g=-\boldsymbol{\omega}\times\boldsymbol{J}\boldsymbol{\omega}$ 直接被指令力矩 $\boldsymbol{M}_u$ 抵消，即

$$\dot{\boldsymbol{\omega}}(t)=\boldsymbol{u}+\boldsymbol{J}^{-1}\boldsymbol{M}_d,\boldsymbol{M}_u=\boldsymbol{J}\boldsymbol{u}+\boldsymbol{\omega}\times\boldsymbol{J}\boldsymbol{\omega} \tag{7.38}$$

则式（7.31）解耦为 3 个标量状态方程。它们只能通过输入力矩 $\boldsymbol{J}\boldsymbol{u}+\boldsymbol{M}_d$ 互相作用。扰动力矩 $\boldsymbol{M}_d$ 中包含了主轴偏差和抵消残差。矢量 $\boldsymbol{u}$ 是为实现姿态和角速度稳定和控制所需的残余指令加速度之和。

7.2.7 转动动能

考察图 7.1 中的刚体在点 P 处的微小质量 dm，它的位置和速度矢量可以写为

$$\boldsymbol{r}=\boldsymbol{r}_c+\boldsymbol{s},\dot{\boldsymbol{r}}=\dot{\boldsymbol{r}}_c+\dot{\boldsymbol{s}}=\dot{\boldsymbol{r}}_c+\boldsymbol{\omega}\times\boldsymbol{s} \tag{7.39}$$

此微元的动能为

$$dE=\frac{1}{2}\dot{\boldsymbol{r}}\cdot\dot{\boldsymbol{r}}\,dm=\frac{1}{2}|\dot{\boldsymbol{r}}_c|^2dm+\frac{1}{2}(\boldsymbol{\omega}\times\boldsymbol{s})\cdot(\boldsymbol{\omega}\times\boldsymbol{s})\,dm+\dot{\boldsymbol{r}}_c\cdot(\boldsymbol{\omega}\times\boldsymbol{s})\,dm \tag{7.40}$$

将式（7.40）在体积 B 上积分，质心特性使得最后一项为零，而第一项为由于质心平移而产生的动能 E_{trans}，转动动能 E_{rot} 用第二项表示。总动能、平动动能和转动动能为

$$\begin{aligned} E &= E_{\mathrm{trans}} + E_{\mathrm{rot}} \\ E_{\mathrm{trans}} &= \frac{m}{2}\,|\boldsymbol{r}_c|^2 \\ E_{\mathrm{rot}} &= \frac{1}{2}\int_B(\boldsymbol{\omega}\times\boldsymbol{s})\cdot(\boldsymbol{\omega}\times\boldsymbol{s})\,dm = \frac{1}{2}\boldsymbol{\omega}\cdot\int_B(\boldsymbol{s}\times(\boldsymbol{\omega}\times\boldsymbol{s}))\,dm \end{aligned} \tag{7.41}$$

第三行的最后一个等式来源于矢量乘法的交换律[$\boldsymbol{a}\cdot(\boldsymbol{b}\times\boldsymbol{c})=(\boldsymbol{a}\times\boldsymbol{b})\cdot\boldsymbol{c}$]（详见2.2.2节）。将式（7.41）中的矢量在体坐标系下表示，并利用式（7.21）中关于 J 的定义，可得

$$\boldsymbol{E}_{rot}=\frac{1}{2}\boldsymbol{\omega}^{\mathrm{T}}\boldsymbol{J}\boldsymbol{\omega} \tag{7.42}$$

这再一次证明了 $\boldsymbol{J}$ 是正定（半正定）的，并对任意给定的 $\boldsymbol{E}_{rot}$ 定义了一个惯量椭球体。由式（7.42）的时间微分和欧拉方程（7.31）得到的动能的变化率为

$$\dot{\boldsymbol{E}}_{rot}(t)=\boldsymbol{\omega}^{\mathrm{T}}(t)\boldsymbol{J}\,\dot{\boldsymbol{\omega}}(t)=\boldsymbol{\omega}^{\mathrm{T}}(t)(-\boldsymbol{\omega}(t)\times\boldsymbol{J}\boldsymbol{\omega}(t)+\boldsymbol{M}(t))=\boldsymbol{\omega}^{\mathrm{T}}(t)\boldsymbol{M}(t) \tag{7.43}$$

7.3 姿态动力学与反馈

7.3.1 姿态状态方程和理想控制律

在体坐标系 $\mathscr{B}$ 下表示的刚体，其体四元数为 $\mathfrak{q}=\mathfrak{q}_b^i$，角速度为 $\boldsymbol{\omega}$（体坐标系中），刚体整体的姿态状态方程是6.4.1节式（6.73）中的四元数运动学方程和欧拉方程（7.31）的组合

$$\begin{aligned} &\dot{\mathfrak{q}}(t)=\frac{1}{2}\mathfrak{q}(t)\otimes\omega(t),\quad \mathfrak{q}^{\mathrm{T}}\mathfrak{q}=1,\quad \mathfrak{q}(0)=\mathfrak{q}_0 \\ &\dot{\boldsymbol{\omega}}(t)=-\boldsymbol{J}^{-1}\boldsymbol{\omega}(t)\times\boldsymbol{J}\boldsymbol{\omega}(t)+\boldsymbol{J}^{-1}(\boldsymbol{M}_u(t)+\boldsymbol{M}_d(\mathfrak{q},t)),\quad \boldsymbol{\omega}(0)=\boldsymbol{\omega}_0 \end{aligned} \tag{7.44}$$

其中，$\boldsymbol{M}$ 已分解为指令力矩 $\boldsymbol{M}_u$ 和扰动力矩 $\boldsymbol{M}_d$。后者已写为关于 $\mathfrak{q}$ 的函数，以此说明环境力矩可能是关于航天器姿态的函数。外部变量都与时间 t 相关，如质心相对于大气的速度 $v_{\mathrm{r}}(t)$（4.4.4节）以及与 t 有关的大气密度 $\rho(t)$。目前为止，航天器一直被认为是刚体。在4.7节中已简要提及了由于挠性附件（如由于太阳能电池板和液体震荡）引起的内部扰动力矩。因执行机构运动而产生的内部力矩将在7.7.1节和第9章中进行讨论。

在6.6节中，我们关注**预测误差**$\tilde{\mathfrak{q}}=\hat{\mathfrak{q}}^{-1}\otimes\mathfrak{q}$（其定义为真实姿态减去嵌入式模型姿态），以此来研究误差四元数运动学，预测误差是状态预测器的一个性能指标。在本节

中，我们更关注的是**真实跟踪误差**$\widetilde{\mathfrak{q}}_{\mathrm{r}}=\mathfrak{q}_{\mathrm{r}}^{-1}\otimes\mathfrak{q}$（定义为真实姿态减去参考姿态），它体现了姿态控制的性能。需要注意的是，$\widetilde{\mathfrak{q}}$和$\widetilde{\mathfrak{q}}_{\mathrm{r}}$ 均不是“测量”结果，它们仅从计算和（或）仿真中获得。它们通过**测量跟踪误差** $\mathfrak{e}_r=\mathfrak{q}_{\mathrm{r}}^{-1}\otimes\hat{\mathfrak{q}}$而产生关联，可以将其重写为预测误差和真实跟踪误差的四元数乘积，即

$$\mathfrak{e}_{\mathrm{r}}=\mathfrak{q}_{\mathrm{r}}^{-1}\otimes\hat{\mathfrak{q}}=(\mathfrak{q}_{\mathrm{r}}^{-1}\otimes\mathfrak{q})\otimes(\mathfrak{q}^{-1}\otimes\hat{\mathfrak{q}})=\widetilde{\mathfrak{q}}_{\mathrm{r}}\otimes\widetilde{\mathfrak{q}}^{-1} \tag{7.45}$$

如 13.6.3 节所述，$\mathfrak{e}_{\mathrm{r}}=[e_{\mathrm{r}0},\ \mathbf{e}_{\mathrm{r}}]$ 可以忽略不计（如果$|\mathbf{e}_{\mathrm{r}}|$低于姿态的量化因子），就意味着预测误差和真实跟踪误差（更准确地说是其数字值）的幅度和符号近似相等，即

$$\mathfrak{e}_{\mathrm{r}}\to\mathfrak{i}=[1,0]\Rightarrow\widetilde{\mathfrak{q}}_{\mathrm{r}}\to\widetilde{\mathfrak{q}} \tag{7.46}$$

考虑参考四元数 $\mathfrak{q}_{\mathrm{r}}$ 及参考角速度 $\boldsymbol{\omega}_{\mathrm{r}}$ 和参考角加速度$\dot{\boldsymbol{\omega}}_{\mathrm{r}}$，其坐标投影在目标坐标系$\mathscr{R}=\{C,\boldsymbol{r}_1,\boldsymbol{r}_2,\boldsymbol{r}_3\}$中。这些变量可以通过状态方程联系起来：

$$\begin{aligned}&\dot{\mathfrak{q}}_{\mathrm{r}}(t)=\frac{1}{2}\mathfrak{q}_{\mathrm{r}}(t)\otimes\boldsymbol{\omega}_{\mathrm{r}}(t),\quad \mathfrak{q}_{\mathrm{r}}\cdot\mathfrak{q}_{\mathrm{r}}=1,\quad \mathfrak{q}_{\mathrm{r}}(0)=\mathfrak{q}_{\mathrm{r}0}\\&\dot{\boldsymbol{\omega}}_{\mathrm{r}}(t)=\boldsymbol{a}_{\mathrm{r}}(t),\boldsymbol{\omega}_{\mathrm{r}}(0)=\omega_{\mathrm{r}0}\end{aligned} \tag{7.47}$$

式中：$\boldsymbol{a}_{\mathrm{r}}(t)$为已知的参考角加速度。

从式（7.44）和式（7.47）得出的误差状态方程与式（6.99）相似，不同之处在于$\widetilde{\mathfrak{q}}_{\mathrm{r}}=\mathfrak{q}_b^r$ 将目标坐标系旋转到体坐标系，$\widetilde{R}(\widetilde{\mathfrak{q}}_{\mathrm{r}})=R_b^r$ 将体坐标转换为参考坐标。使用 6.5.2 节中的相同参数，可以得到

$$\begin{aligned}&\dot{\widetilde{\mathfrak{q}}}_{\mathrm{r}}(t)=\frac{1}{2}\widetilde{\mathfrak{q}}_{\mathrm{r}}\otimes\widetilde{\boldsymbol{\omega}}_{\mathrm{r}}=\frac{1}{2}\begin{bmatrix}-\widetilde{\boldsymbol{q}}_{\mathrm{r}}\cdot\widetilde{\boldsymbol{\omega}}_{\mathrm{r}}\\\widetilde{q}_{\mathrm{r}0}\widetilde{\boldsymbol{\omega}}_{\mathrm{r}}+\widetilde{\boldsymbol{q}}_{\mathrm{r}}\times\widetilde{\boldsymbol{\omega}}_{\mathrm{r}}\end{bmatrix},\widetilde{\mathfrak{q}}_{\mathrm{r}}(0)=\widetilde{\mathfrak{q}}_{\mathrm{r}0}\\&\widetilde{\boldsymbol{\omega}}_{\mathrm{r}}=\omega-\widetilde{R}^{\mathrm{T}}(\widetilde{\mathfrak{q}}_{\mathrm{r}})\boldsymbol{\omega}_{\mathrm{r}}=\boldsymbol{\omega}-\widetilde{\mathfrak{q}}_{\mathrm{r}}^{-1}\otimes\boldsymbol{\omega}_{\mathrm{r}}\otimes\widetilde{\mathfrak{q}}_{\mathrm{r}}=\boldsymbol{\omega}-\boldsymbol{\omega}_{rb}\end{aligned} \tag{7.48}$$

其中，在体坐标系下表示的角速度误差$\widetilde{\boldsymbol{\omega}}_{\mathrm{r}}$（定义为本体角速度减参考角速度）与$\widetilde{\mathfrak{q}}_{\mathrm{r}}$ 一致。$\boldsymbol{\omega}_{\mathrm{r}}$ 和$\dot{\boldsymbol{\omega}}_{\mathrm{r}}$ 的体坐标分别由 $\boldsymbol{\omega}_{rb}$和$\dot{\boldsymbol{\omega}}_{rb}$表示。

角速度误差状态方程是根据$\widetilde{\boldsymbol{\omega}}_{\mathrm{r}}$ 的时间微分计算得来的，即

$$\dot{\widetilde{\boldsymbol{\omega}}}_{\mathrm{r}}=\boldsymbol{\omega}-d(\widetilde{R}^{\mathrm{T}}\boldsymbol{\omega}_{\mathrm{r}})/\mathrm{d}t=-J^{-1}(\boldsymbol{\omega}_{rb}+\widetilde{\boldsymbol{\omega}}_{\mathrm{r}})\times J(\boldsymbol{\omega}_{rb}+\widetilde{\boldsymbol{\omega}}_{\mathrm{r}})+J^{-1}(\boldsymbol{M}_u+\boldsymbol{M}_d(\mathfrak{q},t))-\boldsymbol{\omega}_{rb}\times\widetilde{\boldsymbol{\omega}}_{\mathrm{r}}-\dot{\boldsymbol{\omega}}_{rb} \tag{7.49}$$

$\dot{\boldsymbol{\omega}}$的表达式源于式（7.44）中的第二行，而后两项是$-d(\widetilde{R}^{\mathrm{T}}\boldsymbol{\omega}_{\mathrm{r}})/\mathrm{d}t$ 的结果。通过将陀螺加速度细分为三项，式（7.49）变为

$$\dot{\widetilde{\boldsymbol{\omega}}}_{\mathrm{r}}=-J^{-1}\widetilde{\boldsymbol{\omega}}_{\mathrm{r}}\times J\widetilde{\boldsymbol{\omega}}_{\mathrm{r}}+J^{-1}A_{\mathrm{r}}\widetilde{\boldsymbol{\omega}}_{\mathrm{r}}+J^{-1}\boldsymbol{M}_u+J^{-1}(\boldsymbol{M}_d(\mathfrak{q},t)-\boldsymbol{M}_{\mathrm{r}}) \tag{7.50}$$

其中，由于$-\boldsymbol{\omega}_{rb}\times\widetilde{\boldsymbol{\omega}}_{\mathrm{r}}$ 与陀螺力矩中的两项结合，A_{r} 和 $\boldsymbol{M}_{\mathrm{r}}$ 表示为

$$\begin{aligned}&A_{\mathrm{r}}=-J_{123}\boldsymbol{\omega}_{rb}\times,J_{123}=\mathrm{diag}(J_2+J_3-J_1,J_1+J_3-J_2,J_1+J_2-J_3)\\&\boldsymbol{M}_{\mathrm{r}}=J^{-1}\boldsymbol{\omega}_{rb}\times J\boldsymbol{\omega}_{rb}+\dot{\boldsymbol{\omega}}_{rb}\end{aligned} \tag{7.51}$$

假设以下**理想控制律**，其中包括比例微分（PD）反馈和干扰抑制，

$$J^{-1}\boldsymbol{M}_u=J^{-1}\boldsymbol{M}_{\mathrm{r}}-k_q\overline{K}_q\mathrm{sgn}(\widetilde{\mathfrak{q}}_{\mathrm{r}0})\widetilde{\boldsymbol{q}}_{\mathrm{r}}-(K_\omega-J^{-1}A_{\mathrm{r}})\widetilde{\boldsymbol{\omega}}_{\mathrm{r}}-J^{-1}(-\widetilde{\boldsymbol{\omega}}_{\mathrm{r}}\times J\widetilde{\boldsymbol{\omega}}_{\mathrm{r}}+\boldsymbol{M}_d(\mathfrak{q},t)) \tag{7.52}$$

其中 $k_q>0$（$\mathrm{rad/s^2}$）是一个正标量，$\overline{K}_q>0$（无量纲）和 $K_\omega>0$［rad/s］都是与四元数分量和角速度分量相乘的正定矩阵。比例反馈，即式（7.52）右侧的第二项，已按

照式（6.110）和文献［14，33，35］的方式进行构造。在文献［22］中，符号四元数反馈已经在混合反馈理论中得到了处理。将式（7.52）代入式（7.50）和式（7.48）的第一行，得出自治闭环方程：

$$\begin{aligned}\dot{\tilde{\mathfrak{q}}}_r(t)&=\frac{1}{2}\tilde{\mathfrak{q}}_r\otimes\tilde{\boldsymbol{\omega}}_r\\ \tilde{\boldsymbol{\omega}}_r&=-k_q\bar{K}_q\mathrm{sgn}(\tilde{q}_{r0})\tilde{\boldsymbol{q}}_r-K_\omega\tilde{\boldsymbol{\omega}}_r\end{aligned}\tag{7.53}$$

其平衡点为$\{\tilde{\mathfrak{q}}=[\pm1,0],\tilde{\boldsymbol{\omega}}=0\}$。为了证明两个平衡点的渐近稳定性，使用李雅普诺夫函数

$$V=2k_q(1-|\tilde{q}_0|)+\frac{1}{2}\boldsymbol{\omega}_r^{\mathrm{T}}\bar{K}_q^{-1}\tilde{\boldsymbol{\omega}}_r\tag{7.54}$$

除在平衡点处等于零外，其它均为李雅普诺夫函数要求的正值。利用式（7.53）可得，时间导数$\dot{V}$是负半定的，即

$$\begin{aligned}\dot{V}&=-2k_q\mathrm{sgn}(\tilde{q}_{r0})\dot{\tilde{q}}_{r0}+\tilde{\boldsymbol{\omega}}_r^{\mathrm{T}}\bar{K}_q^{-1}\dot{\tilde{\boldsymbol{\omega}}}_r=k_q\mathrm{sgn}(\tilde{q}_{r0})\tilde{\boldsymbol{q}}_r^{\mathrm{T}}\tilde{\boldsymbol{\omega}}_r+\tilde{\omega}_r^{\mathrm{T}}\bar{K}_q^{-1}(-k_q\bar{K}_q\mathrm{sgn}(\tilde{q}_{r0})\tilde{\boldsymbol{q}}_r-K_\omega\tilde{\boldsymbol{\omega}}_r)\\&=-\tilde{\omega}_r^{\mathrm{T}}\bar{K}_q^{-1}K_\omega\tilde{\boldsymbol{\omega}}_r\leqslant0\end{aligned}\tag{7.55}$$

同6.5.6节（对PI反馈进行讨论），借助LaSalle不变原理（在13.3.4节中简要提及）证明式（7.53）的渐近稳定性，此处留给读者自行证明。式（7.52）的控制律不考虑执行机构动力学，但必须考虑执行机构的转换速率。本书不考虑该问题。

7.3.2 离散时间反馈

式（7.52）中控制律的实现还需要两个步骤：①时间离散化；②根据可用测量值对状态变量和干扰变量进行一步预测。第一步在本节中进行解决，第二步将在7.3.3节中解决。式（7.48）的第一行和式（7.50）的离散时间（DT）形式，均假定四元数增量由下面的角速度积分决定：

$$\tilde{\boldsymbol{\omega}}_r(i)T=\int_{iT}^{(i+1)\mathrm{T}}\tilde{\boldsymbol{\omega}}_r(\tau)\mathrm{d}\tau\tag{7.56}$$

式（7.50）的积分通过欧拉正演法得出。生成的方程式是由四维向量$\mathfrak{z}$和矩阵$\boldsymbol{Z}$组成的。

$$\mathfrak{z}=\begin{bmatrix}|\tilde{q}_{r0}|-1\\ \tilde{\boldsymbol{q}}_r\end{bmatrix},\boldsymbol{Z}=\frac{s}{2}\begin{bmatrix}-\tilde{S}_{r0}\tilde{\boldsymbol{q}}_r^{\mathrm{T}}\\ \tilde{q}_{r0}I+\tilde{\boldsymbol{q}}_r\times\end{bmatrix}\tag{7.57}$$

等式使用以下记法：

$$\tilde{s}_{r0}=\mathrm{sgn}(\tilde{q}_{r0}),\ 0<s(i)=\frac{\sin(\tilde{\omega}_r(i)T/2)}{\tilde{\omega}_r(i)T/2}\leqslant1,\ \tilde{\omega}_r=|\tilde{\boldsymbol{\omega}}_r|,\quad \tilde{\omega}_rT<\pi$$

四维矢量$\mathfrak{z}$（i）将平衡点移动到原点$\mathfrak{z}=[0,0]$处。读者可以很容易地证明$\boldsymbol{Z}$的以下属性。

$$\boldsymbol{Z}^{\mathrm{T}}Z=\frac{s^2}{4}I_3,\quad\begin{bmatrix}|\tilde{q}_{r0}|\\ \tilde{\boldsymbol{q}}_r\end{bmatrix}^{\mathrm{T}}Z=0\tag{7.58}$$

要证明的稳定性定理需要假设以下渐近条件。尽管第二个和第三个条件很苛刻，但在接下来的推导中可以忽略它们之间的差异。

$\mathrm{sgn}(\tilde{q}_{r0}(i+1))\to\mathrm{sgn}(\tilde{q}_{r0}(i))$, $Z(i+1)\to Z(i)$, $\tilde{\boldsymbol{\omega}}_r(i+1)\to\tilde{\boldsymbol{\omega}}_r(i)$, $s(i+1)\to s(i)$

根据符号等式 $\mathrm{sgn}(\tilde{q}_{r0}(i+1))=\mathrm{sgn}(\tilde{q}_{r0}(i))$ 和以下条件

$$0<c=\cos(\tilde{\omega}_r T/2)\leqslant 1,\quad \tilde{\omega}_r T<\pi$$

式（7.48）和式（7.50）的离散状态方程可以采用以下形式：

$$\begin{aligned}\mathfrak{z}(i+1)&=\begin{bmatrix}c(i)\,|\tilde{q}_{r0}(i)|-1\\ c(i)\tilde{\boldsymbol{q}}_r(i)\end{bmatrix}+Z(i)\tilde{\boldsymbol{\omega}}_r(i)T\\ \tilde{\boldsymbol{\omega}}_r(i+1)&=\tilde{\boldsymbol{\omega}}_r(i)+T(\boldsymbol{a}_u+\boldsymbol{a}_d)(i)\end{aligned}\tag{7.59}$$

输入向量 $\boldsymbol{a}_u=-J^{-1}\boldsymbol{M}_u$ [rad/s^2] 是指令加速度，并且 $\boldsymbol{a}_d$ 同时包括已知和未知的扰动加速度，即

$$\boldsymbol{a}_d=\boldsymbol{J}^{-1}(-\tilde{\boldsymbol{\omega}}_r\times J\,\tilde{\boldsymbol{\omega}}_r+A_r\,\tilde{\boldsymbol{\omega}}_r+\boldsymbol{M}_d(\mathfrak{q},t)-\boldsymbol{M}_r)\tag{7.60}$$

式（7.59）必须用式（7.52）中理想控制律的离散形式予以完善，其中力矩已由角加速度代替。

$$T^2\boldsymbol{a}_u(i)=-T^2\boldsymbol{a}_d-(k_q\,\tilde{s}_{r0}2\,\tilde{\boldsymbol{q}}_r+k_\omega\,\tilde{\boldsymbol{\omega}}_r T)\tag{7.61}$$

使用李雅普诺夫直接法来寻找标量反馈增益 $\{k_q,k_\omega\}$，它可以保证式（7.59）和式（7.61）的闭环渐近稳定性（AS）。备选李雅普诺夫函数与式（7.54）略有不同，并由以下表达式定义。

$$V(i)=\frac{1}{2}(a\mathfrak{z}^{\mathrm{T}}\mathfrak{z}+a\mathfrak{z}^{\mathrm{T}}Z\,\tilde{\boldsymbol{\omega}}_r T+d\,\tilde{\boldsymbol{\omega}}_r^{\mathrm{T}}Z^{\mathrm{T}}Z\,\tilde{\boldsymbol{\omega}}_r T^2)\tag{7.62}$$

并受以下系数限制：

$$\begin{aligned}&a>0,d>0\\ &\det\begin{bmatrix}a & a/2\\ a/2 & d\end{bmatrix}=ad-\frac{a^2}{4}>0\Rightarrow\frac{a}{d}<1\end{aligned}\tag{7.63}$$

借助简化符号：

$$\begin{aligned}&\mathfrak{z}_+=\mathfrak{z}(i+1),\bar{\mathfrak{z}}=(\mathfrak{z}_++\mathfrak{z})/2,\Delta\mathfrak{z}=\mathfrak{z}_+-\mathfrak{z}\\ &\tilde{\boldsymbol{\omega}}_{r+}=\tilde{\boldsymbol{\omega}}_r(i+1),\bar{\tilde{\boldsymbol{\omega}}}_r=(\tilde{\boldsymbol{\omega}}_{r+}+\tilde{\boldsymbol{\omega}}_r)/2,\Delta\,\tilde{\boldsymbol{\omega}}_r=\tilde{\boldsymbol{\omega}}_{r+}-\tilde{\boldsymbol{\omega}}_r\end{aligned}\tag{7.64}$$

以及以下定义：

$$(\mathfrak{z}_+^{\mathrm{T}}\mathfrak{z}_+-\mathfrak{z}^{\mathrm{T}}\mathfrak{z})/2=\Delta\mathfrak{z}^{\mathrm{T}}\,\bar{\mathfrak{z}}\quad(\tilde{\boldsymbol{\omega}}_{r+}^{\mathrm{T}}\tilde{\boldsymbol{\omega}}_{r+}-\tilde{\boldsymbol{\omega}}_r^{\mathrm{T}}\,\tilde{\boldsymbol{\omega}}_r)=\Delta\,\tilde{\boldsymbol{\omega}}_r^{\mathrm{T}}\,\bar{\tilde{\boldsymbol{\omega}}}_r$$

正如预期那样，通过忽略 $Z(i+1)-Z(i)$ 的差，差分函数 $\Delta V(i)=V(i+1)-V(i)$ 可以写为

$$\Delta V(i)=a\Delta\mathfrak{z}^{\mathrm{T}}\,\bar{\mathfrak{z}}+a\mathfrak{z}_+^{\mathrm{T}}Z\,\tilde{\boldsymbol{\omega}}_{r+}T/2-a\mathfrak{z}^{\mathrm{T}}Z\,\tilde{\boldsymbol{\omega}}_{r+}T/2+d\Delta\,\tilde{\boldsymbol{\omega}}_r^{\mathrm{T}}\,\bar{\tilde{\boldsymbol{\omega}}}_r T^2s^2/4\tag{7.65}$$

结合式（7.59）可以将式（7.65）改写为以下三项之和。

$$\begin{aligned}\Delta V(i)&=\bar{\mathfrak{z}}^{\mathrm{T}}a(\Delta\mathfrak{z}-Z\,\tilde{\boldsymbol{\omega}}_r T)+\left(aZ^{\mathrm{T}}\mathfrak{z}_++\frac{s^2}{4}\mathrm{d}\Delta\,\tilde{\boldsymbol{\omega}}_r T\right)^{\mathrm{T}}\bar{\tilde{\boldsymbol{\omega}}}_r T\\ &=a(1-|q_0|)(c-1)+\frac{a}{2}(c-1)^2+\left(aZ^{\mathrm{T}}\mathfrak{z}_++\frac{s^2}{4}\mathrm{d}\Delta\,\tilde{\boldsymbol{\omega}}_r T\right)^{\mathrm{T}}\bar{\tilde{\boldsymbol{\omega}}}_r T\end{aligned}\tag{7.66}$$

（1）除 $|q_0|=1$ 之外，式（7.66）的最后一个表达式中的第一项是负定的，并且不需要任何处理。除 $c=1$ 即 $\tilde{\boldsymbol{\omega}}_r=0$ 之外的第二项是正定的，并与第三项合并，如第（3）点所示。

（2）通过重写式（7.61）中的控制律如下，使式（7.66）第二行中的第三项为负

定，且等于$-s^2gT^2\bar{\tilde{\boldsymbol{\omega}}}_r^{\mathrm{T}}\bar{\tilde{\boldsymbol{\omega}}}_r/4$，$g>0$。

$$\mathrm{d}\Delta\tilde{\boldsymbol{\omega}}_r(i)T=d(\boldsymbol{a}_uT^2+\boldsymbol{a}_dT^2)=-\left(\frac{4}{s^2}aZ^{\mathrm{T}}\mathfrak{z}_++g\bar{\tilde{\boldsymbol{\omega}}}_rT\right),\quad g>0 \tag{7.67}$$

式（7.67）是$\Delta\tilde{\boldsymbol{\omega}}_r$中的一个隐式方程，因为$\bar{\tilde{\boldsymbol{\omega}}}_r=\Delta\tilde{\boldsymbol{\omega}}_r/2+\tilde{\boldsymbol{\omega}}_r$。利用等式$Z^{\mathrm{T}}\mathfrak{z}_+=s(\tilde{s}_{r0}\tilde{\boldsymbol{q}}_r+s\tilde{\boldsymbol{\omega}}_rT/2)/2$，可以从式（7.57）和式（7.59）中得出显式解。

$$\Delta\tilde{\boldsymbol{\omega}}_r(i)T=-\left(1+\frac{g}{2d}\right)^{-1}\left(\frac{a}{d}s^{-1}(i)\tilde{s}_{r0}\tilde{\boldsymbol{q}}_r+\left(\frac{g}{d}+\frac{a}{d}\right)\tilde{\boldsymbol{\omega}}_rT\right) \tag{7.68}$$

比较式（7.61）和式（7.68）可以得出以下反馈增益组合$\{k_q,k_\omega\}$，其中函数$s^{-1}(i)$不会因为$\tilde{\omega}_r(i)T<\pi$而发散。

$$k_q=\left(1+\frac{g}{2d}\right)^{-1}\frac{a}{d}s^{-1}(i),k_\omega=\left(1+\frac{g}{2d}\right)^{-1}\left(\frac{g}{d}+\frac{a}{d}\right),\quad \frac{a}{d}<1,0<s(i)\leqslant 1 \tag{7.69}$$

（3）在式（7.66）的第二行中，第二项$a(c-1)^2/2$可以与$-gT^2\bar{\tilde{\boldsymbol{\omega}}}_r^{\mathrm{T}}\bar{\tilde{\boldsymbol{\omega}}}_rs^2/4$，$g>0$合并，得出$g$的下界。为此，忽略$\tilde{\boldsymbol{\omega}}_r(i+1)-\tilde{\boldsymbol{\omega}}_r(i)$的差并将式（7.59）中的余弦$c(i)$在$|\tilde{\boldsymbol{\omega}}_r|T/2=0$附近展开为二阶泰勒级数。得到以下等式：

$$\frac{a}{2}(c-1)^2-\frac{s^2}{4}gT^2\tilde{\boldsymbol{\omega}}_r^{\mathrm{T}}\tilde{\boldsymbol{\omega}}_r=\left(\frac{a}{2}\left(\frac{\cos\eta}{8}\tilde{\boldsymbol{\omega}}_rT\right)^2-\frac{g}{4}\right)T^2\tilde{\boldsymbol{\omega}}_r^{\mathrm{T}}\tilde{\boldsymbol{\omega}}_r,\quad 0\leqslant\eta\leqslant\frac{\tilde{\omega}_rT}{2} \tag{7.70}$$

在$T\tilde{\omega}_r\leqslant\pi$的进一步条件下，设计不等式为

$$g>g_{\min}=2a\left(\frac{\pi}{8}\right)^2\geqslant 2a\left(\frac{\cos\eta}{8}T\tilde{\boldsymbol{\omega}}_r\right)^2 \tag{7.71}$$

不等式$\tilde{\omega}_r\leqslant 2\pi f_{\max}=\pi/T$给出了角速度跟踪误差$\tilde{\omega}_r=|\tilde{\boldsymbol{\omega}}_r|$的上界。最后，差分函数式（7.65）变为

$$\Delta V(i)=a(1-|q_0|)(c-1)-s^2(g-g_{\min})T^2\tilde{\boldsymbol{\omega}}_r^{\mathrm{T}}\tilde{\boldsymbol{\omega}}_r/4<0$$

下一个定理总结了上述的发现。

定理 5：在渐近条件$\mathrm{sgn}(\tilde{q}_{r0}(i+1))\to\tilde{s}_{r0}$和$s(i+1)\to s(i)$下，通过忽略$Z(i+1)-Z(i)$和$\tilde{\boldsymbol{\omega}}_r(i+1)-\tilde{\boldsymbol{\omega}}_r(i)$，在不等式$\tilde{\boldsymbol{\omega}}_r\leqslant 2\pi f_{\max}$的条件下，由式（7.61）和式（7.59）组成的闭环系统是渐近稳定的。在式（7.69）中定义标量增益$\{k_q,k_\omega\}$，并根据式（7.63）和式（7.71），参数a/d和g/d的范围为

$$0<\frac{a}{d}<1,\quad \frac{g}{2d}>\frac{g_{\min}}{2d}=\left(\frac{\pi}{8}\right)^2\frac{a}{d} \tag{7.72}$$

通过放弃先前的4个稳态条件，并用适当的边界值替换相应的差值，可以使定理更加严谨。最后一步是找到在$[\mathfrak{z},\tilde{\boldsymbol{\omega}}_r]\to[0,0]$的条件下，式（7.59）和式（7.68）的渐近线性时不变（LTI）闭环形式。省略二阶项并定义以下矢量和参数：

$$\begin{gathered}\tilde{\boldsymbol{\theta}}_r=2\tilde{s}_{r0}\tilde{\boldsymbol{q}}_r\\ \alpha=\frac{a/d}{1+g/(2d)},\beta=\frac{g/d}{1+g/(2d)}\end{gathered} \tag{7.73}$$

读者可以自行证明式（7.59）和式（7.68）收敛于3个二阶系统的平衡点，对于$k=1,2,3$都有一个坐标与之相对应，即

$$|\widetilde{q}_{r0}(i+1)|=|\widetilde{q}_{r0}(i)|$$

$$\begin{bmatrix}\widetilde{\boldsymbol{\theta}}_r\\ \widetilde{\boldsymbol{\omega}}_r T\end{bmatrix}(i+1)=\begin{bmatrix}I_3 & I_3\\ -\alpha I_3 & (1-\alpha-\beta)I_3\end{bmatrix}\begin{bmatrix}\widetilde{\boldsymbol{\theta}}_r\\ \widetilde{\boldsymbol{\omega}}_r T\end{bmatrix}(i) \tag{7.74}$$

练习 4：

证明：在式（7.74）中，第 k 个坐标的特征值对 $\{\lambda_{1k},\lambda_{2k}\}$，$k=1,2,3$ 位于单位圆上，即当且仅当 $\beta=0$ 时，有 $|\lambda_{1k}|=|\lambda_{2k}|=1$。这意味着 β 相当于阻尼系数，可以将其改写为 $\beta=2\zeta_c\omega_c T=2\zeta_c\sqrt{\alpha}$。此外，对于 $\alpha<1$，$\sqrt{\alpha}=\omega_c T$ 相当于 ω_c 的离散时间角频率（rad）。求出特征值表达式。

7.3.3 状态预测器：简介

本节的目标是获得跟踪误差 $\widetilde{\mathfrak{q}}_r$ 和 $\widetilde{\boldsymbol{\omega}}_r$ 及式（7.52）中的未知扰动力矩 $\boldsymbol{M}_d$ 的一步预测值。其中存在两种选择：①直接从式（7.48）的第一行和式（7.50）来预测跟踪误差；②根据式（7.44）预测航天器的真实姿态四元数 $\mathfrak{q}=\mathfrak{q}_b$ 和角速度 $\boldsymbol{\omega}$，并分别构建其参考变量 $\mathfrak{q}_r$ 和 $\boldsymbol{\omega}_r$，如 11.3 节所述。最后将未知量 $\boldsymbol{M}_d$ 带入两组方程。首选第二种方法，因为其可以直接测量 $\mathscr{R}$（通常是 $\boldsymbol{\omega}$）。原则上，指向目标坐标系 $\mathscr{R}$（由至少两个非平行的方向定义，如第 10 章所述）的姿态传感器可以通过直接确定跟踪误差 $\widetilde{\mathfrak{q}}_r=\mathfrak{q}_r^{-1}\otimes\mathfrak{q}=\mathfrak{q}_r^{-1}\otimes\mathfrak{q}_b$ 来估计体坐标系 $\mathscr{B}$ 在目标坐标系 $\mathscr{R}$ 中的四元数 $\mathfrak{q}_b^r$。一个例子是在 CPM 阶段由 8.8.3 节中的 CESS 观测得到的从航天器本体到太阳的方向和从航天器本体到地球方向定义的坐标系，并由 12.5.4 节中的任务状态预测器所使用。第二种选择更为通用，因为它包括两种情况。

第二种选择涉及传感器的可用性。

（1）最常见的选择是配置角速度和姿态传感器，因为角速度传感器（陀螺仪）提供了准确的短期姿态增量，可以在姿态测量可用时进行积分和校正。在 6.6 节中说明了由陀螺仪和星敏感器测量所驱动的状态预测器，但仅限于预测陀螺仪偏置和姿态四元数。在此，添加了对角速度和未知扰动力矩的预测（将其命名为设计 A）。

（2）星敏感器技术的不断发展使应用陀螺仪的必要性逐渐降低。相关的状态预测器（将其命名为设计 B）将在 7.3.5 节中说明，并可以应用于其他姿态传感器。

（3）GOCE 卫星特有的第三种选择是配置一个三维角加速度计和一个姿态传感器（对于 GOCE，为星敏感器组件）。角加速度计可以直接测量需要被抵消的未知干扰。据作者所知，它们很少或从未在其他空间应用中出现过[24]，除了像 GOCE 这样的超精细科学原型卫星，它们还可以测量线性加速度和角加速度。由角加速度计和星敏感器测量值作为输入，并以分级方式组成的状态预测器，将在 12.5 节中进行说明。

结论是，星敏感器技术正在成为该测量仪器组合（三维陀螺仪、三维姿态传感器）的一种成本低且有效的替代方法，除非在宽频带内（通常在存在高频噪声的情况下）需要残余加速度较小时，不能被星敏感器替代。为了根据残余角加速度估算应用陀螺仪的边界条件，考虑了表 8.1 第 6 行中，带宽为 $f<f_{\max}=50\text{Hz}$ 时的最小陀螺仪噪声谱密度 $\widetilde{S}_\omega=35\text{nrad}/(\text{s}\sqrt{\text{Hz}})$。换算成角加速度，得出以下最坏情况下的值。

$$\widetilde{S}_a(f_{max}) = (2\pi f_{max})\widetilde{S}_\omega \cong 10\mu\mathrm{rad}/(\mathrm{s}^2\sqrt{\mathrm{Hz}}) \tag{7.75}$$

有趣的是，通过将最坏情况下式（7.75）的值按比例缩小到 GOCE 科学测量带宽的上限 $f_{GOCE}=0.1\mathrm{Hz}$，可以得出大致的 GOCE 无拖曳频谱限制 $\widetilde{S}_a(f_{GOCE})\cong 20\mathrm{nrad}/(\mathrm{s}^2\sqrt{\mathrm{Hz}})$（参见表 12.3 中的 GOCE 要求）。这一结果证实了陀螺仪对 GOCE 任务（未安装陀螺仪）没有任何帮助，同时高精度陀螺仪对于获得无振动航天器至关重要。

7.3.4 状态预测器：陀螺仪和姿态测量（设计 A）

最简单的设计是重新使用 6.6.1 节中的状态预测器，并添加角速度和未知干扰力矩的状态预测器，总体框图如图 7.2 所示。将符号 $\boldsymbol{d}$ 更改为 $\boldsymbol{b}$，作为描述陀螺偏置（取负）更合适的符号，其状态方程为

$$\boldsymbol{b}(i+1) = \boldsymbol{b}(i) + \boldsymbol{w}_b(i) \tag{7.76}$$

式中：$\boldsymbol{w}_b$ 为有界的任意未知信号。图 7.2 所示框图的右侧与 6.6.1 节中图 6.13 相一致，但存在以下变化。作为姿态四元数运动学的输入变量，陀螺仪测量值 $\breve{\boldsymbol{\omega}}T$ 已由预测值 $\hat{\boldsymbol{\omega}}_d T$（rad）替代，可以将其称为**受污染的角速度增量**[5]，因为它是预测的“真”速度增量 $\hat{\boldsymbol{\omega}}T$ 和陀螺仪偏置 $\boldsymbol{b}$ 的总和。实际上，通过将偏置 $\boldsymbol{b}$ 添加到受污染的角速率增量中，我们获得了输入四元数运动学的真实增量。$\boldsymbol{b}$ 作为负偏置的定义使我们可以将方框图的负号限制在模型误差的求和节点上。框图的左侧是式（7.44）的离散时间形式，已在 7.3.2 节中得出。它是由数字命令 $\boldsymbol{u}(i)=\boldsymbol{M}_u(i)/\rho_u$（$\rho_u$ 为命令量化因子）和离散扰动加速度 $\boldsymbol{a}_d T^2$［由式（7.60）定义］所驱动的。加速度矢量 $\boldsymbol{a}_d$ 可以写为已知和未知成分之和，即

$$\begin{aligned} \boldsymbol{x}_d(i+1) &= \boldsymbol{x}_d(i) + \boldsymbol{w}_d(i) \\ \boldsymbol{a}_d T^2(i) &= \boldsymbol{h}(\boldsymbol{\omega}, \mathfrak{q}, t) + \boldsymbol{x}_d + \boldsymbol{w}_a \end{aligned} \tag{7.77}$$

其中，$\boldsymbol{h}(\boldsymbol{\omega},\mathfrak{q},t) = -T^2 J^{-1}\boldsymbol{\omega}\times J\boldsymbol{\omega}+\cdots$ 包括陀螺加速度和其他扰动，如引力梯度力矩，$\boldsymbol{x}_d$ 是由噪声 $\boldsymbol{w}_d$ 驱动的一阶动力学的输出。在下文中，我们将假设 $\boldsymbol{h}(\cdot)=\boldsymbol{h}_{nom}(\cdot)+\widetilde{\boldsymbol{h}}(\cdot)$ 是完全未知的。换句话说，我们假设已知部分为零，即 $\boldsymbol{h}_{nom}(\cdot)=0$，如 14.3.1 节所述。噪声 $\boldsymbol{w}_a$ 包含任意噪声分量，如量化误差、执行机构噪声及式（7.76）中负陀螺仪偏置的驱动噪声 $\boldsymbol{w}_b$。

练习 5：

证明： $\boldsymbol{w}_a$ 包括负陀螺偏置 b 的驱动噪声 $\boldsymbol{w}_b$。

完整的预测器方程是图 7.2 所示的**四元数预测器和角速度预测器**的组合。借助图 7.2，根据 6.4.1 节的离散时间方程（6.78）、6.5.2 节的连续时间（CT）方程（6.106），以及 6.5.7 节的式（6.141）和式（6.142），可以得出四元数预测和偏置预测的三阶离散时间状态方程为

$$\begin{aligned} \hat{\mathfrak{q}}(i+1) &= c_q(i)\hat{\mathfrak{q}}(i) + \frac{1}{2}s_q(i)\hat{\mathfrak{q}}(i)\otimes(\hat{\boldsymbol{\omega}}_d(i)T + \boldsymbol{b}(i)) \\ \mathfrak{p}(i+1) &= c_p(i)\mathfrak{p}(i) + s_p(i)\mathfrak{p}(i)\otimes L\mathrm{sgn}(\widetilde{p}_0(i))\widetilde{\boldsymbol{p}}(i) \\ \boldsymbol{b}(i+1) &= \boldsymbol{b}(i) + (G+H)\mathrm{sgn}(e_{m0}(i))2\boldsymbol{e}_m(i) + H\mathrm{sgn}(\widetilde{p}_0(i))2\widetilde{\boldsymbol{p}}(i) \end{aligned} \tag{7.78}$$

在式（7.78）中用 $\widetilde{\mathfrak{p}}=\mathfrak{p}^{-1}\otimes\mathfrak{e}_m=[\widetilde{p}_0,\widetilde{\boldsymbol{p}}]$ 和 $\mathfrak{e}_m=\hat{\mathfrak{q}}^{-1}\otimes\breve{\mathfrak{q}}=[e_{m0},\boldsymbol{e}_m]$ 表示四元数模型

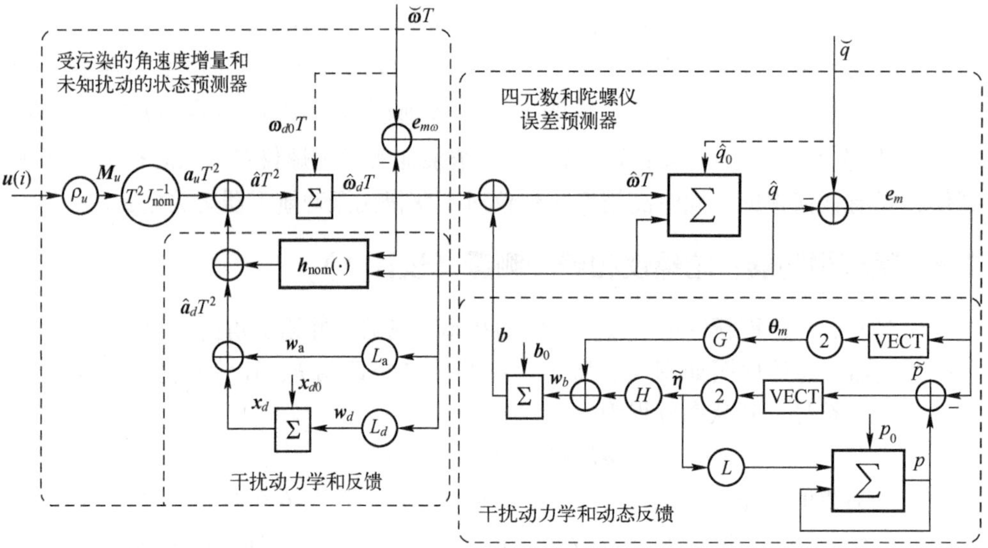

图 7.2　由陀螺仪和姿态测量值驱动的状态预测器框图（设计 A）

误差，其中采用了变量替换 $\boldsymbol{b}=\boldsymbol{d}$，图 7.2 中的噪声矢量 $\boldsymbol{w}_b$ 是噪声动态反馈的输出，它隐含在式（7.78）中。要设计的增益矩阵为 $\{\boldsymbol{G},\boldsymbol{H},\boldsymbol{L}\}$，并且使用了以下记法。

$$\begin{aligned}&c_q=\cos(\omega_q),s_q=\sin(\omega_q)/\omega_q,\omega_q=|\hat{\boldsymbol{\omega}}_dT+\boldsymbol{b}|/2\\&c_p=\cos(\omega_p),s_p=\sin(\omega_p)/\omega_p,\omega_p=|\tilde{\boldsymbol{p}}|\end{aligned}\tag{7.79}$$

角速度预测器是如下所示的二阶状态方程：

$$\begin{bmatrix}\hat{\boldsymbol{\omega}}_dT\\\boldsymbol{x}_d\end{bmatrix}(i+1)=\begin{bmatrix}\boldsymbol{I}_3-\boldsymbol{L}_a & \boldsymbol{I}_3\\-\boldsymbol{L}_d & \boldsymbol{I}_3\end{bmatrix}\begin{bmatrix}\hat{\boldsymbol{\omega}}_dT\\\boldsymbol{x}_d\end{bmatrix}(i)+\begin{bmatrix}T^2J_{\text{nom}}^{-1}\rho_u\\0\end{bmatrix}\boldsymbol{u}(i)+\begin{bmatrix}\boldsymbol{h}_{\text{nom}}(\cdot)\\0\end{bmatrix}+\begin{bmatrix}\boldsymbol{L}_a\\\boldsymbol{L}_d\end{bmatrix}\breve{\boldsymbol{\omega}}(i)T\tag{7.80}$$

其中，$\{\boldsymbol{L}_a,\boldsymbol{L}_d\}$ 是要设计的一个增益矩阵对。

图 7.2 和式（7.78）~式（7.80）表明，最终得到的状态预测器是之前两个状态预测器组成的，且没有从四元数误差 $\hat{e}$ 到式（7.77）中由 $\{\boldsymbol{w}_a,\boldsymbol{w}_d\}$ 增益矩阵对驱动的扰动力矩动力学的反馈。此外，角速度的模型误差 $\boldsymbol{e}_{m\omega}=\breve{\boldsymbol{\omega}}-\hat{\boldsymbol{\omega}}_d$ 不与四元数预测器的动态反馈相互作用，而是负责预测负陀螺仪偏置 $\boldsymbol{b}$。总而言之，误差反馈与以下规则解耦[4-5]：每个模型误差（在这种情况下为 e_m 和 $\boldsymbol{e}_{m\omega}$）仅分别作为直接影响其测量变量 $\breve{q}$ 和 $\breve{\boldsymbol{\omega}}$ 的扰动动力学的输入。

相对于卡尔曼滤波器的最优反馈，这是一个极大的简化，且必须加以证明。在 6.6 节中已经对四元数预测器与卡尔曼滤波器进行了比较，唯一的区别是预测的受污染的角速度增量 $\hat{\boldsymbol{\omega}}_dT$ 取代了测量值 $\breve{\boldsymbol{\omega}}T$。如果 $\hat{\boldsymbol{\omega}}_dT$ 收敛到 $\breve{\boldsymbol{\omega}}T$ 的速度快于四元数和陀螺偏置预测器的时间常数，那么 $\hat{\boldsymbol{\omega}}_dT$ 和 $\breve{\boldsymbol{\omega}}T$ 趋于相等。

上述的第二个理由涉及了从 e_m（测得的姿态四元数模型误差）到 $\{\boldsymbol{w}_a,\boldsymbol{w}_d\}$ 所缺失的反馈。初看，由于陀螺仪漂移，陀螺仪测量值和姿态测量值在较低的频率下的融合（有时称为**混合**，参见 12.5.6 节）似乎是必需的。实际上，如练习 5 所示，陀螺仪偏置仅作为有界噪声进入式（7.77）中的扰动 $\boldsymbol{a}_d$。如果将传感器的融合作为目标，那么应找到将高频和低频分开的截止频率f_q，其中在高频情况下陀螺仪的角速度增量更为准确，而在低频时姿态传感器更加有效。可以通过使陀螺仪的噪声频谱密度$\widetilde{S}_{\omega}(f)$和姿态噪声微分$2\pi f\widetilde{\sigma}_{\theta}\sqrt{2T_s}$的频谱密度相等来粗略估计截止频率，其中$\widetilde{\sigma}_{\theta}=\widetilde{\sigma}_{\mathrm{NEA}}$是噪声等效角（参见8.9.3节），$T_s$是采样周期。使用表6.1中的最坏情况下的值，可以找到截止频率的上限。

$$f_q \leqslant \widetilde{S}_{\omega}/(2\pi\,\widetilde{\sigma}_{\theta}\sqrt{2T_s}) \approx 0.002\mathrm{Hz} \tag{7.81}$$

由于f_q的值较小，接近扰动的轨道周期（对于低轨卫星约为0.2mHz），因此很难证明数据融合的合理性。如果其中还包括低频谱密度，那么式（7.81）中的上限会变得更小。因此，我们更倾向于图7.2中的解耦/级联方案，因为我们将证明通过控制$\boldsymbol{\omega}_d$的同时$\boldsymbol{\omega}$可以被控制。可以将这种方案视为**分层预测/控制**方案，因为采用角速度预测器的宽频带预测（角速度和扰动）来消除扰动并限制角速度（宽频带内回路需求），窄频带外回路的输入是姿态的预测值和陀螺仪偏置的预测值。这两个部分构成了同一控制律［参见式（7.105）］。对于**无拖曳和姿态控制**，将在12.5节中采用类似的分层方案，在此将其称为混合[6]，尽管该术语的当前用法相对于文献［26］而言是相当陌生的。

当陀螺仪发生故障时会仅靠星敏感器不能实现角速度的动态测量。在这种情况下，由于陀螺仪偏置消失，因此导致嵌入式模型发生了变化，状态预测器必须切换到下一节（设计B）中说明的模式，因为该模式仅使用星敏的测量数据。本设计并不涉及切换策略和仿真，但在12.5节中采用了不同任务阶段的切换逻辑。此模式利用了称为任务状态预测器的单个状态预测器。

备选的预测变量设计允许模型误差$\boldsymbol{e}_m$和$\boldsymbol{e}_{m\omega}$都可以馈入噪声矢量$\{\boldsymbol{w}_a,\boldsymbol{w}_d,\boldsymbol{w}_b\}$，从而不需要从$\boldsymbol{e}_m$到$\boldsymbol{w}_b$的动态反馈。

使式（7.78）收敛到LTI方程从而进行极点配置，如6.5.7节的结果3所示（结果表明状态预测变量具有动态反馈）。通过使用式（6.168）和式（6.169）的记法，除了$b=d$，并结合式（7.80）的误差方程，我们可以写出通用坐标下状态方程和输出方程为

$$\begin{aligned}\widetilde{\boldsymbol{x}}(i+1)&=\widetilde{\boldsymbol{F}}\widetilde{\boldsymbol{x}}(i)+\widetilde{\boldsymbol{B}}\widetilde{\boldsymbol{u}}(i)+\widetilde{\boldsymbol{B}}_d a_d(i)\\ \widetilde{\boldsymbol{y}}(i)&=\widetilde{\boldsymbol{C}}\widetilde{\boldsymbol{x}}(i)\end{aligned} \tag{7.82}$$

矩阵和矢量的表示如下：

$$\widetilde{\boldsymbol{x}}=\begin{bmatrix}\widetilde{\theta}\\-b\\\eta\\\widetilde{\omega}_d T\\-x_d\end{bmatrix},\widetilde{\boldsymbol{F}}=\begin{bmatrix}1&1&0&1&0\\-g-h&1&h&0&0\\l&0&1-l&0&0\\0&0&0&1-l_a&1\\0&0&0&-l_d&1\end{bmatrix},\widetilde{\boldsymbol{B}}=\begin{bmatrix}0&0\\-g-h&0\\l&0\\0&-l_a\\0&-l_d\end{bmatrix},\widetilde{\boldsymbol{B}}_d=\begin{bmatrix}0\\0\\0\\1\\0\end{bmatrix} \tag{7.83}$$

$$\widetilde{\boldsymbol{C}}=\begin{bmatrix}1&0&0&0&0\\0&0&0&1&0\end{bmatrix},\widetilde{\boldsymbol{u}}=\begin{bmatrix}\widetilde{\theta}_m\\\widetilde{\boldsymbol{\omega}}_m T\end{bmatrix},\widetilde{\boldsymbol{y}}(i)=\begin{bmatrix}\widetilde{\theta}\\\widetilde{\boldsymbol{\omega}}_d T\end{bmatrix}$$

在式（7.83）中，$\widetilde{\theta}$是姿态误差$\widetilde{\boldsymbol{\theta}}=2\widetilde{\boldsymbol{q}}$的坐标，$\widetilde{\omega}_d$是角速度$\omega_d$的预测，$\eta$是式（7.78）中$\boldsymbol{\eta}=2\widetilde{\boldsymbol{p}}$的分量，$x_d$是式（7.80）中$\boldsymbol{x}_d$的分量。输入信号$a_d$包含未知扰动力矩，且包含式（7.77）中$\boldsymbol{h}(\cdot)$的相关状态分量$h(\cdot)$，其中包括参数误差，模型复杂性

及其不确定性。要设计的标量反馈增益被放置到$\{g,l,h,l_a,l_d\}$中。

1. 设计方程

式（7.83）的极点配置（和增益计算）采用与6.6节相同的方法进行。考虑角速度方程，即式（7.83）中的最后两行，它们与式（7.83）前三行中的姿态方程和偏置方程解耦。这些方程式的Z变换的计算，是将以角度（rad）为单位的输入干扰a_dT^2转换为输出，如式（13.13）所示。

$$x_y(i+1)=x_y(i)+a_d(i)T^2,d_y(i)=x_y(i) \tag{7.84}$$

$\widetilde{\omega}_d$的Z变换（称为设计方程）由下式给出。

$$\begin{aligned}&\widetilde{\omega}_d(z)T=-\widetilde{V}(z,\Gamma)\widetilde{\omega}_mT+\widetilde{S}(z,\Gamma)d_y\\&\widetilde{V}(z,\Lambda)=-\widetilde{C}_\omega(zI-\widetilde{F}_\omega)^{-1}\widetilde{B}_\omega,\widetilde{S}(z,\Gamma)=1-\widetilde{V}(z)\end{aligned} \tag{7.85}$$

式中：$\widetilde{S}=1-\widetilde{V}$为灵敏度函数；$\widetilde{V}$为补灵敏度函数；$\{\widetilde{C}_\omega,\widetilde{F}_\omega,\widetilde{B}_\omega\}$为式（7.83）的子矩阵。

$$\widetilde{C}_\omega=[1\quad 0],\widetilde{F}_\omega=\begin{bmatrix}1-l_a & 1\\ -l_d & 1\end{bmatrix},\widetilde{B}_\omega=\begin{bmatrix}-l_a\\ -l_d\end{bmatrix} \tag{7.86}$$

$\widetilde{\Gamma}=\{\widetilde{\gamma}_1,\widetilde{\gamma}_2\}$是要设计的互补特征值的集合。在下文中，我们经常将$\widetilde{\omega}$（角速度预测误差）与$\widetilde{\omega}_d$混用，因为它们仅因陀螺仪偏置而不同，通过$\widetilde{\omega}_d$影响$\widetilde{\omega}_m$。一旦综合起来，陀螺仪偏置就会变得很重要，因为其将影响到姿态。

由式（7.83）可以得出传递函数及其渐近线为

$$\begin{aligned}&\widetilde{S}(z)=\frac{(z-1)^2}{(z-1)^2+l_a(z-1)+l_d},l_a=\widetilde{\gamma}_1+\widetilde{\gamma}_2,l_d=\widetilde{\gamma}_1\widetilde{\gamma}_2\\&\widetilde{S}_0(z)=\lim_{z\to1}\widetilde{S}(z)=(z-1)^2/l_d\\&\widetilde{V}_\infty(z)=\lim_{z-1\to\infty}\widetilde{V}(z)=l_a(z-1)^{-1}\end{aligned} \tag{7.87}$$

$\widetilde{S}_0(z)$和$\widetilde{V}_\infty(z)$到频域的转换分别定义了$0\leqslant f<f_{\max}=0.5/T$频段的灵敏度函数和补灵敏度函数的带宽$\tilde{f}_s$和$\tilde{f}_v$，且$f_{\max}$是奈奎斯特频率。

$$\begin{aligned}&|\widetilde{S}_0(jf)|=(f/\tilde{f}_s)^2,\tilde{f}_s=\frac{f_{\max}}{\pi}\sqrt{l_d}=\frac{f_{\max}}{\pi}\sqrt{\gamma_1\gamma_2}<\tilde{f}_v\\&|\widetilde{V}_\infty(jf)|=(\tilde{f}_v/f)^2,\tilde{f}_v=\frac{f_{\max}}{\pi}l_a=\frac{f_{\max}}{\pi}(\gamma_1+\gamma_2)\leqslant\frac{2f_{\max}}{\pi}\end{aligned} \tag{7.88}$$

极点位置与陀螺仪噪声和输入干扰谱密度的关系与6.6.1节中的描述相同。此外，由于状态依赖、不确定性$h(\cdot)$（参数不确定性）以及未建模执行机构动力学（隐藏在模型误差$\widetilde{\omega}_m$中），因此将重点研究其稳定性问题（如14.3节中）。14.3.2节中最坏情况下的稳定性不等式由式（7.85）给出。为此，我们需要$h(\cdot)$和未建模动力学在最坏情况下的LTI模型。

2. 参数不确定性

在此采用14.3.1节和文献［25］中的方法。令$h_y(\cdot)$表示由于式（7.77）中未知的$h(\cdot)$而导致的输出扰动d_y的分量。给出标量离散时间信号x的有限时间范数：

$$\|x\|_2=\sqrt{\sum_{i=0}^{N-1}|x(i)|^2} \tag{7.89}$$

式中：$N=CS_{mean}/T$ 为轨道动力学的离散时间重复周期，其中 C 是太阳日的数量表示的重复周期，$S_{\text{mean}}=84600\text{s}$ 表示以秒为单位的太阳日。在两种重要情况下，我们将证明存在最坏情况下的传递函数$\partial H_k(z)$，使得在 13.4.1 节的限制条件下，标量输出扰动 h_{yk}，$k=1,2,3$ 满足 Z 变换恒等式和范式不等式：

$$\begin{aligned}
&h_{yk}(z)=\partial H_k(z)\widetilde{\omega}_k(z)T\\
&\|h_{yk}(\cdot)\|_2\leqslant \max_{|f|\leqslant f_{max}}|\partial H_k(jf)|\,\|\widetilde{\omega}_kT\|_2\\
&\partial H_k(z)=(z-1)^{-2}s_{hk}\omega_{hk}^2T^2,\omega_{hk}=2\pi f_{hk}
\end{aligned}\tag{7.90}$$

其中，s_{hk}是一个正负符号。对式（7.90）第一行的限制是，只能采用相关的等式来写出第二行的输入输出范数。

在第一种情况下，假设陀螺加速度 $\boldsymbol{a}_g=-J^{-1}\boldsymbol{\omega}\times J\boldsymbol{\omega}$（$J$ 为对角矩阵）是完全未知的，并且除了分量 $\omega_{r2}\neq 0$（俯仰角），$\boldsymbol{\omega}$ 跟踪的参考速率 $\boldsymbol{\omega}_{\text{r}}$ 为零。可以根据跟踪误差 $\widetilde{\boldsymbol{\omega}}_{\text{r}}=\boldsymbol{\omega}-\boldsymbol{\omega}_{\text{r}}$ 来表示陀螺加速度，即

$$\boldsymbol{a}_g=\boldsymbol{A}_g(\omega_{r2})\widetilde{\boldsymbol{\omega}}_{\text{r}}+\boldsymbol{o}(|\widetilde{\boldsymbol{\omega}}_{\text{r}}|^2),\quad \boldsymbol{A}_g(\omega_{r2})=\begin{bmatrix}0&0&\sigma_1\omega_{r2}\\0&0&0\\\sigma_3\omega_{r2}&0&0\end{bmatrix}\tag{7.91}$$

在这里我们使用式（7.36）的表示法。假设 ω_{r2}是有界且缓变的，且 A_g 的特征值由 $\{0,\ \pm j2\pi f_h\}$ 给出。

为了找到式（7.90）中的标量传递函数$\partial\boldsymbol{H}_k(z)$，我们寻找预测误差 $\widetilde{\boldsymbol{\omega}}$ 和输出干扰 $\boldsymbol{h}_y=[h_{y1},h_{y2},h_{y3}]$之间的传递函数矩阵$\partial\boldsymbol{H}(z)$。在推导的第一步中，根据式（7.91）的要求，将预测误差 $\widetilde{\boldsymbol{\omega}}$ 替换为跟踪误差 $\widetilde{\boldsymbol{\omega}}_{\text{r}}$。考虑图 14.3，假设 $h_2=\widetilde{a}_2$ 并通过求解由外部加速度$\widetilde{\boldsymbol{a}}$的分量$\widetilde{a}_1$ 和$\widetilde{a}_3$ 驱动回路来计算陀螺加速度 $\boldsymbol{a}_g=[h_1,h_2,h_3]$的分量 h_1 和 h_3。得到的结果是以下 Z 变换方程式。

$$\begin{bmatrix}a_{81}\\a_{g3}\end{bmatrix}(z)=\begin{bmatrix}h_1\\h_3\end{bmatrix}(z)=\frac{1}{(z-1)^2+s_h\omega_h^2T^2}\begin{bmatrix}s_h\omega_h^2T^2&(z-1)\sigma_1\omega_{r2}T\\\sigma_3\omega_{r2}T(z-1)&s_h\omega_h^2T^2\end{bmatrix}\begin{bmatrix}\widetilde{a}_1\\\widetilde{a}_3\end{bmatrix}(z)$$

其中，$\omega_h=\omega_{h1}=\omega_{h3}=2\pi f_h=|\omega_{r2}|\sqrt{|\sigma_1\sigma_3|}$。通过将 $\widetilde{a}_k,k=1,3$ 替换为$\widetilde{a}_k(z)=(z-1)\widetilde{\omega}_{rk}(z)/T$，将 $h_j,j=1,3$ 替换为 $h_k(z)=(z-1)h_{yk}(z)/T$，并取极限 $z-1\to\infty$，可以获得从跟踪误差对$\{\widetilde{\omega}_{r1},\widetilde{\omega}_{r3}\}$到输出干扰对$\{h_{y1},h_{y3}\}$的开环传递函数。传递函数矩阵$\partial\boldsymbol{H}(z)$为

$$\begin{aligned}
&\boldsymbol{h}_y(z)=\partial\boldsymbol{H}(z)\widetilde{\boldsymbol{\omega}}_{\text{r}}(z)=\frac{1}{(z-1)^2}\begin{bmatrix}s_h\omega_h^2T^2&0&(z-1)\sigma_1\omega_{r2}T\\0&0&0\\\sigma_3\omega_{r2}T(z-1)&0&s_h\omega_h^2T^2\end{bmatrix}\widetilde{\boldsymbol{\omega}}_{\text{r}}(z)+o(|\widetilde{\boldsymbol{\omega}}_{\text{r}}|^2)\\
&\partial H_1(z)=\partial\boldsymbol{H}_3(z)=(z-1)^{-2}s_h\omega_h^2T^2
\end{aligned}\tag{7.92}$$

作为第二步同时是最后一步，同 13.6.3 节的标准设计一样，假设$|\boldsymbol{e}_{\text{r}}|\ll|\widetilde{\boldsymbol{\omega}}_{\text{r}}|$，将 $\widetilde{\boldsymbol{\omega}}_{\text{r}}=\boldsymbol{\omega}-\hat{\boldsymbol{\omega}}+\hat{\boldsymbol{\omega}}-\boldsymbol{\omega}_{\text{r}}=\widetilde{\boldsymbol{\omega}}+\boldsymbol{e}_{\text{r}}\cong\widetilde{\boldsymbol{\omega}}$替换为$\widetilde{\boldsymbol{\omega}}$。

由于$\partial H(z)$不是对角阵，因此应用式（14.32）替代式（7.90），这需要计算最大奇异值 $\sigma_{\max}(\partial H(jf))$。在此，通过忽略$\partial H(z)$的非对角线元素可得式（7.92）。这种选择的理由可参见 14.3.1 节（另请参见 7.7.3 节）。这进一步表明，由于$|\partial H_k(jf)|$偏离

$f \to 0$，因此$\|\partial H_k(jf)\|_\infty (k=1$ 或 $3)$是无界的。状态预测器灵敏度函数$\widetilde{S}(z)$的设计旨在使乘积$|S(jf)||\partial H_k(jf)|$有界。

在第二种情况下，结合式（4.53）考虑重力梯度加速度 $\boldsymbol{a}_{gg} = J^{-1}\boldsymbol{M}_{gg} = 3\omega_o^2 J^{-1}\mathbf{1}_{3b}(\theta)\times J\mathbf{1}_{3b}(\boldsymbol{\theta})$，其中 $\mathbf{1}_{3b}(\boldsymbol{\theta}) = \boldsymbol{r}_c/r_c$ 是航天器轨道位置矢径方向单位矢量，其是欧拉角 $\boldsymbol{\theta}=[\varphi,\theta,\psi]$的函数。为了避免与先前的陀螺加速度混淆，将 4.2.6 节中的下标从 g 更改为 gg。假设姿态参考为 $\boldsymbol{\theta}_r=0$。重力梯度加速度可以表示为 $\boldsymbol{a}_{gg} = 3\omega_o^2 I_{gg}(\boldsymbol{\theta}_r=0)\widetilde{\boldsymbol{\theta}}_r + \boldsymbol{o}(|\widetilde{\boldsymbol{\theta}}_r|^2)$，其中 $\widetilde{\boldsymbol{\theta}}_r$ 是跟踪误差，$I_{gg}(\boldsymbol{\theta}_r)$是 $J^{-1}\mathbf{1}_{3b}(\theta)\times J\mathbf{1}_{3b}(\boldsymbol{\theta})$在 $\boldsymbol{\theta}=\boldsymbol{\theta}_r$ 的情况下计算的雅可比矩阵。同时，在这里我们不区分 $\widetilde{\boldsymbol{\theta}}_r$ 与$\widetilde{\boldsymbol{\theta}}$。

练习 6：

结合式（4.56）和式（7.36）的表示法，证明 $I_{gg}(\boldsymbol{\theta}_r)$是对角阵且等价于 $I_{gg}(\boldsymbol{\theta}_r=0) = \mathrm{diag}(-\sigma_1,-\sigma_2,0)$。

因为$\widetilde{\boldsymbol{\theta}}(z) = (z-1)^{-1}\widetilde{\boldsymbol{\omega}}(z)T$，所以 $\boldsymbol{a}_{gg}$ 的积分将输入扰动传递到输出，可得式（7.90）中$\partial H_k, k=1,2$ 的表达式为

$$\partial H_k(z) = -(z-1)^{-2}3\omega_o^2\sigma_k T^2 = (z-1)^{-2}s_{hk}\omega_{hk}^2 T^2 \tag{7.93}$$

式（7.93）中$\partial H_k(z)$的传递函数同样适用于气动力矩。式（7.93）中俯仰分量的角频率 ω_{h2}将在式（7.226）中根据$\underline{\omega}$计算。

练习 7：

用式（7.23）证明：对陀螺力矩为$|\omega_h| \leqslant |\omega_{r2}|$，对引力梯度力矩为$|\omega_{hk}| \leqslant \sqrt{3}\omega_o$。

接下来，我们将使用通用符号 $\partial H(z) = \partial H_k(z)$ 和 $f_h = f_{hk}$。如 14.3.2 节所示，$\partial H(z)$会随灵敏度函数$\widetilde{S}$衰减，所以 ω_h 越大，$\widetilde{S}$的带宽就会越大。

3. 未建模动力学

假设姿态执行器具有二阶动力学特性（参见 9.3.4 节）。用 $\omega_u = 2\pi f_u$ 表示最坏情况下（下界）的固有频率，用 ζ_u 表示阻尼下界。以分数形式表示的未建模动力学（参见 14.2.1 节）由下式定义。

$$\begin{aligned} \partial P(s) &= P(s)/M(s) - 1 = -\frac{\nu^2+2\zeta_u\nu-\partial J}{\nu^2+2\zeta_u\nu+1} \\ P(s) &= \frac{1}{sJ}\frac{1}{\nu^2+2\zeta_u\nu+1}, M(s) = \frac{1}{sJ_{nom}} \end{aligned} \tag{7.94}$$

其中，$\nu = s/\omega_u$ 且$|\nu| = f/f_u$ 表示归一化的角频率，分数不确定度$|\partial J| = |J/J_{\mathrm{nom}}-1|<1$ 表示执行机构的不确定度，$\{J, J_{\mathrm{nom}}\}$是一对标量参数。将未建模动力学以式（14.4）的标准形式输入模型误差 $\widetilde{\omega}_m$：

$$\widetilde{\omega}_m(z) = \partial P(z)\widetilde{\omega}_d(z) + \widetilde{\omega}_w(z) \tag{7.95}$$

式中：$\widetilde{\omega}_w$ 为随机测量误差。

4. 稳定性条件

在前述章节中，真实角速度的预测误差可能会与受污染的角速度预测误差相混淆。将式（7.90）与式（7.95）代入式（7.85），并将受污染的角速度的预测误差$\widetilde{\boldsymbol{\omega}}_d$ 的分量移动到等式左侧，我们可以将左侧的模型不确定度和右侧的随机不确定度分开，如 14.3.1 节所示。

$$(1+\widetilde{V}(z,\widetilde{\Gamma})\partial P(z)-\widetilde{S}(z,\widetilde{\Gamma})\partial H(z))\ \widetilde{\omega}_d(z)T=-\widetilde{V}(z,\widetilde{\Gamma})\ \widetilde{\omega}_w T+\widetilde{S}(z,\widetilde{\Gamma})d_y \quad (7.96)$$

左侧项乘以$\widetilde{\omega}_d$负责闭环稳定性，右侧项则负责闭环性能。由小增益定理得到稳定性的充分条件为

$$\|\widetilde{V}(jf,\widetilde{\Gamma})\partial P(jf)-\widetilde{S}(jf,\widetilde{\Gamma})\partial H(jf)\|_\infty \leqslant \|\widetilde{V}(jf,\widetilde{\Gamma})\partial P(jf)\|_\infty+\|\widetilde{S}(jf,\widetilde{\Gamma})\partial H(jf)\|_\infty \leqslant \eta<1 \quad (7.97)$$

式中：η^{-1}为**增益裕度**。假设可以分离出式（7.97）中的最大频率（应进行后验检验），并使用式（7.87）中的渐进近似$\widetilde{V}=\widetilde{V}_\infty$和$\widetilde{S}=\widetilde{S}_o$，即可以得到两个设计不等式。

$$\begin{aligned}&\text{HFS}:\|\widetilde{V}(jf,\widetilde{\Gamma})\partial P(jf)\|_\infty \cong \max_{|f|\leqslant \max}\left|\frac{\tilde{f}_v}{f}\right|\left|\frac{\nu^2+2\zeta_u\nu-\partial J}{\nu^2+2\zeta_u\nu+1}\right| \cong \sqrt{2}\frac{\tilde{f}_v}{f_u}\leqslant \eta_v<1\\&\text{LFS}:\|\widetilde{S}(jf,\widetilde{\Gamma})\partial H(jf)\|_\infty \cong \max_{|f|\leqslant f\max}\left(\frac{f}{\tilde{f}_s}\right)^2\left(\frac{f_h}{f}\right)^2=\left(\frac{f_h}{\tilde{f}_s}\right)^2\leqslant \eta_s<1\end{aligned} \quad (7.98)$$

假设$0.7\leqslant\zeta_u\leqslant 1$，可得第一不等式的近似值。此外，$f_h$是式（7.90）中$\partial H_k$（$z$）在最坏情况下的频率$f_{hk}$，而$f_u$是式（7.94）中$|\nu|=f/f_u$在最坏情况下的频率。因此得到以下频率不等式。

$$\tilde{f}_{s,\min}=\frac{f_h}{\sqrt{\eta_s}}\leqslant\tilde{f}_s<\tilde{f}_v\leqslant\tilde{f}_{v,\max}=\frac{\eta_v f_u}{\sqrt{2}}<f_{\max} \quad (7.99)$$

如果$f_h\to\eta_v\sqrt{\eta_s}f_u/2$，那么不能分离出式（7.99）中所需的频率，且极点配置变得不可行。同预期一样，当$f_h>0$时，随着f_h的增大，式（7.97）中不确定$|\partial H(jf)|$在最坏情况下的幅度也随之增大，因此也需增大$\tilde{f}_s$。由练习6和练习7可得，$f_h\propto f_o$（轨道频率）对低地球轨道而言是最糟糕的情况。此外，如果$f_u>0$减小，那么幅值$|\partial P(jf)|$在低频时会增大，并且需要较小的$\tilde{f}_v$。

5. 控制律

我们需要一个能够抵消预测的陀螺偏置$\hat{\boldsymbol{b}}$的控制律。式（7.61）中的控制律是不充分的，因为陀螺仪偏置是一种**非共轭扰动**，即扰动增加了中间状态（预测角速度）的指令输出链。另外，用以下表达式替换式（7.61）中的$\widetilde{\boldsymbol{\omega}}_r$：

$$\widetilde{\boldsymbol{\omega}}_r=\boldsymbol{\omega}_d+\boldsymbol{b}-\boldsymbol{\omega}_r=\boldsymbol{\omega}-\boldsymbol{\omega}_r \quad (7.100)$$

可以发现，负陀螺偏置$\boldsymbol{b}$能够抵消扰动角速度$\boldsymbol{\omega}_d$的偏置。这可以通过13.5.3节的Sylvester型方程来证明：

$$\begin{bmatrix}H+QA_d\\0\end{bmatrix}=\begin{bmatrix}A&B\\C&0\end{bmatrix}\begin{bmatrix}Q\\P\end{bmatrix} \quad (7.101)$$

练习8：

以下在通用姿态坐标系下表示的从指令力矩$\boldsymbol{M}_u$到姿态θ的单输入单输出（SISO）和线性时不变（LTI）嵌入式模型中：

$$\begin{aligned}&\begin{bmatrix}\boldsymbol{x}\\\boldsymbol{x}_d\end{bmatrix}(i+1)=\begin{bmatrix}\boldsymbol{A}&\boldsymbol{H}\\0&\boldsymbol{A}_d\end{bmatrix}\begin{bmatrix}\boldsymbol{x}\\\boldsymbol{x}_d\end{bmatrix}+\begin{bmatrix}\boldsymbol{B}\\0\end{bmatrix}(\boldsymbol{M}_u(i)+h(\cdot))+\begin{bmatrix}\boldsymbol{B}_a&0\\0&I_2\end{bmatrix}\begin{bmatrix}w_a\\\boldsymbol{w}_d\end{bmatrix}\\&z_\theta(i)=[C\quad 0]\begin{bmatrix}\boldsymbol{x}\\\boldsymbol{x}_d\end{bmatrix}\end{aligned} \quad (7.102)$$

其中，w_a 是图 7.2 中离散时间加速噪声 $\boldsymbol{w}_a$ 的坐标（rad）；z_θ 是需要控制的可变性能参数，采用以下设定：

$$\boldsymbol{A}=\begin{bmatrix}1&1\\0&1\end{bmatrix},\boldsymbol{A}_d=\begin{bmatrix}1&0\\0&1\end{bmatrix},\boldsymbol{H}=\begin{bmatrix}1&0\\0&1\end{bmatrix},\boldsymbol{C}=[1\quad 0],b_\omega=T^2J^{-1}$$
$$\boldsymbol{x}=\begin{bmatrix}\theta\\ \omega_d T\end{bmatrix},\boldsymbol{x}_d=\begin{bmatrix}b\\ x_d\end{bmatrix},\boldsymbol{w}_d=\begin{bmatrix}w_b\\ w_d\end{bmatrix},\boldsymbol{B}_a=\begin{bmatrix}0\\1\end{bmatrix},B=b_\omega\boldsymbol{B}_a \tag{7.103}$$

假设有如下控制律：

$$b_\omega\boldsymbol{M}_u(i)=b_\omega(M_r-h(\cdot))-\boldsymbol{K}(\boldsymbol{x}+Q\boldsymbol{x}_d-\boldsymbol{x}_r)-\boldsymbol{P}\boldsymbol{x}_d$$
$$\boldsymbol{Q}=\begin{bmatrix}q_{11}&q_{12}\\q_{21}&q_{22}\end{bmatrix},\boldsymbol{P}=[p_1\quad p_2],\boldsymbol{K}=[k_q\quad k_\omega] \tag{7.104}$$

式中：M_r 为参考力矩；$h(\cdot)$为已知的扰动力矩；$\boldsymbol{x}_r$ 为 $\boldsymbol{x}$ 的参考输入，证明式（7.101）的解可以将式（7.104）转化为以下控制律。

$$b_\omega M_u(i)=b_\omega(M_r-h(\cdot))-k_q(\theta-\theta_r)-k_\omega(\omega_d+b-\omega_r)-x_d. \tag{7.105}$$

练习 9：

证明：将式（7.105）中的控制律应用于式（7.102），跟踪误差$\widetilde{\boldsymbol{x}}_r$ =［$\theta-\theta_r$，$\omega-\omega_r$］满足误差方程：

$$\widetilde{\boldsymbol{x}}_r(i+1)=(A-B_aK)\widetilde{\boldsymbol{x}}_r+B_a w_a \tag{7.106}$$

通过假设（$A-B_aK$）是渐近稳定的，除了噪声加速度 w_a 的有界影响。确认 $\omega\to\omega_r$。

提示：假设 M_r 和 $\boldsymbol{x}_r$ 满足 $\boldsymbol{x}_r(i+1)=A\boldsymbol{x}_r+b_\omega B_a M_r$。

6. 仿真结果

我们将图 7.2 的状态预测器和式（7.105）中的控制律应用于类 GOCE 卫星的俯仰角（相对于轨道面法线），如 7.5.1 节和 7.5.2 节所述，该卫星相对于 LORF（与近圆轨道的 LVLH 坐标系相似）的零平衡点是不稳定的。表 6.1 给出了星敏感器组件和三轴陀螺仪的精度。除了星敏感器的 NEA 选用中间值$\widetilde{\sigma}_{NEA}=0.050$mrad，其他的参数都是选择在最坏情况下的参数。执行器的最大力矩为 $M_{u,\max}=4$mN，接近由于 AOCS 姿态轨道控制系统关闭而引起的最大俯仰未对准期间环境干扰的峰值（参见图 7.10）；量化等级取 12 位；不考虑执行器动力学；选择与 $f_{\max}=0.5$Hz 相对应的时间单位 $T=1$s，这与星敏时间单位 $T_s=1$s 一致，但该时间单位远大于陀螺仪采样时间 $T_g=0.01$s。因此，在式（7.99）中增加 $f_u=f_{\max}$。下标 $k=2$ 表示俯仰动力学受到陀螺仪的，重力梯度的和气动力矩的影响，假设这些均为未知。式（7.99）中 $f_h=(2\pi)^{-1}\omega_h$ 的范围假定如下：

$$0.3\text{mHz}=f_{h,\min}\leqslant f_h\leqslant f_{h,\max}=3\text{mHz} \tag{7.107}$$

式（7.107）中的频率下限取决于重力梯度和气动力矩［参见式（7.226）中的角频率 $\underline{\omega}$］。频率上限取决于陀螺力矩，并通过假设式（7.92）中$|\omega_{r2}|\leqslant 0.02$rad/s 的上限而获得，因为它满足此处考虑的航天器消旋的情况。将$f=(2\pi)^{-1}\underline{\omega}$作为式（7.107）的下限 $f_{h,\min}$是一种相对保守的选择，由于式（7.226）中的$\underline{\omega}$是上限。总而言之，它提供了不确定度的表示。

由于 AOCS 关闭时会引起 θ 大约$\pm\pi/4$ 的失准，因此需要进行姿态控制将俯仰角调整为零，关闭阶段将在 7.5.2 节中研究。四元数预测变量的互补特征值$\widetilde{\Gamma}_q=\{\widetilde{\gamma}_{q1},\widetilde{\gamma}_{q2},\widetilde{\gamma}_{q3}\}$的频率范围 $0.71=\widetilde{f}_{qs,\min}\leqslant f\leqslant\widetilde{f}_{qv,\max}=2.2\mathrm{mHz}$ 与式（6.189）中一致，下标 q 和下文中 ω 分别表示四元数预测器和角速度预测器。角速度预测器的频率范围选择会比四元数预测器大一个数量级，即 $0.01=\widetilde{f}_{\omega s,\min}\leqslant f\leqslant\widetilde{f}_{\omega v,\max}=0.02\mathrm{Hz}$，该选择可使受扰动污染的角速度的值收敛到陀螺仪的测量值$\hat{\omega}_d\to\breve{\omega}$，这必须在四元数预测器时间常数$\widetilde{\tau}_{q,\min}\cong(2\pi\widetilde{f}_{qv,\max})^{-1}\cong72\mathrm{s}$ 的情况下发生，这是状态预测器解耦所要求的。角速度预测器的选定频率范围与式（7.99）中的设计范围相适应，也就是说，对于$f_u=0.5\mathrm{Hz}$ 和$f_h=3\mathrm{mHz}$，其增益裕度满足 $\eta_s^{-1}>10$ 和$\eta_v^{-1}>15$。

最后一个设计步骤涉及式（7.105）中控制律的 PD（比例微分）增益$\{k_q,k_\omega\}$。除了 7.3.2 节中的闭环渐近稳定性，到目前为止还没有制定任何标准。根据式（7.74）和练习 4，PD 增益可写为

$$k_q=\alpha=\omega_c^2T^2,k_\omega=\alpha+\beta=\omega_cT(\omega_cT+2\zeta_c)\tag{7.108}$$

其中，$\zeta_c=1$ 表示特征值相等。频率$f_c=(2\pi)^{-1}\omega_c$ 定义为**状态反馈带宽**（也称为**控制律带宽**）。为了不降低状态预测器的灵敏度$\widetilde{S}_q$ 和$\widetilde{S}_\omega$，13.5.2 节的**标准设计**要求f_c 满足不等式$f_c>\widetilde{f}_v$，其中$\widetilde{f}_v$ 是状态预测器互补灵敏度函数的带宽。换句话说，控制律带宽必须远大于预测器带宽，即

$$f_c>f_{c,\min}=\max\{\widetilde{f}_{qv,\max},\widetilde{f}_{\omega v,\max}\}=0.02\mathrm{Hz}\tag{7.109}$$

式（7.109）表明，总体的灵敏度带宽 f_s（参见 13.6.3 节）保持接近状态预测器带宽$\widetilde{f}_s$，而不会降低对干扰的预测。然而，如果在恢复零俯仰角的过程中，执行了“粗略”的饱和命令而不是平滑的参考轨迹，那么式（7.109）中的约束可能会破坏饱和闭环的稳定性。这可以从以下闭环传递函数的圆判据[30]进行验证：

$$G(s)=\frac{u}{u_{\mathrm{sat}}}=K(s)P(s)=\frac{\omega_c^2T^2+2\zeta_c\omega_cTs}{b_{\omega,\mathrm{nom}}}\frac{b_\omega/T^2}{s^2-\omega_{h2}^2}\tag{7.110}$$

其中，$\omega_{h2}=2\pi f_{h,\min}\cong1.9\ \mathrm{mrad/s}\ll\pi/T$，使用了拉普拉斯变换。在式（7.110）中，极点$\pm\omega_{h2}$对应于不稳定的零俯仰平衡态，该平衡态是由重力梯度和气动力矩的组合所形成的，如 7.5.2 节所述。式（7.103）中的命令增益 b_ω 已改写为 $b_\omega=b_{\omega,\mathrm{nom}}(1+\partial b_\omega)$，以明确分数不确定度$\partial b_\omega$。最后，$u_{\mathrm{sat}}$是饱和加速度指令，$u$ 是饱和之前的 PD 控制律的输出。可以通过下式来保证饱和条件下的渐近稳定性：

$$\mathrm{Re}G(s=\mathrm{j}2\pi f)=-(1+\partial b_\omega)\frac{f_c^2}{f^2+f_{h,\min}^2}\geqslant-\frac{f_c^2}{f_{h,\min}^2}>-1\tag{7.111}$$

要求$f_c<f_{c,sat}=(1+|\partial b_\omega|)^{-1}f_{h,\min}\cong0.3\mathrm{mHz}$，其中$f_{h,\min}$已在式（7.107）中定义。如预期的那样，可以发现$f_{c,\mathrm{sat}}\ll f_{h,\min}$。为了限制上述灵敏度带宽的降低，已通过实验选择$f_c=0.8\mathrm{mHz}>f_{c,\mathrm{sat}}$，而对于大初始俯仰角的瞬态响应并没有明显降低。

图 7.3（a）显示了 AOCS 关闭阶段的俯仰角，该阶段持续了 1 天（84600s），直到 AOCS 切换到开启阶段并且恢复到了不稳定的零平衡点。图 7.3（b）在平衡点附近放大，并表明在仿真的扰动下，仅由星敏感器数据（设计 B）提供的状态预测器（在 7.3.5 节中进行解释）已经满足了要求。图 7.3（b）中的偏差来自星敏感器。在大约半个轨道周期时，零平衡点俯仰角偏差降至 0.25mrad，这是星敏感器的偏置误差水平。

真实姿态精度由真实跟踪误差$\widetilde{\theta}_{\mathrm{r}}=-\theta$的均方根（RMS）表示，该误差恰好小于10μrad（正态分布的1-sigma），如图7.3（b）所示。该值与表6.3第4行中的预测误差$\widetilde{\theta}$相同。这表明**测量跟踪误差**$e_{\mathrm{r}}=\hat{\theta}-\theta_{\mathrm{r}}$可以忽略不计，这是标准设计的特点，如13.5.2节和13.6.3节所述。

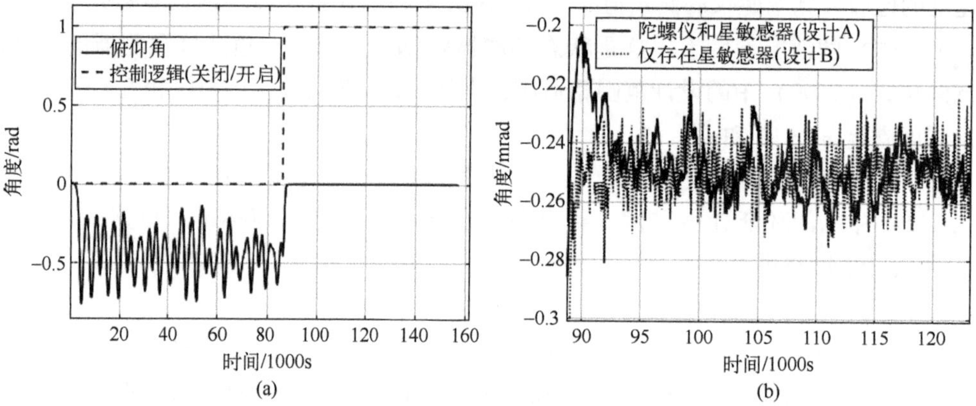

图7.3　俯仰角较大的失准及两个不同状态预测器的放大

（a）在AOCS关闭阶段和随后恢复零参考角时俯仰角较大的失准；（b）在恢复零参考角期间两个不同状态预测器（设计A和设计B）结果曲线的放大。

7.3.5　状态预测器：姿态测量（设计B）

本节概述了由姿态传感器（星敏感器）的测量数据作为输入的状态预测器。反馈原理与图7.2中的四元数预测器相同，但图7.2左侧的动态反馈，输入的不是反馈陀螺仪的偏置噪声，而是通过噪声矢量$\boldsymbol{w}_{\mathrm{a}}$和$\boldsymbol{w}_d$输入的扰动力矩动态特性，如图7.4所示。

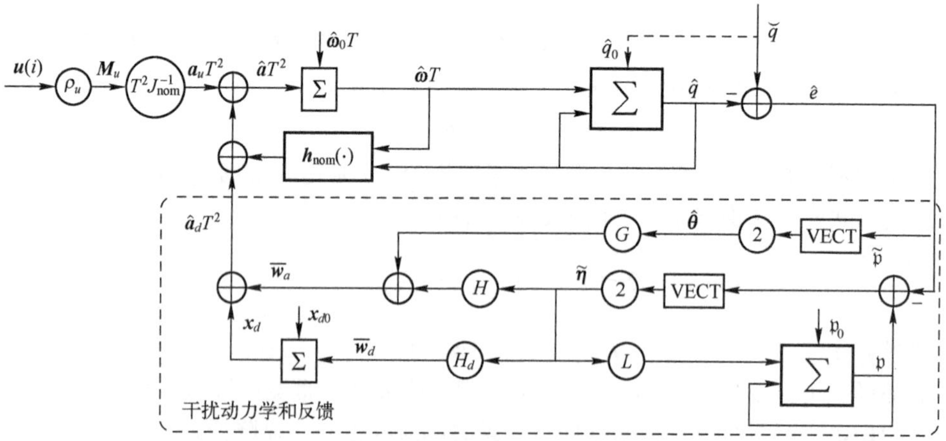

图7.4　使用姿态传感器时的状态预测器框图

练习10：

类比式（7.78）和式（7.80），写出图7.4所示框图的状态方程。

如6.5.7节的结果3所证明的那样，极点配置利用了由非线性状态方程转化为线性时不变方程（练习 10 的解）的渐近收敛性。通过使用与式（7.83）中相同的符号，除了用角速度误差$\widetilde{\omega}$替代受污染的角速度误差$\widetilde{\omega}_d$，并省略陀螺仪偏差 b，在通用姿态坐标系下表示的四阶预测误差方程为

$$\begin{aligned}&\widetilde{\boldsymbol{x}}(i+1)=\widetilde{\boldsymbol{F}}\widetilde{\boldsymbol{x}}(i)+\widetilde{\boldsymbol{B}}\widetilde{\boldsymbol{u}}(i)+\widetilde{\boldsymbol{B}}_d a_d(i)\\&\widetilde{\boldsymbol{y}}(i)=\widetilde{\boldsymbol{C}}\widetilde{\boldsymbol{x}}(i)\end{aligned}\tag{7.112}$$

式中的矢量和矩阵为

$$\begin{aligned}&\widetilde{\boldsymbol{x}}=\begin{bmatrix}\widetilde{\theta}\\ \widetilde{\omega}T\\ -x_d\\ -\eta\end{bmatrix},\widetilde{F}=\begin{bmatrix}1&1&0&0\\ -g-h&1&1&h\\ 0&0&1&h_d\\ -l&0&0&1-l\end{bmatrix},\widetilde{B}=\begin{bmatrix}0\\ -g-h\\ 0\\ -l\end{bmatrix},\widetilde{B}_d=\begin{bmatrix}0\\ 1\\ 0\\ 0\end{bmatrix}\\&\widetilde{C}=[1\quad 0\quad 0\quad 0],\widetilde{u}=\theta_m,\widetilde{y}=\widetilde{\theta}\end{aligned}\tag{7.113}$$

要设计的标量增益在$\{g,h,l,h_d\}$中。对角增益矩阵$\{G,H,L,H_d\}$如图 7.4 所示。

练习 11：

根据 $\gamma=\lambda-1$ 计算$\widetilde{F}$的特征多项式，并给出互补特征值的频谱$\widetilde{\Gamma}=\{\widetilde{\gamma}_1,\cdots,\widetilde{\gamma}_4\}$，计算多项式 $\prod_{k=1}^{4}(\gamma+\widetilde{\gamma}_k)$ 的系数。找出反馈增益$\{g,h,l,h_d\}$的解。

如式（7.85），预测误差$\widetilde{\theta}$是状态预测器传递函数$\widetilde{V}$和$\widetilde{S}$的输出，其分别由负模型误差$-\widetilde{\theta}_m$ 和输出扰动 d_y 驱动。

$$\begin{aligned}&\widetilde{\theta}(z)=-\widetilde{V}(z,\widetilde{\Gamma})\widetilde{\theta}_m+\widetilde{S}(z,\widetilde{\Gamma})d_y\\&\widetilde{V}(z,\Lambda)=-\widetilde{C}(zI-\widetilde{F})^{-1}\widetilde{B},\widetilde{S}(z,\Gamma)=1-\widetilde{V}(z)\end{aligned}\tag{7.114}$$

其中，由于式（7.112）中的 a_d 是离散时间加速度，因此 $d_y(z)=(z-1)^{-2}a_d(z)$。

练习 12：

计算式（7.114）中的灵敏度函数$\widetilde{S}$和补灵敏度函数$\widetilde{V}$，并证明它们的低频与高频渐近线的幅值如下：

$$|\widetilde{S}_0(jf)|=\frac{(2\pi f)^3}{h_d},|\widetilde{V}_\infty(jf)|=\frac{g+h}{(2\pi f)^2}\tag{7.115}$$

根据 $\prod_{k=1}^{4}(\gamma+\widetilde{\gamma}_k)$ 的系数证明带宽 $\widetilde{f}_s$ 和 $\widetilde{f}_v$ 有以下表达形式。

$$\widetilde{f}_s=\frac{1}{2\pi T}\sqrt[3]{\frac{\prod_{k=1}^{4}\widetilde{\gamma}_k}{\sum_{k=1}^{4}\widetilde{\gamma}_k}},\widetilde{f}_v=\frac{1}{2\pi T}\sqrt{\sum_{k=1}^{4}\sum_{j=1,j\neq k}^{4}\widetilde{\gamma}_k\widetilde{\gamma}_j}\tag{7.116}$$

对于相等的特征值$\widetilde{\gamma}_1=\cdots=\widetilde{\gamma}_4$ 计算$\widetilde{\phi}_s=\widetilde{f}_v/\widetilde{f}_s$ 并证明$\widetilde{\phi}_s>1$。

当频谱维数 dim $\widetilde{\Gamma}$大于 2 时，互补特征值可分布在 0 和 1 之间，以减少频域和时域的超调量。根据 13.6.2 节和文献［6］所建议的方法，按如下方式缩放互补特征值。

$$0<\widetilde{\gamma}_k=\widetilde{\gamma}_1 2^{-\alpha(k-1)}\leqslant 1,\widetilde{\alpha}\geqslant 0,0<\widetilde{\gamma}_1\leqslant 1,\quad k=1,2,\cdots,n\tag{7.117}$$

其中，$\widetilde{\alpha}=0$ 产生相等的极点。这样做的优点是，仅需要对两个自由参数$\widetilde{\gamma}_1$ 和$\widetilde{\alpha}$进行优化；但缺点是，由于较低频率的极点，当渐近带宽为$\widetilde{f}_s$ 时，低估了实际带宽，而当渐近带宽为$\widetilde{f}_v$ 时，可能会高估实际带宽。

练习 13：

绘制$\widetilde{\gamma}_1=0.05$和$\widetilde{\alpha}=0.6$时$\widetilde{S}$和$\widetilde{V}$的幅频曲线和相频曲线。

极点配置是综合考虑 14.3.2 节和 14.3.3 节中稳定性不等式和性能不等式的结果。可变性能参数是姿态预测误差$\widetilde{\theta}$。稳定性不等式与式（7.99）相同，其中时间单位 $T=1\text{s}$，$f_u=f_{\max}$仍然与设计 A 一致。性能不等式与式（14.47）相同，即

$$\widetilde{S}_\theta^2(f)\leqslant|\widetilde{V}(\mathrm{j}f,\Gamma)|^2\widetilde{S}_m^2(f)+|\widetilde{S}(\mathrm{j}f,\Gamma)|^2S_d^2(f)\leqslant\widetilde{S}_{\theta,\max}^2(f) \tag{7.118}$$

由于在 7.3.4 节中我们发现 $\eta=\eta_s+\eta_v<0.2$，因此在此令$(1-\eta)^{-2}\cong1$。式（7.118）中的谱密度定义如下。

（1）假定星敏感器谱密度$\widetilde{S}_m(f)=\widetilde{S}_{\mathrm{NEA}}(f)=\widetilde{\sigma}_{\mathrm{NEA}}/\sqrt{f_{\max}}$（其中，$\widetilde{\sigma}_{\mathrm{NEA}}^2$表示误差方差）是平坦的。

（2）未知项 $h(\cdot)$包括陀螺仪的，重力梯度的和气动力矩影响，已经包含在式（7.97）的稳定性不等式，并且除了气动力矩的高频随机分量，对 S_d 并无贡献。在这里，假设这些随机力矩分量主要由执行机构的噪声决定，为简单起见，限制为指令量化误差。假定平坦的谱密度进行了两次积分，成为式（7.114）中出现的输出干扰 d_y 的谱密度 S_d 的一部分。

$$S_d(f)=\frac{\rho_u}{J\sqrt{12f_{\max}}}\frac{1}{(2\pi f)^2}=\frac{S_{d0}}{f^2}\leqslant\frac{0.7}{f^2}\frac{\text{nrad}}{\sqrt{\text{Hz}}},\rho_u=\frac{M_{u,\max}}{2^{11}}=5\mu\text{N} \tag{7.119}$$

其中，由式（7.29）可得，$J_{\min}=150\text{kgm}^2\leqslant J\leqslant J_{\max}=2700\text{kgm}^2$，表示标量转动惯量 J 的范围。

如果对式（7.118）中的谱密度不等式在$0<f<f_{\max}$上进行积分，即可转换为**方差不等式**$\widetilde{\sigma}_\theta^2\leqslant\widetilde{\sigma}_V^2+\widetilde{\sigma}_S^2\leqslant\widetilde{\sigma}_{\theta,\max}^2$，其中 $\widetilde{\sigma}_V^2=\int_0^{f_{\max}}|\widetilde{V}(\mathrm{j}f,\widetilde{\Gamma})|^2\widetilde{S}_m^2(f)\mathrm{d}f$和$\widetilde{\sigma}_S^2$具有相似的表达式。

将$\widetilde{V}$近似为在$\widetilde{f}_v$上调谐且阻尼系数 $\zeta_v\cong1$ 的二阶系统的传递函数。由于前面已假设$\bar{S}_m(f)=\bar{S}_{\mathrm{NEA}}(f)=\widetilde{\sigma}_{\mathrm{NEA}}/\sqrt{f_{\max}}$是平坦的，因此方差$\widetilde{\sigma}_V^2$由下式给出。

$$\widetilde{\sigma}_V^2\cong\frac{\pi}{4\zeta_v}\frac{\widetilde{f}_v}{f_{\max}}\widetilde{\sigma}_{\mathrm{NEA}}^2\cong0.8\frac{\widetilde{f}_v}{f_{\max}}\widetilde{\sigma}_{\mathrm{NEA}}^2 \tag{7.120}$$

此外，由于下面的练习 14 可以证明$\widetilde{\sigma}_S^2\leqslant\widetilde{\sigma}_V^2$，方差不等式$\widetilde{\sigma}_\theta^2\leqslant\widetilde{\sigma}_S^2+\widetilde{\sigma}_V^2\leqslant\widetilde{\sigma}_{\theta,\max}^2$可以简化为保守不等式$\widetilde{\sigma}_V^2\leqslant2\,\widetilde{\sigma}_{\theta,\max}^2$，它对应于 14.3.3 节的 HFP 不等式。

练习 14：

证明：式（7.120）成立。然后，假设$S_d(f)$与式（7.119）一致，假设$\widetilde{S}_{\mathrm{NEA}}(f)$是水平的，$\widetilde{\phi}_s=\widetilde{f}_v/\widetilde{f}_s=2$，$\widetilde{\sigma}_{\mathrm{NEA}}=0.05\text{mrad}$，证明下述公式。

$$\widetilde{\sigma}_S^2=\int_0^{f_{\max}}\left|\widetilde{S}(\mathrm{j}f,\widetilde{\Gamma})\right|^2S_d^2(f)\mathrm{d}f\leqslant\widetilde{\sigma}_V^2=\int_0^{f_{\max}}\left|\widetilde{V}(\mathrm{j}f,\widetilde{\Gamma})\right|^2S_{\mathrm{NEA}}^2(f)\mathrm{d}f\ \text{for}\ \widetilde{f}_v\geqslant5\frac{J_{\min}}{J}\text{mHz} \tag{7.121}$$

提示：对式（7.121）进行积分，近似得出两个谱密度，作为两个二阶低通滤波器的输出，每个滤波器由白噪声驱动。接下来用式（13.206）中的连续时间李雅普诺夫协方差方程的稳态形式，考虑以下低频近似$|\widetilde{S}(\mathrm{j}f,\widetilde{\Gamma})|S_d(f)\cong|\widetilde{S}_0(\mathrm{j}f,\widetilde{\Gamma})|S_d(f)=(2\pi f)(2\pi\widetilde{f}_s)^{-1}S_d(\widetilde{f}_s)$来计算$\widetilde{\sigma}_S^2$。这一近似表明，所需的方差必须作为上述二阶低通滤波器

的归一化输出导数（以弧度为单位）的方差来计算，该滤波器在$\tilde{f}_s$上调谐并由与$S_d(\tilde{f}_s)$相等的平坦谱密度来驱动。为了计算$\tilde{\sigma}_V^2$，请考虑在$\tilde{f}_v$上调谐并由平坦谱密度$\tilde{S}_{NEA}(f)$驱动的二阶低通滤波器。两个滤波器的阻尼比可以设置为1。

简化的方差不等式$\tilde{\sigma}_V^2 \leqslant 2\tilde{\sigma}_{\theta,\max}^2$（要求$\tilde{\sigma}_{\theta,\max}^2 = 9\mu rad$）与表6.3第4行相同，并且由式（7.120）可以给出$\tilde{f}_v$的上限如下。

$$\text{HFP}: \sqrt{2\times 0.8}\sqrt{\frac{\tilde{f}_v}{f_{\max}}}\tilde{\sigma}_{NEA} \leqslant \tilde{\sigma}_{\theta,\max} = 9\mu rad \Rightarrow \tilde{f}_v \leqslant \tilde{f}_{v,\min} = 0.01\text{Hz} \tag{7.122}$$

该界限符合式（7.121）中的频率不等式，在式（7.117）中设$\tilde{\alpha}=0$且$T=1$s，与式（7.117）中的值$\tilde{\gamma}_1 \leqslant 0.065$相对应。该值已经通过对俯仰角相对于$\{\tilde{\gamma}_1, \tilde{\alpha}\}$的仿真真实跟踪误差$\tilde{\theta}_r = \theta$（在$\theta_r = 0$下）的均方根最小化进行了验证。优化后的最优值$\{\tilde{\gamma}_1 = 0.05, \tilde{\alpha} = 0.6\}$与式（7.122）的分析结果非常接近。俯仰角的运动如图7.3所示。在图7.3（b）中，将较小的俯仰角运动曲线与设计A的等效时间曲线进行了对比。

在没有三轴陀螺仪（设计B）的情况下，控制律不需要补偿陀螺偏置，并且在用ω替换ω_d+b后控制律与式（7.105）相同。对于设计A，采用**标准设计**准则需要求$f_c > \tilde{f}_v = 0.02$Hz，而非标准设计则需要更小的边界条件$f_c < 0.3$mHz，这已经从式（7.111）中由“粗略”指令饱和得出。仿真运行证明，中间值$f_c \cong 8$mHz，这是设计A所采用的0.8mHz值的10倍，仍然能够减少从AOCS关闭阶段到开启阶段早期瞬变过程中执行指令所需的能量。从图7.3（b）可以看出设计A和设计B之间的区别，设计B允许无超调到达零参考点，但跟踪误差较大。设计A的带宽越窄，跟踪误差的低频噪声分量越小。从误差谱密度中可以更好地理解该差异，在这里不做详细说明。

7.4 无力矩作用的刚体姿态

7.4.1 概论

在6.3.2和6.3.3节中，在纯自旋、自旋和进动复合运动的情况下，得出了姿态运动对恒定角速度的受迫响应。我们将在本节中看到，这些运动实际上是式（7.44）中状态方程所给出的刚体姿态的自由响应（无力矩作用）。式（7.11）指出，在$\boldsymbol{M}_c=0$的情况下，围绕体坐标系质心C的角动量矢量$\vec{\boldsymbol{H}}_c$在大小和方向上都是恒定的。方向恒定意味着$\vec{\boldsymbol{H}}_c$可作为惯性坐标系的轴。但是，恒定的角动量并不意味着式（7.21）中$\vec{\boldsymbol{H}}_c$的体坐标$\boldsymbol{H}_c$具有恒定的方向，也不意味着角速度$\boldsymbol{\omega}$的大小和方向恒定。在下一个定理中总结了这些结论。

定理6：在无力矩作用的情况下，$\boldsymbol{M}_c=0$，角动量矢量$\boldsymbol{H}_c$固定在任意惯性系上。式（7.42）中的动能E_{rot}是恒定的。角速度矢量$\vec{\boldsymbol{\omega}} = \boldsymbol{B\omega}$在方向和大小上都不是恒定，其中$\boldsymbol{B}$是体坐标系矢量矩阵。

证明：在力矩为零的情况下，式（7.11）中的$\vec{\boldsymbol{H}}$在大小和方向上是恒定的，且式（7.43）中$\dot{E}_{rot}=0$。以体坐标系为基准，假设$|\boldsymbol{\omega}| = \omega =$常数，令$\boldsymbol{\omega} = [\omega_1, \omega_2, \omega_3]$是$\boldsymbol{\omega}$的

主坐标，则以下等式成立。

$$\begin{bmatrix}1 & 1 & 1\\ J_1 & J_2 & J_3\\ J_1^2 & J_2^2 & J_3^2\end{bmatrix}\begin{bmatrix}\omega_1^2\\ \omega_2^2\\ \omega_3^2\end{bmatrix}=\begin{bmatrix}\omega^2\\ 2E_{\mathrm{rot}}\\ |\vec{\boldsymbol{H}}|^2\end{bmatrix} \tag{7.123}$$

原则上，假设 $J_1 \neq J_2 \neq J_3$，则式（7.123）有唯一解，这是因为左侧的矩阵是具有不同系数的范德蒙德方阵的转置，该矩阵是可逆的（参见式（2.31））。但由于 ω^2 是未知的，因此第一个方程是成立的。所以，$\boldsymbol{\omega}$ 是式（7.123）中最后两个方程的解，由于它们描述了两个椭球体，即**动能椭球体**和**角动量椭球体**，因此一般来说，没有唯一解。动能椭球体是一个**惯量椭球体**。方程的解集是这些椭球的交点，这意味着 $\boldsymbol{\omega}$ 是变量。

如果我们要求在 $\boldsymbol{M}_c=0$ 下，体角动量 $\boldsymbol{H}_c$ 在大小和方向上相对于体轴恒定，那么可以获得更精确的表达。定理 4 已经解决了这个问题，并说明了角速度矢量 $\boldsymbol{\omega}$ 必须是恒定的且与主轴对齐。用 $\boldsymbol{b}_k$ 来表示主轴，可以得出

$$\vec{\boldsymbol{H}}_c=\boldsymbol{H}_c\boldsymbol{b}_k=J_k\omega_k\boldsymbol{b}_k=\boldsymbol{H}_{c0} \tag{7.124}$$

自此，旋转轴变成了惯性的，我们得出了**自旋运动**。由于式（7.124）是由 $\dot{\boldsymbol{\omega}}=0$ 推出的，因此自旋运动是欧拉旋转方程的**自然平衡形式**。

7.4.2 平衡态的稳定性

假设体坐标系为主坐标系。接下来的问题是应该选择哪个主轴作为自旋轴。一般来说，我们要求自旋运动的平衡态是临界稳定的。实际上，并非所有主轴都对应于临界稳定或渐近稳定的平衡态。

可以根据航天器角动量 $\boldsymbol{H}_c$ 的坐标 $H_j, j=1,2,3$ 来重写式（7.32）以研究平衡点的稳定性，为简单起见，这里省略了下标 c。

$$\begin{bmatrix}\dot{H}_1\\ \dot{H}_2\\ \dot{H}_3\end{bmatrix}=\begin{bmatrix}(J_3^{-1}-J_2^{-1})H_2H_3\\ (J_1^{-1}-J_3^{-1})H_3H_1\\ (J_2^{-1}-J_1^{-1})H_1H_2\end{bmatrix} \tag{7.125}$$

其推导过程留给读者。选择 $\boldsymbol{b}_3$ 作为自旋轴，并用 $\{0,0,\underline{H}_3\}$ 来表示平衡态角动量，用 $\{H_1,H_2,\delta H_3=H-\underline{H}_3\}$ 来表示扰动，则扰动方程变为

$$\begin{bmatrix}\dot{H}_1\\ \dot{H}_2\\ \delta\dot{H}_3\end{bmatrix}=\begin{bmatrix}0 & \dfrac{J_2-J_3}{J_2}\dfrac{H_3}{J_3}=\gamma_2\omega_3 & 0\\ -\dfrac{J_1-J_3}{J_1}\dfrac{H_3}{J_3}=-\gamma_1\omega_3 & 0 & 0\\ 0 & 0 & 0\end{bmatrix}\begin{bmatrix}H_1\\ H_2\\ \delta H_3\end{bmatrix}+\begin{bmatrix}0\\ 0\\ \dfrac{J_1-J_2}{J_1J_2}H_1H_2\end{bmatrix} \tag{7.126}$$

这表明前两个方程（**截线方程**，也可称为**横向动力学**）是线性但时变的，这是因为 $\delta H_3 \propto H_1H_2$。状态矩阵的时变谱 $\Lambda=\{\lambda_1,\lambda_2,\lambda_3\}$ 由以下公式给出。

$$\lambda_{1,2}(t)=\sqrt{-\frac{(J_2-J_3)(J_1-J_3)}{J_1J_2}}\omega_3(t)=\sqrt{-\gamma_1\gamma_2}\,\omega_3(t)=\sqrt{\sigma_1\sigma_2}\,\omega_3(t),\lambda_3=0 \tag{7.127}$$

其中，$\omega_3 \neq 0$，$\left|-\sqrt{\gamma_1\gamma_2}\omega_3\right|$是下面式（7.132）中定义的**本体章动率**的大小，式（7.36）中定义了$\{\sigma_1,\sigma_2\}$。时变系统的稳定性不能通过特征值来推断，而只能通过状态转移矩阵来推断。事实上，状态方程$\dot{\boldsymbol{x}}(t)=A(t)x(t)$当且仅当在以下条件下是一致稳定的。

$$\|\Phi(t,t_0)\| = \left\|\exp\int_{t_0}^{t}A(\tau)\mathrm{d}\tau\right\| \leqslant \alpha, t \geqslant t_0, \forall t_0 \geqslant 0 \tag{7.128}$$

一致稳定表明边界 α 与时间无关。在此我们讨论两种情况。

（1）自旋轴的惯量矩 J_3 为最小值（最小轴）或最大值（最大轴）：

$$J_3=\min\{J_1,J_2,J_3\}, J_3=\max\{J_1,J_2,J_3\} \tag{7.129}$$

这会导致 $\gamma_1\gamma_2>0$。

（2）J_3 是中间惯量矩，即 $J_1<J_3<J_2$ 或 $J_2<J_3<J_1$，在这种情况下 $\gamma_1\gamma_2<0$。

在第一种情况下，复状态变量 $z=H_1+j\gamma_2/\gamma_1H_2$ 使得式（7.126）的截线方程可重写为标量方程。

$$\begin{aligned}&\dot{z}(t)=-js\sqrt{\gamma_1\gamma_2}\,\omega_3(t)z(t), z(0)=z_0\\&s=\operatorname{sgn}(\gamma_1)=\operatorname{sgn}(\gamma_2)\end{aligned} \tag{7.130}$$

其转移矩阵是一致有界的。

$$|\Phi(t,t_0)| = \left|\exp\left(-\mathrm{j}s\sqrt{\gamma_1\gamma_2}\int_{t_0}^{t}\omega_3(\tau)\mathrm{d}\tau\right)\right| \leqslant 1 \tag{7.131}$$

角速率

$$\omega_n=s\sqrt{\gamma_1\gamma_2}\,\omega_3(t)=s\sqrt{|\sigma_1\sigma_2|}\,\omega_3(t) \tag{7.132}$$

被称为**本体章动率**。由于 H_1 和 H_2 是正交的三角函数，因此扰动 H_1H_2 有界且均值为零，这也意味着 δH_3 也是有界的。综上所述，如果自旋轴满足式（7.129），那么式（7.126）临界稳定。

在第二种情况下，实状态变量 $z_{1,2}=H_1\pm\sqrt{-\gamma_2/\gamma_1}H_2$ 使得式（7.126）的截线方程可转换为

$$\begin{aligned}&\dot{z}_1(t)=\lambda(t)z_1(t)\\&\dot{z}_2(t)=-\lambda(t)z_2(t)\end{aligned} \tag{7.133}$$

其中，$\lambda(t)=s(-\gamma_1\gamma_2)^{1/2}\omega_3(t)$。因此，根据 $s\int_{t_0}^{t}\omega_3(\tau)$ 的符号，其中一个过渡函数为

$$\Phi(t,t_0)=\exp\left(\pm\int_{t_0}^{t}\lambda(\tau)\mathrm{d}\tau\right) \tag{7.134}$$

此函数是无界的，这意味着不稳定。然而不稳定性并不意味着 $H_j, j=1,2,3$ 的轨迹在时间上是发散的，只是不能在任意小的初始扰动下，使 $\boldsymbol{b}_3$ 仍维持为自旋轴，从而移动到其他长轴或短轴。

由 $J_1=J_2=J_t$ 定义的轴对称情况更为简单，其中下标 t 代表横向。在这种情况下，$\delta\dot{H}_3=0, H_3=J_3\underline{\omega}_3$ 是常数，$\gamma_1=\gamma_2=(J_t-J_3)/J_t$，而式（7.126）是线性时不变的。频谱与式（7.127）相同，但是其特征值位于虚轴上，可重写为

$$\lambda_{1,2}=\pm\mathrm{j}\omega_n=\pm\mathrm{j}(1-J_3/J_t)\underline{\omega}_3, \lambda_3=0 \tag{7.135}$$

式中：$\underline{\omega}_n$ 为恒定的**章动角速度**。如果 $J_t>J_3$（扁长体或细长体的自旋），那么与$\underline{\omega}_3$ 符号

一致；如果 $J_t<J_3$（扁圆体或扁平体的自旋），那么与$\underline{\omega}_3$ 符号相反。

练习 15：

在轴对称的情况下重写式（7.126），并使用式（7.130）计算 ω_1 和 ω_2 的自由响应。对于$\underline{\omega}_3=0$，方程是临界稳定的吗？

7.4.3 本体章动的几何学

角动量 $\boldsymbol{H}_c$ 和角度率 $\boldsymbol{\omega}$ 在**本体坐标系**中的临界稳定或不稳定运动被称为**本体章动运动**。此处请注意，不能将该名称与旋转轴在惯性系中围绕角动量矢量 $\boldsymbol{H}$ 的章动混淆，这将在 7.4.5 节中进行介绍。因此，我们在这里称为**本体章动**，而不是章动。$\boldsymbol{H}_c$ 在半径 $H=|\boldsymbol{H}_c|$的球体上运动，该球体以体坐标系为中心并固定在体坐标系上。$\boldsymbol{\omega}$ 在惯量椭球体上沿称为本体极迹（polhodes）的 3D 曲线上运动。首先，研究球体上的角动量曲线，其方程为式（7.123）中第二个和第三个方程的交集，用角动量坐标 H_j，$j=1$，2，3 的形式可将其重写为

$$
\begin{aligned}
&H_1^2+H_2^2+H_3^2=H^2\\
&\frac{H_1^2}{J_1}+\frac{H_2^2}{J_2}+\frac{H_3^2}{J_3}=2E
\end{aligned}
\tag{7.136}
$$

其中，$E=E_{\mathrm{rot}}$，为不失一般性，从而假设 $J_1<J_2<J_3$。上述第一个方程描述**角动量球体**，第二个方程描述**惯量椭球体**。可以通过消去任何一个 H_j 来获得交集方程，得到 3 个恒等式为

$$
\begin{aligned}
&\left(1-\frac{J_1}{J_2}\right)H_2^2+\left(1-\frac{J_1}{J_3}\right)H_3^2=\left(\frac{H^2}{2E}-J_1\right)2E\geqslant 0\\
&\left(\frac{J_2}{J_1}-1\right)H_1^2-\left(1-\frac{J_2}{J_3}\right)H_3^2=\left(J_2-\frac{H^2}{2E}\right)2E\\
&\left(\frac{J_3}{J_1}-1\right)H_1^2+\left(\frac{J_3}{J_2}-1\right)H_2^2=\left(J_3-\frac{H^2}{2E}\right)2E\geqslant 0
\end{aligned}
\tag{7.137}
$$

给定 H 和 E，该恒等式在平面$\{H_j,H_k\}$中定义了一条曲线，该曲线与消去的坐标 H_l，$l\neq j,k$ 的轴 $\boldsymbol{b}_l$正交。通过用式（7.136）的右侧替换 E，则该曲线位于半径为 H 的球面上。

通过将式（7.137）定义为平面曲线，可以很清楚地了解它们的球形特性。第一个和第三个方程分别描述了围绕较小惯量轴 $\boldsymbol{b}_1$ 和较大惯量轴 $\boldsymbol{b}_3$ 的两条闭合曲线（一个是在平面 $\{H_2, H_3\}$ 上的椭圆，而另一个是在平面 $\{H_1, H_2\}$ 上的椭圆），且证明了绕自旋轴（不论是长轴还是短轴）的本体章动在一定程度上是临界稳定的。由于假设了 $J_1<J_2<J_3$，因此这两种情况下右侧项都是非负的。第二个等式描述了以 $\boldsymbol{b}_2$为中心的平面$\{H_1,H_3\}$中的 4 个**双曲线臂**（开曲线），这表明了 $\boldsymbol{b}_2$不能维持为旋转轴（不稳定）。实际上，任何扰动都会使角动量 $\boldsymbol{H}_c$ 沿 4 个臂中的任何一个臂移动。在球体上，每个臂只是围绕稳定轴的闭合曲线之一，也就是说，$\boldsymbol{H}_c$ 会转移到绕 $\boldsymbol{b}_1$ 或 $\boldsymbol{b}_3$ 稳定的本体章动。第二个方程的右侧项没有明确的符号，选择双曲线的其中一个臂。两个双曲线渐近线中的每个渐近线都在球体上生成一条曲线，称为分界曲线，因为它将围绕两个稳定轴的闭合曲线分开。

在由 $J_1=J_2=J_t<J_3$ 定义的轴对称情况下，可以将式（7.137）重写为

$$H_1^2+H_2^2=J_t\frac{J_3-\frac{H^2}{2E}}{J_3-J_t}2E=R^2\geqslant 0 \tag{7.138}$$

它代表一组半径为 E 的圆。我们考虑两种极端情况，$R=0$ 的情况对应于 $H=H_3$，即角动量球体的极点与 $\boldsymbol{b}_3$对齐。此外，我们有 $2E=2E_{\min}=H/J_3$，且没有关于 $\boldsymbol{b}_3$的章动的本体旋转，其中 $\overrightarrow{\boldsymbol{H}}=H\boldsymbol{b}_3$。在第二种情况下，$R=R_{\max}=H$ 对应于 $H_3=0$ 和 $2E=2E_{\max}=H/J_t$。这就是练习 15 中提到的$\underline{\omega}_3=0$ 的情况。平面 $\{\boldsymbol{b}_1, \boldsymbol{b}_2\}$ 的任何轴都可以是自旋轴。围绕短轴旋转不会发生本体章动。实际上，本体章动角速度趋于零，即，对于 $\underline{\omega}_3\to 0$，有$\underline{\omega}_n\to 0$。

图 7.5（a）显示了半径 $H/H_0=1$Nms 的本体角动量球面上的 4 个恒定能量路径，其中 H_0 是无量纲的比例因子。标为 $\boldsymbol{b}_j$，$j=1$，2，3 的 3 个轴是主体轴，$\boldsymbol{b}_3$是长（惯性）轴，$\boldsymbol{b}_1$是短轴，主惯量矩由 $\{2H_0, 3H_0, 4H_0\}$ 给出。在图 7.5（a）的球体上带编号的路径对应于以下 4 种情况：①围绕长轴 $\boldsymbol{b}_3$的本体章动；②围绕中间轴的自旋被长轴捕获；③围绕中间轴的自旋被短轴捕获；④围绕短轴的本体章动。路径②和③非常靠近分界线的其中一个臂，并可以通过干扰围绕中间轴的自旋获得。

图 7.5（b）为情况 3，其显示了 3 个角速度分量的时间曲线及其幅值 $\omega=|\boldsymbol{\omega}|$（最顶部的曲线）。与预期一致，$\omega$ 与图 7.6（a）中的 $H/H_0=|\boldsymbol{H}_c|/H_0$ 不同，其不是恒定的。ω_2 和 ω_3 的周期 $T_0\cong 115$s 可以通过平均自旋角速率 $\underline{\omega}_1=\int_t^{t+T_0}\omega_1(t)\mathrm{d}\tau/T_0\cong 0.14$rad/s 并将式（7.132）中的本体章动速率公式改为$\underline{\omega}_1$ 来估算。图 7.5 和图 7.6 中的时间曲线称为雅可比椭圆函数，它们是三轴无力矩作用封闭解的组成部分[10,21]。

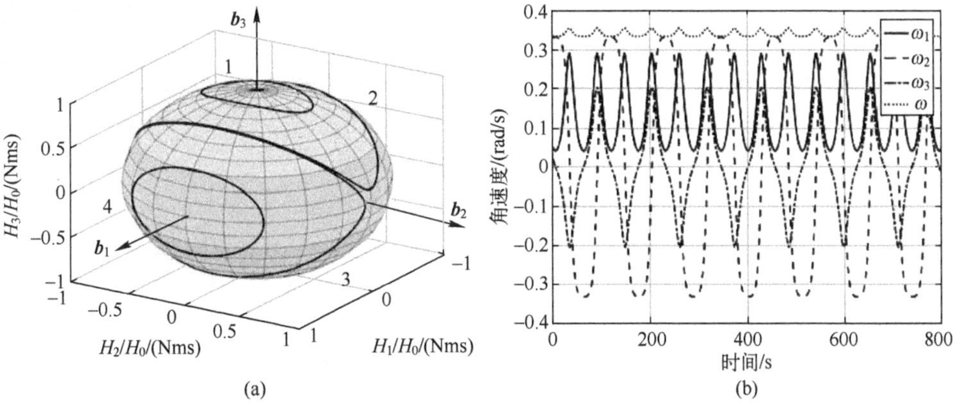

图 7.5 本体角动量球面上的 4 个恒定能量路径与 3 个角速度的时间曲线及其幅值

（a）本体角动量球面上的 4 个恒定能量路径；（b）3 个角速度分量的时间曲线及其幅值。

雅可比椭圆函数是在单位椭圆$(x/a)^2+y^2=1$ 上定义的周期函数，而并不是在单位圆上定义的三角函数。单位圆上的弧长 ϕ(rad) 被整数 $u=\int_0^{\phi}r(\varphi)\mathrm{d}\varphi$ 替代，其中 $r(\varphi)=\sqrt{x^2+y^2}$ 是从椭圆几何中心开始测得的椭圆的可变半径，φ 是从 x 轴开始测得的角度。当 $a\to 1$ 时，有 $u\to\varphi$，即可将其写为三角函数的形式。

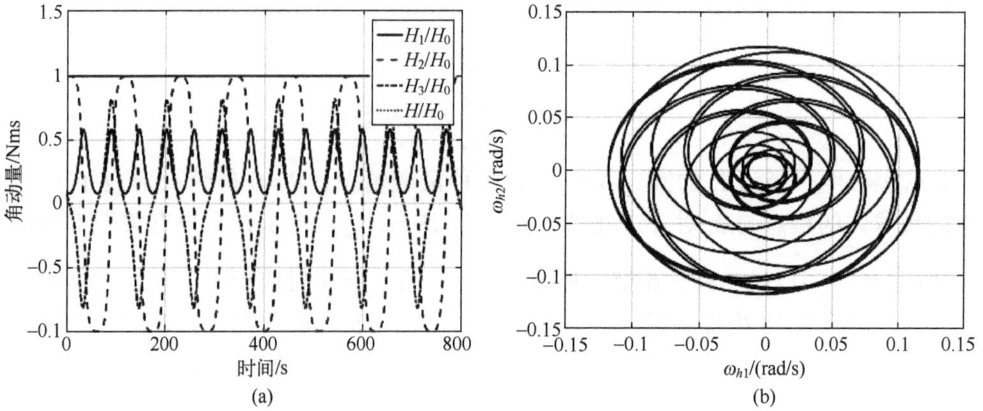

图 7.6　角动量坐标的时间曲线及其大小与 4 个周期的空间极迹

（a）情况③中角动量坐标的时间曲线及其大小；（b）情况③中 4 个周期的空间极迹。

7.4.4　潘索结构

式（7.137）中的每个角动量路径都映射到惯量椭球上的角速度路径。这样的路径称为本体极迹（polhode），其形状与图 7.5（a）中的形状非常相似。有关详细信息，读者可以参考分析力学的教材[9]。

本体极迹几何学描述了体坐标系中角速度的演化。可以通过将动能重写为本体角动量与相关角速度坐标的标量积来获得在惯性系下的演化，即

$$2E=\boldsymbol{H}_c\cdot\omega=\overrightarrow{\boldsymbol{H}}\cdot\overrightarrow{\boldsymbol{\omega}}\tag{7.139}$$

惯性系中的本体极迹演化存在两个结论。第一个采用$\dot{E}=0$，表示为

$$\dot{E}\mathrm{d}t=\boldsymbol{H}_c\cdot\mathrm{d}\boldsymbol{\omega}=0\tag{7.140}$$

即惯量椭球上 $\boldsymbol{\omega}$ 的任何位移元 $\mathrm{d}\boldsymbol{\omega}$ 都与 $\boldsymbol{H}_c$ 正交。将 $\boldsymbol{\omega}$ 分解为两个分量可以得到第二个结论，其中一个与角动量平行，另一个与其正交，即

$$\begin{aligned}&\boldsymbol{\omega}=\omega_h\boldsymbol{H}/H+\omega_{\perp}\boldsymbol{h}_{\perp}\\&\boldsymbol{h}_{\perp}\cdot\boldsymbol{H}/H=0\end{aligned}\tag{7.141}$$

将式（7.139）的第二项重写为 $\omega_h=2E/H$。式（7.141）中的分解表明，$\boldsymbol{\omega}$ 的顶点在与 $\overrightarrow{H}$ 正交的平面上以距原点恒定的距离 ω_h 移动。该平面被称为**不变平面**，而 $\boldsymbol{\omega}$ 所跟踪的曲线被称为**空间极迹**。这些结论被称为**潘索方法**，以纪念发现它们的法国数学家 L. Poinsot。由于 $\boldsymbol{\omega}$ 的顶点是惯量椭球上的一个点，因此后者在不变平面上滚动而不会滑动，并且接触点（$\boldsymbol{\omega}$ 的顶点）的移动构成了空间极迹。三轴情况下的空间极迹是相当复杂的曲线，如图 7.6（b）所示。在轴对称情况下，它们可简化为圆形。

图 7.6（b）中的空间极迹是在如下定义的惯性坐标系 $\mathscr{I}=\{C,\ \boldsymbol{i}_1,\ \boldsymbol{i}_2,\ \boldsymbol{i}_3\}$ 中获得的。

$$\boldsymbol{i}_3=\boldsymbol{H}/H,\boldsymbol{i}_1=\frac{\boldsymbol{\omega}(0)\times\boldsymbol{H}}{|\boldsymbol{\omega}(0)\times\boldsymbol{H}|},\boldsymbol{i}_2=\boldsymbol{i}_3\times\boldsymbol{i}_1\tag{7.142}$$

将式（7.141）改写为 $\boldsymbol{\omega}(t)=\omega_{h1}(t)\boldsymbol{i}_1+\omega_{h2}(t)\boldsymbol{i}_2+\omega_h\boldsymbol{i}_3=\omega_{\perp}(t)\boldsymbol{h}_{\perp}+\omega_h\boldsymbol{H}/H$，空间极迹由$\{\omega_{h1}(t),\omega_{h2}(t)\}$给出。

7.4.5 轴对称情况下的完全无力矩响应

到目前为止，我们已经研究了角速度自由响应的稳定性和几何特性。接下来将得出完整的姿态和角速度响应。首先，我们总结了 7.4.2 节的角速度响应，并考虑了**轴对称**情况下的一些特殊性质。然后，我们将证明，在轴对称情况下，姿态响应仅是 6.3.3 节中的**自旋和进动**。在 7.4.3 节的末尾仅对**三轴**情况做了简要说明。读者可以参考其他教材，如文献［10，21］。

假设 $J_1=J_2=J_t$ 且 $\boldsymbol{b}_3$是自旋轴。以复数形式重写角速度方程（7.32），这样就可将其写为标量方程。

$$\begin{aligned}&\dot{\Omega}(t)=-\mathrm{j}\,\underline{\omega}_n\Omega,\Omega(0)=\Omega_0\\&\dot{\omega}_3(t)=0,\omega_3(0)=\underline{\omega}_3\\&\underline{\omega}_n=(1-J_3/J_t)\underline{\omega}_3,\Omega=\omega_1+\mathrm{j}\omega_2\end{aligned}\tag{7.143}$$

式中：$\underline{\omega}_n$ 为式（7.132）中定义的**本体章动率**，现在是常量。角速度自由响应是式（7.143）和练习 15 的解，即

$$\begin{aligned}&\omega_1(t)=\underline{\omega}_t\sin(\omega_n t+\varphi_t),\underline{\omega}_t=\sqrt{\omega_{10}^2+\omega_{20}^2}\\&\omega_2(t)=\underline{\omega}_t\cos(\omega_n t+\varphi_t),\tan\varphi_t=\omega_{10}/\omega_{20}\\&\omega_3=\underline{\omega}_3\end{aligned}\tag{7.144}$$

在由 $J_3=J_t$ 定义的惯性球体的情况下，有$\underline{\omega}_n=0$，且本体角速度分量实时维持其初始值，即 $\omega(t)=\omega_0$，这意味着任何轴都是临界稳定的自旋轴。

在一般情况下，$J_3\neq J_t$，角速度幅值 $\omega=|\boldsymbol{\omega}|$是恒定的，有如下关系。

$$\boldsymbol{\omega}^{\mathrm{T}}\boldsymbol{\omega}=\omega_1^2(t)+\omega_2^2(t)+\underline{\omega}_3^2=\underline{\omega}_t^2+\underline{\omega}_3^2\tag{7.145}$$

其中，$\underline{\omega}_t=\sqrt{\omega_1^2(t)+\omega_2^2(t)}=\sqrt{\omega_{10}^2+\omega_{20}^2}$是 6.3.3 节中已经定义的恒定**横向角速率**。

本体角动量由下式给出：

$$\boldsymbol{H}_c=J_t\begin{bmatrix}\omega_1\\\omega_2\\0\end{bmatrix}+J_3\begin{bmatrix}0\\0\\\underline{\omega}_3\end{bmatrix}=J_t\boldsymbol{\omega}+(J_3-J_t)\underline{\omega}_3\boldsymbol{e}_3,\quad \boldsymbol{e}_3=[0,0,1]\tag{7.146}$$

这表明 $\boldsymbol{H}$，$\boldsymbol{\omega}$ 和 $\boldsymbol{b}_3$是共面的。类似在固定于物体的圆锥面（**体锥**）上滑动的效果，本体角速度 $\boldsymbol{\omega}$ 绕 $\boldsymbol{b}_3$旋转，该锥体的半锥角是恒定的。

$$\sin\beta=\underline{\omega}_t/|\boldsymbol{\omega}|,\cos\beta=|\underline{\omega}_3|/|\boldsymbol{\omega}|,0\leqslant\beta\leqslant\pi/2\tag{7.147}$$

其旋转周期是**本体章动周期** $T_n=2\pi/\underline{\omega}_n$。由于 $\vec{\boldsymbol{H}}$ 是惯性的，为了与 $\vec{\boldsymbol{\omega}}$ 保持共面，自旋轴 $\boldsymbol{b}_3$必须绕 $\boldsymbol{H}$ 旋转。在旋转过程中，沿惯性锥（**空间锥**）上滑动，该圆锥已在 6.3.3 节中定义，并在结论 1 之后再次定义。因为 $\boldsymbol{\omega}$ 在惯量椭球上移动，所以有以下等式成立。

$$J_t(\omega_1^2(t)+\omega_2^2(t))+J_3\,\underline{\omega}_3^2=2E\tag{7.148}$$

体锥与惯量椭球的交线是**本体极迹**，可以简化为一个圆。可以看到惯性角动量在体坐标系球上旋转：

$$H_1^2+H_2^2+H_3^2=H^2 \tag{7.149}$$

由欧拉方程可知，转速由下式确定：

$$\dot{\boldsymbol{H}}_c=\boldsymbol{\omega}\times\boldsymbol{H}_c=\begin{bmatrix}\underline{\omega}_n H_2\\ -\dfrac{\omega}{n}H_1\\ 0\end{bmatrix}=-\underline{\omega}_n\boldsymbol{e}_3\times\boldsymbol{H}_c \tag{7.150}$$

可以看出，$\boldsymbol{H}_c$ 旋转的方向与角速度在锥体（称其为**体动量锥**）上旋转的方向相反，该锥的半锥角为 6.3.3 节的**章动角**。现在根据体角动量来重新定义角度，即

$$\begin{aligned}&\tan\nu=\frac{J_t\,\underline{\omega}_t}{J_3|\underline{\omega}_3|}=\frac{J_t}{J_3}\tan\beta,0\leqslant\nu\leqslant\pi/2\\&\sin\nu=\frac{J_t\,\underline{\omega}_t}{H},\cos\nu=\frac{J_3|\underline{\omega}_3|}{H}\end{aligned} \tag{7.151}$$

在航天器的**自旋（回转）稳定过程**中，保持章动角在较小范围内是姿态控制系统的重要任务。从式（7.151）可得出以下结论。

结论 1：对于 $J_3<J_t$ 定义的扁长体或杆状体，其章动角大于体锥角，即 $\nu>\beta$。对于 $J_3>J_t$ 定义的扁圆体或盘状体，则相反。

图 7.7 显示了具有轴对称性质的扁圆体［图 7.7（a）］和扁长体［图 7.7（b）］的惯量椭球、不变平面、本体极迹和空间极迹，其主惯量矩为 $J_t=2.3H_0$，$J_3=4H_0$（扁圆体），$J_3=H_0$，其中 H_0 是比例因子。当 $t=0$ 时，不变平面和空间极迹已转换为本体坐标。本体极迹是体锥绕自旋轴 $\boldsymbol{b}_3$ 的轨迹。空间极迹是惯性**空间锥**的轨迹，该锥是以 $\boldsymbol{H}$ 为中心并由 $\boldsymbol{\omega}$ 表示的圆锥。对于扁圆体，其空间极迹位于体锥内部，且 $\boldsymbol{b}_3$ 和 $\boldsymbol{H}$ 之间的章动角小于式（7.151）所预测的体锥角。扁长体则相反，这是因为其空间极迹在体锥外。惯量椭球和本体极迹在空间极迹上旋转而不是滑动。图 7.7 对应于图 6.3。

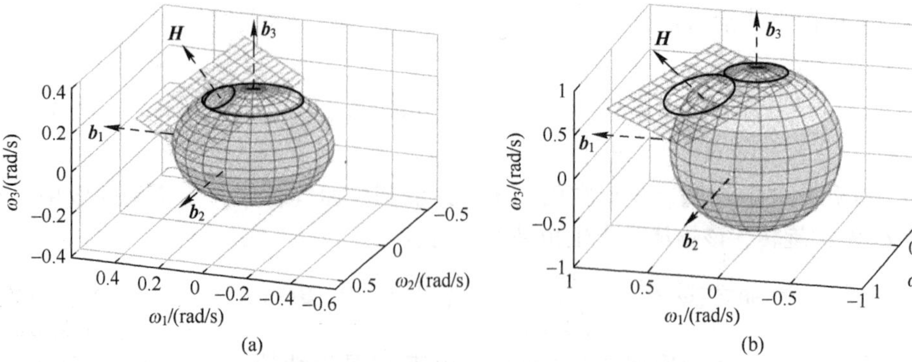

图 7.7　轴对称体的惯量椭球、不变平面、本体极迹和空间极迹

（a）扁圆体；（b）扁长体。

现在可以写出姿态自由响应，这是运动方程对恒定角速度的受迫响应。惯性系可以定义为式（7.142），且 $\boldsymbol{\omega}$（0）可以用另一个初始方向［如 $-\boldsymbol{b}_3(0)$］替代。在第二种情况下，$\boldsymbol{i}_1$ 与交点线 $\boldsymbol{n}(0)$ 的初始线对齐。惯性坐标系到本体坐标系的转换矩阵由 313 欧拉转序 $\{\psi_1,\varphi=\upsilon,\psi_2\}$ 定义，其中 ψ_1 表示将 $\vec{i}$ 旋转到当前交点线 $\boldsymbol{n}(t)=(\boldsymbol{H}\times\boldsymbol{b}_3)/|\boldsymbol{H}\times\boldsymbol{b}_3|$ 处，

章动角 ν 将 $\boldsymbol{H}$ 旋转到 $\boldsymbol{b}_3$处，ψ_2 是从 $\boldsymbol{n}$（t）开始测得的 $\boldsymbol{b}_3$的旋转角。为完整起见，使用角速度分量 $\omega_j, j=1,2,3$，在此再次写出与式（6.48）中相同的运动学方程。

$$\begin{bmatrix}\dot{\psi}_1\\ \dot{\varphi}\\ \dot{\psi}_2\end{bmatrix}(t)=\frac{1}{\sin\nu}\begin{bmatrix}0 & 1 & 0\\ \sin\nu & 0 & 0\\ 0 & -\cos\nu & \sin\nu\end{bmatrix}Z(\psi_2)\begin{bmatrix}\omega_1(t)\\ \omega_2(t)\\ \underline{\omega}_3\end{bmatrix} \tag{7.152}$$

对式（7.152）求逆，考虑到式（7.151）中 ν 为常数，所以$\dot{\varphi}=0$，结合式（7.144），可以得出角速度的体坐标。

$$\boldsymbol{\omega}(t)=\begin{bmatrix}\omega_1\\ \omega_2\\ \omega_3\end{bmatrix}(t)=\begin{bmatrix}\underline{\omega}_t\sin(\underline{\omega}_n t+\phi_t)\\ \underline{\omega}_t\cos(\underline{\omega}_n t+\phi_t)\\ \underline{\omega}_3\end{bmatrix}=\begin{bmatrix}\dot{\psi}_1\sin\nu\sin\psi_2\\ \dot{\psi}_1\sin\nu\cos\psi_2\\ \dot{\psi}_1\cos\nu+\dot{\psi}_2\end{bmatrix} \tag{7.153}$$

鉴于 $\omega_1^2+\omega_2^2=\underline{\omega}_t^2$ 是常数，所以$\dot{\psi}_1$ 和$\dot{\psi}_2$ 也是常数，并且有

$$\begin{aligned}\dot{\psi}_1&=\mathrm{sgn}(\dot{\psi}_1)\frac{\underline{\omega}_t}{\sin\nu}=s\,\frac{H}{J_t}=s\,|\underline{\omega}_p|\\ \dot{\psi}_2&=\underline{\omega}_n=\left(1-\frac{J_3}{J_t}\right)\underline{\omega}_3=\pm\mathrm{sgn}(\underline{\omega}_3)\left|1-\frac{J_3}{J_t}\right||\underline{\omega}_3|\end{aligned} \tag{7.154}$$

式中：$s=\mathrm{sgn}(\dot{\psi}_1)$为**进动符号**；$\underline{\omega}_p$ 是**进动率或锥进速度**[36]，也称为**惯性章动率**[21]；$\underline{\omega}_n$ 是式（7.143）中的本体章动率。由于$\underline{\omega}_n$和 $\underline{\omega}_3$ 是带符号的，因此进动符号 s 是 $\underline{\omega}_3$ 的符号。

$$s\,|\underline{\omega}_p|=\frac{\underline{\omega}_3-\underline{\omega}_n}{\cos\nu}=\frac{J_3}{J_t}\,\frac{\underline{\omega}_3}{\cos\nu}=\mathrm{sgn}(\underline{\omega}_3)\frac{J_3}{J_t}\,\frac{|\underline{\omega}_3|}{\cos\nu} \tag{7.155}$$

其中，对于**扁长体（直接进动）**，$\mathrm{sgn}(\underline{\omega}_n)=\mathrm{sgn}(\dot{\psi}_1)$等价于 $s=\mathrm{sgn}(\underline{\omega}_p)=\mathrm{sgn}(\underline{\omega}_3)$，而对于**扁圆体（逆向进动）**则相反。由式（7.153）的第三行和式（7.154）可得式（7.155）。

利用式（7.146），可以将 $\boldsymbol{\omega}$ 分解为两个大小为$|\underline{\omega}_p|$和$|\underline{\omega}_n|$的非正交矢量之和。

$$\boldsymbol{\omega}=\frac{\boldsymbol{H}_c}{J_t}+\left(1-\frac{J_3}{J_t}\right)\underline{\omega}_3\boldsymbol{e}_3=\frac{\boldsymbol{H}_c}{H}|\underline{\omega}_p|+\mathrm{sgn}(\underline{\omega}_n)\,|\underline{\omega}_n|\boldsymbol{e}_3 \tag{7.156}$$

由于$\underline{\omega}_n$ 是 $\boldsymbol{\omega}$ 绕自转轴 $\boldsymbol{b}_3$ 转动的角速度，其中 $\boldsymbol{\omega}$ 是具有在式（7.147）中定义的半锥面β的体锥上滑动时的角速度，而$\underline{\omega}_p$ 是自转轴围绕惯性角动量 $\boldsymbol{H}$ 的旋转角速度，因此两者可能具有相反的运动方向。自旋轴运动可以想象成在**进动锥**上滑动，该进动锥的半锥角为章动角 ν。锥体集合由前面已经提到的**空间锥**构成，该锥体描述了在惯性系中角速度矢量$\overrightarrow{\boldsymbol{\omega}}$关于$\overrightarrow{\boldsymbol{H}}$的运动。由于空间锥是惯性的，因此体锥必须在空间锥上滑动。其共同的瞬时母线为 $\boldsymbol{\omega}$。可以从式（7.139）中的标量积和式（7.151）得出空间锥的半锥角$\alpha=|\beta-v|$。

$$\begin{aligned}&\overrightarrow{\boldsymbol{H}}\cdot\overrightarrow{\boldsymbol{\omega}}=H\,|\overrightarrow{\boldsymbol{\omega}}|\cos\alpha=2E\geqslant 0\\ &\cos\alpha=\frac{2E}{|\overrightarrow{\boldsymbol{\omega}}|H}=\frac{J_3\,\underline{\omega}_3^2+J_t\,\underline{\omega}_t^2}{|\overrightarrow{\boldsymbol{\omega}}|H}=\cos\nu\cos\beta+\sin\nu\sin\beta=\cos|\nu-\beta|\end{aligned} \tag{7.157}$$

不同锥体的图片可以在图 6.4 中找到。

7.4.6 能量耗散的作用

假设动能 E_{rot} 不是守恒的，会以内部摩擦的形式而耗散的，如内部附件的变形，挠性附件和结构在热变形下的阻尼。换句话说，假设 $\dot{E}_{rot}<0$，并且我们想将 $\dot{E}_{rot}<0$ 与 $\dot{\boldsymbol{\omega}}$ 关联起来。在此仅考虑轴对称情况，重写式（7.136）为

$$\begin{aligned} J_t^2\omega_t^2+J_3^2\omega_3^2&=H^2 \\ J_t\omega_t^2+J_3\omega_3^2&=2E \end{aligned} \tag{7.158}$$

将 $\omega_t^2=(H^2-J_3^2\omega_3^2)/J_t^2$ 替换为惯量椭球［在式（7.158）中的第二个恒等式］，并使用式（7.151）中章动角 ν 的表达式，能够得到以下 E 的表达式。

$$2E=\frac{H^2}{J_t}+J_3\omega_3^2\left(1-\frac{J_3}{J_t}\right)=\frac{H^2}{J_t}+\frac{H^2}{J_3}\cos^2\nu\left(1-\frac{J_3}{J_t}\right) \tag{7.159}$$

E 的时间导数有如下关系：

$$\dot{E}=\frac{H^2}{J_3}\cos\nu\sin\nu\left(\frac{J_3}{J_t}-1\right)\dot{\nu} \tag{7.160}$$

通过式（7.160）可以得到以下结论

结论 2：在能量耗散 $\dot{E}<0$ 时，扁长体和扁圆体的章动率 $\dot{\varphi}=\dot{\nu}$ 的符号相反。①在由 $J_3>J_t$ 定义的扁圆体情况下，章动速率为负，这意味着初始章动角度 $v(0)=v_0>0$ 减小为零，且自旋轴与角动量对齐（**渐近稳定**）；②在 $J_3<J_t$ 所定义的扁长体情况下，章动率 $\dot{\varphi}$ 为正。因此，短自旋轴趋于与角动量正交，且自旋运动被传递到已经达到**平稳自旋**条件的长轴。综上所述，在动能耗散的情况下，只有绕长轴的自旋运动是**渐近稳定**的。

文献［16］，［36］中给出了一种更通用的能量耗散公式，并假定主刚体具有不对称的惯量矩阵 $\boldsymbol{J}=\mathrm{diag}(J_1,J_2,J_3)$ 并带有惯量矩阵为 $J_s\boldsymbol{I}_3$ 的球形块，该球形块的中心位于质心上，并被黏度为 β_s（Nms）的黏性层包围。这里只写出相关的状态方程，因其将在 7.6.1 节的仿真中使用。主体的角速度矢量为 $\boldsymbol{\omega}$，球形块的角速度矢量为 $\boldsymbol{v}$。借鉴式（4.143）的多体形式的状态方程为

$$\begin{bmatrix} J & J_sI_3 \\ J_sI_3 & J_sI_3 \end{bmatrix}\begin{bmatrix} \dot{\boldsymbol{\omega}} \\ \dot{\boldsymbol{v}} \end{bmatrix}=\begin{bmatrix} -\boldsymbol{\omega}\times J & -\boldsymbol{\omega}\times J_s \\ 0 & -\beta_sI_3 \end{bmatrix}\begin{bmatrix} \boldsymbol{\omega} \\ \boldsymbol{v} \end{bmatrix} \tag{7.161}$$

详情请参见文献［16，36］。

1958 年 1 月 31 日发射的第一颗美国卫星 Explorer I 是一颗 14kg 重的铅笔状卫星，惯量比为 $J_3/J_t=1/75$。将其发射到倾角为 0.58 弧度的低地球轨道中，同时以 $\omega_3\cong$ 70rad/s 的速度绕短轴 $\boldsymbol{b}_3$ 旋转。在大约 $T_0\cong5400$s 的第一个轨道周期之后，由于两个挠性线状天线消耗的能量，章动角达到了 $\nu\cong1$rad。通过监视地面上接收到的无线电信号强度来确定航天器绕不同轴的旋转速率。在 Explorer III 上，用更坚固的天线取代了原有线状天线。从初始章动角 0.17rad 变到大约 1rad 需要大约 1 周的时间[11]。自旋轴的转移并没有影响 Explorer I 的科学测量，由 J. van Allen 设计的宇宙射线仪器和经过南大西洋时的异常倾斜轨道使得 Explorer I 发现了范艾伦辐射带。

7.4.7 干扰作用下回转稳定的鲁棒性

自旋或回转稳定是最早的被动控制策略之一，用于维持所需的航天器姿态，特别是在轨道转移阶段和入轨阶段。在轨道转移期间，自旋轴是转移推进器的轴，名义上应与所需的转移速度矢量对齐。完成轨道转移后，将自旋轴与轨道平面的法线对齐，或者启动其他稳定策略。

我们将研究相对于标称自旋姿态的摄动力对航天器角速度和姿态的影响。在实践中，必须找到式（7.44）的受迫响应。假设一个扁圆的轴对称体，$J_3>J_t$。在小扰动情况下，使用6.3.2 节中的自旋扰动方程（6.46）和轴对称情况下的角速度扰动方程（7.126）。用 $\{\varphi,\ \theta\}$ 表示角速度对 $\{\omega_1,\ \omega_2\}$ 驱动的自旋轴倾斜。利用式（7.143）中的以下复变量来降低状态方程的阶数：

$$q=\varphi+\mathrm{j}\theta,\delta\omega=\omega_1+\mathrm{j}\omega_2,\quad d=d_1+\mathrm{j}d_2 \tag{7.162}$$

其中，d_j，$j=1$，2 表示扰动加速度的分量。自旋姿态扰动和角速度扰动定义为

$$\delta\psi=\psi-\underline{\psi}=\psi-\underline{\omega}_3t-\underline{\psi}_0,\delta\omega_3=\omega_3-\underline{\omega}_3 \tag{7.163}$$

式中：$\underline{\omega}_3$ 为标称自旋角速度。使用以上定义，状态方程可分解为以下两个不相关子系统。

$$\begin{bmatrix}\dot{q}\\ \delta\dot{\omega}\end{bmatrix}(t)=\begin{bmatrix}-\mathrm{j}\,\underline{\omega}_3 & 1\\ 0 & -\mathrm{j}\,\underline{\omega}_n\end{bmatrix}\begin{bmatrix}q\\ \delta\omega\end{bmatrix}(t)+\begin{bmatrix}0\\1\end{bmatrix}d$$

$$\begin{bmatrix}\delta\dot{\psi}\\ \delta\dot{\omega}_3\end{bmatrix}(t)=\begin{bmatrix}0 & 1\\ 0 & 0\end{bmatrix}\begin{bmatrix}\delta\psi\\ \delta\omega_3\end{bmatrix}(t)+\begin{bmatrix}0\\1\end{bmatrix}d_3$$

式中：$\underline{\omega}_n$ 为式（7.154）中的本体章动率。可以通过拉普拉斯变换找到自由响应和受迫响应，即

$$\begin{aligned}&\begin{bmatrix}q\\ \delta\omega\end{bmatrix}(s)=H(s)\left(\begin{bmatrix}q_0\\ \delta\omega_0\end{bmatrix}+\begin{bmatrix}0\\1\end{bmatrix}d(s)\right)\\ &\delta\psi(s)=\frac{\delta\psi(0)}{s}+\frac{\delta\omega_3(0)+d_3(s)}{s^2}\end{aligned} \tag{7.164}$$

$H(s)$的详细表达式留给读者自行推导。由于两个积分器串联，存在常值扰动使 $\delta\omega_3$ 漂移，自旋摄动［式（7.164）的第二行］是不稳定；相反，横向常值扰动 $d(s)=d_0/s$ 会使姿态摄动和角速度摄动有界。

练习 16：

借助于式（7.164），写出**自旋动力学**和**横向动力学**的自由响应和受迫响应的时间表达式。根据线性时不变稳定性标准说明对于恒定输入，自旋和横向动力学的有界/无界性质。需要将哪类输入信号应用于自旋动力学，以使 $\delta\omega_3$ 保持有界？

在轨道转移期间，可以对干扰作用下陀螺稳定的鲁棒性进行如下设置。假设在当前航天器方向 $\boldsymbol{i}_3=\boldsymbol{v}/|\boldsymbol{v}|$上需要 $\Delta\boldsymbol{v}=\Delta v\boldsymbol{v}/|\boldsymbol{v}|$转移机动，其中 $\boldsymbol{v}/|\boldsymbol{v}|\cong\boldsymbol{b}_3$是额定推力方向。由于推力$|F|\leqslant F_{\max}$的限制，必须使用 $\Delta v=F_{\max}\Delta t/m$ 给出的有限推力时间 Δt。在 Δt 期间，$\boldsymbol{b}_3$必须保持与惯性轴 $\boldsymbol{i}_3=\boldsymbol{v}/|\boldsymbol{v}|$对齐（由于回转稳定性）。由可能因扰动力矩引起的

章动运动会导致沿 $\boldsymbol{i}_3$ 的平均推力减小，并使所需的 Δv 损失 $\Delta v_{\text{lost}} \cong \Delta v(1-\cos\bar{\nu})$ 量级，其中 $\bar{\nu}$ 是平均章动角。因此，在式（7.151）中，我们关注章动角 ν 以及随之发生的体轴 $\boldsymbol{b}_3$ 绕惯性轴 $\boldsymbol{i}_3$ 的进动运动。假设 $\delta\omega(0)=0$ 并计算章动角的表达式。首先，在恒定横向摄动 $d(t)=d_0=d_{10}+\mathrm{j}d_{20}$ 的作用下，计算时间间隔 $0\leqslant t\leqslant\Delta t$ 内的 $\delta\omega$ 和幅值 $\underline{\omega}_t=|\delta\omega|$。可以发现：

$$\begin{aligned}
&\delta\omega(t)=\mathrm{j}(1-\mathrm{e}^{-\mathrm{j}\underline{\omega}_n t})\frac{d_0}{\underline{\omega}_n}\\
&\underline{\omega}_t=|\delta\omega|=\frac{|d_0|}{|\underline{\omega}_n|}\sqrt{2}\left(\sqrt{1-\cos\omega_n t}\right)=2\frac{|d_0|}{|\underline{\omega}_n|}\left|\sin\left(\frac{\omega_n t}{2}\right)\right|
\end{aligned}\tag{7.165}$$

其中，$\underline{\omega}_n$ 是式（7.154）中的本体章动率且 $|d_0|=\sqrt{d_{10}^2+d_{20}^2}$。自旋轴的章动角 $\nu(t)$ 由下式给出：

$$\tan\nu(t)=\frac{J_t\,\underline{\omega}_t}{J_3|\underline{\omega}_3|}=\frac{2|d_0|}{|\underline{\omega}_3|^2}\frac{J_t}{J_3|J_3/J_t-1|}\left|\sin\left(\frac{\omega_n t}{2}\right)\right|\tag{7.166}$$

最后一个表达式表明，章动角与外部加速度的大小 $|d_0|$ 成正比，与自旋速度 $\underline{\omega}_3$ 的平方成反比，这充分证明了**回转稳定性**。此外，扁圆体具有更小的章动角。

练习 17：

假设推进器沿本体轴 $\boldsymbol{b}_3$ 提供额定的恒定推力 $F_{\max}=500\text{N}$，该轴沿体对称轴与本体速度方向对齐。安装误差和推力器操作误差可能会产生推力矢量方向误差多达 $|\beta|\leqslant 0.02\text{rad}$。如果在距质心的距离为 $a=1\text{m}$ 处施加推力，那么在与 $\boldsymbol{b}_3$ 正交的平面上会产生一个扰动力矩 $|M_d|\leqslant F_{\max}|\beta|a$。通过利用式（7.166）和参数 $J_t/J_3=2.85$（扁长体），$J_t=200\text{kgm}^2$ 和 $\underline{\omega}_3=2.1\text{rad/s}$ 证明，平均章动角 $\bar{\nu}$ 满足 $\bar{\nu}\leqslant 0.11\text{rad}$。

然而，尽管如上面已经证明的那样，绕短轴的回转稳定，对于抵抗摄动力矩具有鲁棒性，但是在存在动能损失的情况下不是渐近稳定的。除像 Explorer III 上减少此类损失的方式之外，唯一的补救措施是采用主动章动控制（ANC）。ANC 在 7.6.1 节中进行讨论。

7.5 重力梯度和气动扭矩下的姿态动力学

出于观测和科学的目的，许多航天器被放置在低地球轨道上并指向地球。引力梯度力矩、气动力及力矩是对航天器姿态及其质心的主要扰动。扰动力和力矩大小又取决于航天器的姿态。本节的目标是：首先在引力梯度力矩影响下推导出姿态方程；然后在气动力矩影响下推导出姿态方程。

通过本节的研究可以看到，在一定条件下，引力梯度力矩可以作为一种被动的方法来维持卫星姿态与 LVLH 坐标系对齐。这种方法在早期的航天任务中就被广泛采用，从而产生了 Boom 技术，即通过可伸缩的管状元件来改变航天器的惯性，该管状元件在其顶端处带有尖端质量或科学仪器[23]。实际上，稳定性条件要求短惯性轴像钟摆一样对准当地引力方向。相应地，动力学本质上是振荡的，需要主动或被动阻尼。当短轴不能与当地引力对齐，而是像 GOCE 卫星那样与质心速度矢量（或与轨道平面中的当地水平轴）对齐时，相应的姿态就会变得不稳定，并且只能通过主动的姿态控制使其稳定。GOCE 具有尾翼，可在 AOCS 暂时失效的情况下确保局部气动力学稳定性。其相应的模型将作为 7.5.2 节的设计目标。

7.5.1 重力梯度稳定

在此我们沿用文献［21］中的部分说法。

1. 运动方程

在本体坐标系 $B=\{C,\boldsymbol{b}_1,\boldsymbol{b}_2,\boldsymbol{b}_3\}$ 下进行运动方程的推导，该坐标系与 LVLH 坐标系 $\mathscr{L}=\{C,\boldsymbol{l}_1,\boldsymbol{l}_2,\boldsymbol{l}_3\}$ 不重合。LVLH 坐标系的定义为

$$\boldsymbol{l}_2=\frac{\boldsymbol{h}=\boldsymbol{r}\times\boldsymbol{v}}{h=|\boldsymbol{r}\times\boldsymbol{v}|},\boldsymbol{l}_3=\frac{\boldsymbol{r}}{r},\boldsymbol{l}_1=\boldsymbol{l}_2\times\boldsymbol{l}_3 \tag{7.167}$$

在此用 $\boldsymbol{R}_j^i=[\boldsymbol{l}_{1i},\boldsymbol{l}_{2i},\boldsymbol{l}_{3i}]$ 表示 LVLH 到惯性系的坐标变换，其中 $\boldsymbol{l}_{ji},j=1,2,3$ 是 $\boldsymbol{l}_j$ 在惯性系下的表示。接下来，要用到 LVLH 坐标系中的 LVLH 角速度矢量 $\boldsymbol{\omega}_l$。角速度可以从 6.2.1 节的泊松运动方程获得，即

$$\boldsymbol{\omega}_l\times=\begin{bmatrix}0 & -\omega_{l3} & \omega_{l2}\\ \omega_{l3} & 0 & -\omega_{l1}\\ -\omega_{l2} & \omega_{l1} & 0\end{bmatrix}=(\boldsymbol{R}_l^i)^{\mathrm{T}}\dot{R}_l^i(t)=\begin{bmatrix}\boldsymbol{l}_{1i}=(\boldsymbol{h}_i/h)\times\boldsymbol{r}_i/r\\ \boldsymbol{l}_{2i}=\boldsymbol{h}_i/h\\ \boldsymbol{l}_{3i}=\boldsymbol{r}_i/r\end{bmatrix}\begin{bmatrix}\frac{\mathrm{d}\boldsymbol{l}_{1i}}{\mathrm{d}t} & \frac{\mathrm{d}\boldsymbol{l}_{2i}}{\mathrm{d}t} & \frac{\mathrm{d}\boldsymbol{l}_{3i}}{\mathrm{d}t}\end{bmatrix} \tag{7.168}$$

$\boldsymbol{r}$、$\boldsymbol{v}$ 和 $\boldsymbol{h}=\boldsymbol{r}\times\boldsymbol{v}$（每单位质量的轨道角动量）的惯性坐标分别用 $\boldsymbol{r}_i$、$\boldsymbol{v}_i$ 和 $\boldsymbol{h}_i$ 表示，其绝对值用 r、v 和 h 表示。如果已知最后两个轴的时间导数，那么可以根据式（7.168）计算出角速度分量 $\omega_{lj},j=1,2,3$。

$$\frac{\mathrm{d}\boldsymbol{l}_{i2}}{\mathrm{d}t}=\frac{1}{h}\left(I-\frac{\boldsymbol{h}_i\boldsymbol{h}_i^{\mathrm{T}}}{h^2}\right)\boldsymbol{r}_i\times\dot{\boldsymbol{v}}_i,\frac{\mathrm{d}\boldsymbol{l}_{i3}}{\mathrm{d}t}=\frac{1}{r}\left(I-\frac{\boldsymbol{r}_i\boldsymbol{r}_i^{\mathrm{T}}}{r^2}\right)\boldsymbol{v}_i \tag{7.169}$$

此处，对于角速度分量的检验留给读者自行完成。

$$\begin{bmatrix}\omega_{l1}\\ \omega_{l2}\\ \omega_{l3}\end{bmatrix}=\begin{bmatrix}-\boldsymbol{l}_{i2}\cdot\frac{\mathrm{d}\boldsymbol{l}_{i3}}{\mathrm{d}t}\\ \boldsymbol{l}_{i1}\cdot\frac{\mathrm{d}\boldsymbol{l}_{i3}}{\mathrm{d}t}\\ -\boldsymbol{l}_{i1}\cdot\frac{\mathrm{d}\boldsymbol{l}_{i2}}{\mathrm{d}t}\end{bmatrix}=\begin{bmatrix}0\\ \dot{\theta}_o=h/r^2\\ r(\boldsymbol{h}_i\cdot\dot{\boldsymbol{v}}_i)/h^2\end{bmatrix} \tag{7.170}$$

围绕纵轴 $\boldsymbol{l}_1$ 的角速度为零。第二个分量 ω_{l2} 是式（3.43）中的瞬时轨道角速度 $\dot{\theta}$，在此已被重写为 $\dot{\theta}_o$。假设轨道偏心率较小，即 $e\ll1$，可以发现 $\dot{\theta}_o$ 和其时间导数 $\ddot{\theta}_o$ 具有以下近似表达式。

$$\begin{aligned}&\dot{\theta}_o=\frac{h}{r^2}=\sqrt{\frac{\mu(1+e\cos\theta_o)}{r^3}}=\omega_0\frac{(1+e\cos\theta_o)^2}{\sqrt{(1-e^2)^3}}\cong\omega_0(1+2e\cos\theta_o)\\&\ddot{\theta}_o\cong-2\omega_0^2e\sin\theta_o\end{aligned} \tag{7.171}$$

式中：θ_o 是真近点角。对于 $e=0$，半长轴 $r=a$ 且 $\dot{\theta}_o$ 为常数，有以下关系成立。

$$\dot{\theta}_o=\omega_o=\frac{h}{a^2}=\sqrt{\frac{\mu}{a^3}},\ddot{\theta}_o=0 \tag{7.172}$$

仅当加速度$\dot{\boldsymbol{v}}_i$具有正交于轨道平面的分量时，第三个分量ω_{l3}才为非零，如与地球极轴对齐的J_2重力分量在轨道法线$\boldsymbol{l}_2$上的投影。从 3.5.2 节（另见 5.3.1 节和 5.3.2 节）中我们已经了解到，该分量使非极轨道的交点线发生了旋转。下面我们假设$\omega_{l3}=0$。

通过假定 LVLH 坐标系中的体轴存在较小的对准误差，从而进行以下动态分析。这里建议采用欧拉运动学和旋转矢量为$\boldsymbol{\theta}=[\theta_1=\varphi,\theta_2=\theta,\theta_3=\psi]$的 321Tait-Bryan 转序。按照 6.3.1 节的方法，可以写出：

$$\boldsymbol{\omega}=\begin{bmatrix}\omega_1\\\omega_2\\\omega_3\end{bmatrix}=X(-\varphi)\left(\begin{bmatrix}\boldsymbol{e}_1 & \boldsymbol{e}_2 & Y(-\theta)\boldsymbol{e}_3\end{bmatrix}\begin{bmatrix}\dot{\varphi}\\\dot{\theta}\\\dot{\psi}\end{bmatrix}+Y(-\theta)Z(-\psi)\begin{bmatrix}0\\\dot{\theta}_o\\0\end{bmatrix}\right) \tag{7.173}$$

精细方程式为

$$\begin{bmatrix}\omega_1\\\omega_2\\\omega_3\end{bmatrix}=\begin{bmatrix}1 & 0 & -\sin\theta\\0 & \cos\varphi & \sin\varphi\cos\theta\\0 & -\sin\varphi & \cos\varphi\cos\theta\end{bmatrix}\begin{bmatrix}\dot{\varphi}\\\dot{\theta}\\\dot{\psi}\end{bmatrix}+\begin{bmatrix}\cos\theta\sin\psi\\\cos\varphi\cos\psi+\sin\varphi\sin\theta\sin\psi\\-\sin\varphi\cos\psi+\cos\varphi\sin\theta\sin\psi\end{bmatrix}\dot{\theta}_o \tag{7.174}$$

式（7.174）的线性近似是在假定欧拉角较小且$\dot{\theta}_o=\omega_o$的情况下，由于其含有二阶项，因此忽略了式（7.171）中的偏心率修正。在这些简化条件下，式（7.174）变为

$$\boldsymbol{\omega}(t)=\dot{\boldsymbol{\theta}}+A_1\boldsymbol{\theta}+\boldsymbol{e}_2\theta_o=\boldsymbol{w}+A_1\boldsymbol{\theta}+\boldsymbol{e}_2\dot{\theta}_o$$
$$A_1=\begin{bmatrix}0 & 0 & \omega_0\\0 & 0 & 0\\-\omega_0 & 0 & 0\end{bmatrix}=\omega_o\boldsymbol{e}_2\times,\boldsymbol{e}_2=\begin{bmatrix}0\\1\\0\end{bmatrix},\boldsymbol{\theta}=\begin{bmatrix}\varphi\\\theta\\\psi\end{bmatrix},\boldsymbol{w}=\begin{bmatrix}w_1\\w_2\\w_3\end{bmatrix} \tag{7.175}$$

从式（7.175）中可以看出，由于俯仰角速度ω_o产生的滚转-偏航耦合，式（7.175）并不是作为状态方程使用的，而只是用来表示角加速度$\dot{w}=\ddot{\boldsymbol{\theta}}$作为状态向量$\boldsymbol{\theta}$和$\boldsymbol{w}=\dot{\boldsymbol{\theta}}$的函数。符号$\boldsymbol{w}$一定不能与噪声矢量混淆。式（7.175）的平衡解是本体坐标系与 LVLH 坐标系之间的完全对准，即

$$\underline{\boldsymbol{\theta}}=0,\underline{\omega}_1=\underline{\omega}_3=0,\underline{\omega}_2=\dot{\theta}_o \tag{7.176}$$

在小偏心率的假设下，式（7.175）的微分是通过忽略乘积项$\ddot{\theta}_o\varphi$和$\ddot{\theta}_o\psi$而得到的，因为其为在小偏心率假设下的二阶小量，这意味着式（7.171）中的$\ddot{\theta}_o$为小量。通过设定角加速度$\dot{\boldsymbol{w}}=\ddot{\boldsymbol{\theta}}$，我们写出状态方程为

$$\begin{bmatrix}\dot{\boldsymbol{\theta}}\\\dot{\boldsymbol{w}}\end{bmatrix}=\begin{bmatrix}0 & I_3\\0 & -A_1\end{bmatrix}\begin{bmatrix}\boldsymbol{\theta}\\\boldsymbol{w}\end{bmatrix}+\begin{bmatrix}0\\\dot{\omega}-\boldsymbol{e}_2\ddot{\theta}_o\end{bmatrix} \tag{7.177}$$

其中，$\dot{\boldsymbol{\omega}}$仍然是未知的。

2. 姿态运动学

如式（7.176）所示，假设本体坐标系和 LVLH 坐标系完全对齐，可以写出在通

用体坐标系（不一定是主坐标系）下表示的，在式（4.51）中通用引力梯度力矩作用下的欧拉动力学方程。由于体坐标系和LVLH坐标是对齐的，因此质心体坐标矢量由$\boldsymbol{r}_c=[0,0,r]$给出。通过将式（4.51）中$\boldsymbol{r}_c$的最后一项取为r，可以得出以下欧拉旋转方程。

$$\boldsymbol{J}\begin{bmatrix}\dot{\omega}_1\\ \dot{\omega}_2\\ \dot{\omega}_3\end{bmatrix}=-\begin{bmatrix}0&0&\dot{\theta}_o\\0&0&0\\-\dot{\theta}_o&0&0\end{bmatrix}\begin{bmatrix}\boldsymbol{J}_{11}&\boldsymbol{J}_{12}&\boldsymbol{J}_{13}\\ \boldsymbol{J}_{12}&\boldsymbol{J}_{22}&\boldsymbol{J}_{23}\\ \boldsymbol{J}_{13}&\boldsymbol{J}_{23}&\boldsymbol{J}_{33}\end{bmatrix}\begin{bmatrix}0\\ \dot{\theta}_o\\0\end{bmatrix}+3\frac{\mu}{r^3}\begin{bmatrix}-\boldsymbol{J}_{23}\\ \boldsymbol{J}_{13}\\0\end{bmatrix}=\dot{\theta}_o^2\begin{bmatrix}-\boldsymbol{J}_{23}\\0\\ \boldsymbol{J}_{12}\end{bmatrix}+3\frac{\mu}{r^3}\begin{bmatrix}-\boldsymbol{J}_{23}\\ \boldsymbol{J}_{13}\\0\end{bmatrix} \tag{7.178}$$

根据角速度平衡条件$\dot{\boldsymbol{\omega}}=0$，可得出以下零等式。

$$0=\begin{bmatrix}-J_{23}(\dot{\theta}_o^2+3\mu/r^3)\\ 3J_{13}3\mu/r^3\\ J_{12}\dot{\theta}_o^2\end{bmatrix} \tag{7.179}$$

仅当惯量矩阵的非对角线元素为零（**主轴与LVLH坐标对齐**）时才能满足该要求。该结果与定理4一样，证明了主轴的合理性。

通过使用式（4.56）中的重力-梯度力矩公式，就主轴而言，欧拉旋转方程变为

$$\dot{\boldsymbol{\omega}}=-J^{-1}\boldsymbol{\omega}\times(J\boldsymbol{\omega}+h\boldsymbol{e}_2)+J^{-1}\boldsymbol{M}_g$$

$$\dot{\boldsymbol{\omega}}=\begin{bmatrix}\sigma_1\left(\omega_2\omega_3-\dfrac{3}{2}\dfrac{\mu}{r^3}\sin(2\varphi)\cos^2\theta\right)+\omega_3H/J_1\\ -\sigma_2\left(\omega_3\omega_1+\dfrac{3}{2}\dfrac{\mu}{r^3}\sin(2\theta)\cos\varphi\right)\\ -\left(\sigma_3\left(\omega_1\omega_2+\dfrac{3}{2}\dfrac{\mu}{r^3}\sin(2\theta)\sin\varphi\right)+\omega_1H/J_3\right)\end{bmatrix} \tag{7.180}$$

在式（7.36）中，令系数$\sigma_1=(J_2-J_3)/J_1,\sigma_2=(J_1-J_3)/J_2$且$\sigma_3=(J_2-J_1)/J_3$，而$H=J_0\omega_o$是俯仰轴$\boldsymbol{e}_2$上的一个附加的常值角动量，其中$J_0$的大小和符号是任意的。还需指出的是，$\sqrt{\mu/r^3}$与$\dot{\theta}_o$略有不同，因为从（7.171）式可以发现：

$$\frac{\mu}{r^3}=\omega_0^2\frac{(1+e\cos\theta_o)^3}{(1-e^2)^3}\cong\omega_o^2(1+3e\cos\theta_o)\cong\dot{\theta}_o^2(1-e\cos\theta_o) \tag{7.181}$$

为了后续的使用，我们发现式（7.23）中的不等式表明$|\sigma_j|<1,j=1,2,3$，$\sigma_j=0$定义了3种可能的轴对称惯量矩阵之一。通过观察可知，式（7.181）和式（7.171）中的偏心率修正存在二阶项，当乘以小姿态角时，式（7.181）可简化为$\mu/r^3=\dot{\theta}_o^2=\omega_o^2$，再利用式（7.175）的分量$\omega_1=w_1+\omega_o\psi$，$\omega_2=w_2+\omega_o$，$\omega_3=w_3-\omega_o\varphi$，可以将以下小角度近似代入式（7.177）。

$$\dot{\boldsymbol{\omega}}=A_2\boldsymbol{\theta}+A_3\boldsymbol{w} \tag{7.182}$$

其中，

$$
\boldsymbol{A}_2=\begin{bmatrix}-(4\sigma_1\omega_o+H/J_1)\omega_0 & 0 & 0\\ 0 & -3\sigma_2\omega_o^2 & 0\\ 0 & 0 & -(\sigma_3\omega_o+H/J_3)\omega_0\end{bmatrix}
$$

$$
\boldsymbol{A}_3=\begin{bmatrix}0 & 0 & \sigma_1\omega_o+H/J_1\\ 0 & 0 & 0\\ -(\sigma_3\omega_0+H/J_3) & 0 & 0\end{bmatrix} \tag{7.183}
$$

用式（7.183）替换式（7.177），可以得到在重力梯度摄动作用下、体坐标系到LVLH坐标系的小对准误差和小轨道偏心率条件下，完整的线性时不变姿态状态方程为

$$
\begin{bmatrix}\dot{\boldsymbol{\theta}}\\ \dot{\boldsymbol{w}}\end{bmatrix}=\begin{bmatrix}0 & I_3\\ A_2 & -A_1+A_3\end{bmatrix}\begin{bmatrix}\boldsymbol{\theta}\\ \boldsymbol{w}\end{bmatrix}+\begin{bmatrix}0\\ -\boldsymbol{e}_2\ \ddot{\theta}_o\end{bmatrix} \tag{7.184}
$$

3. 俯仰稳定性

在式（7.184）中，$\{\theta,\dot{\theta}\}$的状态方程，即俯仰角及其角速度，与滚转/偏航方程解耦［式（7.183）中的第一和第三行］。因此，可以独立研究俯仰状态方程。俯仰临界稳定性的假设为

$$
\sigma_2>0\Rightarrow J_1>J_3 \tag{7.185}
$$

定义**自由角频率** $\Omega_2=\omega_o\sqrt{3\sigma_2}=\omega_o\sqrt{3\ (J_1-J_3)\ /J_2}>0$，复变量 $q_2=\theta+j\,\dot{\theta}/\Omega_2$。俯仰角的动力学可以写成以下复数形式：

$$
\dot{q}_2(t)=-\mathrm{j}\Omega_2q_2(t)+jb_2\sin(\omega_ot),q_2(0)=q_{20} \tag{7.186}
$$

其中，$b_2\sin(\omega_ot)=(2\omega_o^2e/\Omega_2)\sin(\omega_ot)$来自式（7.171）及$\theta_o(t)=\omega_ot$。如果$\boldsymbol{b}_2=\boldsymbol{l}_2$，那么自由频率是$\boldsymbol{b}_1$和$\boldsymbol{b}_3$关于$\boldsymbol{l}_2$（轨道法线）的小振荡频率。由周期作用力函数可知，在偏心轨道的情况下，俯仰运动将在轨道周期内加速和减速，以保持$\boldsymbol{b}_3$与当地垂直方向$\boldsymbol{l}_3$对齐。

练习 18：

证明：式（7.186）对$\Omega_2\neq\omega_o$和$t\geqslant0$的全响应由下式给出：

$$
q_2(t)=\exp(-\mathrm{j}\Omega_2t)Q_0+Q_1\sin(\omega_ot)+\mathrm{j}Q_2\cos(\omega_ot) \tag{7.187}
$$

并且找出积分常数Q_0、Q_1和Q_2。

练习 19：

计算由$e=0$定义的圆形轨道，在恒定的外部角加速度a_{d0}的作用下，式（7.186）的受迫响应。将$b2\sin(\omega_ot)$替换为a_{d0}/Ω_2。证明：俯仰受迫响应是有偏的。

练习 20：

考虑到$\Omega_2=0$，在由$J_1=J_3$定义的轴对称情况下重写式（7.186）。得到的新方程是临界稳定的吗？

GOCE卫星的俯仰运动是不稳定的，因为根据式（7.29），$J_3>>J_1$。

4. 滚转/偏航稳定性

滚转/偏航动力学由自治方程式描述：

$$
\begin{bmatrix}\dot{\boldsymbol{\theta}}_{13}\\ \dot{\boldsymbol{w}}_{13}\end{bmatrix}=\omega_o\begin{bmatrix}0 & I_3\\ A_\theta & A_w\end{bmatrix}\begin{bmatrix}\boldsymbol{\theta}_{13}\\ \boldsymbol{w}_{13}\end{bmatrix},\boldsymbol{\theta}_{13}=[\varphi,\psi] \tag{7.188}
$$

其中，$\boldsymbol{w}_{13}=[\dot{\varphi},\dot{\psi}]/\omega_o$，并且

$$A_\theta=\begin{bmatrix}-(4\sigma_1+J_0/J_1) & 0\\ 0 & -(J_0/J_3+\sigma_3)\end{bmatrix}=\begin{bmatrix}-(3s_1+s_0) & 0\\ 0 & -s_3\end{bmatrix}$$

$$A_w=\begin{bmatrix}0 & \sigma_1+J_0/J_1-1\\ -(J_0/J_3+\sigma_3)+1 & 0\end{bmatrix}=\begin{bmatrix}0 & s_0-1\\ -s_3+1 & 0\end{bmatrix} \tag{7.189}$$

$$s_0=\sigma_1+J_0/J_1,s_3=\sigma_3+J_0/J_3,s_1=\sigma_1$$

$\{\sigma_1,\sigma_3\}$的表达已在式（7.180）中给出。式（7.188）的特征多项式为

$$\lambda^4+(3s_1+1+s_0s_3)\omega_o^2\lambda^2+s_3(3s_1+s_0)\omega_o^4=\lambda^4+a\omega_0^2\lambda^2+b\omega_0^4 \tag{7.190}$$

对应于纯虚根的临界稳定性条件是通过对以下多项式根的检验得出的：

$$\lambda=\pm\omega_o\sqrt{-\frac{1}{2}(a\pm\sqrt{a^2-4b})} \tag{7.191}$$

推导出的充要条件为

$$b(J_0)=s_3(3s_1+s_0)=\frac{(J_2-J_1+J_0)(4(J_2-J_3)+J_0)}{J_1J_3}>0$$

$$a(J_0)=1+3s_1+s_0s_3=\frac{J_1J_3+3J_3(J_2-J_3)+(J_2-J_1+J_0)(J_2-J_3+J_0)}{J_1J_3}\geqslant 2\sqrt{s_3(3s_1+s_0)}. \tag{7.192}$$

其中，第一个条件等价于以下的不等式：

$$\begin{aligned}&J_0>\max\{J_1-J_2,4(J_3-J_2)\}\\&J_0<\min\{J_1-J_2,4(J_3-J_2)\}\end{aligned} \tag{7.193}$$

式（7.192）中的第二个条件更为复杂，但根据以下渐近等式[21]

$$\lim_{|J_0|\mapsto\infty}aJ_0=\lim_{|J_0|\mapsto\infty}bJ_0=J_0^2/(J_1J_3) \tag{7.194}$$

其临界稳定渐近根为

$$\lim_{|J_0|\mapsto\infty}\lambda=\pm\omega_o\sqrt{-\frac{J_0^2}{2J_1J_3}(1\pm\sqrt{1-4J_1J_3/J_0^2})}\cong\begin{cases}\pm \mathrm{j}\omega_0\dfrac{|J_0|}{\sqrt{J_1J_3}}\\ \pm \mathrm{j}\omega_o\end{cases} \tag{7.195}$$

第一对根与式（7.132）中的本体章动率的大小$|\omega_n|=\omega_o|J_0|(J_1J_3)^{-1/2}$成比例，由于存在极限$J_2\to|J_0|$，因此采用这种形式；而第二对根则与轨道角速度$\omega_o$成正比，而角速度$\omega_o$在滚转/偏航耦合频率中起作用。总之，对于足够大的$|H|=\omega_o|J_0|$，可以实现滚转/偏航的临界稳定性。

当$J_0=0$时，式（7.192）中的条件可简化为

$$b=4\sigma_3\sigma_1>0,\quad a=1+3\sigma_1+\sigma_1\sigma_3\geqslant 4\sqrt{\sigma_3\sigma_1} \tag{7.196}$$

对第二个不等式两边平方，可以将其写为

$$\sigma_3\sigma_1>0,1+(3+\sigma_3)^2\sigma_1^2+2(3-7\sigma_3)\sigma_1\geqslant 0 \tag{7.197}$$

由于$\sigma_3\geqslant 0$，式（7.197）中的第二个不等式始终为正，因此将不等式$\sigma_3>0$、$\sigma_1>0$及俯仰稳定性不等式［式（7.185）］结合在一起，可以得出以下充分稳定性条件，称

其为拉格朗日不等式。

$$J_2>J_1>J_3 \tag{7.198}$$

图 7.8 所示正象限中的无阴影三角形区域为拉格朗日不等式区域。由于 J_2 是绕俯仰轴的惯量矩，因此拉格朗日条件要求式（7.186）中的天平动振动运动需绕其主轴进行。在存在能量损耗的情况下，7.4.6 节已证明绕主轴运动是渐近稳定的。结合式（7.23）中的惯量不等式，式（7.198）可以按以下大小关系排列。

$$J_3<J_1<J_2\leqslant J_1+J_3 \tag{7.199}$$

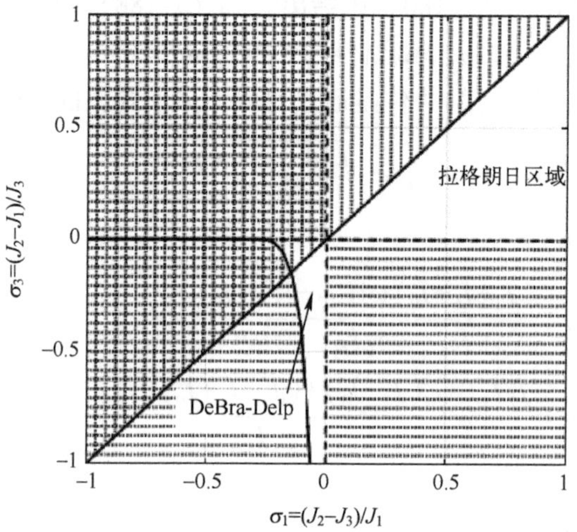

图 7.8　重力梯度稳定性的稳定区和不稳定区

对于 $\sigma_3<0$，式（7.197）中的二阶方程具有两个负根：

$$-\sigma_{1,\max}(\sigma_3)<-1/3<-\sigma_{1,\min}(\sigma_3)<0 \tag{7.200}$$

滚转/偏航稳定性要求 $\sigma_1\geqslant-\sigma_{1,\min}$ 或 $\sigma_1\leqslant-\sigma_{1,\max}$。只有第一个不等式满足式（7.197），通过要求 $\sigma_1>-1/3$，可以排除最负区域。第二个充分稳定性条件称为 DeBra-Delp **条件**[8]，由下式给出：

$$\sigma_3<0,\ -\sigma_{1,\min}(\sigma_3)\leqslant\sigma_1<0 \tag{7.201}$$

图 7.8 所示负象限下三角中狭窄的无阴影区域绘出了此条件对应的范围。在该区域中，拉格朗日不等式变为 $J_1>J_3>J_2$。不等式 $J_1>J_3>J_2$ 要求俯仰轴为短轴，在实际解决方案中应将其排除在外，因为在能量损耗的情况下，绕短轴的旋转已被证明是不稳定的。

式（7.196）中的条件对于小范围内的稳定性（在平衡点周围任意小的扰动下）是充要条件。渐近稳定性只能通过施加一些阻尼力矩来实现。

练习 21：

根据式（7.191）计算在 $\sigma_1=0$ 和 $\sigma_3=0$ 定义的两种轴对称情况下，以及在 $\sigma_1=\sigma_3$ 的情况下的滚转/偏航特征值。读者还应区分 $J_0=0$ 和 $J_0\neq0$ 这两种不同的情况。重写式（7.192）中的稳定性条件。在哪些情况下这些条件不能满足？

练习 22：

利用输入的扰动力矩 $M_{13}=[M_1,M_3]$ 改写式（7.188），即

$$\begin{bmatrix}\dot{\boldsymbol{\theta}}_{13}\\ \dot{\boldsymbol{w}}_{13}\end{bmatrix}=\omega_o\begin{bmatrix}0 & I_3\\ A_\theta & A_w\end{bmatrix}\begin{bmatrix}\boldsymbol{\theta}_{13}\\ \boldsymbol{w}_{13}\end{bmatrix}+\begin{bmatrix}0\\ B_{13}\end{bmatrix}\boldsymbol{M}_{13},\boldsymbol{B}_{13}=\omega_o^{-1}\begin{bmatrix}1/J_1 & 0\\ 0 & 1/J_3\end{bmatrix} \tag{7.202}$$

式（7.188）中定义了 $\boldsymbol{\theta}_{13}$ 和 $\boldsymbol{w}_{13}$。计算 $h=500\text{km}$ 高度的圆形轨道上地球轨道卫星的传递矩阵 $\boldsymbol{\theta}_{13}(s)=P(s)\boldsymbol{M}_{13}(s)$。卫星的惯量矩阵 $J=\text{diag}(J_1,J_2,J_3)=\text{diag}(2H_0,4H_0,3H_0)$ 满足式（7.198），且 $H_0>0$ 是自由比例系数。证明比率 $|\varphi_0/\psi_0|$ 等于 0.5，其中 $\{\varphi_0,\ \psi_0\}$ 是对常值力矩 $M_1(s)=M_3(s)=M_0/s$ 响应的平均值。证明传递函数 $P_{11}(s)=\varphi(s)/M_1(s)$ 和 $P_{33}(s)=\psi(s)/M_3(s)$ 的相对阶数 $r=2$。

在图 7.8 中，无阴影的区域是稳定区域。水平阴影区域为滚转/偏航不稳定区域；垂直阴影区域为俯仰不稳定区域。横坐标为 σ_1，纵坐标为 σ_3。

为了理解如何实现满足式（7.198）的航天器，考虑一个半径为 r 的主球体，其惯量矩 $\boldsymbol{J}$ 相等，3 个长度为 l_j 的垂直无质量管伸出主球体外，并在两端均携带尖端质量 m。总转动惯量变为

$$J_1=J+2m(l_3^3+l_2^3),\quad J_2=J+2m(l_3^3+l_1^3),\quad J_3=J+2m(l_1^3+l_2^3) \tag{7.203}$$

由式（7.198）中的不等式可得管长度的反向不等式为

$$l_3>l_1>l_2 \tag{7.204}$$

重力梯度效应最早是由 D'Alembert 和 Euler 于 1749 年研究的。后来，在 1780 年，拉格朗日用重力梯度解释了为什么月球始终用一面对着地球。重力梯度稳定普遍应用于早期的太空探索中。前苏联的 Salyut-6 / Soyuz 空间站（1977—1982）在重力梯度稳定模式下运行了很长时间。美国 Transit 导航系统（GPS 的前身）的 TRIAD 和 Nova 卫星于 1964 年至 20 世纪 90 年代运行，其重力梯度通过沿航天器对称轴部署的长臂而稳定下来[7]。并且它们还安装了第一个无拖曳控制系统（DISCOS，扰动补偿系统），这是在 11.2 节中将讨论的轨道控制内容。

7.5.2 气动力学稳定性

在存在引力梯度力矩的情况下，对小姿态角（滚转、俯仰和偏航角）、“小范围的稳定性”及离零平衡状态不远的两个对称的非零俯仰平衡状态进行气动力学稳定性研究。相关的线性时不变渐近稳定性将被称为“大范围的稳定性”，尽管该术语被广泛使用，因为我们并不会分析证明其大的稳定性范围，除非要研究图 7.3（a）和图 7.15（a）中提到的仿真。图 7.3（a）显示了在 AOCS 关闭的情况下，仿真的航天器俯仰角绕设计平衡点之一大约 0.5rad 的有界振荡。图 7.15（a）显示了在相似条件下 3 个姿态角的有界振荡，俯仰角正受到滚转和偏航运动的影响，滚转和偏航运动趋向于使非零平衡点周围的峰-峰振荡幅度增加，从而使俯仰角以任意方式在它们之间摆动。本节中的稳定性分析主要集中于俯仰稳定性。最初的通用表述将专门针对于上述研究内容。

考虑图 7.9 中的长方体盒状航天器，其中有 $n=6$ 个表面。假设一个类似于式（7.29）的对角惯量矩阵，其中 $J_2=J_3>J_1$。我们将气动力矩矢量简化为纯吸收的情况，得出

$$\boldsymbol{M}_\text{a}=-p_\text{a}C_D\sum_{k=1}^{n}\max\{\cos\alpha_k,0\}A_k\boldsymbol{a}_k\times\boldsymbol{e}_v,p_\text{a}=\frac{1}{2}\rho v_\text{r}^2 \tag{7.205}$$

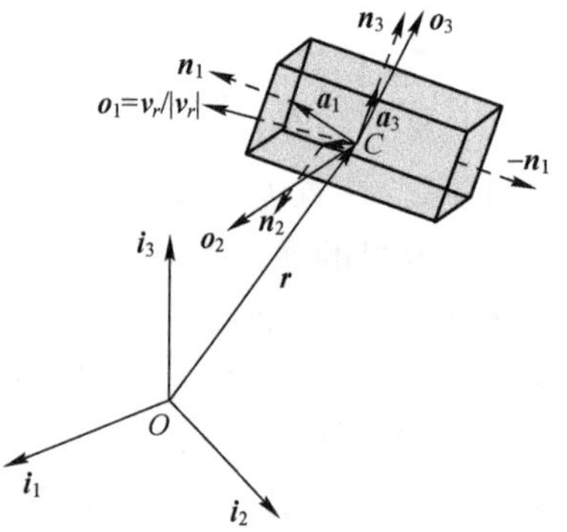

图 7.9　具有 LORF 轴和表面法向量的盒状航天器

其中，所有表面的阻力系数都为相同的 C_D，而 α_k 是在 4.4.2 节中定义的入射角。表面分为 3 对 $k=1,2,3$，并且每对（前、侧面和顶部）都具有相同的面积 A_k 和相反的法向向量 $\boldsymbol{n}_{ks},s=\pm$。表面的分组需要分别用 $\boldsymbol{a}_{ks}$ 和 α_{ks} 替换式（7.205）中的向量 $\boldsymbol{a}_k$ 和角度 α_k。通过用符号 $s_k=\pm1$ 区分正负表面，法线向量的体坐标写为

$$\boldsymbol{n}_{1s}=\begin{bmatrix} s_1=\pm1 \\ 0 \\ 0 \end{bmatrix},\boldsymbol{n}_{2s}=\begin{bmatrix} 0 \\ s_2=\pm1 \\ 0 \end{bmatrix},\boldsymbol{n}_{3s}=\begin{bmatrix} 0 \\ 0 \\ s_3=\pm1 \end{bmatrix} \tag{7.206}$$

假设压力中心（CoP）的位矢 $\boldsymbol{a}_{ks}$，其中 $s=\pm1$，与每个表面组 k 相对于航天器轴 $\boldsymbol{b}_1$ 轴对称，这意味着本体坐标为

$$\boldsymbol{a}_{1s}=\begin{bmatrix} s_1a_{11} \\ a_{12}=0 \\ a_{13}=0 \end{bmatrix},\boldsymbol{a}_{2s}=\begin{bmatrix} a_{21}\neq0 \\ s_2a_{22} \\ a_{23}=0 \end{bmatrix},\boldsymbol{a}_{3s}=\begin{bmatrix} a_{31}\neq0 \\ a_{32}=0 \\ s_3a_{33} \end{bmatrix} \tag{7.207}$$

其中，$a_{11}>0,a_{22}>0,a_{33}>0,a_{12}=a_{13}=0,a_{23}=a_{32}=0$ 并且 $s=\pm1$ 是区分两个相对表面的下标，对应于式（7.206）中的 s_k。通过假设质心不在轴 $\boldsymbol{b}_1$ 的中点来计算表面积 $A_k,k=1,2,3$，这相当于假设 $a_{11}\neq L$，其中 L 是沿 $\boldsymbol{b}_1$ 的航天器长度的一半。因此，表面积由下式给出：

$$A_1=4a_{22}a_{33},A_2=4La_{33},A_3=4La_{22} \tag{7.208}$$

航天器在近圆形轨道上运动，并且姿态控制的目的是使本体坐标系 $\mathscr{B}=\{C,\boldsymbol{b}_1,\boldsymbol{b}_2,\boldsymbol{b}_3\}$ 与当地轨道坐标（LORF）$\mathscr{O}=\{C,\boldsymbol{o}_1,\boldsymbol{o}_2,\boldsymbol{o}_3\}$ 对齐，LORF 由下式定义：

$$\boldsymbol{o}_1=\frac{\boldsymbol{v}}{v},\boldsymbol{o}_2=\frac{\boldsymbol{r}\times\boldsymbol{v}=\boldsymbol{h}}{|\boldsymbol{h}|},\boldsymbol{o}_3=\boldsymbol{o}_1\times\boldsymbol{o}_2 \tag{7.209}$$

这是 GOCE 卫星的姿态目标[3]。相对大气速度 $\boldsymbol{v}_{\mathrm{r}}$ 的方向 $\boldsymbol{e}_v$ 在式（4.100）中定义为

$$\boldsymbol{e}_v=\boldsymbol{v}_{\mathrm{r}}/v_{\mathrm{r}},\boldsymbol{v}_{\mathrm{r}}=\boldsymbol{v}-\boldsymbol{\omega}_e\times\boldsymbol{r}-\boldsymbol{w} \tag{7.210}$$

式中：$\boldsymbol{v}$ 为航天器速度；$\boldsymbol{\omega}_e\times\boldsymbol{r}$ 为地球自转引起的大气速度；$\boldsymbol{w}$ 为当地风速。在此忽略 $\boldsymbol{w}$，那么近极轨道的大气速度方向接近与轨道平面正交，且其幅度随轨道周期成周期性变化。通过忽略共转项 $\boldsymbol{\omega}_e\times\boldsymbol{r}$，我们将得出平均稳定性条件。最后，在式（7.205）中，假设 $\boldsymbol{e}_v\cong\boldsymbol{v}/|\boldsymbol{v}|,v_{\mathrm{r}}=v=|\boldsymbol{v}|$。

通过321Tait-Bryan 转序组合将本体坐标转换为LORF坐标系的姿态矩阵 $\boldsymbol{R}_b^o$。因此，写为 $\boldsymbol{R}_b^o=Z(\psi)Y(\theta)X(\varphi)$，并在姿态矢量 $\boldsymbol{\theta}=[\theta_1=\varphi,\theta_2=\theta,\theta_3=\psi]$ 中导出欧拉角。假设一个小的滚转/偏航对 $\{\varphi,\psi\}$，并且使 $\boldsymbol{\theta}$ 为任意值且远离万向节锁定，即 $|\boldsymbol{\theta}|<\pi/2$。最后一个不等式排除了 $s_1=-1$，换句话说，背面无阻力成分。通过这些假设可以得出 $\boldsymbol{e}_v$ 的本体坐标矢量 $\boldsymbol{e}_v$ 的准确及近似表达式为

$$\boldsymbol{e}_v=R_o^b\begin{bmatrix}1\\0\\0\end{bmatrix}=\begin{bmatrix}\cos\theta\cos\psi\\ \sin\varphi\sin\theta\cos\psi-\cos\varphi\sin\psi\\ \cos\varphi\sin\theta\cos\psi+\sin\varphi\sin\psi\end{bmatrix}\cong\begin{bmatrix}\cos\theta\\ \varphi\sin\theta-\psi\\ \sin\theta\end{bmatrix}\tag{7.211}$$

用 α_{ks} 替换式（7.205）因子 $\max(\cos\alpha_{ks},0)$ 中的 α_k，得到以下特殊化的形式。

$$\begin{aligned}&\max\{\cos\alpha_{1+},0\}=\cos\theta>0\\&\max\{\cos\alpha_{2s},0\}=s_2(\varphi\sin\theta-\psi)\\&\max\{\cos\alpha_{3s},0\}=s_3\sin\theta=|\sin\theta|>0\end{aligned}\tag{7.212}$$

通过忽略二阶项，式（7.205）中的叉乘项可以表示为

$$\begin{gathered}\boldsymbol{a}_{1+}\times\boldsymbol{e}_v=\begin{bmatrix}0\\-a_{11}\sin\theta\\-a_{11}(\psi-\varphi\sin\theta)\end{bmatrix},\boldsymbol{a}_{2s}\times\boldsymbol{e}_v=\begin{bmatrix}s_2a_{22}\sin\theta\\-a_{21}\sin\theta\\-s_2a_{22}\cos\theta-a_{21}(\psi-\varphi\sin\theta)\end{bmatrix}\\ \boldsymbol{a}_{3s}\times\boldsymbol{e}_v=\begin{bmatrix}s_3a_{33}(\psi-\varphi\sin\theta)\\s_3a_{33}\cos\theta-a_{31}\sin\theta\\-a_{31}(\psi-\varphi\sin\theta)\end{bmatrix}\end{gathered}\tag{7.213}$$

上/下表面可以分为两对（称其为*分割布局*）。第一对包括区域 A_3 的顶面和底面，其压力中心沿 $\boldsymbol{b}_3$ 放置，这对应于式（7.207）中的 $a_{31}=0$。第二对在平面 $\{\boldsymbol{b}_1,\boldsymbol{b}_2\}$ 上，包括区域 A_w 的表面，式（7.207）中的坐标 $a_{33}=0$ 和 $a_{31}\neq0$ 描述了压心到质心的偏离。其后者的表面就像尾翼一样。通过使用简化符号 $\cos\theta=c_\theta$ 和 $\sin\theta=s_\theta$，以及式（7.208）中的面积公式，采用上/下表面的分割布局，可以得到式（7.205）中 $\boldsymbol{M}_a$ 的体坐标为

$$\begin{gathered}\boldsymbol{M}_a=F_a\begin{bmatrix}0\\b_a(\boldsymbol{\theta})s_\theta\\-b_a(\boldsymbol{\theta})(\varphi s_\theta-\psi)\end{bmatrix}=\begin{bmatrix}b_a(\boldsymbol{\theta})\\0\\0\end{bmatrix}\times(-F_ae_v)\\ b_a(\boldsymbol{\theta})=-(L-a_{11})c_\theta+(A_w/A_1)a_{31}|s_\theta|+(A_2/A_1)a_{21}s_2(\varphi s_\theta-\psi),\quad F_a=p_aC_DA_1\end{gathered}\tag{7.214}$$

式中：F_a 为区域 A_1 的前表面阻力大小；$b_a(\boldsymbol{\theta})$ 为沿 $\boldsymbol{b}_1$ 的压心横坐标。

1. 小角度稳定性

通过假设较小的俯仰角并忽略二阶项，式（7.214）可简化为

$$\boldsymbol{M}_a=F_a\begin{bmatrix}0\\-(L-a_{11})\theta\\-(L-a_{11})\psi\end{bmatrix}=\begin{bmatrix}-(L-a_{11})\\0\\0\end{bmatrix}\times\left(-F_a\begin{bmatrix}0\\-\psi\\\theta\end{bmatrix}\right)\tag{7.215}$$

其中，上/下表面不起作用，并且 $-(L-a_{11})$ 是压心轴向横坐标。

首先，将式（7.186）中的重力梯度俯仰动力学与滚转-偏航动力学解耦，从而研

究俯仰稳定性。从复数方程（7.186）开始，用实状态变量 θ 和 $w_2=\dot{\theta}$ 对其进行改写。通过假设 $J_3>J_1$，我们将重力梯度加速度 $3\omega_o^2(J_3-J_1)/J_2>0$ 添加到式（7.215）中的俯仰气动力加速度中。其结果为二阶线性时不变状态方程：

$$\begin{bmatrix}\dot{\theta}\\ \dot{w}_2\end{bmatrix}(t)=\begin{bmatrix}0 & 1\\ (3\omega_o^2(J_3-J_1)-F_a(L-a_{11}))/J_2 & 0\end{bmatrix}\begin{bmatrix}\theta\\ w_2\end{bmatrix}+\begin{bmatrix}0\\ 2\omega_0^2 e\sin\omega_0 t\end{bmatrix} \tag{7.216}$$

线性时不变临界稳定性要求：

$$L-a_{11}>3\omega_o^2(J_3-J_1)/F_a>0 \tag{7.217}$$

反过来又需要质心移动到压心前面，这是因为式（7.217）要求式（7.215）中的压心轴向横坐标 $-(L-a_{11})$ 为负，即 $-(L-a_{11})<0$。式（7.217）中的不等式可以称其为航天器被动气动力学稳定性条件。如果与航天器轴向长度 $2L$ 相比位移很小，那么可以通过在前面放置更多质量（修正质量）或从前表面伸出活动臂来实现质心移位。该设计应考虑到大气密度的不确定性及由于推进剂消耗引起的质量变化。

练习 23：

考虑式（7.29）中 GOCE 卫星的近似主惯量矩阵，以及 $L=2.6\text{m}$ 和 $F_a\cong 10\text{mN}$。GOCE 卫星在约为 $h=260\text{km}$ 的近极轨道上运行。计算式（7.217）中的质心前移量 $L-a_{11}$。

解：偏移量大约为

$$L-a_{11}>3\omega_o^2(J_3-J_1)/F_a\cong 1.15\text{m} \tag{7.218}$$

偏移量与 $2L=5.2\text{m}$ 相比是非常大的，这是因为巨大的惯量矩差 $J_3-J_1\cong 2500\text{kgm}^2$，而这是像 GOCE 这样的细长航天器所特有的。

一般而言，$J_3\cong J_1$ 有利于被动空气动力学稳定。回到式（7.217）中要求的质心偏移，存在一个现实问题，即零姿态平衡趋于不稳定，在 AOCS 失效的情况下，这个问题将会成为一个很严重的问题。当然，被动气动力学稳定性有利于 AOCS 性能的鲁棒性。在 AOCS 暂时失效的情况下，可以通过为航天器配备额外的表面（尾翼）来改善气动力学的稳定性，这至少可以确保稳定性离零平衡点不太远（我们使用了术语*大角度气动力学稳定性*）。

由于式（7.215）中的偏航气动力矩 $-F_a(L-a_{11})\psi$，因此需要修改式（7.196）中的滚转/偏航稳定性条件，此处就留给读者自行推导。

2. 大角度气动力学稳定性

再次关注于俯仰稳定性，在式（7.214）中给出了受 $\boldsymbol{M}_a$ 约束的完整欧拉方程，在式（4.56）中给出了受重力梯度力矩约束的欧拉方程。对于任意 θ 和小的滚转/偏航对，方程可以改写为

$$\begin{bmatrix}J_1\dot{\omega}_1\\ J_2\dot{\omega}_2\\ J_3\dot{\omega}_3\end{bmatrix}(t)=\begin{bmatrix}\omega_2\omega_3(J_2-J_3)\\ \omega_1\omega_3(J_3-J_1)\\ \omega_1\omega_2(J_1-J_2)\end{bmatrix}+3\frac{\mu}{r^3}\begin{bmatrix}-(J_2-J_3)c_\theta^2\varphi\\ (J_3-J_1)s_\theta c_\theta\\ (J_1-J_2)s_\theta c_\theta\varphi\end{bmatrix}+F_a\begin{bmatrix}0\\ b_a(\boldsymbol{\theta})s_\theta\\ -b_a(\boldsymbol{\theta})(\varphi s_\theta-\psi)\end{bmatrix} \tag{7.219}$$

其中，$b_a(\boldsymbol{\theta})$ 可以在式（7.214）中找到。321 姿态的运动学与 7.5.1 节类似，但用

LORF 坐标系替代了 LVLH 坐标系。请读者自行推导 LORF 坐标中的 LORF 角速度矢量 $\boldsymbol{\omega}_o=[\omega_{o1},\omega_{o2},\omega_{o3}]$。通过用 $R_o^i=[\boldsymbol{o}_1\ \boldsymbol{o}_2\ \boldsymbol{o}_3]$ 表示 LORF 到惯性系的变换，用 $\dot{R}_o^i=[\dot{\boldsymbol{o}}_1\dot{\boldsymbol{o}}_2\dot{\boldsymbol{o}}_3]$ 表示时间微分，并用与 7.5.1 节中相同的符号表示 $\boldsymbol{r},\boldsymbol{v},\boldsymbol{h}=\boldsymbol{r}\times\boldsymbol{v}$ 惯性坐标和大小，可以得出 $\boldsymbol{\omega}_o$ 的表达式为

$$\boldsymbol{\omega}_o=\begin{bmatrix}\omega_{o1}\\\omega_{o2}\\\omega_{o3}\end{bmatrix}=\begin{bmatrix}\boldsymbol{o}_3\cdot\dot{\boldsymbol{o}}_2\\-\boldsymbol{o}_3\cdot\dot{\boldsymbol{o}}_1\\-\boldsymbol{o}_1\cdot\dot{\boldsymbol{o}}_2\end{bmatrix}=\begin{bmatrix}\dfrac{\boldsymbol{v}_i\cdot\boldsymbol{r}_i}{h}\dfrac{\boldsymbol{h}_i\cdot\boldsymbol{v}_i}{hv}\\\dfrac{(\boldsymbol{h}_i\times\boldsymbol{v}_i)\cdot\dot{\boldsymbol{v}}_i}{hv^2}\\\dfrac{\boldsymbol{h}_i\cdot\dot{\boldsymbol{v}}_i}{hv}\end{bmatrix}\tag{7.220}$$

这里将质心加速度 $\dot{\boldsymbol{v}}_i$（下标 i 表示惯性坐标）代入了每个分量。假设其为开普勒轨道，可以得到等式 $\dot{\boldsymbol{v}}_i=-\mu\boldsymbol{r}_i/r^3$，即可将式（7.220）简化为

$$\omega_{o1}=\omega_{03}=0,\omega_{02}=\frac{h}{r^2}\frac{\mu}{v^2r}=\dot{\theta}_o\left(2-\frac{r}{a}\right)\tag{7.221}$$

其中，除圆轨道之外，$\omega_{o2}(\text{LORF})\neq\omega_{l2}(\text{LVLH})=\dot{\theta}_o$，这是因为当 $e>0$，有 $\mu\neq v^2r$。

将 $\omega_{l2}=\dot{\theta}_o$ 替换为 $\omega_{o2}\neq\dot{\theta}_o$，并假设小的滚转/偏航角，可以从 LVLH 方程（7.174）推导出下列运动方程。

$$\begin{bmatrix}\dot{\varphi}\\\dot{\theta}\\\dot{\psi}\end{bmatrix}=\frac{1}{c_\theta}\begin{bmatrix}c_\theta&0&s_\theta\\0&c_\theta&0\\0&0&1\end{bmatrix}\begin{bmatrix}\omega_1\\\omega_2\\\omega_3\end{bmatrix}+\frac{1}{c_\theta}\begin{bmatrix}-(\psi-\varphi s_\theta)\\-c_\theta\\-s_\theta\psi+\varphi\end{bmatrix}\omega_{02}\tag{7.222}$$

式（7.219）和式（7.222）的平衡点由下式给出：

$$\begin{aligned}&\underline{\omega}_1=\underline{\omega}_3=0,\underline{\omega}_2=\underline{\omega}_{2o}\\&\underline{\varphi}=\underline{\psi}=0\\&\tan|\underline{\theta}|=\frac{\left|3\dfrac{\mu}{r^3}(J_3-J_1)-F_a(L-a_{11})\right|}{F_a(A_w/A_1)|a_{31}|}\text{或}\sin\underline{\theta}=0\end{aligned}\tag{7.223}$$

令式（7.219）的第二行中 $\dot{\omega}_2=0$，$\underline{\varphi}=\underline{\psi}=0$，可以得出最后一行的等式。最后一行的等式提供了 3 个不同的平衡点。为简单起见，假设 $a_{11}=L$ 且 $J_3>J_1$，令 $\omega_o^2=\mu/r^3$ 并要求 $|\underline{\theta}|<\pi/4$，可以得到类似于式（7.217）和式（7.218）中新的不等式，但在 $J_3\gg J_1$ 和类 GOCE 参数的情况下更易于实现，即

$$\begin{aligned}&(A_w/A_1)|a_{31}|>\frac{3\omega_o^2(J_3-J_1)}{F_a}\approx1.15\text{m}\\&|a_{31}|<L=2.6\text{m}\end{aligned}\tag{7.224}$$

为了研究俯仰平衡稳定性，我们从式（7.219）和式（7.222）的第二行推导出相关的线性时不变摄动方程。为此，我们将四元组 $\{\varphi,\psi,\omega_1,\omega_3\}$ 替换为式（7.223）中的零平衡值，然后将 θ 绕 $\underline{\theta}$ 点展开到一阶。假定简化等式 $a_{11}=L$。摄动 $\delta\theta=\theta-\underline{\theta}$ 和 $\delta\omega_2=\omega_2-\omega_{o2}$ 的状态方程为

$$
\begin{aligned}
&\delta\,\dot{\theta}(t)=\delta\omega_2 \\
&J_2\delta\,\dot{\omega}_2=(3\omega_o^2(J_3-J_1)\cos(2\,\underline{\theta})+2F_{\mathrm{a}}(A_w/A_1)a_{31}\cos\underline{\theta}\,|\sin\underline{\theta}\,|)\delta\theta
\end{aligned}
\tag{7.225}
$$

对于式（7.223）中不同的平衡点（不稳定和临界稳定）及参数$-L\leqslant a_{31}\leqslant 0, A_w/A_1<1$和$|\underline{\theta}|\leqslant\pi/4$，式（7.225）的固有频率$\underline{\omega}$由以下表达式给出。

$$
\underline{\omega}=|3\omega_0^2(J_3-J_1)\cos(2\,\underline{\theta})+2F_{\mathrm{a}}(A_{iv}/A_1)a_{31}\cos\underline{\theta}\,|\sin\underline{\theta}\,\|^{1/2}\leqslant 2\mathrm{mrad/s} \tag{7.226}
$$

$f_{\partial H,\min}=(2\pi)^{-1}\underline{\omega}\cong 0.3\mathrm{mHz}$ 已在式（7.107）中给出。其临界稳定条件为

$$
a_{31}<-\frac{A_1}{A_w}\frac{3\omega_o^2(J_3-J_1)\cos(2\,\underline{\theta})}{2F_{\mathrm{a}}\cos\underline{\theta}\,|\sin\underline{\theta}\,|}=-a_{31,\max}(\underline{\theta})<0,\ |\underline{\theta}\,|<\pi/4 \tag{7.227}
$$

限于$J_3>J_1$情况下的细长航天器，有以下结论。

（1）当$\underline{\theta}=0$时，不稳定。

（2）当$0<|\underline{\theta}|<\pi/4$时，有趣的是，如果令式（7.225）中$a_{31}<-a_{31,\max}(\underline{\theta})<0$并且要求将小翼安装在$a_{31}<0$的航天器尾部，那么临界稳定。

（3）对于$|\underline{\theta}|<\pi/4$且$|\underline{\theta}|\to\pi/4$，当$a_{31}\to-\varepsilon$，$\varepsilon>0$，$\varepsilon$任意小时，线性时不变临界稳定。

3. 仿真

需要利用李雅普诺夫直接法来进行更完整的稳定性分析。先前的稳定性条件已通过仿真运行进行了检验（确认需要进行蒙特卡罗仿真）。式（7.219）和式（7.222）的仿真仅限于俯仰动力学。假设高度约为 260km 的近极轨道和式（7.29）中 GOCE 卫星的惯量矩阵。仿真了 AOCS 的两个阶段。在持续一天的第一阶段中，关闭 AOCS，航天器俯仰角θ围绕式（7.223）第三行给出的任意一个临界稳定的非零平衡点$\underline{\theta}\neq 0$有界振荡［参见图 7.3（a）］。在第二阶段中，开启 AOCS 并且θ变为零（实际上与星敏感器误差相反）。

为了实现$\underline{\theta}=\pm 0.5\mathrm{rad}$，选择式（7.223）中的航天器参数。航天器质心相对于其压心的距离$|\boldsymbol{a}|=|b(\underline{\boldsymbol{\theta}})|\cong 0.30\mathrm{m}$（位于质心之后），与文献［28］中的 GOCE 压心基本一致。在正常运行期间，GOCE 卫星并没有遇到类似情况。仿真的气动力学（卫星和环境）已经相当简化。由于$\underline{\theta}=0$是不稳定的，因此θ可能会从一个稳定的平衡点振荡到另一个稳定的平衡点，或者停留在单个平衡点附近，如图 7.3（a）所示。具体发生哪种行为在很大程度上是不可预测的，并且其结果取决于摄动力矩，但是仿真的振荡仍然有界。在粘性力矩$M_v=-m_v\omega_2$的阻尼作用下可以到达单个平衡点，该黏性力矩是实际存在的，但仿真中已被忽略。对于 GOCE 卫星，仿真中阻力F_{a}在轨道周期内是随时间变化的，这解释了图 7.10（在 AOCS 关闭阶段）中摄动力矩的不规则行为，因为周期性的F_{a}是非线性方程（7.219）的一个参数。AOCS 开启阶段的摄动力矩变得远远小于 1mNm，并且该力矩被主要由星敏感器噪声引起的指令力噪声掩盖。

俯仰姿态控制假定使用通用执行机构，即反作用飞轮，推进器或磁力矩器，因为在近极轨道上，俯仰磁力矩相当稳定。在 7.3.4 节（对于陀螺仪和姿态测量而言）和 7.3.5 节（仅对姿态测量而言）中已经解释并设计了状态预测器和控制律。式（7.105）中的俯仰指令力矩M_u的极限为$M_{u,\max}=4\mathrm{mN}$，数字指令由下式给出：

$$
u(i)=\mathrm{int}(M_u(i)/\rho_u),-N_u\leqslant u(i)<N_u \tag{7.228}
$$

其中，$N_u=2^{\mu_u-1}$是整数界限，$\mu_u=12$，$\rho_u=M_{u,\max}/N_u$。俯仰转动惯量J_{22}的值可以在式（7.29）中找到。

仿真结果如图 7.3 和图 7.10 所示。在 7.3.4 节和 7.3.5 节中已做了部分解释。图 7.10 显示了在 AOCS 关闭阶段 $t<84600$s 时，由于重力梯度和气动力学引起的总摄动力矩，以及在开启阶段刚启动时计算出的指令力矩和饱和指令力矩。计算得出的力矩峰值远高于图中的峰值。

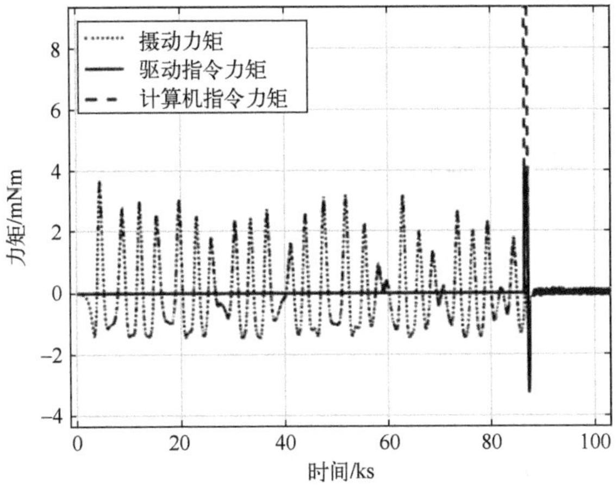

图 7.10　摄动力矩和控制力矩：虚线为非饱和的控制力矩计算值（线的顶部在图外）

7.6　简单的控制律

7.6.1　主动章动控制

1. 文献资料

绕短轴的回转稳定必须利用 ANC。实际上，任何旋转的卫星在与发射器分离之后都将开始自旋，其角速度 $\boldsymbol{\omega}$ 或多或少的与主轴未对准，无论是长轴还是短轴。未对准是造成式（7.151）中自旋主轴与惯性角动量 $\boldsymbol{H}$ 之间的章动角 ν 的原因（参见图 6.4）。如果旋转方向是沿着短主轴，如 7.4.6 节所示，在存在能量损耗的情况下该方向是不稳定的，需要通过施加制动力将章动角保持为零来使其稳定。如今，只要陀螺仪数据或粗姿态传感器数据（参见 12.5 节中的 CPM 阶段）可用，发射器分离阶段的初始自旋速率通常就会控制到接近于零。

在此我们遵循文献［36］的 ANC 设计（参见文献［29］）。反馈律使章动角为零，并通过方波**横向力矩**（与旋转轴正交）使短轴旋转稳定，该方波的符号与**横向角度**的符号相反。

在此我们假设为轴对称情况，并让受迫角加速度 $a=J_t^{-1}(M_1+\mathrm{j}M_2)$ 满足复数自治状态方程［式（7.143)］，即

$$\dot{\Omega}(t)=-\mathrm{j}\,\underline{\omega}_n\Omega+a(t),\Omega(0)=\Omega_0 \tag{7.229}$$

其中，$\underline{\omega}_n=(1-J_3/J_t)\underline{\omega}_3$ 为本体的章动率，自转轴为 $\boldsymbol{b}_3$，旋转速率为$\underline{\omega}_3$，并且 $J_3<J_t$。复数初始状态为 $\Omega_0=\omega_1(0)+\mathrm{j}0$，并且在时间间隔$[t_1,t_1+T_n)$内施加恒定的加速脉冲$\underline{a}=0+\mathrm{j}\,\underline{a}_2$。对于 $t\geqslant t_1+T_n$ 的自由全响应和受迫全响应可以很容易地得出。

$$\Omega(t)=\exp(-\mathrm{j}\,\underline{\omega}_n t)\left(\Omega_0+\underline{a}\int_{t_1}^{t_1+T_n}\exp(\mathrm{j}\,\underline{\omega}_n\tau)\,\mathrm{d}\tau\right)$$
$$=\exp(-\mathrm{j}\,\underline{\omega}_n t)\left(\omega_1(0)+\frac{\underline{a}_2}{\underline{\omega}_n}(\exp(\mathrm{j}\,\underline{\omega}_n(t_1+T_n))-\exp(\mathrm{j}\,\underline{\omega}_n t_1))\right) \tag{7.230}$$

经过一些变形后，可以发现横向角速度幅值 $|\Omega(t)|=\sqrt{\omega_1^2+\omega_2^2}, t\geqslant t_1+T_n$ 为

$$|\Omega(t)|^2=|\omega_1(0)|^2-4\omega_1(0)\frac{\underline{a}_2}{\underline{\omega}_n}\sin\left(\frac{\omega_n(2t_1+T_n)}{2}\right)\sin\left(\frac{\omega_n T_n}{2}\right)+2\left|\frac{\underline{a}_2}{\underline{\omega}_n}\right|^2(1-\cos(\underline{\omega}_n T_n)) \tag{7.231}$$

最后一个表达式转换为完全平方：

$$|\Omega(t)|^2=\left(\omega_1(0)-2\frac{\underline{a}_2}{\underline{\omega}_n}\right)^2, t\geqslant t_1+T_n \tag{7.232}$$

通过以下等式

$$T_n=\frac{\pi}{\underline{\omega}_n}, \sin\left(\frac{\omega_n(2t_1+T_n)}{2}\right)=1\Rightarrow t_1=2kT_n, k\geqslant 0 \tag{7.233}$$

确定了脉冲初始时间 t_1 和持续时间 T_n。此外，式（7.232）提供了用单脉冲将 $|\Omega(t)|$ 最小化为零的脉冲幅值，即

$$\underline{M}_2=J_t\,\underline{a}_2=J_t\,\underline{\omega}_n\frac{\omega_1(0)}{2}=(J_t-J_3)\underline{\omega}_3\frac{\omega_1(0)}{2} \tag{7.234}$$

如果假设 $\underline{M}_2$ 无界，那么在单脉冲施加期间，式（7.229）的全响应由下式给出。

$$\Omega(t)=\omega_1(t)+\mathrm{j}\omega_2(t)=(1+\cos(\underline{\omega}_n t))\frac{\underline{a}_2}{\underline{\omega}_n}-\mathrm{j}\sin(\underline{\omega}_n t)\frac{\underline{a}_2}{\underline{\omega}_n}, 0\leqslant t<T_n \tag{7.235}$$

由式（7.235）可知，脉冲的符号与 $\omega_2(t)$ 的符号相反，即

$$\mathrm{sgn}(\underline{a}_2)=-\mathrm{sgn}(\omega_2(t)), 0\leqslant t<T_n \tag{7.236}$$

式（7.236）是非线性反馈律，必须实时重复，从而产生一系列脉冲。实际上，由于指令力矩是有界的，即 $|\underline{M}_2|\leqslant M_{\max}\leqslant J_t|\underline{a}_2|$，因此需要以式（7.236）的符号重复脉冲，直到由 $\tan\nu=J_t|\Omega|(J_3|\omega_3|)^{-1}$ 给出的 $|\Omega(t)|$ 和相应的章动角达到预定阈值。在实践中，脉冲序列由反馈律[29]实现。

$$M_2(t)=-\mathrm{sgn}(M_{\max}F(\omega_2)) \tag{7.237}$$

式中：F 为在 $\underline{\omega}_n$ 上调谐的带通滤波器，以避免偏置和高频噪声；sgn(·)为符号函数。

2. 嵌入式模型控制设计

现在我们开始研究 ANC 的 EMC 方法，该方法基于 ω_1 或 ω_2 的单个横向角速度（下标已被删除）干扰动力学方程，以及离散时间系统可控：

$$\begin{bmatrix}\omega\\d\end{bmatrix}(i+1)=\begin{bmatrix}1&1\\0&1\end{bmatrix}\begin{bmatrix}\omega\\d\end{bmatrix}(i)+\begin{bmatrix}b\rho_u\\0\end{bmatrix}u(i)+\boldsymbol{w}(i)$$
$$\breve{\omega}(i)=\omega(i)+\tilde{\omega}_m(i) \tag{7.238}$$

其中，$d(i)$表示横向角速度（rad/s）、参数不确定性和其他摄动之间的交叉耦合项。更具体地讲，如果 $\omega=\omega_1, d(i)=\underline{\omega}_n T\omega_2(i)+\cdots$，其中 T 是离散时间方程的时间单位（不要与脉冲持续时间 T_n 混淆），并且如果 $\omega=\omega_2, d(i)=-\underline{\omega}_n T\omega_2(i)+\cdots$输出$\breve{\boldsymbol{\omega}}$是受误差$\tilde{\boldsymbol{\omega}}_m$影响的陀螺仪测量值，其中包括比例因子、偏置和随机误差。$M=\rho_u u$ 是控制力矩，即量化电平 ρ_u 和数字信号 $|u|\leqslant N_u=M_{\max}/\rho_u$ 的乘积。唯一的参数是 $b=T/J$，其中 $T=0.01\mathrm{s}$ 与表 6.1 中的陀螺仪采样时间 T_g 的时间单位一致。输入噪声 $\boldsymbol{w}$ 由静态反馈 $\boldsymbol{w}=L(\breve{\omega}-\omega)$ 估计。控制律是对式（7.237）的扩展，并包含一个干扰抑制项，即

$$u(i)=\mathrm{int}\left(-\frac{k_\omega\omega+d}{b\rho_u}\right), -N_u\leqslant u(i)<N_u \tag{7.239}$$

其中，int 表示取整，角速度 ω 和扰动 d 是 7.3.4 节中的角速度状态预测器的一步预测，但没有陀螺仪偏差预测和校正（假定没有姿态传感器可用）。文献［36］的脉冲波形和式（7.237）的反馈律由式（7.239）中的数字命令饱和实现。由于干扰抑制的存在，最终得到的方波 u 不是在 ω 的周期上调谐，而是在$-(k_\omega\omega+d)$的周期上调谐，其中 k_ω 是无量纲的离散时间反馈增益。

要设计的增益是向量 $\boldsymbol{L}(2\times1)$和标量 k_ω。通过要估计的干扰类别和测量噪声之间的权衡来调整 $\boldsymbol{L}$。增益 k_ω 设计准则是使推进剂消耗最小化。

3. 仿真结果

先前的控制算法已应用于式（7.161）中的能量耗散模型，其中，以下数据与文献［16］中的数据相近。

$$\begin{aligned}&J=\mathrm{diag}\{1700,2000,1000\}-\mathrm{d}J(t)\,\mathrm{kgm}^2, J_s=100\mathrm{kgm}^2, \beta_s=45\mathrm{Nms}\\&\boldsymbol{\omega}(0)=(1,-1,10)\,\mathrm{rad/s}\end{aligned} \tag{7.240}$$

式中：$\mathrm{d}J$ 为惯量矩阵的衰减规律，它在大约 300s 内使横向惯量矩相等；$\boldsymbol{\omega}(0)$为由短轴旋转速率$\underline{\omega}_3=10\mathrm{rad/s}$ 主导的初始角速度。陀螺仪数据与 6.6.1 节中的相同，但缩放系数 20 为保守值。假定不校准陀螺仪偏置。推力器组件建模为二阶动力学系统，其时间常数约为 25ms，采样时间为 50ms，峰值力矩$|M|\leqslant200\mathrm{Nm}$，量化电平 $\rho_u\cong0.4\mathrm{Nm}$，比冲$I_{sp}=200\mathrm{s}$（参见 9.2 节和 9.3 节）。如文献［36］所示，将 ANC 应用于第二轴。选择的反馈增益 $k_\omega=0.01$ 接近于图 7.12（b）中推进剂质量曲线的最小值 k_ω，但远离右侧项的发散值。图 7.12（b）中推进剂质量接近最小值时曲线的不规则性是由陀螺仪噪声引起的。减少这种不规则性的一种可能的方法是调整 L。

图 7.11（a）显示了开环短轴旋转方向的平稳衰减。第二个轴（具有最大的惯量）的角速度逼近渐近值 $\omega_{2\infty}\cong-5\mathrm{rad/s}$，而其他两个轴的角速度则衰减到零。$\omega_2$ 的渐近符号是不可预测的。例如，式（7.240）中的衰减定律 $\delta J(t)$的改变可以将平稳的自旋切换到相反的方向。图 7.11（b）显示了 EMC 控制器对短轴的稳定作用。稳定时间小于 30s，相比单纯的角速度反馈所要求的大约 40s（无干扰抑制，图中未示出）要少。图 7.12（a）显示了控制力矩的方波。

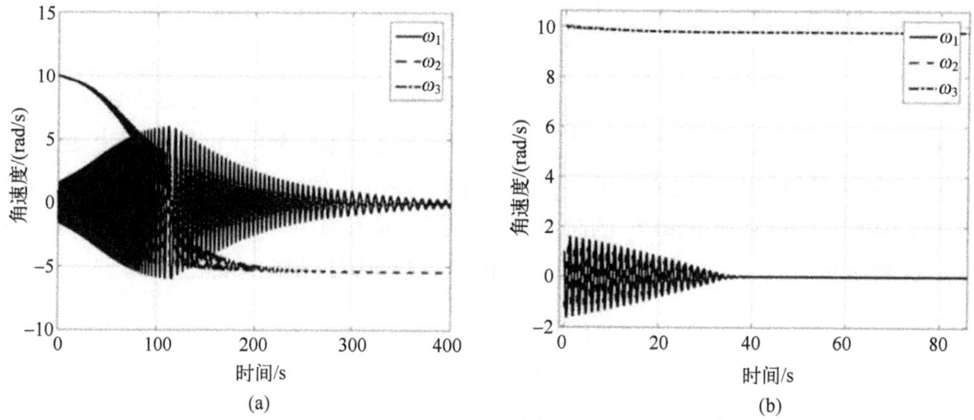

图 7.11　本体角速度分量

（a）平稳旋转；（b）主动章动控制（ANC）下的短轴稳定。

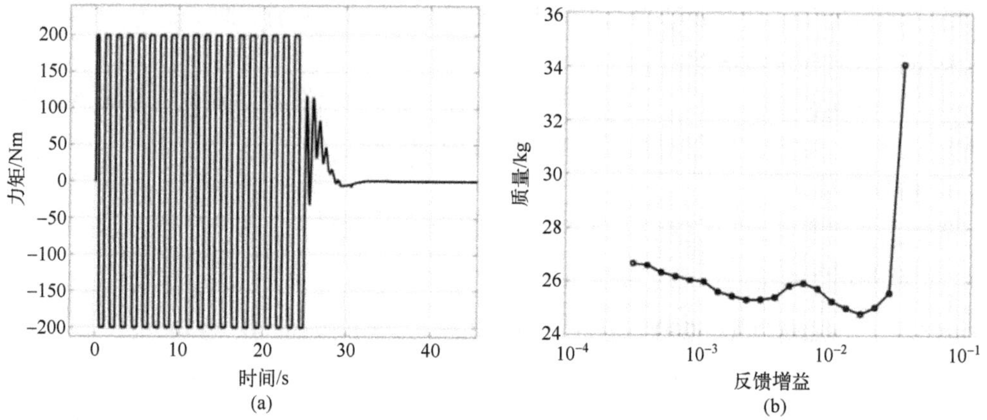

图 7.12　控制力矩的方波及推进剂质量与增益 k_ω 之间的关系

（a）控制力矩的方波；（b）推进剂质量与增益 k_ω 之间的关系。

7.6.2　航天器消旋

1. 状态方程

航天器消旋是在进入轨道后 AOCS 立即执行的任务之一，目的是将航天器角动量减小到最小程度（理想为零）。最可靠的方法是使用磁力矩器。磁力矩器会产生一个磁偶极子 $\boldsymbol{m}_u[Am^2]$，其与电磁场矢量 $\boldsymbol{B}[T=Vs/m^2]$ 耦合（在本体坐标中）以产生实际的控制力矩 $\boldsymbol{M}_u=\boldsymbol{m}_u\times\boldsymbol{B}$。不同于负责卫星消旋的控制力矩 $\boldsymbol{M}_c$，此力矩与 $\boldsymbol{B}$ 正交。在 4.6.2 节中出现的 $\boldsymbol{M}_u$ 和 $\boldsymbol{m}_u$ 具有表达式

$$\boldsymbol{M}_u=\Pi(\boldsymbol{b})\boldsymbol{M}_c=(I_3-\boldsymbol{b}\boldsymbol{b}^{\mathrm{T}})\boldsymbol{M}_c=(\boldsymbol{b}\times\boldsymbol{M}_c)\times\boldsymbol{b}=\boldsymbol{m}_u\times\boldsymbol{B} \tag{7.241}$$

并且

$$\boldsymbol{m}_u=\boldsymbol{b}\times\boldsymbol{M}_c/|\boldsymbol{B}|,\boldsymbol{b}=\boldsymbol{B}/|\boldsymbol{B}| \tag{7.242}$$

其中，$\Pi(\boldsymbol{b})$是投影矩阵。将式（7.241）代入到式（7.31）中，并分解 $\boldsymbol{M}=\boldsymbol{M}_u+\boldsymbol{M}_d$，联立可以得出姿态方程为

$$\dot{\mathrm{q}}=\frac{1}{2}\mathrm{q}\otimes\omega$$
$$J\,\dot{\boldsymbol{\omega}}=-\boldsymbol{\omega}\times J\boldsymbol{\omega}+\Pi(\boldsymbol{b}(\mathrm{q}))\boldsymbol{M}_c+\boldsymbol{M}_d \tag{7.243}$$

其中，$\boldsymbol{b}$ 对航天器四元数 q 的依赖性已经明确。四元数在（ECI）惯性坐标系 $\mathscr{I}=\{E,\boldsymbol{i}_1,\boldsymbol{i}_2,\boldsymbol{i}_3\}$ 中定义，$R_b^i(\mathrm{q})$ 表示本体坐标系到 ECI 的变换。

对于一般轨道，$\Pi(\boldsymbol{b})$ 由于 $\boldsymbol{b}$ 而随时间变化，并且作为投影矩阵是奇异的。因此式（7.243）在任何时间 t 都是不可控的，这意味着无法引导状态变量沿着任意的轨迹运动。幸运的是，在一个轨道周期 T_o（或在 3.5.2 节的轨道重复周期）内取得的 $\Pi(\boldsymbol{b})$ 的平均值是可逆的，但是，如文献［18］所示，这种情况只有在使航天器角速度的幅值 $|\boldsymbol{\omega}|$ 变小，大约为 $\omega_o=2\pi/T_o$ 时才会发生。在 4.6 节中我们假设本体坐标系和 LVLH 坐标系完全对齐（换句话说，假设 $|\boldsymbol{\omega}|=\omega_o$）计算了 $\Pi(\boldsymbol{b})$ 的平均 $\overline{\Pi}(\boldsymbol{b})$。

如文献［19］所述，不再使用本体坐标［也就是式（7.31）中的欧拉旋转方程］转而使用惯性坐标［式（7.11）中的牛顿旋转方程］，可以更好地进行 $\boldsymbol{M}_c$ 的综合设计和稳定性分析。为此，用 $\boldsymbol{\omega}_i$、$\boldsymbol{H}_i$ 和 $\boldsymbol{b}_i$ 分别表示角速度 $\boldsymbol{\omega}$、角动量 $\boldsymbol{H}$ 和 EMF 方向的惯性坐标 $\boldsymbol{b}_e=\boldsymbol{B}_e/|\boldsymbol{B}_e|$。利用式（7.27）可以通过 $\boldsymbol{J\omega}$ 计算 $\boldsymbol{H}_i$，即

$$\boldsymbol{H}_i=R_b^i(\mathrm{q})J\boldsymbol{\omega}=J_i(\mathrm{q})R_b^i(\mathrm{q})\boldsymbol{\omega}=J_i(\mathrm{q})\boldsymbol{\omega}_i \tag{7.244}$$

由于 $J_i(\mathrm{q})=R_b^i(\mathrm{q})JR_i^b(\mathrm{q})$ 是时变的，用 $\boldsymbol{H}_i$ 可以更好地将式（7.243）改写为

$$\dot{\mathrm{q}}=\frac{1}{2}\boldsymbol{\omega}_i\otimes\mathrm{q}=\frac{1}{2}J_i^{-1}\boldsymbol{H}_i\otimes\mathrm{q}$$
$$\dot{\boldsymbol{H}}_i=\boldsymbol{M}_i+\boldsymbol{D}_i=\Pi(\boldsymbol{b}_i)(R_b^i(\mathrm{q})\boldsymbol{M}_c+D_i)+(I-\Pi(\boldsymbol{b}_i))\boldsymbol{D}_i \tag{7.245}$$

其中，$\boldsymbol{M}_i=\Pi(\boldsymbol{b}_i)R_b^i(\mathrm{q})\boldsymbol{M}_c=R_b^i\boldsymbol{M}_u$ 是在惯性坐标系下表示的控制磁力矩，投影矩阵为 $\Pi(\boldsymbol{b}_i)=I_3-\boldsymbol{b}_i\boldsymbol{b}_i^{\mathrm{T}}$，四元数运动学已转换为式（6.76）的形式，而惯性扰动力矩 $\boldsymbol{D}_i=\boldsymbol{R}_b^i\boldsymbol{M}_d$ 已分解为两个正交分量。

2. 消旋控制律

将角动量归零的最简单控制律是角速度反馈和干扰抑制的组合 $\boldsymbol{M}_i=-K_i\boldsymbol{H}_i-\boldsymbol{D}_i$，其中 $K_i>0$(rad/s) 是正定矩阵。控制力矩 $\boldsymbol{M}_c$ 和磁偶极子 $\boldsymbol{m}_u$［参见式（7.241）和式（7.242）］由以下表达式给出。

$$\boldsymbol{M}_c=-R_i^b(K_iJ_i\boldsymbol{\omega}_i+\boldsymbol{D}_i)=-KJ\boldsymbol{\omega}-\boldsymbol{M}_d$$
$$\boldsymbol{m}_u=-\frac{\boldsymbol{b}\times(KJ\boldsymbol{\omega}+\boldsymbol{M}_d)}{|\boldsymbol{B}|} \tag{7.246}$$

其中，K 是一个正定矩阵，$K=R_i^b\cdot I\cdot R_b^i$。从而得出的闭环方程为

$$\dot{\boldsymbol{H}}_i=-\Pi(\boldsymbol{b}_i)K_i\boldsymbol{H}_i+(I-\Pi(\boldsymbol{b}_i))\boldsymbol{D}_i \tag{7.247}$$

其受与 EMF 方向一致的干扰力矩的影响。在此，我们假设 $(I-\Pi(\boldsymbol{b}_i))\boldsymbol{D}_i=0$，如文献［19］一样，证明式（7.247）是渐近稳定的。通常 $\boldsymbol{D}_i=\boldsymbol{D}_i(\mathrm{q},t)$ 是四元数 q 的函数，所以这将需要文献［18，27］中的 PD 反馈来实现 $(I-\Pi(\boldsymbol{b}_i))\boldsymbol{D}_i\neq 0$ 下的渐近稳定性。

为了证明仅有角速度反馈下的闭环渐近稳定性，我们使用李雅普诺夫函数 $V(t)=\boldsymbol{H}_i^{\mathrm{T}}\boldsymbol{H}_i$[19]，其导数为

$$\dot{V}(t)=\boldsymbol{H}_i^{\mathrm{T}}\dot{\boldsymbol{H}}_i=-\boldsymbol{H}_i^{\mathrm{T}}\Pi(\boldsymbol{b}_i)K_i\boldsymbol{H}_i \tag{7.248}$$

为了证明$\dot{V}(t)\leqslant 0$，用$\boldsymbol{B}_i\boldsymbol{a}_i$代替$\boldsymbol{H}_i$，其中坐标基矩阵$\boldsymbol{B}_i=[\boldsymbol{b}_i\quad \boldsymbol{c}_i\quad \boldsymbol{d}_i]$构造为正交基，即$\boldsymbol{B}_i\boldsymbol{B}_i^{\mathrm{T}}=I_3$，第一个基矢量$\boldsymbol{b}_i$沿 EMF 方向，并且$\boldsymbol{a}_i=[a_{i1},a_{i2},a_{i3}]$。将$\boldsymbol{H}_i$的新坐标代入到式（7.248）中，可得出

$$\dot{V}(t)=-a_{i2}^2\boldsymbol{c}_i^{\mathrm{T}}K_i\boldsymbol{c}_i-a_{i3}^2\boldsymbol{d}_i^{\mathrm{T}}K_i\boldsymbol{d}_i\leqslant 0 \tag{7.249}$$

对于任意$\boldsymbol{a}_i$，上式都是负半定的。

练习 24：

利用$\Pi(\boldsymbol{b}_i)=\boldsymbol{I}-\boldsymbol{b}_i\boldsymbol{b}_i^{\mathrm{T}}$来证明式（7.249）。

半定不等式$\dot{V}(t)\leqslant 0$仅证明$\boldsymbol{H}_i$和$\dot{\boldsymbol{H}}_i$是有界的，但不一定渐近收敛到零。为了证明渐近稳定性，我们有两种方法：①如文献［19］中那样，假设式（7.247）是一个周期性的状态空间方程，并应用 LaSalle 不变性原理[2,15]；②像文献［1］中那样应用 Barbalat 引理（参见 13.3.4 节）。按照后者，我们必须证明式（7.248）中$\dot{V}(t)$的时间导数$\mathrm{d}\dot{V}(t)/\mathrm{d}t$是一致连续的。如 13.3.4 节所述，可微函数时间导数的一致连续性的充分条件是这个可微函数的时间导数是有界的。该条件要求在式（7.248）中，$\dot{\Pi}(\boldsymbol{b}_i)$和$\dot{K}_i$是有界的。由于在有限的轨道重复过程中$\dot{\Pi}(\boldsymbol{b}_i)$是轨道和地球自转周期的近似周期函数，因此导数$\dot{\Pi}(\boldsymbol{b}_i)$有界。关于$\dot{K}_i$，通过假设$K=R_i^bK_iR_b^i$是常数，我们只要求$\dot{R}_i^b=R_i^b\omega_i=R_i^bJ_i^{-1}\boldsymbol{H}_i$有界，这是因为$R_i^bR_b^i=\boldsymbol{I}$，惯量矩阵$\boldsymbol{J}$是常数，而$\dot{\boldsymbol{H}}_i$是有界的。因此，Barbalat 引理适用，而$\lim\limits_{t\to 0}\dot{V}(t)=0$则意味着渐近收敛到零，即$\lim\limits_{t\to 0}\boldsymbol{H}_i(t)=0$。

3. B-dot 控制律

消旋定律方程（7.246）需要测量航天器的角速度。一个常用的替代方法是采用由星载磁力计测量得到的电磁场$\breve{\boldsymbol{B}}=\boldsymbol{B}+\widetilde{\boldsymbol{B}}$的时间导数。根据$\boldsymbol{B}=R_i^b\boldsymbol{B}_i$和式（6.12）中的$\dot{R}_i^b=-\omega\times R_i^b$，可以得出时间导数$\dot{\boldsymbol{B}}$为

$$\dot{\boldsymbol{B}}=\dot{R}_i^b\boldsymbol{B}_i+R_i^b\dot{\boldsymbol{B}}_i+\dot{\widetilde{\boldsymbol{B}}}=\boldsymbol{B}\times\boldsymbol{\omega}+\dot{\boldsymbol{B}}_d \tag{7.250}$$

其中，电磁场导数$R_i^b\dot{\boldsymbol{B}}_i$和测量误差导数$\dot{\widetilde{\boldsymbol{B}}}$包含在$\dot{\boldsymbol{B}}_d$中，B-dot 表征了控制律的构成。为了将式（7.250）应用于式（7.245），我们将$\dot{\boldsymbol{B}}$左乘增益矩阵$\boldsymbol{K}_\omega J$［Nms］，其中$\boldsymbol{K}_\omega$是以 rad / s 为单位的正定对角矩阵。控制磁偶极子采用以下表达式：

$$\boldsymbol{m}_u=-\boldsymbol{K}_\omega J\frac{\dot{\boldsymbol{B}}}{|\boldsymbol{B}|^2}=-\boldsymbol{K}_\omega J\frac{1}{|\boldsymbol{B}|}\left(\boldsymbol{b}\times\boldsymbol{\omega}+\frac{\dot{\boldsymbol{B}}_d}{|\boldsymbol{B}|}\right) \tag{7.251}$$

式（7.251）中的第一个等式为 B-dot 控制律。最后一步，将式（7.241）中的磁力矩$\boldsymbol{M}_u=\boldsymbol{m}_u\times\boldsymbol{B}$转换为$\boldsymbol{M}_i=R_b^i\boldsymbol{M}_u$，即

$$\begin{aligned}\boldsymbol{M}_i&=(R_b^i\boldsymbol{m}_u\times)\boldsymbol{B}_i=-K_\omega J_i(\boldsymbol{b}_i\times\boldsymbol{\omega}_i)\times\boldsymbol{b}_i-K_\omega J_i\frac{R_b^i\dot{\boldsymbol{B}}_d}{|\boldsymbol{B}|}\times\boldsymbol{b}_i\\&=-K_\omega J_i(I-\boldsymbol{b}_i\boldsymbol{b}_i^{\mathrm{T}})\boldsymbol{\omega}_i-K_\omega J_i\frac{R_b^i\dot{\boldsymbol{B}}_d}{|\boldsymbol{B}|}\times\boldsymbol{b}_i\end{aligned} \tag{7.252}$$

从式（7.245）中得出的闭环状态方程及 J 到 $J_i=R_b^iJR_i^b$ 的转换采用以下表达式：

$$\dot{\boldsymbol{H}}_i=-K_\omega J_i\Pi(\boldsymbol{b}_i)J_i^{-1}\boldsymbol{H}_i+\boldsymbol{D}_i-K_\omega J_i\frac{R_b^i\dot{\boldsymbol{B}}_d}{|\boldsymbol{B}|}\times\boldsymbol{b}_i \tag{7.253}$$

在文献［19］中，假设$(I-\Pi(\boldsymbol{b}_i))\boldsymbol{D}_i=0$ 和 $J=J_0I_3$，当 $K_\omega>0$ 时，式（7.253）被证明是渐近稳定的。

4. 反馈增益设计

当 $K_\omega>0$ 时，可以保证式（7.253）的渐近稳定性。问题是式（7.251）中是否存在 K_ω 值的最佳范围。解决这个问题的一种方法是利用非奇异的平均$\overline{\Pi}(\boldsymbol{b}_i)$，这已在 4.6.2 节中进行了计算。对此，有两种方法是可行的。

（1）通过周期系统 Floquet 理论[31]，但是由于 $J_i=R_b^i(\mathfrak{q}(t))JR_i^b(\mathfrak{q}(t))$，式（7.253）中的状态矩阵 $\boldsymbol{A}(t)=-k_\omega J_i\Pi(\boldsymbol{b}_i)J_i^{-1}$原则上是非周期性的。在先前的假设 $J=J_0I_3$ 下恢复了周期性，在这种情况下 $\boldsymbol{A}(t)=\boldsymbol{A}_0(t)=-K_\omega\Pi(\boldsymbol{b}_i)$。通过假设周期 $T=nT_o$ 是轨道周期 $T_o=2\pi/\omega_0$ 的整数倍，我们可以将式（13.57）应用于 $\boldsymbol{A}_0(t)$的转移矩阵 $\boldsymbol{\Phi}_0(T,0)=\exp(F_0T)$。

$$\sum_{k=1}^{3}\mu_{0k}=\mathrm{tr}\left(\frac{1}{T}\int_0^{\mathrm{T}}A_0(\tau)\mathrm{d}\tau\right)=\mathrm{trace}(K_\omega\,\overline{\Pi}(\boldsymbol{b}_i)) \tag{7.254}$$

其中，μ_{0k}是单值矩阵特征值 $\eta_{0k}=\exp(\mu_{0k}T),k=1,2,3$ 的特征指数。由于当 $K_\omega>0$ 时 $\boldsymbol{A}_0(t)$是渐近稳定的，因此有 $\mathrm{Re}\mu_{0k}<0$ 且 $|\exp(\mu_{0k}T)|<1$。式（7.254）将 K_ω 与 $\{\mu_{01},\mu_{02},\mu_{03}\}$ 中的未知项相关联。然而，除非像文献［19，27］中那样重复仿真运行，否则它们的量级大小都给不出。有趣的是 $\mathrm{tr}(\boldsymbol{A}(t))=\mathrm{tr}(\boldsymbol{A}_0(t))$，这意味着尽管 $\exp(F_0T)$ 是 $\boldsymbol{A}_0(t)$的单值矩阵，$\boldsymbol{A}(t)$仍可以替代式（7.254）中的 $\boldsymbol{A}_0(t)$。

（2）根据文献［18-19］中的平均理论（参见文献［13，17］）得来的。将 $K_\omega=\varepsilon\overline{K}_\omega$ 分解，其中 $\varepsilon>0$ 是角频率（rad/s），$\overline{K}_\omega$ 是一个无量纲的正定对角矩阵，我们将角动量归一化为 $\boldsymbol{h}_i=\boldsymbol{H}_i/\varepsilon(\mathrm{kgm}^2)$。$\varepsilon$ 的归一化是通过类比振荡器的角频率 ε 对其角速度 ω 的归一化 ω/ε 得来的。忽略对 $\mathfrak{q}$ 的依赖并假设 $\boldsymbol{D}_i=\omega_o^2\boldsymbol{d}_i(t)$，式（7.253）转换为

$$\dot{\boldsymbol{h}}_i=\varepsilon\left(-\overline{K}_\omega J_i\Pi(\boldsymbol{b}_i)J_i^{-1}\boldsymbol{h}_i+\frac{\omega_o^2}{\varepsilon^2}\boldsymbol{d}_i(t)-\overline{K}_\omega J_i\frac{R_b^i\dot{\boldsymbol{B}}_d}{|\boldsymbol{B}|}\times\boldsymbol{b}_i\right) \tag{7.255}$$

这是平均理论要求的形式，同时要求该导数有界。如果假定每个受迫项都是周期 $nT_o=2n\pi/\omega_0,n\geqslant1$ 的周期项，这可能会存在问题，因为 $J_i=R_b^i(\mathfrak{q}(t))JR_i^b(\mathfrak{q}(t))$可以写出平均方程。

$$\dot{\boldsymbol{h}}_i\cong\varepsilon\left(-\overline{K}_\omega \boldsymbol{J}\,\overline{\Pi}(i_m)\boldsymbol{J}^{-1}\,\overline{\boldsymbol{h}}_i+\frac{\omega_o^2}{\varepsilon^2}\overline{\boldsymbol{d}}_i\right) \tag{7.256}$$

其中，4.6.2 节中定义的矩阵$\overline{\Pi}(i_m)$是对角阵，如果 $\boldsymbol{J}$ 和 $\boldsymbol{J}^{-1}$是对角矩阵，那么 $\boldsymbol{J}$ 和 $\boldsymbol{J}^{-1}$ 彼此抵消，$\overline{d}_i$ 是 d_i 的平均值，并且由于式（7.250）中定义的$\dot{\boldsymbol{B}}_d$ 项，可以假定式（7.255）中的最后一项为零均值。由于$\overline{K}_\omega\,\overline{\Pi}(i_m)>0$，式（7.256）具有渐近稳定平衡点：

$$\underline{\overline{\boldsymbol{h}}}=-\frac{\omega_o^2}{\varepsilon^2}(\overline{K}_\omega\,\overline{\Pi}(i_m))^{-1}\overline{\boldsymbol{d}}_i \tag{7.257}$$

存在一个 $\varepsilon<\varepsilon_{\max}$，使得 $\boldsymbol{h}_i(t)=\bar{\boldsymbol{h}}_i(t)+o(\varepsilon)$ 和 $\boldsymbol{h}_i(t)$ 是周期性的。此外，通过假设 $\varepsilon=\omega_0$，将$\bar{K}_\omega$ 设计为 $|\underline{\bar{\boldsymbol{h}}}|\leqslant\bar{h}_{\max}$，其中$\bar{h}_{\max}$是式（7.257）左侧项的上限。但在 $d_i=0$ 的情况下，在文献［19］中可以找到类似的结论，也证明了 $\boldsymbol{h}_i(t)$ 与$\underline{\bar{\boldsymbol{h}}}$的收敛性。

此处没有给出仿真结果，但是在 12.5.5 节中将磁力矩用于降低航天器的飞行速度的方法作为类 GOCE 任务最早期的控制策略。在这种情况下，航天器的消旋将基于低精度地球太阳敏感器（CESS，请参见 8.8.3 节）提供的姿态测量值。

7.7 内部旋转质量的姿态动力学和控制

7.7.1 定轴飞轮：状态方程

图 7.13 显示了 m 个旋转的圆柱体（轮子或飞轮），其轴线理想状态下固定在航天器主体上。如果它们的角速度可以通过电动机的转矩进行调节，那么它们被称为惯量（或反作用）轮。在此，我们假设完全平衡（理想）的反作用轮。换句话说，①它们的质心位于旋转轴上；②旋转轴固定在航天器主体上，并且是旋转质量的主轴。不同于这些假设条件的情况将在 9.6 节中处理。

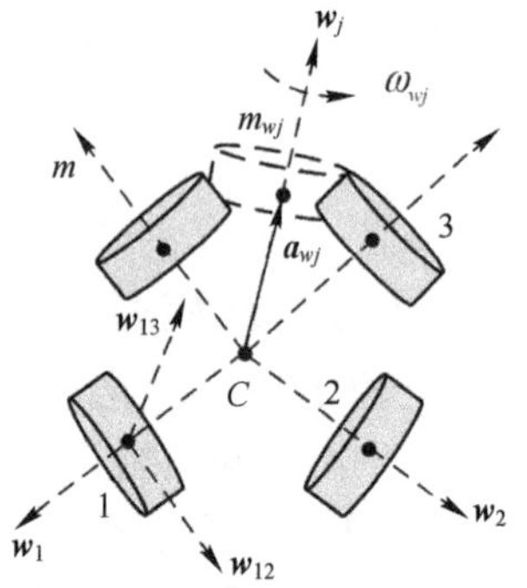

图 7.13　固定轴飞轮的几何示意图

用 $\boldsymbol{\omega}_j=\{W_j,\boldsymbol{w}_{j1}=\boldsymbol{w}_j,\boldsymbol{w}_{j2},\boldsymbol{w}_{j3}\}$ 表示通用飞轮 $j=1,2,\cdots,m$ 的参考系，其中 $\boldsymbol{w}_{j1}$ 是旋转轴，而 $\{\boldsymbol{w}_{j2},\boldsymbol{w}_{j3}\}$ 定义为横轴。假定此坐标系为主坐标系，并假设飞轮为轴对称的，且具有以下惯量矩阵。

$$
J_{wj}=\begin{bmatrix} J_{wjs} & 0 & 0 \\ 0 & J_{wjt} & 0 \\ 0 & 0 & J_{wjt} \end{bmatrix} \tag{7.258}
$$

通过假设飞轮为轴对称的，可以将横向轴 $\{\boldsymbol{w}_{j2},\boldsymbol{w}_{j3}\}$ 固定到航天器上（它们不绕 $\boldsymbol{w}_{j1}$ 旋转），因为与 $\boldsymbol{w}_{j1}$ 正交的任何一对轴都是主轴。

飞轮质量为 m_{wj}，飞轮质心位置矢量由 $\boldsymbol{a}_{wj}$ 表示，本体坐标以 $\boldsymbol{a}_{wj}$ 来表示。飞轮到航天器本体的变换用 $R_{wj}^b=[w_j \quad w_{j2} \quad w_{j3}]$ 表示。忽略寄生飞轮运动（请参见 9.6 节），只有绕自旋轴 $\boldsymbol{w}_j$ 的角旋转，角速度用 ω_{wj} 表示，并且体坐标中的角速度矢量如下。

$$
\boldsymbol{\omega}_{wj}=R_{wj}^b\begin{bmatrix} \omega_{wj} \\ 0 \\ 0 \end{bmatrix}=\boldsymbol{w}_j\omega_{wj} \tag{7.259}
$$

飞轮旋转轴的矩阵 W、旋转速度矢量 $\boldsymbol{\omega}_w$ 和质心矩阵 $\boldsymbol{A}_w$ 定义为

$$
\begin{aligned}
\boldsymbol{W} &= [\boldsymbol{w}_1 \quad \cdots \quad \boldsymbol{w}_j \quad \cdots \quad \boldsymbol{w}_m] \\
\boldsymbol{\omega}_w^{\mathrm{T}} &= [\omega_{w1} \quad \cdots \quad \omega_{wv} \quad \cdots \quad \omega_{wm}] \\
\boldsymbol{A}_w &= [a_{w1} \quad \cdots \quad \boldsymbol{a}_{wj} \quad \cdots \quad \boldsymbol{a}_{wm}]
\end{aligned} \tag{7.260}
$$

为了建立航天器和飞轮的角动量公式，我们区分了影响航天器惯量矩阵 J_s 和角动

量 $\boldsymbol{H}_s$（在体坐标系下）的飞轮非旋转质量，以及具有自身角动量 $\boldsymbol{H}_w$（在飞轮坐标系下）的飞轮旋转质量。

飞轮非旋转惯量，包括横向惯量矩和相对于航天器质心偏移的飞轮质量的贡献，由下式给出：

$$\begin{aligned} J_{nr,wj} &= R_{wj}^{b}\begin{bmatrix} 0 & 0 & 0 \\ 0 & J_{wjt} & 0 \\ 0 & 0 & J_{wjt} \end{bmatrix} R_{b}^{wj} + m_{wj}(\boldsymbol{a}_{wj}^{\mathrm{T}}\boldsymbol{a}_{wj}I_3 - \boldsymbol{a}_{wj}\boldsymbol{a}_{wj}^{\mathrm{T}}) \\ &= J_{wjt}(I_3 - \boldsymbol{w}_j\boldsymbol{w}_j^{\mathrm{T}}) + m_{wj}(\boldsymbol{a}_{wj}^{\mathrm{T}}\boldsymbol{a}_{wj}I_3 - \boldsymbol{a}_{wj}\boldsymbol{a}_{wj}^{\mathrm{T}}) \end{aligned} \tag{7.261}$$

这两个表达式中的第二项都是式（7.21）中惯量矩定义的应用。将总的飞轮非旋转惯量 $\sum_{j=1}^{m} J_{nr,\,wj}$ 与航天器惯量矩阵 J_b 相加，可以得出整个航天器的非旋转质量惯量矩阵 J_s 和相关的角动量 $\boldsymbol{H}_s$，即

$$J_s = J_b + \sum_{j=1}^{m}(J_{wjt}(I_3 - \boldsymbol{w}_j\boldsymbol{w}_j^{\mathrm{T}}) + m_{wj}(\boldsymbol{a}_{wj}^{\mathrm{T}}\boldsymbol{a}_{wj}I_3 - \boldsymbol{a}_{wj}\boldsymbol{a}_{wj}^{\mathrm{T}})), \boldsymbol{H}_s = J_s\boldsymbol{\omega} \tag{7.262}$$

其中，$\boldsymbol{\omega}$ 是在本体坐标系中表示的航天器角速度。

练习 25：

在横向惯量矩和质量相同的情况下，用式（7.260）中的矩阵求出式（7.262）的简洁表达式 $J_{wjt}=J_{wt}, m_{wj}=m_w, j=1,2,\cdots,m$。

第 j 个飞轮旋转质量的角动量 $\boldsymbol{H}_{wj}$ 仅在沿 $\boldsymbol{w}_j$ 方向具有分量 H_{wj}，且有

$$H_{wj} = J_{wjs}\omega_{wj} + \boldsymbol{w}_j^{\mathrm{T}}\boldsymbol{\omega} \tag{7.263}$$

1. 飞轮组件动力学

飞轮组件角动量 $\dim\boldsymbol{H}_w = m$ 的向量 $\boldsymbol{H}_w = [H_{w1}, \cdots, H_{wm}]$ 可以用如下简洁形式表示。

$$\boldsymbol{H}_w = J_{ws}(\boldsymbol{\omega}_w + W^{\mathrm{T}}\boldsymbol{\omega}), \quad J_{us} = \mathrm{diag}\{J_{w1s}, \cdots, J_{wms}\} \tag{7.264}$$

飞轮组件旋转质量的欧拉方程非常简单，因为在式（7.261）中假设横向惯量矩相同的情况下，不存在回转力矩，其写法为

$$J_{ws}(\dot{\boldsymbol{\omega}}_w + W^{\mathrm{T}}\dot{\boldsymbol{\omega}}) = \boldsymbol{M}_w(V) + \boldsymbol{D}_w(\boldsymbol{\omega}_w, t) \tag{7.265}$$

在式（7.265）中，$\boldsymbol{M}_w$ 是电动机控制力矩 $M_{wj}, j=1,2,\cdots,m$ 的矢量。每个力矩都由供电电压 V_j 驱动，而供电电压 V_j 是矢量 $\boldsymbol{V}$ 的一个分量。此外，$\boldsymbol{D}_w$ 是由于机械不平衡（请参见 9.6 节）、摩擦和控制力矩噪声引起的内部干扰力矩矢量。

2. 航天器动力学

航天器的欧拉旋转方程必须同时考虑非旋转质量和旋转质量，这些质量包含在以下总角动量（在本体坐标系下表示）中。

$$\boldsymbol{H} = \boldsymbol{H}_s + W\boldsymbol{H}_w = J_s\boldsymbol{\omega} + WJ_{us}(\boldsymbol{\omega}_w + W^{\mathrm{T}}\boldsymbol{\omega}) = J\boldsymbol{\omega} + WJ_{ws}\boldsymbol{\omega}_w \tag{7.266}$$

其中，$J=J_s+WJ_{ws}W^{\mathrm{T}}$ 是旋转质量和非旋转质量的总惯量矩阵。将 $\boldsymbol{M}$ 分解为直接作用于整个航天器的控制力矩 $\boldsymbol{M}_u = [M_{u1}, M_{u2}, M_{u3}]$ 和环境及内部扰动 $\boldsymbol{M}_d$ 后，可以很容易地从式（7.31）中推导出欧拉旋转方程。

$$J\dot{\boldsymbol{\omega}} + WJ_{ws}\dot{\boldsymbol{\omega}}_w = -\boldsymbol{\omega}\times\boldsymbol{H} + \boldsymbol{M}_u + \boldsymbol{M}_d \tag{7.267}$$

利用式（7.265）和式（7.267），可以得出总体状态方程为

$$\begin{bmatrix} J & WJ_{ws} \\ J_{ws}W^{\mathrm{T}} & J_{ws} \end{bmatrix}\begin{bmatrix} \dot{\boldsymbol{\omega}} \\ \dot{\boldsymbol{\omega}}_w \end{bmatrix}=\begin{bmatrix} -\boldsymbol{\omega}\times\boldsymbol{H} \\ 0 \end{bmatrix}+\begin{bmatrix} \boldsymbol{M}_u \\ \boldsymbol{M}_w \end{bmatrix}+\begin{bmatrix} \boldsymbol{M}_d \\ \boldsymbol{D}_w \end{bmatrix} \tag{7.268}$$

其阶数（状态维数）为总角速度矢量的大小 $n=3+m$。式（7.268）与 4.7.2 节中对于挠性附件和液体晃动的式（4.143）和式（7.161）的类型相同。通过对左侧矩阵求逆，可以将式（7.268）转换为标准型。

练习 26：

找到式（7.268）左侧矩阵可逆的条件。

7.7.2 理想角动量控制

式（7.268）与式（4.143）具有相同的类型，但是存在本质的区别。4.7.2 节中的固定质量块和可移动质量块的角动量只能由施加在航天器上的力矩 $\boldsymbol{M}_u$ 来控制。换句话说，不能将直接控制力矩施加到挠性附件来衰减其振动。这里可以使用两个控制力矩，即 $\boldsymbol{M}_u$ 和 $\boldsymbol{M}_w$，它们可以合成调节非旋转和旋转质量的角动量。但是，如何分配这两个指令力矩并不能直接从式（7.268）中看出。文献［32］中有关于不同控制策略的理论基础和讨论。我们部分遵循他们的方法。假设最小的飞轮组件维数为 $m=3$，有线性独立的自旋轴，这意味着 $\boldsymbol{W}$ 是一个方阵且可逆。

1. 动量传递

例如，式（7.11），在惯性系中改写式（7.268），可以更好地理解反作用轮力矩 $\boldsymbol{M}_w$ 和控制力矩 $\boldsymbol{M}_u$ 的控制策略。此外，我们忽略了飞轮组件扰动 D_w，并将总角动量 $\boldsymbol{H}$［省略了式（7.11）中的下标 c］写为 $\boldsymbol{H}_s$（非旋转质量）和 $\boldsymbol{H}_w$（旋转质量）的总和。

$$\dot{\boldsymbol{H}}=\dot{\boldsymbol{H}}_s+\dot{\boldsymbol{H}}_w=\boldsymbol{M}_u+\boldsymbol{M}_d=\boldsymbol{M},\quad \dot{\boldsymbol{H}}_w=\boldsymbol{M}_w \tag{7.269}$$

假设扰动力矩 $\boldsymbol{M}_d(t)=\boldsymbol{M}_{d0}+\boldsymbol{M}_{d1}\sin\omega_1 t$ 是有界的并且具有非零平均值 $M_{d0}\neq 0$。在式（7.269）中$\boldsymbol{M}_u=0$ 的情况下，由总响应可知，总角动量 $\boldsymbol{H}$ 发散：

$$\boldsymbol{H}(t)=\boldsymbol{H}(0)+\boldsymbol{M}_{d0}t+\boldsymbol{M}_{d1}(1-\cos\omega_1 t)/\omega_1 \tag{7.270}$$

其中，$\boldsymbol{H}(0)=\boldsymbol{H}_s(0)+\boldsymbol{H}_w(0)$ 是无力矩动量，可以假定其等于参考动量。如果通过 $\boldsymbol{M}_w(t)=\boldsymbol{M}_{d0}$ 将发散分量传递到飞轮组件，那么$\dot{\boldsymbol{H}}_w$ 可以精确地抵消式（7.269）中的 $\boldsymbol{M}_{d0}$，并且 $\boldsymbol{H}_s(t)=\boldsymbol{H}_s(0)+\boldsymbol{M}_{d1}(1-\cos\omega_1 t)/\omega_1$ 仍然有界。作为代价，$H_w(t)=H_w(0)+\boldsymbol{M}_{d0}t$ 发散并且必须以某种方式卸载（被迫保持有界）（飞轮卸载策略称为动量管理）。通过将整个 $\boldsymbol{M}_d$ 传递到飞轮，$\boldsymbol{H}_s(t)=\boldsymbol{H}_s(0)$保持不变。

通常，动量传递和姿态/角速度稳定可以通过以下控制策略获得

$$\dot{\boldsymbol{H}}_w(t)=\boldsymbol{M}_w(t)=-\boldsymbol{M}_s(\mathfrak{q},\boldsymbol{\omega})+\boldsymbol{M}_u+\boldsymbol{M}_d \tag{7.271}$$

其中，$\boldsymbol{M}_s$（$\mathfrak{q}$，$\boldsymbol{\omega}$）是稳定反馈律，其会使$\lim_{t\to\infty}\boldsymbol{H}_s(t)=\boldsymbol{H}_s(0)$且$\lim_{t\to\infty}\mathfrak{q}(t)=[\pm1,0]$。如上所述，所有多余的动量都转移到了飞轮组件上，这需要适当的动量管理。

练习 27：

有这样一个航天器，它的轨道为圆轨道且轨道角速度为 $\boldsymbol{\omega}_o=\omega_o\boldsymbol{l}_2$，其主轴最初与 LVLH 坐标系 $\mathcal{L}=\{C,\boldsymbol{l}_1,\boldsymbol{l}_2,\boldsymbol{l}_3\}$ 对齐，其中 $\boldsymbol{l}_1$ 是水平轴，$\boldsymbol{l}_3$ 是指向天顶的垂直轴，两个轴

都位于轨道平面内。非旋转质量的对角惯量矩阵为 $\boldsymbol{J}_s=\mathrm{diag}(J_1,J_2,J_3)$。假设在航天器上安装了 $m=3$ 个反作用飞轮。它们的旋转轴与主体坐标系对齐，因此最初与 LVLH 坐标系对齐。它们的轴向惯量矩为 $\{J_{ws},J_{ws},J_{ws}\}$，并且其角速度矢量（在本体坐标系下表示）为 $\boldsymbol{\omega}_w=[\omega_{w1},\omega_{w2},\omega_{w3}]$。横向惯量矩包含在航天器惯量矩阵 $\boldsymbol{J}_s$ 中。根据式（7.269），航天器和反作用轮组件的无力矩方程分别为 $\dot{\boldsymbol{H}}_s+\dot{\boldsymbol{H}}_w=0$ 和 $\dot{\boldsymbol{H}}_w=0$。找出 $\boldsymbol{\omega}_w$，使得对于 $t\geqslant 0$，总角动量为 $\boldsymbol{H}(t)=\boldsymbol{H}_s+\boldsymbol{H}_w=J_2\omega_o\boldsymbol{l}_2$。证明在 LVLH 坐标系中，当且仅当飞轮角动量 $\boldsymbol{H}_w$ 等于如下所示公式时，在 $t\geqslant 0$ 的滚转/偏航恒定扰动 $\boldsymbol{H}_s(0)=J_2\omega_o\boldsymbol{l}_2$ 的作用下，航天器角动量可以保持在初始值。

$$\omega_o\boldsymbol{H}_w(t)=(M_{d1}s-M_{d3}(1-c))\boldsymbol{l}_1+(M_{d1}(1-c)+M_{d3}s)\boldsymbol{l}_3 \tag{7.272}$$

其中，$s=\sin(\omega_o t)$，$c=\cos(\omega_o t)$。

2. 飞轮角动量管理

如果我们可以利用 $\boldsymbol{M}_u$ 来消除 $\boldsymbol{M}_d$，那么利用式（7.271）可以将式（7.269）式简化为微分方程。

$$\dot{\boldsymbol{H}}_s(t)=-\dot{\boldsymbol{H}}_w(t)=\boldsymbol{M}_s(\mathfrak{q},\boldsymbol{\omega}) \tag{7.273}$$

此外，由于右侧项是稳定的反馈律，因此可以证明 $\lim\limits_{t\to\infty}\boldsymbol{H}_s(t)=\boldsymbol{H}_s(0)$ 和 $\lim\limits_{t\to\infty}\boldsymbol{H}_w(t)=\boldsymbol{H}_w(0)$。

然而，$\boldsymbol{M}_u(t)=-\boldsymbol{M}_d(t)$ 通常是不切实际的，特别是当 $\boldsymbol{M}_u$ 是由磁力矩器驱动的（参见 9.7 节）。在这种情况下，转为在惯性坐标系下表示，可以写出等式：

$$\boldsymbol{M}_{ui}(t)=\Pi(\boldsymbol{b}_i)\boldsymbol{M}_{ci}(t) \tag{7.274}$$

如式（7.245）中那样，只有其平均值是可逆的（参见 4.6.2 和 7.6.2 节），$\Pi(\boldsymbol{b}_i)=I-\boldsymbol{b}_i\boldsymbol{b}_i^{\mathrm{T}}$ 才是近似周期性的投影矩阵，$\boldsymbol{b}_i$ 是电磁场方向，而 $\boldsymbol{M}_{ci}$ 不同于 $\boldsymbol{M}_{ui}$，是要设计的控制力矩。

现在，可以在惯性坐标下改写式（7.271），即

$$\dot{\boldsymbol{H}}_{wi}(t)=\Pi(\boldsymbol{b}_i)\boldsymbol{M}_{ci}+\boldsymbol{D}_i \tag{7.275}$$

其中，$\boldsymbol{D}_i$ 代表 $\boldsymbol{D}=-\boldsymbol{M}_s(\mathfrak{q},\boldsymbol{\omega})+\boldsymbol{M}_d$ 的惯性坐标。$\boldsymbol{H}_{wi}$ 关于参考动量 $\boldsymbol{H}_{wr}$ 的稳定性通过以下控制律得以保证，该定律类似于式（7.246）。

$$\boldsymbol{M}_{ci}(t)=-K_h\widetilde{\boldsymbol{H}}_{wi}(t)-\boldsymbol{D}_i(t) \tag{7.276}$$

其中，$\widetilde{\boldsymbol{H}}_{wi}=\boldsymbol{H}_{wi}-\boldsymbol{H}_{wr}$ 是相对于参考动量 $\boldsymbol{H}_{wr}$ 的跟踪误差，$K_h=\varepsilon\overline{K}_h>0$ 是反馈增益，它是归一化角速率 $\varepsilon>0(\mathrm{rad/s})$ 和式（7.255）中无量纲正定对角矩阵 $\overline{K}_h$ 的乘积。利用归一化跟踪误差 $\widetilde{\boldsymbol{h}}_i=\widetilde{\boldsymbol{H}}_{wi}/\varepsilon$ 和扰动 $\boldsymbol{d}_i=\boldsymbol{D}_i/\omega_o^2$ 的定义，我们能够根据式（7.255）的形式写出式（7.275）和（式 7.276）的闭环组合。

$$\dot{\widetilde{\boldsymbol{h}}}_i(t)=\boldsymbol{\varepsilon}\left(-\overline{K}_h\Pi(\boldsymbol{b}_i)\widetilde{\boldsymbol{h}}_i+\frac{\boldsymbol{\omega}_o^2}{\boldsymbol{\varepsilon}^2}(I-\Pi(\boldsymbol{b}_i))\boldsymbol{d}_i\right) \tag{7.277}$$

与文献［18-19］中一样，这是平均理论（参见文献［13，17］）所要求的形式。

如果式（7.277）中的每个受迫项都是周期性的，其周期为 $T_o=2\pi/\omega_o$，那么可以写出以下平均方程。

$$\dot{\overline{\widetilde{\boldsymbol{h}}}}_i(t)=\varepsilon\left(-\overline{K}_h\,\overline{\Pi}(i_m)\overline{\widetilde{\boldsymbol{h}}}_i+\frac{\boldsymbol{\omega}_o^2}{\boldsymbol{\varepsilon}^2}\overline{\boldsymbol{p}}_i\right) \tag{7.278}$$

其中，在 4.6.2 节中定义的$\overline{\Pi}(i_m)$是对角矩阵，$\widetilde{\overline{\boldsymbol{h}}}_i$ 是平均跟踪误差，而$\overline{\boldsymbol{p}}_i$ 是$(I-\Pi(\boldsymbol{b}_i))\boldsymbol{d}_i$ 的平均常值。如 7.6.2 节所述，由于式（7.273）和式（7.275），$\boldsymbol{D}_i=\boldsymbol{D}_i(\mathfrak{q},\boldsymbol{\omega})$是姿态四元数和角速度的函数。式（7.271）保证了其稳定，因此可以假设$(I-\Pi(\boldsymbol{b}_i))\boldsymbol{d}_i$ 的平均值趋向于$\overline{\boldsymbol{p}}_i$，而$\lim\limits_{t\to\infty}\boldsymbol{H}_s(t)=\boldsymbol{H}_s(0)$，$\lim_{t\to\infty}\mathfrak{q}(t)=[\pm1,0]$。

此外，由于$\overline{K}_h\,\overline{\Pi}(i_m)>0$，式（7.278）中的平均跟踪误差$\widetilde{\overline{\boldsymbol{h}}}_i$ 具有渐近稳定平衡点，即

$$\overline{\boldsymbol{h}}_i=-\frac{\omega_o^2}{\varepsilon^2}(\overline{K}_h\,\overline{\Pi}(i_m))^{-1}\overline{\boldsymbol{p}}_i \tag{7.279}$$

存在 $\varepsilon<\varepsilon_{\max}$，使得$\widetilde{\boldsymbol{h}}_i(t)=\widetilde{\overline{\boldsymbol{h}}}_i(t)+o(\varepsilon)$和$\widetilde{\boldsymbol{h}}_i(t)$是周期性的。此外，如果$\overline{\boldsymbol{p}}_i=0$，那么平均平衡点为零，$\widetilde{\boldsymbol{H}}_{wi}=\varepsilon\,\widetilde{\boldsymbol{h}}_i$ 在零平衡点附近波动，而 $\boldsymbol{H}_{wi}(t)$在参考恒定动量 $\boldsymbol{H}_{wr}$附近波动，参考动量 $\boldsymbol{H}_{wr}$已经在式（7.276）中定义。

飞轮角动量管理听起来有些奇怪，如果将反作用轮组件比作车体与轮胎之间的地面车辆悬架，那么反作用轮上 $\boldsymbol{M}_u$ 的驱动权限与轮胎上的重力驱动权限平行，该重力驱动权限是唯一的外部垂直力。换句话说，悬架将负责保证车身的舒适性，而不是保持与道路的相互作用。当然，车轮会受到悬架力的作用，就像对抓地力的干扰一样，主要区别在于要调节的变量：地面车辆调节瞬时抓地力，反作用轮调节驱动力矩的积分（角动量）保持在其自身范围内。

7.7.3 角动量控制的实现与设计

前述控制策略的实施要求通过交换驱动力矩（称其为指令互换）来改写式(7.268)（在本体坐标系下）。$\boldsymbol{M}_w$ 必须控制非旋转质量，驱动它们跟踪参考姿态和参考角速度。$\boldsymbol{M}_u$ 必须控制飞轮角动量 $\boldsymbol{H}_w$ 为恒定参考值 $\boldsymbol{H}_{wr}$。为此，影响非旋转质量的总干扰力矩 $\boldsymbol{D}_s$ 必须定义为

$$\boldsymbol{D}_s=\boldsymbol{M}_d+\boldsymbol{M}_u-W\boldsymbol{D}_w \tag{7.280}$$

在此我们假设 $\dim W=3\times3$ 且 $\mathrm{rank}\,W=3$。结合式（7.44）中的四元数运动学，从式(7.268) 可以得出总体设计方程（不包括磁力矩器和电动机动力学）：

$$\begin{gathered}\dot{\mathfrak{q}}(t)=\frac{1}{2}\mathfrak{q}(t)\otimes\boldsymbol{\omega}(t),\ \mathfrak{q}^{\mathrm{T}}\mathfrak{q}=1\\ \begin{bmatrix}J_s\dot{\boldsymbol{\omega}}\\ \dot{\boldsymbol{H}}_{iv}\end{bmatrix}(t)=\begin{bmatrix}-W & 0\\ I & W^{-1}\end{bmatrix}\begin{bmatrix}\boldsymbol{M}_w\\ \boldsymbol{M}_u\end{bmatrix}+\begin{bmatrix}-\boldsymbol{\omega}\times(J_s\boldsymbol{\omega}+W\boldsymbol{H}_{iv})\\ 0\end{bmatrix}+\begin{bmatrix}I & 0\\ -W^{-1} & W^{-1}\end{bmatrix}\begin{bmatrix}\boldsymbol{D}_s\\ \boldsymbol{M}_d\end{bmatrix}\end{gathered} \tag{7.281}$$

练习 28：

用$\dot{\boldsymbol{H}}_w$ 改写式（7.268），并证明式（7.281）。

图 7.14 显示了式（7.281）中航天器和飞轮组件的转换动力学模型。如 13.6.1 节所述，该模型被称为设计模型，因为它主要用于控制设计和驱动力数值仿真的实现。如图 7.18所示，设计模型（嵌入式模型）的离散时间复制品在控制单元的核心中实现。嵌入式模型与设计模型不同，区别在于通过扰动动力学实现的因果不确定性（假定的随机源）。航天器动力学和飞轮组件动力学通过反作用力矩相互联系，而反作用力矩起着扰动

的作用，无论反作用力矩是部分已知的还是待预测的。该框图仅假设了 7.3.5 节中的姿态传感器（用于非旋转质量控制），角速度传感器和三维磁力计（用于旋转质量控制）。

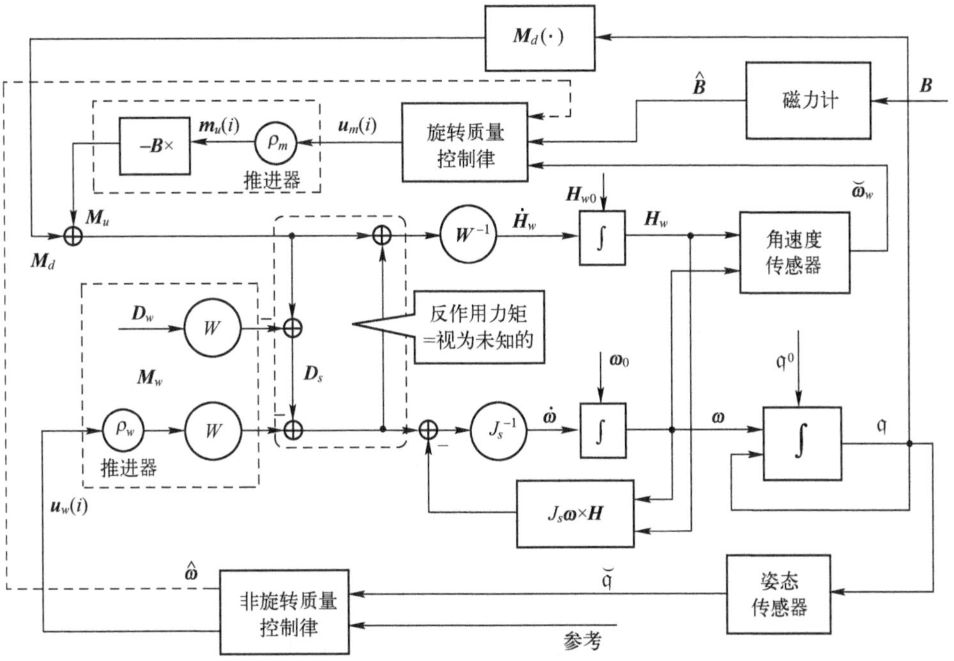

图 7.14　航天器和飞轮组件设计模型（不包括执行机构动力学）框图

原则上，当可以像相关状态预测器的未知扰动分量一样消除交叉耦合力矩时，EMC 方法不要求完全消除交叉耦合力矩，如以 $\omega\times \boldsymbol{W}\boldsymbol{H}_w$ 和 $\boldsymbol{M}_w$ 表示的飞轮组件陀螺力矩。仅当状态预测器带宽足够宽时，才能将交叉耦合力矩视为未知。接下来的目标是计算此带宽适当的下限［参见式（7.289）］。如果能够将此类力矩视为未知力矩，那么除了建立 $\boldsymbol{H}_w$ 所需的航天器速度 $\boldsymbol{\omega}$，还可以将非旋转质量和旋转质量的控制律解耦。

除了用 ω 替换 ω_d+b，非旋转质量的控制律还与式（7.105）相同。扰动被视为未知扰动（并由状态向量 $\boldsymbol{x}_d$ 的扰动动力学描述）。根据式（7.52），离散时间的矢量形式公式为

$$\begin{aligned}&\boldsymbol{u}_w(i)=\mathrm{int}(\boldsymbol{M}_w(i)/\rho_w),-\boldsymbol{N}_w\leqslant \boldsymbol{u}_w(i)<\boldsymbol{N}_w\\&-\boldsymbol{M}_w(i)=W^{-1}(\boldsymbol{M}_r-J_s(K_q\mathrm{sgn}(\widetilde{q}_{r0})\widetilde{\boldsymbol{q}}_r+K_\omega\widetilde{\boldsymbol{\omega}}_r+\boldsymbol{x}_d))\end{aligned}\tag{7.282}$$

其中，$\boldsymbol{M}_r$ 是参考力矩，扰动力矩 $-J_s^{-1}\boldsymbol{\omega}\times(J_s\boldsymbol{\omega}+W\boldsymbol{H}_w)+\boldsymbol{D}_s$ 已像式（7.105）一样被限制在未知扰动状态 $\boldsymbol{x}_d$ 中，增益 $\{K_q,K_\omega\}$ 表示要设计的反馈对角矩阵，$\rho_w=M_{w,\max}/N_w$ 是标量量化，并且 $\boldsymbol{N}_w=[N_w,N_w,N_w]$ 是整数边界。实际中必须用测量跟踪误差 $\mathrm{e}_r=\mathrm{q}_r^{-1}\otimes\hat{\mathrm{q}}$，$\boldsymbol{e}_{\omega r}=\hat{\boldsymbol{\omega}}-\boldsymbol{\omega}_r$ 替换跟踪误差 $\widetilde{\boldsymbol{q}}_r$ 和 $\widetilde{\boldsymbol{\omega}}_r$，并用预测值 $\hat{\boldsymbol{x}}_d$ 替换 $\boldsymbol{x}_d$ 来实现。状态预测器和相关的嵌入式模型与 7.3.5 节相同。假定 W 为可逆方阵。

旋转质量的控制律甚至更简单，因为 $\dot{\boldsymbol{H}}_{wr}=0$，并且可控动力学是一阶动力学系统。令 $\widetilde{\boldsymbol{H}}_{wr}=\boldsymbol{H}_w-\boldsymbol{H}_{wr}$ 为真实跟踪误差，令 $\boldsymbol{x}_{dr}$ 为未知干扰状态。用 $\boldsymbol{M}_c$ 替换式（7.276）中要

求的控制力矩 $\boldsymbol{M}_{ci}$ 的惯性矢量，可以写出

$$\boldsymbol{u}_m(i)=\operatorname{int}\left(\frac{\boldsymbol{m}_u(i)}{\rho_m}\right)=\operatorname{int}\left(\frac{\hat{\boldsymbol{B}}(i)\times\boldsymbol{M}_c(i)}{|\hat{\boldsymbol{B}}(i)|^2\rho_m}\right),-\boldsymbol{N}_m\leqslant\boldsymbol{u}_m(i)<\boldsymbol{N}_m$$
$$\boldsymbol{M}_c(i)=-(K_hW\breve{\boldsymbol{H}}_{wr}+W\boldsymbol{x}_{ud}),\quad \boldsymbol{M}_u(t)=\rho_m\boldsymbol{u}_m(i)\times\boldsymbol{B}(t),iT\leqslant t<(i+1)T \tag{7.283}$$

式中：K_h 为要设计的反馈对角矩阵；$\boldsymbol{m}_u=[m_{u1},m_{u2},m_{u3}]$ 为控制磁偶极子；$\boldsymbol{M}_u(t)$ 为控制力矩。必须使用由飞轮状态预测器提供的 $\{\hat{\boldsymbol{H}}_w,\hat{\boldsymbol{x}}_{dr}\}$ 来实现。预测器由飞轮角动量的测量值 $\breve{\boldsymbol{H}}_w$ 驱动，其为

$$\breve{\boldsymbol{H}}_{ur}=J_{ws}(\breve{\boldsymbol{\omega}}_w+W^{\mathrm{T}}\hat{\boldsymbol{\omega}}) \tag{7.284}$$

式中：$\breve{\boldsymbol{\omega}}_w$ 为飞轮角速度测量矢量；$\hat{\boldsymbol{\omega}}$ 为非旋转质量状态预测器得出的角速度。后者与图 7.4 中的姿态预测器完全相同。电磁场的预测值 $\hat{\boldsymbol{B}}$ 由三维磁力计测量值 $\breve{\boldsymbol{B}}$ 给出。

1. 状态预测器设计：非旋转质量

闭环稳定性可以分两步证明。首先，非旋转质量动力学的闭环稳定性可以用与 7.3.5 节中同样的过程来证明，因为仅由姿态测量驱动的状态预测器与式（7.112）和式（7.113）相同。主要区别为在式（7.281）中增加了反作用飞轮的回转加速度 $\boldsymbol{a}_w=J_s^{-1}\boldsymbol{\omega}\times W\boldsymbol{H}_w$，其中 $J_s=\mathrm{diag}(J_{s1},J_{s2},J_{s3})$ 和作为式（7.280）中 $\boldsymbol{D}_s$ 分量的磁力矩 $\boldsymbol{M}_u$。此处未考虑飞轮噪声 $\boldsymbol{D}_w$ 的影响，但实际上应予以考虑，特别是在飞轮速度过零时。如图 7.14 所示，应将其视为未知干扰。

从回转加速度开始。尽管 $\boldsymbol{a}_\omega$ 应该与 $J_s^{-1}\boldsymbol{\omega}\times J_s\boldsymbol{\omega}$ 结合使用，但根据 14.3.1 节和式（7.90）的要求找到单独的稳定性条件是具有启发意义的。实际上，传递函数 $\partial H_k(z)$ 比式（7.90）更为通用，并且适用于任何回转力矩。假设 $\boldsymbol{\omega}_{\mathrm{r}}=0$，从而使 $\boldsymbol{\omega}=\boldsymbol{\omega}_{\mathrm{r}}$，并用 $W\boldsymbol{H}_w=[h_{w1},h_{w2},h_{w3}]$ 的形式表示 $W\boldsymbol{H}_w$ 的三维分量。与往常一样，我们不区分 $\widetilde{\boldsymbol{\omega}}_{\mathrm{r}}$ 和 $\widetilde{\boldsymbol{\omega}}$，因为 $\boldsymbol{e}_{\mathrm{r}}=\widetilde{\boldsymbol{\omega}}_{\mathrm{r}}-\widetilde{\boldsymbol{\omega}}$ 是测量跟踪误差，通过标准设计可以忽略不计。

可以使用 7.3.4 节和 14.3.1 节中采用的相同方法找出 Z 变换方程 $\boldsymbol{h}_y(z)=\partial H(z)\widetilde{\boldsymbol{\omega}}(z)$。第一步，我们找到以下离散时间方程的 Z 变换形式 $\boldsymbol{h}(z)=\partial H(z)\widetilde{\boldsymbol{a}}_{\mathrm{r}}(z)$：

$$\begin{aligned}&\widetilde{\boldsymbol{\omega}}_{\mathrm{r}}(i+1)=\widetilde{\boldsymbol{\omega}}_{\mathrm{r}}(i)+\boldsymbol{A}_w\widetilde{\boldsymbol{\omega}}_{\mathrm{r}}(i)T+\widetilde{\boldsymbol{a}}_{\mathrm{r}}(i)T\\&\boldsymbol{h}(i)=\boldsymbol{a}_w(i)=\boldsymbol{A}_w\widetilde{\boldsymbol{\omega}}_{\mathrm{r}}(i)\\&\boldsymbol{A}_w=\begin{bmatrix}0&h_{w3}/J_{s1}&-h_{w2}/J_{s1}\\-h_{w3}/J_{s2}&0&h_{w1}/J_{s2}\\h_{w2}/J_{s2}&-h_{w1}/J_{s2}&0\end{bmatrix}\end{aligned} \tag{7.285}$$

像式（7.29）一样，假设 $h_{w1}\cong h_{w2}\cong h_{w3}\cong h_w,J_{s1}<J_{s2}$，其 Z 变换为

$$\begin{aligned}&\boldsymbol{h}(z)=\partial H(z)\boldsymbol{a}_{\mathrm{r}}(z)\\&\partial H(z)=\frac{\omega_w^2T^2}{(z-1)^2+\omega_w^2T^2}\begin{bmatrix}-A_{w1}&h_{12}(z)&h_{13}(z)\\h_{21}(z)&-A_{w2}&h_{23}(z)\\h_{31}(z)&h_{32}(z)&-A_{w2}\end{bmatrix}\end{aligned} \tag{7.286}$$

其中

$$A_{w1}=\frac{2J_{s2}}{2J_{s2}+J_{s1}}>A_{w2}=\frac{J_{s1}+J_{s2}}{2J_{s2}+J_{s1}},\quad \omega_w^2=(2\pi f_w)^2=h_w^2\frac{2J_{s2}+J_{s1}}{J_{s1}1_{s2}^2} \tag{7.287}$$

并且 $h_{jk}(z)=a_{jk}+b_{jk}(z-1)$，同时有适当的 $\{a_{jk},b_{jk}\}$,$j\neq k=1,2,3$。将 $\boldsymbol{h}(z)=(z-1)\boldsymbol{h}_y(z)/T$ 和 $\tilde{\boldsymbol{a}}_r(z)=(z-1)\tilde{\boldsymbol{\omega}}(z)/T$ 代入，并取高频极限 $z-1\rightarrow\infty$，可以得到开环 Z 变换方程 $\boldsymbol{h}_y(z)=\partial H(z)\tilde{\boldsymbol{\omega}}(z)+o(|\tilde{\boldsymbol{\omega}}|^2)$。

由于$\partial H(z)$不是对角阵，因此应采用式（14.32）中的不等式，其中最大奇异值由 $\sigma_{\max}(\partial H(jf))\cong\beta A_{w1}(f_w/f)^2(1+\gamma f/f_w)$ 和 β，$\gamma>1$ 给出。在此为简单起见，我们忽略了非对角元素，这与先前 $\sigma_{\max}(\partial H(jf))$ 的表达式中的 $\gamma=0$ 对应。此外，当 $k=1$ 且 $\beta_2=\beta_3=A_{w2}/A_{w1}$时，$\beta$ 取特殊值 $\beta_1=1$。被忽略项 $\gamma f/f_w$ 降低了 $f>f_w$ 时 $\sigma_{\max}(\partial H(jf))$ 的衰减率，从而降低了灵敏度衰减。鉴于灵敏度带宽 $\tilde{f}_s$ 在后面章节中被设计为大于 f_w，因此忽略此项不会造成任何影响。通常，可以通过取消回转力矩的方式来避开该问题。

当$\partial H(z)$为对角阵时，在式（7.287）中有 $A_{w1}>A_{w2}$，可以采用$\partial H_1(z)$作为最坏情况下的传递函数，有

$$|\partial H_\infty(jf)|\cong\omega_w^2A_{w1}/(2\pi f)^2=2h_w^2\ (J_{s1}J_{s2}(2\pi f)^2)^{-1}$$

对于 $k=1,2,3$，14.3.2 节的低频稳定性条件可以写为

$$\max_{|f|\leqslant f\max}|\tilde{S}(jf)\partial H_k(jf)|\leqslant\max_{|f|\leqslant f\max}|\tilde{S}(jf)\partial H_\infty(jf)|\leqslant\eta_s<1 \tag{7.288}$$

假设一个相对保守的二阶灵敏度 $|\tilde{S}_0(jf)|=(f/\tilde{f}_s)^2$，7.3.5 节中状态预测器的灵敏度实际上是三阶的，稳定性条件（7.288）可以转换为以下不等式。

$$\tilde{f}_s\geqslant\frac{\omega_w\sqrt{A_{w1}}}{2\pi\sqrt{\eta_s}}\cong\frac{\sqrt{2}h_w}{2\pi\sqrt{J_{s1}J_{s2}\eta_s}} \tag{7.289}$$

从表 7.1 第 4 行中选择 $h_w=H_{w,\max}=1.5\text{Nms}$，根据 7.3.4 节中的方法将稳定裕度固定为 $\eta_s^{-1}=20$，利用式（7.29）推导出 $\{J_{s1},J_{s2}\}$ 的值，我们能够得到 $\tilde{f}_s\geqslant\tilde{f}_{s,\min}=2.4\text{MHz}$。该边界比式（7.122）中 $\tilde{f}_s<\tilde{f}_v=\tilde{f}_{v,\max}\leqslant0.01\text{Hz}$ 的上限小一个数量级，至少对于反作用飞轮的回转加速度而言，因此不需要改变 7.3.5 节的特征值参数 $\{\tilde{\gamma}_1=0.05,\tilde{\alpha}=0.6\}$。

表 7.1　反作用轮仿真运行的姿态模型和控制数据

序号	参　数	符　号	单　位	值	说　明
1	惯量矩阵	J	$\text{kg}\cdot\text{m}^2$		GOCE，式（7.29）
2	轨道角速度	ω_0	mrad/s	1.17	$h=250\text{km}$，$e=0.005$，近极
3	参考姿态				LORF 姿态
4	飞轮角动量范围	$H_{\omega,\max}$	N · m · s	1.5	双向
5	飞轮控制力矩范围	$M_{\omega,\max}$	m · N · m	20	双向，14-bit 量化
6	磁偶极子范围	$m_{u,\max}$	Am^2	200	双向，14-bit 量化
7	飞轮角速度范围	$\omega_{w,\max}$	rad/s	600	双向，14-bit 量化
8	姿态传感器 NEA	$\tilde{\sigma}_{\text{NEA}}$	μrad	(15,20,20)	0.25mrad 误差
9	非旋转质量反馈增益	$\{\tilde{\gamma}_{1,\text{SIM}},\tilde{\alpha}_{\text{SIM}},f_c\}_{2,3}$	(—,—,mHz)	(0.25,0.2,1.5)	俯仰和偏航

续表

序号	参　数	符　号	单　位	值	说　明
10	与第 8 行相同	$\{\tilde{\gamma}_{1,\mathrm{SIM}},\tilde{\alpha}_{\mathrm{SIM}},f_c\}_1$	(—,—,mHz)	(0.3,0,1.5)	滚转
11	旋转质量反馈增益	$\{k_h,l_h,l_{hd}\}$		(0.01,0.02,0.05)	无
12	姿态跟踪误差 RMS	$\{\tilde{\sigma}_{\theta1},\tilde{\sigma}_{\theta2},\tilde{\sigma}_{\theta3}\}$	μrad	(11.7,8.8,8.4)	$\tilde{\sigma}_{\theta,\max}=9\mu\mathrm{rad}$
13	时间单位	T	s	1	

如果将式（7.283）中的磁力矩 $\boldsymbol{M}_u$ 视为未知，它就会是一个需要抑制的严重扰动，并通过双积分产生输出扰动 d_y 的主要分量。典型的时间曲线如图 7.17（b）所示。由于式（7.275）中的 $\Pi(\boldsymbol{b}_i)$ 是可变且奇异的，因此相关的滚转和偏航零均值加速度可以由一个截断正弦波（称其为正弦双峰）$a_m(t)=A_m\sin(\omega_m(t-t_m))r(t-t_m)$ 来近似，其中 $t_m=t_0+kT_o,k\geqslant0$，T_o 为轨道周期，$r(t)$ 是持续时间 $T_m=2\pi/\omega_m=f_m^{-1}$ 的矩形窗函数，其中 $\omega_m=k_m\omega_0,k_m\leqslant10$，$A_m\leqslant30\mu\mathrm{rad/s^2}$ 是加速度振幅。正弦双峰的单边谱密度（来自自相关傅里叶变换）由以下表达式给出。

$$S_m^2(\omega)=A_m^2T_m\left(\frac{\sin((\omega-\omega_m)T_m/2)}{(\omega-\omega_m)T_m/2}\right)^2\left[\left(\frac{\mathrm{rad}}{\mathrm{s}^2\sqrt{\mathrm{Hz}}}\right)^2\right] \tag{7.290}$$

当 $f>f_m$ 时，$S_m(f)$ 的简化界限为 $S_m(f)\leqslant A_m\sqrt{f_m}/f$，如果通过双积分变换，那么近似于输出干扰 d_y 的角度谱密度为 $S_d(f)$。于是，可以写出

$$S_d(f)\leqslant(A_m/\omega_m^2)(f_m/f)^3/\sqrt{f_m}\,(\mathrm{rad}/\sqrt{\mathrm{Hz}}) \tag{7.291}$$

设定所需的姿态跟踪误差的标准差为 $\tilde{\sigma}_{\theta,\max}=9\mu\mathrm{rad}$，将相关功率谱适当分配给式（7.118）（与式（14.47）相同）的各个分量中，即可得出以下极点配置不等式。

$$\begin{aligned}&\mathrm{LFP}:w_s(1-\eta)^{-1}\,|\tilde{S}(jf,\tilde{\Gamma})|\,S_d(f)\leqslant\frac{\tilde{\sigma}_{\theta,\max}}{\sqrt{f_{\max}}}\\&\mathrm{LFS}:w_v(1-\eta)^{-1}\,|\tilde{V}(jf,\tilde{\Gamma})|\,\tilde{S}_{\mathrm{NEA}}(f)\leqslant\frac{\tilde{\sigma}_{\theta,\max}}{\sqrt{f_{\max}}}\end{aligned} \tag{7.292}$$

其中，$w_\eta^{-2}=w_s^{-2}=1/2$，参考式（7.118）中的性能不等式，令 $\tilde{S}_m=\tilde{S}_{\mathrm{NEA}},\eta=0.05$，$f_{\max}=0.5\mathrm{Hz}(T=1\mathrm{s})$。

用 $|\tilde{S}_0(f)|=(f/\tilde{f}_s)^3$ 替换式（7.115）中的灵敏度幅值 $|\tilde{S}|$，并且用先前的上限替换 S_d，可以将式（7.292）中的第一个不等式转换为以下频率下限。

$$\tilde{f}_s\geqslant\left(\frac{\sqrt{2f_{\max}f_m}}{(2\pi)^2}\frac{A_m}{\tilde{\sigma}_{\theta,\max}}\right)^{1/3}\cong0.055\mathrm{Hz}=\tilde{f}_{s,\min} \tag{7.293}$$

其下限为 $\tilde{f}_{s,\min}$，通过式（7.117）中的极点配置公式可以得出状态预测器互补功率谱的参数 $\{\tilde{\gamma}_1=0.34,\ \tilde{\alpha}=0\}$，其 A_m 上限为 $A_{m,\max}=30\mu\mathrm{rad/s^2}$，$f_m$ 上限为 $f_{m,\max}=2\mathrm{mHz}$。与 7.3.5 节的设计 $\{\tilde{\gamma}_1=0.05,\tilde{\alpha}=0.6\}$ 相比，新的参数会使带宽明显增大。通过仿真优化得出表 7.1 中第 9 行（俯仰和偏航轴）和第 10 行（滚转轴）的参数。由于式（7.293）中使用的值偏保守，该优化值对应于较窄的带宽，因此该带宽看起来比较合理。

将式（7.292）的第二个不等式转换为与式（7.120）相似的方差不等式，可以像式（14.49）那样，用作低频测量（LFM）不等式。自由参数为$\tilde{f}_v > \tilde{f}_s$（$\tilde{V}$的带宽），星敏感器的噪声等效角$\tilde{\sigma}_\theta = \tilde{\sigma}_{NEA}$。令$\tilde{f}_v = 2\tilde{f}_{s,\min}$（回想练习 12 中计算的频率比），$\zeta_v = 1$，可以得出上限

$$\mathrm{LFS}: \tilde{\sigma}_{NEA} \leqslant \frac{2\sqrt{\zeta_v}}{\sqrt{\pi}} \sqrt{\frac{2f_{\max}}{\tilde{f}_v}} \frac{\tilde{\sigma}_{\theta,\max}}{\sqrt{2}} \cong 17\mu\mathrm{rad} \tag{7.294}$$

其介于表 7.1 第 8 行给出的值之间。

2. 控制律设计：非旋转质量

式（7.282）中对角矩阵$\boldsymbol{K}_q = k_q I_3$和$\boldsymbol{K}_\omega = k_\omega I_3$的标量反馈增益$k_q$和$k_\omega$与式（7.108）相同，即

$$\begin{aligned} k_q &= \alpha = \omega_c^2 T^2, \omega_c = 2\pi f_c \\ k_\omega &= \alpha + \beta = \omega_c T(\omega_c T + 2\zeta_c), \zeta_c = 1 \end{aligned} \tag{7.295}$$

如 7.3.4 节所述，控制律带宽f_c是为了防止在大跟踪误差的零姿态恢复期间，由于“粗”控制命令饱和而导致的不稳定情况。如 13.6.3 节所述，该设计应被视为非标准设计，因为在存在较大初始姿态误差时可采用一种替代策略，即强迫可控状态变量跟踪一个平滑的参考值，以确保整个瞬态期间的跟踪误差较小。这种非标准设计可以看作是最坏情况下的设计，应放弃这种设计而遵循标准设计的不等式。

$$\tilde{f}_s < \tilde{f}_v < f_c < f_{\max} \tag{7.296}$$

如果设计一个合适的参考发生器，就可以放弃对应于$f_c < \tilde{f}_s$的非标准设计，在给定初始姿态和角速度误差的情况下，参考发生器将建立一个平滑的角速度和姿态轨迹，状态反馈命令可以跟踪该轨迹而不会出现饱和。但是这并不意味着可以防止整个命令饱和，而这种方法将饱和转嫁给了参考命令，从而避免了不稳定问题。实际上，参考发生器的设计通常是通过求解参考动力学的“约束最优控制”来实现的。除了 11.3 节（但没有命令约束）和第 14 章的简单案例研究，本书不研究参考发生器设计。

在非标准设计下，当$f_c = 1.5\mathrm{mHz} < \tilde{f}_s = 0.055\mathrm{Hz}$时，仿真结果如 7.7.4 节所示，该值略大于 7.3.4 节中的$f_c = 0.8\mathrm{mHz}$。

3. 控制单元设计：旋转质量

根据式（7.283）中的控制律，设计目标是负责预测$\{\hat{\boldsymbol{H}}_w, \boldsymbol{x}_{wd}\}$的状态预测器的灵敏度$\tilde{S}_w$和反馈矩阵$\boldsymbol{K}_h$。最简单的状态预测器是二阶动态系统，类似于 7.3.4 节和图 7.2 中的角速度预测器，并且具有一对增益矩阵$\boldsymbol{L}_h$和$\boldsymbol{L}_{hd}$，可以根据式（7.80）进行设计。灵敏度设计必须使式（7.283）中磁力矩$\boldsymbol{M}_u$的反馈噪声最小化，以使式（7.292）中的标量谱密度$S_d(f)$低于与式（7.293）中的频率不等式兼容的目标界限。该设计需要已知角速度传感器噪声、飞轮执行器噪声和磁力计噪声的谱密度。旋转质量的闭环系统由式（7.281）的第二行（$\dot{\boldsymbol{H}}_w$）、前述的状态预测器和式（7.283）的控制律构成。此处没有给出细节。假设$\{\boldsymbol{K}_h, \boldsymbol{L}_h, \boldsymbol{L}_{hd}\}$中的每个增益矩阵都是对角阵，其标量增益为$\{k_h, l_h, l_{hd}\}$。这些标量增益是通过固定状态预测器的$\{\gamma_h, \gamma_h, \gamma_{hd}\}$和状态反馈互补特征值得出的。增益值如表 7.1 第 11 行中所示。

7.7.4 仿真结果

仿真条件与 7.3.4、7.3.5 和 7.5.2 节中的条件相似，但是现在监测的是整个航天器相对于 LORF 的姿态。仿真分析了航天器惯量矩阵和类 GOCE 任务的空气动力学特性。GOCE 惯量矩阵由式（7.29）给出。该控制设计对以下条件很敏感：纵向惯量矩 $\boldsymbol{J}_{11}\cong 150\text{kg}\cdot\text{m}^2$ 远小于横向惯量矩 $\boldsymbol{J}_{22}>\boldsymbol{J}_{33}\cong 2650\text{kg}\cdot\text{m}^2$。在图 7.15（a）的 AOCS 的一天关闭阶段中，可以看到 $\boldsymbol{J}_{11}$ 的影响。尽管与影响横向轴的重力梯度和气动力矩相比，可以忽略沿 $\boldsymbol{b}_1$ 的方向的重力梯度和气动力矩，但滚转波动（图 7.15 中角度 ϕ 的值）与偏航波动的量级（角度 ψ 的量级）相同。其放大机理是通过俯仰波动的可变比例因子来实现滚转-偏航耦合。通过将压力中心的位置从 7.5.2 节的 $|a|\cong 0.30\text{m}$ 增加到 $|a|\cong 0.45\text{m}$，可以限制滚转振荡的幅度。相关状态方程与式（7.219）相同，但并没有将滚转和偏航线性化。气动力学特性说明：①纵向轴线 $\boldsymbol{b}_1$ 背面的一对小翼，是 7.5.2 节“大范围”俯仰空气动力学稳定性所要求的；②位于 $\{\boldsymbol{b}_1,\boldsymbol{b}_3\}$ 平面上的大型太阳能电池板，分布在主圆柱体的上方和下方，并且沿整个纵轴排布。GOCE 卫星的图片和图纸可以在网上找到，尤其是在 ESA 网站上。本书英文原版的封面为 GOCE 的艺术想象图。GOCE 卫星不能安装反作用轮，因为其噪声较大，只能采用磁力矩器。相关的控制问题将在 12.5 节中研究。表 7.1 总结了仿真运行的模型和控制数据。此外，还仿真了理想的磁力计。

如前所述，非旋转质量控制的关键设计参数包含在式（7.293）和式（7.296）定义的三元组 $\{\widetilde{\gamma}_1,\widetilde{\alpha},f_c\}$ 中。在 7.7.3 节分析设计的同时，进行了仿真驱动的优化。为此，我们利用了 7.3.4 节中获得的值 $\{\widetilde{\gamma}_1=0,05,\widetilde{\alpha}=0.6,f_c=0.8\text{mHz}\}$，因为它们对应的带宽比本节的分析设计所要求的要窄。前两个参数也已由 7.3.5 节的状态预测器采用，这与非旋转质量相同。f_c 的值为 0.8mHz，这也是 7.3.5 节中控制律设计的初始值，尽管最终值提高到 8mHz。采用这些初始值不会引起不稳定性，只会引起明显的阻尼振荡。对每个姿态坐标逐级递增 $\widetilde{\gamma}_1$ 和 f_c，递减 $\widetilde{\alpha}$，直到振荡消失，获得的最终值如表 7.1 第 9~11 行所示。此外，根据式（7.294）的要求，星敏感器的噪声等效角减小到 15~20μrad 范围内。在表 7.1 第 12 行中，姿态误差均方根 $\widetilde{\sigma}_{\theta j},j=1,2,3$，只有俯仰和偏航分量满足 9μrad 的精度指标，但是其裕度较差。这表明在小惯量矩下，滚转控制的设计具有挑战性，并揭示了之前的分析设计过于温和。

图 7.15（a）显示了在持续一天的关闭阶段和恢复零姿态平衡点的开启阶段的 321 转序欧拉角，表 7.1 中的 0.25mrad 星敏感器误差除外。如图 7.3 所示，除噪声波动之外，与图 7.15（b）中星敏感器误差相反的收敛是平滑的。

可以发现惯量矩不相等和地球磁场在关闭-开启瞬态期间，以及随后在零平衡点附近的波动上对控制权限有综合影响，这是很有启发性的。在关闭-开启瞬态期间，由于具有较大的角速度和惯量矩，俯仰和偏航陀螺力矩变大，并使图 7.16（a）中的飞轮角动量 $\{H_{w2},H_{w3}\}$ 和图 7.16（b）中飞轮控制力矩 $\{\boldsymbol{M}_{w2},\boldsymbol{M}_{w3}\}$ 饱和。在关闭-开启瞬态期间，图 7.17（a）中的 3 个磁偶极子分量 $\{m_{u1},m_{u2},m_{u3}\}$ 都饱和，但是偏航分量的饱和时间更长，这是因为需要衰减较大的角速度。在稳定状态下，所有变量的俯仰分量都接近于零。然而，在图 7.17（b）中磁力矩的滚转和偏航分量 $\{M_{u2},M_{u3}\}$ 均显示已经达到了上述的正弦双峰，这是由于横滚和偏航磁力矩在抵消小环境力矩 $\boldsymbol{M}_d$ 分量时的作用有限。由于 $J_{11}<J_{33}$，尽管环境滚转力矩可忽略不计，但两个分量的量级大小在 0.1~0.5mNm 的范围内相同。

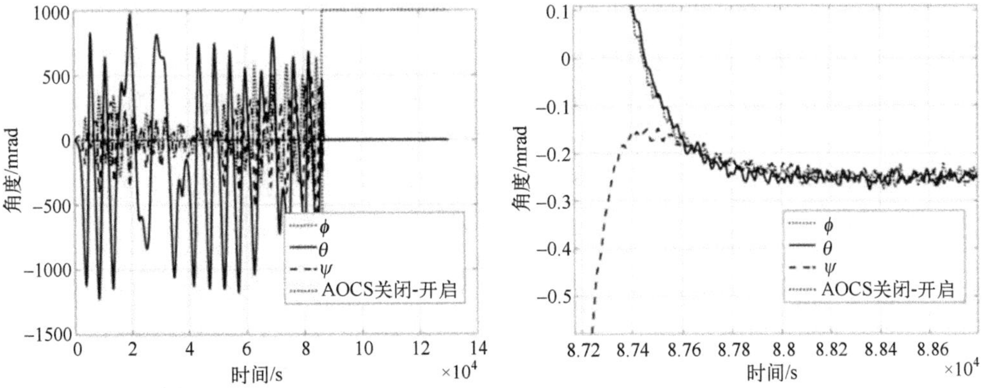

图 7.15　真实跟踪误差

（a）全阶段记录；（b）零误差恢复。

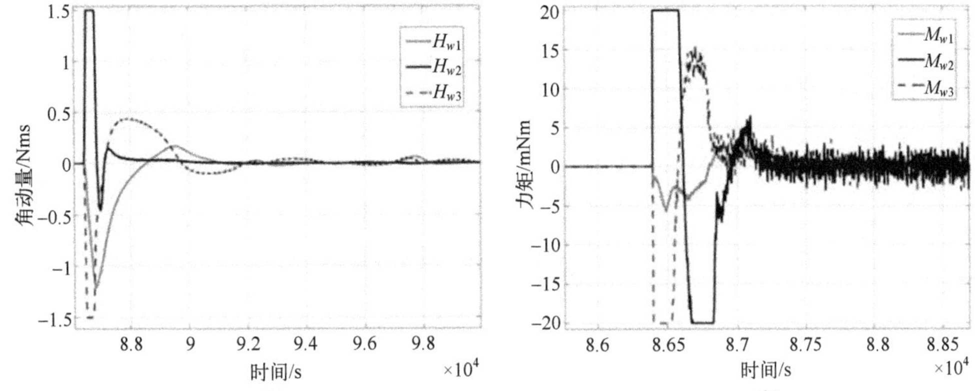

图 7.16　飞轮角动量及飞轮控制力矩

（a）飞轮角动量；（b）飞轮控制力矩。

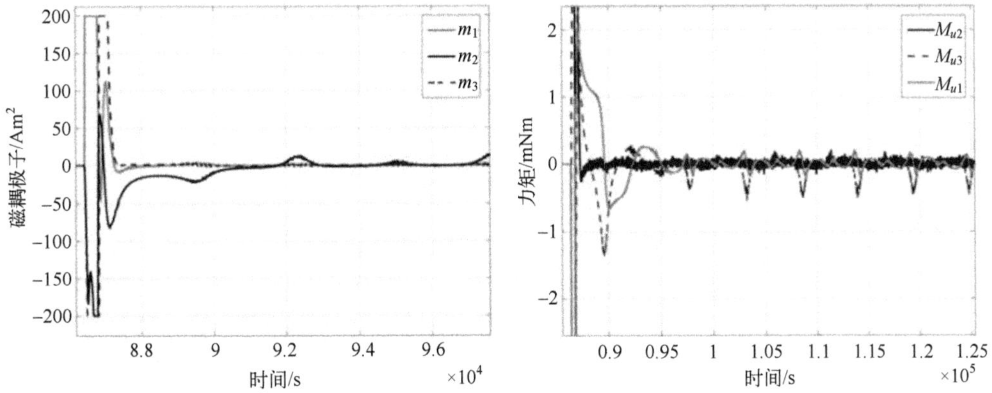

图 7.17　控制磁偶极子及磁力矩稳定曲线

（a）控制磁偶极子；（b）磁力矩稳定曲线。

图 7.18 显示了 EMC 单元的核心。其核心是状态预测器，它由两个嵌入式模型（针对旋转和非旋转质量）及其相关的反馈动力学（干扰动力学和噪声估计器）构成。这对嵌入式模型复现了图 7.14 的设计模型，并包含已知的交叉耦合模块。如果不采用本节中讨论的仿真运行方式实现此模块，除了角动量传感器所需的航天器角速度$\hat{\boldsymbol{\omega}}$，嵌入式模型将解耦。图 7.18 显示了模型和外部模块之间的命令交换，式（7.281）包含了这种交换。

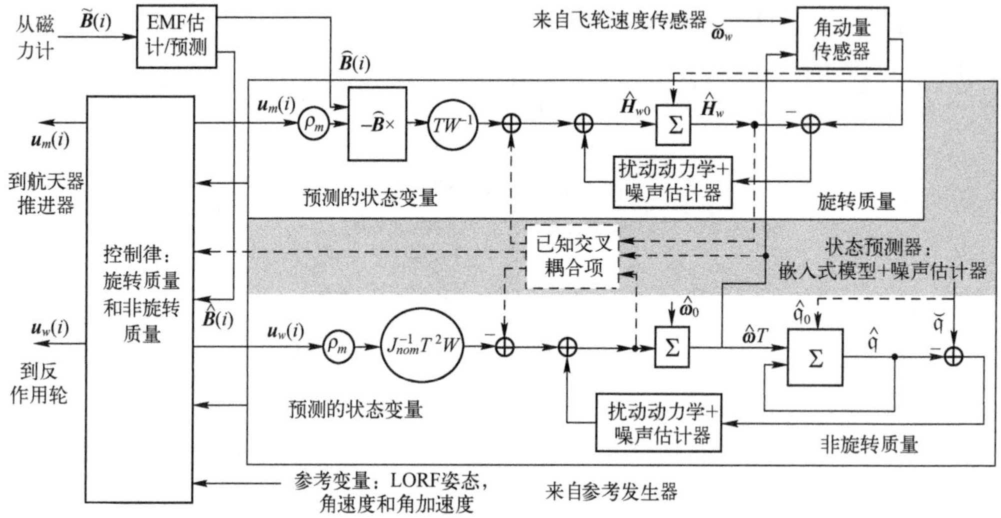

图 7.18　反作用轮控制的实现：嵌入式模型和控制律

参 考 文 献

[1] G. Avanzini. F. Giulietti. Magnetic detumbling of a rigid spacecraft, Journal of Guidance, Control and Dynamics 35 (4) (2012) 1326-1334.

[2] S. Bittanti, P. Colaneri. Periodic Systems. Filtering and control, Springer Verlag, London, 2009.

[3] E. Canuto. Drag-free and attitude control for the GOCE satellite, Automatica 44 (7) (July 2008) 1766-1780.

[4] E. Canuto, A. Molano-Jimenez, L. Massotti. Drag-free control of the GOCE satellite: noise and observer design, IEEE Transactions on Control Systems Technology 18 (2010) 501-509.

[5] E. Canuto, A. Molano Jimenez, C. Perez Montenegro. Disturbance rejection in space applications: problems and solutions, Acta Astronautica 72 (2012) 121-131.

[6] E. Canuto, L. Colangelo, M. Lotufo, S. Dionisio. Satellite-to-satellite attitude control of a long-distance spacecraft formation for the Next Generation Gravity Mission, European Journal of Control 25 (September 2015) 1-16.

[7] R. J. Danchik. An overview of Transit development, John Hopkins APL Technical Digest 19 (1) (1998) 18-26.

[8] D. B. DeBra, R. H. Delp. Rigid body attitude stability and natural frequencies in a circular orbit, Journal of Astronautical Sciences 8 (1) (1961) 1-14.

[9] D. T. Greenwood. Principles of Dynamics, Prentice-Hall, Englewood Cliffs, 1965.

[10] P. C. Hughes. Spacecraft attitude dynamics, Dover Publications, Inc., New York, 2004.

[11] S. W. Janson, D. A. Hinkley. Spin dynamics of the pico-satellite solar cell spacecraft testbed, in: 23rd Annual AIAA/USU Conf. on Small Satellites, Logan, Utah, August 10e13, 2009. Paper SSC09-IV-5.

[12] M. H. Kaplan. Modern spacecraft dynamics & control, John Wiley & Sons, New York, 1976.

[13] H. K. Khalil. Nonlinear Systems, Prentice Hall, Englewood Cliffs, 2001.
[14] R. Kristiansen, P. J. Nicklasson, J. T. Gravdahl. Satellite attitude control by quaternion-based backstepping, IEEE Transactions on Control Systems Technology 17 (1) (2009) 227-232.
[15] J. P. LaSalle. Stability theory for ordinary differential equations, Journal of Differential Equations 4 (1) (1968) 57-65.
[16] R. Livneh, B. Wie. Asymmetric body spinning motion with energy dissipation and constant body-fixed torques, Journal of Guidance, Control and Dynamics 22 (2) (1999) 322-328.
[17] S-J. Liu, M. Krstic. Stochastic Averaging and Stochastic Extremum Seeking, Springer, 2012.
[18] M. Lovera, A. Astolfi. Global magnetic attitude control of spacecraft in the presence of gravity gradient, IEEE Transactions on Aerospace and Electronic Systems 42 (3) (2006)796-804.
[19] M. Lovera. Magnetic satellite detumbling: the B-dot algorithm revisited, in: Proc. 2015 American Control Conf. Chicago, IL, July 1e3, 2015, pp. 1867-1872.
[20] M. Lovera, E. De Marchi, S. Bittanti. Periodic attitude control techniques for small satellites with magnetic actuators, IEEE Transactions on Control Systems Technology 10 (1) (2002) 90-95.
[21] F. L. Markley, J. L. Crassidis. Fundamentals of Spacecraft Attitude Determination and Control, Springer Science, New York, 2014.
[22] C. G. Mayhew, R. G. Sanfelice, A. R. Teel. Robust global asymptotic stabilization of a rigid body by quaternion-based hybrid feedback, in: Proc. 28th IEEE Conf. CDC/CCC, Shanghai, China, December 2009, pp. 2522-2527.
[23] National Aeronautics and Space Administration. Tubular spacecraft booms (extendible, reel stored), NASA Space Vehicle Design Criteria (Guidance and Control) (February 1971). NASA SP-8065.
[24] National Aeronautics and Space Administration. Space vehicle accelerometer applications, NASA Space Vehicle Design Criteria (Guidance and Control) (December 1972). NASA SP-8102.
[25] C. Novara, E. Canuto, D. Carlucci. Control of systems with sector-bounded nonlinearities: robust stability and command effort minimization by disturbance rejection, Control Theory and Technology 14 (3) (August 2016) 177-191.
[26] B. Polle, B. M. Frapard, S. Reynaud, T. Voirin. Robust INS/GPS hybrid navigator demonstrator design for launch, re-entry and orbital vehicles, in: Proc. 7th Int. ESA Conf. on Guidance, Navigation and Control, Tralee, Ireland,2—5 June, 2008.
[27] G. Sechi, G. Andrè, D. Andreis, M. Saponara. Magnetic attitude control of the GOCE satellite, in: Proc. 6th Int. ESA Conf. on Guidance, Navigation and Control Systems, Loutraki, Greece, 17—20 October 2005, January 2006. ESA SP 606.
[28] G. Sechi, M. Buonocore, F. Cometto, M. Saponara, A. Tramutola, B. Vinai, G. André, M. Fehiringer. In-flight results from drag-free and attitude control of GOCE satellite, in: Preprints of the 18th IFAC World Congress,Milano(Italy), August 28—Sep 2,2011,pp. 733-740.
[29] M. J. Sidi. Spacecraft Dynamics and Control. A Practical Engineering Approach, Cambridge Univ. Press, 1997.
[30] J. -J. E. Slotine, W. Li. Applied Nonlinear Control, Prentice-Hall, Englewood Cliffs, NJ, 1991.
[31] G. Teschl. Ordinary Differential Equations and Dynamical Systems, American Mathematical Society, 2012.
[32] J. -F. Tregouet, D. Arzelier, D. Peaucelle, C. Pittet, L. Zaccarian. Reaction wheel desaturation using magneto torquers and static input allocation, IEEE Transactions on Control Systems Technology 23 (2) (2015) 525-539.
[33] J. T. -Y. Wen, K. Kreutz-Delgado. The attitude control problem, IEEE Transactions onAutomatic Control 36 (10) (1991) 1148-1162.
[34] J. R. Wertz (Ed.). Spacecraft Attitude Determination and Control, D. Reidel Pu. Co., Dordrecht, 1978.
[35] B. Wie, P. M. Barba. Quaternion feedback for spacecraft large angle maneuvers, Journal of Guidance 8 (3) (1985) 360-365.
[36] B. Wie. Space vehicle dynamics and control, AIAA Education Series, AIAA Inc., Reston, 1988.

第 8 章　轨道与姿态传感器

8.1 目　　标

本章阐述了最常见的轨道和姿态传感器的工作原理、建模以及不确定性。在本书中，传感器是指控制回路中的星载测量仪器。从物理学原理出发，目的是获得一个测量模型，包括误差模型（动力学和统计学）和传感器动力学特性。传感器动力学的研究目的之一是描述零位传感器的控制问题和解决方案，其中感兴趣的变量是通过闭环指令间接测量的，闭环指令控制变量趋近于零。本章从测量误差的一般模型（8.2 节）开始，通过连续时间和离散时间（DT）模型以重点研究常见误差漂移。测量值相对于真实值的漂移，会限制全天候、不依赖环境的惯性导航（航位推算）的精度，但也在很长一段时间内对科学发现和技术创新产生推动作用。

航天传感器大致可分为惯性导航传感器（8.4 节中的加速度计、8.5 节中的陀螺仪）和位置/姿态传感器［全球导航卫星系统（global navigation satellite system，GNSS）］、太阳敏感器、地平仪、星跟踪器、磁强计。位置和姿态传感器是对惯性传感器的补充，因为它们可以修正漂移轨迹并将惯性传感器的漂移重置为零。

关于加速度计，重点在于高精度的静电加速度计，因为其被应用于 GOCE（重力场和稳态海洋环流探测卫星，2009—2013）等科学任务中。此重点是为第 11 章做铺垫，第 11 章部分涉及 GOCE 无拖曳控制系统。对传统的导航加速度计，如摆式和振梁式加速度计（vibrating beam accelerometers，VBA）也进行了介绍。关于陀螺仪，8.5 节从经典的旋转质量陀螺仪开始介绍，然后集中讨论现代光电技术的产品，如光纤陀螺仪（fiber optic gyros，FOG）和环形激光陀螺仪（ring laser gyros，RLG）。有趣的是，光纤陀螺仪的零位测量系统与第 11 章中讨论的无拖曳控制系统非常接近，至少在概念上如此。对振动结构陀螺仪也进行了简单的介绍（参见文献［37-38］）。8.5.5 节涉及 GPS（全球定位系统），特别是 4 个主要观测量：伪距、相位、伪距变化率（多普勒信号）和时间。并且介绍了标准距离和速率的估计算法，以及 GPS 在空间应用中主要误差的推导。差分 GPS 不作为姿态传感器使用，在本书中不做介绍。8.7 节～8.10 节介绍姿态传感器，如太阳敏感器、地平仪、星跟踪器和磁强计。

8.2 传感与测量误差模型

现代传感器将物理量（真变量）转换成模拟信号（通常为电压），以便进行采样和数字化（数字信号）。

8.2.1 传感器类别

星载传感器可分为惯性传感器、位置传感器和姿态传感器。

惯性传感器，如加速度计和陀螺仪，能够测量运动变化（加速度和角速度），而不需要测量外部电磁场，也不需要与地面站、其他卫星或局部力场产生联系。

位置/导航传感器（如 GNSS 星载接收机）观测航天器质心相对于参考对象（GNSS 星座）的运动，因此需要卫星间通信链路。此处只讨论美国 GPS 的星载接收机，因为 GPS 是目前既定的标准，并且已经成为 GNSS 其他星座的标准模型，如俄罗斯格洛纳斯（GLONASS）、中国北斗和欧洲伽利略等。GNSS 由一个卫星星座、一个地面站网络及其信号协议组成，信号协议用于精确地确定全球任何地点的位置和时间信息。

姿态传感器是对位置传感器的补充，可用于观察航天器相对于可见对象（如太阳、地球和恒星）所在参考系的方向（参见第 2 章中定义的参考系）。姿态传感器需要一个视场来接收可见物体传播的光波（如太阳敏感器、地平仪、星跟踪器），或者与一些局部场相耦合，如地磁场（磁强计）。

表 8.1 列出了主要星载传感器的性能和限制条件。

表 8.1 主要星载传感器的性能和限制

序号	传感器	精度/mrad	质量/kg	功率/W	限制及典型视场/(rad×rad)
1	太阳敏感器	0.2~200	0.2~2	0~3	对行星反照率敏感。FoV1×1
2	地平仪	1~20	2~5	0.3~10	精度受到地平线不确定性的限制。适用于近地轨道卫星
3	星敏感器（单轴）	0.005~0.30（NEA）	3~7	4~20	动态旋转、太阳、地球、月球杂散光。由于本体坐标系未对准而产生的偏差。FoV≤0.45×0.45
4	磁强计	9~50	<1	<1	近地轨道卫星。精度受到地球磁场不确定性的限制
5	单轴陀螺仪角随机游走[37]	0.035~1 [$\mu rad/\sqrt{s}$]	2~8（FOG，RLG）	6~15（FOG，RLG）	受到短期和长期零偏不稳定性的影响
6	线性加速度计	20~400 [$\mu m/s^2$]	特定的	特定的	受到短期和长期零偏不稳定性的影响

注：ARW（angular random walk，角随机游走）、FOG（fiber optic gyro，光纤陀螺仪）、FoV（field-of-view，视场）、NEA（noise equivalent angle，噪声等效角）、RLG（ring laser gyro，环形激光陀螺仪）。

8.2.2 测量误差建模

测量误差定义为测量变量 $\breve{y}$与标度真变量 y_s（变量维数为 n_y）之差 $\tilde{y}(t)=\breve{y}(t)-y_s(t)$，$y_s$ 是测量过程的目标。通常，$\breve{y}$是在仪器参考系中测量的，与要测量的真变量 y 的目标系不同，y 也被称为被测变量。$\breve{y}$和 y 的标度和度量单位可能并不相同。基于这些原因，我们定义一个中间标度真变量 y_s，它与$\breve{y}$在同一参考系中，并且通过一个转换矩阵 $\boldsymbol{S}(\boldsymbol{z},\boldsymbol{y},\boldsymbol{p},t)$ 与真变量 y 相关。该转换矩阵称为标度因子矩阵，是关于时间 t、外生向量 $\boldsymbol{z}$、$\boldsymbol{y}$ 本身和参数向量 $\boldsymbol{p}$ 的函数。同时，读者应该注意带下标的符号 $S_x(f)$ 用于表示谱密度或灵敏度函数。当只在笛卡儿坐标系下讨论时，$\boldsymbol{S}(z)=R_t^s(z)$ 是目标坐标系到仪器坐标系的转换矩阵，其中向量 $\boldsymbol{z}$ 用于定义欧拉角矩阵 R_t^s。当涉及不同的测量单位时，转换方式为$S(z)=\boldsymbol{G}(\boldsymbol{y},\boldsymbol{p},t)R_t^s(z)$，其中 $\boldsymbol{G}(\boldsymbol{y},\boldsymbol{p},t)$ 是传感器增益矩阵，其构造接近于对角阵。$\boldsymbol{G}(\boldsymbol{y},\boldsymbol{p},t)$ 可以分解为

$$\boldsymbol{G}(\boldsymbol{y},\boldsymbol{p},t)=(I+\partial\boldsymbol{G}(\boldsymbol{y},\boldsymbol{p},t))\overline{G} \tag{8.1}$$

其中，$\overline{G}$是常量，被称为传感器灵敏度，也称为传感器增益，$|\partial\boldsymbol{G}(\boldsymbol{y},\boldsymbol{p},t)|\ll 1$ 综合考虑了线性偏差、交叉耦合和时变性。

最终可以写出第一个（静态）测量方程：

$$\breve{\boldsymbol{y}}=S(\boldsymbol{z},\boldsymbol{y},\boldsymbol{p},t)\boldsymbol{y}+\widetilde{\boldsymbol{y}} \tag{8.2}$$

传感器精度可定义为测量误差的非负凸函数 $C(\widetilde{\boldsymbol{y}})\geqslant 0$，$C(0)=0$。典型的函数是误差范数 $|\widetilde{\boldsymbol{y}}|$ 或某些非负定矩阵$\widetilde{\mathcal{Y}}\geqslant 0$ 的秩，如$\widetilde{\boldsymbol{y}}$的协方差矩阵。假设$\widetilde{\boldsymbol{y}}(t)$是一个二阶平稳随机过程，将$\widetilde{R}_y(0)=\widetilde{\mathcal{Y}}$时的过程自相关函数$\widetilde{R}_y(\tau)$进行傅里叶变换，得到功率谱密度（power spectral density，PSD）$\widetilde{S}_y^2(f)\geqslant 0$（参见 13.7 节）。在工程实践中，$\widetilde{S}_y^2(f)$ 通常定义在 $f>0$ 的部分，称为单边功率谱密度。这表明过程方差$\widetilde{\sigma}_y^2$ 为

$$\widetilde{\sigma}_y^2=\lim_{f\to\infty}\int_0^f\widetilde{S}_y^2(\nu)\,\mathrm{d}\nu \tag{8.3}$$

因为在 $f\geqslant 0$ 时$\widetilde{S}_y^2(f)\geqslant 0$，所以平方根$\widetilde{S}_y(f)\geqslant 0$ 总是存在的，在没有标准名称的情况下，将其称为谱密度。单边功率谱密度是决定航天器子系统和任务目标精度及性能的关键变量之一。

将测量误差细分为系统误差和随机误差，建立测量误差模型。在本书中，术语准确度（也称为真实性）的含义与国际计量局（Bureau International des Poids et Mésures）2008 年发布的国际计量词汇相同[4]。测量值越接近（未知的）真值，则结果越准确。这意味着准确度（与测量误差相同）是影响测量过程的所有误差源（随机误差和系统误差）的结果。术语精度表示同一变量（被测量）的一组测量值之间的一致程度，与它们跟真实值的接近程度无关。因此，测量精度只受随机误差的影响。

系统误差可以通过校准来进行估计，并加以修正。这意味着系统误差必须由一个参数模型来描述，该模型依赖于部分参数未知的有限维向量 $\boldsymbol{p}$，向量 $\boldsymbol{p}$ 通过实时测量数据与其他传感器数据进行相关估计。这种类型的误差为比例因子误差、未对准误差和由环境引起的误差。一般来说，任何可以用参数化解析函数（如多项式或三角函数）描述的误差都属于这一类。这类误差中最简单、最常见的是（常值的）传感器偏差 b。通过上述介绍，以第二种形式（静态形式）写出式（8.2）：

$$\begin{aligned}\breve{\boldsymbol{y}}&=(I+\partial\boldsymbol{S})\boldsymbol{S}\boldsymbol{y}+\boldsymbol{b}(t,\boldsymbol{p},\boldsymbol{y},\boldsymbol{z})+\widetilde{\boldsymbol{d}}\\ \widetilde{\boldsymbol{y}}&=\partial\boldsymbol{S}(t,\boldsymbol{p},\boldsymbol{y},\boldsymbol{z})\boldsymbol{S}\boldsymbol{y}+\boldsymbol{b}(t,\boldsymbol{p},\boldsymbol{y},\boldsymbol{z})+\widetilde{\boldsymbol{d}}\end{aligned} \tag{8.4}$$

式中：$\partial\boldsymbol{S}$ 为比例因子、正交性和对准误差的矩阵；$\boldsymbol{b}$ 为系统误差函数；$\widetilde{\boldsymbol{d}}$为随机误差。在三维情况下，$\partial\boldsymbol{S}$ 可以被分解成极坐标形式$\partial\boldsymbol{G}\cdot\boldsymbol{R}_s$，其中$\partial\boldsymbol{G}$ 是对称矩阵，$\boldsymbol{R}_s$ 是未对准的旋转矩阵。当正交性误差可以忽略时，$\partial\boldsymbol{G}$ 变为对角矩阵，且只考虑比例因子误差。为简单起见，仅依赖于 y_j 的对角线元素∂G_j 的典型展开式，即

$$\partial\boldsymbol{G}_j=l_j(y_j)+\alpha_j(\Theta-\Theta_0)+\eta_j+h_j(\operatorname{sgn}(\dot{y}_j)),\quad j=1,2,\cdots,n_y \tag{8.5}$$

式中：l_j为线性误差；α_j 为温度系数；Θ_0 为参考温度；η_j 为标定误差；h_j 为导数$\dot{y}_j$ 符号函数的滞后误差。

为了区分系统误差和随机误差，我们假设在仪器正常运行之前，可以对向量$\boldsymbol{p}$进行离线校准（调试阶段）。当模型方程（8.4）不完整时，传感器需要重新校准，因为没有明确解释$\boldsymbol{z}$中包含的外生变量（例如，温度梯度$\boldsymbol{\Theta}-\boldsymbol{\Theta}_0$），必须通过假设时变参数来表征其影响。

假设随机误差依赖于总体无界的未知参数，通过将其建模为由白噪声矢量$\widetilde{\boldsymbol{w}}(t)$驱动的随机过程来表示。由于因果关系约束（正则性），只有当随机误差在时间上相关或与其他数据相关时，才可以根据过去的测量值进行在线估计。当被测对象为0，即$y=0$时，随机误差的全部贡献称为背景噪声（background noise）。其备用名称本底噪声（noise floor）将保留为随机噪声谱密度的最小值带限背景噪声。

一类特殊的随机误差，是用向量$\widetilde{\boldsymbol{n}}_y$表示的量化误差。它们可能从常值跳变到离散时间白噪声的时变轮廓值。在没有其他误差的情况下，且在标量和双极情况下$|\breve{y}(t)|\leqslant y_{\max}$，标量量化误差定义为

$$\begin{aligned}&\widetilde{\boldsymbol{n}}_y(i)=\breve{y}(i)-y(t_i),\quad \breve{y}(i)=\rho_y\mathrm{int}(y(t_i)/\rho_y)\\&\rho_y=y_{\max}/N_y,\quad N_y=2^{\mu_y-1}\end{aligned}\tag{8.6}$$

其中，$t_i=iT$是测量时间单位T的采样时间，int表示取整，μ_y是模数转换器（ADC）的位数，ρ_y是输出量化因子。式（8.6）中的$\breve{y}(i)$的模型包含一个统一的传感器增益。

练习1：

证明：式（8.6）定义的量化误差以$|\widetilde{n}_y(i)|\leqslant\rho_y/2$为界，且在随机假设下，其均值为零，方差为$\rho_y^2/12$。

式（8.4）包含量化误差的随机误差$\widetilde{\boldsymbol{d}}$的典型模型，是线性连续时间随机状态方程

$$\begin{aligned}&\dot{\widetilde{\boldsymbol{x}}}(t)=\widetilde{A}\widetilde{\boldsymbol{x}}+\widetilde{G}\widetilde{\boldsymbol{w}}\\&\widetilde{\boldsymbol{d}}(t)=\widetilde{C}\widetilde{x}+\widetilde{D}\widetilde{\boldsymbol{w}}\\&\mathscr{E}\{\widetilde{\boldsymbol{w}}(t)\}=0,\mathscr{E}\{\widetilde{\boldsymbol{w}}(t)\widetilde{\boldsymbol{w}}^{\mathrm{T}}(t+\tau)\}=\widetilde{S}_w^2\delta(\tau)\\&\mathscr{E}\{\widetilde{\boldsymbol{x}}(0)\}=\widetilde{\boldsymbol{x}}_0,\mathscr{E}\{(\widetilde{\boldsymbol{x}}(0)-\widetilde{\boldsymbol{x}}_0)(\widetilde{\boldsymbol{x}}(0)-\widetilde{\boldsymbol{x}}_0)^{\mathrm{T}}\}=\widetilde{P}_0\geqslant0\\&\mathscr{E}\{(\widetilde{\boldsymbol{x}}(0)-\widetilde{\boldsymbol{x}}_0)\widetilde{\boldsymbol{w}}^{\mathrm{T}}(0)\}=0\end{aligned}\tag{8.7}$$

与离散时间方程（4.159）相似。由于式（8.7）是连续时间，假设状态矩阵$\widetilde{A}$的特征值位于虚轴上，特征值为0时，可能存在重根。式（8.7）中的统计数据假设$\widetilde{\boldsymbol{w}}$是零均值二阶平稳白噪声，谱密度恒定为$\widetilde{S}_w^2$，且具有脉冲协方差，其中$\delta(\tau)$表示狄拉克函数（参见13.2.1和13.7.3节）。初始状态可以建模为具有均值$\widetilde{\boldsymbol{x}}_0$和协方差矩阵$\widetilde{\boldsymbol{P}}_0$的随机向量，但与任何同时存在的白噪声均不相关正如式（8.7）的最后一个等式所示。这种不相关已经被称为因果约束。原则上，式（8.7）可能无法从输出$\widetilde{\boldsymbol{d}}$观测，也不受噪声$\widetilde{\boldsymbol{w}}$控制，因为输出$\widetilde{\boldsymbol{d}}$可能包括仅由初始状态$\widetilde{\boldsymbol{x}}_0$驱动的多项式分量和三角函数分量（确定性信号）。例如，调谐到角频率为$\widetilde{\boldsymbol{\omega}}$的三角函数分量对应于具有特征值为$\pm\mathrm{j}\,\widetilde{\boldsymbol{\omega}}$的二阶子系统。一阶多项式对应于具有一对零特征值和一个特征向量的二阶子系统。假设三角函数分量和多项式分量是$\widetilde{\boldsymbol{w}}$驱动的方程组的自由响应，则可以简化随机过程和确定性信号的混合情况，那么式（8.7）是可观且可控的。

式（8.7）的最简单模型，是标量型一阶随机漂移[32]，此模型在惯性传感器中也非

常常见（如 8.4 节中的加速度计和 8.5 中的陀螺仪）。

$$\begin{aligned}
&\dot{\tilde{x}}(t)=\tilde{w}_x,\tilde{x}(0)=\tilde{x}_0\\
&\tilde{d}(t)=\tilde{x}+\tilde{w}_d\\
&\mathscr{E}\{\tilde{x}(0)\}=\tilde{x}_0,\mathrm{var}\{\tilde{x}\}=\sigma_0^2,\mathscr{E}\{(\tilde{x}-\tilde{x}_0)\tilde{\boldsymbol{w}}^{\mathrm{T}}(0)\}=0\\
&\tilde{\boldsymbol{w}}=\begin{bmatrix}\tilde{w}_x\\ \tilde{w}_d\end{bmatrix},\quad \mathscr{E}\{\tilde{\boldsymbol{w}}(t)\}=0,\quad \mathscr{E}\{\tilde{\boldsymbol{w}}(t)\tilde{\boldsymbol{w}}^{\mathrm{T}}(t+\tau)\}=\begin{bmatrix}\tilde{S}_{wx}^2 & 0\\ 0 & \tilde{S}_{wd}^2\end{bmatrix}\delta(\tau)
\end{aligned}\tag{8.8}$$

其中，如果［unit］表示$\tilde{x}$的测量单位，那么$\tilde{S}_{wx}^2$的单位为$[(\mathrm{unit/s})^2\mathrm{Hz}^{-1}]$，$\tilde{S}_{wd}^2$的单位为$(\mathrm{unit}^2\mathrm{Hz}^{-1})$；初始状态$\tilde{x}_0$表示常值偏差，并且与任何同时出现的噪声不相关；标量输入噪声$\tilde{\omega}_x$和式（8.8）中的输出噪声$\tilde{\omega}_d$彼此不相关。输出过程$\tilde{d}$是非平稳的，其自相关函数由下式给出。

$$\tilde{R}_d(t,t+\tau)=\tilde{S}_{wx}^2\min(t,t+\tau)+\tilde{S}_{wd}^2\delta(\tau)\tag{8.9}$$

尽管$\tilde{x}$是不平稳的，但是谱密度$\tilde{S}_f^2$可以通过渐进稳定性方程$\dot{\tilde{x}}=-\varepsilon\tilde{x}+\tilde{w}_x$来定义，其中$\varepsilon>0$必须小于下一段中定义的截止频率$f_0$。我们可以得出下式：

$$\begin{aligned}
&\tilde{S}_d^2(f)=\tilde{S}_x^2(f)+\tilde{S}_{wd}^2=\frac{\tilde{S}_{wx}^2}{(2\pi f)^2}+\tilde{S}_{wd}^2,f>\frac{\varepsilon}{2\pi}=f_\varepsilon\\
&\tilde{\sigma}_x^2=\lim_{f\to\infty}\int_0^f\tilde{S}_x^2(\nu)\mathrm{d}\nu<\infty
\end{aligned}\tag{8.10}$$

其中，对于$f<\varepsilon$，$\tilde{S}_x^2(f)$是有界的，则方差$\tilde{\sigma}_x^2$也有界。当频率$f>f_0=(2\pi)^{-1}\tilde{S}_{wx}/\tilde{S}_{wd}>f_\varepsilon$时，伯德图近似平坦，而当$f_\varepsilon<f<f_0$时，伯德图具有$-20\mathrm{dB/dec}$的斜率。式（8.10）第一行中的第一个功率谱密度是一阶随机游走，在惯性传感器领域称为传感器的（长期）零偏不稳定性。该名称描述了由于平均传感器零偏$\tilde{x}_0\varepsilon$邻域内的有界的长期波动。第二项的平方根$\tilde{S}_{wd}$对应于总的谱密度的最小值包络曲线。正如之前所预测的，称为“本底噪声”，这个名称有时指整个仪器的噪声（此处指的是背景噪声）。在惯性传感器领域，对于线性加速度计而言，被称为速度随机游走（velocity random walk，VRW），单位为$[\mathrm{m/(s^2\sqrt{Hz})}]$，对于陀螺仪，它被称为角随机游走（angular random walk，ARW），单位为$[\mathrm{rad/(s^2\sqrt{Hz})}]$。当两个测量值（线性加速度和角速度）中的任何一个对时间积分以生成速度或姿态时，积分的本底噪声变成随机游走，这个名称可能会引起混淆。通过限制陀螺仪，角随机游走的单位$[\mathrm{rad/(s^2\sqrt{Hz})}]$通常简化为$(\mathrm{rad/\sqrt{s}})$，实际上是非 SI 单位（$\mathrm{degree/\sqrt{hour}}$）。实际上，简化后的单位既是$\tilde{S}_{wd}$的单位，也是随机游走增量$\overline{w}_d(t,\Delta t)=\int_t^{t+\Delta t}\tilde{w}_d(\tau)\mathrm{d}\tau$的均方根（RMS）$\overline{\sigma}_w(t,\Delta t)$的单位，即

$$\overline{\sigma}_w(t,\Delta t)=\sqrt{\mathscr{E}\left\{\frac{1}{\Delta t}\left(\int_t^{t+\Delta t}\tilde{w}_d(\tau)\mathrm{d}\tau\right)^2\right\}}=\tilde{S}_{wd}\tag{8.11}$$

练习 2：

证明：式（8.9）中$\tilde{d}$的自相关函数$\tilde{R}_d(t,t+\tau)$的表达式。检验$\tilde{R}_d(t,t+\tau)$表达式中的测量单位。$\delta(\tau)$的单位是什么？

式（8.8）模型极为简洁，因为从随机游走到本底噪声的过渡是沿着逐渐减小的斜率从 20dB/dec 减小到零，如电子设备中的闪烁噪声。对于惯性传感器，相应的随机过程称为（短期）零偏不稳定性。功率谱密度为 $S_b^2/(2\pi f)$，S_b^2 的测量单位为 $(\text{unit/s})^2\text{Hz}^{-1}$ 或 unit^2。本书中未做详细讨论。

在零位测量传感器中，未知被测变量 h 对测量值 $\breve{y}=y(h,u)+\tilde{y}_m$ 的影响，通过控制系统的指令 u 进行补偿，在理想情况下 $y(h,u)=0$。一个简单而通用的传感器模型为以下线性时不变（linear time-invariant，LTI）二阶系统，用拉普拉斯变换表示为

$$\breve{y}(s)=\frac{K_\infty}{s^2}(u+h+d)+\tilde{y}_m \tag{8.12}$$

式中：u 为指令变量；d 为寄生输入；$\tilde{y}_m$ 为 y 的测量误差。给定由适当传感器提供的 h 的测量值 $\tilde{h}$，理想的零位测量和控制指令 u 由下式给出。

$$u(s)=-\breve{h}(s)=-h(s)-d(s)-K_\infty^{-1}(2\zeta\omega_n s+\omega_n^2)\breve{y}(s) \tag{8.13}$$

将式（8.12）代入控制信号 u 的表达式，得到测量误差 $\tilde{h}(s)=u+h$，作为 d 和 $\tilde{y}_m$ 的响应。

$$\tilde{h}(s)=-d(s)-V(s)\frac{s^2}{K_\infty}\tilde{y}_m(s) \tag{8.14}$$

其中，$V(s)=(2\zeta\omega_n s+\omega_n^2)(s^2+2\zeta\omega_n s+\omega_n^2)^{-1}$ 是闭环系统的补灵敏度（complementary sensitivity，CS）。d 的频谱密度主要分布在中、低频段，符合模型［式（8.8）］。s^2 表示二阶导数，因此式（8.14）中的第二项在高频段占主导。总而言之，整体谱密度轮廓呈碗状，如图 8.1 所示。必须滤除高频分量，从而限制有用的测量带宽（bandwidth，BW）。

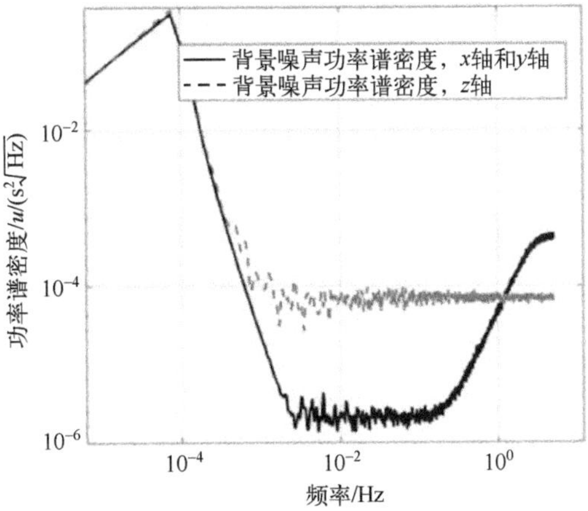

图 8.1　超灵敏科学加速度计线性轴的背景噪声频谱密度

8.2.3　离散时间误差方程

由于测量采样，且嵌入式模型是离散时间的，因此式（8.8）必须转换成离散时间状态方程。状态方程（8.8）与相关噪声统计数据的离散时间转换是实时的，并且根据

$t_i = iT$ 和式（8.11），有

$$\begin{aligned}&\tilde{x}(i+1)=\tilde{x}(i)+T\frac{1}{T}\int_{t_i}^{t_{i+1}}\tilde{w}_x(\tau)\mathrm{d}\tau=\tilde{x}(i)+T\overline{w}_x(i),\tilde{x}(0)=\tilde{x}_0\\&\mathscr{E}\{\overline{w}_x(i)\}=0\\&\mathscr{E}\{\overline{w}_x(i)\overline{w}_x(i+k)\}=\tilde{S}_{wx}^2\delta_k/T\\&\mathscr{E}\{\tilde{x}(i)\overline{w}_x(i)\}=0\end{aligned}\tag{8.15}$$

式中：δ_k 为狄拉克符号；T 为采样时间；$\tilde{S}_{wx}^2$ 的测量单位为 unit²/s，unit 为 $\tilde{x}$ 的单位。

练习 3：

证明：式（8.15）中 $\tilde{x}(i+1)$ 的方差 $\tilde{\sigma}_x^2(i+1)$ 满足

$$\tilde{\sigma}_x^2(i+1)=\tilde{\sigma}_x^2(i)+\tilde{S}_{wx}^2T\tag{8.16}$$

输出方程［（式（8.8）中的第二行］的连续-离散转换取决于噪声滤波器，该滤波器通过调节电子设备和编码实现。考虑两种情况：以滑动平均型的有限冲激响应滤波器（finite-impulse response filters，FIR）和简单的无限冲激响应滤波器（infinite impulse response，IIR）。

1. 有限冲激响应

常见的有限冲激响应滤波器是滑动平均

$$\overline{d}(i)=\frac{1}{T}\int_{t_{i-1}}^{t_i}\tilde{d}(\tau)\mathrm{d}\tau\tag{8.17}$$

当代入式（8.8）的输出方程时，得到

$$\overline{d}(i)=\overline{x}(i)+\overline{w}_d(i)\tag{8.18}$$

由于式（8.15）只提供了采样状态 $\tilde{x}(i)$，因此平均值 $\overline{x}(i)$ 通过从 $\tilde{x}(i-1)$ 到 $\tilde{x}(i)$ 中进行线性插值近似得到

$$\overline{x}(i)=\frac{\tilde{x}(i)+\tilde{x}(i-1)}{2}+\hat{w}_x(i)\tag{8.19}$$

式中：$\hat{\omega}_x(i)$ 为零均值近似误差，与状态变量不相关。通过比较由式（8.19）计算出的 $\overline{\omega}_x$ 的方差 $\hat{\sigma}_w^2$ 与从式（8.17）定义的平均量，得出 $\overline{x}(i)$ 的方差 $\overline{\sigma}_x^2(i)$。借助式（8.15），计算出式（8.19）的方差，得出

$$\overline{\sigma}_x^2(i)=\tilde{\sigma}_x^2(i-1)+\frac{1}{4}\tilde{S}_{wx}^2T+\hat{\sigma}_w^2\tag{8.20}$$

可以证明式（8.17）定义的 $\tilde{x}(t)$ 平均值的方差为

$$\overline{\sigma}_x^2(i)=\mathscr{E}\left\{\left(\tilde{x}(i-1)+\frac{1}{T}\int_{t_{i-1}}^{t_i}\int_{t_{i-1}}^{t_i}w_x(\sigma)\mathrm{d}\sigma\mathrm{d}\tau\right)^2\right\}=\tilde{\sigma}_x^2(i-1)+\frac{\tilde{S}_{wx}^2T}{3}\tag{8.21}$$

由式（8.20）和式（8.21）相等可得

$$\hat{\sigma}_w^2=\left(\frac{1}{3}-\frac{1}{4}\right)\tilde{S}_{wx}^2T=\frac{1}{12}\tilde{S}_{wx}^2T\tag{8.22}$$

由式（8.19）和式（8.22）可知，式（8.18）中的平均漂移 $\overline{d}(i)$ 写作

$$\overline{d}(i)=\frac{\widetilde{x}(i)+\widetilde{x}(i-1)}{2}+\widehat{w}_x(i)+\overline{w}_d(i)$$
$$\mathscr{E}\{\hat{w}_x(i)+\overline{w}_d(i)\}=0 \tag{8.23}$$
$$\mathrm{var}\{\widehat{w}_x(i)+\overline{w}_d(i)\}=\frac{1}{12}\widetilde{S}_{wx}^2 T+\frac{\widetilde{S}_{wd}^2}{T}$$

其中，总噪声方差表明$\widetilde{\boldsymbol{\omega}}_x$和$\widetilde{\boldsymbol{\omega}}_d$不相关。

练习 4：

证明：式（8.20）和式（8.21）成立。

最后，回到式（8.4）中的测量向量，定义$\breve{\boldsymbol{y}}_{\mathrm{ave}}(i)$为$\breve{\boldsymbol{y}}(t)$的平均值，$\overline{\boldsymbol{y}}(i)$为真变量$\boldsymbol{y}(t)$的平均值，$\overline{\boldsymbol{d}}(i)$为式（8.23）中$\overline{d}(i)$的向量表示形式。写为

$$\breve{\boldsymbol{y}}_{\mathrm{ave}}(i)=(I+\partial S(i,\boldsymbol{p},\boldsymbol{z}))S(i,\boldsymbol{p},\boldsymbol{z})\overline{\boldsymbol{y}}(i)+\overline{\boldsymbol{b}}(i,\boldsymbol{p},\boldsymbol{z}(i))+\overline{\boldsymbol{d}}(i), \tag{8.24}$$

其中，$\overline{\boldsymbol{b}}$是零均值平均系统误差，因为（偏差的）平均值已包含在$\overline{\boldsymbol{d}}(i)$状态方程的初始条件中。

2. 无限冲激响应滤波器

假设噪声滤波器是低通的，并且传递函数 $F_d(s)$ 具有脉冲响应 $F_d(t)$，还具有以下低频和高频渐近线，并且受频率响应超调量的有界限制：

$$F_{d0}(s)=\lim_{s\to 0}F_d(s)=1$$
$$F_{d\infty}(s)=\lim_{s\to\infty}F_d(s)=\left(\frac{\omega_d=2\pi f_d}{s}\right)^r,\quad r\geqslant 1 \tag{8.25}$$
$$|F_d(j\omega)|<1+\eta,0<\eta\ll 1,0\leqslant\omega<\omega_d$$

式中：ω_d 为渐近带宽。卷积$\overline{\omega}_y=F_d*\widetilde{\omega}_d$的粗略近似（参见 132.2 节）是带限噪声且其谱密度和方差为：

$$\widetilde{S}_y^2(f)=\begin{cases}\gamma_d\widetilde{S}_{ud}^2, & |f|\leqslant f_d/2\\ 0, & |f|\geqslant f_d/2\end{cases} \tag{8.26}$$
$$\widetilde{\sigma}_y^2=\gamma_d f_d\widetilde{S}_{wd}^2$$

其中，γ_d 复现了精确的方差。有限带宽平坦谱密度噪声等效于时间单位为 $T=1/f_d$ 的离散时间白噪声。此外，在$f_dT\geqslant 1$ 的情况下，降采样离散时间白噪声保持式（8.26）中的方差。考虑一种简单情况，只考虑 $\gamma_d<1$ 的一阶滤波器。在 $f_dT>1$ 的情况下，式（8.23）（第三行方程的最后一项）和式（8.26）的方差相等，这与先前的降采样极限$f_dT\geqslant 1$ 相同。

8.2.4 动力学模型

$\boldsymbol{y}_s$ 和$\breve{\boldsymbol{y}}$之间的动力学取决于传感器的性质、传感器和航天器之间的相互作用，以及电子设备和编码。假设动力学方程是线性的，并且不与通过外生变量 $\boldsymbol{z}$ 表征的航天器动力学相互作用，即 $\boldsymbol{z}$ 不依赖于传感器状态变量。将交叉耦合在式（8.4）的比例因子矩阵 $\boldsymbol{S}$ 中表示，假设 $\boldsymbol{y}_s$（标度真变量）和$\breve{\boldsymbol{y}}$之间的传递矩阵 $\boldsymbol{P}_s(s)$ 是对角的。假定一般元素 P_{sj}，$j=1$，2，…，n_y 是低通的，并包含时间延迟 τ_{sj}，即

$$P_{sj}(s)=F_{sj}(s)\mathrm{e}^{-\tau_{sj}s}$$

$$\lim_{s\to 0}F_{sj}(s)=1,\lim_{s\to\infty}F_{sj}(s)=\left(\frac{\omega_{sj}}{s}\right)^{r_j},\quad r_j\geqslant 1 \tag{8.27}$$

$$|F_{sj}(\mathrm{j}\omega)|<1+\eta_j,0<\eta_j\ll 1,0\leqslant\omega<\omega_{sj}$$

其中，$F_{sj}(s)$是一个低通滤波器，其高频渐近线由带宽 ω_{sj}和相对度 r_j 定义。$F_{sj}(s)$的频率响应超调量定义为$0\leqslant\omega<\omega_{sj}$时的最大偏差$\max_f(|F_{sj}(\mathrm{j}\omega)|)<\eta_j$。

练习 5：

设置 $t_{i-1}=t-T$ 和 $t_i=t$，计算式（8.17）中定义的滑动平均值的传递函数 $F(s)$，当$|s|T/2\ll 1$，其接近纯延迟传递函数 $\mathrm{e}^{-sT/2}$。

8.3 惯性导航传感器

历史上，惯性导航传感器有两种模式：几何模式（平台式）和解析模式（捷联模式）[46]。

（1）在几何模式下，惯性传感器安装在一个稳定的万向节平台上，该平台的惯性角速度被控制为零，即平台系 $\mathscr{P}=\{P,\boldsymbol{p}_1,\boldsymbol{p}_2,\boldsymbol{p}_3\}$ 的姿态矩阵 $\boldsymbol{R}_p^i$ 相对于预先定义的惯性系 $\phi=\{C,\boldsymbol{i}_1,\boldsymbol{i}_2,\boldsymbol{i}_3\}$ 比较理想地保持不变。换言之，平台与卫星的旋转运动是机械隔离的。在飞行器导航中，平台轴线通常是 $\boldsymbol{p}_1$ 向东，$\boldsymbol{p}_2$ 向北，$\boldsymbol{p}_3$ 向天。给定测量的加速度$\breve{\boldsymbol{a}}_p(t)$，惯性加速度矢量从 $\boldsymbol{R}_p^i$ 中获得，并且通过当地重力校正，积分后获得惯性坐标系中的当前位置矢量$\breve{\boldsymbol{r}}_i$，即

$$\breve{\boldsymbol{a}}_i=\boldsymbol{R}_p^i\breve{\boldsymbol{a}}_p,\quad \ddot{\breve{\boldsymbol{r}}}_i(t)=\breve{\boldsymbol{a}}_i(t)+\boldsymbol{g}(t),\quad \breve{\boldsymbol{r}}_i(0)=\breve{\boldsymbol{r}}_{i0} \tag{8.28}$$

平台系最初与当地垂直方向以及正北方向对齐，并记录初始位置$\breve{\boldsymbol{r}}_{i0}$。平台速率积分陀螺仪（参见 8.5.2 节）测量平台坐标轴与目标平台系之间的当前失准角 $\Delta\breve{\theta}_p(t_i)=\int_{t_i}^{t_i+T}\breve{\omega}_p(\tau)\mathrm{d}\tau$。失准角驱动平台万向节电机，使失准保持在零附近（平台稳定）。$\Delta\breve{\theta}_p(t_i)$的积分提供了与平台系相关的载体四元数（参见式（6.78））：

$$\breve{\mathfrak{q}}(t_i+T)=c(t_i)\breve{\mathfrak{q}}(t_i)+s(t_i)\breve{\mathfrak{q}}(t_i)\otimes\Delta\widetilde{\boldsymbol{\theta}}(t_i) \tag{8.29}$$

惯性平台目前用于高精度导航领域。

（2）在捷联模式下，传感器直接安装在载体上（固联在载体上），这意味着测量的矢量在本体坐标系中，并且需要角速度积分以提供姿态四元数$\hat{\mathfrak{q}}$和相应的本体坐标系到惯性坐标系的变换矩阵 $\boldsymbol{R}_b^i(\hat{\mathfrak{q}})$。速率陀螺仪可提供载体角速度$\breve{\omega}_b(t)$。积分该角速度可提供当前本体坐标系到惯性坐标系的四元数。

$$\dot{\breve{\mathfrak{q}}}_b^i(t)=\frac{1}{2}\breve{\mathfrak{q}}_b^i(t)\otimes\widetilde{\breve{\boldsymbol{\omega}}}_b(t),\quad \breve{\mathfrak{q}}_b^i(0)=\breve{\mathfrak{q}}_{b0}^i \tag{8.30}$$

惯性加速度如式（8.28）所示，但这次变换矩阵 $\boldsymbol{R}_b^i(\breve{q}(t))$是可变的，并且是根据四元数计算得出的。

$$\breve{\boldsymbol{a}}_i(t)=\boldsymbol{R}_b^i(\breve{\mathfrak{q}}(t))\breve{\boldsymbol{a}}_b(t),\ddot{\breve{r}}_i(t)=\breve{\boldsymbol{a}}_i(t)+\boldsymbol{g}(t),\breve{\boldsymbol{r}}_i(0)=\breve{\boldsymbol{r}}_{i0} \tag{8.31}$$

8.4 节将介绍加速度计和陀螺仪。如果将惯性系替换为 2.5.3 节中的地球中心地球固连坐标系，那么上述方程式应考虑地球自转。

现代惯性导航可以被视为是航位推算的改进，在越洋航行中，航位推算方法被用来测量经度（航位推算仍在飞行驾驶员的课程中）。经度计算中的累积的不确定性迫使必须要进行固定纬度的导航（相同角度与所有子午线相交的线，在墨卡托投影中显示为直线），而不是大圆航线（沿着最短距离路径的大圆）。1730 年，J. Harrison 的航海计时器将经度不确定性转换为时间测量误差，该计时器的设计目的是以非常低的漂移（小于 3s/天，对应于经度的 0.2mrad/天）来保存参考经度（历史上是格林尼治时间）的时间。通过知道未知经度 λ 处的本地时间 $t(\lambda)$ 和天文钟提供的经度 λ_0 处的参考时间 t_0，计算未知的经度为 $\lambda=\lambda_0+(t-t_0)\omega_e$，其中 ω_e 是相对于地球中心惯性坐标系的平均地球自转角速率（参见 2.5.3 节）。当地时间是通过六分仪观测太阳/恒星在地平线上的高度确定的。自从 1904 年无线电报问世以来，无线电广播时间被用来校正船上的航海计时器。

8.4 加速度计

由于长时间无法进行位置和姿态测量，因此被迫使用惯性导航时，或者出于科学测量的需求加速度计将在空间中应用，如以下情况。

(1) 卫星运载火箭；

(2) 星际航行；

(3) 第 11 章中讨论的无拖曳卫星；

(4) 行星探测器进入、下降和着陆；

(5) 欧洲 GOCE 任务中的科学传感器（2009—2013）；

(6) 战略导弹。

首先，我们将重点放在第三种应用上，在这个应用中，加速度计使作用在航天器上的非保守力能够被测量且被推进驱动器（无拖曳控制）抵消。在此类空间应用中，加速度计同时用于无拖曳控制和科学测量。无拖曳加速度计是非常精细的仪器，由一个小的检验质量（proof mass，PM，也称为验证质量、测试质量）静电悬浮在电极笼中所构成。当检验质量为正六面体时，需要一个六自由度的悬浮控制（质心和姿态）来使检验质量居中并对齐，这种配置还可以提供角加速度测量（六自由度静电加速度计）。在其他应用中，通常使用摆式和振梁式加速度计（VBA）。它们可以用微机电（micro electro mechanical，MEM）技术制造。典型的加速度计误差数据如表 8.2 所示。

表 8.2 典型的加速度计误差数据和应用

序号	应用	偏差/($\mu m/s^2$)	比例因子误差/(ppm)	白噪声/($\mu m/s^2/\sqrt{Hz}$)
1	用于空间科学任务的超精细传感器（GRACE/GOCE 级）质心加速度[10,21,48]	<1	NA	<0.001（对于无拖曳控制） 2×10^{-6}（对于科学模式）
2	用于空间科学任务的超精细传感器（GOCE 级）角加速度	$<1\mu rad/s^2$	NA	$<0.01\mu rad/s^2/\sqrt{Hz}$
3	高性能/战略级	1~100	0.1~10	20~50
4	中等性能/导航级	200~500	20~200	50~200
5	姿态和航向参考系统	1000~5000	300~1000	250~400

8.4.1 六自由度静电加速度计

1. 动力学方程

在6.2.2节中，已经得出了质量为 m_a 的笼式主动悬浮检验质量的质心方程。并根据本体坐标系下检验质量质心 A 和航天器质心 C 之间相对位矢 $\vec{s}$ 的坐标矢量 $\boldsymbol{s}_b$ 来表示。这里 C 被检验质量电极笼的中心 G 代替。相对动力学方程重写为

$$\ddot{\boldsymbol{s}}_b=\frac{\boldsymbol{F}_a+\boldsymbol{F}_d}{m_a}-\boldsymbol{a}_s \tag{8.32}$$

式中：$\boldsymbol{F}_a$ 为本体坐标系中的悬浮力；$\boldsymbol{F}_d$ 为通过构造减弱的寄生力（在6.2.2节中被忽略，但对于传感器噪声推导至关重要）；$\boldsymbol{a}_s$ 为要测量的加速度，与航天器外部加速度 $\boldsymbol{a}_b$ 和科里奥利力、欧拉（或切向）及因物体角速度和角加速度 $\boldsymbol{\omega}_b$ 和 $\dot{\boldsymbol{\omega}}_b$ 而产生的向心加速度都有关。

$$\boldsymbol{a}_s=\boldsymbol{a}_b+2\boldsymbol{\omega}_b\times\dot{\boldsymbol{s}}_b+\dot{\boldsymbol{\omega}}_b\times\boldsymbol{s}_b+\boldsymbol{\omega}_b\times\boldsymbol{\omega}_b\times\boldsymbol{s}_b \tag{8.33}$$

静电悬浮可以用于检验质量姿态控制。

$$\boldsymbol{\omega}_a=\boldsymbol{\omega}_b+\boldsymbol{\omega}=\boldsymbol{\omega}_b+\dot{\boldsymbol{\theta}} \tag{8.34}$$

式中：$\boldsymbol{\omega}_a$ 为检验质量角速度；$\boldsymbol{\omega}$ 为相对于本体坐标系的角速度；$\boldsymbol{\theta}$ 为检验质量相对于电极笼的小失准矢量（欧拉角）。7.2.6节（欧拉运动方程）中的角速度方程为

$$\dot{\boldsymbol{\omega}}_a=-J_a^{-1}\boldsymbol{\omega}_a\times J_a\boldsymbol{\omega}_a+J_a^{-1}(\boldsymbol{M}_a+\boldsymbol{M}_d) \tag{8.35}$$

式中：J_a 为检验质量惯量矩阵；$\boldsymbol{M}_a$ 为静电悬浮力矩；$\boldsymbol{M}_d$ 为式（8.32）中 $\boldsymbol{F}_d$ 的模拟值。通过式（8.34）并且忽略陀螺仪扭矩中相对于 $\boldsymbol{\omega}_d$ 的 $\boldsymbol{\omega}$（检验质量角速度必须理想化为零），式（8.35）变为

$$\begin{aligned}\dot{\boldsymbol{\omega}}&=J_a^{-1}(\boldsymbol{M}_a+\boldsymbol{M}_d)-\boldsymbol{a}_\theta\\ \boldsymbol{a}_\theta&=J_a^{-1}\boldsymbol{\omega}_b\times J_a\boldsymbol{\omega}_b+\dot{\boldsymbol{\omega}}_b\end{aligned} \tag{8.36}$$

式中：$\boldsymbol{a}_\theta$ 为要测量的角加速度。

式（8.32）和式（8.36）可以在定义位姿矢量 $\boldsymbol{p}$ 时合并为一个方程，速度 $\boldsymbol{v}$、指令加速度 $\boldsymbol{a}_u$、扰动加速度 $\boldsymbol{a}_d$ 和测量加速度 $\boldsymbol{a}$ 分别为

$$\boldsymbol{p}=\begin{bmatrix}\boldsymbol{s}_b\\ \boldsymbol{\theta}\end{bmatrix},\boldsymbol{v}=\begin{bmatrix}\dot{\boldsymbol{s}}_b\\ \boldsymbol{\omega}\end{bmatrix},\boldsymbol{a}_u=\begin{bmatrix}\boldsymbol{F}_a/m_a\\ J_a^{-1}\boldsymbol{M}_a\end{bmatrix},\boldsymbol{a}_d=\begin{bmatrix}\boldsymbol{F}_d/m_a\\ J_a^{-1}\boldsymbol{M}_d\end{bmatrix},\boldsymbol{a}=\begin{bmatrix}\boldsymbol{a}_s\\ \boldsymbol{a}_\theta\end{bmatrix} \tag{8.37}$$

由于静电控制指令可以建模为姿态 $\boldsymbol{p}$ 和悬浮注入电压矢量 $\boldsymbol{V}$ 的非线性可逆表达式 $\boldsymbol{a}_u=\boldsymbol{f}(\boldsymbol{p},\ \boldsymbol{V})$，因此总的六自由度动力学方程写作

$$\begin{aligned}\dot{\boldsymbol{p}}&=\boldsymbol{v}\\ \dot{\boldsymbol{v}}&=\boldsymbol{f}(\boldsymbol{p},\boldsymbol{V})-\boldsymbol{a}+\boldsymbol{a}_d\end{aligned} \tag{8.38}$$

其中，$f(0,0)=0$。静电悬浮的一个优点是它同时是执行器和传感器。传感器输出电压 $\boldsymbol{V}_y$ 是位姿 $\boldsymbol{p}$ 加上测量误差 $\widetilde{\boldsymbol{V}}_y$ 的可逆非线性函数 $\boldsymbol{g}(\boldsymbol{p})$，即

$$\boldsymbol{V}_y=\boldsymbol{g}(\boldsymbol{p})+\widetilde{\boldsymbol{V}}_y \tag{8.39}$$

其中，$g(0)=0$。

2. 指令和测量方程

$f(\cdot)$ 和 $g(\cdot)$ 的表达式可以通过处理图8.2中的单个自由度来推导。每个悬浮自由

度由一对电容 $C_- = (d_0-p)^{-1}\varepsilon S$ 和 $C_+ = (d_0+p)^{-1}\varepsilon S$ 组成，其中 $\varepsilon = 8.8\times10^{-12}$ As/(Vm) 是真空介电常数，S 是两个标称相等电容器的平板表面面积，p 是 $\boldsymbol{s}_b$ 的通用分量，即检验质量质心 A 相对于电极笼中心 G 的自由坐标，d_0 是当检验质量位于电极笼中心时的电容器间隙长度，即 $A=G$。

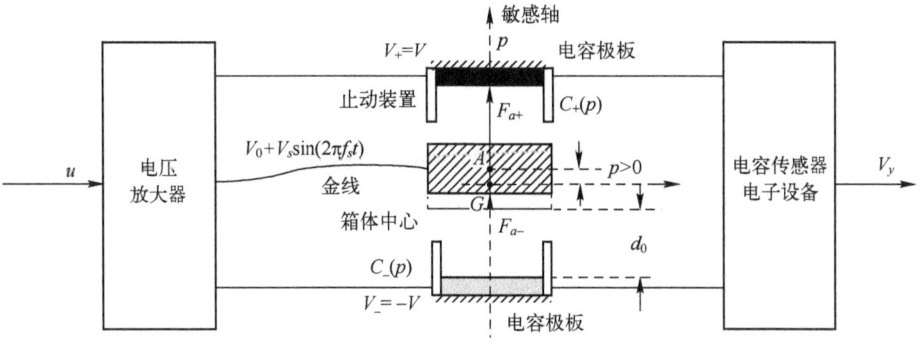

图 8.2　驱动和传感框图

输出电压 V_y, $|V_y|\leqslant V_{y,\max}$ 是由 $V_s\sin(2\pi f_s t)$ 驱动的交流电桥的解调输出，其中 f_s 相对于从零频率到 f_a 的驱动频带 $F_a=\{0\leqslant f<f_a\ll f_s\}$ 足够大。解调输出与差动电容 $\Delta C=C_- - C_+$ 成正比，比例因子 $K_y=g_sV_s(\mathrm{V}^2/(\mathrm{As}))$ 大小取决于 V_s。输出式（8.39）的标量形式表示为

$$V_y=K_y\Delta C(p)=-K_y\frac{2\varepsilon S}{d_0^2-p^2}p+\widetilde{V}_y=-c(p)p+\widetilde{V}_y \tag{8.40}$$

其中，负号补偿式（8.41）和式（8.42）力方程中的指令电压 V 所乘的负号。式（8.40）在由端部止动器固定的检验质量行程范围 $|p|\leqslant p_{\max}<d_0$ 内且在驱动频带 F_a 内有效。总力 $F_a=F_{a+}+F_{a-}$ 是从电容器能量 ∂W_j 沿由 p 定义电容器自由度（degree of freedom, DoF）的梯度所获得的。

$$F_{aj}=\frac{\partial W_j(p,\Delta V_j)}{\partial p}=\frac{1}{2}\frac{\partial C_j(p)}{\partial p}\Delta V_j^2,\quad j=+,- \tag{8.41}$$

式中：ΔV_j 为电容器上的压降。结果表明，式（8.38）中的非线性标量 $f(\cdot)$ 可以通过以下非线性系数写成 p 和 V 的线性组合。

$$\begin{aligned}&f(p,V)=\frac{F_a}{m_a}=a(p,V)p-b(p)V\\&a(p,V)=\frac{2\varepsilon Sd_0(V^2+V_0^2)}{m_a(d_0^2-p^2)^2}>0,\quad b(p)=\frac{\varepsilon S(d_0^2+p^2)V_0}{m_a(d_0^2-p^2)^2}>0\end{aligned} \tag{8.42}$$

式中：V_0 为检验质量的直流电压，由金丝连接供电，指令电压 V 满足 $|V|\leqslant V_{\max}$。金丝连接是导致本底噪声的寄生力和平坦热噪声的来源[47]，如果目标是检验质量沿理想的测地线运动，仅受当地引力影响，则必须去掉金丝，如最近的 LISA Pathfinder 任务（2016）[3]。在这种情况下，为了实现检验质量各自由度的常规或备用悬浮模式，必须通过适当的电容器布局、指令和传感器电压时间分布，以及检验质量充电控制，使 V_0 保持为零。

式（8.38）和式（8.39）的标量形式从式（8.40）和式（8.42）中获得。

$$
\begin{aligned}
&\begin{bmatrix}\dot{p}\\ \dot{v}\end{bmatrix}=\begin{bmatrix}0 & 1\\ a(p,V) & 0\end{bmatrix}\begin{bmatrix}p\\ v\end{bmatrix}+\begin{bmatrix}0\\ 1\end{bmatrix}a_u+\begin{bmatrix}0\\ d=-a+a_d\end{bmatrix}\\
&V_y=-c(p)p+\widetilde{V}_y\\
&a_u=-b(p)V
\end{aligned}
\tag{8.43}
$$

式（8.43）是仿射的（参见 13.2.1 节），状态矩阵的频谱 Λ 为

$$
\Lambda_a=(\pm\sqrt{a(p,V)}=\pm\omega_a) \tag{8.44}
$$

表示式（8.43）对每对(p,V)都是不稳定的。这是一个众所周知的现象：点电荷在静电力的作用之下悬浮是不稳定的，与 J. C. Maxwell[33] 规范化的 Earnshaw 定理一致，即点电荷的集合不能仅仅通过电荷的静电相互作用而保持在稳定的静态平衡状态。稳定化要求静电力是其相对位置和速度的函数（反馈）。

给定检验质量周围 6 个电容对的合适布局，借助于式（8.38）和式（8.39），式（8.43）的形式可转换为以下多元状态方程。

$$
\begin{aligned}
&\begin{bmatrix}\dot{\boldsymbol{p}}\\ \dot{\boldsymbol{v}}\end{bmatrix}=\begin{bmatrix}0 & I_6\\ A(\boldsymbol{p},\boldsymbol{V}) & 0\end{bmatrix}\begin{bmatrix}\boldsymbol{p}\\ \boldsymbol{v}\end{bmatrix}+\begin{bmatrix}0\\ -B(\boldsymbol{p})\end{bmatrix}\boldsymbol{V}+\begin{bmatrix}0\\ -\boldsymbol{a}+\boldsymbol{a}_d\end{bmatrix}\\
&\boldsymbol{V}_y=-C(\boldsymbol{p})\boldsymbol{p}+\widetilde{\boldsymbol{V}}_y
\end{aligned}
\tag{8.45}
$$

平面布局的设计使得$A(\boldsymbol{p},\boldsymbol{V})$名义上是对角的和正定的，这意味着频谱具有 6 对不同的极点，如式（8.44）所示。由于$B(\boldsymbol{p})$和$C(\boldsymbol{p})$是可逆的，因此任何稳定控制器都可以解耦为 6 个标量分量，除非 $\boldsymbol{V}$ 的某些项饱和，这在实现快速悬浮时可能会发生。

3. 加速度测量及误差

再次考虑标量方程（8.43），并假设从基于式（8.43）的状态预测器知道 3 个量$(\hat{p},\hat{v},\hat{d})$。式（8.43）中的不稳定平衡点$(p=0,v=0,a_u=0,d=0)$附近的稳定控制器为

$$
a_u=-b_{\text{nom}}(\hat{p})V=-2\zeta_a\omega_a\hat{v}-\omega_a^2\hat{p}-\hat{d} \tag{8.46}
$$

其受到稳定约束及位姿和电压限制为

$$
\omega_a^2>a(p,V),\zeta_a>0,|\hat{p}|\leqslant p_{\max},\quad |V|\leqslant V_{\max} \tag{8.47}
$$

加速度测量值可由状态观测器提供的加速度估计值给出，即由$\hat{a}=-\hat{d}$给出。实际上，根据测量范围，加速度估计值可能需要比式（8.46）中的$-\hat{d}$更准确。当$\hat{d}$在式（8.46）的 PID 实现中不是已知的，加速度通过一些滤波器 F 由指令加速度估计得出，即$\hat{a}=-F(a_u)$。通过假设 $p\cong 0$ 和 $v\cong 0$ 得到$\hat{a}$的拉普拉斯变换，但并非 $V\cong 0$，因为根据式（8.46），V 必须抵消航天器加速度，即

$$
V(t)\cong b_0^{-1}d(t)=-b_0^{-1}(a(t)-a_d(t)),\quad b_0=b(0) \tag{8.48}
$$

并且在式（8.47）的电压范围内是时变的。如果 $V_{\max}^2\ll V_0^2$（实际上，小一个数量级），式（8.42）中的 $a(0,V)$ 对 $V(t)$ 变得不敏感，就可以在式（8.43）中用 $a_0=a(0,0)$ 替换 a，用 $b_0=b(0)$ 替换 b。在 $V_0=0$ 的情况下，与没有金丝的情况相同，必须用其他方法来保持 $a(0,V)$ 对 V 不敏感，且 $b(0)$ 不等于 0。

通过假设$\hat{a}=-\hat{d}$，可以证明加速度预测误差$\widetilde{a}=a-\hat{a}$的拉普拉斯变换近似为（参见 13.6.2 节）。

$$\widetilde{a}(s) \cong \widetilde{S}(s) a+\widetilde{V}(s)(\partial b\, \hat{a}+a_d-M^{-1}(s) \widetilde{V}_y/c(0)) \tag{8.49}$$

其中：

(1) a 和 a_d分别为式（8.43）中的待测加速度和寄生加速度。

(2) $\widetilde{S}$和$\widetilde{V}=1-\widetilde{S}$分别是状态观测器的灵敏度和补灵敏度，其低频和高频渐近线具有以下典型形式。

$$\begin{aligned} &\lim_{s\to 0}\widetilde{V}(s)=1, \lim_{s\to\infty}\widetilde{V}(s)=(\tilde{f}_v/f)^n, \quad n\geqslant 1 \\ &\lim_{s\to 0}\widetilde{S}(s)=(f/\tilde{f}_s)^m, \lim_{s\to\infty}\widetilde{S}(s)=1, \quad m>n \end{aligned} \tag{8.50}$$

式中：$\tilde{f}_v$ 为补灵敏度带宽；n 为取决于状态观测器设计的相对度；$\tilde{f}_s<\tilde{f}_v$ 为灵敏度带宽；m 为$\widetilde{S}$在复平面零点的基数。

(3) $M(s)$是式（8.3）在 $p\cong 0$ 时的开环传递函数，在假设 $a(0,V)\cong a_0$ 时，其逆 $M^{-1}(s)$为

$$M^{-1}(s) \cong s^2-a_0 \tag{8.51}$$

(4) $\partial b=b_0/b_{\text{nom}}(0)-1$ 是由于式（8.43）中 $b(p)$的不确定度而产生的比例因子误差，其中，由于 $p\cong 0$ 和 $v\cong 0$，误差乘以加速度测量值，而不是式（8.46）中的 a_u。

(5) $\widetilde{V}_y$ 和 $c(0)$分别是式（8.40）中的测量误差和传感器增益。

由于时间域是连续的，因此更倾向于使用状态观测器，但其实现应该在离散时间中进行。

式（8.49）的右侧确定了 4 种类型的加速计误差。

(1) 待测残余加速度$\widetilde{S}(s)a$；

(2) 比例因子误差$\widetilde{V}(s)\partial b\,\hat{a}$；

(3) 寄生加速度$\widetilde{V}(s)a_d$，是造成偏差和低频漂移的原因；

(4) 测量误差$-\widetilde{V}(s)M^{-1}(s)\widetilde{V}_y/c(0)$，这是由于式（8.51）主导的中高频的贡献。

增加灵敏度$\widetilde{S}$的基数 m 有利于提高加速度计的精度，必须根据$\widetilde{a}$的谱密度来进行评估。增加 n 可以限制高频误差和噪声的影响。寄生加速度 a_d 是由结构、热波动和寄生静电力所产生的。它可以在近地轨道上进行星载校准，以达到 GNSS 伪距和伪距率数据所能达到的精度。比例因子误差可以校准。第三部分和第四部分定义了 $a=0$ 情况下的背景噪声。误差公式［式（8.49）］可推广到多变量情形。

练习 6：

假设状态观测器提供输入控制律［式（8.46）］的三元组$(\hat{p},\hat{v},\hat{d})$，试证明等式（8.49）成立。

在$\hat{f}_v$ 以下的频带内，$\widetilde{a}$的背景噪声功率谱密度可以近似为

$$\widetilde{S}_a^2(f) \cong \widetilde{S}_0^2\,(f_0/f)^{2n_0}+\widetilde{S}_1^2+\widetilde{S}_2^2\,(f/f_2)^{2n_2} \tag{8.52}$$

经过渐近假设得

$$\lim_{f\to 0}\widetilde{S}_a(f)=\widetilde{S}_0, \lim_{f\to\infty}\widetilde{S}_a(f)\leqslant \widetilde{S}_2 \tag{8.53}$$

式（8.53）中的渐近线表明f_0 和f_2 是截止频率。当频率$f<f_0$ 或$f>f_2$ 时，频谱密度趋于平坦。中频白噪声的谱密度$\widetilde{S}_1[\mathrm{m}/(\mathrm{s}^2\sqrt{\mathrm{Hz}})]$是背景噪声密度$\widetilde{S}_a(f)$的最小值，称为本底噪声。在惯性导航领域，其被称为速度随机游走，因为积分时会产生速度随机漂

移，单位简化为[m/(s$\sqrt{s}$)]。8.5.2 节将进一步讨论速度/角度随机游走的具体含义。低频随机漂移$\widetilde{S}_0$被称为零偏不稳定性，因为它代表了未知偏差（或残余偏差）在平均值附近的波动。实际上，如 8.2.2 节所提到的，从本底噪声到零偏不稳定性的转变是通过$\widetilde{S}_b^2/f$型谱密度发生的。相应的噪声称为闪烁噪声，主要是由电子设备引起的。噪声第三项将随着频率的升高而增加，这是 8.2.2 节所预期的零位传感器的典型特征，主要由传感器噪声所引起。通过假设当频率$f<\tilde{f}_v$时，$K_y^{-1}\widetilde{V}_y$的谱密度$\widetilde{S}_{V_y}$是平坦的，$f_2 \cong \tilde{f}_v$近似成立，并且在式（8.50）中 $n=2$，可以发现对于 $n_2=n$，有

$$\widetilde{S}_2=(2\pi\tilde{f}_v)^2\,\widetilde{S}_{V_y} \tag{8.54}$$

这证实了在闭环/伺服加速度计中，要使等式（8.52）中的高频噪声分量变小，需要一个低噪声位置传感器。

图 8.1 显示了用于监测地球重力的 GOCE 级超灵敏科学加速度计的仿真频谱密度。纵坐标为[μm/(s$^2\sqrt{\text{Hz}}$)]。x 轴和 y 轴分量显示出与式（8.52）相同的典型碗型轮廓。z 轴分量的灵敏度较低，特别是在 1mHz 以上的中频段，即科学频段。该任务的实验测量已经验证了这种情况[10,48]。

8.4.2 摆式加速度计

如图 8.3 所示，最常见的单轴导航加速度计使用平面摆悬挂检验质量。摆锤、铰链和检验质量构成一个整体结构，由热稳定的非导电材料制成，如 Q-FLEX 加速度计中的石英[15,28]。金属铰链已被成功地用作一种替代方案。微机电加速度计使用晶体硅。检验质量带有再平衡电机的运动线圈。沿扭摆输入轴的位移由差动电容和相关电子设备测量，如 8.4.1 节中的静电加速度计。通过电扭矩提供的再平衡扭矩，扭摆与输入轴的偏差 θ 保持在差动电容的限制范围内。再平衡扭矩的引入提高了传感器的带宽和精度。

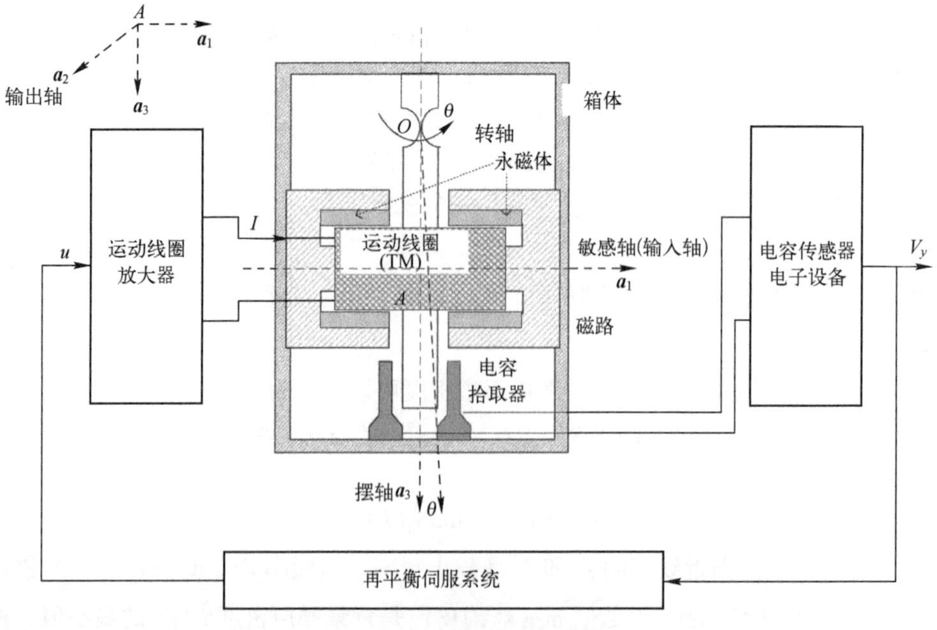

图 8.3　摆式加速度计示意图

在厘米大小的结构中，提供再平衡扭矩的是电磁电机，如 Q-FLEX 系列中的音圈电机。在毫米以下的微机械传感器中，电磁电机被 8.4.1 节所述的静电驱动器所代替。扭矩由测量得到的摆锤偏差 θ（主动或闭环再平衡模式）所驱动的反馈进行控制。检验质量的质心 A 必须与整个摆锤的质心所一致，以避免任何力作用在铰链上。

电磁电机的一个关键问题是其线圈由运动部件承载，所以散热困难。同时此问题因为铰链的高热阻抗而加剧。耗散功率为 $P=I^2R$，其中 I 是再平衡扭矩 M_a所需的力矩电流，R 是线圈电阻。假设力矩作用的力线穿过摆锤质心 A，且 $l_a=|\overrightarrow{OA}|$是铰链到质心的距离，沿图 8.3 中敏感轴方向的质心位移为 $x\cong l_a\theta$，则摆的状态方程写为

$$\begin{aligned}&\dot{x}=v\\&\dot{v}=-\frac{\beta}{J_a}v-\frac{K}{J_a}x+\frac{\Phi}{m_a}I-a+a_d\\&V_y=K_yx+e_y\\&I=Gu,\quad J=m_al_a^2\end{aligned}\tag{8.55}$$

其中，a 前面的负号与式（8.43）的负号相同；K 是铰链绕输出轴 $\boldsymbol{a}_2$的扭转刚度，设计中必须使 K 尽可能低；β 是由内部气体导致的黏性摩擦系数；J_a是绕铰链轴的转动惯量；m_a是集中在质心的等效点质量；$\Phi=2\pi rNB$(Vs/m)是沿线圈轴线的磁通线密度；$I=Gu$ 是由增益为 G(A/V)和输入电压 u 的电压-电流放大器提供的指令电流；a 是要测量的输入加速度；$\boldsymbol{a}_d$是寄生加速度；K_y是电容式传感器的比例因子；e_y是测量误差。其结果 m_al 被称为摆性（pendulosity）。磁通密度 Φ 取决于线圈半径 r、线圈匝数 N 和穿过气隙的磁通密度 B(Vs/m^2)。再平衡扭矩为 $M_a=l\Phi I$。

1. 开环响应

角频率 $\omega_0=2\pi f_0=\sqrt{K/J_a}$是加速度计的开环带宽，频率 f_0大约为 $f_0\approx 20\text{Hz}$。假设式（8.55）中 $v=0$ 且 $I=0$，开环测量方程由下式给出。

$$\hat{a}=-(\omega_{o,\text{nom}}^2/K_{y,\text{nom}})V_y=-K_{a,\text{nom}}V_y\tag{8.56}$$

其中，下标 nom 表示已知（已校准）参数，通过铰链弹性扭矩 $K\theta$ 进行再平衡。如果 $V_0=\omega_0^2(s^2+2s_0\omega_0s+\omega_0^2)^{-1}$ 是开环控制系统，那么测量误差的拉普拉斯变换［类似于式（8.49）］为

$$\tilde{a}(s)=a-\hat{a}=S_0(s)a+V_0(s)(a_d+\partial K_o\hat{a})+K_oe_y,K_o=\omega_o^2/K_y,S_0(s)=1-V_0(s)\tag{8.57}$$

其中，$\partial K_o=K_o/K_{o,\text{nom}}-1$ 是比例因子误差。式（8.56）和式（8.57）表明，由于 K 值的不确定性，开环测量的带宽很窄且不确定，并且 K_o的校准误差受到较大的比例因子误差影响。

2. 闭环响应

如果从 8.4.1 节中的状态观测器所得到的$\hat{x}$、$\hat{v}$和$\hat{d}=\hat{a}+\hat{a}_d$被测量误差污染，那么再平衡加速度为 $a_u=b_{\text{nom}}u$，其中 $b_{\text{nom}}=G_{\text{nom}}\phi_{\text{nom}}/m_{a,\text{nom}}$是校准的命令增益，类似于式（8.46）且满足

$$a_u=b_{\text{nom}}u=-2\zeta_a\omega_a\hat{v}-\omega_a^2\hat{x}-\hat{d}\tag{8.58}$$

通过假设 $\omega_a=2\pi f_a\gg\omega_0,\hat{a}=a_u$，并且通过将真实命令增益写为 $b=G\phi/m_a=b_{\text{nom}}(1+\partial b)$，加速度计误差的拉普拉斯变换与式（8.49）相同，除了控制系统 $V(s)$和传感器增益$c(0)$（现在用 K_y表示），以及$M^{-1}(s)=V_0=\omega_0^2(s^2+2s_0\omega_0s+\omega_0^2)^{-1}$。相对于式（8.57）的改进集中

在待测量的残余加速度和比例因子误差中，该误差应较小且变化较少。寄生加速度 a_d 包括指令量化误差。在闭环实现中，高频误差在其余条件都相同的情况下受到放大因子 $(2\pi f_a/\omega_0)^2$ 的影响而增大，如 8.4.1 节所指出的，放大因子可以通过精确的位移传感器进行补偿。当频率 $f<f_a$ 且 $m\geqslant 2$ 时，精度增益（在精度提高的情况下大于 1），即式（8.57）中 $\tilde{a}$ 的开环功率谱密度和闭环功率谱密度之间的比值 $\tilde{S}_{\text{open}}(f)/\tilde{S}_{\text{closed}}(f)$ 可近似为

$$\frac{\tilde{S}_{\text{open}}(f)}{\tilde{S}_{\text{closed}}(f)}\cong\left(\frac{\omega_a}{\omega_0}\right)^2\left(\frac{\omega_a}{f}\right)^{m-2}\gg 1 \tag{8.59}$$

式（8.49）中的误差分量可以按照与文献［23］中详细的 IEEE 模型方程相对应的方式排列。具体来说，输入轴与摆轴的交叉耦合属于比例因子误差。非线性误差也是如此。零偏和各轴向之间的失准，与寄生加速度有关。

8.4.3 振梁式加速度计

微机械加速度计中，振梁技术的目的是尽可能简化加速度的测量。该加速度是由振动悬臂梁支承的质量为 m_a 的检验质量的输入加速度 a[28]。加速度是在没有位移传感器（如差动电容）和再平衡力矩的情况下测量的，取而代之的是测量梁横向振动的微小变化。振梁式加速度计是开环加速度计。在本质上，检验质量沿输入轴的位移受振动梁的约束，梁的横向振动受检验质量加速度的轴向力作用。通常使用推拉式结构的两根振动梁：一根梁被轴向压缩；另一根梁被拉紧。物理原理来自自由梁的横向振动频率被轴向载荷的加速度修正。下面给出了一个简短的描述，读者可以通过文献［28］了解更多细节。

分析沿 z 轴的小振幅横向振动、它与摆的纵轴 x 正交。从著名的悬臂方程[43]中求出长度为 $\mathrm{d}x$ 的梁微元周围的力矩方程，该梁微元在拉伸情况下承受正的轴向力，在压缩情况下承受负的轴向力[43]。方程为

$$\frac{\partial^2 z(\xi,t)}{\partial t^2}=-\frac{K}{m}\frac{\partial^4 z(\xi,t)}{\partial \xi^4}+\frac{F}{mL}\frac{\partial^2 z(\xi,t)}{\partial \xi^2} \tag{8.60}$$

式中：z 为横向位移；$\xi=x/L$ 为无量纲的纵向坐标；m_b 为梁质量；L 为梁长度；$K=EI/L^3$（N/m）为横向弹性常数，取决于弹性模量 $E(\mathrm{N/m^2})$ 和断面二次矩 $I(\mathrm{m^4})$。通过假设时空分离响应 $z(\xi,t)=Z(\xi)\sin\omega t$ 和适当的边界条件，可以求出振动频率。假设相对于临界（或屈曲）载荷 $F_{cr}=\gamma_{cr}\pi^2KL$ 有较小的轴向力 F，其中 $\gamma_{cr}>1$ 取决于边界条件，基本振动频率 $f_1(0)$ 是 $F=0$ 的频率，但被相应的 F/F_{cr} 修改。通用力 $F=m_a a$ 产生的频率表达式为

$$f_1(a)=\gamma_1\omega_b\sqrt{1+\frac{m_a a}{F_{cr}}} \tag{8.61}$$

其中，$\omega_b=\sqrt{K/m_b}$ 是梁的自然频率，$\gamma_1\geqslant\pi$ 取决于边界条件。频率 $f_1(a)$ 在 $a>0$（拉伸）时增大，在 $a<0$（压缩）时减小。在 $m_a|a|/F_{cr}\ll 1$ 的情况下，张力减去压力，测量频率差 $\Delta f(a)$ 为

$$\Delta f(a)\cong\gamma_1\omega_b\frac{m_a}{F_{cr}}a \tag{8.62}$$

测量误差 $\tilde{a}=a-\hat{a}$，由真值减去根据式（8.62）估计的加速度得到。测量误差取决于频率测量误差、影响 a 的寄生加速度及式（8.62）中的参数可变性。

8.5 陀　螺　仪

陀螺仪传感器（简称陀螺仪）可以根据其使用的物理原理进行分类。

(1) *旋转质量或机械陀螺*，如安装在哈勃望远镜[27,36]上的极其精细的陀螺，由一个转子（旋转质量）组成，相对于安装在机体上的万向节组件以恒定高速率旋转（哈勃望远镜上约 2000rad/s），如图 2.16 所示。因为如 7.4.7 节所指出的，旋转质量的轴是惯性的，所以物体旋转（例如，傅科实验（Foucault experiment）中的地球自转）将反映为转子和物体之间可测量的相对运动。8.5.1 节和 8.5.2 节对其进行了介绍。

(2) *光学陀螺仪分为环形激光陀螺仪*（RLG）和光纤陀螺仪（FOG）。它们没有活动部件，质量轻，但较昂贵。一艘航天器上必须安装 4 个陀螺，以达到最低的冗余度。其共同物理原理是 Sagnac 效应，将在 8.5.4 节中介绍。

(3) 8.5.5 节简要介绍了科氏振动陀螺仪（coriolis vibratory gyro，CVG）的测量原理（也包括振动结构陀螺仪）（详见文献［37，30］）。

8.5.1　旋转质量陀螺仪

虽然现在部分已被光学技术所取代（参见 8.5.4 节），转子陀螺的测量原理仍是重要的物理现象和控制问题。捷联旋转质量陀螺仪的与众不同在于其自由度（单轴和双轴）和支撑旋转转子的方法，不会在万向节轴上产生虚假扭矩[42]。单轴液浮速率积分陀螺仪利用黏性流体的浮力支撑转子组件。双轴动态补偿干式调谐转子陀螺仪通过中间万向节连接到旋转电机轴的挠性枢轴支撑转子。双轴静电悬浮陀螺仪通过周围电容器的静电力支撑自由转子（参见 8.4.1 节）。最精确的航天器陀螺仪是单轴悬浮陀螺仪，有两种不同的再平衡力矩解决方案：速率陀螺仪和速率积分陀螺仪，将在 8.5.2 节中进一步区分。其在 20 世纪 50 年代的发展主要归功于 C. S. Draper 领导的麻省理工陀螺仪设计学院。最常见的双轴陀螺仪是动态调谐陀螺仪，是在 20 世纪 60 年代发展起来的[28]。

文献［25］描述了图 8.4 所示的经典万向节双轴陀螺仪。单轴陀螺仪是通过省略一个自由度来实现的。与文献［25］不同，我们采用 123 欧拉角序列$\{\varphi,\theta,\psi\}$来表示万向节相对于体坐标系的旋转。涉及两个以陀螺仪质心 G 为中心的主坐标系。

(1) $\mathfrak{B}=\{G,\boldsymbol{b}_1,\boldsymbol{b}_2,\boldsymbol{b}_3\}$是与陀螺仪外壳固联的载体的体坐标系。其中，$\boldsymbol{b}_1$可以是任何体轴，具体取决于要测量的自由度，$\boldsymbol{b}_1$是外万向节绕其旋转的轴，旋转角为 φ。

(2) $\mathfrak{N}=\{G,\boldsymbol{n}_1,\boldsymbol{n}_2,\boldsymbol{n}_3\}$是节点坐标系，其中间轴 $\boldsymbol{n}_2$ 与中间万向节旋转轴对齐，中间万向节绕该轴旋转角度 θ。第三个轴$\vec{n}_3$是与旋转角 ψ 相关联的陀螺旋转轴。

当 $\boldsymbol{b}_1=\boldsymbol{n}_3$时，发生万向节自锁对应于 $\theta=\pm\pi/2$。节点坐标系到体坐标系的转换式是 $R_n^b=X(\varphi)Y(\theta)$。

每个万向节轴（外、中、内）都有一个电磁驱动器和一个角度传感器。外万向节与中万向节的驱动器和传感器与角度位置控制有关，而内万向节只与角速度调节有关。

陀螺仪动力学中假设质心 G 是陀螺仪的几何中心，节点轴是中万向节和内万向节的主轴。根据文献［25］，使用前面提到的欧拉角序列 123，通过忽略外万向节动量，

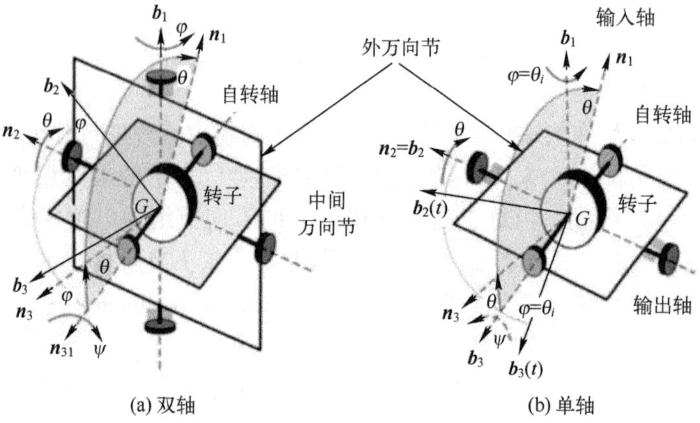

图 8.4　双轴陀螺仪及单轴陀螺仪的示意图

导出在节点坐标系中节点轴的角动量 $\boldsymbol{h}_n$，即

$$\boldsymbol{h}_n=\begin{bmatrix}h_{n1}\\h_{n2}\\h_{n3}\end{bmatrix}=\begin{bmatrix}J_1\,\dot{\varphi}\cos\theta\\J_2\,\dot{\theta}\\J_3\,\dot{\varphi}\sin\theta+J_s\,\dot{\psi}\end{bmatrix},\boldsymbol{\omega}_n=\begin{bmatrix}\omega_{n1}\\\omega_{n2}\\\omega_{n3}\end{bmatrix}=\begin{bmatrix}\dot{\varphi}\cos\theta\\\dot{\theta}\\\dot{\varphi}\sin\theta\end{bmatrix}\tag{8.63}$$

式中：$J_k,k=1,2,3$ 为旋转质量和万向节转动惯量之和；J_s 为旋转质量的转动惯量；$\boldsymbol{\omega}_n$ 为节点坐标系中万向节的角速度。体坐标系角速度由下式给出。

$$\boldsymbol{\omega}_b=\begin{bmatrix}\omega_1\\\omega_2\\\omega_3\end{bmatrix}=R_n^b\boldsymbol{\omega}_n=\begin{bmatrix}\dot{\varphi}\\\cos\varphi\,\dot{\theta}\\\sin\varphi\,\dot{\theta}\end{bmatrix}\tag{8.64}$$

总角动量参考图 8.4 的中间万向节坐标系 $\{G,\boldsymbol{b}_1,\boldsymbol{n}_2,\boldsymbol{n}_{31}\}$，其中 $\boldsymbol{b}_1$ 同时是一个载体体轴和外万向节的旋转轴。总角动量为

$$\boldsymbol{h}=\begin{bmatrix}h_1\\h_2\\h_3\end{bmatrix}=Y(\theta)\boldsymbol{h}_n+\begin{bmatrix}J_o\,\dot{\varphi}\\0\\0\end{bmatrix}=\begin{bmatrix}\dot{\varphi}(J_1\cos^2\theta+J_3\sin^2\theta)+J_s\,\dot{\psi}\sin\theta+J_o\,\dot{\varphi}\\J_2\,\dot{\theta}\\\dot{\varphi}\sin\theta\cos\theta(J_3-J_1)+J_s\,\dot{\psi}\cos\theta\end{bmatrix}\tag{8.65}$$

式中：J_0 为外万向节的转动惯量。

练习 7：

证明：式（8.63）~式（8.65）。

作为列写状态方程的第一步，将 7.2.6 节中的欧拉运动方程应用于角动量 $\boldsymbol{h}_n$，以导出中万向节和内万向节方程。通过假设式（8.63）中的 $J_1=J_2$（圆柱惯量），并用 $\boldsymbol{M}_n=(M_{n1},M_{n2}=M_m,M_{n3}=M_s)$ 表示外部力矩矢量，其中下标 m 表示“中间”，s 表示“旋转质量”，方程式为

$$\dot{\boldsymbol{h}}_n=-\boldsymbol{\omega}_n\times\boldsymbol{h}_n+\boldsymbol{M}_n\tag{8.66}$$

通过提取第二个和第三个方程，即中万向节和内万向节方程，可以发现

$$\dot{h}_{n2} = -\omega_{n3}h_{n1}+\omega_{n1}h_{n3}+M_{n2} = (J_3-J_2)\dot{\varphi}^2\sin\theta\cos\theta+J_s\cos\theta\,\dot{\psi}\dot{\varphi}+M_m$$
$$\dot{h}_{n3} = M_s \tag{8.67}$$

其中，由于圆柱体转动惯量，回转项不进入第二行的内万向节方程。

第二步，将欧拉旋转方程代入式（8.65）中的角动量 $\boldsymbol{h}$，以导出外万向节方程。假设 $J_1=J_2$将方程简化为

$$\dot{h}_1 = M_o \tag{8.68}$$

式中：M_0为外部力矩。

通过代入式（8.63）和式（8.65）及其衍生方程中的动量表达式，式（8.67）和式（8.68）变为

$$J(\theta)\begin{bmatrix}\ddot{\varphi}\\ \ddot{\theta}\\ \ddot{\psi}\end{bmatrix}=\begin{bmatrix}-(J_s\dot{\psi}+2(J_3-J_2)\dot{\varphi}\sin\theta)\dot{\theta}\cos\theta\\ (J_s\dot{\psi}+(J_3-J_2)\dot{\varphi}\sin\theta)\dot{\varphi}\cos\theta\\ -\beta_s\dot{\psi}-J_3\dot{\varphi}\dot{\theta}\cos\theta\end{bmatrix}+\begin{bmatrix}M_{uo}+M_{do}\\ M_{um}+M_{dm}\\ M_{us}+M_{ds}\end{bmatrix} \tag{8.69}$$

其中，

$$\boldsymbol{J}=\begin{bmatrix}I_o(\theta) & 0 & J_s\sin\theta\\ 0 & J_2 & 0\\ J_3\sin\theta & 0 & J_s\end{bmatrix} \tag{8.70}$$

是惯量矩阵，因为分量轴不正交，所以惯量矩阵不对称。式（8.70）中的 $I_0(\theta)=J_0+J_1\cos^2\theta+J_3\sin^2\theta$ 是从外万向节轴表示的转动惯量。力矩 $M_k, k=o,m,s$ 分别被分解为驱动（再平衡）和干扰力矩 M_{uk}和 M_{dk}，β_s是转子浸没的液体的黏性摩擦系数。通过假设 $J_3=J_s$，等同于忽略内万向节转动惯量，并通过将总的旋转质量角速度定义为 $\omega_s=\dot{\psi}+\dot{\varphi}\sin\theta$，可进一步简化式（8.69），此处不做讨论。

练习 8：

证明：式（8.69）。

式（8.69）中的前两个方程是陀螺仪的关键方程。右边的第一项和第二项解释了陀螺效应。围绕一个轴的角速度（输入角速度，即围绕外万向节的速度$\dot{\varphi}$）在具有角动量 J_2，$\dot{\theta}$的中万向节上产生陀螺力矩$(J_s\dot{\psi}\cos\theta+o(\dot{\varphi},\theta))\dot{\varphi}$。通过驱动器力矩（$M_{um}$）进行力矩补偿（或再平衡），使输入角速度$\dot{\varphi}$能够通过相同的力矩 M_{um}进行测量。式（8.69）中的第三个方程是转子动力学，由 M_{us}调节，以保持$\dot{\psi}$恒定并等于恒定参考值$\underline{\omega}_s$。

在$-\pi/2<\underline{\theta}<\pi/2$ 附近，引入扰动 $\delta\theta=\theta-\underline{\theta}$，但远离万向节锁定条件，通过假设恒定的旋转速度，即$\dot{\psi}=\underline{\omega}_s$；和恒定的旋转角动量，即$\underline{H}_s=J_s\underline{\omega}_s$，并将 φ 和角速度组合$(\dot{\varphi},\dot{\theta})$视为在零点附近的扰动，将式（8.69）的前两个方程变为线性时不变系统，即

$$\begin{bmatrix}\dot{\varphi}\\ \delta\dot{\theta}\\ \dot{\omega}_1=\ddot{\varphi}\\ \dot{\omega}_2=\delta\ddot{\theta}\end{bmatrix}=\begin{bmatrix}0&0&1&0\\0&0&0&1\\0&0&0&-\dfrac{\underline{H}_s\cos\underline{\theta}}{I_o(\underline{\theta})}\\0&0&\dfrac{\underline{H}_s}{J_2}&0\end{bmatrix}\begin{bmatrix}\varphi\\ \delta\theta\\ \omega_1\\ \omega_2\end{bmatrix}+\begin{bmatrix}0\\0\\M_o/I_0(\underline{\theta})\\M_m/J_2\end{bmatrix} \tag{8.71}$$

并具有以下特征值：

$$\lambda_{1,2}=0,\lambda_{3,4}=\pm \mathrm{j}\,\underline{\omega}_g,\underline{\omega}_g=\frac{\underline{H}_s\cos\underline{\theta}}{\sqrt{I_o(\bar{\theta})J_2}} \tag{8.72}$$

通过找到变换的角度矢量 $\boldsymbol{q}=[q_1,q_2]$、角速度 $\boldsymbol{p}=[p_1,p_2]$ 和加速度 $\boldsymbol{a}=[a_1,a_2]$ 来研究响应，使得

$$\dot{\boldsymbol{q}}=\boldsymbol{p},\quad \boldsymbol{p}=S\begin{bmatrix}\dot{\varphi}\\ \delta\dot{\theta}\end{bmatrix},\quad \boldsymbol{a}=S\begin{bmatrix}M_o/I_o(\underline{\theta})\\ M_m/J_2\end{bmatrix} \tag{8.73}$$

并且通过传递函数使得复角 $\mathfrak{q}=\mathfrak{q}_1+\mathrm{j}\mathfrak{q}_2$ 和加速度 $\boldsymbol{a}=a_1+\mathrm{j}a_2$ 相关。

$$\boldsymbol{P}(s)=\frac{q(s)}{a(s)}=\frac{1}{s(s-\mathrm{j}\,\underline{\omega}_g)} \tag{8.74}$$

练习 9：

检查线性时不变系统式（8.71）并找到式（8.73）中的转换矩阵 S。然后求出式（8.74）对脉冲加速度 $a(t)=a_0\delta(t)$ 和阶跃加速度 $a(t)=a_1,t>0$ 的受迫响应。脉冲响应对应于自转轴绕沿着由 $(\delta\varphi_0,\underline{\theta}+\delta\theta_0)$ 定义的偏差标称方向的椭圆运动，其中扰动取决于脉冲强度 a_0。由于内部损耗，椭圆运动迅速衰减。阶跃响应包含一个称为万向节游走的漂移。

在图 8.4（b）所示的单轴陀螺仪中，外万向节（双轴陀螺仪的中万向节）绕输出轴 $\boldsymbol{b}_0=\boldsymbol{b}_2$ 的角度 θ 是测量的万向节角度。此外，本体坐标系绕输入轴 $\boldsymbol{b}_i=\boldsymbol{b}_1$ 的角速度 $\dot{\varphi}=\omega_i$ 是要测量的输入变量。通过假设恒定的自旋动量 $\underline{H}_s$ 和一个小角度 θ，通常 $|\theta|\leqslant\theta_{\max}=40\mathrm{mrad}$，式（8.69）中的中万向节方程简化为 $\underline{\theta}=0$ 时的线性时不变系统，即等式（8.71），并且有

$$\begin{bmatrix}\dot{\theta}\\ \dot{\omega}\end{bmatrix}(t)=\begin{bmatrix}0 & 1\\ 0 & -\beta/J\end{bmatrix}\begin{bmatrix}\theta\\ \omega\end{bmatrix}+\begin{bmatrix}0\\ \underline{H}_s/J\end{bmatrix}\omega_i+\begin{bmatrix}0\\ M_u/J+M_d/J\end{bmatrix} \tag{8.75}$$

其中，所有剩余非线性项都被限制在 M_d 中，$\underline{H}_s\omega_1$ 是输入陀螺力矩，M_u 是再平衡力矩，$-\beta\omega$ 是万向节和旋转质量所浸没的阻尼流体的黏性力矩，$J=J_2$ 是万向节轴线的总惯量。式（8.75）可以围绕正交体轴的任何输入输出组合 $(\boldsymbol{b}_i,\boldsymbol{b}_o)$ 进行复制。

8.5.2 测量方程和误差

陀螺测量误差 $\tilde{e}_g$ [17,24,40] 的典型单边谱密度（功率谱密度的平方根）$\widetilde{S}_g(f)$ 如图 8.1 所示为碗状，纵坐标单位为 $\mu\mathrm{rad}/(\mathrm{s}\sqrt{\mathrm{Hz}})$。中频白噪声是如 8.2.2 节所述的角随机游走。中低频噪声模型用式（8.8）近似，但零偏不稳定应描述为闪烁噪声。

练习 10：

给出陀螺仪的噪声数据，

$$\begin{aligned}&\text{角随机游走 ARW}=2(°)/\sqrt{\mathrm{h}}\\ &\text{零偏稳定性}=30(°)/\mathrm{h}\end{aligned} \tag{8.76}$$

如 8.2.2 节所述，使用国际单位制将其转换为谱密度值。

考虑单轴陀螺仪。陀螺仪力矩再平衡既可以通过阻尼流体中的扭杆之类的黏弹性约

束以被动方式进行，也可通过由精确角度传感器（如数字编码器）提供的输出轴角度 θ 的测量驱动反馈以主动方式进行。阻尼液体也可以保护陀螺仪免受冲击和振动。根据再平衡反馈，可以使用两类单轴悬浮陀螺仪[28]。

在速率陀螺仪中，通常通过刚度为 K(Nm/rad) 的扭杆和系数为 β(Nms) 的阻尼流体被动地获得再平衡力矩，但是可以添加电磁电机（力矩器）来增加刚度和带宽。图 8.4 (b) 中输出轴上的万向节角度 θ 由旋转传感器测量。在扭杆刚度和万向节惯量施加的闭环带宽内，测量角度与输入轴角速度成正比。通过定义角频率和阻尼比组合 (ω_g,ζ_g)，式（8.75）变为

$$\begin{bmatrix}\dot{\theta}\\ \dot{\omega}\end{bmatrix}(t)=\begin{bmatrix}0 & 1\\ -\omega_g^2=-\dfrac{K}{J} & -2\zeta_g\omega_g=-\dfrac{\beta}{J}\end{bmatrix}\begin{bmatrix}\theta\\ \omega\end{bmatrix}+\begin{bmatrix}0\\ \dfrac{\underline{H}_s}{J}\end{bmatrix}\omega_i+\frac{1}{J}\begin{bmatrix}0\\ M_u+M_d\end{bmatrix} \tag{8.77}$$

采用拉普拉斯变换，在带宽 $f_g=2\pi/\omega_g\geqslant 20\text{Hz}$ 范围内，测得的万向节角度 $\breve{\theta}$ 与输入角速度 ω_i 成正比，小于测量噪声 $\tilde{\theta}_m$ 及 M_d 的贡献。通过取极限 $s\to 0$，可获得比例等式为

$$\lim_{s\to 0}\breve{\theta}(s)=\frac{\underline{H}_s}{K}\left(\omega_i+\frac{M_d}{\underline{H}_s}\right)+\tilde{\theta}_m \tag{8.78}$$

式（8.77）中的典型值[5]为

$$\begin{aligned}&\underline{H}_s=0.001\text{N}\cdot\text{ms},\quad J=3.5\times10^{-6}\text{kg}\cdot\text{m}^2\\ &\zeta_g\cong 0.8,\quad \omega_g\cong 100\text{rad/s},\quad K=0.3\times10^{6}\text{N}\cdot\text{m/rad}\end{aligned} \tag{8.79}$$

在速率积分陀螺仪中，扭杆被电磁电机（称为力矩器）代替。在开环模式下，典型的稳定平台，再平衡力矩驱动参考角速度 ω_r，由输入速率 $\omega_i=\dot{\varphi}$ 跟踪（参见图 8.4，其中输入角 φ 被 θ_i 替代），即

$$\begin{bmatrix}\dot{\theta}\\ \dot{\omega}\end{bmatrix}(t)=\begin{bmatrix}0 & 1\\ 0 & -2\zeta_g\omega_g=-\dfrac{\beta}{J}\end{bmatrix}\begin{bmatrix}\theta\\ \omega\end{bmatrix}+\begin{bmatrix}0\\ \dfrac{\underline{H}_s}{J}\end{bmatrix}(\omega_i-\omega_r)+\frac{1}{J}\begin{bmatrix}0\\ M_d\end{bmatrix} \tag{8.80}$$

采用拉普拉斯变换，在带宽 $f_g=(2\pi)^{-1}/\omega_g\geqslant 30\text{Hz}$ 范围内，测得的万向节角度 $\breve{\theta}$ 与角跟踪误差 $\tilde{e}_r=\int_0^t(\omega_i-\omega_r)\mathrm{d}\tau$ 成正比，考虑测量噪声 $\tilde{\theta}_m$ 和积分后的 M_d，即

$$\lim_{s\to 0}\breve{\theta}(s)=\frac{\underline{H}_s}{\beta}\left(\tilde{e}_r+\frac{M_d}{s\,\underline{H}_s}\right)+\tilde{\theta}_m \tag{8.81}$$

技术开发致力于尽可能减少由于 $\int_0^t(M_d/\underline{H}_s)\mathrm{d}\tau$ 引起的漂移。式（8.80）中的典型值[5]为

$$\begin{aligned}&H_s=0.001\sim0.07\text{N}\cdot\text{ms},\quad J=3.5\times10^{-6}\sim0.1\times10^{-3}\text{kg}\cdot\text{m}^2\\ &\tau_g=1/\omega_g=1.5\sim3.5\text{ms},\beta=0.001\sim0.04\text{N}\cdot\text{ms}\end{aligned}. \tag{8.82}$$

8.5.3 闭环模式下的速率积分陀螺仪

在捷联应用的闭环模式下，再平衡力矩由 $\breve{\theta}$ 驱动，以抵消输入的陀螺力矩 $\underline{H}_s\omega_i\cong\underline{H}_s\dot{\theta}_i=\underline{H}_s\dot{\varphi}$。速率积分陀螺仪为 8.2.2 节所定义的零位传感器。式（8.80）必须根据积分

陀螺力矩 $\underline{H}_s\theta_i(t)=\underline{H}_s\varphi(t)\cong\underline{H}_s\int_0^t\omega_i(\tau)\mathrm{d}\tau$ 重写为

$$\begin{bmatrix}\dot{\theta}\\ \dot{\omega}_u\end{bmatrix}(t)=\begin{bmatrix}-\beta/J=-1/\tau_g & 1\\ 0 & 0\end{bmatrix}\begin{bmatrix}\theta\\ \omega_u\end{bmatrix}(t)+\begin{bmatrix}0\\ \underline{H}_sF_u/J\end{bmatrix}I_u(t)+\begin{bmatrix}\underline{H}_s\theta_i(t)/J+\omega_d(t)\\ 0\end{bmatrix}$$
$$\breve{\theta}(t)=\theta(t)+\widetilde{\theta}_m(t) \tag{8.83}$$

式中：$M_u(t)=\underline{H}_sF_uI_u$ 为通过比例因子 $F_u(A^{-1}\mathrm{rad/s})$ 与力矩器电流成正比的指令扭矩；$\omega_u(\mathrm{rad/s})$ 为消除（和测量）未知干扰 $\underline{H}_s\theta_i/J+\omega_d$ 并同时保持 $\theta=0$ 所需的综合指令；$\omega_d(\mathrm{rad/s})$ 为积分干扰加速度 M_d/J；$\widetilde{\theta}_m$ 为模型误差，该误差主要由传感器误差和量化误差决定。式（8.83）是一个简单但重要的预测和控制问题的设计模型，该问题将在下文中用嵌入式模型控制方法进行求解和仿真。

假设时间单位 $T=0.1\mathrm{ms}\ll\tau_g$，式（8.83）的嵌入模型变成四阶离散时间方程：

$$\begin{bmatrix}\theta\\ \Delta\theta\\ d_1\\ d_2\end{bmatrix}(i+1)=\begin{bmatrix}1-\beta & 1 & 1 & 0\\ 0 & 1 & 0 & 0\\ 0 & 0 & 1 & 1\\ 0 & 0 & 0 & 1\end{bmatrix}\begin{bmatrix}\theta\\ \Delta\theta\\ d_1\\ d_2\end{bmatrix}(i)+\begin{bmatrix}0\\ b_{\mathrm{nom}}\\ 0\\ 0\end{bmatrix}I_u(i)+\begin{bmatrix}0\\ w_u\\ w_1\\ w_2\end{bmatrix}(i) \tag{8.84}$$
$$\breve{\theta}(i)=\theta+\widetilde{\theta}_m$$

其中，$b_{\mathrm{nom}}=\underline{H}_{s,\mathrm{nom}}F_{u,\mathrm{nom}}T^2/J_{\mathrm{nom}}$ 是已知的指令增益（rad/A）；$\Delta\theta\cong\omega_uT$ 为角度增量，$d_1\cong(\underline{H}_s\varphi/J+\omega_d)T$ 为要测量的用于恢复输入角 $\theta_i=\varphi$ 的干扰（参见图 8.4，其中 θ_i 是替代符号），ω_u 为包括量化误差在内的扭矩噪声。式（8.84）的第一个方程不由噪声信号驱动，如同 7.3.4 节和 7.3.5 节的嵌入模型一样，因为 d_1 包含了式（8.83）最后一个向量中的积分干扰。出于同样的原因，d_1 是由 $\{\omega_1,\omega_2\}$ 所驱动的二阶随机系统的输出。式（8.84）的一个关键性质是 $\Delta\theta$ 不可被 $\breve{\theta}$ 观测，但是能观测 d_1 和 d_2。换言之，$\Delta\theta$ 只能通过积分当前命令 I_u 来得到。通过考虑式（8.84）的所有性质，并用插入符号标记预测变量，噪声估计器变为驱动 $\{\omega_1,\omega_2\}$ 的一阶动态反馈，即

$$\begin{bmatrix}w_1\\ w_2\end{bmatrix}(i)=\begin{bmatrix}L_1 & M_1\\ L_2 & M_2\end{bmatrix}\begin{bmatrix}\breve{\theta}-\hat{\theta}\\ p\end{bmatrix}(i) \tag{8.85}$$
$$p(i+1)=(1-\delta)p(i)+(\breve{\theta}-\hat{\theta})(i)$$

由于 $\Delta\theta$ 不可观测，式（8.85）中的反馈只能选取式（8.84）和式（8.85）的 5 个特征值中的 4 个。

练习 11：

建立式（8.84）的框图，由此可证明 $\breve{\theta}$ 对矩阵 $\boldsymbol{I}_4$ 的列的初始状态向量的 4 个自由响应是线性相关的，从而证明（8.84）是不可观测的。给定互补谱 $\widetilde{\Gamma}=\{\widetilde{\gamma}_1,\widetilde{\gamma}_2,\widetilde{\gamma}_3,\widetilde{\gamma}_4,0\}$，其中最后一个零表示无法由反馈式（8.85）改变的特征值，找到使互补谱 Γ 与 5 个增益 (L_1,L_2,M_1,M_2,δ) 相关的 4 个方程。证明可以将 L_2 设置为零，而不会影响闭环稳定性。

给定 $\hat{d}_1(i)$，这是一步预测，按此方式测量输入角 $\varphi=\theta_i$（两个替代符号）可得

$$\hat{\varphi}(i)=\hat{\theta}_i(i)=\frac{J_{\text{nom}}}{\underline{H}_{s,\text{nom}}T} \tag{8.86}$$

闭环模式设计的第二步是合成一个控制律，该控制律能够抵消 d_1 并保持万向节角 θ 接近于零。由于 d_1 没有并置，即没有与命令 $I_u(i)$ 在同一级别输入［式（8.84)］，因此不能直接由 I_u 抵消，必须调用 13.5.2 节中的 Sylvester 方程：

$$\begin{bmatrix}\boldsymbol{H}+\boldsymbol{Q}\boldsymbol{A}_d\\0\end{bmatrix}=\begin{bmatrix}\boldsymbol{A}&\boldsymbol{B}\\\boldsymbol{C}&0\end{bmatrix}\begin{bmatrix}\boldsymbol{Q}\\\boldsymbol{P}\end{bmatrix} \tag{8.87}$$

其中，

$$\begin{aligned}&\boldsymbol{H}=\begin{bmatrix}1&0\\0&0\end{bmatrix},\boldsymbol{A}_d=\begin{bmatrix}1&1\\0&1\end{bmatrix},\boldsymbol{A}=\begin{bmatrix}1-\beta&1\\0&1\end{bmatrix},\boldsymbol{B}=\begin{bmatrix}0\\1\end{bmatrix},\quad \boldsymbol{C}=[1\quad 0]\\&\boldsymbol{Q}=\begin{bmatrix}q_{11}&q_{12}\\q_{21}&q_{22}\end{bmatrix},\quad \boldsymbol{P}=[p_1\quad p_2]\end{aligned} \tag{8.88}$$

得到的控制律为

$$\begin{aligned}&b_{\text{nom}}I_u(i)=-k_\theta\,\hat{\theta}-k_u(\Delta\,\hat{\theta}+\hat{d}_1)-\hat{d}_2\\&u(i)=\text{int}\left(\frac{I_u(i)}{\rho_u}\right),-N_u\leqslant u(i)<N_u=2^{\mu_u-1}\end{aligned} \tag{8.89}$$

其中，增益对 $K=[k_\theta\quad k_u]$ 必须使 $A-BK$ 稳定，$\rho_u=I_{\max}/\boldsymbol{N}_u$ 是量化因子。

练习 12：

证明： 用式（8.88）求解式（8.87）得到式（8.89)。给定互补谱 $\Gamma_c=\{\gamma_{c1},\gamma_{c2}\}$，计算 K。

因为渐近稳定的 $A-BK$ 确保 $\lim\limits_{i\to\infty}\Delta\,\hat{\theta}(i)=-\hat{d}_1(i)$，$\Delta\,\hat{\theta}(i)$ 是测量 $\varphi=\theta_i$ 的另一个候选项，$\Delta\theta$ 的导数 $b_{\text{nom}}I_u$ 是测量 $\omega_i\cong\dot{\varphi}$ 的候选项，这可以通过类似于式（8.86）的等式来实现。

练习 11 中的状态预测器互补谱 $\widetilde{\Gamma}$ 和 $A-BK$ 的互补谱 Γ_c 的设计重复了 13.5.2 节中的标准设计，控制律带宽 f_c 满足 $f_c>\widetilde{f}_s$，$\widetilde{f}_s$ 是状态预测器灵敏度的带宽，尚未进行优化。从式（8.80）中简化的单轴模型获得了仿真结果，用 M_u 代替了 $-\underline{H}_s\omega_r$。为了增强角随机游走的作用（如表 8.3 中第 9 行和第 10 行所示），模拟了零偏不稳定性的放大噪声 Md。仿真结果如图 8.5 所示。给定 $\widetilde{f}_s=(2\pi T)^{-1}\widetilde{\gamma}_0$，练习 11 的互补特征值 $\widetilde{\gamma}_k\in\widetilde{\Gamma}$ 由式（6.167）计算，且由表 8.3 中第 13 行的 $\{\widetilde{\gamma}_0,\widetilde{\alpha}\}$ 参数化。

表 8.3　闭环模式下的 RIG：仿真参数

序号	参　数	符号	单位	值	备　注
1	转动惯量	J	kg·m^2	3×10^{-6}	无
2	时间常数	τ_g	Ms	1.5	无
3	旋转质量角动量	$\underline{H}_s$	N·m·s	0.001	无
4	扭矩比例因子	F_u	rad/s/A	17.5	无
5	电流范围	$I_{\max}$	A	0.12	双极

续表

序号	参　数	符号	单位	值	备　注
6	电流量化	ρ_u	mA	0.015	14 位
7	万向节传感器量化	ρ_y	μrad	0.8	16 位
8	万向节角度范围	θ_{max}	mrad	26	双极
9	干扰谱密度转换为角速率	$M_d/\underline{H}_s$	μrad/（s $\sqrt{Hz}$）	0.68	角随机游走。产生随机漂移，如图 8.5（b）所示
10	零偏不稳定性	$M_d/\underline{H}_s$	μrad/s	0	忽略
11	输入角速度、幅度	$\omega_i \cong \dot{\varphi}$	μrad/s	100	1Hz 正弦曲线如图 8.5（a）所示
12	输入角速率频率	f_i	Hz	1	如图 8.5（a）所示
13	状态预测器带宽	$\tilde{f}_s$	Hz	≅55	（$\tilde{\gamma}_0$=0.05，$\tilde{\alpha}$=0.5）
14	控制律带宽	f_c	Hz	≅110	Γ_c=｛0.07，0.07｝

图 8.5（a）显示了真实和测量的输入角 $\varphi=\theta_i$（一个加偏置的 1Hz 正弦信号）及测量误差$\tilde{\varphi}=\varphi-\hat{\varphi}$。放大的角随机游走造成的漂移非常明显。输入角由于输入角速度积分而有偏差。图 8.5（b）显示了 $f\leqslant f_s\cong$55Hz 时的测量误差$\tilde{\varphi}$和$\tilde{\omega}_i=\omega_i-\breve{\omega}_i$的仿真谱密度。由于量化噪声的作用，$\tilde{\omega}_i$的谱密度接近于白噪声，大于表 8.3 第 9 行中的角随机游走谱密度。对于 $f>f_s$，如零位传感器所预测的那样，谱密度由于量化噪声而增加。在低频区域，由于闪烁噪声和一阶随机漂移，图 8.5（b）的曲线也应增加，这成为角度测量的二阶漂移。这些都是惯性仪器的典型分量，在特定情况下，可忽略（参见图 8.1）[24]。由于状态预测器带宽的限制，在 1Hz 和其整数倍下的谐振是输入正弦曲线的残差。角误差在 1Hz 振荡的峰值如图 8.5（a）所示，大小是真实角度峰值的约$\frac{1}{50}$，该值接近 f_i=1Hz 时 $f_i/\tilde{f}_s$的比率。$\tilde{\varphi}$的衰减谱密度就是$\tilde{\omega}_i$的积分谱密度。

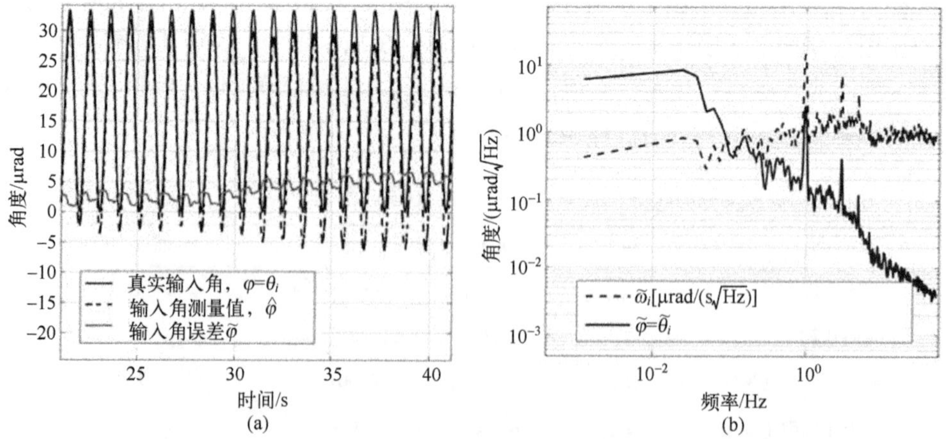

图 8.5　输入角 $\varphi=\theta_i$的真值、测量值和测量误差及 $\varphi=\theta_i$和 $\omega_i\cong\dot{\varphi}$的测量误差的谱密度

8.5.4 光电陀螺仪

与机械陀螺仪相比，光学陀螺仪具有无运动部件且质量轻的优点。它有两种主要技术：环形激光陀螺仪（RLG）和光纤陀螺仪（FOG）。光纤陀螺仪比环形激光陀螺仪开发的更新。两者都是基于萨格纳克效应。目前，光纤陀螺仪在角随机游走方面的精度已经比环形激光陀螺仪高许多，但技术仍在不断进步。光纤陀螺仪的一些优点包括全固态、无运动部件和可扩展性[11,30,9]。这两种光学陀螺都相当昂贵。目前，这两种技术都朝着集成光学陀螺的方向发展[30,9]。

在 1913 年的实验中，萨格纳克（G. Sagnac）证明了在同一点注入并探测到的两个频率稳定的光波的干涉特性是由绕平面正交轴的旋转激励的，它们沿平面内相同的闭合路径传播，方向相反［顺时针（CW）和逆时针（CCW）］。首先，我们先关注的是光纤陀螺仪；然后，是环形激光陀螺仪。

1. 光纤陀螺仪

考虑图 8.6 中的传感器坐标系 $S=\{S,\boldsymbol{s}_1,\boldsymbol{s}_2,\boldsymbol{s}_3\}$ 和平面$(\boldsymbol{s}_1,\boldsymbol{s}_2)$中的光路。传感器坐标系的旋转角速度为$\omega_s$，坐标 $\boldsymbol{\omega}_s=(\omega_{s1},\omega_{s2},\omega_{s3})$，可以用图 8.6中的幅值 $\omega_s=|\boldsymbol{\omega}_s|$和欧拉角$\{\varphi_s,\theta_s\}$来表示。$\boldsymbol{k}$ 轴是沿着光路传播的光波矢量，该光路在平面中由微元 ds 在矢径为 $\boldsymbol{r}$ 的点处定义，其幅值大小为 $\mathrm{d}s=|\mathrm{d}\boldsymbol{s}|$。波矢量的大小为 $k=|\boldsymbol{k}|=2\pi/\lambda$，其中 λ 是波长。速度 $\boldsymbol{v}=\boldsymbol{\omega}_s\times\boldsymbol{r}$ 由 $\boldsymbol{r}$ 定义，幅值大小为 $r=|\boldsymbol{r}|$，产生大小为 $\mathrm{d}\boldsymbol{k}=kv/c$ 的光波位移，c 是光速，并且沿光程的光学相移 dϕ 等于 $\mathrm{d}\phi=\mathrm{d}\boldsymbol{k}\cdot\mathrm{d}\boldsymbol{s}$。相移（rad）的最终表达式为

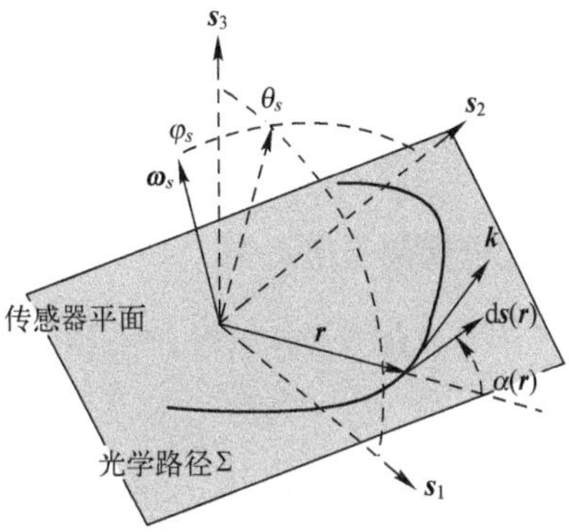

图 8.6 旋转平面上的光路示意图

$$\mathrm{d}\phi=(\boldsymbol{\omega}_s\times\boldsymbol{r}\cdot\mathrm{d}\boldsymbol{s})\frac{k}{c}=\boldsymbol{\omega}_s\cdot(\boldsymbol{r}\times\mathrm{d}\boldsymbol{s})\frac{k}{c}=\frac{k}{c}\omega_{s3}r\sin\alpha\mathrm{d}s \tag{8.90}$$

其中，α 是 d$\boldsymbol{s}$ 和 $\boldsymbol{r}$ 之间的角度。将式（8.90）沿 N 圈闭合光路 Σ 积分，得到总的光学相移为

$$\Delta\phi=\frac{2\pi\omega_{s3}}{c\lambda}N\oint_{\Sigma}r\sin\alpha\mathrm{d}s=\frac{2\pi N2A}{c\lambda}\omega_{s3} \tag{8.91}$$

它与光路包围的面积 A 的两倍成正比，也与光路平面正交的角速度 ω_{s3}成正比，角速度符号现在简化为 ω。为了验证式（8.91）中的积分，通过设置 $\mathrm{d}s=r\mathrm{d}\theta$ 来构造圆形路径。沿周长 $2\pi r$ 的积分变为 $2\pi r^2$，是圆面积的两倍。Sagnac 相移 ϕ_s是沿同一光路的两个反向传播的波（顺时针和逆时针）的相移差，通过比例因子 S_{FOG}与 ω 成正比，即

$$\begin{aligned}&\phi_s=\Delta\phi_{ccw}-\Delta\phi_{cw}=\frac{8\pi NA}{c\lambda}\omega=S_{\mathrm{FOG}}\omega\\&\Delta L=\frac{\phi_s}{k}=\frac{4NA}{c}\omega\end{aligned} \tag{8.92}$$

式中：ΔL 为光程差；λ 为真空波长，尽管传输发生在光纤介质中[30]。允许的光纤陀螺仪的圈数 N 非常高，约为 $N=5000$。$N=1$ 适用于环形激光陀螺仪，因为它们使用了由低热膨胀材料制成的光学谐振器的三角形回路[37]。

从光电探测器的电流 I 检测到 Sagnac 相位差 ϕ_s 为

$$I(t)=I_0(1-\cos\phi_s(t)) \tag{8.93}$$

其中，I_0取决于光电探测器的响应和光波的功率。式（8.93）的微分增益（灵敏度）$\mathrm{d}I/\mathrm{d}\phi_s=I_0\sin\phi_s$在 $\phi_s\to 0$ 时趋近于零，因此妨碍了小角速度的测量（同样的问题影响 8.7 节中的太阳敏感器）。通过将式（8.93）修改为 $I(t)=I_0K_s\sin\phi_s(t)$ 来解决该问题，达到增益 K_s。采用快速相位调制器进行光程长度调制是一种经典的解决方案，它会导致新的相移：

$$\phi=\phi_{ccw}-\phi_{cw}=\phi_s+\phi_m(t-\tau/2)-\phi_m(t+\tau/2) \tag{8.94}$$

式中：$\tau=L/c$ 为沿长度 L 的整个路径的激光传输时间。如果调制相位为 $\phi_m=\phi_0\cos\omega_m t$，那么式（8.94）转换为

$$\phi=\phi_s+2\phi_0\sin(\omega_m\tau/2)\sin(\omega_m t)=\phi_s+\phi_{m0}\sin(\omega_m t) \tag{8.95}$$

新的光电探测器电流为

$$I(t)=I_0(1-\cos\phi(t))=I_0(1-\cos(\phi_{m0}\sin(\omega_m t))\cos\phi_s-\sin(\phi_{m0}\sin(\omega_m t))\sin\phi_s) \tag{8.96}$$

其中，依赖于 ω_m的三角分项可以用贝塞尔函数展开成级数。解调并提取该级数与 $\sin\phi_s$ 成正比的第一阶级数项的幅值，从而解决了 Sagnac 相位测量问题。

如图 8.7（a）所示，相位调制器既可用于开环相位调制，也可用于闭环相位补偿。在这种情况下，与角速度 ω 成正比的 Sagnac 相位 $\phi_s(t)$ 通过由残差$\breve{\phi}_s(t)$驱动的反馈控制律保持接近于零。相位残差由执行解调的检测器系统测量。闭环模型与 11.2 节中的无拖曳控制系统非常相似，因此必须估计和消除干扰 ϕ_s。因为测量的残差$\breve{\phi}_s$必须接近零噪声，所以残差离散时间积分是重建估计$\hat{\phi}_s$的方法，然后将其从零均值调制相位 ϕ_m 中减去后再输入到相位调制器。调制相位可由图 8.7（b）的零均值方波方法实现。通过将循环变量转换为角相位，可以得到图 8.7（b）的模型框图。由于（$(z-1)^{-1}$）是由状态方程实现的，因此延迟不会影响离散时间积分反馈。

通过求解图 8.7（b）的回路，发现 Sagnac 相位估计误差$\tilde{\phi}_s=\phi_s-\hat{\phi}_s$的 Z 变换传递函数为

$$\begin{aligned}&\tilde{\phi}_s(z)=\tilde{S}(z)\phi_s(z)+\frac{z}{(1+\partial S_{\mathrm{FOG}})}\tilde{V}(z)\tilde{\boldsymbol{d}}(z)\\&\tilde{S}(z)=(1+M(z)K(z))^{-1},M(z)=z^{-1}(1+\partial S_{\mathrm{FOG}}),K(z)=F(z-1)^{-1}\end{aligned} \tag{8.97}$$

式中：$\tilde{S}$为灵敏度；$\tilde{V}$为补偿灵敏度；$\partial S_{\mathrm{FOG}}$为式（8.4）中未知的比例因子误差；$\tilde{d}$为式（8.4）中的随机测量误差，$0<F<1$ 是稳定反馈增益。$\partial S_{\mathrm{FOG}}$和$\tilde{d}$包括了从测量到指令的全部不确定度。在第 11 章中，我们将证明一种不含 F 并使灵敏度$\tilde{S}(z)$为任意形状的控制

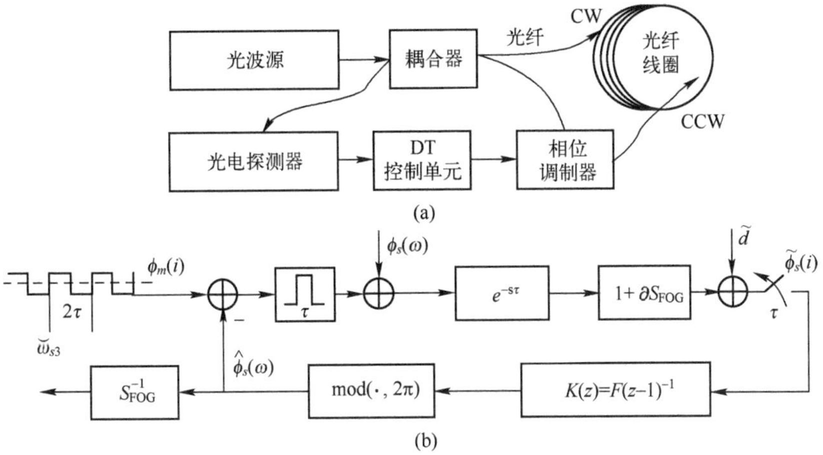

图 8.7　简化的光纤陀螺仪部件和模型框图

算法。Mod(·,2π)函数的作用是保持$0\leqslant\hat{\phi}_s\leqslant 2\pi$。$\breve{\omega}=\check{\omega}_{s3}$通过$\breve{\omega}=S_{FOG}^{-1}\hat{\phi}_s$计算，其中比例因子$S_{FOG}$在式（8.92）中给出。

练习 13：

计算式（8.97）中的$\widetilde{V}(z)$，并找到F，使得在最坏情况下的比例因子误差$\partial S_{FOG,max}\ll 1$时，离散时间闭环特征值保持$\lambda_k=0.5$，$k=1$，2 。

表 8.4 列出了已经实际飞行验证过的欧洲 4 轴航天级光纤陀螺仪的典型全寿命数据[9]。

表 8.4　欧洲光纤陀螺仪的主要数据

序号	参　数	符号	单位	值	备　注
1	角随机游走	$\tilde{S}_{\omega d}$	$\mu rad/(s\sqrt{Hz})$ $\mu rad/\sqrt{s}$	0.035	见式（8.8）与第 8.2.2 节
2	零偏不稳定性	$\tilde{S}_b$	μrad/s	0.0025	见第 8.2.2 节
3	比例因子误差	∂S_{FOG}	（比值）	0.03×10^{-3}	无
4	质量	m	kg	13	总共
5	功耗	W	W	6	单轴
6	寿命	H	year	<15	取决于任务剖面

2. 环形激光陀螺

环形激光陀螺仪具有长度为L的三角形路径的环形光学谐振器（或腔），其中，在$\boldsymbol{\omega}=0$的情况下，建立了腔长正好为波长λ的整数倍的驻波：$m\lambda=L$，其中m表示整数，如图 8.8 所示。转换为光学频率$\nu=c/\lambda$(Hz)（区别于傅里叶频率f），而ν和L的微分提供空腔的标准方程和微元方程。

$$\text{标准方程}: mc=L\nu$$
$$\text{微元方程}: \Delta\nu=\nu\frac{\Delta L}{L}=c\frac{\Delta L}{\lambda L} \tag{8.98}$$

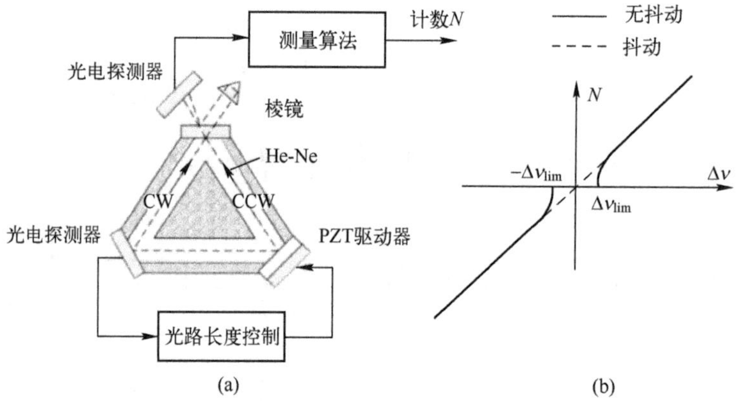

图 8.8　环形激光陀螺示意图及传感器响应的死区

如果式（8.98）中的 ΔL 由 Sagnac 效应产生，就用式（8.92）中的 ΔL 代替 $N=1$ 得到基本的环形激光陀螺仪方程，其中 Sagnac 频移 $\Delta\nu_s$ 代替光纤陀螺仪的相移。

$$\Delta\nu_s=\frac{4A}{\lambda L}\omega \tag{8.99}$$

如果光程长度 L 保持恒定，那么式（8.99）中的增益不确定性可以忽略不计，L 是由作用在位于 3 个顶角之一的反射镜上的压电陶瓷执行器提供的。执行器由 He-Ne 混合气体中光波的频率变化驱动，将混合气体的标称波长保持在大约 $\lambda\cong 0.633\mu\text{m}$ 处。利用合适的光学器件使顺时针光路和逆时针光路进行干涉，使其沿光电探测器的一个轴产生正弦电流信号（干涉条纹），可以写为

$$I(t)=I_0\left(1+\cos\left(2\pi\Delta\nu_s t+2\pi\frac{\gamma x}{\lambda}+\varphi_0\right)\right) \tag{8.100}$$

式中：φ_0 为恒定相位差；γ 为固定正弦周期 λ/γ 的波矢量之间的夹角；x 为光电探测器坐标。在 $\Delta\nu_s=0$ 定义的静止状态下，光电探测器上的条纹图案是稳定的。当环形激光陀螺仪旋转时，条纹沿旋转方向运动，光电元件看到的条纹最大值的频率为 $\Delta\nu_s(t)$。在持续时间 T（积分时间）的时间间隔 $t_{i-1}\leqslant t<t_i$ 内，计数的条纹最大值（脉冲）数量 $N(i)$ 给出平均 Sagnac 频率，由式（8.99）得到角增量 $\Delta\psi(i)$。

$$N(i)=\int_{t_{i-1}}^{t_i}\Delta\nu_s(\tau)\,\mathrm{d}\tau=\frac{4A}{\lambda L}\int_{t_{i-1}}^{t_i}\omega(\tau)\,\mathrm{d}\tau=\frac{4A}{\lambda L}\Delta\psi(i)=S_{\mathrm{RLG}}\Delta\psi(i) \tag{8.101}$$

因此，环形激光陀螺仪是速率积分陀螺仪，适用于 8.2.2 节、8.2.3 节和 8.5.2 节中的模型误差。

环形激光陀螺仪的关键问题之一是 $|\Delta\nu_s|\leqslant\Delta\nu_{\lim}$ 的逆时针光波和顺时针光波频率同步（锁定），它强制使该范围内（图 8.8（b）中的死区）测量为零，$N(i)=0$。两个频率同步是因为逆时针光波和顺时针光波振荡器之间的弱耦合[39]。消除锁定的一种方法是以大于极限角速度 $\omega_{\lim}$ 的峰值角速度 ω_D 来回旋转陀螺仪（抖动），通过式（8.99）对应于 $\Delta\nu_{\lim}$。振荡幅度 a_D 和峰值角速度 ω_D 的设计使锁定区的停留时间 $T_{\lim}$ 远小于积分时间 T，从而导致

$$T_{\lim}\cong\frac{2\omega_{\lim}}{\omega_D^2\alpha_D}\ll T \tag{8.102}$$

单轴环形激光陀螺仪的典型数据如表 8.5 所示。

表 8.5 单轴环形激光陀螺仪的典型数据

序号	参 数	符 号	单 位	值	备注/方程
1	范围	ω_{max}	rad/s	20	双向
2	比例因子	S	计算/rad	$\cong 200\times10^3$	式（8.101）
3	角随机游走	$\tilde{S}_{wd}$	$\mu rad/(s\sqrt{Hz})$ $\mu rad/\sqrt{s}$	0.7~1	式（8.8）和 8.2.2 节
4	零偏不稳定性	$\tilde{S}_b$	μrad/s	0.025~0.04	8.2.2 节
5	对准误差	$\lvert\theta\rvert$	mrad	1	比例因子误差 ∂S
6	比例因子误差	∂F	（比值）	$<0.01\times10^{-3}$	无
7	磁场灵敏度	$\partial b/\partial B$	μrad/s/mT	0.1	偏差
8	积分时间	τ	ms	0.5	典型，延迟 0.1ms
9	质量	m	kg	6	无
10	能量	W	W	<25	无

8.5.5 科氏振动陀螺仪

科氏振动陀螺仪（Coriolis vibratory gyroscope，CVG）的测量原理是：一个沿着体轴 $\boldsymbol{b}_1$ 和 $\boldsymbol{b}_2$ 的二维平面振荡器，测量由科里奥利加速度导致的绕正交轴 $\boldsymbol{b}_3$ 的角速度 $\omega\boldsymbol{b}_3$，分别用 r_1 和 r_2 表示传感器质量位移，用 ω_1 和 ω_2 表示振荡器沿 $\boldsymbol{b}_1$ 和 $\boldsymbol{b}_2$ 的自然角频率。由于 $\omega\ll(\omega_1,\omega_2)$，忽略向心加速度和欧拉加速度，得到以下二维微分方程。

$$\begin{bmatrix}\ddot{r}_1\\ \ddot{r}_2\end{bmatrix}(t)=-\begin{bmatrix}\omega_1^2 r_1\\ \omega_2^2 r_2\end{bmatrix}-2\begin{bmatrix}\zeta_1\omega_1 & -\omega\\ \omega & \zeta_2\omega_2\end{bmatrix}\begin{bmatrix}\dot{r}_1\\ \dot{r}_2\end{bmatrix}+\begin{bmatrix}a_1\\ a_2\end{bmatrix} \tag{8.103}$$

式中：a_1 和 a_2 均为振荡运动的持续加速度。在开环模式下，传感轴 $\boldsymbol{b}_1$ 输入加速度为零，即 $a_1=0$，而 a_2 通过振幅和频率控制律，使 r_2（沿驱动轴）在与 $r_2(t)=R_2\sin\omega_2 t$ 相对应的固有频率 ω_2 处振荡。由 ω 调制的驱动轴振荡的导数 $\dot{r}_2$ 使得传感轴振动。假设 $\omega_1\cong\omega_2$ 且稳定，从式（8.103）的第一个方程得到

$$\dot{r}_1(t)=-\omega\frac{R_2\omega_2}{\zeta_1\omega_1}\cos\omega_2 t\cong-\omega\frac{R_2}{\zeta_1}\cos\omega_2 t \tag{8.104}$$

其中，$\dot{r}_1$ 的可测量振幅与 ω 成正比。在闭环（或零位测量）模式下，加速度 a_1 被合成，以使传感轴振荡归零，这意味着 a_1 的振幅与 ω 成正比。

8.6 全球导航系统

8.6.1 简介

截至 2009 年，美国全球授时与测距导航定位系统（NAVigation system with time and ranging global positioning system，NAVSTAR GPS）是唯一可运行的全球导航卫星系统。

2013 年，俄罗斯 GLONASS 也作为全球导航系统投入使用。

GPS 是一个卫星无线电导航、定位和授时系统，始建于 1973 年，于 1994 年 3 月建成，并于 1995 年投入使用。GPS 在世界时下提供全球范围内的三维位置、速度和时间（参见 2.5.7 节）。GPS 通过卫星广播信号，这种信号对位置和时间进行高精度编码，这种高精度编码以机载原子钟为时间基准。在这里，将介绍传统 GPS，而不涉及当前的改进[26]。

GPS 卫星发射的微波载波信号有两个主要频率 L1（$f_{L1}=1575.42\text{MHz}, \lambda_{L1}\cong 19\text{cm}$）和 L2（$f_{L2}=1227.60\text{MHz}, \lambda_{L1}\cong 24\text{cm}$）。第二个频率支持测量和校正电离层信号延迟。需要考虑信号延迟。

如图 8.9 所示，在载波上调制 3 个二进制码。

（1）粗捕获（C/A）码是一种 1023bit（1ms 时间内）的短伪随机码（pseudo random number，PRN），是每颗卫星特有的。它使用 XOR（异或）操作来调制导航数据，该操作区分相等位（FALSE）与不同位（TRUE）。导航数据进而使用二进制相移键控（BPSK）调制器来调制 L1 载波。BPSK 通过改变波相来调制正弦波。当调制位改变时，二进制调制改变载波的符号。缓慢变化（20ms 1bit）的导航数据由快速变化的（$f_{C/A}=1.023\text{MHz}$，$\lambda_{C/A}\cong 290\text{m}$）PRN 调制，从而使信号具有较强的抵抗意外干扰和故意干扰的能力。这种技术被称为直接序列扩频技术，最早是由奥地利女演员 H. Lamarr 和美国作曲家 G. Anthell 于 1941 年发明的，用于保护军用无线电链路免受故意干扰[1]。

（2）图 8.9 中未列出的精码（P）是一个长约 6×10^{12}bit，相当于一周时长的 PRN 码。它同时调制 L1 和 L2 载波相位，是授权服务的基础。当反欺骗模式启用时，P 码被加密（Y 代码）。限制授权服务的另一种方法是选择可用性（SA），该功能现在已关闭。它的工作原理是降低民用信号的准确性。对于标准 GPS 接收机，SA 为精度最低情况。

（3）导航数据以 50bit/s 传输，被添加到 L1 载波上的 C/A 和 P（Y）码中。它包含低精度（历书数据）和高精度（广播星历）卫星轨道数据和时钟校正。

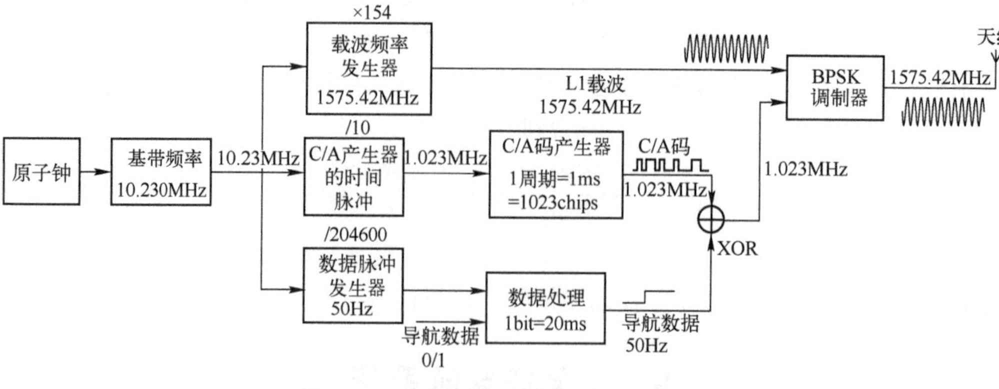

图 8.9　GPS 卫星码生成框图（L1 载波）

GPS 由以下 3 个部分组成。

（1）空间部分由 24 个航天器组成，它们分布在 6 个轨道平面 $k=0,1,\cdots,5$ 上，其升交点赤经为 $\Omega_k=\Omega_0+k\pi/3$，平均轨道倾角 $i=0.96\text{rad}$。每个轨道包含 4 颗均匀分布的卫星。轨道接近圆形（$e\cong 0.003$），半长轴约为 $a\cong 26569\text{km}$，对应于飞行高度 $h=$

20180km，相应的半恒星日轨道周期为86164.091/2s，比半标准太阳日86400/2s短约2分钟。

（2）控制部分由几个地面站组成，这些地面站监测系统的状态，并保持系统正常运行。

（3）两个用户部门负责运行管控："民用"标准定位服务（SPS）在全球范围内提供定位和计时信息，精确定位服务（PPS）则向授权用户提供数据。

8.6.2 伪距和伪距率方程

GPS的定位基本上依赖于测量有偏的单程距离数据，称为伪距。此处不涉及执行测量的数字电子设备细节[25]，原理如下。

（1）GPS控制部分维持GPS全球时间 t_s。由于时间基准来源不同，卫星时钟时间 $\breve{t}_{ls}$ 和接收机时钟时间 $\breve{t}_{lr}$ 分别受GPS全球时间 t_s 与接收机全球时间 t_r 的时变偏移 δt_s 和 δt_r 影响。表达式为：

$$
\begin{aligned}
\breve{t}_{ls} &= t_s + \delta t_s \\
\breve{t}_{lr} &= t_r + \delta t_r
\end{aligned}
\tag{8.105}
$$

其中，上侧的符号 $\breve{}$ 表示测量值。

（2）在本地时间 t_s 发送的20ms长的L1 C/A码在 $\breve{t}_{lr} = \breve{t}_{ls} + \Delta\breve{t}$ 时刻接收，其中 $\Delta \breve{t} \leqslant c\Delta r_{\max} \cong 76\text{ms}$，与卫星的最大距离由 $\Delta r_{\max}$ 表示。接收机从接收到的代码中恢复传输时间 t_s，并重建伪距 $\Delta\breve{\rho} = c(\breve{t}_{lr} - \breve{t}_{ls}) = c\Delta\breve{t}$，真空中的光速 $c = 299.8\times10^6\text{m/s}$。未知的真实距离 Δr 定义为 $\Delta r = c(t_r - t_s)$。空间接收机的伪距精度小于0.5m，远小于编码波长 $\lambda_{\text{C/A}} \cong 290\text{m}$ 的1%。

（3）伪距也可以从频率为 f_s 的卫星载波信号中获得，该信号通过闭环电子设备（锁相环）与频率为 f_r 的本地载波信号相位对准。对准指令信号测量两个信号的相位差 $\Delta\breve{\phi} = \breve{\phi}_r - \breve{\phi}_s$（以波长的分数表示），乘以平均波长 λ，可提供相位伪距（简称相位）$\Delta\breve{\rho}_\phi = \lambda\Delta\breve{\phi}$。在载波频率偏移的二阶多项式模型的精度范围内，可确保相位连续对准，公式记作 $\Delta f = \Delta f_0 + \Delta\dot{f}_1 t + \Delta\ddot{f}_2 t^2$。

（4）相同的校准电子设备（或特定电子系统）提供相位差的时间导数 $\Delta\dot{\breve{\phi}}(t)$，由此可得相位伪距的时间导数为 $\Delta\dot{\breve{\rho}}_\phi = \lambda\Delta\dot{\breve{\phi}}$，称为伪距率（简称距离变化率或多普勒测量）。

使用式（8.105），从第 k 颗GPS卫星的C/A码中恢复的伪距 $\Delta\breve{\rho}_k, k = 1, 2, \cdots, n$，被定义为

$$
\Delta\breve{\rho}_k = c\Delta\breve{t}_k = c(t_{rk} - t_{sk}) + c(\delta t_{rk} - \delta t_{sk}) = \Delta r_k + c\delta t_k \tag{8.106}
$$

时间误差 δt_k 可以分解为主要由用户时钟引起的未知共同误差 δt，卫星时钟校正 $\delta\hat{t}_k$、大气延迟 $\delta t_{ak} > 0$（仅由于空间的电离层，参见8.6.6节）。最终 δt_k 变成一个可变误差 $\Delta\tilde{\rho}_k = c(\delta t_k - \delta\hat{t}_k - \delta t - \delta t_{ak})$，包括所有剩余的误差源（尤其是星历误差），称为用户等效测距误差。因此式（8.106）重写为

$$
\Delta\breve{\rho}_k(t) = \Delta r_k(t) + c(\delta t(t) + \delta\hat{t}_k(t) + \delta t_{ak}(t)) + \Delta\tilde{\rho}_k(t) \tag{8.107}
$$

在本地测量时间 $t=\breve{t}_{lr}$，卫星到接收机的载波相位（下标 k 暂时不计）通过从初始时间$t_{r0}=0$（可能是接收机的开机时间）到当前时间$\breve{t}_{lr}$的频率信号积分获得。

$$
\begin{aligned}
&\breve{\phi}_s(t)-\phi_{s0}=\int_{t_0}^{t_{lr}} f_s \mathrm{d}\tau=f_s(t_s+\delta t_s-t_{r0})=f_s\left(t_r-\frac{\Delta r}{c}+\delta t_s\right)\\
&\breve{\phi}_r(t)-\phi_{r0}=\int_{t_0}^{t_{lr}} f_r \mathrm{d}\tau=f_r(t_r+\delta t_r)
\end{aligned}
\tag{8.108}
$$

其中，δt_s和δt_r不仅包括式（8.105）中的时钟误差，还包括式（8.107）中的大气路径误差和其他误差，Δr 是要估计的真实距离，假定频率f_s和f_r为在时间上恒定，$N=\phi_{r0}-\phi_{s0}$是由整数个波长 λ 计算的未知初始整周相位差。如果接收机载波连续跟踪卫星载波，那么 N 不变。如果失去跟踪，那么开始新的载波对准，并建立新的 N（会发生周跳，cycle slip）。取差 $\Delta\breve{\phi}=\breve{\phi}_r-\breve{\phi}_r$，并用$f_s=c/\lambda$ 替换f_r，可得出相位方程。

$$
\Delta\breve{\rho}_{\phi}(t)=\lambda\Delta\breve{\phi}(t)=\Delta r+c(\delta t_r-\delta t_s)+N\lambda \tag{8.109}
$$

频率差$|f_r-f_s|$是一个可以忽略的误差，因为通过假设对于$f=f_r\cong f_s=f_{\mathrm{L1}}\cong 1.5\mathrm{GHz}$，频率短期稳定度$\partial f=\Delta f/f\leqslant 10^{-12}$，在 $\Delta t_{\max}\cong$ 76ms 的最大传播时间期间，部分伪距误差$\partial\rho=\partial f\cdot f\Delta t_{\max}$ 小于 C/A 码波长的 0.015%，并且小于前面提到的典型伪距不确定性。差分时间误差 $\delta t_r-\delta t_s$ ［如式（8.107）］ 的分解和 GPS 卫星下标 k 的引入产生了新的相位方程。

$$
\Delta\breve{\rho}_{\phi k}(t)=\Delta r_k(t)+c(\delta t(t)+\delta\hat{t}_k(t)-\delta t_{ak}(t))+N_k\lambda+\Delta\tilde{\rho}_{\phi k}(t) \tag{8.110}
$$

当未知整周数 N_k 仅取决于 GPS 卫星而不取决于历元 t 时，大气误差 $\delta t_{ak}(t)$ 与式（8.107）相同，根据 8.6.6 节符号为负，$\Delta\tilde{\rho}_{\phi k}$与式（8.107）中 $\Delta\tilde{\rho}_k$类似。

GPS 接收机的最后一项测量是伪距率 $\Delta\dot{\rho}_{\phi k}$，在 λ 为常数的情况下，式（8.110）对时间求导得到：

$$
\Delta\breve{\dot{\rho}}_k(t)=\Delta\dot{r}_k(t)+c(\delta\dot{t}(t)+\delta\dot{\hat{t}}_k(t)-\delta\dot{t}_{ak}(t))+\Delta\tilde{\dot{\rho}}_{\phi k}(t) \tag{8.111}
$$

其中，$\Delta\tilde{\dot{\rho}}_k$表示所有剩余误差，$\delta\dot{t}$ 和 $\delta\dot{\hat{t}}_k$分别是常见的未知和已知的时钟漂移，$\delta\dot{t}_{ak}$是大气作用引起的漂移。

式（8.106）、式（8.110）和式（8.111）是在同一接收时间 t 得到的。实际上，接收时间是不同的，因为它们取决于每个测量的精细延迟。为了简单起见，我们假设接收时间相同。

8.6.3 位置和速度估计：SPS 求解

标准位置、速度和时间服务（SPS，也称为单点定位）在每个接收时间点$\breve{t}=t$ 处使用式（8.107）中的码伪距测量值 $\Delta\breve{\rho}_k$和式（8.111）中的载波伪距率测量值 $\Delta\breve{\dot{\rho}}_k$。另一种方法是将式（8.110）中的相位测量值 $\Delta\breve{\rho}_{\phi k}$与 $\Delta\breve{\rho}_k$相结合，该方案类似于卡尔曼滤波器（参见 8.6.5 节和 13.7.4 节）。为此，相位测量的时间增量$(\Delta\breve{\rho}_{\phi k}(i)-\Delta\breve{\rho}_{\phi k}(i-1))/T$ 起到距离变化率的作用，该作用类似于陀螺仪传感器的角度增量，它与姿态传感器的测量相结合，如 6.6 节中所述。我们从标准估计开始。

考虑一颗近地轨道（low earth orbit，LEO）卫星（用户），其高度低于 GPS 高度 $h_s=20180\text{km}$。惯性坐标系中的航天器质心坐标矢量用 $\boldsymbol{r}$ 表示（图 8.10）。用 $\boldsymbol{s}_k,k=1,2,\cdots,n$，表示可见 GPS 卫星的质心坐标矢量，并将相对位置和真实距离 Δr_k定义为

$$\Delta\boldsymbol{r}_k=\boldsymbol{s}_k-\boldsymbol{r}=\begin{bmatrix}s_{1k}-r_1\\s_{2k}-r_2\\s_{3k}-r_3\end{bmatrix},\Delta r_k=|\Delta\boldsymbol{r}_k|>0 \tag{8.112}$$

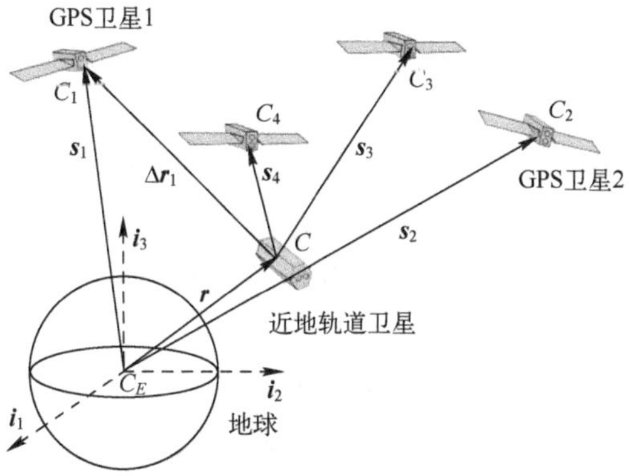

图 8.10　卫星间位置测量的几何示意图

将真实距离变化率 Δv_k定义为矢量速率 $\Delta\dot{\boldsymbol{r}}_k$沿距离矢量 $\Delta\boldsymbol{r}_k$的投影。Δv_k可以是正的，也可以是负的，因此可得出

$$\Delta\dot{\boldsymbol{r}}_k=\dot{\boldsymbol{s}}_k-\dot{\boldsymbol{r}}=\boldsymbol{v}_k-\boldsymbol{v}\Rightarrow\Delta v_k=\frac{\Delta\boldsymbol{r}_k}{\Delta r_k}\cdot\Delta\dot{\boldsymbol{r}}_k \tag{8.113}$$

式（8.106）变为

$$\Delta\breve{\rho}_k=\Delta r_k+c\delta t_k=\sqrt{(s_{1k}-r_1)^2+(s_{2k}-r_2)^2+(s_{3k}-r_3)^2}+c\delta t_k \tag{8.114}$$

必须对式（8.114）作一些改变，使其可用。用户不准确定位$\hat{\boldsymbol{r}}$可以从先前的测量或从其他来源获知。因此，最开始的初始位置获取方式，需要确定。最简单的方法不考虑$\hat{\boldsymbol{r}}$的不确定性，这对应于假设非常大的不确定性，形式上是无穷大的方差（SPS 解）。另一种选择是在卡尔曼滤波方案中使用$\hat{\boldsymbol{r}}$的不确定性，该方案允许本地接收机在没有 GPS 数据的情况下与其他的 GPS 测量和其他的传感器（加速度计）组合（导航卡尔曼滤波器，NKF 解决方案），以预测$\hat{r}$。根据之前的假设，能够写出

$$\delta\boldsymbol{r}=\boldsymbol{r}-\hat{\boldsymbol{r}}=\begin{bmatrix}\delta\hat{r}_1\\\delta\hat{r}_2\\\delta\hat{r}_3\end{bmatrix},\Delta\hat{\boldsymbol{r}}_k=\boldsymbol{s}_k-\hat{\boldsymbol{r}}=\begin{bmatrix}\Delta\hat{r}_{1k}\\\Delta\hat{r}_{2k}\\\Delta\hat{r}_{3k}\end{bmatrix},\Delta\hat{r}_k=|\Delta\hat{\boldsymbol{r}}_k| \tag{8.115}$$

通过假设$|\delta\boldsymbol{r}|\ll|\boldsymbol{r}|$用于未知位置校正 $\delta\boldsymbol{r}$，使式（8.114）能近似写为

$$\Delta\breve{\rho}_k=\Delta\hat{\rho}_k-\frac{\Delta\hat{r}_{1k}}{\Delta\hat{r}_k}\delta r_1-\frac{\Delta\hat{r}_{2k}}{\Delta\hat{r}_k}\delta r_2-\frac{\Delta\hat{r}_{3k}}{\Delta\hat{r}_k}\delta r_3+c\delta t+\Delta\widetilde{\rho}_k \tag{8.116}$$

其中，如果 $\Delta\widetilde{\rho}_k$中包含近似误差，$\Delta\breve{\rho}_k$是可用的测量值，等式成立。如果 δt_{ak}是部分已知的，那么一个未知的大气贡献 δt_{ak}，或者相关的校准残差，已经包含在 $\Delta\widetilde{\rho}_k$中。广播

星历和大气折射对 $\Delta\breve{\rho}_k$的影响大约为 10m 量级。式（8.116）的简化形式为

$$\Delta\breve{\rho}_k \cong \Delta\hat{\rho}_k + \boldsymbol{h}_k^{\mathrm{T}}\delta\rho + \Delta\tilde{\rho}_k \tag{8.117}$$

代入表达式

$$\delta\boldsymbol{\rho} = \begin{bmatrix} \delta\boldsymbol{r} \\ c\delta t \end{bmatrix} = \begin{bmatrix} \delta r_1 \\ \delta r_2 \\ \delta r_3 \\ c\delta t \end{bmatrix}, \boldsymbol{h}_k^{\mathrm{T}} = \begin{bmatrix} -\dfrac{\Delta\hat{r}_{1k}}{\Delta\hat{r}_k} & -\dfrac{\Delta\hat{r}_{2k}}{\Delta\hat{r}_k} & -\dfrac{\Delta\hat{r}_{3k}}{\Delta\hat{r}_k} & 1 \end{bmatrix} = \begin{bmatrix} -\boldsymbol{\rho}_k^{\mathrm{T}} & 1 \end{bmatrix} \tag{8.118}$$

$$\Delta\hat{\rho}_k = \sqrt{(s_{1k}-\hat{r}_1)^2+(s_{2k}-\hat{r}_2)^2+(s_{3k}-\hat{r}_3)^2} + c\delta\hat{t}_k$$

其中，由式（8.115）得 $\boldsymbol{\rho}_k$是单位向量。已知位置$\hat{\boldsymbol{r}}$和距离向量 $\Delta\hat{\boldsymbol{r}}_k = \boldsymbol{s}_k - \hat{\boldsymbol{r}}$可以被认为是预测算法的输出，将借助于新的测量值 $\Delta\breve{\boldsymbol{\rho}}_k$进一步校正。待估计的未知位置和时间向量为 $\delta\boldsymbol{\rho}$。卫星位置 $\boldsymbol{s}_k$来自广播轨道参数（星历）。通过处理 n 个不同的下行链路，可以写出以下测量方程。

$$\Delta\breve{\boldsymbol{\rho}} = \Delta\hat{\boldsymbol{\rho}} + \boldsymbol{H}^{\mathrm{T}}\delta\boldsymbol{\rho} + \Delta\tilde{\boldsymbol{\rho}} \tag{8.119}$$

其中，式（8.117）和式（8.120）的表达式已经代入：

$$\Delta\breve{\boldsymbol{\rho}} = \begin{bmatrix} \Delta_1 \\ \Delta\breve{\rho}_2 \\ \vdots \\ \Delta\hat{\rho}_n \end{bmatrix}, \Delta\hat{\boldsymbol{\rho}} = \begin{bmatrix} \Delta\hat{\rho}_1 \\ \Delta\hat{\rho}_2 \\ \vdots \\ \Delta\hat{\rho}_n \end{bmatrix}, \boldsymbol{H}^{\mathrm{T}} = \begin{bmatrix} \boldsymbol{h}_1^{\mathrm{T}} \\ \boldsymbol{h}_2^{\mathrm{T}} \\ \vdots \\ \boldsymbol{h}_n^{\mathrm{T}} \end{bmatrix}, \Delta\tilde{\boldsymbol{\rho}} = \begin{bmatrix} \Delta\tilde{\rho}_1 \\ \Delta\tilde{\rho}_2 \\ \vdots \\ \Delta\tilde{\rho}_n \end{bmatrix} \tag{8.120}$$

式（8.119）中的误差通常由具有已知协方差的零均值随机变量近似，即

$$\mathscr{E}\{\Delta\tilde{\boldsymbol{\rho}}\} = 0, \quad \mathscr{E}\{\Delta\tilde{\boldsymbol{\rho}}\Delta\tilde{\boldsymbol{\rho}}^{\mathrm{T}}\} = \tilde{P}_{\Delta\rho} = I\tilde{\sigma}_{\Delta\rho}^2 \tag{8.121}$$

其中，$\tilde{\sigma}_{\Delta\rho}^2$是用户等效距离误差 $\Delta\tilde{\rho}_k$的方差。式（8.121）中的统计数据的合理性如下。

（1）由于式（8.116），零均值是合理的，其中公共时钟误差 δt 被提取为 $\delta\boldsymbol{\rho}$ 的未知项。此外，可以假设 $\Delta\tilde{\boldsymbol{\rho}}$独立于过去的测量值，因此具有白噪声特性。

（2）式（8.121）中的协方差矩阵近似为对角阵，这并非完全正确，因为沿不同链路传播的误差是相关的。

对这些假设的微小偏离不做讨论。

一个类似于式（8.119）的方程适用于伪距率（pseudo-range rate）：

$$\Delta\breve{\dot{\boldsymbol{\rho}}} = \Delta\hat{\boldsymbol{v}} + \boldsymbol{U}^{\mathrm{T}}\delta\boldsymbol{v} + \Delta\tilde{\dot{\boldsymbol{\rho}}} \tag{8.122}$$

式中，$\Delta\breve{\dot{\boldsymbol{\rho}}}$为式（8.111）中测量的距离变化率矢量；$\Delta\hat{\boldsymbol{v}}$为已知卫星到卫星距离变化率矢量 $\Delta\hat{\boldsymbol{v}}_k, k=1,2,\cdots,n$ 的列矢量，借助式（8.113）和式（8.115），定义如下。

$$\Delta\dot{\hat{\boldsymbol{r}}}_k = \Delta\hat{\boldsymbol{v}}_k = \boldsymbol{v}_k - \hat{\boldsymbol{v}}, \Delta\hat{v}_k = \frac{\Delta\hat{\boldsymbol{r}}_k}{\Delta\hat{r}_k} \cdot \Delta\hat{\boldsymbol{v}}_k \tag{8.123}$$

式（8.122）中的 $\delta\boldsymbol{v} = (\delta\boldsymbol{v}, c\delta\dot{t})$是伪距率预测误差 $\delta\boldsymbol{v} = \boldsymbol{v} - \hat{\boldsymbol{v}}$和常见时间漂移 $c\delta\dot{t}$ 的未知矢量；$\Delta\tilde{\dot{\boldsymbol{\rho}}}$是未知误差 $\Delta\tilde{\dot{\boldsymbol{\rho}}}_k$的矢量，$\boldsymbol{U}^{\mathrm{T}}$以类似于 $\boldsymbol{H}^{\mathrm{T}}$的方式定义

$$\boldsymbol{U}^{\mathrm{T}}=\begin{bmatrix}\boldsymbol{u}_1^{\mathrm{T}}\\ \boldsymbol{u}_2^{\mathrm{T}}\\ \vdots\\ \boldsymbol{u}_n^{\mathrm{T}}\end{bmatrix},\boldsymbol{u}_k^{\mathrm{T}}=\begin{bmatrix}-\dfrac{\Delta\hat{v}_{1k}}{\Delta\hat{v}_k} & -\dfrac{\Delta\hat{v}_{2k}}{\Delta\hat{v}_k} & -\dfrac{\Delta\hat{v}_{3k}}{\Delta\hat{v}_k} & 1\end{bmatrix}=\begin{bmatrix}-v_k^{\mathrm{T}} & 1\end{bmatrix} \tag{8.124}$$

与测距误差影响相比，广播星历和大气折射对伪距率误差的影响是可以忽略不计的，因为它们的时间变化非常缓慢。

8.6.4 最小二乘法估计位置和时间

本节详细介绍位置和时间估计。速率和时间漂移留给读者自行学习。在式(8.119)和式(8.121)下，使未知量 $\delta\boldsymbol{\rho}$ 的平方误差 $\Delta\widetilde{\boldsymbol{\rho}}^{\mathrm{T}}\Delta\widetilde{\boldsymbol{\rho}}$的最小二乘解(LS)满足以下零梯度方程。

$$\begin{aligned}\nabla_{\delta\rho}(\Delta\widetilde{\boldsymbol{\rho}}^{\mathrm{T}}\Delta\widetilde{\boldsymbol{\rho}})&=\nabla_{\delta\rho}((\Delta\breve{\boldsymbol{\rho}}-\Delta\hat{\boldsymbol{\rho}}-\boldsymbol{H}^{\mathrm{T}}\delta\boldsymbol{\rho})^{\mathrm{T}}(\Delta\breve{\boldsymbol{\rho}}-\Delta\hat{\boldsymbol{\rho}}-\boldsymbol{H}^{\mathrm{T}}\delta\boldsymbol{\rho}))\\&=-2H(\Delta\breve{\boldsymbol{\rho}}-\Delta\hat{\boldsymbol{\rho}})+2\boldsymbol{H}\boldsymbol{H}^{\mathrm{T}}\delta\boldsymbol{\rho}=0\end{aligned} \tag{8.125}$$

且已知

$$\delta\hat{\boldsymbol{\rho}}=\begin{bmatrix}\delta\hat{\boldsymbol{r}}\\ c\delta\hat{t}\end{bmatrix}=(\boldsymbol{H}\boldsymbol{H}^{\mathrm{T}})^{-1}\boldsymbol{H}(\Delta\breve{\boldsymbol{\rho}}-\Delta\hat{\boldsymbol{\rho}})=K(\Delta\breve{\boldsymbol{\rho}}-\Delta\hat{\boldsymbol{\rho}}) \tag{8.126}$$

假设 $\boldsymbol{H}\boldsymbol{H}^{\mathrm{T}}$是可逆的。带符号^的 $\delta\hat{\rho}$表示估计值而不是预测值。通过计算式(8.126)中的误差协方差矩阵$\widetilde{\boldsymbol{P}}_{\Delta\rho}$，可以将式(8.121)的最小二乘解扩展为加权最小二乘解。

下一个定理给出了 $\boldsymbol{H}\boldsymbol{H}^{\mathrm{T}}$可逆的充要条件。

定理 1：如果式(8.118)中的单位向量 $\boldsymbol{\rho}_k=1,2,\cdots,n$ 构成三维空间基，它们的顶点不在平面内并且 $n\geqslant 4$，那么矩阵 $\boldsymbol{H}\boldsymbol{H}^{\mathrm{T}}$ 是可逆的。

证明：假设有 $n=4$ 个可见卫星，这意味着当且仅当 $\boldsymbol{H}^{\mathrm{T}}$可逆时，$\boldsymbol{H}\boldsymbol{H}^{\mathrm{T}}$是可逆的。则将 $\boldsymbol{H}^{\mathrm{T}}$划分为

$$\boldsymbol{H}^{\mathrm{T}}=\begin{bmatrix}-\boldsymbol{R}_3^{\mathrm{T}} & \boldsymbol{u}_3\\ -\boldsymbol{\rho}_4^{\mathrm{T}} & 1\end{bmatrix},\boldsymbol{u}_3=\begin{bmatrix}1\\1\\1\end{bmatrix},\quad \boldsymbol{R}_3^{\mathrm{T}}=\begin{bmatrix}\boldsymbol{\rho}_1^{\mathrm{T}}\\ \boldsymbol{\rho}_2^{\mathrm{T}}\\ \boldsymbol{\rho}_3^{\mathrm{T}}\end{bmatrix} \tag{8.127}$$

式(8.118)定义了单位向量 $\boldsymbol{\rho}_k^{\mathrm{T}},k=1,2,\cdots,4$。假设$|R_3|\neq 0$，即单位向量 $\boldsymbol{\rho}_k,k=1,2,3$ 构成基底，可以写出 $\boldsymbol{\rho}_4=R_3\boldsymbol{q}_4$，并将$|\boldsymbol{H}^{\mathrm{T}}|$分解如下。

$$\det\boldsymbol{H}^{\mathrm{T}}=\det(-\boldsymbol{R}_3^{\mathrm{T}}+\boldsymbol{u}_3\boldsymbol{\rho}_4^{\mathrm{T}})=-\det R_3\det(I_3-\boldsymbol{u}_3\boldsymbol{q}_4^{\mathrm{T}}) \tag{8.128}$$

当且仅当 $\boldsymbol{R}_3$是三维空间基时，式(8.128)中的第一个行列式是非零的。当且仅当 $\boldsymbol{u}_3^{\mathrm{T}}\boldsymbol{q}_4\neq 1$ 时，第二个行列式可被证明为非零，即 $\boldsymbol{q}_4$的顶点不在由 3 个笛卡儿单位向量所定义的平面内，3 个单位向量的等分线为 $\boldsymbol{u}_3$，$\boldsymbol{\rho}_4=R_3\boldsymbol{q}_4$的顶点不在 R_3的单位向量所定义的平面内。因为$\boldsymbol{\rho}_4$ 是单位向量，所以所有向量 $\boldsymbol{\rho}_k$都在单位球体上，则 $\boldsymbol{\rho}_4$的顶点不能位于其他 3 个向量的平面上。如果 R_3 是满秩且 $n>4$，那么 $\boldsymbol{H}^{\mathrm{T}}$满秩且 $\boldsymbol{H}\boldsymbol{H}^{\mathrm{T}}$是可逆的。

前一个最小二乘解的统计性质由式(8.126)和式(8.121)所导出。从理论上来讲，$\delta\hat{\boldsymbol{\rho}}$是无偏的，最小方差、均值和协方差由以下公式给出。

$$\mathscr{E}\{\delta\hat{\boldsymbol{\rho}}\}=\delta\boldsymbol{\rho}$$
$$\mathscr{E}\{(\delta\hat{\boldsymbol{\rho}}-\delta\boldsymbol{\rho})(\delta\hat{\boldsymbol{\rho}}-\delta\boldsymbol{\rho})^{\mathrm{T}}\}=(\boldsymbol{H}\boldsymbol{H}^{\mathrm{T}})^{-1}\widetilde{\sigma}_{\Delta\rho}^{2}=\widetilde{P}_{\delta\rho} \tag{8.129}$$

式（8.121）中定义了$\widetilde{\sigma}_{\Delta\rho}^{2}$。

练习 14：

证明：式（8.129）。

从协方差$\widetilde{P}_{\delta\rho}$中提取标量性能指标。最有用的是协方差矩阵秩$\widetilde{\sigma}_{\delta\boldsymbol{\rho}}=\mathrm{tr}\,\widetilde{P}_{\delta\boldsymbol{\rho}}$，其定义如下。

$$\widetilde{\sigma}_{\delta_\rho}^{2}=\mathrm{tr}\,\widetilde{P}_{\delta\boldsymbol{\rho}}=\mathscr{E}\{(\delta\hat{\boldsymbol{\rho}}-\delta\boldsymbol{\rho})^{\mathrm{T}}(\delta\hat{\boldsymbol{\rho}}-\delta\boldsymbol{\rho})\}=\widetilde{\sigma}_{\delta r}^{2}+c^{2}\,\widetilde{\sigma}_{\delta t}^{2} \tag{8.130}$$

将其分解为位置方差和时间方差之和，分别为$\widetilde{\sigma}_{\delta r}^{2}$和$\widetilde{\sigma}_{\delta t}^{2}$。仅取决于连接几何形状的性能指标是几何精度因子（geometric dilution of precision，GDOP）。

$$\tilde{s}_{\delta\boldsymbol{\rho}}=\widetilde{\sigma}_{\Delta\boldsymbol{\rho}}^{-1}\sqrt{\mathrm{tr}\,\widetilde{P}_{\delta\boldsymbol{\rho}}}=\sqrt{\mathrm{tr}\,(\boldsymbol{H}\boldsymbol{H}^{\mathrm{T}})^{-1}} \tag{8.131}$$

位置精度因子（PDOP）受位置方差限制如下

$$\tilde{s}_{\delta\boldsymbol{r}}=\widetilde{\sigma}_{\Delta\boldsymbol{\rho}}^{-1}\sqrt{\mathscr{E}\{(\delta\hat{\boldsymbol{r}}-\delta\boldsymbol{r})^{\mathrm{T}}(\delta\hat{\boldsymbol{r}}-\delta\boldsymbol{r})\}}=\widetilde{\sigma}_{\Delta\boldsymbol{\rho}}^{-1}\widetilde{\sigma}_{\delta r} \tag{8.132}$$

式（8.126）中定义了$\delta\hat{\boldsymbol{r}}$，$\delta\hat{\boldsymbol{r}}-\delta\boldsymbol{r}$是围绕真实用户位置矢量$\boldsymbol{r}$（图 8.11）的随机不确定性，位置标准差$\widetilde{\sigma}_{\delta r}$已在式（8.130）中定义。

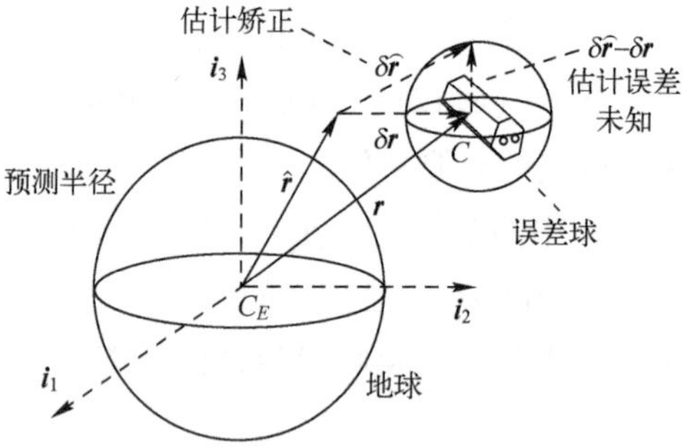

图 8.11　预测、校正真实距离及估计误差

练习 15：

假设式（8.127）中 $R_3=I$ 并且$\boldsymbol{\rho}_4$是由R_3定义的笛卡儿轴的平分线。计算 $\boldsymbol{H}^{\mathrm{T}}$并证明

$$\mathrm{GDOP}=3.63,\mathrm{PDOP}=3.07 \tag{8.133}$$

通过增加可见卫星的数目 $n\geqslant4$ 和用户看向卫星的角距，GDOP 会降低。因为 $\boldsymbol{H}^{\mathrm{T}}$是时变的，所以 GDOP 和 PDOP 也是时变的。

练习 16：

对于伪距率方程（8.122），重复等式（8.126）中位置估计的最小二乘求解。

8.6.5　伪距与相位结合

一种典型的组合方式是将式（8.107）中的伪距 $\Delta\breve{\rho}_k(i)$和式（8.110）中的相位测量值 $\Delta\breve{\rho}_{\phi k}(i)$的相结合。通过将式（8.107）中伪距的导数取近似，将式（8.111）中差分相位的导数取近似，即

$$(\Delta\breve{\rho}_k(i)-\Delta\breve{\rho}_k(i-1))/T \cong (\Delta r_k(i)-\Delta r_k(i-1))/T+c(\delta\dot{t}(i)+\delta\dot{\hat{t}}_k(i)+\delta\dot{t}_{ak}(i))+\Delta\dot{\widetilde{\rho}}_k(i)$$
$$\cong(\Delta\breve{\rho}_{\phi k}(i)-\Delta\breve{\rho}_{\phi k}(i-1))/T+2c\delta\dot{t}_{ak}(i)+\Delta\dot{\widetilde{\rho}}_k(i)-\Delta\dot{\widetilde{\rho}}_{\phi k}(i) \tag{8.134}$$

在式（8.111）中定义了 $\Delta\widetilde{\rho}_k$，式（8.111）中定义的 $\Delta\dot{\widetilde{\rho}}_k$ 是式（8.110）中 $\Delta\widetilde{\rho}_{\phi k}$ 的导数，由于大气的影响，时钟漂移 $\delta\dot{t}_{ak}(i)$ 不能被认为是完全随机的。可以从式（8.134）中推断出将所有误差分量组合成一个单一误差 $w_{\phi k}$ 的最简单模型，并可转换为以下状态方程。

$$\begin{aligned}\Delta\hat{\rho}(i+1)&=\Delta\hat{\rho}_k(i)+\Delta\breve{\rho}_{\phi k}(i+1)-\Delta\breve{\rho}_{\phi k}(i)+w_{\phi k}(i)\\ \Delta\breve{\rho}_k(i)&=\Delta\hat{\rho}_k(i)+e_{\rho k}(i)\end{aligned} \tag{8.135}$$

其中，滤波伪距 $\Delta\hat{\rho}_k(i)$，可参考可用伪距模型误差 $e_{\rho k}$ 在式（8.134）第二获得行中定义。不稳定状态方程（8.135）通过模型误差 $e_{\rho k}$ 驱动的适当反馈 $\omega_{\phi k}=F(e_{\rho k})$ 来稳定，该反馈可以是静态或动态的。静态反馈，如文献［18，35］，假设 $\omega_{\phi k}$ 是白噪声。如 6.6 节和 14.2 节所述，加入适当的干扰动力学及相关的噪声估计，使得 $\omega_{\phi k}$ 的系统分量可以得到估计。式（8.135）中的两个输入信号都存在异常，必须进行校正。差分相位 $\Delta\breve{\rho}_{\phi k}(i+1)-\Delta\breve{\rho}_{\phi k}(i)$ 会受周跳影响，周跳可以被检测到，因为其增加了波长的倍数。反馈 $\omega_{\phi k}=F(e_{\rho k})$ 受到异常伪距测量的影响。

练习 17：

假设 $T=0.1$ 为式（8.135）的时间单位。假设 $\omega_{\phi k}$ 为白噪声且为高斯噪声，即 $\omega_{\phi k}=N(0,\sigma_{\phi k}=2\text{mm})$，模型误差 $\boldsymbol{e}_{\rho k}$ 也为白噪声且为高斯噪声，即 $e_{\rho k}=N(0,\sigma_{\phi k}=2\text{mm})$。求出相关稳态卡尔曼滤波器的增益 F 和滤波后伪距的稳态标准差。

GOCE GPS 星载接收机[14]的一些性能数据如表 8.6 所示。其上界是分析标准差的后验估计，其中一些可以从式（8.130）及式（8.132）推导出。

表 8.6 中的性能数据不足以根据 11.3 节中的 GPS 观测值而设计状态预测器和控制律，因为误差的方差并非沿频率均匀分布。换言之，误差的谱密度在较高频率时趋于平坦，但在较低频率时呈现有界漂移。

表 8.6　GOCE GPS 星载接收机估计偏差的后验上界

序号	名　称	符号	单位	数值	估计，方差方程
1	三维位置	$\widetilde{\sigma}_{\delta r}$	m	33	等式（8.126）与式（8.132）
2	三维速度	$\widetilde{\sigma}_{\delta v}$	m/s	0.1	测量等式（8.122）
3	时间	$\widetilde{\sigma}_{\delta t}$	ns	300	等式（8.126）与式（8.130）
4	时间单位	T	s	1	NA
5	伪距	$\Delta\breve{\rho}_k$	m	<0.92	L1 C/A 码。测量方程（8.107）
6	载波相位	$\Delta\breve{\rho}_{\phi k}$	mm	<3.6（17.2）	L1（L2，AS）。测量方程（8.110）

8.6.6　GPS 误差

输入式（8.116）中的 $\Delta\widetilde{\rho}_k$ 的伪距误差有以下几种类型[26]。

（1）式（8.114）中的 δt_k 为卫星时钟误差；

（2）影响从导航信息中恢复卫星位置 $\boldsymbol{s}_k$ 的星历误差；

（3）由于信号在距地面 70km 以上的电离层中传播而产生的大气电离干扰误差；

（4）接收机噪声和天线环境引起的误差。

本节只分析卫星时钟误差和大气误差。其他误差参见文献［18，22，26，34］。

1. 卫星时钟误差

GPS 卫星包含高度稳定的原子钟，与主控制站（MCS）维持的卫星时间和 GPS 时间之间的存在偏差。对 300km 的测距，卫星钟差可能达到 1ms。时钟误差校正由 MCS 在参考时间 t_r 周期性地向上传输，并由每颗卫星重复广播。式（8.107）和式（8.110）中的时钟校正 $\delta\hat{t}_k$ 用二阶多项式表示为

$$\delta\hat{t}_k(t)=a_{0k}+a_{1k}(t-t_r)+a_{2k}(t-t_r)^2+\delta t_{\mathrm{rel}} \tag{8.136}$$

式中：a_{0k} 为时钟偏差（s）；a_{1k} 为时钟漂移（s/s）；a_{2k} 为时钟老化（$\mathrm{s/s^2}$）；δt_{rel} 为相对论效应。式（8.107）和式（8.110）中的剩余时钟误差 $c\delta t$ 的漂移可能在连续的两次校正之中从 0.8m 增加到 4m。由于技术改进，预计时钟误差将持续减小。

2. 大气效应

电磁波在介质中的传播速度取决于折射率 n，折射率 n 定义为波在真空中的传播速度 c 与介质中的传播速度 v 之比，即

$$n=c/v \tag{8.137}$$

如果折射率为 n，且波的速度 v 取决于波的频率 f（可联想到由色散棱镜引起的彩虹），那么介质是色散的。在空间中传播的调制波可以由频率相近但不同的波的合成来表示，在最简单的情况下，在 $f_1\neq f_2$ 时调谐的一对波如下。

$$S(t,x)=S_0(\sin 2\pi f_1(t-x/v_1)+\sin 2\pi f_2(t-x/v_2)) \tag{8.138}$$

其中，假定波具有相同的振幅 S_0，但以不同的相速度 $v_1\neq v_2$ 在空间中传播，这解释了色散介质。式（8.138）重写为调制形式的三角函数：

$$S(t,x)=2S_0\cos 2\pi\Delta f(t-x/v_m)\sin 2\pi f(t-x/v) \tag{8.139}$$

其中，

（1）$\Delta f=(f_1-f_2)/2$ 是拍频或调制频率（C/A 和 P 码频率），而 $f_L=(f_1+f_2)/2$ 是载波频率（L1 或 L2 频率），

（2）v_g 和 v_L 是拍（或群）速度和载波相位速度，其表达式如下。

$$\begin{aligned} v_g&=\frac{f_1-f_2}{f_1/v_1-f_2/v_2}=v_1-\lambda_1\frac{v_2-v_1}{\lambda_2-\lambda_1} \\ v_L&=\frac{f_1+f_2}{f_1/v_1-f_2/v_2} \end{aligned} \tag{8.140}$$

其中，引入了波长 $\lambda_k, k=1,2$，由 $\lambda_k=c/f_k$ 定义，因为光速恒定，波长和频率满足微分方程 $\mathrm{d}\lambda_k/\lambda_k=-\mathrm{d}f_k/f_k$。

在 GPS 传输中，频率对 $f_k, k=1,2$ 彼此非常接近，并且相位速度 $v_k, k=1,2$ 也十分接近，式（8.140）可借助于式（8.137）并通过瑞利方程近似表示为

$$v_g\cong v_\phi-\lambda\frac{\mathrm{d}v_\phi}{\mathrm{d}\lambda}=v_\phi+f\frac{\mathrm{d}v_\phi}{\mathrm{d}f}=\frac{c}{n_\phi}-f\frac{c}{n_\phi^2}\frac{\mathrm{d}n_\phi}{\mathrm{d}f} \tag{8.141}$$

式中：n_ϕ为相对于载波相位速度 v_ϕ的折射率。用 n_g表示相对于群速度 v_g的折射率，式（8.141）可转化为修正的瑞利方程。

$$n_g \cong n_\phi + f\frac{dn_L}{df} \tag{8.142}$$

在式（8.142）中代入电离层折射率的近似表达式

$$n_\phi \cong 1-\frac{c_2}{f^2},\quad c_2>0 \Rightarrow \frac{dn_\phi}{df} \cong \frac{2c_2}{f^3} \tag{8.143}$$

可以得到两个折射率的最终表达式为

$$n_g \cong 1+\frac{c_2}{f^2} > n_\phi \cong 1-\frac{c_2}{f^2} \tag{8.144}$$

这表明群和载波相位的折射率以相反的方向偏离单位 1。测距误差是实际距离 $\Delta\rho_j$与几何距离 $\Delta\rho$ 之间沿直线的差值，实际距离 $\Delta\rho_j$取决于 $n_j, j=g,\phi$。差值可写作

$$\delta\rho_a = \Delta\rho_j - \Delta\rho = \int_P n_j(\rho)\,d\rho - \int_P d\rho = \pm\frac{1}{f^2}\int_P c_2(\rho)\,d\rho = \pm\gamma_e\frac{\text{TEC}(P)}{f^2} \tag{8.145}$$

其中，$c_2>0$，TEC 沿整个路径 P 积分的总电量（total electric content，TEC）。在式（8.107）和式（8.110）中，由于第 k 颗 GPS 卫星引起的大气延迟为 $\delta t_{ak}(t)=\delta\rho_{ak}(t)/c$，在式（8.107）中为正，但在式（8.110）中为负。

8.7 太阳敏感器

文献［49，45］描述了太阳敏感器及其模型。在此，我们仅探讨重要的主题。太阳敏感器被安装在每个航天器上，这是因为太阳的光度及航天器在地球附近（一天文单位，Astronomical Unit，AU）看到太阳的视场角半径与地球相比较更小（$\rho_s=4.67$mrad）。太阳敏感器通常在太阳捕获阶段使用，这对于电池充电和供电至关重要，并且在天球中需要明亮和清晰的光源来进行初始姿态确定。

太阳敏感器的结构和概念都非常简单。它们可以分为以下两个主要类别。

（1）模拟式太阳敏感器输出模拟信号，该信号是传感器视线$\boldsymbol{k}_s$和传感器到太阳方向 $\boldsymbol{s}$ 之间的太阳方位角 α 的函数，具体分为粗太阳敏感器和精太阳敏感器，主要取决于它们的精度。术语“模拟”指的是测量原理，而不是输出模拟信号。

（2）数字式太阳敏感器提供一个数字信号作为太阳方位角 α 的函数，通常是精太阳敏感器。

太阳敏感器输出是指向太阳方向的单位矢量 $\boldsymbol{s}$，坐标矢量 $\boldsymbol{s}_s$位于仪器坐标系 $\mathfrak{I}=\{S, \boldsymbol{s}_1, \boldsymbol{s}_2, \boldsymbol{s}_3\}$内，其中 $\boldsymbol{s}_3$ 是光轴（视线）。$\boldsymbol{s}$ 的惯性坐标 $\boldsymbol{s}_i$由卫星位置 $\boldsymbol{r}$ 和地日方向得到。

8.7.1 模拟式太阳敏感器

基本元件是单个光电池（称为“余弦传感器”），其输出电流与太阳方向 $\boldsymbol{s}$ 和光电池表面法线方向 $\boldsymbol{n}_s=\boldsymbol{s}_3$之间的太阳方位角 α（下面称为“入射角”）的余弦成正比，也与太阳能量通量（辐照度）$\boldsymbol{\Phi}_s$（W/m^2）成正比。输送到光电池 A 区域的太阳能，即

$$W_s = A\boldsymbol{P}_s\cdot\boldsymbol{n}_s = A\Phi_s\boldsymbol{s}\cdot\boldsymbol{n}_s = A\Phi_s\cos\alpha,\quad |\alpha|<\pi/2 \tag{8.146}$$

式中：$\boldsymbol{P}_s$为太阳电磁辐射的 Poynting 矢量（电磁场的能量通量矢量）。为电池提供恒定电压，并假设太阳光通量恒定，则电池电流 I 与 $\cos\alpha$ 成正比，即

$$I(\alpha)=I(0)\cos\alpha \tag{8.147}$$

其中，$I(0)\approx 0.1\text{mA}$ 是峰值电流，取决于电池面积 A、太阳辐照度 $\boldsymbol{\Phi}_s$ 和其他传感器参数。由于光电池的死区 $\delta\leqslant 0.2\text{rad}$，用 $2\alpha_{\max}$表示的传感器视场（FoV）小于 π，即

$$2\alpha_{\max}=\pi-2\delta \tag{8.148}$$

当入射辐射垂直于电池表面时，循环电流达到最大值，由式（8.147）中的余弦定理，该条件下的电流变化非常小，即 $\alpha\cong 0$。这与 8.5.4 节中的光纤陀螺仪遇到的问题相同。产生的结果为：传感器的比例因子和相关的精度大大降低，因为电流变化为

$$\Delta I(\alpha)=-I(0)\alpha\sin\alpha\cong -I(0)\alpha^2 \tag{8.149}$$

此结构只能用于检测传感器可视的太阳圆锥形区域（轴和锥角）。这样，传感器被用作太阳探测器，而不是精确的方向传感器。此外，式（8.147）中的信号受符号多值歧义的影响。

为了使测量准确并消除符号歧义，必须采用多个光电池。在此我们仅限于一个单轴传感器，由一对光电池 $k=0$，1 制成，它们相对于图 8.12（a）中的传感器法线 $\boldsymbol{n}_s$对称倾斜分布。用 $s_k\alpha_0$表示第 k 块光电池法线方向 $\boldsymbol{n}_{sk}$相对于 $\boldsymbol{n}_s$的倾斜，其中 $s_0=1, s_1=-1$，光电池电流为

$$I_k(\alpha)=I_k(0)\cos(\alpha_0+s_k\alpha), k=1,2 \tag{8.150}$$

取差值并假设零角电流相等，则差分电流为

$$\Delta I=I_1-I_0=I(0)(\cos(\alpha_0-\alpha)-\cos(\alpha_0+\alpha))=2I(0)\sin\alpha_0\sin\alpha \tag{8.151}$$

与太阳方位角的正弦成正比。视场缩小到

$$2\alpha_{\max}=\pi-2(\alpha_0+\delta) \tag{8.152}$$

在视场外，传感器如式（8.147）中的单个光电池一样工作，会受到符号歧义的影响。图 8.12（b）显示了电压响应 $V(\alpha)=RI(\alpha)$ 与余弦传感器入射角的关系，如式（8.147）所示，并伴有正、负分量的单轴响应。图 8.12（b）的传感器响应参数如下。

$$\alpha_0=\pi/4, I(0)=0.1\text{mA}, R=50\text{k}\Omega, \delta\cong 0.1\text{rad} \tag{8.153}$$

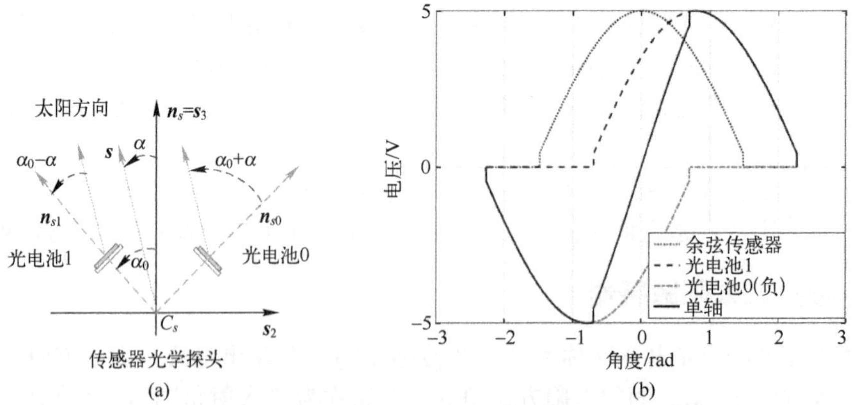

图 8.12　单轴太阳敏感器的分布；余弦传感器和单轴太阳敏感器的输出信号及单个光电池信号

图 8.12（b）的单轴响应在 $2\alpha_{max} \cong 1.4$rad 的视场范围内是线性的。线性化之后，最大分数偏差∂α（线性误差）出现在 $\alpha = \pm\alpha_{max}$ 处并且满足

$$\partial \alpha = \frac{\alpha_{max} - \sin(\alpha_{max})}{\sin(\alpha_{max})} \cong 0.087 \tag{8.154}$$

线性误差可通过式（8.151）中的非线性响应来补偿。

要获取太阳方向，必须测量两个入射角 α 和 β，通过将一对单轴传感器成 90°安装（一个沿着$\boldsymbol{s}_1$和另一个沿$\boldsymbol{s}_2$），共同测量同一根光轴 $\boldsymbol{n}_s$。然后，仪器系 $\mathfrak{I} = \{S, \boldsymbol{s}_1, \boldsymbol{s}_2, \boldsymbol{s}_3\}$ 中的太阳单位矢量为

$$\boldsymbol{s}_s = \frac{1}{\sqrt{1+\tan^2\alpha+\tan^2\beta}}\begin{bmatrix}\tan\alpha \\ \tan\beta \\ 1\end{bmatrix} \tag{8.155}$$

最近的模拟式太阳敏感器，如安装在欧洲 GAIA 和 Bepi-Colombo 卫星上的传感器[8]，使用四象限半导体光电二极管，其中探测器平面(x, y)中的象限 $k = 1, 2, 3, 4$ 从正象限开始顺时针编号。在探测器表面上方距离 h 处，半径为 r 的掩模是太阳光的入射光阑。入射光在象限中的分布与照明面积成正比，而照明面积又取决于式（8.155）中的入射角 α 和 β。象限电流 $I_k, k = 1, 2, 3, 4$ 与入射角的关系非常简单，即

$$\frac{\tan(\alpha)}{\tan(\alpha_{max})} = \frac{I_2 + I_3 - I_1 - I_4}{\sum_{k=1}^{4} I_k}, \frac{\tan(\beta)}{\tan(\beta_{max})} = \frac{I_1 + I_2 - I_3 - I_4}{\sum_{k=1}^{4} I_k} \tag{8.156}$$

其中，等式 $\tan(\alpha_{max}) = \tan(\beta_{max}) = r/h$ 定义了传感器视场。典型的视场值为±1.1rad 和±0.5rad。入射角由 16 位数字化电流值计算。响应非线性通过星载查找表法进行补偿。主要误差成分是由于传感器轴和体轴之间安装未对准造成的偏差。一个典型的上限是 5mrad，但由于地球反照率可能会增加。典型随机误差［噪声等效角（NEA）］的标准差为 0.3mrad。

8.7.2 数字式太阳敏感器

精太阳传感器是精度远优于 1mrad 的数字式太阳敏感器，其精度也远优于粗太阳敏感器，同时拥有更大的视野。单轴太阳敏感器是由太阳入射狭缝通过适当的孔径收集光线制成的（图 8.13）。狭缝下方有一个光学头，它将光线聚焦在一组光电池上，这些光电池在被点亮时产生数字码（通常是一个格雷码）的比特位。格雷码是一种等距码，意味着两个连续代码之间只有 1bit 的变化。代码的每一比特都是由位于沿垂直于入口狭缝投影的轴线上的电池生成的。第一行是自动阈值调整狭缝，占据整个视场并提供余弦传感器响应［式（8.147）］，作为选择正确格雷码狭缝的阈值。第二行占视场一半，是符号单元，它是最高有效位。精度取决于用

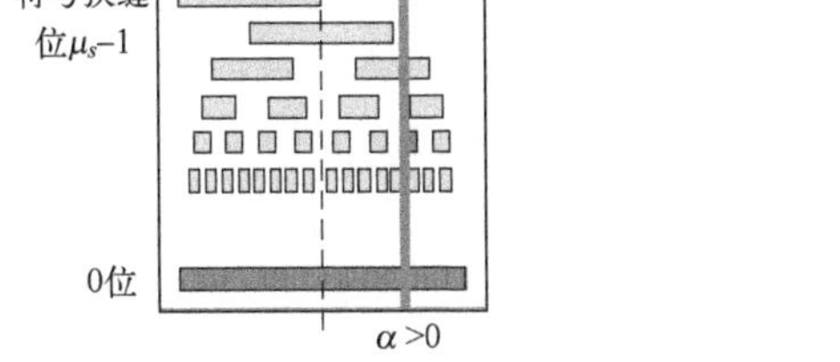

图 8.13　格雷码阵列示意图

位数 μ_s 表示的代码大小。通过假设 $\alpha_{\max}=1\text{rad}$ 和 $\mu_s=14$，太阳敏感器量化角 ρ_s 满足

$$\rho_s=\frac{2\alpha}{2^{\mu_s}}\cong 0.12\text{mrad}(0.007°) \tag{8.157}$$

用 $\tilde{y}_0$ 和 $\tilde{y}_1$ 表示双轴传感器测量的数字码，通过对 $f_\alpha(\cdot)$ 和 $f_\beta(\cdot)$ 校准查表以获得测量的入射角。

$$\begin{aligned}\tan\alpha&=f_\alpha(\tilde{y}_0)\\ \tan\beta&=f_\beta(\tilde{y}_1)\end{aligned} \tag{8.158}$$

双轴数字式太阳敏感器的实现方式与模拟式太阳敏感器相同。现代太阳敏感器[7]主要是基于电荷耦合器件（CCD）摄像机或互补金属氧化物半导体（CMOS）型有源像素传感器（APS）。APS 是由光电探测器和有源放大器构成的 CMOS 像素，排列成直接馈入到集成图像处理器的阵列。APS 阵列正在成为 CCD 阵列的替代品。

8.8 地 平 仪

除了那些以探索太阳系为目标的太空任务，大部分太空任务都是由离地球一定距离的卫星执行的，卫星上的地球圆盘的立体视角很宽。在 500km 高度上，地球视场角为 3.9 球面度，在 5000km 高度上，视场角减小到 1.1 球面度，在 36000km 高度（地球静止轨道）上，地球视场角为 0.072 球面度。相比之下，从地球上看，太阳视场角约为 7 毫球面度，而恒星立体角小于 0.1 皮球面度。

在这样的轨道上，地球是天空中第二亮的物体。因为立体角很大，地球不能被认为是点状的，而是一个扩展的光源。这需要特定的观察和测量概念，能够检索扩展对象的观察方向。为此，地平线被定义为从空间中的观察者（被认为是一个点）发出的直线与行星表面相切的点的轨迹。实际上，由于地球反射/发射的辐射，以及大气和地表的不规则性，地平线是不确定和可变的。

通常，地球（行星）的光可以在可见光或红外（IR）波段观察到。在二氧化碳（CO_2）吸收的红外波段 14.0~16.3μm，红外地平仪更加恒定和均匀，有更高的精度，但由于大气中的二氧化碳层延伸到几十千米的高度，地平线探测的清晰度不是绝对的。地球在可见波段的图像对反照率（反射的太阳光）非常敏感，因此会影响测量，产生严重且不可接受的误差。虽然最常见的地平仪是为地球观测而建造的，但其概念和实现方法也适用于其他行星。

有两种主要的地平仪可供选择。

(1) 交叉地平仪（horizon-crossing sensors）：沿具有适当半锥角 α（扫描角）的锥体（扫描锥体）移动小视场探测器的光轴，使得在地平线的两个分离点与地球圆盘相交。为了限制对轨道高度的依赖性，两个镜面扫描传感器安装在同一轴上（双圆锥扫描传感器）。探测器可以从光电二极管到微测热辐射计不等。

(2) 静态地平仪：通常由 4 个传感元件组成，沿图像平面的两个正交轴对称排列。它们可以探测到地球边缘在零姿态配置下的位移。它们在小卫星上非常受欢迎，因为其硬件简单且成本较低。它们适用于相对地球有固定方向的航天器。

8.8.1 交叉地平仪

交叉地平仪是一个光学传感器，其视场较小，约为 20×20～40×40mrad^{2}量级。如图 8.14 所示，光轴 $\boldsymbol{s}$ 在圆锥上以角速度 ω_s逆时针滑动，圆锥体轴线为 $\boldsymbol{a}=\cos\beta\boldsymbol{b}_2+\sin\beta\boldsymbol{b}_3$、$\beta\cong0.2\sim0.4$rad，位于俯仰-偏航体平面$\{\boldsymbol{b}_2,\boldsymbol{b}_3\}$内。根据轨道高度的不同，圆锥体的半锥角为 $\alpha\cong0.5\sim1$rad。通常，一对镜面传感器安装在卫星平台的左右两侧，右轴为 $\boldsymbol{s}$，左轴为$-\boldsymbol{s}$。首先，推导合适的传感器模型。为了简单起见，我们通过假设 $\boldsymbol{a}=\boldsymbol{b}_2$，设置 $\beta=0$。假设本体坐标系 $\mathscr{B}=\{C,\boldsymbol{b}_1,\boldsymbol{b}_2,\boldsymbol{b}_3\}$ 与 3.3.4 节中定义的 LVLH 参考系 $\mathscr{B}=\{C,\boldsymbol{l}_1,\boldsymbol{l}_2,\boldsymbol{l}_3\}$ 近似对齐，其中 $\boldsymbol{l}_3$ 是天顶方向，$\boldsymbol{l}_1$位于水平面，$\boldsymbol{l}_2$与轨道平面正交。卫星姿态由本体坐标系到 LVLH 坐标系的转换矩阵 $\boldsymbol{R}_b^l=Z(\psi)Y(\theta)X(\phi)$定义。当光轴 $\boldsymbol{s}$ 与地球圆盘相切时，光轴与 $t_k(k=1,2)$时刻的理想地平线相交。用下式表示：

$$\boldsymbol{s}(t_k)\cdot(-\boldsymbol{l}_3)=\cos\rho(h),\quad \sin\rho(h)=R_e/(R_e+h) \tag{8.159}$$

式中：$2\rho(h)$为卫星在高度处可见的地球圆盘角；R_e为地球的赤道半径；h 为轨道高度；$-\boldsymbol{l}_3$为航天器对地球的质心方向（最低点），t_{1x}和 $t_{2x}(x=\phi,\theta)$分别是空间到地球和地球到空间的地平线穿越时间。它们的值取决于起点时间 t_{0x}，该起点时间根据 $x=\phi$，θ 取不同的值，如图 8.14 的标题。

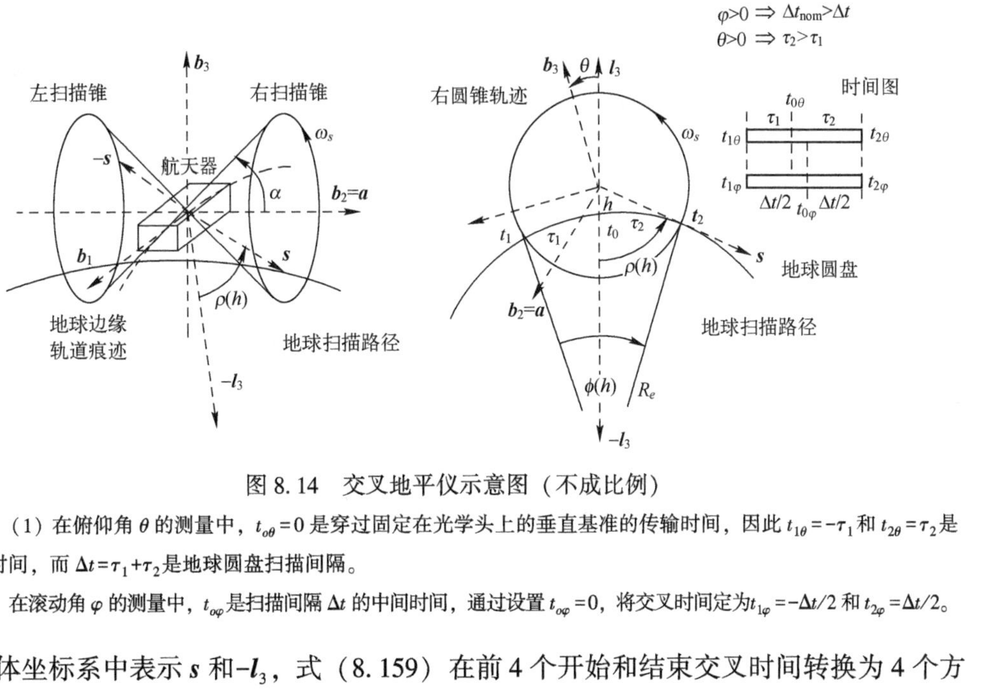

图 8.14 交叉地平仪示意图（不成比例）

注：(1) 在俯仰角 θ 的测量中，$t_{o\theta}=0$ 是穿过固定在光学头上的垂直基准的传输时间，因此 $t_{1\theta}=-\tau_1$ 和 $t_{2\theta}=\tau_2$是交叉时间，而 $\Delta t=\tau_1+\tau_2$是地球圆盘扫描间隔。

(2) 在滚动角 φ 的测量中，$t_{o\varphi}$是扫描间隔 Δt 的中间时间，通过设置 $t_{o\varphi}=0$，将交叉时间定为$t_{1\varphi}=-\Delta t/2$ 和 $t_{2\varphi}=\Delta t/2$。

在本体坐标系中表示 $\boldsymbol{s}$ 和$-\boldsymbol{l}_3$，式（8.159）在前 4 个开始和结束交叉时间转换为 4 个方程式。

$$\begin{aligned}
&t_{1\varphi}:s_\theta s_\alpha\sin(-\omega_s\Delta t/2)-s_\varphi c_\theta c_\alpha+c_\varphi c_\theta s_\alpha\cos(-\omega_s\Delta t/2)=\cos\rho(h)\\
&t_{2\varphi}:s_\theta s_\alpha\sin(\omega_s\Delta t/2)-s_\varphi c_\theta c_\alpha+c_\varphi c_\theta s_\alpha\cos(\omega_s\Delta t/2)=\cos\rho(h)\\
&t_{1\theta}:s_\theta s_\alpha\sin(-\omega_s\tau_1)-s_\varphi c_\theta c_\alpha+c_\varphi c_\theta s_\alpha\cos(-\omega_s\tau_1)=\cos\rho(h)\\
&t_{2\theta}:s_\theta s_\alpha\sin(\omega_s\tau_2)-s_\varphi c_\theta c_\alpha+c_\varphi c_\theta s_\alpha\cos(\omega_s\tau_2)=\cos\rho(h)
\end{aligned}\quad. \tag{8.160}$$

标称圆盘扫描角 $\phi(h)=\omega_s\Delta t_{\mathrm{nom}}$，不要与横滚角 φ 混淆，是从第一个方程中在 $\varphi=\theta=0$（标称条件）时得出的，即

$$\cos(\phi(h)/2)=\cos\rho(h)/\sin\alpha \tag{8.161}$$

在假设 $\cos\theta\cos\varphi\cong1$ 的情况下，求解方程（8.160）中的前两个方程得到 φ，以及求解第二个方程得到 θ 理想（无误差）测量方程为：

$$\begin{aligned}&\tan\varphi\cong-2\tan\alpha\sin\frac{\omega_s\Delta t+\phi(h)}{4}\sin\frac{\omega_s\Delta t-\phi(h)}{4}\\&\tan\theta=\cos\varphi\tan\frac{\omega_s\Delta\tau}{2}\end{aligned} \tag{8.162}$$

其中，$\Delta\tau=\tau_2-\tau_1$。式（8.162）中的符号与文献［19，45］中的相反，因为 $\boldsymbol{l}_3$（指向天顶）与最低点相反。如果式（8.162）中的方程两边都围绕 $\varphi=0$ 和 $\theta=0$ 顺序展开，并且仅保留一阶项，那么式（8.162）成为扫描间隔 Δt 和差分 $\Delta\tau$ 的线性函数。在第一个等式中，$\varphi\to0$ 的收敛性可以与 $\omega_s\Delta t-\phi(h)\to0$ 互相推导，而反过来又意味着 $\omega_s\Delta t\to\phi(h)$。在第二个方程中，$\theta\to0$ 可以与 $\omega_s\Delta\tau\to0$ 互相推导。根据标称扫描间隔 $\Delta t_{\mathrm{nom}}(h)=\phi(h)/\omega_s$的定义，式（8.162）的线性化方程为

$$\begin{aligned}&\varphi\cong\tan\alpha\sin\left(\frac{\phi(h)}{2}\right)\frac{\omega_s(\Delta t_{\mathrm{nom}}(h)-\Delta t)}{2}\\&\theta\cong\frac{\omega_s\Delta\tau}{2}\end{aligned} \tag{8.163}$$

其中，只有第一排的横滚角测量值取决于当前高度 h。

练习 18：

证明：式（8.162）中的方程，并将其推广到的 $\beta\neq0$ 的一般情况，其中光轴不与俯仰轴对齐。

图 8.14（a）所示为传感器的输出，其中$-\boldsymbol{s}$ 是光轴，除了横滚方程中的符号变化，其余与式（8.163）中相同。如果我们用下标 L 和 R 来区分右和左的时间间隔，两个传感器的组合将提供

$$\begin{aligned}&\varphi\cong\tan\alpha\sin\frac{\phi(h)}{2}\omega_s\frac{\Delta t_L-\Delta t_R}{2}\\&\theta\cong\omega_s\frac{\Delta\tau_R+\Delta\tau_L}{4}\end{aligned} \tag{8.164}$$

其优点是高度不确定性只影响比例因子。上述方程的误差细分为除了残余偏差随机误差，安装误差、电子误差之外，其它的还可以被部分校正[19]。系统误差是由地球扁率和地球边界的季节和纬度变化引起的。安装误差影响零偏和失准。剩余随机误差包括电子噪声和量化噪声。安装在 $h=300\sim6000\text{km}$ 处的低轨卫星上的地平仪的典型误差如表 8.7 所示。

表 8.7 近地轨道卫星双圆锥扫描地平仪的主要性能

序号	名　称	符　号	单　位	数　值	备　注
1	随机误差标准差	$\widetilde{\sigma}$	mrad	<0.3	无
2	零偏	$\|b\|$	mrad	<1	无
3	横滚角范围	$\varphi_{\max}$	rad	0.6	@ $\theta\cong 0$
4	俯仰角范围	$\theta_{\max}$	rad	0.3	@ $\varphi\cong 0$
5	输出数据速率	$f_s=\omega_s/(2\pi)$	Hz	1	无

8.8.2 静态地平仪

在传统的静态地平仪[45,20]中，视场大于整个地球的边界，红外探测器的 4 个组件 $j=1,2,3,4$沿图像平面的两个正交轴($\boldsymbol{s}_1$，$\boldsymbol{s}_2$)放置，如图 8.15 所示。地平仪参照系用 $\mathfrak{I}=\{C_s,\boldsymbol{s}_1,\boldsymbol{s}_2,\boldsymbol{s}_3\}$ 表示。地平仪坐标系到本体坐标系的转换矩阵换用 $\boldsymbol{R}_s^b$ 表示，为了简单起见，假设 $\boldsymbol{R}_s^b=I$，表示地平仪坐标系和本体坐标系完全对准。航天器姿态由本体坐标系到 LVLH 坐标系的变换矩阵 $\boldsymbol{R}_b^l=Z(\psi)Y(\theta)X(\phi)$定义。4 个探测器测量 4 个边界点 P_j与像平面中零姿态（或参考）点 $\boldsymbol{P}_{j,\text{ref}}$的横向角偏差 $\alpha_j=\Delta y_j/f,j=2,4$ 和 $\beta_j=-\Delta x_j/f,j=1,3$，其中 f 是光学焦距。纵向偏差 α_1、α_3 和 β_2、β_4 不能以足够的精度进行测量，因为其与边界相切。图 8.15 显示了零姿态时的 LVLH 坐标系中的地球圆盘及其虚像（传感器仅对 P_j周围的区域成像）。

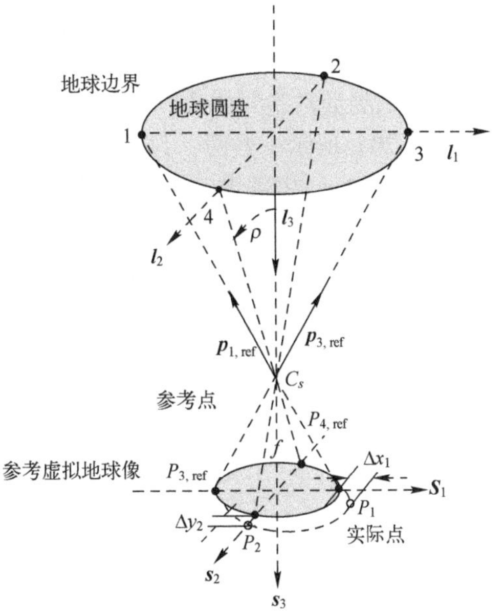

图 8.15 地球圆盘和 4 个边界点的示意图（比例为随机的）

传感器坐标中参考向量 $\boldsymbol{p}_{j,\text{ref}}$ 的矩阵 $\boldsymbol{P}_{\text{ref}}$为

$$\boldsymbol{P}_{\text{ref}}=[\boldsymbol{p}_{1,\text{ref}}\quad \boldsymbol{p}_{2,\text{ref}}\quad \boldsymbol{p}_{3,\text{ref}}\quad \boldsymbol{p}_{4,\text{ref}}]=\begin{bmatrix}-s & 0 & s & 0\\ 0 & -s & 0 & s\\ -c & -c & -c & -c\end{bmatrix} \tag{8.165}$$

$$s=\sin\rho(h),c=\cos\rho(h)$$

假设地球圆盘的角半径 $\rho(h)$ 取决于高度 h。其中，必须包括地球扁率和大气温度的修正。在本体坐标系和 LVLH 坐标系之间未对准的情况下，即在非零姿态下，测量非零角偏差，其对应于将矢量 $\boldsymbol{p}_{j,\text{ref}}$旋转为矢量$\breve{\boldsymbol{m}}_j(h)=\boldsymbol{R}_j(\breve{\alpha}_j,\breve{\beta}_j)\boldsymbol{p}_{j,\text{ref}}(h)$，其中线性化矩阵 $\boldsymbol{R}_j$具有以下形式。

$$\breve{\boldsymbol{R}}_j(\breve{\alpha}_j,\breve{\beta}_j)\cong\begin{bmatrix}1 & 0 & \breve{\beta}_j\\ 0 & 1 & -\breve{\alpha}_j\\ -\breve{\beta}_j & \breve{\alpha}_j & 1\end{bmatrix},j=1,2,3,\cdots,4 \tag{8.166}$$

矩阵 $\boldsymbol{R}_j$ 中 4 四个未测量的角偏差 α_1、α_3 和 β_2、β_4 必须借助于当前的姿态预测 $\{\hat{\varphi},\hat{\theta},\hat{\psi}\}$ 来估计，为此，偏航预测 $\hat{\psi}$（或来自其他传感器的估计）变得至关重要。一般测量方程为

$$\breve{\boldsymbol{s}}_j(h)=\boldsymbol{R}(\varphi,\theta,\psi)\breve{\boldsymbol{m}}_j(h)+\tilde{\boldsymbol{s}}_j,\quad j=1,2,3,4 \tag{8.167}$$

2.5.6 节是关于观察坐标系的内容，其中转换矩阵 $\boldsymbol{R}$ 和参考方向 $\boldsymbol{p}_{j,\mathrm{ref}}$ 的测量值 $\breve{\boldsymbol{s}}_j$ 由 $\boldsymbol{R}=\boldsymbol{R}_b^l$ 和 $\breve{\boldsymbol{s}}_j=\boldsymbol{p}_{j,\mathrm{ref}}$ 定义；在式（8.167）中，测量误差 $\tilde{\boldsymbol{s}}_j$ 既考虑了传感器和参考误差，也考虑了估计的角偏差的误差。结合式（8.165）中的 P_{ref} 及式（8.166）之前 $\breve{\boldsymbol{m}}_j(h)$ 的定义，式（8.167）中的 4 个方程组能够写成以下 3×4 矩阵形式。

$$\begin{aligned}&\breve{\boldsymbol{Y}}=\boldsymbol{R}^{\mathrm{T}}(\phi,\theta,\psi)P_{\mathrm{ref}}+\tilde{\boldsymbol{S}}\\&\breve{\boldsymbol{Y}}=[\breve{R}_1\boldsymbol{p}_{1,\mathrm{ref}}\quad \breve{R}_2\boldsymbol{p}_{2,\mathrm{ref}}\quad \breve{R}_3\boldsymbol{p}_{3,\mathrm{ref}}\quad \breve{R}_4\boldsymbol{p}_{4,\mathrm{ref}}],\tilde{\boldsymbol{S}}=\boldsymbol{R}^{\mathrm{T}}[\tilde{\boldsymbol{s}}_1\quad \tilde{\boldsymbol{s}}_2\quad \tilde{\boldsymbol{s}}_3\quad \tilde{\boldsymbol{s}}_4]\end{aligned} \tag{8.168}$$

其中，$R(\varphi,\theta,\psi)$ 未知，$\breve{\boldsymbol{Y}}$ 为测量矩阵，$\tilde{\boldsymbol{S}}$ 为未知误差矩阵。式（8.168）中的矩阵方程可通过 10.4 节中的静态姿态确定方法（参见文献［20］）进行数值求解。如果 $\breve{R}_j(\breve{\alpha}_j,\breve{\beta}_j)$ 还包括未测量偏差的估计，那么可根据当前已知信息估计姿态 (φ,θ,ψ)，如下文中的式（8.170）所示。然而，只有俯仰和横滚的已知信息能得到提高。

在 $\boldsymbol{R}^{\mathrm{T}}(\varphi,\theta,\psi)$ 中假设一个较小姿态角的近似解。由 tr（$\tilde{\boldsymbol{S}}\tilde{\boldsymbol{S}}^{\mathrm{T}}$）的最小化，其中 $\tilde{\boldsymbol{S}}=\breve{Y}-\boldsymbol{R}^{\mathrm{T}}P_{\mathrm{ref}}$，可推出伪逆解为

$$\hat{\boldsymbol{R}}^{\mathrm{T}}=\begin{bmatrix}1 & \hat{\psi} & -\hat{\theta}\\ -\hat{\psi} & 1 & \hat{\varphi}\\ \hat{\theta} & -\hat{\varphi} & 1\end{bmatrix}=\breve{Y}\boldsymbol{P}_{\mathrm{ref}}^{\mathrm{T}}(P_{\mathrm{ref}}\boldsymbol{P}_{\mathrm{ref}}^{\mathrm{T}})^{-1} \tag{8.169}$$

由于式（8.169）中的估计 $\hat{\boldsymbol{R}}^{\mathrm{T}}$ 不一定为酉矩阵，即 $\hat{\boldsymbol{R}}\hat{\boldsymbol{R}}^{\mathrm{T}}\neq I$，因此可以从式（8.169）中导出每个欧拉角的两个替代解，见以下括号中。

$$\begin{aligned}&\hat{\varphi}=\left\{\frac{\breve{\alpha}_2+\breve{\alpha}_4}{2},\frac{1}{4}\sum_{k=1}^{4}\breve{\alpha}_j\right\},\hat{\theta}=\left\{\frac{\breve{\beta}_1+\breve{\beta}_3}{2},\frac{1}{4}\sum_{k=1}^{4}\breve{\beta}_j\right\}\\&\hat{\psi}=\frac{\cos(\rho)}{2\sin(\rho)}\{\breve{\beta}_2-\breve{\beta}_4,\breve{\alpha}_3-\breve{\alpha}_1\}=\hat{\psi}\end{aligned} \tag{8.170}$$

其中，$\hat{\varphi}$ 和 $\hat{\theta}$ 的第一个解表明，无须依赖 4 个未测量的偏差 α_1、α_3 和 β_2、β_4，就可以估计横滚角和俯仰角，因此也就取决于偏航角预测 $\hat{\psi}$。第二行的偏航角方程是赘述，因为它只依赖于未测量的偏差，表明偏航角预测 $\hat{\psi}$ 无法改进。

练习 19：

证明： 等式（8.170）。

8.8.3 粗精度地球传感器和太阳传感器

粗精度地球传感器和太阳传感器（coarse earth and sun sensors，CESS）是全方位姿态传感器，没有任何捕获阶段[29]。CESS 由 6 个传感头组成，这些传感头沿定义的传感器局部参考系 $\mathfrak{I}=\{C_s,\boldsymbol{s}_1,\boldsymbol{s}_2,\boldsymbol{s}_3\}$ 的 3 个正交轴放置。每个传感器头位置均与单轴 $\boldsymbol{s}_j,j=1,2,3$ 的正方向或负方向对齐。每个传感头都具有一个平面感应区域，该区域被均匀地细分为两个具有不同热力学特性的部分。在红外光谱范围内，两分区具有相同的吸收系数 $0<\varepsilon_{\mathrm{IR}}<1$，但在可见光范围则具有不同的吸收系数 $0<\varepsilon_V<1$。因此，放置在不同辐射情况

下的传感头将测量不同的温度。每个感测区域的温度由3个独立的Pt100电阻温度计测量，这种布置确保了双故障冗余。这6对温度的具体信息（细化）能够重建传感器到地球的单位矢量$\boldsymbol{s}_e=\overrightarrow{C_sE}/|\overrightarrow{C_sE}|$和传感器到太阳的单位矢量$\boldsymbol{s}_s=\overrightarrow{C_sS}/|\overrightarrow{C_sS}|$，$E$和$S$分别是地球和太阳的质心。根据2.2.1节中的角度组合$\{$方位角α_x，极角$\beta_x\}$，其中$x=e$（地球），s（太阳），传感器坐标系中的通用坐标向量$\boldsymbol{s}_x$为

$$\boldsymbol{s}_x=[\cos\alpha_x\sin\beta_x,\sin\alpha_x\sin\beta_x,\cos\beta_x]=Z(\alpha_x)Y(\beta_x)\boldsymbol{e}_3$$

其中，$\boldsymbol{e}_3=[0,0,1]$。在日食发生的情况下，无法得到太阳矢量$\boldsymbol{s}_s$，由此能检测日食的开始和结束。分别用$\breve{\boldsymbol{s}}_x$和$\widetilde{\boldsymbol{s}}_x$表示测量矢量和误差矢量，用$\{\breve{\alpha}_x=\alpha_x+\widetilde{\alpha}_x,\breve{\beta}_x=\beta_x+\widetilde{\beta}_x\}$表示角度测量值，读者请证明在小角度误差下，即$|\widetilde{\alpha}_x|,|\widetilde{\beta}_x|\ll 1\text{rad}$时，可以写出

$$\breve{\boldsymbol{s}}_x=\boldsymbol{s}_x+\widetilde{\boldsymbol{s}}_x\cong\boldsymbol{s}_x+\widetilde{\boldsymbol{\theta}}_x\times\boldsymbol{s}_x,\widetilde{\boldsymbol{\theta}}_x=[\widetilde{\alpha},\widetilde{\beta}\cos\alpha,-\widetilde{\beta}\sin\alpha]$$

其中，与10.2节一致，$\widetilde{\boldsymbol{s}}_x$与$\boldsymbol{s}_x$正交。$\boldsymbol{s}_x$周围不确定圆锥的半锥角$\widetilde{\theta}$满足公式$\widetilde{\theta}_x=\text{sgn}(\widetilde{\alpha}_x)\sqrt{\widetilde{\alpha}_x^2+\widetilde{\beta}_x^2}$，其随机波动可用于估计传感器性能。在航天器角速度$|\boldsymbol{\omega}|<3.5\text{mrad/s}$时，欧洲卫星CESS的误差标准偏差$\widetilde{\sigma}_x=\mathscr{E}\{(\widetilde{\theta}_x-\mathscr{E}\{\widetilde{\theta}_x\})^2\}$的范围如下：

$$\widetilde{\sigma}_e\leqslant 0.12\sim0.16\text{rad}(\text{地球}),\quad \widetilde{\sigma}_s\leqslant 0.05\sim0.12\text{rad}(\text{太阳})$$

8.9 星跟踪器

星跟踪器是当前最精确的姿态传感器，它们直接提供了传感器姿态四元数$\mathfrak{q}_m$。接下来的论述相对基础。星跟踪器建立一个由天体（恒星）有限方向集合$\boldsymbol{s}_j,j=1,2,\cdots,m$构成的观察坐标系（参见2.5.6节），并将它们与星表中的天体相关联。根据星表矢量$\breve{\boldsymbol{s}}_j$可知，在J2000惯性坐标系$\mathscr{J}=\{E,\boldsymbol{j}_1,\boldsymbol{j}_2,\boldsymbol{j}_3\}$中的真实坐标矢量$\boldsymbol{s}_j$。在仪器坐标系$\mathfrak{M}=\{F,\boldsymbol{m}_1,\boldsymbol{m}_2,\boldsymbol{m}_3\}$中，方向$\boldsymbol{s}_j$的测量值为$\breve{\boldsymbol{m}}_j$，其中$F$是光学中心。$m$的测量对$(\breve{\boldsymbol{s}}_j,\breve{\boldsymbol{m}}_j)$的单位矢量分别受星表和星跟踪器误差$\delta\boldsymbol{s}_j$和$\delta\boldsymbol{m}_j$影响，即

$$\begin{aligned}(\breve{\boldsymbol{s}}_j,\breve{\boldsymbol{m}}_j)&=(\boldsymbol{s}_j,\boldsymbol{m}_j)+(\delta\boldsymbol{s}_j,\delta\boldsymbol{m}_j)\\ \boldsymbol{s}_j\cdot\delta\boldsymbol{s}_j&=\boldsymbol{m}_j\cdot\delta\boldsymbol{m}_j=0\end{aligned}\tag{8.171}$$

其中，如10.2节所示，误差受第二行等式的约束，因为真实矢量和测量矢量都是单位矢量。在解决10.4节和10.5节的Wahba的问题中发现真实矢量通过传感器坐标系到惯性坐标系转换矩阵$\boldsymbol{R}_m^i(\mathfrak{q}_m)$相关。根据总误差的定义$\widetilde{\boldsymbol{s}}_j=\delta\boldsymbol{s}_j-\boldsymbol{R}_m^i\delta\boldsymbol{m}_j$，测量方程为

$$\boldsymbol{s}_j=\boldsymbol{R}_m^i\boldsymbol{m}_j\Rightarrow\breve{\boldsymbol{s}}_j=\boldsymbol{R}_m^i\breve{\boldsymbol{m}}_j+\widetilde{\boldsymbol{s}}_j\tag{8.172}$$

8.9.1 结构介绍

星跟踪器主要部件有光学子系统、半导体探测器、相关读出电子设备和星表。光学子系统由一组可变的透镜（最多8个）组成。现成的传感器使用CCD或APS的光电探测器（像素）矩阵。后者更耐环境辐射，所需功率更小，并且使用更简单的电子器件（从模拟到数字数据的转换电子设备），在整体上导致了轻量化。由焦平面和电子器件制成的部件称为光学头。

第一代星跟踪器只能跟踪焦平面上的恒星图像。因此，它们完全依赖于姿态和轨道控制子系统。在过去的几年中，已经有了自主式的星跟踪器，能够仅仅从观测和星表中提供传感器姿态。星表允许自主式星跟踪器以连续和准确的方式提供姿态。光学视场在

10°×10°和40°×40°之间变化。精度由像素大小、视场大小和算法决定。通常，光轴姿态（两个角度）的误差为5～50μrad，光轴旋转角度的误差为0.05～0.3mrad。最新的设备包括在0.02～0.1rad/s的高角速度情况下性能下降的算法。在这种情况下，无法确定姿态，只能提供角速度。

星跟踪器的主要局限性有以下几点。

（1）杂散光。对地球、太阳、月亮等明亮物体。它们的光线进入视场会降低性能，并可能阻碍测量。地球与月球之间的最小角度间隔约为20°，与太阳之间的最小角度间隔约为30°。

（2）它们对辐射非常敏感。

（3）传感器精度取决于角速度。当角速度小于0.01～0.02rad/s时，通常可以保证姿态精度。

（4）星跟踪器算法比较复杂。

（5）当前的星跟踪器是非常紧凑的仪器，可以将它们集成在光学有效载荷中。作为基准，功率和质量不必过多考虑。

8.9.2 星表

星敏感器可以非常精确，因为恒星是点光源，它们的方向在航天器任务期间实际上是恒定的。关于恒星惯性方向的数据现在已经相当准确，并且可以通过诸如Hipparcos任务[13]制作的星表获得。欧洲GALA任务[2]最近发布了一个新的更大更精确的星表。每颗恒星j都是不同的，因为它的星等m_j、光谱和方向$\boldsymbol{s}_j$不同，$\boldsymbol{s}_j$被定义为与光波前相反。星等是两颗恒星光通量（光度）S_k和S_j之比的以10为底的对数刻度，$S_k(\mathrm{W/m^2})$，即

$$m_j-m_k=-2.5\log_{10}(S_j/S_k) \tag{8.173}$$

必须把绝对星等和视星等区分开来。视星等测量的是从地球上看到的可见光波段的恒星亮度，用V表示。星等需要为恒星设置一个参考星等，如零，然后通过式(8.173)推导出其他星等。零级视星等被分配给织女星（天琴座）。最亮的恒星是天狼星，其星等为$m_{\mathrm{syrius}}=-1.49$。太阳的星等是$m_s=-26.8$。亮的恒星比暗的恒星具有的更低的星等，可能星等为负。光通量之比为10相当于-2.5的等级差。

恒星发射出的光谱不同，很大程度上取决于恒星表面温度θ。从蓝色到红色分别表示为7种类型，分别为O（蓝色，θ>30000K）、B（蓝色到蓝白色）、A（白色，织女星，天狼星）、F（黄白色）、G（黄色，太阳）、K（橘色、毕宿五）、M（红色，参宿四，θ<3700K）。

星单位矢量$\boldsymbol{s}_j$的星表坐标矢量$\breve{\boldsymbol{s}}_j$在J2000系中通过赤经α_j和赤纬β_j给出（为了表示清楚，我们替换了2.2.1节中的标准符号δ_j）：

$$\breve{\boldsymbol{s}}_j=\boldsymbol{s}_j+\delta\boldsymbol{s}_j=\begin{bmatrix}\cos(\alpha_j+\delta\alpha_j)\cos(\beta_j+\delta\beta_j)\\ \sin(\alpha_j+\delta\alpha_j)\cos(\beta_j+\delta\beta_j)\\ \sin(\beta_j+\delta\beta_j)\end{bmatrix} \tag{8.174}$$

其中，二元向量组$\{\alpha_j,\beta_j\}$定义真角坐标，$\{\delta\alpha_j,\delta\beta_j\}$为星表误差。

在后续部分中，假设恒星坐标已经从星表时刻t_0开始对运动进行了校正，也对它们的视差和恒星光行差进行了校正。由于$|\boldsymbol{v}_s|/c\cong10^{-4}$的量级，光速$-c\boldsymbol{s}_j$与太阳系中的航天器速度矢量$\boldsymbol{v}_s$不同导致的恒星光行差是突出的，对应于大约100μrad的校正，但对于

所有观测到的恒星都是相等的。视差 $\pi_i = r_E / d_j$ 定义为地-日距离 r_E（天文单位）与恒星距离 d_j 之比，始终小于 3.7μrad 半人马座-α 星，如果剔除最近的恒星将小于 0.1μrad。根据同样的方法可以忽略恒星自转，因为大多数观测的恒星自转角速度小于 $\mu_i = 5$nrad/年，根据 J2000 的星表，校正小于 0.1μrad。最快的恒星是巴纳德星，转速为 $\mu_i = 50$μrad/年，但亮度较弱（$m_j \cong 9.5$）。根据文献［44］，联合像差、视差和自转校正，适用于原点在太阳系质心的 J2000 惯性坐标系中的恒星方向 $\boldsymbol{s}_{ij}$，并提供同一个坐标系中的恒星方向，但以仪器为中心。校正后的 J2000 星坐标矢量为

$$\boldsymbol{s}_j \cong \left(I + \left(\frac{\boldsymbol{v}_s(t)}{c} - \boldsymbol{\rho}_e(t)\pi_j + \boldsymbol{\mu}_j(t - t_0) \right) \times \right) \boldsymbol{s}_{ij} \tag{8.175}$$

式中：$\boldsymbol{\rho}_e$ 为日地方向；$\boldsymbol{\mu}_j$ 为自转矢量。式（8.175）必须转换为旋转矩阵，以保留单位向量。星表误差包括原始不确定度 $\delta\alpha_j(t_0)$ 和 $\delta\beta_j(t_0)$ 以及式（8.175）中遗漏的校正。

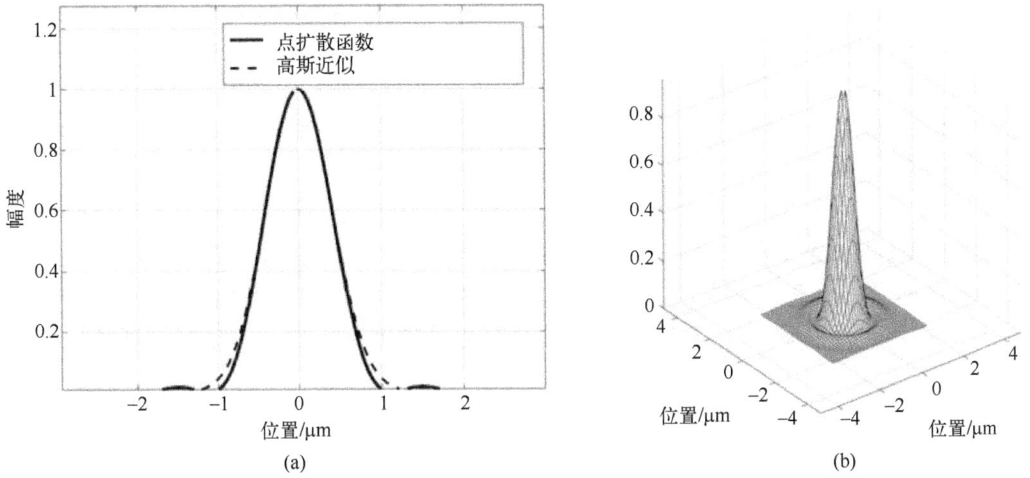

图 8.16　圆孔的归一化点扩散函数和高斯近似

（a）径向横截面；（b）三维曲线。

8.9.3　恒星坐标估计与仪器精度

原点在光学中心 F 的仪器坐标系 $\mathfrak{M} = \{F, \boldsymbol{m}_1, \boldsymbol{m}_2, \boldsymbol{m}_3\}$ 中 $\boldsymbol{s}_j$ 的坐标矢量 $\boldsymbol{m}_j$，通过将光轴 $\boldsymbol{m}_3$ 绕 $\boldsymbol{m}_1$ 旋转角度 φ_j，然后再绕 $\boldsymbol{m}_2$ 旋转角度 θ_j 得到，如图 8.17 所示。

$$\boldsymbol{m}_j = X(\varphi_j)Y(\theta_j)\begin{bmatrix}0\\0\\1\end{bmatrix} = \begin{bmatrix}\sin\theta_j\\ -\sin\phi_j\cos\theta_j\\ \cos\phi_j\cos\theta_j\end{bmatrix} \tag{8.176}$$

仪器视场由 $\boldsymbol{s}_j$ 相对于传感器可记录的光轴的最大倾角 $\varphi_{\max}/2 = \theta_{\max}/2$ 确定：

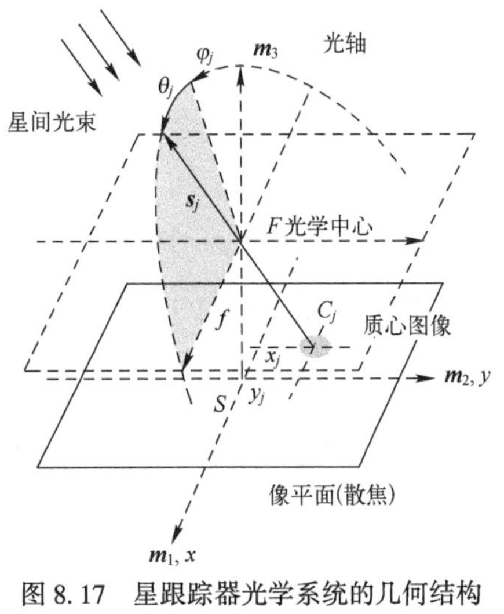

图 8.17　星跟踪器光学系统的几何结构

$$|\theta_j| \leqslant \theta_{\max}/2, |\varphi_j| \leqslant \varphi_{\max}/2, \quad \theta_{\max} = \phi_{\max} \tag{8.177}$$

星光是一种电磁波，在进入星跟踪器光学系统的入射光瞳时具有平面波阵面。光学系统的作用是收集尽可能多的能量，将波前聚焦到图像或焦平面上的某一点。入射光瞳的有限尺寸（通常是半径为 a 的圆）限制了星光理想聚焦到点图像，会产生由第一类贝塞尔函数（圆柱体的二维傅里叶变换）描述的衍射图案（或点扩散函数）。

$$\begin{aligned} p(r) &= 2\left(J_1(\vartheta(r))/\vartheta(r)\right)^2 \\ \vartheta(r) &= \frac{2\pi ra}{\lambda f} \geqslant 0 \end{aligned} \tag{8.178}$$

其中，$r^2 = (x-x_j)^2 + (y-y_j)^2$ 是焦平面上从图像中心（或质心）到焦平面坐标为 $\{x_j, y_j\}$ 的径向距离平方。下文中定义的焦平面坐标与式（8.176）中的时角坐标 $\{\varphi_j, \theta_j\}$ 一一相关。其他参数是光波长 λ（可见光光谱中 $\lambda = 0.4 \sim 0.8\mu\text{m}$）和焦距 f。点扩散函数具有不同的圆环轮廓线（亮暗圆环）。图像中心第一个圆环为最亮区域，称为艾里斑，半径为

$$r_0 \cong 1.22\lambda f/D, \quad D = 2a \tag{8.179}$$

由于84%的入射光能量落在艾里斑内，因此艾里斑半径 r_0 被认为是图像分辨率的指标。图 8.16 显示了圆孔的归一化点扩散函数的径向轮廓［图 8.16（a）］和相应的三维轮廓［图 8.16（b）］。

$$f = 0.035\text{m}, \quad a = 0.0115\text{m}, \quad \lambda = 0.6\mu\text{m}(\text{黄光}) \tag{8.180}$$

艾里斑半径为 $r_0 \cong 1.1\mu\text{m}$。类似于式（8.178）中的点扩散函数是强度为 A_j 的二维狄拉克 δ 函数 $A_j\delta(x_j, y_j)$ 的脉冲响应，并且定义图像中心或质心的焦平面坐标 $\{x_j, y_j\}$ 为中心（一维狄拉克 δ 函数在 13.2.1 节定义）。星坐标估计需要确定质心坐标并将其转换为时角坐标 $\{\varphi_j, \theta_j\}$。

$N = f/D$ 之比称为 f 数（也称为焦点比），该比值通常记作 $D = f/N$，从而表示光瞳直径。增大 f 数会减小光瞳直径和进入光瞳的光量，从而要求更长的曝光时间以捕获相同数量的光。大致上，f 值增大到原来 2 倍，曝光时间需要延长 4 倍。现代透镜使用一系列接近 $f/N = f/(\sqrt{2})^i, i = 0, 1, 2, \cdots$ 的标准 f 数。它们对应于相机光圈的离散阶跃（因此称为 f-stops 光圈级数）。f 数越小越快，人眼最快的 N 是 2.1（在黑暗中），对应于 $\boldsymbol{r}_0 \cong 1\mu\text{m}$（在 $\lambda \cong 0.4\mu\text{m}$ 处）（蓝色可见光），而中心凹的视锥间隔约为 $r_c \cong 2.5\mu\text{m}$，对应于 $N = 5$。人眼最大的 N 约为 $N = 8$。

式（8.178）中的点扩散函数可通过下面的二维高斯密度函数近似，如图 8.16（a）所示。

$$p(r) = \exp\left(-\frac{r^2}{2\sigma^2}\right), \quad \sigma \cong 0.44\lambda f/D \cong r_0/2.77 \tag{8.181}$$

由于方形 CCD 和 APS 像素的尺寸接近或大于 10μm，因此必须将具有微米量级艾里斑半径 r_0 的点扩散函数放大到覆盖单个像素以上，这是获得点扩散函数质心和定位恒星方向所必需的。通过对恒星图像散焦，使得光斑覆盖至少 3×3 个像素。离焦是通过使 Δz 的像平面远离焦平面并沿光轴移动来获得。结果图像渐渐趋向于变成一个半径如下的圆形斑点。

$$r_1 = \frac{\Delta z a}{f} = \frac{\Delta z D}{2f} = \frac{1}{2}\frac{\Delta z}{N} \tag{8.182}$$

圆形斑点被称为模糊圈或模糊斑点。

考虑一个星跟踪器，其像平面由 $n\times n, n=1024$，大小为 $d=15\mu m$ 的正方形像素构成，它提供的图像大小为 $d_i=nd$。视场 φ_{max} 与图像大小满足以下不等式：

$$d_i=nd\geqslant\varphi_{max}f \tag{8.183}$$

定义视场上限为

$$\varphi_{max}\leqslant\frac{nd}{f}\cong 0.44\text{rad}(25°) \tag{8.184}$$

给定像素大小 d，通过假设模糊圈覆盖至少 3 个像素，即 $2r_1\geqslant 3d$，并且散焦的点扩散函数具有如式（8.181）所示的高斯形状（粗略近似），我们从式（8.182）中获得高斯形状的散焦位移 Δz 和标准差。

$$\Delta z=3d\frac{f}{D}=3dN\cong 125\mu m,\quad \sigma\cong\frac{d}{2}=7.5\mu m \tag{8.185}$$

如前所述，让 $\{x_j,y_j\}$ 表示在仪器坐标系 $\mathfrak{M}=\{F,\boldsymbol{m}_1,\boldsymbol{m}_2,\boldsymbol{m}_3\}$ 的笛卡儿坐标系中的恒星 j 图像的质心 C_j 的坐标。它们是 F 的恒星单位矢量 $\boldsymbol{s}_j$ 与散焦像面交点的坐标，如图 8.17 所示。

由式（8.176）和图 8.17 的几何图形，可以得到

$$\overrightarrow{SF}=\overrightarrow{SC_j}+\boldsymbol{s}_jd_j \tag{8.186}$$

其中，$d_j=|C_jF|$。以下是经典的相机方程：

$$\begin{gathered}d_j=\frac{f}{\cos\varphi_j\cos\theta_j}\\ \tan\varphi_j=y_j/f,\quad \tan\theta_j=-\cos\varphi_jx_j/f\end{gathered} \tag{8.187}$$

在角度较小的情况下简化为线性方程

$$\begin{gathered}d_j\cong f\\ \varphi_j\cong y_j/f,\quad \theta_j\cong -x_j/f\end{gathered} \tag{8.188}$$

必须对式（8.188）进行修改，以考虑可校准的光学和像面畸变。质心坐标 $\{x_j,y_j\}$ 可以由像素强度 $z_j(i,k)$ 和像素坐标 (i,k) 估计，其中

$$\begin{gathered}x_j=(i+0.5)d,\quad y_j=(k+0.5)d\\ -n/2\leqslant i,\quad k<n/2\end{gathered} \tag{8.189}$$

最简单的质心估计是确定 $m_c\times m_c$ 像素（目标区域）强度的质心，图像强度 $z_j(i,k)$ 在给定的阈值之上。目标区域的大小必须大于图像的大小，才能进行背景噪声估计。质心估计坐标为

$$\hat{x}_j=\frac{\sum_{i=i_{j0}}^{i_{j0}+m_c}z_j(i,k)i}{\sum_{i=i_{j0}}^{i_{j0}+m_c}z_j(i,k)},\hat{y}_j=\frac{\sum_{k=k_{j0}}^{k_{j0}+m_c}z_j(i,k)k}{\sum_{k=k_{j0}}^{k_{j0}+m_c}z_j(i,k)} \tag{8.190}$$

像素强度 $z_j(i,k)$ 必须从估计的天空背景和传感器本身中提取。可以使用涉及校准点扩散函数的更复杂算法。质心坐标估计的误差标准差通常可以减小到像素尺寸的十分之一以下。对当前数据产生的角度误差标准差（NEA，噪声等效角）大小为

$$\tilde{\sigma}_\theta=\tilde{\sigma}_\varphi=0.1\frac{\varphi_{max}}{n}\cong 40\mu\text{rad}(\cong 8.5\text{ 角秒}) \tag{8.191}$$

其中，n 是线性像素数。星跟踪器可用的星表中的恒星数量，取决于视场大小和在视场中连续可见的恒星数目 n_s。至少需要两颗相距较远的恒星来重建仪器姿态，但是当星跟踪器打开时，则至少需要 $n_s \geqslant 3$ 颗恒星来识别天空区域（方向迷失阶段）。根据式（8.184）假设天空中的星体分布均匀，每个球面度的最小恒星密度为 $\delta_{s,\min}=n_s/\phi_{\max}^2 \cong 15.5$，其中 $\phi_{\max}=0.44\text{rad}$。由于银河系中恒星分布不均匀，因此最小密度必须通过乘以一个系数 $\gamma_s>1$ 来进行放大。由上述可知，当 $\gamma_s=2$ 时，可以得到 $\delta_{s,\min}=31$。所需的恒星密度 $\delta_{s,\min}$ 又决定了星跟踪器能看到的最大星等。例如，比 $m=5.0$ 星等更亮的恒星 $\delta_s(m\leqslant 5)$ 的密度约为 $\delta_s(m\leqslant 5)=100\text{sterad}^{-1}>\delta_{s,\min}$，这对于方向迷失阶段是足够的。

表 8.8 列举了欧洲多视场星跟踪器的性能数据[6,12]。偏差是由于未校准和发射未对准造成的。低频或空间误差用均方根值表示，因为它们的带宽 f_{s0} 随处理的恒星数量和大小（视场空间误差）、视场中的恒星交叉率（由航天器角速度决定）和质心估计误差（像素空间误差）而变化。带宽 f_0 随着恒星交叉率的增加而变宽。噪声等效角仅取决于宽频带噪声源，如量化误差和读出电子设备。总误差谱密度为 $\tilde{S}_s(f)$，其中下标 s 表示星跟踪器，可近似为

$$\tilde{S}_s^2(f)=|F_{s0}(\mathrm{j}f)|^2\frac{\tilde{\sigma}_{s0}^2}{f_{\max}}+\tilde{S}_{\mathrm{NEA}}^2(f)$$

$$\tilde{S}_{\mathrm{NEA}}=\tilde{\sigma}_{\mathrm{NEA}}/\sqrt{f_{\max}} \tag{8.192}$$

其中，F_{s0}（s）是一个低通滤波器，考虑了当前星跟踪器的工作条件。表 8.8 中括号内的数值是指视轴角坐标（绕光轴的滚动）。

表 8.8 欧洲的星跟踪器数据

序号	参数		符号	单位	值	备注
1		零偏	b_s	μrad	<50	无
2		热误差	$\partial b_s/\partial\Theta$	μrad/K	<0.3	变量偏差
3	单头误差	低频误差：交叉轴（瞄准）	$\tilde{\sigma}_{s0}$	μrad	12（77）	空间误差，最差情况下的均方根
4		噪声等效角：交叉轴（瞄准）	$\tilde{S}_{\mathrm{NEA}}(f)$	$\mu\text{rad}/\sqrt{\text{Hz}}$	3.3（23.5）	最差情况下的频谱密度，$f_{\max}=15\text{Hz}$
5	三头误差（每条轴）	低频误差	$\tilde{\sigma}_{s0}$	μrad	10	空间误差，最差情况下的均方根
6		噪声等效角	$\tilde{S}_{\mathrm{NEA}}(f)$	$\mu\text{rad}/\sqrt{\text{Hz}}$	2.5	最差情况下的频谱密度，$f_{\max}=15\text{Hz}$
7	其他数据	时间单位	T_s	ms	>33	$f_{\max}\leqslant 15\text{Hz}$
8		跟踪/捕获最大角速率	ω_s，max	rad/s	0.14	@ $T=33\text{ms}$
9		跟踪最大加速度	$\boldsymbol{a}_s$，max	rad/s^2	0.18	@ $T=33\text{ms}$
10		采集时间（最长）	τ_a	s	2.5	方向迷失过程
11		质量	$\boldsymbol{m}_s$	kg	<3.5	光学头和电子设备单元
12		功率	W_s	W	<9	光学头和单电子设备单元

注：最差的情况意味着天穹中最糟糕的恒星分布。均方根对应于“1-σ”。

8.10 磁场传感器

应用于空间的磁场传感器，称为航天器磁强计，用于测量行星磁场的大小和方向[41]。它们质量轻、可靠性高、功率低；工作温度范围大，无活动部件。然而，地球磁场或行星磁场的不确定性以及与星载磁场的交叉耦合可能会降低它们的精度。此外，由于行星磁场大小（如果存在）随高度而减小（与距行星质心的距离的三次方成反比），而轨道高度是有界的，意味着磁强计可以在地球轨道高度 200～1500km 范围使用。更高海拔的磁强计可作为特殊应用保留。磁强计通常用于低轨卫星入轨后的早期阶段，此时必须抑制低轨卫星的角速度。它包括一个敏感元件（磁传感器）和探测电子设备。

它们的构造使用了以下两个物理原理。

(1) 感应式磁强计：使用磁感应（法拉第定律），有两种不同的制造方法：探测线圈和磁通门。由于它们通常被用作姿态传感器，将在后文中进行介绍。

(2) 量子（或质子进动）磁强计：使用物质本身属性，如核磁共振。它们作为科学有效载荷有非常具体的应用。

8.10.1 感应式磁强计

法拉第感应定律表明，由磁通密度矢量 $\boldsymbol{B}$（用大写字母 $\boldsymbol{H}$ 来表示磁场）产生的可变磁通量 $\phi(\boldsymbol{B})$，与环绕表面 Σ 的闭合电路 Γ 相连，产生一个电动势 V（单位为伏特：V），其值为

$$V = d\phi\frac{(\boldsymbol{B})}{\mathrm{d}t},\quad \phi(\boldsymbol{B}) = \int_{\Sigma(\Gamma)}\boldsymbol{B}\cdot\boldsymbol{n}\mathrm{d}A, \boldsymbol{B} = \mu_0\mu_r\boldsymbol{H} \tag{8.193}$$

其中，矢量 $\boldsymbol{n}$ 是区域表面微元 $\mathrm{d}A$ 的法线，参数 $\mu_0=4\pi\times10^{-7}[\mathrm{Vs/(Am)}]$ 和 μ_r 分别是被 Γ 包围的材料的真空度和相对磁导率，矢量 $\boldsymbol{H}$ 是穿过表面 Σ 的磁场。

如果闭合回路由 N 个线圈（螺线管）围绕着一个横截面积为 A，轴线为 $\boldsymbol{n}$ 的圆柱形磁芯构成，并且如果 $\boldsymbol{B}=B\boldsymbol{n}$ 在整个磁芯截面上是均匀的，那么式（8.193）可以写为

$$V(t)=\frac{\mathrm{d}\phi(\boldsymbol{B})}{\mathrm{d}t}=NA\frac{\mathrm{d}(\boldsymbol{B}(t)\cdot\boldsymbol{n}(t))}{\mathrm{d}t}+NA\mu_0H\frac{\mathrm{d}\mu_r(t)}{\mathrm{d}t} \tag{8.194}$$

其中，$H=|\boldsymbol{H}|$。当螺线管绕在铁磁芯周围时，必须用表观磁导率 $\mu_0=\mu_r/(1+D\mu_r)$ 代替相对磁导率，其中 $D<1$ 是退磁系数，它解释了退磁效应取决于材料的磁化强度和磁芯的形状。D 随 d/L 减小，其中 d 是直径，L 是磁芯的长度。

探测线圈式磁强计只保留式（8.194）右侧中的第一项，而磁通门磁强计保留第二项。

探测线圈式磁强计绕在铁磁核上，通常用于自旋卫星。假设螺线管轴与惯性自旋轴正交，惯性自旋轴等于体轴 $\boldsymbol{i}_3=\boldsymbol{b}_3$，则 $\boldsymbol{n}$ 和 $\boldsymbol{B}$ 的惯性分量写为

$$\boldsymbol{n}_i=\begin{bmatrix}\cos(\omega_s t+\psi_0)\\ \sin(\omega_s t+\psi_0)\\ 0\end{bmatrix},\quad \boldsymbol{B}_i=\begin{bmatrix}B_{i1}\\ B_{i2}\\ B_{13}\end{bmatrix} \tag{8.195}$$

因此，通过假设在旋转周期 $P_s=2\pi/\omega_s$ 和 $\psi_0=0$ 期间的磁通密度 $\boldsymbol{B}$ 恒定，仅保留式（8.194）右侧第一项的探测线圈式磁强计方程，得

$$V=NAB_{12}\omega_s\cos(\omega_s t+\psi_{12})$$

$$B_{12}=\sqrt{B_{i1}^2+B_{i2}^2},\quad \tan\psi_{12}=\frac{B_{i1}}{B_{i2}} \tag{8.196}$$

信号相位 ψ_{12} 在与自旋轴正交的平面上提供磁场方向。

8.10.2 磁通门磁强计

磁通门磁强计[16]利用铁磁材料的饱和特性和磁滞特性设计。它们是由美国海湾研究实验室的 V. Vacquier 在 20 世纪 30 年代发明的。Vacquier 在第二次世界大战期间将它们用作探测潜艇的仪器。应用于空间的磁通门磁强计从 1958 年开始生产（安装在 1958 年 5 月发射的第三颗苏联人造卫星 Sputnik3 上，用于测量地球磁场），通常用作近地轨道卫星上的仪器。在一个单铁磁芯（主磁芯，用磁芯 1 表示）周围缠绕两个线圈。

（1）向励磁（或驱动）线圈提供已知的正弦电流 $I_e=I_{e,\max}\sin 2\pi f_e t$，周期为 $P_e=1/f_e$，调制频率为 $f_e\approx 20\text{kHz}$，产生磁场 $H_1=H_e\cong NI_e/L$，如图 8.18 所示，在大部分时间内（正和负）饱和磁芯 1 中的磁通密度为 $B_1=B_1(H_e)$。

（2）与耦合线圈相关的磁通量 $\phi_1=NAB_1$ 在正饱和水平与负饱和水平之间的变化，产生可以测量的脉冲感应电压 $V_{o1}=\mathrm{d}\phi_1/\mathrm{d}t$。当没有外部磁场 $\boldsymbol{H}_i$ 施加到磁强计上时，输出电压无意义，因此被补偿磁芯（用磁芯 2 表示）置零，补偿磁芯 2 产生相反的激励磁场 $H_2=-H_e$ 和相反的磁通密度 $B_2=-B_1$，使与耦合线圈相关的总磁通量 $\phi=\phi_1+\phi_2=NA(B_1(H_e)+B_2(-H_e))$ 变为零。输出电压为 $V_o=\mathrm{d}\phi/\mathrm{d}t$（如图 8.18 所示右下角）也是如此。

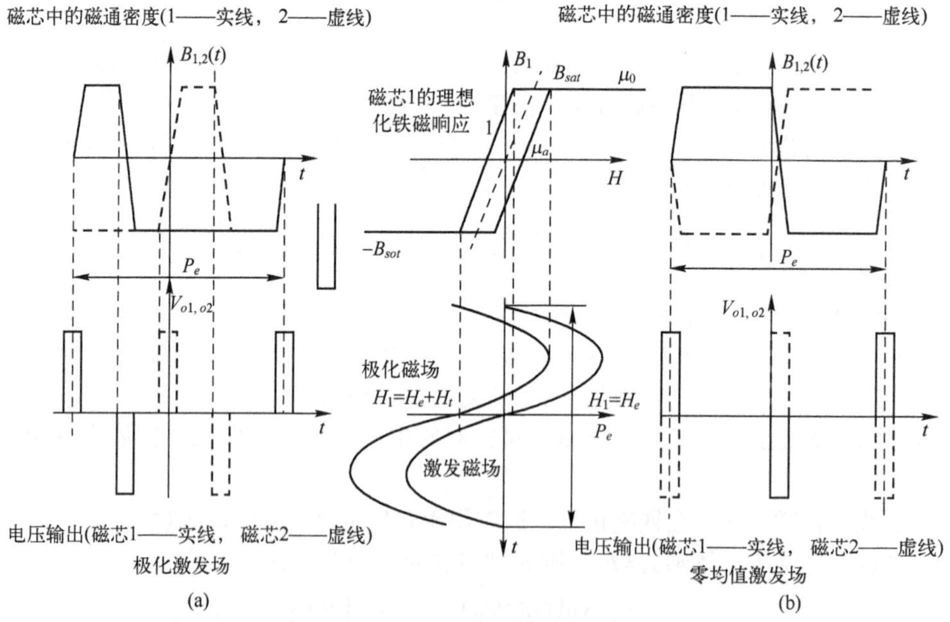

图 8.18 耦合线圈上的激励磁场和脉冲输出电压

（a）极化激励场；（b）零均值激励场。信号波被简化为分段剖面。

当提供非零外部磁场 $H_i \neq 0$（在激励期间假定为常数）时，一对磁芯（H_1指主磁芯1，H_2指补偿磁芯2）中的总输入磁场 $H_1=H_e+H_i$和 $H_2=-H_e+H_i$在以相同方式极化，其平均值等于 H_i。因此，两个磁芯大部分时间保持相同的符号饱和，但其磁通量从半周期 $P_e/2$ 移相，且总磁通量是一个有符号的周期波，正饱和时非负，负饱和时非正。当 H_1和 H_2以相反的符号饱和时，在短时间间隔内，磁通波在一个周期 P_e内两次变为零。因此，总磁通 ϕ 变成由非零平均值 ϕ_0和调谐到 $2f_e$的二次谐波主导的周期信号，如下所示：

$$\begin{aligned} \phi(t) &\approx \phi_{\text{mean}}(1+\sin(4\pi f_e t)) \\ \phi_{\text{mean}} &= NA\mu_{\text{mean}}H_i = NAB_i \end{aligned} \tag{8.197}$$

式中：μ_{mean}为将输入磁场 H_i、平均磁通 ϕ_{mean}和输入磁通密度 B_i相关联的等效磁导率。输出电压 $V_o=\mathrm{d}\phi_1/\mathrm{d}t$ 是一个零均值信号，由二次谐波（图 8.18 中的 4 个峰值，左下角）主导，并由缓慢变化的 B_i进行幅度调制。通过将输出电压解调至频率 $f_s \approx 100\text{Hz} \ll f_e$来恢复输入场测量值，其中 f_s是解调滤波器的带宽。

8.10.3 矢量磁强计

航天器上的磁通门磁强计［三轴磁强计（TAM）］的三维矢量提供地球磁通密度 $\boldsymbol{B}$，方向 $\boldsymbol{b}=\boldsymbol{B}/|\boldsymbol{B}|$，大小 $B=|\boldsymbol{B}|$。在低轨卫星中，磁场方向可以与太阳方向一起用于确定刚入轨的航天器在早期任务阶段的姿态。简单的控制律，如 B-dot（参见 7.6.2 节），仅由磁强计驱动，在航天器入轨后可用于降低旋转速度。为此，磁强计数据必须是无偏的，这与由内部电流而产生的航天器非零磁偶极子形成对比。消除磁强计的偏差和其他系统误差，如比例因子误差和对准误差，是一项需要在短时间内完成的重要任务，且需在刚入轨没有姿态数据的情况下立即执行。典型的三轴磁强计数据如表 8.9 所示。

表 8.9　典型的三轴磁强计数据

序号	参　数	符　号	单　位	值	备　注
1	范围	$\max\|B\|$	μT	100	地球磁通量密度 $\|\boldsymbol{B}\| \leq 65\mu\text{T}$
2	本底噪声	$\tilde{S}_y(f)$	$\text{nT}/\sqrt{\text{Hz}}$	0.01~0.02	无
3	零偏	$\max\|b\|$	nT	100	温度系数±1nT/°C
4	正交性和对准误差	$\|\theta\|$	mrad	<20	比例因子误差
5	线性误差	$\|l_j(y_j)\|$	分数	$<40\times10^{-6}$	比例因子误差
6	校准误差	$\|\eta_j\|$	分数	<0.005	比例因子误差
7	磁滞	$h_j(\text{sgn}(\dot{y}_j)$	分数	$<10\times10^{-6}$	比例因子误差
8	温度系数	$\|\alpha_j\|$	K^{-1}	$<0.1\times10^{-3}$	比例因子误差
9	带宽	f_s	Hz	>100	无
10	频率响应超调	$\frac{\max\|P_j(f)\|}{\|P_j(0)\|}-1$	分数	<0.05	@ $0 \leq f \leq 10\text{Hz}$

参考文献

[1] Anon.. GPS. Essentials of Satellite Navigation. Compendium. Doc. GPS-X-02007-D, u-blox AG, 2009.
[2] L. Lindegren. GAIA Catalogue team, Gaia data Release 1. Astrometry: one billion positions, two million proper motions and parallaxes, Astronomy and Astrophysics 595 (A4) (November 2016) 1–32.
[3] M. Armano, et al.. Sub-femto-g free fall for space-based gravitational wave observatories: LISA Pathfinder results, Physical Review Letters 116 (23) (2016) 231101, 1:16.
[4] BIPM-JCGM 200, International Vocabulary of Metrology- Basic and General Concepts and Associated Terms (VIM), third ed., 2008 version with minor corrections, JCGM 2012.
[5] J.H. Blakelock. Automatic Control of Aircraft and Missiles, second ed., John Wiley & Sons, New York, 1991.
[6] L. Blarre, N. Perrimon, A. Lacroix, L. Majewski, E. Anciant. New Sodern's APS based autonomous multiple heads star sensor (HYDRA): three heads are better than one, in: Proc. 6th Int. ESA Conf. Guidance, Navigation and Control Systems, Loutraki, Greece, 17–20, October 2005. ESA-SP-606.
[7] F. Boldrini, E. Monnini, D. Procopio. Applications of APS detector to GNC sensors, in: K. Fletcher, R.A. Harris (Eds.), Proc. 5th ESA International Conference on Spacecraft Guidance, Navigation and Control Systems, 22–25 October 2002, Frascati, Italy, ESA SP-516.
[8] E. Boslooper, N. van der Heiden, D. Naron, R. Schmits, J.J. van der Velde, J. van Wakeren. Bepi Colombo fine sun sensor, Proc. Int. Conf. on Space Optics, Ajaccio, Corse, France, 10–12 October 2012.
[9] C. Ciminelli, F. Dell'Olio, M.N. Armenise. Photonics in Space. Advanced Photonic Devices and Systems, World Scientific Publishing, London, 2016.
[10] B. Christophe, J.-P. Marque, B. Foulon. In-orbit data verification of the accelerometers of the ESA GOCE mission, in: S. Boissier, M. Heydari-Malayeri, R. Samadi, D. Valls-Gabaud (Eds.), SF2A 2010, pp. 113–116.
[11] S. Clerc, P. Martella, D. Durrant, N. Bertsch, S. Dussy. Development of the European IMU for space applications, Proc. AIAA Guidance, Navigation and Control Conf., 10–13 August 2009, Chicago, IL, AIAA 2009–5870.
[12] European Space Agency. Pointing Error Engineering Tool. PointingSat Definition, July 2013. Doc. No. ASTOS-PEET-TN-001.
[13] European Space Agency. The Hipparcos and Tycho Catalogues. Astrometric and Photometric Star Catalogues Derived from the ESA Hipparcos Space Astrometry Mission. Construction of the Hipparcos Catalogue, European Space Agency Pu. Div, Noordwijk, The Netherlands, June 1997. SP-1200.
[14] M. Fehringer, G. André, D. Lamarre, D. Maeusli. GOCE and its gravity measurement system, ESA Bulletin 133 (February 2006) 15–23.
[15] S.A. Foote, D.B. Grindeland. Model QA-3000 Q-FlexR accelerometer high-performance test results, IEEE AES Magazine (June 1992) 59–67.
[16] Å. Forslund. Designing a Miniaturized Fluxgate Magnetometer (MS thesis in Physical Electro-technology, Div. of Space and Plasma Physics), School of Electrical Engineering, Royal Inst. of Technology, Stockholm, April 2006. Doc. XR-EE-ALP-2006:02.
[17] C. Goodall, S. Carmichael, B. Scannel. The battle between MEMS and FOGs for precision guidance, Analog Devices, Technical Article (2013). MS-2432, 1–6.
[18] P.D. Groves. Principles of GNSS, Inertial and Multisensor Integrated Navigation Systems, Artech House, Boston, 2008.
[19] H.B. Hablani. Roll/pitch determination with scanning horizon sensors: oblateness and altitude corrections, Journal of Guidance, Control and Dynamics 18 (6) (1995) 1355–1364.
[20] J.A. Hashmall, J. Sedlak. An algorithm for converting static Earth sensor measurements into Earth observation vectors, in: Proc. Flight Mechanics Symp., Goddard Space Flight Center, Greenbelt, Maryland, 2003, pp. 1–13.
[21] T. van Helleputte, D. Doornbos, P. Visser. CHAMP and GRACE accelerometer calibration by GPS-based orbit determination, Advanced Space Research 43 (12) (2009) 1890–1896.
[22] B. Hofmann-Wellenhof, H. Lichtenegger, J. Collins. GPS, Theory and Practice, second ed., Springer Verlag, Wien, 1992.
[23] IEEE Standards Board. Standard Specification Format Guide and Test Procedures for Linear, Single axis, Pendulous, Analog, Torque Balance Accelerometer, ANSI/IEEE Std 530-1978, The Institute of Electrical and Electronics Engineers, New York, 1978.
[24] IEEE-SA Standards Board. Standard Specification Format Guide and Test Procedures for Linear, Single-axis, Non-gyroscopic Accelerometer, IEEE Std 1293-1988 (R2008), The Institute of Electrical and Electronics Engineers, New York, 1999.
[25] M.H. Kaplan. Modern Spacecraft Dynamics & Control, John Wiley & Sons, New York, 1976.
[26] E.D. Kaplan, C.J. Hegarty (Eds.). Understanding GPS. Principles and Applications, Artech House, Boston, 2006.
[27] M.D. Lallo, Experience with the Hubble Space Telescope: Twenty Years of an Archetype. https://arxiv.org/pdf/1203.0002.
[28] A. Lawrence. Modern Inertial Technology. Navigation, Guidance and Control, Springer Verlag, New York, 1993.

[29] J. Levenhagen, N. Duske, R. Wolters. Earth oriented safe mode design based on the EADS Astrium CESS, IFAC Proc. Volumes 40 (7) (2007) 301–304.
[30] J.M. Lopez-Higueras (Ed.). Handbook of Fibre Optic Sensing Technology, J. Wiley & Sons Ltd, 2000.
[31] D. Loukianov, R. Rodloff, H. Sorg, B. Stieler (Eds.). Optical Gyros and Their Applications, RTO AGARDograph 339, NATO RTO, Neuilly-sur-Seine, France, 1999.
[32] F.L. Markley, J.L. Crassidis. Fundamentals of Spacecraft Attitude Determination and Control, Springer Verlag, New York, 2014.
[33] J.C. Maxwell. A Treatise on Electricity and Magnetism, Macmillan and Co., 1873.
[34] J.K. Miller. The effect of clock, media, and station location errors on Doppler measurement accuracy, Jet Propulsion Laboratory, TDA Progress Report 42-133, 1993, pp. 7–21.
[35] O. Montenbruck, T. Ebinuma, E.G. Lightsey, S. Leung. A real-time kinematic GPS sensor for spacecraft relative navigation, Aerospace Science and Technology 6 (2002) 435–449.
[36] National Aeronautics and Space Administration. Hubble Space Telescope Servicing Mission 3A. Gyroscopes, Hubble Facts, Goddard Space Flight Centre, FS-1999-06-012-GSFC, 1999.
[37] A. Nebylov. Aerospace Sensors, Momentum Press, 2012.
[38] R.B. Northrop. Introduction to Instrumentation and Measurement, second ed., Taylor & Francis, Boca Raton, 2005.
[39] A. Pikovsky, M. Rosenblum, J. Kurths. Synchronization. A Universal Concept in Nonlinear Sciences, Cambridge University Press, Cambridge, 2001.
[40] A.G. Quinchia, G. Falco, E. Falletti, F. Dovis, C. Ferrer. A comparison between different error modeling of MEMS applied to GPS/INS integrated systems, Sensors 13 (2013) 9549–9588.
[41] P. Ripka. Magnetic Sensors and Magnetometers, Artech House Inc., Boston, 2001.
[42] P.G. Savage. Blazing gyros -the evolution of strapdown navigation technology for aircraft, Journal of Guidance, Control and Dynamics 36 (3) (2013) 637–655.
[43] F.J. Shaker. Effect of Axial Load on Mode Shapes and Frequencies of Beams, NASA Technical Note, 1975. NASA TN D-8109.
[44] M.D. Shuster. Stellar aberration and parallax: a tutorial, The Journal of the Astronautical Sciences 51 (4) (2003) 477–494.
[45] M.J. Sidi. Spacecraft Dynamics and Control. A Practical Engineering Approach, Cambridge Univ. Press, 1997.
[46] D.H. Titterton, J.L. Weston. Strapdown Inertial Navigation Technology, in: second ed.Progress in Astronautics and Aeronautics, vol. 207, MIT Lincoln Laboratory, Lexington, MA, 2004.
[47] P. Touboul, M. Rodrigues, E. Willemenot, A. Bernard. Electrostatic accelerometers for the equivalence principle test in space, Classical Quantum Gravity 13 (1996) A67–A78.
[48] P.N.A.M. Visser, Y.A.A. van den IJssel. Calibration and validation of individual GOCE accelerometers by precise orbit determination, Journal of Geodesy 90 (2016) 1–13.
[49] J.R. Wertz (Ed.). Spacecraft Attitude Determination and Control, D. Reidel Pu. Co., Dordrecht, 1985.

第 9 章　轨道与姿态的作动器

9.1　概　　述

轨道和姿态控制系统设计者主要考虑以下方面：标称性能、执行器机构中不同元件之间力矢量和力矩矢量的分布规律、干扰。本章将对动态模型和力与力矩分布规律进行详细说明，但未涉及技术性和结构性方面的内容。由于线性动量执行器（linear momentum actuators）可以通过大量喷射工质后产生推力驱动（force actuation），从而可以改变航天器质心（center of mass，CoM）沿任意方向的线动量。线动量的时间导数称为推力（thrust）。热推进、化学推进和电推进相关技术已开发。如果推力方向未指向航天器质心，就会产生力矩推力器可以用作姿态控制的执行器。因为此推力器可以改变航天器的惯性动量，便可用作惯性动量执行器（inertial momentum of spacecraft，S/C）。纯力矩执行器（torque actuators）有两种，第一种为动量交换执行器（momentum exchange actuators），其内部旋转质量不会改变整体航天器的惯性角动量，只能改变非旋转质量的动量。由于这一原因，如果非旋转质量动量必须在外部扰动的情况下守恒，便需要被迫积累外部动量直到达到饱和状态，因此这一种动量交换执行器必须始终由惯性执行器提供。第二种纯力矩执行器，推进装置或磁力矩器（magnetic torquers），可以改变整个航天器的动量并使内部旋转质量的角动量被大大降低，远离饱和。

9.1.1　执行器类型

本章将讨论 3 个主要的轨道和姿态驱动原理。

（1）线动量驱动。目的是沿期望方向改变航天器质心的线动量。如果动量变化的方向未指向航天器的质心，那么线动量驱动也可用于姿态控制[25]，允许航天器本体角动量的改变。有两个主要原理：沿着本体固定方向或定向方向（推进执行器）喷射质量和受到来自航天器表面（气动执行器和太阳帆）上的环境压力。最有效的原理是大规模喷射质量使航天器获得反喷射方向的作用力。相关的执行器称为反作用执行器（reaction actuators）或推进器（thrusters）。它们的主要局限性在于航天器存储的推进剂质量以及可传递到喷射剂的总加速功率。因为线性动量是质量和速度的乘积，为达到更高的喷射速度可以减少推进剂的储存。化学推进器不需要外部动力，通过燃烧和化学反应产生内部能量。在发射卫星时可以通过消耗大量推进剂获得相对高的推力。因为化学推进剂的速度被燃烧/反应温度所限制，相对来说，电推进器可以达到更高的喷射速度，但是其需要电源来加速推进剂。电推进器在执行任务期间，只能通过太阳能电池板或核动力源提供电力。区别于化学推进器（仅限于冷气推进器，其他技术作者未进行了解），在热推进器中，被压缩的推进剂可能在加速之前进行外部加热（无化学反应的发生），再通过喷嘴达到喷射速度。化学推进器通常被设计为*开-关执行器*（ON-OFF actuators），推力大小通过改变开状态的周期来调节。*比例推进器*（proportional thrusters），包括热推进器、化学推进器和电推进器，都可连续提供介于极大值极小值之间的可变推力。开-关推进器也可以通过按比例改变开状态和关状态的周期来实现。推力方向通常是固定的，需要将多个推进器进行合理布局以保证同时施加力和力矩。

由于环境压力的可用推力有限[25]，且需大规模部署可定向受力表面，如太阳帆，目前借助*环境压力*（environment pressure）的驱动装置很少使用。用于被动姿态稳定的空气动态特性固定翼面已在7.5.2节分析。日本探测器IKAROS（太阳辐射加速的行星际太阳帆飞行器）首次实现太阳帆的行星际推进和姿态控制，IKAROS于2010年发射升空，部署了14m宽的太阳帆[18]。由嵌在太阳帆内的反射系数可变的液晶面板，进行姿态控制。

线性动量执行器可以称为*惯性执行器*（inertial actuators），因为其可以改变第7章牛顿方程中的航天器线性动量和角动量。本章将在9.2节和9.3节中重点介绍*推进系统*（propulsion systems）。

（2）角动量执行器。通过在航天器内放置旋转质量块，对航天器的方向进行有效、平稳的调节[10,11,15,25,27]。旋转质量块的角动量在大小和方向上的改变不会影响整个航天器的惯性角动量，其中航天器不旋转（下标为s代表航天器），质量块旋转（下标w代表旋转）。实际上，在没有外部干扰下的总角动量是守恒的，如7.2节所述。总角动量守恒，即$\dot{\boldsymbol{H}}=\dot{\boldsymbol{H}}_s+\dot{\boldsymbol{H}}_w=0$，表示航天器非旋转部分必须改变其动量$\boldsymbol{H}_s$以平衡旋转质量块变化的$\mathrm{d}\dot{\boldsymbol{H}}_w/\mathrm{d}t$。因此，相关的装置称为*动量交换执行器*（exchange actuators）。而且，因为内部旋转质量块不受外部干扰，$\mathrm{d}\dot{\boldsymbol{H}}_w/\mathrm{d}t$可以被驱动以平衡外部干扰力矩$\mathrm{d}\dot{\boldsymbol{H}}_w/\mathrm{d}t=-\boldsymbol{D}$，从而使非旋转质量保持角动量$\boldsymbol{H}_s$不变，相关角动量转换由以下等式表示。

$$\begin{aligned}\frac{\mathrm{d}\boldsymbol{H}_s}{\mathrm{d}t}&=-\frac{\mathrm{d}\boldsymbol{H}_w}{\mathrm{d}t}+\boldsymbol{D}=0\\ \boldsymbol{H}_w(t)&=\boldsymbol{H}_w(0)-\int_0^t\boldsymbol{D}(\tau)\,\mathrm{d}\tau\end{aligned}\tag{9.1}$$

式（9.1）中第二个等式说明了角动量交换执行器的关键局限性：因为其角动量可能会发散并达到动量容量上限$\boldsymbol{H}_{w,\max}$，这一情况要求必须配备惯性执行器，以卸载饱和的动量。*惯性执行器*可以改变航天器的总惯性动量在7.7节中已经研究并模拟了通过反作用轮（常见类型的动量交换执行器）和磁力矩发生器（一种惯性执行器）进行的姿态控制。角动量交换执行器的主要类型包括：（1）动量轮。具有固定的旋转轴和带偏置量的可变速度；（2）反作用轮。最常见的类型，具有固定的旋转轴和无偏的可变速度；（3）控制力矩陀螺仪（CMG）。具有可变的旋转轴和可变的速度。本章重点关注9.5节中的反作用轮。9.6节介绍控制力矩陀螺仪，相较于反作用轮，控制力矩陀螺仪具有优势。

（3）与行星磁场的相互作用。4.6节已解释了该原理。相应的执行器称为*磁力矩器*（magnetic torquers）或*磁力矩杆*（magnetic torquers rods，MTR）（在9.7节分析）。这两个为惯性执行器，因为它们可以改变整个航天器的角动量。通过螺线管循环电流产生的磁偶极子，产生与当前行星磁场方向正交的力矩，因而改变整个航天器角动量。磁力矩器坚固耐用，无活动部件且可靠牢固。主要缺陷是，在轨道周期内，如果行星磁场方向产生完全旋转，且力矩矢量在轨道周期内平均，2 维瞬时可控性（2D instantaneous controllability）可能会变成 3 维可控性（平均可控性，controllability in the average，详情参见 4.6 节）。磁场太弱或星际任务期间，磁力矩器不能使用。磁力矩器通常与角动量交换执行器一起使用，来减少累积的角动量（参见 7.7 节）。磁力矩器可以用作限时任务的唯一力矩执行器，比如在执行航天器与发射器分离后的减速任务时（参见 7.6.2 节），磁力矩器作为唯一姿态执行器用于 GOCE 任务的整个生命周期[24]。磁力矩器可满足 GOCE 所需的精确度，大约为 $10\mu\text{rad}/\sqrt{\text{Hz}}$（以频谱密度表示），集中在 10 倍轨道角频率以上的中频带宽到高频带宽之间（参见 12.5.2 节），使姿态在轨道周期内仅波动 ±0.1rad。

第四类驱动原理是利用能量耗散（energy dissipation）过程，对临界稳定的姿态波动进行衰减（参见 7.4.2 节），就像旋转的航天器绕最小惯量轴旋转一样。相应的执行器称为章动阻尼器（nutation dampers）[15]，是用于消散能量的无源设备，天平动阻尼器的原理，与靠重力梯度稳定的航天器相似（参见 7.5.1 节）[19]。

9.1.2 故障和可靠性

执行器和传感器在卫星寿命期间可能会失效或退化。失效和退化在带有活动部件（反作用轮）或流动物质（推进器）的执行器中尤为常见。失效是退化的结果，失效被认为是随机事件，退化被认为是叠加的随机事件下的确定性漂移。针对随机事件，通常将其认为是随机时间间隔为 $\{\Delta t_j, j=1,2,\cdots,\}$ 的序列，被称为失效时间（time to failure），统计上既可能是独立的，也可能是相关的。

最简单的模型是在随机时间 $t_1=t_0+\Delta t_1$ 处，单个组件的单个故障事件。无人控制的空间系统，故障无法修复，但是发生故障的组件可以用其他组件代替。在无法修复故障的情况下，通过将开始时间 t_0 固定为零，即 $t_0=0$，随机变量 $t_1=\Delta t_1\geqslant 0$ 的概率密度 $f_1(\Delta t_1)$ 是需要关注的。可靠性是关键性能指标，即在给定区间 Δt 下有效工作的概率，其定义为

$$R_1(\Delta t)=P\{\Delta t_1\geqslant\Delta t\}=\int_{\Delta t}^{\infty}f_1(\theta)\mathrm{d}\theta \tag{9.2}$$

式（9.2）也可以写成微分形式：$f_1(\Delta t_1)=-\mathrm{d}R_1(\Delta t)/\mathrm{d}(\Delta t)$

在定义 $f_1(\Delta t_1)=\lambda_1\exp(-\lambda_1\Delta t)$，$\Delta t\geqslant 0$ 且 $f_1(\Delta t)=0$，$\Delta t\leqslant 0$ 的（单边）指数分布情况下，有

$$R_1(\Delta t)=1-\exp(-\lambda_1\Delta t) \tag{9.3}$$

指数分布的均值 $\mathcal{E}\{\Delta t_1\}=\lambda_1^{-1}=\tau_1$ 被称为平均失效时间（mean time to failure，MTTF），并等于标准偏差：

$$\sigma_1=\sqrt{E\{(\Delta t_1-\tau_1)^2\}}=\lambda_1^{-1}=\tau_1 \tag{9.4}$$

失效概率是可靠性的补，即

$$F_1(\Delta t)=P\{\Delta t_1\leqslant\Delta t\}=1-R_1(\Delta t) \tag{9.5}$$

通常将 MTTF 平均失效时间 τ_1 定义为 $f_1(\Delta t_1)$ 的平均值，可将其转换为可靠性的积

分，即

$$\begin{aligned}\tau_1 = \mathcal{E}\{\Delta t_1\} &= \int_0^\infty \theta f_1(\theta)d\theta = -\int_0^\infty \theta \frac{dR_1(\theta)}{d\theta}d\theta \\ &= -\theta R_1(\theta)\Big|_0^\infty + \int_0^\infty R_1(\theta)d\theta = \int_0^\infty R_1(\theta)d\theta\end{aligned} \tag{9.6}$$

若 τ_1 有限，则抵消项为零。

通常航天器的执行器由多个执行器组合而成，每个受控自由度 $j=1,2,\cdots,n$ 至少有一个执行器。为确保在任务期间有足够的可靠性，执行器需冗余配置，尤其是在反作用轮中存在运动组件时，或者推进器退化时。这两种冗余都是有可能的。

（1）主动冗余（热备份）。N 个组件从同一时间 t_0 开始一起运行，但是只需 n 个就可以完成所需的功能。这种构造被称为 (n,N) 主动冗余（n-out-of-N active redundancy）。

（2）被动冗余（冷备份）。板载 N 个可靠组件，但是其中只有 n 个一起运行。一旦一个组件发生故障，冷备份组件投入运行。这种构造被称为 (n,N) 被动冗余（n-out-of-N passive redundancy）。

1. 主动冗余

这种情况要求根据零部件故障确定集成组件的故障事件。区分两种基本情况，即串联和并联。一般情况用 (n,N,a) 表示，其中 a 表示激活。串联和并联是特定情况，分别对应于 (N,N,a) 和 $(1,N,a)$。

对于串联，假设其中任何一个部件发生故障，则整体失效。所有部件都在 t_0 时刻同时开始，并且从统计上来说，它们的失效时间是独立的。在 $(2,2,a)$ 有两个串联部件（用下标 j 和 k 表示）的情况下，当两个部件都有效时（AND=固定交集），整体有效。

$$\begin{aligned}R_{(2,2,a)}(\Delta t) &= P\{(\Delta t_j \geqslant \Delta t) \cap (\Delta t_k \geqslant \Delta t)\} = R_j(\Delta t)R_k(\Delta t) \\ &= (1-F_j(\Delta T))(1-F_k(\Delta T)) = 1-F_j(\Delta T)-F_k(\Delta T)+F_j(\Delta T)F_k(\Delta T)\end{aligned} \tag{9.7}$$

第一行等式被称为*串联/AND* **可靠性规则**（series/AND reliability rule）。式（9.7）可以延伸为具有任意数量部件的串联：

$$R_{(N,N,a)}(\Delta t) = P\{(\Delta t_1 \geqslant \Delta t) \cap \cdots \cap (\Delta t_N \geqslant \Delta t)\} = \prod_{k=1}^{N} R_k(\Delta t) = \prod_{k=1}^{N}(1-F_k(\Delta t)) \tag{9.8}$$

式（9.8）证明了串联可靠性随着装配部件个数 m 的增加而降低。

在具有两个部件的并联情况下，仅当两个部件同时失效时整体才会失效（再次调用逻辑 AND，但运用在失败事件之间）。换句话说，任何一个或两个部件有效，则整体有效。在一般情况下，m 个部件开始运行，通过用故障概率（不可靠性）代替式（9.8）的可靠性，以适用于并联情况：

$$\begin{aligned}F_{(1,N,a)}(\Delta t) &= P\{(\Delta t_1 \leqslant \Delta t) \cap \cdots \cap (\Delta t_N \leqslant \Delta t)\} = \prod_{k=1}^{N} F_k(\Delta t) = \prod_{k=1}^{N}(1-R_k(\Delta t)) \\ R_{(1,N,a)}(\Delta t) &= 1 - \prod_{k-1}^{N}(1-R_k(\Delta t))\end{aligned} \tag{9.9}$$

在 (n,N) 的一般情况下，如果在 $t_0+\Delta t$ 时刻时，在 N 个组件中至少 n 个组件有效，则整体有效。如前所述，串联和并联情况是 (n,N,a) 的特定情况。串联是 (N,N) 的情况，并联是(1,N)的情况，这意味着有 $N-1$ 个部件处于主动冗余状态。k 个部件的不同组合数量由二项式系数给出：

$$\binom{N}{k}=\frac{N!}{k!(N-k)!} \tag{9.10}$$

通过假设失效时间 Δt_k，$k=1,2,\cdots,N$ 具有相同的可靠性 $R_k(\Delta t)=R(\Delta t)$，整体组件的可靠性服从二项式分布[21]，并由下式给出：

$$R_{(n,N,a)}(\Delta t)=\sum_{k=n}^{N}\binom{N}{k}R^k(\Delta t)\ (1-R(\Delta t))^{N-k} \tag{9.11}$$

练习 1：

证明：在相等的组件可靠性的情况下，当 $R_k(\Delta t)=R(\Delta t)$，$k=1,2,\cdots,N$ 时，式（9.8）和式（9.9）由式（9.11）得出。分别适用于 $n=N$ 和 $n=1$。

提示：二项分布满足等式

$$\sum_{k=0}^{N}\binom{N}{k}R^k(\Delta t)F^{N-k}(\Delta t)=(R(\Delta t)+F(\Delta t))^N=1 \tag{9.12}$$

练习 2：

考虑从同一时刻 t_0开始，具有相同可靠性 $R(\Delta t)$ 的 $N=4$ 的集成组件执行器。若至少 3 个执行器有效时，整体执行器才有效。计算整体组件可靠性 $R_{(3,4,a)}(\Delta t)$。

使用式（9.6）可以计算出整体组件 MTTF。[21] 以下表达式假设可靠性相同，则指数密度为$f_j(\Delta t)=\lambda\exp(-\lambda\Delta t)$，$\Delta t\geqslant 0$ 和 $j=1,2,\cdots,N,\tau=1/\lambda$

$$\tau_{(n,N,a)}=\tau\sum_{k=n}^{N}\frac{1}{k},\ n=1,2,\cdots,N \tag{9.13}$$

练习 3：

用练习 2 的结果证明(3,4,a)情况的 MTTF：

$$\tau_{(3,4,a)}=\tau\frac{7}{12} \tag{9.14}$$

大约是（3,3,a）情况下的两倍。用式（9.13）验证结果。

2. 被动冗余

首先考虑(1,2,p)被动配置（passive configuration），其中 p 代表被动，第一个部件 $k=1$ 在时间 t_0开始工作，在第一个部件出现故障时另一部件 $k=2$ 则在时间$t_1=t_0+\Delta t_1$ 开始工作。目的是计算集成组件的可靠性 $R_{(1,2,p)}(\Delta t)$，即在时间 $t_1=t_0+\Delta t_1$ 时仍有部件运行的概率。假设相同的指数分布 $f(\Delta t)=\lambda\exp(-\lambda\Delta t)$。必须考虑两个相互排斥的事件：①无故障；②存在单项故障。两种概率都可以通过泊松分布表示 $P(K=k,\Delta t)=\exp(-\lambda\Delta t)(\lambda\Delta t)^k/k!$，其中 K 表示相关的随机变量，$\lambda\Delta t$ 是在间隔 Δt 中的故障数。可靠性满足

$$R_{(1,2,p)}(\Delta t)=\exp(-\lambda\Delta t)(1+\lambda\Delta t) \tag{9.15}$$

式（9.15）可以扩展为在一般情况(n,N,p)下的等式，即

$$R_{(n,N,p)}(\Delta t)=\exp(-n\lambda\Delta t)\sum_{k=0}^{N-n}\frac{(n\lambda\Delta t)^k}{k!} \tag{9.16}$$

一般平均失效时间（MTTF）与式（9.13）比较：

$$\tau_{(n,N,p)}=\frac{N-m+1}{m}\tau \tag{9.17}$$

式（9.16）和图9.1显示了（理想）被动冗余相对于主动冗余的优势。在被动冗余中（图9.1中的黑色和白色圆形标记），MTTF与备用部件数量 $N-n$ 呈线性关系，这一点与主动冗余（在图9.1中叉号标记）不同。由于待机和切换可靠性的影响，理想公式（9.17）性能降低。图9.1显示了归一化的MTTF，即MTTF $/\tau$，其中 τ 为单一部件的MTTF。该图显示了部件数分别为 $n=3$（姿态和轨道执行器）和 $n=6$（姿态和轨道执行器）的两个不同的集成组件，在被动/主动冗余情况下的归一化平均失效时间。

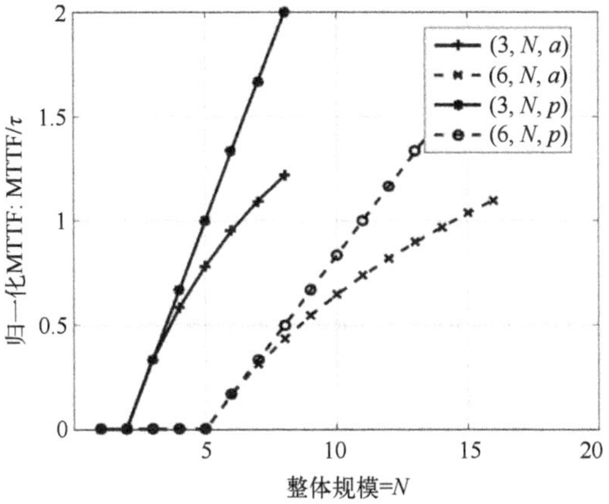

图9.1　主动和被动冗余系统的归一化MTTF与系统规模 N 的关系

9.2　推进系统

9.2.1　引述和推力方程

推进系统在航天器上施加力和力矩，主要分为三大类：①冷气推进（最简单的热学推进器技术）；②化学推进：固体和液体；③电推进。

由于可用能量由推进剂提供，且每单位质量的反应物具有固定的能量，因此化学推进会受到总能量的限制。因为推进剂是自身的能量来源，提供给推进剂的能量供应速率与推进剂质量无关（仅受反作用运动特性限制），可以达到大功率和高推力水平。化学推进可以提供很高的推力质量比。

与化学推进不同，电推进和热推进受到功率限制，因为能量的供应速率受系统功率的限制。在给定航天器质量的前提下，限制最大推力，从而降低推力质量比并影响航天器加速度。另一方面，由于可以给推进剂提供任意高的能量（来自太阳能电池板，核能动力系统），从而在电推进中实现高的排出速度［或每单位质量的力脉冲（Ns/kg或m/s）］，远高于化学推进，从而具有较长的任务寿命。电力推进受星载电功率的限制，热推进与化学推进均受到最大可存储能量的限制。

在时间 t，考虑质量为 m、惯性速度为 $\boldsymbol{v}$ 的航天器。在 $t+\Delta t$ 时，假设质量为 Δm 的推进剂以惯性速度 $\boldsymbol{u}$ 喷出（图9.2）。用 $\boldsymbol{v}+\Delta\boldsymbol{v}$ 表示在 $t+\Delta t$ 时刻的航天器惯性速度。在

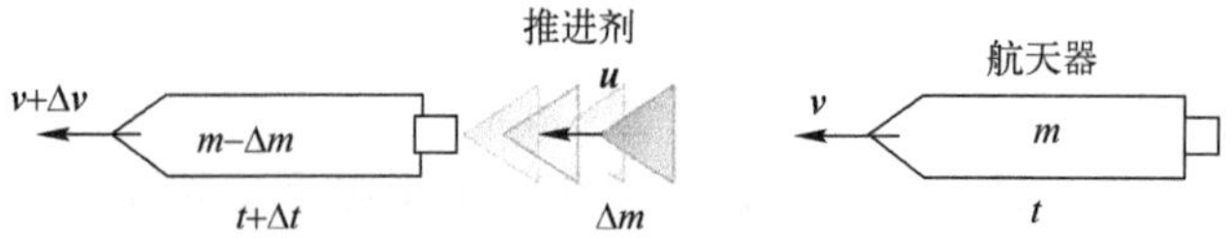

图 9.2　推进剂喷射和动量变化

Δt 期间推进剂和航天器系统的动量变化可用牛顿方程表示：

$$(m-\Delta m)(\boldsymbol{v}+\Delta \boldsymbol{v})+\Delta m \boldsymbol{u}-m \boldsymbol{v}=\Delta t \sum_{k} \boldsymbol{F}_{k} \tag{9.18}$$

其中 $\boldsymbol{F}_k$ 是外力（例如，大气阻力和太阳辐射压力）。动量变化单位为一个力冲量（Ns），如果除以质量（kg），得到速度单位（m/s）。因此，速度可以认为是每单位质量的力冲量。将式（9.18）转换，忽略二阶项，得出方程

$$m \frac{\mathrm{d} \boldsymbol{v}}{\mathrm{d} t}=\frac{\mathrm{d} m}{\mathrm{d} t}(\boldsymbol{v}-\boldsymbol{u})+\sum_{k} \boldsymbol{F}_{k} \tag{9.19}$$

定义相对速度

$$\boldsymbol{v}_{r}=\boldsymbol{u}-\boldsymbol{v} \tag{9.20}$$

作为排气速率（每单位质量的力冲量）并定义推力为

$$\boldsymbol{F}=-\frac{\mathrm{d} m}{\mathrm{d} t} \boldsymbol{v}_{r}=-\dot{m} \boldsymbol{v}_{r}=-\sum_{k=1}^{m} \dot{m}_{k} \boldsymbol{v}_{rk} \tag{9.21}$$

使用通用的 m 点标记导数，式（9.18）可以重写为

$$m(t) \dot{\boldsymbol{v}}(t)=\boldsymbol{F}(t)+\sum_{k} \boldsymbol{F}_{k} \tag{9.22}$$

式（9.21）是*推力方程*（thrust equation），表明推力方向与排气速度的合成矢量相反，并且绝对值与排出的质量流量 $\dot{m}$ 和排气速度幅度 $|\boldsymbol{v}_r|$ 成正比。推进技术的目的是提高排气速度。

由于推进剂通常在高压 p_e 下储存，因此在推进剂喷射时相对于周围环境产生压力差 p_e-p_o。因此，额外的推力 $A_e(p_e-p_o)$ 由喷射部分（喷嘴）提供。额外的推力可以算入式（9.21），用有效排气速度 $\boldsymbol{v}_e$ 代替 $\boldsymbol{v}_r$，

$$\boldsymbol{F}=-(\dot{m}+A_e(p_e-p_0)/v_r)\boldsymbol{v}_r=-\dot{m}\boldsymbol{v}_e \tag{9.23}$$

在航天器推进中，需要压缩和注入充当推进剂的大气。在这种情况下，式（9.22）在没有外力 F_k 的情况下，必须进一步修正为以下表达式。

$$\begin{gathered}\frac{\mathrm{d}\boldsymbol{v}(t)}{\mathrm{d}t}=\frac{1}{m(t)}\boldsymbol{F}(t)\cong-\frac{\boldsymbol{v}_e(t)}{m(t)}\frac{\mathrm{d}m(t)}{\mathrm{d}t}\\ \boldsymbol{F}=-\dot{m}\boldsymbol{v}_r+\dot{m}_0\boldsymbol{v}_0+A_e(p_e-p_0)\cong-\dot{m}\boldsymbol{v}_r+A_e(p_e-p_0)=-\dot{m}\boldsymbol{v}_e\end{gathered} \tag{9.24}$$

其中第二行近似假设大气干扰项 $\dot{m}_0\boldsymbol{v}_0$ 很小，m_0 为输入质量流量，$\boldsymbol{v}_0$ 为载体相对于大气的飞行速度。

1. Delta-V 运动与 Tsiolkovsky（齐奥尔科夫斯基）方程

假设等式中的外力 $\boldsymbol{F}_k$ 在式（9.22）可以忽略不计，即有效排气速度 $\boldsymbol{v}_e$ 在式（9.24）中是常数，从 $t=t_0$ 到 $t=t_1$ 对式（9.24）积分。结果得到著名的 Delta-V 方程：

$$\int_{t_0}^{t_1}\mathrm{d}\boldsymbol{v}(\tau)=-\boldsymbol{v}_e\int_{t_0}^{t_1}\frac{\mathrm{d}m(\tau)}{m(\tau)}\Rightarrow\Delta\boldsymbol{v}(t_0,t_1)=\boldsymbol{v}_e\ln\left(\frac{m_0}{m_1}\right) \tag{9.25}$$

其中 $\Delta\boldsymbol{v}(t_0,t_1)$ 是在推力 F 作用下从 $t=t_0$ 到 $t=t_1$ 的速度变化。速度矢量的大小由式(9.25)表示，Tsiolkovsky 方程为

$$|\Delta\boldsymbol{v}(t_0,t_1)| = |\boldsymbol{v}_e|\ln\left(\frac{m_0}{m_1}\right) \Rightarrow \Delta v(t_0,t_1) = v_e\ln\left(\frac{m_0}{m_1}\right) \tag{9.26}$$

$$m_1 = m_0 e^{-\Delta v/v_e}$$

最后一个方程式表明，航天器质量必须减小以实现 Delta-V 运动，进而又提升 Δv 的速度幅度。推进剂质量 m_p 在 Delta-V 运动过程中喷出，由以下公式给出。

$$m_p = m_0 - m_1 = m_0(1-e^{-\Delta v/v_e}) \tag{9.27}$$

由式（9.26）可知，开发电推进系统，可以通过增加排气（喷射）速度 v_e 节省推进剂。当 $\Delta v \ll v_e$ 时，Tsiolkovsky 的方程式简化为比例关系：

$$\frac{m_p}{m_0} \cong \frac{\Delta v}{v_e} \tag{9.28}$$

航天学理论之父 K. Tsiolkovsky（1857—1935）是俄国一名高中数学老师。

2. 比冲

排气速度（每单位质量的力冲量）也可由每单位重量的力冲量（称为比冲，specific impulse）表示。因此，排气速度比上赤道地球重力加速度 $g_0 = 9.807\text{m/s}^2$，以时间单位定义关键推进参数，即比冲 I_{sp}：

$$I_{sp} = v_e/g_0[s] \tag{9.29}$$

为了更好地理解 I_{sp} 的含义，将式（9.29）代入式（9.23）重写推力大小，如下所示。

$$g_0\dot{m}(t) = \frac{F_t(t)}{I_{sp}} \tag{9.30}$$

新方程式表明，推进剂流量（以重量单位，N/s）正比于所要传递的推力，与 I_{sp} 成反比。因此都追求高比冲技术。通常，比冲是推力 F_t 的函数。

通过假设一个恒定的 I_{sp}，在时间间隔 H 内的推进剂消耗

$$c(H) = \frac{1}{I_{sp}g_0}\int_0^H F(\tau)\mathrm{d}\tau \tag{9.31}$$

练习 4：

计算给定 $I_{sp} = 60\text{s}$（冷气推进的典型值）下的推进剂消耗量，$F(t) = F_0 + F_1\sin wt$，其中 $F_1 = 5\text{mN} < F_0 = 10\text{mN}$，$H = 1$ 年。

9.2.2 推进技术

1. 火箭喷嘴方程

喷嘴的主要功能是引导和加速化学推进器中的燃烧物或冷气推进器的加压气体（一般热推进器通过加热气体，电推进器通过电磁场），使排气速度最大化，直到超声速(图 9.3)。常见的火箭喷嘴（称为收缩膨胀喷嘴或 delaval 喷嘴）借助简单的几何学特征（只需改变横截面

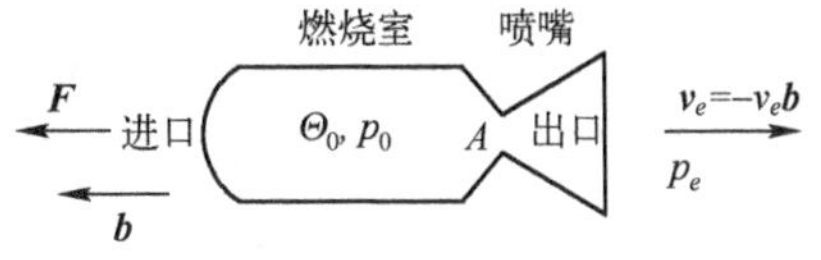

图 9.3 喷嘴示意图

积）即可完成引导和加速的功能。G. Delaval（1845—1913）是瑞典工程师和发明家，开发了用于汽轮机的喷嘴。喷嘴的原理最早被推进技术先驱 R. Goddard 用于火箭引擎。自 1914 年以来，R. Goddard 研制出的火箭发动机效率提高了 60%以上，超声速排气速度高达 7 马赫，相当于约 2400m/s。

在一维可压缩理想气流的假设下，排气速度表达式可以简化。最终，火箭喷嘴方程为

$$v_e=\sqrt{2\frac{\Theta_0 R}{M}\frac{\kappa}{\kappa-1}\left(1-\left(\frac{p_e}{p_0}\right)^{\frac{\kappa-1}{\kappa}}\right)},\quad R=8131\text{J/(kmol}\times\text{K)} \tag{9.32}$$

其中：

① Θ_0(K)是燃烧腔中推进剂的温度。

② M(kg/kmol）是推进剂的分子量。

③ $\kappa=C_P/C_v$ 是在恒定压力和恒定体积下的热容比，被称为等熵指数（isentropic exponent）。考虑摩尔热容（molar heat capacities），即纯净物每单位量（摩尔）的热容量，单位为［J/(kmol×K)］。理想气体的热容量与 $C_P=C_v+R$ 相关，$\gamma=\kappa/(\kappa-1)$可以表示为

$$\gamma=\frac{\kappa}{\kappa-1}=\frac{\dfrac{C_v/R+1}{C_v/R}}{\dfrac{C_v/R+1}{C_v/R}-1}=C_v/R+1>1 \tag{9.33}$$

其中 $C_v/R\geqslant1.5$。

④ p_0 和 p_e（Pa 或 N/m^2）分别是燃烧腔内的滞止压力和喷嘴出口压力。

假设 $p_e/p_0\ll1$，这是一个有利条件。式（9.32）借助式（9.29）转换为比冲，可以简化为

$$I_{sp}\cong\frac{1}{g_0}\sqrt{2\gamma\frac{\Theta_0 R}{M}} \tag{9.34}$$

练习 5：

假设使用 N_2（氮气）冷气推进器，$M=28$kg/kmol，$C_v=29,100$J/(kmol×K)，且室温$Q_0=300$K。通过式（9.34）得 $\gamma=4.57$，$I_{sp}=92$。通过式（9.32）计算排气速度 v_e。

式（9.34）表明，化学和热推进的比冲，只能通过提高温度 Θ_0 来获得提升。二元化学推进器的作用条件下，工程极限温度只能达到几千开尔文，对应于小于 450s 的比冲。

2. 电推进

电推进的概念可以追溯到诸如 R. Goddard（1926）和 K. Tsiolkovsky（1911）等先驱者。电推进是一种相对成熟且可靠的技术，有望成为轨道和姿态操纵与控制的标准推进方案。目前，推进技术的研究、测试和开发横跨多个空间应用，特别是微推进。美国物理学教授 R. Goddard（1882—1945）是液体燃料火箭技术的先驱，在那个时代的一片嘲讽中，于 1926 年 3 月 26 日发射了世界上第一个液体燃料火箭。

电推进基本原理是，产生并加速离子等大量电荷（也被称为**离子推进**，ion propulsion)，喷射速度要比化学推进快得多。而化学推进的主要限制来自能否获得大的热能，

而电推进的困难是如何在空间获得高电力。离子推进的改进方案有：利用高压栅极加速离子，等离子体推进通过磁场提供的洛伦兹力加速等离子，从而避免了有限的栅极腐蚀。

电推进的基本方程来自电荷运动之间的能量平衡，离子的摩尔质量 M_i(kg/kmol)，电能通过加速电势差 V 提供给摩尔电荷 q_i(C/kmol)。因此，比冲的表达：

$$I_{sp}=\frac{\nu_e}{g_0}=\frac{1}{g_0}\sqrt{\frac{2q_iV}{M_i}} \tag{9.35}$$

$$q_i=N_Ae=0.6022\times10^{27}\times0.1602\times10^{-18}=96.5\times10^6\mathrm{C/kmol}$$

练习 6：

举例来说，摩尔质量高的惰性气体氙气离子 Xe^+，通常用于离子推进，并且假设 $V=1\mathrm{kV}$。由于 $M_i(Xe^+)=132\mathrm{kg/kmol}$，得到

$$I_{sp}(Xe^+)=3900\mathrm{s} \tag{9.36}$$

约为最大化学推进值的 10 倍。因此，消耗的推进剂质量变得比化学推进剂小得多，电推进器在原则上适合于长期任务。另一方面，必须提供高电力以实现高推力值。

电推进技术在产生离子方面，有多个不同的方案。

3. 开-关推进和比例推进

推力器可提供固定最大值 F_{max} 或可变值的推力 $F\geqslant F_{min}>0$。在第一种情况下，即开-关推进，理想情况下推力仅需两个状态值 0（关）和 F_{max}（开）。不论是开-关推进还是比例推进，因噪声和推进器动态变化，推力是时变的。如果从时间 t_i 开始，相对于航天器机动和主要扰动最短周期，指令开启后保持的时间都相对较小，那么可以将有限时间推力曲线与 $t_i+\tau_i$ 处的狄拉克脉冲（理想脉冲，参见 13.2.1 节）来表示推力，并进行如下积分。

$$\bar{F}_i(t)=\int_{t_i}^{t_i+\gamma T_{ON}}F(\tau)\mathrm{d}\tau\delta(t-t_i-\tau_i) \tag{9.37}$$

其中 τ_i 是在 T_{ON} 的时长区间内的推力中心时刻：

$$\tau_i=\frac{\int_{t_i}^{t_i+\gamma T_{ON}}\sigma F(\sigma)\mathrm{d}\sigma}{\int_{t_i}^{t_i+\gamma T_{ON}}F(\sigma)\mathrm{d}\sigma} \tag{9.38}$$

式（9.37）和式（9.38）中的积分必须计算到 $t_i+\gamma T_{ON}$，其中 $\gamma>1$，因为推进器响应不会依据矩形方波一样的开启命令，而是通常在关命令时间内出现不可忽略的延迟。矩形角脉冲的狄拉克增量幅度 F_{max} 和持续时间 T_{ON} 满足：

$$\bar{F}_i(t)=P_i\delta(t-t_i-T_{ON}/2)=F_{max}T_{ON}\delta(t-t_i-T_{ON}/2) \tag{9.39}$$

式中：P_i 为命令推力脉冲的幅度，单位为 Ns。存在最低限度“开时间间隔” $T_{ON,min}$，对于 1~10N 化学推进器而言，$T_{ON,min}$ 接近 10ms。因此，开-关推进器的响应可以通过考虑一系列不同幅度脉冲来研究，取决于脉冲持续时间 T_{ON}。真实脉冲和矩形脉冲之间的脉冲误差，定义为开-关推进器的扰动：

$$\bar{d}_i(t)=(F_{max}T_{ON}-\int_{t_i}^{t_i+\gamma T_{ON}}F(\tau)\mathrm{d}\tau)\delta(t-t_i-T_{ON}/2) \tag{9.40}$$

在 t_i+T_{ON}，为了简化，将脉冲误差集中。推力量化因子指“开启时间间隔”的量化时间。通过假设 $T_{ON,min} \leqslant T_{ON} \leqslant T_{ON,max}$，其中 $T_{ON,max}$ 由控制设计施加，并用 $\Delta T_{ON} \leqslant T_{ON,min}$ 表示时间量化，推力脉冲位数：

$$\mu_{ON} = \log_2 \frac{T_{ON,max}}{\Delta T_{ON}} \tag{9.41}$$

比例推力器控制推力从最小 F_{min} 到最大 F_{max}，实现连续可变的量化推力。

4. 推进器的类型与应用

表 9.1 给出了输出推力的范围及其比冲。

表 9.1 不同推进技术的推力和比冲

序号	推进技术类型	推力/N	最大比冲/s
化学推进			
1	固体推进剂	$50 \sim 5 \times 10^6$	200~300
2	液体推进剂：单推进剂	0.05~5	200~250
3	液体推进剂：双推进剂	$5 \sim 5 \times 10^6$	300~350
热推进			
4	冷气（氮气）	0.001~200	60
电推进			
5	离子推进	0.05mN~0.5	2000~4000
6	场发射电推进	0.001~0.15mN	10000~15000

进行轨道控制，需要 1~100N 的推力。用于姿态控制所需的推力范围从 0.001mN 到大约 1N，且取决于环境、质量特性和姿态机动。推力范围在 0.001~1N 的推力器为毫牛推进器（mini-thrusters）。低于 1mN 的推进器称为微推进器（microthrusters），主要为科学任务而开发。

开-关模式的点火以化学推力器为基准：推力间隔相对于连续点火间隔短得多。电和冷气推进器以连续模式点火，并且可以在其推力范围（比例模式）内进行调节。化学推进的关键性能是最大推力和最大比冲。对于连续和比例模式操作，带宽、扭转率、节流能力和静态响应的重复性等，如驱动力和命令力之比，是同等重要的。

通过固体推进器可以进行入轨，比如进入地球同步轨道的远地点。精密的轨道和轨迹控制可以使用离子和冷气推进器。姿态推进器组合通常称为反作用控制系统。

5. 微推进技术

简单经典的毫牛推进（<1N）技术和最新微推进技术（<1mN）是冷气推进。与电推进器相比，唯一的缺点是比冲非常低（<100s），对于完成长期任务来说至关重要。一种 m 个微推进器组成的组合推进器包括 3 个主要子系统。①不同执行器共有的冗余供气模块，负责提供给微推进器调节后的低压冷气（0.1~0.2MPa，通常为 N_2），低压冷气是由高压（≦30MPa）储罐到低压气室。②微推进组（MPA）是整个系统的核心，由 m 条平行管线组成，这些管线从增压室向推力调节阀供气，并测量气体质量流量 $\dot{m}(t)$。③第三个子系统是冗余微推进电子设备，可调节气室低压压力和气阈驱动力。每个阀都包含一个可变孔径的微型喷嘴，该喷嘴由压电机构驱动。压电机制提供平稳、

快速、无噪声、低功耗的机械驱动。比冲可以用式（9.34）计算。冷气微推进器用于近期的（2016 年）欧洲航空航天局的科学和技术任务 GAIA 卫星，MICROSCOPE 卫星和 LISA（激光干涉仪空间天线）探路者卫星。[20,1,2]

欧洲射频离子推进器（RIT）[12]是一类电推进器，其中流体（氙）的电离由绝缘的射频（RF）感应电场提供，流体由与冷气推进器相同类型的模块提供。感应线圈称为 RF 天线，是射频发生器的谐振电路的一部分。圆感应电场加速流体电子，从而产生自持气体放电。从电离等离子体中，Xe^+离子通过双栅系统提取、聚焦和加速，最终产生推力。发射的离子必须用电子枪中和，以保持航天器电中性。可以通过式（9.35）计算比冲。加速电压为几千伏。可节流的毫牛 RIT 和微牛 RIT 是在欧洲技术卫星上的固定推力毫牛 RIT 的演变。节流/比例毫牛 RIT 和微牛 RIT 均已通过认证。

自 20 世纪 60 年代，胶体（也称为电喷射）推进器由美国开发，但直到最近才在微动力科学/技术空间任务中得到应用，例如 LISA 探路者。基本技术是电喷射，该技术可将低挥发性微流体转换成直径为几十亚微米的带电液滴。关键的物理现象是注入液体的微管输出处出现泰勒锥，锥体在流体表面张力和静电压力之间实现平衡。静电压力由在微管出口前的抽气格栅提供，其电位相对于微管为负。电位差范围为 1.5～2kV，圆锥体变形为带电液滴的稳定圆锥体射流。带电的液滴通过第二个栅格（加速器）进一步加速，加速器设定为可变的负电位，以调节输出的推力强度 F。如在 RIT 推进中一样，流体流量 $\dot{m}$ 可以由微阀独立调节。结果表明，分层控制系统十分可靠，质量流量调节集中在较低的频率，而加速度控制集中在较高的频率。

场发射电推进器主要在欧洲发展，与胶体推进器有相同的物理原理。在这种情况下，正金属离子直接通过单栅从泰勒锥的尖端提取并加速。一些原型样机使用高反应性碱金属，如铯。也可以使用铟，其离子势低，挥发性低，毛细作用特性好，熔化温度相对较高但没有达到临界点。

9.3 推进器的几何布局

9.3.1 通用性概述

推力器变量可以用下标 t 区分，但是大部分下标 t 都被忽略了。由 $j=1,2,\cdots,m$ 索引标记的推进器，沿 $\boldsymbol{v}_j$ 方向传递推力，$\boldsymbol{v}_j$ 表示本体坐标矢量，其中 $|\boldsymbol{v}_j|=1$。推力作用点为本体坐标向量 $\boldsymbol{a}_j$，$\boldsymbol{a}_j=\overline{CA}_j$。方向 $\{\boldsymbol{v}_j\}$ 和作用点 $\{\boldsymbol{a}_j\}$ 可以在 $3\times m$ 方向矩阵 $\boldsymbol{V}$ 和$3\times m$ 作用矩阵 $\boldsymbol{A}$ 中表示，分别为

$$\begin{aligned}\boldsymbol{V}&=[\boldsymbol{v}_1\quad \boldsymbol{v}_2\quad \cdots\quad \boldsymbol{v}_m]\\ \boldsymbol{A}&=[\boldsymbol{a}_1\quad \boldsymbol{a}_2\quad \cdots\quad \boldsymbol{a}_m]\end{aligned}\tag{9.42}$$

推力方向 $\boldsymbol{v}_j$ 可以根据方位角 α_j 和倾斜角 β_j 改写（如果与绕 $\boldsymbol{b}_2$ 的右旋相反，则记为正），如图 9.4 所示。

$$\boldsymbol{v}_j=Z(\alpha_j)Y(-\beta_j)\begin{bmatrix}1\\0\\0\end{bmatrix}=\begin{bmatrix}\cos\alpha_j\cos\beta_j\\ \sin\alpha_j\cos\beta_j\\ \sin\beta_j\end{bmatrix}\tag{9.43}$$

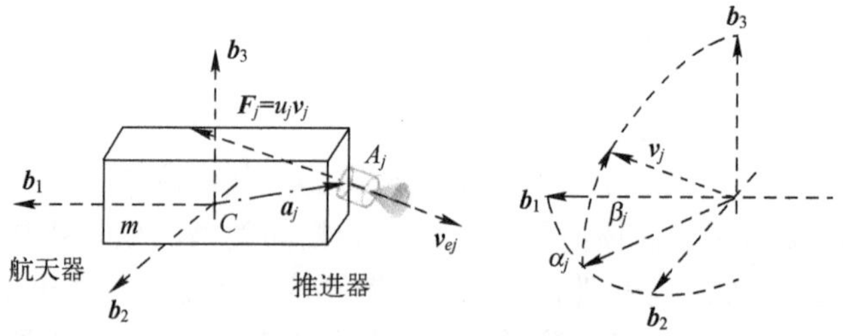

图 9.4　推进器的几何布局原理

现在考虑编号为 $j=1,2,\cdots,m$ 的推进器布局，并在 t 时刻将推力矢量 $u(t)=[u_1,\cdots,u_j,\cdots,u_m]$ 分解为常值最小推力 $\boldsymbol{e}_m u_{\min}\geqslant 0$ 和可变非负差分推力 $0\leqslant \Delta\boldsymbol{u}(t)$ 的总和：

$$
\begin{aligned}
&\boldsymbol{u}(t)=\Delta\boldsymbol{u}(t)+\boldsymbol{e}_m u_{\min}\leqslant \boldsymbol{e}_m u_{\max}\\
&0\leqslant \Delta\boldsymbol{u}(t)\leqslant \boldsymbol{e}_m(u_{\max}-u_{\min})=\boldsymbol{e}_m\Delta u_{\max}\\
&\boldsymbol{e}_m=[1,\cdots,1,\cdots,1]
\end{aligned}
\tag{9.44}
$$

非零最小推力是比例推力器的典型特征，可以连续点火以维持快速反应。推力指令力 $\boldsymbol{F}(t)$ 由下式给出。

$$
\begin{aligned}
&\boldsymbol{F}(t)=V(\Delta\boldsymbol{u}(t)+\boldsymbol{e}_m u_{\min})=V\Delta\boldsymbol{u}(t)\\
&V\boldsymbol{e}_m=0
\end{aligned}
\tag{9.45}
$$

假设 $e_m\in\mathcal{N}(V)$，即 $\boldsymbol{e}_m$ 属于 V 的零间距，因此 $F(t)$ 不取决于 $u_{\min}$。当 V 的秩小于等于 3 时，V 的秩取决于被控制的自由度。类似式（9.45），控制力矩 $\boldsymbol{M}(t)$：

$$
\begin{aligned}
&\boldsymbol{M}(t)=[\boldsymbol{a}_1\times\boldsymbol{v}_1\quad \boldsymbol{a}_2\times\boldsymbol{v}_2\quad \cdots\quad \boldsymbol{a}_m\times\boldsymbol{v}_m]\boldsymbol{u}(t)=A_\times(\Delta\boldsymbol{u}(t)+\boldsymbol{e}_m u_{\min})=A_\times\Delta\boldsymbol{u}(t)\\
&A_\times\boldsymbol{e}_m=0
\end{aligned}
\tag{9.46}
$$

其中 $\boldsymbol{e}_m\in\mathcal{N}(A_\times)$。式（9.46）中的 $3\times m$ 矩阵 $\boldsymbol{A}_\times$ 是**推力-力矩分布矩阵**（thrust-to-torque distribution matrix），其中 $\text{rank}(A_\times)\leqslant 3$ 取决于要控制的自由度。

当相同类型的推力器组合提供力和力矩时，式（9.45）和式（9.46）合并成

$$
\begin{aligned}
&\boldsymbol{C}(t)=\begin{bmatrix}\boldsymbol{F}(t)\\ \boldsymbol{M}(t)\end{bmatrix}=\begin{bmatrix}V\\ A_\times\end{bmatrix}(\Delta\boldsymbol{u}(t)+\boldsymbol{e}_m u_{\min})=\boldsymbol{B}\Delta\boldsymbol{u}(t)\\
&0\leqslant\Delta\boldsymbol{u}(t)\leqslant\boldsymbol{e}_m\Delta u_{\max}\\
&\boldsymbol{B}\boldsymbol{e}_m=0
\end{aligned}
\tag{9.47}
$$

其中 $\boldsymbol{B}$ 是推力-力/力矩分布矩阵，简称为推力器分布矩阵。假设 $\boldsymbol{B}e_m=0$ 虽然不一定能实现，但是非常理想。

9.3.2　最小布局和分配法则

1. 力/力矩矢量

式（9.47）中的 $\boldsymbol{B}$ 是 $6\times m$ 分布矩阵，其秩取决于被控制的自由度，并且其核矩阵 $\mathcal{N}(\boldsymbol{B})$ 假定包含 $\boldsymbol{e}_m$。

式（9.47）的约束逆 $\boldsymbol{B}^\dagger$ 被称为力/力矩-推力分配律（force/torque-to-thrust distribution law）（简称推进器分布定律/算法），在时间 t 给定力和力矩矢量 $\boldsymbol{C}(t)$，计算要分配给推进器组合电子装置的推力矢量 $\boldsymbol{u}(t)$。

可通过两个步骤找到约束逆。第一步对应下面的定理 1。最小欧几里得范数对应的非负推力矢量 $0 \leqslant \Delta u(t)$，在任何时间 t 产生力/力矩矢量 $\boldsymbol{C}(t)$ 在式（9.47）中寻找分布矩阵 $\boldsymbol{B}$。第二步对应下面的定理 2，寻找能够计算出方程式（9.47）中的最小规模的推进组合。通常，给定 $\boldsymbol{C}(t)=\boldsymbol{B}\Delta\boldsymbol{u}(t)$ 且 $\boldsymbol{B}e_m=0$，$rank\boldsymbol{B}=6$，则可通过 $\Delta\boldsymbol{u}(t)=\boldsymbol{B}^{\dagger}\boldsymbol{C}(t)-\min(0,\min_{k=1,\cdots,m}\{(\boldsymbol{B}^{\dagger}\boldsymbol{C}(t))_k\})\boldsymbol{e}_m$ 计算非负推力 $\Delta\boldsymbol{u}(t)\geqslant 0$。其中 $\boldsymbol{B}^{\dagger}=\boldsymbol{B}^{\mathrm{T}}(\boldsymbol{B}\boldsymbol{B}^{\mathrm{T}})^{-1}$ 是 $\boldsymbol{B}$ 的伪逆，并且 $(\boldsymbol{B}^{\dagger}\boldsymbol{C}(t))_k$ 是 $\boldsymbol{B}^{\dagger}\boldsymbol{C}(t)$ 的第 k 行。显然 $\boldsymbol{B}\Delta\boldsymbol{u}(t)=\boldsymbol{C}(t)$。

定理 1：给定力/力矩矢量 $\boldsymbol{C}(t)$ 的以下正/负分解：

$$\begin{aligned}&\boldsymbol{C}(t)=\boldsymbol{C}_{+}(t)-\boldsymbol{C}_{-}(t)\\&\boldsymbol{C}_{+}(t)\geqslant 0,\quad \boldsymbol{C}_{-}(t)\geqslant 0,\quad \boldsymbol{C}_{+}^{\mathrm{T}}(t)\boldsymbol{C}_{-}(t)=0\end{aligned}\tag{9.48}$$

如果 $\boldsymbol{B}^{\dagger}=\boldsymbol{B}^{\mathrm{T}}(\boldsymbol{B}\boldsymbol{B}^{\mathrm{T}})^{-1}$（参阅 2.3.3 节）可以假定是满秩，那么式（9.47）中 $\mathbb{R}_{+}^{m}=\{u-e_m u_{\min}\geqslant 0\}$ 的最小欧几里得范数解存在，可以分解成一对非负矩阵 $\boldsymbol{P}_{+}\geqslant 0$ 和 $\boldsymbol{P}_{-}\geqslant 0$，如下：

$$\begin{aligned}&\boldsymbol{B}^{\dagger}=\boldsymbol{B}^{\mathrm{T}}(\boldsymbol{B}\boldsymbol{B}^{\mathrm{T}})^{-1}=(\boldsymbol{P}_{+}-\boldsymbol{P}_{-})/2\\&\boldsymbol{P}_{+}=2\max(\boldsymbol{B}^{\dagger},0)\geqslant 0,\quad \boldsymbol{P}_{-}=2\max(-\boldsymbol{B}^{\dagger},0)\geqslant 0|\\&\boldsymbol{B}\boldsymbol{P}_{+}=I_6,\ \boldsymbol{B}\boldsymbol{P}_{-}=-I_6\end{aligned}\tag{9.49}$$

证明：方程（9.47）的以下解：

$$\begin{aligned}\boldsymbol{u}&=\boldsymbol{e}_m u_{\min}+\Delta\boldsymbol{u}=\boldsymbol{e}_m u_{\min}+\Delta\boldsymbol{u}_{+}+\Delta\boldsymbol{u}_{-}\\&=\boldsymbol{e}_m u_{\min}+\boldsymbol{P}_{+}\boldsymbol{C}_{+}+\boldsymbol{P}_{-}\boldsymbol{C}_{-}\geqslant \boldsymbol{e}_m u_{\min}\end{aligned}\tag{9.50}$$

通过非负矢量 $\Delta\boldsymbol{u}_{+}=\boldsymbol{P}_{+}\boldsymbol{C}_{+}\geqslant 0$ 和 $\Delta u_{-}=\boldsymbol{P}_{-}\boldsymbol{C}_{-}\geqslant 0$ 获得，满足最小推力约束并提供所需的力/力矩矢量：

$$\boldsymbol{B}\boldsymbol{u}=\boldsymbol{B}(\boldsymbol{e}_m u_{\min}+\Delta\boldsymbol{u}_{+}+\Delta\boldsymbol{u}_{-})=\boldsymbol{B}(\boldsymbol{P}_{+}\boldsymbol{C}_{+}+\boldsymbol{P}_{-}\boldsymbol{C}_{-})=\boldsymbol{C}\tag{9.51}$$

为证明式（9.50）中的 $\boldsymbol{u}-\boldsymbol{e}_m u_{\min}$ 在 $\mathbb{R}_{+}^{m}=\{\boldsymbol{u}-\boldsymbol{e}_m u_{\min}\geqslant 0\}$ 时有最小欧几里得常数，将式（9.50）分解成正交分量，如下：

$$\begin{aligned}&\boldsymbol{u}+\boldsymbol{e}_m u_{\min}=\Delta\boldsymbol{u}_1+\Delta\boldsymbol{u}_2\geqslant 0,\quad \Delta\boldsymbol{u}_1\cdot\Delta\boldsymbol{u}_2=0\\&\Delta\boldsymbol{u}_1=(\boldsymbol{P}_{+}-\boldsymbol{P}_{-})(\boldsymbol{C}_{+}-\boldsymbol{C}_{-})/2\in\Re(\boldsymbol{B}^{\mathrm{T}})\\&\Delta\boldsymbol{u}_2=(\boldsymbol{P}_{+}+\boldsymbol{P}_{-})(\boldsymbol{C}_{+}+\boldsymbol{C}_{-})/2\geqslant 0\in\mathcal{N}(\boldsymbol{B})\end{aligned}\tag{9.52}$$

其中，$C_{+}+C_{-}$ 是 $\boldsymbol{R}^6$ 正象限中 $C=C_{+}-C_{-}$ 的对称。正象限是 2D 象限到 n 维实空间的扩展。证明如下：观察到 $|\Delta\boldsymbol{u}_1|$ 在 $\Re(B^{\mathrm{T}})$ 中最小，因为 $(P_{+}-P_{-})/2$ 是 $\boldsymbol{B}$ 的伪逆，即如式（9.49）中所示，并且 $|\Delta\boldsymbol{u}_2|$ 最小，因为 $(P_{+}-P_{-})/2$ 是保留正号的 $\mathcal{N}(\boldsymbol{B})$ 的投影。

由于式（9.47）中的推力上限未在式（9.50）考虑。式（9.50）必须用以下饱和推力逻辑予以完善：

$$\text{if } u_j>u_{\max},\ u_j=u_{\max}\tag{9.53}$$

达到饱和状态推力意味着必须仔细设计推力范围 $u_{\min}\sim u_{\max}$，须基于要排除的干扰和要跟踪的参考轨迹。

式（9.50）中的伪逆解可以被称为约束伪逆分布律（constrained pseudoinverse distribution law），但从未发表过。其中一位作者在设计 GOCE 的 A/B 阶段无拖曳和姿态控制（DFAC）时创立的。[7]式（9.50）适用于任何 $u_{\min}\geqslant 0$。对于 $u_{\min}=0$、（典型的冷气推进器情况)，$m_{\min}=6$ 且 $\boldsymbol{B}$ 必须是满秩的。

第二步是找到满足式（9.49）的最小维数的 $\boldsymbol{B}$。作为第一个初步结果，最小 $m_{\min}$ 不得小于 $\operatorname{rank}B+\operatorname{rank}e_m=7$，因为 $\boldsymbol{e}_m\in\mathcal{N}(B)$。作为第二个初步结果，因为 $\boldsymbol{B}$ 的行必须正交于 $\boldsymbol{e}_m$，候选行是基数为 2 的正交向量，例如在以下矩阵 $\boldsymbol{W}$ 中收集的 Walsh 向量[4] w_k，$k=1,2,\cdots,6$：

$$\boldsymbol{W}=\begin{bmatrix}\boldsymbol{w}_1^{\mathrm{T}}\\ \boldsymbol{w}_2^{\mathrm{T}}\\ \boldsymbol{w}_3^{\mathrm{T}}\\ \hdashline \boldsymbol{w}_4^{\mathrm{T}}\\ \boldsymbol{w}_5^{\mathrm{T}}\\ \boldsymbol{w}_6^{\mathrm{T}}\end{bmatrix}=\begin{bmatrix}-1&-1&-1&-1&1&1&1&1\\-1&-1&1&1&-1&-1&1&1\\-1&1&-1&1&-1&1&-1&1\\ \hdashline -1&-1&-1&1&1&-1&-1&1\\1&-1&1&-1&-1&1&-1&1\\1&1&-1&-1&-1&-1&1&1\end{bmatrix}=\begin{bmatrix}W_F\\ \hdashline W_M\end{bmatrix}\tag{9.54}$$

Walsh 向量是 2^{μ} 维的，即其中有 2^{μ} 个分量，分量的任何矢量都可以采用二进制值 $\{-1,1\}$ 来表示；因为 $m_{\min}\geqslant 7$，所以显然取 $\mu=3$，满足式（9.54）中 $m=m_{\min}=8$。式（9.54）中 $\boldsymbol{W}$ 的前三行，子矩阵 $\boldsymbol{W}_F$ 的是一周期、二周期和四周期的 Walsh 向量集合。子矩阵 $\boldsymbol{W}_M$ 包括 $\boldsymbol{W}$ 的后三行，是前三行的三对向量的哈达玛（或分量方式）积：

$$\boldsymbol{W}_M=\begin{bmatrix}\boldsymbol{w}_4^{\mathrm{T}}\\ \boldsymbol{w}_5^{\mathrm{T}}\\ \boldsymbol{w}_6^{\mathrm{T}}\end{bmatrix}=\begin{bmatrix}\boldsymbol{w}_2^{\mathrm{T}}\circ\boldsymbol{w}_3^{\mathrm{T}}\\ \boldsymbol{w}_3^{\mathrm{T}}\circ\boldsymbol{w}_1^{\mathrm{T}}\\ \boldsymbol{w}_1^{\mathrm{T}}\circ\boldsymbol{w}_2^{\mathrm{T}}\end{bmatrix}=\begin{bmatrix}\boldsymbol{w}_{M1}&\boldsymbol{w}_{M2}&\cdots&\boldsymbol{w}_{Mm}\end{bmatrix}\tag{9.55}$$

Walsh 向量关于 Hadamard 积[4]是封闭的。通过式（9.49），定义非负矩阵：

$$\boldsymbol{W}_+=\max(\boldsymbol{W},0),\ \boldsymbol{W}_-=\max(-\boldsymbol{W},0)\tag{9.56}$$

其中 $\boldsymbol{W}=\boldsymbol{W}_+-\boldsymbol{W}_-$，通过自下而上的方式读取子矩阵 $\boldsymbol{W}_+$ 的列 $\boldsymbol{W}_{F+}$：

$$\boldsymbol{W}_{F+}=\begin{bmatrix}0&0&0&0&1&1&1&1\\0&0&1&1&0&0&1&1\\0&1&0&1&0&1&0&1\end{bmatrix}\tag{9.57}$$

推进器顺序代码 $\{c(j)\}=\{j-1\}=\{0,1,\cdots,2^m-1\}$，在图 9.5 中位于每个推力方向的旁边。代码 $c(j)$ 将推进器组合用独特的顺序联系起来。

维度为 $m=8$ 的矩阵 $\boldsymbol{W}$ 的属性为

$$\begin{aligned}&\boldsymbol{W}\boldsymbol{W}^{\mathrm{T}}=mI_6\\&\boldsymbol{W}\boldsymbol{W}_+^{\mathrm{T}}=(m/2)I_6,\quad \boldsymbol{W}\boldsymbol{W}_-^{\mathrm{T}}=-(m/2)I_6\\&\boldsymbol{W}(\boldsymbol{W}_+^{\mathrm{T}}+\boldsymbol{W}_-^{\mathrm{T}})=0\\&\boldsymbol{W}\boldsymbol{e}_m=0\end{aligned}\tag{9.58}$$

即使 $\boldsymbol{W}$ 与符号矩阵 $\boldsymbol{S}=\operatorname{diag}\{s_1=\pm1,\cdots,s_6=\pm1\}$ 预乘，这些属性也不会改变；因为积 $\boldsymbol{W}_S=S\boldsymbol{W}$ 仍然是 Walsh 矩阵。根据式（9.58），定义 $\boldsymbol{W}_S$ 的伪逆以及非负矩阵 $\boldsymbol{W}_{S+}$ 和 $\boldsymbol{W}_{S-}$：

$$\begin{aligned}&\boldsymbol{W}_s^{\dagger}=\boldsymbol{W}_s^{\mathrm{T}}(\boldsymbol{W}_s\boldsymbol{W}_s^{\mathrm{T}})^{-1}=\boldsymbol{W}_s^{\mathrm{T}}/m\\&\boldsymbol{W}_{s+}=\max(\boldsymbol{W}_s,0)\\&\boldsymbol{W}_{s-}=\max(-\boldsymbol{W}_s,0)\end{aligned}\tag{9.59}$$

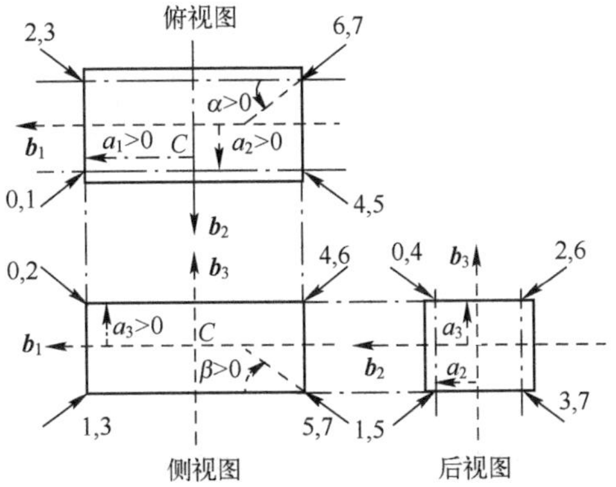

图 9.5 最小尺寸推进组合的布局［每个推力方向的序号（实心箭头）是推进器顺序代码 $c(j)$, $j=1,2,\cdots,m$］

下一个定理给出了建立 $\boldsymbol{W}_S=\boldsymbol{SW}$ 中的推进器分布矩阵 $\boldsymbol{B}$ 的充分条件。

定理 2：给定 Walsh 矩阵 $\boldsymbol{W}_S=\boldsymbol{SW}$，其中 $\boldsymbol{W}$ 在式（9.54）中定义。满足式（9.49）的推进器分布矩阵 $\boldsymbol{B}$ 可以构建为

$$\boldsymbol{B}=D\boldsymbol{W}_s=\begin{bmatrix}D_F & 0\\ 0 & D_M\end{bmatrix}\begin{bmatrix}\boldsymbol{W}_{sF}\\ \boldsymbol{W}_{sM}\end{bmatrix}=\begin{bmatrix}D_{sF}S_F & 0\\ 0 & D_{sM}S_M\end{bmatrix}\begin{bmatrix}S_F\boldsymbol{W}_{sF}\\ S_M\boldsymbol{W}_{sM}\end{bmatrix}=\begin{bmatrix}D_{sF} & 0\\ 0 & D_{sM}\end{bmatrix}\begin{bmatrix}\boldsymbol{W}_F\\ \boldsymbol{W}_M\end{bmatrix}\tag{9.60}$$

$$D_{sF}=\mathrm{diag}(d_1,d_2,d_3),\ D_{sM}=\mathrm{diag}(d_4,d_5,d_6),\ D>0,\ D_F>0,\ D_M>0$$

$$S_F=\mathrm{diag}(s_1,s_2,s_3),\ S_M=\mathrm{diag}(s_4,s_5,s_6)$$

其中 $\boldsymbol{D}_S=\mathrm{diag}(D_{sF},D_{sM})$ 是对角矩阵，有如下性质。

$$\begin{aligned}&\boldsymbol{d}_{sF}=[d_1,d_2,d_3],\sqrt{d_1^2+d_2^2+d_3^2}=1\\ &\boldsymbol{d}_{sM}=\begin{bmatrix}d_4\\ d_5\\ d_6\end{bmatrix}=\begin{bmatrix}0 & -a_3 & a_2\\ a_3 & 0 & -a_1\\ -a_2 & a_1 & 0\end{bmatrix}\begin{bmatrix}d_1\\ d_2\\ d_3\end{bmatrix}=\boldsymbol{a}\times\boldsymbol{d}_{sF}\end{aligned}\tag{9.61}$$

选择 $S=\mathrm{diag}(S_{F,}S_M)$ 使 $D>0$。

证明：式（9.60）的矩阵 $\boldsymbol{B}$ 满足式（9.49），因为在式（9.58）和式（9.59）的条件下有

$$\begin{aligned}&\boldsymbol{B}^{\dagger}=\boldsymbol{W}_s^{\mathrm{T}}D^{-1}/m\\ &P_+=2\boldsymbol{W}_{s+}^{\mathrm{T}}D^{-1}/m,P_-=2\boldsymbol{W}_{s-}^{\mathrm{T}}D^{-1}/m\\ &\boldsymbol{e}_8^{\mathrm{T}}P_+=\boldsymbol{e}_8^{\mathrm{T}}P_-=\boldsymbol{e}_6^{\mathrm{T}}D^{-1}\\ &\boldsymbol{B}P_+=2D\boldsymbol{W}_s\boldsymbol{W}_{s+}^{\mathrm{T}}D^{-1}/m=I_6\\ &\boldsymbol{B}P_-=2D\boldsymbol{W}_s\boldsymbol{W}_{s-}^{\mathrm{T}}D^{-1}/m=-I_6\end{aligned}\tag{9.62}$$

为完成证明，必须证明 $\boldsymbol{B}$ 是方向矩阵 $\boldsymbol{V}$ 和力矩分布矩阵 $\boldsymbol{A}_\times$ 的组合，两个矩阵的关系式如式（9.46）所示。方向矩阵 $\boldsymbol{V}=D_{sF}W_F=D_F\boldsymbol{W}_{sF}$ 由方程式（9.61）中的第一个恒等式来保证，以确保 $\boldsymbol{V}$ 的列是单位向量。式（9.61）第二个恒等式和式（9.55）中的积保证 $A_\times=D_{sM}W_M=D_M\boldsymbol{W}_{sM}$。考虑 $A_\times$ 的第 j 列元素，$a_j\times v_j$，有 $-a_{3j}d_2w_{2j}+a_{2j}d_3w_{3j}$，其中 ω_{2j} 和

ω_{3j}是式（9.54）中 $\boldsymbol{w}_2$和 $\boldsymbol{w}_3$的第 j 列元素。$D_{sM}\boldsymbol{w}_{Mj}$的第一个元素为 $-a_3w_{3j}d_2w_{2j}+a_2w_{2j}d_3w_{3j}$。如果两个表达式中的作用向量均满足恒等式 $a_j=D_a w_{Mj}$，那么两个备选表达式相等。因此 $A=D_aV$，其中$D_a=\mathrm{diag}(a_1,a_2,a_3)$。由此，式（9.46）中的任何叉积 $\boldsymbol{a}_j\times\boldsymbol{v}_j$ 可以写成

$$\boldsymbol{a}_j\times\boldsymbol{v}_j=D_{sM}\boldsymbol{w}_{Mj} \tag{9.63}$$

正如式（9.55）所示，其中 $\boldsymbol{w}_{Mj}$为 $\boldsymbol{W}_M$ 的第j列。

推力布局满足式（9.60），如图9.5所示。

练习7：

考虑图9.5中的方位角和倾斜角 α 和β，其符号与图9.4一致。方位角和倾斜角 α 和β在所有推力方向均相等。如图9.5所示，通用应用坐标$\{a_1,a_2,a_3\}$具有非负号。证明：

$$D_{sF}=\mathrm{diag}(\cos\alpha\cos\beta,\sin\alpha\cos\beta,\sin\beta)$$
$$\boldsymbol{d}_{sM}=\begin{bmatrix}-a_3\sin\alpha\cos\beta+a_2\sin\beta\\-a_1\sin\beta+a_3\cos\alpha\cos\beta\\-a_2\cos\alpha\cos\beta+a_1\sin\alpha\cos\beta\end{bmatrix} \tag{9.64}$$

假定 $a_2=0$，并在符号矩阵 $\boldsymbol{S}=\mathrm{diag}\{s_1=\pm1,\cdots,s_6=\pm1\}$中找到具有单个负号的条件，使得 $D>0$。写出所得的分布矩阵 $\boldsymbol{B}$。

图9.5中的布局也可以用于姿态控制，即在式（9.47）中要使推力为0($\boldsymbol{F}=0$)。

练习8：

借助式（9.60）和式（9.62），在控制力为零即 $F=0$ 的情况下，编写式（9.50）的分配算法。

假设一个恒定的比冲 I_{sp}，通过式（9.30）、式（9.50）和式（9.62）可推出瞬时推进剂消耗量 $C(t)$，以千克/秒（质量流量）为单位。

$$\begin{aligned}c(t)&=\frac{|\boldsymbol{u}(t)|_1}{g_0I_{\mathrm{sp}}}=\frac{\boldsymbol{e}_8^{\mathrm{T}}\boldsymbol{u}(t)}{g_0I_{\mathrm{sp}}}=\frac{8u_{\min}+\boldsymbol{e}_8^{\mathrm{T}}(P_+\boldsymbol{C}_+(t)+P_-\boldsymbol{C}_-(t))}{g_0I_{\mathrm{sp}}}\\&=\frac{8u_{\min}+\boldsymbol{e}_6^{\mathrm{T}}D^{-1}(\boldsymbol{C}_+(t)+\boldsymbol{C}_-(t))}{g_0I_{\mathrm{sp}}}\end{aligned} \tag{9.65}$$

其中，$|u(t)|_1$是瞬时 l_1 范数。式（9.65）是简化的表达式，I_{sp}是推力的函数，尤其是在接近 $u_{\min}$的低推力值时。这里假设 I_{sp}恒定。由于在持续时间 H 的时间范围内的平均消耗 $\bar{c}(H)$取决于 H 期间 $C_+(t)$的平均时间 $\overline{C}_+(H)$和 $C_-(t)$的平均时间 $\overline{C}_-(H)$，可得

$$\bar{c}(H)=\frac{8u_{\min}+\boldsymbol{e}_6^{\mathrm{T}}D^{-1}(\overline{\boldsymbol{C}}_+(H)+\overline{\boldsymbol{C}}_-(H))}{g_0I_{\mathrm{sp}}} \tag{9.66}$$

给定任务平均时间 $\overline{C}_+(H)$和 $\overline{C}_-(H)$，可以将 $\bar{c}(H)$根据整体装配参数$\{\alpha,\beta,a_1,a_2,a_3\}$最小化，$D$ 的辐角受适当的几何边界约束。

练习9：

用 $C_k(t)$表示式（9.47）中 $\boldsymbol{C}(t)$的第 k 个分量并假设：

$$\begin{aligned} C_1(t) &= C_{10}+C_{11}\sin\left(n\frac{2\pi}{H}t\right)>0 \\ C_k(t) &= C_{k1}\sin\left(n\frac{2\pi}{H}t\right),\ k=2,3,\cdots,6 \end{aligned} \tag{9.67}$$

n 为整数。用 d_k，$k=1,2,\cdots,6$ 表示 D 的对角元素并证明平均消耗为

$$\bar{c}(H)=\frac{8u_{\min}+C_{10}/|d_1|+\sum_{k=2}^{6}2C_{k1}/(\pi|d_k|)}{g_0I_{\text{sp}}} \tag{9.68}$$

2. 横向/垂直力和力矩

在需要 $F_1\boldsymbol{b}_1=0$ 的情况下，由于 F_1 由其他执行器提供，通过将沿 $\boldsymbol{b}_1$ 的推力纵向分量归零，可以简化图 9.5 中的布局。换句话说将图 9.5 中的方位角固定为 $\alpha=\pi/2$。这样，因为 $F_1\boldsymbol{b}_1=0$ 仅在名义上由推进器布局施加，即式（9.60）中的第一行 $B=DW_s$ 可忽略，“缩减”的 $5\times m$ 分布矩阵 $\boldsymbol{W}_5$ 可以写成

$$\boldsymbol{B}_5=\begin{bmatrix}B_{2F}\\B_M\end{bmatrix}=\begin{bmatrix}D_{2F}&0\\0&D_M\end{bmatrix}\begin{bmatrix}S_{2F}W_{2F}\\S_MW_M\end{bmatrix}=\begin{bmatrix}D_{2F}&0\\0&D_M\end{bmatrix}\begin{bmatrix}W_{s2F}\\W_{sM}\end{bmatrix}=D_5W_{s5},\ D_5>0$$

$$\boldsymbol{W}_5=\begin{bmatrix}W_{2F}\\ \hdashline W_M\end{bmatrix}=\begin{bmatrix}\boldsymbol{w}_2^T\\ \boldsymbol{w}_3^T\\ \hdashline \boldsymbol{w}_4^T\\ \boldsymbol{w}_5^T\\ \boldsymbol{w}_6^T\end{bmatrix},\ D_{2F}=\begin{bmatrix}d_2&0\\0&d_3\end{bmatrix}>0,\ S_{2F}=\begin{bmatrix}s_2&0\\0&s_3\end{bmatrix} \tag{9.69}$$

式（9.69）中的矩阵 $\boldsymbol{B}_5$ 是 GOCE DFAC 设计早期 A/B 阶段的微推力器分布矩阵。微推进器的设计旨在实现平面 $\{\boldsymbol{b}_2,\boldsymbol{b}_3\}$ 上的横向无阻力控制和姿态控制[7]。方向矩阵 $\boldsymbol{V}=D_FW_{sF}$ 的第一行等于零，第二行和第三行由 $D_{2F}W_{s2F}$ 给定。所要承受的力/力矩矢量由下式给出。

$$\boldsymbol{C}_5=\begin{bmatrix}\boldsymbol{F}_2\\\boldsymbol{M}\end{bmatrix}=\boldsymbol{C}_{5+}-\boldsymbol{C}_{5-},\quad \boldsymbol{F}_2=\begin{bmatrix}F_2\\F_3\end{bmatrix},\quad F_1=0 \tag{9.70}$$

“减少”分布算法变为

$$\begin{aligned} \boldsymbol{u} &= \boldsymbol{e}_mu_{\min}+\Delta\boldsymbol{u}_++\Delta\boldsymbol{u}_- \\ &= \boldsymbol{e}_mu_{\min}+P_{5+}\boldsymbol{C}_{5+}+P_{5-}\boldsymbol{C}_{5-}\geqslant\boldsymbol{e}_mu_{\min} \\ &\text{if } u_j>u_{\max},\ u_j=u_{\max} \end{aligned} \tag{9.71}$$

其中

$$\begin{aligned} P_{5+} &= 2W_{s5+}^{\mathrm{T}}D_5^{-1}/m \\ P_{5-} &= 2W_{s5-}^{\mathrm{T}}D_5^{-1}/m \end{aligned} \tag{9.72}$$

前后布局由两个平面推力组合组成，前面 4 个 $\{0,1,2,3\}$，后面 4 个 $\{4,5,6,7\}$，相对平面 $\{\boldsymbol{b}_2,\boldsymbol{b}_3\}$ 对称放置，距离都为 a_1。另一种选择，可以是平行的双平面布局，其中一个平面为 $\{\boldsymbol{b}_1,\boldsymbol{b}_2\}$（自上而下的布局），在这种情况下，必须假定 $F_3\boldsymbol{b}_3=0$；或设为 $\{\boldsymbol{b}_1,\boldsymbol{b}_3\}$（横向布局），横向布局情况下，必须假定 $F_2\boldsymbol{b}_2=0$。特别是在低地球轨道，空

气动力占主导地位（见 4.4 节），沿轨道力的大小$|F_{dx}|$远大于横向分量的大小$|F_{dy}|$，$|F_{dy}|$比垂直幅度$|F_{dz}|$大得多，即

$$|F_{dx}| \gg |F_{dy}| \gg |F_{dz}| \tag{9.73}$$

如果像 11.2 节中的无拖曳卫星那样必须对环境力进行主动补偿，自上而下的双平面布局将允许同时对式（9.73）中两个较大的扰动进行姿态控制和补偿。

练习 10：

证明当用$\{W_{s5}, D_5, S_5, I_5, e_5\}$代替$\{W_s, D, S, I_6, e_6\}$时式（9.69）中的$B_5$满足式（9.62）。

练习 11：

借助式（9.69）和式（9.72），在横向力为零的情况，即式（9.70）中的$F_2=0$，写出式（9.71）的分配算法。

9.3.3 早期的 GOCE 全推进设计

1. 布局与分配法

A/B 阶段研究[7]的 GOCE 推进装置由$m=8$个微推进器$j=1,2,\cdots,m$（冷气或电），位于平行于平面$\{\boldsymbol{b}_2, \boldsymbol{b}_3\}$的前后平面，如图 9.6 所示。其中顺序码$c(j)=j-1$由式（9.57）定义，如图 9.5 所示。该组合在 12.5.1 节中被称为 MPA。必须将被称为离子推进组合（IPA）的 MPA 与图 9.6 中的一对微推力器区分开。

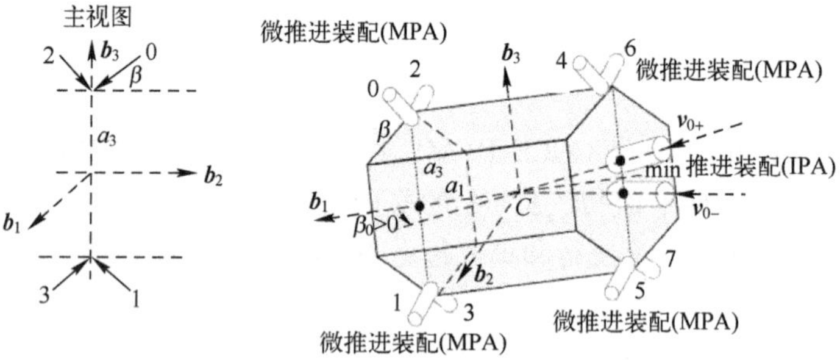

图 9.6 早期 GOCE 推进布局

布局应与式（9.69）中的横向/垂直力和力矩配置相一致。这样布局的目的是补偿空气阻力导致的横向和横向垂直环境力。由于电微推进技术成熟度低，因此 GOCE 卫星未采用该 MPA[7,23]。

练习 12：

根据式（9.69）和图 9.6 证明以下分布矩阵。

$$\boldsymbol{B}_5=\begin{bmatrix} B_{2F} \\ B_M \end{bmatrix}=\left[\begin{array}{cccccccc} -c & -c & c & c & -c & -c & c & c \\ -s & s & -s & s & -s & s & -s & s \\ \hdashline a_3c & -a_3c & -a_3c & a_3c & a_3c & -a_3c & -a_3c & a_3c \\ a_1s & -a_1s & a_1s & -a_1s & -a_1s & a_1s & -a_1s & a_1s \\ -a_1c & -a_1c & a_1c & a_1c & a_1c & a_1c & -a_1c & -a_1c \end{array}\right] \tag{9.74}$$

其中$c=\cos\beta>0$，$s=\sin\beta>0$，为了简便起见$a_2=0$，$a_1>0$，$a_3>0$。找出矩阵的对角系数D_{s2F}，D_{sM}，S_{2F}和S_M。

确定的 GOCE 卫星上只安装了一对电力微型推进器，以下标 $j=0_+$，0_- 区分，这对推进器以被动冗余方式运行（见 9.1.2 节和 12.5.1 节）。他们的目标是承担拉力 $\boldsymbol{F}_a$ 沿第一个 LORF 轴 $\boldsymbol{o}_1$（见 3.3.4 节）的分量 $-F_{a1}\boldsymbol{o}_1$。由磁力矩器驱动的姿态控制负责将体轴 $\boldsymbol{b}_1$ 对准 $\boldsymbol{o}_1$。纵向推进器的安装方式不会产生寄生力矩，最起码名义上不会。因此，图 9.6 中的通用标称推力方向 $\boldsymbol{v}_0$（包括 $\boldsymbol{v}_{0+}$ 和 $\boldsymbol{v}_{0-}$）位于体平面 $\{\boldsymbol{b}_1,\boldsymbol{b}_3\}$ 内，经过质心 C 且有倾斜角 β_0，倾斜角是以纵向轴 $\boldsymbol{b}_1$ 为起点量的，以逆时针为正方向。为了一般化，添加方位角 α_0（图 9.6 中未显示，以逆时针为正方向）。图 9.6 显示了当 $\alpha_0=0$ 时，标称的 GOCE 安装方式 $\boldsymbol{v}_{0+}(\beta_0>0)$ 以及 $\boldsymbol{v}_{0-}(\beta_0<0)$。保证零力矩的 $\boldsymbol{v}_0$ 的标称方向向量和作用向量为：

$$\boldsymbol{v}_0=\begin{bmatrix}\cos\alpha_0\cos\beta_0\\ \sin\alpha_0\cos\beta_0\\ -\sin\beta_0\end{bmatrix},\quad \boldsymbol{a}_0=-a_0\begin{bmatrix}1\\ \tan\alpha_0\\ -(\cos\alpha_0)^{-1}\tan\beta_0\end{bmatrix} \tag{9.75}$$

用 u_0 表示通用推力，实际力和力矩矢量为

$$\begin{gathered}\boldsymbol{C}_0(t)=\begin{bmatrix}\boldsymbol{F}_0\\ \boldsymbol{M}_0\end{bmatrix}(t)=\begin{bmatrix}\boldsymbol{v}_0\\ \boldsymbol{a}_0\times\boldsymbol{v}_0=0\end{bmatrix}u_0\\ \boldsymbol{F}_0=[F_{01},F_{02},F_{03}],\ \boldsymbol{M}_0=[M_{01},M_{02},M_{03}]\end{gathered} \tag{9.76}$$

假定有 6 个自由度的推进功能，并假设单个微推力器激活（开），分配规律如下：

$$\begin{aligned}&\boldsymbol{u}=\boldsymbol{e}_m u_{\min}+P_{5+}\boldsymbol{C}_{5+}+P_{5-}\boldsymbol{C}_{5-}\geqslant\boldsymbol{e}_m u_{\min}\\ &\text{if } u_j>u_{\max},\ u_j=u_{\max}\\ &u_{0,\min}\leqslant u_0=F_{01}/(\cos\alpha_0\cos\beta_0)\leqslant u_{0,\max}\end{aligned} \tag{9.77}$$

其中，由于式（9.76）中 $\{F_{02},F_{03}\}$ 的非零分力，力/力矩矢量 $\boldsymbol{C}_5$ 定义为

$$\boldsymbol{C}_5(t)=\begin{bmatrix}F_2-F_{02}\\ F_3-F_{03}\\ \boldsymbol{M}\end{bmatrix}(t) \tag{9.78}$$

2. 推进剂消耗量最小化

如定理 1 所证明，式（9.77）中的伪逆分布律将正象限 R_+^m 中 $\Delta u=u-e_m u_m$ 的欧几里得范数最小化。下一个问题是找到一个分布律，该分布律使相同正数中 l_1-范数 $|\Delta\boldsymbol{u}|_1=\boldsymbol{e}_m^{\mathrm{T}}\Delta\boldsymbol{u}$ 最小化。这个问题很有趣，因为 $|\Delta u|_1$ 与式（9.65）中的瞬时推进剂消耗量 $c(t)$ 成正比。可以看到，式（9.77）的分布律使用所有 $m=8$ 个推进器，由于秩 $B_5=5$，可以使用从 l_1-范数最小化得出的分布律，每一个推力步骤仅需使用 $n=5$ 个推力器（5 倍的推力器）。当然，最优五元组将与所需的力/力矩矢量 $\boldsymbol{C}_5(t)$ 随时间变化。最小化问题可以表示为以下原始线性规划（primal linear programming，LP）[13]。

$$\begin{aligned}&\min\nolimits_{\Delta\boldsymbol{u}(t)\geqslant 0}\boldsymbol{e}_m^{\mathrm{T}}\Delta\boldsymbol{u}(t)\\ &\boldsymbol{B}(\boldsymbol{e}_m u_{\min}+\Delta\boldsymbol{u}(t))=B\Delta\boldsymbol{u}(t)=\boldsymbol{C}_5(t)\geqslant 0\\ &\boldsymbol{B}=\boldsymbol{S}_5(t)B_5,\ \boldsymbol{S}_5(t)=\mathrm{diag}(s_1=\pm1,\cdots,s_5=\pm1)\end{aligned} \tag{9.79}$$

其中符号矩阵 $\boldsymbol{S}_5(t)$ 使 $\boldsymbol{C}_5(t)$ 非负。已知 LP 问题的解决方案具有有限但可变迭代次数因此具有可变的时间。需要寻找一种固定时间解决方案，以供恒定时间单位控制器实时使

用。任何如式（9.79）的原始规划问题可以转换为要解决的 λ 对偶问题：

$$\max_{\lambda}\lambda^{\mathrm{T}}\boldsymbol{C}_5$$
$$\boldsymbol{\lambda}^{\mathrm{T}}B\leqslant\boldsymbol{e}_8^{\mathrm{T}} \tag{9.80}$$

用 j 表示推进器集合 $\mathscr{P}$ 中的推进器编号，即 $\mathscr{P}=\{1,\cdots,j,\cdots,m\}$，用 $\mathscr{B}_k=\{j_{k1},\cdots,j_{k5}\}$ 表示 B 的主要成分（推进器五元组），其中 $k=\{1,2,\cdots,M\}$，$M=2^5$ 是候选五元组的数量，且 $j_{k1}<\cdots<j_{k5}$。五元组由十进制代码 $c(k)=100j_{k6}+10j_{k7}+j_{k8}$ 编号，其中 3 个整数 $j_{k6}<j_{k7}<j_{k8}\notin B_k$ 表示被忽略的推进器，且包含在 $N_k=\{j_{k6},j_{k7},j_{k8}\}$ 中。这里用 $\boldsymbol{B}_k$ 表示集合 $\boldsymbol{B}_k$ 定义的 5×5 基矩阵并分解大小为 5×m 整个分布矩阵 $\boldsymbol{B}_5(k)$，和行向量 $\boldsymbol{e}_m^{\mathrm{T}}=\boldsymbol{e}_8^{\mathrm{T}}$，如下所示。

$$\boldsymbol{B}_5(k)=B_k[I_5\quad N_k],\ N_k=\left\{\begin{bmatrix}1\\0\\-1\\1\\0\end{bmatrix},\begin{bmatrix}-1\\-1\\0\\-1\\0\end{bmatrix},\begin{bmatrix}-1\\0\\0\\-1\\-1\end{bmatrix}\right\} \tag{9.81}$$
$$\boldsymbol{e}_8^{\mathrm{T}}=[\boldsymbol{e}_5^{\mathrm{T}}\quad\boldsymbol{e}_3^{\mathrm{T}}]\}$$

式（9.81）中的矩阵 $\boldsymbol{B}_5(k)$ 用 k 表示第 k 列。非基本列的矩阵 $\boldsymbol{N}_k$（从主要成分剔除的矩阵）由 3 个常数列向量表示，因为只有它们的顺序随 k 改变。对于任何 k，根据 LP 由基础 B_k 生成的值有以下形式。

$$\left[\begin{array}{c:c:c}I_5 & N_k & \boldsymbol{s}_k=B_k^{-1}\boldsymbol{C}\\ \hdashline 0 & \boldsymbol{r}_k^{\mathrm{T}}=\boldsymbol{e}_3^{\mathrm{T}}-\boldsymbol{e}_5^{\mathrm{T}}N_k & -c_k=-\boldsymbol{s}_k^{\mathrm{T}}\boldsymbol{e}_5\end{array}\right],\quad \boldsymbol{r}_k^{\mathrm{T}}=\{0,4,4\} \tag{9.82}$$

其中 $\boldsymbol{s}_k$ 是基本解决方案。向量 $\boldsymbol{r}_k\geqslant0$ 是相对损失向量，通过一组 3 个常数值表示，它们与 N_k 列的顺序相同。最后，$-c_k=-\lambda^{\mathrm{T}}C$ 是式（9.80）中双倍损失的相反数。

给定基本解 $\boldsymbol{s}_k=B_k^{-1}\boldsymbol{C}$，换句话说，$s_k$ 的有些分量可能是负的，考虑式（9.80）中对偶解 $\boldsymbol{\lambda}_k^{\mathrm{T}}=\boldsymbol{e}_5^{\mathrm{T}}B_k^{-1}$，并观察到由于以下不等式，对于任何 k 都是可行的。

$$\boldsymbol{e}_5^{\mathrm{T}}B_k^{-1}[B_k\quad B_kN_k]=[\boldsymbol{e}_5^{\mathrm{T}}\quad\boldsymbol{e}_5^{\mathrm{T}}N_k]\leqslant[\boldsymbol{e}_5^{\mathrm{T}}\quad\boldsymbol{e}_3^{\mathrm{T}}]$$
$$\boldsymbol{e}_5^{\mathrm{T}}N_k=\{1,-3,-3\} \tag{9.83}$$

$$c_k=\boldsymbol{\lambda}_k^{\mathrm{T}}\boldsymbol{C}=\boldsymbol{e}_5^{\mathrm{T}}B_k^{-1}\boldsymbol{C}=\boldsymbol{e}_5^{\mathrm{T}}\boldsymbol{s}_k \tag{9.84}$$

通过用较小的负数替换不可行的 s_k 的负数分量会增加两倍代价。在文献［7］中提到的算法关键点是，基础更新机制是先构建再保存。换句话说，任何基本五元组 $\boldsymbol{B}_k=\{j_{k1},\cdots,j_{k5}\}$ 明确关联到被忽略的推进器（替代件）的有序集 $\boldsymbol{B}_k\{r_{k1}\in N_k,\cdots,r_{k5}\in N_k\}$，因为它们可以替换 $B_k=\{j_{k1},\cdots,j_{k5}\}$ 的推进器，从而增加了双重代价。例如，第一基本五元组 $B_1=\{4,5,6,7,8\}$ 与在 $R_1=\{2,2,1,2,3\}$ 中被忽略的推进器相互关联。因此必须用 2 代替 4，依次类推。

该算法从上一个五元组 $B_k(i-1)$ 基础部分 $B_k(i-1)$ 的任何离散时间（DT）步骤 i 开始，然后计算式（9.82）中基础推力矢量 $\boldsymbol{s}_k(i)=B_k^{-1}(i-1)\boldsymbol{C}(i)$。如果 $\boldsymbol{s}_k(i)\geqslant0$，那么算法停止，推力矢量由下式给出。

$$\boldsymbol{u}(i)=\boldsymbol{e}_m u_{\min}+P_k\boldsymbol{s}_k(i) \tag{9.85}$$

其中，P_k 是一个重新排列矩阵。如果 $s_k(i)$ 的符号未定义，那么算法检测到低于阈值的最负值（取决于推力器噪声），并且根据替换集合 $\boldsymbol{R}_k$ 选择新的五元组。程序继续进行，保证固定计算时间的步骤数 ν。低概率事件下，最终基本解决方案仍然有一个未定义的符号，可以根据伪逆分布律式（9.77）将负分量分配给整个组合。

图 9.7（a）显示了 8 个方向的总推力和 MPA 推进器采用两种不同的分配法则下平均推力的模拟时间历程。时间横坐标以 ks（千秒）来设置。情况 1 指的是式（9.77）中常数配置伪逆分布律。情况 2 涉及固定时间，为可变配置 LP 分布律，其中 $\nu=4$ 步，时间单位 $T=0.1\text{s}$。两种情况都显示了两种不同控制模式。直到 70ks（少于 1 天）的瞬间，只有基于星敏测量的姿态控制正在运行，并且纵向固定推进力（未显示）$F_1(t)=\overline{F}_1$，等于平均估计纵向阻力 F_1。无横向和垂直力分量被驱动，即 $F_2(t)=F_3(t)=0$，因为航天器所载加速度计（参见 8.4 节），用于测量环境力和力矩并假定处于校准状态。70ks 过后，DFAC 系统开始运行（参阅 11.2 节和 12.5.1 节）。图 9.7（b）显示了 LP 分布律选择的五元组的顺序索引 $k=1,2,\cdots,M$，$M=2^5$。大多数切换时间，选出五元组中的一对$\{8,26\}$。切换时间与轨道周期同步，因为主导的气动力和力矩是周期性的，但它们会受到太阳活动波动（参阅 4.5 节）的影响。在图 9.7（b）中，切换不规律主要是由于微推进器噪声影响了最小的力分量 $F_3(t)$。模拟运行、设计 A/B 阶段 GOCE 任务中，LP 分布律用到的推进剂比伪逆分布律节省了 24%，平均消耗比 $\bar{c}_{\text{LP}}(H)/(\overline{H})\cong 0.76$，其中 $H>1$ 天，$\bar{c}_{LP}$和 $\bar{c}$ 分别指 LP 分布律和伪逆分布律。

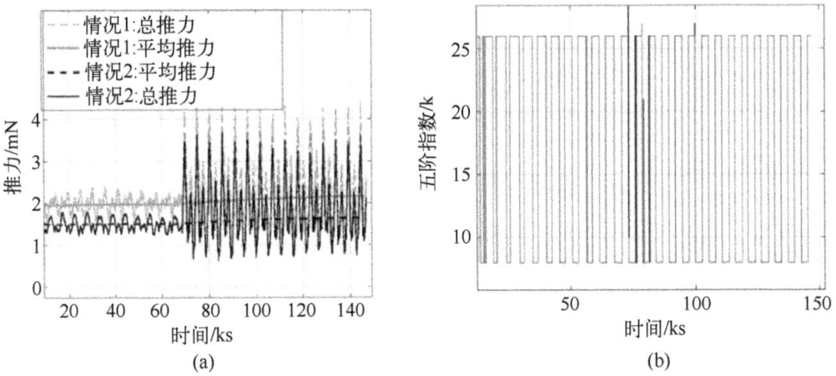

图 9.7　平均推力的模拟时间历程与推进器点火历程

（a）恒定（情况 1，伪逆）和 LP 最优分配法（情况 2）下的总体和平均推力历程；

（b）情况 2 中的推进器点火历程。

9.3.4　推进器动态特性和噪声

推进器动态特性决定了推力到电压命令的时间响应。

1. 比例模式下的开-关推进器

归一化响应 $\nu_k(t)=\nu_k(t)/u_{\max}$，$k=\text{ON}$，OFF 用小写希腊字母 ν(upsilon) 表示。开/关推进器的典型归一化响应如图 9.8（a）所示，在 $t=0$ 时执行开/关命令，其中 ν_{OFF}和 ν_{ON}分别是开-关和关-开响应。它们应表述为二阶响应，但也可以近似为

$$v_{\mathrm{OFF}}(t) \cong \begin{cases} v_0, & 0 \leqslant t < \delta_0 \\ v_0 \exp(-(t-\delta_0)/\tau_0), & t \geqslant \delta_0 \end{cases}$$
$$v_{\mathrm{ON}}(t) \cong \begin{cases} v_1, & 0 \leqslant t < \delta_1 \\ 1-(1-v_1)\exp(-(t-\delta_1)/\tau_1), & t \geqslant \delta_1 \end{cases} \tag{9.86}$$

其中$\{\nu_k, \delta_k, \tau_k\}$中的符号分别是指初始推力、延迟和时间常数。如果平均推力$\bar{u}_{\mathrm{ON}}(i)$和$\bar{u}_{\mathrm{OFF}}(i+1)$响应ON/OFF命令，在一对长度为$T$的连续时间步长内，开-关推进器可以作为比例推进器；也可以在所需范围$\{u_{\min}, u_{\max}\}$内变化并且有合适的精确度。推力范围取决于时间单位T，在图9.8（a）的情况下，不能小于$T_{\min}=0.1\mathrm{s}$。用$\sigma_{\mathrm{ON}}<T$表示关-开转换时间，用$0 \leqslant \sigma_{\mathrm{OFF}}<T$表示开-关转换时间。图9.8（b）显示了归一化，假设初始推力为零$\sigma_{\mathrm{ON}}=\sigma_{\mathrm{OFF}}=0$，则响应控制脉冲产生标准脉冲。

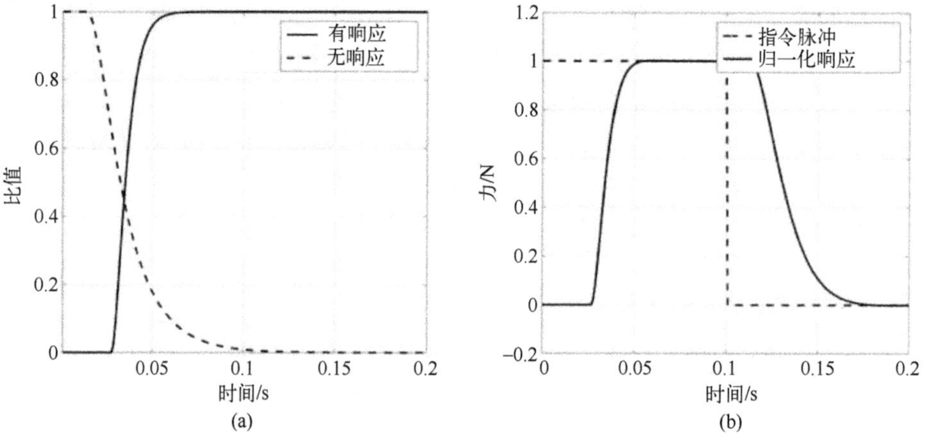

图9.8　标准化的开-关标称响应及归一化脉冲

平均推力$\bar{u}_{\mathrm{ON}}(i)$和$\bar{u}_{\mathrm{OFF}}(i)$取决于式（9.86）中初始推力对$\{\nu_{\mathrm{OFF}}, \nu_{\mathrm{ON}}\}$和开关时间对$\{0 \leqslant \sigma_{\mathrm{ON}}, \sigma_{\mathrm{OFF}}<T\}$。表达式$\bar{u}_{\mathrm{ON}}(\nu_{\mathrm{OFF}}, \sigma_{\mathrm{ON}})$和$\bar{u}_{\mathrm{OFF}}(\nu_{\mathrm{ON}}, \sigma_{\mathrm{OFF}})$留给读者进行计算。

练习13：

根据式（9.86）中的近似值计算$\bar{u}_{\mathrm{ON}}(\nu_{\mathrm{OFF}}, \sigma_{\mathrm{ON}})$和$\bar{u}_{\mathrm{OFF}}(\nu_{\mathrm{ON}}, \sigma_{\mathrm{OFF}})$，并使用以下数据。

$$\delta_{\mathrm{ON}}=31\mathrm{ms},\ \delta_{\mathrm{OFF}}=0\mathrm{ms}$$
$$\tau_{\mathrm{ON}}=5\mathrm{ms},\ \tau_{\mathrm{OFF}}=43\mathrm{ms} \tag{9.87}$$

并绘制它们与初始推力和转换时间的关系图。

力/力矩到推力的分布需要知道：

（1）归一化平均推力$\bar{u}_k/u_{\max}$到转换时间比值σ_{ON}/T的反函数，其中$k=\mathrm{ON},\mathrm{OFF}$，定义如下：

$$\sigma_{\mathrm{ON}}=\sigma_{\mathrm{ON}}(\bar{u}_{\mathrm{ON}}/u_{\max}, v_{\mathrm{OFF}})$$
$$\sigma_{\mathrm{OFF}}=\sigma_{\mathrm{OFF}}(\bar{u}_{\mathrm{OFF}}/u_{\max}, v_{\mathrm{ON}}) \tag{9.88}$$

（2）最终推力水平的预测将用作下一步的初始推力ν_k。图9.9（a）显示了转换时间比值σ_{ON}/T（纵坐标）与分配的标准化平均推力$\bar{u}_{\mathrm{ON}}/u_{\max}$（横坐标）的对照表

（LUT）。表格通过初始归一化推力 ν_{OFF} 进行参数化，表格上限为最大转换时间比值 $\sigma_{ON,max}/T=0.65$。因为开脉冲（ON）形状（见图 9.8）近似于一个时间响应台阶，所以时间/力的关系是线性的。零切换时间（底部水平实线）下推力最大，但随初始推力 ν_{OFF} 变化。

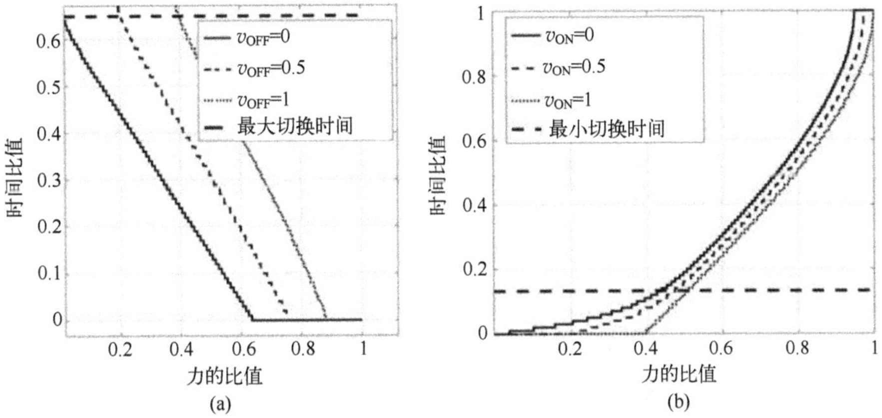

图 9.9　转换时间比值与所传递推力的比值关系

（a）关-开 LUT；（b）开-关 LUT。

图 9.9（b）显示了切换时间比值 σ_{OFF}/T（纵坐标）与 $\bar{u}_{OFF}/u_{max}$（横坐标）的 LUT。通过初始归一化推力 ν_{ON} 对 LUT 进行参数设置。因为在长时间推力衰减下（见图 9.8），平均推力比值 $\bar{u}_{OFF}/u_{max}$ 从 0 到约 0.5，这很大程度上取决于零切换时间的初始推力 ν_{ON}。最小切换时间 $\sigma_{OFF,max}/T=0.13$ 为下限（虚线）。可达到的最大推力接近 100%。

OFF-ON 和 ON-OFF 阶段的最终推力 LUT 如图 9.10 所示。OFF-ON 阶段的最终推力约等于单位 1 除了接近转换时间最大值 $\sigma_{ON,max}=0.65$ 时。由于在图 9.8 中，开脉冲（ON）约 35%的极少延时，转换时间是固定的。从零到单位 1 的可变范围适用于 ON-OFF 阶段的最终推力值，因为它与推力脉冲保持最大值（OFF 脉冲如图 9.8 所示）的时间间隔成比例。

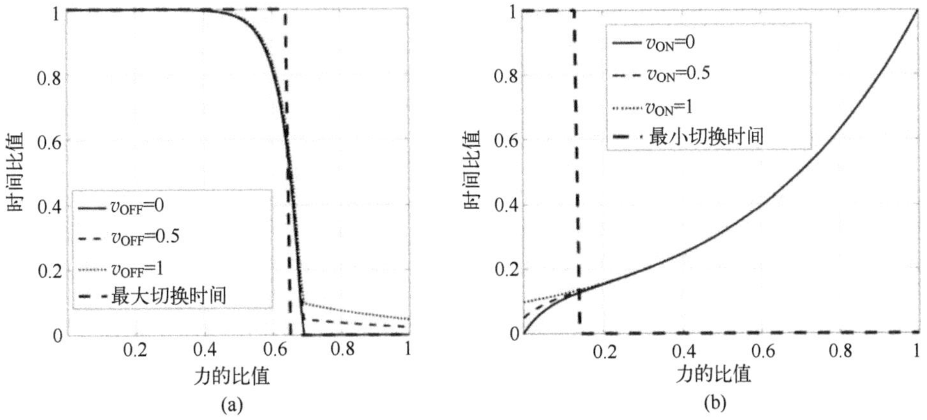

图 9.10　最终推力与转换时间的比值

（a）关-开阶段的 LUT；（b）开-关阶段 LUT。

由于开-关推进器驱动的航天器动力会受到相对于平均指令推力的明显推力波动，式（9.86）中响应模型的不确定性，以及切换时间量化的影响。控制设计应该考虑这些异常情况。

2. 比例微型/微型推力器

推力方程式（9.23）表明调节推力可以通过调节质量流量 $\dot{m}$ 和排气速度大小 $v_e = |\boldsymbol{v}_e|$。

对于冷气推进器来说，$v_e = |\boldsymbol{v}_e|$和 $I_{sp} = v_e/g_0$ 接近恒定，这表示推力应由质量流量调节。气体流量方程式说明，质量流量调节与孔径面积 A 成正比：

$$\dot{m}(t) = A(t)\sqrt{\kappa \rho_0 p_0 \left(\frac{2}{\kappa+1}\right)^{\frac{1+\kappa}{2(\kappa-1)}}} \tag{9.89}$$

其中 ρ_0 是入口（停滞）气体密度（kg/m³），p_0 是入口（停滞）气体压力（N/m²），$\kappa = c_p/c_v$ 是式（9.32）中的比热容。一般来说，间接/直接测量流量 $\breve{y} = \breve{m}$ 和流量参考 $y_r = \dot{m}_r = F_r/(g_0 I_{sp}(F_r))$取决于推力参考值 F_r 和校准的 $I_{sp}F_r$。推力调节器可计算出阀孔的螺线管制动力，推力调节器作为由一对$\{y_r, \breve{y}\}$驱动的输出控制法则。在 GAIA 任务的冷气微型推力器中，质量流量直接在阀门上游测量，阀孔由压电执行器驱动，如图 9.11 所示。如果控制律包括误差积分（简化版的干扰抑制），整个闭环系统由从参考 F_r到实际推力 F 的二阶动力学支配，其传递函数如下。

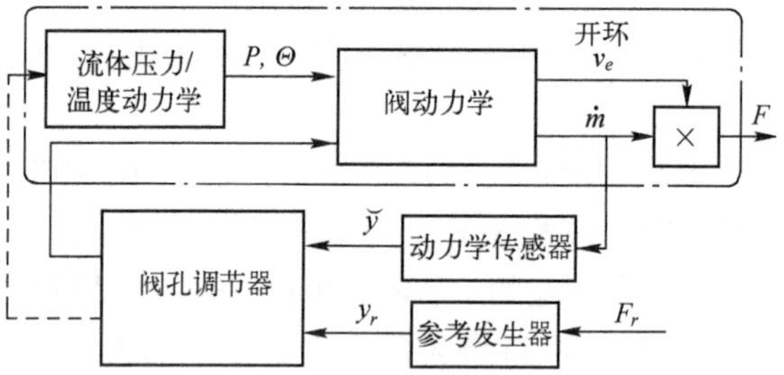

图 9.11　冷气推进器调节器的简化框图

$$\begin{aligned}
&F(s) = \frac{e^{-s\delta_t}\omega_t^2}{s^2 + 2\zeta_t\omega_t s + \omega_t^2}(F_r(s) + d_t(s)) \\
&u_{\min} \leqslant F_r(t) \leqslant u_{\max} \\
&|\dot{F}_r(t)| \leqslant \dot{u}_{\max}
\end{aligned} \tag{9.90}$$

在式（9.90）中，最后一个不等式代表了真转换速率约束，d_t是推进器噪声，δ_t 是考虑衍生动力特性的延迟。小信号响应的时间范围 $\tau_t(0.9)$大约为参考推力的 90%：

$$\frac{\sqrt{2}}{\omega_t} < \tau_t(0.9) - \delta_t < \frac{\pi}{\omega_t\sqrt{1-\zeta_t^2}} \tag{9.91}$$

小信号意味着$|\dot{F}_r(t)| \ll \dot{u}_{\max}$。典型的响应时间在表 9.2 中显示。

对于离子推进器，推力取决于离子束电流 I，即提取和加速离子的电流，以及加速电压。通过限制为 RIT，推力可以表示为

$$F=I(\dot{m},V_a,P_{RF})\sqrt{\frac{2M_iV}{q_i}}\cong K_I I(\dot{m},V_a,P_{RF}) \tag{9.92}$$

当 $V=1\text{kV}$ 时，$K_I\cong 0.052\text{N/A}$。$\{V,M_i,q_i\}$ 已在式（9.35）中定义。$P_{RF}=I_{RF}V_{RF}$ 是射频发生器产生的负责电离氙原子的平均功率，$V_a>V$ 为总和加速电压，并且必须对电流-力增益 K_I 进行校准。方框图 9.12 中的曲线表明可以通过两层控制策略[6]来执行束流调节，其中参考束流 $I_r=F_r/K$ 的低频分量由质量流量 $\dot{m}$ 通过适当的伺服阀驱动，而中高频分量由 V_{RF} 驱动的射频发生器驱动。原则上，只需要测量束流 I。

表 9.2 微推进技术的比较

序号	指标	技术			
		GAIA 冷气微推进	欧洲射频离子微推进	铟 FEEP	LISA 探路者胶体微推进(需求)
1	推力范围/mN	0.001~0.5	0.05~0.5	0.001~1	0.005~0.03
2	特定冲量/s	>60	300~3000	2000~4500	>150
3	质量/kg	0.25	0.44	0.7	NA
4	噪声/(μN/$\sqrt{\text{Hz}}$)频宽	1（@0.01~5Hz）	<1	<1（0.1~5Hz）	<1（0.001~5Hz）
5	功率/W	1	<50	<80	NA
6	响应时间/ms	<250	<50	<50	<100
7	非线性推力	<0.05	<0.02	<0.02	NA
8	状态	应用在 GAIA、LISA 探路者[2]和 Microscope[1]	合格	合格	应用在 LISA 探路者

注：FEEP：场发射电推进；RF：射频。

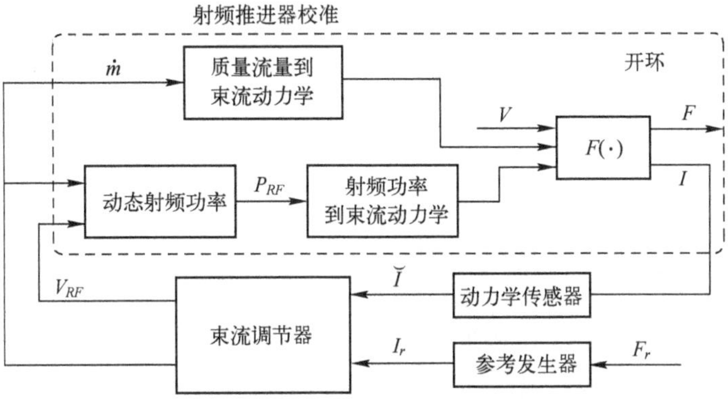

图 9.12 射频离子推进器调节器的简化框图

3. 推力噪声和不确定性

推力噪声和不确定性可通过参考式（9.47），标称推力/力矩予以建模如下：

$$\boldsymbol{C}(t)=\begin{bmatrix}\boldsymbol{F}(t)\\ \boldsymbol{M}(t)\end{bmatrix}=(B_{nom}(I+\partial S)+\Delta B)\boldsymbol{u}(t)+\boldsymbol{d}(t,\boldsymbol{u}) \tag{9.93}$$
$$\boldsymbol{e}_m u_{\min}\leqslant \boldsymbol{u}(t)\leqslant \boldsymbol{e}_m u_{\max}$$

其中 $\boldsymbol{u}$ 是推进器动态特性的输出，ΔB 说明应用点的几何误差以及推力方向的不确定性和可变性，对角矩阵 $\partial\boldsymbol{S}$ 考虑了比例因子误差，$\boldsymbol{d}(t,\boldsymbol{u})$ 是取决于推力的等级推进噪声，可以用4.8节中的随机模型描述。$\boldsymbol{d}(t,\boldsymbol{u})$的典型光谱密度的分量包括8.2.2节式(8.10)中的有界方差一阶漂移：

$$
\begin{aligned}
&S_t^2(f)=S_{dt}^2(f)+S_{wt}^2\frac{S_{dt0}^2}{(2\pi f)^2}+\widetilde{S}_{ww}^2,\ \frac{\varepsilon}{2\pi}=f_\varepsilon<f<f_{\max}\\
&\sigma_{dt}^2=\lim_{f\to\infty}\int_0^f S_{dt}^2(\nu)\mathrm{d}\nu<\infty
\end{aligned}
\tag{9.94}
$$

其中$f_{\max}$是轨道和姿态控制系统的奈奎斯特频率，$(2pf)^{-2}S_{dt0}^2$是一阶漂移的PSD，S_{dt0}^2包括量化误差的贡献。漂移PSD在左截止频率f_ε（对应于极点）和右截止频率$f_{dt}=S_{dt}/(2\pi S_{wt})\gg f_\varepsilon$（对应于零）之间。低于$f_\varepsilon$且高于$f_{dt}$时，$S_t^2(f)$变得近似平坦。$f_{dt}$在1mHz~0.1Hz的范围取决于微推力器技术[12,22,30]。表9.2中说明了典型的平坦噪声频谱密度。

9.4 动量交换执行器

我们部分遵循文献［15］的处理方式。动量交换执行器由电动机驱动的旋转圆状物（轮子、转子）组成。将力矩施加到转子，在航天器上产生相等且相反的作用力矩，电机定子是刚性连接的，参见7.7.2节，此处进行简要介绍。基本方程式为(7.269)，已在式(9.1)中重写，通过将外部控制力矩$\boldsymbol{M}_u$设置为零并忽略转子干扰：

$$
\begin{aligned}
&\dot{\boldsymbol{H}}_s=-\dot{\boldsymbol{H}}_w+\boldsymbol{M}_d=-\boldsymbol{M}_w+\boldsymbol{M}_d\\
&\dot{\boldsymbol{H}}_w=\boldsymbol{M}_w
\end{aligned}
\tag{9.95}
$$

为了避免航天器动量$\boldsymbol{H}_S$在外界环境力矩$\boldsymbol{M}_d$下发散，后者必须理想地由转子控制力矩$\boldsymbol{M}_w$抵消，该力矩对应于以下恒等式。

$$
\begin{aligned}
&\dot{\boldsymbol{H}}_s=0\\
&\dot{\boldsymbol{H}}_w=\boldsymbol{M}_d
\end{aligned}
\tag{9.96}
$$

因此，发散角动量$\boldsymbol{H}_d(t)=\int_0^t\boldsymbol{M}_d(\tau)\mathrm{d}\tau$［见方程式(7.270)］发散角动量传递到转子，需要其自身的动量控制，以将角动量$\boldsymbol{H}_w$限制在其范围内*动量卸载*（momentum unloading）。7.7节式(7.269)表明，外部控制力矩$\boldsymbol{M}_u$同样适用于磁力矩器。磁力矩器的替代品由开-关推进器提供（参阅9.2.2节），其可靠、简单、没有活动部件但权限有限，其动量卸载是脉冲式的并且在时间上不连续。

根据转轮速度矢量的大小和方向是否可变，存在不同种类的动量交换执行器。

(1) 动量轮可在偏差值附近以可变速度工作，但速度不会更改正负，并且速度方向在体坐标系中保持固定。它们用来维持旋转稳定性（参见7.4.7节）。

(2) 反作用轮（参阅表9.3和7.7节）以可变速度工作，这可能会变更正负，换句话说，允许过零。速度方向在体坐标系中保持固定。它们用于消除外界环境力矩并在有限的时间积聚角动量来驱动扭转运动。它们通常由4个轮子制成。一般使用其中的3个，而第4个为被动冗余，可以容许第一次故障。布局呈金字塔形。装配有5个转子——4 轮驱动，其中一个采用被动冗余——用于降低速度过零可能性。

(3) 控制力矩陀螺仪是围绕万向轴旋转的驱动轮组件，该万向轴可以在体坐标系中与不同方向对齐。轴可以用一个或两个自由度重新定向。控制力矩陀螺仪组件用于国际空间站，以及敏捷卫星如欧洲昴宿星对[26]。

表 9.3 典型反作用轮和控制力矩陀螺仪参数

序号	参　　量	符号	单位	RW 值	CMG 值(欧洲)
1	角动量	H_{max}	Nms	70	15
2	最大输出力矩	M_{max}	Nm	0.4	45
3	轮转速(反作用轮),万向节轴角范围(CMG)	ω_{max}	rad/s	600	无限制
4	质量	m_w	Kg	≤5	≤19
5	外直径	d_w	m	≤0.3	≤0.3
6	高度	h_w	m	≤0.15	≤0.35
7	寿命	γ_w	Year	7~9	10
干扰源					
8	转速表噪声 RMS	σ_{TACH}	mrad/s	≅1	NA
9	电机力矩脉动 RMS	σ_{MOTOR}	mNm	≅0.3	NA
10	摩擦力矩(跳动)	$M_{FRICTION}$	mNm	≅3	NA
11	润滑剂迁移峰值	M_{LUBR}	mNm	≤2mNm	NA
微振动					
12	驱动轮径向力(包括工作范围内的共振效应)	$F_{r,max}$	N	10	NA

交流电动机用于驱动动量轮；无刷直流电机用于反应轮和控制力矩陀螺仪。转子速度通过增量编码器或转速表测量。

9.5 反作用轮

9.5.1 反作用轮的特性

反作用轮通常用作精确执行机构。在电推进器成熟并在航天器常规使用之前，反作用轮是能够提供最高分辨率扭矩的力矩执行器。由于运动部件受到摩擦以及静态和动态不平衡，它们的精确推进受到限制。由于不平衡和速度的原因，轴承的磨损会逐渐降低反作用轮的性能并缩短其使用寿命。表 9.3 说明了典型的反作用轮和控制力矩陀螺仪参数；涉及组件的单个元素。

9.5.2 反作用轮布局

航天器通常配备 3 个以上的反作用轮，以实现主动冗余并提供更大的力矩和动量存储能力。

假设 $j=1,2,\cdots,m$ 个相同的反作用轮，并用 $W_j=\{C_{\omega j},\boldsymbol{\omega}_{j1},\boldsymbol{\omega}_{j2},\boldsymbol{\omega}_{j3}\}$ 表示第 j 列反作

用轮坐标系，其中 $\boldsymbol{\omega}_j=\boldsymbol{\omega}_{j1}$ 是转子旋转轴（如 7.7.1 节所述），$C_{\omega j}$ 是转子质心。列向量 $\boldsymbol{M}_\omega$ 和 H_ω 分别构成力矩 $M_{\omega j}\boldsymbol{\omega}_j$ 和角动量 $H_{\omega j}\boldsymbol{\omega}_j$ 的坐标。从转子到体坐标系的转换由 $3\times m$ 分布矩阵 $\boldsymbol{W}$ 给出，其列为旋转轴 $\boldsymbol{\omega}_j$ 的体坐标 $\boldsymbol{w}_j$：

$$\boldsymbol{W}=[\boldsymbol{w}_1 \quad \cdots \quad \boldsymbol{w}_m] \tag{9.97}$$

矩阵 $\boldsymbol{W}$ 采集转子力矩方向，并起到与式（9.42）中的收集组件推力方向矩阵 $\boldsymbol{V}$ 推进器相同的作用，体坐标系中转子总力矩 $\boldsymbol{M}_b$ 和角动量 $\boldsymbol{H}_b$ 由下式给出。

$$\begin{aligned}\boldsymbol{M}_b=\boldsymbol{W}\begin{bmatrix}M_{w1}\\ \vdots \\ M_{wm}\end{bmatrix}=\boldsymbol{W}\boldsymbol{M}_w\\ \boldsymbol{H}_b=\boldsymbol{W}\begin{bmatrix}H_{w1}\\ \vdots \\ H_{wm}\end{bmatrix}=\boldsymbol{W}\boldsymbol{H}_w\end{aligned} \tag{9.98}$$

反作用轮的布局必须确保在第一次失败的情况下分布矩阵 $\boldsymbol{W}$ 有完整秩，这意味着 $\boldsymbol{W}_n=\boldsymbol{W}$ 的任何 $3\times n-1$ 个子矩阵 $\boldsymbol{W}_{n-1}$ 必须有完整的秩。

1. 金字塔形布局

金字塔形布局是一种通用布局，其中 4 个反作用轮如图 9.13 所示。在图 9.13 中仅显示了每个轮的旋转轴 $\boldsymbol{W}_j$，$j=1,2,3,4$。

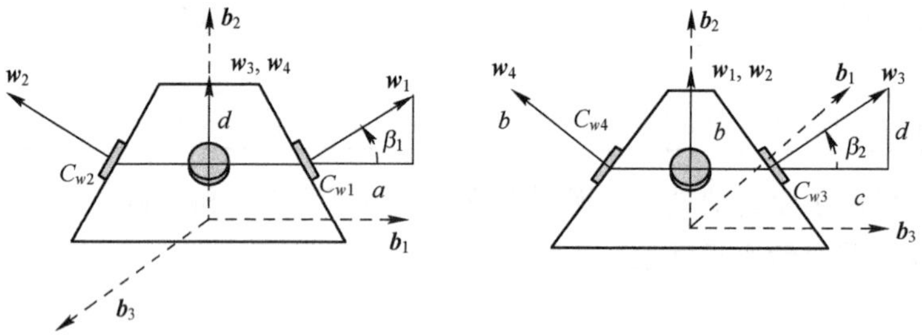

图 9.13　反作用轮装配的金字塔形布局

通过假设两个坐标平面 $\{\boldsymbol{b}_1,\boldsymbol{b}_2\}$ 和 $\{\boldsymbol{b}_2,\boldsymbol{b}_3\}$ 上的对称性，金字塔形分布矩阵成立：

$$\boldsymbol{W}=\begin{bmatrix}a & -a & 0 & 0\\ b & b & c & c\\ 0 & 0 & d & -d\end{bmatrix} \tag{9.99}$$

$$a=\cos\beta_1,\ b=\sin\beta_1,\ c=\sin\beta_2,\ d=\cos\beta_2$$

其中 β_1 和 β_2 称为仰角。假设式（9.99）中的矩阵 $\boldsymbol{W}$ 沿本体轴 $\boldsymbol{b}_2$ 的优先方向。此布局是最常见的配置，用于对地定向航天器，其中绕 $\boldsymbol{b}_2$ 恒定的角速率需要指向地球表面的星载仪器。组件的首选轴可以通过将 $\boldsymbol{W}$ 预乘以合适的旋力矩阵来更改。$\boldsymbol{W}$ 的奇异值如下。

$$\sigma_1=\sqrt{2}\sqrt{\sin^2\beta_1+\sin^2\beta_2},\quad \sigma_2=\sqrt{2}\cos\beta_1,\quad \sigma_3=\sqrt{2}\cos\beta_2 \tag{9.100}$$

$\boldsymbol{W}$ 的最大奇异值 $\max\limits_{j=1,2,3}\sigma_j(\boldsymbol{W})=\max\limits_{j=1,2,3}\sqrt{\lambda_j(\boldsymbol{W}\boldsymbol{W}^{\mathrm{T}})}$ 是 $\boldsymbol{W}$ 的频谱范数 $\|\boldsymbol{W}\|_2$。矩阵限制数

$\kappa(\boldsymbol{W})$，即最大和最小奇异值为

$$\kappa(\boldsymbol{W})=\frac{\max_k\sigma_k(\boldsymbol{W})}{\min_k\sigma_k(\boldsymbol{W})} \tag{9.101}$$

如果秩 $\boldsymbol{W}=3$，那么 $\min_k\sigma_k(\boldsymbol{W})>0$。在相等的奇异值下，获得最小限制数 $\kappa(\boldsymbol{W})=1$。

练习 14：

证明在式（9.99）中矩阵 $\boldsymbol{W}$ 的 $\kappa(\boldsymbol{W})=1$。要求 $\beta_1=\beta_2=\beta$ 并使 $\beta=\arctan(1/\sqrt{2})=0.616\text{rad}$，如练习 18 所证明，在相同的力矩和动量分量下，它是金字塔布局的最佳仰角。

2. 斜金字塔形布局

在第二种通用布局中，3 个旋转轴 $\{\boldsymbol{\omega}_1,\boldsymbol{\omega}_2,\boldsymbol{\omega}_3\}$ 与体轴对齐，并且第四旋转轴不属于任何坐标平面（斜轴），以便在每个体轴上都具有一个非零分量。该布局在参考文献 15 中称为 NASA 标准配置[15]。分布矩阵为

$$\boldsymbol{W}=\begin{bmatrix}1 & 0 & 0 & a\\ 0 & 1 & 0 & b\\ 0 & 0 & 1 & c\end{bmatrix} \tag{9.102}$$

$$a=\cos\alpha\cos\beta,\ b=\sin\alpha\cos\beta,\ c=\sin\beta$$

通过设置 $a=b=c=1/\sqrt{3}$ 获得简单的布局，在这种情况下，$\boldsymbol{\omega}_4$ 是坐标系中的正等分线，$\beta=\arctan(1/\sqrt{2})=0.616\text{rad}$ 为练习 14 中最佳仰角，且 $\alpha=\pi/2$。补角 $\delta=\pi/2-\beta=0.956\text{rad}$ 可实现

$$\cos\delta=\boldsymbol{w}_4\cdot\boldsymbol{b}_1=\boldsymbol{w}_4\cdot\boldsymbol{b}_2=\boldsymbol{w}_4\cdot\boldsymbol{b}_3 \tag{9.103}$$

练习 15：

证明式（9.102）中 $\boldsymbol{W}$ 的条件数是固定的，并且等于 $\kappa(\boldsymbol{W})=\sqrt{2}>1$。

3. 六轮布局

对于惯性较大的航天器，例如大型气象卫星（如 2022 年 12 月 13 日发射的 Meteosat 第三代卫星[17]）或对定位精度有较高要求的平台，具有分配矩阵的六轮布局经常用到。

$$\boldsymbol{W}=\begin{bmatrix}a & c & a & c & a & c\\ 0 & \sqrt{3}d/2 & \sqrt{3}b/2 & 0 & -\sqrt{3}b/2 & -\sqrt{3}d/2\\ b & d/2 & -b/2 & -d & -b/2 & d/2\end{bmatrix} \tag{9.104}$$

$$a=\cos\beta_1,\ b=\sin\beta_1$$

$$c=\cos\beta_2,\ d=\sin\beta_2$$

最简单的六轮组件具有 $\beta=\beta_1=\beta_2$ 这使得自旋轴的尖端均匀地分布在轴为 $\boldsymbol{b}_1$ 半孔径为 β 的圆锥体上。当 $0<\beta<\pi/2$ 时，尖端位于 $\boldsymbol{b}_1$ 的正半空间中。负半空间对应于 $\pi/2<\beta<\pi$。当 $\beta\to\{0,\pi\}$ 时，矩阵 $\boldsymbol{W}$ 秩亏且为病态矩阵。$\boldsymbol{W}$ 的奇异值为

$$\begin{aligned}\sigma_1&=\sqrt{3}\sqrt{\cos^2\beta_1+\cos^2\beta_2}\\ \sigma_{2,3}&=\sqrt{3/2}\sqrt{\sin^2\beta_1+\sin^2\beta_2}\end{aligned} \tag{9.105}$$

练习 16：

证明在 $\beta=\beta_1=\beta_2$ 时，式（9.104）中向量的尖端均匀分布在一个轴为 $\boldsymbol{b}_1$ 半孔径 β 的圆锥上。证明最小条件数 $\kappa(W)=1$ 通过 $\beta_1=\beta_2=\arctan\sqrt{2}$ 获得。通过 $\beta_1=\arctan((3+\sqrt{5})/4)$ 和 $\beta_2=\arctan((3-\sqrt{5})/4)$ 证明文献［15］中提出的十二面体解决方案，$\kappa(W)$ 未最小化。

9.5.3 反作用轮分布规律

设计 7.7.3 节的式（7.282）和式（7.283）中的基于反作用轮的控制律时假设三轮组件的秩 $W=m=3$。控制律旨在控制航天器角动量 $\boldsymbol{J}_s\boldsymbol{\omega}$ 和转子角动量 $\boldsymbol{H}_w$，为避免求逆 $\boldsymbol{W}^{-1}$，以紧凑的形式重复如下：

$$\begin{aligned}W\boldsymbol{M}_w&=\boldsymbol{M}_b=-(\boldsymbol{M}_r-\boldsymbol{M}_{bf}(\widetilde{\boldsymbol{q}}_r,\widetilde{\boldsymbol{\omega}}_r,\widetilde{\boldsymbol{x}}_d))\\\boldsymbol{M}_c(i)&=-\boldsymbol{M}_{cf}(\widetilde{\boldsymbol{H}}_{wr},\boldsymbol{x}_{wd})\end{aligned}\tag{9.106}$$

其中 $\boldsymbol{M}_r$、$\boldsymbol{M}_{bf}$ 和 $\boldsymbol{M}_{cf}$ 是航天器（非旋转质量）的参考和反馈控制力矩和转子（旋转质量）的反馈控制力矩。$\boldsymbol{M}_{bf}$ 是姿态和速率跟踪误差 $\{\widetilde{\boldsymbol{q}}_r,\widetilde{\boldsymbol{\omega}}_r\}$ 的函数；航天器干扰状态 $\boldsymbol{x}_d$。$\boldsymbol{M}_{cf}$ 是转子角动量跟踪误差 $\widetilde{\boldsymbol{H}}_{wr}=\boldsymbol{H}_w-\boldsymbol{H}_{wr}$ 和扰动状态 $\boldsymbol{x}_{wd}$ 的函数。

如果冗余装配的 $m>3$ 且秩 $W=3$，那么需控制航天器上的力矩矢量 $-\boldsymbol{M}_b$（下标 b 代表本体和负号，航天器上的力矩是转子反作用力矩）必须分成转子控制向量 $\boldsymbol{M}_\omega$ 的 m 个分量，分布通过广义逆矩阵 $\boldsymbol{W}_M^*$，$m\times3$ 满足 $\boldsymbol{W}\boldsymbol{W}_M^*=\boldsymbol{I}_3$。由于冗余，倒数可以优化，并且必须考虑转子力矩约束。同时通过满足 $\boldsymbol{W}\boldsymbol{W}_H^*=\boldsymbol{I}_3$ 和 $\boldsymbol{W}_H^*\boldsymbol{H}_\omega=\dot{\boldsymbol{H}}_b$，希望将由 $\boldsymbol{M}_b=\boldsymbol{H}_b$ 定义的角动量 $\boldsymbol{H}_b$ 分配给转子参考动量 $\boldsymbol{H}_\omega=\boldsymbol{H}_{\omega r}$。当分量幅值 $|\boldsymbol{M}_{wj}|$ 可以达到最大值 $\boldsymbol{M}_{w,\max}$ 时，在回转过程中希望通过 $\boldsymbol{W}_H^*$ 分配扭矩。当转子动量累积到卸载定律（式（9.106）中第二行定律）的残差时，稳态下的动量分布可能是理想的。若卸载定律不是 7.7 节中连续的，而是脉冲式的，则尤其如此。

如果将广义逆被挑选为伪逆 $W^-=W^{\mathrm{T}}(WW^{\mathrm{T}})^{-1}$，那么有等式

$$W_H^*=W_M^*=W^\dagger=W^{\mathrm{T}}(WW^{\mathrm{T}})^{-1}\tag{9.107}$$

因为不涉及力矩和动量的最大值，它们的欧几里得范数 $|M_\omega|$ 和 $|H_\omega|$ 被最小化。式（9.107）说明了伪逆定律的优势，因为此定律使转子力矩和角动量的范数最小化。

如果最优地利用了力矩和角动量，即最大值 $M_{\omega,\max}$ 和 $H_{\omega,\max}$，必须通过解决最小值 LP 问题来求逆。在短时间回转操作中，希望有一个最大力矩分配，可以通过求解下式获得：

$$\begin{aligned}\boldsymbol{M}_w&=\operatorname{argmin}_j\max_j|M_{wj}|\\\boldsymbol{M}_b&=W_M\boldsymbol{M}_w,\ |M_{wj}|\leqslant M_{w,\max}\end{aligned}\tag{9.108}$$

在角动量的长期累积过程中，需要一个最小动量分布，这是

$$\begin{aligned}\boldsymbol{H}_w&=\min_j\max_j|H_{wj}|\\\boldsymbol{H}_b&=W_H\boldsymbol{H}_w,\ |H_{wj}|\leqslant H_{w,\max}\end{aligned}\tag{9.109}$$

另一种情况，伪逆或极小值，最终的分布定律：

$$\boldsymbol{M}_w=W_M^*\boldsymbol{M}_b,\ \boldsymbol{H}_w=W_H^*\boldsymbol{H}_b\tag{9.110}$$

将被称为力矩（动量）分布定律。

9.5.4 伪逆分布定律

本节与伪逆定律有关。伪逆及其性质在 2.3.3 节中已简要介绍过。如前所述，伪逆不考虑力矩（动量）限制，但解是关于欧几里得范数的最优解。伪逆的优点是实施起来相对简单。若 W 具有满秩，即秩 $W=3$，则伪逆定律是

$$\boldsymbol{M}_w = W^{\dagger}\boldsymbol{M}_b,\quad \boldsymbol{H}_w = W^{\dagger}\boldsymbol{H}_b \tag{9.111}$$

其中的 $W^{\dagger}$ 在式（9.107）中提到了。力矩和动量分布定律的等价关系可以通过采用动量定律的时间导数进行检验，如下所示。

$$\boldsymbol{M}_w = \dot{\boldsymbol{H}}_w = W^{\dagger}\boldsymbol{M}_b = W^{\dagger}\dot{\boldsymbol{H}}_b \tag{9.112}$$

练习 17：

证明式（9.99）和式（9.102）中四轮对称斜锥金字塔布局的伪逆矩阵，分别具有以下表达式。

$$\boldsymbol{W}^{\dagger} = \frac{1}{2}\begin{bmatrix} 1 & b & 0 \\ -1 & b & 0 \\ 0 & c & 1 \\ 0 & c & -1 \end{bmatrix}\begin{bmatrix} \frac{1}{a} & 0 & 0 \\ 0 & \frac{1}{b^2+c^2} & 0 \\ 0 & 0 & \frac{1}{d} \end{bmatrix}\ \text{（对称布局）}$$

$$\boldsymbol{W}^{\dagger} = \frac{1}{1+a^2+b^2+c^2}\begin{bmatrix} 1+b^2+c^2 & -ab & -ac \\ -ab & 1+a^2+c^2 & -bc \\ -ac & -bc & 1+a^2+b^2 \\ a & b & c \end{bmatrix}\ \text{（斜锥布局）} \tag{9.113}$$

练习 18：

证明，在式（9.99）中对称的金字塔布局情况下，对于 $a=d=\cos\beta$ 和 $b=c=\sin\beta$，仰角 β^* 使转子力矩的欧几里得范数 $|M_\omega(\beta)|$ 最小化[9]，为

$$\beta^* = \arctan\sqrt{\frac{M_{b2}}{\sqrt{2(M_{b1}^2+M_{b3}^2)}}} \tag{9.114}$$

其中 $M_b=[M_{b1},M_{b2},M_{b3}]$。证明在相等分量 $M_{b1}=M_{b2}=M_{b3}$ 下，最佳仰角与练习 14 中 $\kappa(W)=1$ 相同。同样的结果也适用于角动量 H_b。

练习 19：

证明式（9.104）中六轮布局的伪逆矩阵是

$$\boldsymbol{W}^{\dagger} = \frac{1}{3}\begin{bmatrix} a & 0 & 2b \\ c & \sqrt{3}d & d \\ a & \sqrt{3}b & -b \\ c & 0 & -2d \\ a & -\sqrt{3}b & -b \\ c & -\sqrt{3}d & d \end{bmatrix}\begin{bmatrix} \frac{1}{a^2+c^2} & 0 & 0 \\ 0 & \frac{1}{b^2+d^2} & 0 \\ 0 & 0 & \frac{1}{b^2+d^2} \end{bmatrix} \tag{9.115}$$

9.5.5 有界力矩下的最优分配定律：极小值定律

这里主要研究式（9.108）中所述的最小力矩问题，其解决方法已在文献［14］和［15］中给出。这里的简要介绍采用无矢量图，可能有助于更好地理解代数级数。R^3 中可行力矩 M_b 是一个多面体，是在线性约束 $M_b=WM_w$ 的 R^m 中超立方 $|M_{wj}|\leqslant M_{w,\max}$ 的映射。因为多面体由顶点、边和面构成，假设 W 的列 w_j 位于 R^3 的同一平面上仅成对存在(无缺陷的装配)，我们可以得出以下结论：

（1）任何顶点都对应一个完全饱和的装配体，即 $M_{wj}=\pm M_{w,\max}$，$j=1,2,\cdots,m$。

（2）任何边缘对应一个单一的不饱和转子 k，使得 $|M_{wk}|\leqslant M_{w,\max}$ 和 $m-1$ 个饱和转子，即 $M_{wj}\leqslant M_{w,\max}, j\neq k$。因为在体坐标系中可以写成 $M_b=M_{wk}w_k+M_{\neq k}$，其中 $M_{\neq k}$ 是固定力矩，M_{wk} 可以取任何 $\leqslant M_{w,\max}$ 的值，边是平行于 w_k 的线性变化的一部分，边长为 $2M_{w,\max}$。

（3）任何面对应一个非饱和转子的有序对 $\{k,h\}$，例如 $|M_{wk}|\leqslant M_{w,\max}$ 和 $|M_{wh}|\leqslant M_{w,\max}$，以及 $m-2$ 个饱和转子。假设合格装配允许每个面由有序对 $\{k,h\}$ 唯一标识；由于 M_b 可以写成

$$\boldsymbol{M}_b=M_{wk}\boldsymbol{w}_k+M_{wh}\boldsymbol{w}_h+\boldsymbol{M}_{\neq\{k,h\}} \tag{9.116}$$

面是菱形，平行于平面 $\{w_k,w_h\}$ 线性变化，边长为 $2M_{w,\max}$。面数量为 $m(m-1)$，对 $\{k,h\}$ 和 $\{h,k\}$ 与两个平行面一致，它们关于原点对称并且与单位矢量正交：

$$\boldsymbol{n}_{kh}=\boldsymbol{w}_k\times\boldsymbol{w}_h/|\boldsymbol{w}_k\times\boldsymbol{w}_h| \tag{9.117}$$

式（9.116）中力矩 $M_{\neq\{k,h\}}$ 是 $n-2$ 个饱和转子的组成，每个转子的自旋轴与通用方向 w_j，$j\neq k,h$ 相同，并且相关力矩为 $M_{wj}=M_{w,\max}w_j\text{sgn}(w_j\cdot(w_k\times w_h))$。后一个表达式中的符号在对立面 $\{h,k\}$ 上发生变化。因此，式（9.116）中的 $\{h,k\}$ 面的力矩 M_b 可以改写成

$$\boldsymbol{M}_b=M_{wk}\boldsymbol{w}_k+M_{wh}\boldsymbol{w}_h+M_{w,\max}\boldsymbol{w}_{kh}=[\boldsymbol{w}_k\quad\boldsymbol{w}_h\quad\boldsymbol{w}_{kh}]\begin{bmatrix}M_{wk}\\M_{wh}\\M_{w,\max}\end{bmatrix}$$
$$\boldsymbol{w}_{kh}=\sum_{j=1,\neq\{k,h\}}^{m}s_{j,kh}\boldsymbol{w}_j$$
$$s_{j,kh}=\text{sgn}(\boldsymbol{w}_j\cdot(\boldsymbol{w}_k\times\boldsymbol{w}_h)) \tag{9.118}$$

其中，因为无缺陷假设则有 $w_j\cdot(w_k\times w_h)\neq0$。从原点到面 $\{k,h\}$ 的距离 d_{kh} 可以沿面的法线 n_{kh} 计算并保持

$$d_{kh}=|\boldsymbol{w}_{kh}\cdot\boldsymbol{n}_{k,h}|=\sum_{j=1,\neq\{k,h\}}^{m}|\boldsymbol{w}_j\cdot\boldsymbol{n}_{kh}|=\frac{|\boldsymbol{w}_k\times\boldsymbol{w}_h|}{|\boldsymbol{w}_{kh}\cdot(\boldsymbol{w}_k\times\boldsymbol{w}_h)|} \tag{9.119}$$

续上，式（9.118）可以更好地重写为两个正交分量之和：①位于面 $\{k,h\}$ 上的分量 $M_{wk}w_k+M_{wh}w_h$，必须找到式（9.118）中满足 M_b 的系数 M_{wh} 和 M_{wk}。②固定正交分量 $M_{w,\max}d_{kh}n_{kh}$，其中 d_{kh} 是式（9.119）中的面距离。

$$\boldsymbol{M}_b=M_{wk}\boldsymbol{w}_k+M_{wh}\boldsymbol{w}_h+M_{w,\max}d_{kh}\boldsymbol{n}_{kh} \tag{9.120}$$

式（9.118）表明，给定 M_b 和多面体面$\{k,h\}$可以解决式（9.108），转子力矩 M_w 的分量可以借助 2.2.2 节中方程式（2.15）和式（2.16），通过将方程式（9.118）反求得到，如下所示。

$$\begin{bmatrix} M_{wk} \\ M_{wh} \\ M_{w,\max} \end{bmatrix} = \frac{1}{\boldsymbol{w}_{kh} \cdot (\boldsymbol{w}_k \times \boldsymbol{w}_h)} \begin{bmatrix} (\boldsymbol{w}_h \times \boldsymbol{w}_{kh})^{\mathrm{T}} \\ (\boldsymbol{w}_{kh} \times \boldsymbol{w}_k)^{\mathrm{T}} \\ (\boldsymbol{w}_k \times \boldsymbol{w}_h)^{\mathrm{T}} \end{bmatrix} \boldsymbol{M}_b \tag{9.121}$$

假设 $k<h$，则式（9.121）中的逆可以按以下形式用于 $m\times3$ 右逆矩阵 $\boldsymbol{W}_{kh}$中：

$$\boldsymbol{W}_{kh} = \frac{1}{\boldsymbol{w}_{kh} \cdot (\boldsymbol{w}_k \times \boldsymbol{w}_h)} \begin{bmatrix} \vdots \\ (\boldsymbol{w}_h \times \boldsymbol{w}_{kh})^{\mathrm{T}} \\ \vdots \\ s_{j,kh}(\boldsymbol{w}_k \times \boldsymbol{w}_h)^{\mathrm{T}} \\ \vdots \\ (\boldsymbol{w}_{kh} \times \boldsymbol{w}_k)^{\mathrm{T}} \\ \vdots \end{bmatrix}, \ j=1,2,\cdots,m,\ j\neq k,h \tag{9.122}$$

其中虚线重复第 j 行，并与面$\{k,h\}$正交。例如，如果 $h\neq1$ 和 $k\neq1$，第一行有 $s_{1,kh}(w_k\times w_h)^{\mathrm{T}}$。式（9.122）表明矩阵的行不依赖于$\{k,h\}$的次序，相关下标出现两次。换句话说，可以写出等式 $W_{kh}=W_{hk}$，右逆集合的基数变为 $m(m-2)/2$。因为式（9.118）与 $M_b=WM_w$ 一致且式（9.122）可写出 $\boldsymbol{M}_w=W_{kh}M_b$，右逆 $W_{kh}=W_{hk}$满足逆性质：

$$WW_{kh}=WW_{hk}=I_3 \tag{9.123}$$

存储 $m(m-2)/2$ 的右逆 W_{kh}，并给定 M_b，选择右逆最小化 $\max_j|M_{wj}|$可以解答式（9.108）。

为此，考虑通用时间 t 和所需的 $M_b(t)$，并假设右逆 $W_{kh}(t-\Delta t)$可用，因为先前在 $t-\Delta t$ 时进行了筛选。给定力矩矢量 $\boldsymbol{M}_w(t)=W_{kh}(t-\Delta t)M_b(t)$，先前的筛选必须保留且当且仅当

$$|M_{wh}(t)|\leqslant M_{w,\max} \text{ AND } |M_{wk}(t)|\leqslant M_{w,\max} \tag{9.124}$$

因为这对$\{k,h\}$是唯一一对非饱和转子。相反，如果有 $|M_{wh}(t)|>M_{w,\max}$ 或 $|M_{wk}(t)|>M_{w,\max}$，前一个右逆 $W_{kh}(t-\Delta t)$（和$\{k,h\}$对）必须更改。

如果必须更改$\{k,h\}$对，则意味着式（9.120）中沿 $d_{kh}n_{kh}$的 M_b 分量太小。补救措施是寻找一对新的$\{k,h\}$，其能够增加$|M_b\times d_{kh}n_{kh}|$。总之，右逆 $W_{kh}^*=W_{hk}^*$解决方程式（9.108）必须是$|M_b\times d_{kh}n_{kh}|$最大化，也就是说：

$$W_{kh}^*=\operatorname{argmax}_{\{k,h\}}|\boldsymbol{M}_b\cdot d_{kh}\boldsymbol{n}_{kh}| \tag{9.125}$$

其中最大化需要 $m(m-2)/2$ 标量积计算。进一步分析和比较可以在参考文献［15］中找到。

练习 20：

建立在式（9.99）中 $m(m-2)/2=6$ 的右逆金字塔矩阵 $\boldsymbol{W}$,此处重复。

$$\boldsymbol{W}=\begin{bmatrix}a & -a & 0 & 0\\ b & b & c & c\\ 0 & 0 & d & -d\end{bmatrix}=[\boldsymbol{w}_1 \quad \boldsymbol{w}_2 \quad \boldsymbol{w}_3 \quad \boldsymbol{w}_4] \tag{9.126}$$

转子对为{1,2}，{1,3}，{1,4}，{2,3}，{2,4}，{3,4}。

提示：考虑对{1,3}。对{1,3}逆矩阵方程式（9.122）可以写成

$$\boldsymbol{W}_{13}=\boldsymbol{W}_{31}=\frac{1}{\boldsymbol{w}_{13}\cdot(\boldsymbol{w}_1\times\boldsymbol{w}_3)}\begin{bmatrix}(\boldsymbol{w}_3\times\boldsymbol{w}_{13})^{\mathrm{T}}\\ s_{2,13}(\boldsymbol{w}_1\times\boldsymbol{w}_3)^{\mathrm{T}}\\ (\boldsymbol{w}_{13}\times\boldsymbol{w}_1)^{\mathrm{T}}\\ s_{4,13}(\boldsymbol{w}_1\times\boldsymbol{w}_3)^{\mathrm{T}}\end{bmatrix} \tag{9.127}$$

其中，通过使用符号 $s=\mathrm{sgn}(bc)$，中间向量和标量为

$$\begin{aligned}&\boldsymbol{w}_1\times\boldsymbol{w}_3=\begin{bmatrix}bd\\ -ad\\ ac\end{bmatrix},\ \boldsymbol{w}_{13}=\mathrm{sgn}(abd)\begin{bmatrix}a\\ -(b+sc)\\ sd\end{bmatrix}\\ &\boldsymbol{w}_{13}\cdot(\boldsymbol{w}_1\times\boldsymbol{w}_3)=\mathrm{sgn}(abd)2ad(b+sc)\\ &s_{2,13}=-\mathrm{sgn}(abd),s_{4,13}=-\mathrm{sgn}(abd)s\end{aligned} \tag{9.128}$$

式（9.127）中的叉乘计算给出

$$\boldsymbol{W}_{13}=\boldsymbol{W}_{31}=\frac{1}{2ad(b+sc)}\begin{bmatrix}d(b+2sc) & ad & -ac\\ -bd & ad & -ac\\ -sbd & sad & a(2b+sc)\\ -sbd & sad & -sac\end{bmatrix} \tag{9.129}$$

必须检查以得到 $\boldsymbol{WW}_{13}=I_3$。相同的过程适用于其他对。

9.5.6 反作用轮的扰动

反作用轮扰动的研究需要定义 3 个参考坐标系。考虑一个通用转子，删除其下标 j。理想的转子坐标系 $\mathscr{W}=\{C_w,\boldsymbol{w}_1,\boldsymbol{w}_2,\boldsymbol{w}_3\}$ 已在 7.7.1 节中定义，C_w 为轮质心。第二坐标系是真实转子坐标系 $\mathscr{R}=\{C_w,\boldsymbol{r}_1,\boldsymbol{r}_2,\boldsymbol{r}_3\}$，也称为*摆动坐标系*（rocking frame）。它将用于表示转子摆动运动。这两个坐标系都在图 9.14 中表示。摆轮坐标系变换为 $R_r^w=Z(\psi_r)Y(\theta_r)X(\phi_r)$，其中欧拉角对 $\{\psi_r,\theta_r\}$ 说明旋转轴倾斜，ϕ_r 表示相对于标称旋转轴 $\varphi=\varphi_0+\underline{\omega}_w t$ 的旋转误差，$\underline{\omega}_w$是标称自旋率。将欧拉角收集于向量 $\boldsymbol{\theta}_r=[\varphi_r,\theta_r,\psi_r]$。第三个坐标系是航天器的体坐标系 $B=\{C,\boldsymbol{b}_1,\boldsymbol{b}_2,\boldsymbol{b}_3\}$。$B$ 和 W 刚性连接。通过假设 $|\theta_r|\ll 1\mathrm{rad}$，$R_r^w$ 近似为第 2.7 节式（2.707）中的一阶展开式，即 $R_r^w=I+\theta\times$。

反作用轮扰动主要是由于*飞轮动态和静态不平衡*（static and dynamic imbalance）引起的。用力和力矩描述不平衡，当平衡轮在粘弹性支撑上旋转时，这些力和力矩会激发平衡轮的振动模式。图 9.14（b）显示带有一对粘弹性支撑平衡轮，有转子和摆动坐标系。静态不平衡是由于质量中心偏离自旋轴 Δr_s。导致图 9.14 中的不平衡的质量不规则，中心集中在质量元素 Δm_s 中。动态不平衡是由于转子标称主轴 $\boldsymbol{\omega}_1$ 未对准旋转轴造成的，如图 9.14（a）所示，将一对质量元素 Δm_d 放置在标称主平面 $\{\boldsymbol{w}_2,\boldsymbol{w}_3\}$ 之外，轴距离为 h。首先，得出平衡转子动态特性，然后建立不平衡模型。

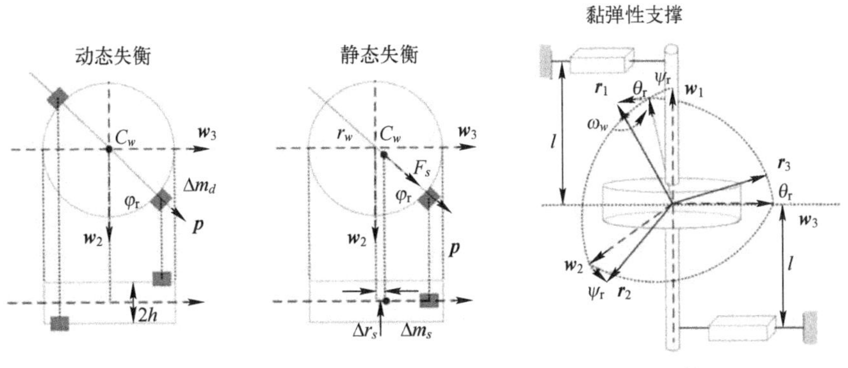

(a) (b) (c)

图 9.14　转子坐标系和不平衡

（a）动态失衡；（b）静态失衡；（c）理想转子和摆动坐标系。

平衡转子动态特性：原则上，平衡转子动态特性具有 6 个自由度：①质心距本体固定点 C_ω 的位移 $\boldsymbol{s}=(s_1,s_2,s_3)$，其中 $\boldsymbol{s}$ 是 $\mathcal{W}$-坐标矢量；②旋转轴倾斜和旋转不规则引起的欧拉角矢量。实际上，只有 4 个自由度对于频带 $f<f_{-w}=(2\pi)^{-1}\underline{\omega}_w$ 中的振动模式有贡献。它们是径向坐标 $\{s_1,s_2\}$ 和倾斜角 $\{\theta_r,\psi_r\}$。径向位移决定了振动的（径向）平移模式（translation modes of vibration），倾斜角决定了径向摆动模式。由旋转轴弯曲，导致的轴向振动模式可被忽略，是因为其相比于径向支撑具有更高的轴向刚度。自旋不规则性是随机的成分，主要是由库仑摩擦导致。

$\boldsymbol{s}$ 的运动方程，含有 $\mathcal{W}$ 中的坐标和导数，与 8.4.1 节式（8.32）中的加速度计检验质量相同，写为

$$\ddot{\boldsymbol{s}}(t)=\frac{\boldsymbol{F}_t(\boldsymbol{s},\dot{\boldsymbol{s}})+\boldsymbol{F}_s(s_0,\underline{\omega}_w^2)}{m_w}-\boldsymbol{a}(t) \tag{9.130}$$
$$\boldsymbol{a}(t)=2\boldsymbol{\omega}_s\times\dot{\boldsymbol{s}}(t)+\dot{\boldsymbol{\omega}}_{bw}\times\boldsymbol{s}(t)+\boldsymbol{\omega}_s\times\boldsymbol{\omega}_s\times\boldsymbol{s}(t)$$

其中 $\boldsymbol{F}_t$ 是取决于 $\boldsymbol{s}$ 和质心速度 $\dot{\boldsymbol{s}}$ 的悬浮黏弹性力；F_s 是静态不平衡力，它取决于质心径向偏移 s_0 和标称转子旋转速度 $\underline{\omega}_w$；$\boldsymbol{a}$ 是转子加速度，取决于航天器角速度 $\omega_s=[\omega_{s1},\omega_{s2},\omega_{s3}]$ 以及转子坐标中的加速度 $\dot{\omega}_s=[\dot{\omega}_{s1},\dot{\omega}_{s2},\dot{\omega}_{s3}]$。由于不等式 $|\boldsymbol{\omega}_s|\ll\underline{\omega}_w$ 和 $|\boldsymbol{a}|\ll|\boldsymbol{F}_s|/m_w$，式（9.130）中的加速度可以忽略。通过假设极小的倾斜角度，即 $\sqrt{\theta_r+\psi_r}\ll 1\text{rad}$，$\boldsymbol{F}_t(\boldsymbol{s},\dot{\boldsymbol{s}})$ 在摆动坐标系和理想坐标系中，具有完全相同的线性表达式，即

$$\begin{aligned}&\boldsymbol{F}_t(\boldsymbol{s},\dot{\boldsymbol{s}})=-K_t\boldsymbol{s}-F_t\dot{\boldsymbol{s}}\\&\boldsymbol{K}_t=\text{diag}(k_t,k_t,k_t),\omega_t=2\pi f_t=\sqrt{k_t/m_w}\\&\boldsymbol{F}_t=\text{diag}(\phi_t,\phi_t,\phi_t),2\zeta_t\omega_t=\phi_t/m_w\end{aligned} \tag{9.131}$$

其中 $\{\zeta_t,\omega_t\}$ 是径向平移模式的参数（阻尼比，固有频率）。径向平移频率的典型值为 $f_t=(2\pi)^{-1}\omega_t>100\text{Hz}$。因为 k_t 不取决于自由度，假设悬挂力各向同性。飞船上的反作用力是 $\boldsymbol{F}_t(\boldsymbol{s},\dot{\boldsymbol{s}})$。

因为转子的旋转，摆动动态特性不同于 8.4.1 节中检验质量的式（8.36）。从 7.7.1 节中的式（7.258）得到转子惯量矩阵 $\boldsymbol{J}_w=\text{diag}(J_{ws},J_{wt},J_{wt})$，根据在 7.2.5 节中式（7.23），得到 $J_{ws}=2\gamma J_{wt}$，$\gamma<1$。假设转子惯量矩阵 $\boldsymbol{J}_w$ 是对角矩阵，受动态不平衡

的影响，惯量矩阵变为非对角阵且随时间变化。转子相对于 $\mathcal{W}$ 的角动量 $\boldsymbol{H}_w$，可以用 $\mathscr{W}$-坐标近似表示，因为 $|\boldsymbol{\theta}_r| \ll 1\text{rad}$，有：

$$\boldsymbol{H}_w \cong J_w \dot{\boldsymbol{\theta}}_r + R_r^w \begin{bmatrix} J_{ws}\underline{\omega}_w \\ 0 \\ 0 \end{bmatrix} \cong J_w \dot{\boldsymbol{\theta}}_r + (I + \boldsymbol{\theta}_r \times) \begin{bmatrix} J_{ws}\underline{\omega}_w \\ 0 \\ 0 \end{bmatrix} = \begin{bmatrix} J_{ws}\omega_w = J_{ws}(\dot{\varphi}_r + \underline{\omega}_w) \\ J_{wt}\dot{\theta}_r + \psi_r J_{ws}\underline{\omega}_w \\ J_{wt}\dot{\psi}_r - \theta_r J_{ws}\underline{\omega}_w \end{bmatrix} \tag{9.132}$$

其中 ω_w 是总的旋转速度。$\mathcal{W}$ 坐标系中的总角动量为 $\boldsymbol{H} = J_w \boldsymbol{\omega}_s + \boldsymbol{H}_w$，欧拉旋转方程变为

$$\begin{aligned} &\dot{\boldsymbol{H}}_w(t) = \boldsymbol{M}_w + \boldsymbol{M}_r + \not{\boldsymbol{M}}_d - J_w \dot{\boldsymbol{\omega}}_s - \boldsymbol{\omega}_s \times (\boldsymbol{H}_w + J_w \boldsymbol{\omega}_s) \\ &\boldsymbol{M}_w = R_r^w(\boldsymbol{\theta}_r)\boldsymbol{M}_{ws} \end{aligned} \tag{9.133}$$

在式（9.133）中 $\boldsymbol{M}_{ws} = [M_w + D_w, 0, 0]$ 是轴向输入力矩，其轴向分量 $M_w + D_w(\omega_w)$ 包括摩擦力矩 D_w（ω_w）。在7.7.1节式（7.265）中，M_w 是 $\boldsymbol{M}_w(\boldsymbol{V})$ 中的分量 M_{wj} 之一，在小角度近似下，转换为以下表达式。

$$J_w^{-1}\boldsymbol{M}_w = J_w^{-1}R_r^w \begin{bmatrix} M_w + D_w \\ 0 \\ 0 \end{bmatrix} \cong \begin{bmatrix} (M_w + D_w)/J_{ws} \\ \psi_r M_w / J_{wt} \\ -\theta_r M_w / J_{wt} \end{bmatrix} \tag{9.134}$$

包含黏性和库仑分量的摩擦力矩 $D_w(\omega_w)$，可由 LuGre 模型描述[3]。在干扰力矩中，我们希望动态不平衡力矩（dynamic imbalance torque）$M_d = [0, M_{d2}, M_{d3}]$ 一定要置零，在式（9.133）中划上了删除的斜线。M_r 是悬浮力矩，这是因为 $|\boldsymbol{\theta}_r|$ 很小和各向同性，可以近似表示为 LTI 表达式：

$$\begin{aligned} &J_w^{-1}\boldsymbol{M}_r \cong -J_w^{-1}(K_r \theta_r + F_r \dot{\boldsymbol{\theta}}_r) \\ &K_r = \text{diag}(0, k_r, k_r),\ \omega_r^2 = k_r / J_{wt} \\ &F_r = \text{diag}(0, \beta_r, \beta_r),\ 2\zeta_r \omega_r = \beta_r / J_{wt} \end{aligned} \tag{9.135}$$

其中 β_r 是黏性摩擦系数，而 $k_r(\text{Nm/rad})$ 可以用 $k_r = k_t d_t^2$ 表示平移刚度，其中 d_t 是距转子质心的悬浮距离。航天器上的反作用力矩为 $-\boldsymbol{M}_r$。由于航天器的旋转导致的回转力矩可近似为

$$\begin{aligned} &-J_w^{-1}\boldsymbol{\omega}_s \times (\boldsymbol{H}_r + J_w \boldsymbol{\omega}_{sw}) \cong -J_w^{-1}\boldsymbol{\omega}_{sw} \times \boldsymbol{H}_r \cong \\ &\cong \begin{bmatrix} (\omega_{s3}\dot{\theta}_r - \omega_{s2}\dot{\psi}_r) J_{wt}/J_{ws} + \underline{\omega}_w(\omega_{s3}\psi_r + \omega_{s2}\theta_r) \\ -\omega_{s1}\underline{\omega}_w \theta_r \\ -\omega_{s1}\underline{\omega}_w \psi_r \end{bmatrix} + \begin{bmatrix} 0 \\ \boldsymbol{J}_{ws}\underline{\omega}_w \omega_{s3}/\boldsymbol{J}_{wt} \\ \boldsymbol{J}_{ws}\underline{\omega}_w \omega_{s2}/\boldsymbol{J}_{wt} \end{bmatrix} \end{aligned} \tag{9.136}$$

假设 $|\boldsymbol{\omega}_s| \ll \underline{\omega}_w$ 和 $\underline{\omega}_w \cong |\omega_w|$。

式（9.133）中轴向和径向动态特性的分离，将在以下等式中完成，正如7.7.1节式（7.265）表示的轴向动态特性，但受式（9.136）第一行中的倾斜交叉耦合，被航天器角度 $\boldsymbol{\omega}_s$ 调制。借助式（9.134）和式（9.136），轴向方程，即式（9.133）的第一部分如下所示：

$$J_{ws}\dot{\omega}_w = M_w + D_w(\omega_w) - J_{ws}\dot{\omega}_{s1} + J_{wt}(\omega_{s3}\dot{\theta}_r - \omega_{s2}\dot{\psi}_r) + J_{ws}\underline{\omega}_w(\omega_{s3}\psi_r + \omega_{s2}\theta_r) \tag{9.137}$$

借助式（9.134）、式（9.135）和式（9.136），径向方程写成线性形式：

$$\begin{bmatrix}\dot{\boldsymbol{\theta}}_r\\ \dot{\boldsymbol{\omega}}_r\end{bmatrix}(t)=\begin{bmatrix}0 & \boldsymbol{I}\\ \boldsymbol{A}_{21}(t) & \boldsymbol{A}_{22}(t)\end{bmatrix}\begin{bmatrix}\boldsymbol{\theta}_r\\ \boldsymbol{\omega}_r\end{bmatrix}+\begin{bmatrix}0\\ (\not{\boldsymbol{M}}_{dr}+\boldsymbol{D}_r)/J_{wt}\end{bmatrix} \tag{9.138}$$

且有以下矩阵和向量：

$$\boldsymbol{A}_{21}(t)=\begin{bmatrix}-\omega_r^2-\omega_{s1}(t)\underline{\omega}_w & M_w(t)/J_{wt}\\ -M_w(t)/J_{wt} & -\omega_r^2-\omega_{s1}(t)\underline{\omega}_w\end{bmatrix},\ \boldsymbol{A}_{22}(t)=\begin{bmatrix}-2\zeta_r\omega_r & -2\gamma\omega_w\\ 2\gamma\underline{\omega}_w & -2\zeta_r\omega_r\end{bmatrix}$$

$$\boldsymbol{\theta}_r=\begin{bmatrix}\theta_r\\ \psi_r\end{bmatrix},\boldsymbol{\omega}_r=\begin{bmatrix}\dot{\theta}_r\\ \dot{\psi}_r\end{bmatrix},\ \boldsymbol{M}_{dr}=\begin{bmatrix}M_{d2}\\ M_{d3}\end{bmatrix},\ \boldsymbol{D}_r=\begin{bmatrix}J_{ws}\underline{\omega}_w\omega_{s3}/J_{wt}-\dot{\omega}_{s2}\\ J_{ws}\underline{\omega}_w\omega_{s2}/J_{wt}-\dot{\omega}_{s3}\end{bmatrix} \tag{9.139}$$

回想 $\gamma=J_w/(2J_{wt})<1$。式（9.139）中 $\boldsymbol{M}_{dr}$是动态不平衡力矩 $\boldsymbol{M}_d=[0,\boldsymbol{M}_{dr}]$的径向分量，叠加的斜线表示设为零。$\boldsymbol{D}_r$ 表示了航天器角速率 $\boldsymbol{\omega}_s$ 的交叉耦合。相似方程可以在参考文献［15］和［16］中找到，但没有航天器的旋转交叉耦合。

式（9.137）和式（9.138）的 $\boldsymbol{M}_{dr}=0$ 是平衡转动方程。轴向方程式（9.137）是由轴向力矩 M_ω 和交叉耦合扰动 $h_w(\omega_w,\dot{\boldsymbol{\omega}}_s,\boldsymbol{\omega}_s,\boldsymbol{\theta}_r,\boldsymbol{\theta}_r=\boldsymbol{\omega}_r)$驱动的单个积分器：

$$\dot{\omega}_w(t)=M_w/J_{ws}+h_w(\omega_w,\boldsymbol{\omega}_s,\dot{\boldsymbol{\omega}}_s,\boldsymbol{\theta}_r,\boldsymbol{\omega}_r) \tag{9.140}$$

径向方程式（9.138）的近似自由和强迫响应，可以通过忽略矩阵 $\boldsymbol{A}_{21}$和 $\boldsymbol{A}_{22}$中的变量项开展研究，类似于式（9.139）中的黏滞摩擦 $2\zeta_r\omega_r$。将式（9.138）写成复数形式，用于特征值计算。通过忽略黏性摩擦，特征值预期为虚数。复共轭表示与第 2 章不同，在第 2 章中使用了横线。令 $q_r=\theta_r+\mathrm{j}\psi_r$，$q_r^*=\theta_r-\mathrm{j}\psi_r$，$p_r=\dot{\theta}_r+\mathrm{j}\dot{\psi}_r$，$p_r^*=\dot{\theta}_r-\mathrm{j}\dot{\psi}_r$，这是复状态变量及其共轭。令 $a_r=a_{r2}+\mathrm{j}a_{r3}$，$a_r^*=a_{r2}-\mathrm{j}a_{r3}$，是式（9.138）的最右列中的复数输入加速度和其共轭，其中还包括被忽略的 A_{21}和 A_{22}。复共轭状态方程是：

$$\begin{bmatrix}\dot{q}_r\\ \dot{p}_r\end{bmatrix}(t)=\begin{bmatrix}0 & 1\\ -\omega_r^2 & \mathrm{j}2\gamma\underline{\omega}_w\end{bmatrix}\begin{bmatrix}q_r\\ p_r\end{bmatrix}+\begin{bmatrix}0\\ a_r\end{bmatrix},\quad \begin{bmatrix}\dot{q}_r^*\\ \dot{p}_r^*\end{bmatrix}(t)=\begin{bmatrix}0 & 1\\ -\omega_r^2 & -\mathrm{j}2\gamma\underline{\omega}_w\end{bmatrix}\begin{bmatrix}q_r^*\\ p_r^*\end{bmatrix}+\begin{bmatrix}0\\ a_r^*\end{bmatrix} \tag{9.141}$$

下一个练习要求在式（9.141）中找到状态矩阵的特征值，因为其定义了转子旋转轴的振动模式。

练习 21：

证明式（9.138）中状态矩阵 LTI 部分的 4 个特征值，其中 $\zeta_r=0$，特征值是正数（对应最左边方程的 λ_1 和 λ_3），式（9.141）的虚特征值是负数（对于共轭方程的 λ_2 和 λ_4，即

$$\begin{aligned}&\lambda_1=\mathrm{j}\left(\gamma\underline{\omega}_w-\sqrt{\omega_r^2+\gamma^2\underline{\omega}_w^2}\right)=\mathrm{j}2\pi(-f_{w1}),\ \lambda_2=-\lambda_1,\ f_{w1}\geqslant 0\\ &\lambda_3=\pm\mathrm{j}\left(\gamma\underline{\omega}_w+\sqrt{\omega_r^2+\gamma^2\underline{\omega}_w^2}\right)=\mathrm{j}2\pi f_{w2},\ \lambda_4=-\lambda_3,\ f_{w2}\geqslant 0\\ &\gamma=\frac{J_{ws}}{\partial J_{wt}}<1,\ \omega_r^2=\frac{k_r}{J_{wt}},f_{w1}=\sqrt{\omega_r^2+\gamma^2\underline{\omega}_w^2}-\gamma\underline{\omega}_w<f_{w2}\end{aligned} \tag{9.142}$$

旋转轴的振动模式由式（9.142）定义，被称为回旋模式（whirl modes）。负频率 $-f_{w1}$，$0<f_{w1}<f_{w2}$，被称为负回旋频率（negative whirl frequency），而正频率 f_{w2}被称为正回旋频率（positive whirl frequency）。应注意，由 $f_{w1}>0$ 定义的虚数 $\pm j2\pi f_{w1}$［不在式

(9.142) 中] 与 $\lambda_{1,2}=\pm j2\pi(-f_{w1})$不同。这表明在 $\omega_{w1}=2\pi f_{w1}$上调谐的三角信号 a_r 不会引起任何共振，这与在正回旋频率（$\omega_{w2}=2\pi f_{w1}$）上调谐的三角信号不同。检验共振和非共振有以下极限：

$$\lim_{s\Rightarrow j2\pi f}|P_r(s)|=\lim_{s\Rightarrow j2\pi f}\left|\frac{q_r(s)}{a_r(s)}\right|,\quad \lim_{s\Rightarrow j2\pi f}|P_r^*(s)|=\lim_{s\Rightarrow j2\pi f}\left|\frac{q_r^*(s)}{a_r^*(s)}\right| \tag{9.143}$$

其中 f 是 $\{-f_{w1}, f_{w2}, f_{w1}\}$ 中的任何频率，无界的极限意味着共振。有界的极限意味着不共振。

练习 22：

计算传递函数 $P_r(s)=q_r(s)/a_r(s)$，$P_r^*(s)=q_r^*(s)/a_r^*(s)$，并检验以下共振和非共振条件。

$$\begin{aligned}&\lim_{s\Rightarrow\lambda_1}|P_r(s)|=\lim_{s\Rightarrow\lambda_3}|P_r(s)|=\lim_{s\Rightarrow\lambda_2}|P_r^*(s)|=\lim_{s\Rightarrow\lambda_4}|P_r^*(s)|=\infty\\&\lim_{s\Rightarrow-\lambda_1}|P_r(s)|=\lim_{s\Rightarrow-\lambda_2}|P_r^*(s)|=\frac{1}{4\gamma\underline{\omega}_w|\lambda_1|}=\frac{1}{4\gamma\underline{\omega}_w(\sqrt{\omega_r^2+\gamma^2\underline{\omega}_w^2}-\gamma\underline{\omega}_w)}>0\end{aligned} \tag{9.144}$$

静态不平衡归因于图 9.14 中转子质心 C_w 偏移旋转轴，其中 $\boldsymbol{p}(t)=\cos\varphi_r(t)\boldsymbol{w}_2+\sin\varphi_r(t)\boldsymbol{w}_3$ 和 $\varphi_r(t)=\underline{\omega}_w t+\varphi_{r0}$。静态不平衡度 U_s由乘积 $U_s=m_w\Delta r_s$ 定义。偏移产生内部径向力 $\boldsymbol{F}_s$，它同时作用在转子上，并通过转子支撑作为反作用力$-\boldsymbol{F}_s$ 作用在航天器上。可以通过由附加点质量 Δm_s 构成的单摆的向心张力$-|\boldsymbol{F}_s|\boldsymbol{p}$ 来建模，该附加点质量 Δm_s 位于与 $\boldsymbol{w}_1$ 正交的平面中，与 $\boldsymbol{w}_1$ 的距离为 r_w（转子半径），如此 $U_s=m_w\Delta r_s=\Delta m_s r_w$。作用在摆轴上的离心力，即作用在转子上的力为：

$$\begin{aligned}\boldsymbol{F}_s(t)&=-m_w\underline{\omega}_w\boldsymbol{w}_1\times(\underline{\omega}_w\boldsymbol{w}_1\times\Delta r\boldsymbol{p}(t))=m_w\Delta r\underline{\omega}_w^2\boldsymbol{p}(t)\\&=U_s\underline{\omega}_w^2(\cos(\underline{\omega}_w t)\boldsymbol{w}_2+\sin(\underline{\omega}_w t)\boldsymbol{w}_3)\end{aligned} \tag{9.145}$$

为简化起见，使 $\phi_{r0}=0$。式（9.145）是一个基本的模型，因为转子支撑（轴承）以 $\underline{\omega}_w$倍数[16]生成 $\boldsymbol{F}_s(t)$的分量。

动态不平衡是由于旋转轴和转子主轴线之间未对准导致的。如图 9.14 所示，它由一对基本质量 Δm_d 表示，Δm_d 距转子质心 C_ω 的径向距离为 r_ω，轴向距离为 h。$U_d=2\Delta m_d r_w=2m_w\Delta r_d h$ 被称为动态不平衡。由于额外的质量 Δm_s 和 Δm_d，以及相应的偏移量加入 $\Delta r=2\Delta r_d+\Delta r_s$ 中，转子摆动坐标系中的惯量矩阵 J_w变为时变惯量矩阵：

$$J_w(t)\cong\begin{bmatrix}J_{w1}&0\\0&J_{wt}I_{23}\end{bmatrix},\ \boldsymbol{I}_{23}=\begin{bmatrix}\iota_{w2}&\iota_{w23}\\\iota_{w23}&\iota_{w3}\end{bmatrix} \tag{9.146}$$

其中，分量为

$$\begin{aligned}&J_{w1}=J_{ws}+\mu J_{wt},\ \mu=m_w r_w\Delta r/J_{wt}\\&\iota_{w2}\cong1+\mu\cos^2(\underline{\omega}_w t),\ \iota_{w3}\cong1+\mu\sin^2(\underline{\omega}_w t)\\&\iota_{w23}=\mu\sin(\underline{\omega}_w t)\cos(\underline{\omega}_w t)\end{aligned} \tag{9.147}$$

仅保留了 Δr 中的线性项。理想坐标系中的角动量 H_w 的时间导数 $\dot{H}_\omega$ 必须考虑时变惯量，使式（9.132）和式（9.146）变为：

$$\dot{\boldsymbol{H}}_w\cong\boldsymbol{J}_w\ddot{\boldsymbol{\theta}}_r+\dot{\boldsymbol{J}}_w\dot{\boldsymbol{\theta}}_r+\dot{\boldsymbol{\theta}}_r\times\begin{bmatrix}J_{w1}\underline{\omega}_w\\0\\0\end{bmatrix} \tag{9.148}$$

通过重复推导式（9.145）的静态不平衡关系，作用在转子上的不平衡力矩为

$$\boldsymbol{M}_d=2\underline{\omega}_w^2 h\boldsymbol{w}_1\times m_w\Delta r_d(\cos(\underline{\omega}_w t)\boldsymbol{w}_2+\sin(\underline{\omega}_w t)\boldsymbol{w}_3) \tag{9.149}$$

在式（9.139）中提供 $\boldsymbol{M}_{dr}$ 的力矩分量，如下所示：

$$\begin{gathered}\boldsymbol{M}_{dr}(t)=U_d\underline{\omega}_w^2\boldsymbol{u}_{dr}(t),\boldsymbol{u}_{dr}(t)=\begin{bmatrix}-\sin(\underline{\omega}_w t)\\ \cos(\underline{\omega}_w t)\end{bmatrix}\\ U_d=2m_w\Delta r_d h\end{gathered} \tag{9.150}$$

式（9.145）中关于 $\boldsymbol{F}_s$ 的谐波成分的说明同样适用于 $\boldsymbol{M}_d$。

练习 23：

忽略式（9.133）［另见方程（9.138）］中航天器角速度 ω_s 和输入力矩 M_w 的交叉耦合项。将状态方程限制为 $\boldsymbol{\theta}_r$ 的分量，用式（9.148）中的表达式替换 $\dot{\boldsymbol{H}}_w(t)$。在式（9.150）中用不平衡力矩 $\boldsymbol{M}_d$ 代替动态不平衡力矩 $\boldsymbol{M}_{dr}$。借助式（9.134）和式（9.146）证明式（9.133）的径向分量转换为以下状态方程：

$$\begin{bmatrix}\boldsymbol{I} & 0\\ 0 & \boldsymbol{I}_{23}(t)\end{bmatrix}\begin{bmatrix}\dot{\boldsymbol{\theta}}_r\\ \dot{\boldsymbol{\omega}}_r\end{bmatrix}(t)=\begin{bmatrix}0 & \boldsymbol{I}\\ \boldsymbol{A}_{21} & \boldsymbol{A}_{22}(t)\end{bmatrix}\begin{bmatrix}\boldsymbol{\theta}_r\\ \boldsymbol{\omega}_r\end{bmatrix}+\begin{bmatrix}0\\ B_2\end{bmatrix}\boldsymbol{u}_{dr}(t) \tag{9.151}$$

其中在式（9.139）中定义了 $\boldsymbol{\theta}_r$ 和 $\boldsymbol{\omega}_r$，式（9.146）中定义了 $\boldsymbol{I}_{23}$，其他向量和矩阵如下：

$$\begin{gathered}\boldsymbol{A}_{21}(t)=\begin{bmatrix}-\omega_r^2 & 0\\ 0 & -\omega_r^2\end{bmatrix},\ B_2=bI_2,\ b=\frac{U_d\omega_w^2}{J_{wt}},\ \mu=\frac{m_w r_w\Delta r}{J_{wt}}\\ \boldsymbol{A}_{22}(t)=\begin{bmatrix}-2\zeta_r\omega_r+\mu\sin(2\underline{\omega}_w t) & -(2\gamma+\mu)\underline{\omega}_w-\mu\cos(2\underline{\omega}_w t)\\ (2\gamma+\mu)\underline{\omega}_w-\mu\cos(2\underline{\omega}_w t) & -2\zeta_r\omega_r-\sin(2\underline{\omega}_w t)\end{bmatrix}\end{gathered} \tag{9.152}$$

根据式（9.151）中 LTI 版本，绘制由 $\theta_r(s)=P(s)u_{dr}(s)$ 定义的传递矩阵 $P(s)$ 的波德图，参数值为

$$\omega_r=317\text{rad/s},\ \underline{\omega}_w=150\text{rad/s},\ \gamma=0.8,\ \mu=0,\ \zeta_r=0.005,\ b=0.41\text{rad/s}^2 \tag{9.153}$$

旋转轴自由响应和强迫响应的二元参数 $\{\theta_r,\psi_r\}$ 来自线性方程（9.151），如图 9.15 所示。除了 $\zeta_r=0$（无阻尼响应）和 $\mu=0.24\text{mrad/s}$，其余参数都是从式（9.153）中获得的。自由响应的初始条件为 $\boldsymbol{\theta}_r(0)=\{10,10\}\,\mu\text{rad}$ 和 $\boldsymbol{\omega}_r(0)=\{0,0\}$。强制响应的初始条件为零。如式（9.150），正弦输入为 $u_{dr}(t)=[-\sin(\underline{\omega}_w t),\cos(\underline{\omega}_w t)]$。仿真基准为 1s。式（9.142）中旋转频率由 $\{f_{w1},f_{w2}\}\cong\{34.8,73.3\}$ Hz 给出。θ_r 的自由响应重复周期约为 $40/f_{w1}\cong0.56\text{s}$，对应图 9.15（a）。图 9.15（b）中强制响应的曲线轨迹完全不同。阻尼响应收敛到半径取决于 ζ_r 的圆。

式（9.142）中回旋频率 $\{f_{w1}(f_{-w}),f_{w2}(f_{-w})\}$ 的分析和实验值，与式（9.131）中径向平移频率 f_t，通常在 2D 坎贝尔图和 3D 瀑布图中，作为回旋频率 $f_{-w}=(2\pi)^{-1}\underline{\omega}_w$ 的函数（横坐标）进行绘图，如图 9.16 所示。2D 图是 f_t 的水平线（图 9.16 中的径向），V 形曲线（在图 9.16 中以正回旋和负回旋标记的虚线），它从纵坐标 $f_{w1}(0)=f_{w2}(0)$ 开始并发散。此图还表明，用 $\alpha_k f_{-w}$，$k=1,2,\cdots,n$ 表示的强迫频率的线（图 9.16 中的实线），源于球轴承、动态不平衡和电机力矩波动[5]。相关角频率用 $\alpha_k f_{-w}$，$k=1,2,\cdots,n$ 表示，将实验性三角函数展开取代式（9.150）中的基本谐波信号：

$$\boldsymbol{u}_{dr}(t)=\sum_{k=1}^{n}c_k\begin{bmatrix}\sin(\alpha_k\underline{\omega}_w t)\\ \cos(\alpha_k\underline{\omega}_w t)\end{bmatrix} \tag{9.154}$$

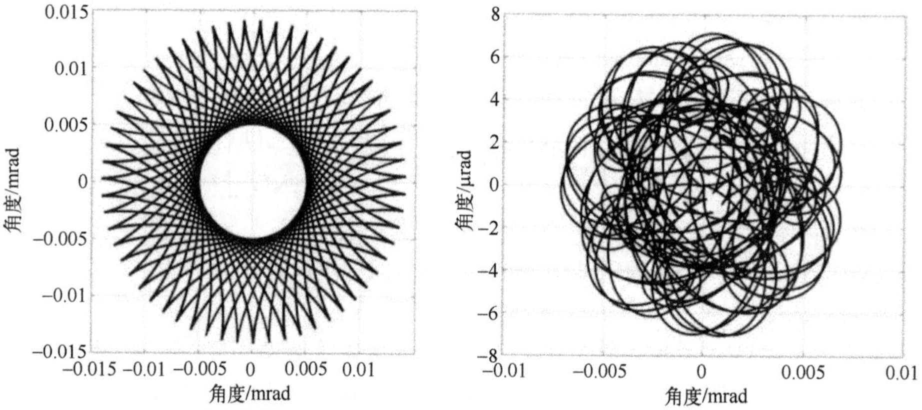

(a) 无回旋　　(b) 强制回旋

图 9.15　无回旋响应及强制回旋响应

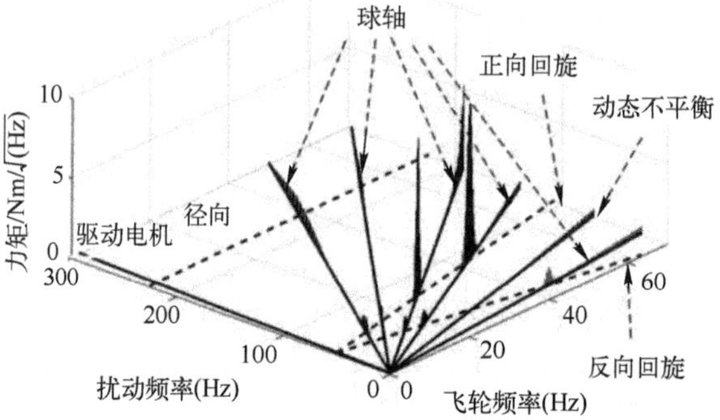

图 9.16　简化重构的瀑布图，显示了由于共振引起的反作用力矩谱密度

V 形曲线的上侧分支与强迫频率线的交点对应于“临界”频率 $\alpha_k f_{-w}$，$\alpha_k f_{-w}$ 等于正向回旋转频率 $f_{w2}(f_{-w})$ 的共振峰值，该共振峰值由式（9.131）中反作用力 $-\boldsymbol{F}_t$ 和式（9.135）中力矩 $-\boldsymbol{M}_r$ 作用产生。在图 9.16 中峰值为高斯钟形曲线最高点。如练习 22 所示，反向回旋频率 $-(-f_{w1}(\underline{f_w}))$ 的交点不会产生共振，只会通过式（9.144）的第二行的低频增益放大力矩。

练习 24：

证明：借助图 9.16，对于 $1/2<\gamma=J_{ws}(2J_{wt})<1$，斜率为 $\underline{\omega}_w$ 的动态不平衡线与反向回旋频率曲线 $f_{w1}(f_{-w})$ 相交于 $\underline{\omega}_{w1}=\omega_r(1+2\gamma)^{-1/2}$ 处，但与正向回旋频率曲线 $f_{w2}(f_{-w})$ 没有交点。求出斜率 $2\underline{\omega}_w$ 的二次谐波线与 V 曲线分支（对应于正向和反向回旋频率）的交点。

图 9.17 表示式（9.151）中 $\{\theta_r,\psi_r\}$ 的强制响应。其具有式（9.150）中的强迫频率 $\underline{\omega}_w=\underline{\omega}_{w1}$（负旋转频率和练习 14 的一次谐波线的交点）和 $\underline{\omega}_w=\underline{\omega}_{w2p}$（如练习 24 所示，二次谐波线与正向旋转频率曲线的交点），其中

$$
\begin{aligned}
\underline{\omega}_{w1}&=2\pi f_{w1}=\frac{\omega_r}{\sqrt{1+2\gamma}}\\
\underline{\omega}_{w2p}&=2\pi f_{w2}=\frac{\omega_r}{2\sqrt{1-\gamma}},\ \gamma<1
\end{aligned}
\tag{9.155}
$$

图 9.17（a）对应 $\underline{\omega}_w=\underline{\omega}_{w1}$，尽管 $\zeta_r=0$ 但曲线有界（对应于无阻尼运动），如式（9.144）第二行所示，与负旋转频率相等且不会引起任何共振。图 9.17（b）对应 $\underline{\omega}_w=\underline{\omega}_{w2p}$ 二次谐波共振），很明显由于 $\zeta_r\cong 0.02$，曲线有界，不会发散。50 倍放大图 9.17（a），其轨迹与图 9.15（b）基本相符。

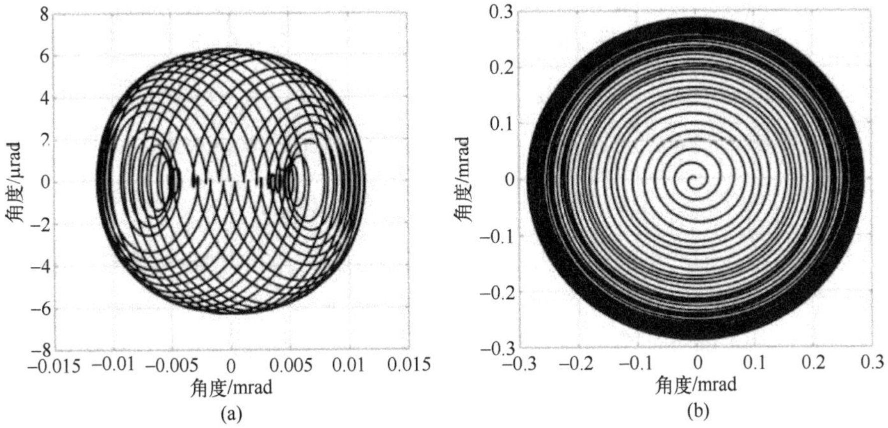

图 9.17　强制回旋响应

（a）在负旋转频率上调制的输入频率；（b）在正旋转频率上调制的输入频率。

9.5.7　减少转子干扰

转子微振动可能会损害在 LEO 或 GEO 轨道上的光学负载的指向性能，视线的稳定性是整个卫星设计的关键。例如，灾难监测，边界控制，监测非法移民和安全，要求图像分辨率比对地静止轨道卫星高 1m。反过来，在图像积分 $T_i=0.1\text{s}$ 期间内，对平均指向误差 $\tilde{q}_{\text{ave}}$ 提出了要求：

$$q_{r,\text{ave}}(t)=\frac{1}{T_i}\int_t^{t+T_i}\tilde{q}_r(\sigma)\,\mathrm{d}\sigma=\frac{1}{T_i}\int_t^{t+T_i}\int_t^{\sigma}\omega(\tau)\,\mathrm{d}\tau\,\mathrm{d}\sigma \tag{9.156}$$

要求其小于 $\tilde{\sigma}_{r,\text{ave}}\leqslant 25\text{nrad}$（以均方根表示）。在式（9.156）中，$\tilde{q}_r(t)=\sqrt{\tilde{\phi}_r^2+\tilde{\theta}_r^2}$ 是由于光轴相对于本地垂直轴的滚动和俯仰波动而导致的指向误差，$\tilde{\omega}$ 是相应的角速率波动。通过假设 $f>1/T_i$ 时，角速率谱密度 $\tilde{S}_\omega$ 较为平坦，谱密度要求变为：

$$\tilde{S}_\omega\leqslant\sqrt{2}\tilde{\sigma}_{r,\text{dve}}/\sqrt{T_i}\cong 0.1\mu\text{rad}/(\text{s}\sqrt{\text{Hz}}) \tag{9.157}$$

转子力矩噪声谱密度的边界值由下式给出。

$$\tilde{S}_M\leqslant 2\pi f\int_s\tilde{S}_\omega[\text{Nm}/\sqrt{\text{Hz}}],f\geqslant 1/T_i \tag{9.158}$$

为了不增加 $\tilde{\sigma}_{\text{r,ave}}$，必须在频率 $f\gg 1/T_i$ 上调谐图 9.16 中的微振动，以使它们在 T_i 期间达到均值为零。剩余的平缓谱成分是由摩擦、液体晃动、电动机力矩噪声等引起的。

通过非接触式磁性轴承悬浮来减轻反作用轮振动。主要问题是该解决方案的成熟度较低。减轻振动的常见方法是，使用带有弹性悬浮的无源隔离器。主动补偿系统目前正在研究中。

9.6 控制力矩陀螺仪

控制力矩陀螺仪是具有角动量 $\boldsymbol{H}=J\omega$ 恒速为 $\dot{\theta}=\omega$ 的旋转转子，其中 $\boldsymbol{\omega}$ 是可以主动定向的自旋轴。转子是像旋转质量陀螺仪的转子一样安装在电动万向节上［见图 8.4（b）］。现在将图 8.4 的万向轴 $\boldsymbol{n}=\boldsymbol{n}_2$ 固定在航天器主体上，在输入轴上施加控制力矩，马达驱动转子，角速率矢量为 $\boldsymbol{\omega}_g=\dot{\theta}\boldsymbol{n}$。输出轴是正交于平面 $\{\boldsymbol{n},\boldsymbol{\omega}\}$ 的轴，在此平面上产生作用于航天器的回转力矩 $\boldsymbol{M}=\dot{\boldsymbol{H}}$。回转力矩的表达式为

$$\boldsymbol{M}=\frac{\mathrm{d}(H\boldsymbol{\omega})}{\mathrm{d}t}=H\dot{\boldsymbol{\omega}}=H\dot{\theta}\boldsymbol{n}\times\boldsymbol{\omega} \tag{9.159}$$

换句话说，自旋轴产生的围绕万向轴 $\boldsymbol{n}$ 倾斜的回转力矩与航天器的力矩 $\boldsymbol{M}$ 平衡。控制力矩陀螺仪可用作回转执行器或精确指向执行器。由于旋转速率恒定，与反作用轮不同，控制力矩陀螺仪可能会以有限的功耗提供更大的力矩。控制力矩陀螺的缺点是构造复杂，质量大和成本高，在同等角动量能力下尺寸较大。角动量的范围从小于 1N · ms 到大于 1000N · ms。最大万向节速率通常在 0.2~2rad/s。至少需要 3 个控制力矩陀螺仪才能提供三轴姿态控制，由 $i=1,2,\cdots,m$ 索引的 m 个组件，可提供总力矩：

$$\boldsymbol{M}=\sum_{i=1}^{m}H_i\boldsymbol{n}_i\times\boldsymbol{\omega}_i\dot{\theta}_i \tag{9.160}$$

万向节和旋转轴的体坐标 $\{n_i,w_i\}$ 允许控制力矩陀螺仪分布矩阵 W 如下：

$$\begin{aligned}&W(t)=[H_1\boldsymbol{n}_1\times\boldsymbol{w}_1(t)\quad\cdots\quad H_j\boldsymbol{n}_j\times\boldsymbol{w}_j(t)\quad\cdots\quad H_m\boldsymbol{n}_m\times\boldsymbol{w}_m]\\&\boldsymbol{M}=W(t)\dot{\boldsymbol{\theta}}\\&\dot{\boldsymbol{\theta}}=[\dot{\theta}_1,\cdots,\dot{\theta}_m],\ \boldsymbol{M}=[M_1,\cdots,M_m]\end{aligned} \tag{9.161}$$

用于反作用轮的分配律也可用于式（9.161）中对 $\dot{\theta}$ 进行求解。但是分布矩阵 W 跟随旋转轴方向 $\{w_j\}$ 的集合随时间变化。当所有输出力矩 $\boldsymbol{M}_j$，$j=1,2,\cdots,m$ 恰好位于单个平面中（如磁力矩器一样，失去可控性），控制力矩陀螺仪就不再具有调节姿态的能力。可以通过配置 $m\geqslant4$ 个控制力矩陀螺仪，避免出现奇点。为了避免奇点，文献［28］已经进行了研究。

对于干扰问题，可以优化恒定的转子速度，以减轻微振动。4 个控制力矩陀螺仪的金字塔形布局已安装到 2011 年和 2012 年发射的一对欧洲卫星 Pleiades-HR（HR 表示高分辨率）上，旨在实现高分辨率的对地立体成像，卫星运行于约 700km 的太阳同步轨道上，这对卫星轨道呈 180°分开布局[8]。相对于反作用轮，控制力矩陀螺仪更受欢迎，用于角速度要求为 0.02rad/s 的姿态调节。已经证明 6 个反作用轮装置，也满足上述要求，但是，代价是功耗偏高。

9.7 磁 力 矩

在 4.6 节中，地球磁场与 S/C 磁偶极子的残余矩相互作用，产生扰动力矩。以相同的方式，有可能实现一个能够传递所需力矩的自耦偶极子 $\boldsymbol{m}_u$，产生如 7.6.2 节式（7.243）中的航天器消旋力矩 M_c，或产生如 7.7.3 节式（7.283）中航天器旋转质量的

控制力矩 $M_c(i)$。相关的执行器称为磁力矩器（magnetic torquers）或 MTR，由铁磁内核和缠绕在其上的线圈组成，电流线圈中此流动。给定第 j 个磁铁杆上的线圈电流 $u_j = I_j$，$j=1,2,\cdots,n$，磁偶极子 $\boldsymbol{m}_j$ 取决于内核的磁导率 μ，绕组匝数 N 以及线圈截面面积 $A=D^2\pi/4$，假设磁力矩器组件上所有的这些参数都一样。通过忽略磁路中的损耗，以 Am^2 为单位表示的偶极子：

$$\boldsymbol{m}_j = \mu NAu_j\boldsymbol{v}_j = b_m u_j \boldsymbol{v}_j \tag{9.162}$$

其中 $\boldsymbol{v}_j$ 是垂直于绕组横截面的方向。等效电路包括一系列电阻和电感。针对不同的应用，根据电流环路实施是否对电流进行调节。当所需力矩不需要精确时，不用提供调节的规划，这种情况发生在磁力矩器仅用于卸载反作用轮的角动量时。

总的磁偶极子 $\boldsymbol{m}_u$ 是由基本偶极子组成的，如下所示。

$$\begin{aligned}&\boldsymbol{m}_u = b_m V\boldsymbol{u} = b_m[\boldsymbol{v}_1 \quad \cdots \quad \boldsymbol{v}_j \quad \cdots \quad \boldsymbol{v}_n]\boldsymbol{u}\\&\boldsymbol{u} = [u_1 = I_1, \cdots, u_j = I_j, \cdots, u_n = I_n]\end{aligned} \tag{9.163}$$

式中：V 为分布矩阵；$\boldsymbol{u}$ 为电流向量。

式（9.163）的优点是电流为线性函数，但是铁磁材料表现出磁滞现象。当铁磁材料的所有微观磁偶极子沿相同方向排列时，偶极矩的最大值达到饱和值，$|m_j| = b_m|I_j| \leqslant m_{\max}$。当不施加电流时，仍有一个残留偶极子 m_0。剩余偶极子的符号，取决于零滞曲线沿逆时针方向时，接近零电流条件的方向。因此式（9.162）重写为

$$\begin{aligned}&\boldsymbol{m}_j(t) = (b_m u_j(t) - \mathrm{sgn}(\dot{u}_j(t))m_0)\boldsymbol{v}_j, b_m|u_j(t)| \leqslant m_{\max}, m_0 \geqslant 0\\&b_m = b_{m,\mathrm{nom}}(1+\partial b_j)\end{aligned} \tag{9.164}$$

其中比例因子 b_m 已被分离为标称值 $b_{m,\mathrm{nom}}$ 和小的比例因子误差 $|\partial b_j| \leqslant 0.01\times10^{-3}$，假设 $m_0/m_{\max} \leqslant 0.01$，式（9.163）可改写为

$$\begin{aligned}&\boldsymbol{m}_u(t) = b_{m,\mathrm{nom}}V(\boldsymbol{u}(t) - \mu_0\boldsymbol{s}(\dot{\boldsymbol{u}}(t))) + \Delta\boldsymbol{m}_u(t)\\&\mu_0 = m_0/b_{m,\mathrm{nom}}\end{aligned} \tag{9.165}$$

其中 $\Delta\boldsymbol{m}_u(t)$ 包含比例因子和未对准误差，而 $\boldsymbol{s}(\dot{\boldsymbol{u}}(t))$ 的一般接近方向为 $\mathrm{sgn}(\dot{u}_j(t))$。

偶极矩低于饱和值的 80% 时，磁偶极矩方程式（9.165）近似为电流的线性函数。磁力矩杆可在饱和偶极矩 $m_{\max} \leqslant 1000\mathrm{Am}^2$ 时可用。

磁力矩器的大多数应用场景都采用 3 个力矩器，它们沿正交轴产生磁偶极矩。通常无须使用额外冗余的扭矩杆，因为它们双重绕组，具有内部冗余。因为总磁偶极矩等于各个杆所提供的力矩矢量和，有时需要超过 3 个力矩杆来提供附加功能。

体坐标系中的指令力矩已在 4.6.2 节式（4.138）中找到：

$$\begin{aligned}&\boldsymbol{M}_u = \boldsymbol{m}_u \times \boldsymbol{B} = (I_3 - \boldsymbol{b}\boldsymbol{b}^{\mathrm{T}})\boldsymbol{M}_c = \frac{-\boldsymbol{B}\times\boldsymbol{B}\times}{|\boldsymbol{B}|^2}\boldsymbol{M}_c\\&\boldsymbol{m}_u = \frac{\boldsymbol{B}\times}{|\boldsymbol{B}|^2}\boldsymbol{M}_c\end{aligned} \tag{9.166}$$

其中 $\boldsymbol{B}$ 是体坐标系中的地球磁场，$\boldsymbol{b} = \boldsymbol{B}/|\boldsymbol{B}|$ 是磁场方向，$\boldsymbol{M}_c$ 是被驱动的指令力矩。施加在航天器上的力矩 M_u 只能垂直于地球磁场。因此，磁力矩器不能实现三轴航天器姿态的瞬时控制。这是一个关键限制，磁控制只能用于极轨卫星，在该卫星上连续旋转的磁场方向可以在整个轨道中实现整体平均可控，但在局部分段轨道只能实现二维

可控：靠近两极可控制滚动和俯仰，在赤道附近可控制偏航和俯仰。7.6.2 节和 7.7 节已经讨论了利用平均可控性的姿态控制设计。磁力控制仅限于 1500~2000km 的低地球轨道。高于这个高度范围，磁场强度变得太低。

与反作用轮分配指令力矩的算法相同，可将 3 个或更多个磁力矩器中的净力矩进行分配。例如，若 rank$V$=3，则分配规则为

$$\boldsymbol{u}(t)=V^{\dagger}b_{m,\mathrm{nom}}^{-1}(\boldsymbol{m}_u(t)+Vm_0\boldsymbol{s}(\dot{\boldsymbol{u}}(t))),V^{\dagger}=V^{\mathrm{T}}(VV^{\mathrm{T}})^{-1}$$
$$\boldsymbol{m}_u(t)=\frac{\boldsymbol{B}(t)\times}{|\boldsymbol{B}(t)|^2}\boldsymbol{M}_c(t) \tag{9.167}$$

欧洲磁力矩器的典型参数在表 9.4 中。

表 9.4　典型的欧洲磁力矩参数

序号	参　量	符　号	单　位	值
1	偶极矩（最大）	$m_{\max}$	Am^2	400
2	电压	V	V	22
3	残留偶极矩	m_{res}	Am^2	0.1
4	质量	m_{MT}	kg	11
5	直径	D	m	0.06
6	长度	L	m	0.8
7	功率	W_{MT}	W	10

参 考 文 献

[1] E. Aitier. MICROSCOPE team, Microscope operations: collision avoidance and de-orbitation of a non-maneuvering satellite, in: AIAA SpaceOps 2016 Conference, 16–20 May 2016, Daejeon, Korea, AIAA, 2016, pp. 2016–2451.
[2] M. Armano, et al. A Strategy to Characterize the LISA-Pathfinder Cold Gas Thruster System, in: 10th Int. LISA Symposium, J. of Physics: Conference Series, vol. 610, 2015. Paper 012026.
[3] K.J. Åström, C. Canudas de Wit. Revisiting the LuGre model, IEEE Control System Magazine 28 (6) (2008) 101–114.
[4] K.G. Beauchamp. Walsh Functions and Their Applications, Academic Press, London, 1975.
[5] B. Blake, Micro-vibration disturbance fundamentals for rotating mechanisms, in: Advances in Astronautical Sciences, vol. 141, Univelt, San Diego, CA, 2011, pp. 417–432.
[6] E. Canuto, A. Rolino. Multi-input digital frequency stabilization of monolithic lasers, Automatica 40 (12) (2004) 2139–2147.
[7] E. Canuto. Drag-free and attitude control for the GOCE satellite, Automatica 44 (7) (July 2008) 1766–1780.
[8] P. Damilano. Pleiades high-resolution satellite: a solution for military and civilian needs in metric-class optical observations, in: Proc. 15th Annual AIAA/USU Conference on Small Satellites, Logan, Utah, 2001. SSC01-1-5.
[9] H.B. Hablani. Sun-tracking commands and reaction wheel sizing with configuration optimization, Journal of Guidance, Control and Dynamics 17 (4) (1994) 805–813.
[10] P.C. Hughes, C. Peter. Spacecraft Attitude Dynamics, Dover Publications, Inc., New York, 2004.
[11] M.H. Kaplan. Modern Spacecraft Dynamics & Control, John Wiley & Sons, New York, 1976.
[12] H.J. Leiter, et al. Evolution of the AIRBUS DS GmbH radio frequency ion thruster family, in: Joint Conf. of 30th Int. Symp. Space Technology & Science, 34th Int. Electric Propulsion Conf., 6th Nano-satellite Symp., July 4–10, 2015, IEPC, Kobe, Japan, 2015, pp. 2015–2090.
[13] D.G. Luenberger. Introduction to Linear and Nonlinear Programmming, Addison-Wesly, Rwading, MA, 1973.
[14] F.L. Markley, R.G. Reynolds, F.X. Liu, K.L. Lebsock. "Maximum torque and momentum envelopes for reaction wheel arrays", J. Guidance, Control and Dynamics 33 (5) (2010) 1606–1614.
[15] F.L. Markley, J.L. Crassidis. Fundamentals of Spacecraft Attitude Determination and Control, Springer Science, New York, 2014.
[16] R.A. Masterson, D.W. Miller, R.L. Grogan. Development of empirical and analytical reaction wheel disturbance models, in: 40th AIAA Structures, Structural Dynamics and Materials Conference, AIAA, St. Louis, MO, 1999, pp. 1199–1204.

[17] H. Meixner, P.-L. Righetti, K. Lagadec, F. Raballand, Meteosat Third Generation mission feasibility for orbit and attitude, in: SpaceOps 2008 Conference, AIAA, 2008, pp. 2008–3223.
[18] O. Mori, H. Sawada, R. Funase, M. Morimoto, T. Endo, T. Yamamoto, Y. Tsuda, Y. Kawakatsu, J. Kawaguchi, First solar power sail demonstration by IKAROS, in: Proc. of the 27th Int. Symp. on Space Technology and Science (ISSTS), Tsukuba, Japan, July 5–12, 2009, Paper: 2009-o-4-07v, 2009.
[19] National Aeronautics and Space Administration, Passive gravity-gradient libration dampers, in: NASA Space Vehicle Design Criteria (Guidance and Control, NASA SP-8071, February 1971.
[20] G. Noci, G. Matticari, P. Siciliano, L. Fallerini, Cold gas micro propulsion system for scientific satellite fine pointing: review of development and qualification activities at Thales Alenia Space Italia, in: 45th AIAA/ASME/SAE/ASEE Joint Propulsion Conference and Exhibit, 2–5 August 2009, Denver, Colorado, AIAA 2009-5127, 2009.
[21] M. Rausand, A. Hoyland, System Reliability Theory. Models, Statistical Methods and Applications, second ed., J. Wiley & Sons, Hoboken, NJ, 2004.
[22] A. Reissener, N. Buldrini, B. Seifert, T. Hörbe, F. Plesescu, J. Gonzalez del Amo, L. Massotti, 10000 h lifetime testing of the mN-FEEP thrister, in: Proc. AIAA JPC, Propulsion Energy Conf., July 25–27, 2016, Salt Lake City, UT, 2016.
[23] G. Sechi, G. Andrè, D. Andreis, M. Saponara, Magnetic attitude control of the GOCE satellite, in: Proc. 6th Int. ESA Conf. on Guidance, Navigation and Control Systems, Loutraki, Greece, 17–20 October 2005, ESA SP 606, January 2006.
[24] G. Sechi, M. Buonocore, F. Cometto, M. Saponara, A. Tramutola, B. Vinai, G. Andrè, M. Fehringer, In-flight results from the drag-free and attityde control of GOCE satellite, in: Preprints of the 18th IFAC World Congress, Milano, Italy, Augut 28-September 2, 2011, pp. 733–740.
[25] M.J. Sidi, Spacecraft Dynamics and Control. A Practical Engineering Approach, Cambridge Univ. Press, 1997.
[26] A. Thieuw, H. Marcille, Pleiades-HR CMGs-based attitude control system design, development, status and performance, in: 17th IFAC Symp. On Automatic Control in Aerospace, IFAC Proc., vol. 40, 2007, pp. 834–839.
[27] J.R. Wertz, Spacecraft Attitude Determination and Control, D. Reidel Pu. Co., Dordrecht, 1978.
[28] B. Wie, Space Vehicle Dynamics and Control, in: AIAA Education Series, AIAA Inc., Reston, 1988.
[29] N. Wolf, U. Probst, P.J. Klar, System identification of a radio-frequency ion thruster, in: Joint Conf. of 30th Int. Symp. Space Technology & Science, 34th Int. Electric Propulsion Conf., 6th Nano-satellite Symp., July 4-10, 2015, IEPC, Kobe, Japan, 2015, p. 292.
[30] J. Ziemer, et al., Flight hardware development of colloid microthruster technology for Space Technology 7 and LISA missions, in: 30th Int. Electric Propulsion Conf. (IEPC), September 17-20, 2007, IEPC, Florence, Italy, 2007, pp. 2007–2288.

第10章　姿态确定

10.1　目　　标

确定航天器姿态是航天器导航控制的主要功能之一（关于姿态表示的概述，详见第2章和文献［20］）。其目标是在任何时候获取相对于参考坐标系的体坐标系姿态更新数学表示。本章的目标是通过同时测量一组不平行的天文方向信息，确定在任何时刻（几何、静态）的姿态信息。术语逐点（或静态）和动态/递推相反，意味着除同步测量的方位信息以外，没有应用其他的历史测量数据。一对线性独立的方向信息足以确定航天器的姿态。基于扩展卡尔曼滤波的递推算法研究比较成熟，早期的研究见文献［10］。文献［1］提出了一种利用连续观测数据收敛到四元数估计值的方法。卡尔曼递推姿态估计不在本书中讲解（请参见文献［14］）。

静态的姿态是通过一个估计过程实现的，该估计过程由一系列单位向量组成的测量坐标系支撑，单位向量 $\boldsymbol{s}_j$，$j=1,2,\cdots,n$ 是由一些天体或者方位来确定，如太阳、地球、恒星，以及行星的磁场，因为它们相对于航天器的方位可以通过星载传感器测量得到。对任一个单位向量 $\boldsymbol{s}_j$，星载传感器将会提供测量坐标系矢量 $\boldsymbol{m}_j$ 在体坐标系下的表达式 $\mathcal{B}=\{C,b_1,b_2,b_3\}$，体坐标系的中心位于航天器的质心（CoM）$C$ 上。因为航天器的自然姿态是相对于惯性坐标系 $\mathcal{I}=\{C,\boldsymbol{i}_1,\boldsymbol{i}_2,\boldsymbol{i}_3\}$ 的，使用惯性坐标系参考矢量 $\boldsymbol{s}_j$ 作为参考，它必须是先验的。它既可以通过恒星星历表获得，也可以利用星载计算机数学模型（如已知行星的磁场）或者利用太阳、月球或行星的星历表进行计算。$\{\boldsymbol{s}_j,\boldsymbol{m}_j\}$ 为惯性坐标系和测量体坐标系构成用于确定姿态的基本测量值集合。假如我们暂时认定这两个测量值都是没有误差的，换言之，它们是单位向量 $\boldsymbol{s}_j$ 两种不同的表达方式，它们通过载体与惯性坐标系的转换关系表示如下。

$$\boldsymbol{m}_j=R_i^b\boldsymbol{s}_j=R^{\mathrm{T}}\boldsymbol{s}_j \tag{10.1}$$

在式（10.1）中，向量对 $\{\boldsymbol{s}_j,\boldsymbol{m}_j\}$ 已知，其中 $R_i^b=R^{\mathrm{T}}$，或者直接写作 R，它是待确定的未知姿态矩阵。因为一个单位向量只有两个自由度但是姿态矩阵 $R=R_i^b$ 有3个自由度，因此，对于姿态确定来说，至少需要测量两个不平行的指向，这是充要条件。然而，我们只能够获得带误差的测量对 $\{\breve{\boldsymbol{s}}_j,\breve{\boldsymbol{m}}_j\}$，正如2.5.6节中指出的，因而我们可以将式（10.1）转换为

$$\breve{\boldsymbol{m}}_j=R^{\mathrm{T}}\breve{\boldsymbol{s}}_j+\widetilde{\boldsymbol{n}}_j \tag{10.2}$$

其中，$\widetilde{\boldsymbol{n}}_j$ 表示测量组合 $\{\breve{\boldsymbol{s}}_j,\breve{\boldsymbol{m}}_j\}$ 的测量误差。因此通过最小化误差 $\widetilde{\boldsymbol{n}}_j$ 的加权范数来估计 R。这个优化问题可以归结为

$$\min_R J(R)=\min_R\frac{1}{2}\sum_{i=1}^{m}w_j\widetilde{\boldsymbol{n}}_j\cdot\boldsymbol{n}_j=\min_R\frac{1}{2}\sum_{i=1}^{m}w_j\,|\breve{\boldsymbol{m}}_j-R^{\mathrm{T}}\breve{\boldsymbol{s}}_j|^2,\ w_j\geqslant 0 \tag{10.3}$$

其中，$R\in SO(3)$，$SO(3)$是在2.3.2节中提到的特殊正交矩阵群。由此产生的最小二乘问题称为Wahba问题，这也是本章的中心问题，将会在10.4节和10.5节中详细地介绍。由此产生的姿态确定算法对于现代的星敏感器（请参阅8.9节）至关重要，因为它能够同时观测诸多天体的方向。从文献［22］中的早期解到现代解，已经提出了多种解决算法，其中R用四元数$q(R)$来替代表示。我们在10.4节开始讨论将Wahba问题表示为最大似然估计问题，并依据M. D. Shuster在文献［17］中提出的方法开展分析。在10.5节中阐述了两种主要的基于四元数的算法。它们是Davenport的q-方法和Shuster的四元数估计法（QUEST）[16]。还提到了被称之为最优四元数估计器（ESOQ[15]）的QUEST算法改进。关于这一主题的详细介绍参见文献［14］。我们的论述旨在详细说明估计算法及其误差协方差的推导过程。10.5小节以一个简单的双向蒙特卡罗仿真结束，该仿真检验了文献［19］中的残差统计量。

历史上讲，仅通过测量两个不平行的方向，经典的姿态确定算法被称为三轴（三轴向triaxial）姿态确定（TRIAD）算法，将在10.3节中阐述。由于其简单性，该算法以及它的统计有效性和Wahba问题算法的比较，值得全面的介绍。在10.4.3节通过分析，以及在10.5.4节中利用蒙特卡罗仿真的方法进行了比较。

上述姿态估计器协方差矩阵的形式为随机方向协方差矩阵的推广，10.2节致力于这个主题。本章以第10.6节结束，该小节介绍了通过方向测量直接得到航天器的角速率（参见文献［5］）。

10.2 测量误差

10.2.1 方向误差的协方差

10.1节中两个矢量$\{\boldsymbol{s}_j,\boldsymbol{m}_j\}$的测量值受到不同误差源的影响。我们考虑一个普通的单位矢量$\boldsymbol{s}_j$，它的测量值$\breve{\boldsymbol{s}}$受到指向误差$\tilde{\boldsymbol{s}}$的影响（没有受到幅值误差的影响）如下所示：

$$\breve{\boldsymbol{s}}=\boldsymbol{s}+\tilde{\boldsymbol{s}},\ \ |\boldsymbol{m}|=|\boldsymbol{s}|=1 \tag{10.4}$$

这里$\breve{\boldsymbol{s}}$代表测量的单位矢量。因为$\breve{\boldsymbol{s}}$和$\boldsymbol{s}$都是单位矢量，它们位于同一个单位球上，当$|\tilde{\boldsymbol{s}}|$趋向于0时，$\tilde{\boldsymbol{s}}$倾向于和$\breve{\boldsymbol{s}}$、$\boldsymbol{s}$都正交。在这种条件下，通过假设$|\tilde{\boldsymbol{s}}|\ll 1$，那么我们可以写为

$$\boldsymbol{s}\cdot\tilde{\boldsymbol{s}}=0 \tag{10.5}$$

可以在参考系$\mathbb{S}=\{C,\boldsymbol{s}_1,\boldsymbol{s}_2,\boldsymbol{s}_3=\boldsymbol{s}\}$中表示$\tilde{\boldsymbol{s}}$。参考系是由$\boldsymbol{s}$和两个任意正交的方向矢量$\boldsymbol{s}_1$和$\boldsymbol{s}_2$来定义的，它们是在同一个平面内并且垂直于矢量$\boldsymbol{s}$。通过惯性坐标，我们可以写出误差的表达式

$$\left.\begin{array}{c}\tilde{\boldsymbol{s}}_i=\tilde{s}_1\boldsymbol{s}_1+\tilde{s}_2\boldsymbol{s}_2+\tilde{s}_3\boldsymbol{s}\\ \tilde{s}_3=0\end{array}\right\}\Rightarrow\tilde{\boldsymbol{s}}=\begin{bmatrix}\tilde{s}_1\\ \tilde{s}_2\\ 0\end{bmatrix} \tag{10.6}$$

这里的坐标三元组$\{\boldsymbol{s}_1,\boldsymbol{s}_2,\boldsymbol{s}\}$指的是三轴单位向量；$\tilde{\boldsymbol{s}}$是指坐标系$\mathbb{S}$中的坐标；$\tilde{\boldsymbol{s}}_i$指的是惯性坐标矢量。

因为方向误差 $\tilde{s}$ 中的前两个元素是未知的，它们通常是由高斯随机变量来建立模型，均值和协方差矩阵定义为

$$\mathcal{E}\{\tilde{s}\}=0$$

$$\mathcal{E}\{\tilde{s}\tilde{s}^{\mathrm{T}}\}=\tilde{P}=\begin{bmatrix}\tilde{\sigma}_1^2 & \tilde{\sigma}_{12} & 0\\ \tilde{\sigma}_{12} & \tilde{\sigma}_2^2 & 0\\ 0 & 0 & 0\end{bmatrix}=\begin{bmatrix}\tilde{P}_{12} & 0\\ 0 & 0\end{bmatrix} \tag{10.7}$$

因此，协方差矩阵 $\tilde{P}$ 是奇异的。式（10.6）中的表达式以及式（10.7）中的定义表明 s 的误差位于正交于矢量 s 的平面 $\mathcal{P}_{12}=\{s_1,s_2\}$ 内。因此矢量平面 $\mathcal{P}_{12}$ 可以理解为三维矢量通过之前 2.2.2 小节中式（2.11）定义的正交投影矩阵 $\boldsymbol{\Pi}(s)=I-ss^{\mathrm{T}}$ 映射到 $\mathcal{P}_{12}$ 而成的。事实上，给定一个 3×3 的协方差矩阵 $\tilde{P}_s$，那么可以立即证明

$$\tilde{P}=(I-ss^{\mathrm{T}})\tilde{P}_s(I-ss^{\mathrm{T}}) \tag{10.8}$$

如果误差是关于 s 对称分布的简单情形，式（10.6）中的非零误差分量和 $\tilde{\sigma}^2$ 变得不相关，也就是说，我们记 $\tilde{\sigma}_1^2=\tilde{\sigma}_2^2=\tilde{\sigma}^2$ 以及 $\tilde{\sigma}_{12}=0$。那么，$\tilde{s}_i$ 的协方差和投影矩阵 $\boldsymbol{\Pi}(s)$ 成正比，正如下列等式：

$$\mathcal{E}\{s_is_i^{\mathrm{T}}\}=E\{\tilde{s}_1^2s_1s_1^{\mathrm{T}}+\tilde{s}_2^2s_2s_2^{\mathrm{T}}+2\tilde{s}_1\tilde{s}_2s_1s_2^{\mathrm{T}}\}=\tilde{\sigma}^2(s_1s_1^{\mathrm{T}}+s_2s_2^{\mathrm{T}})=\tilde{\sigma}^2(I-ss^{\mathrm{T}}) \tag{10.9}$$

最后的等式来自于 $\sum_{j=1}^{3}s_js_j^{\mathrm{T}}=I$。

式（10.9）的一般表达式是从一般矢量 s 和误差矢量 $\tilde{s}$ 得到的，该推导可能发生在任何的方向。考虑单位矢量 e 和该单位矢量的误差 $\tilde{e}$。通过假设 $\tilde{s}$ 和 $\tilde{e}$ 无穷小我们可以将其重写为 $\tilde{s}=\delta s$ 和 $\tilde{e}=\delta e$，误差 $\tilde{e}$ 可以从下面的微分方程中得到：

$$\tilde{e}=\delta e=\frac{\mathrm{d}e}{\mathrm{d}s}\delta s=\frac{\mathrm{d}}{\mathrm{d}s}\left(\frac{s}{\sqrt{s^{\mathrm{T}}s}}\right)\delta s=\frac{1}{|s|}\left(1-\frac{ss^{\mathrm{T}}}{|s|^2}\right)\delta s=(1-ee^{\mathrm{T}})\frac{\tilde{s}}{|s|}=\boldsymbol{\Pi}(e)\frac{\tilde{s}}{|s|} \tag{10.10}$$

因为投影矩阵 $\boldsymbol{\Pi}(e)=I-ee^{\mathrm{T}}$ 是对称的，所以误差协方差成立：

$$\mathcal{E}\{\tilde{e}\tilde{e}^{\mathrm{T}}\}=(I-ee^{\mathrm{T}})\frac{\mathcal{E}\{ss^{\mathrm{T}}\}}{|s|^2}(I-ee^{\mathrm{T}}) \tag{10.11}$$

这表明一般误差协方差 $\mathcal{E}\{\tilde{s}\tilde{s}^{\mathrm{T}}\}/|s|^2$，利用式（10.8）中的投影矩阵 $\boldsymbol{\Pi}(e)$ 已经得到转换，投影矩阵提取了正交于 e 的误差分量。如果 $\tilde{s}$ 的不确定波动在各个方向上的统计是一致的，误差的协方差可以简化为

$$\mathcal{E}\{ss^{\mathrm{T}}\}=\tilde{\sigma}^2I|s|^2,\ \tilde{\sigma}/|s|\leqslant 1 \tag{10.12}$$

将式（10.12）代入式（10.11）中，再利用数学性质 $(I-ee^{\mathrm{T}})^2=I-ee^{\mathrm{T}}$，得到式（10.9）中的结果。

围绕均值向量 s 随机分布的单位矢量序列 s_k，$k=1,2,\cdots,M$，可以通过随机旋转 $\tilde{s}$ 的坐标向量 s 来构造。为了达到此目的，可以根据一些概率密度来生成诸如 321 顺序的泰特 · 布莱恩随机角序列 $\{\boldsymbol{\theta}_k=[\varphi_k,\theta_k,\psi_k]\}$，相应的旋转序列 $R_k(\varphi_k,\theta_k,\psi_k)$ 应用到 s 中，那么可以获得相应的随机序列 $\{s_k=R_k(\varphi_k,\theta_k,\psi_k)s\}$。通过对 s_k 进行归一化处理来对数值误差进行矫正。图 10.1（a），显示了利用零均值，统计独立，具有等方差特性 $\sigma^2=10^{-4}$ 的高斯型统计特性欧拉角中获得的均值矢量为 $s=[0,0,1]$ 以及 $M=1000$ 的随机矢量簇。图 10.1（b）中，显示了矢量簇端点映射到 $\{x,y\}$ 平面上的情况。绘制的坐标

是 $s_{k1} \cong \theta_k$（x 轴）以及 $s_{k2} \cong -\varphi_k$（y 轴）。图 10.1（b）中随机生成的 $M=1000$ 个矢量中有 10 个矢量位于半径为 3σ 的圆之外。相应的分式 10/1000 与瑞利概率近似一致：$P\{\sqrt{\varphi_k^2+\theta_k^2} \geqslant 3\sigma\} = \mathrm{e}^{-9/2} \cong 11/1000$。

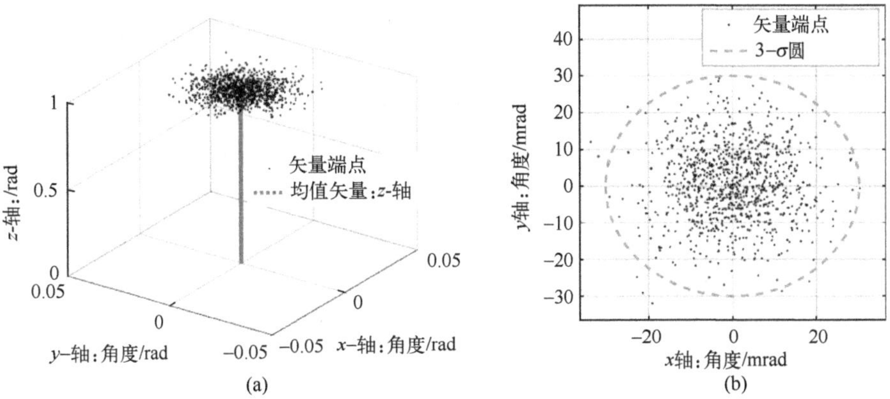

图 10.1　单位球面上平均矢量周围的发散分布

（a）三维视图；（b）x 和 y 坐标。

精确和近似的正态概率密度

关于单位矢量 $\breve{s}$，$|\breve{s}|=1$ 的精确高斯概率密度函数 $f_{NS}(\breve{s})$。是围绕均值向量 $\boldsymbol{s}$ 正态分布在$\mathbb{R}^3$的二维球体上，被称为二维 Fisher-Bingham 分布[7,9,17]。在下面的方程中，下标 NS 表示球面上的正态概率。给定参考坐标系下的坐标向量$(\breve{\boldsymbol{s}},\boldsymbol{s})$，$f_{\mathrm{NS}}(\breve{\boldsymbol{s}})$ 由下式给定。

$$f_{\mathrm{NS}}(\breve{\boldsymbol{s}})=\frac{1}{N_{\mathrm{NS}}(\widetilde{\boldsymbol{P}}_s)}\exp\left(-\frac{1}{2}(\breve{\boldsymbol{s}}-\boldsymbol{s})^{\mathrm{T}}P_s^{-1}(\breve{\boldsymbol{s}}-\boldsymbol{s})\right) \tag{10.13}$$

其中，$N_{\mathrm{NS}}(\widetilde{\boldsymbol{P}}_s)$是归一化常数，$\widetilde{\boldsymbol{P}}_s$ 是协方差矩阵。根据式（10.4）假定测量误差的定义为 $\tilde{\boldsymbol{s}}=\boldsymbol{s}-\breve{\boldsymbol{s}}$。因为参考系是任意的，所以可以选择对角化的 $\widetilde{\boldsymbol{P}}_s$。如果我们假定 $\widetilde{\boldsymbol{P}}_s=\widetilde{\sigma}^2 I$，归一化常数 $N_{\mathrm{NS}}(\widetilde{P}_s)$[17] 为

$$N_{\mathrm{NS}}(\widetilde{P}_s)=2\pi\widetilde{\sigma}^2(1-\exp(-2\widetilde{\sigma}^{-2}))\cong 2\pi\widetilde{\sigma}^2 \tag{10.14}$$

当 $\widetilde{\sigma}<0.5\mathrm{rad}$ 时，右侧约等号的近似值误差小于 1%。式（10.14）中的近似常数是二元正态密度的常数，这与式（10.5）的假设一致，即 $\tilde{\boldsymbol{s}}=\boldsymbol{s}-\breve{\boldsymbol{s}}$ 位于通过 $\boldsymbol{s}$ 的球体的切平面上。修正项 $\exp(1-2\widetilde{\sigma}^{-2})$表示球体的有限面积。换句话说，定义在无穷二维平面上的非周期性正态密度在式（10.13）中变成了周期性的。

因为投影协方差矩阵在$\mathbb{R}^3$是奇异的，所以通过 $\boldsymbol{s}$ 的切平面上的二元概率密度必须在$\mathbb{R}^2$中定义。为了保证在$\mathbb{R}^3$中具有同样的性质，当我们需要明确概率密度时，就必须采用式（10.13）中的 Fisher-Bingham 密度。投影后的协方差为：

$$\widetilde{\boldsymbol{P}}=(I-ss^{\mathrm{T}})\widetilde{\boldsymbol{P}}_s(I-ss^{\mathrm{T}})=\widetilde{\sigma}^2(I-ss^{\mathrm{T}}) \tag{10.15}$$

10.2.2　叉积误差的协方差

误差协方差对于两个方向的测量值之间的叉积也很重要。

$$\breve{s}_k=s_k+\tilde{s}_k,\ k=1,2$$
$$s_k\cdot\tilde{s}_k=0 \tag{10.16}$$

它具有二阶统计量

$$\mathcal{E}\{\tilde{s}_k\}=0,\ k=1,2$$
$$\mathcal{E}\{\tilde{s}_k\tilde{s}_k^{\mathrm{T}}\}=\tilde{\sigma}_k^2(I-\tilde{s}_k\tilde{s}_k^{\mathrm{T}}),\ k=1,2 \tag{10.17}$$
$$\mathcal{E}\{\tilde{s}_1\tilde{s}_2^{\mathrm{T}}\}=0$$

叉积误差 $\tilde{s}_{1\times2}$是从式（10.16）中的两个测量值叉积中获得的，通过忽略等式的二阶项：

$$\breve{s}_1\times\breve{s}_2=s_1\times s_2+s_1\times\tilde{s}_2-s_2\times\tilde{s}_1+\tilde{s}_1\times\tilde{s}_2=s_1\times s_2+\tilde{s}_{1\times2}$$
$$\tilde{s}_{1\times2}\cong s_1\times\tilde{s}_2-s_2\times\tilde{s}_1 \tag{10.18}$$

$\tilde{s}_{1\times2}$的协方差矩阵 $\tilde{P}_{1\times2}$阐明了式（10.16）中假设的指向误差是不相关的特性，由此产生了以下系列的等式。

$$\begin{aligned}\tilde{P}_{1\times2}&=\mathcal{E}\{\tilde{s}_{1\times2}\tilde{s}_{1\times2}^{\mathrm{T}}\}=\mathcal{E}\{s_1\times\tilde{s}_2\ (s_1\times\tilde{s}_2)^{\mathrm{T}}+s_2\times\tilde{s}_1\ (s_2\times\tilde{s}_1)^{\mathrm{T}}\}\\&=(s_1\times)\mathcal{E}(\tilde{s}_2\tilde{s}_2^{\mathrm{T}})(s_1\times)^{\mathrm{T}}+(s_2\times)\mathcal{E}(\tilde{s}_1\tilde{s}_1^{\mathrm{T}})(s_2\times)^{\mathrm{T}}\\&=\tilde{\sigma}_2^2(s_1\times)(I-s_2s_2^{\mathrm{T}})(s_1\times)^{\mathrm{T}}+\tilde{\sigma}_1^2(s_2\times)(I-s_1s_1^{\mathrm{T}})(s_2\times)^{\mathrm{T}}\end{aligned} \tag{10.19}$$

通过应用 2.2.2 节式（2.19）中的第一行，即将$(s_1\times)(s_2\times)^{\mathrm{T}}=-(s_1\times)^2=I-s_1s_1^{\mathrm{T}}$ 代入式（10.19）中，我们可以得到如下式。

$$(s_k\times)(I-s_js_j^{\mathrm{T}})(s_k\times)^{\mathrm{T}}=I-s_ks_k^{\mathrm{T}}-(s_k\times s_j)(s_k\times s_j)^{\mathrm{T}} \tag{10.20}$$

再将其应用到式（10.19）中得到最后的表达式：

$$\tilde{P}_{1\times2}=\tilde{\sigma}_2^2(I-s_1s_1^{\mathrm{T}})+\tilde{\sigma}_1^2(I-s_2s_2^{\mathrm{T}})-(\tilde{\sigma}_1^2+\tilde{\sigma}_2^2)(s_1\times s_2)(s_1\times s_2)^{\mathrm{T}} \tag{10.21}$$

在等方差的条件下，$\tilde{\sigma}_1^2=\tilde{\sigma}_2^2=\tilde{\sigma}^2$，式（10.21）可以简化为

$$\tilde{P}_{1\times2}=\tilde{\sigma}^2(2(I-(s_1\times s_2)(s_1\times s_2)^{\mathrm{T}})-s_1s_1^{\mathrm{T}}-s_2s_2^{\mathrm{T}})) \tag{10.22}$$

当两个方向正交时，即 $s_1\cdot s_2=0$，式（10.22）可以精简为式（10.9）。事实上，$s=s_1\times s_2$ 以及式（2.19）中第一行的特性允许式（10.22）按照我们预期简化为

$$\tilde{P}_{1\times2}=\tilde{\sigma}^2(I-ss^{\mathrm{T}}) \tag{10.23}$$

当式（10.18）中的单位矢量 s_1 和 s_2 不是正交的时候，叉积矢量 $s=s_1\times s_2$ 不是一个单位矢量。在这种情况下，式（10.21）可以如同式（10.11）中进行归一化处理，通过定义单位矢量 $e=s/|s|$和 $\tilde{e}=\Pi(e)\tilde{s}_{1\times2}/|s|$，如式（10.10）所示。新的误差协方差为

$$\tilde{E}_{1\times2}=\mathcal{E}\{\tilde{e}\tilde{e}^{\mathrm{T}}\}=\frac{1}{|s|^2}(I-ee^{\mathrm{T}})(\tilde{\sigma}_2^2(I-s_1s_1^{\mathrm{T}})+\tilde{\sigma}_1^2(I-s_2s_2^{\mathrm{T}})-(\tilde{\sigma}_1^2+\tilde{\sigma}_2^2)ee^{\mathrm{T}}|s|^2)(I-ee^{\mathrm{T}}) \tag{10.24}$$

通过利用特性 $s_1^{\mathrm{T}}e=s_2^{\mathrm{T}}e=0$ 和$|e|=1$，最后一个表达式可以进一步简化为

$$\tilde{E}_{1\times2}=\mathcal{E}\{\tilde{e}\tilde{e}^{\mathrm{T}}\}=\frac{1}{|s_1\times s_2|^2}(\tilde{\sigma}_2^2(I-s_1s_1^{\mathrm{T}}-ee^{\mathrm{T}})+\tilde{\sigma}_1^2(I-s_2s_2^{\mathrm{T}}-ee^{\mathrm{T}})) \tag{10.25}$$

读者应该注意，除了矢量的归一化以外，式（10.25）和式（10.21）相同。

10.3 双轴静态姿态确定方法

最早最简单的航天器姿态确定方法依赖于两个不平行的方向信息，因为它们是形成参考系的充要条件，如 2.5.2 节所示。例如，两个方向分别是航天器-太阳以及航天器-地球质心的单位矢量。姿态确定需要方向坐标在惯性坐标系 $\mathcal{I}=\{C,\boldsymbol{i}_1,\boldsymbol{i}_2,\boldsymbol{i}_3\}$（参考坐标系）以及在体坐标系 $\mathcal{B}=\{C,\boldsymbol{b}_1,\boldsymbol{b}_2,\boldsymbol{b}_3\}$（观测坐标系）同时已知。历史上，有以下两种方法可用。

（1）圆锥相交法（Cone Intersection Method）通过一对不平行的方向，来确定一般体轴 $\vec{b}$ 的惯性坐标 $\boldsymbol{b}_i$，我们将忽略坐标测量误差，对算法进行简要的概述。

（2）自最早太空任务[2,11,16]以来的 TRIAD 法，允许利用一对不平行的方向对姿态矩阵 $\boldsymbol{R}=R_i^b$ 进行闭合式姿态确定。

10.3.1 圆锥相交法

考虑一个一般的载体方向 $\vec{b}$ 以及体坐标系中的已知坐标向量 $\boldsymbol{b}$。通过获取两个不平行方向 $\vec{s}_k(k=1,2)$ 的载体和惯性坐标，即 $\boldsymbol{m}_k$ 和 $\boldsymbol{s}_k$，我们希望确定 $\vec{b}$ 的惯性坐标矢量 $\boldsymbol{r}=\boldsymbol{b}_i$。当矢量 $\boldsymbol{r}_k$，$k=1,2,3$ 将变为未知旋转矩阵 $\boldsymbol{R}$ 的列时，这就解释了为什么使用符号 $\boldsymbol{r}$ 而不是 $\boldsymbol{b}_i$。$\vec{b}$ 的惯性矢量 $\boldsymbol{r}$ 可以用非正交基底表示，即 $\boldsymbol{s}_1$、$\boldsymbol{s}_2$ 以及 $\boldsymbol{s}_3=\boldsymbol{s}_1\times\boldsymbol{s}_2$，其中 $|\boldsymbol{s}_1|=1$，$|\boldsymbol{s}_2|=1$，如下所示。

$$\boldsymbol{r}=r_1\boldsymbol{s}_1+r_2\boldsymbol{s}_2+r_3\boldsymbol{s}_1\times\boldsymbol{s}_2 \tag{10.26}$$

在没有测量误差的情况下，通过利用下列的点积特性：

$$\vec{b}\cdot\vec{s}_k=\boldsymbol{b}\cdot\boldsymbol{m}_k=\boldsymbol{r}\cdot\boldsymbol{s}_k \tag{10.27}$$

式（10.26）中未知的 3 个测量方程 r_j，$j=1,2,3$，可以写为如下。

$$\begin{aligned}
m_1&=\boldsymbol{b}\cdot\boldsymbol{m}_1=\boldsymbol{r}_1\boldsymbol{s}_1=r_1+r_2\boldsymbol{s}_2\times\boldsymbol{s}_1=r_1+r_2s_{12}\\
m_2&=\boldsymbol{b}\cdot\boldsymbol{m}_2=\boldsymbol{r}_2\boldsymbol{s}_2=r_2+r_1\boldsymbol{s}_1\times\boldsymbol{s}_2=r_2+r_1s_{12}\\
m_3&=\boldsymbol{b}\cdot(\boldsymbol{m}_1\times\boldsymbol{m}_2)=\boldsymbol{r}\cdot(\boldsymbol{s}_1\times\boldsymbol{s}_2)=r_3\ |\boldsymbol{s}_1\times\boldsymbol{s}_2|^2=r_3(1-s_{12}^2)
\end{aligned} \tag{10.28}$$

式（10.28）中的 3 个方程式由下式得到

$$\begin{bmatrix}r_1\\r_2\\r_3\end{bmatrix}=\begin{bmatrix}1&s_{12}&0\\s_{12}&1&0\\0&0&1-s_{12}^2\end{bmatrix}^{-1}\begin{bmatrix}m_1\\m_2\\m_3\end{bmatrix}=\frac{1}{1-s_{12}^2}\begin{bmatrix}m_1-s_{12}m_2\\m_2-s_{12}m_1\\m_3\end{bmatrix} \tag{10.29}$$

当且仅当 $|s_{12}|<1$，即方向不平行时上式成立。实际上，给定体坐标 $[\boldsymbol{b}_1\quad\boldsymbol{b}_2\quad\boldsymbol{b}_3]=I_3$，惯性坐标矩阵 $\boldsymbol{R}=R_b^i=[\boldsymbol{r}_1\quad\boldsymbol{r}_2\quad\boldsymbol{r}_3]$ 是通过分别计算矩阵 $\boldsymbol{R}$ 的第 k 列坐标 r_{kj}，$j=1,2,3$ 和式（10.29）中的 r_k，$k=1,2,3$ 得到的。表达式 $\boldsymbol{R}=R_i^b$ 留给读者证明。

10.3.2 三轴姿态确定方法

不同于圆锥相交法，测量的多个方向用于一次性建立正交的 TRAID 参考坐标系，这已经在 2.5.2 节中定义，如下所示。

$$\mathcal{T}=\left\{C,\boldsymbol{t}_1=\boldsymbol{s}_1,\boldsymbol{t}_2=\boldsymbol{s}_3=\frac{\boldsymbol{s}_1\times\boldsymbol{s}_2}{|\boldsymbol{s}_1\times\boldsymbol{s}_2|},\boldsymbol{t}_3=\boldsymbol{s}_1\times\boldsymbol{t}_2=\boldsymbol{s}_1\times\boldsymbol{s}_3\right\} \tag{10.30}$$

我们注意到式（10.30）中和图 10.2 中的坐标系结构以 $\boldsymbol{s}_1$ 为基准，并且联合 $\boldsymbol{s}_2$ 来定义与 $\boldsymbol{t}_2=\boldsymbol{s}_3$ 方向（TRIAD 极轴）正交的平面。在同一个图中，显示了第二个坐标系 $\mathcal{T}_2=\{C,\boldsymbol{t}_{12}=\boldsymbol{s}_2,\boldsymbol{t}_{22}=\boldsymbol{s}_3,\boldsymbol{t}_{32}=\boldsymbol{s}_2\times\boldsymbol{s}_3\}$。第二个坐标系是通过第一个坐标系围绕不变的极轴 $\boldsymbol{t}_2=\boldsymbol{s}_2\times\boldsymbol{s}_3$ 旋转 ψ 角度得到。进一步说明，在以 $\boldsymbol{s}_1$ 为基准构建的第一个 TRIAD 坐标系中，更好的轴系排列序列应该是 $\mathcal{T}=\{C,\boldsymbol{t}_3,\boldsymbol{t}_1,\boldsymbol{t}_2=\boldsymbol{s}_3\}$，它强调 $\boldsymbol{t}_2$ 作为 TRIAD 的极轴，因为通常将第三个位置的坐标轴作为极轴（pole）。

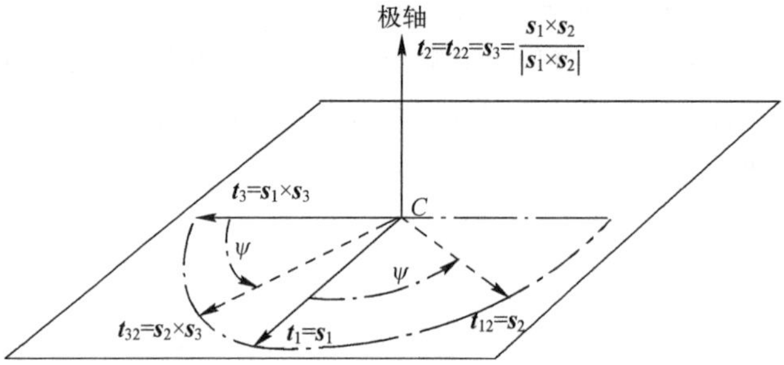

图 10.2　三轴姿态确定参考系

通过选择 $\vec{s}_1$ 作为第一个矢量，式（10.31）中坐标轴的惯性坐标和体坐标分别为：

$$\begin{aligned}&\boldsymbol{t}_{s1}=\boldsymbol{s}_1,\ \boldsymbol{t}_{s2}=\frac{\boldsymbol{s}_1\times\boldsymbol{s}_2}{|\boldsymbol{s}_1\times\boldsymbol{s}_2|},\ \boldsymbol{t}_{s3}=\boldsymbol{t}_{s1}\times\boldsymbol{t}_{s2}\\&\boldsymbol{t}_{m1}=\boldsymbol{m}_1,\ t_{m2}=\frac{\boldsymbol{m}_1\times\boldsymbol{m}_2}{|\boldsymbol{m}_1\times\boldsymbol{m}_2|},\ t_{m3}=t_{m1}\times t_{m2}\end{aligned} \tag{10.31}$$

定义了 TRIAD-惯性坐标系的转换矩阵 $\boldsymbol{R}_t^i$ 以及 TRIAD-体坐标系转换矩阵 $\boldsymbol{R}_t^b$，如下所示。

$$\begin{aligned}\boldsymbol{R}_t^i&=\boldsymbol{T}_s=[\boldsymbol{t}_{s1}\quad \boldsymbol{t}_{s2}\quad \boldsymbol{t}_{33}]\\\boldsymbol{R}_t^b&=\boldsymbol{T}_m=[\boldsymbol{t}_{m1}\quad \boldsymbol{t}_{m2}\quad \boldsymbol{t}_{m3}]\end{aligned} \tag{10.32}$$

待求解的姿态矩阵 $\boldsymbol{R}=\boldsymbol{R}_i^b$ 可从左到右依次分解为惯性坐标系-TRIAD 以及 TRIAD-体坐标系的两个旋转变换

$$\boldsymbol{R}=\boldsymbol{R}_b^i=\boldsymbol{R}_t^i(\boldsymbol{R}_t^b)^{\mathrm{T}}=\boldsymbol{T}_s\boldsymbol{T}_m^{\mathrm{T}}=\sum_{j=1}^{3}\boldsymbol{t}_{sj}\boldsymbol{t}_{mj}^{\mathrm{T}} \tag{10.33}$$

接下来写作 $[\boldsymbol{t}_{s1}\quad \boldsymbol{t}_{s2}\quad \boldsymbol{t}_{s3}]=\boldsymbol{R}_b^i[\boldsymbol{t}_{m1}\quad \boldsymbol{t}_{m2}\quad \boldsymbol{t}_{m3}]$。式（10.33）中的无误差解独立于选定的轴向量，不是 $\vec{s}_1$ 就是 $\vec{s}_2$。事实上，给定一组 TRIAD 坐标系 $\{\mathcal{T}_1\quad \mathcal{T}_2\}$ 以及和它相关的惯性坐标矩阵 $\{T_{s1},T_{s2}\}$ 与体坐标矩阵 $\{T_{m1},T_{m2}\}$，它们是轴向量 $\vec{\boldsymbol{s}}_1$ 和 $\vec{\boldsymbol{s}}_2$ 的投影坐标，存在唯一的旋转矩阵 $\boldsymbol{R}_1^2$ 使得 $T_{m2}=T_{m1}\boldsymbol{R}_1^2$ 以及 $T_{s2}=T_{s1}\boldsymbol{R}_1^2$，因此，

$$\boldsymbol{R}=T_{s1}T_{m1}^{\mathrm{T}}=T_{s2}T_{m2}^{\mathrm{T}} \tag{10.34}$$

实际上，式（10.33）是通过一对已知测量值来实现的，即参考矢量 $\breve{\boldsymbol{s}}_j$ 和观测矢量 $\breve{\boldsymbol{m}}_j$ 来实现的，$j=1,2$，它们的定义如下。

$$\breve{s}_j = s_j + \widetilde{s}_j,\ j=1,2$$
$$\breve{m}_j = m_j + \widetilde{m}_j,\ j=1,2 \tag{10.35}$$

测量误差 $\widetilde{s}_j$ 和 $\widetilde{m}_j$ 满足式（10.16）中的正交等式，即 $s_j \cdot \widetilde{s}_j = 0$ 和 $m_j \cdot \widetilde{m}_j = 0$，并与式（10.9）一致，具有二阶统计性质：

$$\mathcal{E}\{\widetilde{m}_j\} = 0,\ \mathcal{E}\{\widetilde{m}_j, \widetilde{m}_j^{\mathrm{T}}\} = \widetilde{\sigma}_{mj}^2 (I - m_j m_j^{\mathrm{T}}),\ j=1,2$$
$$\mathcal{E}\{\widetilde{s}_j\} = 0,\ \mathcal{E}\{\widetilde{s}_j \widetilde{s}_j^{\mathrm{T}}\} = \widetilde{\sigma}_{sj}^2 (I - s_j s_j^{\mathrm{T}}),\ j=1,2 \tag{10.36}$$
$$\mathcal{E}\{\widetilde{m}_k \widetilde{s}_j^{\mathrm{T}}\} = 0,\ j \neq k = 1,2$$

简单起见，在式（10.36）和下文中，误差的表达式将用真实的向量替换测量向量。但是在实际求解时测量向量必须替换真实的向量。

式（10.35）中的测量值和式（10.36）中的误差统计使我们能够建立测量矩阵

$$\breve{T}_s = [\breve{t}_{s1}\quad \breve{t}_{s2}\quad \breve{t}_{s3}] = T_s + \widetilde{T}_s$$
$$\breve{T}_m = [\breve{t}_{m1}\quad \breve{t}_{m2}\quad \breve{t}_{m3}] = T_m + \widetilde{T}_m \tag{10.37}$$

以及推导的误差统计特性

$$\mathcal{E}\{\widetilde{T}_s\} = 0,\ \mathcal{E}\{\widetilde{T}_s \widetilde{T}_s^{\mathrm{T}}\} = \widetilde{P}_s = \sum_{j=1}^{3} \mathcal{E}\{\widetilde{t}_{sj} \widetilde{t}_{sj}^{\mathrm{T}}\}$$
$$\mathcal{E}\{\widetilde{T}_m\} = 0,\ \mathcal{E}\{\widetilde{T}_m \widetilde{T}_m^{\mathrm{T}}\} = \widetilde{P}_s = \sum_{j=1}^{3} \mathcal{E}\{\widetilde{t}_{mj} \widetilde{t}_{mj}^{\mathrm{T}}\} \tag{10.38}$$

然而 $\widetilde{P}_s$ 和 $\widetilde{P}_m$ 的计算证明过程相对较长，所以在本节末尾只说明了必须的几步。

现在可以将估计的姿态矩阵写为

$$\widehat{R} = \breve{T}_s \breve{T}_m^{\mathrm{T}} \tag{10.39}$$

其中 R 的估计值用 $\widehat{R}$ 来表示，而不是使用 $\hat{R}$（保留给预测值使用），是因为它是当前的测量估计而不是根据前一时刻得到的预测值（详看 1.2.2 节表 1.2）。与无误差的解相反，有关误差协方差的研究表明，在误差方差不相等的情况下，即当在式（10.36）中有 $\widetilde{\sigma}_{m1}^2 \neq \widetilde{\sigma}_{m2}^2$ 以及（或者）$\widetilde{\sigma}_{S1}^2 \neq \widetilde{\sigma}_{S2}^2$ 时，式（10.39）变得对方向矢量的选择比较敏感。

1. 三轴姿态确定的误差协方差

估计误差矩阵 $\widetilde{R}$ 的定义类似于 6.5.1 节，即旋转矩阵 $\widetilde{R}$ 使估计值 $\widehat{R}$ 和真实值 R 满足 $\widehat{R} = R\widetilde{R}^{\mathrm{T}}$。如 2.7 节中，假设很小的旋转，$\widetilde{R}^{-1}$ 可以扩展为 $\widetilde{R}^{\mathrm{T}} = I - \partial\widetilde{R} \cong I - \widetilde{\theta}\times$，其中 $\widetilde{\theta}$ 是欧拉角矢量。将式（10.37）以及 $\widetilde{R}^{-1}$ 的扩展式代入式（10.39）中，得到误差方程

$$\widehat{R}\breve{T}_m = R(I - \partial\widetilde{R})(T_m + \widetilde{T}_m) = (T_s + \widetilde{T}_s) \Rightarrow \partial\widetilde{R} T_m = \widetilde{T}_m - R^{\mathrm{T}} \widetilde{T}_s \tag{10.40}$$

根据式（10.38），得到统计信息

$$\mathcal{E}\{\partial\widetilde{R}\} = 0$$
$$\widetilde{P}_R = \mathcal{E}\{\partial\widetilde{R}\,\partial\widetilde{R}^{\mathrm{T}}\} = \widetilde{P}_m + R^{\mathrm{T}} \widetilde{P}_s R \tag{10.41}$$

根据 2.2.2 节中的式（2.19）的叉积特性可以获得误差协方差 $\widetilde{P}_R$ 和角误差协方差 $\widetilde{P}_\theta = \mathcal{E}\{\widetilde{\theta}\widetilde{\theta}^{\mathrm{T}}\}$ 的关系，我们可以写为

$$\widetilde{P}_R = \mathcal{E}\{-(\widetilde{\theta}\times)^2\} = \mathcal{E}\{\widetilde{\theta}^{\mathrm{T}} \theta I - \widetilde{\theta}\widetilde{\theta}^{\mathrm{T}}\} = \mathrm{tr}\widetilde{P}_\theta I - \widetilde{P}_\theta \tag{10.42}$$

以及迹的关系：

$$\mathrm{tr}\widetilde{P}_R = \mathrm{tr}\mathcal{E}\{\widetilde{\theta}^{\mathrm{T}} \theta I - \widetilde{\theta}\widetilde{\theta}^{\mathrm{T}}\} = 2\mathrm{tr}\widetilde{P}_\theta \tag{10.43}$$

将式（10.43）替换式（10.42）中的相应部分求解角度协方差，如下所示：

$$\widetilde{\boldsymbol{P}}_\theta=\frac{1}{2}\mathrm{tr}\widetilde{P}_R I-\widetilde{P}_R \tag{10.44}$$

式（10.41）中 $\widetilde{\boldsymbol{P}}_R$ 的推导以及式（10.44）中 $\widetilde{\boldsymbol{P}}_\theta$ 的推导在本节末尾。文献［16］中得到 $\widetilde{\boldsymbol{P}}_\theta$ 的表达式，如下所示。

$$\widetilde{\boldsymbol{P}}_\theta=\mathscr{E}\{\widetilde{\boldsymbol{\theta}}\widetilde{\boldsymbol{\theta}}^{\mathrm{T}}\}=\widetilde{\sigma}_1^2 I+\frac{1}{|\boldsymbol{m}_1\times\boldsymbol{m}_2|^2}((\widetilde{\sigma}_2^2-\widetilde{\sigma}_1^2)\boldsymbol{m}_1\boldsymbol{m}_1^{\mathrm{T}}+\widetilde{\sigma}_1^2\boldsymbol{m}_1\cdot\boldsymbol{m}_2(\boldsymbol{m}_1\boldsymbol{m}_2^{\mathrm{T}}+\boldsymbol{m}_2\boldsymbol{m}_1^{\mathrm{T}})) \tag{10.45}$$

其中，$\widetilde{\sigma}_j^2(j=1,2)$ 是式（10.36）中参考和观测向量的方差之和，即

$$\widetilde{\sigma}_j^2=\widetilde{\sigma}_{sj}^2+\widetilde{\sigma}_{mj}^2 \tag{10.46}$$

正如预期的一样，式（10.45）中的协方差式对于下标 1 和 2 是不对称的。也就是说，TRAID 法不能够找到使误差协方差值最小的姿态矩阵 $\boldsymbol{R}$。因为任何的协方差矩阵 $\boldsymbol{P}$ 都是半正定和对称的，它可以被看作非负实数，两个协方差矩阵 $\boldsymbol{P}_1$ 和 $\boldsymbol{P}_2$ 可以按照如下顺序进行排列：

$$\text{当 } \boldsymbol{P}_1-\boldsymbol{P}_2\geqslant 0 \text{ 时，} \boldsymbol{P}_1\geqslant\boldsymbol{P}_2 \tag{10.47}$$

此外，还有对角项 $p_{kk}=\sigma_k^2$，$k=1,2,\cdots n$，以及矩阵 $\boldsymbol{P}$ 的迹 $\mathrm{tr}\boldsymbol{P}\geqslant 0$，矩阵 $\boldsymbol{P}$ 的迹由下式给出：

$$\mathrm{tr}\boldsymbol{P}=\sum_{k=1}^{n}p_{kk}\geqslant 0 \tag{10.48}$$

式（10.48）的结果表明，半正定矩阵可以根据它们的迹来排序，如果 $\boldsymbol{P}$ 是参数向量 $\boldsymbol{p}\in\mathscr{P}$ 的函数，那么 $\boldsymbol{P}$ 的极值（极大值和极小值）可以通过在参数空间 $\mathscr{P}$ 中寻找迹的极值获得。下一个定理表明，角误差协方差通过正交化方向处理的值最小。

定理 1：当且仅当向量对 $\mathbb{S}=\{\boldsymbol{s}_1,\boldsymbol{s}_2\}$ 是正交的，式（10.45）中的协方差相对于向量对的单位向量是最小的。在这种情况下有

$$\widetilde{\boldsymbol{P}}_\theta=\mathscr{E}\{\widetilde{\boldsymbol{\theta}}\widetilde{\boldsymbol{\theta}}^{\mathrm{T}}\}=\widetilde{\sigma}_1^2 I+((\widetilde{\sigma}_2^2-\widetilde{\sigma}_1^2)\boldsymbol{m}_1\boldsymbol{m}_1^{\mathrm{T}} \tag{10.49}$$

证明

在不失一般性的前提下，我们假定真实的方向 $\{\boldsymbol{s}_1\quad\boldsymbol{s}_2\}$，以及如下的体坐标系对

$$\boldsymbol{m}_1=\begin{bmatrix}1\\0\\0\end{bmatrix},\ \boldsymbol{m}_2=\begin{bmatrix}\cos\psi\\\sin\psi\\0\end{bmatrix},\ -\pi\leqslant\psi<\pi \tag{10.50}$$

一般来说，我们应该利用任意旋转矩阵 $\boldsymbol{M}$ 左乘式（10.50）中的两个向量。式（10.45）中的协方差矩阵变为 $\boldsymbol{M}\widetilde{\boldsymbol{P}}_\theta\boldsymbol{M}^{\mathrm{T}}$，但是其迹没有发生变化。替换式（10.45）中的 $\{\boldsymbol{m}_1,\boldsymbol{m}_2\}$ 可以得到协方差矩阵

$$\widetilde{\boldsymbol{P}}_\theta=\widetilde{\sigma}_1^2 I+\frac{1}{1-\cos^2\psi}\left((\widetilde{\sigma}_2^2-\widetilde{\sigma}_1^2)\begin{bmatrix}1&0&0\\0&0&0\\0&0&0\end{bmatrix}+\sigma_1^2\cos\psi\begin{bmatrix}2\cos\psi&\sin\psi&0\\\sin\psi&0&0\\0&0&0\end{bmatrix}\right) \tag{10.51}$$

以及它的迹

$$\mathrm{tr}\widetilde{\boldsymbol{P}}_\theta=\frac{3\widetilde{\sigma}_1^2(1-\cos^2\psi)+\widetilde{\sigma}_2^2-\widetilde{\sigma}_1^2+2\widetilde{\sigma}_1^2\cos^2\psi}{1-\cos^2\psi}=\frac{2\widetilde{\sigma}_1^2+\widetilde{\sigma}_2^2-\widetilde{\sigma}_1^2\cos^2\psi}{1-\cos^2\psi} \tag{10.52}$$

矩阵迹的第一阶和第二阶的导数，为：

$$\begin{aligned}\frac{\mathrm{dtr}\,\widetilde{\boldsymbol{P}}_\theta}{\mathrm{d}(\cos\psi)}&=\frac{(2\widetilde{\sigma}_1^2+\widetilde{\sigma}_2^2)\cos\psi}{(1-\cos^2\psi)^2}\\ \frac{\mathrm{d}^2\mathrm{tr}\,\widetilde{\boldsymbol{P}}_\theta}{\mathrm{d}(\cos\psi)^2}&=(2\widetilde{\sigma}_1^2+\widetilde{\sigma}_2^2)\frac{1+3\cos^2\psi}{(1-\cos^2\psi)^3}>0\end{aligned}\tag{10.53}$$

这表明，当 $\cos\psi=0$ 即 $\psi=\pm\pi/2$ 时，$\mathrm{tr}\widetilde{\boldsymbol{P}}_\theta$ 和 $\widetilde{\boldsymbol{P}}_\theta$ 是最小的，因为二阶导数是正的。最优参数 $\psi=\pm\pi/2$ 证明了式（10.49）的正确性。当 $\cos\psi=\pm1$ 时式（10.52）中的迹趋向于无穷大，即指向平行。

下一个定理证明了，给定任意不平行的方向对，选择最小方差方向作为基轴方向，使误差协方差最小。

定理 2：给定两个不平行的方向 $\{\boldsymbol{s}_1\quad \boldsymbol{s}_2\}$ 以及它们在式（10.35）中的测量值，通过选择 $\boldsymbol{s}_{k*}$ 作为基轴向量使 $\mathrm{tr}\,\widetilde{\boldsymbol{P}}_\theta$ 最小，诸如 $k^*=\arg\min_k\{\boldsymbol{\sigma}_k^2\}$。

证明

计算 $\widetilde{\boldsymbol{P}}_{\theta1}-\widetilde{\boldsymbol{P}}_{\theta2}$，其中 $\widetilde{\boldsymbol{P}}_{\theta1}$ 和式（10.45）中的 $\widetilde{\boldsymbol{P}}_\theta$ 一致，$\widetilde{\boldsymbol{P}}_{\theta2}$ 通过交换式（10.45）中的下标得到，有以下等式：

$$\begin{aligned}\widetilde{\boldsymbol{P}}_{\theta1}-\widetilde{\boldsymbol{P}}_{\theta2}&=(\widetilde{\sigma}_1^2-\widetilde{\sigma}_2^2)\left(I-\frac{\boldsymbol{m}_1\boldsymbol{m}_1^{\mathrm{T}}+\boldsymbol{m}_2\boldsymbol{m}_2^{\mathrm{T}}-\boldsymbol{m}_1\cdot\boldsymbol{m}_2(\boldsymbol{m}_1\boldsymbol{m}_2^{\mathrm{T}}+\boldsymbol{m}_2\boldsymbol{m}_1^{\mathrm{T}})}{|\boldsymbol{m}_1\times\boldsymbol{m}_2|^2}\right)\\ &=(\widetilde{\sigma}_1^2-\widetilde{\sigma}_2^2)\frac{(\boldsymbol{m}_1\times\boldsymbol{m}_2)(\boldsymbol{m}_1\times\boldsymbol{m}_2)^{\mathrm{T}}}{|\boldsymbol{m}_1\times\boldsymbol{m}_2|^2}\end{aligned}\tag{10.54}$$

其中上一个表达式利用了 2.2.2 节[14]的练习 10 的向量叉积（cross-product）特性：

$$\frac{(\boldsymbol{m}_1\times\boldsymbol{m}_2)(\boldsymbol{m}_1\times\boldsymbol{m}_2)^{\mathrm{T}}}{|\boldsymbol{m}_1\times\boldsymbol{m}_2|^2}=I-\frac{\boldsymbol{m}_1\boldsymbol{m}_1^{\mathrm{T}}+\boldsymbol{m}_2\boldsymbol{m}_2^{\mathrm{T}}-\boldsymbol{m}_1\cdot\boldsymbol{m}_2(\boldsymbol{m}_1\boldsymbol{m}_2^{\mathrm{T}}+\boldsymbol{m}_2\boldsymbol{m}_1^{\mathrm{T}})}{|\boldsymbol{m}_1\times\boldsymbol{m}_2|^2}\tag{10.55}$$

通过利用并矢矩阵的迹特性 $\mathrm{tr}(\boldsymbol{m}_1\times\boldsymbol{m}_2)(\boldsymbol{m}_1\times\boldsymbol{m}_2)^{\mathrm{T}}=|(\boldsymbol{m}_1\times\boldsymbol{m}_2)|^2$，我们得到下式

$$\mathrm{tr}(\widetilde{\boldsymbol{P}}_{\theta1}-\widetilde{\boldsymbol{P}}_{\theta2})=(\widetilde{\sigma}_1^2-\widetilde{\sigma}_2^2)\tag{10.56}$$

这也就证明了该定理。

作为结论，我们注意到，通过解决 10.4 节的 Wahba 问题，可以从一对不平行的方向上确定最优的姿态信息。

2. 三轴姿态确定误差协方差的证明

目的是通过利用式（10.36）计算式（10.41）中的 $\widetilde{\boldsymbol{P}}_m$ 和 $\boldsymbol{R}^{\mathrm{T}}\widetilde{\boldsymbol{P}}_s\boldsymbol{R}$，因为它们的和为 $\widetilde{\boldsymbol{P}}_R$。角误差协方差来自式（10.44）。幸运的是，我们可以只计算 $\widetilde{\boldsymbol{P}}_m$，它的表达式将在后续得到证明，是

$$\widetilde{\boldsymbol{P}}_m=\frac{(\widetilde{\sigma}_{m1}^2+\widetilde{\sigma}_{m2}^2)}{|\boldsymbol{m}_1\times\boldsymbol{m}_2|^2}+\frac{(\widetilde{\sigma}_{m1}^2-\widetilde{\sigma}_{m2}^2)}{|\boldsymbol{m}_1\times\boldsymbol{m}_2|^2}\boldsymbol{m}_1\boldsymbol{m}_1^{\mathrm{T}}-\widetilde{\sigma}_{m1}^2\frac{(\boldsymbol{m}_1\cdot\boldsymbol{m}_2)}{|\boldsymbol{m}_1\times\boldsymbol{m}_2|^2}(\boldsymbol{m}_1\boldsymbol{m}_2^{\mathrm{T}}+\boldsymbol{m}_2\boldsymbol{m}_1^{\mathrm{T}})\tag{10.57}$$

事实上，因为式（10.38），$\widetilde{\boldsymbol{P}}_s$ 有一个与 $\widetilde{\boldsymbol{P}}_m$ 类似的表达式以及旋转矩阵 $\boldsymbol{R}$ 在 $\boldsymbol{R}^{\mathrm{T}}\widetilde{\boldsymbol{P}}_s\boldsymbol{R}$ 中的应用，其中 $\boldsymbol{R}=\boldsymbol{R}_b^i$，将一般的矩阵 $\widetilde{\boldsymbol{P}}_s$ 的 $\boldsymbol{s}_j\boldsymbol{s}_k^{\mathrm{T}}$ 转换到 $\boldsymbol{R}^{\mathrm{T}}\boldsymbol{s}_j\boldsymbol{s}_k^{\mathrm{T}}\boldsymbol{R}=\boldsymbol{m}_j\boldsymbol{m}_k^{\mathrm{T}}$ 中，这和式（10.57）元素相同。更进一步，因为 $\boldsymbol{s}_k=\boldsymbol{R}\boldsymbol{m}_j$，$|\boldsymbol{s}_1\times\boldsymbol{s}_2|=|\boldsymbol{m}_1\times\boldsymbol{m}_2|$ 和 $\boldsymbol{s}_1\cdot\boldsymbol{s}_2=\boldsymbol{m}_1\cdot\boldsymbol{m}_2$ 成

立。因此，通过将式（10.36）中的参考和观测方差合成得到 $\widetilde{\sigma}_j^2=\widetilde{\sigma}_{mj}^2+\widetilde{\sigma}_{sj}^2$，$j=1,2$，总的误差协方差 $\widetilde{\boldsymbol{P}}_R$ 成为载体向量函数，如下所示。

$$\widetilde{\boldsymbol{P}}_R=\widetilde{\boldsymbol{P}}_m+\boldsymbol{R}^{\mathrm{T}}\widetilde{\boldsymbol{P}}_s\boldsymbol{R}=\frac{(\widetilde{\sigma}_1^2+\widetilde{\sigma}_2^2)}{|\boldsymbol{m}_1\times\boldsymbol{m}_2|^2}+\frac{(\widetilde{\sigma}_1^2-\widetilde{\sigma}_2^2)}{|\boldsymbol{m}_1\times\boldsymbol{m}_2|^2}\boldsymbol{m}_1\boldsymbol{m}_1^{\mathrm{T}}-\widetilde{\sigma}_1^2\frac{(\boldsymbol{m}_1\cdot\boldsymbol{m}_2)}{|\boldsymbol{m}_1\times\boldsymbol{m}_2|^2}(\boldsymbol{m}_1\boldsymbol{m}_2^{\mathrm{T}}+\boldsymbol{m}_2\boldsymbol{m}_1^{\mathrm{T}})\tag{10.58}$$

式（10.45）中的 $\widetilde{\boldsymbol{P}}_\theta$ 的最终表达式需要 $\widetilde{\boldsymbol{P}}_R$ 迹的1/2，其满足

$$\frac{1}{2}\mathrm{tr}\,\widetilde{\boldsymbol{P}}_R=\sigma_1^2+\frac{\widetilde{\sigma}_1^2+\widetilde{\sigma}_2^2}{|\boldsymbol{m}_1\times\boldsymbol{m}_2|^2}\tag{10.59}$$

现在我们提供了计算式（10.38）第二行中三项和的必要步骤，以及使它们的和等于式（10.57），更多详见文献［6］。式（10.38）的第一项来自式（10.36），并有

$$\mathcal{E}\{\tilde{\boldsymbol{t}}_{m1}\tilde{\boldsymbol{t}}_{m1}^{\mathrm{T}}\}=\mathcal{E}\{\widetilde{\boldsymbol{m}}_{m1}\widetilde{\boldsymbol{m}}_{m1}^{\mathrm{T}}\}=\widetilde{\sigma}_{m1}^2(I-\tilde{\boldsymbol{t}}_{m1}\tilde{\boldsymbol{t}}_{m1}^{\mathrm{T}})=\widetilde{\sigma}_{m1}^2(I-\widetilde{\boldsymbol{m}}_1\widetilde{\boldsymbol{m}}_1^{\mathrm{T}})\tag{10.60}$$

式（10.38）中的第二项利用了式（10.25）中的叉积协方差，其中必须根据以下符号等式替换向量和标量：

$$\tilde{\boldsymbol{e}}=\tilde{\boldsymbol{t}}_{m2},\ \boldsymbol{e}=\boldsymbol{t}_{m2},\ \boldsymbol{s}_j=\boldsymbol{m}_j,\ \widetilde{\sigma}_j^2=\widetilde{\sigma}_{mj}^2\quad j=1,2\tag{10.61}$$

由此产生的协方差成立

$$\mathcal{E}\{\tilde{\boldsymbol{t}}_{m2}\tilde{\boldsymbol{t}}_{m2}^{\mathrm{T}}\}=\frac{(\widetilde{\sigma}_{m1}^2+\widetilde{\sigma}_{m2}^2)}{|\boldsymbol{m}_1\times\boldsymbol{m}_2|^2}(I-\tilde{\boldsymbol{t}}_{m2}\tilde{\boldsymbol{t}}_{m2}^{\mathrm{T}})-\frac{\widetilde{\sigma}_{m2}^2\boldsymbol{m}_1\boldsymbol{m}_1^{\mathrm{T}}+\widetilde{\sigma}_{m1}^2\boldsymbol{m}_2\boldsymbol{m}_2^{\mathrm{T}}}{|\boldsymbol{m}_1\times\boldsymbol{m}_2|^2}\tag{10.62}$$

式（10.38）中的第三项是误差 $\tilde{\boldsymbol{t}}_{m3}=\boldsymbol{t}_{m1}\times\tilde{\boldsymbol{t}}_{m2}-\boldsymbol{t}_{m2}\times\tilde{\boldsymbol{t}}_{m1}$ 的协方差 $\mathcal{E}=\{\tilde{\boldsymbol{t}}_{m3}\tilde{\boldsymbol{t}}_{m3}^{\mathrm{T}}\}$，将其分解为两项之和，如下所示。

$$\begin{aligned}&\mathcal{E}\{\tilde{\boldsymbol{t}}_{m3}\tilde{\boldsymbol{t}}_{m3}^{\mathrm{T}}\}=E_{11}+E_{22}+E_{12}+E_{21}=E_{11}+E_{22}\\&E_{11}=\boldsymbol{t}_{m2}\times\mathcal{E}\{\tilde{\boldsymbol{t}}_{m1}\tilde{\boldsymbol{t}}_{m1}^{\mathrm{T}}\}(\boldsymbol{t}_{m2}\times)^{\mathrm{T}},E_{22}=\boldsymbol{t}_{m1}\times\mathcal{E}\{\tilde{\boldsymbol{t}}_{m2}\tilde{\boldsymbol{t}}_{m2}^{\mathrm{T}}\}(\boldsymbol{t}_{m1}\times)^{\mathrm{T}}\\&E_{12}=\boldsymbol{t}_{m2}\times\{\tilde{\boldsymbol{t}}_{m1}\tilde{\boldsymbol{t}}_{m2}^{\mathrm{T}}\}(\boldsymbol{t}_{m1}\times)^{\mathrm{T}},E_{21}=\boldsymbol{t}_{m1}\times\mathcal{E}\{\tilde{\boldsymbol{t}}_{m2}\tilde{\boldsymbol{t}}_{m1}^{\mathrm{T}}\}(\boldsymbol{t}_{m2}\times)^{\mathrm{T}}\end{aligned}\tag{10.63}$$

这里我们可以证明 $E_{21}=E_{12}$。

把最后两个等式的证明交给读者，我们关注 E_{11} 和 E_{22}。E_{11} 是通过式（10.60）的帮助推导成立

$$E_{11}=\widetilde{\sigma}_{m1}^2(I-\tilde{\boldsymbol{t}}_{m2}\tilde{\boldsymbol{t}}_{m2}^{\mathrm{T}}-\tilde{\boldsymbol{t}}_{m3}\tilde{\boldsymbol{t}}_{m3}^{\mathrm{T}})=\widetilde{\sigma}_{m1}^2\boldsymbol{m}_1\boldsymbol{m}_1^{\mathrm{T}}\tag{10.64}$$

式（10.63）的第二项 E_{22}，利用式（10.62）和简单的操作得到表达式：

$$E_{22}=\frac{(\widetilde{\sigma}_{m1}^2+\widetilde{\sigma}_{m2}^2)}{|\boldsymbol{m}_1\times\boldsymbol{m}_2|^2}(I-\boldsymbol{m}_1\boldsymbol{m}_1^{\mathrm{T}}-\boldsymbol{t}_{m3}\boldsymbol{t}_{m3}^{\mathrm{T}})-\widetilde{\sigma}_{m1}^2\boldsymbol{t}_{m2}\boldsymbol{t}_{m2}^{\mathrm{T}}=\left(\frac{(\widetilde{\sigma}_{m1}^2+\widetilde{\sigma}_{m2}^2)}{|\boldsymbol{m}_1\times\boldsymbol{m}_2|^2}-\widetilde{\sigma}_{m1}^2\right)\boldsymbol{t}_{m2}\boldsymbol{t}_{m2}^{\mathrm{T}}\tag{10.65}$$

式（10.60）、式（10.62）、式（10.64）及式（10.65）中的基本协方差矩阵之和得到中间等式

$$\widetilde{P}_m=\frac{(\widetilde{\sigma}_{m1}^2+\widetilde{\sigma}_{m2}^2)}{|\boldsymbol{m}_1\times\boldsymbol{m}_2|^2}-\frac{\widetilde{\sigma}_{m2}^2\boldsymbol{m}_1\boldsymbol{m}_1^{\mathrm{T}}}{|\boldsymbol{m}_1\times\boldsymbol{m}_2|^2}-\widetilde{\sigma}_{m1}^2\left(\frac{(\boldsymbol{m}_1\times\boldsymbol{m}_2)(\boldsymbol{m}_1\times\boldsymbol{m}_2)^{\mathrm{T}}+\boldsymbol{m}_2\boldsymbol{m}_2^{\mathrm{T}}}{|\boldsymbol{m}_1\times\boldsymbol{m}_2|^2}-I\right)\tag{10.66}$$

式（10.57），是通过式（10.55）中的叉积等式的帮助下，重新排列式（10.66）中的最后一个括号而得到的。

10.4 静态姿态确定：WAHBA 问题的基本原理

10.4.1 Wahba 问题

当且仅当有一对不平行的方向可用时，TRIAD 法可以快速确定姿态的闭合解。该方法没有对误差协方差进行最小化，这意味着当存在两个以上方向的情况，可以通过采用两个最精确的方向来实现误差的最小化。并且在两个方向的情况下，必须选择最精确的方向作为基轴向量，如定理 2 所证明。

正如第 2.5.6 节所述，G. Wahba 于 1965 年提出了方向测量的优化方案。给定参考系（一般为惯性系）以及观测系（一般为载体系）中的两个任意坐标方向的坐标 $\breve{\boldsymbol{s}}_j$ 和 $\breve{\boldsymbol{m}}_j$，每对 $\{\breve{\boldsymbol{s}}_j, \breve{\boldsymbol{m}}_j\}$ 被赋予大于 0 的权重 w_j，即

$$\sum_{j=1}^{m} w_j = w_0 \tag{10.67}$$

其中通常 $w_0 = 1$。

式（10.35）中的测量方程可以归纳为以下方程

$$\breve{\boldsymbol{m}}_j = \boldsymbol{R}^{\mathrm{T}}\boldsymbol{s}_j + \widetilde{\boldsymbol{m}}_j = R^{\mathrm{T}}\breve{\boldsymbol{s}}_j + \widetilde{\boldsymbol{n}}_j,\ j = 1, 2, \cdots, m \tag{10.68}$$

其中姿态矩阵 $\boldsymbol{R}$ 的定义为 $\boldsymbol{R} = \boldsymbol{R}_b^i$。通过假设：（1）参考误差 $\widetilde{\boldsymbol{s}}_j$ 和观测误差 $\widetilde{\boldsymbol{m}}_j$ 在统计上独立，（2）式（10.13）中的 Fisher-Bingham 密度函数适用。总误差 $\widetilde{\boldsymbol{n}}_j = \widetilde{\boldsymbol{m}}_j - \boldsymbol{R}^{\mathrm{T}}\widetilde{\boldsymbol{s}}_j$ 的统计特性成立：

$$\begin{aligned} &\mathcal{E}\{\widetilde{\boldsymbol{n}}_j\} = 0 \\ &\widetilde{\boldsymbol{P}}_{nj} = \mathcal{E}\{\widetilde{\boldsymbol{n}}_j\widetilde{\boldsymbol{n}}_j^{\mathrm{T}}\} = \mathcal{E}\{\widetilde{\boldsymbol{m}}_j\widetilde{\boldsymbol{m}}_j^{\mathrm{T}}\} + \boldsymbol{R}^{\mathrm{T}}\mathcal{E}\{\widetilde{\boldsymbol{s}}_j\widetilde{\boldsymbol{s}}_j^{\mathrm{T}}\}\boldsymbol{R} = \widetilde{\boldsymbol{P}}_{mj} + \boldsymbol{R}^{\mathrm{T}}\widetilde{\boldsymbol{P}}_{sj}\boldsymbol{R} \end{aligned} \tag{10.69}$$

如 10.2.1 节所证明，单位球面上的 Fisher-Bingham 密度函数可以在以真实方向 $\boldsymbol{s}_j$ 为中心的大锥角锥体内，通过穿过 $\boldsymbol{s}_j$ 的切面上定义的二元正态密度函数来近似。对于二元正态密度函数，我们只使用三维奇异协方差。

$$\widetilde{\boldsymbol{P}}_j = (\boldsymbol{I} - \boldsymbol{m}_j\boldsymbol{m}_j^{\mathrm{T}})\widetilde{\boldsymbol{P}}_{nj}(\boldsymbol{I} - \boldsymbol{m}_j\boldsymbol{m}_j^{\mathrm{T}}) \tag{10.70}$$

其中，由于式（10.68），引入 $\boldsymbol{s}_j$ 的体坐标 $\boldsymbol{m}_j$。因此，在误差不确定对称的情况下，使用式（10.38）的误差方差符号，式（10.69）中的误差协方差矩阵可以近似为

$$\widetilde{\boldsymbol{P}}_{mj} \cong \widetilde{\sigma}_{mj}^2(\boldsymbol{I} - \boldsymbol{m}_j\boldsymbol{m}_j^{\mathrm{T}}),\ \widetilde{\boldsymbol{P}}_{sj} \cong \widetilde{\sigma}_{sj}^2(\boldsymbol{I} - \boldsymbol{s}_j\boldsymbol{s}_j^{\mathrm{T}}) \tag{10.71}$$

总误差协方差

$$\widetilde{\boldsymbol{P}}_j \cong (\widetilde{\sigma}_{mj}^2 + \widetilde{\sigma}_{sj}^2)(\boldsymbol{I} - \boldsymbol{m}_j\boldsymbol{m}_j^{\mathrm{T}}) = \widetilde{\sigma}_j^2(\boldsymbol{I} - \boldsymbol{m}_j\boldsymbol{m}_j^{\mathrm{T}}) \tag{10.72}$$

这些误差协方差表达式被称为 QUEST 测量模型（简称，QMM）[14]，其中 QUEST 算法将在 10.5.2 节中解释。

对于待求载体系-惯性系转换矩阵 $\boldsymbol{R} = \boldsymbol{R}_b^i$，使得下式平方误差函数取最小值：

$$J(\boldsymbol{R}) = \frac{1}{2}\sum_{j=1}^{m} w_j |\breve{\boldsymbol{m}}_j - \boldsymbol{R}^{\mathrm{T}}\breve{\boldsymbol{s}}_j|^2 = \frac{1}{2}\sum_{j=1}^{m} w_j (\breve{\boldsymbol{m}}_j - \boldsymbol{R}^{\mathrm{T}}\breve{\boldsymbol{s}}_j)^{\mathrm{T}}(\breve{\boldsymbol{m}}_j - \boldsymbol{R}^{\mathrm{T}}\breve{\boldsymbol{s}}_j) \tag{10.73}$$

对式（10.73）展开可以得出简化式

$$J(\boldsymbol{R})=\sum_{j=1}^{m}w_j((\breve{\boldsymbol{s}}_j^{\mathrm{T}}\breve{\boldsymbol{s}}_j+\breve{\boldsymbol{m}}_j^{\mathrm{T}}\breve{\boldsymbol{m}}_j)/2-\breve{\boldsymbol{s}}_j^{\mathrm{T}}\boldsymbol{R}\breve{\boldsymbol{m}}_j)=\sum_{j=1}^{m}w_j(1-\breve{\boldsymbol{s}}_j^{\mathrm{T}}\boldsymbol{R}\breve{\boldsymbol{m}}_j)$$
$$=w_0-\sum_{j=1}^{m}w_j\breve{\boldsymbol{s}}_j^{\mathrm{T}}\boldsymbol{R}\breve{\boldsymbol{m}}_j \tag{10.74}$$

相对于 $\boldsymbol{R}$ 来说，只需要最小化最后一个等式的第二项。符号变化将最小值转化为最大值问题：

$$\hat{\boldsymbol{R}}=\arg\max_R-J(\boldsymbol{R})=\arg\max_R\sum_{j=1}^{m}w_j\breve{\boldsymbol{s}}_j^{\mathrm{T}}\boldsymbol{R}\breve{\boldsymbol{m}}_j \tag{10.75}$$

它受到 SO（3）的旋转矩阵 $\boldsymbol{R}\boldsymbol{R}^{\mathrm{T}}=I$ 和 $\det\boldsymbol{R}=1$ 的约束。

迹的性质 $\mathrm{tr}(AB)=\mathrm{tr}(BA)$ 将式（10.75）转换为最终表达式：

$$\hat{R}=\arg\max_R-J(\boldsymbol{R})=\arg\max_R\mathrm{tr}\left(\boldsymbol{R}\sum_{j=1}^{m}w_j\breve{\boldsymbol{m}}_i\breve{\boldsymbol{s}}_j^{\mathrm{T}}\right)=\arg\max_R\mathrm{tr}(\boldsymbol{R}\boldsymbol{W})$$
$$\boldsymbol{R}^{\mathrm{T}}\boldsymbol{R}=I,\ \mathrm{tr}(\boldsymbol{R}\boldsymbol{W})=\mathrm{tr}\left(\sum_{j=1}^{m}w_j\breve{\boldsymbol{s}}_j^{\mathrm{T}}\boldsymbol{R}\breve{\boldsymbol{m}}_i\right) \tag{10.76}$$

其中 $\boldsymbol{W}$ 是一个 3×3 的矩阵，即姿态投影矩阵（attitude profile matrix）[18]，是由下式给出：

$$\boldsymbol{W}=\sum_{j=1}^{m}w_j\breve{\boldsymbol{m}}_i\breve{\boldsymbol{s}}_j^{\mathrm{T}}=\breve{\boldsymbol{M}}\boldsymbol{\Omega}\breve{\boldsymbol{S}}^{\mathrm{T}},\Omega=\mathrm{diag}(w_1,\cdots,w_m) \tag{10.77}$$

有时，我们需要区分式（10.77）中的 $\boldsymbol{W}$，和无误差的 $\boldsymbol{W}_{\mathrm{true}}=\sum_{j=1}^{m}w_j\boldsymbol{m}_j\boldsymbol{s}_j^{\mathrm{T}}$，后者依赖于无误差的方向 $\boldsymbol{m}_j$ 和 $\boldsymbol{s}_j$。

10.4.2 节将 Wahba 问题表述为极大似然估计，我们将证明，w_j 的最佳选择是式（10.72）中总误差协方差 $\tilde{\sigma}_j^2$ 的归一化的数，也就是

$$w_j=\frac{1}{\tilde{\sigma}_i^2}\frac{1}{\sum_{k=1}^{m}\tilde{\sigma}_k^{-2}} \tag{10.78}$$

10.4.2 极大似然估计

1. 似然函数

在分析式（10.76）的可用解集算法之前，我们从如文献［14，17］所示的测量误差 $\tilde{\boldsymbol{n}}_j(\boldsymbol{R})=\breve{\boldsymbol{m}}_j-\boldsymbol{R}^{\mathrm{T}}\breve{\boldsymbol{s}}_j$，$j=1,2,\cdots,m$ 的似然函数（详见文献［4］和 13.7.1 节）推导出式（10.73）的 Wahba 问题。通过假设误差高斯，正如 M. D. Shulter 在文献［17］中所提出的那样，我们需要使用 Fisher-Bingham 概率密度函数

$$f_{\mathrm{NS}}(\tilde{\boldsymbol{n}}_j(R))=\frac{1}{N_{NS}(\tilde{\boldsymbol{P}}_{nj})}\exp\left(-\frac{1}{2}\tilde{\boldsymbol{n}}_j^{\mathrm{T}}(\boldsymbol{R})\tilde{\boldsymbol{P}}_{nj}^{-1}\tilde{\boldsymbol{n}}_j(\boldsymbol{R})\right) \tag{10.79}$$

因为式（10.69）中的 $\tilde{\boldsymbol{P}}_{nj}$ 是满秩的。通过假设 $\tilde{\boldsymbol{n}}_j(\boldsymbol{R})$ 和 $\tilde{\boldsymbol{n}}_k(\boldsymbol{R})$，$j\neq k$ 在统计上独立，给定真矩阵 R，对数似然函数满足

$$\ln L(\tilde{\boldsymbol{n}}_1(\boldsymbol{R}),\cdots,\tilde{\boldsymbol{n}}_M(\boldsymbol{R})/\boldsymbol{R})=\sum_{i=1}^{m}\left(-\frac{1}{2}\tilde{\boldsymbol{n}}_j^{\mathrm{T}}(\boldsymbol{R})\tilde{\boldsymbol{P}}_{nj}^{-1}\tilde{\boldsymbol{n}}_j(\boldsymbol{R})+\ln N_{NS}(\tilde{\boldsymbol{P}}_{nj})\right) \tag{10.80}$$

归一化常数 $N_{NS}(\widetilde{\boldsymbol{P}}_{nj})$，不依赖于未知矩阵 $\boldsymbol{R}$，可从负对数似然函数中省略，从而简化为

$$J_L(\boldsymbol{R}) = -\frac{1}{2}\sum_{j=1}^{m}\widetilde{\boldsymbol{n}}_j^{\mathrm{T}}(\boldsymbol{R})\widetilde{\boldsymbol{P}}_{nj}^{-1}\widetilde{\boldsymbol{n}}_j(\boldsymbol{R}) \qquad (10.81)$$
$$\boldsymbol{R}^{\mathrm{T}}\boldsymbol{R} = I$$

证明 式（10.73）中 Wahba 函数的 $-J(\boldsymbol{R})$ 的等价性需要一对假设：

（1）假设式（10.81）中的对角归一化协方差矩阵使 $\widetilde{\boldsymbol{P}}_{nj}=\widetilde{\sigma}_j^2 I$ 成立。

（2）Wahba 的权重 w_j 与测量 j 的总误差方差 $\widetilde{\sigma}_j^2$ 的倒数成比例，即：

$$w_j = \frac{c}{\widetilde{\sigma}_i^2},\ c = \frac{w_0}{\sum_{j=1}^{m} 1/\widetilde{\sigma}_j^2} \qquad (10.82)$$

因此，式（10.81）中的函数等同于 $-J(\boldsymbol{R})/c$，其中 $J(\boldsymbol{R})$ 定义在式（10.73）中，以及通过使用式（10.76）中的迹等式，我们可以写出下式。

$$J_L(\boldsymbol{R}) = -J(\boldsymbol{R})/c = (\mathrm{tr}(\boldsymbol{RW}) - w_0)/c \qquad (10.83)$$

2. 奇异值分解法

式（10.76）的解，相当于式（10.83）中的 $J_L(\boldsymbol{R})$ 约束极大化。从省略 w_0 开始，在式（10.82）中取 $c=1$，并通过创建以下拉格朗日函数 L 使其极大化。

$$L(\boldsymbol{R},\boldsymbol{\Lambda}) = \mathrm{tr}\left(\boldsymbol{RW} - \frac{1}{2}(\boldsymbol{RR}^{\mathrm{T}} - I)\boldsymbol{\Lambda}\right) \qquad (10.84)$$

拉格朗日乘法器 $\boldsymbol{\Lambda}$ 是一个未知的 3×3 对称矩阵，对应 $\boldsymbol{RR}^{\mathrm{T}}=I$ 表示 6 个约束条件。$\max_{r,\Lambda} L(\boldsymbol{R},\boldsymbol{\Lambda})$ 的候选解是通过解必要的似然方程得到的 L 的驻点。

$$\frac{\partial L(\boldsymbol{R},\boldsymbol{\Lambda})}{\partial \boldsymbol{R}} = \boldsymbol{W}^{\mathrm{T}} - \boldsymbol{\Lambda R} = 0$$
$$\frac{\partial L(\boldsymbol{R},\boldsymbol{\Lambda})}{\partial \boldsymbol{\Lambda}} = \boldsymbol{RR}^{\mathrm{T}} - I = 0 \qquad (10.85)$$

在式（10.85）中，应用了迹的微分表达式（$d\mathrm{tr}(XA)/dX = d\mathrm{tr}(AX)/dX = A^{\mathrm{T}}$）。

式（10.85）中的第一个方程式对拉格朗日乘子 $\boldsymbol{\Lambda}$ 的求解如下。

$$\boldsymbol{\Lambda} = \boldsymbol{RW} = \boldsymbol{W}^{\mathrm{T}}\boldsymbol{R}^{\mathrm{T}} \Rightarrow \boldsymbol{\Lambda}^2 = \boldsymbol{W}^{\mathrm{T}}\boldsymbol{W} \qquad (10.86)$$

接着，我们需要对 $\boldsymbol{W}$ 进行奇异值分解（SVD）（详见 2.3.3 节），可以写为

$$\boldsymbol{W} = \boldsymbol{UD}V^{\mathrm{T}}$$
$$\boldsymbol{D} = \mathrm{diag}(d_1, d_2, d_3),\ d_1 \geqslant d_2 \geqslant d_3 \geqslant 0 \qquad (10.87)$$
$$\boldsymbol{UU}^{\mathrm{T}} = \boldsymbol{VV}^{\mathrm{T}} = I_3$$

其中，$\boldsymbol{U}=[\boldsymbol{u}_1,\boldsymbol{u}_2,\boldsymbol{u}_3]\in O(3)$ 及 $\boldsymbol{V}=[\boldsymbol{v}_1,\boldsymbol{v}_2,\boldsymbol{v}_3]\in O(3)$ 为有符号酉行列式，分别为 $S_U=\det\boldsymbol{U}=\pm 1$ 以及 $S_V=\det\boldsymbol{V}=\pm 1$。我们记 $O(3)$ 为 2.3.2 中定义的三维正交群。因此，拉格朗日乘子行列式以及它的符号是：

$$\det\boldsymbol{\Lambda} = \det(\boldsymbol{R})\det(\boldsymbol{W}) = S_U S_V \det D$$
$$\mathrm{sgn}(\det\boldsymbol{\Lambda}) = S_U S_V \qquad (10.88)$$

从式（10.86）可以看出，$D_\Lambda=SD$ 中 D 的有符号元素是拉格朗日乘子 $\boldsymbol{\Lambda}$ 的特征值，即 $\boldsymbol{W}^{\mathrm{T}}\boldsymbol{W}$ 的平方根，具有以下的特征值分解、迹和行列式符号，其中 $\boldsymbol{S}=\mathrm{diag}(s_1,s_2,s_3)$ 是不定符号 $s_k=\pm1$ 的矩阵，

$$\begin{aligned}&\boldsymbol{\Lambda}=\boldsymbol{V}\boldsymbol{D}_\Lambda\boldsymbol{V}^{\mathrm{T}}\\&\mathrm{tr}\boldsymbol{V}=\mathrm{tr}(\boldsymbol{R}\boldsymbol{W})=\mathrm{tr}(\boldsymbol{S}\boldsymbol{D})=\sum_{K=1}^{3}s_k d_k\\&\mathrm{sgn}(\det\boldsymbol{\Lambda})=\mathrm{sgn}(\det(\boldsymbol{R}\boldsymbol{W}))=\det\boldsymbol{S}=S_US_V\end{aligned}\tag{10.89}$$

式（10.89）的第二行方程表示式（10.84）中 $L(R,\Lambda)$ 的极大值可以简化为

$$\begin{aligned}&\max_R L(\boldsymbol{R},\boldsymbol{\Lambda})=\max_{R\in SO(3)}\mathrm{tr}(\boldsymbol{R}\boldsymbol{W})=\max_S\mathrm{tr}(\boldsymbol{S}\boldsymbol{D})\\&\det\boldsymbol{S}=S_US_V\end{aligned}\tag{10.90}$$

最优的符号矩阵由下式给出

$$\hat{\boldsymbol{S}}=\mathrm{diag}(\hat{s}_1,\hat{s}_2,\hat{s}_3)=\mathrm{diag}(1,1,S_US_V)\tag{10.91}$$

是因为 S_US_V 已经附加到 $d_3=\min\{d_1,d_2,d_3\}\geqslant0$ 中。如果 $\mathrm{rank}(\boldsymbol{W})=3$，那么可以根据式（10.86）推导出姿态矩阵 $\hat{\boldsymbol{R}}$ 的最优估计。

$$\hat{\boldsymbol{R}}=\hat{\boldsymbol{\Lambda}}\boldsymbol{W}^{-1}=\boldsymbol{V}\hat{\boldsymbol{S}}\boldsymbol{D}\boldsymbol{V}^{\mathrm{T}}\boldsymbol{V}\boldsymbol{D}^{-1}\boldsymbol{U}^{\mathrm{T}}=\boldsymbol{V}\hat{\boldsymbol{S}}\boldsymbol{U}^{\mathrm{T}}=\boldsymbol{V}_+\boldsymbol{U}_+^{\mathrm{T}}=\boldsymbol{v}_1\boldsymbol{u}_1^{\mathrm{T}}+\boldsymbol{v}_2\boldsymbol{u}_2^{\mathrm{T}}+S_US_V\boldsymbol{v}_3\boldsymbol{u}_3^{\mathrm{T}}\tag{10.92}$$

其中，$\hat{s}_3=S_US_V$ 使得 $\det\hat{\boldsymbol{R}}=1$（特殊群 $SO(3)$ 的性质）以及

$$\begin{aligned}&\boldsymbol{V}_+=\boldsymbol{V}\mathrm{diag}(1,1,S_V)=[\boldsymbol{v}_1\quad\boldsymbol{v}_2\quad S_V\boldsymbol{v}_3]\\&\boldsymbol{U}_+=\boldsymbol{U}\mathrm{diag}(1,1,S_U)=[\boldsymbol{u}_1\quad\boldsymbol{u}_2\quad S_U\boldsymbol{u}_3]\end{aligned}\tag{10.93}$$

式（10.84）和式（10.89）的最优方程 $L(\hat{R},\hat{\Lambda})$ 可以写作：

$$\max_{R\in SO(3)}\mathrm{tr}(\boldsymbol{R}\boldsymbol{W})=\mathrm{tr}(\hat{\boldsymbol{R}}\boldsymbol{W})=t\hat{\Lambda}=d_1+d_2+S_US_Vd_3\tag{10.94}$$

最终，式（10.74）中最优的 $J(\boldsymbol{R})$ 使 $J(\hat{\boldsymbol{R}})=c(w_0-(d_1+d_2+S_US_Vd_3))$ 成立。

当 $\mathrm{rank}(\boldsymbol{W})<3$ 时，式（10.92）中的估计也存在，但是只有当 $\mathrm{rank}(\boldsymbol{W})=2$ 的时候估计值才是唯一的，因为式（10.87）中的 $\boldsymbol{U}$ 的单位向量 $\boldsymbol{u}_3$ 和 $\boldsymbol{V}$ 的单位向量 $\boldsymbol{v}_3$ 分别是属于 $\boldsymbol{W}$ 和 $\boldsymbol{W}^{\mathrm{T}}$ 的一维零空间（unidimensional null space）$\mathcal{N}(\boldsymbol{W})$ 和 $\mathcal{E}(\boldsymbol{W}^{\mathrm{T}})$，因此，唯一不确定的是方向。因为方向的不确定性改变了 S_U 和 S_V，但并不改变 S_US_V，因此式（10.92）中的分解仍是唯一的。当 $\mathrm{rank}(\boldsymbol{W})=2$ 时，$\boldsymbol{W}$ 的降秩导致 $d_3=0$。

当 $\mathrm{rank}(\boldsymbol{W})=1$ 的时候解失去唯一性，这时 $d_2=d_3=0$，因为 $\boldsymbol{W}$ 和 $\boldsymbol{W}^{\mathrm{T}}$ 的核空间将会变为二维的，向量对 $\{\boldsymbol{v}_2,\boldsymbol{v}_3\}$ 和 $\{\boldsymbol{u}_2,\boldsymbol{u}_3\}$ 可以是存在于 $\mathcal{N}(\boldsymbol{W})$ 和 $\mathcal{N}(\boldsymbol{W}^{\mathrm{T}})$ 的任意正交向量对。更进一步，$\mathrm{rank}(\boldsymbol{W})=1$ 表明 $\breve{\boldsymbol{s}}_1=\cdots=\pm\boldsymbol{s}_j=\cdots=\pm\breve{\boldsymbol{s}}_m$ 以及 $\breve{\boldsymbol{m}}_1=\cdots=\pm\boldsymbol{m}_j=\cdots=\pm\breve{\boldsymbol{m}}_m$。

式（10.90）中的优化也可以通过几何方法来实现，即通过将 $\boldsymbol{R}$ 表示为旋转的合成。$\boldsymbol{R}$ 包含了式（10.93）中的对 $\{\boldsymbol{U}_+^{\mathrm{T}},\boldsymbol{V}_+^{\mathrm{T}}\}\in SO(3)$ 和未知旋转矩阵 $\boldsymbol{Q}(\vartheta,\boldsymbol{e})$。其中 $\boldsymbol{Q}(\vartheta,\boldsymbol{e})$ 是由 2.4 节中罗德里格斯准则给出的 $(\vartheta,\boldsymbol{e})$ 中欧拉角参数定义的。$\boldsymbol{R}$ 的表达式如下。

$$\boldsymbol{R}=\boldsymbol{V}_+\boldsymbol{Q}(\vartheta,\boldsymbol{e})\boldsymbol{U}_+^{\mathrm{T}}=\boldsymbol{V}_+((1-\cos(2\vartheta))\boldsymbol{e}\boldsymbol{e}^{\mathrm{T}}+\cos(2\vartheta)I+\sin(2\vartheta)\boldsymbol{e}\times)\boldsymbol{U}_+^{\mathrm{T}}\tag{10.95}$$

其中，向量 $\boldsymbol{e}=[e_1,e_2,e_3]$ 是旋转轴。将式（10.95）代入式（10.94）中的 $\mathrm{tr}(\boldsymbol{R}\boldsymbol{W})$ 部分得到

$$\begin{aligned}\operatorname{tr}(\boldsymbol{RW}) &= (1-\cos(2\vartheta))\boldsymbol{e}^{\mathrm{T}}\boldsymbol{SDe}+\cos(2\vartheta)\operatorname{tr}(\boldsymbol{SD}) \\ &= \boldsymbol{e}^{\mathrm{T}}\boldsymbol{SDe}+\cos(2\vartheta)(d_2+S_US_Vd_3+e_2^2(d_1-d_2)+e_3^2(d_1-S_US_Vd_3))\end{aligned} \tag{10.96}$$

练习 1

证明，根据式（10.96）有

$$\hat{\vartheta}=\arg\max_{0\leqslant\vartheta\leqslant\pi}\operatorname{tr}(\boldsymbol{RW})=0 \tag{10.97}$$

对应于式（10.92）

$$\hat{\boldsymbol{R}}=\max_{R\in SO(3)}\operatorname{tr}(\boldsymbol{RW})=\boldsymbol{V}_+\boldsymbol{U}_+^{\mathrm{T}} \tag{10.98}$$

练习 2

证明，在 $d_2+S_US_Vd_3=0$ 的条件下，该条件可能发生在 $d_2=d_3=0$ 或者 $d_2=-S_US_Vd_3$ 的情况下，任意旋转矩阵

$$\hat{\boldsymbol{R}}=\boldsymbol{V}_+\boldsymbol{X}(2\vartheta)\boldsymbol{U}_+ \tag{10.99}$$

是 $\max_{R\in SO(3)}\operatorname{tr}(\boldsymbol{RW})$ 的参数，在这种情况下，Wahba 问题变得不确定。

式（10.92）中的 SVD 估计值由文献［12］中的 F. L. Markley 给出（另参考文献［14］）。在 Wahba 问题的最初表达式中已经提出了等效的方法[22]。本推导部分遵循文献［3］。

3. 统计特性

现在开始使用记号 $\hat{\boldsymbol{R}}(m)$，因为式（10.92）中的 $\hat{\boldsymbol{R}}$ 是取决于方向基数 m 的最大似然估计（MLE）。在 MLE 统计特性中[21]，主要关注一致性和渐近效率。一致性表示当 $m\to\infty$ 时，非零估计误差渐近趋向于 0。渐进效率表示渐近误差协方差是极小值。记姿态误差 $\tilde{\boldsymbol{R}}(m)=\hat{\boldsymbol{R}}^{\mathrm{T}}(m)\boldsymbol{R}=\boldsymbol{I}+\partial\tilde{\boldsymbol{R}}(m)$，其中 $\partial\tilde{\boldsymbol{R}}(m)$ 是 10.3.2 节中定义的估计值的随机分量，一致性和渐近效率表达为

$$\begin{aligned}&\lim_{m\to\infty}\hat{\boldsymbol{R}}^{\mathrm{T}}(m)\boldsymbol{R}=\lim_{m\to\infty}\tilde{\boldsymbol{R}}(m)=\boldsymbol{I}_3\\&\lim_{m\to\infty}\tilde{\boldsymbol{P}}_R(m)=\lim_{m\to\infty}\mathcal{E}\{\partial\tilde{\boldsymbol{R}}(m)\partial\tilde{\boldsymbol{R}}^{\mathrm{T}}(m)\}\geqslant\tilde{\boldsymbol{P}}_R\end{aligned} \tag{10.100}$$

其中，第一行的极限是概率极限（limit in probability）[21]，第二行的 $\tilde{\boldsymbol{P}}_R$ 是被称为 Cramer-Rao 极限的渐近协方差。一致性应该有别于无偏性 $\mathcal{E}(\tilde{\boldsymbol{R}}(m))=\boldsymbol{I}_3$，无偏性在 $\operatorname{rank}\boldsymbol{W}(m)\geqslant 2$ 时成立。

如 10.3.2 节式（10.40）之前所述，可以用具有 $\mathcal{E}(\tilde{\boldsymbol{\theta}})=0$ 特性的欧拉角向量 $\tilde{\boldsymbol{\theta}}(m)$ 来替换 $\partial\tilde{\boldsymbol{R}}$ 的一阶项，所以

$$\tilde{\boldsymbol{P}}_R(m)=\mathcal{E}\{\partial\tilde{\boldsymbol{R}}(m)\partial\tilde{\boldsymbol{R}}^{\mathrm{T}}(m)\}\cong\mathcal{E}\{-(\tilde{\boldsymbol{\theta}}(m)\times)^2\}=\tilde{\boldsymbol{P}}_\theta^{(m)} \tag{10.101}$$

$\tilde{\boldsymbol{P}}_\theta(m)$ 的逆也称为 Fisher 信息矩阵，它由文献［17，21］定义。

$$\tilde{\boldsymbol{F}}_\theta(m)=\tilde{\boldsymbol{P}}_\theta^{-1}(m)=-\mathcal{E}\left\{\frac{\partial^2\operatorname{tr}(\boldsymbol{RW}(\tilde{\boldsymbol{\theta}}))}{\partial\boldsymbol{\theta}\,\partial\tilde{\boldsymbol{\theta}}^{\mathrm{T}}}\right\}\Bigg|_{\tilde{\theta}=0} \tag{10.102}$$

其中，真值和期望值 $\tilde{\boldsymbol{\theta}}=0$ 必须替换式（10.102）中的期望值 $\tilde{\boldsymbol{\theta}}$，同时需要求出 $\boldsymbol{W}$ 的随机分量的期望值。

计算式（10.102）时，首先将式（10.83）中的 $c\boldsymbol{J}_L(\boldsymbol{R})+w_0=\operatorname{tr}(\boldsymbol{RW})$ 重写为 $\tilde{\boldsymbol{\theta}}\times$ 的函数。然后取 $c=1$，得到式（10.84）。这意味着式（10.82）中的权重 w_j 简化为 $w_j=$

$\widetilde{\sigma}_j^{-2}$。式（10.85）中的第一似然方程 $\boldsymbol{R}=\widehat{\boldsymbol{R}}$ 和 $\Lambda=\widehat{\Lambda}$，有助于重写 $\mathrm{tr}(\boldsymbol{RW})$。

$$\begin{aligned}\mathrm{tr}(\boldsymbol{RW})&=\mathrm{tr}(\boldsymbol{R}\widehat{\boldsymbol{R}}^{\mathrm{T}}\widehat{\Lambda})=\mathrm{tr}(R(I+\partial\widetilde{\boldsymbol{R}})\boldsymbol{R}^{\mathrm{T}}\widehat{\Lambda})=\mathrm{tr}(\widehat{\Lambda}+\partial\widetilde{\boldsymbol{R}}\boldsymbol{R}^{\mathrm{T}}\widehat{\Lambda}\widehat{\boldsymbol{R}}\widetilde{\boldsymbol{R}})\\&=\mathrm{tr}\left(\widehat{\Lambda}+\partial\widetilde{\boldsymbol{R}}\sum_{j=1}^{m}\frac{1}{\widetilde{\sigma}_j^2}\boldsymbol{R}^{\mathrm{T}}\breve{\boldsymbol{s}}_j\breve{\boldsymbol{m}}_j^{\mathrm{T}}(I+\partial\widetilde{\boldsymbol{R}})\right)\end{aligned}\tag{10.103}$$

用 $\widetilde{\boldsymbol{\theta}}_{\times}$ 替代 $\partial\widetilde{\boldsymbol{R}}$，同时利用 2.2.2 节中的叉乘特性将式（10.103）转换为

$$\mathrm{tr}(\boldsymbol{RW}(\widetilde{\boldsymbol{\theta}}))=\mathrm{tr}\widehat{\Lambda}-\left(\sum_{j=1}^{m}\frac{1}{\widetilde{\sigma}_j^2}\breve{\boldsymbol{m}}_j^{\mathrm{T}}\boldsymbol{R}^{\mathrm{T}}\breve{\boldsymbol{s}}_j\times\right)\widetilde{\boldsymbol{\theta}}-\widetilde{\boldsymbol{\theta}}^{\mathrm{T}}\left(\sum_{j=1}^{m}\frac{1}{\widetilde{\sigma}_j^2}(\breve{\boldsymbol{m}}_j^{\mathrm{T}}\times)\boldsymbol{R}^{\mathrm{T}}\breve{\boldsymbol{s}}_j\times\right)\widetilde{\boldsymbol{\theta}}\tag{10.104}$$

通过 $\widetilde{\boldsymbol{\theta}}$ 的二阶导数和式（10.102）中的期望值，得到最终表达式

$$\widetilde{\boldsymbol{F}}_{\theta}(m)=\widetilde{\boldsymbol{P}}_{\theta}^{-1}(m)=\mathcal{E}\left\{\sum_{j=1}^{m}\frac{1}{\widetilde{\sigma}_j^2}(\breve{\boldsymbol{m}}_j^{\mathrm{T}}\times)R^{\mathrm{T}}\breve{\boldsymbol{s}}_j\times\right\}=-\sum_{j=1}^{m}\frac{1}{\widetilde{\sigma}_j^2}(\breve{\boldsymbol{m}}_j^{\mathrm{T}}\times)^2=\sum_{j=1}^{m}\frac{1}{\widetilde{\sigma}_j^2}(I-\boldsymbol{m}_j\boldsymbol{m}_j^{\mathrm{T}})\geqslant 0\tag{10.105}$$

此处运用了式（10.77）的性质 $\mathcal{E}(\boldsymbol{W})=\sum_{j=1}^{m}w_j\boldsymbol{ms}_j^{\mathrm{T}}$。

Fisher 信息矩阵是静态姿态可观测性的测量值。该测量值由一组观测向量 $\{\vec{\boldsymbol{s}}_1,\cdots,\vec{\boldsymbol{s}}_m\}$ 和用方差表示的不相关测量值不确定度 $\{\widetilde{\sigma}_1^2,\cdots,\widetilde{\sigma}_m^2\}$ 给定。因为 $\widetilde{\boldsymbol{F}}_{\theta}(m)$ 是一个半正定矩阵，所以可以被分解为

$$\begin{aligned}&\widetilde{\boldsymbol{F}}_{\theta}(m)=U\phi U^{\mathrm{T}}\\&U=[\boldsymbol{u}_1\quad\boldsymbol{u}_2\quad\boldsymbol{u}_3],\ \phi=\mathrm{diag}\{\varphi_1,\varphi_2,\varphi_3\}\end{aligned}\tag{10.106}$$

式中，特征向量 $\boldsymbol{u}_k$，$k=1,2,3$ 按照 ϕ 中的特征值排序。

单次测量情况下，即 $m=1$ 时，有待读者证明如下。

$$\phi=\mathrm{diag}\{\widetilde{\sigma}_1^{-2},\widetilde{\sigma}_1^{-2},0\},\ \boldsymbol{u}_3=\boldsymbol{m}_1\tag{10.107}$$

在这种情况下，正如在式（10.94）中所示，$\boldsymbol{W}$ 的零空间 $\mathcal{N}(\boldsymbol{W})$ 变为二维的，并与 $\boldsymbol{u}_3=\boldsymbol{m}_1$ 正交，这意味着可选取 $\mathcal{N}(\boldsymbol{W})$ 中的任何一对正交向量作为坐标轴。也就是说，围绕 $\boldsymbol{m}_1$ 的旋转是不可观测的，因此它是任意的。有关二维情况的分析，请参阅文献［14］。

误差协方差 $\widetilde{\boldsymbol{P}}_{\theta}(m)=\widetilde{\boldsymbol{F}}_{\theta}(m)$ 只适用于定义为 $w_j=\widetilde{\sigma}_j^{-2}$ 的权重 w_j，该权重可以从 $c=1$ 时的式（10.82）中得出。对于一般的权重 w_j，式（10.92）中的估计仍然是成立的，但是误差协方差 $\widetilde{\boldsymbol{P}}_{\theta}(m)$ 已经在文献［12］中证明其满足：

$$\widetilde{\boldsymbol{P}}_{\theta}(m)=\left(\sum_{j=1}^{m}w_j(I-\boldsymbol{m}_j\boldsymbol{m}_j^{\mathrm{T}})\right)^{-1}\sum_{j=1}^{m}w_j\widetilde{\sigma}_j^2(I-\boldsymbol{m}_j\boldsymbol{m}_j^{\mathrm{T}})\left(\sum_{j=1}^{m}w_j(I-\boldsymbol{m}_j\boldsymbol{m}_j^{\mathrm{T}})\right)^{-1}\tag{10.108}$$

可以很快证明，对于 $w_j=\widetilde{\sigma}_j^{-2}$，式（10.108）和 $\widetilde{\boldsymbol{F}}_{\theta}^{-1}(m)$ 是相同的。这证明了 $w_j=c\widetilde{\sigma}_j^{-2}$ 是 Wahba 问题的最优权重，也证明了可以选择比例因子 c 使得 w_0 归一化为 $w_0=1$，因为它对协方差无影响。

10.4.3 二维案例

1. 快速最优姿态矩阵算法

在两个方向 $j=1$，2 的情况下，式（10.92）中的姿态估计可以根据体坐标 $\boldsymbol{m}_j$ 给出

显式表达式。可以使用F. L. Markley[13-14]提出的 FOAM（快速优化姿态矩阵）算法来找到表达式。重写式（10.87）中的姿态轮廓矩阵 $\boldsymbol{W}$ 的奇异值分解为

$$\begin{aligned}&\boldsymbol{W}=\boldsymbol{U}_{+}\boldsymbol{SD}\boldsymbol{V}_{+}\\&\boldsymbol{SD}=\mathrm{diag}(d_1,d_2,s_U s_V d_3)\\&d_1\geqslant d_2\geqslant d_3\geqslant 0\end{aligned}\tag{10.109}$$

其中，$\boldsymbol{U}_{+}$，$\boldsymbol{V}_{+}$ 以及 $\boldsymbol{SD}$ 已经分别在式（10.87）、式（10.91）及（10.93）中定义。F. L. Markley 已经发现只需要知道式（10.109）中的姿态轮廓 $\boldsymbol{W}$ 和对角矩阵 $\boldsymbol{SD}$ 就可以构造估计 $\hat{\boldsymbol{R}}=\boldsymbol{V}_{+}\boldsymbol{U}_{+}^{\mathrm{T}}$，即 $\{d_1,d_2,d_3\}$ 中的奇异值和符号 $s_V s_U$。其结构是线性组合，如下。

$$\begin{aligned}&\hat{\boldsymbol{R}}=\boldsymbol{V}_{+}\boldsymbol{U}_{+}^{\mathrm{T}}=(b(\boldsymbol{SD})\mathrm{adj}\boldsymbol{W}+(a(\boldsymbol{SD})-\boldsymbol{W}^{\mathrm{T}}\boldsymbol{W})\boldsymbol{W}^{\mathrm{T}})d^{-1}(\boldsymbol{SD})\\&\mathrm{adj}\boldsymbol{W}=\det(\boldsymbol{W})\boldsymbol{W}^{-1}\end{aligned}\tag{10.110}$$

其系数仅取决于 $\boldsymbol{SD}$ 的元素，如下所示。

$$\begin{aligned}&a(\boldsymbol{SD})=(\lambda^2+\mathrm{tr}(\boldsymbol{D}^2))/2\\&b(\boldsymbol{SD})=\lambda=\mathrm{tr}(\boldsymbol{SD})\\&d(\boldsymbol{SD})=\lambda(\lambda^2-\mathrm{tr}(\boldsymbol{D}^2))/2-\det(\boldsymbol{W}),\det(\boldsymbol{W})=d_1d_2s_Us_Vd_3\end{aligned}\tag{10.111}$$

而且，$\mathrm{tr}(\boldsymbol{D}^2)$ 和 $\lambda=\mathrm{tr}(\boldsymbol{SD})$ 可以用 $\boldsymbol{W}$ 来表示。$\mathrm{tr}(\boldsymbol{D}^2)=\|\boldsymbol{W}\|_F^2=d_1^2+d_2^2+d_3^2$ 是 $\boldsymbol{W}$ 的 Frobenius 范数的平方（参见 2.3.3 节）。λ 的表达式更加复杂，需要解 $\lambda=\mathrm{tr}(\hat{\boldsymbol{R}}\boldsymbol{W})=\mathrm{tr}(\hat{\boldsymbol{R}}^{\mathrm{T}}\boldsymbol{W}^{\mathrm{T}})$ 中的简化四次方程（reduced quartic equation）得到。通过使用等式

$$\|\boldsymbol{W}\|_F^4-\mathrm{tr}(\boldsymbol{W}\boldsymbol{W}^{\mathrm{T}})^2=(d_1^2+d_2^2+d_3^2)^2-(d_1^4+d_2^4+d_3^4)=2\|\mathrm{adj}\boldsymbol{W}\|_F^2\tag{10.112}$$

得到四次方程为

$$(\lambda^2-\|\boldsymbol{W}\|_F^2)-8\det\boldsymbol{W}\lambda-4\|\mathrm{adj}\boldsymbol{W}\|_F^2=0\tag{10.113}$$

记 $\Lambda=\{\lambda_1=\lambda_{\max}\geqslant\lambda_2\geqslant\lambda_3\geqslant\lambda_4\}$ 为四次方程根的谱（spectrum）。因为 $\mathrm{tr}(\hat{R}W)$ 是式（10.76）中极大化问题的结果，$\lambda=\mathrm{tr}(\hat{R}W)=d_1+d_2+d_3s_Vs_U$ 意味着 λ 满足 $\lambda=\lambda_{\max}$。在处理 QUEST 方法时，在 10.5.2 节中可以找到一个相似的四次方程。

练习 3

证明，将式（10.113）中的系数替换为 W 的奇异值，即

$$\begin{aligned}&\|\boldsymbol{W}\|_F^2=d_1^2+d_2^2+d_3^2\\&\det\boldsymbol{W}=s_Us_Vd_1d_2d_3\\&2\|\mathrm{adj}\boldsymbol{W}\|_F^2=(d_1^2+d_2^2+d_3^2)^2-(d_1^4+d_2^4+d_3^4)\end{aligned}\tag{10.114}$$

四次方程式（10.113）的谱 Λ 可以用奇异值写为

$$\begin{aligned}&\lambda_1=d_1+d_2+s_Us_Vd_3\\&\lambda_2=d_1-(d_2+s_Us_Vd_3)\\&\lambda_3=-d_1+(d_2-s_us_Vd_3)\\&\lambda_4=-d_1-(d_2-s_us_Vd_3)\end{aligned}\tag{10.115}$$

证明式（10.110）中的分母 $d(SD)$ 在 $\lambda=\lambda_{\max}$ 时满足

$$d(SD)=(d_2+s_us_Vd_3)(d_1+s_us_Vd_3)(d_1+d_2)=(\lambda_1-\lambda_2)(\lambda_1-\lambda_3)(\lambda_1-\lambda_4)/8\tag{10.116}$$

并表明，对于 $d_2+s_V s_U d_3=\lambda_1-\lambda_2=0$，式（10.110）中的 FOAM 解是奇异的。

2. 二维案例

在二维案例中，我们可以根据参考向量和观测向量具体重写式（10.110）中的 FOAM 分解，借助下列表达式

$$W=w_1\breve{\boldsymbol{m}}_1\breve{\boldsymbol{s}}_1^{\mathrm{T}}+w_2\breve{\boldsymbol{m}}_2\breve{\boldsymbol{s}}_2^{\mathrm{T}}=[\breve{\boldsymbol{m}}_1\quad \breve{\boldsymbol{m}}_2\quad \breve{\boldsymbol{m}}_3]\begin{bmatrix} w_1 & 0 & 0 \\ 0 & w_2 & 0 \\ 0 & 0 & 0 \end{bmatrix}\begin{bmatrix} \breve{\boldsymbol{s}}_1^{\mathrm{T}} \\ \breve{\boldsymbol{s}}_2^{\mathrm{T}} \\ \breve{\boldsymbol{s}}_3^{\mathrm{T}} \end{bmatrix} \tag{10.117}$$

$$\breve{\boldsymbol{m}}_3=\breve{\boldsymbol{m}}_1\times\breve{\boldsymbol{m}}_2/m_3,\ \breve{\boldsymbol{s}}_3=\breve{\boldsymbol{s}}_1\times\breve{\boldsymbol{s}}_2/s_3$$
$$m_3=|\breve{\boldsymbol{m}}_1\times\breve{\boldsymbol{m}}_2|,\ s_3=|\breve{\boldsymbol{s}}_1\times\breve{\boldsymbol{s}}_2|$$

其中，矩阵$[\breve{\boldsymbol{m}}_1\quad \breve{\boldsymbol{m}}_2]$和$[\breve{\boldsymbol{s}}_1\quad \breve{\boldsymbol{s}}_2]$用零空间的单位向量表示。

为了重写式（10.110）的分解，我们需要计算 adj$W$。因为 det$W=0$，adj$W$ 无法从 W^{-1}中计算得到。由 $\mathrm{adj}U=U^{\mathrm{T}}$，$\mathrm{adj}(AB)=\mathrm{adj}(B)\mathrm{adj}(A)$ 及 $SD=D=\mathrm{diag}(d_1,d_2,0)$，得到 adj$W$ 表达式如下，其中 $U\in SO(3)$，$A,B\in\boldsymbol{R}^{n\times n}$

$$\mathrm{adj}W=\mathrm{adj}(UDV^{\mathrm{T}})=V\mathrm{adj}DU^{\mathrm{T}}=[\boldsymbol{v}_1\quad \boldsymbol{v}_2\quad \boldsymbol{v}_3]\begin{bmatrix} 0 & 0 & 0 \\ 0 & 0 & 0 \\ 0 & 0 & d_1d_2 \end{bmatrix}\begin{bmatrix} \boldsymbol{u}_1^{\mathrm{T}} \\ \boldsymbol{u}_2^{\mathrm{T}} \\ \boldsymbol{u}_3^{\mathrm{T}} \end{bmatrix}=d_1d_2v_3u_3^{\mathrm{T}} \tag{10.118}$$

其中，U_+的单位向量 $\boldsymbol{u}_3$ 和 V_+的单位向量 $\boldsymbol{v}_3$ 分别属于零空间$[\breve{\boldsymbol{m}}_1\quad \breve{\boldsymbol{m}}_2]$和$[\breve{\boldsymbol{s}}_1\quad \breve{\boldsymbol{s}}_2]$，相应地，得到 $\boldsymbol{u}_3=\breve{\boldsymbol{m}}_3$ 和 $\boldsymbol{v}_3=\breve{\boldsymbol{s}}_3$。或者，adj$W$ 可以直接通过与式（10.118）中相同的操作从式（10.117）中的 W 来计算得到，从而产生新的性质。

$$\mathrm{adj}W=w_1w_2(\breve{\boldsymbol{s}}_1\times\breve{\boldsymbol{s}}_2)(\breve{\boldsymbol{m}}_1\times\breve{\boldsymbol{m}}_2)^{\mathrm{T}} \tag{10.119}$$

式（10.118）和式（10.119）中 adj$W$ 的迹具有以下性质。

$$\mathrm{tr}(\mathrm{adj}W)=d_1d_2=w_1w_2|\breve{\boldsymbol{s}}_1\times\breve{\boldsymbol{s}}_2||\breve{\boldsymbol{m}}_1\times\breve{\boldsymbol{m}}_2|=w_1w_2s_3m_3 \tag{10.120}$$

下一步是 $W^{\mathrm{T}}W$ 和 $\mathrm{tr}(W^{\mathrm{T}}W)=\mathrm{tr}(D^2)=d_1^2+d_2^2$ 推导，即

$$\begin{aligned} W^{\mathrm{T}}W&=w_1^2\breve{\boldsymbol{m}}_1\breve{\boldsymbol{m}}_1^{\mathrm{T}}+w_2^2\breve{\boldsymbol{m}}_2\breve{\boldsymbol{m}}_2^{\mathrm{T}}+w_1w_2(\breve{\boldsymbol{s}}_1\cdot\breve{\boldsymbol{s}}_2)(\breve{\boldsymbol{m}}_1\breve{\boldsymbol{m}}_2^{\mathrm{T}}+\breve{\boldsymbol{m}}_2\breve{\boldsymbol{m}}_1^{\mathrm{T}}) \\ \mathrm{tr}(W^{\mathrm{T}}W)&=d_1^2+d_2^2=w_1^2+w_2^2+2w_1w_2(\breve{\boldsymbol{s}}_1\cdot\breve{\boldsymbol{s}}_2)(\breve{\boldsymbol{m}}_1\cdot\breve{\boldsymbol{m}}_2) \end{aligned} \tag{10.121}$$

将式（10.120）中的 $2\mathrm{tr}(\mathrm{adj}W)$ 和 $\mathrm{tr}(W^{\mathrm{T}}W)$ 相加，得到式（10.113）中四次方程的最大特征值 $\lambda_{\max}=\lambda_1=d_1+d_2$，即

$$\lambda_{\max}=d_1+d_2=\sqrt{\mathrm{tr}(W^{\mathrm{T}}W)+2\mathrm{tr}(\mathrm{adj}W)}=(w_1^2+w_2^2+2w_1w_2(s_{12}m_{12}+s_3m_3))^{1/2} \tag{10.122}$$

其中，$s_{12}=\breve{\boldsymbol{s}}_1\cdot\breve{\boldsymbol{s}}_2$ 及 $m_{12}=\breve{\boldsymbol{m}}_1\cdot\breve{\boldsymbol{m}}_2$。耐心一点，即可得到用 W 表示的最终表达式。

练习 4

证明，在以下等式的帮助下

$$\begin{aligned} a(D)&=\lambda_{\max}^2-d_1d_2=w_1^2+w_2^2+w_1w_2(2s_{12}m_{12}+s_3m_3) \\ b(D)&=\lambda_{\max},d(D)=\lambda_{\max}d_1d_2=\lambda_{\max}w_1w_2s_3m_3 \end{aligned} \tag{10.123}$$

最优的 $\widehat{R}$ 满足

$$\widehat{R}=\frac{b(D)\operatorname{adj}W+(a(D)-W^{\mathrm{T}}W)W^{\mathrm{T}}}{d(D)}$$
$$=\breve{s}_3\breve{m}_3^{\mathrm{T}}+\frac{w_1}{\lambda_{\max}}(\breve{s}_1\breve{m}_1^{\mathrm{T}}+(\breve{s}_1\times\breve{s}_3)(\breve{m}_1\times\breve{m}_3)^{\mathrm{T}})+\frac{w_2}{\lambda_{\max}}(\breve{s}_2\breve{m}_2^{\mathrm{T}}+(\breve{s}_2\times\breve{s}_3)(\breve{m}_2\times\breve{m}_3)^{\mathrm{T}}) \tag{10.124}$$

提示

首先证明 $b(D)\operatorname{adj}W/d(D)=\breve{s}_3\breve{m}_3^{\mathrm{T}}$，然后计算 $(a(D)-W^{\mathrm{T}}W)W^{\mathrm{T}}$，其具有如下形式。

$$(a(D)-W^{\mathrm{T}}W)W^{\mathrm{T}}=[\breve{s}_1 \quad \breve{s}_2](\boldsymbol{D}_1(\boldsymbol{p})-\boldsymbol{D}_2(\boldsymbol{p}))\begin{bmatrix}\breve{m}_1^{\mathrm{T}}\\ \breve{m}_2^{\mathrm{T}}\end{bmatrix} \tag{10.125}$$

其中，$\boldsymbol{D}_1$ 是 2×2 的对角矩阵，$\boldsymbol{D}_2$ 是一个 2×2 的矩阵。两个矩阵都是参数向量 $\boldsymbol{p}=[w_1, w_2, s_3, m_3, \breve{s}_1\cdot\breve{s}_2, \breve{m}_1\cdot\breve{m}_2]$ 的函数。得到的矩阵可以分解为分别由 $w_1/\lambda_{\max}$ 和 $w_2/\lambda_{\max}$ 衡量的两个矩阵。最后一步，借助 2.2.2 节中三向量积的分解，类似于 $\boldsymbol{s}_1\times s_3 s_3=\boldsymbol{s}_1\times(\boldsymbol{s}_1\times\boldsymbol{s}_2)=\boldsymbol{s}_1 s_{12}-\boldsymbol{s}_2$，其中 $s_3=[\boldsymbol{s}_1\times\boldsymbol{s}_2]$，可以将每个刻度矩阵进一步拆分为如式（10.24）的两个并矢矩阵。

3. 与三轴姿态确定估计的比较

式（10.124）中的最优估计 $\widehat{R}$ 应该和式（10.39）中的 TRAID 估计相比较，现在通过使用式（10.117）中的记号和采用替代基轴向量对 $\{\breve{s}_1,\breve{m}_1\}$ 和 $\{\breve{s}_2,\breve{m}_2\}$ 来重写，用下标 1 和 2 来区分，如下所示。

$$\begin{aligned}\widehat{R}_{\mathrm{TRAID},1}&=\breve{T}_{s1}\breve{T}_{m1}^{\mathrm{T}}=\breve{s}_1\breve{m}_1^{\mathrm{T}}+\breve{s}_3\breve{m}_3^{\mathrm{T}}+(\breve{s}_1\times\breve{s}_3)(\breve{m}_1\times\breve{m}_3)^{\mathrm{T}}\\ \widehat{R}_{\mathrm{TRAID},2}&=\breve{T}_{s2}\breve{T}_{m2}^{\mathrm{T}}=\breve{s}_2\breve{m}_2^{\mathrm{T}}+\breve{s}_3\breve{m}_3^{\mathrm{T}}+(\breve{s}_2\times\breve{s}_3)(\breve{m}_2\times\breve{m}_3)^{\mathrm{T}}\end{aligned} \tag{10.126}$$

式（10.124）中的最优估计 $\widehat{R}$ 具有相同的极轴对 $\{\breve{s}_3,\breve{m}_3\}$，因为它们不会随着基轴的改变而改变（参见图 10.2），但是采用了基轴定义的两个坐标系向量的最优平均值。式（10.92）中最优估计 $\widehat{R}$ 是一个分解 $\widehat{R}=\breve{T}_s\breve{T}_m^{\mathrm{T}}$，其中 $\breve{T}_s=V_+=V=[\boldsymbol{v}_1 \quad \boldsymbol{v}_2 \quad \boldsymbol{v}_3=\boldsymbol{s}_3]$，$\breve{T}_m=U_+=U=[\boldsymbol{u}_1 \quad \boldsymbol{u}_2 \quad \boldsymbol{u}_3=\boldsymbol{m}_3]$，以及 $V_+=V$ 和 $U_+=U$，这是因为 $d_3=0$。如果 $w_1=0$ 或者 $w_2=0$，即当方向测量没有误差的时候，TRIAD 估计与最佳估计值匹配。

练习 5

假定不含噪声的测量值为 $\{\boldsymbol{s}_1,\boldsymbol{s}_2\}$ 和 $\{\boldsymbol{m}_1,\boldsymbol{m}_2\}$，它们的角度从 $\boldsymbol{s}_1$ 到 $\boldsymbol{s}_2$ 的方向为正（或者从 $\boldsymbol{m}_1$ 到 $\boldsymbol{m}_2$），正如图 10.2 所示，并且 ψ 没有了上标 v 的测量标志。简单假设 $\boldsymbol{s}_1=[1,0,0]=R\boldsymbol{m}_1$，$s_2=[\cos\psi,\sin\psi,0]=R\boldsymbol{m}_2$，其中 R 是一般的，以及 $w_1=w_2=1/2$，证明 $T_s=V$ 的第一轴 $\boldsymbol{v}_1$ 和 $T_m=U$ 的第一轴 $\boldsymbol{u}_1$ 分别是 $\{\boldsymbol{s}_1,\boldsymbol{s}_2\}$ 和 $\{\boldsymbol{m}_1,\boldsymbol{m}_2\}$ 组合的平分线。

估计精度可以通过它们的协方差矩阵进行比较。在二维情况下，当 $m=2$ 时 TRIAD 和 Wahba 的协方差矩阵可在式（10.45）和式（10.105）中找到。它们为：

$$\begin{aligned}\widetilde{P}_{\mathrm{TRAID},1}&=\widetilde{\sigma}_1^2 I+\frac{1}{|\boldsymbol{m}_1\times\boldsymbol{m}_2|^2}((\widetilde{\sigma}_2^2-\widetilde{\sigma}_1^2)\boldsymbol{m}_1\boldsymbol{m}_1^{\mathrm{T}}+\widetilde{\sigma}_1^2\boldsymbol{m}_1\boldsymbol{m}^{\mathrm{T}}(\boldsymbol{m}_1\boldsymbol{m}_2^{\mathrm{T}}+\boldsymbol{m}_2\boldsymbol{m}_1^{\mathrm{T}}))\\ \widetilde{P}_{\mathrm{WHABA}}&=\frac{1}{\widetilde{\sigma}_1^2}(I-\boldsymbol{m}_1\boldsymbol{m}_1^{\mathrm{T}})+\frac{1}{\widetilde{\sigma}_2^2}(I-\boldsymbol{m}_2\boldsymbol{m}_2^{\mathrm{T}})\end{aligned} \tag{10.127}$$

为了作比较，我们需要重新排列 TRIAD 协方差以明确 TRIAD 的极轴 $\boldsymbol{m}_1\times\boldsymbol{m}_2$。借助于式（10.55）中的特性，可得到

$$\widetilde{P}_{\text{TRAID},1}=\frac{\widetilde{\sigma}_2^2\boldsymbol{m}_1\boldsymbol{m}_1^{\mathrm{T}}+\widetilde{\sigma}_1^2\boldsymbol{m}_2\boldsymbol{m}_2^{\mathrm{T}}}{|\boldsymbol{m}_1\times\boldsymbol{m}_2|^2}+\widetilde{\sigma}_1^2\frac{(\boldsymbol{m}_1\times\boldsymbol{m}_2)(\boldsymbol{m}_1\times\boldsymbol{m}_2)^{\mathrm{T}}}{|\boldsymbol{m}_1\times\boldsymbol{m}_2|^2}\tag{10.128}$$

式（10.55）中的等式有助于将式（10.127）的第二行和下一个练习中取逆 $\widetilde{P}_{\text{WAHBA}}^{-1}$。

练习 6

证明

$$\widetilde{P}_{\text{WHABA}}=\widetilde{P}_{\text{TRAID},1}-\frac{\widetilde{\sigma}_1^4}{\widetilde{\sigma}_2^2+\widetilde{\sigma}_1^2}\frac{(\boldsymbol{m}_1\times\boldsymbol{m}_2)(\boldsymbol{m}_1\times\boldsymbol{m}_2)^{\mathrm{T}}}{|\boldsymbol{m}_1\times\boldsymbol{m}_2|^2}\tag{10.129}$$

提示

结果是将式（10.55）中的单位矩阵因式分解为式（10.172）中最后一个表达式及 Wahba 协方差的乘积，得到

$$\begin{aligned}I_3&=\frac{\boldsymbol{m}_1\boldsymbol{m}_1^{\mathrm{T}}+\boldsymbol{m}_2\boldsymbol{m}_2^{\mathrm{T}}-(\boldsymbol{m}_1\cdot\boldsymbol{m}_2)(\boldsymbol{m}_1\boldsymbol{m}_2^{\mathrm{T}}+\boldsymbol{m}_2\boldsymbol{m}_1^{\mathrm{T}})+(\boldsymbol{m}_1\times\boldsymbol{m}_2)(\boldsymbol{m}_1\times\boldsymbol{m}_2)^{\mathrm{T}}}{|\boldsymbol{m}_1\times\boldsymbol{m}_2|^2}\\&=\left(\frac{1}{\widetilde{\sigma}_1^2}(I-\boldsymbol{m}_1\boldsymbol{m}_1^{\mathrm{T}})+\frac{1}{\widetilde{\sigma}_2^2}(I-\boldsymbol{m}_2\boldsymbol{m}_2^{\mathrm{T}})\right)\widetilde{P}_{\text{WAHBA}}\end{aligned}\tag{10.130}$$

不出所料，有关 Wahba 问题的最优估计比任何的 TRIAD 估计更加有效，除非式（10.129）中的 $\widetilde{\sigma}_1\to 0$，这与 10.3.2 节中的定理 2 一致。

10.5 静态姿态确定：WAHBA 问题的四元数算法

目前解决 Wahba 问题的方法，自 20 世纪 70 年代末开始，用相应的单位四元数 $\mathfrak{q}(\boldsymbol{R})=[q_0,\boldsymbol{q}]$，$\mathfrak{q}^{\mathrm{T}}\mathfrak{q}=1$替换式（10.76）中体坐标系到惯性坐标系的转换矩阵 $\boldsymbol{R}$。对该方法有了几点改进。其中大多数致力于更为快速和简单的算法，因为它们适应了过去几十年珍贵的机载计算能力。它们现在仍然有效，因为它们能对目前的星敏感器提供的多个同时观测数据进行快速处理，从而获得更好的姿态确定精度。这里介绍了两种不同的解决方法。

（1）*q 方法*，是利用四元数表示的姿态求解方法的先驱，归功于文献［8，11］中的作者 P. Davenport。用对称矩阵的特征值/特征向量分解替代式（10.92）中的 SVD，对称矩阵计算负载表明需要寻找更加简单的方法。

（2）QUEST *方法*，通过避免完全的特征值/特征向量分解，提供了 q 方法的简化解，归功于文献［16］中的 M. D. Shuster 和 S. D. Oh。通过文献［15］中的 D. Mortari 所发现的 ESOQ 方法的改进，来避免解的奇异性。

10.5.1 q 方法

该方法利用 2.6.5 节中式（2.171）中给出的 $R(\mathfrak{q})$的罗德里格斯形式，即

$$R(\mathfrak{q})=2\boldsymbol{q}\boldsymbol{q}^{\mathrm{T}}+(2q_0^2-1)\boldsymbol{I}+2q_0\boldsymbol{q}\times\tag{10.131}$$

将式（10.131）代入式（10.76）中，得到一个新的约束函数：

$$\begin{aligned}&J(q_0,\boldsymbol{q})=\operatorname{tr}((2\boldsymbol{q}\boldsymbol{q}^{\mathrm{T}}+(2q_0^2-1)\boldsymbol{I}+2q_0\boldsymbol{q}\times)W)\\&q_0^2+\boldsymbol{q}\boldsymbol{q}^{\mathrm{T}}=1\end{aligned}\tag{10.132}$$

通过利用迹的属性，相关的优化问题如下表示：

$$\hat{\mathfrak{q}}=\mathrm{argmax}_q J(\mathfrak{q})=\mathrm{argmax}_{\mathfrak{q}}\mathfrak{q}^{\mathrm{T}}Q\mathfrak{q} \\ \mathfrak{q}^{\mathrm{T}}\mathfrak{q}=1 \tag{10.133}$$

其中，矩阵 $\boldsymbol{Q}$ 是对称的，并有

$$Q=\begin{bmatrix} w & \boldsymbol{w}^{\mathrm{T}} \\ \boldsymbol{w} & W+W^{\mathrm{T}}-wI \end{bmatrix},\ w=\mathrm{tr}(W),\ \boldsymbol{w}=\sum_{i=1}^{n} w_i\breve{\boldsymbol{m}}_i\breve{\boldsymbol{s}}_i \tag{10.134}$$

更具体地说

（1）$\mathrm{tr}(2\boldsymbol{q}\boldsymbol{q}^{\mathrm{T}}W)$项

$$\mathrm{tr}(2\boldsymbol{q}\boldsymbol{q}^{\mathrm{T}}W)=2\boldsymbol{q}^{\mathrm{T}}W\boldsymbol{q}=\boldsymbol{q}^{\mathrm{T}}(W+W^{\mathrm{T}})\boldsymbol{q} \tag{10.135}$$

（2）$\mathrm{tr}((2q_0^2-1)W)$项由以下给定

$$\mathrm{tr}((2q_0^2-1)W)=\mathrm{tr}((q_0^2-\boldsymbol{q}^{\mathrm{T}}\boldsymbol{q})W)=q_0\mathrm{tr}Wq_0-\boldsymbol{q}^{\mathrm{T}}\mathrm{tr}W\boldsymbol{q} \tag{10.136}$$

（3）$\mathrm{tr}(2q_0\boldsymbol{q}\times W)$项可以写为

$$\begin{aligned}\mathrm{tr}(2q_0\boldsymbol{q}\times W)&=2q_0\mathrm{tr}\left(\sum_{j=1}^{n} w_j\boldsymbol{q}\times\breve{\boldsymbol{m}}_j\breve{\boldsymbol{s}}_j^{\mathrm{T}}\right)=-2q_0\mathrm{tr}\left(\sum_{j=1}^{n} w_j\breve{\boldsymbol{s}}_j^{\mathrm{T}}\breve{\boldsymbol{m}}_j\times\boldsymbol{q}\right)\\&=2\mathrm{tr}\left(\sum_{j=1}^{n} w_j\boldsymbol{q}^{\mathrm{T}}\breve{\boldsymbol{m}}_j\times\breve{\boldsymbol{s}}_j^{\mathrm{T}}\right)q_0=2\boldsymbol{q}^{\mathrm{T}}\left(\sum_{j=1}^{n} w_j\breve{\boldsymbol{m}}_j\times\breve{\boldsymbol{s}}_i\right)q_0=(\boldsymbol{q}^{\mathrm{T}}\boldsymbol{w}+\boldsymbol{w}^{\mathrm{T}}\boldsymbol{q})q_0\end{aligned} \tag{10.137}$$

其中，此式应用了 2.2.2 节中的标量三乘积的循环性质 $\breve{\boldsymbol{s}}_j^{\mathrm{T}}\breve{\boldsymbol{m}}_j\times\boldsymbol{q}=-\breve{\boldsymbol{s}}_j^{\mathrm{T}}\boldsymbol{q}\times\breve{\boldsymbol{m}}_j=-\boldsymbol{q}^{\mathrm{T}}\breve{\boldsymbol{m}}_j\times\breve{\boldsymbol{s}}_j$。

练习 7

证明 $\mathrm{tr}(Q)=0$。因为 $\mathrm{tr}(Q)=0$，Q 的四阶特征多项式是以下简化四次方程。

$$P_Q(\lambda)=\lambda^4+a_2\lambda^2+a_1\lambda+a_0=\left(\lambda^2+\frac{a_2}{2}\right)^2+a_1\lambda+a_0-\frac{a_2^2}{4} \tag{10.138}$$

如文献［15］所示，可以明确地求解。证明式（10.138）中的系数 a_k，$k=0,1,2,3$ 是

$$a_3=\mathrm{tr}Q=0,\ a_2=-\mathrm{tr}(Q^2)/2,\ a_1=-\mathrm{tr}(\mathrm{adj}Q),\ a_0=\det Q \tag{10.139}$$

式（10.133）中的约束极大化通过拉格朗日函数的梯度来得到

$$L(\mathfrak{q},\lambda)=\frac{1}{2}\mathfrak{q}^{\mathrm{T}}Q\mathfrak{q}+\frac{1}{2}\lambda(\mathfrak{q}^{\mathrm{T}}\mathfrak{q}-1) \tag{10.140}$$

也就是，解以下必要方程。

$$\frac{\partial L}{\partial\mathfrak{q}}=(Q-\lambda I)\mathfrak{q}=0 \\ \frac{\partial L}{\partial\lambda}=\mathfrak{q}^{\mathrm{T}}\mathfrak{q}-1=0 \tag{10.141}$$

L 对式（10.141）中四元数的梯度，表明最优四元数 $\hat{\mathfrak{q}}$ 是 4 个正交特征向量之一。2.3.1 节式（2.27）中 Q 的特征值/特征向量分解为

$$Q=\sum_{k=1}^{4}\hat{\lambda}_k(Q)\mathfrak{p}_k\mathfrak{p}_k^{\mathrm{T}},\quad \mathfrak{p}_k^{\mathrm{T}}\mathfrak{p}_k=1,\quad \mathfrak{p}_k^{\mathrm{T}}\mathfrak{p}_{j\neq k}=0 \tag{10.142}$$

函数 $J(\mathfrak{q})=\mathfrak{q}^{\mathrm{T}}Q\mathfrak{q}$ 的极大值由最大特征值 $\hat{\lambda}=\lambda_{\max}(Q)=\max_{k=1,\cdots,4}\lambda_k(Q)$ 得到，由下列等式证明：

$$
\begin{aligned}
&\hat{\lambda} = \max_q \mathfrak{q}^{\mathrm{T}} Q \mathfrak{q} = \max_q \sum_{k=1}^{4} \lambda_k (\mathfrak{q}^{\mathrm{T}} \mathfrak{p}_k)^2 = \max \sum_{k=1}^{4} \lambda_k \alpha_k^2 = \lambda_{\max}(Q) \\
&\hat{\mathfrak{q}} = \arg\max_q \mathfrak{q}^{\mathrm{T}} Q \mathfrak{q} = \hat{\mathfrak{p}}(Q) = \mathfrak{p}_k(\lambda_k = \lambda_{\max}) \qquad (10.143) \\
&\mathfrak{q} = \sum_{k=1}^{4} \alpha_k \mathfrak{p}_k, \sum_{k=1}^{4} \alpha_k^2 = 1 \Rightarrow \sum_{k=1}^{4} \lambda_k \alpha_k^2 \leqslant \lambda_{\max}(Q)
\end{aligned}
$$

总之，最优四元数 $\hat{\mathfrak{q}}$ 等于 $\lambda_{\max}(Q)$ 相关联的特征向量 $\hat{\mathfrak{p}}(Q)=[\hat{\mathfrak{p}}_0,\hat{\boldsymbol{p}}]$，使得 $Q\hat{\mathfrak{p}}=\lambda_{\max}\hat{\mathfrak{p}}$。

当 Q 的两个或者更多的特征值和 $\lambda_{\max}(Q)$ 相等时，Wahba 问题没有唯一的解。事实上，假定 $\lambda_1(Q)=\lambda_2(Q)=\lambda_{\max}(Q)$，且令 $\mathfrak{p}_1$ 和 $\mathfrak{p}_2$ 是对应的特征向量。可证明任何满足 $\mathfrak{p}^{\mathrm{T}}\mathfrak{p}=1$ 的线性组合 $\mathfrak{p}=\alpha_1\mathfrak{p}_1+\alpha_2\mathfrak{p}_2$，可以作为式（10.141）的解。

10.5.2 四元数估计方法

QUEST 方法[16]避免了 Q 的特征值/特征向量分解。首先，最大的特征值 $\lambda_{\max}(Q)$ 是从式（10.138）中特征多项式 $P_Q(\lambda)$ 迭代获得的，并假定 $\lambda_{\max}(Q) \cong w_0 = \sum_{j=1}^{m} w_j$，正如下节所证明。最有效的迭代由 Newton-Raphson 算法给出。

$$
\lambda(i+1)=\lambda(i)-\frac{P_Q(\lambda(i))}{dP_Q(\lambda)/d\lambda\big|_{\lambda=\lambda(i)}},\ \lambda(0)=w_0 \qquad (10.144)
$$

因为迭代次数 n 必须与计算时间的限制相匹配，异常值需要通过基于残差 $\tilde{\lambda}=w_0-\hat{\lambda}=w_0-\lambda(n)$ 的统计测试来发现。该测试将会在下一节中进行简要的讨论。

给定 λ，第二步计算来自齐次方程中的最优四元数 $\hat{\mathfrak{q}}$

$$
\begin{aligned}
&(\hat{\lambda}I_4-Q)\hat{\mathfrak{q}}=Q=\begin{bmatrix}\hat{\lambda}-w & -\boldsymbol{w}^{\mathrm{T}} \\ -\boldsymbol{w} & -W-W^{\mathrm{T}}+(\hat{\lambda}+w)I\end{bmatrix}\begin{bmatrix}\hat{q}_0 \\ \hat{\boldsymbol{q}}\end{bmatrix}=0 \qquad (10.145) \\
&\hat{\mathfrak{q}}^{\mathrm{T}}\hat{\mathfrak{q}}=1
\end{aligned}
$$

式（10.145）是齐次的，3 个未知数可以作为第四个未知数的函数来解。为此，让我们回忆一下根据欧拉参数 $[\vartheta,\boldsymbol{v}]$ 的四元数表达式 $\mathfrak{q}=[\cos(\vartheta/2),\sin(\vartheta/2)\boldsymbol{v}]$。式（10.145）的解首先提供了 Gibbs 参数 $\boldsymbol{p}=\boldsymbol{q}/q_0=\tan(\vartheta/2)\boldsymbol{v}$，然后通过四元数归一化得到 $\hat{\mathfrak{q}}$：

$$
\begin{aligned}
&\boldsymbol{p}=((\hat{\lambda}+w)I-(W+W^{\mathrm{T}}))^{-1}\boldsymbol{w} \\
&\hat{\mathfrak{q}}=\frac{1}{\sqrt{1+\boldsymbol{p}^{\mathrm{T}}\hat{\boldsymbol{p}}}}\begin{bmatrix}1 \\ \boldsymbol{p}\end{bmatrix} \qquad (10.146)
\end{aligned}
$$

不过，当 $\vartheta\to\pm\pi$ 时 Gibbs 参数趋于发散，在式（10.146）中对应为

$$
\det((\hat{\lambda}+w)I-(W+W^{\mathrm{T}}))\to 0 \qquad (10.147)
$$

文献［15］作者 D. Mortari 通过观察式（10.145）的解 $\hat{\mathfrak{q}}$ 必须是属于零空间 $\mathfrak{N}(\hat{\lambda}I_4-Q)$，找到了一个无奇异解。因此，当且仅当 $\mathrm{rank}(\hat{\lambda}I_4-Q)=3$ 时，存在 $\check{\mathfrak{q}}^{\mathrm{T}}\check{\mathfrak{q}}=1$ 的唯一解，即 $\dim\mathfrak{N}(\hat{\lambda}I_4-Q)=1$。此条件与假定有且仅有一个特征向量与最大特征值 $\hat{\lambda}$ 相关联的条件相同。正如 10.5.1 节末尾所述，在对应 $\mathrm{rank}(\hat{\lambda}I_4-Q)<3$ 的 $\hat{\lambda}$ 的多个特征向量的

情况下，存在无穷多个解，*Wahba* 问题变得不确定。

如果 $\text{rank}(\hat{\lambda}I_4-Q)=3$，要找到的一维内核方向是由 $\text{adj}(\hat{\lambda}I_4-Q)$ 的任一列 $\mathfrak{p}_j$，$j=1,2,3,4$ 提供的，正如 2.2.2 节中所证明的。从数值角度来看，在 4 个候选值 $\mathfrak{p}_j$，$j=1,2,3,4$ 中最佳的选择是由下标为 k 的给出，如下所示。

$$k=\arg\max_{j=1,2,3,4}\{|\mathfrak{p}_j|\},|\mathfrak{p}_j|=|(\text{adj}(\hat{\lambda}I_4-Q))_j| \tag{10.148}$$

最终

$$\hat{\mathfrak{q}}=\mathfrak{p}_k/|\mathfrak{p}_k| \tag{10.149}$$

先前，无奇异的情况下完成的 QUEST 方法，被命名为 ESOQ。

10.5.3 显著性检验

证明最大特征值 $\hat{\lambda}=\lambda_{\max}(Q)$ 接近 w_0 的过程很简单，w_0 是式（10.144）中 Newton-Raphson 迭代的初始值。这就为推导出式（10.74）中误差函数 $J(R)$ 的统计特征提供了契机，现重复如下。

$$\begin{aligned}J(R)&=\frac{1}{2}\sum_{j=1}^{m}w_j\,|\breve{\boldsymbol{s}}_j-R\breve{\boldsymbol{m}}_j|^2=w_0-\sum_{j=1}^{m}w_j\boldsymbol{s}_j^{\mathrm{T}}R\breve{\boldsymbol{m}}_j=w_0-\text{tr}(RW)\\W&=\sum_{j=1}^{m}w_j\breve{\boldsymbol{m}}_j\breve{\boldsymbol{s}}_j^{\mathrm{T}}\end{aligned} \tag{10.150}$$

假设测量值没有误差，即 $\breve{\boldsymbol{s}}_j=\boldsymbol{s}_j$ 和 $\breve{\boldsymbol{m}}_j=\boldsymbol{m}_j$，在这种情况下，利用 R 表示真实体坐标系-惯性坐标系的转换，得到 $\boldsymbol{s}_j=R\boldsymbol{m}_j$ 以及下式

$$\begin{aligned}J(R)&=\frac{1}{2}\sum_{j=1}^{m}w_j\,|\boldsymbol{s}_j-R\boldsymbol{m}_j|^2=0\\w_0&=\sum_{j=1}^{m}w_j\boldsymbol{s}_j^{\mathrm{T}}R\boldsymbol{m}_j=\text{tr}(RW_{\text{true}})=\mathfrak{q}^{\mathrm{T}}Q_{\text{true}}\mathfrak{q}=\sum_{j=1}^{n}w_j\end{aligned} \tag{10.151}$$

其中，W_{true}已经在 10.4.1 节中提到，它是 W 没有误差的形式。同样的符号 Q_{true}表示没有误差的 Q。式（10.151）第二行的等式及 10.5.1 节中的 q 方法的解表明没有误差的四元数 $\mathfrak{q}(R)$是与 Q_{true}的最大特征值 $\lambda_{\max}(Q_{\text{true}})=w_0$ 相关的单位特征向量。因为我们希望在无误差的条件下使最优的 $J(\hat{R})=J(\hat{\mathfrak{q}})$接近 0，同时也希望 $\hat{\lambda}\cong w_0$。事实上，也可以将 $J(\hat{R})=J(\hat{\mathfrak{q}})$写为差的形式。

$$\tilde{J}(\hat{R})=w_0-\hat{\lambda}=1-\lambda_{\max}(Q)>0 \tag{10.152}$$

最大似然估计表明，Wahba 问题的最优权重是 $w_j=c\sigma_j^{-2}$，其中标度因子为 c，因为它不影响误差协方差，应该选择 c 使得 w_0 归一化为 $w_0=1$，即如式（10.82）所示，可得

$$w_j=c\tilde{\sigma}_j^{-2}=\frac{\tilde{\sigma}_j^{-2}}{\sum_{j=1}^{n}\tilde{\sigma}_j^{-2}},w_0=1 \tag{10.153}$$

在这种情况下，残差函数 $J(\hat{R})$具有平方弧度（rad^2）的单位，正如式（10.151）中的预期真值，它的预期值会很小，通常≪1mrad^2。因此，最好将误差函数归一化为无量纲形式，从而可围绕自由度 m 定义的平均值（由观测方向的数量 m）展开。无量纲

函数 $L(\widehat{R},m)=L(\widehat{q},m)$，是式（10.81）中的负似然函数$-J_L(\widehat{R})$的两倍，定义如下。

$$L(\widehat{R},m)=L(\widehat{q},m)=\sum_{j=1}^{m}\sigma_j^{-2}\ |\breve{s}_j-\widehat{R}\breve{m}_j|^2=2(1-\widehat{\lambda})/c=2\Big(\sum_{j=1}^{n}\sigma_j^{-2}\Big)(1-\widehat{\lambda}) \tag{10.154}$$

文献［19］的 M. D. Shuster 证明了概率密度 $f(L(\widehat{R},m))$ 接近 $\chi^2(k)$（卡方 chi-square）概率密度，当自由度 $k=2m-3$ 时，期望值和方差为

$$\begin{aligned}\mathscr{E}\{L(\widehat{R},m)\}&=2m-3\\ \mathrm{var}\{L(\widehat{R},m)\}&=2(2m-3)\end{aligned} \tag{10.155}$$

测试变量 $L(\widehat{R},m)$ 可用于发现因方向误判而导致的估计异常值。如文献［4］中的经典统计假设检验，零假设 H_0，在本例中是正确的估计，应该与备选假设 H_i，$i=1,2,\cdots$，进行检验，如一个、两个或多个方向被误判。简单起见，考虑一个单独的备选假设 H_1（如在二维检验中）。第一步是确定误判方向的量级大小，例如，通过比较星表恒星与邻近星等相似的恒星之间最小角度 $\widetilde{\varepsilon}$，其信号可能隐藏正确的方向。给定 $\widetilde{\varepsilon}$，第二步估计测试变量 $L_1(\widehat{R},m,\varepsilon)$（作为 ε 的函数）的概率密度 $f_1(L_1(\widehat{R},m,\varepsilon))$。下标 1 代表备选假设 H_1。文献［19］给出了一些提示。最有效的方式是通过蒙特卡罗仿真。我们希望

$$\begin{aligned}\mathscr{E}\{L_1(\widehat{R},m,\varepsilon)\}&>\mathscr{E}\{L(\widehat{R},m)\}\\ \mathrm{var}\{L_1(\widehat{R},m,\varepsilon)\}&>\mathrm{var}\{L(\widehat{R},m)\}\end{aligned} \tag{10.156}$$

第三个问题是确定显著性等级 $\alpha\ll 1$ 和相应的阈值 $\lambda(\alpha)=L(\widehat{R},m;\alpha)$，式中，$\alpha$ 为正确条件下拒绝零假设的概率（其表示Ⅰ类错误或者“虚警”），并由下式积分给出。

$$\alpha=\int_{L(\widehat{R},m,\varepsilon)}^{\infty}f(\lambda)\,\mathrm{d}\lambda \tag{10.157}$$

显著性水平还定义了Ⅱ类错误概率，即接受错误的零假设作为真的（未识别的错误）概率 β。β 可以通过下式积分计算

$$\beta=\int_0^{\lambda(\alpha)}f_1(\lambda)\,\mathrm{d}\lambda \tag{10.158}$$

因为当 $L(\widehat{R},m)\leqslant(\alpha)$ 和 α 已由式（10.157）定义时，接受零假设，α 随 $\lambda(\alpha)$ 的增加而减小，β 随 α 的减小而增加。因此，必须找到一种折中的方法，因为Ⅰ类错误和Ⅱ类错误不能同时最小化。本书没有采用这种检验。

减少这些误差的一种有效方法是利用姿态预测器预测每个方向，并检测错误的测量方向。

10.5.4 练习：双向姿态确定

在某个特定时间 t，假设航天器-太阳以及航天器-地球的方向，分别具有以下惯性坐标。

$$\boldsymbol{s}_s=\boldsymbol{s}_1=\begin{bmatrix}1\\0\\0\end{bmatrix},\ \boldsymbol{s}_e=\boldsymbol{s}_2=\begin{bmatrix}0\\0\\-1\end{bmatrix} \tag{10.159}$$

它们分别对应于春分点和地球南极点，如图 10.3 所示。太阳的方向通过太阳敏感器在体坐标系中测量得到，地球的方向通过地球地平仪测量得到，如下所示。

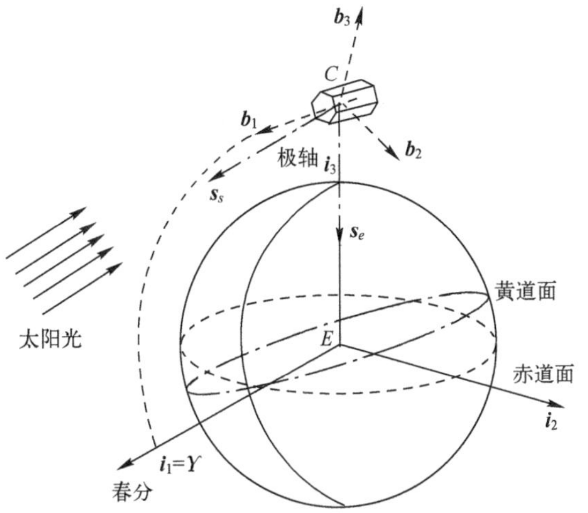

图 10.3　从航天器看向太阳和地球的指向

$$\breve{\boldsymbol{m}}_1=R^{\mathrm{T}}\breve{\boldsymbol{s}}_1+\widetilde{\boldsymbol{m}}_1,\boldsymbol{m}_2=R^{\mathrm{T}}\boldsymbol{s}_2+\widetilde{\boldsymbol{m}}_2 \tag{10.160}$$

其中，R 是任意的并且 $\varepsilon\{\widetilde{\boldsymbol{m}}_j\}=0$，$\varepsilon\{\widetilde{\boldsymbol{m}}_j\widetilde{\boldsymbol{m}}_j^{\mathrm{T}}\}=\widetilde{\sigma}_j^2(I-\boldsymbol{m}_j\boldsymbol{m}_j^{\mathrm{T}})$，$j=1,2$。因为式（10.159）中给出的矢量是正交的，由式（10.49）和式（10.129）给出角估计误差 $\widetilde{\theta}=\theta-\widehat{\theta}$ 的先验协方差矩阵 $\widetilde{\boldsymbol{P}}_x$，$x=$TRIAD，QUEST 如下所示。

$$\begin{aligned}\widetilde{\boldsymbol{P}}_{\mathrm{TRIAD}}&=\widetilde{\sigma}_1^2+(\widetilde{\sigma}_2^2-\widetilde{\sigma}_1^2)\boldsymbol{s}_1\boldsymbol{s}_1^{\mathrm{T}}=\begin{bmatrix}\widetilde{\sigma}_2^2&0&0\\0&\widetilde{\sigma}_1^2&0\\0&0&\sim\sigma_1^2\end{bmatrix}\\\widetilde{\boldsymbol{P}}_{\mathrm{QUEST}}&=\widetilde{\boldsymbol{P}}_{\mathrm{TRIAD}}-\frac{\widetilde{\sigma}_1^4}{\widetilde{\sigma}_1^2+\widetilde{\sigma}_2^2}\frac{(\boldsymbol{s}_1\times\boldsymbol{s}_2)(\boldsymbol{s}_1\times\boldsymbol{s}_2)^{\mathrm{T}}}{|\boldsymbol{s}_1\times\boldsymbol{s}_2|^2}=\begin{bmatrix}\widetilde{\sigma}_2^2&0&0\\0&\dfrac{\widetilde{\sigma}_1^2\widetilde{\sigma}_2^2}{\widetilde{\sigma}_1^2+\widetilde{\sigma}_2^2}<\widetilde{\sigma}_1^2&0\\0&0&\widetilde{\sigma}_1\end{bmatrix}\end{aligned} \tag{10.161}$$

假设 8.7.2 节中的数字太阳敏感器和 8.8.1 节中表 8.7 中的地球地平传仪的测量误差的典型标准差为

$$\sigma_1=0.15\mathrm{mrad},\ \sigma_2=0.3\mathrm{mrad} \tag{10.162}$$

通过在 $|\varphi_k|\leqslant\pi$，$|\theta_k|\leqslant\pi/2$ 和 $|\psi_k|\leqslant\pi$ 定义的范围 $\theta_k\in\Theta$ 内随机选择欧拉角 $\theta_k=[\varphi_k,\theta_k,\psi_k]$，或随机选择欧拉参数 $\{\vartheta_k,\boldsymbol{\nu}_k\}$，来选择姿态矩阵 $\boldsymbol{R}_k=Z(\psi_k)Y(\theta_k)X(\varphi_k)$，$k=1,2,\cdots,M$，其中 $M=1000$ 是统计数量基数。估计值 $\widehat{R}_k$ 是通过 TRIAD 和 QUEST 算法获得的。TRIAD 算法的基轴是噪声较小的太阳方向 $\boldsymbol{s}_1$。在这两种算法下，我们计算由矩阵分解 $\widetilde{R}_k^{\mathrm{T}}=I-\partial\widetilde{R}^k\cong I-\widetilde{\boldsymbol{\theta}}_K\times$ 和 $\widehat{R}_k=R\widetilde{R}_k^{\mathrm{T}}$ 定义的估计误差 $\widetilde{\boldsymbol{\theta}}_k=\boldsymbol{\theta}_k-\widehat{\boldsymbol{\theta}}_k$，如式（10.40）所示，以及后验均值和协方差 $\widetilde{S}_k$。在 QUEST 算法下，我们计算了在式（10.154）中无量纲残差检验变量 $L(\widehat{R},m=2)$ 的后验均值和方差。

解

TRAID 和 QUEST 估计的统计数据如表 10.1 所示，其中符号 $(A)_{ij}$ 为矩阵 $\boldsymbol{A}$ 的元素 $\{i,j\}$。与式（10.161）中的先验方差 $\widetilde{\boldsymbol{P}}_x$ 进行比较的后验协方差 $\widetilde{S}_x$ 计算如下。

$$\widetilde{S}_x=\frac{1}{M}\sum_{k=1}^{M}\widetilde{\boldsymbol{\theta}}_k\widetilde{\boldsymbol{\theta}}_k^{\mathrm{T}},x=\mathrm{TRAID},\mathrm{QUEST} \tag{10.163}$$

表 10.1　三轴姿态确定(TRAID)和四元数估计(QUEST)的先验和后验统计量

编号	参数值	符号	单位	TRAID	QUEST
公式(10.161)中的先验误差、标准差和后验均方根误差(括号内)					
0	横滚角	$\sqrt{(\widetilde{P}_x)_{11}}(\sqrt{(\widetilde{S}_x)_{11}})$	mrad	0.30(0.300)	0.30(0.300)
1	俯仰角	$\sqrt{(\widetilde{P}_x)_{22}}(\sqrt{(\widetilde{S}_x)_{22}})$	mrad	0.15(0.144)	0.135(0.130)
2	偏航角	$\sqrt{(\widetilde{P}_x)_{33}}(\sqrt{(\widetilde{S}_x)_{33}})$	mrad	0.15(0.152)	0.15(0.152)
3	相关性	$\lvert(\widetilde{\rho}_x)_{i\neq j}\rvert$	比值	0(<0.07)	0(<0.04)
式(10.154)中的无量纲残差函数 $L(\hat{R},2)$：括号中为后验值					
5	平均值	$\mathscr{E}\{L(\hat{R},2)\}$	比值	NA	1(1.03)
6	方差	$\mathrm{var}\{L(\hat{R},2)\}$	比值	NA	2(1.99)

$\widetilde{\boldsymbol{P}}_x$ 的相关系数是 0，这可以从式（10.161）中先验协方差矩阵中得到验证。后验值可根据 S_x 计算如下。

$$(\widetilde{\rho}_x)_{i\neq j}=(\widetilde{S}_x)_{i\neq j}/\sqrt{(\widetilde{S}_x)_{ii}(\widetilde{S}_x)_{jj}} \tag{10.164}$$

也就是说，$L(\hat{R},2)$的先验统计，样本均值和方差都是按照同样的方式来计算的。

式（10.161）中 TRIAD 和 QUEST 的先验标准差只是重复随机方向的基本协方差矩阵［式（10.7)］；换句话说，方向不规则只影响正交坐标。在 TRIAD 的情况下，因为基轴是航天器-太阳的方向（这种情况下是航天器的横滚轴)，俯仰角和偏航角估计误差有利于提高太阳敏感器的精度，而不像较差的地球敏感器影响横滚角。同样的情况也适用于 QUEST 估计，只是俯仰角误差具有更少的噪声，这是因为 QUEST 对太阳敏感器和地球敏感器进行了最优加权处理，这一点不同于 TRIAD。

图 10.4（a）显示具有单自由度的卡方累积分布的对数曲线。

$$\chi^2(L,1)=\frac{\gamma(1/2,L/2)}{\Gamma(1/2)}=\frac{1}{\displaystyle\int_0^{\infty}\frac{\mathrm{e}^{-\lambda/2}}{2\sqrt{\lambda/2}}\mathrm{d}\xi}\int_0^L\frac{\mathrm{e}^{-\lambda/2}}{2\sqrt{\lambda/2}}\mathrm{d}\lambda \tag{10.165}$$

其中，$\gamma(k,L)$是 k 次的低阶不完全伽马函数，$\Gamma(k)$是相同阶次的完全伽马函数，$L=$

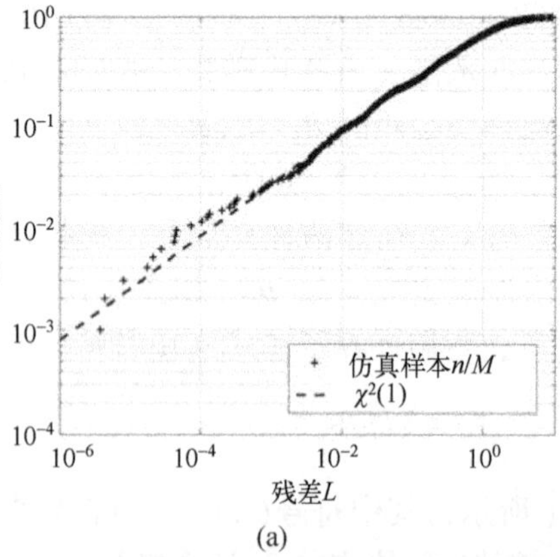

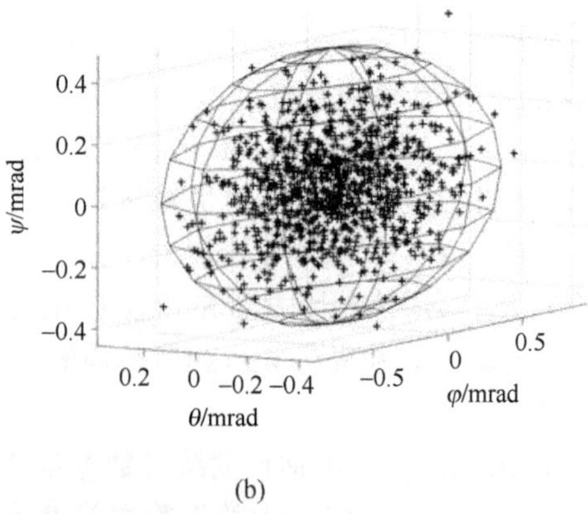

图 10.4　(a) $L(\hat{R},2)$的累积概率以频率函数 $n(\mathfrak{L}_n)/M$ 和残差 L（对数刻度）

(b) 四元数估计（QUEST）的 3σ 椭球和姿态误差样本点云

$L(\widehat{R}(\boldsymbol{\theta}),2)$是式（10.154）中一般残差，它在先前定义的范围 $\boldsymbol{\theta}\in\Theta$ 内变化。对数累积分布 $\ln\chi^2(L,1)$ 与频率函数 $n(\mathcal{L}_n)/M$ 的对数曲线重叠，其中 $n(\mathcal{L}_n)$ 是子集 $\mathcal{L}_n=\{L_k\leqslant L_n, k=1,\cdots,n\}$ 中的仿真样本数 $L_k=L(\widehat{R}(\boldsymbol{\theta}_k),2)$ 的数量，$M=1000$ 是蒙特卡罗仿真的基数。两种曲线相互对应，尤其是当累积概率 >0.01 的时候。图 10.4（b），绘制了式（10.161）中先验协方差 $\widetilde{P}_{\text{QUEST}}$ 相对应的 3-σ QUEST 椭球面及三维误差样本集 $\widetilde{\boldsymbol{\theta}}_k$，如表 10.1 第 4 行所证实的，样本集的组成与先验方差矩阵的期望值不相关。

10.6 根据方向测量确定角速度

10.6.1 测量方程和最小二乘解

考虑单个方向 $\vec{s}$，惯性坐标系 $\mathcal{I}$ 下的坐标向量为 $\boldsymbol{s}$，体坐标系 $\mathcal{B}$ 下的坐标向量为 $\boldsymbol{m}$。$\vec{s}$ 的时间导数（或变化率）取决于观测单位向量随时间变化的投影坐标系，$\mathcal{I}$ 或者 $\mathcal{B}$。用 $\dot{\vec{s}}=(\dot{\vec{s}})_i$ 和 $(\dot{\vec{s}})_b$ 表示这些时间导数，并且值得注意的是这些向量都是有方向和大小的矢量，而不是坐标向量，因为坐标向量会因为改变参考坐标系而改变。令 $\vec{\boldsymbol{\omega}}$ 为体坐标系相对于惯性坐标系的角速度。从 6.2.2 节开始，单位向量导数之间的关系如下。

$$\dot{\vec{s}}=(\dot{\vec{s}})_b+\vec{\boldsymbol{\omega}}\times\vec{s} \tag{10.166}$$

再来讨论坐标系。$\dot{\vec{s}}$ 的惯性坐标用 $\dot{\boldsymbol{s}}$ 表示。它们是从星历表和分析模型中得到的。此外，让 $\dot{\boldsymbol{m}}$ 和 $\boldsymbol{\omega}$ 分别表示在体坐标系中的$(\dot{\vec{s}})_b$ 和 $\boldsymbol{\omega}$。其中导数 $\dot{\boldsymbol{m}}$ 通过观测量可获得，$\boldsymbol{\omega}$ 则是我们需要求解的未知矢量。为了在体坐标系中重写式（10.166），我们需要惯性坐标系-体坐标系的转换 $R_i^b=R^{\mathrm{T}}$，假设其已知并且是没有误差的。通过将已知向量移到左侧得到坐标方程，如下所示。

$$\dot{\boldsymbol{m}}-R^{\mathrm{T}}\dot{\boldsymbol{s}}=\boldsymbol{m}\times\boldsymbol{\omega}+\dot{\tilde{\boldsymbol{m}}}$$

$$\begin{bmatrix}\dot{m}_1\\\dot{m}_2\\\dot{m}_3\end{bmatrix}-R^{\mathrm{T}}\begin{bmatrix}\dot{s}_1\\\dot{s}_2\\\dot{s}_3\end{bmatrix}=\begin{bmatrix}0&-m_3&m_2\\m_3&0&-m_1\\-m_2&m_1&0\end{bmatrix}\begin{bmatrix}\omega_1\\\omega_2\\\omega_3\end{bmatrix}+\begin{bmatrix}\dot{\tilde{m}}_1\\\dot{\tilde{m}}_2\\\dot{\tilde{m}}_3\end{bmatrix} \tag{10.167}$$

其中，$\dot{\tilde{\boldsymbol{m}}}$ 表示测量误差，也可能包含 R 不确定度。由于叉积矩阵 $\boldsymbol{m}\times$是不可逆的，因此式（10.167）中的 3 个方程对于 $\boldsymbol{\omega}$ 中的 3 个分量不能统一求解，正如预期的那样，这要求我们至少要知道第二个不平行的方向。

一般来说，用 $\vec{s}_j$，$j=1,2,\cdots,n$ 表示可用的方向集。使用带有适当下标的记号，允许将式（10.167）重新写为

$$\begin{bmatrix}\dot{\boldsymbol{m}}_1-R^{\mathrm{T}}\dot{\boldsymbol{s}}_1\\\vdots\\\dot{\boldsymbol{m}}_j-R^{\mathrm{T}}\dot{\boldsymbol{s}}_j\\\vdots\\\dot{\boldsymbol{m}}_n-R^{\mathrm{T}}\dot{\boldsymbol{s}}_n\end{bmatrix}=\begin{bmatrix}\boldsymbol{m}_1\times\\\vdots\\\boldsymbol{m}_j\times\\\vdots\\\boldsymbol{m}_n\times\end{bmatrix}\boldsymbol{\omega}+\begin{bmatrix}\dot{\tilde{\boldsymbol{m}}}_1\\\vdots\\\dot{\tilde{\boldsymbol{m}}}_j\\\vdots\\\dot{\tilde{\boldsymbol{m}}}_n\end{bmatrix} \tag{10.168}$$

式（10.168）的紧凑形式如下。

$$\dot{\boldsymbol{y}}(R)=\dot{\boldsymbol{y}}_m-\dot{\boldsymbol{y}}_s(R)=\boldsymbol{M\omega}+\widetilde{\dot{\boldsymbol{y}}}$$

$$\dot{\boldsymbol{y}}_m=\begin{bmatrix}\dot{\boldsymbol{m}}_1\\ \vdots\\ \dot{\boldsymbol{m}}_j\\ \vdots\\ \dot{\boldsymbol{m}}_n\end{bmatrix},\dot{\boldsymbol{y}}_s(R)=\begin{bmatrix}R^{\mathrm{T}}\dot{\boldsymbol{s}}_1\\ \vdots\\ R^{\mathrm{T}}\dot{\boldsymbol{s}}_j\\ \vdots\\ R^{\mathrm{T}}\dot{\boldsymbol{s}}_n\end{bmatrix},\ \boldsymbol{M}=\begin{bmatrix}\dot{\boldsymbol{m}}_1\times\\ \vdots\\ \dot{\boldsymbol{m}}_j\times\\ \vdots\\ \dot{\boldsymbol{m}}_n\times\end{bmatrix},\widetilde{\dot{\boldsymbol{y}}}=\begin{bmatrix}\dot{\tilde{\boldsymbol{m}}}_1\\ \vdots\\ \dot{\tilde{\boldsymbol{m}}}_j\\ \vdots\\ \dot{\tilde{\boldsymbol{m}}}_n\end{bmatrix} \tag{10.169}$$

角速度的测定可通过加权最小二乘法（参见 13.7.1 节）进行，其目的是使总体平方误差最小，如下所示。

$$\begin{aligned}&\hat{\boldsymbol{\omega}}=\mathrm{argmin}_{\omega}J(\boldsymbol{\omega})\\&J(\boldsymbol{\omega})=\frac{1}{2}(\dot{\boldsymbol{y}}(R)-\boldsymbol{M\omega})^{\mathrm{T}}\widetilde{\boldsymbol{P}}_y^{-1}(\dot{\boldsymbol{y}}(R)-\boldsymbol{M\omega})\end{aligned} \tag{10.170}$$

其中 $\widetilde{\boldsymbol{P}}_y=\mathscr{E}\{\widetilde{\dot{\boldsymbol{y}}}\widetilde{\dot{\boldsymbol{y}}}^{\mathrm{T}}\}$ 是式（10.169）中误差模型 $\widetilde{\dot{\boldsymbol{y}}}$ 的协方差矩阵。进一步推导式（10.170）和关于 $\boldsymbol{\omega}$ 的零梯度使得最小二乘方程写为

$$\begin{aligned}&J(\boldsymbol{\omega})=\frac{1}{2}\dot{\boldsymbol{y}}^{\mathrm{T}}\widetilde{\boldsymbol{P}}_y^{-1}\dot{\boldsymbol{y}}-\dot{\boldsymbol{y}}^{\mathrm{T}}\widetilde{\boldsymbol{P}}_y^{-1}\boldsymbol{M\omega}+\frac{1}{2}\boldsymbol{\omega}^{\mathrm{T}}\boldsymbol{M}^{\mathrm{T}}\widetilde{\boldsymbol{P}}_y^{-1}\boldsymbol{M\omega}\\&\frac{\mathrm{d}J(\boldsymbol{\omega})}{\mathrm{d}\boldsymbol{\omega}}=-\dot{\boldsymbol{y}}^{\mathrm{T}}\widetilde{\boldsymbol{P}}_y^{-1}\boldsymbol{M}^{\mathrm{T}}+\boldsymbol{\omega}^{\mathrm{T}}\boldsymbol{M}^{\mathrm{T}}\widetilde{\boldsymbol{P}}_y^{-1}\boldsymbol{M}=0\end{aligned} \tag{10.171}$$

其中，当且仅当 $\mathrm{rank}(\boldsymbol{M})=3$ 时，可解第二行方程。在这种情况下，由于 $J(\boldsymbol{\omega})$ 的二阶导数，即 Hessian 矩阵 $\boldsymbol{M}^{\mathrm{T}}\widetilde{\boldsymbol{P}}^{y}_{-1}\boldsymbol{M}$，在 M 满秩下是正定的，所以如下所示的解对应最小值。

$$\hat{\boldsymbol{\omega}}=(\boldsymbol{M}^{\mathrm{T}}\widetilde{\boldsymbol{P}}_y^{-1}\boldsymbol{M})^{-1}\boldsymbol{A}^{\mathrm{T}}\widetilde{\boldsymbol{P}}_y^{-1}\dot{\boldsymbol{y}}(R) \tag{10.172}$$

10.6.2 惯性方向上可忽略的速度

前述对 $\boldsymbol{\omega}$ 的估计，假设了姿态矩阵 R 是已知且无误差的。实际上，航天器姿态可能是未知的，这主要发生在航天器与发射火箭的上面级分离或星际飞行航天器与轨道器分离时。在这些情况下，特别是当释放的航天器旋转时，在载体中观察到的方向测量变化率 $\dot{\boldsymbol{m}}_j$ 远大于在惯性系中观察到的相同方向的变化率 $\dot{\boldsymbol{s}}_j$，即

$$|\dot{\boldsymbol{m}}_j|\gg|\dot{\boldsymbol{s}}_j| \tag{10.173}$$

这就得到了近似值 $\dot{\boldsymbol{y}}(R)=\dot{\boldsymbol{y}}_m-\dot{\boldsymbol{y}}_s(R)\cong\dot{\boldsymbol{y}}_m$，它使得式（10.169）可以重新写为

$$\dot{\boldsymbol{y}}_m=\boldsymbol{M\omega}+\widetilde{\dot{\boldsymbol{y}}}_m \tag{10.174}$$

其中，$\dot{\boldsymbol{y}}_m$ 不依赖于 R，且测量误差 $\widetilde{\dot{\boldsymbol{y}}}_m$ 不是零均值，而是被忽略的 $\dot{\boldsymbol{y}}_s(R)$ 的偏差。将 $\dot{\boldsymbol{y}}$ 替换为 $\dot{\boldsymbol{y}}_m$ 时，式（10.174）的解与式（10.172）相同，但是统计特性会发生改变。

式（10.169）和式（10.174）需要载体系变化率 $\dot{\boldsymbol{y}}_m$ 的测量值，它通常根据持续的方向测量值来估计得到。我们用 $\boldsymbol{s}_j$ 表示第 j 个方向上的真实惯性坐标，用 $\boldsymbol{m}_j$ 表示体坐标系中该方向的测量坐标。它们在离散时间 $t_i=iT$ 时的关联形式如下。

$$\boldsymbol{m}_j(i)=R^{\mathrm{T}}(i)\boldsymbol{s}_j+\widetilde{\boldsymbol{m}}_j(i) \tag{10.175}$$

其中，iT 已经被简化为 i，$\widetilde{\boldsymbol{m}}_j$ 是测量误差，T 是常数，表示测量时间单位。假定测量误差 $\widetilde{\boldsymbol{m}}_j(i)$ 均值为零且统计独立，并具有以下统计特性：

$$\begin{aligned}&\mathcal{E}\{\widetilde{\boldsymbol{m}}_j(i)\}=0\\&\widetilde{P}_j(k)=\mathcal{E}\{\widetilde{\boldsymbol{m}}_j(i+k)\widetilde{\boldsymbol{m}}_j^{\mathrm{T}}(i)\}=\widetilde{\sigma}_j^2(I_3-R^{\mathrm{T}}\boldsymbol{s}_j\boldsymbol{s}_j^{\mathrm{T}}R)\delta_k\cong\sigma_j^2I_3\delta_k\end{aligned}\tag{10.176}$$

其中，δ_k 是克罗内克函数（Kronecker delta），我们采用了给每个误差分量分配相同方差的近似方法。最后一个假设相当保守，但简化了下一个推导。

考虑两个连续的测量值及其差分

$$\boldsymbol{m}_j(i+1)-\boldsymbol{m}_j(i)=(R^{\mathrm{T}}(i+1)-R^{\mathrm{T}}(i))\boldsymbol{s}_j+\widetilde{\boldsymbol{m}}_j(i+1)-\widetilde{\boldsymbol{m}}_j(i)\tag{10.177}$$

如6.2.1节中式（6.1）所示的姿态矩阵增量，可借助载体角速度 $\boldsymbol{\omega}(i)$ 扩展到一阶项，如下所示。

$$R^{\mathrm{T}}(i+1)-R^{\mathrm{T}}(i)\cong-T\boldsymbol{\omega}(i)\times R^{\mathrm{T}}(i)\tag{10.178}$$

通过用式（10.178）替换式（10.177），使用式（10.175），式（10.177）中的差分变为

$$\frac{\boldsymbol{m}_j(i+1)-\boldsymbol{m}_j(i)}{T}=\boldsymbol{m}_j(i)\times\boldsymbol{\omega}(i)+\boldsymbol{\omega}(i)\times\widetilde{\boldsymbol{m}}_j(i)+\frac{\widetilde{\boldsymbol{m}}_j(i+1)-\widetilde{\boldsymbol{m}}_j(i)}{T}\tag{10.179}$$

并采取以下紧凑形式。

$$\dot{\boldsymbol{m}}_j(i)=\boldsymbol{m}_j(i)\times\boldsymbol{\omega}(i)+\tilde{\dot{\boldsymbol{m}}}_j(i)\tag{10.180}$$

$\boldsymbol{\omega}(i)\times\widetilde{\boldsymbol{m}}_j(i)$ 作为二阶项处理。式（10.180）可写为一组测量方程，$j=1,2,\cdots,n$，用加权最小二乘法求解 $\boldsymbol{\omega}(i)$。

至此，为了评估估计精度，应该找到式（10.180）中的误差协方差。通过使用式（10.176），我们可以写出如下的协方差矩阵。

$$\widetilde{P}_j=\widetilde{P}_j(0)=\mathcal{E}\{\widetilde{\boldsymbol{m}}_j(i)\widetilde{\boldsymbol{m}}_j^{\mathrm{T}}(i)\}=\frac{\widetilde{\sigma}_j^2}{T^2}((I-T\boldsymbol{\omega}(i)\times)(I-T\boldsymbol{\omega}(i)\times)^{\mathrm{T}}+I)\tag{10.181}$$

通过假设 T 时间段内的姿态增量的无穷小来简化式（10.181），与式（10.178）中的近似值一致，可以忽略式（10.181）中的二阶项 $(T\boldsymbol{\omega}(i)\times)^2$。满足下式时，假设依然成立：

$$\frac{|\boldsymbol{\omega}|}{2\pi}\leqslant\frac{\omega_{\max}}{2\pi}<\frac{1}{2T}=f_{\max}\tag{10.182}$$

换言之，角速度幅度的频率 $(2\pi)^{-1}|w|$ 必须足够小，至少比测量过程的奈奎斯特频率 $f_{\max}$ 小一个数量级。因此，式（10.181）简化为

$$\widetilde{P}_j\cong2\widetilde{\sigma}_j^2/T^2\tag{10.183}$$

在式（10.180）的加权最小二乘解中代入式（10.183），其中 $\dot{\boldsymbol{m}}_j(i)$ 通过增量 $(\boldsymbol{m}_j(i+1)-\boldsymbol{m}_j(i))/T$ 来测量，我们得到 $\boldsymbol{\omega}(i)$ 的估计如下。

$$\widehat{\boldsymbol{\omega}}(i)=\frac{1}{T}\left(\sum_{j=1}^{n}\widetilde{\sigma}_j^{-2}(\boldsymbol{m}_j(i)\times)^2\right)^{-1}\sum_{k=1}^{n}\widetilde{\sigma}_j^{-2}(\boldsymbol{m}_j(i)\times)(\boldsymbol{m}_j(i+1)-\boldsymbol{m}_j(i))\tag{10.184}$$

练习8

证明估计误差 $\widetilde{\boldsymbol{\omega}}(i)=\boldsymbol{\omega}(i)-\widehat{\boldsymbol{\omega}}(i)$ 的协方差矩阵满足

$$\widetilde{P}_{\omega}=\mathcal{E}\{(\boldsymbol{\omega}-\widehat{\boldsymbol{\omega}})(\boldsymbol{\omega}-\widehat{\boldsymbol{\omega}})^{\mathrm{T}}\}=\frac{2}{T^2}\left(-\sum_{j=1}^{n}\widetilde{\sigma}_j^{-2}(\boldsymbol{m}_j(i)\times)^2\right)^{-1}\tag{10.185}$$

练习 9

给定体坐标系下的一对正交方向

$$\boldsymbol{m}_1=\begin{bmatrix}1\\0\\0\end{bmatrix},\ \boldsymbol{m}_2=\begin{bmatrix}0\\1\\0\end{bmatrix} \tag{10.186}$$

其受式（10.162）中相同标准差的影响，找出最大时间单元 $T_{\max}$ 使得测量角速度大小 $|\boldsymbol{\omega}|\leqslant\omega_{\max}=0.1\mathrm{rad/s}$，正如式（10.182）中的不等式所示。同样，求最小时间单元 $T_{\min}$，它保证协方差的迹满足 $\mathrm{tr}(\widetilde{P}_w)\leqslant(1\mathrm{mrad/s})^2$。上述角速度边界是否兼容？

解

T 的上界由式（10.182）给出，$T\leqslant T_{\max}=\pi s$。从上界到下界，式（10.185）的迹如下：

$$\begin{aligned}\mathrm{tr}(\widetilde{P}_\omega)&=\mathrm{tr}\left(\frac{2}{T^2}(-\widetilde{\sigma}_1^2\,(\boldsymbol{m}_1(i)\times)^2-\widetilde{\sigma}_2^2\,(\boldsymbol{m}_2(i)\times)^2)^{-1}\right)\\&=\mathrm{tr}\left(\frac{2}{T^2}\begin{bmatrix}\widetilde{\sigma}_2^2&0&0\\0&\widetilde{\sigma}_1^2&0\\0&0&\widetilde{\sigma}_1^2+\widetilde{\sigma}_2^2\end{bmatrix}\right)=\frac{4(\widetilde{\sigma}_1^2+\widetilde{\sigma}_2^2)}{T^2}\end{aligned} \tag{10.187}$$

时间单位不等式表示角速度边界之间的相容性。如果边界不兼容，则应通过减小 $\omega_{\max}$ 或减小传感器误差方差来恢复兼容性。

$$\frac{2\sqrt{\widetilde{\sigma}_1^2+\widetilde{\sigma}_2^2}}{0.5\times10^{-3}}=1.35\leqslant T\leqslant0.1\frac{\pi}{\omega_{\max}}=3.14s \tag{10.188}$$

参考文献

[1] I.Y. Bar-Itzhack, Y. Oshman. Attitude determination from vector observations: quaternion estimation, IEEE Transactions on Aerospace and Electronic Systems 21 (1) (1985) 128–136.

[2] H.D. Black. A passive system for determining the attitude of a satellite, AIAA Journal 2 (7) (1964) 1350–1351.

[3] G. Chang. Total least squares formulation of Wahba's problem, Electronics Letters 51 (17) (2015) 1334–1335.

[4] H. Cramér. Mathematical Methods of Statistics, Princeton University Press, 1946.

[5] J.L. Crassidis. Angular velocity determination directly from star tracker measurements, Journal of Guidance, Control, and Dynamics 25 (6) (November–December 2002) 1165–1168.

[6] F. Granziera Jr., R.V.F. Lopes, M. Tosin. The Attitude Determination Problem From Two Reference Vectors – A Description of the Triad Algorithm and Its Attitude Covariance Matrix, Ciencias Exactas e Tecnologicas, 28 (1), January–June 2007, pp. 21–36.

[7] P. Hartman, G.S. Watson. "Normal" distribution functions on spheres and the modified Bessel functions, The Annals of Probability 2 (4) (1974) 593–607.

[8] J.E. Keat. Analysis of least-squares attitude determination routine DOAOP, Computer Sciences Corp. Rept. CSC/TM-77/6034 (February 1977).

[9] A. Kume, S.G. Walker. On the Fisher-Bingham distribution, Statistics and Computing 19 (2008) 167–172.

[10] E.J. Lefferts, F.L. Markley, M.D. Shuster. Kalman filtering for spacecraft attitude estimation, Journal on Guidance Control, and Dynamics 5 (September–October 1982) 417–429.

[11] G.M. Lerner. Three-axis attitude determination, in: J.R. Wertz (Ed.), Spacecraft Attitude Determination and Control, D. Reidel Publishing Co., Dordrecht, The Netherlands, 1978, pp. 420–428.

[12] F.L. Markley. Attitude determination using vector observations and the singular value decomposition, Journal of the Astronautical Sciences 36 (3) (1988) 245–258.

[13] F.L. Markley. Attitude determination using vector observations: a fast optimal matrix algorithm, Journal of the Astronautical Sciences 41 (2) (1993) 261–280.

[14] F.L. Markley, J.L. Crassidis. Fundamentals of Spacecraft Attitude Determination and Control, Springer Science, New York, 2014.

[15] D. Mortari. ESOQ: a closed-form solution of Wahba problem, Journal of Astronautical Sciences 45 (2) (1997) 195–204.

[16] M.D. Shuster, S.D. Oh. Three-axis attitude determination from vector observations, Journal of Guidance and Control 4 (1) (January–February 1981) 70–77.

[17] M.D. Shuster. Maximum likelihood estimation of spacecraft attitude, Journal of the Astronautical Sciences 37 (1) (1989) 79–88.

[18] M.D. Shuster. The generalized Wahba problem, Journal of the Astronautical Sciences 54 (2) (2006) 245–259.

[19] M.D. Shuster. The TASTE test, Advances in Astronautical Sciences 132 (2008) 71–81.

[20] M.D. Shuster. A survey of attitude representations, The Journal of the Astronautical Sciences 41 (2) (1993) 439–517.

[21] H.W. Sorenson. Parameter Estimation, Marcel Dekker, New York, 1980.

[22] G. Wahba. A least squares estimate of satellite attitude, SIAM Review 7 (3) (July 1965) 409.

第 11 章　轨道控制与预测问题

11.1 目　　标

本章介绍两种简单的轨道控制与预测问题：*轨道无拖曳控制*（简称 DFC，也称为线运动 DFC）和*轨道四元数预测*。第三种轨道问题即连续小推力下的轨道高度调节问题，其初步公式和仿真结果可以在文献［7］中找到［也可以在文献［16，31］中找到重力场和稳态海洋环流探测器（GOCE 卫星）的轨道高度调节方法］。这 3 个问题与 GOCE 任务[13]密切相关，该任务卫星于 2009 年 3 月至 2013 年 11 月在高度 260km 的低轨道飞行，以便在全球范围内对地球静态重力场进行更好的测量。

无拖曳控制系统的目的是使一个或多个在电极笼中的检验质量（简称 PM）在空间做自由落体运动；在 GOCE 中使用 6 个检验质量组成了一个三维（3D）的重力梯度仪。除特殊设计之外，要使多个检验质量在空间做自由落体运动则需要整个卫星都处于自由落体的状态，并且检验质量与每个航天器（S/C）的质心（CoM）保持稳定的偏移量，因此每个检验质量和跟踪组件都构成一个*加速度计*。在地球低轨道（LEOs）上，如 GOCE 的 260km 高度，无拖曳控制的目标是实时消除主要由热层大气阻力组成的环境力和驱动噪声。GOCE 的无拖曳控制被限制在一个单独的轴（沿轨迹的轴）向上，即 3.3.4 节中所定义的当地轨道参考坐标系的第一个轴。其主要原因是电力微推进器作为侧向（轨道面法向和径向）无拖曳控制和姿态控制驱动器的候选，其技术不够成熟。实际上，由于持续存在的偶发低强度太阳活动使得整个任务寿命显著延长，缺少横向无拖曳控制并不会对科学结果有显著的影响，且姿态控制系统是由磁力矩驱动的而非微推进器驱动（参见第 12 章及文献［26］）。在 11.2 节中，对类似 GOCE 情况下的完整三维无拖曳控制进行了求解和仿真。该节还考虑了异常的阻力脉冲，如由快速磁风暴产生的阻力脉冲。我们区分了线运动无拖曳控制和角运动无拖曳控制。线运动无拖曳控制保证星载加速度计工作在最佳灵敏度，且通过只抵消非保守力使卫星质心处于准自由落体状态。角度无拖曳控制利用了由 6 个 GOCE 加速度计的 6 维（6D）主动静电悬浮技术提供的角加速度（参见 8.4.1 节）。角加速度也可通过综合 6 个三维质心加速度来计算。角度无拖曳控制的目标是消除包括由于重力梯度引起的所有的扰动角加速度，并且为了实现这个目标，使用了与线运动无拖曳控制相同的预测算法和控制算法。在第 12 章中给出了角度无拖曳控制的结果，同时给出了姿态控制的结果。我们将证明无拖曳控制只是一个干扰抑制的问题。事实上，推进器-加速度计的回路本身就是渐近稳定的，并不需要任何镇定反馈控制。正如 4.8.1 节所述，无拖曳控制设计利用了无参数的随机动力学来预测应该被消除的未知干扰。传统上，特别是在模拟实现时，仅使用单个积分反馈，如 8.5.4 节图 8.7 中光纤陀螺仪的反馈回路。本章提出的方法有以下 4 个优点，都是从嵌入式模型控制（EMC）的概念中严格推导出来的。

（1）随机动力学的先验阶数与扰动谱密度一致，且可以在线更新，从而保证目标精度不受阻力的不确定性影响。

（2）无拖曳控制设计成状态预测器和预测器的反馈（噪声估计器），在鲁棒稳定性与控制性能之间取折衷。

（3）嵌入式模型的状态变量能够实现对实际环境干扰的在线监控和预测。

（4）将包括量化在内的完全一致的无拖曳指令分别输入到航天器和嵌入式模型中，可以避免在饱和情况下对反馈积分器进行卸载时产生的负担，这一部分将在 11.2.5 节最后进行证明。

另一种方法是预测的阻力仅作为反馈信号，虽然该方法看似实现起来更简单，但是任何与实际驱动的差异都将通过假信号影响反馈状态变量。因此，反馈状态可能会有偏置且受到漂移及饱和的影响，这将需要更长的时间来进行消除。当然，偏置、漂移和饱和都是可以避免的，但代价是需要使用更复杂的算法，本章的解决方案并不需要这些复杂的算法。

四元数预测问题的目标是为姿态控制系统建立一个准确的参考四元数，卫星体坐标系或有效载荷坐标系（在 GOCE 的情况下是加速度计坐标系）必须与当地轨道参考坐标系（对于 GOCE 而言）或者当地水平垂直坐标系（LVLH）（对于地球观测任务而言）对齐。假设星载全球导航卫星系统（GNSS）接收机可用并在低空轨道上有效，理论上，我们可以通过将 GNSS 接收机提供的卫星距离和速度的数据进行适当的转换，实时恢复卫星轨道系下的姿态四元数。但实际上，姿态控制系统需要知道参考的角速度和角加速度。这些变量只有通过某些合适的动态滤波器才能准确的从 GNSS 的数据中重构，在本章中动态滤波器是以状态预测器的形式进行设计的，该状态预测器的依据是参考坐标系的角速度和角加速度的随机模型。11.3.1 节给出了针对 LORF 和 LVLH 坐标系的测量方程和测量误差。在 11.3.2 节中，假设不确定性不会直接影响角速度，由于从角加速度到坐标系四元数的二阶积分链不受噪声影响，因此状态预测器反馈可以设计成动态的。11.3.3 节中讨论了通过极点配置的方法调整反馈增益。极点配置在稳定性和性能之间取折衷的方式与无拖曳状态预测器相似，但是后者的反馈是静态的。它们的主要区别是闭环不稳定性的来源，在无拖曳控制情况下是未建模动力学而在四元数预测中则来源于忽略的交叉耦合项。在这种情况下，用 $h(\cdot)$ 表示的交叉耦合项是角加速度的周期性分量，且作为轨道真近点角的函数，可能会产生微弱的二阶寄生回路影响。类似地，交叉耦合项也会影响无拖曳控制预测和抵消的阻力分量，但是阻力产生的寄生回路基本上都是一阶的，这是由单个积分器的速度反馈造成的。影响速度反馈的主要不确定性是随机大气密度。由于被预测和抵消的谱密度（和阻力）随机分量的带宽远低于无拖曳控制的奈奎斯特频率（5Hz），因此不进行回路研究，如图 4.13 和图 11.1（b）所示。

11.2 无拖曳控制

11.2.1 概念和目标

无拖曳控制使得物体能够在空间中理想地自由运动，只受当地的引力作用，这种运动被称为自由落体。无拖曳控制当前有两种主要的应用：重力探测器 B（Gravity Probe B）[19] 卫星和 LISA（laser interferometer space antenna）探路者卫星[14]。

（1）检验质量概念（proof-mass concept）：一个小物体（<2kg）可以在航天器电极笼中自由的移动，理想状态是不受任何非保守力的作用。根据相对位置测量值和相对姿态测量值，驱动航天器以保持检验质量位于其中心且与电极笼对齐。因此，航天器跟踪检验质量，电极笼和检验质量间的接触会破坏自由落体的状态，这意味着传感器应该是无接触的（电容/光学传感器）。这一概念及早期的发展可以追溯到 1960 年[18,24,19]，科学家们当时构思了美国的重力探测器 B 任务。第一颗无拖曳卫星是美国 TRANSIT 导航卫星系统的 Triad I 卫星。[30] 反过来，一个跟踪无拖曳状态物体的航天器也会变成无拖曳状态。实际上，每个航天器只有一个检验质量可以做到无拖曳。

（2）加速度计概念（accelerometer concept）：通过直接测量和补偿非保守力，整个航天器可以做到无拖曳。这样，航天器内的任何自由物体都是理想的漂浮状态（自由落体），就像国际空间站（ISS）中的宇航员一样。事实上，在平均高度 350km 的轨道上运行的国际空间站，远不是一个无拖曳状态（仅受到引力作用）的物体，这是因为在热层大气阻力的影响下，国际空间站的轨道高度每月衰减 2km。这就要求根据热层大气密度，每年进行几次轨道上升机动。无拖曳卫星上的检验质量并不是完全自由漂浮的，他们会因为寄生力的作用而产生漂移，但可以通过主动控制实现悬浮并变成 6 维的加速度计。这样，就可以安装多个检验质量。在 GOCE 航天器[13] 上，在一个八面体的顶点位置安装了 6 个加速度计，组成高灵敏度的三维梯度仪。

为了理解如何将无拖曳卫星用于科学目标[11]，应回顾两个基本原则。

（1）伽利略等效原理（Galileo's equivalence principle）：均匀重力场中自由落体的加速度与惯性质量 m 及其构成无关。将重力加速度写成重力势 $V(\boldsymbol{r})$ 的梯度乘以引力质量 $m_g=k_m m$，其中 k_m 是一个通用常数，通常设置为单位 1。给出自由落体方程：

$$\dot{\boldsymbol{v}}(t)=\boldsymbol{g}(\boldsymbol{r},t,k_m)=-k_m\nabla V(\boldsymbol{r},t),\boldsymbol{v}(t_0)=\boldsymbol{v}_0 \tag{11.1}$$

伽利略等效原理要求 $k_m=1$，这是第 3 章和第 7 章动力学的基本假设。在这里并不使用式（3.7）的梯度转置符号，因为 $\boldsymbol{g}$ 并不是一个坐标向量。网上一幅奇特的照片显示，宇航员 Dave Scott 1971 年登上月球，同时扔下了一把地质锤和一根羽毛，当这些物体同时撞击月球表面时，他大声说道："伽利略先生是对的。"[22]

（2）爱因斯坦（弱）等效原理（Einstein's（weak）equivalence principle）：从伽利略等效原理出发，爱因斯坦提出自由落体是在局部惯性坐标系下的，在该坐标系下牛顿方程成立。换句话说，引力加速度没有局部动力学效应。事实上，在非均匀重力场中，一旦两个物体相互靠近，它们的加速度之差也会趋于 0。如果伽利略等效原理是错的，那么爱因斯坦的原理也是错的。考虑以下两个自由落体的物体：

$$\begin{aligned}\dot{\boldsymbol{v}}_0(t)&=-k_{m0}\nabla V(\boldsymbol{r}_0,t),\boldsymbol{v}_0(t_0)=\boldsymbol{v}_{00}\\ \dot{\boldsymbol{v}}_1(t)&=-k_{m1}\nabla V(\boldsymbol{r}_1,t),\boldsymbol{v}_1(t_0)=\boldsymbol{v}_{10}\end{aligned} \tag{11.2}$$

其中，$k_{mj}=m_{gj}/m_j$，$j=0,1$。使两者互相靠近，即 $\boldsymbol{r}_1\to\boldsymbol{r}_0\to\boldsymbol{r}$，可以得到

$$\lim_{\boldsymbol{r}_1\to\boldsymbol{r}_0}(\dot{\boldsymbol{v}}_1(t)-\dot{\boldsymbol{v}}_0(t))=-(k_{m1}-k_{m0})\nabla V(\boldsymbol{r},t),\ \boldsymbol{v}_1(t_0)-\boldsymbol{v}_0(t_0)=\Delta\boldsymbol{v}(t_0)=\Delta\boldsymbol{v}_0 \tag{11.3}$$

当伽利略等效原理中 $k_{m0}=k_{m1}$ 时，上述极限趋近于零。$\eta=2|k_{m1}-k_{m0}|/(k_{m1}+k_{m0})\cong$

$|k_{m1}-k_{m0}|$ 被称为厄特弗斯参数（the Eötvös parameter），且其数量级小于10^{-12}。因为等效原理是爱因斯坦广义相对论的基石，太空任务的目标是测出比地面试验达到的极限$\eta_{\text{Earth}} \cong 10^{-13}$更好的 η。2016 年 4 月发射的欧洲无拖曳卫星 MICROSCOPE，旨在将 η 的测量值提高到10^{-15}，比地面试验值 η_{Earth} 高两个数量级[33]。相对位置 $\Delta \boldsymbol{r}(t)=\boldsymbol{r}_1(t)-\boldsymbol{r}_0(t)$的时间演化是由位置和速度的初始条件驱动的无界自由响应，具体如下。

$$\Delta \boldsymbol{r}(t)=\Delta \boldsymbol{r}(t_0)+\Delta \boldsymbol{v}(t_0)(t-t_0) \tag{11.4}$$

两个物体倾向于互相分开，就像 2001 年 2 月亚特兰蒂斯号[2]（STS 98）航天飞机上的宇航员 Marsha Ivins 的长发一样。现在，假设每个物体都受到一个力$\boldsymbol{F}_k$，$k=0,1$，因此不再是自由落体状态。在局部惯性坐标系中，局部相对运动满足牛顿方程：

$$\lim_{r_1 \to r_0}(\dot{\boldsymbol{v}}_1(t)-\dot{\boldsymbol{v}}_0(t))=\boldsymbol{F}_1/m_1-\boldsymbol{F}_0/m_0, \boldsymbol{v}_1(t_0)-\boldsymbol{v}_0(t_0)=\Delta \boldsymbol{v}(t_0)=\Delta \boldsymbol{v}_0 \tag{11.5}$$

（3）*潮汐力*（tidal forces）：当自由落体的检验质量互相远离，可通过将自由矢量转换为它们的坐标，使它们检测到周围不均匀和不规则的重力势，由伽利略等效原理可得

$$\Delta \dot{\mathbf{v}}(t)=(-\nabla V(\mathbf{r}_1,t))-(-\nabla V(\mathbf{r}_0,t))=U(\mathbf{r},t)\Delta \mathbf{r}(t)+o(|\Delta \mathbf{r}|^2),\ \Delta \mathbf{v}(t_0)=\Delta \mathbf{v}_0 \tag{11.6}$$

式中：$\Delta \mathbf{v}(t)=\mathbf{v}_1(t)-\mathbf{v}_0(t)$和$\Delta \mathbf{r}(t)=\mathbf{r}_1(t)-\mathbf{r}_0(t)$分别为局部参考坐标系中的相对速度和相对位置；$U(\mathbf{r})$为在物体质心位置向量 $\mathbf{r}$ 处的 3×3 对称重力张量（参见 4.2.6 节，此处省略下标 b）。与相对位置 $\Delta \mathbf{r}$ 成比例的相对变化力被称为潮汐力，因为它能够引起天体上的潮汐变化。潮汐力会引起地面潮汐、海上潮汐以及空间事件，如 1992 年 7 月 Shoemaker-Levy 9 彗星碎片和之后在 1994 年 7 月预测与观测到的受木星大气的影响。1992 年 7 月的碎片时间是估计得到的，撞碎的彗星则是在 1993 年由美国的 Palomar 天文台以一种偶然的方式观测到的（参见文献［3，27］）。

地球重力测量任务的目的是通过用两种方式测量地球质量变化（包括潮汐力）来检测重力的时空不规则性：①通过在单颗卫星上搭载梯度仪来测量差分加速度，类似欧洲的 GOCE；[13]②通过两个相距很远的卫星之间的相对位置变化来测量地球重力。后一种原理已经在第一个美-德合作的重力恢复和气候实验任务（GRACE 卫星）[32]上通过微波测距实现，并且也已在第二阶段的 GRACE follow-on 任务（见参考文献［15，28］）中通过光学干涉仪进行验证。GRACE follow-on 任务于 2018 年 5 月 22 日发射，检验质量和卫星间距离的增加使得梯度仪的臂长比 GOCE 卫星长出半米，从而提升了仪器的灵敏度、便于在更短的时间和空间尺度下测量重力场的变化。误差源包括仪器误差以及残余的非保守力加速度，这部分包含在式（11.6）中。当轨道高度非常低，如 GOCE 任务的 260km 高度时，无拖曳控制变得至关重要。有一个飞机的例子[1]：在零升力（俯冲）的抛物线飞行中，失重的飞机提供了短时间（小于 25s）的无拖曳条件，此时飞机发动机推力正好补偿了大气阻力。

11.2.2 无拖曳控制要求

考虑单个航天器和 3.2.2 节的状态方程，将其重写为

$$\begin{aligned}
&\dot{\boldsymbol{r}}(t)=\boldsymbol{v}(t), \boldsymbol{r}(t_0)=\boldsymbol{r}_0 \\
&\dot{\boldsymbol{v}}(t)=\boldsymbol{g}(\boldsymbol{r}(t))+\frac{\boldsymbol{R}_b^i(\boldsymbol{F}_u(t)+\boldsymbol{F}_d(t))}{m}, \boldsymbol{v}(t_0)=\boldsymbol{v}_0
\end{aligned} \tag{11.7}$$

式中：$\boldsymbol{r}$ 和 $\boldsymbol{v}$ 分别为质心位置和速度的惯性坐标；$\boldsymbol{g}(\boldsymbol{r}(t))$ 为总的引力加速度。非保守力被分为由执行机构组件提供的控制力 $\boldsymbol{F}_u$ 和环境力 $\boldsymbol{F}_d(F_{10.7},A_p)$，在地球低轨道（LEO）上，环境力主要是大气阻力。例如，4.5.3 节指出，大气阻力与太阳和地磁活动指数（分别是 $F_{10.7}$ 和 A_p）强相关。式（11.7）中的两个力向量都是在体坐标系下表示的。R_b^i 是体坐标系 $\mathscr{B}=\{C,\boldsymbol{b}_1,\boldsymbol{b}_2,\boldsymbol{b}_3\}$ 到地球中心惯性坐标系（ECI）$\mathscr{I}=\{E,\boldsymbol{i}_1,\boldsymbol{i}_2,\boldsymbol{i}_3\}$ 之间的转换矩阵。

理想的无拖曳要求为

$$\boldsymbol{a}(t)=(\boldsymbol{F}_u(t)+\boldsymbol{F}_d(t))/m=0 \tag{11.8}$$

式中：$\boldsymbol{a}$ 为卫星的残余非保守力加速度。实际上，无拖曳控制的要求可以通过计算式（11.8）中残余加速度 $\boldsymbol{a}=[a_1,a_2,a_3]$ 的一般分量 a_j 的功率谱密度（PSD）$S_a^2(f)$ 的界限 $S_{a,\max}^2(f)$ 来确定。GOCE 任务对交叉谱（cross-spectra）没有要求，因为 $\boldsymbol{a}$ 的各个分量是由不相关的扰动源引起的。界限 $S_{a,\max}^2(f)$ 是碗状的，类似于图 8.2 中的超灵敏加速度计的背景功率谱密度。关键的频带是作为测量带宽（MBW）的中频带（midfrequency band），对于 GOCE 的 260km 轨道高度，其测量带宽的上下限可在 4.2.4 节练习 1 中得出。上限值和下限值由以下恒等式表示：

$$\begin{gathered} f_{\min}=5\text{mHz}\cong f_h=f_o(R_e+h)/h, f_1=100\text{mHz}\cong n_1 f_o<f_{\max}=5\text{Hz} \\ f_o=\frac{1}{2\pi}\sqrt{\frac{\mu}{(R_e+h)^3}}\cong 0.186\text{mHz},\ n_1=500 \end{gathered} \tag{11.9}$$

式中：f_0 为平均轨道频率；$f_{\max}$ 为无拖曳控制的奈奎斯特频率；n_1 为地球球谐函数的最大阶数，需要对球谐函数进行足够精确的估计。n_1 可以由地面空间波长（ground spatial wavelength）$\lambda_1=2\pi R_e/n_1=80\text{km}$ 计算得出。无拖曳控制系统必须在中频段处有效，并且需要保证残余加速度波动保持在加速度计的测量范围内。这些需求汇总如下[26]：

$$\begin{gathered} S_{aj}(f)\leqslant S_{a,\max}=0.023\mu\text{m}/(s^2\sqrt{\text{Hz}})(\text{GOCE}) \\ |a_j(t)|\leqslant a_{\max}=0.9\mu\text{m}/s^2,\ j=1,2,3 \end{gathered} \tag{11.10}$$

实际上，频谱边界［图 11.1（a）中的虚线］可以向更低或更高的频率扩展，如图所示。图 11.1 的仿真的谱密度将在 11.2 节中进行解释。

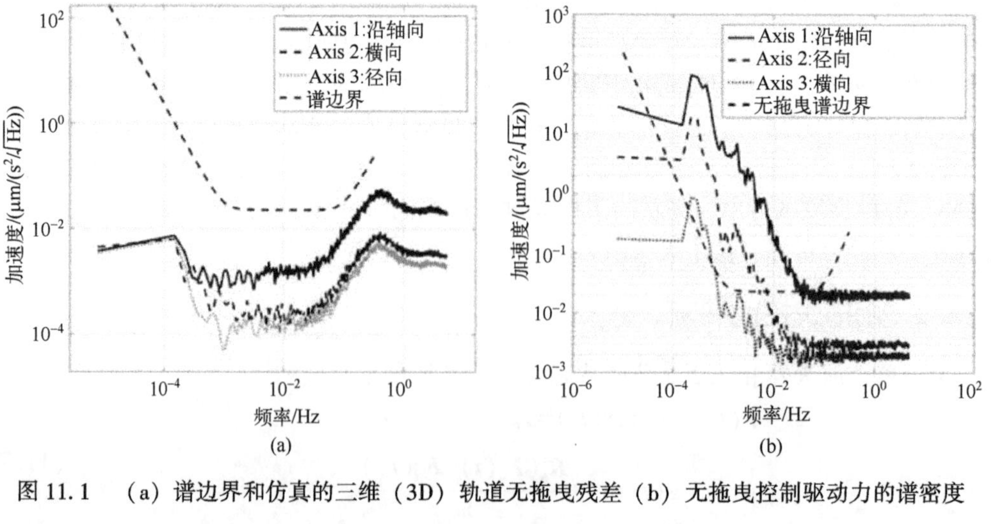

图 11.1　（a）谱边界和仿真的三维（3D）轨道无拖曳残差（b）无拖曳控制驱动力的谱密度

因为 GOCE 卫星上用的这类的加速度计可以直接测量角加速度（将 GOCE 梯度仪的 6 个传感器的质心加速度结合起来，可以得到间接测量结果），所以 GOCE 在体坐标系下的角加速度 $\dot{\boldsymbol{\omega}}$ 也有类似的要求[26]。

$$
\begin{aligned}
&S_{\dot{\omega}1}(f)\leqslant 1.45S_{\dot{\omega},\max}=0.09\mu\text{rad}/(\text{s}^2\sqrt{\text{Hz}})\\
&S_{\dot{\omega}j}(f)\leqslant S_{\dot{\omega},\max}=0.063\mu\text{rad}/(\text{s}^2\sqrt{\text{Hz}}),\ j=1,2\\
&|\dot{\omega}_1(t)|\leqslant 2\dot{\omega}_{\max}=1.8\mu\text{rad}/\text{s}^2\\
&|\dot{\omega}_j(t)|\leqslant \dot{\omega}_{\max}=0.9\mu\text{rad}/\text{s}^2,\ j=1,2
\end{aligned}
\tag{11.11}
$$

式（11.11）中第一轴的角加速度的范围更大，原因为式（7.29）中提到过其具有更小的轴向惯量 $J_{11}\ll\min\{J_{22},J_{33}\}$，沿轨道轴和交叉轨道轴及径向轴之间的惯量比为

$$\iota_1=J_{11}/\min\{J_{22},J_{33}\}\cong 0.056 \tag{11.12}$$

我们认为，第一个轴（沿轨道轴或滚动轴）是体轴 $\boldsymbol{b}_1$，通过姿态控制使其与速度方向 $\boldsymbol{o}_1=\boldsymbol{v}/|\boldsymbol{v}|$对齐（参见 3.3.4 节中的局部轨道参考坐标系 $\mathcal{O}=\{C,\boldsymbol{o}_1,\boldsymbol{o}_2,\boldsymbol{o}_3\}$）。如果仅使用磁力矩器驱动，纵向惯性矩 J_{11}过小会使得滚转角姿态控制变得具有挑战性。实际上，任何与瞬时地球磁场正交的磁力矩，只能同时控制两个体轴，对于近极轨道的航天器来说，这两个体轴与轨道法线以及在轨道平面内旋转的任一轴近似重合。轨道平面与由局部轨道参考坐标系的轴$\{\boldsymbol{o}_1,\boldsymbol{o}_3\}$定义的沿轨道/径向的平面重合。由于基于电力推进技术的低噪声微推力器的不成熟，强制采用磁力控制（参见 12.5.5 节和文献［26］）作为低噪声执行器。

更进一步的限制来自于地磁暴[25]引起的异常的突发性的热大气密度的跳变，这与 4.5.3 节中提到的地磁指数 A_p 的随机性是严格相关的。假设阻力脉冲的持续时间$T_g\geqslant T_{g,\min}\cong 120\text{s}$ 和半振幅 $F_g\leqslant F_{g,\max}=5\text{mN}$，目标是将残余加速度脉冲振幅 a_g 保持在低于式（11.10）中施加的中频段标准差的倍数。形式上如下：

$$a_g(T_g)\leqslant a_{g,\max}=S_{a,\max}\sqrt{2f_1}\cong 10\text{nm/s}^2,T_g\leqslant 120\text{s} \tag{11.13}$$

其中，$\sqrt{2}$表明采用正弦形状的残余脉冲且f_1 是式（11.9）中测量带宽的上限。该约束作为脉冲频率$f_g=1/T_g$ 的函数，应该得到更好地调制。

接下来简要介绍了在给定的地球低轨道高度范围$\{h_{\min},h_{\max}\}$内设计推力范围$\{u_{\min},u_{\max}\}$的关键问题，9.3.1 节给出了该推力范围的定义。此外，还应设计推力转化率。推力转化率受发射时间和任务周期的影响很大，发射时间和任务寿命受太阳活动影响，平均周期为 11 年（参见 4.5.3 节）。日太阳活动指数 $F_{10.7}$[MJy/100]的历史积累直方图如图 11.2 所示。指数 $F_{10.7}$发生在范围$\{F_{\min}\cong 60\leqslant F_{10.7}\leqslant 240\text{MJy}/100\}$外的相关概率约为 0.05。在这一范围内，约 260km 高度的热大气的期望密度比大致可以估计为 $\rho_{\max}/\rho_{\min}\approx 7$，如果乘以约等于 3 的轨道密度比（见图 11.8），那么可以得到推力比为 $u_{\max}/u_{\min}\cong 21$，接近 GOCE 的推力比（20）。轨道密度比是赤道处和两极处的热大气密度的比。目前来说，对于毫牛级和亚毫牛级电推进技术，达到更大的推力比 $u_{\max}/u_{\min}>20$ 具有很大的挑战性。这意味着长期的（大于 10 年）地球低轨道无拖曳任务将保有技术优势。为避免这种技术限制，可以采用的解决方案有：①更高的轨道（>500km）；②通过高度调节来跟踪热大气的变化；③使用多个推进器，覆盖更大的推力范围。

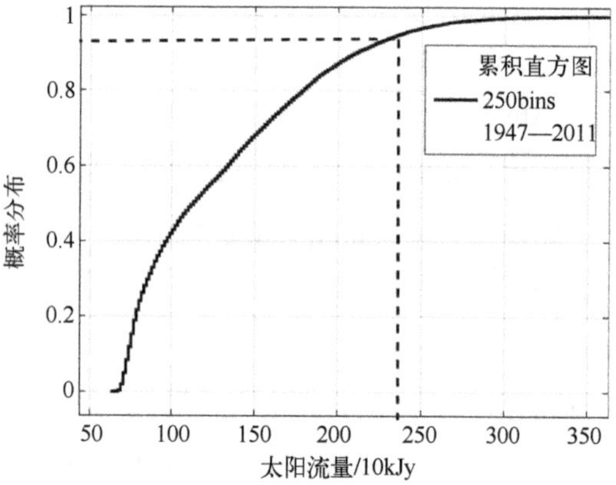

图 11.2　日太阳活动指数的累积直方图及 95%限界

11.2.3　类 GOCE 任务的无拖曳测量方程

类 GOCE 任务的无拖曳测量方程是从一个三维梯度仪的 6 个加速度计中推导出来的，其配置如图 11.3 所示。由梯度仪的轴定义体坐标系 $\mathscr{B}=\{C,\boldsymbol{b}_1,\boldsymbol{b}_2,\boldsymbol{b}_3\}$ 的参考轴，通过姿态控制，该坐标系与局部轨道参考坐标系 $\mathscr{O}$ 对齐。梯度仪包括 6 个加速度计 $j=1,2,\cdots,6$。它们的通用参考坐标系 $\mathscr{A}_j=\{A_j,\boldsymbol{a}_{1j},\boldsymbol{a}_{2j},\boldsymbol{a}_{3j}\}$ 与梯度仪坐标系 $\mathscr{B}$ 对齐，且以梯度仪质心 C 为中心，每个加速度计的质心 A_j 都对称地位于梯度仪的其中一个轴上。偏移向量 $\boldsymbol{CA}_j$ 是用 $\vec{s}_j$ 来表示的，$\boldsymbol{s}_j$ 是 $\vec{s}_j$ 的梯度仪坐标，且 $|\boldsymbol{s}_j|=0.25m$（参见文献［29，34］）。梯度仪坐标系 $\mathscr{B}$ 的标称坐标为

$$\boldsymbol{s}_1=-\boldsymbol{s}_4=\begin{bmatrix}s_1\\0\\0\end{bmatrix},\ \boldsymbol{s}_2=-\boldsymbol{s}_5=\begin{bmatrix}0\\s_2\\0\end{bmatrix},\ \boldsymbol{s}_3=-\boldsymbol{s}_6=\begin{bmatrix}0\\0\\s_3\end{bmatrix} \tag{11.14}$$

如图 11.3 所示，加速度计检验质量是一个 4cm×4cm×1cm 的平板。由于地面试验的原因，检验质量并不是立方体质量块。不同于沿短边的轴（次敏感轴），沿长边的轴（极度敏感轴）可以提供更精确的测量值。

从线性加速度测量（linear acceleration measurements）开始。8.4.1 节中的式（8.33）给出了待测加速度 $\boldsymbol{a}_s$，但是没有考虑测量误差及式（11.6）中的潮汐力贡献。在没有符号变化的情况下，$\boldsymbol{a}_s$ 的表达式包含在测量值 $\breve{\boldsymbol{a}}_j$ 的表达式中，其符号与检验质量加速度相反［参见 8.4.1 节式（8.32）］。在梯度仪坐标系 $\mathscr{B}$ 下，测得的加速度的表达式为

$$\breve{\boldsymbol{a}}_j(t_i)=S_j(\boldsymbol{a}-\boldsymbol{U}_b(\boldsymbol{r})\boldsymbol{s}_j+2\boldsymbol{\omega}\times\dot{\boldsymbol{s}}_j+\dot{\boldsymbol{\omega}}\times\boldsymbol{s}_j+\boldsymbol{\omega}\times(\boldsymbol{\omega}\times\boldsymbol{s}_j))+\widetilde{\boldsymbol{a}}_{mj} \tag{11.15}$$

式中：$\boldsymbol{r}$ 为梯度仪坐标系中的梯度仪质心半径；$\dot{\boldsymbol{\omega}}$ 和 $\boldsymbol{\omega}$ 分别为梯度仪坐标系的角加速度和角速度，也就是航天器的角加速度和角速度。除了矩阵 $\boldsymbol{U}_b$，式（8.33）中代表体坐标系的下标 b 都省略了。在式（11.15）中，$\breve{\boldsymbol{a}}_j$ 是梯度仪坐标系中的测量向量；$\boldsymbol{a}$ 是式（11.8）中的非保守力加速度，是应该被无拖曳控制测量并抵消的部分。$\Delta\boldsymbol{g}_j(\boldsymbol{s}_j)=\boldsymbol{U}_b(\boldsymbol{r})\boldsymbol{s}_j$ 是式（11.6）中 C 和 A_j 之间的潮汐加速度，该加速度是为了科学目的而进行测量的。下标 b 表示 $\boldsymbol{U}_b(\boldsymbol{r})$ 是在梯度仪坐标系下的重力梯度矩阵。根据式（11.6），有 $\boldsymbol{s}_j=\Delta r$。$\boldsymbol{U}_b\boldsymbol{s}_j$ 的符号与 $\boldsymbol{a}$ 的符号相反，这是因为 $\boldsymbol{U}_b\boldsymbol{s}_j$ 是第 j 个加速度计中的检验质量的加速

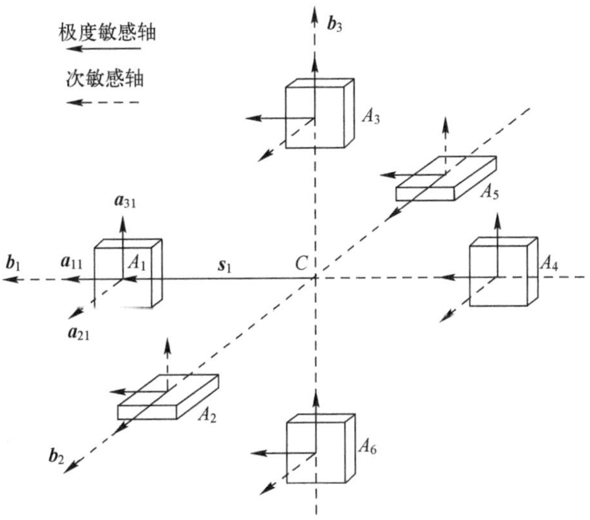

图 11.3　重力场和稳态海洋环流探测器梯度仪的草图（未按比例绘制）

度，而 $\boldsymbol{a}$ 是梯度仪质心的加速度。这与前面提到的符号等式 $\mathrm{sgn}(\boldsymbol{a}_j)=\mathrm{sgn}(\boldsymbol{a}_s)$ 是一致的。测量误差是一个包含未知加速度计偏差的随机过程，加速度计偏差 $\widetilde{\boldsymbol{a}}_{mj}$ 可视为传感器低频（LF）漂移的初始状态（称为偏差不稳定性）。8.2.2 节式（8.4）中的系统误差 $\boldsymbol{b}$ 缺失。根据 8.4.1 节中的标量式（8.49），测量误差 $\widetilde{\boldsymbol{a}}_{mj}$ 可以写成 $\boldsymbol{a}_{dj}+M_j^{-1}(s)G_j^{-1}\widetilde{\boldsymbol{V}}_{yj}$（增加了下标 j），其中 $\boldsymbol{a}_{dj}$ 是寄生加速度，$M_j(s)$ 是从输入加速度到检验质量位移的开环传递函数，$\boldsymbol{G}_j$ 和 $\widetilde{\boldsymbol{V}}_{yj}$ 分别是传感器增益矩阵［标量 K_y 出现在式（8.49）中］和噪声向量。式（11.15）中的标度因子矩阵 $\boldsymbol{S}_j=\boldsymbol{S}_jR_b^{aj}\cong I_3$ 是 8.2.2 节中定义的标度因子，该标度因子应在运行过程中进行校准[8]，R_b^{aj} 是将局部坐标转换为梯度仪坐标的坐标转换矩阵。离散时间 $t_i=iT_a$，$T_a=0.1\mathrm{s}$ 是采样时间。如果用 $\|\delta S_j\|$ 表示标度因子校准误差的合适矩阵范数，将式（11.10）和式（11.11）中的中频需求与 $\|\delta S_j\|$ 相乘来与科学误差预算兼容。

将标度因子误差限制在 $\widetilde{\boldsymbol{a}}_{mj}$ 中，由于 $S_j\cong I_3$，用 $\breve{\boldsymbol{a}}_j(t_i)$ 替换 $S_j^{-1}\breve{\boldsymbol{a}}_j(t_i)$，且由于悬浮控制系统的存在，假设 $\dot{\boldsymbol{s}}_j=0$，式（11.15）可以写为

$$\breve{\boldsymbol{a}}_j(t_i)=\boldsymbol{a}+(-U(\boldsymbol{r})+\dot{\boldsymbol{\omega}}\times+\boldsymbol{\omega}\boldsymbol{\omega}^{\mathrm{T}}-I\boldsymbol{\omega}^{\mathrm{T}}\boldsymbol{\omega})\boldsymbol{s}_j+\widetilde{\boldsymbol{a}}_{mj} \tag{11.16}$$

其中，用到了 $(\boldsymbol{\omega}\times)^2=\boldsymbol{\omega}\boldsymbol{\omega}^{\mathrm{T}}-I\boldsymbol{\omega}^{\mathrm{T}}\boldsymbol{\omega}$。

无拖曳控制要求的加速度测量值是平均非保守加速度 $\boldsymbol{a}$，假设 $\boldsymbol{s}_j=-\boldsymbol{s}_{j+3}$，这一加速度可以通过求 6 个测量值的平均值从式（11.16）中提取出来。平均测量值是以下共模方程（common mode equation）的输出：

$$\begin{gathered}\breve{\boldsymbol{a}}(t_i)=\sum_{j=1}^{6}W_{aj}\breve{\boldsymbol{a}}_j(t_i)=\boldsymbol{a}+\widetilde{\boldsymbol{a}}_m\\ \sum_{j=1}^{6}W_{aj}=I_3\end{gathered} \tag{11.17}$$

其中，$W_{aj}\geqslant 0$ 是一个对角权值矩阵，它代表了坐标间的不同精度。图 11.3 显示了每个轴至少可以获得两个超高精度测量值。

角加速度方程（the angular acceleration equations）是从 8.4.1 节的式（8.35）和式（8.36）推导得来的。将第 j 个传感器的悬浮力矩 $\boldsymbol{M}_{aj}$ 乘以 J_a^{-1} 进行缩放，可以得到以下加速度测量值 $\breve{\dot{\boldsymbol{\omega}}}_j(t_i)$。

$$\breve{\dot{\boldsymbol{\omega}}}_j(t_i)=\dot{\boldsymbol{\omega}}+J_a^{-1}\boldsymbol{\omega}\times J_a\boldsymbol{\omega}+\tilde{\dot{\boldsymbol{\omega}}}_{mj} \tag{11.18}$$

陀螺加速度 $J_a^{-1}\boldsymbol{\omega}\times J_a\boldsymbol{\omega}$ 在次敏感轴上为 0（每个检验质量都是关于次敏感对称的）。极度敏感轴对式（11.18）中的整体测量误差的贡献应小于式（11.11）中的界限，该界限是通过在 $\boldsymbol{\omega}$ 上的合适的谱界得出的。角运动无拖曳控制使用的测量值也是由加权平均值给出：

$$\begin{aligned}&\breve{\dot{\boldsymbol{\omega}}}(t_i)=\sum_{j=1}^{6}W_{\dot{\omega}j}\breve{\dot{\boldsymbol{\omega}}}_j(t_i)=\dot{\boldsymbol{\omega}}+\tilde{\dot{\boldsymbol{\omega}}}_m\\&\sum_{j=1}^{6}W_{\dot{\omega}j}=I_3\end{aligned} \tag{11.19}$$

练习 1：

角加速度可以通过式（11.16）中的线性加速度测量值 $j=1,2,\cdots,6$ 来间接测量得到。请利用式（11.14）中的坐标，得出 $\dot{\boldsymbol{\omega}}$ 的测量方程。这些方程可以用于地面科学数据分析。

提示：第二个坐标为

$$\breve{\dot{\omega}}_2=\frac{\breve{a}_{31}-\breve{a}_{61}}{4s_3}+\frac{\breve{a}_{43}-\breve{a}_{13}}{4s_1} \tag{11.20}$$

11.2.4 嵌入式模型

本节讨论的嵌入式模型与轨道无拖曳控制器和角运动无拖曳控制器中使用的嵌入式模型，以及对每个坐标使用的嵌入式模型形式一样。而且，对于轨道无拖曳，不同于 GOCE 任务，我们假设有低噪声的微推进器，采用了三维的无拖曳控制。嵌入的模型非常简单[4-5]，包括可控动力学和扰动动力学。可控动力学包括：从计算的推力矢量 $\boldsymbol{u}(t_i)$ 到转换的测量加速度 $\breve{\boldsymbol{a}}(t_i)$ 的输入输出链，其中 $t_i=iT$，$T=0.1\text{s}$ 是无拖曳控制的时间元。图 11.4 中数字控制器内部从开始到结束的通路，包括量化误差、控制指令及测量饱和度影响。图 11.4 中的云状图形表示有因果关系的不确定性源。通过数字化功能使指令饱和，在图 11.4 中用 A/D（analog-to-digital 模数转换）表示。整数边界 $N_u=2^{\mu_u}$ 必须与推进器动力学的极限 $u_{\max}$ 一致。换句话说，执行器的范围需满足 $\rho_u N_u\leqslant u_{\max}$，其中 ρ_u 是指令量化的程度，μ_u 是二进制代码宽度（比特数）。9.3.1 节的推进器范围为 $u_{\min}\leqslant u(t)=F_r(t)\leqslant u_{\max}$，这意味着

$$0\leqslant\text{int}(u_{\min}/\rho_u)\leqslant\text{int}(u(i)/\rho_u)\leqslant N_u-1 \tag{11.21}$$

其中，int 表示取整和饱和度。同时，回转率使指令的导数饱和，这种回转率在地磁风暴提供阻力脉冲时起作用。通过模数转换器（图 11.4 中的 ADC）使传感器（加速度计）饱和。整数边界 $N_a=2^{\mu_a-1}$ 必须与传感器范围 $a_{\max}\geqslant N_a\rho_a$ 一致，其中 ρ_a 是测量值量化，μ_a 是二进制代码宽度。图 11.4 中的 DAC 电子器件（数模转换器）和 D/A（digital-to-analog）功能可将数字信号转换为有界的量化实值信号，这里假设控制器的数字误差相对于量化误差而言可以忽略不计。

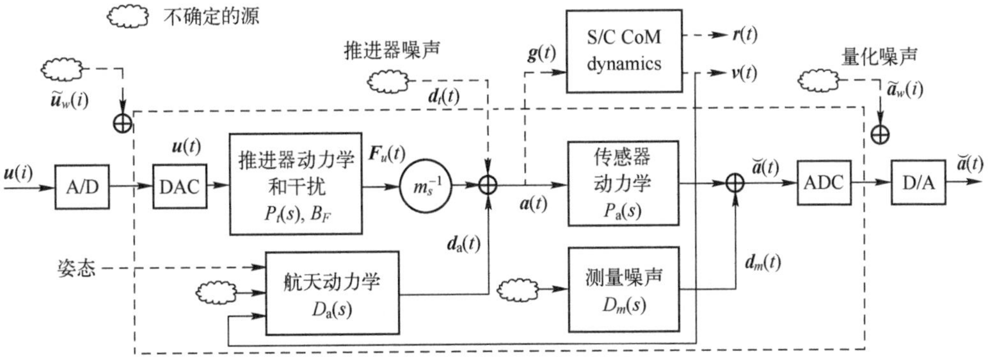

图 11.4　推进器到加速度计链的框图

A/D—模数转换；ADC—模数转换器；CoM—质心；D/A—数模转换；DAC—数模转换器；S/C—航天器。

对如 9.3.2 节和 9.3.3 节中所述的全推进的航天器来说，推进器向量 $\boldsymbol{u}$ 是无拖曳和姿态控制（DFAC）的完整执行器矢量，最小数量为 $m=8$，在 9.3.2 节进行证明。对于 GOCE 卫星，其中一个轴，也就是沿轨道轴 $\boldsymbol{b}_1$，是通过一对冷冗余的离子推进器来控制为无拖曳状态的。正如 9.3.3 节所述，对于 GOCE 的全推进无拖曳和姿态控制，在设计 A/B 阶段时采用了 10 个推进器：①一对冷冗余的 GOCE 迷你推进器负责纵向轨道的无拖曳控制，方向几乎与 $\boldsymbol{b}_1$ 一致；②8 个微推进器，分布在与 $\{\boldsymbol{b}_2,\boldsymbol{b}_3\}$ 平行的两个平面上，负责侧向轨道无拖曳控制和姿态控制。在这里我们假设三维轨道和三维角运动无拖曳控制系统都是开启的。$\boldsymbol{F}_u=B_F\boldsymbol{u}$ 随具体情况的变化而变化，其中 $\boldsymbol{u}$ 为向量，$\boldsymbol{B}_F$ 为与该向量对应的分配矩阵。

1. 可控动力学

单个推进器的动力学，如 9.3.4 节中所示，为

$$F(s)=P_t(s)(u(s)+d_t(s)),\ P_t(s)=\frac{e^{-s\delta_t}\omega_t^2}{s^2+2\zeta_t\omega_t s+\omega_t^2} \tag{11.22}$$

$$u_{\min}\leqslant u(t)\leqslant u_{\max},\ |\dot{u}(t)|\leqslant\dot{u}_{\max}$$

其中，$\{\omega_t,\zeta_t,\delta_t<T\}$ 代表自然频率、阻尼系数和传递函数 P_t 的时延，d_t 是与 9.3.4 节式（9.94）中定义的谱密度 $S_t(f)$ 有关的推进器噪声。加速度计动力学可看成一个抗混叠滤波器，该滤波器可以滤除 10Hz 处采样的高频（HF）噪声，对应在图 11.5 中，是低于 $f_{\max}=5$Hz 的部分。一个简单的抗混叠滤波器是由一个参数为 $\{\omega_B,\zeta_B=1/\sqrt{2}\}$ 的二阶 Butterworth 滤波器和一个在采样时间 T 上调谐的滑动平均滤波器串联得到的。滤波器的固有频率 ω_B 必须根据高频谱密度的期望曲线来确定，在本节讨论的情况中 $\omega_B>2\pi/T$。图 11.5 所示为仿真得出的宽频带噪声谱密度（灰色线）和滤波采样噪声谱密度（黑色线），两者无混叠。图 11.5 中的谱线与 GOCE 沿轨迹轴 $\boldsymbol{b}_1$ 的加速度噪声很接近，该噪声是对图 11.3 中 6 个极度敏感轴的值求平均得到的[9]。滤波器的近似传递函数，在 $f\leqslant 2f_{\max}$ 处有效，由滑动平均值决定。

$$P_s(jf)\cong e^{-j2\pi f(T/2+\delta_s)}\frac{\sin(\pi fT)}{\pi fT} \tag{11.23}$$

其中，$\delta_s\approx T$ 是计算和数据传输延迟。

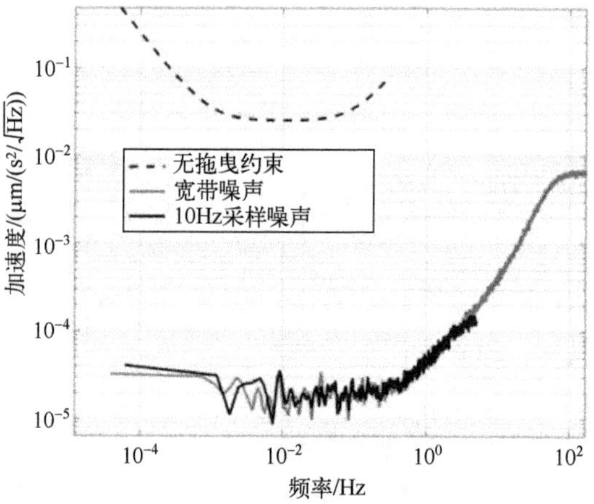

图 11.5　沿轨迹轴的高频加速度计噪声：宽频带且采样频率为 10Hz

针对 9.3.4 节中式（9.91）定义的不确定的推进器响应时间 $\tau_t(0.9)<T$ 和加速度计响应延迟 δ_s 为 T 阶的情况，采用持续时间 T 的延迟，对推进器-加速度计动力学建模如下：

$$\begin{aligned}\breve{\boldsymbol{a}}(s)&=M(s)(\boldsymbol{a}_u(s)+\boldsymbol{d}(s)+\boldsymbol{d}_m(s))+\tilde{\boldsymbol{a}}_m(s)\\ \tilde{\boldsymbol{a}}_m(s)&=\partial P(s)\boldsymbol{a}(s)+\tilde{\boldsymbol{a}}_w(s)\\ M(s)&=\mathrm{e}^{-Ts},\ \partial P(s)=\mathrm{e}^{-Ts}P_t(s)P_s(s)-1\end{aligned}\tag{11.24}$$

其中，$\boldsymbol{d}=\boldsymbol{d}_a+\boldsymbol{d}_t$ 包括了环境扰动和推进器扰动，∂P 是由真正的残余加速度 $\boldsymbol{a}$ 驱动的未建模动力学，$\tilde{\boldsymbol{a}}_w$ 是未被包括在加速度计噪声 $\boldsymbol{d}_m$ 中的测量噪声（主要是加速度计量化噪声）。延迟模型使我们能够直接将气动力学加速度 $\boldsymbol{d}_a$，推进器噪声 $\boldsymbol{d}_t$（以加速度的单位）及加速度计误差 $\boldsymbol{d}_m$ 加入到在式（11.24）中指令加速度 $\boldsymbol{a}_u=\boldsymbol{F}_u/m_s$ 中。在图 11.4 中，$\boldsymbol{d}_m$ 已经移动到了左侧，位于在传感器和推进器动力学前。

2. 扰动动力学

气动力和气动力矩、加速度计噪声和推进器噪声都被看成是未知的，它们的分量是不相关的。进行不相关的假设的理由如下：

（1）气动力和气动力矩不能认为是不相关的，因为它们都是相同的热大气密度的函数。当频率<1mHz 时存在相关性，而当频率升高时相关性渐渐减小，这里采用了随机 Hickey 模型进行校正（参见 4.5.4 节和图 4.13）。这样的频率与式（11.9）中提到的中频带一致，式（11.9）中定义了最具有挑战性的无拖曳控制要求。此外，任何可能的相关性都是未知的且高频谱密度低于推进器噪声下迅速降低。

（2）不同推进器间的噪声是不相关的，但是推力和力矩可以通过它们的分布矩阵而变得相关。通过采用与式（9.54）中 Walsh 方程成比例的分布矩阵，力和力矩会变得不相关。通用坐标的设计参数状态维数为 n_d，噪声向量维数为 n_w。参数

$$n_d=2,\ n_w=3\tag{11.25}$$

是从式（11.9）中定义的测量带宽范围 $\mathscr{F}=\{f_{\min}=5\text{mHz}\leqslant f\leqslant f_1=100\text{mHz}\}$ 内的 $\boldsymbol{d}+\boldsymbol{d}_m$ 的功率谱密度曲线中推导出来的，有如下解释：

（1）4.8.2 节图 4.16 中的大气阻力功率谱密度 S_{da}^2 是一个典型的二阶漂移，因此有 $n_d=2$ 且 $n_w\geqslant 2$。

(2) 9.3.4 节中包含量化噪声的推进器噪声功率谱密度 S_t^2，是一个一阶有界漂移和一个白噪声之和，这就要求 $n_d \geqslant 1$ 且 $\boldsymbol{n}_w \geqslant 2$。结合（1）和（2），可以得到 $n_d = 2$ 且 $\boldsymbol{n}_w = 3$，这与式（11.25）一致，这是因为（1）中的二阶功率谱密度必须以推进器白噪声来完成。

(3) 8.4.1 节图 8.2 中的加速度计的低频和中频噪声功率谱密度 S_m^2（其下标 m 表示测量值）形状与 S_t^2 的形状非常相似，虽然偏向零频率，因此保证了 $n_d \geqslant 1$ 且 $\boldsymbol{n}_w \geqslant 2$。图 11.5 中的 10Hz 加速度计噪声的高频部分相对于 S_t^2 的水平曲线可以忽略不计，因此不需要进行建模。

该结论与式（11.25）相符，因为我们需要 3 个噪声分量来建立一个合成白噪声、一阶漂移和二阶漂移的随机过程。最后，线性加速度的嵌入式模型可以写为

$$
\begin{aligned}
&\boldsymbol{x}(i+1) = A\boldsymbol{x}(i) + B\boldsymbol{a}_u(i) + G\boldsymbol{w}(i),\ \boldsymbol{x}(0) = \boldsymbol{x}_0 \\
&\breve{\boldsymbol{a}}(i) = C\boldsymbol{x}(i) + \widetilde{\boldsymbol{a}}_m(i) \\
&\boldsymbol{a}_u(i) = \begin{bmatrix} \boldsymbol{a}_{u0} \\ \boldsymbol{a}_{u2} \end{bmatrix}(i) = \frac{1}{m_s}\begin{bmatrix} \rho_{t0}\cos\beta_{0,\mathrm{nom}} u_{t0}(i) \\ B_{2F,\mathrm{nom}}\rho_t \boldsymbol{u}_t(i) \end{bmatrix}
\end{aligned}
\tag{11.26}
$$

包括以下矩阵和向量：

$$
\begin{aligned}
&\boldsymbol{A} = \begin{bmatrix} 0 & I_3 & 0 \\ 0 & I_3 & I_3 \\ 0 & 0 & I_3 \end{bmatrix},\ \boldsymbol{B} = \begin{bmatrix} I_3 \\ 0 \\ 0 \end{bmatrix},\ \boldsymbol{G} = \begin{bmatrix} I_3 & 0 & 0 \\ 0 & I_3 & 0 \\ 0 & 0 & I_3 \end{bmatrix},\ \boldsymbol{C} = [I_3 \quad 0 \quad 0] \\
&\boldsymbol{x} = \begin{bmatrix} \boldsymbol{x}_a \\ \boldsymbol{a}_d \\ \boldsymbol{a}_{d1} \end{bmatrix},\ \boldsymbol{w} = \begin{bmatrix} \boldsymbol{w}_a \\ \boldsymbol{w}_d \\ \boldsymbol{w}_{d1} \end{bmatrix}
\end{aligned}
\tag{11.27}
$$

在式（11.27）中，有 $\dim\boldsymbol{x}_a = \dim\boldsymbol{a}_d = \dim\boldsymbol{a}_{d1} = 3$，$\dim\boldsymbol{w}_a = \dim\boldsymbol{w}_d = \dim\boldsymbol{w}_{d1} = 3$ 和 $\dim\boldsymbol{x} = \dim\boldsymbol{w} = 9$。$\boldsymbol{x}_a$ 是可控动力学（单一延迟）的状态向量，$\boldsymbol{a}_d$ 和 $\boldsymbol{a}_{d1}$ 都是二阶随机动力学的状态向量，即在式（11.25）中 $n_d = 2$。$\{\boldsymbol{w}_a, \boldsymbol{w}_d, \boldsymbol{w}_{d1}\}$ 是 3 个输入噪声向量。矩阵 $\boldsymbol{B}_{2F,\mathrm{nom}}$ 是式（9.74）中的两行分布矩阵 $\boldsymbol{B}_{2F}$ 的标准形式。$\{u_{t0}, \boldsymbol{u}_t\}$ 表示图 9.6 中的沿轨道方向运行的迷你推进器和 8 个微推进器的数字化推力。$\{\rho_{t0}, \rho_t\}$ 表示推力单位的相关量化等级。$\beta_{0,\mathrm{nom}}$ 是迷你推进器之间的标称斜角。如何证明 (C, A) 是可观的这个问题留给读者去解决。

根据前面的假设和证明，假设噪声矢量为不相关的零均值白噪声矢量：

$$
\begin{aligned}
&\mathscr{E}\{\boldsymbol{w}(i)\} = 0,\ \mathscr{E}\{\boldsymbol{w}(i) w^{\mathrm{T}}(i+n)\} = P_w \delta_n \\
&P_w = \mathrm{diag}(\sigma_{w11}^2, \sigma_{w12}^2, \sigma_{w13}^2, \sigma_{w21}^2, \cdots, \sigma_{w33}^2)
\end{aligned}
\tag{11.28}
$$

式中：δ_n 为克罗内克函数。除推进器矢量 $\boldsymbol{u}$ 之外，其他变量均为线性加速度。模型误差 $\widetilde{\boldsymbol{a}}_m$ 仅包括式（11.24）中未建模动力学 ∂P 及加速度计中频和高频噪声，因为偏置和漂移都是由 $\boldsymbol{a}_d$ 引起的。根据 7.3.4 节和文献［6］，由于其被加速度计噪声影响，$\boldsymbol{x}_a$ 可以被称为受污染的残余无拖曳加速度（the dirty residual drag-free acceleration）。如图 11.5 所示，仅由极度敏感轴提供的，式（11.17）中平均测量值的中频噪声与无拖曳范围相比非常小，以至在中频范围内，$\hat{\boldsymbol{x}}_a$ 可以预测无拖曳残差，因此如果限制在这个中频范围内，就可以写成 $\hat{\boldsymbol{a}} = \hat{\boldsymbol{x}}_a$。

同样，嵌入式模型也适用于角运动无拖曳，仅需将测量值和指令值进行替换，可得

$$
\begin{aligned}
&\boldsymbol{x}(i+1)=A\boldsymbol{x}(i)+B\boldsymbol{a}_u(i)+G\boldsymbol{w}(i),\ \boldsymbol{x}(0)=\boldsymbol{x}_0\\
&\breve{\boldsymbol{\omega}}(i)=C\boldsymbol{x}(i)+\widetilde{\boldsymbol{\omega}}_m(i)\\
&\boldsymbol{a}_u(i)=J^{-1}B_{M,\mathrm{nom}}\rho_t\boldsymbol{u}_t(i)
\end{aligned}
\tag{11.29}
$$

式（11.29）中，除了数字化的推力向量 $\boldsymbol{u}_t$，所有的变量都是角加速度，$\boldsymbol{J}$ 是惯量矩阵，$\boldsymbol{B}_{M,\mathrm{nom}}$是 9.3.3 节式（9.74）中的标准推力-力矩分配矩阵。

11.2.5 状态预测器和控制律

由于 $\dim \boldsymbol{x}=\dim \boldsymbol{w}$，嵌入式模型的稳定需要加入比例反馈。基于式（11.28）中的不相关的输入噪声，以及式（11.26）和式（11.27）中的不相关的测量噪声与解耦的嵌入式模型动力学，可以设计解耦反馈。我们可以用 13.7 节式（13.214）和式（13.220）来验证，这 3 个假设使得预测误差的协方差矩阵是对角阵。输出到噪声的反馈为

$$
\begin{aligned}
&\boldsymbol{w}(i)=\boldsymbol{L}\boldsymbol{e}_{ma}(i),\boldsymbol{e}_{ma}(i)=\breve{\boldsymbol{a}}(i)-\hat{\boldsymbol{x}}_a(i)\\
&\boldsymbol{L}=\begin{bmatrix}L_1&0&0\\0&L_2&0\\0&0&L_3\end{bmatrix},\ \boldsymbol{L}_k=\mathrm{diag}(l_{k1},l_{k2},l_{k3}),\ k=1,2,3
\end{aligned}
\tag{11.30}
$$

练习 2：

考虑式（11.26）和式（11.30）中的标准单输入单输出（SISO）状态预测器

$$
\begin{aligned}
&\begin{bmatrix}\hat{x}_a\\a_d\\s_d\end{bmatrix}(i+1)=\begin{bmatrix}-l_1&1&0\\-l_2&1&1\\-l_3&0&1\end{bmatrix}\begin{bmatrix}\hat{x}_a\\a_d\\s_d\end{bmatrix}(i)+\begin{bmatrix}1\\0\\0\end{bmatrix}a_u(i)+\begin{bmatrix}l_1\\l_2\\l_3\end{bmatrix}\breve{a}(i),\ \begin{bmatrix}\hat{x}_a\\a_d\\s_d\end{bmatrix}(0)=\begin{bmatrix}\hat{x}_{a0}\\a_{d0}\\s_{d0}\end{bmatrix}\\
&\hat{a}(i)=[1\quad 0\quad 0]\begin{bmatrix}\hat{x}_a\\a_d\\s_d\end{bmatrix}(i)\\
&|a_u(i)|\leqslant a_{u,\max}
\end{aligned}
\tag{11.31}
$$

其中，$\{l_1,l_2,l_3\}$表示反馈标量增益［用小写的 l_k，$k=1,2,3$ 避免了与式（11.30）中的增益矩阵 $\boldsymbol{L}_k$ 产生混淆］，$a_{u,\max}$取决于式（11.22）中的推力范围，而迷你推进器和微推进器具有不同的推力范围。给出互补频谱 $\widetilde{\Gamma}=\{\widetilde{\gamma}_1,\widetilde{\gamma}_2,\widetilde{\gamma}_3\}$，计算用 $\widetilde{\Gamma}$ 表示的增益表达式。

由于式（11.26）中的可控动力学在频域内是渐近稳定的且为宽频带，可等同于一个单时滞系统，因此所期望的控制力 $\boldsymbol{F}_c$ 只负责抑制所预测的扰动，即

$$
\boldsymbol{F}_c(i+1)=m_{s,\mathrm{nom}}(-\boldsymbol{a}_d(i+1)+\boldsymbol{a}_{\mathrm{r}}(i+1))
\tag{11.32}
$$

其中，强制采用单步预测方式。如果无拖曳控制伴随着轨道控制（如控制某些轨道参数），式（11.32）中必须包含作为参考加速度的相关指令加速度 $\boldsymbol{a}_{\mathrm{r}}(i+1)$[7]。$\boldsymbol{a}_{\mathrm{r}}$ 的谱密度必须与图 11.1 中的谱界一致。

1. 指令饱和

考虑单输入单输出的式（11.31）并假设参考加速度为 0，即 $\boldsymbol{a}_{\mathrm{r}}(i)=0$，将指令加速度 a_u 替换为表达式 $a_u=F_c/m_{s,\mathrm{nom}}=-a_d$［不要与单步预测的式（11.32）混淆］后，可以通过将可控动力学和扰动动力学解耦来简化状态预测器。这是因为式（11.31）中

的第一个方程可以化简为

$$\hat{x}_a(i+1)=l_1(\breve{a}(i)-\hat{x}_a(i)), \ |l_1|<1 \tag{11.33}$$

这一反馈实现可称为输入输出滤波器（I/O filter）。虽然在线性条件下是有效的，但是在指令饱和的情况下这种替换是无益的，指令饱和也就是 $a_u(i)=-\mathrm{sgn}(a_d(i))a_{u,\max}\neq -a_d(i)$，这是因为产生预测误差的残余扰动 $\tilde{x}_a=a-\hat{x}_a$ 会有以下差异。

$$\Delta a_u(i)=\mathrm{sgn}(a_d(i))(|a_d(i)|-a_{u,\max}) \tag{11.34}$$

回到多输入多输出的情况，通过写出以下两种情况的预测误差 $\tilde{\boldsymbol{x}}_a=\boldsymbol{a}-\tilde{\boldsymbol{x}}_a$ 的状态方程可以证明上述论断。

（1）通过采用 EMC 方法（EMC methodology）[参见 14.1 节原理二（second principle）]，状态预测器包括与传递给控制对象完全一致的指令。

（2）输入输出滤波器能将状态预测器简化成一个从测量值到指令值的动态滤波器。

在 EMC 设计的情况下，指令饱和或不饱和，预测误差都可写成

$$\begin{aligned}&\tilde{\boldsymbol{x}}(i+1)=\tilde{F}\tilde{\boldsymbol{x}}(i)+\tilde{B}\tilde{\boldsymbol{a}}_m(i)+\tilde{B}_d(\boldsymbol{d}(i)+\boldsymbol{d}_m(i)-\boldsymbol{a}_d(i)),\tilde{\boldsymbol{x}}(0)=\tilde{\boldsymbol{x}}_0\\&\tilde{\boldsymbol{y}}(i)=\tilde{C}\tilde{\boldsymbol{x}}(i)\end{aligned} \tag{11.35}$$

其中的矩阵和向量如下所示

$$\begin{aligned}&\tilde{\boldsymbol{x}}=\begin{bmatrix}\tilde{\boldsymbol{x}}_a\\-\boldsymbol{a}_d\\-\boldsymbol{a}_s\end{bmatrix},\ \tilde{F}=\begin{bmatrix}-L_1 & I_3 & 0\\-L_2 & I_3 & I_3\\-L_3 & 0 & I_3\end{bmatrix},\ \tilde{B}=-\begin{bmatrix}L_1\\L_2\\L_3\end{bmatrix},\ \tilde{B}_d=\begin{bmatrix}I_3\\0\\0\end{bmatrix}\\&\tilde{\boldsymbol{y}}=\tilde{\boldsymbol{a}}=\boldsymbol{a}-\hat{\boldsymbol{x}}_a,\ \tilde{C}=[I_3\quad 0\quad 0]\end{aligned} \tag{11.36}$$

在式（11.35）中，$\tilde{\boldsymbol{a}}_m$ 是模型误差，$\boldsymbol{d}(i)+\boldsymbol{d}_m(i)-\boldsymbol{a}_d(i)$是有界的扰动预测误差，$\boldsymbol{d}+\boldsymbol{d}_m$ 是真实误差，可以由 $\boldsymbol{a}_d$ 预测，这与式（11.24）中一样。在式（11.36）中，$\tilde{\boldsymbol{x}}_a$ 是状态向量 $\boldsymbol{x}_a$ 的预测误差，状态向量 $\boldsymbol{x}_a$ 在式（11.27）中定义，$\tilde{\boldsymbol{x}}_a$ 同时是残余加速度 $\boldsymbol{a}$ 的预测误差，除单一延迟之外。因此，我们可以写出等式 $\tilde{\boldsymbol{y}}=\tilde{\boldsymbol{a}}=\tilde{\boldsymbol{x}}_a=\boldsymbol{a}-\hat{\boldsymbol{x}}_a$。我们预测，11.2.6 节中的极点配置将会采用误差方程（11.35）的单输入单输出形式，该误差方程对应于式（11.31）中的单输入单输出状态预测器。输出变量将是预测误差 $\tilde{\boldsymbol{a}}=\tilde{\boldsymbol{x}}_a$ 的单个通用坐标 $\tilde{a}=\tilde{x}_a$。

在输入输出滤波器的情况下，误差方程变为

$$\begin{aligned}&\tilde{\boldsymbol{x}}(i+1)=\tilde{F}\tilde{\boldsymbol{x}}(i)+\tilde{B}\tilde{\boldsymbol{a}}_m(i)+\tilde{B}_d(\boldsymbol{d}(i)+\boldsymbol{d}_m(i)-\boldsymbol{a}_d(i)+(\boldsymbol{a}_d(i)-\bar{\boldsymbol{a}}_d(i))),\ \tilde{\boldsymbol{x}}(0)=\tilde{\boldsymbol{x}}_0\\&\bar{\boldsymbol{a}}_d=[\bar{a}_{d1},\bar{a}_{d2},\bar{a}_{d3}]\\&\bar{a}_{dk}=\mathrm{sgn}(a_{dk})\min(|a_{dk}|,a_{uk,\max}),\ k=1,2,3\end{aligned} \tag{11.37}$$

其中，k 表示加速度坐标，不同于式（11.34），$a_{uk,\max}$包括下标 k，因为其与每个坐标的不同推进器范围有关。当且仅当 $\bar{a}_{dk}=\mathrm{sgn}(a_{dk})|a_{dk}|$时，可得式（11.35）。非零推力项 $\boldsymbol{a}_d(i)-\bar{\boldsymbol{a}}_d(i)$影响状态预测，其偏置可能需要相当长的时间才能消除。由于式（11.22）中指令转化率的存在，类似的影响状态预测的问题也会出现。该指令转化率必须由控制律准确计算。

11.2.6 极点配置

关注单个通用坐标，式（11.31）中的 3 个反馈增益$\{l_1,l_2,l_3\}$原则上可以作为卡尔

曼滤波器增益来计算。这种选择的好处是将式（11.28）中的噪声协方差 P_w（不管是不是对角化的）表示为4.5.3节中的太阳活动指数 $F_{10.7}$ 和地磁指数 A_p 的函数，这两者是热层大气密度变化的原因。除了需要负责上传必要的更新数据，协方差表达式只考虑式（11.27）中的二阶漂移噪声 $\boldsymbol{w}_3$，这是因为 $\{\boldsymbol{w}_1,\boldsymbol{w}_2\}$ 与推进器噪声（白噪声和一阶漂移）有关。9.3.4节中的推进器的功率谱密度 S_t^2 可以通过合适的推力台进行地面校准[23]。因为，以GOCE的电推进器为例，信噪比（SNR）$\rho^2=S_t^2/S_m^2$ 非常大，即 $\rho>100$，该信噪比是推进器和加速度计噪声之间的功率谱密度比值，所以至少有一个互补特征值 $\widetilde{\gamma}_k\in\widetilde{\Gamma}$ 应该配置在单位元附近，如13.7.5节中的练习15所示。由于式（11.24）中的未建模动力学 ∂P 会影响式（11.35）中的模型误差，这种方法在闭环稳定性和性能上都不具有鲁棒性。

为了在性能和稳定性之间取折衷采用极点配置设计的方式，过程中应遵循14.3节中的指导原则，并且已经在6.6.1节、7.3.4节、7.3.5节和7.7.3节中对极点配置进行了介绍。设计方程为预测模型和模型误差、输出扰动之间的Z变换关系。式（11.35）和式（11.36）中的黑体符号将被普通符号代替。回顾式（11.10）中的要求，可以发现我们感兴趣的是真实残余加速度 a 而不是预测误差 $\widetilde{a}=a-\hat{x}_a$。事实上，由于参考值为0，$a$ 是*真实跟踪误差*（true tracking error）。在13.6.3节中，通过将预测器的灵敏度 $\widetilde{S}$ 和补灵敏度(CS) $\widetilde{V}$ 换成整体闭环灵敏度 S 和补灵敏度 V，可以得到真实跟踪误差 $\widetilde{\boldsymbol{y}}_r$ 和模型误差、输出扰动 $\{\widetilde{\boldsymbol{y}}_m,\boldsymbol{d}_y\}$ 之间的关系。同样在13.6.3节中，可以发现它们之间存在一个简单的关系，使用式（11.31）中的记法，有

$$S=\widetilde{S}(z+l_1)/z,\ V=1-\widetilde{S}(z+l_1)/z \tag{11.38}$$

其中，

$$\widetilde{S}(z)=\frac{z(z-1)^2}{(z+l_1)(z-1)^2+l_2(z-1)+l_3} \tag{11.39}$$

如式（11.33）所示，由于存在式（11.38），最小相位灵敏度 $\widetilde{S}(z)$ 应满足 $|l_1|<1$。

练习3：

使用互补频谱 $\widetilde{\Gamma}=\{\widetilde{\gamma}_1,\widetilde{\gamma}_2,\widetilde{\gamma}_3\}$ 中的元素，证明式（11.38）中 $\{S,V\}$ 的渐近线 S_0 和 V_∞ 可以写为

$$\begin{aligned}S_0(z)&=\lim_{z\to1}S(z)=\frac{(z-1)^2\sum_{k=1}^{3}\widetilde{\gamma}_k}{\prod_{k=1}^{3}\widetilde{\gamma}_k}\\V_\infty(z)&=\lim_{z-1\to\infty}V(z)=\frac{\widetilde{\gamma}_1(\widetilde{\gamma}_2+\widetilde{\gamma}_3)+\widetilde{\gamma}_2\widetilde{\gamma}_3}{z(z-1)}\end{aligned} \tag{11.40}$$

练习4：

证明：真实跟踪误差 a 的设计方程为

$$a(z)=-V(z)(z\widetilde{a}_m(z)+d_m(z))+S(z)d(z) \tag{11.41}$$

其中，加速度计偏移 d_m 包含在模型误差 $\widetilde{a}_m$ 中，$d+d_m$ 是需要抵消的总干扰。

在式（11.41）中，用 $\partial P(z)a(z)+z\widetilde{a}_w(z)$ 代替 $z\widetilde{a}_m$，其中 $\widetilde{a}_w$ 是式（11.24）中测量

噪声 $\widetilde{\boldsymbol{a}}_w$ 的分量，设计方程式（11.41）转换为

$$(1+V(z)\partial P(z))a(z)=-V(z)(z\widetilde{a}_w(z)+d_m(z))+S(z)d(z) \tag{11.42}$$

14.3.2 节中的高频稳定性（HFS）不等式变为

$$\begin{aligned}&\text{HFS}:\max_{|f|<f_{\max}}|V(\mathrm{j}f,\widetilde{\Gamma})||\partial P(\mathrm{j}f)|\leqslant\eta_v<1\\&\Rightarrow J_{\text{HFS}}(\widetilde{\Gamma},\eta_v)=\max_{|f|<f_{\max}}|V(\mathrm{j}f,\widetilde{\Gamma})|W_{\text{HFS}}(f,\eta_v)\leqslant 1\end{aligned} \tag{11.43}$$

其中，$W_{\text{HFS}}(f,\eta_v)=\eta_v^{-1}|\partial P(\mathrm{j}f)|$是权值函数，$J_{\text{HFS}}(\widetilde{\Gamma},\eta_v)$是需要最小化的标量方程。将符号 S_m 用于由 Z 变换 $z\widetilde{a}_w+d_m$ 定义的信号的谱密度中，该 Z 变换表示完整的加速度计噪声，由式（11.42）左侧推导出的低频性能（LFP）不等式有如下形式。

$$\begin{aligned}&\max_{|f|<f_{\max}}(1-\eta_v)^{-1}\sqrt{|V(\mathrm{j}f,\widetilde{\Gamma})|^2S_m^2(f)+|S(\mathrm{j}f,\widetilde{\Gamma})|^2S_d^2(f)}\\&\cong\max_{|f|<f_{\max}}(1-\eta_v)^{-1}|S(\mathrm{j}f,\widetilde{\Gamma})|S_d(f)\leqslant S_{\mathrm{a,max}}(f)\Rightarrow\\&\text{LFP}\ :\Rightarrow J_{\text{LFP}}(\widetilde{\Gamma},\eta_v)=\max_{|f|<f_{\max}}|S(\mathrm{j}f,\widetilde{\Gamma})|W_{\text{LFP}}(f,\eta)\leqslant 1\end{aligned} \tag{11.44}$$

其中，引入了权值函数 $W_{\text{LFP}}(f,\eta)=(1-\eta_v)^{-1}S_d(f)S_{\mathrm{a,max}}^{-1}(f)$，$J_{\text{LFP}}(\widetilde{\Gamma},\eta_v)$是另一个需要最小化的标量方程。由于测量带宽下的加速度计噪声为小量，可以忽略式（11.44）中平方根下的第一项得到近似值。式（11.43）和式（11.44）中权值函数的逆 $W_{\text{HFS}}^{-1}(f,\eta)$和$W_{\text{LFP}}^{-1}(f,\eta)$分别变为$|V|$和$|S|$的上界，该界限是可以决定相关不等式是否可行。

假设式（11.43）和式（11.44）中的$|\partial P|$和 S_d 是关于自由参数的最坏情况下的函数。两个标量函数 J_{LFP}和 J_{HFS}合并成为一个需要被最小化的函数 J：

$$\begin{aligned}&J(\widetilde{\Gamma},\eta,\boldsymbol{w})=\boldsymbol{w}^{\mathrm{T}}\boldsymbol{J}(\widetilde{\Gamma},\eta)=w_{\text{LFP}}J_{\text{LFP}}(\widetilde{\Gamma},\eta)+w_{\text{HFS}}J_{\text{HFS}}(\widetilde{\Gamma},\eta)\leqslant 1\\&w_{\text{LFP}}+w_{\text{HFS}}=1,\ \boldsymbol{w}=[w_{\text{LFP}},\ w_{\text{HFS}}]\geqslant 0,\ \boldsymbol{J}=[J_{\text{LFP}},J_{\text{HFS}}]\end{aligned} \tag{11.45}$$

其中，需要注意不要混淆向量 $\boldsymbol{w}$ 与白噪声向量。$\{w_{\text{LFP}},\ w_{\text{HFS}}\}$ 在概念上与 14.3.3 节式（14.48）中的$\{w_s^{-2},w_v^{-2}\}$不同，因为后者在性能不等式的分量之间有相同的边界。而这里，两个不等式结合在一起。

将函数 J 最小化才能保证找到相对于统一界限具有最大裕度的最优谱 $\widetilde{\Gamma}^*(\eta_v,\boldsymbol{w})$。如果假设 $\eta_v<1$，$\boldsymbol{w}\geqslant 0$ 且 $w_{\text{LFP}}+w_{\text{HFS}}=1$，可以发现$\min_{\widetilde{\Gamma}}J(\widetilde{\Gamma},\eta_v,\boldsymbol{w})<1$，设计是可行的。最优决策是权重向量 $\boldsymbol{w}$ 的函数，可以用帕累托最优状态［Pareto optimality（or efficiency）］来解释[12]。任何满足 $\widetilde{\Gamma}^*(\eta_v,\boldsymbol{w})=\arg\min_{\widetilde{\Gamma}}J(\widetilde{\Gamma},\eta_v,\boldsymbol{w})$的解都是式（11.43）和式（11.44）中不等式的帕累托最优解，因为不存在满足 $\boldsymbol{J}(\widetilde{\Gamma},\eta_v)\leqslant\boldsymbol{J}(\widetilde{\Gamma}^*,\eta_v)$的函数 $\widetilde{\Gamma}(\eta_v,\boldsymbol{w})$。实际上，后一个不等式在 $\boldsymbol{w}^{\mathrm{T}}\boldsymbol{J}(\widetilde{\Gamma},\eta_v)$上的应用与$\widetilde{\Gamma}^*(\eta_v,\boldsymbol{w})$的最优性是矛盾的。通过改变 $\boldsymbol{w}$，可以找到其他的帕累托最优解，可以得出设计问题的自由度和边界。这里，只关注满足如表 11.1 所示的 $w_{\text{HFS}}=w_{\text{LFP}}=0.5$ 及 $\eta_v=0.2$ 的单个优化值。

通过将 $\widetilde{\Gamma}=\{\widetilde{\gamma}_1,\widetilde{\gamma}_2,\widetilde{\gamma}_3\}$的三自由度简化为一般极点配置公式的设计参数对$\{\widetilde{\gamma}_1,\widetilde{\alpha}\}$

$$\widetilde{\gamma}_k=\widetilde{\gamma}_1 2^{-\widetilde{\alpha}(k-1)},k=1,2,3,\widetilde{\gamma}_1=2\pi\widetilde{f}_1T \tag{11.46}$$

可以将优化问题进一步简化，这一问题已经在 6.6 节和 7.3.5 节中进行说明。式（11.45）中与$\{\log_{10}\widetilde{f}_1,\widetilde{\alpha}\}$对应的函数 $J(\widetilde{\Gamma},\eta_v,\boldsymbol{w})$，其参数如表 11.1 所示，该函数图像如图 11.6 所示。由于最小值周围有一大片区域是小于 1 个单位的，该设计可行。可以看出，低于 1 个单位区域的函数对 $\widetilde{\alpha}$ 的敏感度不高。这证明了式（11.10）中的无拖曳

要求是可以实现的，并且具有良好的裕度，可以适应太阳活动变化的影响。相应地，可以通过选择 $\tilde{\alpha}$ 来满足式（11.13）和图 11.7（b）中的地磁风暴极限。

表 11.1　无拖曳控制设计及性能

No	参数	符号	单位	值	注释,公式
1	时间单位	T	s	0.1	
2	推进器动力学	$\{\omega_t,\zeta_t\}$	{rad/s,-}	{18,1}	式(11.22)
3	整体延迟	$\delta_s+\delta_t$	s	0.1	传送装置，推进器，传感器 式（11.22），式（11.23）
4	稳定裕度	η_v^{-1}		5	式（11.43）
5	特征值设计对	$\{\tilde{f}_1,\tilde{\alpha}\}$	{Hz,-}	{0.46,0.78}	式（11.46）
6	沿轨残余加速度	S_{a1}	$\mu m/(s^2\sqrt{Hz})$	<0.01	中频谱密度，图 11.1（a），式（11.10）
7	轨道面法向残差	S_{a2}	$\mu m/(s^2\sqrt{Hz})$	<0.002	中频谱密度，图 11.1（a），式（11.10）
8	径向残差	S_{a3}	$\mu m/(s^2\sqrt{Hz})$	<0.001	中频谱密度，图 11.1（a），式（11.10）
9	功能权重	$\{w_{LFP},w_{HFS}\}$		{0.5,0.5}	

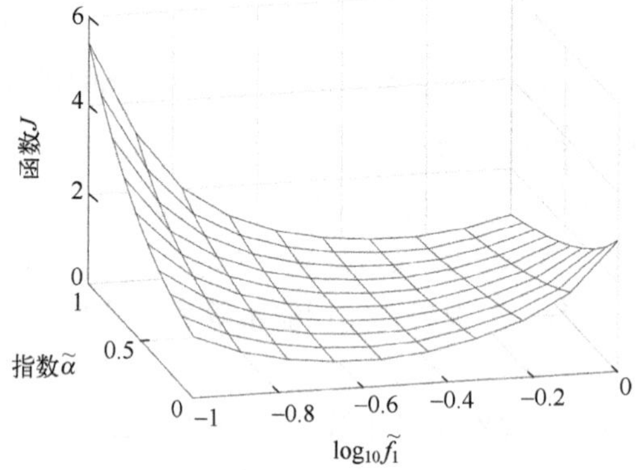

图 11.6　式（11.45）中的函数 J 与参数对 $\{\log_{10}\tilde{f}_1,\ \tilde{\alpha}\}$ 的关系

图 11.7（a）所示为式（11.24）中的未建模动力学∂P 的奈奎斯特图，包括被最优闭环互补灵敏度（CS）$V(jf,\tilde{\Gamma}^*)$滤波前后两条曲线。图 11.7（b）包括了最优灵敏度 $S(jf,\tilde{\Gamma}^*)$的幅值图，式（11.44）中$|S(jf)|$的可达上界 $W_{LFP}^{-1}(f,\eta_v)$及式（11.13）中的地磁脉冲的简化边界。最佳灵敏度和可达上界之间的裕度，使得 11.2.2 节中提到的太阳活动范围能够得到满足。

如图 11.7（b）所示，当 $f<f_z=0.01$Hz 时，灵敏度斜率可以由 40dB/dec 降至 20dB/dec。

练习 5：

改变式（11.36）中的状态矩阵，将式（11.39）中的灵敏度传递函数的分子 $z(z-1)^2$ 替换成 $z(z-1)(z-1+2\pi f_z T)$，其中 $f_z=0.01$Hz。画出相应的灵敏度幅值曲线。

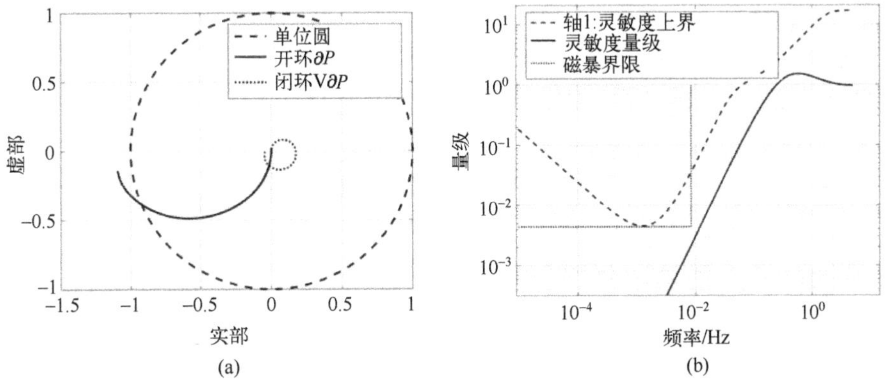

图 11.7 (a) ∂P(开环)和 V∂P(闭环)的奈奎斯特图 (b) 灵敏度和上界

11.2.7 仿真结果

仿真结果仅涉及三维轨道无拖曳控制。角运动无拖曳控制将在 12.5.7 节中进行讨论。仿真时选用的热层大气环境相当于 $F_{10.7}<100\mathrm{MJy}/100$, $A_p \approx 20\mathrm{nT}$。具有真实跟踪误差的意义的残余线性加速度的谱密度如图 11.1(a)所示。这两项都远低于谱密度需求,增加了可以应对不断增加的热层大气密度的裕度。图 11.1(b)显示了驱动加速度分量的谱密度,驱动加速度分量是热层大气阻力和推进器噪声的组合。驱动加速度的径向分量和小的轨道面法向方向的分量看起来接近目标界限,这证明了 GOCE 的单轴无拖曳能力,至少在任务期间遇到微弱和持续的太阳活动下是这样的。只有图 11.1(a)中的沿轨道方向(轴 1)的残差可以与 GOCE 的实验结果进行对比[9,26]。

图 11.8(a)显示了沿轨迹方向的要求推力,这个推力是被一系列地磁风暴峰值影响的,这些地磁风暴峰值大致上呈周期性但在量级上是随机的。从带通滤波器中提取的中频残差也会受到峰值残差的影响。这个结果与图 11.7(b)保持一致,其边界(灰色分段线)灵敏度曲线相当接近,因此很难满足这个界限。与图 11.8(a)的边界相比,残余加速度的偏差(未在图中)要大得多,主要原因是推力器的转换速率[10],因此,

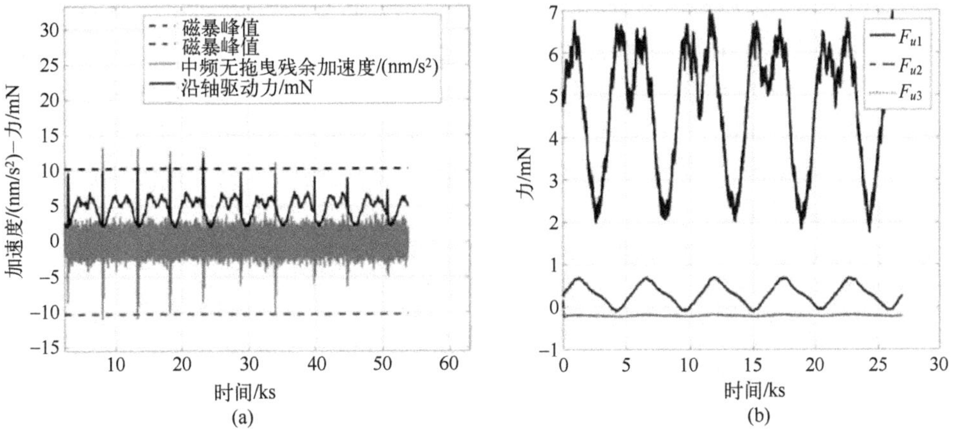

图 11.8 (a)沿轨迹方向的要求推力(mN)和由于磁暴产生的中频残余加速度(nm/s^2)
(b)在没有磁暴情况下的 3 轴无拖曳控制力

本次仿真中不包括剩余加速度的偏差。图 11.8（b）所示为驱动力分量的时间分布图，其谱密度如图 11.1（b）所示。

主要设计参数和后验残余谱密度界限的总结如表 11.1 所示。

11.3 轨道四元数预测

11.3.1 目标、测量误差及要求

1. 目标

在许多姿态控制操作中，航天器的体坐标系（通常为载荷坐标系）必须与轨道坐标系对齐，不是 LVLH 坐标系 $\mathscr{L}=\{C,\boldsymbol{l}_1,\boldsymbol{l}_2,\boldsymbol{l}_3\}$，就是 LORF 坐标系 $\mathscr{O}=\{C,\boldsymbol{o}_1,\boldsymbol{o}_2,\boldsymbol{o}_3\}$。它们是由卫星的轨道半径 $\boldsymbol{r}$ 和速度 $\boldsymbol{v}$ 用以下方式定义的。

$$\begin{aligned}&\boldsymbol{l}_3=\boldsymbol{r}/r,\ \boldsymbol{l}_2=(\boldsymbol{r}\times\boldsymbol{v})/h,\ \boldsymbol{l}_1=\boldsymbol{l}_2\times\boldsymbol{l}_3\\&\boldsymbol{o}_1=\boldsymbol{v}/v,\ \boldsymbol{o}_2=(\boldsymbol{r}\times\boldsymbol{v})/h,\ \boldsymbol{o}_3=\boldsymbol{o}_1\times\boldsymbol{o}_2\end{aligned}\tag{11.47}$$

其中，$r=|\boldsymbol{r}|$，$v=|\boldsymbol{v}|$，$h=\boldsymbol{r}\times\boldsymbol{v}$。相关的 LVLH（LORF）到 ECI 坐标系的转换矩阵（alias interpretation）$\boldsymbol{R}_t=R_t^i$，$t=l$，o（t 表示轨道），可以用 2.6.6 节中的算法［从式（2.198）开始］转换成它们的四元数 q_t，其中 ECI 坐标系由 $\mathscr{I}=\{C,\boldsymbol{i}_1,\boldsymbol{i}_2,\boldsymbol{i}_3\}$ 定义。

本节的目标是利用 $\boldsymbol{R}_t$ 的测量值 $\breve{R}_t$ 产生的四元数测量值 $\breve{q}_t$ 来预测：在指定精度下的四元数本身 q_t，在轨道坐标系中的坐标系的角速度 $\boldsymbol{\omega}_t$ 以及角加速度 $\dot{\boldsymbol{\omega}}_t$。相关的预测值 $\hat{q}_t$、$\hat{\boldsymbol{\omega}}_t$ 和 $\hat{\dot{\boldsymbol{\omega}}}_t$ 可以作为姿态控制的参考量$\{\hat{q}_t,\hat{\boldsymbol{\omega}}_t,\hat{\dot{\boldsymbol{\omega}}}_t\}$。

2. GNSS 测量误差

在地球低轨道的情况下，可以由航天器上的 GNSS 接收机持续提供在 ECI 坐标系下的 $\boldsymbol{r}$ 和 $\boldsymbol{v}$ 的以下测量值。

$$\begin{aligned}\breve{\boldsymbol{r}}(t_i)&=\boldsymbol{r}(t_i)+\tilde{\boldsymbol{r}}_m(t_i)\\\breve{\boldsymbol{v}}(t_i)&=\boldsymbol{v}(t_i)+\tilde{\boldsymbol{v}}_m(t_i)\end{aligned}\tag{11.48}$$

其中，$t_i=iT$，如表 8.6 中所示 $T=1s$，下标 i 表示在惯性坐标系下，这里暂时进行了忽略。$\boldsymbol{r}$ 的 ECI 分量可以写成$[r_1,r_2,r_3]$，这与式（11.48）中矢量的记法是一致的。假设知道零均值的半径和速度误差的 3×3 有界谱密度包络 $\tilde{S}_r^2(f)$ 和 $\tilde{S}_v^2(f)$，以及响应的协方差矩阵 $\tilde{\boldsymbol{P}}_r=\mathscr{E}\{\tilde{\boldsymbol{r}}_m\tilde{\boldsymbol{r}}_m^{\mathrm{T}}\}$ 和 $\tilde{\boldsymbol{P}}_v=\mathscr{E}\{\tilde{\boldsymbol{v}}_m\tilde{\boldsymbol{v}}_m^{\mathrm{T}}\}$。换句话说，我们假设了随机误差过程的二阶平稳性（second-order stationarity）。我们还假设半径和速度误差是不相关的，即 $\mathscr{E}\{\tilde{\boldsymbol{r}}_m\tilde{\boldsymbol{v}}_m^{\mathrm{T}}\}=0$。如果式（11.48）中的测量值来自定轨算法，那么半径和速度误差之间存在相关性[20-21]。

3. 四元数测量误差

本节的目标是将 GNSS 测量误差的协方差矩阵转换成 LVLH（LORF）坐标系的方向和四元数的测量误差协方差。R_t 的测量误差是用与 6.5.1 节中同样的原则定义的，也就是用将真实的旋转矩阵 R_t 与测量的旋转矩阵 $\breve{R}_t=R_t+\Delta R_t$ 对齐的转换矩阵 $\breve{R}_{mt}$（alibi interpretation）来定义的。我们写出以下等式和近似：

$$\begin{aligned}\tilde{R}_{mt}&=R_t^{-1}\breve{R}_t=R_t^{-1}(R_t+\Delta R_t)\cong I+\tilde{\boldsymbol{\theta}}_{mt}\\\tilde{\mathfrak{q}}_{mr}&=\tilde{\mathfrak{q}}_t^{-1}\otimes\breve{\mathfrak{q}}_t=\begin{bmatrix}\tilde{q}_{0mt}\\\tilde{\boldsymbol{q}}_{mt}\cong\tilde{\boldsymbol{\theta}}_{mt}/2\end{bmatrix}\end{aligned}\tag{11.49}$$

其中，ΔR_t 是 R_t 方向的加性测量误差。通过将 R_t 的一般方向表示成 $\boldsymbol{l}_j$ 或 $\boldsymbol{o}_j$，其中 $\boldsymbol{t}_j$，$j=1,2,3$，我们可以写出 $R_t=[\boldsymbol{t}_1 \quad \boldsymbol{t}_2 \quad \boldsymbol{t}_3]$，$\Delta R_t=[\Delta\boldsymbol{t}_1 \quad \Delta\boldsymbol{t}_2 \quad \Delta\boldsymbol{t}_3]$，且

$$\tilde{\boldsymbol{\theta}}_{mt}\times=\begin{bmatrix}0 & -\tilde{\theta}_{mt3} & \tilde{\theta}_{mt2}\\ \tilde{\theta}_{mt3} & 0 & -\bar{\theta}_{mt1}\\ -\theta_{mt2} & \tilde{\theta}_{mt1} & 0\end{bmatrix}\cong R_t^{-1}\Delta R_t=\begin{bmatrix}0 & \boldsymbol{t}_1\cdot\Delta\boldsymbol{t}_2 & \boldsymbol{t}_1\cdot\Delta\boldsymbol{t}_3\\ \boldsymbol{t}_2\cdot\Delta\boldsymbol{t}_1 & 0 & \boldsymbol{t}_2\cdot\Delta\boldsymbol{t}_3\\ \boldsymbol{t}_3\cdot\Delta\boldsymbol{t}_1 & \boldsymbol{t}_3\cdot\Delta\boldsymbol{t}_2 & 0\end{bmatrix} \tag{11.50}$$

$$\tilde{\mathfrak{q}}_{mt}=\tilde{\mathfrak{q}}_t^{-1}\otimes\breve{\mathfrak{q}}_t=\begin{bmatrix}\tilde{q}_{0mt}\\ \tilde{\boldsymbol{q}}_{mt}\cong\tilde{\boldsymbol{\theta}}_{mt}/2\end{bmatrix}$$

等式 $\boldsymbol{t}_1\cdot\Delta\boldsymbol{t}_1=0$ 已经在 10.2.1 节中证明过了。由于式（11.50）中的 $\tilde{\boldsymbol{\theta}}_{mt}$的任何分量都能用两种方式计算，方式的选择取决于 $\Delta\boldsymbol{t}_j$ 的表示方式，对于 LVLH 坐标系有 $\Delta\boldsymbol{t}_2=\Delta\boldsymbol{l}_2$ 和 $\Delta\boldsymbol{t}_3=\Delta\boldsymbol{l}_3$；对于 LORF 坐标系有 $\Delta\boldsymbol{t}_2=\Delta\boldsymbol{o}_2$ 和 $\Delta\boldsymbol{t}_2=\Delta\boldsymbol{o}_2$。其原因是 $\Delta\boldsymbol{l}_1$ 和 $\Delta\boldsymbol{o}_3$ 的表达式包括半径和速度误差的三重向量积。作为这一选择的结果，在以下测量误差中，包括从式（11.50）中选出的 3 个标量积。

$$\tilde{\boldsymbol{\theta}}_{mo}\cong\begin{bmatrix}\boldsymbol{o}_3\cdot\Delta\boldsymbol{o}_2\\ -\boldsymbol{o}_3\cdot\Delta\boldsymbol{o}_1\\ \boldsymbol{o}_2\cdot\Delta\boldsymbol{o}_1\end{bmatrix},\ \tilde{\boldsymbol{\theta}}_{ml}\cong\begin{bmatrix}-\boldsymbol{l}_2\cdot\Delta\boldsymbol{l}_3\\ \boldsymbol{l}_1\cdot\Delta\boldsymbol{l}_3\\ -\boldsymbol{l}_1\cdot\Delta\boldsymbol{l}_2\end{bmatrix} \tag{11.51}$$

其中，下标 t 特殊化为$\{o,l\}$，方向 $\boldsymbol{t}_j$，$j=1,2,3$ 特殊化为$\{\boldsymbol{o}_j,\boldsymbol{l}_j\}$。前面的等式是 7.5.1 节式（7.170）和 7.5.2 节式（7.220）中角速度等式的类比。下一步是计算 10.2.1 节式（10.10）中的 $\Delta\boldsymbol{l}_3$ 和 $\Delta\boldsymbol{o}_1$，可以由下式计算：

$$\begin{aligned}\Delta\boldsymbol{l}_3&=\left(I-\frac{\boldsymbol{r}\boldsymbol{r}^{\mathrm{T}}}{r^2}\right)\frac{\tilde{\boldsymbol{r}}_m}{r}=(I-\boldsymbol{l}_3\boldsymbol{l}_3^{\mathrm{T}})\frac{\tilde{\boldsymbol{r}}_m}{r},\ r=|\boldsymbol{r}|\\ \Delta\boldsymbol{o}_1&=\left(I-\frac{\boldsymbol{v}\boldsymbol{v}^{\mathrm{T}}}{v^2}\right)\frac{\tilde{\boldsymbol{v}}_m}{v}=(I-\boldsymbol{o}_1\boldsymbol{o}_1^{\mathrm{T}})\frac{\tilde{\boldsymbol{v}}_m}{v},\ v=|\boldsymbol{v}|\end{aligned} \tag{11.52}$$

已知 $\Pi(\boldsymbol{l}_3)=I-\boldsymbol{l}_3\boldsymbol{l}_3^{\mathrm{T}}$ 是一个投影矩阵，它使得测量误差 $\tilde{\boldsymbol{r}}_m/r$ 在 $\boldsymbol{l}_3$ 的正交范围内。对于 $\boldsymbol{l}_2=\boldsymbol{o}_2$ 也可以使用同样的投影。为了令 $\Delta\boldsymbol{l}_2=\Delta\boldsymbol{o}_2$，我们将测量值 $\breve{\boldsymbol{r}}\times\breve{\boldsymbol{v}}$ 分解为真实向量 $\boldsymbol{l}_2$ 和误差 $\delta\boldsymbol{l}_2$：

$$\frac{\breve{\boldsymbol{r}}\times\breve{\boldsymbol{v}}}{|\breve{\boldsymbol{r}}\times\breve{\boldsymbol{v}}|}\cong\frac{\boldsymbol{r}\times\boldsymbol{v}+\boldsymbol{r}\times\tilde{\boldsymbol{v}}_m-\boldsymbol{v}\times\tilde{\boldsymbol{r}}_m}{|\boldsymbol{r}\times\boldsymbol{v}|}=\boldsymbol{l}_2+\delta\boldsymbol{l}_2 \tag{11.53}$$

其中，忽略了二阶项。然后通过将误差 $\delta\boldsymbol{l}_2$ 投影在与 $\boldsymbol{l}_2$ 正交的平面上，我们获得了以下表达式：

$$\Delta\boldsymbol{l}_2=\Delta\boldsymbol{o}_2\cong(I-\boldsymbol{l}_2\boldsymbol{l}_2^{\mathrm{T}})\frac{\boldsymbol{r}\times\tilde{\boldsymbol{v}}_m-\boldsymbol{v}\times\tilde{\boldsymbol{r}}_m}{|\boldsymbol{r}\times\boldsymbol{v}|} \tag{11.54}$$

最后，将式（11.52）和式（11.54）代入式（11.51）中，并将角度测量误差 $\tilde{\boldsymbol{\theta}}_{ml}$ 和 $\tilde{\boldsymbol{\theta}}_{mo}$写成如下矩阵形式。

$$\tilde{\boldsymbol{\theta}}_{ml}\cong\frac{1}{r}\begin{bmatrix}-\boldsymbol{l}_2^{\mathrm{T}} & 0\\ \boldsymbol{l}_1^{\mathrm{T}} & 0\\ -\rho_0(e)1_2^{\mathrm{T}} & (r/v)\rho_1\boldsymbol{l}_2^{\mathrm{T}}\end{bmatrix}\begin{bmatrix}\tilde{\boldsymbol{r}}_m\\ \tilde{\boldsymbol{v}}_m\end{bmatrix},\ \tilde{\boldsymbol{\theta}}_{mo}\cong\frac{1}{v}\begin{bmatrix}-(v/r)\rho_1\boldsymbol{o}_2^{\mathrm{T}} & \rho_0(e)\boldsymbol{o}_2^{\mathrm{T}}\\ 0 & -\boldsymbol{o}_3^{\mathrm{T}}\\ 0 & \boldsymbol{o}_2^{\mathrm{T}}\end{bmatrix}\begin{bmatrix}\tilde{\boldsymbol{r}}_m\\ \tilde{\boldsymbol{v}}_m\end{bmatrix} \tag{11.55}$$

$\widetilde{\boldsymbol{\theta}}_{ml}$的前两行和$\widetilde{\boldsymbol{\theta}}_{mo}$的后两行是从式（11.52）中推导的来的。$\widetilde{\boldsymbol{\theta}}_{ml}$的最后一行和$\widetilde{\boldsymbol{\theta}}_{mo}$的第一行是从式（11.54）推导出来的，其中使用了向量和标量的三重积以及标量表达式。

$$\begin{aligned}\rho_0(e)&=\frac{\boldsymbol{r}\cdot\boldsymbol{v}}{h}=\frac{e\sin\theta}{1+e\cos\theta}\\ \rho_1(e)&=\frac{rv}{h}=\frac{rv}{|\boldsymbol{r}\times\boldsymbol{v}|}=\frac{1+e(e+2\cos\theta)}{1+e\cos\theta}\end{aligned}\tag{11.56}$$

式（11.56）中，$\{a,e,\theta\}$表示3个轨道参数，即密切开普勒轨道的半长轴、偏心率和真近点角，$\boldsymbol{r}$和$\boldsymbol{v}$、与式（3.34）中的焦点坐标$\boldsymbol{r}_p$及式（3.41）中的$\boldsymbol{v}_p$一样。下面仅对$\widetilde{\boldsymbol{\theta}}_{mo}$的第一行进行推导，$\widetilde{\boldsymbol{\theta}}_{ml}$的第三行留给读者。推导到最终表达式的一系列等式为

$$\begin{aligned}\boldsymbol{o}_3^{\mathrm{T}}\Delta\boldsymbol{o}_2&=\boldsymbol{o}_3^{\mathrm{T}}\frac{\boldsymbol{r}\times\widetilde{\boldsymbol{v}}_m-\boldsymbol{v}\times\widetilde{\boldsymbol{r}}_m}{|\boldsymbol{r}\times\boldsymbol{v}|}=\frac{(\boldsymbol{o}_3\times\boldsymbol{r})^{\mathrm{T}}\widetilde{\boldsymbol{v}}_m-(\boldsymbol{o}_3\times\boldsymbol{v})^{\mathrm{T}}\widetilde{\boldsymbol{r}}_m}{|\boldsymbol{r}\times\boldsymbol{v}|}\\ &=\frac{(\boldsymbol{r}^{\mathrm{T}}\boldsymbol{v}\boldsymbol{o}_2^{\mathrm{T}}\widetilde{\boldsymbol{v}}_m)/v-v\boldsymbol{o}_2^{\mathrm{T}}\widetilde{\boldsymbol{r}}_m}{h}=\frac{\rho_0(e)}{v}\boldsymbol{o}_2^{\mathrm{T}}\widetilde{\boldsymbol{v}}_m-\frac{v\rho_1(e)}{rv}\boldsymbol{o}_2^{\mathrm{T}}\widetilde{\boldsymbol{r}}_m\end{aligned}\tag{11.57}$$

从式（11.55）推导出来的$\widetilde{\boldsymbol{\theta}}_{ml}$和$\widetilde{\boldsymbol{\theta}}_{mo}$的协方差矩阵为

$$\begin{aligned}\widetilde{\boldsymbol{P}}_{ml}&=\mathscr{E}\{\widetilde{\boldsymbol{\theta}}_{ml}\widetilde{\boldsymbol{\theta}}_{ml}^{\mathrm{T}}\}\cong\frac{1}{r^2}\begin{bmatrix}\boldsymbol{l}_2^{\mathrm{T}}\widetilde{P}_{\mathrm{r}}\boldsymbol{l}_2 & -\boldsymbol{l}_2^{\mathrm{T}}\widetilde{P}_{\mathrm{r}}\boldsymbol{l}_1 & \rho_0(e)\boldsymbol{l}_2^{\mathrm{T}}\widetilde{P}_{\mathrm{r}}\boldsymbol{l}_2\\ -\boldsymbol{l}_1^{\mathrm{T}}\widetilde{P}_{\mathrm{r}}\boldsymbol{l}_2 & \boldsymbol{l}_1^{\mathrm{T}}\widetilde{P}_{\mathrm{r}}\boldsymbol{l}_1 & -\rho_0(e)\boldsymbol{l}_1^{\mathrm{T}}\widetilde{P}_{\mathrm{r}}\boldsymbol{l}_2\\ \rho_0\boldsymbol{l}_2^{\mathrm{T}}\widetilde{P}_{\mathrm{r}}\boldsymbol{l}_2 & -\rho_0\boldsymbol{l}_2^{\mathrm{T}}\widetilde{P}_{\mathrm{r}}\boldsymbol{l}_1 & \boldsymbol{l}_2^{\mathrm{T}}\left(\rho_0^2\widetilde{P}_{\mathrm{r}}+\left(\frac{r}{v}\right)^2\rho_1^2\widetilde{P}_v\right)\boldsymbol{l}_2\end{bmatrix}\\ \widetilde{\boldsymbol{P}}_{mo}&=\mathscr{E}\{\widetilde{\boldsymbol{\theta}}_{mo}\widetilde{\boldsymbol{\theta}}_{mo}^{\mathrm{T}}\}\cong\frac{1}{v^2}\begin{bmatrix}\boldsymbol{o}_2\left(\left(\frac{v}{r}\right)^2\rho_1^2\widetilde{P}_{\mathrm{r}}+\rho_0^2\widetilde{P}_v\right)\boldsymbol{o}_2^{\mathrm{T}} & -\rho_0\boldsymbol{o}_2\widetilde{P}_v\boldsymbol{o}_3^{\mathrm{T}} & \rho_0\boldsymbol{o}_2\widetilde{P}_v\boldsymbol{o}_2^{\mathrm{T}}\\ -\rho_0\boldsymbol{o}_3\widetilde{P}_v\boldsymbol{o}_2^{\mathrm{T}} & \boldsymbol{o}_3\widetilde{P}_v\boldsymbol{o}_3^{\mathrm{T}} & -\boldsymbol{o}_3\widetilde{P}_v\boldsymbol{o}_2^{\mathrm{T}}\\ \rho_0\boldsymbol{o}_2\widetilde{P}_v\boldsymbol{o}_2^{\mathrm{T}} & -\boldsymbol{o}_2\widetilde{P}_v\boldsymbol{o}_3^{\mathrm{T}} & \boldsymbol{o}_2\widetilde{P}_v\boldsymbol{o}_2^{\mathrm{T}}\end{bmatrix}\end{aligned}\tag{11.58}$$

假设GNSS误差协方差是对角、均匀且稳定的，即

$$\widetilde{P}_{\mathrm{r}}=\widetilde{\sigma}_{\mathrm{r}}^2I,\ \widetilde{P}_v=\widetilde{\sigma}_v^2I\tag{11.59}$$

式（11.58）中的矩阵可以化简为

$$\begin{aligned}\widetilde{\boldsymbol{P}}_{ml}&=\mathscr{E}\{\widetilde{\boldsymbol{\theta}}_{ml}\widetilde{\boldsymbol{\theta}}_{ml}^{\mathrm{T}}\}\cong\frac{\widetilde{\sigma}_{\mathrm{r}}^2}{r^2}\begin{bmatrix}1 & 0 & \rho_0(e)\\ 0 & 1 & 0\\ \rho_0(e) & 0 & \rho_0(e)^2+\rho_1^2\dfrac{r^2}{\widetilde{\sigma}_{\mathrm{r}}^2}\dfrac{\widetilde{\sigma}_v^2}{v^2}\end{bmatrix}\\ \widetilde{\boldsymbol{P}}_{mo}&=\mathscr{E}\{\widetilde{\boldsymbol{\theta}}_{mo}\widetilde{\boldsymbol{\theta}}_{mo}^{\mathrm{T}}\}\cong\frac{\widetilde{\sigma}_v^2}{v^2}\begin{bmatrix}\rho_0(e)^2+\rho_1^2\dfrac{v^2}{\widetilde{\sigma}_v^2}\dfrac{\widetilde{\sigma}_{\mathrm{r}}^2}{r^2} & 0 & \rho_0(e)\\ 0 & 1 & 0\\ \rho_0(e) & 0 & 1\end{bmatrix}\end{aligned}\tag{11.60}$$

假设$\widetilde{P}_{\mathrm{r}}$和$\widetilde{P}_v$是真实协方差矩阵的上界，则可以证明式（11.59）的假设是正确的。用其他术语来说，$\mathrm{tr}\,\widetilde{P}_{\mathrm{r}}$和$\mathrm{tr}\,\widetilde{P}_v$是真协方差迹的上界，这意味着下面的设计和性能都是偏保守的。需要立即确认LVLH坐标系和LORF坐标系测量的转换矩阵（$\breve{\boldsymbol{R}}_l^i$和$\breve{\boldsymbol{R}}_o^i$）具有相同的角度协方差，即在相同的信噪比$r/\widetilde{\sigma}_{\mathrm{r}}\cong v/\widetilde{\sigma}_v$和可忽略的偏心率下，近似值$\widetilde{P}_{ml}\cong\widetilde{P}_{mo}$

趋于稳定，也就是$\rho_0(e)\to 0$和$\rho_1(e)\to 1$。在后文中，我们放弃了相同的信噪比的假设，但保留了偏心率可忽略的假设。这样，上面的协方差矩阵就变成对角矩阵但是非均匀的。

讨论误差谱密度，GNSS 测距和速率误差的功率谱密度$\widetilde{S}_x^2(f),x=r,v$在频域内的分布并不均匀，如8.6.5节末所述。用$\widetilde{S}_{x1}^2$表示伴随着低频有界漂移的高频水平谱线。因此在前面推导的协方差矩阵为对角矩阵的假设下，$\widetilde{\boldsymbol{\theta}}_{ml}$和$\widetilde{\boldsymbol{\theta}}_{mo}$坐标的对角谱密度矩阵$\widetilde{S}_{mt}(f)=\mathrm{diag}(\widetilde{S}_{mt1},\widetilde{S}_{mt2},\widetilde{S}_{mt3}),t=l,o$可以近似为

$$\begin{aligned}\widetilde{S}_{ml1}(f)=\widetilde{S}_{ml2}(f)=\widetilde{S}_{mo1}(f)&\cong\frac{\widetilde{S}_r(f)}{a}\cong\frac{1}{a}\sqrt{\frac{\widetilde{S}_{r0}^2}{1+(f/f_{r0})^2}+\widetilde{S}_{r1}^2}\\ \widetilde{S}_{ml3}(f)=\widetilde{S}_{mo2}(f)=\widetilde{S}_{mo3}(f)&\cong\frac{\widetilde{S}_v(f)}{\sqrt{\mu/a}}\cong\frac{1}{\sqrt{\mu/a}}\sqrt{\frac{\widetilde{S}_{v0}^2}{1+(f/f_{v0})^2}+\widetilde{S}_{v1}^2}\end{aligned}\tag{11.61}$$

其中，$r\cong a$是标准半长轴，$v\cong\sqrt{\mu/a}$是标准速度量级，截止频率$\{f_{r0},f_{v0}\}$的上下限由f_{r0}，$f_{v0}<1\mathrm{mHz}$给出。正如数字下标所示，第一个表达式适用于$\widetilde{\boldsymbol{\theta}}_{ml}$的第一个和第二个坐标以及$\widetilde{\boldsymbol{\theta}}_{mo}$的第一个坐标，第二个方程适用于其他坐标。

4. 预测要求

本节对通用轨道四元数q_t，$t=l$，o的预测误差的需求进行总结。之前提到过的预测四元数$\hat{q}_t$、连同预测角速度$\hat{\boldsymbol{\omega}}_t$和角预测加速度$\hat{\dot{\boldsymbol{\omega}}}_t$，可以作为姿态控制的参考变量。四元数预测误差$\widetilde{q}_t$是由$\widetilde{q}_t=\hat{q}_t^{-1}\otimes q_t=[\widetilde{q}_{0t},\widetilde{\boldsymbol{q}}_t]$定义的。在二阶平稳性假设下，基本要求是四元数角度误差$\widetilde{\boldsymbol{\theta}}_t\cong 2\widetilde{\boldsymbol{q}}_t$的谱密度$\widetilde{S}_t$，远小于在指定频带内的姿态测量误差（下标表示传感器/星敏感器）的谱密度$\widetilde{S}_s(f)$，这里的指定频带为从0到$f_{\max}$，即

$$\widetilde{S}_t(f)<\widetilde{S}_s(f),\ f\leqslant f_{\max}\tag{11.62}$$

$\widetilde{S}_s(f)$的典型谱密度谱线，考虑星敏NEA和空间误差［参见8.9.3节式（8.192）］，是较低频率处的低通谱线以及较高频率处的水平谱线：

$$\widetilde{S}_s^2(f)=\frac{\widetilde{S}_{s0}^2}{\sqrt{1+(f/f_{s0})^{2n}}}+\widetilde{S}_{\mathrm{NEA}}^2,\widetilde{S}_{s0}^2=\widetilde{\sigma}_{s0}^2/f_{\max},\widetilde{S}_{\mathrm{NEA}}^2=\widetilde{\sigma}_{\mathrm{NEA}}^2/f_{\max},n=2\tag{11.63}$$

其中，截止频率f_{s0}取决于星敏感器的运行环境和标定。式（11.63）中的频谱包络$\widetilde{S}_s(f)$也适用于式（11.48）中星载 GNSS 接收机的测量误差，从而适用于角误差$\widetilde{\boldsymbol{\theta}}_{mt}$。事实上，中频谱线$\widetilde{S}_{s0}(f_{s0}/f)^n$，$n\geqslant 1$中的有界漂移解释了星敏感器的时变误差统计值，同样的解释也适用于 GNSS 测量值和式（11.61）中的$\widetilde{S}_{mtj}$，$t=l$，$o,j=1,2,3$。

11.3.2 嵌入式模型和状态预测器

轨道四元数的嵌入式模型源于6.3.4节和6.5.8节中的分析，并充分利用了4.8节中的扰动模型。本质上，通过考虑轨道摄动合成了轨道角速度的随机模型。离散时间（DT）嵌入式模型从四元数运动学和测量方程$\breve{\mathfrak{q}}(i)=\hat{\mathfrak{q}}(i)\otimes\mathfrak{e}_m(i)$出发，其中$\mathfrak{e}_m(i)$是测得的模型误差，其表达式如下。

$$\begin{aligned}&\hat{\mathfrak{q}}(i+1)=c(i)\hat{\mathfrak{q}}(i)+\frac{1}{2}s(i)\hat{\mathfrak{q}}(i)\otimes\hat{\boldsymbol{\omega}}_t(i)T,\ \hat{\mathfrak{q}}(0)=\hat{\mathfrak{q}}_0\\ &\breve{\mathfrak{q}}(i)=\hat{\mathfrak{q}}(i)\otimes\mathfrak{e}_m(i)\\ &c(i)=\cos(\hat{\omega}_tT/2),s(i)=\frac{\sin(\hat{\omega}_tT/2)}{\hat{\omega}_tT/2},\ \hat{\omega}_t=|\hat{\boldsymbol{\omega}}_t|\end{aligned}\tag{11.64}$$

其中，省略了 q 的下标 $t=l, o$，但是 $\hat{\boldsymbol{\omega}}_t$ 的下标并没有省略，这是因为，角速度的标度取决于轨道坐标系（LVLH 坐标系或 LORF 坐标系）。轨道坐标系的角速度向量，已经在 7.5.1 节和 7.5.2 节进行了计算，由以下向量给出。

$$\boldsymbol{\omega}_l=\begin{bmatrix}\omega_{l1}\\\omega_{l2}\\\omega_{l3}\end{bmatrix}=\begin{bmatrix}0\\\dfrac{h}{r^2}\\r\dfrac{\boldsymbol{h}\cdot\dot{\boldsymbol{v}}}{h^2}\end{bmatrix},\ \boldsymbol{\omega}_o=\begin{bmatrix}\omega_{o1}\\\omega_{o2}\\\omega_{o3}\end{bmatrix}=\begin{bmatrix}\boldsymbol{r}\cdot\boldsymbol{v}\cdot\dfrac{\boldsymbol{h}\cdot\dot{\boldsymbol{v}}}{h^2v}\\\dfrac{(\boldsymbol{h}\times\boldsymbol{v})\cdot\dot{\boldsymbol{v}}}{hv^2}\\\dfrac{\boldsymbol{h}\cdot\dot{\boldsymbol{v}}}{hv}\end{bmatrix}\tag{11.65}$$

其中，省略了 $\{\boldsymbol{r}_i,\boldsymbol{v}_i,\boldsymbol{h}_i,\dot{\boldsymbol{v}}_i,\boldsymbol{F}_i,\boldsymbol{a}_i\}$ 中表示惯性坐标的下标 i，并且加速度向量 $\dot{\boldsymbol{v}}$ 满足带扰动的二体方程：

$$\dot{\boldsymbol{v}}(t)=-\frac{\mu}{r^3}\boldsymbol{r}+\frac{\boldsymbol{F}}{m}=-\frac{\mu}{r^3}\boldsymbol{r}+\boldsymbol{a}\tag{11.66}$$

将式（11.66）代入式（11.65）中得

$$\begin{bmatrix}\omega_{l1}\\\omega_{12}\\\omega_{13}\end{bmatrix}=\begin{bmatrix}0\\\dfrac{h}{r^2}\\-r\dfrac{\boldsymbol{h}\cdot\boldsymbol{a}}{h^2}\end{bmatrix},\ \begin{bmatrix}\omega_{o1}\\\omega_{o2}\\\omega_{o3}\end{bmatrix}=\begin{bmatrix}\boldsymbol{r}\cdot\boldsymbol{v}\dfrac{\boldsymbol{h}\cdot\boldsymbol{a}}{vh^2}\\\dfrac{h}{r^2}\dfrac{\mu}{rv^2}+\dfrac{(\boldsymbol{h}\times\boldsymbol{v})\cdot\boldsymbol{a}}{hv^2}\\\dfrac{\boldsymbol{h}\cdot\boldsymbol{a}}{hv}\end{bmatrix}\tag{11.67}$$

其中，因为 $a\neq r$，所以一般来说不等式 $\mu r^{-1}v^{-2}=2-r/a\neq 1$ 成立，a 是密切轨道（osculating）半长轴。

根据以下考虑得出式（11.67）中的角加速度的嵌入式模型：

（1）需要预测角加速度 $\dot{\boldsymbol{\omega}}$，其表明了角加速度和角速度之间的预测关系 $\hat{\boldsymbol{\omega}}(t)=\hat{\boldsymbol{\omega}}(0)+\int_0^t\hat{\dot{\boldsymbol{\omega}}}(\tau)\mathrm{d}\tau$。

（2）式（11.48）中由 GNSS 测量值 $\breve{\boldsymbol{r}}$ 和 $\breve{\boldsymbol{v}}$ 提供的轨道状态预测器能够预测线性加速度 $\boldsymbol{a}(t)$，同时可以预测式（11.67）中 LORF 角速度 $\boldsymbol{\omega}_o$ 的三个分量和 LVLH 角速度 $\boldsymbol{\omega}_l$ 的第三个分量 ω_{l3}。

（3）$\boldsymbol{\omega}_l$ 的第一个分量 ω_{l1} 为 0 并且不需要进行预测。

（4）$\boldsymbol{\omega}_l$ 的第二个分量 ω_{l2} 可以直接从 GNSS 测量值中进行估计，但是相关的角加速度取决于 $\boldsymbol{a}$，正如下一个方程中的第二个等式中所示。与 $\boldsymbol{r}\cdot\boldsymbol{v}/|rv|<0.01$ 相对应，LVLH 角加速度在忽略 $\boldsymbol{a}$ 的分量中的二阶项以及可忽略的偏心率下，有如下的表达式及近似。

$$\begin{aligned}&\dot{\omega}_{l1}=0\\&\dot{\omega}_{l2}=-2\frac{h}{r^2}\frac{\boldsymbol{r}\cdot\boldsymbol{v}}{r^2}+\frac{(\boldsymbol{h}\times\boldsymbol{r})\cdot\boldsymbol{a}}{hr^2}=-2\frac{h}{r^2}\frac{\boldsymbol{r}\cdot\boldsymbol{v}}{r^2}+\frac{\boldsymbol{l}_1\cdot\boldsymbol{a}}{r}\cong\frac{\boldsymbol{l}_1\cdot\boldsymbol{a}}{r}\\&\dot{\omega}_{l3}=-\dot{r}\frac{\boldsymbol{h}\cdot\boldsymbol{a}}{h^2}-r\frac{\boldsymbol{h}\cdot\dot{\boldsymbol{a}}}{h^2}-r\frac{\dot{\boldsymbol{h}}\cdot\boldsymbol{a}}{h^2}+2r\dot{h}\frac{\boldsymbol{h}\cdot\boldsymbol{a}}{h^3}=-\frac{\boldsymbol{l}_2\cdot\boldsymbol{a}}{h}\frac{\boldsymbol{r}\cdot\boldsymbol{v}}{v}-r\frac{\boldsymbol{l}_2\cdot\dot{\boldsymbol{a}}}{h}+2r^2\frac{(\boldsymbol{l}_2\cdot\boldsymbol{a})(\boldsymbol{l}_1\cdot\boldsymbol{a})}{h^2}\cong-r\frac{\boldsymbol{l}_2\cdot\dot{\boldsymbol{a}}}{h^2}\end{aligned}\tag{11.68}$$

练习 6：

证明：式（11.68）。

提示：对于第二个分量，有 $\dot{\omega}_{l2}=\dot{h}/r^2-2hr\dot{r}/r^4$、$r\dot{r}=\boldsymbol{r}^{\mathrm{T}}\boldsymbol{v}$ 和 $d(h^2)/dt=2\boldsymbol{h}^{\mathrm{T}}(\boldsymbol{r}\times\dot{\boldsymbol{v}})$。后两个等式对第三个分量也有帮助。

（5）线性加速度 $\boldsymbol{a}$ 主要由地球重力场异常提供，也就是 J_2 或更高阶谐波，并且在地球低轨道高度是由大气阻力控制的。沿 11.2 节的无拖曳轴，只有重力异常和低频无拖曳残差占主导。4.8.2 节中的图 4.16 及 4.2.4 节表明，作用在地球低轨道航天器的重力异常和大气阻力中的低频分量可以用轨道角频率 $f_o=1/T_o$ 的整数倍 $n\approx5\sim10$ 的三角级数来建模，而对于 $f>nf_o$（高频分量）可以用二阶随机过程来建模。假设三角级数是未知的，二阶随机过程可以通过拟合低频分量和高频分量来实现。这意味着式（11.67）中作为 $\boldsymbol{a}$ 的函数的所有非零的角速度分量都可以用二阶随机动力学来描述。唯一需要三阶动力学的分量是 ω_{l2}，因为在式（11.68）中，$\boldsymbol{a}$ 直接影响角加速度分量 $\dot{\omega}_{l2}$。为了简单起见，在这里我们只讨论二阶动力学。

（6）因为轨道四元数是用 $\boldsymbol{r}$ 和 $\boldsymbol{v}$ 来定义的，所以式（11.67）中的角速度和式（11.68）中的角加速度是 $\boldsymbol{r}$ 和 $\boldsymbol{v}$ 的函数，反过来又依赖于轨道四元数。这种依赖关系是式（11.56）的标量积 $\boldsymbol{r}\cdot\boldsymbol{v}$ 中的偏心率 e 和影响线性加速度 $\boldsymbol{a}$ 的重力异常（包括 J_2 项）的函数。这就要求预测器在反馈通路上具有闭环稳定性，反馈通路将轨道四元数与角速度和角加速度联系起来。由于上一项所确定的嵌入式模型除了二阶随机动力学，不包含任何 $\boldsymbol{a}$ 的显式模型，因此未建模的反馈成为 4.8.1 节式（4.156）中定义的不确定输入 $\boldsymbol{h}(\cdot)$ 的一个组成部分。注意，$\boldsymbol{h}(\cdot)$ 不应与轨道角动量 $\boldsymbol{h}=\boldsymbol{r}\times\boldsymbol{v}$ 相混淆。

（7）通过随机方法角速度动力学可以解耦成独立的状态方程，每个非零分量有一个方程，但是我们必须考虑驱动噪声的相关性。为了研究的完整性需要给出 LVLH 和 LORF 角加速度有关 $\boldsymbol{a}$ 的表达式。当只关注式（11.68）中的 LVLH 加速度时，可以发现它们的相关性取决于 $\boldsymbol{a}$ 的分量，而 $\boldsymbol{a}$ 的中/高频分量（$f>1\mathrm{mHz}$）可以认为在统计上是不相关的。对于影响 LORF 分量的部分，我们关注的是式（11.67）中的角速度。由于它们都与 $\boldsymbol{h}\cdot\boldsymbol{a}$，$\omega_{o1}$ 和 ω_{o3} 之间具有相关性，但是 $|\omega_{o1}/\omega_{o3}|=|\boldsymbol{r}_i\cdot\boldsymbol{v}_i|v(rh)^{-1}\approx ev/r$ 太小了（当 $e<0.01$，$|\omega_{o1}/\omega_{o3}|<10^{-5}$）以至我们可以假设 $\omega_{o1}=\omega_{l1}=0$。第二个相关性存在于 ω_{o2} 和 ω_{o3} 之间，但是向量 $\boldsymbol{a}$、$\boldsymbol{h}\cdot\boldsymbol{a}$ 和 $(\boldsymbol{h}\times\boldsymbol{v})\cdot\boldsymbol{a}$ 的主要分量位于正交的轴上，且根据 11.2.4 节式（11.25）之前的讨论，可以假设它们的中/高频分量是不相关的。

综上所述，$\boldsymbol{\omega}_l$ 和 $\boldsymbol{\omega}_o$ 的 3 个分量采用了相同的二阶随机模型。从现在开始，省略下标 t，通用坐标系的嵌入式模型变为

$$
\begin{aligned}
&\hat{\mathfrak{q}}(i+1)=c(i)\hat{\mathfrak{q}}(i)+\frac{1}{2}s(i)\hat{\mathfrak{q}}(i)\otimes\hat{\boldsymbol{\omega}}(i)T\\
&\begin{bmatrix}\hat{\boldsymbol{\omega}}T\\ \boldsymbol{x}_d\end{bmatrix}(i+1)=\begin{bmatrix}I & I\\ 0 & I\end{bmatrix}\begin{bmatrix}\hat{\boldsymbol{\omega}}T\\ \boldsymbol{x}_d\end{bmatrix}(i)+\begin{bmatrix}I & 0\\ 0 & I\end{bmatrix}\begin{bmatrix}\boldsymbol{w}_a\\ \boldsymbol{w}_d\end{bmatrix}(i)\\
&\breve{\mathfrak{q}}(i)=\hat{\mathfrak{q}}(i)\otimes\mathfrak{e}_m(i)\\
&\mathscr{E}\{\boldsymbol{w}_a(i)\}=\mathscr{E}\{\boldsymbol{w}_d(i)\}=0,\ \mathscr{E}\{\boldsymbol{w}_a(i)\boldsymbol{w}_d^{\mathrm{T}}(i+k)\}=0\\
&\mathscr{E}\{\boldsymbol{w}_a(i)\boldsymbol{w}_a^{\mathrm{T}}(i+k)\}=P_a\delta_k,\ \mathscr{E}\{\boldsymbol{w}_d(i)\boldsymbol{w}_d^{\mathrm{T}}(i+k)\}=P_d\delta_k
\end{aligned}
\tag{11.69}
$$

其中，离散时间加速度建模为 $\dot{\boldsymbol{\omega}}(i)T^2=\boldsymbol{x}_d(i)+\boldsymbol{w}_a(i)$，$\{\boldsymbol{w}_a,\boldsymbol{w}_d\}$ 是一对零均值二阶白噪声过程（更一般的可以为任意有界信号），δ_k 是克罗内克符号。根据前面角加速度分量之间相关性的讨论，假设式（11.69）中协方差矩阵 $\boldsymbol{P}_a$ 和 $\boldsymbol{P}_d$ 为对角阵，且可根据迹来确定真实协方差。为简便起见，我们把 $\boldsymbol{w}_x$，$x=a$，d 中表示估计的符号⌒省略了。初始条件定义为

$$\hat{\mathfrak{q}}(0)=\breve{\mathfrak{q}}(0),\ \hat{\boldsymbol{\omega}}(0)=[0,\omega_2(0)=\breve{h}(0)/\breve{r}^2(0),0],\ \boldsymbol{x}_d(0)=0 \qquad (11.70)$$

图 11.9 中的模型除了缺少指令输入和非线性模块 $\boldsymbol{h}_{nom}(\hat{\boldsymbol{\omega}},\hat{q})$，与 7.3.5 节中图 7.4 的模型基本一致。尽可能采用相同的表示方法。由于只有两个噪声向量可用，即 $\{\boldsymbol{w}_a,\boldsymbol{w}_d\}$，因此为了使式（11.69）稳定并实现目标性能，必须对四元数 $\boldsymbol{p}$ 进行动态反馈。反馈方程用以下误差符号表示：

$$\begin{aligned}&\mathfrak{e}_m=\hat{\mathfrak{q}}_t^{-1}\otimes\breve{\mathfrak{q}}=[e_{m0},\boldsymbol{e}_m],\ \widetilde{p}=p^{-1}\otimes\mathfrak{e}_m=[\widetilde{p}_0,\widetilde{\boldsymbol{p}}]\\&\boldsymbol{\theta}_m=2\boldsymbol{e}_m,\widetilde{\boldsymbol{\eta}}=2\widetilde{\boldsymbol{p}}\end{aligned} \qquad (11.71)$$

其中，如前所述，用角矢量 $\{\boldsymbol{\theta}_m,\ \widetilde{\boldsymbol{\eta}}\}$ 替换了四元数的矢量部分 $\{\boldsymbol{e}_m,\ \widetilde{\boldsymbol{p}}\}$。

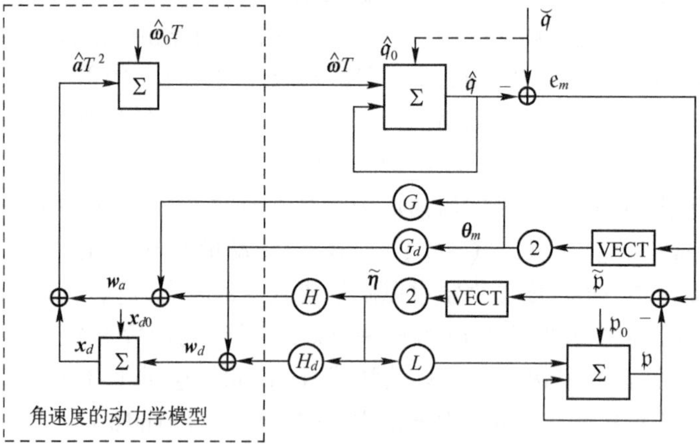

图 11.9　含有动态反馈的嵌入式模型的框图

动态反馈方程为

$$\begin{aligned}&\boldsymbol{w}_a(i)=G\mathrm{sgn}(e_{m0})\boldsymbol{\theta}_m(i)+H\mathrm{sgn}(\widetilde{p}_0)\widetilde{\boldsymbol{\eta}}(i)\\&\boldsymbol{w}_d(i)=G_d\mathrm{sgn}(e_{m0})\boldsymbol{\theta}_m(i)+H_d\mathrm{sgn}(\widetilde{p}_0)\widetilde{\boldsymbol{\eta}}(i)\\&\mathfrak{p}(i+1)=c_\eta(i)\mathfrak{p}(i)+\frac{1}{2}s_\eta(i)L\mathrm{sgn}(\widetilde{p}_0)\widetilde{\boldsymbol{\eta}}(i)\end{aligned} \qquad (11.72)$$

其中，$\{G,\ G_d,\ H,\ H_d,\ L\}$ 是需要被设计的一系列反馈增益，并采用以下记法。

$$\begin{aligned}&c_\eta(i)=\cos\widetilde{\boldsymbol{\eta}},s_\eta(i)=\sin(\widetilde{\eta})/\widetilde{\boldsymbol{\eta}}\\&\widetilde{\eta}(i)=|L\mathrm{sgn}(\widetilde{p}_0)\widetilde{\boldsymbol{\eta}}(i)|\end{aligned} \qquad (11.73)$$

在增益设计的基础上，通用坐标的线性时不变（LTI）误差方程，与式（7.112）一致。前面关于测量误差［见式（11.60）及其后续公式］和输入噪声的讨论，使得我们能够分配它们的对角协方差矩阵。同时，参考 6.5 节所证明的线性时不变误差方程的坐标解耦方法，建议使用解耦反馈设计，从而将增益矩阵对角化。在式（7.112）中，我们用$\{g,h,g_d,h_d,l\}$表示增益矩阵的一般对角元素。误差方程由真实模型误差 $\widetilde{\theta}_m$ 驱

动，这里主要包括式（11.55）中的四元数测量误差 $\widetilde{\boldsymbol{\theta}}_{mt}$ 和轨道坐标系下的真实离散时间角加速度 $\dot{\boldsymbol{\omega}}_t$，$t=l$，$o$。只有 LVLH 分量 $\dot{\boldsymbol{\omega}}_{lk}$，$k=1,2,3$ 在式（11.68）中明确给出。$\dot{\boldsymbol{\omega}}_t$ 的一般标量分量现在用 a_d（rad）表示，其中下标 d 表示未知扰动。误差方程的输出是角度预测误差 $\widetilde{y}=\widetilde{\theta}$。线性时不变误差方程的紧凑形式为

$$\begin{aligned}&\widetilde{x}(i+1)=\widetilde{\boldsymbol{F}}\widetilde{\boldsymbol{x}}(i)+\widetilde{L}\widetilde{\theta}_m(i)+\widetilde{B}a_d(i),\widetilde{\boldsymbol{x}}(0)=\widetilde{\boldsymbol{x}}_0\\&\widetilde{y}(i)=\widetilde{\boldsymbol{C}}\widetilde{\boldsymbol{x}}(i)\end{aligned}\tag{11.74}$$

其中，状态向量 $\widetilde{\boldsymbol{x}}$ 和状态矩阵为

$$\widetilde{\boldsymbol{x}}=\begin{bmatrix}\widetilde{\theta}\\\widetilde{\omega}T\\-x_d\\\eta\end{bmatrix},\widetilde{\boldsymbol{F}}=\begin{bmatrix}1&1&0&0\\-g-h&1&1&h\\-g_d-h_d&0&1&h_d\\l&0&0&1-l\end{bmatrix},\widetilde{\boldsymbol{L}}=\begin{bmatrix}0\\-g-h\\-g_d-h_d\\l\end{bmatrix},\widetilde{\boldsymbol{B}}=\begin{bmatrix}0\\1\\0\\0\end{bmatrix}\tag{11.75}$$

$$\widetilde{\boldsymbol{C}}=[1\quad 0\quad 0\quad 0]$$

练习 7：

根据 $\gamma=\lambda-1$ 计算式（11.75）中 $\widetilde{\boldsymbol{F}}$ 的特征多项式，并且给出互补特征值的频谱 $\widetilde{\Gamma}=\{\widetilde{\gamma}_1,\cdots,\widetilde{\gamma}_4\}$，计算多项式 $\prod_{k=1}^{4}(\gamma+\widetilde{\gamma}_k)$ 的系数，并确定标量增益 $\{g,h,g_d,h_d,l\}$ 的方程。假设 $g_d+h_d=0$，证明极点的配置仍是任意的。

如 13.6.2 节所述，灵敏度 $\widetilde{S}(z)=\widetilde{\theta}(z)/d_y(z)$ 和互补灵敏度 $\widetilde{V}(z)=-\widetilde{\theta}(z)/\widetilde{\theta}_m(z)$ 的计算需要定义输出扰动 d_y 和可控状态变量的无扰动预测误差。式（11.74）中进行无扰动误差的替换时用 $\widetilde{L}d_y$ 换掉 $\widetilde{B}a_d$，并将 d_y 添加到输出方程中。将 a_d 变成 d_y 后的状态方程是下面这个方程。

$$\begin{aligned}&\begin{bmatrix}x_y\\x_{y1}\end{bmatrix}(i+1)=\begin{bmatrix}1&1\\0&1\end{bmatrix}\begin{bmatrix}x_y\\x_{y1}\end{bmatrix}(i)+\begin{bmatrix}0\\1\end{bmatrix}a_d(i)\\&d_y(i)=x_y(i)\end{aligned}\tag{11.76}$$

练习 8：

利用式（11.74）～式（11.76），计算状态预测器的灵敏度 $\widetilde{S}(z)$ 和互补灵敏度 $\widetilde{V}(z)$，两者满足如下设计方程。

$$\widetilde{\theta}(z)=-\widetilde{V}(z)\widetilde{\theta}_m(z)+\widetilde{S}(z)d_y(z)\tag{11.77}$$

假设 $g_d+h_d=0$，并证明低频渐近线 $\widetilde{S}_0(z)=\lim_{z-1\to 0}\widetilde{S}(z)$ 和高频渐近线 $\widetilde{V}_\infty(z)=\lim_{z-1\to\infty}\widetilde{V}(z)$ 满足

$$\begin{aligned}&\widetilde{S}_0(z)=\frac{(z-1)^3}{g_d}=\left(\frac{z-1}{2\pi\widetilde{f}_sT}\right)^3,g_d=\frac{\prod_{k=1}^{4}\widetilde{\gamma}_k}{\sum_{k=1}^{4}\widetilde{\gamma}_k}\\&\widetilde{V}_\infty(z)=\frac{g+h}{(z-1)^2}=\left(\frac{2\pi\widetilde{f}_vT}{z-1}\right)^2,g+h=\sum_{k=1}^{4}\sum_{j=1,j\neq k}^{4}\widetilde{\gamma}_k\widetilde{\gamma}_j\end{aligned}\tag{11.78}$$

式中：$\widetilde{f}_s$ 和 $\widetilde{f}_v$ 分别为灵敏度和互补灵敏度带宽。高频渐近线 $\widetilde{V}_\infty$ 必须包括因子 $(z-1)^{-r}$，其中 r 是连续时间（CT）相对阶数。

11.3.3 极点配置

为了保证稳定性和性能，对互补谱 $\widetilde{\Gamma}=\{\widetilde{\gamma}_1,\cdots,\widetilde{\gamma}_4\}$ 进行了极点配置。在式（11.62）中规定了性能要求。闭环稳定性必须考虑式（11.74）中输入加速度 a_d 的分量 $h(\widetilde{\boldsymbol{\theta}})$，其中 $\widetilde{\boldsymbol{\theta}}=2\widetilde{\boldsymbol{q}}=[\widetilde{\theta}_1,\widetilde{\theta}_2,\widetilde{\theta}_3]$ 是预测误差 $\widetilde{q}=\hat{q}\otimes q$ 的矢量部分，式（11.75）中的 $\widetilde{\theta}$ 是通用坐标（去掉了下标 t）。我们重点研究式（11.68）中的 LVLH 俯仰加速度 $a_d=\dot{\omega}_{l2}$，该加速度是由偏心率 e、J_2 重力加速度［见 4.2.2 节式（4.20）］、阻力 F_a 和高阶重力异常序列 g_n 等准确给出的。假设有一个近极轨道，其中 $\sin i\cong 1$，将轨道真近点角 θ 分解成预测值和预测误差之和，即 $\theta=\hat{\theta}+\widetilde{\theta}$，我们假设近地点辐角为 0，即 $\omega=0$。准确模型为

$$
\begin{aligned}
a_d=\dot{\omega}_{l2}&=-2\frac{\mu}{a^3}\frac{(1+e\cos\theta)^3}{(1-e^2)^3}e\sin\theta+\boldsymbol{l}_1\cdot\frac{\boldsymbol{g}_2}{r}+\boldsymbol{l}_1\cdot\frac{\sum_{n>2}\boldsymbol{g}_n+\boldsymbol{F}_a/m}{r}\\
&=-\frac{\mu}{a^3}\frac{(1+e\cos\theta)^3}{(1-e^2)^3}(2e\sin\theta+\gamma_2\sin^2 i\sin(2(\omega+\theta)))+\dot{\omega}_{1g}+\dot{\omega}_{la}\\
&\cong-\omega_o^2(2e\sin\hat{\theta}+\gamma_2\sin(2\hat{\theta}))-2\omega_o^2(e\cos\hat{\theta}+\gamma_2\cos(2\hat{\theta}))\widetilde{\theta}+\dot{\omega}_{1g}+\dot{\omega}_{la}
\end{aligned}
\tag{11.79}
$$

式中：$\dot{\omega}_{1g}$为高阶重力异常；$\dot{\omega}_{la}$为阻力，且 $\gamma_2\cong 1.5J_2(R_e/a)^2\cong 0.0015$。影响闭环稳定性的项是等式最后一行的第二项，它具有周期性，周期为 $T_o=2\pi/\omega_o$，或者更准确地说，具有轨道重复周期（参见 3.5.2 节），并在一个周期内均值为 0。第一项是一个三角信号，根据式（11.88）中的一个性能不等式来调节。我们不能使用平均理论（averaging theory）[17]，因为闭环特征值频率必须大于$f_o=1/T_o$，才能仔细预测式（11.79）中等式的第三行的第一项，该项起参考角速度的作用。根据式（11.79），使用 14.3.1 节中的方法，并传递到离散时间域，我们写出如下范数不等式。

$$
\begin{aligned}
&\|a_d\|_2\leqslant\|a_w\|_2+(2\pi f_oT)^2h_{\max}\|\widetilde{\theta}\|_2\\
&h_{\max}=2(e+\gamma_2)\leqslant 0.02,@e\leqslant 0.0085
\end{aligned}
\tag{11.80}
$$

其中，$a_w=-\omega_o^2T^2(2e\sin\hat{\theta}+\gamma_2\sin(2\hat{\theta}))+\dot{\omega}_{1g}+\dot{\omega}_{la}$是离散时间加速度，是由式（11.74）和式（11.75）中的一阶随机动力学建模的。用式（11.76）中的输出误差 d_y 代替输入 a_d，式（11.80）变为

$$
\begin{aligned}
&\|d_y\|_2\leqslant\|d_w\|_2+\max_{|f|\leqslant f_{\max}}|\partial H(jf)|\|\widetilde{\theta}\|_2\\
&\partial H(z)=(z-1)^{-2}(2\pi f_oT)^2h_{\max}
\end{aligned}
\tag{11.81}
$$

式中：d_w 为 a_w 的二阶积分。现在可以用 7.3.4 节式（7.96）的形式改写式（11.77）［也可见 14.3.1 节式（14.36）］，但是这里没有未建模动力学（可能是因为 GNSS 延迟，与当前设计的频率带宽相比可以忽略不计）。

$$
(1+\widetilde{S}(z,\widetilde{\Gamma})\partial H(z))\widetilde{\theta}(z)=-\widetilde{V}(z,\widetilde{\Gamma})\widetilde{\theta}_m(z)+\widetilde{S}(z,\widetilde{\Gamma})d_w(z)\tag{11.82}
$$

借助式（11.78）中的低频渐近线 $\widetilde{S}_0$，14.3.2 节中的低频稳定性不等式为

$$
\text{LFS}:\max_{|f|\leqslant f_{\max}}|\widetilde{S}(jf,\widetilde{\Gamma})\partial H(jf)|\cong\left(\frac{f}{\widetilde{f}_s}\right)^3\left(\frac{f_o}{f}\right)^2h_{\max}\leqslant\eta_s<1\tag{11.83}
$$

这里我们可以假设在低频波段达到最大值，在该波段有 $|\tilde{S}|\leqslant 1$。由于可以很容易从式（11.78）和式（11.81）中证明 $\tilde{S}(jf)\partial H(jf)$ 是一个通频带传递函数，式（11.83）中的最大值在 $\tilde{f}_s$ 附近达到，为简单起见取 $f=\tilde{f}_s$。此外，选择 $\eta_s=0.2$，并且依据式（11.80）取 $h_{\max}=0.02$，可以得到近似稳定性不等式。

$$\tilde{f}_s \geqslant \tilde{f}_{s,\min}=\sqrt{\frac{h_{\max}}{\eta_s}}f_o \cong 0.3f_o<0.1\text{mHz} \tag{11.84}$$

所得到的 $\tilde{f}_s$ 的下界相对于奈奎斯特频率 $f_{\max}=0.5\text{Hz}$ 而言非常小，这消除了任何稳定性问题，并且将极点配置转换成性能不等式。对其他分量也有相似的结论。由于可以证明式（11.79）中加入 a_d 的真近点角 θ 与四元数预测误差弱相关（通过姿态和无拖曳控制），前面稳定性的解释可能会受到质疑。另外，由于缺少 a_d 的明确表达，式（11.74）中的嵌入式模型是错的，并且可能导致预测误差的发散，从而影响闭环带宽的正确设计。

14.3.3 节式（14.47）的性能不等式是通过假设无拖曳轨道来计算的，这意味着式（11.79）中的 $\dot{\omega}_{la}$ 是残余阻力和推进器噪声与加速度计噪声和漂移的组合。结合式（11.83），式（11.82）变为

$$\tilde{S}_\theta^2(f)=(1-\eta_s)^{-2}(|\tilde{V}(jf,\tilde{T})|^2\tilde{S}_m^2(f)+|\tilde{S}(jf,\tilde{T})|^2S_d^2(f))\leqslant\tilde{S}_{\theta,\max}^2(f) \tag{11.85}$$

其中，$\tilde{S}_m$ 是式（11.61）的其中一个谱密度，$\tilde{S}_d$ 将在下一部分进行解释。如果令 $\tilde{S}_\theta=\tilde{S}_t$ 并将上限换成式（11.86）中的上限，式（11.85）等价于式（11.62）。而且，谱界 $\tilde{S}_{\theta,\max}(f)$ 是 12.5.2 节表 12.3 中第 9 行中加权星敏感器谱密度 $W_q(f)\tilde{S}_s(f)$ 和姿态要求的加权谱界 $W_q(f)\tilde{S}_q(f)$ 之间的更低的那个，即

$$\tilde{S}_{\theta,\max}(f)=\min\{W_q(f)\tilde{S}_s(f),W_q(f)\tilde{S}_q(f)\},\quad |W_q(f)|\leqslant 1 \tag{11.86}$$

式中：$W_q(f)$ 为通频带加权函数，它分配频带 $F_a=\{f_{\min}=5\text{mHz}\leqslant f_{\max}=0.5\text{Hz}\}$。式（11.9）中定义的测量带宽是 F_a 中的一部分。$\tilde{S}_s(f)$ 已经在式（11.63）中给出，得出的谱界 $\tilde{S}_{\theta,\max}(f)$ 绘制在图 11.11（b）中。低频和高频的渐进值如表 11.2 所示。当 $f<1\text{mHz}$ 时，低频谱线与水平高频谱密度相遇。

表 11.2 姿态参考发生器设计

序号	参数	符号	单位	值	备注，公式
1	时间单位	T	s	1	无
2	GNSS 半径误差谱密度	$\tilde{S}_r$	$\text{m}/\sqrt{\text{Hz}}$	5(100)	括号内为低频谱密度，式（11.61）
3	GNSS 速度误差谱密度	$\tilde{S}_v$	$\text{m}/(\text{s}\sqrt{\text{Hz}})$	0.005(0.01)	括号内为低频谱密度，式（11.61）
4	目标界限谱密度	$\tilde{S}_{\theta,\max}$	$\mu\text{rad}/\sqrt{\text{Hz}}$	3(60)	括号内为低频谱密度，式（11.86）
5	闭环参数	$\{\tilde{f}_1,\tilde{\alpha}\}$	Hz，-	{0.015,1}	图 11.10，式（11.95）
6	预测误差均方根	$\tilde{\sigma}_\theta$	μrad	<1	从仿真中得出

注：GNSS—全球导航卫星系统；LF—低频；SD—谱密度。

通过分离低频域和高频域，式（11.85）中的性能不等式可以分成 4 个不等式，如 14.3.3 节中定义和解释的那样。在这里我们只考虑低频性能（LFP，极点配置）不等式和低频测量值（LFM，传感器）不等式（缩写词的定义见 1.3 节表 1.4）。

从低频测量值不等式［式（11.85）中圆括号内的第一项］开始：

$$\text{LFM}: W_v(f)=w_v\ (1-\eta_s)^{-1}\frac{\widetilde{S}_m(f)}{\widetilde{S}_{\theta,\max}(f)}\leqslant 1 \tag{11.87}$$

它利用了互补灵敏度的统一渐进，其中 $w_v=2$ 是由更复杂的低频性能不等式给出的，该不等式将在后面进行处理。该不等式确定了式（11.61）中的 $\widetilde{S}_m(f)$ 的上界，进而确定了 GNSS 接收机的谱密度 $\widetilde{S}_r$ 和 $\widetilde{S}_v$ 的上界。

低频性能不等式相当复杂，根据式（11.79），谱密度 $\widetilde{S}_d$ 必须分成 3 个部分：①由第一轨道谐波主导的偏心率 e 产生的谐波分量和由第二轨道谐波主导的 J_2 产生的谐波分量；②高阶重力异常；③残余无拖曳分量。由于谐波分量的谱密度是一个无界的狄拉克 δ（被称为线状光谱），因此可以将低频性能不等式［式（11.85）圆括号中的第二项］转化为一对方差不等式：

$$\begin{aligned}
&\text{LFP1}:(1-\eta_s)^{-2}w_{s1}^2(\,|\widetilde{S}(jf_o,\widetilde{\Gamma})|^2\widetilde{\sigma}_1^2(e)+|\widetilde{S}(j2f_o,\widetilde{\Gamma})|^2\widetilde{\sigma}_2^2(\gamma_2))\leqslant\widetilde{\sigma}_{\theta,\max}^2\\
&\text{LFP2}:(1-\eta_s)^{-2}w_{s2}^2\sigma_w^2\leqslant\widetilde{\sigma}_{\theta,\max}^2\\
&w_{s1}^{-2}+w_{s2}^{-2}+w_v^{-2}=0.5+0.25+0.25=1
\end{aligned} \tag{11.88}$$

式中：σ_1 和 σ_2 分别为第一个和第二个谐波分量的均方根（RMS）。

$$\widetilde{\sigma}_1^2(e)=2\omega_o^2/\omega_o^2e^2,\ \widetilde{\sigma}_2^2(\gamma_2)=\omega_o^2/\omega_o^2\frac{\gamma_2^2}{2} \tag{11.89}$$

此外，σ_w^2 是具有有界谱密度的随机和高频分量的方差，其权值 $\{w_{s1}=\sqrt{2},w_{s2}=2,w_v=2\}$ 用于确定谐波分量和随机分量的优先级。假设 $f_o\cong 0.2\text{mHz}<\widetilde{f}_s$，式（11.88）中的 LFP1 不等式可以用下式代替。

$$(1-\eta_s)^{-1}\left(\frac{f_o}{\widetilde{f}_s}\right)^3\sqrt{(\widetilde{\sigma}_1^2(e)+64\widetilde{\sigma}_2^2(\gamma_2))}\leqslant\widetilde{\sigma}_{\theta,\max}/\sqrt{2}\cong 1.5\mu\text{rad} \tag{11.90}$$

在保守条件下，式（11.80）中取 $e=0.0085$，式（11.84）中取 $\eta_s=0.2$，式（11.90）给出带宽的下限如下：

$$\widetilde{f}_s\geqslant\widetilde{f}_{s1,\min}=f_o\left(\frac{2\sqrt{e^2+16\gamma_2^2}}{(1-\eta_s)\widetilde{\sigma}_{\theta,\max}}\right)^{1/3}\cong 5\text{mHz} \tag{11.91}$$

式（11.88）中的 LFP2 不等式包括式（11.79）中双积分角加速度 $\dot{\omega}_{lg}+\dot{\omega}_{la}$ 的谱密度 $\widetilde{S}_d^2=\widetilde{S}_{dg}^2+\widetilde{S}_{da}^2$，该角加速度是高阶重力异常分量和残余无拖曳分量之和。$\widetilde{S}_{dg}^2$ 是通过对渐进谱密度 $S_g(f_n)=|\boldsymbol{g}(f_n)|/\sqrt{\Delta f_n}$ 进行两次积分得到，该谱密度是通过对 4.2.4 节式（4.31）中的谱线进行插值得到的。因此在两次积分之前，设 $f\cong f_n$ 且 $f_o=\Delta f_n$，并加入保守比例因子 10，将 $S_g(f_n)$ 写成 S_g (f)，可得

$$S_g(f)\cong 10\frac{|\boldsymbol{g}_n(f)|}{\sqrt{f_o}(R_e+h)}\cong\frac{10^{-4}\mu}{R_eh(R_e+h)}\frac{f_o}{f\sqrt{f}} \tag{11.92}$$

该保守因子的选择是合理的，因为渐进谱密度 $S_g(f_n)=|\boldsymbol{g}(f_n)|/\sqrt{\Delta f_n}$ 符合高阶（大致上 $n\geqslant 10$）重力异常，但是这里我们需要取 $n\geqslant 2$ 的谐波，以去除 J_2 分量。

通过除以 R_e+h 可以将 $S_g(f_n)$ 转换成角加速度。假设 GOCE 任务高度为 $h=260\text{km}$ 并对式（11.92）进行两次积分，可以得到

$$S_{dg}(f) \cong \frac{10^{-4}\mu}{R_e h(R_e+h)} \frac{f_o}{(2\pi)^2 f^{7/2}} \cong \frac{S_{dg0}=1.8\times10^{-14}}{f^{7/2}} \frac{\text{rad}}{\sqrt{\text{Hz}}},\ f>1\text{mHz} \tag{11.93}$$

由于 $\widetilde{S}_{da}(f) \ll \widetilde{S}_{dg}(f)$，也就是残余无拖曳谱密度远小于重力异常谱密度 $\widetilde{S}_{dg}(f)$，尤其在 $f \geqslant f_{\min}=5\text{mHz}$ 的时候，即在式（11.9）的无拖曳测量频段中，可以忽略 $\widetilde{S}_{da}$，而且可以假设 $S_d(f)=S_{dg}(f)$。用谱密度来转换式（11.88）中第二个不等式，可以变为

$$\text{LFP2}: \max_{|f|<f_{\max}} w_{s2}(1-\eta_s)^{-1} |\widetilde{S}(jf)| S_d(f) = w_{s2}(1-\eta_s)^{-1} \frac{S_{dg0}}{f_s^{7/2}} \leqslant \widetilde{S}_{\theta,\max} \Rightarrow \tilde{f}_s \geqslant \tilde{f}_{s2,\min} \cong 5.5\text{mHz} \tag{11.94}$$

其中，假设最大值在 $f=\tilde{f}_s$ 处达到。

总而言之，从式（11.91）和式（11.94）中推导出的灵敏度带宽的下限 $\tilde{f}_{s,\min}$ 由下式给出

$$\tilde{f}_{s,\min} = \max\{\tilde{f}_{s1,\min}, \tilde{f}_{s2,\min}\} = 5.5\text{mHz} \tag{11.95}$$

通过式（11.85）中 $\widetilde{S}_\theta^2(f)$ 的先验而非仿真的优化，以及以下极点配置公式中的参数对 $\{\tilde{f}_1, \tilde{\alpha}\}$，来确定 $\tilde{f}_{s,\min}$ 的界限：

$$\tilde{\gamma}_k = \tilde{\gamma}_1 2^{-\tilde{\alpha}(k-1)},\ k=1,2,3,4,\ \tilde{\gamma}_1 = 2\pi\tilde{f}_1 T \tag{11.96}$$

由此，式（11.85）转换成频带限制的函数。

$$J(\tilde{f}_1, \tilde{\alpha}) = \frac{\sqrt{\int_{f_{\min}}^{f_{\max}} \widetilde{S}_\theta^2(f, \eta, \widetilde{T})\,\mathrm{d}f}}{\sqrt{\int_{f_{\min}}^{f_{\max}} \widetilde{S}_{\theta,\max}^2(f)\,\mathrm{d}f}} \leqslant 1 \tag{11.97}$$

该函数是在频带 $\mathcal{F}_a = \{f_{\min}=5\text{mHz} \leqslant f_{\max}=0.5\text{Hz}\}$ 上定义的，该频带包括优先考虑的 12.5 节中 DFM 阶段的最严格的姿态要求（在测量频段中）的范围。图 11.10 中画出的函数 $J(\tilde{f}_1, \tilde{\alpha})$ 的图像显示了 $\{\tilde{f}_1, \tilde{\alpha}\}$ 的容许区域 Ω 很大，并且兼容 $\tilde{f}_1 = \tilde{f}_{s,\min} = 5.5\text{mHz}$，该区域的定义为

$$\Omega(\tilde{f}_1, \tilde{\alpha}) = \{\tilde{f}_1, \tilde{\alpha}; \min_{\{\tilde{f}_1, \tilde{\alpha}\}} J(\tilde{f}_1, \tilde{\alpha}) < 1\} \tag{11.98}$$

为了减弱灵敏度和互补灵敏度超调［见图 11.11（a）］，将 $\{\tilde{f}_1, \tilde{\alpha}\}$ 从表 11.2 中第 5 行的 $\{5\text{mHz}, 0\}$ 改成 $\{15\text{mHz}, 1\}$。换句话说，状态预测器带宽被放大了，但是这种放大被指数 $\tilde{\alpha}=1$ 补偿，因为它将极点扩展到了低频域。

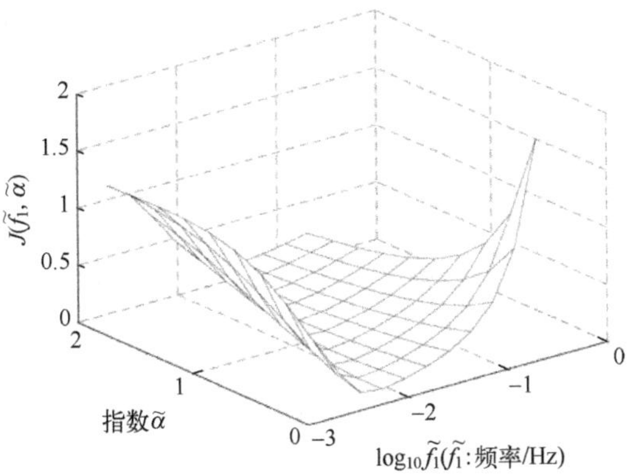

图 11.10　先验性能优化：归一化误差方差与极点配置参数的关系

11.3.4 仿真结果

仿真结果是在 GOCE 的轨道高度 260km 的太阳同步卫星的 LVLH 四元数。12.5 节中的算例将假设 LORF 四元数预测。表 11.2 中的 GNSS 误差谱密度 $\widetilde{S}_r$ 和 $\widetilde{S}_v$ 选择了相对保守的值，但是没有 8.6.5 节表 8.6 中的那么极端。如同式（11.61）这里包括低频漂移。图 11.11（b）中绘制了式（11.86）中定义的谱界 $\widetilde{S}_{\theta,\max}$。如前所述，从图 11.10 中可得出，式（11.96）中的参数对 $\{\widetilde{f}_1,\widetilde{\alpha}\}$ 确定了闭环特征值。经仿真运行确定，式（11.95）中将 $\widetilde{f}_1$ 从 $\widetilde{f}_{s,\min}=5.5\text{mHz}$ 增加到 15mHz，以及将指数 $\widetilde{\alpha}$ 从 0 变为 1 的选择是正确的。

图 11.11（a）显示了式（11.77）中的灵敏度 $\widetilde{S}$ 和互补灵敏度 $\widetilde{V}$ 的幅值曲线。图 11.11（b）显示了式（11.85）中的目标界限 $\widetilde{S}_{\theta,\max}$（点线），式（11.85）中通用预测误差 $\widetilde{\theta}$ 的先验谱密度 $\widetilde{S}_\theta$（虚线），以及 $\widetilde{\boldsymbol{\theta}}_l=[\widetilde{\theta}_{l1},\widetilde{\theta}_{l2},\widetilde{\theta}_{l3}]$ 3 个分量的仿真谱密度，其中下标 l 表示 LVLH 坐标系。除了在中频频带上，先验谱密度 $\widetilde{S}_\theta$ 满足滚转分量和偏航分量的谱密度，这是因为重力谐波只考虑了 $n=m=3$ 的阶次。GNSS 有界漂移的贡献在 $f<1\text{mHz}$ 时有效。如前所述，$\widetilde{\theta}_{l2}$（第二个体轴的俯仰角）的谱密度不包括低频漂移谱线。$f=\{f_0,2f_0\}$ 处的峰值是式（11.79）中偏心率和 J_2 周期贡献的残差。由于它们是狄拉克 δ 的平滑估计，它们的贡献必须按照式（11.88）中的均方根来评估，而不是用它们超出谱界的部分来评估。

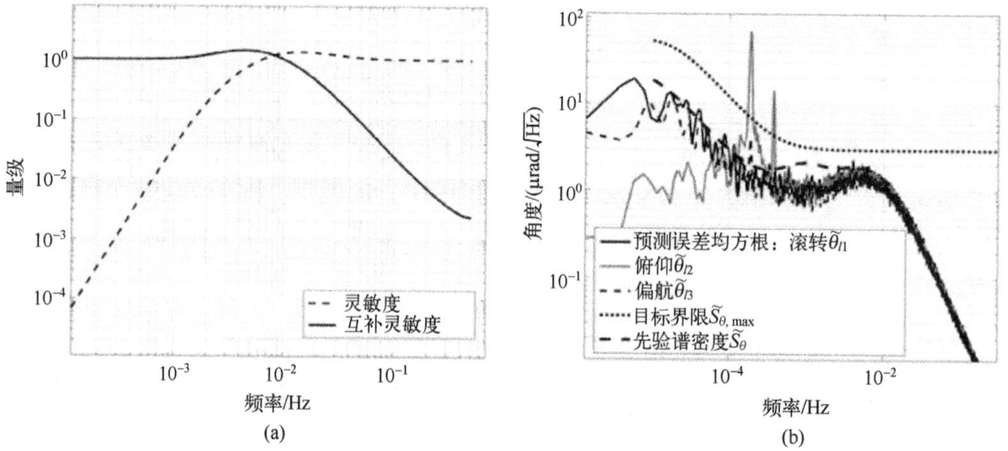

图 11.11 （a）灵敏度和互补灵敏度（CS）。（b）目标界限、先验和后验性能

与其他分量相比，对图 11.11 中的俯仰 $\widetilde{\theta}_{l2}$ 的低频谱密度进行校准可能会更有意义。其原因是轨道谐波对 $\widetilde{\theta}_{l2}(t)$ 的调制作用。考虑以下仅由轨道角速度驱动的简单四元数运动学，轨道角速度为 $\boldsymbol{\omega}\cong[0,\omega_0=2\pi f_0,0]$。

$$\dot{\mathfrak{q}}(t)=\frac{1}{2}\mathfrak{q}(t)\otimes\boldsymbol{\omega}(t),\ \mathfrak{q}(0)=[q_0,q_1,q_2,q_3](0) \tag{11.99}$$

其中，省略了下标 l。通过复杂变量 $q_{20}(t)=q_2(t)+jq_0(t)$ 和 $q_{13}(t)=q_1(t)+jq_3(t)$ 可以分离俯仰姿态（由轨道角速度驱动）和滚转/偏航姿态，前者描述了围绕轨道法线运动的俯仰运动，后者描述了滚转和偏航的波动。因此，式（11.99）可以分成两个复杂的方程：

$$\dot{q}_{20}(t)=-\frac{1}{2}\mathrm{j}\omega_o q_{20}(t),\ q_{20}(0)=q_2(0)+\mathrm{j}q_0(0)$$
$$\dot{q}_{13}(t)=\frac{1}{2}\mathrm{j}\omega_0 q_{13}(t),\ q_{13}(0)=q_1(0)+\mathrm{j}q_3(0) \tag{11.100}$$

其中，$|q_{13}(0)|\ll|q_{20}(0)|\cong 1$。只考虑 $q_{20}(t)$，真实响应及预测响应都可以从式（11.100）中推导：

$$q_{20}(t)=\exp(j\omega_o t/2)q_{20}(0)$$
$$\hat{q}_{20}(t)=\exp(j(\omega_0 t/2-\widetilde{\theta}_m(t)))\hat{q}_{20}(0) \tag{11.101}$$

其中，由于测量误差的存在，$\widetilde{\theta}_m$ 是预测误差 $\widetilde{q}_{20}=q_{20}-\hat{q}_{20}$的主要来源。比较式（11.101）中各项的不同，并假设 $q_{20}(0)=\hat{q}_{20}(0)$，可以得到

$$\widetilde{q}_{20}(t)=q_{20}(t)-\hat{q}_{20}(t)=\exp(\mathrm{j}\omega_o t/2)(1-\exp(-\mathrm{j}\widetilde{\theta}_m(t)))q_{20}(0)$$
$$\cong\mathrm{j}\exp(\mathrm{j}\omega_o t/2)\widetilde{\theta}_m(t)q_{20}(0) \tag{11.102}$$

假设$|\widetilde{\theta}_m(t)|\ll 1\mathrm{rad}$ 可得最后的近似。

最后一步是计算式（11.102）中 $\widetilde{q}_2=(\widetilde{q}_{20}+\widetilde{q}_{20}^*)/2$ 的功率谱密度 $\widetilde{S}_{q2}^2$，其中 $\widetilde{q}_{20}^*$是 $\widetilde{q}_{20}$的共轭。假设 $\widetilde{\theta}_m$ 为具有自相关性的零均值二阶平稳随机过程，其自相关性为 $\widetilde{R}_{\theta m}(\tau)=\mathscr{E}\{\widetilde{\theta}_m(t+\tau)\widetilde{\theta}_m(t)\}$。从前面的自相关性的傅里叶变换中推导的功率谱密度为

$$\widetilde{S}_{q2}^2(f)=\int_{-\infty}^{\infty}\cos(\pi f_o\tau)\widetilde{R}_{\theta m}(\tau)\exp(-\mathrm{j}2\pi f\tau)\mathrm{d}\tau$$
$$=\frac{1}{2}(\widetilde{S}_{\theta m}^2(f+f_o/2)+\widetilde{S}_{\theta m}^2(f-f_o/2)) \tag{11.103}$$

式中：$\widetilde{S}_{\theta m}^2(f)$为 $\widetilde{R}_{\theta m}(\tau)$的功率谱密度。如果用俯仰预测误差 $\widetilde{\theta}_{l2}=2\widetilde{q}_{20}$代替四元数分量 $\widetilde{q}_{20}$，那么角速度和频率必须乘以因子 2。因此，在式（11.103）中的俯仰误差的功率谱密度 $\widetilde{S}_{\theta 2}^2(f)$内，必须用$f_0$ 代替$f_0/2$。综上，由式（11.103）可知，在$f\ll f_0$ 处的 $\widetilde{S}_{\theta 2}^2(f)$的低频分量（如 GNSS 有界漂移）被转移到$f_0$ 的邻域，进而从低频域中消失。作为一种次级效应，图 11.11 中f_0 峰值的基底增大。

参考文献

[1] Aircraft Operations Division. JSC Reduced Gravity Program. User's Guide, NASA, Lyndon B. Johnson Space Center, November 2007. AOD 33899, Rev. B.

[2] Anonymous. A woman in space. I learned to fly before I learned to drive. Interview with Marsha Ivins, ZOOM in on America 9 (98) (October 2012) 1–8. A monthly publication of the US consulate, Krakow.

[3] E. Asphaug, W. Benz. Size, density, and structure of comet Shoemaker-Levy 9 inferred from the physics of tidal breakup, Icarus 121 (1996) 225–248.

[4] E. Canuto. Drag-free and attitude control for the GOCE satellite, Automatica 44 (7) (2008) 1766–1780.

[5] E. Canuto, A. Molano, L. Massotti. Drag-free control of the GOCE satellite: noise and observer design, IEEE Trans. Control Systems Technology 18 (2) (March 2010) 501–509.

[6] E. Canuto, A. Molano Jimenez, C. Perez Montenegro. Disturbance rejection in space applications: problems and solutions, Acta Astronautica 72 (2012) 121–131.

[7] E. Canuto, L. Colangelo, M. Buonocore, L. Massotti, B. Girouart. Orbit and formation control for low-earth-orbit gravimetry drag-free satellites, Proc. IMechE G: Journal of Aerospace Engineering 229 (7) (2015) 1194–1213.

[8] S. Cesare, G. Catastini. "Gradiometer on-orbit calibration procedure analysis", Alenia Aerospazio Technical Note to ESA, GO-TN-AI-0069, Issue 3 (2005).

[9] B. Christophe, J.-P. Marque, B. Foulon. In-orbit data verification of the accelerometers of the ESA GOCE mission, in: S. Boissier, et al. (Eds.), Société Française d'Astronomie et d'Astrophysique (SF2A), 2010, pp. 113–116.

[10] M.H. Corbett, C.H. Edwards. Thrust control algorithms for the GOCE ion propulsion assembly, in: 30th Int. Electric Propulsion Conf., September 17–20, 2007. Florence, Italy, paper IEPC-2007-210.

[11] D.B. DeBra. Drag-free control for fundamental physics missions, Advances in Space Research 32 (7) (October 2003) 1221–1226.

[12] M. Ehrgott. Multicriteria Optimization, Springer, Berlin, 2005.

[13] M. Fehringer, G. André, D. Lamarre, D. Maeusli. A jewel in ESA's crown. GOCE and its gravity measurement system, ESA Bulletin (February 2008) 15–23, 133.

[14] W. Fichter, P. Gath, S. Vitale. "LISA Pathfinder drag-free control and system implications", Classical and Quantum Gravity 22 (2005) 139–148.

[15] G. Heinzel, B. Sheard, N. Brause, K. Danzmann, M. Dehne, O. Geberding, C. Mahrdt, V. Müller, D. Schütze, G. Stede, W. Klipstein, W. Folkner, R. Spero, K. Nicklaus, P. Gath, D. Shaddock. Laser ranging interferometer for GRACE follow-on, in: Proc. International Conference on Space Optics, Ajaccio, France, October 9–12, 2012 paper 062, pp. 1–9.

[16] D. Kuijper, M.A. Garcia Matatoros. GOCE flight dynamics operations from an orbital perspective, Journal of Aerospace Engineering Sciences and Applications 4 (2) (April–June 2012) 93–106.

[17] H.K. Khalil. Nonlinear Systems, Prentice-Hall, 2001.

[18] B. Lange. The drag-free satellite, AIAA Journal Vol. 2 (9) (September 1964) 1590–1606.

[19] J. Li, W.J. Bencze, D.B. DeBra, G. Hanuschak, T. Holmes, G.M. Kaiser, J. Mester, P. Shestople, H. Small. On-orbit performance of Gravity Probe B drag-free translation and orbit determination, Advances in Space Research 40 (1) (2007) 1–10.

[20] F.L. Markley, J.L. Crassidis. Fundamentals of Spacecraft Attitude Determination and Control, Springer Science, New York, 2014.

[21] O. Montenbruck, E. Gill. Satellite Orbits. Models, Methods and Applications., Springer, Berlin, 2000.

[22] J.R. Pearsson, J.E. Hagen. Videos determine the Moon's *g*, Physic Education (January 2011) 12–13.

[23] J.E. Polk, A. Pancotti, T. Haag, M. Walker, J. Blakely, J. Ziemer. Recommended practices in thrust measurements, in: 33rd Int. Electroc Propulsion Conf, Wshington, DC, 6–10 October, 2013, pp. 1–19. IEPC-2013-440.

[24] G.E. Pugh. Proposal for a satellite test of the Coriolis prediction of general relativity", WSEG Research Memorandum No. 11, November 12, 1959, in: R.J. Ruffini, C. Sigismondi (Eds.), Nonlinear Gravitodynamics: The Lense-thirring Effect, World Scientific, New Jersey, 2003, pp. 414–426.

[25] M. Romanazzo, C. Steiger, V.D. Tran, A.P. Nino, P.P. Emanuelli, R. Floberhagen, M. Fehringer. Low Orbit Operations of ESA's Gravity Mission GOCE, in: 5th European Conf. For Aeronautics and Space Science (EUCASS), Germany, Munich, July 2013, pp. 1–5.

[26] G. Sechi, M. Buonocore, F. Cometto, M. Saponara, A. Tramutola, B. Vinai, G. Andrè, M. Fehringer. In-flight results from drag-free and attitude control of GOCE satellite, in: Preprints of the 18th IFAC World Congress, Italy, Milano, August 28–September 2, 2011, pp. 733–740.

[27] Z. Sekanina, P.W. Chodas, D.K. Yeomans. Secondary fragmentation of comet Shoemaker-Levy 9 and the ramifications foe the progenitor's breakup in July 1992a, Planetary and Space Science 46 (1) (1998) 21–45.

[28] B.S. Sheard, G. Heinzel, K. Danzmann, D.A. Shaddock, W.M. Klipstein, W.M. Folkner. "Intersatellite laser ranging instrument for the GRACE follow-on mission", Journal of Geodesy 86 (12) (2012) 1083–1095.

[29] C. Siemes. GOCE gradiometer calibration and level 1b data processing, ESA Working Paper EWP-2384, Noordwijk, The Netherlands, January 6, 2012, pp. 1–108.

[30] Staff of the Space Department of the Johns-Hopkins-University Applied Physics Laboratory, Staff of the Guidance and Control Laboratory at Stanford University, A satellite freed of all but gravitational forces: "TRIAD I", AIAA J. Spacecraft 11 (9) (September 1974) pp.637–644.

[31] C. Steiger, A. Da Costa, P.P. Emanuelli, R. Floberhagen, M. Fehringer. Evolution of flight's operations for ESA's gravity mission GOCE, in: Proc. of the 12th International Conference on Space Operations, Stockholm, Sweden, 11–15 June, 2012, pp. 1–10.

[32] B.D. Tapley, S. Bettadpur, M. Watkins, C. Reigber. The gravity recovery and climate experiment: mission overview and early results, Geophysical Research Letters 31 (No. 9) (May 2004) 1–4.

[33] P. Touboul, M. Rodrigues. The MICROSCOPE space mission, Classical and Quantum Gravity 18 (2001) 2487–2498.

[34] P.N.A.M. Visser, J.A.A. van den Ijssel. Calibration and validation of individual GOCE accelerometers by precise orbit determination, Journal of Geodesy 90 (2016) 1–13.

第 12 章　姿态控制：案例分析

12.1　目　　标

一般的姿态控制系统（ACS）负责如下任务。

（1）任务期间的航天器定向。

（2）存在摄动力矩（空气动力学、重力梯度、太阳辐射和风、行星的磁场）的情况下，相对参考坐标系稳定航天器姿态。

上述任务的完成需要给控制系统配置合适的传感器和执行器，传感器用于确定姿态和角速度，执行器能够产生必要的指令力矩。如第 4 章和第 9 章所述，质量特性（质心、质量和转动惯量）对于确定摄动和控制力矩至关重要。同样重要的是，质量特性的变化。由于推进剂消耗、太阳能面板部署及方向变化（不适用于仅安装了固定太阳能面板的 GOCE 卫星）和天线部署，质量特性会发生变化。抵消使卫星偏离预期姿态的摄动力矩是姿态控制系统的主要任务之一。

因为摄动很小，角动量管理在航天器中起着关键作用。第 7 章表明，由于外力矩的作用，具有零角速度的刚体被加速到非零角速度。如果本体角速度方向（自转角速度）与 7.4.7 节中的摄动力矩方向正交，则会发生绕自转轴的进动，进动角速度与所施加的力矩大小成正比。总之，旋转体的行为就像陀螺仪一样，本质上会抵抗正交于自转轴的外力矩。回转刚度的特性可用来减弱微小周期摄动的影响，特别是在轨道转移和入轨阶段。如 7.4.6 节和 7.6.1 节所述，围绕惯量短轴的回转稳定必须伴随主动章动控制，该控制限制进动锥的振幅（章动角）（见 7.6.1 节图 7.11）。

姿态控制系统保持预先设定的姿态和角动量，表明其能够抵消作用在卫星上及周围环境引起的摄动力矩。如第 9.1.1 节所述，两种类型的执行器通常用于控制姿态。第一种是能够传递惯性力矩的执行器，典型的有通过质量抛射改变航天器角动量的推进器以及与周围的行星磁场交换角动量的磁力矩器。第二种是能够累积由外力矩引起的角动量变化的执行器，典型的是反作用轮和控制力矩陀螺。

除了环境力矩补偿外，姿态控制系统还必须进行特定机动（摇摆机动），在安全模式下重新定向科学仪器以满足观测要求，调整用于指挥和通信的天线，以及确保太阳能电池板处于最佳照射角度并避免电池放电。在不中断科学任务运行的情况下，特定的机动角速度可能需要在指向任务和摇摆机动中分别调用不同的执行机构。

执行器必须配备合适的传感器（请参阅第 8 章），能够实时测量卫星的姿态和角速度。如 8.2.1 节所述，第一种传感器根据太阳、地球和恒星等天体方向确定航天器姿态，需要在特定视场中观察天体。第二种传感器是惯性传感器，不需要任何观测仪器，不能直接测量姿态，而只能测微小时间单元内的姿态增量（典型的传感器是陀螺仪）。

测量值的时间积分可以使姿态循着有限的时间间隔更新，从几分钟到几小时不等，具体取决于传感器的精度和任务要求。惯性传感器（陀螺仪、线性/角度加速度计）和姿态传感器的组合，可利用惯性传感器更宽的带宽来预测和抑制内外的干扰力矩。惯性传感器的一个优点是不需要第 10 章中的姿态确定那样压缩复杂数据。反过来，姿态传感器还可以在线预测和消除惯性传感器的偏差和漂移。6.6 节（状态预测）和 7.3.4 节（状态预测和姿态控制律，设计 A）中研究了星敏感器和陀螺仪数据的组合，7.3.5 节中将其与基于星敏感器的设计 B 进行了比较（图 7.3，b），7.3.4 节中（图 7.2）提出了两个状态预测器的级联方案。陀螺仪的测量在宽带宽内稳定了角速度的嵌入式模型并预测了干扰力矩，而星敏感器数据在窄带宽内稳定了姿态运动特性并预测了陀螺漂移。在进行航天器姿态预测之前，陀螺偏差将受污染的角速率清零。姿态控制律是一个比例微分（PD）反馈和干扰抑制的叠加，理想情况下比例微分使跟踪误差为零。控制律再次使用预测偏差来清除航天器和嵌入式模型上受污染的角速率。

本章首先对被动和主动姿态控制子系统进行了简要概述（12.2 节），参考了第 7 章已经研究设计的两类控制。12.3 节介绍了姿态控制模式，姿态机动和精度从入轨后的早期阶段持续到任务的运行阶段。12.3.2 节讨论了有关通用姿态控制系统精度要求的控制模式，阐述和表达的方式尽量与相关的欧洲标准保持一致[5]。12.4 节简要介绍了通用姿态控制算法的体系结构，该算法与嵌入式模型控制（EMC）原理和设计方法一致。该体系结构应用于 12.5 节的案例研究。

12.5 节解释、设计和仿真了一系列 5 种控制模式，这些模式允许具有类似于 GOCE 要求的理想航天器从入轨的旋转模式过渡到中间的粗指向模式，直至无拖曳模式（DFM）所要求的精指向模式（FPM）。因为在 11.2 节中已经讨论了轨道无拖曳控制（DFC），所以重点将放在姿态控制系统。我们还用到了 11.3 节已经研究、设计和仿真的由轨道参考系定义的姿态参考生成器。12.5.1 节讨论了完整的无拖曳姿态控制系统（DFAC）的目标和组成，12.5.3 节详细介绍了无拖曳姿态控制系统需求和控制算法的体系结构，讨论了仿真环境。分析了该算法的重点，即任务状态预测器的概念和实现（请参见 12.5.4 节）。12.5.5 节（初始模式）和 12.5.6 节（正常模式）讨论了不同控制模式的详细设计。

12.5.7 节和 12.5.8 节介绍了无拖曳模式期间角加速度和星跟踪器数据的组合。与 GOCE 任务不同，假设可用低噪声微型推力器代替纯力矩执行器（请参见 9.3.3 节），传感器组合（称为混合）被嵌入一个分层的两层控制系统中，在该系统中，角度无拖曳控制使用加速度计数据来消除姿态控制力矩之外的所有外力矩。由于假定环境力矩完全未知，因此上述消除利用了 4.8 节中环境力矩的随机模型。因此，无拖曳控制成为两层姿态控制系统的内部回路，并为姿态指令力矩实现了一个快速且无噪声的通道。由于加速度计的偏置/漂移，无拖曳残差的传播必须受到时间限制。姿态控制律（姿态控制系统）的目标是限制残差漂移，因而被设计和实现为分层结构的外回路（ACS 的缩写也表示控制算法）。星跟踪器数据在分层结构中的作用是稳定姿态动力学的嵌入式模型，并为姿态控制律提供对姿态、角速度和加速度计偏差的预测。为权衡无拖曳残差传播的限制与星跟踪器噪声对相同残差的影响，通过设置合适的姿态控制系统谱极点位置（请参见 12.5.9 节）来实现，其与无拖曳控制带宽一致。极点位置由混合谱密度边界驱动，该边界结合了加速度、角速度和姿态要求。信号设计（混合信号）至关重要，该信号连接无拖曳控制和姿态嵌入式模型，符合第 14 章的嵌入式模型控制原理。12.5.10 节给出了无拖曳模式阶段的一些仿真结果。

12.2 被动和主动姿态控制

姿态控制系统目标可以概括为关于参考姿态的航天器姿态稳定和姿态机动的执行。姿态稳定可以通过被动或主动方式来实现，姿态机动只能由主动控制系统执行。

（1）*被动控制*通过与周围环境的相互作用来实现姿态稳定。该问题已在第 7 章中进行了研究，重点是在 7.4.7 节（回转稳定性干扰的鲁棒性）和 7.5 节（重力梯度和气动力矩作用下的姿态动力学）。在环境摄动下的姿态动力学和运动学，如重力梯度和气动力矩，可能会建立有限数量的临界稳定姿态（marginally stable attitude）和速率平衡点（通过速度阻尼设备和/或航天器能量损失将其转换为渐近稳定（AS））。如果航天器姿态能够达到其中一个平衡点且无大的扰动，当非线性动力学作用时，其可保持在平衡点。可以通过为航天器提供适当的质量、形状和表面特性来达到设计平衡。围绕任何平衡点，必须定义吸引域，并应设想在较大摄动情况下采取纠正措施以恢复到该区域。这样的动作只能通过主动控制来实现，要求主动控制在远离标称条件的情况下辅助被动控制。典型的案例是 7.6 节中的主动章动阻尼和航天器消旋。从空气动力平衡中恢复标称姿态已在 7.5.2 节中进行了讨论。航天器消旋和通过磁力矩的太阳捕获将在 12.5.5 节阐述。

（2）*主动控制*旨在施加适当且准确的力矩，以达到和保持接近其参考轨迹的姿态和角速度。围绕主轴的每种可能的姿态和恒定的自旋速度都可以成为平衡点（不一定稳定，请参见 7.4.2 节），这表明主动控制原则上可以使航天器沿任意姿态轨迹稳定和机动。主动控制混合了由参考信号直接施加的开环动作和跟踪误差函数构成的闭环动作，其函数是参考与测量的姿态和角速度之间的跟踪误差。在摇摆机动期间，角加速度受执行器力矩范围的限制，但是在正常运行期间，出于科学和观测的原因，航天器加速度必须限制在执行器范围以下。在 12.5 节中，将研究特定角度无拖曳控制，其必须使角加速度谱密度在科学阶段极小，在从 5mHz 到 100mHz 的测量频率带宽中大约为 $20\text{nrad}/(\text{s}^2\sqrt{\text{Hz}})$。更一般的情况需要显著的加速度衰减，克服由太阳能电池板、液体晃动（请参见 4.7.2 节）和反作用轮（请参见 9.5.6 节）产生内部摄动力矩。

12.3 控制模式和要求

12.3.1 控制模式

由于太空任务分为不同的阶段，因此姿态控制系统所需的功能因阶段而异。特定的运动学、动力学和功率条件会限制传感器和执行器的设计以及姿态控制算法。因此，在不同阶段期间必须使用不同的传感器和执行器组件。需求和硬件的差异决定控制模式的定义和实施，其中每种模式由一组传感器、执行器和控制律明确定义，互相区分。每个任务阶段又可以分为不同的控制模式和子模式。

一般来说，尽管侧重于科学平台的姿态控制设计，但典型的姿态控制系统模式如下。

（1）入轨模式。主要指航天器由最后一个发射阶段释放并进入标称任务轨道的阶段。从一开始没有任何姿态控制到最后一级火箭作用下的回转稳定，可能有不同的控制选项。发射、入轨和捕获（请参照下一节）阶段统称为发射和早期轨道阶段（LEOP）。

（2）捕获模式。主要目标是稳定航天器姿态。首先要减小最后一级火箭所施加的角速度（速度阻尼），然后使该姿态满足能够使航天器自主运行的功率和热要求。电力要求包括通过太阳能电池板为电池充电、通信单元和控制设备的供电。热要求可能会根据星载仪表的标称工作条件，为热屏和散热器的适当方向施加特定的航天器姿态和速度。捕获模式可以称为粗指向模式（CPM），因为要求太阳和地球指向误差要保持在几分之一弧度之内。例如，在初期阶段可能需要使用太阳方向角（SAA），该角度定义为太阳方向与太阳能电池板法线之间的夹角。使用粗太阳传感器时（请参见 8.7 节），保持在 1rad 以下，然后通过精太阳传感器的数据逐渐减少指向误差（指向误差可能是 SAA 本身，例如 GOCE 卫星）。

（3）普通模式。这是在正常任务情况下触发的模式。对于非科学卫星，此模式是运行模式，其中包括轨道机动和调试阶段，旨在测试所有卫星设备和操作。对于科学卫星，普通模式通常是主任务阶段的准备模式。在这种情况下，可以将其称为精指向模式，因为针对安全性（请参阅第 6 项）和捕获模式的指向要求有所提高。在现代航天器中，精指向模式是由星跟踪器组件（STA）的测量驱动的。

（4）机动模式。在此模式下，航天器的姿态发生快速变化。通常不被视为单独的模式，而是被视为普通和科学模式的子模式。

（5）科学模式。指科学卫星满足指向精度方面最严格要求的模式。在本章中，将研究无拖曳姿态控制模式。轨道无拖曳控制已在 11.2 节中进行了讨论，但是姿态控制系统也包含角度无拖曳算法，在这里一并进行讨论。

（6）应急或安全模式。姿态控制系统在紧急情况下进入此模式，这时在科学、机动、普通或捕获模式下已检测到软件和硬件级别未能恢复的重大异常。由于安全模式的运行、需求和功能与捕获模式差别不大，因此通常将其视为捕获模式的子模式。

12.3.2 精度和要求

本书中使用的所有姿态误差已在 6.5.1 节和图 6.8 中定义。在这里主要关注姿态和角速度误差的统计特性。8.2.2 节专门针对测量误差模型进行了讨论，包括传感器测量的精度[2]。在这里，术语精度用于评估姿态控制子系统的性能。由于测量和控制性能都是根据误差进行评估的，因此精度（术语）也可以用于评估控制单元的性能。

考虑真实（未知）变量 $\boldsymbol{y}(t)$，$\dim \boldsymbol{y}=n_y$，以及对应已知变量 $\hat{\boldsymbol{y}}$，它由控制单元（预测、估计、参考或测量）提供。误差 $\tilde{\boldsymbol{y}}=\boldsymbol{y}-\hat{\boldsymbol{y}}$ 代表真实变量的不确定度（四元数误差是通过四元数逆和乘法定义的）。表达式 $\hat{\boldsymbol{y}}$ 的精度（或者用误差 $\tilde{\boldsymbol{y}}$）是不确定度的指标。定义 $\hat{\boldsymbol{y}}$ 在时间间隔 $T_{12}=[t_1,t_2)$ 的精度，为一个相关误差 $\tilde{\boldsymbol{y}}$ 的非负凸函数 $C(\tilde{y}[t_1,t_2))\geqslant 0$，因此，$C(0)=0$，并且 $\tilde{\boldsymbol{y}}[t_1,t_2)$ 是 $\tilde{\boldsymbol{y}}$ 在 T_{12} 的实现。典型的凸函数是合适的误差范数 $|\tilde{\boldsymbol{y}}[t_1,t_2)|$，由于 $\tilde{\boldsymbol{y}}$ 包含随机分量并且由随机分量控制，因此必须以概率的形式表示精

度要求。

$$\alpha = P_{\min} \leqslant P\{C(\widetilde{\boldsymbol{y}}[t_1,t_2)) \leqslant c_{\max} < \infty\} \leqslant 1 \tag{12.1}$$

文献［5］中的欧洲标准建议了相同的方法。

在本章中，误差$\widetilde{\boldsymbol{y}}$通常是指真实的跟踪误差，该误差由$\widetilde{\boldsymbol{y}}_r$适当地表示，尤其是：

（1）真实跟踪四元数误差$\widetilde{\mathfrak{q}}_r = \mathfrak{q}_r^{-1} \otimes \mathfrak{q}$的矢量部分$\widetilde{\boldsymbol{\theta}} = 2\widetilde{\boldsymbol{q}}_r$，其中$\mathfrak{q}_r$是参考四元数，$\mathfrak{q}$是真实四元数；

（2）对于体坐标系中的角速度跟踪误差：

$$\widetilde{\boldsymbol{\omega}}_r = \boldsymbol{\omega} - R_r^b \boldsymbol{\omega}_r = \boldsymbol{\omega} - \boldsymbol{\omega}_{rb} \tag{12.2}$$

其中，$\boldsymbol{\omega}$是真实的航天器角速度，$\boldsymbol{\omega}_r$是目标坐标中的参考角速度，R_t^b是从本体坐标到目标坐标的变换$\mathcal{R} = \{C, \boldsymbol{r}_1, \boldsymbol{r}_2, \boldsymbol{r}_3\}$（参见 2.7 节）。

（3）体坐标系中的角加速度跟踪误差：

$$\dot{\widetilde{\boldsymbol{\omega}}}_r = \dot{\boldsymbol{\omega}} - \dot{\boldsymbol{\omega}}_{rb} = \dot{\boldsymbol{\omega}} - R_r^b \dot{\boldsymbol{\omega}}_r - \dot{R}_r^b \boldsymbol{\omega}_r \tag{12.3}$$

可以从式（12.2）推导出式（12.3）中符号的含义；在正常操作中，通常要注意真实物体角加速度$\dot{\boldsymbol{\omega}}$。

练习 1

用五元组$\{\boldsymbol{\omega}, \boldsymbol{\omega}_r, \dot{\boldsymbol{\omega}}, \dot{\boldsymbol{\omega}}_r, \widetilde{\boldsymbol{q}}_r\}$重写$\widetilde{\boldsymbol{\omega}}_r$和$\dot{\widetilde{\boldsymbol{\omega}}}_r$。

如 8.2.2 节所述，必须将$\widetilde{\boldsymbol{y}}(t) = \widetilde{\boldsymbol{b}}_y(t,p) + \widetilde{\boldsymbol{d}}_y(t)$分解为由有限维不确定参数矢量$\boldsymbol{p}$确定的系统分量$\widetilde{\boldsymbol{b}}_y(\boldsymbol{t},\boldsymbol{p})$和纯随机分量$\widetilde{\boldsymbol{d}}_y(\boldsymbol{t})$。通过多项式和三角级数展开对系统分量进行建模，其系数收集在$\boldsymbol{p}$中。在最简单的情况下，它们会减少为常数$\widetilde{\boldsymbol{b}}_y = \widetilde{\boldsymbol{b}}_{y0}$，即偏差。$\boldsymbol{p} \in \mathcal{P}$的有界集合和级数展开的时间初等函数定义了系统误差的$\widetilde{B}_y$类。随机分量通过零均值随机过程$\widetilde{D}_y$建模。因为基本要求是有界，即$|\widetilde{\boldsymbol{y}}[t_1,t_2)| \leqslant c_{\max} < \infty$，所以每个系统的随机实现必须假定是有界的。在由$t_2 \to \infty$定义的无穷时间间隔的情况下，有界性从系统误差模型中排除了多项式级数。如果采用 8.2.2 节的状态方程式（8.7）作为随机模型，则状态矩阵$\widetilde{\boldsymbol{A}}$必须为渐近稳定，并且白噪声恒定功率谱密度（PSD）$\widetilde{S}_\omega^2$必须为有界。实际上，尽管白噪声协方差函数只能通过狄拉克函数来写，状态和输出协方差矩阵是有界的（请参见 13.7.2 节）。

典型的凸函数是“绝对 X 误差”（参见参考文献［5］）的加权欧几里得范数$\widetilde{\boldsymbol{y}}(t)$，如下所示：

$$C(\widetilde{\boldsymbol{y}}) = |\widetilde{\boldsymbol{y}}(t)|_{\boldsymbol{W}} = \sqrt{\widetilde{\boldsymbol{y}}(t)^{\mathrm{T}} \boldsymbol{W} \widetilde{\boldsymbol{y}}(t)}, t \in [t_1, t_2) \tag{12.4}$$

其中，$\boldsymbol{W}>0$是一个正定矩阵，“绝对值”不表示式（12.4）中的范数，而是“相对 X 误差”的反义词。大写字母 X 是代表特定误差的符号，P 或 K。文献［5］中，术语“绝对性能误差”（APE）和“相对性能误差”（RPE）是指真实的跟踪误差（文献［5］中的性能误差），而术语“绝对知识误差”（AKE）和“相对知识误差”（RKE）是指星载预测和估计误差以及地面后验误差（文献［5］中的知识误差）。

1. 相对误差需求

相对误差（同样使用从平衡点起的摄动符号δ；请参见 13.3.1 节）定义为

$$\delta\widetilde{\boldsymbol{y}}(t) = \widetilde{\boldsymbol{y}}(t) - \bar{\widetilde{\boldsymbol{y}}} = \widetilde{\boldsymbol{y}}(t) - \frac{1}{t_2 - t_1}\int_{t_1}^{t_2} \widetilde{\boldsymbol{y}}(\tau)\,\mathrm{d}\tau, t \in [t_1, t_2), t_2 > t_1 \tag{12.5}$$

其中，时间平均$\widetilde{\boldsymbol{y}}$是区间［$t_1$，$t_2$）内偏差$\widetilde{\boldsymbol{b}}_{y0}$的估计。如果相对误差$\delta\widetilde{\boldsymbol{y}}(t)$是零均值随机分量$\widetilde{\boldsymbol{d}}_y$的实现（先前定义，请参阅练习1之后的段落），而后者是具有功率谱密度$\widetilde{S}_y^2(f)$和协方差$0<\widetilde{P}_y<\infty$的高斯平稳随机过程，则相对误差的加权欧几里得范数$|\delta\widetilde{\boldsymbol{y}}(t)_P|=\sqrt{\delta\widetilde{\boldsymbol{y}}^{\mathrm{T}}\widetilde{P}_y^{-1}\delta\widetilde{\boldsymbol{y}}}$为具有$n=\dim\widetilde{\boldsymbol{y}}$的$\chi_n$（伽马）分布。平均值和方差如下：

$$\mu_n=\mathscr{E}\{\chi_n(\xi)\}=\sqrt{2}\frac{\Gamma((n+1)/2)}{\Gamma(n/2)},\sigma_n^2=\mathrm{var}\{\chi_n(\xi)\}=n-\mathscr{E}^2\{\chi_n(\xi)\} \tag{12.6}$$

其中，对于正整数$m>0$并通过用$m!!$表示m的双阶乘，伽马函数具有显式表达式$\Gamma(m/2)=\sqrt{\pi}(m-2)!!2^{-(m-1)/2}$。

练习 2

证明$|\delta\widetilde{\boldsymbol{y}}(t)|_P^2$为$n$自由度的$\chi_n^2$分布。借助式（12.6）进行证明。$|\delta\widetilde{\boldsymbol{y}}(t)|_P$的二阶矩等于$n$，即$\mathrm{E}\{|\delta\widetilde{\boldsymbol{y}}(t)|_P^2\}=n$。图12.1显示了累积伽马分布的最低自由度。

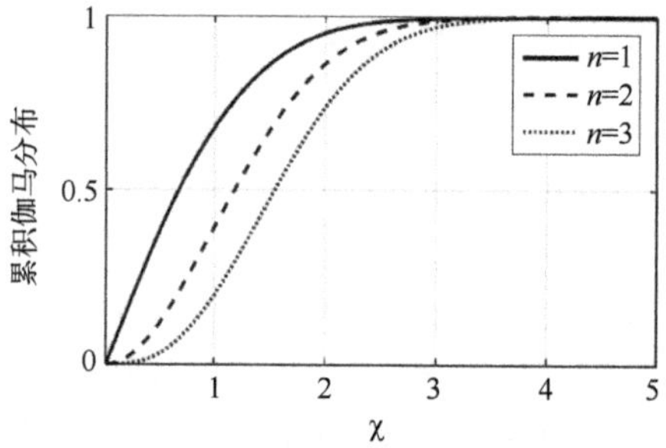

图 12.1　最低自由度的累积伽马分布

表12.1列出了$P\{\chi_n\leqslant\chi_n(\alpha)=\mu_n+k_n(\alpha)\sigma_n\}=\alpha$定义的常见百分位数。间隔$0\leqslant\chi_n\leqslant\chi_n(\alpha)$称为置信区间。

表 12.1　低自由度伽马分布的百分数

序号	DOF n	μ_n	σ_n	$k_n(\alpha=0.95)$	$k_n(\alpha=0.99)$	$k_n(\alpha=0.995)$
1	1	0.80	0.60	1.9	3.0	3.3
2	2	1.3	0.66	1.8	2.8	3.2
3	3	1.6	0.67	1.8	2.7	3.1

式（12.1）中的精度不等式现在可以重写为

$$|\delta\widetilde{\boldsymbol{y}}(t)|_P=\sqrt{\delta\widetilde{\boldsymbol{y}}^{\mathrm{T}}\widetilde{P}_y^{-1}\delta\widetilde{\boldsymbol{y}}}\leqslant\mu_n+k_n(\alpha)\sigma_n \tag{12.7}$$

通过观察可以简化最后的不等式为

$$\delta\widetilde{\boldsymbol{y}}^{\mathrm{T}}\widetilde{P}_y^{-1}\delta\widetilde{\boldsymbol{y}}\geqslant\frac{\delta\widetilde{\boldsymbol{y}}^{\mathrm{T}}\delta\widetilde{\boldsymbol{y}}}{\sigma_{\max}^2(\widetilde{P}_y)}\geqslant\frac{\delta\widetilde{\boldsymbol{y}}^{\mathrm{T}}\delta\widetilde{\boldsymbol{y}}}{\mathrm{tr}\,\widetilde{P}_y} \tag{12.8}$$

其中，$\sigma_{\max}^2(\widetilde{P}_y)=\max_{k=1,\cdots,n}\{\widetilde{\sigma}_{yk}^2\}$是$\widetilde{P}_y$的最大特征值，$\mathrm{tr}\,\widetilde{P}_y=\sum_{k=1}^{n}\widetilde{\sigma}_{yk}^2$是特征值之和。对于欧几里得范数$|\delta\widetilde{\boldsymbol{y}}(t)|$，可以写出以下置信区间：

$$0\leqslant|\delta\widetilde{\boldsymbol{y}}(t)|=\sqrt{\delta\widetilde{\boldsymbol{y}}^{\mathrm{T}}\delta\widetilde{\boldsymbol{y}}}\leqslant\sigma_{\max}(\widetilde{P}_y)(\mu_n+k_n(\alpha)\sigma_n)\leqslant\sqrt{\mathrm{tr}\,\widetilde{P}_y}(\mu_n+k_n(\alpha)\sigma_n) \tag{12.9}$$

如果可以将相对误差建模为零均值二阶平稳过程且 $t_2 \to \infty$，则可以用谱密度 $\widetilde{S}_y(f)>0$表示需求。由 8.2.2 节式（8.7）建立的随机过程，具有渐近稳定状态矩阵$\widetilde{\boldsymbol{A}}$，仅在 $t\to\infty$ 时是平稳的（请参见 13.7.2 节）。在这里，假设从 $t_1>0$ 开始该过程变得平稳，换句话说，当 $t>t_1$，$\widetilde{P}_y$ 协方差矩阵保持不变。式（12.1）中的精度不等式可以表示为

$$\widetilde{S}_y(f) \leqslant \widetilde{S}_{y,\max}(f),\ f \leqslant f_{\max} \tag{12.10}$$

其中，$f_{\max}=0.5/T$ 是记录历史误差所采用的采样时间 T 的 Nyquist 频率，$\widetilde{S}_{y,\max}$是谱边界。预测误差的频谱边界已在 6.6.1 节中使用，参见同一节图 6.14。轨道无拖曳控制的谱边界已在 11.2.2 节中讨论，参见同一节图 11.1。实际中，根据随机过程本身的适当实现方式，将$\widetilde{S}_y(f)$替换为“真实”谱密度的估计值$\widehat{S}_y(f)$。

式（12.10）中的谱不等式与有界过程协方差矩阵$\widetilde{\boldsymbol{P}}_y$ 有关，表示为

$$\widetilde{\boldsymbol{P}}_y = \int_0^{f_{\max}} \widetilde{S}_y^2(f)\,\mathrm{d}f < \infty \tag{12.11}$$

其中，$\widetilde{S}_y^2(f)$ 是采样相对误差 $\delta\widetilde{\boldsymbol{y}}(t_i=iT)$ 的离散时间单边功率谱密度。实际中，$\widetilde{\boldsymbol{P}}_y$ 由均方根矩阵$\widehat{\boldsymbol{P}}_y$ 估算，定义如下

$$\begin{aligned} \widehat{\boldsymbol{P}}_y &= \frac{1}{i_2 - i_1} \sum_{i=i_1}^{i_2} (\widetilde{\boldsymbol{y}}(i) - \bar{\widetilde{\boldsymbol{y}}})(\widetilde{\boldsymbol{y}}(i) - \bar{\widetilde{\boldsymbol{y}}})^{\mathrm{T}} \\ \bar{\widetilde{\boldsymbol{y}}} &= \frac{1}{i_2 - i_1} \sum_{i=i_1}^{i_2} \widetilde{\boldsymbol{y}}(i) \end{aligned} \tag{12.12}$$

$\bar{\widetilde{\boldsymbol{y}}}$是抽样平均值。因此式（12.10）转换为

$$\widehat{P}_y \leqslant \widetilde{P}_{y,\max} = \int_0^{f_{\max}} \widetilde{S}_{y,\max}^2(f)\,\mathrm{d}f \tag{12.13}$$

相当于

$$\mathrm{tr}\,\widehat{P}_y \leqslant \mathrm{tr}\,\widetilde{P}_{y,\max} \tag{12.14}$$

式（12.12）中的协方差估计表明，在式（12.7）和式（12.9）中，协方差矩阵$\widetilde{\boldsymbol{P}}_y$ 可以用估计值$\widehat{\boldsymbol{P}}_y$ 代替。

2. 绝对误差需求

通过假设系统误差（简略为偏差）和随机误差不相关，可以将先前的不等式扩展到绝对误差。正式地，假设在任何 $t\in[t_1,t_2)$，$E\{\widetilde{\boldsymbol{b}}_y(t,p)\widetilde{\boldsymbol{d}}_y^{\mathrm{T}}(t)\}=0$。最简单的情况是选择一个代表性参数矢量 $\boldsymbol{p}=\boldsymbol{p}_{\mathrm{worst}}$，可以将其称为最差情况参数，并假定$\widetilde{\boldsymbol{b}}_y(t,\boldsymbol{p}_{\mathrm{worst}})$为确定性过程。在随机分量$\widetilde{\boldsymbol{d}}_y$ 的稳定性和正态性条件下，式（12.4）中的加权范数及式（12.7）中的 $W=\widetilde{P}_y^{-1}$，是一个非中心的伽马分布随机变量，其概率密度函数由下式给出：

$$f(x;n,\mu_b(t)) = \frac{\exp(-(x^2+\mu_b^2(t))/2)\mu_b(t)x^n}{(\mu_b(t)x)^{n/2}} I_{n/2-1}(\mu_b(t)x) \tag{12.15}$$

其中，$I_{n/2-1}(z)=\sum_{k=0}^{\infty}(k!\Gamma(k+n/2))^{-1}(z/2)^{2k+\frac{n}{2}-1}$是第一类修正 Bessel 函数[1]，$\mu_b(t)=\sqrt{\widetilde{\boldsymbol{b}}_y^{\mathrm{T}}(t,\boldsymbol{p}_{\mathrm{worst}})\widetilde{P}_y^{-1}\widetilde{\boldsymbol{b}}_y(t,\boldsymbol{p}_{\mathrm{worst}})}$ 是系统项平方根的瞬时加权范数。在练习 2 之前的段落中已经调用了伽马函数 $\Gamma(m/2)$。均值和方差如下：

$$\mu_n(t)=E\{|\tilde{\boldsymbol{y}}(t)|_P\}=E\left\{\sqrt{\tilde{\boldsymbol{y}}^{\mathrm{T}}(t)\tilde{P}_y^{-1}\tilde{\boldsymbol{y}}(t)}\right\}=\sqrt{\frac{\pi}{2}}L_{1/2}^{(n/2-1)}\left(-\frac{\mu_b^2(t)}{2}\right)$$
$$\sigma_n^2(t)=\mathrm{var}\left\{\sqrt{\tilde{\boldsymbol{y}}^{\mathrm{T}}(t)\tilde{P}_y^{-1}\tilde{\boldsymbol{y}}(t)}\right\}=\mu_b^2(t)+n-\mu_n^2(t) \tag{12.16}$$

其中，$L_{1/2}^{(n/2-1)}(x)$是广义 Laguerre 函数 $L_m^a(x)$，$m=1/2$ 和 $\alpha=n/2-1$，见文献［1］。表 12.1 中百分位数的比例因子 $k_n(\alpha)$取决于$\mu_b(t)$和 n。给定 α、$\mu_b(t)$和 n，横坐标$\mu_n+k_n(\alpha)\sigma_n$ 是通过对累积分布$f(x;n,\mu_b(t))\sigma_n$ 求逆得到的。

练习 3

通过比较式（12.6）和式（12.16），回顾 $\Gamma(1/2)=\pi^{1/2}$，证明

$$L_{1/2}^{(n/2-1)}(0)=\frac{2}{\sqrt{\pi}}\frac{\Gamma((n+1)/2)}{\Gamma(n/2)} \tag{12.17}$$

观察到$L_{1/2}^{(n/2-1)}(x)=L_{1/2}^{(n/2-1)}(0)M(-1/2,n/2,x)$，其中$M(a,b,x)=\sum_{k=0}^{\infty}((a)_k/(b)_k)x^k/k!$ 是第一类合流超几何函数（Kummer 函数）[1]，求和展开式中的符号$(a)_k$ 和$(b)_k$ 与$(a)_k=a(a+1)(a+2)\cdot\cdots\cdot(a+k-1)$类似，$(a)_0=1$。然后证明在 $x=0$ 附近，二阶近似值为

$$\frac{L_{1/2}^{(n/2-1)}(x)}{L_{1/2}^{(n/2-1)}(0)}\cong 1-\frac{x}{n}-\frac{x^2}{2n(n+2)} \tag{12.18}$$

如果采用式（12.18）在$|x|<1/2$ 和 $n\gg 1$ 情况下的一阶近似，二阶分数误差约为 $0.5|x|/n$，因此值很小。关于式（12.18）中 Laguerre 函数的界$|x|<1/2$，与式（12.16）第一行中 Laguerre 函数的界$\mu_b^2(t)<1$ 相同。边界表明系统误差小于随机项标准差。分别用 $\sigma_{\min}^2(\cdot)$和 $\sigma_{\max}^2(\cdot)$表示正定矩阵的最小和最大特征值，证明如下：

$$\mu_b^2(t)=\tilde{\boldsymbol{b}}_y^{\mathrm{T}}(t)\tilde{P}_y^{-1}\tilde{\boldsymbol{b}}_y(t)\geqslant\tilde{\boldsymbol{b}}_y^{\mathrm{T}}(t)\tilde{\boldsymbol{b}}_y(t)\sigma_{\min}^2(\tilde{P}_y^{-1})=\tilde{\boldsymbol{b}}_y^{\mathrm{T}}(t)\tilde{\boldsymbol{b}}_y(t)/\sigma_{\max}^2(\tilde{P}_y)$$
$$\Rightarrow\tilde{\boldsymbol{b}}_y^{\mathrm{T}}(t)\tilde{\boldsymbol{b}}_y(t)\leqslant\sigma_{\max}^2(\tilde{P}_y)\mu_b^2(t)\leqslant\sigma_{\max}^2(\tilde{P}_y)\leqslant\mathrm{tr}\,\tilde{P}_y \tag{12.19}$$

统一起见，用上限 $\mu_{b,\max}^2=\max_{t\in[t_1,t_2)}\{\mu_b^2(t)\}$代替 $\mu_b^2(t)$。式（12.7）和式（12.9）拓展到绝对误差的工作，留给读者推导。

练习 4

假设零均值二阶平稳姿态跟踪误差$\tilde{\boldsymbol{\theta}}_r$ 具有协方差矩阵$\tilde{\boldsymbol{P}}_\theta=\mathrm{diag}(\tilde{\sigma}_1^2,\tilde{\sigma}_2^2,\tilde{\sigma}_3^2)$，其中$\tilde{\sigma}_1=\tilde{\sigma}_3=5$ mrad 和$\tilde{\sigma}_1=1$ mrad。然后，计算 $\alpha=\{0.95,0.99,0.995\}$的欧几里得范数$\tilde{\boldsymbol{\theta}}_r(t)$的置信区间上限。假设$\tilde{\boldsymbol{\theta}}_r$ 是矢量白噪声，采样时间为 $T=0.1$s。然后，计算离散时间（DT）采样和相关频带的对角单边谱密度$\tilde{S}_\theta(f)$。

提示：使用式（12.9）和表 12.1。

3. 漂移误差

$\Delta\tilde{\boldsymbol{y}}$的误差谱密度的上限$\tilde{S}_{y,\max}(f)$可能极不平坦，因为它可能包括低频（LF）下降边界（漂移），中频平坦边界和高频（HF）（在靠近$f_{\max}$的区域中）递增边界，如 11.2.2 节的图 11.1 和 8.4.1 节的图 8.2 所示。目标是得出过程时间实现的等效边界。简单起见，假设表示有界漂移的递减边界是一阶的，即斜率是−20dB/dec，该边界出现在$(f_{d1}\leqslant f\leqslant f_{d2}<f_{\max})$频带中，并且一般分量的谱密度为$\tilde{S}_d(f)=\tilde{S}_{d2}f_{d2}/f$。在应用了如 11.2.4 节和图 11.5 所示的

合适抗混叠滤波器之后，频率上限f_{d2}可以解释为漂移采样的 Nyquist 频率，其采用 $T_d = 0.5/f_{d2}$为采样时间。如果在较高的频率下不存在递增边界，则最简单的滤波器是持续时间 T_d 的滑动平均值（请参见 8.2.3 节）。相反，如果存在递增高频边界，则需要附加滤波器，如 11.2.4 节所示。回到漂移参数，周期 $T_{d,\max} = 1/f_{d1}$可以解释为非重叠周期图的最大持续时间（请参见 13.7.3 节），漂移谱密度的估计器应使用该周期。实际上，在比 $T_{d,\max}$ 长的时间间隔内，过程实现趋于统计有界且平稳。如果假设滑动平均值是合适的抗混叠滤波器，则 XDE（*X 漂移误差*）$\Delta\widetilde{\boldsymbol{y}}$定义为

$$\Delta\widetilde{\boldsymbol{y}}(i,N_d) = \frac{1}{T_d}\left(\int_{t-T_d}^{t}\widetilde{\boldsymbol{y}}(\tau)\mathrm{d}\tau - \int_{t-\tau_d-T_d}^{t-\tau_d}\widetilde{\boldsymbol{y}}(\tau)\mathrm{d}\tau\right) = \widetilde{\boldsymbol{y}}_d(i) - \widetilde{\boldsymbol{y}}_d(i-N_d) \quad (12.20)$$

其中，差值间隔 $\tau_d = N_d T_d \leqslant T_{d,\max}$是不小于 T_d 且不超过 $T_{d,\max}$的任何时间间隔，$t = iT_d$。通过将$\widetilde{\boldsymbol{y}}_d$ 的通用分量$\widetilde{y}_d$ 建模为纯零均值一阶随机漂移，$\Delta\widetilde{y}(i,N_d)$的单变量标准差为

$$\sqrt{\operatorname{var}\{\Delta\widetilde{y}(i,N_d)\}} = 2\pi f_{d2}\widetilde{S}_{d2}\sqrt{\tau_d} = \pi\widetilde{S}_{d2}\sqrt{N_d 2f_{d2}} \quad (12.21)$$

其中，$2f_{d2}$是漂移采样频率。相关的精度不等式可以表示为

$$|\Delta\widetilde{y}(i,N_d)| \leqslant k(\alpha)\pi\widetilde{S}_{d2}\sqrt{N_d 2f_{d2}} \quad (12.22)$$

其中 $k(\alpha)$确定了置信区间的宽度。

12.4 一般姿态控制子系统的框图

前面的章节中，主要描述了状态预测器的框图，未考虑 7.7.4 节的图 7.18 中由反作用轮驱动的姿态控制（由状态预测器和控制律组成）和 11.2.4 节的图 11.4 中轨道无拖曳控制。这里将其扩展到无人航天器的通用主动姿态控制系统。12.5 节的案例研究将是相关架构的应用。

姿态控制系统从传感器和任务运行中心接收数据，任务运行中心是地面段的一部分。传感器已在第 8 章中进行了讨论。上行数据由星载计算机管理程序接收，该程序确定了 12.3.1 节中定义的姿态模式的执行顺序。

姿态控制系统通过星载数据处理子系统（DHS）管理记录和传输代码，将数据发送到航天器执行器，并将遥测数据发送到地面段的数据处理和管理系统。执行器已在第 9 章中进行了介绍。

姿态控制系统是姿态和轨道控制系统（AOCS）的子系统，AOCS 也称为制导、导航和控制系统。相关的计算机程序是实时代码，它接收并提供同步和异步信号（称为事件）。因为执行器指令 $\boldsymbol{u}(i+1) = \boldsymbol{u}(t_{i+1} = (i+1)T_c)$是以恒定频率$f_c = 1/T_c$ 发出的，所以程序必须在上一步 $iT_c \leqslant t < (i+1)T_c$ 内完成相关计算。指令分发可能以不同的频率发生，f_c 为最大频率，是其他频率的整数倍。最小制动器时间单元 T_c 通常是传感器决定的最小姿态控制系统时间单元 T 的整数倍。因此，$T_c = N_c T$，$N_c \geqslant 1$。下文中，将假定 $T_c = T$。控制步骤中的微操作顺序包括向执行器分配指令、传感器和 DHS 数据采集、下一条指令的计算和在数据处理子系统缓冲数据。必须在 iT 上进行指令分发，以使 $\boldsymbol{u}(i)$与内插指令 $\boldsymbol{u}(t)$同步，$iT \leqslant t < (i+1)T$，并满足被控对象和模型使用同一指令的嵌入式模型控制原则（14.1 节）。延迟必须通过未建模动力学或模型本身来解决。当执行器性能下降

或发生单个故障时，按照嵌入式模型控制原理，某些预测的干扰将产生漂移或跳变，从而有利于故障检测和分离。通常可以在指令分发后的任何时间获取测量值，因为其确实需要同步，时常在当前离散步骤的初始时间 iT 加上一些已知/未知的延迟。当不存在测量值或测量值有误时，相关模型误差将设置为零，并且嵌入式模型将以开环模式运行。这些注意事项和操作指引应纳入故障检测、分离和恢复（FDIR）子系统的运行。

图 12.2 显示了姿态和轨道控制系统的高层次框图。通常，尽管许多变量是四元数，这里使用矢量符号（粗体）。如当前状态 $\hat{x}(i)$ 和下一个状态 $\hat{x}(i+1)$ 都可用条件下，图 12.2 应表示为在第 i 个控制步骤中的某个瞬间。该图着重于表示姿态控制系统。姿态控制系统功能分为 3 个主要部分：嵌入式模型、测量方法和控制律。航天器由设计模型的简化框图表示，其包括不同的子系统、信号交互及因果不确定性类。

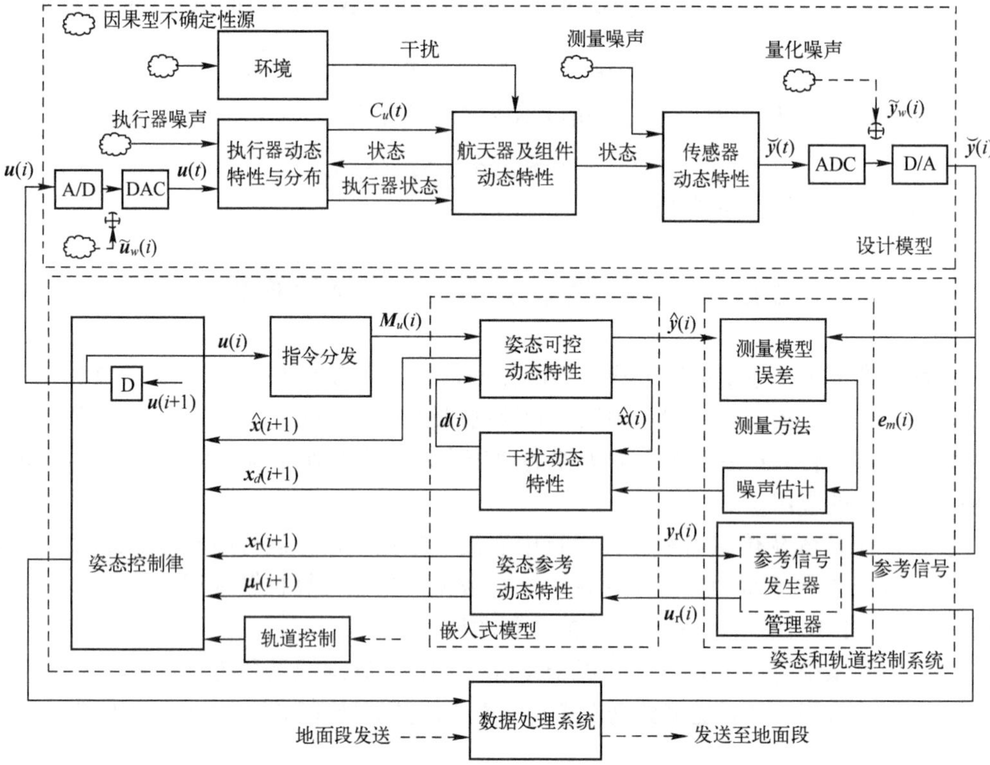

图 12.2　姿态和轨道控制系统的高层次框图

（1）嵌入式模型是姿态控制系统的核心，它分为 3 个部分：可控动态特性、干扰动态特性和参考动态特性。整本书都讨论了可控和干扰动态特性（请参见 4.8 节、6.6 节、7.3.4 节、7.3.5 节、7.7 节、8.5 节和 11.2 节）。参考动态特性取决于姿态参考是由质心轨迹坐标系（如 11.3 节中的轨道四元数（LORF/LVLH））（适用于连续地球观测）提供或是由要跟踪的目标方向/坐标系提供。后者可以是惯性方向、地球的地心坐标（2.5.3 节）、连续轨迹（如 6.3.3 节中的 Hipparcos 扫描定律）或编队飞行中另一太空飞船的本体坐标[3]。如 11.3.2 节中式（11.64）所示，两种方式都包含四元数运动学，主要区别在于角速率控制律。在轨道四元数的情况下（见 11.3.2 节图 11.9），角速率是根据轨道四元数的测量结果实时重建的。在目标方向/坐标的情况下，根据给定的扫描律或目标到目标的轨迹（称为摇摆机动，例如 2.4 节中的 SLERP）对其进行重建。如 11.3 节所述，通过状态预测器从所需四元数合成参考角速度和角加速度。因为通常需要尽可能快地进行回转机动，所以必须考虑姿态调整的加加速度、角加速度和角速度饱和。在图 12.2 中，$\{\boldsymbol{y}_r,\boldsymbol{x}_r,\boldsymbol{u}_r\}$ 是参考输出、状态和指令的三元组。在图 11.9 中，相同的三元组由 $\{\hat{\boldsymbol{q}},\hat{\boldsymbol{\omega}}T,\hat{\boldsymbol{a}}T^2\}$ 表示。作为基准，应该设计一个对整个任务有效的嵌入式模型，而且其可以针对不同的控制模式进行调整。

（2）测量方法是测量和模型之间的接口。图 12.2 有两个接口。第一个接口表达的是：噪声估计器（也是不确定性估计器）与测量模型误差（误差的最简单形式为 $\boldsymbol{e}_m=\breve{\boldsymbol{y}}-\hat{\boldsymbol{y}}$）通过干扰动态特性的噪声输入连接起来，并稳定了嵌入式模型。嵌入式模型和由噪声估计实现的“输出/状态反馈”构成姿态状态预测器，该姿态状态预测器负责为控制律提供可控状态变量和干扰状态变量的单步预测 $\{\hat{x},\hat{x}_d\}$。“对对象和模型使用同一指令”原理要求将数字命令 $\boldsymbol{u}(i)$ 通过“指令分发模块”转换为力矩矢量 $\boldsymbol{M}_u$ 并分配给嵌入式模型。第二个接口是参考信号发生器，其将参考信号（来自测量值和地面操作）与参考动态特性进行匹配。参考信号发生器是更高级别功能（星载管理器）的一部分，该功能详细说明了地面控制中心和故障检测、分离和恢复子系统（未在图中）发送的事件/数据。响应包括触发新的参考轨迹或切换到不同的控制模式。姿态控制系统功能通过开关信号触发进入另一种模式，如 12.5.1 节中的模式代码 $ml(i)$。

（3）控制律是模型到航天器的接口。作为基本要求，除了模型状态变量和参考命令 $\boldsymbol{u}_r$ 外，没有任何测量量进入控制律，这条规则是本书遵循的准则。但是，如 13.6.3 节所述，可以通过渐近稳定全通滤波器将测量模型误差输入到控制律中。类似于 Youla 参数[12]的附加反馈未在本书的控制设计中使用。特性“基于模型”与此吻合。在第 i 步中，已保存的命令 $\boldsymbol{u}(i)$ 将应用于航天器和模型。计算并保存下一个命令 $\boldsymbol{u}(i+1)$，准备在 $t=(i+1)T$ 时刻分发。两者共存，在图 12.2 中用延迟表示，即用标有 D 的方框表示。

在图 12.2 中，设计模型（参见 13.6.1 节）替代了被控对象（航天器和环境），以显示因果不确定性的来源。14.1 节的图 1 展示了不确定性源的全部范围。图 12.2 中的姿态和轨道控制系统虚线框还包括轨道控制。

12.5 科学任务的无拖曳和姿态控制

12.5.1 目标和无拖曳姿态控制组织

本部分的目的是设计和仿真与欧洲 GOCE 任务（2009—2013）类似的低地球轨道科学任务。该任务经历不同的阶段和不同的控制模式。与 GOCE 的主要区别在于，本节假设了一个微推进器组件（MPA，请参见 9.3.3 节），用于横向无拖曳和精姿态控制，与一对负责纵向无拖曳控制的冷备份离子电动推进器（离子推进组件［IPA］，请参见 9.3.3 节）并行。其他传感器和执行器与 GOCE 飞行任务相同。

（1）当微推进器组件完全或部分不可用时，三轴磁性力矩杆（MTR）组件（请参见 9.7 节）在早期、最终和备份任务阶段中用作姿态控制的执行器子系统。由于其内部冗余性，预计它们将在整个任务期间连续运行，以减少微推进器组件推进剂的消耗。

（2）使用三轴磁力计（TAM，请参见 8.10 节）测量，可以根据当前地球磁场调整 MTR 的分布规律。

（3）粗地球和太阳敏感器（CESS，请参见 8.8.3 节）的六探头能够“测量”太阳和地球的方向，而无须任何初步的捕获阶段，这被认为可用于入轨后的最早任务阶段。在日食条件下，太阳的方向消失了。通常，通过添加精细的数字太阳敏感器（DSS，请参见 8.7.2 节）来完善对太阳方向的测量。简单起见，将忽略使用数字太阳敏感器的控制模式。

（4）为了达到姿态精度要求，需要由 3 个光学探头（请参见 8.9.3 节和表 8.8）组成的星跟踪器组件。三探头允许在 3 个物体坐标轴之间均匀分布随机误差（噪声等效角［NEA］）。

（5）线性和角度加速度计组件（LAA）是轨道和角度无拖曳控制器的关键传感器（请参见 8.4.1 节和 12.5.7 节）。

在 6 个 GOCE 控制模式[9]中，仅保留了 5 个，但由于添加了微推进器组件而略有修改。在表 12.2 中对它们进行了总结。较小的叉号表示可用。模式代码用 $ml(i)=\{1,2,3,4,5\}$ 表示。

表 12.2　无拖曳姿态控制模式和执行器/传感器可用性

编号	阶段	执行器			传感器				
		MTR	IPA	MPA	CESS	TAM	GNSS	STA	LAA
1	CPM	x	NA	NA	x	x	NA	NA	NA
2	MFPM	x	x	NA	x	x	x	x	NA
3	PFPM	x	x	x	x	x	x	x	NA
4	PREDFM	x	x	x	x	x	x	x	x
5	DFM	x	x	x	x	x	x	x	x

注：CPM，粗指向模式；IPA，离子推进组件；MPA，微推进器组件；MTR，磁力矩杆；NA，不可用；STA，星跟踪器组件；TAM，三轴磁力仪。

（1）粗指向模式是航天器从最后一个发射器阶段分离就开始运行的模式。其目标是使卫星消旋和获取太阳指向，以立即激活太阳能电池板的能源供应。目标坐标系是一个由粗略的地球和太阳传感器测算的太阳和地球方向所定义的接近 LVLH 坐标系。电磁转矩控制器是唯一的粗指向模式执行器。在此模式下，将对星载磁力计（TAM）进行校准，以提高姿态控制精度。如前文所述，通过数字太阳敏感器（此处忽略）提高太阳指向精度，无相应的无拖曳控制处于活动状态。该模式是捕获和安全模式。如 11.3 节中所述，在“真正的”GOCE 的扩展粗指向模式中，GNSS 接收机被激活以生成 LVLH 坐标系及其四元数。该任务被推迟到精指向模式阶段。

（2）精指向模式分为两个子模式：磁力矩杆精指向模式（MFPM）和推进器精指向模式（PFPM）。标准的精指向模式是第二个，可在微推进器组件的部分或全部故障下切换到磁力矩杆精指向模式。由于推进剂最终会耗尽，微推进器组件可能会在任务结束时发生故障（2013 年 11 月，GOCE 任务结束是由两个冷备份离子推进器的推进剂耗尽触发的）。精指向模式使用星跟踪器组件，并且离子推进组件的标称推进器在开环模式下激活，以提供一种沿航迹的初步无拖曳控制。开环命令曲线的范围可以从平均阻力（此处）到预定义的阻力曲线，该曲线应与轨道真实阻力变化相一致。主要的控制目标是在准备进入无拖曳模式前将角加速度减小到加速度计可测量的范围内。在此阶段，通过用微推进器摇摆卫星来校准加速度计组件。精指向模式的安全模式是粗指向模式。在 GOCE 任务中，精指向模式是在日食期间进入的模式。

（3）两个无拖曳模式（预无拖曳模式和无拖曳模式）替代了 3 个 GOCE 子模式：准备（Preparation）、粗模式（Coarse）和精模式（Fine）。将无拖曳模式细分为两种模式的理由是，需要将粗略范围内的线性加速度和角加速度减小到精细范围，这只能通过轨道和角度无拖曳控制执行。在预无拖曳模式期间，当加速度计处于其粗略测量范围内时，无拖曳控制开始运行。在无拖曳模式的开始，加速度计量程会切换为精细。此外，由于未假定加速度计偏差的初步预测，因此预无拖曳模式可使相关瞬变快速衰减。偏差预测（和抵消）仅适用于角加速度，且由姿态状态预测器和控制律执行，在推进器精指向模式（PFPM）期间，姿态状态预测器和控制律在这些模式下由星跟踪器数据驱动。为此，姿态状态预测器的频谱保持与推进器精指向模式期间的频谱相同，带宽比无拖曳模式频谱宽得多，如 12.5.8 节所述。GOCE 任务（以及当前类似 GOCE 的任务）不需要估计和校正线性加速度计的偏差和漂移，因为它们不会影响科学测量。此外，在星载 GNSS 数据提供的轨道数据基础上，推力脉冲使平均轨道高度保持恒定[11]。偏差和漂移的预测与消除，对于无拖曳编队任务变得至关重要[4]。

12.5.2 控制算法的架构和要求

控制算法基于以下嵌入式模型控制原则（请参见 14.1 节）。

（1）控制算法的核心是任务嵌入式模型，在所有模式下都是同一嵌入式模型。

（2）嵌入式模型由发送给航天器的相同指令驱动。如 11.2.5 节所示，该原理使预测误差对指令饱和不敏感。在粗指向模式和精指向模式下，单层控制器可以直接实现该原理。无拖曳模式的姿态控制采用如图 12.3 所示的两层控制，因内回路（无拖曳控制）发送到外回路（姿态控制）的指令仅可用作嵌入式模型变量，故其原理实现更为精细。需要将星跟踪器和加速度计的测量进行合适的组合，以正确选择内回路到外回路指令，其在参考资料[3]中称为混合信号。相关的设计问题有时称为混合[8]。

图 12.3 所示为无拖曳模式分层姿态控制器框图。

表 12.3 总结了无拖曳姿态控制要求。粗指向模式必须确保太阳能电池板朝着从航天器到太阳的方向 $\boldsymbol{s}$ 快速稳定地定向。假定太阳能电池板的法线与第二个本体坐标轴 $\boldsymbol{b}_2$ 平行。围绕 $\boldsymbol{s}$ 的 $\boldsymbol{b}_2$ 的锥角用 $\alpha_s=\cos^{-1}(\boldsymbol{b}_2\cdot\boldsymbol{s})$ 表示，这被称为太阳方位角。假设太阳能电池板接收的平均功率 $\overline{P}_s$ 与以下比例成正比：

$$\overline{P}_s(t) \propto \frac{1}{t}\int_0^t \max(\cos\alpha_s(\tau),0)\,\mathrm{d}\tau = \bar{c}_s(t) \tag{12.23}$$

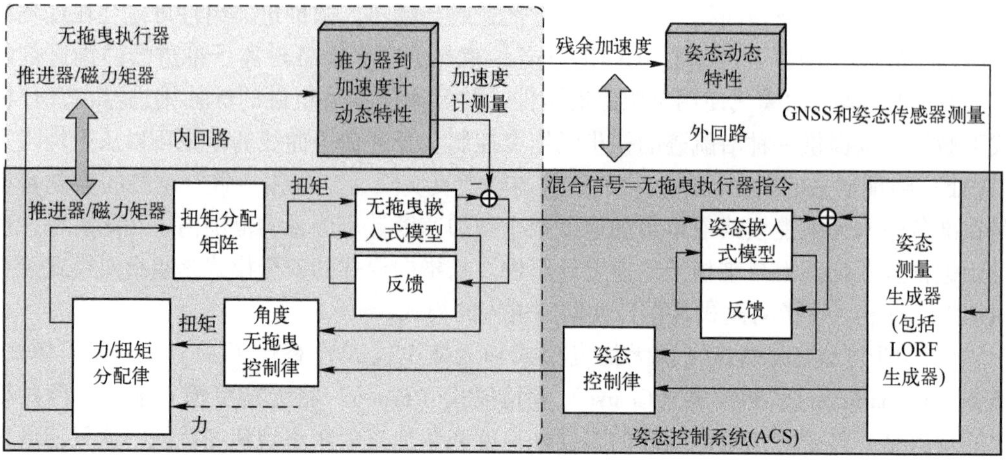

图 12.3　无拖曳模式分层姿态控制器框图

表 12.3　无拖曳姿态控制要求

编号	变量	符号	单位	值	备注
CPM 模式					
1	太阳方位角	α_s	rad	π/4	$t\geqslant N_sP_0, N_s=8$
2	平均接收功率比率	$\bar{c}_s$	比率	0.7	$t\geqslant N_sP_0$
3	横滚角和偏航角（最大）	φ_{max}，ψ_{max}	rad	0.6	消旋后，$\lvert \boldsymbol{\omega}-\omega_0\boldsymbol{o}_2 \rvert\leqslant\omega_{max}$，$\omega_{max}$ = 3.5mrad/s
4	俯仰角（最大）	θ_{max}	rad	0.25	和第 3 行一致
磁力矩杆精指向模式（支架中的推进器精指向模式）					
5	横滚角和偏航角（最大）	φ_{max}，ψ_{max}	rad	0.12（0.002）	
6	俯仰角（最大）	θ_{max}	rad	0.06（0.001）	
7	角加速度	$\dot{\omega}_{max}$	μrad/s²	6	最大值
无拖曳模式					
8	姿态角	q_{max}	mrad	0.4	最大值
9	姿态角	$\tilde{S}_q(f)$	μrad	8	测量带宽中的 SD
10	角速度误差	$\tilde{\omega}_{max}$	μrad/s	10	最大值
11	角速度误差	$\tilde{S}_\omega(f)$	μrad/$\sqrt{Hz}$	0.5	测量带宽中的 SD
12	角加速度	$\dot{\omega}_{max}$	μrad/s²	1	最大值
13	角加速度	$\tilde{S}_{\dot{\omega}}(f)$	μrad/(s² $\sqrt{Hz}$)	0.025	测量带宽中的 SD
14	测量带宽	F	mHz	5~100	

给定最小时间间隔 $t_s=N_sP_0=2\pi N_s\omega_0^{-1}$，其中 ω_0 是平均轨道角速度，$t>t_s$ 时要求 $\alpha_s<\alpha_{s,max}$ 和 $\bar{c}_s\geqslant\cos(\alpha_{s,max})$。取决于任务的最小轨道数 N_s 设为 8。无拖曳模式最严格的谱要求是科学测量带宽（MBW）$F=\{5mHz\leqslant f<100mHz\}$。

因为采用推进执行器而不是磁力矩器，所以表 12.3 第 12 行和第 13 行中的角加速度要求比 11.2.2 节式（11.11）中的 GOCE 要求更为严格[10]。

12.5.3 仿真环境

仿真结果是从类似 GOCE 任务的简化仿真器中获得的，其主要参数如表 12.4 所示。

星跟踪器组件偏差是由于星跟踪器组件与本体坐标之间的热变形偏差引起的。由于科学要求仅涉及中频科学测量带宽，因此这些误差可以接受的。一般可以通过使星跟踪器组件坐标系与体坐标系重合来减弱这种偏差，但在 GOCE 任务中这是不可行，因为体坐标系与加速度计组件（梯度仪，11.2.3 节图 11.3）定义的有效载荷坐标系重合。

表 12.4 仿真环境

编号	变量	符号	单位	值	备注
轨道历元 $d=\{2009,3,17,18,0,0\}$					
1	高度	h	km	300	匹配 GOCE 的平均阻力
2	升交点赤经	Ω	rad	$\pi/2$	
3	轨道倾角	i	rad	1.68	
4	近地点幅角	ω	rad	0	
5	平均偏心率	$\bar{e}$		0.001	
6	地球重力场阶数和次数	$\{n,m\}$		$\{3,3\}$	
7	热层密度	ρ_a	μg/m³	0.025~0.055	范围
8	热层风	$\lvert \boldsymbol{\omega}_e \times \boldsymbol{r} \rvert$	m/s	<500	同向旋转
9	地球的磁偶极子（2010）	$\{\lambda_m, \phi_m\}$	rad	$\{-2.31, 1.48\}$	{经度,纬度}
航天器					
10	惯量矩阵	$\boldsymbol{J}$	kgm²	0.12（0.002）	参见 7.2.5 节式（7.29）
11	质量	m_s	kg	1080	
12	气动面			14	数量
13	压力中心	$\boldsymbol{a}=[a_1,a_2,a_3]$	m	[-0.3, 0, 0]	CoP [10]
14	星跟踪器偏差（每坐标轴）		mrad	≤0.01	偏差（Misalignment）
15	星跟踪器粗略范围误差 SD（每坐标轴）	$\tilde{S}_s(\tilde{\sigma}_{NEA})$	μrad/$\sqrt{\text{Hz}}$	6.7（15μrad）	NEA，f>1mHz
16	角加速度误差	$\tilde{S}_{\dot{\omega}m}$	μrad/(s$^2\sqrt{\text{Hz}}$)	0.001	$f\in F$，MBW
17	离子推进组件范围	$\mu_{0,\min} \sim \mu_{0,\max}$	mN	1~20	12bits
18	微推组件范围	$u_{\min} \sim u_{\max}$	mN	0.05~1.5	12bits
19	航天器磁偶极子	$\boldsymbol{m}_s$	Am²	[6, 2, -2]	常数
20	磁力矩杆范围	$m_{u,\max}$	Am²	400	粗略范围

练习 5

使用 2.5.7 节式（2.133）和式（2.134）计算表 12.4 中纪元的儒略日期 $JD(\boldsymbol{d})$ 和 J2000 日期 $D(\boldsymbol{d})$。

12.5.4 任务状态预测器

姿态状态预测器与 7.3.5 节和 11.3.2 节中所解释的相同，适用于单纯的姿态测量情况。唯一的差异在于二阶扰动动力学，且不存在 11.3.2 节中的已知扰动。表 12.2 中的任何无拖曳姿态控制模式都将使用相同的预测变量［称为任务（姿态）状态预测)］，从粗指向模式切换到磁力矩杆精指向模式时仅有的变化在于输入信号、闭环频谱及初始四元数和角速度。粗指向模式到磁力矩杆精指向模式转换的特殊之处在于，在粗指向模式期间，状态预测器直接提供由太阳和地球方向定义的体坐标系和观测者坐标系之间的误差四元数，而从磁力矩杆精指向模式开始，则提供了惯性系中的本体四元数。

除了已经提到的更改，图 12.4 中任务状态预测器与 7.3.5 节中的图 7.4 和 11.3.2 节中的图 11.9（没有指令输入的地方）相同。其中添加了两个由模式代码 $ml(i)$ 触发的输入开关。已知的扰动矢量 $\boldsymbol{h}_{nom}(\cdot)$ 用虚线框表示，因为不会在仿真运行中使用它。正如第 6、7 和 11 章所述，其目的是强调状态预测器扰动动态特性和噪声估计的能力、不确定极点配置（14.3 节）的能力及根据控制要求以正确精度预测已知和未知扰动的能力。通常，扰动状态矢量 $\{\boldsymbol{x}_d,\boldsymbol{x}_{d1}\}$ 不用符号^表示，噪声三元矢量 $\{\boldsymbol{w}_u,\boldsymbol{w}_d,\boldsymbol{w}_{d1}\}$ 用$\smile$表示。

1. 粗指向模式阶段

模式代码为 $ml(i)=1$。姿态传感器（粗地球和太阳敏感器）直接提供对真实跟踪误差 $\tilde{q}_r$ 的测量，该误差由四元数 q_b^n 定义，将体坐标系转换为由航天器到太阳的单位矢量 $\boldsymbol{s}$ 和地球到航天器方向 $\boldsymbol{l}_3=\boldsymbol{r}/r$ 定义的近 LVLH 坐标系 N，如下：

$$N=\left\{C,\boldsymbol{n}_1=\frac{\boldsymbol{s}\times\boldsymbol{l}_3}{|\boldsymbol{s}\times\boldsymbol{l}_3|},\boldsymbol{n}_2=\boldsymbol{l}_3\times\boldsymbol{n}_1,\boldsymbol{n}_3=\boldsymbol{l}_3\right\} \tag{12.24}$$

在表 12.4 中的仿真时间点 $\boldsymbol{d}$，轨道极点 $\boldsymbol{l}_2$ 和太阳方向 $\boldsymbol{s}$ 之间的偏差 $\cos^{-1}(\boldsymbol{l}\cdot\boldsymbol{s})\cong 0.082$，主要是由于近极轨道的倾斜。$q_b^n$ 的测量值 $\hat{q}_b^n$ 可以通过 TRIAD 方法（10.3.2 节）或 QUEST 方法（10.5.2 节）获得，后者相对来说更好，因为它直接提供了四元数估计。两个估计器均由测量组合 $\{\hat{\boldsymbol{s}}_1,\hat{\boldsymbol{s}}_2\}$ 和 $\{\breve{\boldsymbol{m}}_1,\breve{\boldsymbol{m}}_2\}$ 驱动，其中下标 1 指的是从航天器到太阳的方向，下标 2 是指从地球到航天器的方向（与 LVLH 定义一致）。第一对写为

$$\breve{\boldsymbol{s}}_1=P^{\mathrm{T}}X(-\hat{i})Z(-\hat{\Omega})\hat{\boldsymbol{s}}_i,\quad \breve{\boldsymbol{s}}_2=[0,0,1] \tag{12.25}$$

其中，$\{\hat{i},\hat{\Omega},\hat{s}_i\}$ 是轨道倾角 i、升交点赤经 Ω 和太阳惯性矢量 $\boldsymbol{s}_i$ 在当前时间点 $\boldsymbol{d}$ 时的估计值；旋转矩阵 $\boldsymbol{P}$ 是 3.3.4 节式（3.33）中的置换矩阵。$\{\breve{\boldsymbol{m}}_1,\breve{\boldsymbol{m}}_2\}$ 代表粗地球和太阳敏感器提供的太阳方向和地球对航天器方向。指令加速度 $\boldsymbol{a}_u(i)\,[m/s^2]$ 是通过将数字磁偶极子 $\boldsymbol{u}_m(i)$ 通过以下表达式转换而获得的

$$\boldsymbol{a}_u(i)=-\boldsymbol{J}_{nom}^{-1}\breve{B}(i)\times(\rho_m\boldsymbol{u}_m(i)) \tag{12.26}$$

其中，$\boldsymbol{J}_{nom}$ 是标称和对角线航天器惯量矩阵，ρ_m 是指令量化，$\boldsymbol{B}$ 是三轴磁力计提供的体坐标系中的地球磁场。相同的命令也适用于代码为 $ml(i)=2$ 的磁力矩杆精指向模式。

2. 磁力矩杆精指向模式、推进器精指向模式和无拖曳模式阶段

姿态四元数 $q=q_b^i$ 由星跟踪器组件测量，如 7.3.5 节所述。指令加速度 $\boldsymbol{a}_u(i)$ 是通过 3 种不同的方式获得的。在磁力矩杆精指向模式下，它是从式（12.26）中磁偶极子获

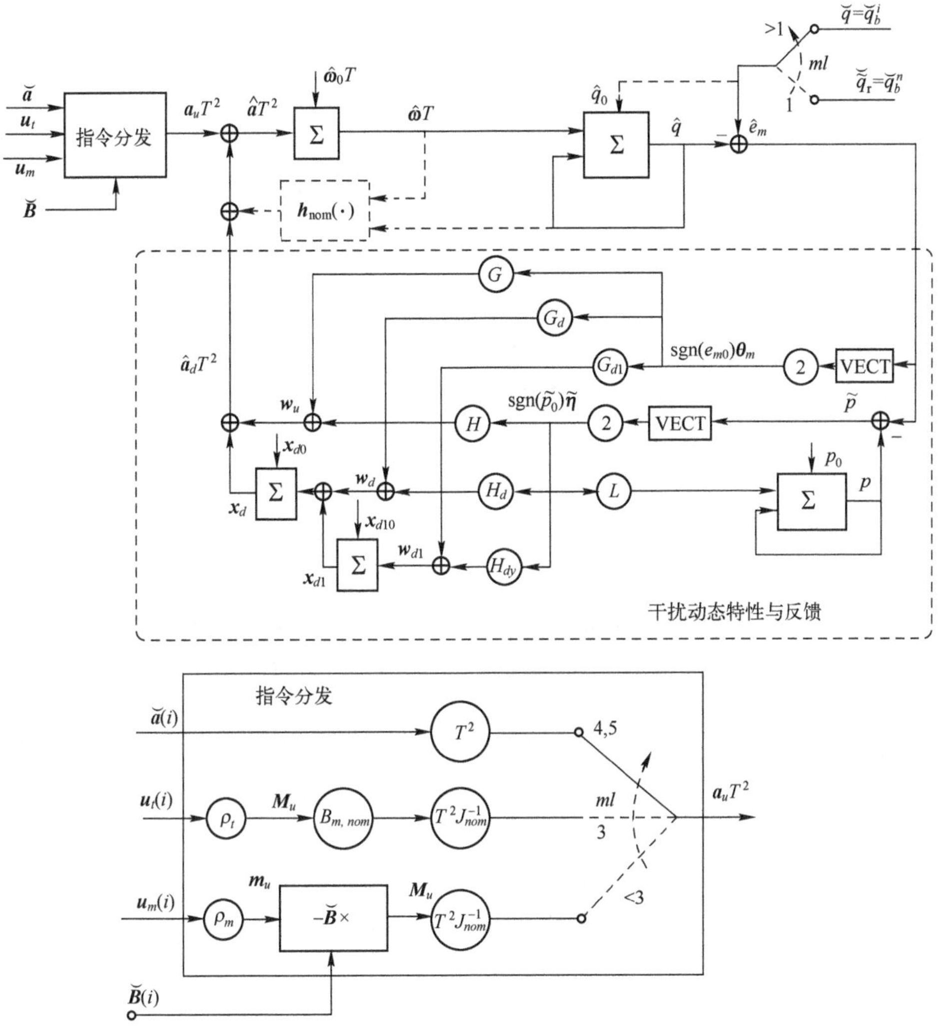

图 12.4　任务状态预测器框图

得。在推进器精指向模式中，它是通过将数字推力矢量 $\boldsymbol{u}(i)$ 分配给指令力矩 $\boldsymbol{M}_u$，然后通过 9.3.3 节中 B_M 的标称力矩分配矩阵 $\boldsymbol{B}_{M,nom}$ 分配给 $\boldsymbol{a}_u$ 来获得的，如下所示：

$$\boldsymbol{a}_u(i) = -\boldsymbol{J}_{nom}^{-1}\boldsymbol{B}_{\mathrm{M},nom}\rho_t\boldsymbol{u}(i) \tag{12.27}$$

其中，ρ_t 是推进器量化因子。在无拖曳模式中，$\boldsymbol{a}_u(i)$ 是估计的角度无拖曳残差 $\hat{a}(i)$，称为混合信号。

如 7.3.5 节和 11.3.2 节所述，我们利用误差方程（请参阅 6.5 节）以及输入噪声和测量误差对角协方差矩阵的渐近坐标解耦。与 11.2.4 节和 11.3.2 节中类似的论点可以应用于此。因此，状态预测器的极点配置是基于单变量误差状态方程的，该方程的紧凑形式为

$$\begin{aligned}\tilde{\boldsymbol{x}}(i+1) &= \tilde{F}\tilde{\boldsymbol{x}}(i) + \tilde{L}\tilde{\boldsymbol{\theta}}_m(i) + \tilde{B}a_d(i)\\ \tilde{y}(i) &= \tilde{C}\tilde{\boldsymbol{x}}(i)\end{aligned} \tag{12.28}$$

具有以下状态矢量 $\tilde{\boldsymbol{x}}$ 和矩阵：

$$\widetilde{\boldsymbol{x}}=\begin{bmatrix}\widetilde{\theta}=\theta-\hat{\theta}\\ \widetilde{\omega}T\\ -x_d\\ -x_{d1}\\ \eta\end{bmatrix},\widetilde{F}=\begin{bmatrix}1 & 1 & 0 & 0 & 0\\ -g-h & 1 & 1 & 0 & h\\ -g_d-h_d & 0 & 1 & 1 & h_d\\ -g_{d1}-h_{d1} & 0 & 0 & 1 & h_{d1}\\ l & 0 & 0 & 0 & 1-l\end{bmatrix},\widetilde{L}=\begin{bmatrix}0\\ -g-h\\ -g_d-h_d\\ -g_{d1}-h_{d1}\\ l\end{bmatrix},\widetilde{B}=\begin{bmatrix}0\\ 1\\ 0\\ 0\\ 0\end{bmatrix} \quad (12.29)$$

$$\widetilde{C}=[1\quad 0\quad 0\quad 0\quad 0]$$

状态分量和输入变量以 rad 为单位。输出$\widetilde{y}=\widetilde{\theta}$是从四元数$\widetilde{q}$中提取的预测误差$\widetilde{\boldsymbol{\theta}}=2\widetilde{\boldsymbol{q}}$的通用分量。相同的推导适用于真实模型误差$\widetilde{\theta}_m$。输入 a_d 是真实的扰动加速度，其由状态变量$\{x_d,x_{d1}\}$预测，η 是动态反馈的状态变量。集合 $\{g,\ h,\ l,\ g_d,\ h_d,\ g_{d1},\ h_{d1}\}$ 表示通过指定补谱$\widetilde{\Gamma}=\{\widetilde{\gamma}_1,\cdots,\widetilde{\gamma}_5\}$设计的标量增益。如 11.3.2 节所述，通过确定 $g_d+h_d=g_{d1}+h_{d1}=0$可以使闭环谱保持任意形式。如式（13.117），使用极点配置公式沿单位圆的正实线段扩展谱。

$$0<\widetilde{\gamma}_k=\widetilde{\gamma}_1 2^{-\widetilde{\alpha}(k-1)}\leqslant 1,\widetilde{\alpha}\geqslant 0,\widetilde{\gamma}_1\leqslant 1,k=1,2,\cdots,5 \quad (12.30)$$

回顾 13.6 节，状态预测器灵敏度$\widetilde{S}_{AC}$是式（12.31）定义的输出扰动 d_y 和式（12.29）中的预测误差$\widetilde{\theta}$之间的传递函数。$\widetilde{\theta}$也是补灵敏度（CS）$\widetilde{V}_{AC}$的输出，输入是式（12.28）中负的真实模型误差$\widetilde{\theta}_m$。这些变量未出现在图 12.4 的框图中。该框图说明了在控制单元中执行的状态预测器方程，但未体现式（12.28）和式（12.29）的预测误差方程。d_y 没有出现在式（12.28）中，但可以通过双重积分将 a_d 转换为输出 d_y 来获得，如 13.6.2 节式（13.134）。

$$d_y(z)=(z-1)^{-2}a_d(z) \quad (12.31)$$

练习 6

使用式（12.28）、式（12.29）和式（12.31），并假设在不破坏极点配置的情况下，假设 $g_d+h_d=0$ 和 $g_{d1}+h_{d1}=0$，计算状态预测器灵敏度$\widetilde{S}_{AC}(z)$和补灵敏度（CS）$\widetilde{V}_{AC}(z)$，满足设计方程

$$\widetilde{\theta}(z)=-\widetilde{V}_{AC}(z,\widetilde{\Gamma})\widetilde{\theta}_m(z)+\widetilde{S}_{AC}(z,\widetilde{\Gamma})d_y(z) \quad (12.32)$$

证明低频渐近线$\widetilde{S}_{AC0}(z)=\lim\limits_{z-1\to 0}\widetilde{S}_{AC}(z)$和高频渐近线$\widetilde{V}_{AC\infty}(z)=\lim\limits_{z-1\to\infty}\widetilde{V}_{AC}(z)$如下等式成立

$$\widetilde{S}_{AC0}(z)=\frac{(z-1)^4}{g_{d1}}=\left(\frac{z-1}{2\pi\widetilde{f}_s T}\right)^4,g_{d1}=\frac{\prod\limits_{k=1}^{5}\widetilde{\gamma}_k}{\sum\limits_{k=1}^{5}\widetilde{\gamma}_k} \quad (12.33)$$

$$\widetilde{V}_{AC\infty}(z)=\frac{g+h}{(z-1)^2}=\left(\frac{2\pi\widetilde{f}_v T}{z-1}\right)^2,g+h=\sum_{k=1}^{5}\sum_{j=1,j\neq k}^{5}\widetilde{\gamma}_k\widetilde{\gamma}_j$$

其中，$\widetilde{\Gamma}=\{\widetilde{\gamma}_1,\cdots,\widetilde{\gamma}_5\}$是闭环补谱，$\{\widetilde{f}_s,\widetilde{f}_v\}$表示$\{\widetilde{S}_{AC},\widetilde{V}_{AC}\}$的带宽。

尽管表 12.3 中的无拖曳姿态控制需求涉及真实的跟踪误差，但如果假设跟踪误差主要由预测误差决定，则相同的需求也可以应用于预测误差。该假设对应于 13.5.4 节的标准设计，并表示所测得的跟踪误差可忽略不计，接近于零［请参见式（13.170），13.6.3

节]。解耦假设导出式(12.28),并反映为表12.3中的解耦无拖曳姿态控制需求,这表明可以将预测误差的分量[式(12.32)表示通用分量]假定为不相关的。因此,可以处理式(7.118)[另请参见14.3.3节式(14.47)]中的单变量性能不等式。

$$\widetilde{S}_{\theta}^{2}(f) \leqslant (1-\eta)^{-2}\left(|\widetilde{V}_{AC}(\mathrm{j}f,\widetilde{I})|^{2}\widetilde{S}_{s}^{2}(f)+|\widetilde{S}_{AC}(\mathrm{j}f,\widetilde{I})|^{2}\widetilde{S}_{d}^{2}(f)\right) \leqslant \widetilde{S}_{\theta,\max}^{2}(f) \quad (12.34)$$

其中,$\eta^{-1}>1$ 是相对于未建模动力学∂P和如14.2.1节所述状态依赖的未建模扰动$h(\cdot)$的稳定裕度,而$\widetilde{S}_{\theta,\max}^{2}$在下面确定。式(12.34)可以通过以下方法简化。

(1)通过权重组合$\{w_s,w_v\}$,$w_s^{-2}+w_v^{-2}=1$,将边界分摊到括号中的各项。

(2)如果真实的跟踪误差$\widetilde{\mathfrak{q}}_r=\mathfrak{q}_r\otimes\widetilde{\mathfrak{q}}$[参见6.5.1节中的式(6.97)]由预测误差$\widetilde{\mathfrak{q}}$(进一步的设计目标)主导,则$\widetilde{S}_{\theta,\max}$可以由表12.3中的真实跟踪误差的常数边界$\widetilde{S}_{q,\max}$代替。

(3)14.3.2节的低频和高频稳定性不等式(LFS和HFS)将不作明确处理,①主要由于传感器延迟和执行器动力学而导致的未建模动力学∂P被下面设计的$\widetilde{V}$的窄带宽极大地衰减了;②未建模的扰动(主要是重力梯度和气动力矩)被宽频带的角度无拖曳控制抵消(12.5.7节)。因此,无须显式推导就可以假设具有较大的稳定裕度$\eta^{-1}\gg 1$,其表明$1-\eta\cong 1$。

(4)星跟踪器组件误差的$\widetilde{V}_{AC}(f)$和谱密度$\widetilde{S}_s(f)$可以用测量带宽中的上限$\mathcal{F}=\{5\text{mHz}\leqslant f<100\text{mHz}\}$代替,特别是$\widetilde{S}_s(f)$可以用$\widetilde{\sigma}_{\text{NEA}}/\sqrt{f_{\max}}$代替,其中测量带宽中$\widetilde{\sigma}_{\text{NEA}}$归因于星跟踪器噪声的影响(请参阅8.9.3节)。

从式(12.34)演化而来的一对性能不等式如下,其中$\widetilde{S}_{\theta,\max}=\widetilde{S}_{q,\max}$和$\eta\ll 1$。

$$\begin{aligned}
&\text{LFM,HFP}:\max_{f\in\mathcal{F}}\left(|\widetilde{V}_{AC}(jf,\widetilde{\Gamma})|W_s(f)\right)\leqslant 1, W_s(f)=w_s\frac{\widetilde{S}_s(f)}{\widetilde{S}_{q,\max}(f)}\\
&\text{HFA,LFP}:\max_{f\in\mathcal{F}}\left(|\widetilde{S}_{AC}(jf,\widetilde{\Gamma})|W_s(f)\right)\leqslant 1, W_s(f)=w_s\frac{\widetilde{S}_d(f)}{\widetilde{S}_{q,\max}(f)}
\end{aligned} \quad (12.35)$$

其中LFM表示低频测量,HFA表示高频执行器,HFP和LFP分别表示高频和低频性能(请参阅1.3节中的表1.4和14.3.3节)。

在下文中,仅关注式(12.35)中的第一行不等式。因为低频分量为测量带宽中的星跟踪器频谱密度提供了上限,而高频部分为补灵敏度带宽$\tilde{f}_v$提供了上限。第二行不等式为执行器噪声提供了一个上限,为灵敏度带宽$\tilde{f}_s$提供了一个下限。尽管执行器噪声上限对于选择执行器来说必不可少,但设计时不会用到。$\tilde{f}_s$的设计有望与$\tilde{f}_v$兼容,即$\tilde{f}_s<\tilde{f}_v$,因为$\widetilde{S}_d(f)$仅是由于无拖曳残差所致,因此在$f_{\min}=5\text{mHz}$以下变得明显。着眼于第一行不等式,借助渐近表达式$|\widetilde{V}_{AC}(jf,\tilde{f}_v)|$得出低频和高频的影响,即

$$|\widetilde{V}_{AC0}|\cong 1, f<\tilde{f}_v, |\widetilde{V}_{AC\infty}|\cong(\tilde{f}_v/f)^2, \tilde{f}_v\leqslant f<f_{\max} \quad (12.36)$$

在测量带宽中谱密度平坦的假设下,通过用$\widetilde{\sigma}_{\text{NEA}}/\sqrt{f_{\max}}$替换$\widetilde{S}_s(f)$,通过设置$w_v=\sqrt{2}$和$f_{\max}=5\text{Hz}$,得到以下不等式:

$$\begin{aligned}
&\text{LFM}:w_v\max_{f<\tilde{f}_v}\sim W_v(f)\leqslant 1\Rightarrow\widetilde{\sigma}_{\text{NEA}}\leqslant w_v^{-1}\sqrt{f_{\max}}\,\widetilde{S}_{q,\max}\cong 12.6\mu\text{rad}\\
&\text{HFP}:w_v\max_{f\geqslant\tilde{f}_v}\left(\left(\frac{\tilde{f}_v}{f}\right)^2W_v(f)\right)\leqslant 1
\end{aligned} \quad (12.37)$$

第二个不等式在常数$W_v(f)$的假设下,取$f\to\tilde{f}_v$的最大值,并使未知的$\tilde{f}_v$消失。人们

可能会质疑这种结果，因为它是近似值。实际上，这表明争论在于第二行优化没有得到很好的定义，因此应该对优化问题进行再阐述。为了解决这个问题，式（12.37）中的HFP不等式被包含角速度误差$\widetilde{\omega}$ [rad/s] 和加速度误差$\widetilde{a}$ [rad/s^2] 的相似表达式代替。再次混合预测和跟踪误差，并在表12.3的第11行和第13行中采用了频谱边界$\widetilde{S}_{\omega,\max}$和$\widetilde{S}_{a,\max}$。因此，可以在整个测量带宽上写下以下不等式：

$$\begin{aligned}&\max_{f\in\mathcal{F}}\left(w_v(2\pi f|\widetilde{V}_{AC}(jf,\widetilde{f}_v)|)\frac{\widetilde{S}_s(f)}{\widetilde{S}_{\omega,\max}}\right)\leqslant 1\\&\max_{f\in\mathcal{F}}\left(w_v((2\pi f)^2|\widetilde{V}_{AC}(jf,\widetilde{f}_v)|)\frac{\widetilde{S}_s(f)}{\widetilde{S}_{a,\max}}\right)\leqslant 1\end{aligned}\tag{12.38}$$

如果将式（12.38）中的最大值限制在$f<\widetilde{f}_v$频段，则从式（12.37）的第一行进行替换。用$\widetilde{S}_{q,\max}$替换$w_v\widetilde{S}_s(f)=w_v\widetilde{\sigma}_{\mathrm{NEA}}/\sqrt{f_{\max}}$，最大值出现在前一个频带的右边界，并且发现$\widetilde{f}_v$的上限为

$$\widetilde{f}_v\leqslant\widetilde{f}_{v,\max}=\frac{1}{2\pi}\min\left\{\sqrt{\frac{\widetilde{S}_{a,\max}}{\widetilde{S}_{q,\max}}},\frac{\widetilde{S}_{\omega,\max}}{\widetilde{S}_{q,\max}}\right\}=\frac{1}{2\pi}\min\{0.056,0.0625\}\cong 8.9\mathrm{mHz}\tag{12.39}$$

式（12.37）和式（12.39）的数值结果应该作为初次尝试：特别是，$\widetilde{\sigma}_{\mathrm{NEA}}$与表12.4第15行中的值一致，并且为保守起见，还与8.9.3节的表8.8中欧洲三探头星敏感器的低频噪声一致。

在磁力矩杆精指向模式和推进器精指向模式下，因为不存在角度无拖曳控制，并且由星跟踪器组件数据驱动的姿态预测器估计了假定为未知的扰动力矩，所以式（12.39）的上限必须增大。7.7.4节设计中$T=1\mathrm{s}$，$\{\widetilde{\gamma}_1=0.25,\widetilde{\alpha}=0.2\}$是一个初始点，因为在7.7.4节中表7.1，假定了与本设计相同的星跟踪器噪声等效角。在$T=0.1\mathrm{s}$下细化会导出新的值：

$$\widetilde{\gamma}_{1,\mathrm{FPM}}=2\pi\widetilde{f}_{1,\mathrm{FPM}}T=0.02\Rightarrow\widetilde{f}_{1,\mathrm{FPM}}=32\mathrm{mHz}>\widetilde{f}_{v,\max}=8.9\mathrm{mHz},\widetilde{\alpha}_{\mathrm{FPM}}=0.5\tag{12.40}$$

在粗指向模式下，星跟踪器组件替换为粗地球和太阳敏感器。要求是粗地球和太阳敏感器噪声对预测误差衰减。衰减仅涉及大致定义为$f>1\mathrm{mHz}$的高频噪声（可以将噪声方差粗略估计为比星跟踪器大2个数量级），而不涉及在8.8.3节中固定传感器精度的低频分量。式（12.33）中$\widetilde{V}_{\mathrm{AC}}$的二阶高频渐近线很重要，但是可以证明所得的标准偏差减小与互补灵敏度的带宽减小成比例。因此，式（12.40）中$\widetilde{f}_{1,\mathrm{FPM}}$的期望的两个数量级衰减不能被采用，因为它将导致$\widetilde{f}_{1,\mathrm{CPM}}\cong 0.3\mathrm{mHz}$，非常接近轨道角频率$\widetilde{f}_o=(2\pi)^{-1}\omega_o\cong 0.19\mathrm{mHz}$。在这种情况下，状态预测器将无法预测摄动力矩的周期性分量。总之，式（12.40）中的$\widetilde{f}_{1,\mathrm{FPM}}$仅减少为原来的1/4，可以被证明对高频粗地球和太阳敏感器噪声可行的，但其具有较大的预测误差的缺点，该误差会从嵌入式模型溢出到指令中，并可能引起指令饱和。此问题可以通过过滤粗地球和太阳敏感器测量值来解决。保守起见，仅依靠$\widetilde{V}_{\mathrm{AC}}$的二阶高频渐近线，没有添加噪声滤波器，这可以通过图12.4中的动态反馈实现。极点配置公式采用的粗指向模式，为$\{\widetilde{\gamma}_{1,\mathrm{CPM}}=0.005,\widetilde{\alpha}_{\mathrm{CPM}}=0.5\}$。

12.5.5 粗指向模式和磁力矩杆精指向模式控制设计

粗指向模式和磁力矩杆精指向模式控制策略是对磁力矩控制器进行角速度控制的扩

展，如7.6.2节（未仿真运行）和7.7.3节（使用仿真数据的旋转质量块控制）中所述。在这里，需要一个姿态控制（比例反馈P），其中包括角速度反馈（导数D）和扰动抑制，并且能够进行航天器消旋。文献［6］中可以找到基于平均理论的设计方法。遵循文献［7］相同理论的设计方法在7.6.2节和7.7.3节中被采用。GOCE磁性姿态控制的设计采用了一种略有不同的设计方法，该方法在整个任务中均成功运行[9-10]。在这里，部分遵循平均理论，但PD增益（姿态和速度）是通过适当的极点配置来设计的。正如文献［9］中指出，由于7.2.5节式（7.29）翻滚力矩 J_1 和俯仰（偏航）惯性力矩 $J_2(J_3)$ 之比 $\iota_1 \cong 0.056$ 较小，因此GOCE设计问题颇具挑战性。

从7.3.1节的跟踪误差表达式（7.48）和式（7.49）开始：

$$\dot{\tilde{\mathfrak{q}}}_r(t)=\frac{1}{2}\tilde{\mathfrak{q}}_r\otimes\tilde{\boldsymbol{\omega}}_r$$

$$J\dot{\tilde{\omega}}_r(t)=-\boldsymbol{\omega}\times\boldsymbol{J}\boldsymbol{\omega}+\boldsymbol{M}_u+\boldsymbol{M}_d-J(\boldsymbol{\omega}_{rb}\times\tilde{\boldsymbol{\omega}}_r+\dot{\boldsymbol{\omega}}_{rb}) \tag{12.41}$$

其中，$\tilde{\mathfrak{q}}_r$ 是真实的跟踪误差，在式（12.2）和式（12.3）中分别定义了$\tilde{\omega}_r$ 和$\tilde{\omega}_r$。M_d是扰动力矩，包括重力梯度和气动力矩。因为假设将电磁转矩作为制动器，所以指令力矩 M_u是 M_c的正交投影 $M_u=\Pi(\boldsymbol{b})M_c$，其中投影矩阵满足 $\Pi(\boldsymbol{b})=1-\boldsymbol{b}\boldsymbol{b}^{\mathrm{T}}$，$b=\boldsymbol{B}/|\boldsymbol{B}|$是体坐标系中地球磁场矢量的方向。在粗指向模式下，真实的跟踪误差$\tilde{\mathfrak{q}}_r$ 在12.5.4节中由四元数 $\mathfrak{q}_b^n$ 定义，该四元数将本体坐标转换为式（12.24）中定义的近LVLH坐标系 $\mathfrak{R}$ 的坐标。

指令力矩 M_c，通常是一个解耦的PD反馈加上一个干扰抑制，如7.3.1节的式（7.52）所示。初始速度阻尼过程中的速度反馈和干扰抑制降低为：

$$\begin{aligned}&\text{速度反馈}:\boldsymbol{M}_c(i)=-J_{nom}(K_\omega\tilde{\boldsymbol{\omega}}_r+\boldsymbol{x}_d/T^2+\boldsymbol{h}_{nom}(\cdot)),l_{\text{rate}}(i)<1\\&\text{比例微分反馈}:\boldsymbol{M}_c(i)=-J_{nom}(-\dot{\boldsymbol{\omega}}_{rb}+2\boldsymbol{K}_q\operatorname{sgn}(\tilde{q}_{r0})\tilde{\boldsymbol{q}}_r+K_\omega\tilde{\boldsymbol{\omega}}_r+\boldsymbol{x}_d/T^2+\boldsymbol{h}_{nom}(\cdot)),l_{\text{rate}}(i)=1,\end{aligned} \tag{12.42}$$

其中，$\boldsymbol{h}_{nom}(\cdot)$表示回转转矩（但在仿真运行中将被忽略），$x_d$ 是图12.4中的离散未知干扰预测值，$\boldsymbol{K}_q=\operatorname{diag}(k_{\omega1},k_{\omega2},k_{\omega3})$是要设计的对角增益矩阵，$\dot{\omega}_{rb}$是参考加速度，在粗指向模式期间将其设置为零。式（12.42）第一行的速度阻尼律等价于7.6.2节式（7.246）中的消旋控制律，区别在于现在角速度误差$\tilde{\omega}_r$ 是图12.4中由粗地球和太阳敏感器数据驱动的状态预测器的输出。速度阻尼逻辑 l_{rate} 由 $|\tilde{\omega}_r|\leqslant\omega_{\max}=\gamma_\omega\omega_o$ 和超时 $\gamma_P P_0=\gamma_P 2\pi/\omega_o(\gamma_P=1)$触发，后者确定了在角速度超出先前阈值后的稳定时间。原则上，应该采用 $\gamma_\omega<1$ 来逼近轨道角速度。实际上，由于粗地球和太阳敏感器较大的数据波动，建议取 $\gamma_\omega=3$ 和 $\omega_{\max}=3.5$，如表12.3第3行中所示。$\{\gamma_\omega,\gamma_P\}$定义了速度阻尼间隔时间。在图12.5中，速度阻尼阶段在 $l_{\text{rate}}(i)=1$ 时结束，即在一个轨道周期之后。

如7.7.3节式（7.283）所示，将计算出的力矩转换为数字磁偶极子 $\boldsymbol{u}_m$：

$$\boldsymbol{u}_m(i)=\operatorname{int}\left(\frac{\breve{\boldsymbol{B}}(i)\times\boldsymbol{M}_c(i)}{|\breve{\boldsymbol{B}}(i)|^2\rho_m}\right)=\operatorname{int}\left(\frac{\boldsymbol{m}_u(i)}{\rho_m}\right),-\boldsymbol{N}_m\leqslant\boldsymbol{u}_m(i)<\boldsymbol{N}_m \tag{12.43}$$

其中，$\breve{\boldsymbol{B}}$是磁力计提供的本体坐标中地球磁场的测量值，$\boldsymbol{m}_u$是磁偶极子，ρ_m 是量化因子，$\boldsymbol{N}_m$ 是积分范围。通用标量$\{k_{qk},k_{\omega k}\}$定义如下。

$$k_{qk}=\omega_o^2\kappa_k,k_{\omega k}=\omega_o(1+\kappa_k),\kappa_k\geqslant1\in\mathbb{Z} \tag{12.44}$$

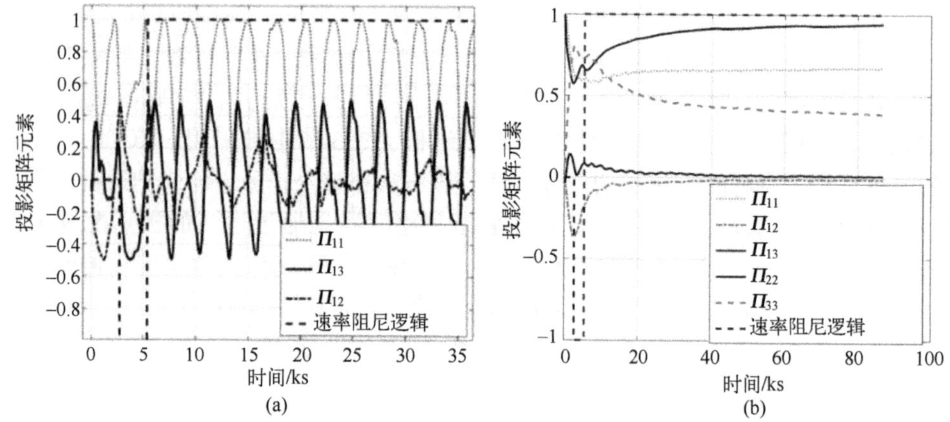

图 12.5　投影矩阵 $\boldsymbol{\Pi}(\boldsymbol{b})$

（a）投影矩阵的三个元素：$\boldsymbol{\Pi}_{11}$，$\boldsymbol{\Pi}_{12}$ 和 $\boldsymbol{\Pi}_{13}$；（b）五个平均元素，前三个元素加上 $\boldsymbol{\Pi}_{22}$ 和 $\boldsymbol{\Pi}_{33}$。

其中，$\boldsymbol{\kappa}_k$ 是要设计的比例因子，ω_o 是平均轨道角速度，对应于平均理论的角频率 ε（参见 7.6.2 节，文献［6-7］）。式（12.44）中反馈增益应用于二阶积分器时，会生成恒定谱 $\Lambda_k=\{-\omega_o,-\omega_o\boldsymbol{\kappa}_k\}$。

如文献［6］中所证明，尽管投影矩阵 $\boldsymbol{\Pi}(\boldsymbol{b})$ 具有近似周期性，但仍可以使用恒定的反馈增益，因为对于 $|\widetilde{\boldsymbol{\omega}}_r|<\omega_o$，平均值趋于恒定、对角和可逆（请参见 4.6.2 节）。图 12.5（b）显示的六个运行平均值 $\overline{\boldsymbol{\Pi}}(t)$ 中的五个，由文献［6］定义如下。

$$\dot{\overline{\boldsymbol{\Pi}}}(t)=-(\overline{\boldsymbol{\Pi}}(t)-\boldsymbol{\Pi}(t))/t,\boldsymbol{\Pi}_{\text{ave}}(0)=\boldsymbol{\Pi}(0) \tag{12.45}$$

图 12.5 中的平均曲线已被滤波以消除轨道波动。缺少项 $\overline{\boldsymbol{\Pi}}_{23}(t)$ 总是接近于零，而且时间曲线也未在图 12.5（a）显示。实际上，由于 $\overline{\boldsymbol{\Pi}}_{23}(t)$ 引起的偏航-俯仰耦合并不重要，因为俯仰和偏航惯性矩很大且相等。由于转动惯量较小，$\boldsymbol{\Pi}(\boldsymbol{b})$ 的关键耦合项为 $\overline{\boldsymbol{\Pi}}_{12}(t)$（横滚俯仰）和 $\overline{\boldsymbol{\Pi}}_{13}(t)$（横滚偏航）。图 12.5（a）显示了 $\overline{\boldsymbol{\Pi}}_{12}(t)$ 和 $\overline{\boldsymbol{\Pi}}_{13}(t)$。不出所料，平均非对角元素 $\overline{\boldsymbol{\Pi}}_{jk}(t), j\neq k$ 趋近于零，如图 12.5 所示。

根据以下规则，极点配置取决于 $k=1,2,3$，简化了式（12.44）中比例因子 κ_k 的选择：

（1）κ_k，$k=2$，3（俯仰和偏航）保持接近于 1，以通过运行平均值趋于零的 $\boldsymbol{\Pi}(\boldsymbol{b})$ 的非对角线项减弱 M_{ck} 与横滚指令力矩 M_{u1} 的相互影响，但其时间曲线不可忽略，如图 12.5（a）所示。最显著的项是 $\boldsymbol{\Pi}_{13}(b)$，其耦合横滚和偏航，因此在稳定的平均条件下，其振荡范围为 ±0.5。只有在稳定的平均条件下，横滚俯仰耦合才能满足 $\max_t|\boldsymbol{\Pi}_{12}(t)|<\max_t|\boldsymbol{\Pi}_{13}(t)|$。因此，在轨道子间隔 $\boldsymbol{\Pi}_{11}(t)\to0$ 时（横滚变得不可控制时），$M_{ck}(k=2,3)$ 对 M_{u1} 的影响可能会产生大的横滚漂移，这很难在随后的轨道周期中减弱。在文献［9］中，通过设计随时间变化的反馈增益已经解决了这个问题。这里借鉴文献［6］，通过选择一个小的常数 κ_k 解决了这个问题。

（2）κ_1（横滚）选择为非常大，$\kappa_1=80\sim90$，其值对应于接近 10s 的时间常数。在粗指向模式下，任意姿态消旋期间，由于粗地球和太阳敏感器数据失准，横滚漂移极有可能发生，必须立即采取措施进行消除。

针对初始条件测试了设计鲁棒性，初始条件包括：本体坐标相对于 LORF 的初始偏移 $q_b^0(0)$，其范围由以下不等式以欧拉角表示，$|\varphi(0)|<\pi$，$|\theta(0)|<\pi/2$，并且 $|\psi(0)|<\pi$；(2) 初始角速度 $|\boldsymbol{\Delta\omega}(0)|\leqslant 0.02\text{rad/s}$，$\boldsymbol{\Delta\omega}=\boldsymbol{\omega}(0)-(\mathfrak{q}_b^0)^{-1}\otimes\boldsymbol{\omega}_o(0)\otimes\mathfrak{q}_b^0$。角速度的最大范围应用于 $\boldsymbol{\Delta}\omega_1$，以仿真入轨阶段的自旋运动。横向角速度保持在 0.5mrad /s 以下。如果忽略横向速度，则初始条件的不确定性集是具有 16 个顶点的四维超立方体，表 12.5 中只仿真了 4 个顶点。由于位于质心后的压力中心（请参见 7.5.2 节和表 12.4 第 13 行）使类 GOCE 的气动力矩稳定，因此通过将轨道高度提高到 450km，对鲁棒性与气动特性进行了测试，降低了对稳定性的影响。按照 GOCE 任务经验，正常的粗指向模式高度已从 260km（GOCE 任务的标称高度）提高到 300km，以匹配低平均阻力 $\overline{F}_{a1}\cong 4.5\text{mN}$。相同的阻力衰减可以通过比表 12.4 第 7 行中更小的热电离层密度来获得。在 450km 的高度上，平均阻力约为 $\overline{F}_{a1}\cong 0.4\text{mN}$。重力梯度转矩从 300km 到 450km 高度的衰减约为 0.6%。

表 12.5 中列出了 4 种仿真情况的初始条件（初始条件多维超立方体的 4 个顶点）。状态预测器已知的初始角速度在括号中标出，这意味着已知初始旋转速度和方向具有一定的不确定性。

表 12.5　CPM 初始条件

情况	初始本体坐标到 LORF 的误差/rad			初始角速度/(mrad/s)		
	$\varphi(0)$	$\theta(0)$	$\psi(0)$	$\boldsymbol{\Delta}\omega_1(0)$	$\boldsymbol{\Delta}\omega_2(0)$	$\boldsymbol{\Delta}\omega_3(0)$
PP	3.1	1.4	3	20 (20.5)	0.5 (0)	0.5 (0)
PN	3.1	1.4	3	−20 (−19.5)	0.5 (0)	0.5 (0)
NP	3.1	−1.4	3	20 (20.5)	0.5 (0)	0.5 (0)
NN	3.1	−1.4	3	−20 (−19.5)	0.5 (0)	0.5 (0)

图 12.6 显示了表 12.5 的 4 种情况下的太阳方位角 α_s 的曲线，涉及两个轨道高度，300km 的正常高度和 450km 的弱阻力高度。在 300km 的高度，由于明显的阻力，需要立即消旋，并在 6 个轨道周期后满足了太阳方位角的要求。在 450km 的高度，由于阻力较小，因此在相同的反馈增益（仅将 κ_1 提高 10%）下进行消旋，所需时间更长，10 个轨道周期后满足要求。早期的 GOCE 运行由于设计余量过大而在更高的热大气密度上进行了调整，导致反馈增益不足而引发姿态跟踪误差发散。意外的小阻力需要重新调整增益，该过程已成功实现。任务期间没有发生其他类似的意外事件[11]。参考文献 [9] 中已经指出了随着高度变化的稳定性条件的退化。

在图 12.6 中，粗指向模式在 300km 高度持续 24 个轨道周期（6 个轨道周期后满足太阳方位角要求），在 450km 高度持续 12 个轨道周期（10 个轨道周期后满足太阳方位角要求）。粗指向模式仿真时间的差异只是偶然的。太阳方位角的随机波动归因于粗地球和太阳敏感器数据的不确定性。实际上，它们在星跟踪器数据供给状态预测器后就完全消失，这在磁力矩杆精指向模式启动时就会发生。不确定度可以通过尚未实现的精太阳敏感器来减弱。读者应注意，随机漂移是在单个轨道周期内恢复的。

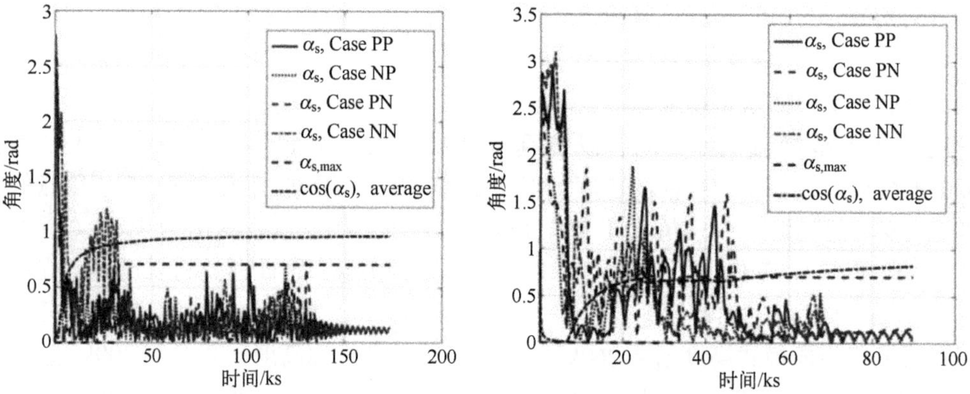

(a) 正常高度300km (b) 450km弱阻力高度

图 12.6 CPM 和 MCPM 阶段太阳方向角的时间曲线

图 12.7（a）显示了四元数 q_b^0，其为任务从磁力矩杆精指向模式开始时的目标跟踪误差。测量和控制四元数误差为 q_b^n，即从式（12.24）中本体坐标到由航天器-太阳方向和航天器-地球方向定义的近 LVLH 坐标系，q_b^n 的上标 n 表示后面的坐标系。与太阳方位角相似，在粗指向模式期间四元数波动是不规则的，当磁力矩杆精指向模式在 $t=24T_0$（在第 24 个轨道周期结束时，约 130ks）开始时变为规则的。12.7（b）显示了速度阻尼曲线及速度幅度在所需边界以下的后续稳定。

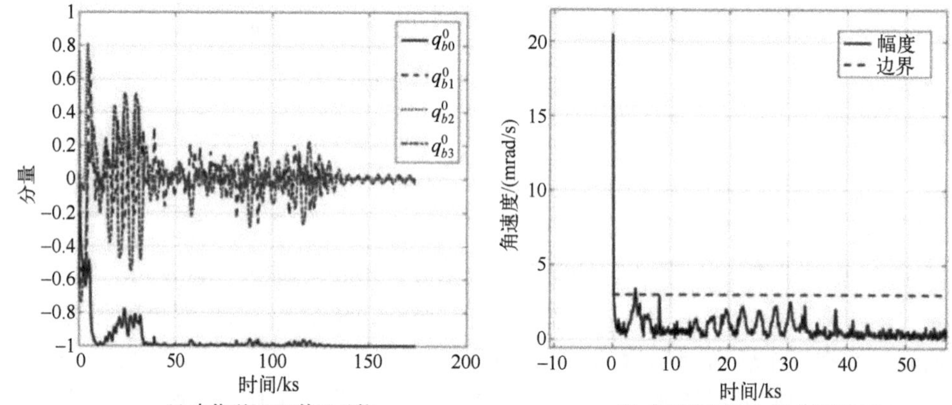

(a) 本体到LORF的四元数 (b) 角速度误差(本体减去LORF)

图 12.7 四元数 q_b^0 与速度阻尼曲线（NN 方式，300km）

图 12.8（a）显示了 NN 情况中在 300km 和 450km 两个不同高度处的俯仰和偏航气动力矩。在 450km 的高度上，相对于 300km 的高度，两者可以忽略不计。横滚力矩始终可以忽略不计。图 12.8（b）显示了由磁力矩发生器产生的磁力指令转矩。较大的波动归因于粗地球和太阳敏感器低频不确定性，尤其是粗地球和太阳敏感器中的地球敏感器。可以通过使状态预测器的带宽变窄来减小波动，即减小 $\widetilde{\gamma}_{1,\mathrm{CPM}}=0.005$ 并增加 $\widetilde{\alpha}_{\mathrm{CPM}}=0.5$（请参见 12.5.4 节的末尾），并减小反馈比例因子 $\kappa_k(k=1,2,3)$ 的值，风险是发生横滚漂移的可能性和量级的增加。在磁力矩杆精指向模式下，波动完全消失，如图 12.8（b）所示，从第 12 个轨道周期的末端开始（大约 65ks）。

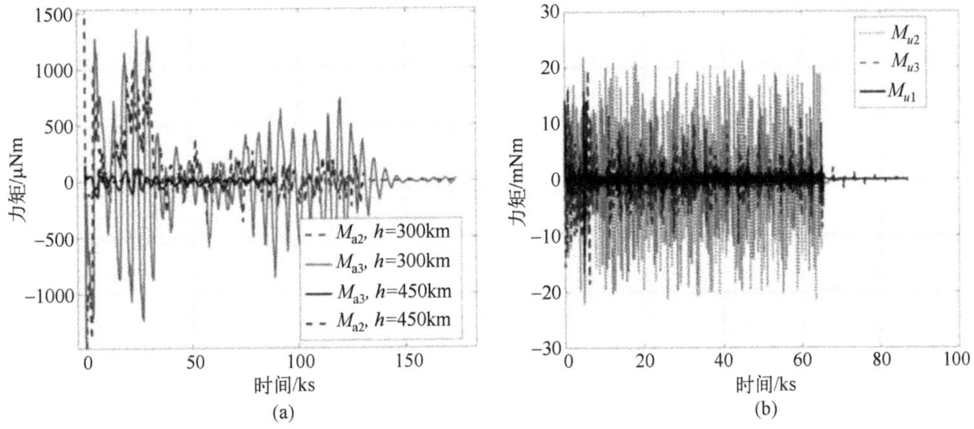

图 12.8　不同高度处的俯仰和偏航气动力矩

反馈比例因子 $\kappa_k(k=1,2,3)$ 应该通过从粗指向模式转到磁力矩杆精指向模式阶段进行调整。保守起见，此调整尚未完成。而且，尚未将电磁力矩调节到较精细的范围（从 400~50Am^2）以减小执行器噪声。磁力矩杆精指向模式阶段不需要无拖曳模式阶段具有挑战性的精度。

在磁力矩杆精指向模式阶段，纵向推进器组件（离子推进组件）可用，但由于加速度计数据（LAA）尚不可用，因此只能在开环模式下运行。开环推力 u_0 应与纵向阻力的平均值 $\overline{F}_{a1}\cong 3\sim 10\text{mN}$ 相匹配，该平均值可以从地面上行或在 GNSS 数据的几个轨道周期内估算。实际上，轨道衰减大约为 $a\cong 25\sim 85\text{m}$，可以从 5.31 节式（5.17）中进行验证。由于 $u_0/m_s\leqslant 10\mu\text{m/s}^2$ 为 J3 和 J4 重力加速度的阶数，因此估算应包括较低度和低阶重力谐波的模型。

磁力矩杆精指向模式执行器与粗指向模式期间使用的电磁力矩器相同，但由于星跟踪器可以运行，因此可以进行本体四元数 $\mathfrak{q}_b$ 的测量。同时，11.3 节的轨道四元数预测器提供了 LORF 四元数 $\mathfrak{q}_0$ 的测量。因此，以式（12.41）和式（12.42）表示的姿态跟踪误差 $\tilde{\mathfrak{q}}_r$ 和角速度误差 $\tilde{\omega}_r$ 替代物体 LORF 误差。此处重复 12.3.2 节的相关误差及参考加速度 $\dot{\omega}_{rb}$ 定义，如下所示。

$$\begin{gathered}\tilde{\mathfrak{q}}_r=\mathfrak{q}_r^{-1}\otimes\mathfrak{q},\ \tilde{\boldsymbol{\omega}}_r=\omega-\tilde{\mathfrak{q}}_r^{-1}\boldsymbol{\omega}_r\,\tilde{\mathfrak{q}}_r=\omega-\boldsymbol{\omega}_{rb}\\ \dot{\boldsymbol{\omega}}_{rb}=\tilde{\mathfrak{q}}_r^{-1}\,\dot{\boldsymbol{\omega}}_r\,\tilde{\mathfrak{q}}_r+\omega_{rb}\times\tilde{\boldsymbol{\omega}}_r\end{gathered}\tag{12.46}$$

如 11.3 节中所述参考三元组 $\{\mathfrak{q}_r,\boldsymbol{\omega}_r,\dot{\boldsymbol{\omega}}_r\}$ 由轨道四元数预测器提供，其作为参考生成器。如 11.3.2 节图 11.9 所示，三元 $\{\mathfrak{q}_r,\boldsymbol{\omega}_r,\dot{\boldsymbol{\omega}}_r\}$ 用 $\{\hat{\mathfrak{q}},\hat{\boldsymbol{\omega}},\hat{\boldsymbol{a}}\}$ 表示。$\{\mathfrak{q},\boldsymbol{\omega}\}$ 的预测 $\{\hat{\mathfrak{q}},\hat{\boldsymbol{\omega}}\}$ 由星跟踪器数据驱动的任务状态预测器提供，如图 12.4 所示。

数字磁偶极子 $\boldsymbol{u}_m$ 由图 12.4 的控制分配框转换为加速度 $\boldsymbol{a}_u[\text{rad/s}^2]$，如下所示。

$$a_u(i)=J_{\text{nom}}^{-1}(\rho_m\boldsymbol{u}_m)\times\breve{\boldsymbol{B}}\tag{12.47}$$

并在模式代码保持 $ml(i)<3$ 时应用于任务状态预测器。

12.5.6　推进器精指向模式和无拖曳模式阶段

在推进器精指向模式阶段，直到校准科学加速度计之前，轨道和角度无拖曳控制器仍然不可用。计算指令力矩 M_c 与式（12.42）第二行相同。误差变量和参考加速度与式（12.46）中的相同。微推进器组件可用并且推力矢量 $\boldsymbol{u}$ 是 9.3.3 节式（9.77）中分布规律的输出。

$$\begin{aligned}\boldsymbol{u}(i)&=\boldsymbol{e}_m u_{\min}+P_{5+,nom}\boldsymbol{C}_{5+}+P_{5-,nom}\boldsymbol{C}_{5-}\\ u_0(i)&=F_{01}/\cos(\beta_{0,nom})\end{aligned} \tag{12.48}$$

式中，$P_{5+,nom}$ 和 $P_{5-,nom}$ 是 9.3.2 节式（9.72）中定义的矩阵的标称值。矢量 $\boldsymbol{e}_m(m=8)$ 是单一分量的矢量。$s_0|\beta_{0,nom}|$ 是纵向推进器（9.3.3 节图 9.6 中的微推进器）的标称倾角，其中符号 $s_0=\pm1$ 选择工作推进器。矢量 $\boldsymbol{C}_{5+}$ 和 $\boldsymbol{C}_{5-}$ 是力/力矩矢量 $\boldsymbol{C}_5=\boldsymbol{C}_{5+}-\boldsymbol{C}_{5-}$ 的正、负部分，定义如下。

$$\boldsymbol{C}_5=\begin{bmatrix}F_{c2}\\ F_{c3}-F_{03}\\ \boldsymbol{M}_c\end{bmatrix},F_{03}=-s_0F_{01}\sin|\beta_{0,nom}|,u_{0,\min}\leqslant F_{01}/\cos(\beta_{0,nom})\leqslant u_{0,\max} \tag{12.49}$$

式中，$\{F_{c2},F_{c3}\}$ 是 11.2.4 节中的式（11.32）无拖曳指令力 $F_c=-m_s x_{d1}=[F_{c1},F_{c2},F_{c3}]$ 的第二分量和第三分量，F_{03} 是小推力器。在推进器精指向模式阶段，设 $F_{01}=\widehat{F}_{a1},F_{c2}=F_{c3}=0$ 其中 $\widehat{F}_{a1}$ 是平均纵向阻力 $\overline{F}_{a1}$ 的离线估计。在无拖曳模式阶段 $F_{01}=F_{c1}$，$\{F_{c2},F_{c3}\}$ 是无拖曳控制器的输出。

传递到推进器组件（离子推进组件和微推进器组件）和嵌入式模型的推力矢量被数字化，如下所示。

$$\begin{aligned}u_{t0}(i)&=\mathrm{int}(u_0/\rho_{t0}),N_{t0,\min}\leqslant u_{t0}(i)\leqslant N_{t0,\max}\\ \boldsymbol{u}_t(i)&=\mathrm{int}(\boldsymbol{u}/\rho_t),\boldsymbol{N}_{t,\min}\leqslant \boldsymbol{u}_t(i)\leqslant \boldsymbol{N}_{t,\max}\end{aligned} \tag{12.50}$$

式中，$\{\rho_{t0},\rho_t\}$ 表示推进器量化等级；$\{N_{t0,\min},\boldsymbol{N}_{t,\min}\}$ 和 $\{N_{t0,\max},\boldsymbol{N}_{t,\max}\}$ 分别表示积分的下限和上限，定义为

$$\begin{aligned}N_{t0,\min}&=\mathrm{int}(u_{0,\min}/\rho_{t0}),N_{t0,\max}\mathrm{int}(u_{0,\max}/\rho_{t0})\\ \boldsymbol{N}_{t,\min}&=\boldsymbol{e}_m\mathrm{int}(u_{\min}/\rho_t),\boldsymbol{N}_{t,\max}=\boldsymbol{e}_m\mathrm{int}(u_{\max}/\rho_t)\end{aligned} \tag{12.51}$$

图 12.4 中的状态预测器的指令加速度 $\boldsymbol{a}_u$ 由下式计算。

$$\boldsymbol{a}_u(i)=J_{nom}^{-1}\boldsymbol{B}_{M,nom}\rho_t\boldsymbol{u}_t \tag{12.52}$$

式中，$\boldsymbol{B}_{M,nom}$ 是 9.3.3 节式（9.74）中的标准力矩子矩阵（最后三行）。指令数字化还应考虑推力偏转，此处将其忽略。

式（12.42）中的预测扰动 x_d 可以部分用磁力矩补偿，以节省推进器的推进剂；9.3.3 节研究了最佳的推进剂节省量。图 12.9 和图 12.10 中的仿真没有执行此规则。

磁力矩杆精指向模式仿真运行的初始条件与粗指向模式的姿态和角速度边界值匹配（请参见表 12.3 第 3 行和第 4 行）。

$$\begin{aligned}\boldsymbol{\theta}_0&=[\varphi_0,\theta_0,\psi_0]=[\pm0.6,\pm0.25,\pm0.6]\mathrm{rad}\\ \boldsymbol{\omega}_0-\boldsymbol{\omega}_o(0)&=[\pm1,\pm1,\pm1]\omega_{\max},\omega_{\max}=3.5\mathrm{mrad/s}\end{aligned} \tag{12.53}$$

其中，本体到 LORF 矩阵由 $R_b^0(\boldsymbol{\theta}_0)=Z(\psi_0)Y(\theta_0)X(\varphi_0)$ 定义，$\boldsymbol{\omega}_o(0)$ 是初始 LORF 角速度。从磁力矩杆精指向模式初始时间开始后 24 个轨道周期（约 130ks），推进器精指向模式阶段开始。

图 12.9（a）显示了在体坐标系和 LORF 之间真实跟踪误差$\tilde{\mathfrak{q}}_r = \mathfrak{q}_b^0$的欧拉角。在 MPFM 阶段直至第 24 轨道周期结束时（$t=130$ks），仅由电磁力矩器提供制动。初始值在大约 4 个轨道周期进入要求范围内。这里仅研究了偏航角的边界ψ_{max}。如图 12.9（b）所示，可以从太阳方向角α_s更好地了解初始瞬态和模式。α_s在α_{max}上的初始超调表明初始条件并不乐观。在 MPFM 阶段，α_s的轨道振荡调制是一天的周期性调制，这是由于地球自转而导致的南北磁偶极方向$\boldsymbol{s}_m$在轨道平面上的可变倾角i_m（参见 4.6.1 节）引起的。在图 12.9（a）中也可以看到相同的调制方式。在推进器精指向模式阶段（$t>$ 130ks 时），太阳方向角的非零且缓慢变化的平均值$\alpha_s \cong 0.098$rad 是历元和近极轨道的结果。

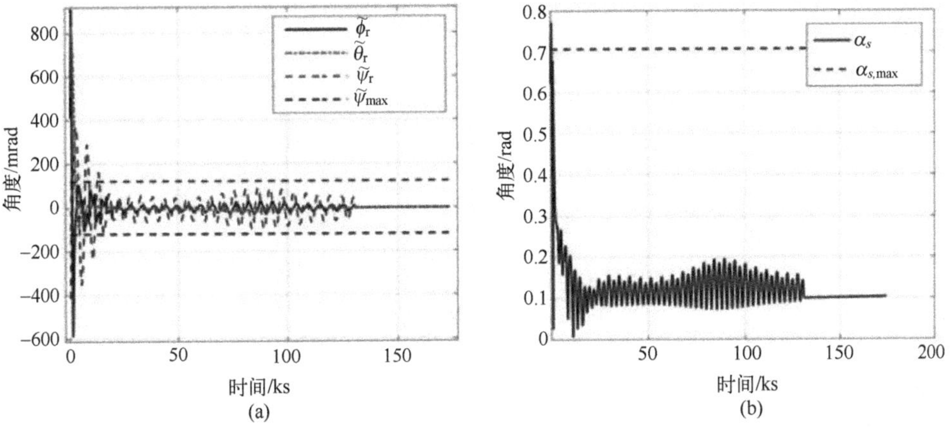

图 12.9　真实跟踪误差及太阳方位角

练习 7

证明南北磁偶极子方向$\boldsymbol{s}_m$的轨道倾角大小$|i_m|$在$i_{m,1}=|\phi_m+i-\pi|$和$i_{m,2}=|\phi_m-i|$之间变化，$\boldsymbol{s}_m$在轨道倾角为i的近极轨道上，经纬度为$\{\lambda_m, \phi_m\}$。根据表 12.4 中的数据计算这些值，并通过绘制i_m的每日时间分布图进行验证。

练习 8

验证在推进器精指向模式阶段，太阳方向角平均值等于$\alpha_s \cong 0.10$rad。

提示

假设太阳能电池板的法线方向与第二本体坐标轴重合，并且后者与轨道法线对齐，同时假定航天器-太阳的方向与地球-太阳的方向一致。计算轨道法线$\boldsymbol{p}_{3i}$（请参见 3.3.1 节图 3.2），并从$\boldsymbol{s}_i = X(\varepsilon)\boldsymbol{s}_e(\lambda_s(\boldsymbol{d}))$计算 ECI 坐标中的地球对太阳方向$\boldsymbol{s}_i$，其中$\varepsilon = 0.409$rad，$\boldsymbol{s}_e$是在黄道坐标系中地球对太阳的方向，而$\lambda_s(\boldsymbol{d})$是在式（4.40）时间点$\boldsymbol{d}$在黄道坐标系中太阳的赤经，请参阅 4.2.5 节。

图 12.10（a）显示，从 MPFM 到推进器精指向模式阶段切换时间前后的时间间隔内，指令力矩增大。指令力矩在 MPFM 阶段由 MTR 执行器传递，而在推进器精指向模式阶段由微推进器传递。之所以出现磁力矩杆精指向模式-推进器精指向模式切换时间（约 130ks）的垂直线，是因为在横滚偏航组合从约 100mrad 减小到小于 0.1mrad 的过程中，微推进器组件力矩在约-12mNm（负数）时达到饱和，由于保守的初始条件，在

从粗指向模式到 MPFM 阶段的瞬态（未在图中显示），MTR 力矩也达到±13mNm 的饱和。两种模式下的波动最大的转矩是俯仰转矩 M_{u2}，这主要归因于航天器磁偶极子。

图 12.10（b）显示了没有无拖曳控制时的残余线性加速度。如残差所示，仅沿轨迹的阻力（虚线，灰色线）大致得到了补偿。稳态时的范围大于角加速度计的精细范围 $a_{max}=1\mu rad/s^2$，但在粗略范围内。

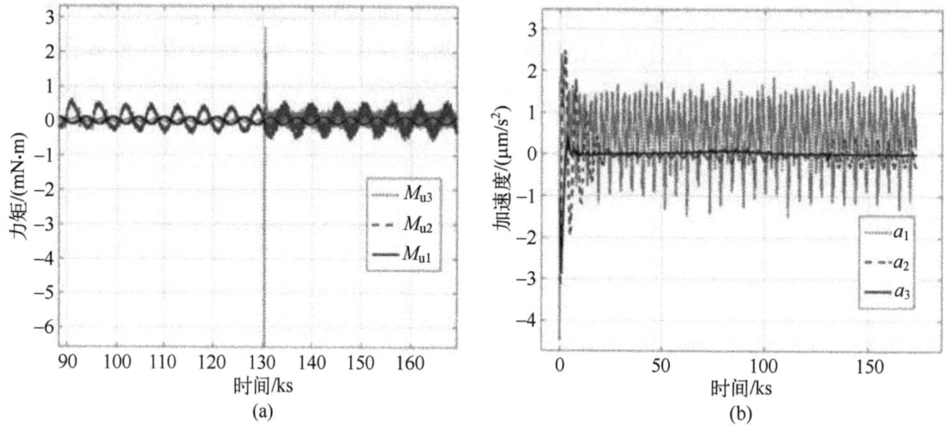

图 12.10　指令力矩与线性加速度残差

（a）指令力矩；（b）线性加速度残差。

练习 9

考虑图 12.9（a）（$t>130$ks 以来的波动分量）中影响俯仰指令力矩的随机误差的近似谱密度表达式$\widetilde{S}_{u2}(f)\cong J_2\sqrt{(k_\omega 2\pi f)^2+k_q^2}\widetilde{S}_s(f)$。在推进器精指向模式阶段，力矩由微推进器组件传递。按照 7.2.5 节，假设 $J_2=2690.8\text{kg}\cdot\text{m}^2$，$k_q=\omega_c^2$ 和 $k_\omega=\sqrt{2}\omega_c$，其中 $\omega_c=\sqrt{2}\pi\tilde{f}_{1,FPM}$已在式（12.40）中定义。进一步假设$\widetilde{S}_s(f)$是定义的低通单边谱密度，定义为$f\leqslant\tilde{f}_v=\omega_c(4\pi)^{-1}$时$\widetilde{S}_s(f)=6.7\mu\text{rad}/\sqrt{\text{Hz}}$（参见表 12.4 第 15 行）；当$f>\tilde{f}_v$ 时$\widetilde{S}_s(f)=0$。证明微推进器组件力矩噪声的标准偏差 $\tilde{\sigma}_{u2}=\sqrt{\int_0^\infty \widetilde{S}_{u2}^2(f)df}$ 约为 0.065mN · m。

练习 10

根据表 12.4 第 19 行中的航天器磁偶极 $\boldsymbol{m}_s$，证明约 0.35mNm 的俯仰转矩峰值是合理的。

练习 11

假设图 12.10（a）中微推进器组件饱和偏航力矩的峰值约为 13mNm。通过调用 9.3.3 节中的微推进器组件设计来证明该值的正确性，其中推进器仰角 $\beta=0.6$rad，推进器臂 $a_1=2.6$m（参见 7.5.2 节）以及表 12.4 第 18 行中的微推进器组件范围。

12.5.7　角度无拖曳控制和混合

1. 角度无拖曳控制

从图 12.3 中的角度无拖曳控制律开始，该控制律由 8.4.1 节中的宽带 GOCE 类加速度计使用。该问题已在 11.2 节中讨论：设计需求为 11.2.2 节式（11.11）中，设计模型为 11.2.4 节的式（11.29），如下。

$$
\begin{aligned}
x(i+1) &= Ax(i) + B\boldsymbol{a}_u(i) + G\boldsymbol{w}(i) \\
\breve{\dot{\boldsymbol{\omega}}}(i) &= Cx(i) + \widetilde{\dot{\boldsymbol{\omega}}}_m(i) \\
\boldsymbol{a}_u(i) &= J_{nom}^{-1} B_{M,nom} \rho_t \boldsymbol{u}_t(i)
\end{aligned} \tag{12.54}
$$

式中，$\boldsymbol{u}_t(i)$是式（12.50）中量化因子为 ρ_t 的数字化推力矢量。$\breve{\dot{\boldsymbol{\omega}}}$和$\widetilde{\dot{\boldsymbol{\omega}}}_m$ 分别是角加速度测量值和模型误差，$\boldsymbol{J}_{nom}$是标称惯量矩阵；$B_{M,nom}$是 9.3.3 节式（9.74）中 B_M的标称形式，矩阵和矢量标记如下。

$$
\boldsymbol{A} = \begin{bmatrix} 0 & I_3 & 0 \\ 0 & I_3 & I_3 \\ 0 & 0 & I_3 \end{bmatrix}, \boldsymbol{B} = \begin{bmatrix} I_3 \\ 0 \\ 0 \end{bmatrix}, \boldsymbol{G} = \begin{bmatrix} I_3 & 0 & 0 \\ 0 & I_3 & 0 \\ 0 & 0 & I_3 \end{bmatrix}, \boldsymbol{C} = [I_3 \quad 0 \quad 0]
$$

$$
\boldsymbol{x} = \begin{bmatrix} \boldsymbol{x}_a \\ \boldsymbol{a}_d \\ \boldsymbol{a}_{d1} \end{bmatrix}, \boldsymbol{w} = \begin{bmatrix} \boldsymbol{w}_a \\ \boldsymbol{w}_d \\ \boldsymbol{w}_{d1} \end{bmatrix} \tag{12.55}
$$

状态预测器是由式（12.54）的嵌入式模型构成的闭环系统，消除了模型误差$\widetilde{\dot{\boldsymbol{\omega}}}_m$，并用$\hat{x}_a$ 替换了 x_a，并包含输出到噪声的反馈。

$$
\boldsymbol{w}(i) = L\boldsymbol{e}_{ma}(i), \boldsymbol{e}_{ma}(i) = \breve{\dot{\boldsymbol{\omega}}}(i) - \hat{\boldsymbol{x}}_a(i)
$$

$$
\boldsymbol{L} = \begin{bmatrix} L_1 & 0 & 0 \\ 0 & L_2 & 0 \\ 0 & 0 & L_3 \end{bmatrix}, L_k = \mathrm{diag}(L_{k1}, L_{k2}, L_{k3}), k = 1, 2, 3 \tag{12.56}
$$

指令力矩 $\boldsymbol{M}_u = J_{nom}\boldsymbol{a}_u$ 不同于简单的干扰抑制［请参见 11.2.5 节式（11.32）］，因为它在式（12.42）第二行中包括姿态指令力矩 $\boldsymbol{M}_c$。

$$
\boldsymbol{M}_u(i+1) = -\boldsymbol{J}_{nom}\boldsymbol{a}_d(i+1) + \boldsymbol{M}_c(i+1), \boldsymbol{M}_c = J_{nom}\boldsymbol{a}_c \tag{12.57}
$$

原则上，式（12.57）中的控制律，与理想无拖曳要求的零角加速度$\dot{\boldsymbol{\omega}}=0$ 不同，因为要求 $\boldsymbol{M}_c$跟踪参考姿态和角速度。作为折衷，仅在中频段（如在表 12.3 第 14 行的 GOCE 测量带宽 F）要求零加速度，而必须在测量带宽下方的低频段达到姿态要求。折衷的方法是通过限制残余加速度谱密度使其低于 12.5.10 节图 12.14（a）中的碗形谱边界来实现的。换句话说，$\boldsymbol{a}_c$为$\dot{\boldsymbol{\omega}}$的参考信号的附带条件是满足无拖曳谱范围。此外，姿态控制将受到窄带宽的限制，除低频加速度计的偏置和漂移以外，干扰抑制的负担减轻了。这意味着，可以在两层结构中设计总体姿态控制，其中无拖曳控制建立一个宽带内回路，而姿态控制系统建立一个窄带外回路，如图 12.3 所示。内回路的目标是为外回路实现快速和无干扰的理想执行器。

图 12.3 显示了控制系统设计不同于经典的分层结构，在经典的分层结构中，没有信号从内回路控制器回传到外回路控制器。事实并非如此，因为无拖曳控制生成的所谓“混合信号”[3]驱动姿态控制系统状态预测器。术语“混合”是从文献［8-9］中借用的，但通常是指惯性传感器和位置传感器之间的时间（频率）和协方差协调，目的是扩大位置估计的带宽，尽管位置传感器的精度和带宽较差。13.7.4 节中的混合卡尔曼滤波器是

用于此目的的经典算法。类似的信号是 7.3.4 节图 7.2 中的受污染的角速率$\hat{\omega}_d T$（另请参见第 14 章的案例研究），当陀螺仪（惯性传感器）和姿态传感器数据均可用时，其将角速度和四元数预测器连接起来。

2. 混合

角加速度计和星跟踪器数据之间的混合过程分为以下 3 个步骤。

（1）角度无拖曳设计。为了简化和避免重复，式（12.56）增益矩阵$\{L_1, L_2, L_3\}$的设计假定与 11.2.6 节中的相同。可在表 12.3 的第 12 行和第 13 行中找到角度无拖曳频谱的范围。该设计旨在使角度无拖曳尽可能具有最大的带宽。

（2）混合信号的设计。姿态预测器的指令加速度被设计为适合航天器的残余角加速度，这与针对受控对象和嵌入式模型采用同一指令的嵌入式模型控制原理一致。完美的拟合将意味着真实的航天器角加速度被精确复制到嵌入式模型中。

（3）姿态控制系统设计。本体坐标与 LORF 之间的真实姿态跟踪误差必须遵守下面定义的所谓混合姿态频谱范围。该范围要求受星跟踪器误差影响的姿态控制律必须同时符合表 12.3 中无拖曳模式阶段给出的加速度、角速度和姿态范围。

首先，将混合姿态范围$S_{h,\max}$（图 12.11 中的实线）定义为由表 12.3 中的姿态、角速度和加速度需求所强加的最小频谱范围。

$$\widetilde{S}_{h,\max}(f)=\min\{\widetilde{S}_{\dot{\omega},\max}(f)(2\pi f)^{-2},\widetilde{S}_{\omega,\max}(f)(2\pi f)^{-1},\widetilde{S}_{q,\max}(f)\} \quad (12.58)$$

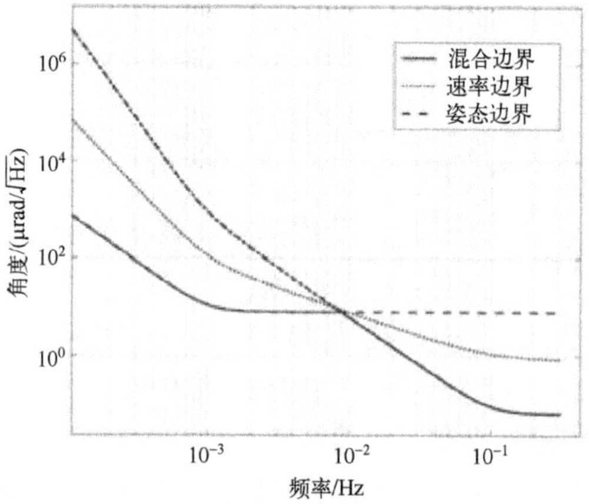

图 12.11　混合姿态范围及其分量

混合范围定义了低频带和高频带的间隔频率$f_h=10\text{mHz}$：高频带不要求运行姿态控制系统，因为姿态要求是由双重积分的无拖曳残差保证的；低频带则必须用姿态控制系统有效消除无拖曳残差的偏差（和漂移）并跟踪姿态和速度参考。实际上，对于$f<f_h$，混合范围与姿态范围一致，而对于$f \geqslant f_h$则相反，其中混合范围与加速度范围一致。驱动姿态嵌入式模型的混合信号必须跟踪残余加速度，尤其是对于$f \geqslant f_h$而言，其中混合姿态范围由积分的无拖曳残差给出。

3. 混合信号

本小节的目的是计算驱动航天器姿态的残余角加速度的最佳“度量”。由于该信号没有进入控制律，而是起当前指令加速度的作用，因此不需要预测。此外，必须最充分地利用所有可用信息，这可以通过用当前测量值校正最后的预测来完成（请参阅

14.3.4 节中的案例研究)。所得的估计值为姿态指令加速度 $\boldsymbol{a}_c$［参考式 (12.57),窄带］和宽带有界加速度残差［与式 (12.56) 中测量模型误差 $\boldsymbol{e}_{ma}$ 成正比］的和。12.5.8 节将证明最佳的混合信号仅保留 $\boldsymbol{a}_c$ 并降低宽带残差。

因为后续要混合预测和估计,所以通过在必要时添加预测标记^和估计标记⌒来使它们的表示更明确。状态预测 $\boldsymbol{a}_d(i)=\boldsymbol{a}_d(i/i-1)$ 将由 $\hat{\boldsymbol{a}}_d(i)$ 表示。相同的符号适用于以下定义的无拖曳残差 $\hat{\boldsymbol{a}}(i)=\boldsymbol{a}(i/i-1)$。它们的估计值由 $\widehat{\boldsymbol{a}}_d(i)=\boldsymbol{a}_d(i/i)$ 和 $\widehat{\boldsymbol{a}}(i)=\boldsymbol{a}(i/i)$ 表示。相同的符号适用于噪声估计 $\widehat{\boldsymbol{w}}_a(i)=\boldsymbol{w}_a(i/i)$。无拖曳残差 $\hat{\boldsymbol{a}}(i)$ 是式 (12.54) 的输入,并且是式 (12.55) 的矩阵和矢量所包含的三个矢量方程式中的第一个变量,即

$$\hat{\boldsymbol{a}}(i)=\boldsymbol{a}_u(i)+\hat{\boldsymbol{a}}_d(i)+\widehat{\boldsymbol{w}}_a(i) \tag{12.59}$$

其中,$\widehat{w}_a(i)=L_1e_{ma}(i)$ 取决于当前测量值,而 $\boldsymbol{a}_u(i)$ 是式 (12.54) 的指令加速度。如参考文献［3］,为了提高精度,预测值 $\hat{\boldsymbol{a}}(i)$ 可以被校正为以下估计。

$$\begin{aligned}\widehat{\boldsymbol{a}}(i)&=\boldsymbol{a}_u(i)+\widehat{\boldsymbol{a}}_d(i)+\widehat{\boldsymbol{w}}_a(i),\\ \widehat{\boldsymbol{a}}_d(i)&=\hat{\boldsymbol{a}}_d(i)+\widehat{K}_2\boldsymbol{e}_{ma}(i)\end{aligned} \tag{12.60}$$

其中,$\widehat{K}_2$ 与式 (12.56) 中的状态预测器增益 $\boldsymbol{L}$ 有关。为此,考虑式 (12.54) 中总体状态 $\boldsymbol{x}$ 的校正方程 $\widehat{x}(i)=\hat{\boldsymbol{x}}(i)+K\boldsymbol{e}_{ma}(i)$ 和预测方程 $\hat{\boldsymbol{x}}(i)=A\widehat{x}(i)+B\boldsymbol{a}_u(i)$。替换预测方程中 $\widehat{x}(i)$,借助式 (12.56),得到增益关系:

$$\widehat{\boldsymbol{L}}=\boldsymbol{A}\widehat{K},\widehat{K}=\mathrm{diag}(\widehat{K}_1,\widehat{K}_2,\widehat{K}_3) \tag{12.61}$$

其中,$\boldsymbol{A}$ 是式 (12.55) 中的状态矩阵。将符号 $\boldsymbol{L}$ 更改为 $\widehat{\boldsymbol{L}}$ 的原因如下。当且仅当 $\boldsymbol{A}$ 是可逆的,该等式有唯一解,这不是当前情况,因为 3 个特征值 (每坐标一个) 为零。同样在这种情况下,当且仅当 $\boldsymbol{A}$ 的频谱 $A-\widehat{L}C$ 保留 3 个零特征值 (每坐标一个) 时,才找到唯一解,这等效于增益约束 $\widehat{L}_2=\widehat{L}_1+\widehat{L}_3$,最后,估算器增益为

$$\widehat{K}_1=0,\widehat{K}_2=\widehat{L}_1,\widehat{K}_3=\widehat{L}_3 \tag{12.62}$$

其中,尽管 $\widehat{K}_1$ 未使用,但 $\widehat{K}_1$ 已设为零。显然,谱 $\Lambda(\boldsymbol{A}-\widehat{\boldsymbol{L}}C)=\{0,0,0,\widehat{\lambda}_1,\cdots,\widehat{\lambda}_6\}$,$|\widehat{\lambda}_k|<1$,$k=1,2,\cdots,6$,与状态预测器的谱 $\Lambda(\boldsymbol{A}-\boldsymbol{LC})=\{\widetilde{\lambda}_1,\cdots,\widetilde{\lambda}_9\}$ 不同,后者由式 (12.54) 和式 (12.56) 组成,但没有模型误差 $\breve{\omega}_m$。因此,增益矩阵 $\widehat{\boldsymbol{L}}$ 和 $\boldsymbol{L}$ 也不同。具体而言,$\boldsymbol{L}$ 旨在稳定状态预测器与闭环稳定性和性能要求,这可能使开环渐近稳定极点 (如三个零极点) 改变值。相反,$\widehat{\boldsymbol{L}}$ 是为了提高预测精度而设计的,它表明渐近稳定开环零极点无须更改。

练习 12

考虑式 (12.54) 的通用坐标,其变成带有标量输入和输出的三阶。SISO 简化可转换式 (12.55) 的子矩阵为标量。证明式 (12.61),当且仅当 $A-\widehat{L}C$ 的特征值为零时,才具有唯一解。证明 $A-\widehat{L}C$ 的单个零特征值隐含并隐含于 $\widehat{L}_2=\widehat{L}_1+\widehat{L}_3$,并证明式 (12.62)。给定互补频谱 $\widehat{\Gamma}=\{1,\widehat{\gamma}_1=1-\widehat{\lambda}_1,\widehat{\gamma}_2=1-\widehat{\lambda}_2\}$,计算 $\widehat{L}$ 和 $\widehat{K}$ 的标量增益。

可以证明如下定理。

定理 1

无拖曳残差的估计 $\widehat{a}(i)$ 是式 (12.57) 中窄带命令加速度 $a_c(i)$ 和式 (12.56) 中与测量模型误差成比例的宽带且有界信号 $\boldsymbol{e}_{ma}(i)=\breve{\boldsymbol{\omega}}(i)-\hat{\boldsymbol{x}}_a(i)$ 的和。

证明:在式 (12.60) 的第一行,用式 (12.57) 替换 $\boldsymbol{a}_u(i)$,用式 (12.60) 第二

行替换$\widehat{\boldsymbol{a}}_d(i)$，用$L_1 e_{ma}(i)$替换$\widehat{w}_a(i)$，借助式（12.62），结果表示为

$$\widehat{\boldsymbol{a}}(i)=\boldsymbol{a}_c(i)+(\widehat{L}_1+L_1)\boldsymbol{e}_{ma}(i) \tag{12.63}$$

参照本节中的练习 12 和 11.2.5 节中的练习 2，对角线$N_1=\widehat{L}_1+L_1$的通用标量增益$n_1=\widehat{l}_1+l_1$满足

$$-1<n_1=\widehat{\gamma}_2+\widehat{\gamma}_3+\sum_{k=1}^{3}\gamma_k-1<4 \tag{12.64}$$

其中两个不等式都来自 11.2.6 节中的不等式$|l_1|<1$。增益n_1将在下一部分中进行优化。

12.5.8 无拖曳模式的姿态控制：闭环设计方程式

在本节中，计算 13.6.3 节的设计式（13.148），该公式明确了要设计的闭环传递函数和特征值谱。由于设计公式取决于总体灵敏度S_{AC}和补灵敏度V_{AC}而不是状态预测变量传递函数，因此该推导有些详细。为此，将预测误差替换为真实的跟踪误差，用闭环频谱Γ_{AC}表示预测值和控制律互补特征值的集合，将公式限制为一个单一坐标。

1. 残余加速度

第一步，把式（12.57）中姿态指令a_c添加 11.2.6 节中的式（11.41）右侧，来重写剩余角加速度a，得出了角度无拖曳控制的设计方程：

$$\begin{aligned}a(z)&=a_{res}(z)+a_c(z)\\a_{res}(z)&=-V(z)(z\widetilde{a}_m(z)+d_m(z))+S(z)d(z)=-V(z)d_a+S(z)d(z)\end{aligned} \tag{12.65}$$

其中，所有变量单位均为 rad/s^2，a_{res}是式（11.41）中的原始残余加速度a，现在起着输入干扰的作用，d是被角度无拖曳控制抵消的环境加速度（原始干扰），而$d_a=z\widetilde{a}_m+d_m$是总加速度计误差。补灵敏度V和灵敏度S是角度无拖曳控制的整体传递函数，其表达式可在 11.2.6 节式（11.38）中找到。由于角度无拖曳控制是整个姿态控制系统的内回路，因此它们有望对姿态设计方程式有所帮助。

如 11.2.4 节所述，总加速度计误差d_a分解为d_m［位于式（12.54）设计模型中的加速度计动态特性入口，单一延迟］和$\widetilde{a}_m$。还可以证明，测量模型误差e_{ma}输入到式（12.63）中混合信号$\widehat{a}$，满足

$$e_{ma}(z)=z^{-1}\widetilde{S}(z)(d+d_a)=(z+l_1)^{-1}S(d+d_a) \tag{12.66}$$

其中，$\widetilde{S}=z(z+l_1)^{-1}S$是 11.2.6 节式（11.38）无拖曳控制预测器灵敏度。

练习 13

证明式（12.66）。

提示

采用 11.2.5 节式（11.31）的表示方法。从$e_{ma}=\breve{a}-\hat{x}_a=\widetilde{x}_a+\widetilde{a}_m$开始，其中$\widetilde{x}_a$是$x_a$（延迟输出）的预测误差，并且$\widetilde{a}_m$先前已定义。在对航天器和嵌入式模型的同一命令下，找到了$\widetilde{x}_a+\widetilde{a}_m=\widetilde{S}(z^{-1}(d+d_m)+\widetilde{a}_m)$，在改变了一些符号后，得到了所需表达式。

如预期的那样，测量模型误差仅包含外部干扰d和总加速度计误差d_a两者的高频分量。因此，式（12.63）中的标量混合信号可以重写为

$$\begin{aligned}\hat{a}(z)&=\widehat{a}_{res}(z)+a_c(z)\\\widehat{a}_{res}(z)&=n_1(z+l_1)^{-1}S(z)(d+d_a)=N_1(z)S(z)(d+d_a)\end{aligned} \tag{12.67}$$

其中 $n_1=\hat{l}_1+l_1$ 是式（12.63）中的$\hat{L}_1+L_1$ 一般对角元素。

为了后面应用，计算了混合误差$\tilde{a}_{res}=a-\hat{a}=a_{res}-\hat{a}_{res}$，与姿态指令 a_c无关。这是驱动航天器姿态的实际残余角加速度 a 与驱动姿态嵌入模型的混合信号$\hat{a}$之间的差异。依据式（12.65）和式（12.67），可得

$$\tilde{a}_{res}(z)=(1-N_1(z))S(z)d-(V(z)+N_1(z)S(z))d_a=S_h(z)d(z)-V_h(z)d_a(z) \tag{12.68}$$

其中，传递函数 S_h 和 $V_h=1-S_h$ 分别称为混合灵敏度和混合补灵敏度。从 11.2.6 节式（11.39），找到了明确的公式

$$S_h(z)=\frac{(z+l_1-n_1)(z-1)^2}{(z+l_1)(z-1)^2+l_2(z-1)+l_3} \tag{12.69}$$

式（12.68）是用于选择增益 n_1和整形式（12.63）中混合信号的设计方程式。

到目前为止，混合误差$\tilde{a}_{res}=a_{res}-\hat{a}_{res}$被解释为对航天器姿态的实际加速度指令 a 与对姿态嵌入模型的指令$\hat{a}$之间的差异。作为第二种解释，$\tilde{a}_{res}$是影响姿态嵌入模型的唯一输入干扰，而$\tilde{a}_{res}$的双重积分提供了输出干扰 d_y，公式如下。

$$d_y(z)=M_{AC}(z)\tilde{a}_{res}(z),M_{AC}(z)=(z-1)^{-2} \tag{12.70}$$

下一小节将用到第二种解释。

2. 姿态预测误差

第二步，计算姿态预测误差$\tilde{\theta}=\theta-\hat{\theta}$。预测误差公式已在 12.5.4 节中推导，并在此从式（12.32）中重复如下。

$$\tilde{\theta}(z)=-\tilde{V}_{AC}(z,\tilde{\Gamma})\tilde{\theta}_m(z)+\tilde{S}_{AC}(z,\tilde{\Gamma})d_y(z) \tag{12.71}$$

其中，$\tilde{\theta}_m=\breve{\theta}-\theta$ 是真实模型误差，$\tilde{\Gamma}$是补特征值谱。唯一需要说明的变量是输出干扰 d_y，它已在式（12.70）中定义。式（12.70）中的定义及其解释仅在角度无拖曳控制的情况下才保留其有效性。

式（12.71）中的$\{\tilde{S}_{AC},\tilde{V}_{AC}\}$在练习 6 已经讨论过了，作为验证，这里通过保留与式（12.29）中相同的符号，并通过设置 $g_d+h_d=0$ 和 $g_{d1}+h_{d1}=0$，提供了$\tilde{S}_{AC}$的显式表达式，即

$$\begin{aligned}\tilde{S}_{AC}(z)&=(1+M_{AC}H)^{-1}\\&=\frac{(z-1)^4(z-1+l)}{(z-1)^4(z-1+l)+(g+h)(z-1)^3+lg(z-1)^2+lg_d(z-1)+lg_{d1}}\end{aligned} \tag{12.72}$$

其中，$H=H_d-H_w$，并且

$$\begin{aligned}H_d(z)&=\frac{lg_{d1}+lg_d(z-1)}{(z-1+l)(z-1)^2}\\H_w(z)&=\frac{lg+(g+h)(z-1)}{z-1+l}\end{aligned} \tag{12.73}$$

（译者注：式中 l、g、g_d、g_{d1}都是独立变量。）

使用反馈传递函数 H_d 和 H_w 并借助图 12.4，可以将预测干扰 x_d 和输入噪声 w_u 表示如下。

$$\begin{aligned}x_d(z)&=H_d(z)(\breve{\theta}(z)-\hat{\theta}(z))=H_d(z)(\tilde{\theta}(z)+\tilde{\theta}_m(z))\\w_u(z)&=H_w(z)(\tilde{\theta}(z)+\tilde{\theta}_m(z))\end{aligned} \tag{12.74}$$

式（12.74）的预测和估计性质与连续时间相关度 H_d 的 $\rho_d=2$ 和 H_w 的 $\rho_w=0$ 相一致。

3. 姿态跟踪误差

第三步，计算真实跟踪误差$\widetilde{\theta}_r=\theta-\theta_r$。误差$\widetilde{\theta}_r$ 与姿态控制定律严格相关。因为宽带角度无拖曳控制，所以通过设置 $h_{\text{nom}}(\cdot)=0$，此处重写了式（12.42）的多变量版本。

$$\boldsymbol{M}_c(i)=-J_{\text{nom}}(-\dot{\boldsymbol{\omega}}_{rb}+2K_q\text{sgn}(e_{r0})\boldsymbol{e}_r+K_\omega(\hat{\boldsymbol{\omega}}-\boldsymbol{\omega}_{rb})+\boldsymbol{x}_d/T^2) \tag{12.75}$$

其中，$\{e_{r0},e_r\}$表示测得的跟踪误差 $e_r=\mathfrak{q}_r^{-1}\otimes\hat{\mathfrak{q}}$的标量和矢量分量，$\hat{\omega}-\omega_{rb}$是测得的角速度的跟踪误差，$x_d$是要消除的以 rad 为单位的预测扰动，$\dot{\omega}_{rb}$是参考加速度矢量。参考三元组$\{\dot{\omega}_{rb},\omega_{rb},\mathfrak{q}_r\}$是 11.3 节中 LORF 四元数预测器的输出。其中，三元组的矢量符号为$\{\widehat{a}_o,\widehat{\omega}_o,\hat{\mathfrak{q}}_o\}$，下标 o 代表 LORF。

式（12.75）的标量版本的 Z 变换如下。

$$(a_c(z)-\dot{\omega}_{rb})T^2=-k_q(\hat{\theta}-\theta_r)-k_\omega(\hat{\omega}-\omega_{rb})T-x_d[\text{rad}] \tag{12.76}$$

将 $2\text{sgn}(e_{r0})\boldsymbol{e}_r$ 替换为标量测得的跟踪误差$\hat{\theta}-\theta_r$，将其他矢量替换为其标量符号。标量增益 k_q 和 k_ω 分别是式（12.75）中对角矩阵 K_qT^2 和 $K_\omega T$ 的无量纲分量。

反馈矩阵$\boldsymbol{K}=[k_q \quad k_\omega]$定义了姿态嵌入模型中以下可控制动态特性的闭环传递函数 $W_c(z)=\boldsymbol{C}_c\ (zI-\boldsymbol{A}_c+\boldsymbol{B}_cK)^{-1}\boldsymbol{G}$

$$\begin{gathered}\hat{\boldsymbol{x}}_c(i+1)=\boldsymbol{A}_c\hat{\boldsymbol{x}}_c(i)+\boldsymbol{B}_c(u_{\text{AC}}(i)+d_{\text{AC}}(i))+\boldsymbol{G}w_u(i)\\ \hat{y}(i)=\boldsymbol{C}_c\hat{\boldsymbol{x}}_c(i)\\ u_{\text{AC}}=T^2\widehat{a}=T^2(a_c+\widehat{a}_{res}),d_{AC}=T^2\widetilde{a}_{res}\end{gathered} \tag{12.77}$$

矩阵和矢量如下

$$\boldsymbol{A}_c=\begin{bmatrix}1&1\\0&1\end{bmatrix},\boldsymbol{B}_c=\boldsymbol{G}=\begin{bmatrix}0\\1\end{bmatrix},\boldsymbol{C}_c=[1\quad 0],\hat{\boldsymbol{x}}_c=\begin{bmatrix}\hat{\theta}\\ \hat{\omega}T\end{bmatrix} \tag{12.78}$$

$u_{\text{AC}}=T^2\widehat{a}$命令是混合信号，$d_{AC}=T^2\widetilde{a}_{res}$是混合误差，起着未知输入干扰的作用。$W_c(z)$的最终表达式是

$$W_c(z)=((z-1)^2+k_\omega(z-1)+k_q)^{-1} \tag{12.79}$$

具有 $W_{c0}^{-1}=k_q$ 的归一化 $V_c(z)=W_{c0}^{-1}W_c(z)$是低通滤波器，并且 $W_c(z)$可以分解为 $W_c(z)=S_c(z)M_{AC}(z)$，也就是开环函数 $M_{AC}(z)=(z-1)^{-2}$和控制律灵敏度 $S_c(z)$的乘积，定义为

$$S_c(z)=1-K\ (zI-\boldsymbol{A}_c+\boldsymbol{B}_cK)^{-1}\boldsymbol{B}_c \tag{12.80}$$

$W_c(z)$输入因果关系校正 $S_w(z)$在下面使用。$\boldsymbol{A}_c-\boldsymbol{B}_cK$ 的补谱用 $\boldsymbol{\Gamma}_c=\{\gamma_{c1},\gamma_{c2}\}$表示；整个闭环谱是 $\boldsymbol{\Gamma}_{AC}=\{\widetilde{\boldsymbol{\Gamma}},\boldsymbol{\Gamma}_c\}$，其中$\widetilde{\Gamma}$表示姿态预测器。

如 13.6.3 节所述，真实的跟踪误差 θ_r 满足类似于式（12.71）的等式，如下

$$\widetilde{\theta}_r(z)=-V_{AC}(z,\boldsymbol{\Gamma}_{AC})\widetilde{\theta}_m(z)+S_{AC}(z,\boldsymbol{\Gamma}_{AC})d_y(z)+\widetilde{\theta}_o \tag{12.81}$$

用$\{S_{AC},V_{AC}\}$替换$\{\widetilde{S}_{AC},\widetilde{V}_{AC}\}$时，$\{S_{AC},V_{AC}\}$定义如下。

$$V_{AC}=\widetilde{V}_{AC}-S_w,S_{AC}=\widetilde{S}_{AC}+S_w,S_w=W_cH_w\widetilde{S}_{AC} \tag{12.82}$$

因为$\widetilde{\theta}_r$ 中的 θ_r 是真正的参考，所以式（12.81）通过包含参考预测误差$\widetilde{\theta}_o=\theta_r-\hat{\theta}_o$ 校

正，其中$\hat{\theta}_o$是11.3节的参考生成器给出的预测。更准确地说，$\hat{\theta}_o$是$\hat{\theta}_o=2\hat{q}_o$的分量，$\hat{q}_o$是预测的四元数$\hat{\mathfrak{q}}_o$的矢量部分。

因果校正S_w的属性已在13.6.3节式（12.81）中证明，将用作姿态控制的设计方程。借助式（12.70），以及已在式（12.68）中明确定义的混合误差$\widetilde{a}_{res}$，式（12.81）变为

$$\widetilde{\theta}_r(z)=S_{AC}(z,\Gamma_{AC})M_{AC}(z)(S_h(z)d-V_h(z)d_a)-V_{AC}(z,\Gamma_{AC})\widetilde{\theta}_m+\widetilde{\theta}_o \tag{12.83}$$

其中，$\{S_h,V_h\}$在式（12.68）和式（12.69）中定义，取决于11.2.6节中已经设计的无拖曳控制频谱$\Gamma_{DFC}=\Gamma$和在式（12.64）中定义的标量增益$n_1=\hat{l}_1+l_1$。

4. 混合信号设计

在这里，假设$\Gamma_{DFC}=\Gamma$已被设定，我们必须根据式（12.64）选择n_1的值。先讨论的是下一个引理，它告诉我们$n_1=0$提供最高的相关度$V_h(z)$。

引理1：当且仅当$n_1=0$时，$V_h(z)$的高频渐近线$V_{h\infty}(z)$具有最大的CT相对度$r=1$。

证明：该证明由$V_h(z)$的高频扩展得出

$$V_{h\infty}(z)=\lim_{z-1\to\infty}V_h(z)=\frac{n_1}{z}+\frac{l_2}{z(z-1)} \tag{12.84}$$

图12.12显示了n_1不同值时V_h的大小。对于$0<n_1<1$，$|V_h(jf,n_1)|$仅在有限的区域内出比$|V_h(jf,n_0)|$更快的衰减，该结论不可接受，解释如下。

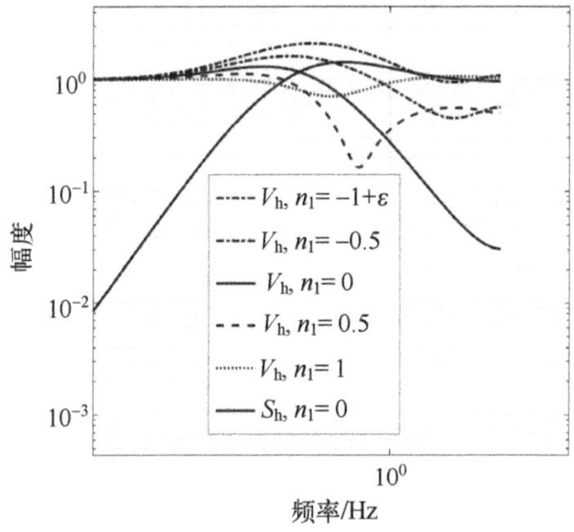

图12.12　不同n_1值的混合灵敏度和互补灵敏度

由引理1提出的解，即$n_1=0$，对于混合误差$\widetilde{a}_{res}$是否最优，这取决于误差最小化标准以及式（12.68）中d和d_a的谱密度。误差最小化标准是在频带$f\geqslant f_h$中$\widetilde{a}_{res}$的带通方差，其中$f_h\cong0.01$Hz，如图12.11所示。在该频带中，d主要由推进器噪声给出，其高频SD趋于平坦（请参见9.3.4节）。在同一区域，d_a是由高频加速度计噪声引起的，其频谱密度趋于随频率而增加，如11.2.4节中的图11.5所示。引理1的结果和式（12.68）中表达式$\widetilde{a}_{res}=S_hd-V_hd_a$表明，$n_1=0$对于$d_a$的高频分量的衰减是有益的。因此，下一节将假定$n_1=0$。

注意式（12.67），$n_1=0$表示要分配给姿态嵌入模型的唯一命令是姿态命令a_c，

对于$f<f_h$要消除的干扰由$\widetilde{a}_{res}\cong -d_a$给出。

练习 14

在等式$N_1=\widehat{K}_2+L_1=\widehat{L}_1+L_1=0$下证明式（12.60）中$\widehat{\boldsymbol{a}}(i)$可以实现如下。

$$\widehat{\boldsymbol{a}}(i)=\hat{\boldsymbol{a}}(i)-\widehat{\boldsymbol{w}}_a(i),\hat{\boldsymbol{a}}(i)=\boldsymbol{a}(i/i),\hat{\boldsymbol{a}}(i)=\boldsymbol{a}(i/i-1),\widehat{\boldsymbol{w}}_a(i)=\boldsymbol{w}_a(i/i) \quad (12.85)$$

12.5.9 无拖曳模式的姿态控制：分层极点配置

1. SAC 和 VAC 的渐近线

谱Γ_{DFC}和Γ_{AC}的设计采用分层方式进行，因为这些谱会被很好地分离。如果保留11.2.7节表11.1第5行中谱Γ_{DFC}。

$$\widetilde{f}_{DFC}=\widetilde{f}_1=0.46\text{Hz},\widetilde{\alpha}_{DFC}=\widetilde{\alpha}=0.78 \quad (12.86)$$

则最小频率$\widetilde{f}_{DFC,\min}=\widetilde{f}_{DFC}2^{-2\widetilde{\alpha}_{DFC}}\cong 0.15\text{Hz}$比图12.11的混合谱的临界频率$f_h\cong 0.01\text{Hz}$高得多。这个事实表明分层设计是合理的。

练习 15

给定式（12.72）中状态预测灵敏度$\widetilde{S}_{AC}$，式（12.73）中反馈TF H_w和式（12.79）中的W_c，证明以下极限（请参阅练习11，13.5.3节）：

$$\begin{aligned}S_{AC0}(z)&=\lim_{z\to 1}S_{AC}(z)=\frac{(z-1)^4}{g_{d1}}\left(1+\frac{g}{k_q}\right)=\left(\frac{z-1}{2\pi f_s T}\right)^4\\ V_{AC\infty}(z)&=\lim_{z-1\to\infty}V_{AC}(z)=\frac{k_\omega(g+h)}{(z-1)^3}=\left(\frac{2\pi f_v T}{z-1}\right)^3\end{aligned} \quad (12.87)$$

给定姿态预测与控制律的互补谱$\Gamma_{AC}\{\widetilde{\Gamma},\Gamma_c\}$，其分量为

$$\widetilde{\Gamma}=\{\widetilde{\gamma}_1,\cdots,\widetilde{\gamma}_5\},\Gamma_c=\{\gamma_{c1},\gamma_{c2}\} \quad (12.88)$$

证明

$$\begin{aligned}f_s&=\frac{1}{2\pi T}\sqrt[4]{\frac{\prod_{k=1}^{5}\widetilde{\gamma}_k}{\sum_{k=1}^{5}\widetilde{\gamma}_k}\left(1+\frac{\sum_{k=1}^{5}\sum_{j\neq k=1}^{5}\sum_{h\neq k\neq j=1}^{5}\widetilde{\gamma}_k\widetilde{\gamma}_j\widetilde{\gamma}_h}{\gamma_{c1}\gamma_{c2}\sum_{k=1}^{5}\widetilde{\gamma}_k}\right)^{-1}}\\ f_v&=\frac{\sqrt[3]{(\gamma_{c1}+\gamma_{c2})\sum_{k=1}^{5}\sum_{j\neq k=1}^{5}\widetilde{\gamma}_k\widetilde{\gamma}_j}}{2\pi T}\end{aligned} \quad (12.89)$$

尽管下面要采用的标准设计会使得$f_s\cong\widetilde{f}_s$，$\{f_s,f_v\}$不应与12.5.4节中的状态预测器$\{\widetilde{f}_s,\widetilde{f}_v\}$混淆，因为因果校正$S_w$不会改变$\widetilde{S}_{AC}(z)$的低频渐近线。

假设互补特征值由如下极点配置公式给出

$$\begin{aligned}&0<\widetilde{\gamma}_k=\widetilde{\gamma}_1 2^{-\widetilde{\alpha}(k-1)}\leqslant 1,\widetilde{\alpha}\geqslant 0,0<\widetilde{\gamma}_1=2\pi\widetilde{f}_1 T\leqslant 1,k=1,2,\cdots,5\\ &0<\gamma_{ck}=\gamma_{c1}2^{-\beta(k-1)}\leqslant 1,\beta\geqslant 0,0<\gamma_{c1}=2\pi f_{c1}T\leqslant 1,k=1,2\end{aligned} \quad (12.90)$$

其中，标记-参考状态预测，证明式（12.89）的频谱采用如下形式

$$f_s=\widetilde{f}_1/\sqrt[4]{\rho_1(\widetilde{\alpha})(1+\widetilde{\phi}_1^2\rho_2(\widetilde{\alpha},\beta))},f_v=\widetilde{f}_1\sqrt[3]{\rho_3(\widetilde{\alpha},\beta)/\widetilde{\phi}_1} \quad (12.91)$$

其中，$\widetilde{\phi}_1=\widetilde{f}_1/f_{c1}$是状态预测器和控制律之间的带宽比，$\rho_k(\widetilde{\alpha},\beta)\geqslant 0,k=1,2,3$是$2^{-\widetilde{\alpha}}$和

$2^{-\beta}$中多项式之比。证明$\widetilde{\alpha}=\beta=0$的值满足$\rho_1(0)=5$，$\rho_2(0,0)=2$和$\rho_3(0,0)=20$。

如果采用标准设计（请参阅13.6.3节），换句话说，如果施加$\widetilde{\phi}=\tilde{f}_s/f_c\cong f_s/f_c<1$或等于$\widetilde{\phi}_1=\tilde{f}_1/f_{c1}<1$，则$\widetilde{S}_{AC}$的灵敏度带宽$f_s$倾向于对控制律谱$\Gamma_C$不敏感，因为忽略式（12.91）中的$\widetilde{\phi}_1^2\rho_2(\widetilde{\alpha},\beta)\ll 1$，可得$f_s\to\tilde{f}_s=\tilde{f}_1/\sqrt[4]{\rho_1(\widetilde{\alpha})}$。换句话说，我们正在接近一个偏分离定理，其中式（12.88）中的状态预测谱$\widetilde{\Gamma}$不依赖于控制律谱Γ_C。相反，Γ_C通过标准设计条件$\widetilde{\phi}_1=\tilde{f}_1/f_{c1}<1$取决于$\widetilde{\Gamma}$。$f_{c1}$的设计在遵守$\widetilde{\phi}_1<1$的情况下提供了一定的自由度，可以在有未建模动力特性的情况下更好地调节V_{AC}。实际上，式（12.91）中V_{AC}的带宽f_v包括$1/\sqrt[3]{\widetilde{\phi}_1}$作为因子。这意味着不能使$f_{c1}$大于决定灵敏度带宽的频率$\tilde{f}_1$。目的是使$V_{AC}$保持针对最坏情况下未建模动力特性的足够高频衰减。

极点配置的目的是在存在输出无拖曳残差d_y、姿态模型误差$\widetilde{\theta}_m$和LORF预测误差$\widetilde{\theta}_o$情况下，使式（12.81）中的姿态跟踪误差$\widetilde{\theta}_r$的$\widetilde{S}_r(f)$遵循式（12.58）中的混合约束$\widetilde{S}_{h,\max}(f)$。原则上，$d_y$可能包括由$\widetilde{\theta}_r$驱动的不确定分量，这些不确定分量在第7.3.4节、7.3.5节、7.7.3节、11.2.6节和11.3.3节中出现。这些分量可以忽略，原因如下。

（1）要预测和消除的无拖曳残差d_y仅取决于加速度计的漂移/偏置，其独立于$\widetilde{\theta}_r$，因此不必考虑交叉耦合项$h(\cdot)$。

（2）存在未建模动力学，并且是无拖曳控制动态和星跟踪器组件延迟的组合。因为假设一个时间单位$T=0.1\text{s}$，与8.9.3节表8.8中的星跟踪器组件数据兼容，所以星跟踪器组件延迟$\leqslant 0.2\text{s}$小于$\tau_{DFC,\max}=(2\pi\tilde{f}_{DFC,\min})^{-1}\cong 1s$的无拖曳控制的最大时间常数，其源自式（12.86）中的数据。反过来，正如已经指出的那样，无拖曳控制带宽的下界$\tilde{f}_{DFC,\min}\cong 0.15\text{Hz}$远大于图12.11中混合边界的临界频率$f_h=0.01\text{Hz}$，这表明姿态极位置会遗漏未建模动力特性。

作为结论，式（12.81）的设计转换为以下性能不等式

$$\widetilde{S}_r^2(f,\Gamma_{AC})=|S_{AC}(jf,\Gamma_{AC})|^2S_d^2(f)+|V_{AC}(jf,\Gamma_{AC})|^2\widetilde{S}_m^2(f)+\widetilde{S}_o^2(f)\leqslant\widetilde{S}_{h,\max}^2(f) \tag{12.92}$$

其中，S_d^2是式（12.70）中残余扰动d_y的功率谱密度。假设14.3.2节的稳定性不等式满足了较大的稳定性裕度$\eta^{-1}\gg 1$，这时可以忽略式（12.92）中的因子$(1-\eta)^{-1}$。

预测器极点配置类似卡尔曼滤波器设计一样，通过在d_y的预测和测量误差的衰减之间进行权衡，（请参见6.6.1和13.7.5节）。控制律极极点配置可以类似LQG设计一样完成。这里的状态预测器包括动态特性反馈，因此不具有与卡尔曼滤波器[3]相同的结构。由于输入姿态指令a_c的姿态跟踪误差可能会降低残余加速度a的频谱密度，因此如同传统的LQG设计一样，必须在姿态精度和加速度授权之间进行权衡，其中a起着LQG中的指令信号作用。

2. 残余加速度

式（12.65）中加速度设计公式$\dot{\omega}(z)=a(z)=a_{res}(z)+a_c(z)$需要姿态指令$a_c$的表达式，公式如下。

$$a_c(z)-\dot{\omega}_{rb}(z)=-V_{AC}(z)a_{res}-(T^{-1}(z-1))^2V_{AC}(z)\widetilde{\theta}_m-D_{AC}(z)\widetilde{\theta}_o \tag{12.93}$$

其中，$D_{AC}(z)=((z-1)^2+k_\omega(z-1)+k_q)/T^2$，$\dot{\omega}_{rb}=\dot{\omega}_{rb,true}-\widetilde{\dot{\omega}}_{rb}=\dot{\omega}_{rb,true}-(z-1)^2\widetilde{\theta}_o$是参考角加

速度，需要与真实参考值区分开，因为是参考四元数误差的二阶导数，并且$\tilde{a}_{res}$已替换a_{res}，对于$n_1=0$为$\hat{a}_{res}=0$。式（12.93）清楚地表明，a_c受到姿态测量误差$\tilde{\theta}_m$（星跟踪器噪声等效角）和$\tilde{\theta}_o$（参考四元数误差）的双导数的影响。式（12.93）中的右半部分是先前讨论的混合错误。已从a_c中减去参考$\dot{\omega}_{rb}$，因为相关的功率谱密度是线性谱，必须从下面的性能不等式中删去。完整的设计公式为

$$\tilde{\dot{\omega}}_r(z)=S_{AC}(z)a_{res}-(T^{-1}(z-1))^2V_{AC}(z)\tilde{\theta}_m-D_{AC}(z)\tilde{\theta}_o \tag{12.94}$$

其中，$\tilde{\dot{\omega}}_r=\dot{\omega}-\dot{\omega}_{rb,true}$是加速度跟踪误差，$S_{AC}(z)a_{res}$表明加速度偏差和漂移已被角度控制消除。

最后，假设式（12.94）中3个不同误差源之间不相关，通用分量的加速度性能不等式具有以下表达式。

$$\begin{aligned}\tilde{S}_{\dot{\omega}}^2(f)=&|S_{AC}(jf,\Gamma_{AC})|^2S_{res}^2(f)+(2\pi f)^4|V_{AC}(jf,\Gamma_{AC})|\tilde{S}_m^2(f)+\\&+|D_{AC}(jf,\Gamma_c)|^2\tilde{S}_o^2(f)\leqslant S_{\dot{\omega},\max}^2(f),\end{aligned} \tag{12.95}$$

其中，$\tilde{S}_{\dot{\omega},\max}$在表12.3已给出，$S_{res}$是无拖曳残差$a_{res}$的SD，$\tilde{S}_o=\tilde{S}_\theta$在11.3.3节式（11.85）已给出，$\tilde{S}_m$为星跟踪器组件误差。

练习16

证明式（12.94）。

提示

从式（12.76）开始，并替换$\hat{\theta}-\theta_r=\tilde{\theta}_r-\tilde{\theta}$。然后，将式（12.71）和式（12.81）中的Z变换替换$\tilde{\theta}_r-\tilde{\theta}$，以及式（12.74）的第一行$x_d$。写出$(\hat{\omega}-\omega_{rb})T=(z-1)(\hat{\theta}-\theta_r)$并提取多项式$C(z)=k_q+(z-1)k_\omega$。通过替换角加速度的二项$a_{res}+a_c$中的$a_c$表达式，可以得到式（12.94）中的加速度跟踪误差。下一步需要来自式（12.70）的标识$d_y(z)=M_{AC}(z)a_{res}(z)$和$n_1=0$，用真实参考值代替参考加速度减去如上所述的参考四元数误差的二阶导数、式（12.82）中因果关系校正S_w和一些操作。

3. 优化准则

通过固定式（12.90）中的指数$\tilde{\alpha}$和β，令$\tilde{\alpha}=0.6$（请参阅7.3.5节），$\beta=0$，可以完成次优极点配置。标识$\beta=0$对应于PD反馈的CT设计中一对闭环极点的阻尼系数$\zeta=1$。

式（12.91）中$\{\tilde{f}_1,\tilde{\varphi}_1\}$有待优化。优化准则$J_{AC}$与经典LQG准则非常相似，后者在精度和指令之间进行权衡。姿态精度由比率$J_r=\tilde{\sigma}_r(f)/\tilde{\sigma}_{h,\max}(f)\leqslant1$测得，源自式（12.92），并从相关功率谱密度的积分上至Nyquist频率$f_{\max}=5\text{Hz}$，如下所示。

$$\tilde{\sigma}_r^2=\int_{\Delta f}^{f_{\max}}\tilde{S}_r^2(f)df,\tilde{\sigma}_{h,\max}^2=\int_{\Delta f}^{f_{\max}}\tilde{S}_{h,\max}^2(f)df \tag{12.96}$$

其中，$\Delta f=1/T_{\text{steady}}\ll f_{\max}$由仿真过程的稳态间隔$T_{\text{steady}}$固定。加速力是通过从式（12.95）获得的比率$J_\omega=\tilde{\sigma}_\omega(f)/\tilde{\sigma}_{\dot{\omega},\max}(f)\leqslant1$，通过式（12.96）中的功率谱密度积分来测量的。作为式（12.95）中的二阶导数，期望$\tilde{S}_{\dot{\omega}}(f)$增大以获得较大的姿态控制系统带宽，随着$\tilde{f}_1$和$\tilde{\phi}_1$的增大，这很可能会由CS VAC引起星跟踪器噪声的弱衰减。优化问题表达为

$$\begin{aligned}&\{\tilde{f}_1^*,\tilde{\phi}_1^*\}=\arg\min\max_{|f|<f_{\max}}J_{AC}(f,\Gamma_{AC})\\&J_{AC}(f,\Gamma_{AC})=\sqrt{w_r^2J_r^2(f,\Gamma_{AC})+w_{\dot{\omega}}^2J_{\dot{\omega}}^2(f,\Gamma_{AC})}\end{aligned} \tag{12.97}$$

其中，$\omega_r^2+w_{\dot\omega}^2=1$ 和 $\omega_r^2=0.55$，以略微优先考虑姿态精度。优化是通过仿真运行直接进行的，限制为$\tilde{f}_1<5\text{mHz}$（表 12.3，第 14 行中的测量带宽下限）和$\tilde{\phi}_1\leqslant0.2$，因此必须进行标准设计。

图 12.13 显示了标准 J_{AC}的两个正交部分，这是可行的，即 $J_{AC}<1$，在可行区间$\{1\text{mHz}<\tilde{f}_1<2\text{mHz},0.01<\tilde{\phi}_1<0.1\}$内有一定余量。通过$\tilde{\phi}_1\ll1$ 确认了标准设计。每个仿真运行的不同随机实现通过式（12.97）中两个函数的微小不规则性来体现。参见图 12.13（a）所示的 w_rJ_r 的实例图。图 12.13（b）中状态预测器带宽的窄可行区间（大约一个倍频程）对所选姿态传感器的要求非常严格：星跟踪器组件数据在表 12.4 中，而 GNSS 接收器数据在表 11.2 中（请参见文献［3］）。

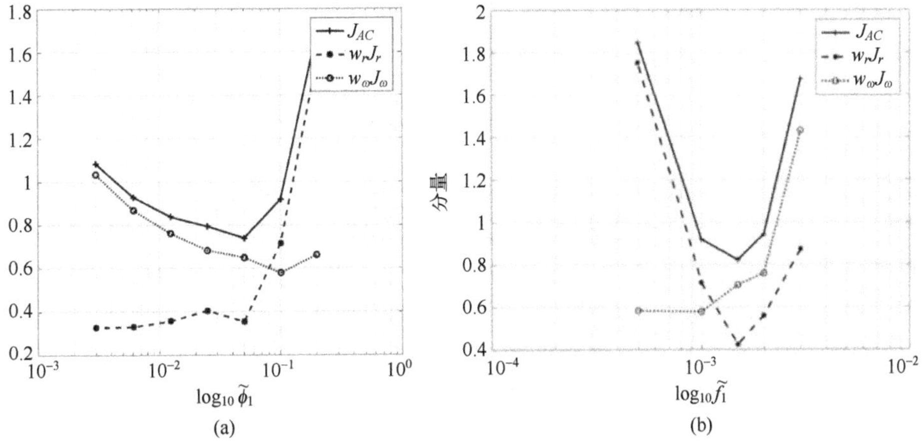

图 12.13　标准 JAC 和式（12.97）中两个分量的各个分量

（a）$\tilde{\phi}_1$；（b）$\tilde{f}_1$ 部分。

12.5.10　无拖曳模式姿态控制：仿真结果

图 12.14 假设了图 12.13 中的可行区间的中心对$\{\tilde{f}_1=1.5\text{mHz},\tilde{\phi}_1=0.05\}$。图 12.14（a）显示了残余角加速度分量的谱密度。在测量带宽下的低频带，谱密度图显示了参考 LORF 加速度的分量，该分量通过轨道谐波 $n\omega_o(2\pi)^{-1},n=1,2$（谱密度比较请参见文献［10］）处的谐振峰（它们是平滑的谱线）表现出来。低频渐近线是平坦的，因为姿态控制已消除了加速度漂移。因为真实的谐振峰是无界的（因为它们是频谱线），所以它们在图中的有界值是由谱密度估计算法的频率量化和周期图平均值引起的。图 12.14（b）显示了真实姿态跟踪误差的谱密度$\tilde{S}_r$。谱密度接近混合边界的频率范围为 0.8～3mHz，位于测量带宽的外部并位于姿态控制系统带宽 $\tilde{f}_1=1.5\text{mHz}$ 的周围。差的裕量对应于图 12.13 中已经提到的窄可行区间。图 12.14（a）中高频的增加斜率重复了 11.2.6 节图 11.7（b）中无拖曳控制灵敏度$\tilde{S}$的二阶曲线，因为它与推进器噪声的宽带和平坦谱密度相乘。斜率在式（12.86）中的无拖曳控制带宽 $\tilde{f}_{DF}=0.46\text{Hz}$ 处结束。高频曲线一旦被双重积分，在$f>0.05\text{Hz}$ 时，就变成图 12.14 中的高频平坦曲线。图 12.14（b）中 $n\omega_o(2\pi)^{-1}$处的小谐振峰归因于 LORF 四元数预测误差$\tilde{q}_o$。它们也可以在 11.3.4 节图 11.11（b）中找到。

图 12.15（a）显示了真实跟踪误差四元数$\{\tilde{\varphi}_r,\tilde{\theta}_r,\tilde{\psi}_r\}$的欧拉角$\tilde{q}_r=q_b^0$ 的时间曲线。该

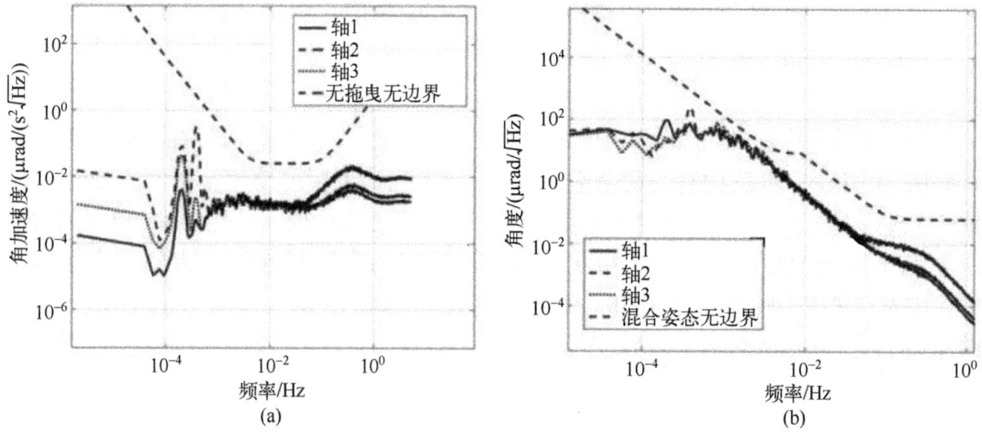

图 12.14　谱密度

（a）角加速度；（b）姿态跟踪错误。

时间间隔分为推进器精指向模式阶段（时间间隔 $0\leqslant t\leqslant 3T_o\cong 16300\mathrm{s}$）、预无拖曳模式阶段（时间间隔 $3T\leqslant t\leqslant 4T_o\cong 21700\mathrm{s}$）和无拖曳模式阶段。无拖曳模式阶段中的误差曲线是由星跟踪器组件偏置和低频噪声生成的。对于所有坐标，状态预测器谱都是相同的，这说明了由于轴向惯性矩 J_1 小而引起的 φ_r 波动。在 $t=3T_o\cong 16500\mathrm{s}$（预无拖曳模式阶段的开始）处的峰值和跳变是对未知角加速度计偏置的响应，该误差的力矩大小为 $|M_b|\cong 0.3\mathrm{mN\cdot m}$。在时刻 $t=3T_o$，角度无拖曳控制开始，但是没有假定先前的偏差预测。同时，由于宽带无拖曳控制，φ_r 的推进器精指向模式波动消失了。在 $t=4T_o\cong 22000\mathrm{s}$ 处，会发生一个小的瞬变，因为根据无拖曳模式极点配置的要求，窄带状态预测器会打开。虚线表示表 12.3 中的误差范围。推进器精指向模式和预无拖曳模式的边界不在图中。图 12.15（b）显示了在推进器精指向模式阶段直至 $t_{\mathrm{PREDFM}}\cong 16300\mathrm{s}$，在预无拖曳模式阶段直到 $t_{\mathrm{PREDFM}}\cong 21700\mathrm{s}$ 以及随后在无拖曳模式阶段微推进器组件推力矢量分量的时间曲线。在推进器精指向模式发生时，一些推进器饱和到 1.5mN（在图外）。

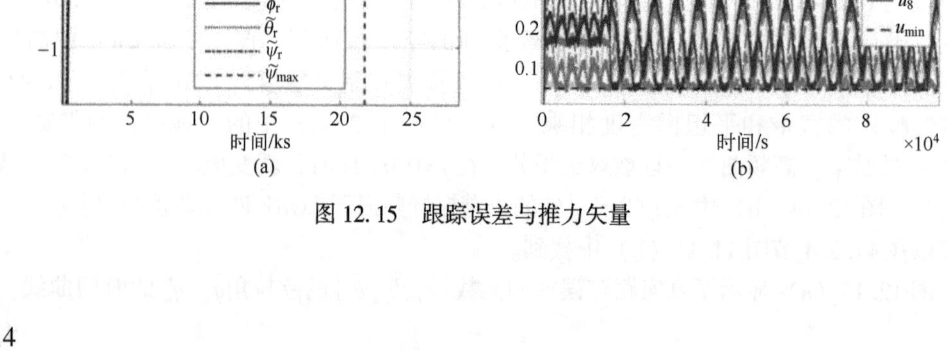

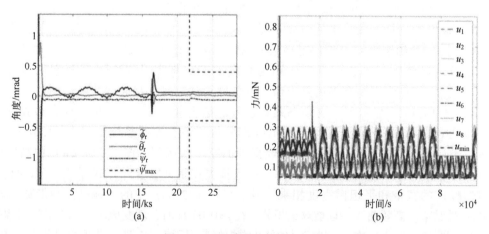

图 12.15　跟踪误差与推力矢量

参 考 文 献

[1] M. Abramowitz, I.A. Stegun (Eds.), Handbook of Mathematical Functions with Formulas, Graphs and Mathematical Tables, 9th Printing, Dover, New York, 1972.

[2] BIPM-JCGM 200, International Vocabulary of Metrology- Basic and General Concepts and Associated Terms (VIM), 2008 version with minor corrections, third ed., JCGM, 2012.

[3] E. Canuto, L. Colangelo, M. Lotufo, S. Dionisio, Satellite-to-satellite attitude control of a long-distance spacecraft formation for the Next Generation Gravity Mission, European Journal of Control 25 (September 2015) 1–16.

[4] E. Canuto, L. Colangelo, M. Buonocore, L. Massotti, B. Girouart, Orbit and formation control for low-earth-orbit gravimetry drag-free satellites, Proceedings of the Institution of Mechanical Engineers, Part G: Journal of Aerospace Engineering 229 (7) (2015) 1194–1213.

[5] European Cooperation for Space Standardization (ECSS), Space Engineering, Control Performance, ECSS-E-ST-60-10C, ECSS Secretariat, ESA-ESTEC, Noordwijk, The Netherlands, November15, 2008.

[6] M. Lovera, A. Astolfi, "Global magnetic attitude control of spacecraft in the presence of gravity gradient", IEEE Transactions on Aerospace and Electronic Systems 42 (3) (July 2006) 796–805.

[7] M. Lovera, Magnetic satellite detumbling: the B-dot algorithm revisited, Proceedings of 2015 American Control Conference (July 1–3, 2015) 1867–1872. Chicago, IL.

[8] B. Polle, B.M. Frapard, S. Reynaud, T. Voirin, Robust INS/GPS hybrid navigator demonstrator design for launch, re-entry and orbital vehicles, Proceedings of 7th International ESA Conference on Guidance, Navigation and Control, Tralee, Ireland (June 2–5, 2008).

[9] G. Sechi, G. Andrè, D. Andreis, M. Saponara, Magnetic attitude control of the GOCE satellite, Proceedings of 6th International ESA Conference on Guidance, Navigation and Control Systems, Loutraki, Greece, October 17–20, 2005, ESA SP 606 (January 2006).

[10] G. Sechi, M. Buonocore, F. Cometto, M. Saponara, A. Tramutola, B. Vinai, G. Andrè, M. Fehringer, In-flight Results from Drag-free and Attitude Control of GOCE Satellite, in: Preprints of the 18th IFAC World Congress, Milano, Italy, August 28–September 2, 2011, pp. 733–740.

[11] C. Steiger, R. Floberhagen, M. Fehringer, J. Piñeiro, P.P. Emanuelli, Flight Operations for GOCE, ESA's Gravity Mission, in: Proc. of ESA Living Planet Symp, ESA SP-686, Bergen, Norway, June 28–July 2, 2010.

[12] D.C. Youla, H.A. Jabri, J.J. Bongiorno, Modern Wiener-Hopf design of optimal controllers: part II, IEEE Transactions on Automatic Control 21 (3) (1976) 319–338.

第 13 章　动态系统简介

13.1　目　　标

本章是对本书中所用到的动态系统分析方法的简要总结。也初步对第 14 章中的嵌入式模型控制（embedded model control，EMC）方法进行了简要介绍。在 13.2 节中动态系统被描述为基于连续时间（continuous-time，CT）和离散时间（discrete-time，DT）的状态方程，重点是线性方程。传递函数和传递矩阵（主要是离散系统），尤其是它们的低频（low-frequency，LF）和高频（high-frequency，HF）频率响应渐近线，以及相应的相对导数阶数的概念，可由线性时不变系统（linear and time-invariant，LTI）导出：这些表征形式和指标在典型 EMC 极点配置方法中起到了重要的作用（参见第 6~8 章、第 11~12 章和第 14 章）。13.2 节最后简要介绍了周期性系统，此想法来自第 7 章和第 12 章中姿态磁力矩控制律的设计。在 13.3 节和 13.4 节中，回顾了动态系统的主要性质：稳定性、能控性和能观性。对 LTI 系统的稳定性判据给予了详细的讨论。由于航天器姿态动力学本质上是非线性的（参见第 6~7 章四元数运动学与动力学，欧拉动力学），稳定性证明必须通过直接李雅普诺夫法（direct Lyapunov method）和拉塞尔不变性原理（LaSalle's invariance principles），结合巴巴拉特引理（Barbalat's lamma）提供相应的技术支持。本章的核心在 13.5 节和 13.6 节，在这部分对预测误差和跟踪误差方程进行了推导。13.5 节定义了由控制律限制的控制误差变量。首先，推导出理想的控制律。假设系统是真实能控的且已知干扰状态变量，也称为设计模型（design model）的状态变量。该设计模型包括了所有的不确定性源。控制律表现为参考指令、反馈指令和扰动抑制之和。当扰动不是混合在一起被抑制，而是直接影响能控的状态时，扰动抑制需要一个特别的设计，该设计需要借助传统的 Davison-Francis 矩阵方程完成。控制律中的扰动抑制也旨在阻止非线性部分加入设计模型中。为了应用实际控制律，13.6 节对状态预测器进行了研究，状态预测器能够估计和预测设计模型中因果不确定性的影响。因果不确定性源以任意的未知信号（噪声矢量）形式出现，是唯一的不确定性源，在嵌入式模型中也包含了此不确定性源。直接预测到的不是因果不确定性源的集合，而是它们在时间上的积分，以具体的干扰动力学状态变量的形式出现。状态预测器通过静态和动态反馈律达到稳定。嵌入式模型整体和静态/动态反馈律组成了一个状态预测器。静态/动态反馈由测得的模型误差驱动，提供噪声矢量估计值（不一定最优），噪声矢量会更新干扰动力学的状态变量。给出了预测误差有界的充分和必要条件。在 13.6 节的最后给出了状态预测器和实控制律之间的经典分离定理。本章的最后部分（13.7 节）简要地回顾了离散随机过程（连续时间过程也有被提及），因为它们是干扰动力学的主要组成部分。13.7 节以简要概括混合卡尔曼滤波器和离散卡尔曼滤波器为结尾。在第6章有对普通卡尔曼滤波器与EMC状态预测器进行简要对比。更为深入的与标准状态观测器的对比，见第14章。

本章不提供结果的证明过程。证明过程可以从标准教科书上找到，如Chen[6]、Kwakernaak和Sivan[11]、Sastry[16]、Slotine和Li[17]和Sontag[18]，也可从文献［5］获得。

13.2 状态空间表示法

13.2.1 连续时间和离散时间系统

1. 连续时间域

状态空间表示法，简称*状态方程*（state equations），是表示动态系统的最简洁形式，因为它将过去和未来巧妙地分开了。动态系统的过去被总结为一个时变向量 $\boldsymbol{x}(t)\in\mathbb{R}^n$，称为状态（state），这里假设状态是有限维的：$\dim\boldsymbol{x}(t)=n<\infty$，$n$ *是系统阶次*（system order）。如果状态 $\boldsymbol{x}(t_0)$ 在初始时间 t_0 处是已知的，那么未来 $t\geqslant t_0$ 时刻可以通过未来输入信号来预测。其中输入信号为 $\boldsymbol{u}(t),t\geqslant t_0$，表示为 $\boldsymbol{u}[t_0,\infty)$。虽然需要区分状态方程和动态系统，但是一个动力学系统可能有多个表示方法，因此可将方程自由组合。

在连续域中定义 $t\in\mathbb{R}$，$\boldsymbol{x}$ 在时间 t 处的时间导数$\dot{\boldsymbol{x}}(t)$，可作为状态本身和外部变量的连续可微函数$\boldsymbol{f}(\cdot)$，称为*向量场*（vector field）。外部变量可通过输入向量$\boldsymbol{u}(t)\in\mathbb{R}^{n_u}$得到，其中 $\dim\boldsymbol{u}=n_u$，初始状态 $\boldsymbol{x_0}\in\mathbb{R}^n$。在 $t_0=0$ 时，一般的连续状态方程可表示为如下形式。

$$\dot{\boldsymbol{x}}(t)=\boldsymbol{f}(\boldsymbol{x}(t),\boldsymbol{u}(t),t),\boldsymbol{x}(0)=\boldsymbol{x}_0 \tag{13.1}$$

它的唯一解 $\boldsymbol{x}[0,\infty)$ 在状态空间中形成了一条*状态轨迹*（state trajectory）。当 $\boldsymbol{u}[t_0,\infty)$ 已知，状态轨迹 $\boldsymbol{x}(t)$ 由积分方程得出

$$\boldsymbol{x}(t)=\boldsymbol{x}_0+\int_0^t\boldsymbol{f}(\boldsymbol{x}(\tau),\boldsymbol{u}(\tau),\tau)\mathrm{d}\tau \tag{13.2}$$

多数情况下，此方程只能通过数值积分的方式求解。如果 t 在函数 $\boldsymbol{f}$ 中不以显式的变量出现，式（13.1）则为*时不变*（time-invariant）的。*一个自治系统*（autonomous system）可描述为只存在状态依赖的时不变方程，通过将 $\boldsymbol{u}(t)$ 作为非时变系统状态的函数，可以得到 $\boldsymbol{u}(t)=\boldsymbol{k}(\boldsymbol{x}(t),\boldsymbol{u}_0)$，其中 $\boldsymbol{u}_0$ 是一个常值向量。这种类型的函数被称为*状态反馈*（state feedback）。最后，可表示为

$$\dot{\boldsymbol{x}}(t)=\boldsymbol{f}(\boldsymbol{x}(t),\boldsymbol{k}(\boldsymbol{x}(t),\boldsymbol{u}_0)),\quad \boldsymbol{x}(0)=\boldsymbol{x}_0 \tag{13.3}$$

上式描述了一个自治闭环系统（closed-loop system）。7.2.6节中式（7.31）的欧拉运动方程是一个三维方程，方程中的状态为 $\boldsymbol{\omega}$（载体角速度），输入向量为 $\boldsymbol{M}$（外部转矩）。如果当 $t\geqslant0$ 时，$\boldsymbol{M}=\boldsymbol{M}_0$=常数，则方程是自治系统方程。另一个自治系统是3.3节式（3.8）的限制性两体系统*无作用力方程*（force-free equation）。典型的自治系统是闭环误差方程，如6.5.2节中的式（6.99）四元数误差和6.5.3节中的式（6.110）状态反馈。自治系统的状态轨迹通过初始状态 $\boldsymbol{x}_0$ 进行参数化。

一个重要的分类可由*仿射系统*（affine system）表示，输入向量 $\boldsymbol{u}$ 的向量场是线性

的，表示为

$$\dot{\boldsymbol{x}}(t)=\boldsymbol{f}_x(\boldsymbol{x}(t))+\boldsymbol{f}_u(\boldsymbol{x}(t))\boldsymbol{u}(t),\quad \boldsymbol{x}(0)=\boldsymbol{x}_0 \tag{13.4}$$

3.2.2 节式（3.6）的欧拉运动方程和限制性二体运动便是仿射系统。

2. 任意输入信号

任意标量输入信号 u 可以被假设为任意但有界的值 $u(t)$，即在任意时间 t，$|u(t)|<\infty$，意味着允许任意小的 h 使得 $u(t)\neq u(t+h)$。一个任意但有界的信号可被称为一个基本输入（见 6.3.4 节），因为它不是严格因果动态系统的输出（参见关于输出变量部分）。这类输入对式（13.2）的解带来了一些问题。考虑标量 u 作为输入时式（13.4）的解的驱动，并且假设 $u(t_1>0)=u_1$，$\lim\limits_{h\to 0}u(t_1\pm h)=0$；即令输入趋向于一个有界的独立采样且积分为零。为了避免方程的解简化为隐式自由响应，有

$$\boldsymbol{x}(t)=\boldsymbol{x}_0+\int_0^t \boldsymbol{f}(\boldsymbol{x}(\tau),\tau)\,\mathrm{d}\tau \tag{13.5}$$

用一个积分值为常量 U_1 且在 $h\to 0$ 时非零的函数代替输入信号 $u(t)$，$t_1-h\leqslant t<t_1+h$。极限函数是一种新的时间函数，称为狄拉克函数（Dirac delta）$U_1\delta(t-t_1)$，将其用采样性质（sampling property）定义

$$g(t_1)=\int_{t_1-h}^{t_1+h} g(\tau)\delta(\tau-t_1)\,\mathrm{d}\tau \tag{13.6}$$

若 $u(t)$ 的测量单位表示为 unit，则 U_1 的单位为 unit×s。

练习 1

写出式（13.4）对于向量输入 $\boldsymbol{u}(t)=\boldsymbol{U}_1\delta(t-t_1)$ 的隐式解。

有时 $\boldsymbol{x}$ 在状态空间 $\mathscr{X}=\mathbb{R}^n$ 中不是自由移动的，但被限制在一个有限子集 $\mathscr{S}\subset\mathbb{R}^n$ 中，如 6.4.1 节中的四元数微分方程式（6.73），其中 $\mathfrak{q}^{\mathrm{T}}\mathfrak{q}=1$。状态 $\mathfrak{q}$ 是被限制在四维单位球面上移动。

3. 输出变量

动态系统的性能通过测量一组有限变量进行监测，即输出变量（output variables），将这些变量都表示在向量 $\boldsymbol{y}(t)\in\mathbb{R}^{n_y}$ 中，其中 $\dim\boldsymbol{y}(t)=n_y$。尽管状态变量也需要进行测量，但输出变量不能与状态变量混淆。输出变量可以是状态变量的子集，也可以是状态变量的函数。一般输出方程（output equation）中也会包含输入 $\boldsymbol{u}$，因为输入可能直接影响输出变量。输出方程是静态的，因为它不包含导数项，可以写为如下形式。

$$\boldsymbol{y}(t)=\boldsymbol{g}(\boldsymbol{x}(t),\boldsymbol{u}(t),t) \tag{13.7}$$

输出变量是性能变量的一个子集，是一类能够检查需求性能的变量。每个输出变量都应与一个测量仪器有关（传感器，参见第 8 章），而性能变量可以只是模型变量（model variables），模型变量只能通过模型状态方程数值仿真得到。在 6.5.1 节中对测量误差和未测量误差也做了类似的区分。

当输入 $\boldsymbol{u}$ 未在函数 $\boldsymbol{g}(\cdot)$ 中时，系统可被称为严格因果（strictly causal），因为输入通过状态影响系统的输出。否则可以称为临界因果（causal）。当输入 $\boldsymbol{u}$ 和输出 $\boldsymbol{y}$ 是标量信号时，即 $n_u=1$，$n_y=1$，则系统是单变量的或单输入单输出（single-input single-output，SISO）的。否则，系统则为多变量（multivariate）的或多输入多输出（multiple-input multiple-output）的。

4. 离散时间域

在离散时间域中，定义时间序列 $t_i = iT, i \in \mathbb{Z}$，其中 T 为不变的时间单位（time unit），通常也可称为采样时间（sampling time），状态方程是在 $t_{i+1}=(i+1)T$ 处预测状态的一组规则。若 $\boldsymbol{x}(i)=\boldsymbol{x}(iT)$ 且 $\boldsymbol{u}(i)=\boldsymbol{u}(iT)$，状态方程可写为如下形式。

$$\begin{aligned} \boldsymbol{x}(i+1) &= \boldsymbol{f}(\boldsymbol{x}(i), \boldsymbol{u}(i), i), \boldsymbol{x}(0)=\boldsymbol{x}_0 \\ \boldsymbol{y}(i) &= \boldsymbol{g}(\boldsymbol{x}(i), \boldsymbol{u}(i), i) \end{aligned} \tag{13.8}$$

时不变系统、自治系统、因果系统、仿射系统、单变量系统和多变量系统的定义可以很容易推广到式（13.8）中。在离散域中，不需要加入狄拉克函数，因为 $\boldsymbol{u}$ 是一个样本序列，可以假设为任意但有界的值。

5. 两点边界值问题（two-point boundary value problem，TPBVP）

考虑 n 阶自治方程 $\dot{\boldsymbol{x}}(t)=\boldsymbol{f}(\boldsymbol{x})$。当在式（13.5）中仅已知初始状态 $\boldsymbol{x}(t_0)$ 时，轨迹 $\boldsymbol{x}[t_0,t)$ 是一个初值问题（initial value problem）的解。在方程被分为两个子系统 $\dot{\boldsymbol{x}}_1(t)=\boldsymbol{f}_1(\boldsymbol{x})$ 和 $\dot{\boldsymbol{x}}_2(t)=\boldsymbol{f}_2(\boldsymbol{x})$ 时，TPBVP 是更为普遍的问题，其中两子系统的阶数分别为 n_1 和 n_2，相应地，必须找出满足初始状态 $\boldsymbol{x}_1(t_0)$ 和最终状态 $\boldsymbol{x}_2(t_1)$ 的轨迹 $\boldsymbol{x}[t_0,t_1)$。在 3.5.3 节中的 Lambert（兰伯特）问题就是这种类型的，已知初始状态、最终状态分别为 $\boldsymbol{r}(t_0)$ 和 $\boldsymbol{r}(t_1)$，且 $n_1=n_2=3$，其中 $\boldsymbol{x}_1=\boldsymbol{r}$（航天器位置），$\boldsymbol{x}_2=\dot{\boldsymbol{r}}=\boldsymbol{v}$（航天器速度）。

13.2.2 线性动态系统

1. 连续时间域

若式（13.1）和式（13.7）中的 $\boldsymbol{f}(\cdot)$ 和 $\boldsymbol{g}(\cdot)$ 是线性函数，则系统为线性（linear）的且可表示为

$$\begin{aligned} \dot{\boldsymbol{x}}(t) &= \boldsymbol{A}(t)\boldsymbol{x}(t)+\boldsymbol{B}(t)\boldsymbol{u}(t), \boldsymbol{x}(0)=\boldsymbol{x}_0 \\ \boldsymbol{y}(t) &= C(t)\boldsymbol{x}(t)+\boldsymbol{D}(t)\boldsymbol{u}(t) \end{aligned} \tag{13.9}$$

其中，$\boldsymbol{A} \in \mathbb{R}^{n \times n}$ 为状态矩阵，$\boldsymbol{B} \in \mathbb{R}^{n \times n_u}$ 是输入矩阵，$C \in \mathbb{R}^{n_y \times n}$ 是输出矩阵，$\boldsymbol{D} \in \mathbb{R}^{n_y \times n_u}$ 是馈通矩阵或直接输入-输出矩阵。式（13.9）的解可以通过状态转移矩阵（state transition matrix）$\boldsymbol{\Phi}(t,t_0)=\boldsymbol{Q}(t)\boldsymbol{Q}^{-1}(t_0)$ 写为显性形式，其中 $\boldsymbol{Q}(t) \in \mathbb{R}^{n \times n}$ 为基本矩阵（fundamental matrix），且定义矩阵 $\boldsymbol{Q}(t)$ 满足 $\dot{\boldsymbol{Q}}(t)=\boldsymbol{A}(t)\boldsymbol{Q}(t)$。换言之，$\boldsymbol{Q}(t)$ 任意一列是式（13.9）的自由响应（用其他术语来说，零输入解）。此外，由于 rank $\boldsymbol{Q}(t)=n$，它的列组成了状态空间 $\mathscr{X}=\mathbb{R}^n$ 的基底。因此，任意自由响应 $\boldsymbol{x}_{\text{free}}(t)$ 可写为一个 $\boldsymbol{Q}(t)$ 的列的线性组合，那么则存在一个向量 $\boldsymbol{c}$ 使得 $\boldsymbol{x}_{\text{free}}(t)=\boldsymbol{Q}(t)\boldsymbol{c}$。式（13.9）的显式解可由如下公式求得。

$$\boldsymbol{x}(t) = \boldsymbol{\Phi}(t,t_0)\boldsymbol{x}_0 + \int_0^t \boldsymbol{\Phi}(t,\tau)\boldsymbol{B}\boldsymbol{u}(\tau)\,\mathrm{d}\tau \tag{13.10}$$

显式解为自由响应［$\boldsymbol{u}(0,t)=0$］和受迫响应（$\boldsymbol{x}_0=0$）之和。下方 $\boldsymbol{\Phi}(t,t_0)$ 的性质留给读者自行证明：

$$\boldsymbol{\Phi}(t,t)=\boldsymbol{I},\quad \boldsymbol{\Phi}^{-1}(t_0,t)=\boldsymbol{\Phi}(t,t_0)$$
$$\boldsymbol{\Phi}(t,t_0)=\boldsymbol{\Phi}(t,t_1)\boldsymbol{\Phi}(t_1,t_0),\quad \dot{\boldsymbol{\Phi}}(t,t_0)=\boldsymbol{A}(t)\boldsymbol{\Phi}(t,t_0) \tag{13.11}$$

如果$\{\boldsymbol{A},\boldsymbol{B},\boldsymbol{C},\boldsymbol{D}\}$与时间无关，式（13.9）中的动态系统则为 LTI（线性时不变系统）并且可写为

$$\dot{\boldsymbol{x}}(t)=\boldsymbol{A}\boldsymbol{x}(t)+\boldsymbol{B}\boldsymbol{u}(t),\boldsymbol{x}(0)=\boldsymbol{x}_0$$
$$\boldsymbol{y}(t)=\boldsymbol{C}\boldsymbol{x}(t)+\boldsymbol{D}\boldsymbol{u}(t) \tag{13.12}$$

式（13.12）的状态和输出解有以下的显性形式，即拉格朗日公式：

$$\boldsymbol{x}(t)=\exp(\boldsymbol{A}t)\boldsymbol{x}_0+\int_0^t\exp(\boldsymbol{A}(t-\tau))\boldsymbol{B}\boldsymbol{u}(\tau)\mathrm{d}\tau$$
$$\boldsymbol{y}(t)=\boldsymbol{C}\exp(\boldsymbol{A}t)\boldsymbol{x}_0+\boldsymbol{C}\int_0^t\exp(\boldsymbol{A}(t-\tau))\boldsymbol{B}\boldsymbol{u}(\tau)\mathrm{d}\tau+\boldsymbol{D}\boldsymbol{u}(t)$$
$$=\boldsymbol{C}\exp(\boldsymbol{A}t)\boldsymbol{x}_0+\int_0^t\boldsymbol{M}(t-\tau)\boldsymbol{u}(\tau)\mathrm{d}\tau=\boldsymbol{C}\exp(\boldsymbol{A}t)\boldsymbol{x}_0+\boldsymbol{M}*\boldsymbol{u} \tag{13.13}$$
$$\boldsymbol{M}(t)=\boldsymbol{C}\exp(\boldsymbol{A}t)\boldsymbol{B}+\boldsymbol{D}\delta(t)$$

其中，前两个等式的第一项为自由响应（free response），第二项为受迫响应（forced response），矩阵$\boldsymbol{M}(t)$是脉冲响应和积分，为卷积积分，可写为卷积或者“*”乘的形式。在式（13.13）中，状态转移矩阵$\boldsymbol{\Phi}(t,t_0)$为状态矩阵的指数函数（exponential function），写为

$$\boldsymbol{\Phi}(t,t_0)=\exp(\boldsymbol{A}(t-t_0))$$

对式（13.13）中的脉冲响应矩阵$\boldsymbol{M}(t)$拉普拉斯变换得到$\boldsymbol{M}(s)=\boldsymbol{C}(s\boldsymbol{I}-\boldsymbol{A})^{-1}\boldsymbol{B}+\boldsymbol{D}$，即传递矩阵（transfer matrix）（SISO 下的传递函数），可隐式地写在矩阵形式中。

$$\begin{bmatrix}\boldsymbol{0}\\ \boldsymbol{y}\end{bmatrix}(s)=\begin{bmatrix}s\boldsymbol{I}-\boldsymbol{A} & -\boldsymbol{B}\\ \boldsymbol{C} & \boldsymbol{D}\end{bmatrix}\begin{bmatrix}\boldsymbol{x}\\ \boldsymbol{u}\end{bmatrix}(s)=\boldsymbol{S}(s)\begin{bmatrix}\boldsymbol{x}\\ \boldsymbol{u}\end{bmatrix}(s) \tag{13.14}$$

其中，$\boldsymbol{S}$为系统矩阵（system matrix），n次多项式$\Pi(s)=\det(s\boldsymbol{I}-\boldsymbol{A})$是$\boldsymbol{A}$的特征多项式（参见 2.3.1 节），此多项式的根为传递矩阵$\boldsymbol{M}(s)$的极点$\Lambda=\{\lambda_k,k=1,2,\cdots,n\}$。集合$\Lambda=\Lambda(\boldsymbol{A})$即为$\boldsymbol{A}$的谱。对$\forall k$，当且仅当$\mathrm{Re}\lambda_k<0$时，$\boldsymbol{M}(s)$是 Hurwitz 稳定的。若$\boldsymbol{S}(s)$为方阵，即$n_u=n_y$，则存在$\det\boldsymbol{S}(s)$，是一个$s$的多项式，且

$$\det\boldsymbol{S}(s)=\Pi(s)\det\boldsymbol{M}(s)=\det(\boldsymbol{C}\mathrm{adj}(s\boldsymbol{I}-\boldsymbol{A})\boldsymbol{B}+\boldsymbol{D}\Pi(s)) \tag{13.15}$$

其中，$\mathrm{adj}(s\boldsymbol{I}-\boldsymbol{A})$是$s\boldsymbol{I}-\boldsymbol{A}$的伴随矩阵。进行零极点对消后$\det\boldsymbol{S}(s)$的零点，称为$\boldsymbol{M}(s)$的传输零点（transmission zeros）。若无零极点对消，则n为传递矩阵和状态方程的最小阶数。有时关注式（13.12）LTI 系统的对偶系统（dual system），可定义为如下方程。

$$\dot{\boldsymbol{z}}(t)=\boldsymbol{A}^{\mathrm{T}}\boldsymbol{z}(t)+\boldsymbol{C}^{\mathrm{T}}\boldsymbol{u}(t),\boldsymbol{z}(0)=\boldsymbol{z}_0$$
$$\boldsymbol{y}(t)=\boldsymbol{B}^{\mathrm{T}}\boldsymbol{z}(t)+\boldsymbol{D}^{\mathrm{T}}\boldsymbol{u}(t) \tag{13.16}$$

2. 离散时间域

上述所有定义均可应用在离散时间域中，其线性方程可写为：

$$\boldsymbol{x}(i+1)=\boldsymbol{A}(i)\boldsymbol{x}(i)+\boldsymbol{B}(i)\boldsymbol{u}(i),\boldsymbol{x}(0)=\boldsymbol{x}_0$$
$$\boldsymbol{y}(i)=\boldsymbol{C}(i)\boldsymbol{x}(i)+\boldsymbol{D}(i)\boldsymbol{u}(i) \tag{13.17}$$

式（13.17）的 LTI 形式可由下式进行求解：

$$
\begin{aligned}
\boldsymbol{x}(i) &= \boldsymbol{A}^i\boldsymbol{x}(0) + \sum_{k=1}^{i}\boldsymbol{A}^{i-k}\boldsymbol{B}\boldsymbol{u}(k-1) = \boldsymbol{A}^i\boldsymbol{x}(0) + \boldsymbol{C}(i)\boldsymbol{u}[0,i) \\
\boldsymbol{y}(i) &= \boldsymbol{C}\boldsymbol{A}^i\boldsymbol{x}(0) + \boldsymbol{C}\boldsymbol{C}(i)\boldsymbol{u}[0,i) + \boldsymbol{D}\boldsymbol{u}(i)
\end{aligned}
\tag{13.18}
$$

其中，$\boldsymbol{C}(i)=[\boldsymbol{A}^{i-1}\boldsymbol{B} \quad \boldsymbol{A}^{i-2}\boldsymbol{B}\cdots\boldsymbol{A}\boldsymbol{B} \quad \boldsymbol{B}]$，$i=n$ 为能控性矩阵（controllability matrix），将在 13.4.1 节中介绍，$\boldsymbol{u}[0,i)=[\boldsymbol{u}(0),\boldsymbol{u}(1),\cdots,\boldsymbol{u}(i-2),\boldsymbol{u}(i-1)]$为输入序列块向量。矩阵序列$\{\boldsymbol{D},\boldsymbol{CB},\boldsymbol{CAB},\cdots,\boldsymbol{CA}^i\boldsymbol{B},\cdots\}$为脉冲响应（impulse response），第 k 列为零初始状态对应的受迫响应，$\boldsymbol{x}(0)=0$，且对应于零输入序列 $\boldsymbol{u}(i)=0, i=0,1,\cdots$，除去初始采样$u_k(0)=1$。这种离散信号称为单位离散脉冲（或脉冲）。

系统矩阵 $\boldsymbol{S}(z)$ 和传递矩阵 $\boldsymbol{M}(z)$ 取决于复变量 $z=\exp(sT)$，则有

$$
\boldsymbol{S}(z)=\begin{bmatrix} z\boldsymbol{I}-\boldsymbol{A} & -\boldsymbol{B} \\ \boldsymbol{C} & \boldsymbol{D} \end{bmatrix}, \boldsymbol{M}(z)=\boldsymbol{C}\,(z\boldsymbol{I}-\boldsymbol{A})^{-1}\boldsymbol{B}+\boldsymbol{D} \tag{13.19}
$$

令 $\Lambda=\{\lambda_k, k=1,2,\cdots,n\}$ 为 A 的频谱和 $\Pi(z)=\det(zI-A)$ 根的集合。当且仅当对于 $\forall k$，均有 $|\lambda_k|<1$ 时，$M(z)$ 为 Hurwitz 稳定的。离散域和连续域不同，当特征值全部或部分为零时，离散域可将时滞系统通过有限阶状态方程进行表示。若 $\Lambda=\{\lambda_k=0, k=1,2,\cdots,n\}$，根据 Cayley Hamilton 定理（参见 2.3.1 节）可知，脉冲响应是有限长度（finite length）的，意味着 $\boldsymbol{A}^{n+k}=0, k\geqslant 0$。这种动态系统为有限脉冲响应（finite impulse response，FIR）系统。相反地，当至少一个特征值是非零时，系统为无限脉冲响应（infinite impulse response，IIR）系统（参见 8.2.3 节和文献［14］）。

3. 采样数据方程

通过在 $t_i=iT$ 时刻对输出和状态变量进行采样，并且对输入信号 $\boldsymbol{u}(t)$ 在间隔 $t_i\leqslant t<t_{i+1}$（通常称为第 i 步）中进行因果插值，将 LTI 式（13.12）的形式改写为式（13.17）的形式，可以得到离散和连续状态方程之间的关系。最简单的因果插值为零阶插值，表示为$\boldsymbol{u}(t)=\boldsymbol{u}(iT)$，其中 $iT\leqslant t<(i+1)T$。最终结论即采样数据方程（sampled-data equation），直接给出，证明过程留给读者自行证明：

$$
\begin{aligned}
\boldsymbol{x}((i+1)T) &= \exp(AT)\boldsymbol{x}(iT) + \int_0^T \exp(A\tau)B\mathrm{d}\tau\,\boldsymbol{u}(iT), \quad \boldsymbol{x}(0)=\boldsymbol{x}_0 \\
\boldsymbol{y}(iT) &= C\boldsymbol{x}(iT) + D\boldsymbol{u}(iT)
\end{aligned}
\tag{13.20}
$$

有趣的是，用$-\mu_k$(rad/s)表示的连续特征值与采样数据特征值 $\lambda_k=\exp(-\mu_k T)$ 之间的关系。若 $\mu_k=\pm \mathrm{j}2\pi f_k$，则 $\lambda_k=\exp(\pm \mathrm{j}2\pi f_k T)$ 将离散频率域固定为 $|f|\leqslant f_{\max}=0.5/T$，因为$|2\pi f_k T|\leqslant\pi$。上限 $f_{\max}$ 被称为奈奎斯特频率。此外，若$-\mu_k=-2\pi f_k$ 是实数并且 $|\mu_k|\ll T^{-1}$，则 λ_k 可以近似为 $\lambda_k\cong 1-\mu_k T=1-\gamma_k$，其中 γ_k 称为互补特征值。这种近似在离散域中广泛采用：$\gamma_k=2\pi f_k T=1-\lambda_k$。

13.2.3 渐近传递矩阵

在本书中渐近传递矩阵/函数已被广泛使用过。合理地假设 $M(z)$ 是最小系统，并且将其扩展为如下形式：

$$
M(z)=D+\sum_{k=1}^{\infty}z^{-k}CA^{k-1}B=D+\sum_{k=1}^{\infty}z^{-k}M_k(A,B,C) \tag{13.21}
$$

其中，$M_k(A,B,C)$是 k 阶 Markov 参数且 $M_0=D$。$M(z)$的离散相对阶次（relative degree）r 为最小整数 $k\geqslant 0$，使得 $M_k\neq 0$。若 $r\geqslant 1$ 则 $D=0$，那么式（13.17）是严格因果（strictly causal）的且称 $M(z)$是严格真（strictly proper）的。取在 $D=0$ 的条件下式（13.21）的极限，$M(z)$的高频离散型渐近表达式 $M_{\infty,\mathrm{DT}}(z)$定义为

$$M_{\infty,\mathrm{DT}}(z)=\lim_{z\to\infty}M(z)=z^{-r}CA^{r-1}B,\quad r\geqslant 1 \tag{13.22}$$

相对阶次 r 表明了输入步长的作用时间和输出响应开始时间之间的延迟步长数。由于式（13.22）中的渐近公式对文献［4］中的控制设计帮助不大，定义了一种新的渐近形式，它类似于 $M(s)$的高频渐近。和去掉 $\Pi(z)=\det(zI-A)$中所有零根的方法相同，通过去掉 $M(z)$中所有延迟的到新的渐近形式。

通过列写 $M(z)=C((z-1)I-(A-I))^{-1}B$，Markov 参数可写为 $M_{k,CT}(C,A,B)=C(A-I)^{k-1}B,k\geqslant 1$。接着定义 CT 相对阶次 ρ 为最小整数 $k\geqslant 1$ 使得 $M_{k,\mathrm{CT}}\neq 0$，此时可得到高频连续型渐近表达式如下。

$$M_{\infty}(z)=\lim_{z-1\to\infty}M(z)=(z-1)^{-\rho}C(A-I)^{\rho-1}B,\rho\geqslant 1 \tag{13.23}$$

通过研究 $M(z)$的谐波响应可以得到式（13.23）的意义与功能，其中 $z=\exp(\mathrm{j}2\pi fT)$的频域被限制在 $|f|\leqslant f_{\max}=0.5/T$ 范围内。在 $|f|\ll f_{\max}/\pi$ 条件下，$z-1$ 可被近似为 $\mathrm{j}2\pi fT$ 且谐波响应（包括幅值和相角）接近连续系统响应。本书中，这种方法已应用在补灵敏度（complementary sensitivity，CS）的高频渐近线中。

以二阶系统 $M(z)=\alpha^2((z-1)^2+\beta(z-1)+\alpha^2)^{-1}$为例，其中 $r=\rho=2$。若令 $\alpha=\omega_nT$，$\beta=\alpha(\alpha+2\zeta)$，在图 13.1 中可看出谐波响应 $M(\exp(\mathrm{j}\omega T))$与 $P(s)=\omega_n^2(s^2+2\zeta\omega_ns+\omega_n^2)^{-1}$的谐波响应 $P(\mathrm{j}\omega)$的对比。连续型阶数 ρ 可从图 13.1（a）中的幅值曲线看出，两曲线的幅值都呈现出−40dB/decade 的渐近线。$M_{\infty,\mathrm{DT}}(z)=\alpha^2z^{-2}$的离散型阶数 $r=2$ 可从图 13.1（b）中的相角曲线看出，$\arg M(\exp(\mathrm{j}\omega T))$在 $\omega\to 2\pi f_{\max}$处偏离 $P(\mathrm{j}\omega)$，其中 $f_{\max}=0.5/T$ 为奈奎斯特频率。

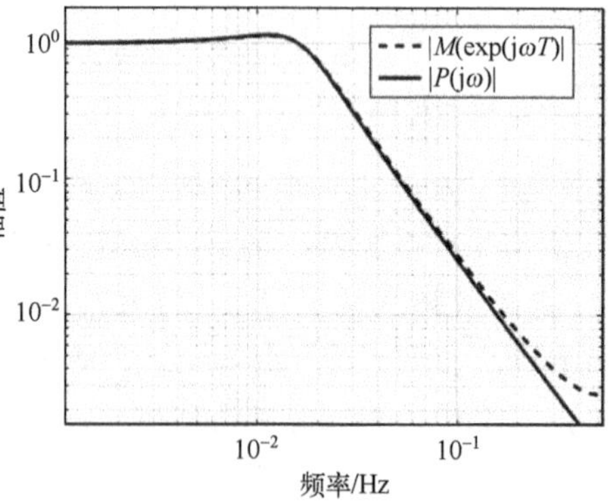

(a)

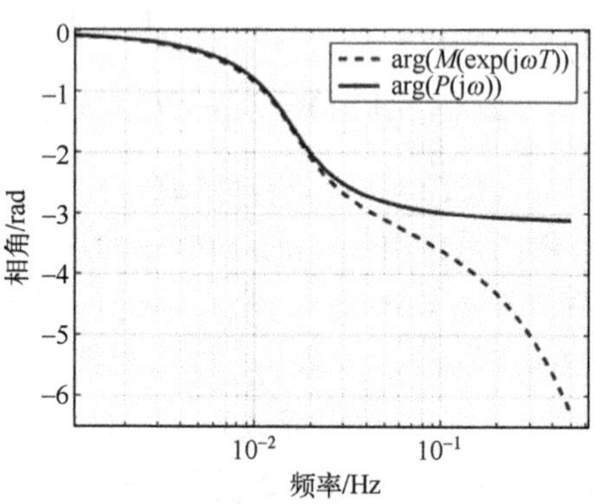

(b)

图 13.1　二阶系统连续时间和离散时间谐波响应

练习 2

写出离散传递函数 $M(z)=\alpha^2((z-1)^2+\beta(z-1)+\alpha^2)^{-1}$和连续传递函数 $P(s)=\omega_n^2(s^2+2\zeta\omega_ns+\omega_n^2)^{-1}$的状态方程，并求出图 13.1 中$\{\alpha,\beta,\omega_n,\zeta,T\}$的近似值。应串联一

个怎样的传递函数 $Q(s)$，使得 $P(s)$ 能够有与 M 相同的相角？为什么在 $f \to f_{max}$ 处 M 的相角会减小至 $P(s)$ 下方？如果 $M(z)$ 中不包含任何延迟呢？

练习 3

考虑 n 阶最小单输出状态方程

$$\begin{aligned}\hat{\boldsymbol{x}}(i+1) &= A\hat{\boldsymbol{x}}(i) + G\boldsymbol{w}(i)\\ \hat{y}(i) &= C\hat{\boldsymbol{x}}(i)\end{aligned} \tag{13.24}$$

其中，rank $G=n, n_y=1, \dim \boldsymbol{w}=n$，且

$$A=\begin{bmatrix} A_c & H_c \\ 0 & A_d \end{bmatrix},\quad G=\begin{bmatrix} G_c \\ G_d \end{bmatrix},\quad C=[C_c \quad 0],\quad \hat{\boldsymbol{x}}=\begin{bmatrix} \hat{\boldsymbol{x}}_c \\ \hat{\boldsymbol{x}}_d \end{bmatrix} \tag{13.25}$$

静态输出-状态反馈 $\boldsymbol{w}(i)=L(y(i)-\hat{y}(i))$ 能否任意配置 $A-LC$ 的闭环特征值？证明 $V(z)=\hat{y}(z)/y(z)$ 的离散相对阶次 $r=1$。证明连续的相对阶次 $\rho=1$ 还需要什么其他条件？

提示

将能观组合 (C,A) 转换为能观标准型（参见 13.4.2 节）。

灵敏度函数的低频渐近表达式嵌入于 $M(z)$ 在 $z-1$ 附近的幂展开式（参见文献[4]）。合理地，假设 $M(z)$ 是最小且 Hurwitz 稳定的，展开式为

$$M(z) = D - \sum_{k=1}^{\infty} C(A-I)^{-k}B(z-1)^{k-1} = \sum_{k=0}^{\infty} N_k (z-1)^k \tag{13.26}$$

其中，N_k 是第 k 阶分量，且 $N_0=D-C(A-I)^{-1}B$。$M(z)$ 的导数阶次 $\delta \geqslant 0$，是 $N_k \neq 0$ 时 k 的最小取值，其中 $k \geqslant 0$。低频渐近表达式可定义为

$$M_0(z) = \lim_{z\to 1} M(z) = N_\delta (z-1)^\delta \tag{13.27}$$

并且表明导数次数的表达是合理的，因为对于 $\delta>0$，$M_0(z)$ 是非因果关系且与 δ 阶的离散导数 $(z-1)^\delta$ 成比例。

相对阶次和导数阶次有如下的定义。

（1）低通 LTI 系统：$\{\delta=0,\rho\geqslant 1\}$ 且 $M_0(z)=\lim_{z\to 1}M(z)=I$。

（2）高通 LTI 系统：$\{\delta\geqslant 1,\rho=0\}$ 且 $M_\infty(z)=\lim_{z-1\to\infty}M(z)\cong I$。由于 $\lim_{f\to f_{max}}M(\exp(\sqrt{2}\pi fT))\neq I$ 最后的极限求解过程必须严谨。

（3）全通 LTI 系统：$\{\delta=0,\rho=0\}$

（4）带通 LTI 系统：$\{\delta\geqslant 1,\rho\geqslant 1\}$

13.2.4 周期性系统：Floquet 理论

可以参见文献［2］中的完整论述过程。关注连续线性时变（linear and time-varying）LTV 系统。对离散 LTV，可对相关概念和结果进行适当地修改并应用。考虑一个零输入 LTV 系统，描述为

$$\dot{\boldsymbol{x}}(t)=A(t)\boldsymbol{x}(t),\ \boldsymbol{x}(0)=\boldsymbol{x}_0 \tag{13.28}$$

其中，$A(t)$ 是分段连续周期性函数，其时间周期 $T>0$，即对于任意 $t>0$ 均有 $A(t+T)=A(t)$。

1. 转换成线性时不变 LTI 方程

一种研究系统稳定性的有效方法是寻找一个时变的状态变换

$$z(t)=S(t)x(t) \tag{13.29}$$

使得新状态 $z(t)$ 的状态方程是 LTI 的。新的方程$\dot{z}(t)=Fz(t)$是下述一系列等式的结果：

$$\dot{z}(t)=\dot{S}(t)x(t)+S(t)A(t)x(t)=(\dot{S}(t)S^{-1}(t)+S(t)A(t)S^{-1}(t))z(t)=Fz(t) \tag{13.30}$$

目的是找到一个对于任意 t 可逆的矩阵 $S(t)$，使得 F 成为常值矩阵。考虑候选变换矩阵：

$$S(t)=\exp(F(t-t_0))S(t_0)\Phi(t_0,t) \tag{13.31}$$

其中，t_0 为初始时间，$\Phi(t,t_0)=\Phi^{-1}(t_0,t)$是式（13.28）的状态转移矩阵（参见 13.2.2 节），且 F 为一个常值矩阵。通过求式（13.31）的导数和回顾$\dot{\Phi}(t,t_0)=A(t)\Phi(t,t_0)$，矩阵微分方程

$$\dot{S}(t)=FS(t)-S(t)A(t) \tag{13.32}$$

为下述系列等式的结果

$$\begin{aligned}\dot{S}(t)&=F\exp(F(t-t_0))S(t_0)\Phi(t_0,t)+\exp(F(t-t_0))S(t_0)\frac{\mathrm{d}}{\mathrm{d}t}\Phi^{-1}(t,t_0)\\&=FS(t)-\exp(F(t-t_0))S(t_0)\Phi^{-1}(t,t_0)\dot{\Phi}(t,t_0)\Phi^{-1}(t,t_0)\\&=FS(t)-S(t)A(t)\Phi(t,t_0)\Phi^{-1}(t,t_0)\end{aligned} \tag{13.33}$$

其中逆导数公式

$$\frac{\mathrm{d}X^{-1}}{\mathrm{d}t}=-X^{-1}\frac{\mathrm{d}X}{\mathrm{d}t}X^{-1} \tag{13.34}$$

已经在推导中使用。若用式（13.32）替换式（13.30），可得期望的 LTI 方程

$$\dot{z}(t)=Fz(t) \tag{13.35}$$

2. 单值矩阵

应注意变换矩阵式（13.31）过于普遍，对系统分析不是很有用。一个更为方便的表达形式是通过对式（13.31）施加周期性条件 $S(t_0)=S(t_0+T)$，即

$$S(t_0)=\exp(FT)S(t_0)\Phi(t_0,t_0+T)=S(t_0+T) \tag{13.36}$$

不失一般性地，我们可以通过选定 $S(t_0)=I$ 得到式（13.36）的解，由此可以得到代数矩阵方程：

$$\exp(FT)=\Phi(t_0+T,t_0)=\Psi(t_0,T) \tag{13.37}$$

其中，矩阵 $\Psi(t_0,T)=\exp(FT)$，称为单值矩阵（monodromy matrix），是一个周期内的转移矩阵。$z(t)=S(t)x(t)$的转移矩阵为

$$S(t)=\exp(F(t-t_0))\Phi(t_0,t) \tag{13.38}$$

原来的 LTV 式（13.28）的转移矩阵可由如下公式求解。

$$\Phi(t,t_0)=S^{-1}(t)\exp(F(t-t_0)) \tag{13.39}$$

这与 LTI 转移矩阵的表达形式相似。在式（13.39）中，矩阵指数函数 $\exp(F(t-t_0))$被周期函数 $S(t)$调制为典型的 LTI 系统。

周期性 LTV 系统理论称为 Floquet 理论，式（13.37）被称为 Floquet 问题，这种问题的任意解 $\boldsymbol{F}$ 称为 Floquet 系数，并且 $\boldsymbol{F}$ 的特征值为特征指数（characteristic exponents）。Floquet 系数 $\boldsymbol{F}$ 可能具有复数项，对于一个给定的单值矩阵 $\boldsymbol{\Psi}(t_0,T)=\exp(FT)$，可能存在多个 Floquet 系数。

给定 $\boldsymbol{F}$ 的特性指数 μ_j，可定义相应的特征乘数（characteristic multiplier）η_j

$$\eta_j=\exp(\mu_j T) \tag{13.40}$$

任意特征乘数均为单值矩阵的特征值。

13.3 稳定性的概念和标准

13.3.1 介绍

关注连续系统，其所有的概念与结论同样适用于离散系统。一般性的自治系统

$$\dot{\boldsymbol{x}}(t)=\boldsymbol{f}(\boldsymbol{x}(t),\boldsymbol{u}(t)=0)=\boldsymbol{f}(\boldsymbol{x}(t)),\boldsymbol{x}(0)=\boldsymbol{x}_0 \tag{13.41}$$

其中，$\boldsymbol{f}$ 为 $\boldsymbol{x}$ 的连续函数。式（13.41）的零输入表示要研究动态系统的自由响应。平衡点（equilibrium point）$\underline{\boldsymbol{x}}$定义为代数方程的解

$$\boldsymbol{f}(\underline{\boldsymbol{x}})=0 \tag{13.42}$$

其中，在 LTI 下可简化为

$$A\underline{\boldsymbol{x}}=0 \tag{13.43}$$

尽管式（13.41）平衡点集合的一般形式可能是任意的，在 LTI 条件下，这个集合就是 A 的零空间 $\mathcal{N}(A)$。若 A 是非奇异的，零空间和平衡点退缩为原点$\underline{\boldsymbol{x}}=0$。

练习 4

考虑 6.4.2 节的式（6.86），证明平衡点为$\underline{\mathfrak{q}}=[\pm1,0]$。考虑 6.4.1 节的式（6.73）：角速度向量 $\boldsymbol{\omega}$ 为多少时可找到平衡点四元数？在此角速度下的平衡点四元数为多少？

一个更具有一般性的概念是不变性（invariance）。若任意起始于 $x_0\in\mathcal{X}_0$ 轨迹 $x[0,\infty)$ 仍保持在 X_0 内，则集合 $\mathcal{X}_0\in\mathbb{R}^n$具有不变性。一个简单的不变性集合可由式（13.41）的解的任意轨迹 $\xi=x[0,\infty)$表示，因为对于所有 $x(t)\in\xi,t\geqslant0$，均有 $x[t,\infty)\in\xi$。因此，$\xi=x[0,\infty)$可被称为平衡轨迹（equilibrium trajectory）或不变轨迹（invariant trajectory）。一个典型的不变轨迹为 3.3 节式（3.8）中限制性二体问题的解。

对于一个给定的平衡点$\underline{\boldsymbol{x}}$，可以限制在充分小的摄动（perturbation）$\delta\boldsymbol{x}=\boldsymbol{x}-\underline{\boldsymbol{x}}$的条件下对系统运动进行研究，使得非线性等式（13.41）可以转换为扰动的 LTI 方程。若假设$\boldsymbol{f}$是可微的，则摄动方程（perturbation equation）为

$$\delta\dot{\boldsymbol{x}}(t)=\boldsymbol{A}(\underline{\boldsymbol{x}})\delta\boldsymbol{x}(t),\delta\boldsymbol{x}(0)=\boldsymbol{x}_0-\underline{\boldsymbol{x}} \tag{13.44}$$

其中，$\boldsymbol{A}(\underline{\boldsymbol{x}})=\partial\boldsymbol{f}(\boldsymbol{x})/\partial\boldsymbol{x}|_{\underline{x}}$为$\boldsymbol{f}$在平衡点处的雅可比矩阵（参见 2.3.4 节）。平衡点的稳定性可由下式定义，也可参考图 13.2。

定义 1： 考虑由式（13.44）定义的式（13.41）的摄动自由响应 $\delta\boldsymbol{x}\equiv\delta\boldsymbol{x}(t,\delta\boldsymbol{x}_0)$，$t\geqslant0$ 时，选取$|\delta x(t)|$的任意边界 R，且 $0<R<\infty$。对于初始条件，当存在一个边界$r_0(R)$满足下式时，称平衡点$\underline{\boldsymbol{x}}$是稳定的。

$$|\delta \boldsymbol{x}_0| \leqslant r_0(R) \quad \Rightarrow \quad |\delta \boldsymbol{x}(t,\delta \boldsymbol{x}_0)| \leqslant R, \quad t \geqslant 0 \tag{13.45}$$

否则称平衡点是不稳定的。

换言之，给定任意由 $|\delta \boldsymbol{x}| \leqslant R$ 定义的球体 $S(R)$，其对自由响应的约束见图 13.2，此时一定存在另一个由 $|\delta \boldsymbol{x}_0| \leqslant r_0(R)$ 定义的初始扰动的球面 S_0，初始扰动产生一个在 S 内部传播的响应，是有界且接近平衡态的。

在 LTI 中，不论哪个有界初始条件可证明当且仅当存在一个有限 R 使得

$$|\delta \boldsymbol{x}(t,\delta \boldsymbol{x}_0)| \leqslant R, \quad t \geqslant 0 \tag{13.46}$$

时，则为李雅普诺夫稳定。这个结果对应将一个初始半径为 r_0 的球体半径扩大到无穷大：稳定性指的是全局稳定，反之则为局部稳定，局部稳定在一些 $r_{0,\max}<\infty$ 且 $r_0 \leqslant r_{0,\max}$ 条件下发生。

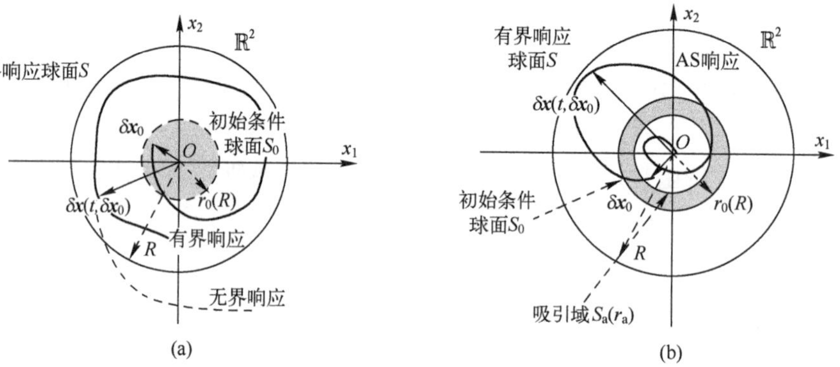

图 13.2　有界和无界扰动响应及渐进稳定响应

在多数情况下，渐近收敛于平衡点是所希望的（渐近稳定），而有界响应（稳定性）是不充分的。

定义 2　李雅普诺夫意义下稳定且在 $t \to \infty$ 时有 $|\delta \boldsymbol{x}(t,\delta \boldsymbol{x}_0)| \to 0$，则式（13.41）平衡点$\underline{\boldsymbol{x}}$为渐近稳定。

渐近稳定的条件下，可以找到一个中心为 $\delta \boldsymbol{x}=0$、半径为 r_a 的球体 S_a，使得响应进入球体内时收敛到原点。球体 S_a 的这种性质称为吸引域（domain of attraction）。在控制理论与实践中，计算吸引域是很重要的一个步骤，可以通过分析李雅普诺夫函数（参见 13.3.4 节）或仿真的方式得到。在 6.4.2 节中的式（6.86）通过无符号反馈 $\boldsymbol{\omega}=-p\boldsymbol{q}$，$p>0$ 产生的四元数闭环方程中，四维四元数单位球体是平衡点$[1,0]$的吸引域。有符号反馈 $\boldsymbol{\omega}=-p\mathrm{sgn}(q_0)\boldsymbol{q}$ 下，单位球体分为两个吸引域，上半球收敛至 $[1, 0]$，下半球收敛至相反的四元数$[-1,0]$。

13.3.2　线性时不变系统的稳定性

1. 约旦标准型

推导 LTI 系统的稳定性条件，可考虑由式（13.13）$\boldsymbol{x}(t)=\exp(\boldsymbol{A}t)\boldsymbol{x}_0, t \geqslant 0$ 给出的式（13.12）的自由响应。同时考虑 $\boldsymbol{A}$ 的特征值与特征向量分解 $\boldsymbol{A}=\boldsymbol{V\Lambda V}^{-1}=\boldsymbol{V\Lambda U}^{\mathrm{T}}$，$n \times n$（参见 2.3.1 节），其中 $\boldsymbol{\Lambda}$ 为上三角矩阵，该形式称为约旦标准型（Jordan normal form），其主对角为 $\boldsymbol{A}$ 的特征值$\{\lambda_k, k=1,2,\cdots,n\}$，上对角元素为 0 或 1。在特征值均不相同 $\lambda_k \neq$

$\lambda_j, j\neq k=1,2,\cdots,n$ 的条件下，约旦标准型可简化为 $\boldsymbol{\Lambda}=\mathrm{diag}(\lambda_1,\lambda_2,\cdots,\lambda_n)$。在多重特征值的情况下，令 $m\leqslant n$ 为不同特征值个数，$\mathcal{L}_j=\{\lambda_j, j=1,2,\cdots,m\}$ 且 $m_j\geqslant 1$ 为 λ_j 的重复数，也称为代数多样性（algebraic multiplicity），使得 $\sum_{j=1}^{m} m_j = n$。特征向量的个数 μ_j（也称为几何多样性，geometric multiplicity）与 $\mathcal{L}_j$ 相关且小于 m_j，单个特征向量 $\boldsymbol{v}_{jk}$ 与子集 $\mathcal{L}_{jk}=\{\lambda_{jkl}, l=1,2,\cdots,l_{jk}\}\subseteq\mathcal{L}_j$ 相关联。每个子集 $\mathcal{L}_{jk}$ 对应矩阵 $\boldsymbol{\Lambda}$ 的一个大小为 $l_{jk}\times l_{jk}$ 的对角块 $\boldsymbol{\Lambda}_{jk}$，称为 l_{jk} 阶约旦块（Jordan block）。$\boldsymbol{\Lambda}_{jk}$ 和 $\exp(\boldsymbol{\Lambda}_{jk}t)$ 形式如下：

$$\boldsymbol{\Lambda}_{jk}=\begin{bmatrix}\lambda_j & 1 & \cdots & 0\\ 0 & \lambda_j & \cdots & 0\\ \vdots & \vdots & & \vdots\\ 0 & 0 & \cdots & \lambda_j\end{bmatrix},\quad \exp(\boldsymbol{\Lambda}_{jk}t)=\exp(\lambda_j t)\begin{bmatrix}1 & t & \cdots & t^{l_k-1}/(l_{jk}-1)!\\ 0 & 1 & \cdots & t^{l_{jk}-2}/(l_{jk}-2)!\\ \vdots & \vdots & & \vdots\\ 0 & 0 & \cdots & 1\end{bmatrix} \tag{13.47}$$

$\boldsymbol{\Lambda}_{jk}$ 与 l_{jk} 一阶动态系统的组成相关，是与其他约旦块动态系统解耦的（换言之，每个部分与其他部分是并列关系）。不同块的方程会接收到相同的输入向量且对相同的输出向量产生贡献。全部状态和输出方程如下。

$$\begin{aligned}\dot{\boldsymbol{x}}_{jk}(t) &= \boldsymbol{\Lambda}_{jk}\boldsymbol{x}_{jk}(t)+B_{jk}\boldsymbol{u}(t), k=1,2,\cdots,\mu_j, j=1,2,\cdots,m\\ \boldsymbol{y}(t) &= \sum_{j=1}^{m}\sum_{k=1}^{\mu_j} C_{jk}\boldsymbol{x}_{jk}(t)\end{aligned} \tag{13.48}$$

输出方程的两个求和表现了每个 jk 序列与其他约旦块的并行性（解耦）。这意味着 $\boldsymbol{A}$ 的特征值和特征向量将一个 LTI 系统分解为并联形式的一阶系统。若 λ_j 为复数，则状态向量 $\boldsymbol{x}_{jk}(t)$ 为复数。图像由每个约旦块的模态 $\varphi_{jkl}(t)=t^{l-1}\exp(\lambda_j t)/(l-1)!, l=1,2,\cdots,l_{jk}$ 组成，自由响应 $\boldsymbol{x}(t)=\exp(\boldsymbol{A}t)\boldsymbol{x}(0), t\geqslant 0$ 可分解为线性组合：

$$\boldsymbol{x}(t)=\sum_{j=1}^{m}\sum_{k=1}^{\mu_j}\sum_{l=1}^{l_{jk}}\left(\alpha_{jkl}(\boldsymbol{x}_0)\frac{t^{l-1}}{(l-1)!}\exp(\lambda_j t)\right) \tag{13.49}$$

其中，α_{jkl} 为取决于 $\boldsymbol{x}_0$ 和特征向量的系数。有限序列［式（13.49）］可通过整合 λ_j 的相同模态再被简化，并扩展成输出自由响应。

式（13.18）中的离散自由响应可进行与式（13.49）相似的分解，但是连续模式可由离散模式进行替换。

$$\begin{aligned}\boldsymbol{x}(i) &= \sum_{j=1}^{m}\sum_{k=1}^{\mu_j}\sum_{l=1}^{l_{jk}}\left(\alpha_{jkl}(\boldsymbol{x}_0)\binom{i}{l-1}\lambda_j^{i+1-h}\right)\\ \binom{i}{l-1} &= \frac{i(i-1)\cdots(i+1-l)}{(l-1)!}\end{aligned} \tag{13.50}$$

2. 稳定性判据

当且仅当 $|x(t)|<\infty, t\geqslant 0$（状态范数有界）时，有连续临界稳定性。当且仅当 $\lim_{t\to\infty}|\boldsymbol{x}(t)|=0$ 时有渐进稳定。用 i 代替 t，离散稳定性判据不变。留给读者自行利用式（13.49）和式（13.50）将稳定性判据转换为表 13.1 的形式。

渐近稳定等价于 $\forall j$ 都有 $\mathrm{Re}\lambda_j<0$（对应的状态矩阵 $\boldsymbol{A}$ 称为 Hurwitz 稳定的），并且最小 LTI 状态方程的传递矩阵 $\boldsymbol{M}(s)=C(sI-A)^{-1}B+C$ 是 Hurwitz 的。当 LTI 系统的状态

矩阵是 Hurwitz 时，系统则为内部稳定的（internally stable）。

最小 LTI 系统的稳定性和不稳定性可以在状态矩阵 $\boldsymbol{A}$ 的特征值和特征向量未知时给出判定，但需要已知 $\Pi(s)=\det(s\boldsymbol{I}-\boldsymbol{A})$ 的系数。相应的准则为连续系统的 Routh-Hurwitz 判据和离散系统的 Jury 判据。

3. 周期性系统的稳定性判据

将上述的稳定性判据拓展到周期性系统中。式（13.37）中的单值矩阵 $\exp(FT)$ 是 F 的采样数据矩阵，采样时间为 T，如式（13.20）。此外，由于 $S(t_0)=S(t_0+T)=I$，下述矩阵

$$\Phi(t_0+T,t_0)=\exp(FT)=\Psi(t_0,T) \tag{13.51}$$

为式（13.28）在一个周期上的转移矩阵。因此，可以得到周期性自由响应

$$\boldsymbol{x}(t_0+T)=\Psi(t_0,T)\boldsymbol{x}(t_0)=\exp(FT)\boldsymbol{x}(t_0) \tag{13.52}$$

表 13.1　线性时不变稳定性判据

	特征值	多重特征值 $\mathrm{Re}\lambda_j=0$ 且 $\lvert\lambda_j\rvert=1$	渐近稳定	临界稳定	不稳定性
连续	不同，$m=n$	$m_j=1,\forall j$	$\mathrm{Re}\,\lambda_j<0,\forall j$	$\mathrm{Re}\,\lambda_j\leqslant 0,\forall j$	至少一个 $\mathrm{Re}\lambda_j>0$
	重根，$m<n$	对于 $\mathrm{Re}\lambda_j=0$，有 $m_j=\mu_j$（代数多重性=几何多重性）	$\mathrm{Re}\,\lambda_j<0,\forall j$	$\mathrm{Re}\,\lambda_j\leqslant 0,\forall j$	至少一个 $\mathrm{Re}\lambda_j>0$
	重根，$m<n$	$m_j>\mu_j$ 至少一个 $\mathrm{Re}\lambda_j=0$（代数多重性>几何多重性）	NA	NA	不稳定
离散	不同，$m=n$	$m_j=1,\forall j$	$\lvert\lambda_j\rvert<1,\forall j$	$\lvert\lambda_j\rvert\leqslant 1,\forall j$	至少一个 $\lvert\lambda_j\rvert>1$
	重根，$m<n$	对于 $\mathrm{Re}\lambda_j=0$，有 $m_j=\mu_j$（代数多重性=几何多重性）	$\lvert\lambda_j\rvert<1,\forall j$	$\lvert\lambda_j\rvert\leqslant 1,\forall j$	至少一个 $\lvert\lambda_j\rvert>1$
	重根，$m<n$	$m_j>\mu_j$ 至少一个 $\mathrm{Re}\lambda_j=0$（代数多重性>几何多重性）	NA	NA	不稳定

注：NA，不可用；$\lambda_j, j=1,\cdots,m\leqslant n$ 表示不同特征值。

并且，通过定义离散状态 $\boldsymbol{x}(k,t_0)=\boldsymbol{x}(t_0+kT)$，可得到离散 LTI 状态方程

$$\boldsymbol{x}(k+1,t_0)=\exp(FT)\boldsymbol{x}(k,t_0),\quad \boldsymbol{x}(t_0)=\boldsymbol{x}_0 \tag{13.53}$$

如 13.2.4 节所述，F 的特征值 $\mu_j, j=1,2,\cdots,n$ 称为特征指数。μ_j 的特征乘数 $\eta_j=\exp(\mu_jT)$ 是 $\exp(FT)$ 的特征值。

将表 13.1 中的离散稳定性判据应用到式（13.53）中。平衡点可从下述齐次方程得到

$$(I-\exp(FT))\boldsymbol{x}(i,t_0)=0 \tag{13.54}$$

并且对于 $\forall j$，$\eta_j\neq 1$，状态均减小至原点。在 $\lvert\eta_j\rvert\leqslant 1(\forall j)$ 且 $\exp(FT)$ 的约旦块均不含指数 $jk, j=1,\cdots,m, k=1,\cdots,\mu_j$，次数 $l_{jk}\geqslant 1$［参见式（13.49）］时，具有全局临界稳定的平衡点，它的特征乘数位于单位圆上，即 $\lvert\eta_{ik}\rvert=1$。当且仅当 $\lvert\eta_j\rvert<1,\forall j$ 时具有全局渐近稳定的平衡点。

F 的频谱 $\boldsymbol{\Lambda}(F)=\{\mu_j, j=1,2,\cdots,n\}$ 和 $\boldsymbol{A}(t)$ 的特征值之间的关系可以通过 Liouville-

Jacobi 公式[2]得到。$\boldsymbol{A}(t)$的转移矩阵 $\boldsymbol{\Phi}(t,t_0)$在 13.2.4 节中定义。公式如下：

$$\det\boldsymbol{\Phi}(t,t_0)=\exp\left(\operatorname{tr}\int_{t_0}^{t}\boldsymbol{A}(\tau)\mathrm{d}\tau\right) \tag{13.55}$$

若将式（13.55）转化为式（13.51）中的转移矩阵，可得

$$\det(\exp(FT))=\exp(T\operatorname{tr}F)=\exp\left(T\sum_{j=1}^{n}\mu_j\right)=\exp\left(\operatorname{tr}\int_{0}^{T}\boldsymbol{A}(\tau)\mathrm{d}\tau\right) \tag{13.56}$$

最后，若平均状态矩阵用$\overline{\boldsymbol{A}}$表示，可知

$$\sum_{j=1}^{n}\mu_j=\operatorname{tr}\frac{1}{T}\int_{0}^{T}\boldsymbol{A}(\tau)\mathrm{d}\tau=\operatorname{tr}\overline{\boldsymbol{A}}=\sum_{j=1}^{n}\lambda_j(\overline{\boldsymbol{A}}) \tag{13.57}$$

13.3.3 有限增益和有界输入有界输出稳定性

到目前为止，稳定性是由动态系统的“内部”性质定义的，这些“内部”性质构成了状态变量的自由响应。当动态系统被输入信号（干扰、测量误差、闭环控制系统的参考信号）驱动时，“输入-输出稳定性”是在有界初始条件和有界输入信号情况下，考察系统的完整响应是否有界。然而，在线性的情况下，由于自由响应和受迫响应的叠加，“输入-输出稳定性”仅基于受迫响应（零状态响应）形成，因此产生了有界输入有界输出（bounded-inpute bounded-output，BIBO）稳定性的概念。有趣的是，渐近稳定性（或内部稳定性）和 BIBO 稳定性对于最小 LTI 状态方程是等价的。

1. 有限增益稳定性

有限增益稳定性[18]是一种输入-输出稳定性的概念，对于模型存在不确定性的情况很有帮助。考虑一个连续时间向量信号 $\boldsymbol{w}:[0,\infty)\to\mathbb{R}^{n_v}$，信号范数满足

$$\|\boldsymbol{w}\|_2=\sqrt{\int_{0}^{H}|\boldsymbol{w}(\tau)|^2\mathrm{d}\tau}<\infty \tag{13.58}$$

其中$|\cdot|$表示一个向量的欧几里得范数，且 $0\leqslant H<\infty$ 为一个有限的时间范围。对于离散时间信号 $\boldsymbol{w}:\{0,1,\cdots\}\to\mathbb{R}^{n_v}$，时间单元为 T，同样给出其范数

$$\|\boldsymbol{w}\|_2=\sqrt{\sum_{i=0}^{N-1}|\boldsymbol{w}(i)|^2}<\infty \tag{13.59}$$

其中 $H=NT$ 是一个有限的时间范围。在两种情况下，范数产生了 $\mathcal{L}_e^2$ 信号空间，定义在限时间范围 H 内。

$$\mathcal{L}_e^2=\{\boldsymbol{w}:\|\boldsymbol{w}\|_2<\infty,\quad\forall 0\leqslant H<\infty\} \tag{13.60}$$

此空间内的信号定义在 $0\leqslant t<\infty$，但大于 H 的截断为 0，即对于 $H\leqslant t<\infty$ 有 $\boldsymbol{w}(t)=0$。传统的 $\mathcal{L}^2$空间是定义在 $0\leqslant t<\infty$ 上的信号空间，不会被截断为 0 且范数有界。

考虑非线性系统的形式

$$\begin{aligned}&\dot{\boldsymbol{x}}(t)=\boldsymbol{f}(\boldsymbol{x}(t),\boldsymbol{u}(t),t),\boldsymbol{x}(0)=\boldsymbol{x}_0,\dim\boldsymbol{x}=n,\dim\boldsymbol{u}=n_u\\&\boldsymbol{y}(t)=\boldsymbol{g}(\boldsymbol{x}(t),\boldsymbol{u}(t),t),\ \dim\boldsymbol{y}=n_y\end{aligned} \tag{13.61}$$

令 $\mathcal{X}_0$ 为初始条件的集合。下列定义包含了式（13.61）的完整响应。

定义 3：如果对于全部 $\boldsymbol{u}\in\mathcal{L}_e^2$、全部 $0\leqslant H<\infty$ 和全部 $\boldsymbol{x}_0\in\mathcal{X}_0$，存在有界且非负的常数对$\{\alpha<\infty,\beta<\infty\}$使得

$$\|\boldsymbol{y}\|_2 \leqslant \alpha \|\boldsymbol{u}\|_2 + \beta \tag{13.62}$$

成立，则称式（13.61）的非线性系统形式为有限增益稳定（finite-gain stable）的。

这个定义可得到闭环稳定性结果，即小增益定理（small gain theorem）。考虑通过连接两个非线性子系统形成的反馈系统。子系统 1 定义为

$$\begin{aligned}
&\dot{\boldsymbol{x}}_1(t)=\boldsymbol{f}_1(\boldsymbol{x}_1(t),\boldsymbol{e}_1(t),t),\boldsymbol{x}_1(0)=\boldsymbol{x}_{10}\in\mathscr{X}_{10}\\
&\boldsymbol{e}_1(t)=\boldsymbol{u}_1(t)+\boldsymbol{y}_2(t)\\
&\boldsymbol{y}_1(t)=\boldsymbol{g}_1(\boldsymbol{x}_1(t))
\end{aligned} \tag{13.63}$$

子系统 2 定义为

$$\begin{aligned}
&\dot{\boldsymbol{x}}_2(t)=\boldsymbol{f}_2(\boldsymbol{x}_2(t),\boldsymbol{e}_2(t),t),\boldsymbol{x}_2(0)=\boldsymbol{x}_{20}\in\mathscr{X}_{20}\\
&\boldsymbol{e}_2(t)=\boldsymbol{u}_2(t)-\boldsymbol{y}_1(t)\\
&\boldsymbol{y}_2(t)=\boldsymbol{g}_2(\boldsymbol{x}_2(t))
\end{aligned} \tag{13.64}$$

组合$\{\boldsymbol{x}_j,\boldsymbol{y}_j\},j=1,2$，表示第$j$个子系统的状态和输出向量。向量$\boldsymbol{e}_1$可看作设计模型的输入信号（参见 13.6.1 节），为外部输入信号$\boldsymbol{u}_1$（可以是参考指令、干扰或两者的结合）和控制部分（反馈指令）输出$\boldsymbol{y}_2$的叠加。向量$\boldsymbol{e}_2$可看作参考信号$\boldsymbol{u}_2$与设计模型输出$\boldsymbol{y}_1$之间的输出跟踪误差。对此的理解不是唯一的。

定理 1：小增益定理

设式（13.63）和式（13.64）的子系统是有限增益稳定的。则存在两组有界且非负常数对$\{\alpha_i,\beta_i\}<\infty$，对于全部$\boldsymbol{e}_1,\boldsymbol{e}_2\in\mathscr{L}_e^2$、全部$H\in[0,\infty)$、全部$\boldsymbol{x}_{10}\in\mathscr{X}_{10}$和全部$x_{20}\in\mathscr{X}_{20}$有下式成立：

$$\begin{aligned}
&\|\boldsymbol{y}_1\|_2\leqslant\alpha_1\ \|\boldsymbol{e}_1\|_2+\beta_1\\
&\|\boldsymbol{y}_2\|_2\leqslant\alpha_2\ \|\boldsymbol{e}_2\|_2+\beta_2
\end{aligned} \tag{13.65}$$

此外，假设$\alpha_1\alpha_2<1$，可得下列不等式：

$$\begin{aligned}
&\|\boldsymbol{e}_1\|_2\leqslant\frac{1}{1-\alpha_1\alpha_2}(\|\boldsymbol{u}_1\|_2+\alpha_2\ \|\boldsymbol{u}_2\|_2+\beta_2+\alpha_2\beta_1)\\
&\|\boldsymbol{e}_2\|_2\leqslant\frac{1}{1-\alpha_1\alpha_2}(\|\boldsymbol{u}_2\|_2+\alpha_1\ \|\boldsymbol{u}_1\|_2+\beta_1+\alpha_1\beta_2)
\end{aligned} \tag{13.66}$$

2. 连续时间 LTI 系统有限增益稳定性

考虑一个输入-输出传递矩阵为$\boldsymbol{M}(s)=C(sI-A)^{-1}B+D$的连续 LTI 系统，其中$\dim\boldsymbol{M}(s)=n_y\times n_u$，为了简化问题，令$n_y=n_u$，假设输入-输出范数关系为[18,19]

$$\sup_{\substack{\boldsymbol{u}\in\mathscr{L}_e^2\\ \|\boldsymbol{u}\|_2\neq0}}\frac{\|\boldsymbol{Mu}\|_2}{\|\boldsymbol{u}\|_2}=\|M\|_\infty \tag{13.67}$$

其中，$\|\boldsymbol{u}\|_2<\infty$，$\|M\|_\infty$为输入-输出的$H_\infty$范数，由等式定义

$$\|M\|_\infty=\sup_{\omega\in\mathbf{R}}\sigma_{\max}(M(\mathrm{j}\omega)),\omega=2\pi f \tag{13.68}$$

$\sigma_{\max}(M(\mathrm{j}\omega))$为$M(\mathrm{j}\omega)$的最大奇异值。在离散条件下，$M(s)$可由$M(z)$替换，$M(\mathrm{j}\omega)$可由$M(\exp(\mathrm{j}2\pi fT))$替换，且频率范围的上确界（supremum，sup）由奈奎斯特频率$f_{\max}=0.5/T$限制。通过将虚轴（单位圆）的特征值稍微移动到复平面左半平面（单位圆内），将上确界转化最大值。因此假设$\|M\|_\infty<\infty$。回顾 2.3.3 节中的奇异值，是由

$M(\mathrm{j}\omega)M(-\mathrm{j}\omega)^{\mathrm{T}}$ 特征值的平方根定义的。

$$\sigma_k(\omega)=\sqrt{\lambda_k(M(\mathrm{j}\omega)M(-\mathrm{j}\omega)^{\mathrm{T}})},k=1,2,\cdots,n_y \tag{13.69}$$

从式（13.67）可知，若式（13.63）和式（13.64）的动态系统为 LTI 的，小增益定理将随后在定理 2 中进行阐述。为了将“输入-输出稳定”与“内部稳定”区分开，假设为零初始条件。可得到与离散动态系统相似的定理如下。

定理 2：连续 LTI 系统小增益定理

设式（13.63）和式（13.64）的传递矩阵均为方阵，分别为 $\boldsymbol{M}_1(s)$ 和 $\boldsymbol{M}_2(s)$。假设零初始状态，即 $\boldsymbol{x}_1(0)=0$ 且 $\boldsymbol{x}_2(0)=0$，满足下述范数不等式：

$$\|\boldsymbol{M}_1\|_\infty<\infty,\|\boldsymbol{M}_2\|_\infty<\infty,\|\boldsymbol{M}_1\|_\infty\|\boldsymbol{M}_2\|_\infty<1 \tag{13.70}$$

则对于全部 $\boldsymbol{u}_1,\boldsymbol{u}_2\in\mathcal{L}_e^2$、全部 $H\in[0,\infty)$ 和 $\boldsymbol{x}_1(0)=0$，$\boldsymbol{x}_2(0)=0$ 有不等式：

$$\begin{aligned}\|\boldsymbol{e}_1\|_2&\leqslant\frac{1}{1-\|\boldsymbol{M}_1\|_\infty\|\boldsymbol{M}_2\|_\infty}(\|\boldsymbol{u}_1\|_2+\|\boldsymbol{M}_2\|_\infty\|\boldsymbol{u}_2\|_2)\\ \|\boldsymbol{e}_2\|_2&\leqslant\frac{1}{1-\|\boldsymbol{M}_1\|_\infty\|\boldsymbol{M}_2\|_\infty}(\|\boldsymbol{u}_2\|_2+\|\boldsymbol{M}_1\|_\infty\|\boldsymbol{u}_1\|_2)\end{aligned} \tag{13.71}$$

若输入信号是范数有界的，即 $\|\boldsymbol{u}_1\|_2\leqslant U_1<\infty$、$\|\boldsymbol{u}_2\|_2\leqslant U_2<\infty$，且 $\|\boldsymbol{M}_1\|_\infty\leqslant\mu_1<\infty$、$\|\boldsymbol{M}_2\|_\infty\leqslant\mu_2<\infty$，输出信号也是范数有界的。

3. 有界输入有界输出稳定性

BIBO 稳定性是动态系统的一种输入输出性质。无论哪个向量范数 $|\cdot|$，如欧几里得范数 $|\boldsymbol{u}(t)|=\sqrt{\boldsymbol{u}^{\mathrm{T}}(t)\boldsymbol{u}(t)}$，若存在一有界正实数 $U<\infty$ 使得 $|\boldsymbol{u}(t)|\leqslant U,t\geqslant0$，则称向量信号 $\boldsymbol{u}(t),t\geqslant0$ 有界（bounded）。在零初始状态条件下，当且仅当任意输入信号 $|\boldsymbol{u}(t)|\leqslant U,t\geqslant0$，且状态方程的输出信号 $y(t)$ 也有界时，称连续 LTI 系统为 BIBO 稳定的。例如，若 $\|\boldsymbol{M}\|_\infty\leqslant\mu<\infty$ 适用于传递矩阵 $\boldsymbol{M}(s)=C(sI-A)^{-1}B+D$，则相应的状态方程是 BIBO 稳定的。由于已假设为零初始状态，因此 BIBO 稳定性与“状态稳定性”可能是共存的，因为在这种情况下，一些非有界状态变量不影响输出，或者说它们对输出本身是不能观（unobservable）的（参见 13.4.2 节）。然而，若一个 LTI 状态方程是最小的，即全部状态变量从输入是能控的并且从输出是能观的，BIBO 稳定性表示“状态自由响应渐近稳定”（或系统内部稳定）。相反地，当状态方程最小时内部稳定表明 BIBO 稳定。由于最小状态方程表明在 $\boldsymbol{M}(s)$ 中没有零极点对消，当且仅当在 $\boldsymbol{M}_1(s)\boldsymbol{M}_2(s)$ 和 $\boldsymbol{M}_2(s)\boldsymbol{M}_1(s)$ 无零极点对消时，定理 2 表明式（13.63）和式（13.64）互联系统的 LTI 形式是内部稳定的。此外，当 $\boldsymbol{x}(t)$ 和 $\boldsymbol{u}(t)$ 有界时，$\dot{\boldsymbol{x}}(t)$ 也有界，在由 $D=0$ 定义的严格因果系统条件下，$\dot{\boldsymbol{y}}(t)=C\dot{\boldsymbol{x}}(t)$。

对于最小连续 LTI 系统，BIBO 稳定性等价于状态自由响应渐近稳定性（asymptotic stability，AS），表 13.1 的 AS 判据同样适用于 BIBO 稳定。考虑一个纯积分器 $\dot{x}(t)=u(t),x(0)=x_0$，由于状态自由响应是常值且有界的，因此其是临界稳定的，但是它的状态在一个有界常数输入 $u(t)=u_0<\infty,t\geqslant0$ 下是发散的。可将相似的定义与判据应用在 LTI 离散系统上。

13.3.4 李雅普诺夫直接法

考虑式（13.41）的一般自治系统。由 13.3.1 节的稳定性定义 1（李雅普诺夫意义上）包含了平衡点扰动 $\delta\boldsymbol{x}=\boldsymbol{x}-\underline{\boldsymbol{x}}$，表明平衡点$\underline{\boldsymbol{x}}$附近状态轨迹的稳定性可通过应用表 13.1 中的 LTI 扰动方程（13.44）的稳定判据进行探究。此方法仅在式（13.44）为渐近稳定或不稳定时是合理的。常用符号$\{\lambda_k\}$表示 $A(\underline{\boldsymbol{x}})$的 n 个特征值。可证明：

（1）当且仅当$\forall k$，$\mathrm{Re}\lambda_k<0$ 时，平衡点$\underline{\boldsymbol{x}}$是局部渐进稳定的。

（2）当至少存在一个 λ_k 使得 $\mathrm{Re}\lambda_k>0$ 时，$\underline{\boldsymbol{x}}$是局部不稳定的。

（3）当至少存在一个 λ_k 使得 $\mathrm{Re}\lambda_k=0$ 时，无法判断$\underline{\boldsymbol{x}}$的局部稳定性。

此方法的一个限制是上述判据是局部的，因为它们仅在平衡点的邻域内有效。李雅普诺夫直接法（Lyapunov's direct method）解决了这些限制。此方法利用正定（和负定）函数的概念。不失一般性，假设$\underline{\boldsymbol{x}}=0$。此表述仅限于连续动态系统。拓展至离散动态系统已在 6.5.9 节和 7.3.2 节叙述。

定义 4　若函数 $V:\mathbb{R}^n\to\mathbb{R}$ 在原点的邻域$\mathcal{X}_0$ 内是局部正定的（locally positive definite），即

$$\begin{aligned}&V(\boldsymbol{x})=0,\quad \boldsymbol{x}=0\\&V(\boldsymbol{x})>0,\quad \boldsymbol{x}\neq0,\boldsymbol{x}\in\mathcal{X}_0\end{aligned}\tag{13.72}$$

若 $\mathcal{X}_0=\mathbb{R}^n$，则 V 为全局正定（globally positive definite）。

如果省略了“局部”和“全局”这两个词，在式（13.72）的第二行用 $V(\boldsymbol{x})\geqslant0$，$\boldsymbol{x}\neq0,\boldsymbol{x}\in\mathcal{X}_0$进行替换，则函数 $V:\mathbb{R}^n\to\mathbb{R}$ 为半正定的（positive semidefinite）。若$-V$ 为半正定的，则有函数 $V:\mathbb{R}^n\to\mathbb{R}$ 为半负定（negative semidefinite）。另一个基本定义如下。

定义 5　如果 V 为正定且偏导连续，$\dot{V}$为半负定，函数：$V:\mathbb{R}^n\to\mathbb{R}$ 是系统［式（13.41）］在原点处邻域 $\mathcal{X}_0$ 的李雅普诺夫函数（Lyapunov function）。

基于这些定义，可得下述稳定性结论。

定理 3：局部稳定性

若式（13.41）的系统在原点处邻域$\mathcal{X}_0$ 满足李雅普诺夫函数 V，则平衡点$\underline{\boldsymbol{x}}=0$ 为临界稳定的。若$\dot{V}$是负定的，则为渐近稳定。

临界稳定仅需满足 V 是定义 5 中的李雅普诺夫函数，即时间导数$\dot{V}(t)$半负定。当且仅当$\dot{V}$在原点邻域内为负定时，稳定性是渐近稳定的。

定理 4：全局渐近稳定

假设式（13.41）的系统在$\mathbb{R}^n$上满足李雅普诺夫函数 V，且$\dot{V}$负定，在$|\boldsymbol{x}|\to\infty$ 时 $V(\boldsymbol{x})\to\infty$。则平衡点$\underline{\boldsymbol{x}}=0$ 全局渐近稳定。

对于相同的动态系统可能存在着多个李雅普诺夫函数。一个简单但有意义的事情在 6.4.2 节练习 4 中已研究，在本章中已经证明四元数组$\underline{\mathfrak{q}}=[\pm1,0]=\pm i$ 是自治方程 $\dot{\mathfrak{q}}(t)=-0.5p\mathfrak{q}(t)\otimes\boldsymbol{q}$ 的平衡点，其中 $p>0$ 且 $\mathfrak{q}=[q_0,\boldsymbol{q}]$。李雅普诺夫函数 $V(\mathfrak{q})=(1-q_0)^2+\boldsymbol{q}^{\mathrm{T}}\boldsymbol{q}$和它的导数$\dot{V}(\mathfrak{q})=-p\boldsymbol{q}^{\mathrm{T}}\boldsymbol{q}$，证明仅在单位四元数 $i=[1,0]$时为渐近稳定，因为此时 $V(\mathfrak{i})=\dot{V}(\mathfrak{i})=0$，而共轭四元数$-i=[-1,0]$是不稳定的，因为此时$\dot{V}(-\mathfrak{i})=0$ 但是 $V(-\mathfrak{i})=4$（参见6.4.2 节图 6.7）。若采用非线性反馈 $\omega=-p\mathrm{sgn}(q_0)\boldsymbol{q}$，则两个平衡点将都变为渐近稳定，可通过应用李雅普诺夫函数 $V(\mathfrak{q})=(1-|q_0|)^2+\boldsymbol{q}^{\mathrm{T}}\boldsymbol{q}=2(1-|q_0|)$进行证明。

1. LaSalle 不变性原理

在 6.5.6 节中，李雅普诺夫函数 $V(\tilde{q},\boldsymbol{d})=2(1-|\tilde{q}_0|)+0.5\boldsymbol{d}^{\mathrm{T}}G^{-1}\boldsymbol{d}$ 在式（6.132）的比例-积分反馈下，在平衡点$\{\tilde{q}_0=\pm1,\tilde{\boldsymbol{q}}=0,\boldsymbol{d}=0\}$附近具有半负定时间导数$\dot{V}(\tilde{q},\boldsymbol{d})=-\tilde{\boldsymbol{q}}^{\mathrm{T}}F\tilde{\boldsymbol{q}}$。结论是式（6.136）在有界初始条件下自治状态的全部变量均有界。为了证明平衡点渐近稳定性，需要借助 LaSalle 不变性定理（LaSalle's invariance principle）。此定理证明在这种情况下，轨迹集合 $\mathcal{V}=\{\{\tilde{q},\boldsymbol{d}\}:\dot{V}=0\}$包含不变集（invariant sets），且最大的不变集 $\mathcal{S}\subset\mathcal{V}$恰好与平衡点一致。原本的 LaSalle 不变性定理如下[17]。

定理 5：考虑式（13.41）中的自治系统并且令 $V(\boldsymbol{x})$为状态空间范围 $\mathcal{X}_0\in\mathcal{X}$的李雅普诺夫函数。令 $\mathcal{V}=\{\boldsymbol{x}:\dot{V}(\boldsymbol{x})=0\}$是全部使得$\dot{V}$为零的集合，并且令 $\mathcal{S}\subset\mathcal{V}$是 $\mathcal{V}$的最大不变集。则任意起始于轨迹 $\mathcal{X}_0$ 的轨迹$\boldsymbol{x}(t)$在$t\to\infty$时均收敛至 $\mathcal{S}$。若 $\mathcal{S}$ 仅包含平衡点$\underline{\boldsymbol{x}}$，则这些轨迹均为渐近稳定的。

2. Barbalat 引理

LaSalle 不变性原理仅能应用在如式（13.41）的自治状态方程上。此外，对于非自治系统，求取非负定导数的李雅普诺夫函数比较困难。Barbalat 引理则是一个可以解决这些问题的有意义且简单的结论。此引理为可微函数$f(t),t\geqslant0$提供了一个充分条件，在$\lim\limits_{t\to\infty}\dot{f}(t)=0$时函数逐渐收敛至一个有限界$f_\infty$，$|f_\infty|<\infty$。通常，导数收敛至 0 不能表示函数有界，反之亦然。典型方程如$f(t)=\sin(\ln t)$在$t\to\infty$时保持振荡。相反，存在函数收敛于一个极限，然而其导数不收敛于零。

满足这两个收敛条件，$\lim\limits_{t\to\infty}f(t)=f_\infty$且$\lim\limits_{t\to\infty}\dot{f}(t)=0$，则导数$\dot{f}(t)$具有一致连续性[17]。由于这个性质通常难以证明，需要为可微函数寻找一个更为易于处理的充分条件，来证明$\dot{f}(t)$是一致连续的。这个简单的充分条件是$\ddot{f}(t)$有界的，即$|\ddot{f}(t)|\leqslant F<\infty,t\geqslant0$。

举一个简单的例子，考虑严格因果且最小化的连续 LTI 系统$\dot{\boldsymbol{x}}(t)=A\boldsymbol{x}(t)+B\boldsymbol{u}(t)$，$\boldsymbol{x}(0)=\boldsymbol{x}_0$，且其输出方程为$\boldsymbol{y}(t)=C\boldsymbol{x}(t)$。由 13.3.3 节中关于 BIBO 稳定性的段落可知，若系统为 BIBO 稳定的，则输出的导数$\dot{\boldsymbol{y}}(t)$是有界的。因此$\boldsymbol{y}(t)$为一致连续的。

3. 稳态李雅普诺夫函数

考虑 LTI 系统$\dot{\boldsymbol{x}}(t)=A\boldsymbol{x}(t),\boldsymbol{x}(0)=\boldsymbol{x}_0$且二次型李雅普诺夫函数$V(\boldsymbol{x})=\boldsymbol{x}^{\mathrm{T}}(t)P\boldsymbol{x}(t)\geqslant0$。时间导数$\dot{V}(t)$为

$$\dot{V}(t)=\boldsymbol{x}^{\mathrm{T}}(t)(A^{\mathrm{T}}P+PA)\boldsymbol{x}(t) \tag{13.73}$$

因此，当且仅当给定任意正定矩阵$\boldsymbol{Q}>0$，使得稳态李雅普诺夫函数（steady-state Lyapunov equation）

$$A^{\mathrm{T}}P+PA+\boldsymbol{Q}=0 \tag{13.74}$$

具有正定解$P>0$时，平衡点$\underline{\boldsymbol{x}}=0$全局渐近稳定。

在离散情况下，相应的$\boldsymbol{x}(i+1)=A\boldsymbol{x}(i),\boldsymbol{x}(0)=\boldsymbol{x}_0$，导数$\dot{V}(t)$用差分形式$\Delta V(i)=V(i+1)-V(i)$代替。

练习 5

证明，在离散情况下，式（13.74）可由下式代替

$$P=A^{\mathrm{T}}PA+\boldsymbol{Q} \tag{13.75}$$

当存在下列连续可微和离散李雅普诺夫函数时，由于式（13.74）和式（13.75）存在渐近极限的，可称为*稳态方程*（steady-state equations）。

$$\begin{aligned}\dot{P}(t)&=A^{\mathrm{T}}P(t)+P(t)A+Q\\P(i+1)&=A^{\mathrm{T}}P(i)A+Q\end{aligned} \tag{13.76}$$

当且仅当 A 为渐近稳定时，式（13.76）中的李雅普诺夫函数的存在渐近极限。

13.4　能控性和能观性

13.4.1　能控性

能控性是指在有限时间 $t_1-t_0<\infty$ 内，使状态向量 $\boldsymbol{x}(t)$ 从一个点 $\boldsymbol{x}(t_0)=\boldsymbol{x}_0$ 转移至另一点 $\boldsymbol{x}(t_1)=\boldsymbol{x}_1$。相应的轨迹不能由自由响应形式获得。实际上，通过改写 $\boldsymbol{x}=[\boldsymbol{x}_1,\boldsymbol{x}_2]$，可以知道自由响应：①取决于全部初始状态 $\boldsymbol{x}(t_0)$；②在 TPBVP 中，部分取决于初始状态 $\boldsymbol{x}_1(t_0)$ 或 $\boldsymbol{x}_2(t_0)$，且部分取决于最终状态，$\boldsymbol{x}_1(t_1)$ 或 $\boldsymbol{x}_2(t_1)$。因此，能控性可通过在时间间隔 $[t_0,t_1)$ 内使用输入 $u(t)$ 进行调控得到。在此处没有对 $u(t)$ 的大小进行限制。通常考虑以下两种问题。

（1）*能控性问题*（controllability problem）：假设 $\boldsymbol{x}(t_1)=0$，即初始状态必须经控制后被引导转移至原点。

（2）*可达性问题*（reachability problem）：假设 $\boldsymbol{x}(t_0)=0$，即零初始状态被引导至状态空间 $\mathscr{X}$ 的任意点。

这两种问题对于非线性时变系统是不同的，但对 LTI 方程却是一致的。LTI 离散状态方程［参见式（13.17）常数矩阵］的最简能控性判据推导为

$$\boldsymbol{x}(i+1)=A\boldsymbol{x}(i)+\boldsymbol{Bu}(i),\boldsymbol{x}(i_0)=\boldsymbol{x}_0 \tag{13.77}$$

两种问题在式（13.18）的状态响应的帮助下，可以得到相同的表达形式。

$$\boldsymbol{x}(i_1)-A^{\Delta i}\boldsymbol{x}(i_0)=\boldsymbol{C}(\Delta i)\boldsymbol{u}[i_0,i_1),\Delta i=i_1-i_0 \tag{13.78}$$

其中，大小未知的向量 $n_u\Delta i$ 为 $\boldsymbol{u}[i_0,i_1)=\boldsymbol{u}[\boldsymbol{u}(i_0),\cdots,\boldsymbol{u}(i_1-1)]$，$\boldsymbol{x}(i_1)$ 和 $\boldsymbol{x}(i_0)$ 为任意向量，设 $\Delta i=i_1-i_0$ 认为是已知但任意的，并且有 $\boldsymbol{C}(\Delta i)$，其维数为 $n\times(n_u\Delta i)$

$$\boldsymbol{C}(\Delta i)=[A^{\Delta i-1}B\quad\cdots\quad AB\quad B] \tag{13.79}$$

由于式（13.78）是由 n 个线性方程组成的系统，当且仅当 $\boldsymbol{C}(\Delta i)$ 的列数扩张至整个状态空间 $\mathscr{X}=\mathbb{R}^n$ 时，存在解 $\boldsymbol{u}[i_0,i_1)$。更正式地，如果 $\mathscr{R}(\boldsymbol{C}(\Delta i))=\mathbb{R}^n$，其中 $\mathscr{R}(\cdot)$ 表示矩阵的值域，当且仅当 $\operatorname{rank}C(\Delta i)=\dim\mathscr{R}(C(\Delta i))=n$ 时存在唯一解。

此前，Δi 一直被认为是已知的但任意的量。关键的问题是：如果存在，哪个是使得 $\operatorname{rank}C(\Delta i)=n$ 的 $\min\{\Delta i\}>0$？首先证明

$$\operatorname{rank}C(n+k)=\operatorname{rank}C(n),k>0, \tag{13.80}$$

上式表明 $\min\{\Delta i\}\leqslant n$。由 2.3.1 节中的 Cayley-Hamilton 定理中易得式（13.80）。矩阵

$\boldsymbol{A}$ 满足它的特征多项式，即 $\Pi(\boldsymbol{A})=0$，并且因此 $\boldsymbol{A}^n\boldsymbol{B}$ 的列属于 $\mathcal{R}(\boldsymbol{C}(n))$。块矩阵 $\boldsymbol{C}(n)$，$n\times(n_u n)\geqslant n\times n$，已知是能控性矩阵。能控性判据（controllability criterion）将在下个定义中具体阐述。

定义 6：若 $n_c=\text{rank}C(n)=n$，则式（13.77）中的离散 LTI 系统是完全能控的。在这种条件下，由于 $C(n)$ 只取决于 $\{A,B\}$ 组合，因此可以称这对组合是能控的。

根据上述判据，如果 $\text{rank}C(n)=n$，通过满足下式的有界输入序列 $\boldsymbol{u}[0,n)$，任意点 $\boldsymbol{x}_0\in\mathcal{X}$ 均可以在 n 步后到达 $\boldsymbol{x}_1\in\mathcal{X}$。

$$\boldsymbol{x}_1-A^n\boldsymbol{x}_0=\boldsymbol{C}(n)\boldsymbol{u}[0,n) \tag{13.81}$$

总之，若 rank $C(n)=n$，通过若干块 $v_c\leqslant n$ 可以到达满秩，则 v_c 可被称为能控性指数（controllability index）。在单变量情况下，由 $n_u=1$ 定义，有 $v_c=n$。简单的情况下，当 rank $B=n$ 时 $v_c=1$，因此 $n_u\geqslant n$。任意点 $\boldsymbol{x}_1$ 可以由 $\boldsymbol{x}_0$ 通过一步转移到达。

通常情况下，$n_c\leqslant n,\mathcal{X}_c=\mathcal{R}(\boldsymbol{C}(n))\subseteq\mathbb{R}^n$ 被称为能控子空间（controllable subspace），并且其正交补 $\mathcal{X}_{nc}$ 满足 $\mathcal{X}=\mathcal{X}_c\oplus\mathcal{X}_{nc}$，是不能控子空间（non-controllable subspace）。上述定义表明，任意状态向量 $\boldsymbol{x}\in\mathcal{X}$ 可被写作如下形式。

$$\boldsymbol{x}=\boldsymbol{x}_c+\boldsymbol{x}_{nc},\quad \boldsymbol{x}_c\cdot\boldsymbol{x}_{nc}=0,\quad \boldsymbol{x}_c\in\mathcal{X}_c,\quad \boldsymbol{x}_{nc}\in\mathcal{X}_{nc} \tag{13.82}$$

这意味着 $\boldsymbol{x}$ 的分量 $\boldsymbol{x}_{nc}\in\mathcal{X}_{nc}$ 保持不变，$\boldsymbol{u}(i)$ 的任何序列下都是不能控的，但会由于式（13.82）而影响 $\boldsymbol{x}$。这是输入扰动的典型行为，如下的 (A,B) 组合卡尔曼分解（Kalman decomposition）所示。实际上，若 $n_c=\text{rank}C(n)<n$，存在一个可逆的状态变换 $z=Sx$ 使得式（13.77）转化为新的状态方程。

$$\begin{aligned}&\boldsymbol{z}(i+1)=\boldsymbol{A}_K\boldsymbol{z}(i)+\boldsymbol{B}_K\boldsymbol{u}(i),\boldsymbol{z}(0)=\boldsymbol{z}_0\\&\boldsymbol{y}(i)=\boldsymbol{C}_K\boldsymbol{z}(i)+\boldsymbol{D}\boldsymbol{u}(i)\end{aligned} \tag{13.83}$$

其中向量和矩阵如下：

$$\begin{aligned}&\boldsymbol{z}=\begin{bmatrix}\boldsymbol{z}_c\\\boldsymbol{z}_{nc}\end{bmatrix}=\begin{bmatrix}S_c\boldsymbol{x}_c\\S_{nc}\boldsymbol{x}_{nc}\end{bmatrix},\quad \boldsymbol{S}=\begin{bmatrix}S_c\\S_{nc}\end{bmatrix}\\&\boldsymbol{A}_K=SAS^{-1}=\begin{bmatrix}A_c & H_c\\0 & A_{nc}\end{bmatrix},\quad \boldsymbol{B}_K=SB=\begin{bmatrix}B_c\\0\end{bmatrix},\quad \boldsymbol{C}_K=[C_c\quad C_{nc}]=CS^{-1}\end{aligned} \tag{13.84}$$

在式（13.84）中，S_c 和 S_{nc} 是对应 $\mathcal{X}_c$ 和 $\mathcal{X}_{nc}$ 上的投影，并且 $\dim\boldsymbol{z}_c=n_c$，$\dim\boldsymbol{z}_{nc}=n_{nc}$，$n=n_c+n_{nc}$。

式（13.83）中 $D=0$ 是本书中嵌入式模型的常见形式，其中 $\boldsymbol{z}_c$ 应用于能控动力学，$\boldsymbol{z}_{nc}$ 应用于扰动动力学。由于扰动不能只通过如式（13.83）中自由响应的形式进行描述，第二个输入向量由 $\boldsymbol{w}$ 表示，必须按照 4.8.1 节中，作为一个任意但有界的信号被加入系统中并建模（在随机框架中作为一个白噪声过程）。新的方程变为

$$\boldsymbol{z}(i+1)=A_K\boldsymbol{z}(i)+B_K\boldsymbol{u}(i)+G\boldsymbol{w}(i),\boldsymbol{z}(0)=\boldsymbol{z}_0 \tag{13.85}$$

其中 G 被分解为 $G=[G_c,G_{nc}]$，(A_c,B_c) 和 (A_{nc},G_{nc}) 是能控的。(A_K,G) 可能但不一定是能控的。

当 A_{nc} 的频谱 $\Lambda(A_{nc})$ 是渐近稳定的时，称 A_K 是可稳定的（stabilizable），由于频谱 $\Lambda(A_{nc})$ 可以通过 13.5.3 节中定义的状态反馈变为渐近稳定，并且由式（13.85）组成的闭环系统和稳定状态反馈变为渐近稳定，因此它是 BIBO 稳定的。此外，称 A_K 是不

可稳定的（not stabilizable）且仅能通过如 13.5.3 节中，从能控动力学中消除 z_{nc} 的方法稳定。

最后给出了单变量情况下的能控标准型。若在 $n_u=1$ 下 (A,B) 是能控的，存在状态变换 $\boldsymbol{z}=S_c\boldsymbol{x}$ 满足下式。

$$
\begin{aligned}
&\boldsymbol{z}(i+1)=\boldsymbol{A}_c\boldsymbol{z}(i)+\boldsymbol{B}_c u(i),\boldsymbol{z}(0)=\boldsymbol{z}_0\\
&y(i)=\boldsymbol{C}_c\boldsymbol{z}(i)+\boldsymbol{D}u(i)
\end{aligned}
\tag{13.86}
$$

其中：

$$
\boldsymbol{A}_c=S_c\boldsymbol{A}S_c^{-1}=\begin{bmatrix}0&1&\cdots&0&0\\0&0&\cdots&0&0\\\vdots&\vdots&&1&\\0&0&\cdots&0&1\\-a_0&-a_1&\cdots&-a_{n-2}&-a_{n-1}\end{bmatrix},\quad \boldsymbol{B}_c=S_cB=\begin{bmatrix}0\\0\\\vdots\\0\\1\end{bmatrix}
\tag{13.87}
$$

且 $C_c=CS_c^{-1}$ 没有特殊形式。

上述所有概念、定义和结果都可以扩展到连续 LTI 系统中。

13.4.2 能观性

能观性涉及在有限时间 $t_1-t_0<\infty$ 内，从不完整和可能不准确的观测值（测量值）中重构状态向量 $\boldsymbol{x}(t)$ 的问题。所依赖的观测值是有限时间内的输入和输出：$\boldsymbol{u}[t_0,t_1)$ 和 $\boldsymbol{y}[t_0,t_1)$。通常考虑以下两类问题。

（1）重构问题（Reconstructability problem）。给定时间 t_1，找到一个初始时刻 $t_0<t_1$，使得初始状态 $\boldsymbol{x}_0=\boldsymbol{x}(t_0)$ 可以唯一地从 $\boldsymbol{u}[t_0,t_1)$ 和 $\boldsymbol{y}[t_0,t_1)$ 中得到。于是，通过知道 $\boldsymbol{x}_0=\boldsymbol{x}(t_0)$，也可以通过推导状态方程重建 $\boldsymbol{x}(t_1)$。

（2）能观性问题（Observability problem）。给定时间 t_0，找到一个最终时刻 $t_1>t_0$，使得 $\boldsymbol{x}_0=\boldsymbol{x}(t_0)$ 能够被唯一地从 $\boldsymbol{u}[t_0,t_1)$ 和 $\boldsymbol{y}[t_0,t_1)$ 中得到。

就能控性概念而言，上述问题在非线性和时变方程组中是不同的，但在 LTI 系统中却是一致的。能观性判据式（13.17）LTI 形式下的最简单推导如下。

$$
\begin{aligned}
&\boldsymbol{x}(i+1)=A\boldsymbol{x}(i)+B\boldsymbol{u}(i),\quad \boldsymbol{x}(i_0)=\boldsymbol{x}_0\\
&\boldsymbol{y}(i)=C\boldsymbol{x}(i)+\boldsymbol{D}\boldsymbol{u}(i)
\end{aligned}
\tag{13.88}
$$

利用式（13.88）中的输出响应，可以得出这两个问题的相同公式。

$$
\boldsymbol{y}[i_0,i_1)-\boldsymbol{H}(\Delta i)\boldsymbol{u}[i_0,i_1)=\boldsymbol{O}(\Delta i)\boldsymbol{x}(i_0)
\tag{13.89}
$$

其中，$\Delta i=i_1-i_0$ 已知但观测间隔为任意长度，等式左侧为已知数据，右侧包括未知的初始状态 $\boldsymbol{x}(i_0)$，且其中的矩阵和向量如下：

$$
\boldsymbol{H}(\Delta i)=\begin{bmatrix}D&0&\cdots&0&0\\CB&D&\cdots&0&0\\\vdots&\vdots&&\vdots&\vdots\\CA^{\Delta i-3}B&CA^{\Delta i-4}B&\cdots&D&0\\CA^{\Delta i-2}B&CA^{\Delta i-3}B&\cdots&CB&D\end{bmatrix},\quad \boldsymbol{O}(\Delta i)=\begin{bmatrix}C\\CA\\\vdots\\CA^{\Delta i-2}\\CA^{\Delta i-1}\end{bmatrix}
\tag{13.90}
$$

$$
\boldsymbol{y}[i_0,i_1)=[\boldsymbol{y}(i_0),\cdots,\boldsymbol{y}(i_1-1)],\boldsymbol{u}[i_0,i_1)=[\boldsymbol{u}(i_0),\cdots,\boldsymbol{u}(i_1-1)]
$$

式（13.89）为含有 n 个未知量的 $n_y\Delta i$ 维线性方程系统，然而式（13.78）是一个含有 $n_u\Delta i$ 个未知量的 n 个方程系统。因此，当且仅当 $\boldsymbol{O}(\Delta i)$ 的行的值域为全部状态空间 $\mathcal{X}=\mathbb{R}^n$ 时，存在解 $\boldsymbol{x}_0=\boldsymbol{x}(i_0)$，更正式的表达为：当 $\mathcal{R}(\boldsymbol{O}^{\mathrm{T}}(\Delta i))=\mathbb{R}^n$，即 rank $\boldsymbol{O}(\Delta i)=$ rank $\boldsymbol{O}^{\mathrm{T}}(\Delta i)=\dim\mathcal{R}(\boldsymbol{O}^{\mathrm{T}}(\Delta i))=n$ 时，存在上述解。

可以进行与 13.4.1 节相似（关于能控性）的扩展。将式（13.80）中秩的性质替换为如下形式。

$$\text{rank }\boldsymbol{O}(n+k)=\text{rank }\boldsymbol{O}(n),k>0 \tag{13.91}$$

其中，$\boldsymbol{O}(n)$ 为能观性矩阵（observability matrix）。定义 6 中的能控性判据可以修订为如下形式。

定义 7 如果 $n_o=\text{rank }\boldsymbol{O}(n)=n$，则式（13.88）的离散 LTI 系统是完全能观的。在这种条件下，由于 $\boldsymbol{O}(n)$ 只取决于 $\{C,A\}$ 组合对，此时可称该组合对为能观的。

根据上述判据，如果 rank $\boldsymbol{O}(n)=n$，任意状态 $\boldsymbol{x}(0)=\boldsymbol{x}_0\in\mathcal{X}$ 可以从满足下式的输入输出序列中的 $\{\boldsymbol{u}[0,n),\boldsymbol{y}[0,n)\}$ 进行重构。

$$\boldsymbol{y}[0,n)-\boldsymbol{H}(n)\boldsymbol{u}[0,n)=\boldsymbol{O}(n)\boldsymbol{x}(0) \tag{13.92}$$

初始和最终时刻 $\{0,n\}$ 可以由 $\{i_0,i_1=i_0+n\}$ 进行替换。一般来说，若 rank $\boldsymbol{O}(n)=n$，可以通过若干块 $\nu_0\leqslant n$ 达到满秩，其中 ν_0 为能观性指数。在单变量 $n_y=1$ 的情况下，$v_o=n$。当 rank $\boldsymbol{O}=n$ 时为简单的情况，此时 $v_o=1$，并且 $n_y\geqslant n$。任意初始状态 $\boldsymbol{x}_0$ 可以被直接用输出方程进行重构。

在 $n_o\leqslant n$，$\mathcal{X}_o=\mathcal{R}(\boldsymbol{O}^{\mathrm{T}}(n))\subseteq\mathbb{R}^n$ 的一般情况，被称为能观子空间（observable subspace），并且其正交补 $\mathcal{X}_{no}$ 满足 $\mathcal{X}=\mathcal{X}_0\oplus\mathcal{X}_{no}$，为不能观子空间（non-observable subspace）。因此，$\boldsymbol{x}$ 可以被分解为 $\boldsymbol{x}=\boldsymbol{x}_0+\boldsymbol{x}_{no}$，其中 $\boldsymbol{x}_o\in\mathcal{X}_o,\boldsymbol{x}_{no}\in\mathcal{X}_{no}$ 且 $\boldsymbol{x}_0\cdot\boldsymbol{x}_{n0}=0$。这表明 $\boldsymbol{x}(0)$ 的任意分量 $\boldsymbol{x}_{no}\in\mathcal{X}_{no}$ 是不能观的，因此无法通过任意的输入输出序列 $\{\boldsymbol{u}[0,n),\boldsymbol{y}[0,n)\}$ 进行重构。不能观测部分的意义比不能控状态变量的意义更微妙。实际上，它们可能从输出向量 $\boldsymbol{y}$ 是不能观的，输出向量是采集的航天器的测量量，但是他们可能会影响所谓的性能变量变得可观测，正如 13.2.1 节中所定义的，性能变量中可能不包括 $\boldsymbol{y}$。在本书中未出现过这种情况。由于 $\{A^{\mathrm{T}},C^{\mathrm{T}}\}$ 是式（13.16）对偶系统的（状态、输入）矩阵，其能控性和能观性之间的类似关系被称为对偶性（duality）。

正如 $\{A,B\}$ 和 $\{C,A\}$ 的完全卡尔曼分解，式（13.84）中能观和不能观部分可能是能控和不能控子向量的一部分。可以通过进一步分解能控状态 $\boldsymbol{z}_c=[\boldsymbol{z}_{c,no},\boldsymbol{z}_{c,o}]$ 和不能控状态 $\boldsymbol{z}_{nc}=[\boldsymbol{z}_{nc,no},\boldsymbol{z}_{nc,o}]$ 得到不能观和能观分量。因此，式（13.83）的向量和矩阵有如下分解形式。

$$\boldsymbol{z}=\begin{bmatrix}\boldsymbol{z}_c\\ \boldsymbol{z}_{nc}\end{bmatrix}=\begin{bmatrix}\boldsymbol{z}_{c,no}\\ \boldsymbol{z}_{c,o}\\ \hdashline \boldsymbol{z}_{nc,no}\\ \boldsymbol{z}_{nc,o}\end{bmatrix},\quad A_K=\left[\begin{array}{cc:cc}A_{c,no} & H_{c,no,2} & H_{c,no,3} & H_{c,no,4}\\ 0 & A_{c,o} & 0 & H_{c,o}\\ \hdashline 0 & 0 & A_{nc,no} & H_{nc,no}\\ 0 & 0 & 0 & A_{nc,o}\end{array}\right],\quad \boldsymbol{B}_K=\begin{bmatrix}B_{c,no}\\ B_{c,o}\\ \hdashline 0\\ 0\end{bmatrix}$$

$$\boldsymbol{C}_K=\left[\begin{array}{cc:cc}0 & C_{c,o} & 0 & C_{nc,o}\end{array}\right] \tag{13.93}$$

练习 6

通过使用式（13.93），证明，式（13.83）由 $M(z)=C_{c,o}(zI-A_{c,o})^{-1}B_{c,o}+D$ 给出输

入输出传递矩阵使得 $\boldsymbol{y}(z)=M(z)\boldsymbol{u}(z)$。

最后，得出了单变量情况下的能观标准型。若 $n_y=1$ 的 (C,A) 组合是能观的，则存在状态变换 $z=S_0x$ 使得

$$\begin{aligned}z(i+1)&=\boldsymbol{A}_0z(i)+\boldsymbol{B}_0u(i),z(0)=z_0\\y(i)&=\boldsymbol{C}_o\boldsymbol{z}(i)+\boldsymbol{D}u(i)\end{aligned}\tag{13.94}$$

其中：

$$\boldsymbol{A}_o=S_0AS_o^{-1}=\begin{bmatrix}-a_{n-1}&1&\cdots&0&0\\-a_{n-2}&0&\cdots&0&0\\\vdots&\vdots&&\vdots&\vdots\\-a_1&0&\cdots&0&1\\-a_0&0&\cdots&0&0\end{bmatrix},\quad \boldsymbol{C}_o=CS_o^{-1}=[1\quad 0\quad\cdots\quad 0\quad 0],\tag{13.95}$$

且 $B_o=S_oC$ 无特殊形式。

上述所有概念、定义和结果均可扩展至连续 LTI 系统。

13.5 理想控制律：状态反馈和扰动抑制

13.5.1 误差定义

已在几个章节中定义过误差的概念：6.5.1 节中的四元数误差，2.7 和 12.3.2 节中的姿态真实跟踪误差，8.2.2 节中的测量误差等。误差的表示方法已在 1.2.2 节中进行总结。表 13.2 总结了包含于控制设计和组成变量中的 6 种主要误差，并区分了性能变量 $\boldsymbol{z}$ 与输出 $\boldsymbol{y}$。在本书中，若无另外说明，都假设 $\boldsymbol{z}=\boldsymbol{y}$。请参考本节以及下节所给出的状态方程。

表 13.2 误差总结

序号	变量	向量符号	四元数符号	含 义
1	变量真值	$\boldsymbol{y},\boldsymbol{x}=[\boldsymbol{x}_c,\boldsymbol{x}_d],\boldsymbol{z}$	$\mathfrak{q}$	输出，状态（能控，扰动），性能变量，式(13.96) 和式 (13.127)
2	嵌入式模型变量	$\hat{\boldsymbol{y}},\hat{\boldsymbol{x}}$	$\hat{\mathfrak{q}}$	一步预测，式(13.131)
3	测量值	$\breve{\boldsymbol{y}}$	$\breve{\mathfrak{q}}$	离散时间变量，式 (13.127)
4	参考值	$\boldsymbol{z}_r,\boldsymbol{x}_r$	$\mathfrak{q}_r$	参考动力学输出/状态，式 (13.98)
5	真实跟踪误差	$\tilde{\boldsymbol{z}}_r=\boldsymbol{z}-\boldsymbol{z}_r$ $\tilde{\boldsymbol{x}}_r=\boldsymbol{x}_c+Q\boldsymbol{x}_d-\boldsymbol{x}_r$	$\tilde{\mathfrak{q}}_r=\mathfrak{q}_r^{-1}\otimes\mathfrak{q}$	控制律设计，未知，能控状态，式 (13.106)
6	预测误差	$\tilde{\boldsymbol{y}},\tilde{\boldsymbol{x}}=\boldsymbol{x}-\hat{\boldsymbol{x}}$	$\tilde{\mathfrak{q}}=\hat{\mathfrak{q}}^{-1}\otimes\mathfrak{q}$	状态预测器设计，未知，式 (13.133)
7	（真实）模型误差	$\tilde{\boldsymbol{y}}_m=\breve{\boldsymbol{y}}-\boldsymbol{y}$	$\tilde{\mathfrak{q}}_m=\hat{\mathfrak{q}}^{-1}\otimes\breve{\mathfrak{q}}$	测量减去模型，未知，第 14 章式 (14.1)

续表

序号	变量	向量符号	四元数符号	含　义
8	测量跟踪误差（输出误差）	$\boldsymbol{e}_r=\hat{\boldsymbol{x}}_c+Q\hat{\boldsymbol{x}}_d-\boldsymbol{x}_r$ （$\boldsymbol{\eta}_r=C_c\boldsymbol{e}_r$）	$\mathfrak{e}_r=\mathfrak{q}_r^{-1}\otimes\hat{\mathfrak{q}}$	控制律设计，数值为零，已知，式（13.144）和式（13.154）
9	测量模型误差	$\boldsymbol{e}_m=\breve{\boldsymbol{y}}-\hat{\boldsymbol{y}}$	$\mathfrak{e}_m=\hat{\mathfrak{q}}^{-1}\otimes\breve{\mathfrak{q}}$	动态扰动源，已知，式（13.129）
10	控制误差	$\boldsymbol{e}=\breve{\boldsymbol{y}}-\boldsymbol{y}_r$	$\mathfrak{e}=\mathfrak{q}_r^{-1}\otimes\breve{\mathfrak{q}}$	经典控制误差，负号，已知

13.5.2 性能需求

1. 需求

关注式（13.4）中仿射系统的离散形式：

$$\begin{bmatrix}\boldsymbol{x}_c\\\boldsymbol{x}_d\end{bmatrix}(i+1)=\begin{bmatrix}A_c & H_c\\0 & A_d\end{bmatrix}\begin{bmatrix}\boldsymbol{x}_c\\\boldsymbol{x}_d\end{bmatrix}(i)+\begin{bmatrix}B_c\\0\end{bmatrix}(\boldsymbol{u}(i)+\boldsymbol{h}(\boldsymbol{x}_c))+\begin{bmatrix}G_c & 0\\0 & G_d\end{bmatrix}\begin{bmatrix}\boldsymbol{w}_c\\\boldsymbol{w}_d\end{bmatrix}(i)$$
$$\boldsymbol{z}(i)=[F_c \quad F_d]\begin{bmatrix}\boldsymbol{x}_c\\\boldsymbol{x}_d\end{bmatrix}(i),\begin{bmatrix}\boldsymbol{x}_c\\\boldsymbol{x}_d\end{bmatrix}(0)=\begin{bmatrix}\boldsymbol{x}_{c0}\\\boldsymbol{x}_{d0}\end{bmatrix}\tag{13.96}$$

其中，$\boldsymbol{h}(\boldsymbol{x}_c)$是关于$\boldsymbol{x}_c$的有界函数，$\boldsymbol{z}$是性能变量向量，其维度为$\dim \boldsymbol{z}=\dim \boldsymbol{u}=n_u$，$n_d=\dim \boldsymbol{x}_d$，$n_c=\dim \boldsymbol{x}_c$，$n=n_c+n_d$。输入/过程噪声$\boldsymbol{w}=[\boldsymbol{w}_c,\boldsymbol{w}_d]$可分解为两个子向量$\boldsymbol{w}_c$和$\boldsymbol{w}_d$。一种典型$\boldsymbol{h}(\boldsymbol{x}_c)$为在第7章与第12章中的回转加速度$J^{-1}\omega\times J\omega$。式（13.96）为式（13.83）的卡尔曼分解形式，其中(A_c,B_c)是能控的。且矩阵对

$$\left([F_c \quad F_d],\begin{bmatrix}A_c & H_c\\0 & A_d\end{bmatrix}\right),\left(\begin{bmatrix}A_c & H_c\\0 & A_d\end{bmatrix},\begin{bmatrix}G_c & 0\\0 & G_d\end{bmatrix}\right)\tag{13.97}$$

分别为能观的、能控的。状态方程是严格因果的。在下文中，采用解耦假设（decoupling assumption），即式（13.96）为$n_u=\dim \boldsymbol{u}$的SISO状态方程的平行系统。换言之，所有耦合都包含在$\boldsymbol{h}(\boldsymbol{x}_c)$内。必要的时候，通用子系统将用下标$j=1,2,\cdots,n_u$进行表示。尽管不是严格必须，仍假设所有的子系统具有相同阶数$n_s=n/n_u$。每个子系统的能控和干扰状态向量的维数分别为$n_{sc}=n_c/n_u$和$n_{sd}=n_d/n_u$。

给定参考动态系统

$$\begin{aligned}&\boldsymbol{x}_r(i+1)=A_c\boldsymbol{x}_r(i)+B_c\boldsymbol{u}_r(i),\quad \boldsymbol{x}_r(0)=\boldsymbol{x}_{r0}\\&\boldsymbol{z}_r(i)=F_c\boldsymbol{x}_r(i)\end{aligned}\tag{13.98}$$

其需求如下：

（1）在$\boldsymbol{w}(i)=0$条件下，*真实跟踪误差*（true tracking error）$\tilde{\boldsymbol{z}}_r(i)=\boldsymbol{z}(i)-\boldsymbol{z}_r(i)$必须逐渐接近于0。

（2）在$\boldsymbol{w}(i)\neq0$未知但有界的条件下，一般范数$|\tilde{\boldsymbol{z}}_r(i)|$必须有界，即$|\tilde{\boldsymbol{z}}_r(i)|\leq z_{r,\max}(i)$，其边界可能由时间步长$i$决定。

若$\boldsymbol{w}(i)$为一个平稳零均值的二阶白噪声

$$\mathscr{E}\{\boldsymbol{w}(i)\}=0,\quad \mathscr{E}\{\boldsymbol{w}(i)\boldsymbol{w}^{\mathrm{T}}(i+k)\}=P_w\delta_k,\quad P_w>0\tag{13.99}$$

则需求变为

$$\begin{aligned}&\lim_{i\to\infty}\mathcal{E}\{\widetilde{z}_r(i)\}=0\\&0<\widetilde{P}_z(i;\boldsymbol{p})=\mathcal{E}\{(\widetilde{z}_r(i)-\mathcal{E}\{\widetilde{z}_r(i)\})(\widetilde{z}_r(i)-\mathcal{E}\{\widetilde{z}_r(i)\})^{\mathrm{T}}\}\leqslant\widetilde{P}_{z,\max}<\infty\end{aligned}\tag{13.100}$$

其中，$\boldsymbol{p}\in\mathcal{P}$ 为一有界参数向量，可分解为 n_u 个子向量 $\boldsymbol{p}_j$，每个对应一个 SISO 子系统 j。$\boldsymbol{p}$ 的元素包括闭环极点、传感器、执行机构、航天器和环境参数。其中一部分是为满足要求而选择的*设计参数*（design parameters），另一部分为*不确定参数*（uncertain parameters），这些参数定义了不确定类。在设计阶段，与不确定类相比它们被选为保证达到需求的最坏情况取值（*鲁棒性*，robustness）。

本书中，式（13.100）中的协方差不等式通常已由 n_u 个谱不等式代替，

$$\widetilde{S}_{zj}^2(f;\boldsymbol{p}_j)\leqslant\widetilde{S}_{zj,\max}^2(f),\quad 0\leqslant f<f_{\max}\tag{13.101}$$

每个对应一个子系统。所有对角矩阵中的$\widetilde{S}_{zj}^2$均用$\widetilde{S}_z^2$ 进行表示。式（13.101）要求$\widetilde{z}_{\mathrm{r}}(i)$是平稳零均值二阶随机过程。也就是仅在确定和随机瞬变被阻尼后，式（13.101）可以代替式（13.100）。如 13.7.3 节中所述，在这些假设条件下，单边*功率谱密度*（power spectral density，PSD）$\widetilde{S}_z^2(f)$，$0\leqslant f<f_{\max}$是过程协方差函数$\widetilde{R}_z(|k|)=\mathcal{E}\{\widetilde{z}_{\mathrm{r}}(i+k)\widetilde{z}_{\mathrm{r}}(i)\}$傅里叶变换的两倍。第 j 个子系统 PSD $\widetilde{S}_{zj}^2(f)$ 和式（13.101）中的不等式已广泛应用在此书中，如下节所示，PSD 可由闭环传递函数和它们的参数向量 $\boldsymbol{p}_j$ 表示。

2. 设计标准

若假设不确定参数已经选取为最坏情况的值，$\boldsymbol{p}$ 仅表示设计参数。注意，当最坏情况通过跟踪误差$\widetilde{z}_{\mathrm{r}}$ 得到，且取决于设计参数本身时，这个假设可能是不合适的。可以通过扩大不确定集合或通过用$\widetilde{z}_{\mathrm{r}}$ 表示*参数不确定性*来解决上述问题。第二种方法已在本书使用（参见 14.3.1 节），14.3.2 节中的稳定性不等式对闭环极点配置可能是至关重要的。

本书采用了两种最优化判据。第一个判据以如下形式直接应用在式（13.101）中，

$$\boldsymbol{p}_j^*=\operatorname{argmin}_{\boldsymbol{p}_j\in\mathcal{P}_j}\|W_{zj}(f)\|_\infty=\operatorname{argmin}_{\boldsymbol{p}_j\in\mathcal{S}_j}\|\widetilde{S}_{zj,\max}^{-1}(f)\widetilde{S}_{zj}(f;\boldsymbol{p}_j)\|_\infty\leqslant 1\tag{13.102}$$

其中，通过在式（13.68）中使用最大值来代替上确界，和回顾式（13.96）是离散的，则 W_{zj}是标量函数，可以得到 $\|W_{zj}(f)\|_\infty=\max_{|f|\leqslant f_{\max}}|W_{zj}(f)|$。若必要，全部离散频率 $0\leqslant f<f_{\max}$在定义 $\|W_{zj}(f)\|_\infty$时可被缩小为一个更小的频率带宽 $\mathcal{F}=\{0<f_0\leqslant f<f_1<f_{\max})\}$。若发现最小值比另一个更大，则认为设计是*不可行的*。最优化算法可通过将式（13.101）分解为低频和高频不等式，利用第 13.2.2 节中的固有传递函数渐近展开进行简化。利用这种方法，式（13.102）可被转化为更简单的对于单个设计参数的最优化问题（参见 14.3.3 节）。式（13.102）的性能函数可能还有其他的准则，比如经典的线性二次高斯（LQG）设计。在 12.5 节中已提供了一个例子，此例中其他的判据与式（13.102）相结合形成了一个独特的最优化问题。

第二种方法中，式（13.102）中的谱密度使用带通方差$\widetilde{\sigma}_{zj}^2(f_0,f_1;\boldsymbol{p}_j)$进行替换，带通方差可由$\widetilde{S}_{zj}^2(f)$和$\widetilde{S}_{zj,\max}^2(f)$在之前定义的带宽 $\mathcal{F}$ 中的积分得到，表达式如下。

$$\widetilde{\sigma}_{zj}^2(f_0,f_1;\boldsymbol{p}_j)=\int_{f_0}^{f_1}\widetilde{S}_{zj}^2(f;\boldsymbol{p}_j)\,df\leqslant\widetilde{\sigma}_{zj,\max}^2(f_0,f_1)\tag{13.103}$$

式（13.101）中的谱不等式中的跟踪误差$\widetilde{z}_{rk}$，$k=1,2,\cdots$需要解释，维度为 $\dim\widetilde{z}_{rk}=$

dim $\tilde{z}_r$。必须保证 Z-变换关系$\tilde{z}_r(z)=M_k(z)\tilde{z}_{rk}(z)$，$M_k(z)$是严格因果的。在 12.5 节中已经设定，$\tilde{z}_{r0}=\tilde{z}_r$ 表示姿态跟踪误差，$\tilde{z}_{r1}$表示角速度误差，$\tilde{z}_{r2}$表示角加速度误差。给定边界$\tilde{S}^2_{zj,\max}(f)$，$k=0,1,2$，结合这些可以得到一个独特的性能边界：

$$\tilde{S}_{z,\max}(f)=\min\{\tilde{S}_{z0,\max}(f),|M_1(\mathrm{j}f)|\tilde{S}_{z1,\max}(f),|M_2(\mathrm{j}f)|\tilde{S}_{z2,\max}(f)\} \tag{13.104}$$

在前面章节提出了式（13.96）应用在轨道/姿态预测和控制问题的一个难点。实际上，式（13.96）与应用在第 6 章、第 7 章和第 12 章中姿态预测和控制设计、在 11.3 节中轨道四元数预测中的 6.4 节（姿态运动学）和 7.3 节（姿态运动学与动力学）有一些不同。在式（13.96）中，$\boldsymbol{h}(\boldsymbol{x}_C)$ 直接加入指令中（被称为并列的）且不能表示为 6.4.1 节中式（6.78）的非线性形式 $c(i)\mathfrak{q}(i)+0.5s(i)\mathfrak{q}(i)\otimes T\omega(i)$，可表示 7.3.2 节式（7.60）中的非线性分量 $\boldsymbol{a}_d(i)$。6.5 节的结论 1~5 和 7.3.2 节的定理 5 解决了这一难题，并证明在镇定反馈下相应误差方程是渐进 LTI 的。在这些结论的支撑下，下一个稳定性和性能定理将考虑含有镇定反馈的预测和跟踪误差方程。

13.5.3 理想控制律

1. 跟踪误差方程

上述目标需要式（13.96）中的仿射系统是可镇定的，并且仅在不能控动力学子系统的谱 $\Lambda(A_d)$是渐近稳定时，上述系统稳定。由于 $\Lambda(A_d)$是不稳定的，必须利用指令 $\boldsymbol{u}$ 直接消去 $H_c\boldsymbol{x}_d$ 对能控状态 $\boldsymbol{x}_c$ 的影响，稳定性才能恢复。然而直接消去只能解决部分问题，因为它需要满足 $H_c\in\Re(B_c)$。事实是，$\boldsymbol{x}_d$ 的一些组成部分可能直接影响能控状态变量，如 7.3.4 节中陀螺零偏 $\boldsymbol{b}$ 影响受污染的角速率 $\boldsymbol{\omega}_d$，即不能整合的干扰。唯一的补救方法是增加一个 $\boldsymbol{x}_d$ 成比例的分量使得参考状态 $\boldsymbol{x}_r$ “受污染”。这样可以得到如下的真跟踪误差（true tracking error）的定义：

$$\tilde{\boldsymbol{x}}_r(i)=\boldsymbol{x}_c(i)-\boldsymbol{x}_r(i)+Q\boldsymbol{x}_d(i) \tag{13.105}$$

其中，$Q,n_c\times n_d$，在式（13.96）已有明确的意义。

由于之前的需求与跟踪误差相关，设计一个跟踪误差状态方程：

$$\begin{aligned}\tilde{\boldsymbol{x}}_r(i+1)&=A_c\tilde{\boldsymbol{x}}_r(i)+B_c(\boldsymbol{u}(i)-\boldsymbol{u}_r(i)+\boldsymbol{h}(\boldsymbol{x}_c))+(H_c+QA_d-A_cQ)\boldsymbol{x}_d(i)\\&\quad+G_c\boldsymbol{w}_c(i)+QG_d\boldsymbol{w}_d(i)\\\tilde{\boldsymbol{z}}_r(i)&=F_c\tilde{\boldsymbol{x}}_r(i)+(F_d-F_cQ)\boldsymbol{x}_d(i)\end{aligned} \tag{13.106}$$

其中，当且仅当有下述等式时，输出误差$\tilde{z}_r$ 与状态误差$\tilde{\boldsymbol{x}}_r$ 成比例。

$$F_d=F_cQ \tag{13.107}$$

第二个代数等式来源于稳定反馈律

$$\boldsymbol{u}(i)=\boldsymbol{u}_r(i)-(\boldsymbol{K}\tilde{\boldsymbol{x}}_r(i)+P\boldsymbol{x}_d(i)+\boldsymbol{h}(\boldsymbol{x}_c)) \tag{13.108}$$

其中，包括参考指令（reference command）（前馈指令，feedforward command）、误差比例反馈（error proportional feedback）$-\boldsymbol{K}\tilde{\boldsymbol{x}}_r(i)$、干扰抑制律（disturbance rejection law）$-(P\boldsymbol{x}_d(i)+\boldsymbol{h}(\boldsymbol{x}_c))$，其中 $P,n_u\times n_d$ 为下述矩阵方程的解：

$$H_c+QA_d=A_cQ+B_cP \tag{13.109}$$

式（13.108）中，$\boldsymbol{K},n_u\times n$ 是分块对角稳定增益矩阵（stabilizing gain matrix），其中行向量 $\boldsymbol{K}_j$ 作用于子系统 j 中。概括来说，用式（13.108）稳定式（13.106），需要设计增益组$\{P,Q,K\}$，其中$\{P,Q\}$由式（13.107）和式（13.109）给出，$\boldsymbol{K}$ 为极点配置结

果，将在后续内容中进行解释。

在式（13.106）中替换式（13.108）且利用式（13.109）所提供的跟踪误差方程，可得

$$\begin{aligned}&\tilde{\boldsymbol{x}}_r(i+1)=(A_c-B_c\boldsymbol{K})\tilde{\boldsymbol{x}}_r(i)+G\boldsymbol{w}(i),\tilde{\boldsymbol{x}}_r(0)=\tilde{\boldsymbol{x}}_{r0}\\&\tilde{\boldsymbol{z}}_r(i)=F_c\tilde{\boldsymbol{x}}_r(i)\end{aligned}\tag{13.110}$$

其中，$G=[G_c\ QG_d]$，$\boldsymbol{w}=[\boldsymbol{w}_c,\boldsymbol{w}_d]$。消去非线性项 $\boldsymbol{h}(\boldsymbol{x}_c)$ 可解释为初等反馈线性化(feedback linearization)。传统的反馈线性化参见文献［16-18］。

从 $\boldsymbol{w}$ 到 $\tilde{\boldsymbol{z}}_r$ 的 Z 变换如下：

$$\tilde{\boldsymbol{z}}_r(z)=\boldsymbol{W}_c(z)\boldsymbol{w}(z),\quad \boldsymbol{W}_c(z)=F_c(zI-A_c+B_cK)^{-1}G\tag{13.111}$$

其中，对角转移矩阵 $\boldsymbol{W}_c$ 是 Hurwitz 稳定的，因为极点是渐近稳定矩阵 $A_c-B_c\boldsymbol{K}$ 的特征值。

考虑第 j 个子系统和 $\boldsymbol{W}_c$ 的对角元素 W_{cj}，其中 $0<|W_{cj0}|=\lim\limits_{z\to 1}|W_{cj}(z)|<\infty$。因为假设在 $z=1$ 处没有零点，所以 $|W_{cj0}|>0$ 成立。可以证明 W_{cj} 的连续时间相对阶次 ρ_{cj} 满足 $1\leqslant\rho_{cj}\leqslant\rho_j$，其中 ρ_j 为开环相对阶次。因此，归一化传递函数 $V_{cj}(z)=W_{cj0}^{-1}W_{cj}(z)$ 为低通滤波器。另外，若 $A_{cj}-B_{cj}K_j$ 的补频谱 Γ_{cj} 由 $\Gamma_{cj}=\{\gamma_{cj1},\cdots,\gamma_{cjm}\}$ 表示，其中 $m=n_{sc}=n_c/n_u$，则可证明下述表达式（见练习 8)：

$$W_{cj0}=\frac{F_{cj}\mathrm{adj}(I-A_{cj}+B_{cj}K_j)G_j}{\prod\limits_{k=1}^{m}\gamma_{cjk}}=\frac{1}{(2\pi f_{cj}T)^{\rho_{cj}}}\overline{W}_{cj0}\tag{13.112}$$

其中，f_{cj} 为闭环带宽（bandwidth，BW)，可由 $W_{cj}(z)$ 的连续高频渐近线定义，渐近线可通过去除所有延迟得到（参见 13.2.3 节)。

练习 7

证明在定义 $G=B_c/b$、$n_u=\dim\boldsymbol{u}=\dim\boldsymbol{w}_c$，并列情况下，在式（13.111）中 W_c 可分解为

$$W_c(z)=M_c(z)S_c(z)/b,M_c(z)=F_c(zI-A_c)^{-1}B_c,S_c(z)=(I+K(zI-A)^{-1}B_c)^{-1}\tag{13.113}$$

其中 S_c 为状态反馈灵敏度函数（state-feedback sensitivity function)，M_C 为式（13.96）中 $\boldsymbol{u}$ 到 $\boldsymbol{z}$ 的开环传递矩阵。

练习 8

式（13.110）的二阶闭环形式由下列矩阵定义：

$$\boldsymbol{A}_c=\begin{bmatrix}1&1\\0&1\end{bmatrix},\quad \boldsymbol{B}_c=\begin{bmatrix}0\\b\end{bmatrix},\quad \boldsymbol{G}_c=\begin{bmatrix}0\\1\end{bmatrix},\quad \boldsymbol{K}=[k_1/b\quad k_2/b],\quad \boldsymbol{F}_c=[1\quad 0]\tag{13.114}$$

且补频谱为 $\Gamma_c=\{\gamma_{c1},\gamma_{c2}\}$。去掉下标 j。计算 $S_c(z)$ 和 $W_c(z)$，由 K 的元素表示 Γ_c，并且证明

$$W_{c0}=\left(\frac{f_{\max}}{\pi f_c}\right)^2,\overline{W}_{c0}=1,\left|\frac{W_{c\infty}(\mathrm{j}f)}{W_{c0}}\right|=\left(\frac{f_c}{f}\right)^2,\quad |S_{c0}(\mathrm{j}f)|=\left(\frac{f}{f_c}\right)^2\tag{13.115}$$

其中，$2\pi f_cT=\sqrt{\gamma_{c1}\gamma_{c2}}$，$\rho_c=\rho=2$。证明 $|W_{c0}^{-1}W_{c\infty}(\mathrm{j}f)|$ 的渐近带宽和 $|S_{c0}(if)|$ 的渐近带宽

恰好为 f_c。

2. 闭环稳定性定理

下述定理提供了基于模型控制设计（model-based control design）的稳定性条件，且满足 13.5.2 节中对于跟踪误差的需求。称为基于模型设计，是由于将式（13.110）应用在动态模型［式（13.96）］上，与真实的航天器没有联系。在模型中加入的不确定性仅为因果不确定性（causal uncertainty），表示为 $\boldsymbol{w}(i)$。因果不确定性意味着，由于二阶白噪声 $\boldsymbol{w}(i)$ 被设为零均值，因此最小误差协方差预测值为 0。由于 $\boldsymbol{u}_i$ 必须提前一步进行计算，所以 $\boldsymbol{w}(i)$ 不能通过式（13.108）消去。如果假设任意实现的均值渐近趋近于零，则预测值为 0 可以推广到任意信号。

定理 6

任意范数 $|\tilde{z}_r(i)|$，其中 $\tilde{z}_r(i)$ 满足式（13.110），当且仅当 $\boldsymbol{w}$ 有界且 A_c-B_cK 是渐近稳定时，$|\tilde{z}_r(i)|$ 有界。在随机情况下，零均值收敛和有界协方差需要 $\boldsymbol{w}$ 必须是有界协方差矩阵的零均值二阶白噪声。若矩阵组 $\{A_c,B_c\}$ 是能控的，则存在一个增益矩阵 $\boldsymbol{K}$ 使得闭环频谱（closed-loop spectrum）$\Lambda(A_c-B_cK)$ 是渐近稳定的。

最后，鉴于式（13.108）的干扰抑制都是强制的，当 A_c 不是渐近稳定时，状态反馈是必须的。11.2 节中的无拖曳控制采用了这种策略。在数字化模拟反馈系统中，如 8.5.4 节所述，预测的扰动是综合反馈的输出。

13.5.4 反馈增益设计

讨论式（13.96）中的第 j 个 SISO 子系统，去掉下角标 j。$n_C=n_{SC}$ 表示第 j 个能控状态向量的维数大小。

1. 设计步骤

式（13.105）和式（13.108）中的子系统增益 $\{P,Q,K\}$ 设计由两个并行步骤组成。

① 基于模型设计。$\{P,Q\}$ 可由后述状态方程矩阵直接推导得到。

② 极点配置。大小为 $1\times n_c$ 的行向量 $\boldsymbol{K}$ 可由闭环谱 $\Lambda(A_c-B_c\boldsymbol{K})=\{\lambda_{ck},k=1,2,\cdots,n_c\}$ 推导得到，因此向量 $\boldsymbol{K}$ 是设计向量 $\boldsymbol{p}\in\mathcal{P}$ 中的一个元素。$\Lambda(A_c-B_cK)$ 依次被补谱（complementary spectrum）$\Gamma_c=\{\gamma_{ck}=1-\lambda_{ck}\}$ 代替。给定 Γ_c，$\boldsymbol{K}$ 可通过对比下述等式的左右特征多项式的已知和未知系数进行计算。

$$\prod_{k=1}^{n_c}(\gamma+\gamma_{ck})=\det(\gamma I+I-A_c+B_c\boldsymbol{K}) \tag{13.116}$$

闭环极点值可改写为复数形式 $\lambda_{ck}=\rho_{ck}\exp(j\phi_{ck})$，分配闭环极点使得 $\rho_{ck}<\rho_{c,\max}<1$ 且 $|\phi_{ck}|<\phi_{c,\max}\ll\pi/2$。本书中，已经使用幅角限制 $\phi_{c,\max}=0$：闭环极点是实数且由 $0\leqslant\lambda_{ck}\leqslant\rho_{c,\max}<1$ 约束，除 5.2.2 节外。$\Gamma_c=\{\gamma_{ck}\}$ 的容许集 $\mathcal{P}_j$ 可以通过极点配置公式（pole-placement formula）进行简化：

$$0<\gamma_{ck}=\gamma_{c1}2^{-\beta(k-1)}\leqslant 1,\beta\geqslant 0,0<\gamma_{c1}=2\pi f_{c1}T\leqslant 1,k=1,2,\cdots,n_c \tag{13.117}$$

最后，可以得到 $\boldsymbol{p}=[\gamma_{c1},\beta,\cdots]$ 和 $\mathcal{P}=\{0<\gamma_{c1}\leqslant 1,\beta\geqslant 0,\cdots\}$，其中省略号部分为其他参数，如 13.6 节中状态预测器的谱 $\widetilde{\Gamma}$。在式（13.77）中 $\beta=0$ 提供了相等极点，$\beta>0$ 限制闭环谐波响应的幅值超调（参见文献［3］）。式（13.117）的公式已在本书中有应用。

（1）基于模型设计（Model-based design）。式（13.107）和式（13.109）在下述

Sylvester 型 Davison-Francis 方程[8,10]中：

$$\begin{bmatrix} H+QA_d \\ F_d \end{bmatrix} = \begin{bmatrix} A_c & B_c \\ F_c & 0 \end{bmatrix} \begin{bmatrix} Q \\ P \end{bmatrix} \tag{13.118}$$

当且仅当方程 $\det(F_c \mathrm{adj}(zI-A_c)B_c)$ 的根，即传输零点，不同于 A_d 的特征值时，P 和 Q 有唯一解。由于后续会依靠单位圆进行选取（本书中都是以 $z=(1,0)$ 进行研究的），几乎可以肯定唯一解存在。

（2）极点配置。相对于 $\boldsymbol{p}=[\gamma_{c1},\beta,\cdots]$，在式（13.102）中对第 j 个 SISO 子系统谱密度判据进行了最优化，忽略其下角标 j。此方法同样适用于式（13.103）中的带通方差判据。

2. 极点配置与标准设计

在随机情况下，式（13.100）中的协方差需求可以转化为渐近线性矩阵不等式：

$$\begin{aligned} &\widetilde{P}_z = F_c \widetilde{P}_x F_c^{\mathrm{T}} = \lim_{i\to\infty} \widetilde{P}_z(i) \leqslant \widetilde{P}_{z,\max} \\ &\widetilde{P}_x = (A_c - B_c K)\widetilde{P}_x (A_c - B_c K)^{\mathrm{T}} + G P_w G^{\mathrm{T}}, G = [G_c \quad QG_d] \end{aligned} \tag{13.119}$$

其中，P_w 已在式（13.99）中定义，第二个等式为式（13.75）中的离散李雅普诺夫函数。第二行不等式在式（13.119）中已证明 $\widetilde{P}_x \geqslant GP_wG^{\mathrm{T}}$，此不等式可以通过协方差不等式进行检查。也就是状态反馈只能是有界的，但不是衰减的，所有的噪声都作用于 $\widetilde{\boldsymbol{x}}_r$。噪声协方差对于状态跟踪误差的影响总是大于原始噪声协方差的。

在 LQG 设计[11]中，闭环谱可通过有界的命令协方差补充精度要求［式（13.119）］，然后将有界约束转化为最优化准则得到。在 EMC 方法中，设计目标是相同的，但是减少命令通常不需要显式的优化。目标是使得式（13.108）中的 $|K\widetilde{\boldsymbol{x}}_r(i)|$ 尽可能的小，与它的随机性相关（LQG 相同的目标）。目标通过两个步骤得到：①设计一个平滑的参考轨迹 $\boldsymbol{x}_r(i)$，其起点为当前状态预测值 $\hat{\boldsymbol{x}}_c(i)$，保证 $|\widetilde{\boldsymbol{x}}_r(i)| \leqslant \widetilde{x}_{r,\max}$ 且 $|\boldsymbol{u}_r(i)| \leqslant u_{r,\max}$。问题转化为含约束的最优控制问题。②式（13.112）传递函数 $W_{cj}(z)$ 的渐近频率带宽 f_{cj} 是一个关于 Γ_{cj} 的函数，选取此函数使得 $\hat{\boldsymbol{x}}_c(i)$ 能够接近跟踪 $\boldsymbol{x}_r(i)$。用术语来说，测量跟踪误差（measured tracking error）$\boldsymbol{e}_r(i) = \hat{\boldsymbol{x}}_c(i) - \boldsymbol{x}_r(i) + Q\hat{\boldsymbol{x}}_d(i)$［参见 13.6.3 节式（13.144）和表 13.2］是强制忽略的，并且成为两个模型的输出：嵌入式模型和参考模型。在 13.6.3 节中，将会证明可忽略不计的 $\boldsymbol{e}_r(i)$ 相应的频率不等式（忽略下角标 j）。

$$\widetilde{f}_s < \widetilde{f}_v < f_c < f_{\max} \tag{13.120}$$

每个对应一个 SISO 子系统 $j=1,2,\cdots,n_u$。$\{\widetilde{f}_s, \widetilde{f}_v\}$ 对分别表示状态预测器灵敏度 $\widetilde{S}$ 和补灵敏度 $\widetilde{V}$ 的带宽：它们将在 13.6 节定义。满足式（13.120）的控制设计称为标准设计（standard design）。当被迫采用 $f_c < \widetilde{f}_s$ 时，称为非标准设计（non-standard design）。

式（13.120）中的不等式及下列序贯设计（sequential design）经常在本书中使用。序贯设计可以迭代。

（1）状态预测器设计（State predictor design）。式（13.102）中的性能标准通过第 j 个子系统的状态预测器谱 $\widetilde{\Gamma}$ 进行最优化，或者通过与带宽频率 $\{\widetilde{f}_s, \widetilde{f}_v\}$ 相等进行最优化。通过用预测误差替换跟踪误差（如 13.6 节中），状态反馈频谱 Γ_c 在式（13.102）中被消去。

（2）状态反馈设计（State feedback design）。给定$\widetilde{\Gamma}$、Γ_c，使其满足式（13.120）并且使指令最小化，如12.5.9节。

在8.5.3节中，f_c固定在超过$\tilde{f}_s$一倍频程上，没有任何优化。在12.5.9节中，综合性能和指令准则的最优化提供了一组符合标准设计的$\{\tilde{f}_s, f_c\}$（参见12.5.9节中图12.13，左图和右图）。在7.3.4节、7.3.5节和7.7.3节中，采用非标准设计防止由于缺乏平滑的参考轨迹和大量初始条件而导致的“原始”命令饱和，造成不稳定。在圆判据[17]的帮助下，获得固定闭环谱Γ_c。

练习9

考虑嵌入式模型

$$\begin{bmatrix} x_{c1} \\ x_{c2} \\ x_d \end{bmatrix}(i+1)=\begin{bmatrix} 1 & 1 & 0 \\ 0 & 1 & 1 \\ 0 & 0 & 1 \end{bmatrix}\begin{bmatrix} x_{c1} \\ x_{c2} \\ x_d \end{bmatrix}(i)+\begin{bmatrix} 0 \\ b \\ 0 \end{bmatrix}u(i)+\begin{bmatrix} 0 & 0 \\ 1 & 0 \\ 0 & 1 \end{bmatrix}\boldsymbol{w}(i) \tag{13.121}$$

$$z=x_{c1}(i), \quad \boldsymbol{w}=[w_2, w_d]$$

有满足下式的噪声统计特性

$$\mathscr{E}\{\boldsymbol{w}(i)\}=0, \quad P_w=\mathscr{E}\{\boldsymbol{w}(i)\boldsymbol{w}^{\mathrm{T}}(i+k)\}=\begin{bmatrix} \sigma_2^2 & 0 \\ 0 & \sigma_d^2 \end{bmatrix}\delta_k \tag{13.122}$$

且参考模型为

$$\begin{bmatrix} x_{r1} \\ x_{r2} \end{bmatrix}(i+1)=\begin{bmatrix} 1 & 1 \\ 0 & 1 \end{bmatrix}\begin{bmatrix} x_{r1} \\ x_{r2} \end{bmatrix}(i)+\begin{bmatrix} 0 \\ b \end{bmatrix}u(i), z_r(i)=x_{r1}(i) \tag{13.123}$$

首先，证明在式（13.118）中$Q=0$且$P=1$。给定闭环补谱$\Gamma=\{0<\gamma_1, \gamma_2=\gamma_1\leqslant 1\}$，计算式（13.119）中的$K$和方差$\widetilde{P}_z$。证明$\mathrm{tr}(\widetilde{P}_x)>\sigma_2^2$，在$\gamma_1=\gamma_2\cong 0.8$处有最小迹，并且在$\gamma_1=\gamma_2\cong 1$处有$\min \widetilde{P}_z$。

练习10

当扰动x_d进入执行器动力学下游环节时，就会产生一种简单而常见的独立扰动［对应式（13.124）中的状态x_{c3}和极点$1-\beta$］。下述方程是针对这种情况的。

$$\begin{bmatrix} x_{c1} \\ x_{c2} \\ x_{c3} \\ x_d \end{bmatrix}(i+1)=\begin{bmatrix} 1 & 1 & 0 & 0 \\ 0 & 1 & 1 & 1 \\ 0 & 0 & 1-\beta & 0 \\ 0 & 0 & 0 & 1 \end{bmatrix}\begin{bmatrix} x_{c1} \\ x_{c2} \\ x_{c3} \\ x_d \end{bmatrix}(i)+\begin{bmatrix} 0 \\ 0 \\ b \\ 0 \end{bmatrix}u(i)+\begin{bmatrix} 0 & 0 & 0 \\ 1 & 0 & 0 \\ 0 & 1 & 0 \\ 0 & 0 & 1 \end{bmatrix}\begin{bmatrix} w_2 \\ w_3 \\ w_d \end{bmatrix}(i) \tag{13.124}$$

$$z(i)=x_{c1}(i)$$

已知闭环补谱$\Gamma_c=\{\gamma_1, \gamma_2, \gamma_3\}$，计算式（13.108）中的矩阵$\{K, Q, P\}$。

作为结论，考虑在哪些条件下误差方程式（13.110）为自治的，即$\boldsymbol{w}=0$。最简单的条件是需要4.8节中式（4.159）的干扰动力学是自治的，这表明$\boldsymbol{d}(i)$为一个自由响应向量，如文献[8,10]所示。可能还会好奇$\boldsymbol{w}(i)$是否能从式（13.110）中删除。一个简单的答案是$\boldsymbol{w}(i)$与$\boldsymbol{u}(i)$的同步产生，并且是无法预测的。换言之，只有向量信号$\boldsymbol{w}(i)$与状态变量成比例，如$\boldsymbol{x}_d$，可以删除，但是白噪声过程不能通过状态方程进行描述：在连续域中，不允许导数。相搭配的情况下，可以假设$G_c=B_c$且$Q=0$，可以尝试理想

控制律

$$\boldsymbol{u}(i)=\boldsymbol{u}_{\mathrm{r}}(i)-(K\widetilde{\boldsymbol{x}}_{\mathrm{r}}(i)+P\boldsymbol{x}_d(i)+\boldsymbol{h}(\boldsymbol{x}_c)+\boldsymbol{w}_c(i-1)) \tag{13.125}$$

误差方程变为

$$\widetilde{\boldsymbol{x}}_{\mathrm{r}}(i+1)=(A_c-B_cK)\widetilde{\boldsymbol{x}}_{\mathrm{r}}(i)+B_c(\boldsymbol{w}_c(i)-\boldsymbol{w}_c(i-1)) \tag{13.126}$$

且输入协方差增加。

13.6 状态预测与实际控制律

13.6.1 设计模型，嵌入式模型和性能

离散方程本身提供了状态向量的一步预测，因此更倾向于使用状态预测器（state predictor，简称预测器）而不是状态观测器。状态预测对于 13.5.3 节中的预测一步控制律是必要的。状态预测器由式（13.96）设计并实现，但是由于性能向量 z 必须转换为传感器测量值$\breve{y}$，式（13.96）可写为如下形式。

$$\begin{aligned}
&\boldsymbol{x}_c(i+1)=A_c\boldsymbol{x}_c(i)+B_c(\boldsymbol{u}(i)+\boldsymbol{h}(\boldsymbol{x}_c))+\boldsymbol{d}(i),\boldsymbol{x}_c(0)=\boldsymbol{x}_{c0}\\
&\boldsymbol{x}_d(i+1)=A_d\boldsymbol{x}_d(i)+G_d\boldsymbol{w}_d(i),\quad \boldsymbol{x}_d(0)=\boldsymbol{x}_{d0}\\
&\boldsymbol{d}(i)=H_c\boldsymbol{x}_d(i)+G_c\boldsymbol{w}_c(i)\\
&\breve{\boldsymbol{y}}(i)=\boldsymbol{y}(i)+\widetilde{\boldsymbol{y}}_m(i)=\begin{bmatrix}C_c & C_d\end{bmatrix}\begin{bmatrix}\boldsymbol{x}_c\\ \boldsymbol{x}_d\end{bmatrix}(i)+\widetilde{\boldsymbol{y}}_m(i)
\end{aligned} \tag{13.127}$$

式（13.127）被假设为 n_u 个 SISO 状态方程的合并形式，由 $\boldsymbol{h}(\boldsymbol{x}_c)$相互连接。通常，$\dim y\geqslant\dim \boldsymbol{u}$，但是先假设它们相等。不等的情况之后再进行讨论。将含有状态 $\boldsymbol{x}_d$ 的扰动动力学从状态为 $\boldsymbol{x}_c$ 的可控动力学中分离出来，在嵌入式模型中实现。向量 $\boldsymbol{d}$ 同时是扰动动力学的输出和可控动力学的输入扰动，$\boldsymbol{w}$ 被分解为两个不相关的成分 $\boldsymbol{w}_c$ 和 $\boldsymbol{w}_d$，如式（13.96)和式（13.127）所示，表示的是设计模型（design model)，由于它包含 4 个经典的不确定性源，会影响动态系统：

（1）初始状态向量$\{\boldsymbol{x}_c(0),\boldsymbol{x}_d(0)\}$；

（2）因果不确定性（causal uncertainty)，通过 $\boldsymbol{w}$ 和模型误差$\widetilde{\boldsymbol{y}}_m$ 进行表达；

（3）参数不确定性（parametric uncertainty)，通过 $\boldsymbol{h}(\boldsymbol{x}_c)$的未知项表达，由于 $\boldsymbol{h}(\boldsymbol{x}_c)$包含了一个有限维向量 $\boldsymbol{p}\in\mathcal{P}$ 的参数，其中 $\mathcal{P}$ 是有界不确定集；

（4）未建模动力学∂P（参见 14.2.1 节）引入了模型误差$\widetilde{\boldsymbol{y}}_m$。

这里，假设 $\boldsymbol{h}(\boldsymbol{x}_c)$完全已知且令$\partial P=0$，这意味着$\widetilde{\boldsymbol{y}}_m(i)=\widetilde{\boldsymbol{w}}_m(i)$，其中$\widetilde{\boldsymbol{w}}_m$ 是 8.2.2 节式（8.7）中的随机误差$\widetilde{Dw}$。式（8.7）中的全部随机误差$\widetilde{\boldsymbol{d}}$的状态成分包含在 $C\boldsymbol{x}_d$ 和 $H_c\boldsymbol{x}_d$ 中。在随机过程框架中，$\widetilde{\boldsymbol{w}}_m$ 为零均值二阶白噪声，如 $\boldsymbol{w}$。假设$\widetilde{\boldsymbol{w}}_m$ 和 $\boldsymbol{w}$ 是不相关的。测量误差动力学已在 6.6 节、7.3.4 节（陀螺仪偏差和漂移）和 11.2 节（加速度计偏差和漂移）中提及。

一般情况下，式（13.127）中的所有矩阵都受参数不确定性的影响。设计者的能力是通过将不确定的参数限制在 $\boldsymbol{h}(\boldsymbol{x}_c)$中来消除任何无用的参数。在 7.3.4 节中图 7.2、7.3.5 节中图 7.4 和 7.7.4 节中图 7.18 中，参数为惯量张量 $\boldsymbol{J}_{\mathrm{nom}}$（受一个小的不确定性

影响），量化因子$\{\rho_u,\rho_w,\rho_m\}$（已知），时间单位 T（已知），旋转分布矩阵 W（受一个小的不确定性影响）和 $\boldsymbol{h}_{nom}$。后者可以设置为零，如 7.7.4 节中图 7.18 所示，从而集中所有的参数不确定性在 $\boldsymbol{h}(\boldsymbol{x}_c)$ 中。类似的方法在第 11 章和第 12 章中指导了控制设计。

嵌入式模型（embedded model）是设计模型的实现，其中除 $\boldsymbol{w}$ 外的所有不确定源都被去掉，$\boldsymbol{w}$ 成为整个不确定类别的关键信号。测量模型误差如表 13.2 所示，定义为 $\boldsymbol{e}_m=\breve{\boldsymbol{y}}-\hat{\boldsymbol{y}}$。性能变量为如下的*预测误差*（prediction errors）：

$$\tilde{\boldsymbol{y}}=\boldsymbol{y}-\hat{\boldsymbol{y}},\tilde{\boldsymbol{x}}_c=\boldsymbol{x}_c-\hat{\boldsymbol{x}}_c,\tilde{\boldsymbol{x}}_d=\boldsymbol{x}_d-\hat{\boldsymbol{x}}_d \tag{13.128}$$

状态预测器的主要目标是使上述误差的范数或谱密度有界，因为它们会影响式（13.147）中跟踪误差的动力学特性，在存在预测误差的情况下，可代替式（13.110）。

13.6.2 状态预测器：输出-噪声反馈

有界预测误差的 EMC 策略是将输入/过程噪声 $\boldsymbol{w}(i)$ 与被测模型误差（measured model error）$\boldsymbol{e}_m(i)$进行关联，在卡尔曼滤波框架（13.7.4 节和 13.7.5 节）中，$\boldsymbol{e}_m(i)$起着测量*新息*（innovation）的作用。与卡尔曼滤波不同，这种相关性可能是动态的。通过假设$\boldsymbol{h}(\boldsymbol{x}_c)$被式（13.108）中的控制律抵消，嵌入模型成为 LTI，可以采用 LTI 的相关性。相关性由*噪声/不确定性估计器*（noise/uncertainty estimator）实现，作为输出到输入的反馈，必须设计成稳定的状态预测器，包含了嵌入的模型和噪声估计器。作为输出反馈的噪声估计器，为了保证闭环的稳定性，必须找到动态反馈的最小阶 n_e。这个问题已经在文献［4］中解决了。在这里，在书中仅采用输出反馈。

噪声估计器实现的一般 LTI 动态反馈有以下状态和输出方程。

$$\begin{aligned}&\boldsymbol{\eta}(i+1)=A_e\boldsymbol{\eta}(i)+L_e\boldsymbol{e}_m(i),\boldsymbol{\eta}(0)=\boldsymbol{\eta}_0\\&\widehat{\boldsymbol{w}}(i)=\boldsymbol{L}\boldsymbol{e}_m(i)+\boldsymbol{N}\boldsymbol{\eta}(i)\end{aligned} \tag{13.129}$$

其中 $\dim x_e=n_e$，且式中向量和矩阵如下。

$$\widehat{\boldsymbol{w}}=\begin{bmatrix}\widehat{\boldsymbol{w}}_c\\\widehat{\boldsymbol{w}}_d\end{bmatrix},\quad \boldsymbol{L}=\begin{bmatrix}L_c\\L_d\end{bmatrix},\quad \boldsymbol{N}=\begin{bmatrix}N_c\\N_d\end{bmatrix} \tag{13.130}$$

不同于前面的章节，我们区分式（13.127）中设计模型的输入/过程噪声 $\boldsymbol{w}=[\boldsymbol{w}_c,\boldsymbol{w}_d]$和估计值$\widehat{\boldsymbol{w}}=[\widehat{\boldsymbol{w}}_c,\widehat{\boldsymbol{w}}_d]$，后者为式（13.129）中噪声估计器的输出。式（13.127）的设计模型结合式（13.129）的动态反馈，得到状态预测方程。

$$\begin{aligned}&\hat{\boldsymbol{x}}(i+1)=\widetilde{F}\hat{\boldsymbol{x}}(i)+\widetilde{G}\breve{\boldsymbol{y}}(i)+\widetilde{B}(\boldsymbol{u}(i)+\boldsymbol{h}(\boldsymbol{x}_c)),\hat{\boldsymbol{x}}(0)=\hat{\boldsymbol{x}}_0\\&\hat{\boldsymbol{y}}(i)=\widetilde{C}\hat{\boldsymbol{x}}(i)\end{aligned} \tag{13.131}$$

其中，$\widetilde{F}=\widetilde{A}-\widetilde{G}\widetilde{C}$为需要被稳定的闭环状态矩阵，向量和矩阵如下式。

$$\hat{\boldsymbol{x}}=\begin{bmatrix}\hat{\boldsymbol{x}}_c\\\hat{\boldsymbol{x}}_d\\\boldsymbol{\eta}\end{bmatrix},\quad \widetilde{\boldsymbol{A}}=\begin{bmatrix}A_c&H_c&G_cN_c\\0&A_d&G_dN_d\\0&0&A_e\end{bmatrix},\quad \widetilde{\boldsymbol{G}}=\begin{bmatrix}G_cL_c\\G_dL_d\\L_e\end{bmatrix},\quad \widetilde{\boldsymbol{B}}=\begin{bmatrix}B_c\\0\\0\end{bmatrix},\quad \widetilde{\boldsymbol{C}}=[C_c\quad C_d\quad 0] \tag{13.132}$$

式（13.131）预测误差方程分两步建立：

（1）写出预测误差$\tilde{\boldsymbol{x}}_c$ 的方程，式（13.128）定义的输出误差$\tilde{\boldsymbol{y}}$和预测扰动$\hat{\boldsymbol{x}}_d$ 的方

程，通过从式（13.127）中减去式（13.131），可以得到下列状态和输出方程。

$$\tilde{\boldsymbol{x}}_c(i+1)=(A_c-G_cL_cC_c)\tilde{\boldsymbol{x}}_c(i)-(H_c-G_cL_cC_d)\hat{\boldsymbol{x}}_d(i)-G_cN_c\boldsymbol{\eta}(i)-G_cL_c(\tilde{\boldsymbol{y}}_m(i)+C_d\boldsymbol{x}_d(i))+\boldsymbol{d}(i)$$
$$-\hat{\boldsymbol{x}}_d(i+1)=-G_dL_dC_d\tilde{\boldsymbol{x}}_c(i)-(A_d-G_dL_dC_d)\hat{\boldsymbol{x}}_d(i)-G_dN_d\boldsymbol{\eta}(i)-G_dL_d(\tilde{\boldsymbol{y}}_m(i)+C_d\boldsymbol{x}_d(i))$$
$$-\boldsymbol{\eta}(i+1)=-L_eC_c\tilde{\boldsymbol{x}}_c(i)-A_e\boldsymbol{\eta}(i)-L_eC_d\tilde{\boldsymbol{x}}_d(i)-L_e(\tilde{\boldsymbol{y}}_m(i)+C_d\boldsymbol{x}_d(i))$$
$$\tilde{\boldsymbol{y}}(i)=C_c\tilde{\boldsymbol{x}}_c(i)-C_d\hat{\boldsymbol{x}}_d(i)+C_d\boldsymbol{x}_d(i). \tag{13.133}$$

由此产生的 3 个状态方程由 3 种不同输入信号驱动：$\boldsymbol{d}$、$\tilde{\boldsymbol{y}}_m$ 和 $\boldsymbol{x}_d$。

（2）通过定义输出扰动 $\boldsymbol{d}_y$，输入信号减少为 $\{\boldsymbol{d}_y,\tilde{\boldsymbol{y}}_m\}$：

$$\begin{aligned}&\boldsymbol{x}_y(i+1)=A_c\boldsymbol{x}_y(i)+\boldsymbol{d}(i),\boldsymbol{x}_y(0)=\boldsymbol{x}_{y0}\\&\boldsymbol{d}_y(i)=C_d\boldsymbol{x}_d(i)+C_c\boldsymbol{x}_y(i)\end{aligned} \tag{13.134}$$

且无干扰的误差为

$$\hat{\boldsymbol{e}}_c=\tilde{\boldsymbol{x}}_c-\boldsymbol{x}_y \tag{13.135}$$

在式（13.134）中，$\boldsymbol{d}_y$ 起到了输入信号 $\boldsymbol{d}$ 的作用，其已经转移到输出并添加至 $C_d\boldsymbol{x}_d$ 中。这是经典的闭环框图中的一种常见操作。这部分留给读者自行证明，通过将式（13.134）和式（13.135）代入式（13.133）中，并且定义状态向量 $\tilde{\boldsymbol{x}}=[\hat{\boldsymbol{e}}_c,-\hat{\boldsymbol{x}}_d,-\boldsymbol{\eta}]$，可以得到如下的误差方程。

$$\begin{aligned}&\tilde{\boldsymbol{x}}(i+1)=\tilde{F}\tilde{\boldsymbol{x}}(i)-\tilde{G}(\boldsymbol{d}_y(i)+\tilde{\boldsymbol{y}}_m(i)),\tilde{\boldsymbol{x}}(0)=\tilde{\boldsymbol{x}}_0,\tilde{F}=\tilde{A}-\tilde{G}\tilde{C}\\&\tilde{\boldsymbol{y}}(i)=\tilde{C}\tilde{\boldsymbol{x}}(i)+\boldsymbol{d}_y(i)\end{aligned} \tag{13.136}$$

式（13.136）的输入输出 z 变换，称为状态预测器设计方程（design equation of the state predictor），即

$$\tilde{\boldsymbol{y}}(z)=-\tilde{V}(z)\tilde{\boldsymbol{y}}_m(z)+\tilde{S}(z)\boldsymbol{d}_y(z) \tag{13.137}$$

此方程是由补灵敏度 $\tilde{V}(z)=\tilde{C}(zI-\tilde{F})^{-1}\tilde{G}$ 和灵敏度 $\tilde{S}(z)=I-\tilde{V}(z)$ 得到的。由于之前的解耦假设，$\{\tilde{S},\tilde{V}\}$ 由对角矩阵组成。

由于 $\boldsymbol{d}_y$ 是无界的，式（13.136）的 BIBO 稳定性证明是巧妙的，式（13.134）的 A_c 可能是不稳定的。此外，由于式（13.127）第二行的矩阵 $\boldsymbol{A}_d$ 不稳定，$\boldsymbol{d}$ 是无界的。关键的传递矩阵是灵敏度 $\tilde{S}$，因为它过滤输出干扰 $\boldsymbol{d}_y$，滤波作用是稳定的，A_c 和 A_d 的极点与 $\tilde{S}$ 的零点进行抵消，引理证明过程如下所示。

引理 1：灵敏度 $\tilde{S}(z)=I-\tilde{V}(z)$ 的传输零点是 $\tilde{A}$ 的极点。

证明

灵敏度的传输零点（参见 13.2.2 节）是下式的根

$$\det\begin{bmatrix}zI-\tilde{A}+\tilde{G}\tilde{C} & \tilde{G}\\ \tilde{C} & I\end{bmatrix}=\det(zI-\tilde{A}) \tag{13.138}$$

此时可以证明闭环稳定性定理。

定理 7：如果 $\tilde{F}=\tilde{A}-\tilde{G}\tilde{C}$ 是渐近稳定的，式（13.136）中的预测误差 $\tilde{\boldsymbol{y}}$ 有界，式（13.108）中的控制律恰好消除了 $\boldsymbol{h}(\boldsymbol{x}_c)$，输入/过程噪声 $\boldsymbol{w}$ 和模型误差 $\tilde{\boldsymbol{y}}_m$ 有界且预测误差 $\tilde{\boldsymbol{y}}$ 独立。

证明

通过观察式（13.136）的状态矩阵 $\tilde{\boldsymbol{F}}=\tilde{A}-\tilde{G}\tilde{C}$ 为渐近稳定，但方程由式（13.134）的无界输出 $\boldsymbol{d}_y$ 驱动。最后一个方程与式（13.127）中的扰动动力学是串联的。这两

个方程的状态向量与 $\boldsymbol{x}_c$ 无关，因此误差也与 $\boldsymbol{x}_c$ 无关。而且，引理 1 已经证明两组方程的极点通过式（13.137）中的灵敏度$\widetilde{S}$可以完全消除。此外，没有加入误差方程的 $\boldsymbol{h}(\boldsymbol{x}_c)$通过式（13.108）中的控制律消去。

该定理是基础性的，因为它证明了状态预测器在式（13.131）中可以跟踪含有有界误差的无界信号。为了更好地阐明这一点，注意到，在空间应用中，如本书所概述的，不存在无界扰动信号（主要是线加速度和角加速度）（参见第 4 章），但真正的扰动可能漂移得慢（在 4.2.2 节和 5.3.2 节中，考虑对于轨道周期所需的时间常数），对于所需时间常数，可以保持无界（11.2.6 节和 12.5.7 节中的无拖曳控制只需几秒钟）。

极点配置

在式（13.120）定义的标准设计下，式（13.129）中的状态预测器反馈增益 $\{L,N,A_e,L_e\}$，可以通过类似于 13.5.4 节中的极点配置计算出来。限制在式（13.127）的单个 SISO 子系统上，并且去掉下标 j 以防混淆。

（1）一般子系统的状态矩阵$\widetilde{\boldsymbol{F}}=\widetilde{A}-\widetilde{G}\,\widetilde{C}$的闭环补谱记作$\widetilde{\Gamma}=\{\widetilde{\gamma}_k,k=1,2,\cdots,n\}$，式（13.117）中的极点配置公式可改写为

$$0<\widetilde{\gamma}_k=\widetilde{\gamma}_1 2^{-\widetilde{\alpha}(k-1)}\leqslant 1,\quad \widetilde{\alpha}\geqslant 0,\widetilde{\gamma}_1=2\pi f_1 T\leqslant 1,k=1,2,\cdots,n \tag{13.139}$$

且设计向量为 $\boldsymbol{p}=[\widetilde{\gamma}_1,\widetilde{\alpha},\cdots]$。

（2）将多元设计方程（13.137）转化为性能不等式，假设$\widetilde{\boldsymbol{y}}_m$ 和 $\boldsymbol{d}_y$ 为不相关的二阶平稳过程，其表达式为

$$\widetilde{S}_y^2(f)=|\widetilde{V}(\mathrm{j}f,\widetilde{\Gamma})|^2\widetilde{S}_m^2(f)+|\widetilde{S}(\mathrm{j}f,\widetilde{\Gamma})|^2\widetilde{S}_d^2(f)\leqslant\widetilde{S}_{y,\max}^2(f)\leqslant\widetilde{S}_{z,\max}^2(f) \tag{13.140}$$

其中，PSD 矩阵中的$\{\widetilde{S}_y^2,\widetilde{S}_m^2,\widetilde{S}_d^2\}$对应的是$\{\widetilde{\boldsymbol{y}},\widetilde{\boldsymbol{y}}_m,\boldsymbol{d}_y\}$，且每个矩阵都是对角阵。对角元素由下标$\widetilde{S}_{yj}^2$表示。假设，不同于前文所提到的，比起性能变量有更多的输出变量，即 $\dim \boldsymbol{z}=\dim \boldsymbol{u}\leqslant\dim \boldsymbol{y}$，输出向量可以改写为 $\boldsymbol{y}=[\boldsymbol{y}_0=\boldsymbol{z},\boldsymbol{y}_1]$，且谱不等式为$\widetilde{S}_{y0,\max}^2(f)\leqslant\widetilde{S}_{z,\max}^2(f)$。还假设预测误差与$\widetilde{\boldsymbol{y}}_0(z)=M_1(z)\widetilde{\boldsymbol{y}}_1(z)$相关，$M_1(z)$是严格因果关系的。因此，第二个输出分量的预测误差$\widetilde{\boldsymbol{y}}_1$ 必须满足不等式$\widetilde{S}_{y1,\max}(f)\leqslant|M_1^{-1}(\mathrm{j}f)|\widetilde{S}_{y0,\max}(f)$。类似的不等式可以与输出变量 $\boldsymbol{y}_k$ 的任何子集相关联。

（3）考虑第 j 个 SISO 子系统。通过求解与式（13.102）相似的问题得到极点配置，即

$$\boldsymbol{p}_j^*=\mathrm{argmin}_{p_j\in\mathcal{P}_j}\|W_{yj}(f)\|_\infty=\mathrm{argmin}_{\boldsymbol{p}_j\in\mathcal{P}_j}\|\widetilde{S}_{yj,\max}^{-1}(f)\widetilde{S}_{yj}(f;\boldsymbol{p}_j)\|_\infty\leqslant 1 \tag{13.141}$$

13.6.3 实控制律和因果校正

本节将式（13.108）中的理想控制律与式（13.131）中的状态预测器相结合。因此，得到了一个与式（13.137）相似的新的设计方程，适用于由状态预测器和控制律组成的整个控制系统。新方程与式（13.137）的关系揭示了所谓的因果关系校正，证明了式（13.120）所定义的标准设计的概念和实践是合理的。

1. 实控制律

式（13.108）中的理想控制律现在被应用在式（13.131）中状态预测的基础上。命令向量 $\boldsymbol{u}(i)$被综合设计为

$$\boldsymbol{u}(i)=\boldsymbol{u}_{\mathrm{r}}(i)-(K\boldsymbol{e}_{\mathrm{r}}(i)+P\,\hat{\boldsymbol{x}}_d(i)+\boldsymbol{h}(\boldsymbol{x}_c)) \tag{13.142}$$

其中测量跟踪误差（measured tracking error）（见表 13.2）表示为

$$e_r(i)=\hat{x}_c(i)-x_r(i)+Q\hat{x}_d(i) \tag{13.143}$$

并且代替式（13.105）。非线性项 $h(x_c)$ 仍然是真可控状态的理想函数。它将在 14.3 节中实现，式（13.142）被称为实控制律（real control law）。

下一个目标是将式（13.110）中的跟踪误差方程改写为式（13.143）中定义的被测跟踪误差 e_r。为了简化推导，假设式（13.96）中的性能变量 z 与式（13.127）中的输出 y 一致，即 $y=z$。同样的公式也适用于参考向量 $y_r=z_r$，以及跟踪误差 $\tilde{y}_r=\tilde{z}_r$。下一个引理是预备引理。

引理 2

误差 e_r 满足下列状态方程：

$$e_r(i+1)=(A_c-B_cK)e_r(i)+G\widehat{w}(i),\quad e_r(0)=e_{r0} \tag{13.144}$$

其中，$G=[G_c \quad QG_d]$ 是与式（13.110）中相同的矩阵，且 $G\widehat{w}$ 包括式（13.129）中的估计输入/过程噪声。估计噪声可以改写为

$$G\widehat{w}(i)=M_w\tilde{x}(i)+L_w(\tilde{y}_m+d_y) \tag{13.145}$$

其中，$\tilde{x}=[\hat{e}_c,-\hat{x}_d,-\eta]$ 是式（13.136）中预测误差方程的所有状态，且 3 个矩阵 $\{M_w,L_w,N_w\}$ 满足下式。

$$M_w=[L_wC_c \quad L_wC_d \quad -N_w],\quad L_w=G_cL_c+QG_dL_d=GL,\quad N_w=G_cN_c+QG_dN_d=GN \tag{13.146}$$

证明

留给读者去证明。作为提示，误差式（13.144）需要式（13.131）、式（13.133）和式（13.109）的帮助，其中式（13.109）消除了与 $\hat{x}_d$ 成比例的项。式（13.129）的相关项汇总为 $G\hat{w}(i)=Le_m(i)+N\eta(i)$。在推导式（13.144）过程中，将式（13.133）的第一行和第二行结合，得到了式（13.145）中 $G\hat{w}(i)$ 的可选分解。

结合式（13.144）、式（13.136）和式（13.110）的输出方程，可以得到输出跟踪误差 $\tilde{y}_r$ 的完整方程，其中符号 z 被 y 代替，有如下等式。

$$\begin{gathered}\begin{bmatrix}\tilde{x}\\ e_r\end{bmatrix}(i+1)=\begin{bmatrix}\tilde{A}-\tilde{G}\tilde{C} & 0\\ M_w & A_c-B_cK\end{bmatrix}\begin{bmatrix}\tilde{x}\\ e_r\end{bmatrix}(i)-\begin{bmatrix}\tilde{G}\\ -L_w\end{bmatrix}(d_y+\tilde{y}_m)(i)\\ \tilde{y}_r(i)=[\tilde{C} \quad C_c]\begin{bmatrix}\tilde{x}\\ e_r\end{bmatrix}(i)+d_y(i)\end{gathered} \tag{13.147}$$

与式（13.137）类比，闭环设计方程

$$\tilde{y}_r(z)=-V(z)\tilde{y}_m(z)+S(z)d_y(z) \tag{13.148}$$

其中，$\{S,V\}$ 表示整体灵敏度和补灵敏度。

2. 因果校正

正如预期的那样，将因果校正（causality correction）S_w 定义为解释 $\{\tilde{S},\tilde{V}\}$ 和 $\{S,V\}$ 之间差异的传递函数，并为整体控制设计提供参考。因果关系的校正由下列引理揭示。

引理 3

$\{S,V\}$ 可被分解为如下形式：

$$S(z)=\tilde{S}(z)+S_w(z),V(z)=\tilde{V}(z)-S_w(z) \tag{13.149}$$

其中，S_w 称为因果校正，可因式分解为

$$S_w(z)=W_c(z)H_w(z)\widetilde{S}(z) \tag{13.150}$$

假设 $C_c=F_c$，则第一个因子 W_c 为式（13.111）中的传递矩阵；第二个因子 H_w 是式（13.129）中噪声估计器的全通传递矩阵；第三个因子是状态预测灵敏度$\widetilde{S}$。前两个因子由如下等式给出：

$$W_c(z)=C_c\ (zI-A_c+B_cK)^{-1}G=W_{c0}V_c(z)\ ,H_w(z)=L+N\ (zI-A_e)^{-1}L_e \tag{13.151}$$

其中，由于 $V_c(z=1)=I$，V_c 是低通滤波器。H_w 为全通且第 j 个对角元素 H_{wj}形式如下：

$$\begin{aligned}&H_{wj0}=L_j+N_j\ (I-A_{ej})^{-1}L_{ej}=(2\pi\tilde{f}_{sj}T)^{\rho_{cj}}\overline{H}_{wj0}\\&H_{wj\infty}=\lim_{z\to\infty}H_{wj}(z)=L_j,\ |H_{wj0}|\geqslant|H_{wj\infty}|>0\end{aligned} \tag{13.152}$$

类似式（13.112）对 H_{wj0}进行因式分解，指数 ρ_{cj}为 W_{cj}的相对阶次。最后，由于高通预测灵敏度$\widetilde{S}$，因果校正 S_w 是 Hurwitz 稳定和带通的。

证明

证明留给读者，并需要矩阵的逆引理。

在式（13.137）、式（13.148）和式（13.149）的帮助下，发现式（13.150）中的 S_w 为输出总扰动 $\boldsymbol{d}_y+\widetilde{\boldsymbol{y}}_m$ 到输出测量跟踪误差（output measured tracking error）$\boldsymbol{\eta}_r$ 的传递函数（见表 13.2），定义为

$$\boldsymbol{\eta}_r=\hat{\boldsymbol{y}}-\boldsymbol{y}_r=\widetilde{\boldsymbol{y}}_r-\widetilde{\boldsymbol{y}}=\boldsymbol{C}_c(\hat{\boldsymbol{x}}_c+\boldsymbol{Q}\hat{\boldsymbol{x}}_d-\boldsymbol{x}_r)+(\boldsymbol{C}_d-\boldsymbol{C}_c\boldsymbol{Q})\hat{\boldsymbol{x}}_d=\boldsymbol{C}_c\boldsymbol{e}_r \tag{13.153}$$

如果假设 $\boldsymbol{C}_c=\boldsymbol{F}_c$ 且 $\boldsymbol{C}_d=\boldsymbol{F}_d$，由于式（13.118），矩阵 $\boldsymbol{C}_d-\boldsymbol{C}_c\boldsymbol{Q}$ 为零。实际上，得到了如下的 Z 变换方程

$$\boldsymbol{\eta}_r=\widetilde{\boldsymbol{y}}_r-\widetilde{\boldsymbol{y}}=(\widetilde{\boldsymbol{V}}(z)-\boldsymbol{V}(z))\widetilde{\boldsymbol{y}}_m(z)-(\widetilde{\boldsymbol{S}}(z)-\boldsymbol{S}(z))\boldsymbol{d}_y(z)=\boldsymbol{S}_w(z)(\widetilde{\boldsymbol{y}}_m(z)+\boldsymbol{d}_y(z)) \tag{13.154}$$

总结式（13.154）可以得到如下结论：

结论 1：若 $\boldsymbol{S}_w(z)=0$，则测量跟踪误差 $\boldsymbol{\eta}_r=\boldsymbol{C}_c\boldsymbol{e}_r$，且 $\boldsymbol{e}_r$ 渐近收敛于零，即$\lim\limits_{i\to\infty}\boldsymbol{\eta}_r(i)=\widetilde{\boldsymbol{y}}_r(i)-\widetilde{\boldsymbol{y}}(i)=0$ 且$\lim\limits_{i\to\infty}\boldsymbol{e}_r(i)=0$。

证明：证据来自于式（13.136）、式（13.147）以及式（13.150）的渐近稳定。由式（13.154）可得，实际上，$\boldsymbol{S}_w(z)=0$ 消除了式（13.144）的受迫响应。

下一个引理证明了 $\boldsymbol{S}_w(z)$不能被归零，因此测量跟踪误差不能收敛到零。

引理 4

只有在式（13.144）中 $\boldsymbol{G}\hat{\boldsymbol{w}}(i)$的 Z 变换 $\boldsymbol{G}\hat{\boldsymbol{w}}(z)$等于零而不管受迫信号的 Z 变换$\widetilde{y}_m(z)+\boldsymbol{d}_y(z)$为何值时，才能使式（13.150）中的因果校正 $\boldsymbol{S}_w(z)=\boldsymbol{F}_c\ (z\boldsymbol{I}-\boldsymbol{A}_c+\boldsymbol{B}_c\boldsymbol{K})^{-1}\boldsymbol{G}\boldsymbol{H}_w(z)\widetilde{\boldsymbol{S}}(z)$为零。反过来，这就需要使式（13.129）中的稳定增益 $\boldsymbol{GL}$ 和 $\boldsymbol{GN}$ 为零。此外，$\boldsymbol{G}\hat{\boldsymbol{w}}(i)$不能被实控制律［式（13.142）］消去，因为它是不能被预料的一个步骤。

证明

不难发现，$\boldsymbol{G}\hat{\boldsymbol{w}}(z)=\boldsymbol{G}\boldsymbol{H}_w(z)\widetilde{\boldsymbol{S}}(z)(\widetilde{\boldsymbol{y}}_m(z)+\boldsymbol{d}_y(z))$，因此，只有当 $\boldsymbol{G}\hat{\boldsymbol{w}}(z)=0$ 时，$\boldsymbol{S}_w(z)$才能被归零，因为 $\boldsymbol{S}_w(z)$ 的因子 $\boldsymbol{F}_c\ (z\boldsymbol{I}-\boldsymbol{A}_c+\boldsymbol{B}_c\boldsymbol{K})^{-1}$不能被归零。反过来，$\boldsymbol{G}\hat{\boldsymbol{w}}(z)=0$，不管圆括号中的输入信号，当且仅当$\widetilde{\boldsymbol{S}}(z)=0$（这种是不可行的），或者 $\boldsymbol{G}\boldsymbol{H}_w(z)=\boldsymbol{GL}+\boldsymbol{GN}\ (z\boldsymbol{I}-\boldsymbol{A}_e)^{-1}\boldsymbol{L}_e$，此时只能要求 $\boldsymbol{GL}$ 和 $\boldsymbol{GN}$ 为0，同样也是不可行的。最后，由于$\widehat{\boldsymbol{w}}$不是如式（13.129）所证明的状态变量，所以不能预料。

3. S_w 衰减：带宽比设计

引理 4 阻碍了 S_w 归零：这种限制为因果约束。唯一的选择是设计成对的 $\{\widetilde{S},\widetilde{V}\}$ 和 $\{S,V\}$，使得 $\|S_w(jf)\|_\infty \leqslant \eta_w < 1$。当然，如果 $\eta_w \ll 1$，可以写出近似的范数等式 $\|S\|_\infty \cong \|\widetilde{S}\|_\infty$ 和 $\|V\|_\infty \cong \|\widetilde{V}\|_\infty$。在这些近似等式下，式（13.154）确保测量跟踪误差足够小。下一个引理在这个方向上产生一个充分条件。为此，利用式（13.151）和式（13.152）中 S_w 对角元素 S_{wj} 进行因式分解，有如下结果。

$$
\begin{aligned}
&S_{wj}(z)=S_{wj0}\overline{S}_{wj}(z)\\
&S_{wj0}=W_{cj0}H_{wj0}=C_{cj}(I-A_{cj}+B_{cj}K_j)^{-1}G_j(L_j+N_j(I-A_{ej})^{-1}L_{ej})\\
&\overline{S}_{wj}(z)=V_{cj}(z)\overline{H}_{wj}(z)\widetilde{S}_j(z)=V_{cj}(z)H_{wj0}^{-1}H_{wj}(z)\widetilde{S}_j(z)
\end{aligned}
\tag{13.155}
$$

且将式（13.112）和式（13.152）相加，将 $S_{wj0}=W_{cj0}H_{wj0}$ 因式分解为

$$
S_{wj0}=W_{cj0}H_{wj0}=(\widetilde{\phi}_j)^{\rho_{cj}}\overline{W}_{cj0}\overline{H}_{wj0},\widetilde{\phi}_j=\widetilde{f}_{sj}/f_{cj} \tag{13.156}
$$

其中 $\widetilde{\phi}_j$ 为状态预测器和控制律的带宽频率之比。

引理 5

$\|S_{wj}(jf)\|_\infty \leqslant \eta_w<1$ 的充分条件为

$$
\widetilde{\phi}_j^{\rho_{cj}}=\left(\frac{\widetilde{f}_{sj}}{f_{cj}}\right)^{\rho_{cj}} \leqslant \eta_w \left|\overline{W}_{cj0}\overline{H}_{wj0}\right|^{-1}\|V_{cj}(z)\overline{H}_{wj}(z)\widetilde{S}_j(z)\|_\infty^{-1} \tag{13.157}
$$

其中，从 13.5.3 节中可知 $\rho_{cj}\geqslant 1$。

证明

证明可以从式（13.155）和式（13.156）得到。

由于在式（13.151）中 V_{cj} 是低通传递函数且灵敏度 $\widetilde{S}_j$ 是高通的，此外，从式（13.152）得知 $H_{wj0}\geqslant H_{wj\infty}$，可以推测 $\|V_{cj}\overline{H}_{wj}\widetilde{S}_j\|_\infty \cong 1$。来自超调量的约束可能影响每个因子的幅值。式（13.117）和式（13.139）调节闭环传递函数超调的大小。因此，可以假设 $\|V_{cj}\overline{H}_{wj}\widetilde{S}_j\|_\infty \leqslant 1+\eta_s, 0\leqslant\eta_s<1$。可以认为 $|\overline{W}_{cj0}\overline{H}_{wj0}|^{-1}$ 项小于 1，因为状态预测器谱 $\widetilde{\Gamma}_j$ 的阶数大小 n_s 比控制律谱 Γ_{cj} 的阶数大小 n_{sc} 更大，并且 $\overline{H}_{wj0}$ 项依赖于比 $\overline{W}_{cj0}^{-1}$ 项更长的补特征值。练习 11 的情况与这个假设一致，无论怎样，可以在极点配置时进行检查。显然，由于 $f_{cj}<f_{\max}$，η_w 和 $\|S_{wj}(jf)\|_\infty$ 具有更小的下界。下界可以通过增加 $f_{\max}$ 或减少时间单位 T 来减小。

在实践中，按照 13.5.4 节的序贯设计，并给定状态预测器带宽频率 $\widetilde{f}_{sj}, f_{cj}<f_{\max}$，以满足 $\|S_w(jf)\|_\infty \leqslant \eta_w<1$ 并使某些指令最小。如果得到的带宽频率比 $\widetilde{\phi}_j<1$，则设计符合标准设计不等式（standard design inequality）［式（13.120）］。如果指令最小化要求 $f_{cj}<\widetilde{f}_{sj}$，则得到非标准设计（non-standard design），使得式（13.148）中 $S_j(z)$ 的带宽频率 f_{sj} 比 $\widetilde{f}_{sj}$ 窄，使得干扰抑制能力下降。

注意到，非标准设计降低了已知和未知的干扰抑制能力。该方法利用较窄的 $\widetilde{f}_{sj}$ 来降低未知干扰抑制，而利用较窄的 f_{cj} 来消除 $h_{\text{nom}}(\cdot)$ 这一已知干扰的抑制，手段是提高跟踪误差范数。由于这些原因，标准设计在正常操作下是强制性的，将非标准设计用于调节参考状态从较大跟踪误差的瞬态响应中恢复，以及用于备份模式。

4. 组合极点配置

如 12.5.9 节所述，将性能和指令约束结合在一起的极点配置要求设计方程（design

equation）式（13.148）伴随着能够测量指令强度及跟踪误差的设计方程。在12.5.9节中，采用了角加速度误差。用$\widetilde{\boldsymbol{u}}_{\mathrm{r}}$表示这个误差，有如下设计方程。

$$\widetilde{\boldsymbol{u}}_{\mathrm{r}}(z)=\boldsymbol{M}_u^{-1}(z)(-\boldsymbol{V}(z)\widetilde{\boldsymbol{y}}_m(z)+\boldsymbol{S}(z)\boldsymbol{d}_y(z)) \tag{13.158}$$

其中，$\widetilde{\boldsymbol{y}}_{\mathrm{r}}(z)=\boldsymbol{M}_u(z)\widetilde{\boldsymbol{u}}_{\mathrm{r}}(z)$。第$j$个子系统的设计不等式（下角标$j$之后将被去掉）为

$$\begin{aligned}W_y(f;\boldsymbol{p})&=\widetilde{S}_y(f,\Gamma)/\widetilde{S}_{y,\max}(f)\leqslant 1\\W_u(f;\boldsymbol{p})&=\widetilde{S}_u(f,\Gamma)/\widetilde{S}_{u,\max}(f)\leqslant 1\end{aligned} \tag{13.159}$$

其中，$\boldsymbol{p}=[\widetilde{\gamma}_1,\widetilde{\alpha},\gamma_{c1},\beta]$汇总了状态预测器和状态反馈的极点配置参数。单变量误差谱密度$\widetilde{S}_y$（跟踪误差的）和$\widetilde{S}_u$（指令强度的）必须满足以下不等式。

$$\begin{aligned}&\widetilde{S}_y^2(f,\Gamma)=\|V(jf,\Gamma)\|_\infty^2\widetilde{S}_m^2(f)+\|S(jf,\Gamma)\|_\infty^2S_d^2(f)\leqslant\widetilde{S}_{y,\max}^2(f)\\&\widetilde{S}_u^2(f,\Gamma)=(\|M_u^{-1}(jf)V(jf,\Gamma)\|_\infty^2\widetilde{S}_m^2(f)+\|M_u^{-1}(jf)S(jf,\Gamma)\|_\infty^2S_d^2(f))\leqslant\widetilde{S}_{u,\max}^2(f)\end{aligned} \tag{13.160}$$

输入和输出范数$\|W_y\|_\infty$和$\|W_u\|_\infty$可以合成为一个独立的准则$W(f;\boldsymbol{p})$最小化为

$$W(f;\boldsymbol{p}_j)=\sqrt{w_y^2\|W_y(f;\boldsymbol{p}_j)\|_\infty^2+w_u^2\|W_u(f;\boldsymbol{p}_j)\|_\infty^2}\leqslant 1,w_y^2+w_u^2=1 \tag{13.161}$$

若相应的带宽组合$\{f_s,f_v\}$由S的LF渐近线和V的HF渐近线定义为满足下式的形式，则式（13.161）的最优解$\boldsymbol{p}^*$是满足标准设计（standard design）的：

$$f_s<f_v<f_c<f_{\max} \tag{13.162}$$

在这种情况下，式（13.162）变得接近式（13.120），因为$\|S_j\|_\infty\cong\|\widetilde{S}_j\|_\infty$，意味着$f_S\cong\widetilde{f}_S$。换言之，状态预测器灵敏度$\widetilde{S}$没有被因果校正$S_w$显著改变。$f_v$与$\widetilde{f}_v$的关系更为复杂。在12.5.9节中，式（13.162）中的标准设计不等式是式（13.161）中准则的最小化结果，但是准则被用方差的形式进行了改写。

误差方程［式（13.147）］使得定理6可以推广到实控制律［式（13.142）］的情况。这个定理是著名的分离定理（separation theorem）[11]的一种形式。

定理8

在简化假设$\widetilde{\boldsymbol{y}}_{\mathrm{r}}=\widetilde{\boldsymbol{z}}_{\mathrm{r}}$下，当且仅当$\boldsymbol{w}$有界且式（13.147）中状态矩阵$\widetilde{\boldsymbol{F}}=\widetilde{A}-\widetilde{G}\widetilde{C}$和$A_c-B_cK$为渐近稳定时，任意范数$|\widetilde{\boldsymbol{y}}_{\mathrm{r}}(i)|$，其中$\widetilde{\boldsymbol{y}}_{\mathrm{r}}(i)$满足式（13.147），都可以被实控制律［式（13.142）］约束。在随机情况下，向量$\boldsymbol{w}$必须是一个具有有界协方差矩阵的零均值二阶白噪声。如果$\{A_c,B_c\}$是能控的，则始终存在一个增益矩阵K，使得闭环谱（closed-loop spectrum）$\Lambda(A_c-B_cK)$为渐近稳定。如果$\{\widetilde{C},\widetilde{A}\}$是能观的，则始终存在增益矩阵$\widetilde{G}$，使得闭环谱（closed-loop spectrum）$\Lambda(\widetilde{F})$为渐近稳定。

根据定理8，方程式（13.147）的跟踪预测误差（tracking and prediction errors）只需要是有界信号（bounded signals），在随机框架中，它们变成了具有有界协方差矩阵的渐近零均值平稳过程。

练习11

这个练习是练习7的延续。参考12.5.4节练习6和12.5.9节练习15。考虑如下的嵌入式模型，此模型广泛应用在本书中且在12.5.4节中进行了详细介绍。

$$\begin{bmatrix}\boldsymbol{x}_c\\\boldsymbol{x}_d\end{bmatrix}(i+1)=\begin{bmatrix}A_c&H_c\\0&A_d\end{bmatrix}\begin{bmatrix}\boldsymbol{x}_c\\\boldsymbol{x}_d\end{bmatrix}(i)+\begin{bmatrix}B_c\\0\end{bmatrix}(u(i)+h(\cdot))+\begin{bmatrix}G_c&0\\0&I\end{bmatrix}\begin{bmatrix}w_c\\\boldsymbol{w}_d\end{bmatrix}(i) \tag{13.163}$$

$$\breve{y}(i)=C_c\boldsymbol{x}_c(i)+\widetilde{y}_m(i)$$

其中向量和矩阵为

$$\boldsymbol{x}=\begin{bmatrix}\boldsymbol{x}_c\\\boldsymbol{x}_d\end{bmatrix},\quad \boldsymbol{x}_c=\begin{bmatrix}\theta\\\omega T\end{bmatrix},\boldsymbol{x}_d=\begin{bmatrix}\theta\\\omega T\end{bmatrix},\boldsymbol{w}=\begin{bmatrix}w_c\\\boldsymbol{w}_d\end{bmatrix},\boldsymbol{w}_d=\begin{bmatrix}w_d\\w_{d1}\end{bmatrix}$$
$$\boldsymbol{A}_c=A_d\begin{bmatrix}1&1\\0&1\end{bmatrix},\quad \boldsymbol{H}_c=\begin{bmatrix}0&0\\1&0\end{bmatrix},\quad \boldsymbol{B}_c=\begin{bmatrix}0\\b\end{bmatrix},\quad \boldsymbol{G}_c=\begin{bmatrix}0\\1\end{bmatrix} \tag{13.164}$$

在式（13.164）中，$h(\cdot)$为一个并列的干扰，且忽略预测标志^和估计标志⌒。由于 $n_w=\dim \boldsymbol{w}=3<n=\dim \boldsymbol{x}=4$，使用动态反馈

$$\eta(i+1)=(1-l)\eta(i)+le_m(i),e_m=\breve{y}-\theta$$

$$\begin{bmatrix}w_c\\\boldsymbol{w}_d\end{bmatrix}(i)=\begin{bmatrix}L_w&N_w\\L_d&N_d\end{bmatrix}\begin{bmatrix}\breve{y}-\theta\\\eta\end{bmatrix}(i)=\left[\begin{array}{c:c}g+h&h\\\hdashline\eta_d+h_d=0&h_d\\g_{d1}+h_{d1}=0&h_{d1}\end{array}\right]\begin{bmatrix}e_m\\\eta\end{bmatrix}(i) \tag{13.165}$$

使得式（13.164）稳定。根据前面的方程，在简化 $g_d+h_d=0$ 和 $g_{d1}+h_{d1}=0$ 的基础上，需要进行如下阐述：①根据补谱$\widetilde{\Gamma}=\{\widetilde{\gamma}_1,\widetilde{\gamma}_2,\cdots,\widetilde{\gamma}_5\}$，$\widetilde{\gamma}_k=2\pi\tilde{f}_kT,k=1,2,\cdots,5$ 和 $\Gamma_c=\{\gamma_{c1},\gamma_{c2}\}$，$\gamma_{ck}=2\pi f_{ck}T,k=1,2$，计算式（13.137）中状态预测器的灵敏度和补灵敏度$\{\widetilde{S},\widetilde{V}\}$，并利用反馈增益矩阵 $\boldsymbol{K}=[k_1/b\quad k_2/b]$写出实控制律［式（13.142）］。状态反馈灵敏度 S_c 已经在练习 8 中计算过了。②计算式（13.150）中的因果校正 S_w 需要状态预测器灵敏度，计算式（13.151）中的传递函数 H_w 和 W_c。然后利用式（13.149）计算式（13.148）中的传递函数 S 和 V。③证明因果校正 S_w 可以因式分解为式（13.155）和式（13.156）。④找出 BW$\{\tilde{f}_s,\tilde{f}_v\}$ 和$\{f_s,f_v\}$ 在参数$\{\tilde{f}_1=2\pi\widetilde{\gamma}_1T,\widetilde{\alpha}\}$ 和$\{f_{c1}=2\pi\gamma_{c1}T,\beta\}$方面的关系。⑤给定下列数值$\{\tilde{f}_1=1.5\text{mHz},\widetilde{\alpha}=0.6\}$，$\widetilde{\phi}_1=\widetilde{\gamma}_1/\gamma_{c1}=0.05,\beta=0$ 和 $T=0.1\text{s}$，并绘制$|\widetilde{S}(jf)|$、$|S(jf)|$、$|\widetilde{V}(jf)|$、$|V(jf)|$和$|S_w(jf)|$。

提示

（1）$\{\widetilde{S},\widetilde{V}\}$的渐近线已经在 12.5.4 节的练习 6 中给出，$\{S,V\}$的渐近线在 12.5.9 节中的练习 15 中给出。它们可以表示为如下参考形式。

$$\widetilde{S}_0(z)=\frac{(z-1)^4}{g_{d1}}=\left(\frac{z-1}{2\pi\tilde{f}_sT}\right)^4,\quad \widetilde{V}_\infty(z)=\frac{g+h}{(z-1)^2}=\left(\frac{2\pi\tilde{f}_vT}{z-1}\right)^2$$
$$S_0(z)=\frac{(z-1)^4}{g_{d1}}\left(1+\frac{g}{k_1}\right)=\left(\frac{z-1}{2\pi f_sT}\right)^4,\quad V_\infty(z)=\frac{k_2(g+h)}{(z-1)^3}=\left(\frac{2\pi f_vT}{z-1}\right)^3 \tag{13.166}$$

更多细节可以在 12.5.4 节式（12.33）和 12.5.9 节式（12.87）中找到。

（2）因果校正 S_w 满足下式。

$$S_w(z)=S_{w0}V_c(z)\,\overline{H}_w(z)\,\widetilde{S}(z),\overline{H}_w(z)=\frac{1}{g}\frac{(g+l)(z-1)+lg}{z-1+l}$$
$$S_{w0}=\frac{g}{k_1}=\frac{\sum_{k=1}^{5}\sum_{j\neq k}^{5}\sum_{h\neq j\neq k}^{5}\widetilde{\gamma}_k\widetilde{\gamma}_j\widetilde{\gamma}_h}{\gamma_{c1}\gamma_{c2}\sum_{k=1}^{5}\widetilde{\gamma}_k}=\left(\frac{\tilde{f}_w}{f_c}\right)^2 \tag{13.167}$$

其中，$f_c=(2\pi T)^{-1}\sqrt{k_1}$，$\widetilde{S}$留给读者自行求取，$\tilde{f}_w$ 为全通 $H_w(jf)$的低频增益，低通 $V_c(z)$

的 LF 增益为

$$V_c(z) = \frac{\gamma_{c1}\gamma_{c2}}{\prod_{k=1}^{2}(z-1+\gamma_{ck})} \tag{13.168}$$

(3) 整体灵敏度和状态预测器灵敏度带宽（LF 和 HF）之间的两种关系，从式（13.166）可得

$$\begin{aligned} f_s &= \tilde{f}_s\left(1+\frac{\tilde{f}_w^2}{f_c^2}\right)^{-1/4} = \tilde{f}_s\,(1+\tilde{\varphi}_1^2\rho_2(\tilde{\alpha},\beta))^{-1/4} \\ f_v &= \tilde{f}_v\left(\frac{f_{c1}+f_{c2}}{\tilde{f}_v}\right)^{1/3} = \tilde{f}_v\,(\tilde{\varphi}_1\rho_4(\tilde{\alpha},\beta))^{-1/3} \end{aligned} \tag{13.169}$$

其中，$f_{ck}=2\pi\gamma_{ck}, k=1,2, \tilde{\varphi}_1=\tilde{\gamma}_1/\gamma_{c1}=\tilde{f}_1/f_{c1}$逼近带宽比$\tilde{f}_s/f_c$。$\rho_k(\tilde{\alpha},\beta)\geqslant 0, k=2,4$，为 $2^{-\tilde{\alpha}}$ 和 $2^{-\beta}$阶多项式 $\rho_2(\tilde{\alpha},\beta=0)\leqslant 2$ 和 $\rho_4(\tilde{\alpha},\beta)\leqslant\sqrt{10}$之比，式（13.169）中的等式说明$f_s<\tilde{f}_s$ 并因此限制了干扰预测带宽（S_w 的“不良”效应）。此外，频率不等式$f_{c1}+f_{c2}>\tilde{f}_v$ 表示 $f_v>\tilde{f}_v$ 成立。从$\tilde{f}_v$ 到f_v 的带宽增大，可以认为是 S_w 的另一种“不良”效应，同时伴随着 $V(z)$的连续系统相对阶次的增加以及随之而来的更大的 HF 衰减（S_w 的“良好”效应）。

(4) 图 13.3 显示了幅值 $|\tilde{V}(f)|$ 和 $|V(f)|$，由于因果校正 S_w，在$f>0.05$Hz 时它们变得不同。仅绘制了灵敏度 $S(f)$ 整体幅值$|S(f)|$，因为$\tilde{\phi}_1$ 和 $\|S_w(jf)\|_\infty<0.01$，而与$|\tilde{S}(f)|$相符。

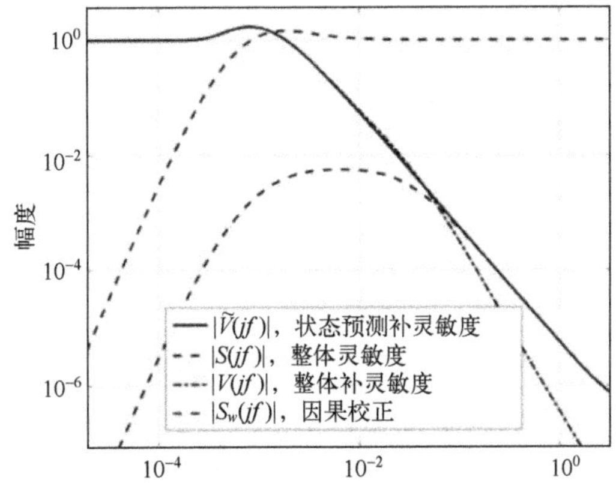

图 13.3 状态预测器补灵敏度$\tilde{V}(jf)$，灵敏度 $S(jf)$ 和补灵敏度 $V(jf)$，和因果校正 $S_w(jf)$：幅值图像

5. 测量跟踪误差的边界

已经证明，不等式 $\|S_w(jf)\|_\infty\leqslant\eta_w<1$ 使所测得的跟踪误差可忽略不计。对于式（13.154）中定义的输出跟踪误差 $\boldsymbol{\eta}_r$ 的合理限制是什么？此处给出的答案是启发式的。一般输出变量 y 的数值零被定义为小于量化因子的一半，是由于 $\mathrm{int}(y/\rho_y)=0$，其中 int 表示取整。因此，如果测得的跟踪误差 $\boldsymbol{\eta}_r$ 的通用坐标表示为 $\eta_r(i)=\tilde{y}_r(i)-\tilde{y}(i)$，

可以说标准设计是可以接受的，如果在定理 8 下存在有限时间步长 $N<\infty$，对于所有的组成部分 η_r 均满足如下不等式。

$$-\rho_y/2 \leqslant \eta_r(i) < \rho_y/2, \quad i \geqslant N \tag{13.170}$$

若式（13.170）可以改写为如下形式。

$$\mathrm{int}(\eta_r(i)/\rho_y)=0 \Rightarrow \mathrm{int}(\tilde{y}_r(i)/\rho_y)=\mathrm{int}(\tilde{y}(i)/\rho_y) \tag{13.171}$$

真实跟踪误差和预测误差的数值在幅值和符号上变得相等。

如文献［5］中所指出的，式（13.142）中的实控制律可能包含更多项，这些项由测量模型误差 $\boldsymbol{e}_m$ 驱动，与式（13.139）的噪声估计器相似。式（13.150）中附加项改变了因果校正 S_w，通过利用 $H_w(z)+z^{-1}H_u(z)$ 替换全通传递函数 H_w，其中 H_u 是任意的，但是是 Hurwitz 的。H_u 所起到的作用类似于文献［12］中的 Youla 参数化（Youla's parameterisation），并具有更好的 S_w 形式，具有抗扰动的优点。本书中未使用 H_u。

13.7 随机过程、状态估计与预测

13.7.1 随机向量与高斯-马尔可夫估计

概率论的基本原理和应用可以在 A. Papoulis[15] 的经典教科书中找到。给定随机向量 $\boldsymbol{v}=[v_1,\cdots,v_j,\cdots,v_m]\in\Omega\subseteq\mathbb{R}^m$，其中 $\dim\boldsymbol{v}=\boldsymbol{m}$，$\Omega$ 为可能取值的集合，重点关注期望值（或均值）$\mathcal{E}\{\boldsymbol{v}\}=\boldsymbol{\mu}=[\mu_1,\cdots,\mu_j,\cdots,\mu_m]$ 和协方差矩阵 $\mathrm{cov}\{\boldsymbol{v}\}$，为一个半正定矩阵，由下式定义。

$$\mathrm{cov}\{\boldsymbol{v}\}=P=\mathcal{E}\{(\boldsymbol{v}-\mathcal{E}\{\boldsymbol{v}\})(\boldsymbol{v}-\mathcal{E}\{\boldsymbol{v}\})^{\mathrm{T}}\}=\mathcal{E}\{\boldsymbol{v}\boldsymbol{v}^{\mathrm{T}}\}-\mathcal{E}\{\boldsymbol{v}\}\mathcal{E}\{\boldsymbol{v}\}^{\mathrm{T}}\geqslant 0 \tag{13.172}$$

随机变量 v 的定义能够区分可能取值的集合 $\{\omega\in\Omega\}$，其中 ω 可以是任何实体，与变量 ω 相关的实际值为 $v(\omega)$。在这里 $v=\omega$。

标量型实数随机变量 v_j 的任何函数 $g(v_j)$ 的期望值，是整个取值空间（实空间$\mathbb{R}$）上函数的加权积分。权重是概率密度 $f_j(v_j)\geqslant 0$，其积分归一化为 1。可得到下式：

$$\mathcal{E}\{g(v_j)\}=\int_{-\infty}^{+\infty}g(\eta)f_j(\eta)\mathrm{d}\eta \tag{13.173}$$

其中，$f_j(\eta)\mathrm{d}\eta$ 为无穷小概率，在区间 $\eta-\mathrm{d}\eta/2\leqslant v_j<\eta+\mathrm{d}\eta/2$ 内有 v_j。均值 $\mathcal{E}\{v_j\}=\mu_j$ 为权重的中心值，方差 $\sigma_j^2=\mathcal{E}\{(v_j-\mu_j)^2\}$ 为中心惯量矩。平方根 σ_j 称为标准差（standard deviation）。

组成成分 v_j 的方差 $\sigma_j^2>0$ 为式（13.172）中协方差矩阵 $\boldsymbol{P}$ 的对角元素 $\boldsymbol{P}_{jj}=\mathcal{E}\{v_j^2\}-\mu_j^2$，而主对角线之外的元素用 $\sigma_{jk}, j\neq k$ 表示，可分解为 $\sigma_{jk}=\rho_{jk}\sigma_j\sigma_k$，其中 $|\rho_{jk}|\leqslant 1$ 为变量 v_j 和 v_k 相关系数 ρ_{jk} 的大小。当 $\rho_{jk}=0$ 时，称 $\{v_j,v_k\}$ 互不相关（uncorrelated）。当 $\rho_{jk}=0, \forall j\neq k$ 时，向量 $\boldsymbol{v}$ 不相关，这表示 $\boldsymbol{P}=\mathrm{diag}(\sigma_1^2,\cdots,\sigma_m^2)$。迹的性质为 $\mathrm{tr}(\boldsymbol{P})=\sum_{j=1}^{m}\sigma_j^2$。当联合密度 $f_{jk}(v_j,v_k)$ 是（边界）密度的乘积即 $f_{jk}(v_j,v_k)=f_j(v_j)f_k(v_k)$ 时，不相关的随机变量是更一般的统计独立性（statistical independence）的特殊情况。在实践中，这两个变量之间不存在任何关系，它们的取值在不考虑其他变量行为的情况下产生。

当联合概率密度$f(\boldsymbol{v})$满足下式时，随机向量是高斯（或正态）的。

$$f(\boldsymbol{v})=\frac{1}{\sqrt{(2\pi)^m\det(\boldsymbol{P})}}\exp\left(-\frac{1}{2}(\boldsymbol{v}-\boldsymbol{\mu})^{\mathrm{T}}\boldsymbol{P}^{-1}(\boldsymbol{v}-\boldsymbol{\mu})\right) \tag{13.174}$$

高斯型随机向量$\boldsymbol{v}$可用符号$\boldsymbol{v}\sim\boldsymbol{N}(\boldsymbol{\mu},\boldsymbol{P})$表示。

均值、协方差矩阵和高阶矩是取值空间中的统计平均值。这意味着，如果有相同随机变量的多个结果可用，则可以尝试估计或验证统计平均值。这些估计值通常称为*后验均值*（或统计量），而均值、协方差及通常由概率模型定义的矩称为*先验均值*。

1. 蒙特卡洛方法

给定一个概率密度为$f(\boldsymbol{v})$的随机向量$\boldsymbol{v}\in\Omega\subseteq\mathbb{R}^m$的单值函数$g(\boldsymbol{v}):\Omega\to\Gamma\subseteq\mathbb{R}$，$\{\boldsymbol{v},g(\boldsymbol{v})\}$的一个有限集合$\{\boldsymbol{v}_n,g(\boldsymbol{v}_n),n=1,2,\cdots,N\}$可以通过样本集合$\{\boldsymbol{v}_n\in\Omega\}$的（伪）随机提取得到。通过样本集合可以估计无法通过分析获得的$g(\boldsymbol{v})$的统计性质。随机抽取方法通常称为*蒙特卡洛方法*（Monte Carlo methods）。$g(\boldsymbol{v})$极值点的搜索称为*蒙特卡洛优化*（Monte Carlo optimization）。本质上，任何因果不确定性源是离散白噪声（伪）随机生成的仿真都是*蒙特卡洛仿真*（Monte Carlo simulation）。实际上，可以如13.7.3节所述，通过一次运行来估算性能变量的SD。当必须评估参数不确定性的影响时，或必须找到最佳控制参数（如闭环特征值）时，必须重复仿真。

2. 高斯马尔可夫估计

让假设可获取测量量$\breve{\boldsymbol{y}}(k),k=1,2,\cdots,N,\dim\breve{\boldsymbol{y}}=m$，且可用不确定方程进行表示：

$$\breve{\boldsymbol{y}}(k)=A(k)\boldsymbol{x}+\tilde{\boldsymbol{y}}(k) \tag{13.175}$$

其中$\boldsymbol{x}$为$\dim\boldsymbol{x}=n$的未知向量，且$\tilde{\boldsymbol{y}}(k)=[\tilde{y}_1(k),\cdots,\tilde{y}_m(k)]$，测量不确定度（或误差）是由$\tilde{\boldsymbol{y}}(k)\sim N(0,\tilde{P}(k))$定义的零均值高斯随机向量。假设协方差$\tilde{P}(k)$是可逆的，并且随样本指数$k$而变化。误差概率模型必须通过定义向量$\tilde{\boldsymbol{y}}=\{\tilde{\boldsymbol{y}}(k),k=1,\cdots,N\}=[\tilde{y}_1(1),\cdots,\tilde{y}_m(N)]$中排列的整个误差序列的联合概率密度来完成。最简单的假设是，测量误差是不相关的，即$\mathcal{E}\{\tilde{\boldsymbol{y}}(k)\tilde{\boldsymbol{y}}^T(h)\}=0,\forall k\neq h$，但是下列结果可以推广到相关测量误差的一般情况。形式上，由未知数$\boldsymbol{x}$通过式（13.175）方程参数化的联合密度$f(\tilde{\boldsymbol{y}},\boldsymbol{x})\geqslant0$满足下式。

$$f(\tilde{\boldsymbol{y}},\boldsymbol{x})=\frac{1}{\sqrt{(2\pi)^m\det\left(\prod_{k=1}^{N}\tilde{P}(k)\right)}}\prod_{k=1}^{N}\exp\left(-\frac{1}{2}\tilde{\boldsymbol{y}}^{\mathrm{T}}(k)\tilde{P}^{-1}(k)\tilde{\boldsymbol{y}}(k)\right), \tag{13.176}$$

并且可以方便地换算成自然对数的负数：

$$-\ln f(\tilde{\boldsymbol{y}},\boldsymbol{x})=\ln\sqrt{(2\pi)^{mN}\det\left(\prod_{k=1}^{N}\tilde{P}(k)\right)}+\frac{1}{2}\sum_{k=1}^{N}\tilde{\boldsymbol{y}}^{\mathrm{T}}(k)\tilde{P}^{-1}(k)\tilde{\boldsymbol{y}}(k) \tag{13.177}$$

如果积分变量用$\boldsymbol{\eta}=[\eta_1(1),\cdots,\eta_m(N)]$表示，则函数$f(\tilde{\boldsymbol{y}},\boldsymbol{x})\geqslant0$表示无穷小概率[*先验似然函数*（priori likelihood function）]

$$\mathrm{d}P(\tilde{\boldsymbol{y}})=\int_{\tilde{y}_1(1)-d\tilde{y}_1(1)/2}^{\tilde{y}_1(1)-d\tilde{y}_1(1)/2}\cdots\int_{\tilde{y}_m(N)-d\tilde{y}_m(N)/2}^{\tilde{y}_m(N)+d\tilde{y}_m(N)/2}f(\boldsymbol{\eta},\boldsymbol{x})\mathrm{d}\eta_1(1)\cdots\mathrm{d}\eta_m(N) \tag{13.178}$$

有限序列$\tilde{\boldsymbol{y}}=\{\tilde{\boldsymbol{y}}(k),k=1,2,\cdots,N\}$实际上是相应随机变量的取值。读者应注意，此处对随机向量及其取值/实现使用相同的符号。

由于未知误差向量$\widetilde{\boldsymbol{y}}(k)$取决于经未知 $\boldsymbol{x}$ 获取的已知测量向量$\breve{\boldsymbol{y}}(k)$，最大似然原理[7]（请参见 10.4.2 节）指出，可获得 $\boldsymbol{x}$ 的最佳可行估计。通过最大似然函数$f(\widetilde{\boldsymbol{y}},\boldsymbol{x})$或通过最小化$-\ln f(\widetilde{\boldsymbol{y}},\boldsymbol{x})$来实现。

如果假定$\widetilde{P}(k),k=1,2,\cdots,N$是已知的，则$\min_x(-\ln f(\widetilde{\boldsymbol{y}},\boldsymbol{x}))$简化为以下二次型。

$$\widehat{\boldsymbol{x}} = \operatorname{argmin} J(\boldsymbol{x}) = \operatorname{argmin} \frac{1}{2}\sum_{k=1}^{N}(\breve{\boldsymbol{y}}(k) - A(k)\boldsymbol{x})^{\mathrm{T}}\widetilde{P}^{-1}(k)(\breve{\boldsymbol{y}}(k) - A(k)\boldsymbol{x}) \tag{13.179}$$

该优化问题称为高斯-马尔可夫估计（Gausse-Markov estimation）。由于$\widetilde{P}^{-1}(k)$可以被理解为每个误差坐标的比例因子（权重），可采用加权最小二乘法（weighted least squares）。更笼统地说，式（13.179）可以看作是加权的欧几里得平方范数。稳定点$\widehat{\boldsymbol{x}}$（如 10.3.2 节所述，相对于符号^，更喜欢使用圆形标记⌒，保留标记用于表示预测值）：

$$\widehat{\boldsymbol{x}} = \left(\sum_{k=1}^{N}A^{\mathrm{T}}(k)\widetilde{P}^{-1}(k)A(k)\right)^{-1}\sum_{k=1}^{N}A^{\mathrm{T}}(k)\widetilde{P}^{-1}(k)\widetilde{\boldsymbol{y}}(k) \tag{13.180}$$

是梯度方程$\nabla_x J(\boldsymbol{x})=0$的结果，如式（13.180）所假定的，当且仅当 Fisher 信息矩阵$\widetilde{P}_x^{-1} = \sum_{k=1}^{N}A^{\mathrm{T}}(k)\widetilde{P}^{-1}$是可逆时才是唯一的最小值[7]（见 10.4.2 节）。

练习 12

证明估计$\widehat{\boldsymbol{x}}$是无偏的，即$\mathcal{E}\{\widehat{\boldsymbol{x}}\}=\boldsymbol{x}$，并且估计误差$\widetilde{\boldsymbol{x}}=\boldsymbol{x}-\widehat{\boldsymbol{x}}$的协方差是 Fisher 信息矩阵的逆，如下所示。

$$\mathcal{E}\{\widetilde{\boldsymbol{x}}\widetilde{\boldsymbol{x}}^{\mathrm{T}}\} = \widetilde{P}_x = \left(\sum_{k=1}^{N}A^{\mathrm{T}}(k)\widetilde{P}^{-1}(k)A(k)\right)^{-1} \tag{13.181}$$

在最大似然原理的框架中，式（13.181）中的$\widetilde{P}_x$被称为 Cramér-Rao 极限（它定义了有效或最小方差估计）。

13.7.2 随机过程

随机过程的基础知识可以在文献［15］中找到。这里将重点放在离散随机过程上，因为它们是嵌入式模型扰动动力学的核心（见 4.8 节）。与连续过程进行比较也将被给出。

离散向量（多元）随机过程$x=\{x(i),i\geqslant 0\}$是随机向量$\boldsymbol{x}(i)$，$\dim \boldsymbol{x}(i)=n$的无限序列。采用符号 $\boldsymbol{x}$，不要与式（13.175）中的未知向量 $\boldsymbol{x}$ 混淆，如下所述。该随机序列的可能取值称为实现（realizations），并且每个实现都是特定的向量信号。随机过程是具有一定发生概率的一类信号（class of signals）。在 13.7.1 节中，已经定义了随机测量误差的有限序列$\widetilde{\boldsymbol{y}}=\{\widetilde{\boldsymbol{y}}(k),k=1,2,\cdots,N\}$。期望值和协方差矩阵的定义与 13.7.1 节中的随机向量 $\boldsymbol{v}$ 相同。与误差$\widetilde{\boldsymbol{y}}$相同，需要定义 $\boldsymbol{x}$ 的不同样本 $\boldsymbol{x}(i)$ 和$\boldsymbol{x}(j)$之间的联合概率。为此，假设一个二阶平稳过程（second-order stationary process），完全由均值和协方差函数（有时称为自相关[15]）定义，如下所示。

$$\begin{aligned}&\mathcal{E}\{\boldsymbol{x}(i)\}=\boldsymbol{\mu}\\&\mathcal{E}\{(\boldsymbol{x}(i)-\boldsymbol{\mu})(\boldsymbol{x}(j)-\boldsymbol{\mu})^{\mathrm{T}}\}=R(|i-j|)\end{aligned} \tag{13.182}$$

其中 $\mathscr{E}\{(\boldsymbol{x}(i)-\boldsymbol{\mu})(\boldsymbol{x}(i)-\boldsymbol{\mu})^{\mathrm{T}}\}=P\geqslant 0$ 为常值协方差矩阵。式（13.182）中的“平均”属性称为 $\boldsymbol{x}$ 的统计量（statistics），平均值取自整个可能实现的集合。一个关键的二阶随机过程是离散零均值白噪声 $\boldsymbol{w}$，它的样本是不相关的，即

$$\begin{aligned}&\mathscr{E}\{\boldsymbol{w}(i)\}=0\\&\mathscr{E}\{\boldsymbol{w}(i)\boldsymbol{w}^{\mathrm{T}}(j)\}=P_w\delta_{ij}\end{aligned}\tag{13.183}$$

其中，δ_{ij}是由 $\delta_{ij}=0,\forall i\neq j$ 和 $\delta_{ii}=1$ 定义的克罗内克函数（Kronecker delta）。用符号 $\boldsymbol{w}(i)\sim N(0,P_w\delta_{ij})$。由于离散白噪声处理必须表示最任意的信号类别，因此必须假定零均值（有时未明确提及）以消除任何确定性分量。白噪声作用下状态方程的构造性质如下。

定理 9

任意 $n<\infty$ 阶次的离散 LTI 状态方程

$$\boldsymbol{x}(i+1)=A\boldsymbol{x}(i)+G\boldsymbol{w}(i),\quad \boldsymbol{x}(0)=\boldsymbol{x}_0\tag{13.184}$$

它是渐近稳定且最小形式的，并且由其统计量在式（13.183）中给出的二阶零均值白噪声 $\boldsymbol{w}$ 驱动，渐近地，即对于 $i\to\infty$，其统计量由下式的二阶平稳过程 $\boldsymbol{x}_\infty=\{\lim\limits_{i\to\infty}\boldsymbol{x}(i)\}$ 给出。

$$\begin{aligned}&\mathscr{E}\{\boldsymbol{x}_\infty(i)\}=0\\&\mathscr{E}\{\boldsymbol{x}_\infty(j)\boldsymbol{x}_\infty^{\mathrm{T}}(i)\}=A^{|i-j|}P_x\\&P_x=AP_xA^{\mathrm{T}}+GP_wG^{\mathrm{T}}\end{aligned}\tag{13.185}$$

第三行的协方差方程是已在式（13.75）中找到的稳态离散李雅普诺夫函数（steady-state DT Lyapunov equation）。

证明

零均值来自收敛到零的自由响应。在零初始条件下，由于因果关系等式 $\mathscr{E}\{\boldsymbol{x}(i)\boldsymbol{w}^{\mathrm{T}}(j)\}=0,\forall j\geqslant i$ 协方差函数为

$$\begin{aligned}&\mathscr{E}\{\boldsymbol{x}(i+1+k)\boldsymbol{x}^{\mathrm{T}}(i+1)\}=A^{|k|}\mathscr{E}\{\boldsymbol{x}(i+1)\boldsymbol{x}^{\mathrm{T}}(i+1)\}\\&\mathscr{E}\{\boldsymbol{x}(i+1)\boldsymbol{x}^{\mathrm{T}}(i+1)\}=A\mathscr{E}\{\boldsymbol{x}(i)\boldsymbol{x}^{\mathrm{T}}(i)\}A^{\mathrm{T}}+GP_wG^{\mathrm{T}},\quad \mathscr{E}\{\boldsymbol{x}(0)\boldsymbol{x}^{\mathrm{T}}(0)\}=0\end{aligned}\tag{13.186}$$

第二个方程式的初始条件假定初始状态完全已知。第二个方程是李雅普诺夫函数，对于 Hurwitz 状态矩阵 $\boldsymbol{A}$，收敛为 $P_x=\lim\limits_{i\to\infty}\mathscr{E}\{\boldsymbol{x}(i)\boldsymbol{x}^{\mathrm{T}}(i)\}$。

从式（13.185）和式（13.186）很容易得出输出随机过程 $\boldsymbol{y}(i)=C\boldsymbol{x}(i)+D\boldsymbol{w}(i)$ 的统计特性。从 $i=0$ 开始的非平稳过程 $\boldsymbol{y}$ 被称为高斯-马尔可夫过程（Gausse-Markov process）。

值得注意的是，虽然式（13.184）是 LTI 的，A 是 Hurwitz 的，$\boldsymbol{w}$ 是零均值二阶平稳过程，以及假设零初始状态，即 $\boldsymbol{x}(0)=0$，$\boldsymbol{x}$ 是非平稳过程（non-stationary process），即协方差函数 $\mathscr{E}\{\boldsymbol{x}(i)\boldsymbol{x}^{\mathrm{T}}(i)\}$ 依赖于 $\{j,i\}$ 而不是区间 $|j-i|$。换句话说，建立了一个随机瞬态响应，在该随机瞬态响应期间方差是时变的。方差的瞬态响应类似于在对阶跃输入的受迫响应期间建立的确定性瞬态响应。从一个简单的例子中，将看出随机瞬变比确定性瞬变更快。

练习 13

找出 $x(i+1)=(1-\beta)x(i)+\beta w(i),x(0)=0$ 的统计量，其中 $w(i)\sim N(0,\sigma_w^2\delta_{ij})$ 且

$|1-\beta|<1$。

解 从式（13.186）可以得到

$$\sigma_x^2(i)=\mathcal{E}\{x^2(i)\}$$

$$\mathcal{E}\{x(i+k)x(i)\}=(1-\beta)^{|k|}\sigma_x^2(i+1) \tag{13.187}$$

$$\sigma_x^2(i+1)=(1-\beta)^2\sigma_x^2(i)+\beta^2\sigma_w^2,\quad \sigma_x^2(0)=0$$

最后一个方程是方差方程，其离散特征值满足 $\lambda_x=(1-\beta)^2<|1-\beta|\ll 1$，并且对应于更快的瞬态响应，收敛到稳态方差。

$$\sigma_x^2=(1-(1-\beta)^2)^{-1}\beta^2\sigma_w^2 \tag{13.188}$$

给定时间单位 T，对于 $0<\beta\ll 1$ 方差时间常数的定义和近似值为

$$\tau_x=\frac{T}{|1-(1-\beta)^2|}\cong\frac{T}{2\beta}<\frac{T}{\beta} \tag{13.189}$$

在早期随机瞬态过程中，即对于 $i<\tau_x/T$，状态方程简化为 $x(i+1)\cong\beta w(i),x(0)=0$，并且 $x(i)$ 接近随机漂移过程（random drift process），其自相关为

$$\mathcal{E}\{x(j)x(i)\}=\min(j,i)\beta^2\sigma_w^2, \tag{13.190}$$

留给读者自行证明。这意味着 $\Delta i<\tau_x/T$ 的过程 $\boldsymbol{x}$ 的任何有限子序列 $x[i,i+\Delta i)$ 都是初始条件等于 $x(i)$ 的随机漂移子序列。图 13.4 中展示出了漂移 $x(i+1)=\beta w(i),T=1s$ 的实现，以及练习 13 中 $\beta=0.002,\sigma_w=1$ 且 $x_0=0$ 的 $\boldsymbol{w}$ 的相同高斯实现产生的平稳过程。这表明两种实现的第一子序列（范围从 0 到 0.05）重叠，并且平稳实现的短间隔（持续时间不大于 $T/\beta=500s$）正好等于漂移，而且由一个可变的初始条件转换而成的。留给读者去检查平稳实现主要在 $\pm 3\sigma_x$ 内（只有大约 0.3% 的样本是异常值），这是平稳高斯过程的典型形式。

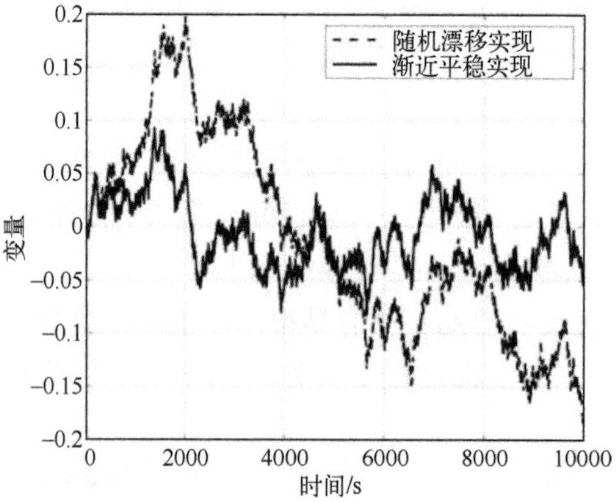

图 13.4 一阶漂移（虚线）和渐近平稳过程

13.7.3 功率谱密度与频率分析

考虑一个零均值二阶平稳离散过程的协方差函数 $R(|k|)=\varepsilon\{\boldsymbol{x}(i+k)\boldsymbol{x}(i)\}$。$R(|k|)$ 是 k 的离散偶函数。在标量过程 x 中，协方差矩阵缩小为方差且 $\sigma^2=R(0)\geqslant 0$。

定义 8

标量 x 过程的双侧功率谱密度 PSD $S^2_{\text{bilateral}}(f)\geq 0$ 是 $R(|k|)$ 的傅里叶变换：

$$S^2_{\text{bilateral}}(f)=\sum_{k=-\infty}^{+\infty}R(|k|)\exp(-j2\pi fkT)T \tag{13.191}$$

是定义在离散频率范围 $|f|\leq 0.5/T=f_{\max}$ 上的。PSD $S^2_{\text{bilateral}}(f)\geq 0$ 是傅里叶频率的非负偶函数（因此，倾向于使用平方记号）。关于零频率的镜面对称性建议采用 $S^2(0<f<f_{\max})=2S^2_{\text{bilteral}}(f)$ 定义的单侧 PSD $S^2(f)$。$S^2_{\text{bilateral}}(f)$ 的测量单位是unit^{2}s 或unit^2/Hz，其中 unit 为 x 的测量单位。

此定义可以被拓展到一个 $\dim \boldsymbol{x}=n$ 的向量过程 $\boldsymbol{x}$。PSD 是一个在任意 $|f|\leq f_{\max}$ 上半定的 $n\times n$ 矩阵，使得 $S^2_{\text{bilateral}}(f)=S^2_{\text{bilateral}}(-f)\geq 0$。读者应注意，虽然 $R(|k|)$ 是离散信号，但 $S^2_{\text{bilateral}}(f)$ 是连续且受频率限制的信号（换句话说，就是频率的周期函数）。该特性是周期时间信号的对偶特性，其周期是受时间限制的，并且傅里叶频谱是线状（离散）谱，它定义为基频 $f_0=1/T_0$ 的多个倍频，T_0 即周期。

一个关键的性质是过程方差 $R(0)$ 与积分 PSD 在频率范围内的等式，即

$$\int_{-f_{\max}}^{f_{\max}}S^2_{\text{bilateral}}(f)\,\mathrm{d}f=\int_0^{f_{\max}}S^2(f)\,\mathrm{d}f=R(0)=\sigma^2 \tag{13.192}$$

可以从式（13.191）中得到证明。对于多变量过程，有 $R(0)=\boldsymbol{P}$，其中 $\boldsymbol{P}$ 是协方差矩阵。

最简单的 PSD 是白噪声 w 的 PSD，它来自式（13.191），并且由于 $R(|k|)=0,\forall k\neq 0$ 是平坦函数并有下式。

$$\begin{aligned}S^2_{\text{bilteral}}(f)&=R(0)T=\frac{\sigma^2}{2f_{\max}}\\ S^2(f)&=2R(0)T=\sigma^2/f_{\max}\end{aligned} \tag{13.193}$$

练习 14

作为下采样引起的 PSD 混叠的一个简单证明，考虑具有方差 σ^2、时间单位 T 和单边 PSD $S^2=\sigma^2/f_{\max}$ 的标量离散平稳白噪声 $w(i)$。对该过程进行 N 次下采样，换言之，仅维持样本 $i=kN,k\geq 0$。证明下采样的 PSD 保持 NS^2。这两个 PSD 的离散频率范围是多少？

时域定理 9 在频域中由下一个定理补充。考虑下列式（13.184）的渐近稳定的 SISO 形式：

$$\begin{aligned}\boldsymbol{x}(i+1)&=A\boldsymbol{x}(i)+Gw(i),\boldsymbol{x}(0)=\boldsymbol{x}_0\\ y(i)&=C\boldsymbol{x}(i)+Dw(i)\end{aligned} \tag{13.194}$$

以及输入白噪声 w 的单边 PSD $S^2=\sigma^2/f_{\max}$。

定理 10

渐近平稳输出过程 $y_\infty=\{\lim_{i\to\infty}y(i)\}$ 的单边 PSD $S^2_y(f)$ 满足下式。

$$S^2_y(f)=|M(jf)|^2S^2_w(f),M(jf)=C(\exp(j2\pi fT)I-A)^{-1}G+D \tag{13.195}$$

其中 $M(jf)$ 为式（13.194）的谐波响应。在 $\dim \boldsymbol{w}=\dim \boldsymbol{y}$ 的多元情况下，$|M(jf)|^2$ 可用 $M(jf)M^{\mathrm{T}}(-jf)$ 代替。

1. 连续白噪声

以上所有概念和结果都可以扩展到连续随机过程。最关键的扩展涉及白噪声过程，

因为它们要求两个随机样本 $w(t)$ 和 $w(t+h)$ 对于任意小 h 都保持不相关（通常在统计上独立）。实际上，连续白噪声任意一处的任何实现都不能对时间求导数。由于 $\dot{x}(t)$ 不存在，因此可以排除因白噪声而产生的连续状态方程式以式（13.1）的形式出现。另一个困难出现在白噪声 PSD 为常数时，即 $S^2_{\text{bilateral}}=S^2_w=$常数，这对于 $-\infty<f<+\infty$ 来说是平滑的。事实上，PSD 在通常意义上是不可积的，因为积分将导致无界协方差函数 $R(|\tau|)$。这一困难通过借助于狄拉克函数定义 $R(|\tau|)$ 来解决，即 $R(|\tau|)=S^2_w\delta(\tau)$。在频率上无限平滑的功率谱密度和无界取值的协方差函数之间的一致性，是由式（13.6）中的狄拉克函数的采样特性建立的。

$$S^2_{\text{bilateral}}(f)=\lim_{t\to\infty}\int_{-t}^{t}R(|\tau|)\exp(-j2\pi f\tau)\,d\tau=\int_{-t}^{t}S^2_w\delta(\tau)\exp(-j2\pi f\tau)\,d\tau=S^2_w \tag{13.196}$$

在实践中，单侧 PSD $S^2(f)$ 常常被平方根 $S(f)$ 代替，在书中称为谱密度（Spectral Density）（似乎没有公认的名称）。由于谱密度 SD 通常是以对数标度绘制的，所以有等式 $\log_{10}S(f)=0.5\log_{10}S^2_{\text{bilateral}}(f)$。读者应该注意，$S(f)$ 的积分没有特定的含义，更重要的是，它没有提供标准差 σ。

2. PSD 估计

PSD 可以由有限的 m 个周期图（periodograms）的平均值来估计，周期图是从标量平稳过程的单个实现 x 中提取的（该方法被称为 Bartlett 方法[1]）。x 的第 k 个周期图是有限子序列 $x(i_0+kN,i_0+(k+1)N),k=1,2,\cdots,m$ 的复傅里叶变换（也称为频谱，不要与特征值谱混淆）$X_k(jf)$ 的幅值平方 $|X_k(jf)|^2$。必须仔细选择初始时间 i_0，以避免过程实现的任何瞬时间隔（确定性或统计性），这会使过程实现非平稳。PSD 定义使周期图的平均值成为统计平均值（如协方差函数）的傅里叶变换。该过程的平稳性允许从单个的时间限制实现中获取多个时间限制的实现。设 $i_0=0$ 和 $k=1$ 提供长度为 N 的第一子序列 $x[0,N)$。如果 T 是采样时间，则子序列长度（或周期）是 $T_0=NT$，基频是 $f_0=(NT)^{-1}$。这意味着（见前面提到的周期信号的对偶性），傅里叶变换是离散的（线状谱），具有频率分辨率 $\Delta f=f_0$。实际上，频率带宽为 $N\Delta f=T^{-1}=2f_{\max}$，如果限制为非负频率，则频率采样的数量为 $N/2+1$，从 $f=0,\Delta f,2\Delta f,\cdots,h\Delta f,\cdots$ 到 $f=\cdots,(N/2-1)\Delta f,N\Delta f/2=f_{\max}$。周期图可定义为

$$\begin{aligned}|X(jf=jh\Delta f)|^2&=T\left|\sum_{i=0}^{N-1}x(i)w(i)\exp(-j2\pi h\Delta fiT)\right|^2\\&=T\left|\sum_{k=0}^{N-1}x(i)w(i)\exp(-j2\pi hi/N)\right|^2\end{aligned} \tag{13.197}$$

其中，比例因子 T 确定 PSD 的单元，并且 $w(i)$ 是加权函数，称为临时窗函数，满足 $\sum_{i=0}^{N-1}w(i)=N$（符号 w 已在 10.4 节中作为加权变量应用）。最简单的情况是矩形窗 $w(i)=1$，$i=0,1,\cdots,N-1$。周期图的长度 N 确定估计偏差（estimation bias），周期图的数量 m 确定估计方差。“偏差”是指样本 $|X(jh\Delta f)|^2$ 与真实谱密度 SD 的样本 $S^2_x(h\Delta f)$ 偏移。实际上，$|X(jf)|^2$ 的期望值是卷积积分的结果[13]：

$$\mathscr{E}\{|X(jf)|^2\}=\frac{T}{N}\int_{-f_{\max}}^{f_{\max}}S^2_x(j\nu)\,|W(j(f-\nu))|^2d\nu \tag{13.198}$$

其中，$W(if)$是 w（频率窗口）上的离散傅里叶变换。换句话说，由于式（13.198）中的卷积，$|X(jf)|^2$ 是围绕 $S_x^2(f)$的样本的平均值，从而周期图和真实 PSD 之间存在差异（偏差）。然而，由式（13.198）可知，增加时间窗口长度 NT 会使频率窗口接近能够采样“真实”值的狄拉克函数。因此，频率窗口的宽度具有估计分辨率（estimate resolution）的含义，其中最高分辨率对应狄拉克函数。对分辨率的平均影响可以在 8.5.3 节的图 8.5 和第 11.3.4 节的图 11.11 中看到，其中谐振峰从狄拉克函数逐渐平滑为 Gaussian bells 钟型曲线。周期图方差对窗口扩大不敏感，而是对多个周期图的统计平均值敏感（该属性由 Bartlett 方法得到），因为方差与 $S_x^2(f)/m$ 成正比，可以说是一种不确定性原则（uncertainty principle）。给定实现长度 $M=mN$，扩大 N 意味着更好的分辨率（较小的偏差）但较差的精度（较大的方差）；若扩大 m 则有相反的效果。

通过 FIR 频率滤波器（作为频率窗口）对单个周期图求平均，如图 13.5 所示，其中使用了两个不同的频率窗口。在图 13.5（a）中使用了更大的窗口来减小估计方差。要付出的代价是较差的频率分辨率，这一点由 $f<0.1$Hz 处可见的平坦波动看出。图 13.5（b）中使用的较窄窗口提高了分辨率（波动显示较短的频率周期），但以较大的不确定性为代价（波动显示较大的峰间振幅）。这就是上述不确定性原则的影响效果。

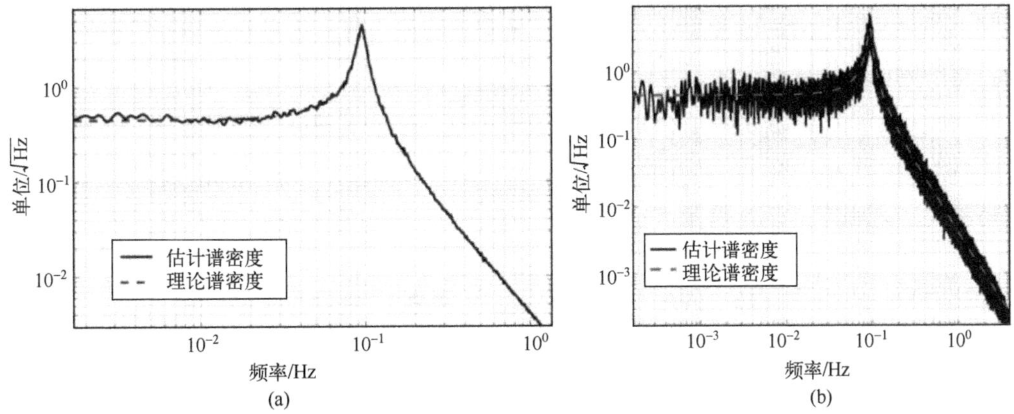

图 13.5　二阶系统单个周期图的理论和估计谱密度

（a）较大频率窗；（b）较窄频率窗。

图 13.5 显示了由 PSD $S_w^2(f)=1/f_{max}$的白噪声驱动的二阶连续系统的理论和估计谱密度。模拟时间单位为 $T=0.1$s。固有频率和阻尼系数分别为 $\omega_n=0.6$rad/s 和 $\zeta=0.05$。

13.7.4　混合卡尔曼滤波器

考虑一个由下式描述的线性时变 LTV 系统：

$$\begin{aligned}\dot{\boldsymbol{x}}(t)&=A(t)\boldsymbol{x}(t)+B(t)\boldsymbol{u}(t)+G(t)\boldsymbol{w}(t),\boldsymbol{x}(0)=\boldsymbol{x}_0\\ \breve{\boldsymbol{y}}(t_i)&=C(t_i)\boldsymbol{x}(t_i)+\boldsymbol{v}(t_i)\end{aligned}\tag{13.199}$$

其中，$\boldsymbol{x}$ 为 $\dim\boldsymbol{x}=n$ 的状态向量，$\boldsymbol{u}$ 为 $\dim\boldsymbol{u}=n_u$ 的已知输入，$\breve{\boldsymbol{y}}$为 $\dim\breve{\boldsymbol{y}}=n_y$ 在离散时间 $t_i,i=0,1,2,\cdots$，上的已知测量向量。$\boldsymbol{w}$，$\dim\boldsymbol{w}=n_w\leqslant n$，$\boldsymbol{v}$，$\dim\boldsymbol{v}=n_v=n_y$，为平稳随机过程，且 $\boldsymbol{v}$ 给出了测量随机误差（measurement random error）的大小。该误差是

模型误差$\breve{y}_m$的一个组成部分，以前用$\boldsymbol{w}_m$表示（见13.6.1节，$\boldsymbol{v}$是卡尔曼滤波器文献中典型的符号）。由于式（13.199）是连续的，这里提及的卡尔曼滤波器（有时称为Kalman-Bucy filter）的公式是混合的，但测量是在离散时间上得到的。$\boldsymbol{w}$和$\boldsymbol{v}$最简单的假设是它们是连续时间上互不相关的零均值高斯白噪声，具有协方差函数如下。

$$\mathscr{E}\{\boldsymbol{w}(t+\tau)\boldsymbol{w}(t)^{\mathrm{T}}\}=W\delta(\tau),\quad \mathscr{E}\{\boldsymbol{v}(t+\tau)\boldsymbol{v}(t)^{\mathrm{T}}\}=V\delta(\tau) \qquad (13.200)$$
$$\mathscr{E}\{\boldsymbol{w}(t)\boldsymbol{v}(\tau)^{\mathrm{T}}\}=0$$

其中，$W=S_w^2\geqslant 0$和$V=S_v^2\geqslant 0$分别是$\boldsymbol{w}$和$\boldsymbol{v}$的恒定PSD，且δ为式（13.196）中的狄拉克函数。式（13.199）的状态和输出向量是高斯-马尔可夫过程（参见13.7.2节）。卡尔曼滤波器不要求$\boldsymbol{w}$和$\boldsymbol{v}$为高斯过程。

卡尔曼滤波器是一种基于已知量$\boldsymbol{u}[t,t_i)$和$\breve{\boldsymbol{y}}(t_i)$提供状态的最优估计值$\hat{\boldsymbol{x}}(t_i)$和最优预测$\hat{\boldsymbol{x}}(t)$，$t>t_i$的算法。算法包括两个主要步骤：预测（prediction）（或递推）和校正（correction）（或更新）。

1. 预测步骤

在t_{i-1}时刻，想要在估计$\hat{\boldsymbol{x}}^{+}(t_{i-1})=\hat{\boldsymbol{x}}(t_{i-1}/t_{i-1})$和$\boldsymbol{u}[t_{i-1},t_i)$的基础上预测$\hat{\boldsymbol{x}}(t_i)=\hat{\boldsymbol{x}}(t_i/t_{i-1})$，关于估计值的获取将在下文的校正步骤中解释。本书中在估计值符号$\hat{\boldsymbol{x}}$的基础上增加上角标+以表示修正/更新。由于$\boldsymbol{w}(t)$未知且均值为零，因此$\boldsymbol{x}(t)$的最佳预测是状态方程的响应：

$$\dot{\hat{\boldsymbol{x}}}(t)=A(t)\hat{\boldsymbol{x}}(t)+B(t)\boldsymbol{u}(t),\quad \hat{\boldsymbol{x}}(t_{i-1})=\hat{\boldsymbol{x}}(t_{i-1}) \qquad (13.201)$$

可将预测值$\hat{\boldsymbol{x}}(t_i/t_{i-1})$称为$\boldsymbol{x}(t_i)$的先验估计（priori estimate），因为它是在接收到$\breve{\boldsymbol{y}}(t_i)$之前得到的。现在定义预测误差（prediction error）

$$\tilde{\boldsymbol{x}}(t)=\boldsymbol{x}(t)-\hat{\boldsymbol{x}}(t) \qquad (13.202)$$

其状态方程可以由式（13.199）和式（13.201）得到

$$\dot{\tilde{\boldsymbol{x}}}(t)=A(t)\tilde{\boldsymbol{x}}(t)+G(t)\boldsymbol{w}(t) \qquad (13.203)$$

预测误差的协方差矩阵$\tilde{P}(t)=\mathscr{E}\{\tilde{\boldsymbol{x}}(t)\tilde{\boldsymbol{x}}(t)^{\mathrm{T}}\}$计算可以通过误差传播得到

$$\tilde{\boldsymbol{x}}(t+h)\cong(I+hF(t))\tilde{\boldsymbol{x}}(t)+\int_t^{t+h}G(\tau)\boldsymbol{w}(\tau)\mathrm{d}\tau \qquad (13.204)$$

对任意小的h有效。预测误差也可以称为先验预测误差。在式（13.204）和因果一致性$\mathscr{E}\{\tilde{\boldsymbol{x}}(t)\boldsymbol{w}(t+\tau)^{\mathrm{T}}\}=0,\tau\geqslant 0$的帮助下，协方差传播方程$\tilde{P}(t+h)=\mathscr{E}\{\tilde{\boldsymbol{x}}(t+h)\tilde{\boldsymbol{x}}(t+h)^{\mathrm{T}}\}$可由下列定义得到

$$\begin{aligned}\tilde{P}(t+h)&=\mathscr{E}\left\{(I+hA(t))\tilde{P}(t)(I+hA(t))^{\mathrm{T}}+\int_t^{t+h}G(\tau)\boldsymbol{w}(\tau)\boldsymbol{w}(\eta)^{\mathrm{T}}G^{\mathrm{T}}(\eta)\mathrm{d}\tau\mathrm{d}\eta\right\}\\&=\tilde{P}(t)+hA(t)\tilde{P}(t)+h\tilde{P}(t)A^{\mathrm{T}}(t)+o(h^2)+\int_t^{t+h}G(\tau)WG^{\mathrm{T}}(\eta)\delta(\eta-\tau)\mathrm{d}\tau\mathrm{d}\eta\\&=\tilde{P}(t)+hA(t)P(t)+hP(t)A^{\mathrm{T}}(t)+hG(t)WG^{\mathrm{T}}(t)+o(h^2)\end{aligned} \qquad (13.205)$$

$h\to 0$时式（13.205）的极限产生式（13.76）中定义的微分李雅普诺夫函数：

$$\dot{\tilde{P}}(t)=A(t)\tilde{P}(t)+\tilde{P}(t)A(t)^{\mathrm{T}}+G(t)WG(t)^{\mathrm{T}},\quad \tilde{P}(t_{i-1})=\tilde{P}^{+}(t_{i-1}) \qquad (13.206)$$

其中，由于上一个循环的校正步骤，$\tilde{P}^{+}(t_{i-1})$是估计误差$\tilde{\boldsymbol{x}}^{+}(t_{i-1})=\boldsymbol{x}(t_{i-1})-\hat{\boldsymbol{x}}^{+}(t_{i-1})$的协方差。式（13.201）和式（13.206）分别描述了预测状态和误差协方差的时间

演化。这些方程提供了在时间间隔 $t\in[t_{i-1},t_i)$ 期间系统状态随时间演化的最佳已知信息，然后在时间 t_i 接收到新的测量值。

2. 校正步骤

在 t_i 时刻，得到新的测量值 $\breve{\boldsymbol{y}}(t_i)$，因而，状态可以获得新的测量信息。状态预测 $\hat{\boldsymbol{x}}(t_i)=\hat{\boldsymbol{x}}(t_i/t_{i-1})$ 只取决于上一时刻 t_{i-1} 的测量值。由于状态方程式（13.199）是线性的，应用线性校正可以得到下式。

$$\hat{\boldsymbol{x}}^+(t_i)=\hat{\boldsymbol{x}}(t_i)+L^+(t_i)(\breve{\boldsymbol{y}}(t_i)-C(t_i)\hat{\boldsymbol{x}}(t_i)) \tag{13.207}$$

测量残差 $\boldsymbol{e}_m(t_i)=\breve{\boldsymbol{y}}(t_i)-C(t_i)\hat{\boldsymbol{x}}(t_i)$ 被称为滤波新息，并且具有与 EMC 的测量模型误差（measured model error）相同的表达式。后一个误差在 6.5.1 节中定义，并在整本书中用于驱动状态预测器的噪声估计器（输出到噪声反馈）。$L^+(t_i)$ 是要优化设计的反馈矩阵，称为卡尔曼滤波器估计增益（Kalman filter estimation gain）。优化问题的目的是使估计误差的协方差最小，定义估计误差为：

$$\tilde{\boldsymbol{x}}^+(t_i)=\boldsymbol{x}(t_i)-\hat{\boldsymbol{x}}^+(t_i)=(I-L^+(t_i)C(t_i))\tilde{\boldsymbol{x}}(t_i)+L^+(t_i)\boldsymbol{v}(t_i) \tag{13.208}$$

其中，第二个等式很容易从式（13.199）、式（13.202）和式（13.207）得出。估计误差也可以称为后验预测误差。

最小化正定矩阵等价于最小化其迹（参见 2.3.3 节和 10.4.1 节）。在这种情况下，必须最小化 $\operatorname{tr}\tilde{P}^+(t_i)$，其中 $\tilde{P}^+(t_i)$ 是在式（13.206）中已经提到的后验协方差矩阵 $\tilde{P}^+(t_i)$，它取决于增益 $L(t_i)$ 并且由下式定义。

$$\tilde{P}^+(t_i)=\mathcal{E}\{\tilde{\boldsymbol{x}}^+(t_i)(\tilde{\boldsymbol{x}}^+(t_i))^{\mathrm{T}}\} \tag{13.209}$$

可以通过式（13.209）和式（13.208），使用变量的统计属性可以明确表示协方差矩阵对增益 $L(t_i)$ 的依赖。如果变量 t_i 被 i 代替，则误差估计协方差的方程为（$\tilde{P}(t_i)$ 除外）

$$\begin{aligned}\tilde{P}^+(i)&=(I-L^+(i)C(i))\tilde{P}(t_i)(I-L^+(i)C(i))^{\mathrm{T}}+L^+(i)V(L^+(i))^{\mathrm{T}}\\&=\tilde{P}(t_i)-L^+(i)C(i)\tilde{P}(t_i)-\tilde{P}(t_i)(L^+(i)C(i))^{\mathrm{T}}+L^+(i)S(i)(L^+(i))^{\mathrm{T}}\end{aligned} \tag{13.210}$$

其中，$S(i)=C(i)\tilde{P}(t_i)C^{\mathrm{T}}(i)+V\geqslant 0$。迹的微分规则允许相对于 $L^+(t_i)$ 计算迹的梯度。由于增益是矩阵，因此梯度也是矩阵并且有

$$\frac{\partial\operatorname{tr}\tilde{P}^+(i)}{\partial L^+(i)}=-2\tilde{P}(t_i)C^{\mathrm{T}}(i)+2L^+(i)S(i) \tag{13.211}$$

如果将梯度设置为零，并且 $S(i)$ 是正定的，则 $S(i)$ 可逆，式（13.211）提供稳定点：

$$L^+(i)=\tilde{P}(t_i)C^{\mathrm{T}}(i)S^{-1}(i) \tag{13.212}$$

由于 $S(i)>0$，它也是使后验协方差矩阵最小的最佳增益。式（13.207），式（13.212）给出的最佳增益 $L^+(i)$，及式（13.210）中的误差协方差，都是将预测 $\hat{\boldsymbol{x}}(t_i)$ 更新为估计值 $\hat{\boldsymbol{x}}^+(i)=\hat{\boldsymbol{x}}^+(t_i)$ 的中间步骤。因此，可以将后验协方差式（13.210）简化为以下表达式。

$$\tilde{P}^+(i)=(I-L^+(i)C(i))\tilde{P}(t_i)=\tilde{P}(t_i)-\tilde{P}(t_i)C^{\mathrm{T}}(i)S^{-1}(i)C(i)\tilde{P}(t_i)<\tilde{P}(t_i) \tag{13.213}$$

这证明了后验协方差矩阵小于先验协方差矩阵。

3. 混合滤波器总结

初始化

$$\hat{\boldsymbol{x}}_0^+=\mathscr{E}\{\boldsymbol{x}(t_0)\},\quad \widetilde{P}_0^+=\mathscr{E}\{\boldsymbol{x}(t_0)\boldsymbol{x}^{\mathrm{T}}(t_0)\}$$

预测

$$\begin{aligned}&\dot{\hat{\boldsymbol{x}}}(t)=A(t)\hat{\boldsymbol{x}}(t)+B(t)\boldsymbol{u}(t),\quad \hat{\boldsymbol{x}}(t_{i-1})=\hat{\boldsymbol{x}}^+(i-1)\\&\dot{\widetilde{P}}(t)=A(t)\widetilde{P}(t)+\widetilde{P}(t)A^{\mathrm{T}}(t)+G(t)WG^{\mathrm{T}}(t),\quad \widetilde{P}(t_{i-1})=\widetilde{P}^+(i-1)\end{aligned}\tag{13.214}$$

校正

$$L^+(i)=\widetilde{P}(t_t)C^{\mathrm{T}}(i)(C(i)\widetilde{P}(t_i)C^{\mathrm{T}}(i)+V)^{-1}$$

$$\hat{\boldsymbol{x}}^+(i)=\hat{\boldsymbol{x}}(t_i)+L^+(i)(\breve{\boldsymbol{y}}(t_i)-C(i)\hat{\boldsymbol{x}}(t_i))$$

$$\widetilde{P}^+(i)=(I-L^+(i)C(i))\widetilde{P}(t_i)$$

卡尔曼滤波是一种最优估计算法：在每个时刻提供最小方差状态估计。如果系统方程已知，$\boldsymbol{w}$ 和 $\boldsymbol{v}$ 是零均值平稳白噪声过程，并且它们的协方差矩阵已知，则这一估计算法成立。不一定要假定 $\boldsymbol{w}$ 和 $\boldsymbol{v}$ 是高斯过程。然而，这一部分的估计方程只能在高斯假设下推导。在这一假设下，卡尔曼滤波器是最大似然估计器、高斯-马尔可夫估计器。

13.7.5 离散时间卡尔曼滤波器

现在考虑离散线性状态方程

$$\begin{aligned}&\boldsymbol{x}(i+1)=A(i)\boldsymbol{x}(k)+B(i)\boldsymbol{u}(i)+G(i)\boldsymbol{w}(i),\boldsymbol{x}(0)=\boldsymbol{x}_0\\&\breve{\boldsymbol{y}}(i)=C(k)\boldsymbol{x}(i)+\boldsymbol{v}(i)\end{aligned}\tag{13.215}$$

且零均值平稳二阶离散白噪声可定义为

$$\begin{aligned}&\mathscr{E}\{\boldsymbol{w}(i+k)\boldsymbol{w}(i)^{\mathrm{T}}\}=W\delta_k,\quad \mathscr{E}\{\boldsymbol{v}(i+k)\boldsymbol{v}(i)^{\mathrm{T}}\}=V\delta_k\\&\mathscr{E}\{\boldsymbol{w}(i)\boldsymbol{v}(j)^{\mathrm{T}}\}=0,\quad \forall k,j\end{aligned}\tag{13.216}$$

其中，$W\geqslant0$ 且 $V>0$ 分别为 $\boldsymbol{w}$ 和 $\boldsymbol{v}$ 的协方差矩阵，δ_k 为 Kronecker 增量。

请读者重复式（13.214）中对式（13.215）和式（13.216）的总结。与式（13.214）的主要区别在于微分方程式（13.206），它必须被离散李雅普诺夫函数代替。

$$\widetilde{P}(i+1)=A(i)\widetilde{P}^+(i)A^{\mathrm{T}}(i)+G(i)WG^{\mathrm{T}}(i)\tag{13.217}$$

因为它是根据预测误差方程式（13.203）类比得出的，即

$$\widetilde{\boldsymbol{x}}(i+1)=A(i)\widetilde{\boldsymbol{x}}(i)+G(i)\boldsymbol{w}(i)\tag{13.218}$$

观察到，在由式（13.215）中的输出方程式表示的规则测量中，可以将校正步骤与预测步骤合并。实际上，在控制设计框架中（参见 13.6.1 节），目标是为式（13.142）中的实控制律提供一步状态预测，而不提供状态估计。所得的预测形式缩小为 3 个方程：①将状态预测$\hat{\boldsymbol{x}}(i)$传播至 $i+1$ 的状态方程；②预测误差协方差$\widetilde{P}(i)$的演变方程；③预测增益 $L(i)=A(i)L^+(i)$的方程，与估计增益 $L^+(i)$相区别。

（1）通过替换传播方程$\hat{\boldsymbol{x}}(i+1)=A(i)\hat{\boldsymbol{x}}^+(i)+B(i)\boldsymbol{u}(i)$中的$\hat{\boldsymbol{x}}^+(i)=\hat{\boldsymbol{x}}(i)+L^+(i)(\breve{\boldsymbol{y}}(i)-C(i)\hat{\boldsymbol{x}}(i))$来获得状态方程，状态方程和输出方程如下：

$$\begin{aligned}&\hat{\boldsymbol{x}}(i+1)=(A(i)-L(i)C(i))\hat{\boldsymbol{x}}(i)+B(i)\boldsymbol{u}(i)+L\breve{\boldsymbol{y}}(i),\hat{\boldsymbol{x}}(0)=\hat{\boldsymbol{x}}_0\\&\hat{\boldsymbol{y}}(i)=C(i)\hat{\boldsymbol{x}}(i)\end{aligned}\tag{13.219}$$

（2）协方差方程，将式（13.213）给出的估计协方差代入式（13.217），从而得出

离散 Riccati 方程。

$$\begin{aligned}\widetilde{P}(i+1)&=A(I-\widetilde{P}(i)C^{\mathrm{T}}(C\widetilde{P}(i)C^{\mathrm{T}}+V)^{-1}C)A^{\mathrm{T}}+GWG^{\mathrm{T}}\\&=A(\widetilde{P}^{-1}(i)+C^{\mathrm{T}}V^{-1}C)^{-1}A^{\mathrm{T}}+GWG^{\mathrm{T}}\end{aligned}\tag{13.220}$$

简单起见，从系统矩阵中删除了时间索引 i，第二个等式是可逆矩阵$\widetilde{P}(i)$和 V 的求逆结果。

(3) 预测增益方程与式（13.214）中的相同，但需左乘 $A(i)$，如下所示。

$$L(i)=A(i)\widetilde{P}(i)C(i)^{\mathrm{T}}(C(i)\widetilde{P}(i)C^{\mathrm{T}}(i)+V)^{-1}\tag{13.221}$$

如果式（13.125）是 LTI 的，且若$\{C,A\}$能观、$\{A,G\}$能控，则可以证明$\lim\limits_{i\to\infty}\widetilde{P}(i)=\widetilde{P}=$常值，且$\widetilde{P}$为 Riccati 方程的唯一半正定解。与式（13.220）相同，替换为$\widetilde{P}(i+1)=\widetilde{P}(i)=\widetilde{P}$，且其他矩阵均为常值。作为结论，式（13.219）中的闭环状态矩阵 $A-LC$ 是渐近稳定的，且预测增益 L 为定值。通过这些结果可以得到稳态离散卡尔曼滤波器（steady-state DT Kalman filter），定义如下。

$$\hat{\boldsymbol{x}}(i+1)=(F-LC)\hat{\boldsymbol{x}}(i)+B\boldsymbol{u}(i)+L\boldsymbol{y}(i)\tag{13.222}$$

在高斯-马尔可夫过程假设下，卡尔曼滤波的一个重要性质是预测残差 $\boldsymbol{e}_m(i)=\boldsymbol{y}(i)-\hat{\boldsymbol{y}}(i)$ 是零均值且不相关的，序列$\{\boldsymbol{e}_m(i)\}$是离散白噪声。因此，在卡尔曼框架中，残差$\boldsymbol{e}_m(i)$被称为新息，因为它揭示了测量的最新不确定性与过去无关。预测残差在 EMC 方法中称为测量模型误差（measured model error）。

练习 15

考虑一阶系统 $x(i+1)=x(i)+bu(i)+w(i)$，其输出方程为$\breve{y}(i)=x(i)+v(i)$且$\{w,v\}$的常值方差为$\{\sigma_w^2,\sigma_v^2\}$。计算稳态下的预测增益 l，预测误差方差$\widetilde{\sigma}^2$，并写出状态预测器方程。

解

最优预测误差方差$\widetilde{\sigma}^2$ 是二阶方程的解：

$$\widetilde{\sigma}^2=(\widetilde{\sigma}^{-2}+\sigma_v^{-2})^{-1}+\sigma_w^2\Rightarrow\widetilde{\sigma}^4-\widetilde{\sigma}^2\sigma_w^2-\sigma_v^2\sigma_w^2=0\tag{13.223}$$

它是从代数 Riccati 方程式（13.220）中得出的。通过引入信噪比（SNR）$\rho^2=\sigma_w^2/\sigma_v^2$，可以得出$\widetilde{\sigma}^2$ 的解和预测增益 l：

$$\begin{aligned}\widetilde{\sigma}^2&=\frac{\sigma_w^2}{2}\left(1+\sqrt{1+\frac{4}{\rho^2}}\right)\\l&=\left(1+\sqrt{1+\frac{4}{\rho^2}}\right)\left(1+\sqrt{1+\frac{4}{\rho^2}+\frac{2}{\rho^2}}\right)^{-1}\end{aligned}\tag{13.224}$$

对于低 SNR［$\rho\to0$（对应于非常嘈杂的测量）］和高 SNR［$\rho\to\infty$（对应于理想的测量）］，在式（13.224）中找到两个量的极限是有意义的。考虑到在这种简单情况下，l 是状态预测器的闭环补特征值。渐近极限

$$\rho\to0\begin{cases}\widetilde{\sigma}^2\to\rho\sigma_v^2\\l\to\rho\end{cases},\rho\to\infty\begin{cases}\widetilde{\sigma}^2\to\sigma_w^2\\l\to1-\rho^{-2}\end{cases}\tag{13.225}$$

遵循原则（1）噪声测量要求较小的反馈增益和离散特征值接近单位圆，因此带宽较窄；然而遵循原则（2）理想测量受噪声的影响可忽略不计，并且离散特征值接近零，因此带宽较宽。

离散卡尔曼滤波器的主要目的是提供式（13.215）中状态向量的最小协方差预测。因此，尽管乍看之下，式（13.219）中的校正 $\boldsymbol{L}\boldsymbol{e}_m(i)=\boldsymbol{L}(\breve{\boldsymbol{y}}-C\hat{\boldsymbol{x}}(i))$ 可以代替式（13.215）的过程噪声 $G\boldsymbol{w}(i)$，但不能认为 $\boldsymbol{L}\boldsymbol{e}_m(i)$ 是 $G\boldsymbol{w}(i)$ 的估计。通常，$\boldsymbol{L}\boldsymbol{e}_m(i)$ 不属于 $G\boldsymbol{w}(i)$ 的范围。例如，在单个输出的情况下，当 $G\boldsymbol{w}(i)$ 的某些项为零且相应的协方差矩阵 GWG^{T} 奇异。EMC 状态预测器设计采用了不同的方式：状态预测器反馈（噪声估计器）根据 $G\boldsymbol{w}(i)$ 的奇异性进行了设计，并且通过状态预测器极点配置满足方差/谱密度要求。当输入和测量噪声特性满足式（13.200）时，无法如 6.6.2 节中所示改善卡尔曼滤波器的性能，但是当这些特性远远不能满足时，如在存在参数不确定性和未建模动态的情况下，EMC 可以按照 14.4.3 节中的案例所示的性能进行设计。在文献［4］中，具有动态反馈的状态预测器（如 7.3.5 节）已被证明具有不同于卡尔曼滤波器的结构。

参 考 文 献

[1] M.S. Bartlett. Smoothing periodograms from time-series with continuous spectra, Nature 161 (1948) 686–687.
[2] S. Bittanti, P. Colaneri, Periodic Systems. Filtering and Control, Springer-Verlag, London, 2009.
[3] E. Canuto, L. Colangelo, M. Lotufo . Satellite-to-satellite attitude control of a long-distance spacecraft formation for the Next Generation Gravity Mission, European J. Control 25 (September 2015) 1–16.
[4] E. Canuto. On dynamic uncertainty estimators, in: Proc. 2015 American Control Conference (ACC 2015), Chicago, USA, July 1-3, 2015, pp. 3968–3973.
[5] E. Canuto, C. Perez Montenegro, L. Colangelo. Embedded Model Control: design separation under uncertainty, in: Proc.33rd Chinese Control Conf., Nanjing, China, July 28-30, 2014, pp. 3637–3643.
[6] C.-T. Chen. Linear System Theory and Design, Holt, Rinehart and Winston, New York, 1984.
[7] H. Cramer. Mathematical Methods of Statistics, Princeton University Press, 1946.
[8] E. Davison. The output control of linear time invariant multivariable systems with unmeasurable arbitrary disturbances, IEEE Trans. Automatic Control 17 (5) (1972) 621–630.
[9] R.C. Dorf, R.H. Bishop. Modern Control Systems, ninth ed., Prentice-Hall, Englewood Cliffs, NJ, 2001.
[10] B.A. Francis. The internal model principle of control theory, Automatica 12 (5) (1976) 457–465.
[11] H. Kwakernaak, R. Sivan. Linear Optimal Control Systems, Wiley-Interscience, New York, 1972.
[12] J. Maciejowski. Multivariable Feedback Design, Addison-Wesley, Wokingham, UK, 1989.
[13] A.V. Oppenheim, R.W. Schafer. Digital Signal Processing, Prentice-Hall, Englewood Cliffs, 1975.
[14] S.J. Orfanidis. Introduction to Signal Processing, Prentice-Hall Inc, 1996.
[15] A. Papoulis. Probability, Random Variables, and Stochastic Processes, third ed., McGraw-Hill, New York, 1991.
[16] S. Sastry. Nonlinear Systems. Analysis, Stability, and Control, Springer-Verlag, New York, 1999.
[17] J.-J.E. Slotine, W. Li. Applied Nonlinear Control, Prentice-Hall, Englewood Cliffs, NJ, 1991.
[18] E.D. Sontag. Mathematical control theory. Deterministic Finite Dimensional Systems, Springer-Verlag, New York, 1998.
[19] K. Zhou, J.C. Doyle, K. Glover. Robust and Optimal Control, Prentice-Hall, Englewood Cliffs, NJ, 1996.

第 14 章　嵌入式模型控制简介

14.1　目的和嵌入式模型控制的原理

本章简单介绍嵌入式模型控制（embedded model control，EMC）方法，部分内容参考文献[5,11,12]。嵌入式模型控制是一种基于模型的设计方法，来源于 F. Donati 和 M. Vallauri 发表的开创性论文[18]。下面来介绍嵌入式模型控制的主要原理。

1. 模型误差

状态方程允许控制单元与广义对象的实时模型（嵌入式模型）保持一致，该模型与实际的广义对象（在本书中是航天器及其环境）同步并排运行。该原理表明，发送给航天器执行器的数字指令 $\boldsymbol{u}$ 同时也发送给嵌入式模型。在状态观测器的理论中也含有该原理，且已在 11.2.5 节中得到证明，在指令饱和的情况下，它能够防止性能下降。发送相同的指令 $\boldsymbol{u}$，航天器的测量值 $\breve{\boldsymbol{y}}(t)$ 和模型的输出值 $\boldsymbol{y}(t)$ 这两相同物理量之间的实时差异，定义为真实模型误差：

$$\boldsymbol{y}_m(t)=\breve{\boldsymbol{y}}(t)-\boldsymbol{y}(t) \tag{14.1}$$

这个模型误差不一定是式（14.1）中的向量之差。在四元数代数中，模型误差也可以用 6.5.1 节中的式（6.96）$\tilde{\mathfrak{q}}_m=\mathfrak{q}^{-1}\otimes\breve{\mathfrak{q}}$（也可以参考图 6.8）来定义，通过对式（6.96）进行四元数求逆和乘法变换得到。模型误差的概念和实现，需要区分设计模型与嵌入式模型，如图 14.1 所示。

因为设计模型被赋予了航天器及环境不确定性，设计模型在设计层面可以替代实际的航天器。设计模型的状态变量和输出变量称为真变量。不确定模型只能用有限维度的有界集合来表示，所以航天器和环境的不确定性可能会使得这些集合存在异常值。这表明赋予嵌入式模型不确定性、扰动动力学、异常检测和恢复策略的重要性。在 4.4.2 节和 12.5.5 节中提到的 GOCE 任务中遇到的小阻力是阻力设计模型的意外案例。幸运的是，在更低的轨道高度会受到更大的阻力，低轨道有利于相关科学任务的进行，但只有在航天器制动推进器发生故障时才会引起轨道自然衰变。

2. 噪声设计和估计

扰动动力学的思想和实际应用引发了状态更新的相关问题。这个问题被称为*噪声的设计*[10]*和估计*（noise design and estimation），因为扰动动力学的输入样本 $\boldsymbol{w}(i)$ 的期望值通常是完全任意的（在随机框架中单独统计），所以找到不确定源是具有挑战性的。嵌入式模型称为*可控动力学*（controllable dynamics）的组合，它具有由 $\boldsymbol{u}$ 和 $\boldsymbol{d}$ 驱动的状态向量 $\boldsymbol{x}_c$ 和*扰动动力学*（disturbance dynamics）（由 $\boldsymbol{x}_d$ 作为状态向量），以任意信号 $\boldsymbol{w}$ 驱动和以总扰动 $\boldsymbol{d}$ 作为输出（参见 4.8 节）。噪声设计和评估必须确定噪声进入嵌入式模型的位置，并安排一个能够实时对 $\boldsymbol{w}(i)$ 进行追溯并遵守噪声分布的实时机制（**噪声**

估计器）。“噪声估计器”的术语可能会被质疑。事实上，并不意味着噪声估计对于某些标准是最优的，因为最优性关系到嵌入式模型和噪声估计器组成的整个系统的性能。航天器与模型的差异影响式（14.1）的模型误差$\widetilde{\boldsymbol{y}}_m$，这个信号是这种差异唯一可用的实时信息，噪声估计器由$\widetilde{\boldsymbol{y}}_m$的测量值驱动，这就是所谓的测量模型误差（参见6.5.1节中的四元数符号），可以定义为

$$\boldsymbol{e}_m(i)=\breve{\boldsymbol{y}}(i)-\hat{\boldsymbol{y}}(i)=\widetilde{\boldsymbol{y}}_m(i)+\boldsymbol{y}(i)-\hat{\boldsymbol{y}}(i)=\widetilde{\boldsymbol{y}}_m(i)+\widetilde{\boldsymbol{y}}(i) \tag{14.2}$$

其中，$\hat{\boldsymbol{y}}$是嵌入式模型的输出，$\boldsymbol{y}(i)$是实际输出，$\widetilde{\boldsymbol{y}}(i)$为输出预测误差。在整本书中假设噪声估计器是线性的，噪声估计器只有一个输入值$\boldsymbol{e}_m$。无论是静态还是动态的噪声估计器都依赖于噪声的布局，必须设计成从$\boldsymbol{e}_m$到$\boldsymbol{w}$的输出到噪声的反馈。反馈必须在存在全类别不确定性的预测误差状态方程（设计模型减去嵌入式模型）下是稳定的。由嵌入式模型和噪声估计器组成的整体，执行*闭环状态预测器*（closed-loop state predictor）的功能。因此把设计（或者是实际）的状态变量和嵌入式模型的状态变量之间的差异，也就是预测误差，变成为有界的。可以称上述过程为基于**不确定性**的状态预测器设计。

测量的模型误差和**卡尔曼滤波**（KF）的新息相似，前提是在设计模型的不确定性满足KF假设时：所有的当前和未来的不确定性来源在统计上独立于当前的模型状态。测量的模型误差与内模控制[20,24,28]反馈控制器的输入信号相同，但是正如文献［12］所指出的，对信号的处理有所不同。与嵌入式模型控制体系结构更相似的是自抗扰控制（ADRC）[22-23]。文献［13］中有嵌入式模型控制和自抗扰控制的案例比较。

3. 参考动力学和基于模型的控制

$\{\boldsymbol{x}_c,\boldsymbol{u}\}$的参考$\{\boldsymbol{x}_r,\boldsymbol{u}_r\}$表示参考动力学的状态和输入向量，通过重复可控部分的动力学，如图14.1所示可以看出，它是嵌入式模型的一部分。参考输入通常由一个非线性的最优反馈律合成得到，由输出误差$\boldsymbol{r}-\boldsymbol{y}_r$驱动，其中$\boldsymbol{r}$为参考信号，$\boldsymbol{y}_r$为参考动态输出。$\boldsymbol{r}$可以由地面站、上层逻辑或环境测量提供（如11.3节）。

另一个原则是预测$\boldsymbol{u}_r(i+1)$的控制律的设计，是基于模型的。只有*嵌入式模型状态变量*（可控、扰动和参考状态变量）进入控制律，因为它们可以被一步预测。在13.6.3节结束时提到过的$\boldsymbol{e}_m$的动态函数可以包含在控制律中，但是本书中并没有采用这种扩展。参考指令$\boldsymbol{u}_r(i)$也是状态变量的函数，因为它是作为11.3节中LORF坐标系加速度的动态反馈输出。原则上，基于模型的设计应该忽视不确定性，只关注经典分离定理的性能指标的实现。实际上，控制律设计必须在不降低状态预测性能的前提下，受到状态预测动力学的约束。这种*序贯设计*（sequential design）在13.5.4节中被称为*标准设计*（standard design），在运行中具有可验证的特性，并且测量的跟踪误差（嵌入式模型和参考变量之间的差异）在数值上为零（参见13.6.3节）。序贯设计可以进行迭代。

4. 极点配置

根据上述原则，总控制器（本书不包括FDIR函数）是三个闭环系统的集合：①状态预测器，由嵌入式模型和输出到噪声的反馈（噪声估计器）组成；②跟踪回路，由可控动力学和状态-命令反馈组成；③参考闭环，包括参考动力学和输出-输入反馈。尽管它们可能都是非线性的，但将输入非线性项$\boldsymbol{h}(\boldsymbol{x}_c)$作为已知/未知扰动进行处理，

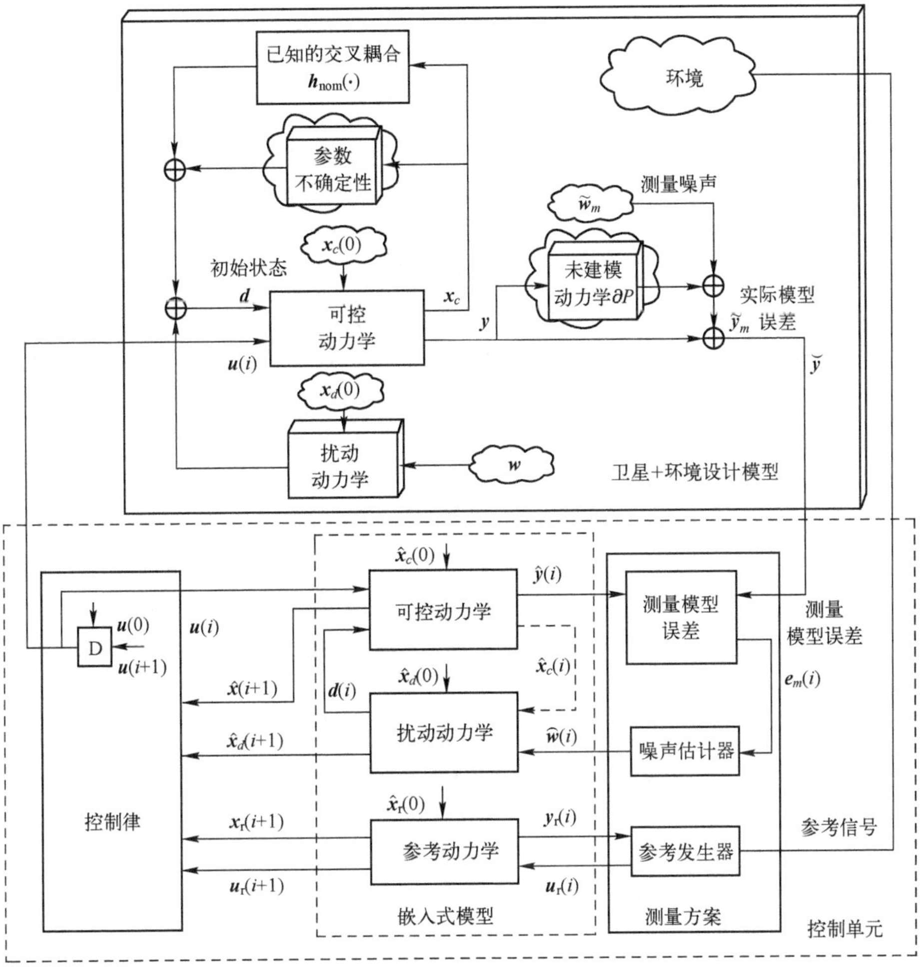

图 14.1　设计模型和控制单元的基本框图

并将闭环方程转换为线性时不变（LTI）误差方程，可以使 LTI 反馈系统及其极点配置变得可以实现。极点配置是该方法的一个关键环节，该方法利用闭环灵敏度和补灵敏度的渐近表达式，自动、独立地给出反馈增益值。目的是给出闭环离散时间补特征值 $\gamma_k = 1-\lambda_k, k=1,2,\cdots,n$ 的解析边界，（相关频率 f_k 可以通过 $2\pi f_k T \cong \gamma_k$ 得到）以及传感器与执行器的误差。可以通过文献里更复杂的实验或仿真优化，来进行检验与改进。渐近设计不应与文献[1,26]的高增益设计相混淆。实际上，渐近线定义在低频（LF）和高频（HF），HF 表示低于奈奎斯特频率。

5. 基于不确定性和基于模型的串行设计

串行设计的原理是将实际的跟踪误差 $\widetilde{x}_r = x_c + Qx_d - x_r$ 和 $\widetilde{y}_r = y - y_r$（定义参见 13.5.1 节）进行分解编码，误差由预测误差 $\widetilde{x}_c$（可控动力学）和 $\widetilde{x}_d$（扰动动力学）以及测量跟踪误差 $e_r = \hat{x}_c + Q\hat{x}_d - x_r$ 组成。

$$\begin{aligned}\widetilde{x}_r &= \widetilde{x}_c + Q\,\widetilde{x}_d + e_r \\ \widetilde{y}_r &= \widetilde{y} + \hat{y} - y_r = \widetilde{y} + C_c(\hat{x}_c + Q\,\hat{x}_d - x_r) + (C_d - C_c Q)\hat{x}_d = \widetilde{y} + C_c e_r,\end{aligned} \tag{14.3}$$

假设 $C_c=F_c, C_d=F_d, C_d-C_cQ=0$ [如 13.5.3 节的式 (13.107) 所示]。通过 y 和$\hat{y}$，预测误差会受航天器的不确定性所影响，这表明状态预测应该区分因果和参数不确定性 (causal and parametric uncertainty) (因为航天器，被设计模型所抵消) 和结构不确定性 (structural uncertainty) (未建模的动力学)。结构不确定性没有纳入嵌入式模型。这些统称为基于不确定性的设计 (uncertainty-based design)。不确定性这一术语具有广泛的含义，因为它可能包含已知的组分和动力学，这些组分和动力学被自动排除在嵌入式模型之外，而不是设计模型之外。此外，测量的跟踪误差只取决于模型变量，即嵌入式模型和参考动力学的变量，这些变量可以强制认为相同 (通过基于模型的设计)。在现实中，主要因为因果不确定性引起残余随机波动，误差不可能为零，这也会影响预测和参考变量。要达到所设计的目标，需要选择合适的传感器和执行器，将测量的跟踪误差波动控制在误差分量的量化水平之下 (数值零的定义在 13.6.3 节)。

本书介绍的大多数嵌入式模型控制算法都已在文献 [2, 3, 4, 6, 7, 9] 中提到的地面试验和原型机中进行了测试。GOCE 卫星 (科学阶段，第 12 章中的 DFM) 在阶段 A/B 中进行全推进的无拖曳和姿态控制的设计，在 12.5.6 节到 12.5.10 节和文献 [8,10] 中进行介绍。由于 21 世纪初的电推技术还不成熟，所以用低噪声磁力矩器取代电微推器作为 GOCE 卫星上的姿态执行器。嵌入式模型控制设计已经列入欧洲下一代重力场卫星任务的可行性研究[14-15]。

14.2 模型和不确定性

14.2.1 模型和不确定性的设计

设计模型是 13.6.1 节中式 (13.127) 的仿射系统，模型误差$\breve{\boldsymbol{y}}_m$可以分解成测量误差 $\boldsymbol{w}_m$ 和未建模动力学输出$\partial P(y)$的和。再次重复相关状态方程和输出方程：

$$\begin{aligned}&\boldsymbol{x}(i+1)=A\boldsymbol{x}(i)+B(\boldsymbol{u}(i)+\boldsymbol{h}(\boldsymbol{x}_c))+\boldsymbol{G}\boldsymbol{w}(i), \boldsymbol{x}(0)=\boldsymbol{x}_0\\&\breve{\boldsymbol{y}}(i)=\boldsymbol{y}(i)+\widetilde{\boldsymbol{w}}_m(i)+\partial P(\boldsymbol{y}), \boldsymbol{y}(i)=C\boldsymbol{x}(i)\end{aligned} \tag{14.4}$$

矩阵和向量：

$$\boldsymbol{x}=\begin{bmatrix}\boldsymbol{x}_c\\\boldsymbol{x}_d\end{bmatrix},\quad \boldsymbol{A}=\begin{bmatrix}A_c & H_c\\0 & A_d\end{bmatrix},\quad \boldsymbol{B}=\begin{bmatrix}B_c\\0\end{bmatrix},\quad \boldsymbol{G}=\begin{bmatrix}G_c & 0\\0 & G_d\end{bmatrix},\quad \boldsymbol{w}=\begin{bmatrix}\boldsymbol{w}_c\\\boldsymbol{w}_d\end{bmatrix},\quad \boldsymbol{C}=[C_c \quad C_d] \tag{14.5}$$

在 13.6.1 节中，假设式 (14.4) 为 n_u个并行的 SISO 子系统，交叉耦合包含在 $\boldsymbol{h}(\boldsymbol{x}_c)$ 中，在通用的子系统中用下标 j 来区分。

不确定源 (图 14.1 中的云形图标，或者如 13.6.1 节所示) 的清单如下所示：

(1) 初始状态 $\boldsymbol{x}_0$是未知的，通常由状态预测器在闭环特征值确定的时间间隔内得到。带有小视场 (FoV) 的姿态传感器，如星敏感器，是通过太空定向实现初始化。大视场传感器，如粗精度太阳地球传感器，不需要进行特定的初始化，但是需要进行标定。磁强计也需要进行初始化。因为航天器与发射装置分离后，第一次机动是消旋或章动阻尼，所以只有角速率传感器是必要的，但它们的测量范围必须与预期的初始速率相匹配。当航天器本体需要与另一个航天器对准时，必须进行更复杂的初始化[14]。

(2) 因果不确定性由输入噪声 $\boldsymbol{w}$ 和测量误差 $\widetilde{\boldsymbol{w}}_m$ 表示。为了将 $\boldsymbol{w}_m$ 限制为零均值白噪声，扰动动力学中需包含传感器的零偏和漂移，详见 6.6 节（关于陀螺仪）和 11.2 节（关于加速度计）。

(3) 参数不确定性用交叉耦合项 $\boldsymbol{h}(\boldsymbol{x}_c)=\boldsymbol{h}_{\text{nom}}(\boldsymbol{x}_c)+\widetilde{\boldsymbol{h}}(\boldsymbol{x}_c)$ 表示，其中 $\widetilde{\boldsymbol{h}}(\boldsymbol{x}_c)$ 是未知部分，这已经在 4.8 节和 13.6.1 节中讨论过，也会在 14.3.1 节中再次讨论。在本章和大多数教科书中，交叉耦合项是完全未知的，即 $\boldsymbol{h}_{\text{nom}}(\boldsymbol{x}_c)=0$。

(4) 未建模的动力学项 $\partial P(\boldsymbol{y})$ 是由模型输出 $\boldsymbol{y}$ 驱动的动力学算子，简化为 LTI 和 Hurwitz。原则上 $\partial P(\boldsymbol{y})$ 应该由 $\boldsymbol{x}_c$ 驱动，但是它可以反演设计等式关系 $\boldsymbol{x}_c(z)=Y(z)\boldsymbol{y}(z)$，其中 $Y(z)$ 是 Hurwitz，且具有足够宽的带宽，在高频不会失真。用 $\boldsymbol{d}_y$ 表示输入的不确定性对输出的影响，假设 $n_u=n_y$，从 $\boldsymbol{u}$ 到 $\breve{\boldsymbol{y}}$ 的线性时不变链路，可以写成。

$$\begin{aligned}\breve{\boldsymbol{y}}(z)&=P(z)\boldsymbol{u}(z)+\boldsymbol{d}_y(z)+\boldsymbol{w}_m(z)\\P(z)&=(\partial P(z)+I)M(z)\Rightarrow\partial P(z)=M^{-1}(z)P(z)-I\end{aligned}\tag{14.6}$$

其中，$M(z)=C_z(zI-A_c)^{-1}B_c$，因为存在未建模动力学，$P(z)$ 的阶次大于 M，$M^{-1}P$ 严格因果，∂P 是因果的。考虑第 j 个子系统，因为相对阶次不同，应该期望 $\lim\limits_{|f|\to f_{\max}}\|M_j^{-1}(jf)P_j(jf)\|_\infty\ll 1$，因此如图 14.2 所示 $\lim\limits_{|f|\to f_{\max}}\|\partial P_j(if)\|_\infty\cong 1$。第一种偏离单位极限的情况是 $\partial P_j(z)=z^{-r_j},r_j\geqslant 1$，在这种情况下 $\lim\limits_{|f|\to f_{\max}}\|\partial P_j(if)\|_\infty\leqslant 2$。第二种偏离是因为忽略 $P_j(jf)$ 在频率为 f_{jk}，$k=1,2,\cdots$，特别是 $f_{jk}\to f_{\max}$（当 $f_{i1}<f_{\max}$ 时的单一谐振模型如图 14.2 所示）上的谐振模式。在这种情况下超调可能是任意大，取决于共振阻尼比和共振频率分布。式（14.6）被忽略的动力学 ∂P 表示在频域内的分式型输入-输出误差。因此 ∂P 可以称为分式型误差动力学。

分式型误差动力学的性质如下。

假设 $\partial P(z)$ 是 Hurwitz 稳定（也是 BIBO 稳定的，详见 13.2.2 节和 13.3.3 节）。$\partial P(z)$ 是 Hurwitz 稳定的充分必要条件如下：

(1) $P(z)$ 和 $M(z)$ 的不稳定极点分别是 $\lambda_k(P)$ 和 $\lambda_k(M)$，$|\lambda_k(P)|\geqslant 1,|\lambda_k(M)|\geqslant 1$ 且互相抵消。

(2) $M(z)$ 的传递零点是 $z_k(M)$（详见 13.2.2 节），$\det(C_c\text{adj}(zI-A_c)B_c)$ 在单位圆外的根，z_k 被 $P(z)$ 的零点抵消。事实上，$M(z)$ 的传递零点变成 $\partial P_j(z)$ 的极点，证明如下。

$$\det M^{-1}(z)=(\det M(z))^{-1}=\frac{\det(zI-A_c)}{\det(C_c\text{adj}(zI-A_c)B_c)}\tag{14.7}$$

上述第（1）条中提到的不稳定极点的消除，初看是一个强假设。考虑以下设计和嵌入式模型方程的标量示例：

$$\begin{aligned}&P:x_c(i+1)=x_c(i)+\varepsilon x_c(i)+b_{nom}(1+\partial b)u(i)+d(i),\quad \varepsilon>0\\&M:\hat{x}_c(i+1)=\hat{x}_c(i)+b_{nom}u(i)+\hat{d}(i)\end{aligned}\tag{14.8}$$

这意味着不稳定分式型误差 $\partial P(z)=(\varepsilon+\partial b(z-1))(z-1-\varepsilon)^{-1}$。恢复 Hurwitz 稳定假设的方法是将式（14.8）的第一个方程中的极点差异项 εx_c 作为参数不确定项，即 $h(x_c)=$

εx_c。因此不管 $h(x_c)$ 是已知还是未知的，$h(x_c)$ 都会被式（14.8）中的第二个式中的 $\hat{d}$ 所吸纳，$\partial P(z)=\partial b$ 成为 BIBO。综上所述，$\partial P(z)$ 在建模阶段已确保为 BIBO，具体通过扰动模型的设计得以保证（一般是通过不确定性类的定义）。关于不稳定极点的消去，同样可以考虑采用消去单位圆外零点的方法。

回顾前几章，特别是第 7 章，可以知道，除了航天器围绕主惯量轴旋转时，姿态动力学本身是不稳定的。只有当压心相对于质心（CoM）处于适当的位置时，重力梯度力矩和空气动力力矩才不会加剧不稳定性。在所有这些情况下，嵌入式模型的设计是基于在原点有 6 个极点的 LTI 误差方程。回转误差、重力梯度、气动力矩和磁力矩误差，都被视为未知扰动。

∂P 是 BIBO 的假设，并不能排除 ∂P 成为整个闭环系统不稳定的来源。事实上，部分的整体闭环极点是 $1+V(z)\partial P(z)$ 的零点，其中 V 是 13.6.3 节定义的整体补灵敏度。

为了得到更精确的结果，需要在连续时间条件下定义分式型误差动力学 ∂P。在 LTI 假设下，可以借助于拉普拉斯变换将 $M(z)$ 转换成零阶保持插值型传递函数 $M^*(s)$[21]，$M^*(s)$ 定义为

$$M^*(s)=\frac{1-\exp(-sT)}{sT}M(\exp(sT)) \tag{14.9}$$

若 $\lim_{|f|\to f_{\max}}|\partial P(\mathrm{i}f)|\cong 1$，则连续与离散的幅值大小差异不明显，如图 14.2 所示，若 $f_{\max}=$ 50Hz，开环幅值和辐角分别代表在方程式（14.20）和式（14.21）分式型误差的姿态和角速率。在闭环图中分式型误差是由相关补灵敏度 $\widetilde{V}_x(\mathrm{i}f)$，$x=\theta,\omega$ 滤波而来的。

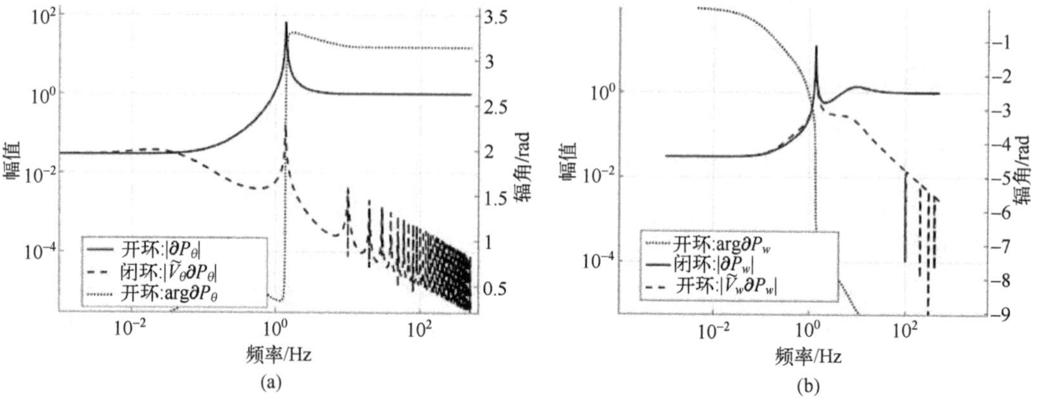

图 14.2　分式型误差（开环和闭环）的幅度和辐角

（a）分式型误差的幅度 $\partial P_\theta(\mathrm{i}f)$；（b）分式型误差的辐角 $\partial P_\omega(\mathrm{i}f)$。

嵌入式模型以式（14.4）为设计模型，但不包括参数不确定性、忽略动力学和测量噪声，可以写成

$$\begin{aligned}&\hat{\boldsymbol{x}}(i+1)=A\hat{\boldsymbol{x}}(i)+B(\boldsymbol{u}(i)+\boldsymbol{h}_{\text{nom}}(\hat{\boldsymbol{x}}_c))+G\widehat{\boldsymbol{w}}(i),\hat{\boldsymbol{x}}(0)=\hat{\boldsymbol{x}}_0\\&\hat{\boldsymbol{y}}(i)=C\hat{\boldsymbol{x}}(i)\end{aligned} \tag{14.10}$$

其中预测符号^和估计符号⌒，区分设计模型变量和嵌入式模型变量。

14.2.2 设计嵌入式模型的案例分析

前几章主要是将三维状态方程解耦为 SISO 方程来进行状态预测和控制设计。这表明本章所研究的案例：航天器绕惯性轴向旋转问题，是一个单自由度姿态问题。在旋转机动和柔性部件姿态控制的条件下，本来应该有专门的章节进行介绍。本节仅要求航天器进行角度机动，并假设姿态传感器位于柔性部件上。这种假设是具有挑战性的，据作者所知，这种假设在空间应用中从未遇到过，因为姿态传感器一般会牢固地安装在航天器的机身上。可以假设由于主要的姿态传感器故障，迫使使用一个最初为某个柔性部件的定向而设计的传感器/载荷。假定在航天器主体上安装有陀螺仪，使偶然性故障变得不那么严重。

1. 模型设计

用 θ_s 和 $\omega_s=\dot{\theta}_s$ 分别表示航天器机体的姿态角和角速度。J 是航天器机体的转动惯量。$M_u=b_u u$ 是指令力矩，其中 $u(i)$ 是数字指令，在 $-N_u\leqslant u<N_u$ 范围内，其中 N_u 为整数指令边界。M_{ds} 和 M_{da} 是未知的力矩，包括空气动力学、执行器噪声和部件的内部力矩。$h(\boldsymbol{\theta},\boldsymbol{\omega},\cdots)$ 是航天器机身（回转力矩、重力梯度仪力矩、反作用飞轮上动量管理的磁力矩）的力矩，取决于机体的姿态和速度 $\{\boldsymbol{\theta},\boldsymbol{\omega}\}$。如果执行器是反作用轮，本章的分析忽略飞轮动量管理中的磁力矩，如 7.7 节所述。θ_{a} 和 ω_{a} 分别表示部件相对于旋转轴的姿态角和角速度。J_{a} 表示部件绕自转轴的转动惯量。$k_{\mathrm{a}}(\mathrm{N\cdot m/rad})$ 表示由航天器机体和部件连杆的弯曲而产生的扭转刚度。用扭矩的黏性系数 $f_{\mathrm{a}}(\mathrm{N\cdot m\cdot s})$ 来表示连杆那些太小而未知的摩擦力矩。通过部件上的姿态传感器采集 $t_k=kT_{\mathrm{a}}$ 时的姿态角 $\breve{\theta}_{\mathrm{a}}(t_k)$ 和 $t_i=iT$ 时的角速度 $\breve{\omega}_s(t_i)$ 来进行姿态测量。假设部件与航天器机身重合。一般来说，假设姿态角 $\breve{\theta}_{\mathrm{a}}(t_k)$ 与参考姿态 θ_r 是一致的，除非增加传感器的误差。k 和 i 之间的时间关系可以通过 $t_{i(k)}=i(k)T=kNT=kT_{\mathrm{a}}$ 来表示，其中 $T_{\mathrm{a}}=NT$。$\tilde{\theta}_m$ 和 $\tilde{\omega}_m$ 分别表示姿态和角速度误差，分别受到漂移和偏差的影响［在式（14.11）中没有明确表示，但是在设计和仿真中考虑了］，设计模型的状态方程和输出方程如下所示：

$$
\begin{aligned}
&\dot{\theta}_s(t)=\omega_s\\
&\dot{\omega}_s(t)=J_s^{-1}(k_{\mathrm{a}}(\theta_{\mathrm{a}}-\theta_s)+f_{\mathrm{a}}(\omega_{\mathrm{a}}-\omega_s)+M_{ds}+h_s(\boldsymbol{\theta},\boldsymbol{\omega},\omega_{\mathrm{a}})+b_u u(t-\tau_u))\\
&\dot{\theta}_{\mathrm{a}}(t)=\omega_{\mathrm{a}}\\
&\dot{\omega}_{\mathrm{a}}(t)=J_{\mathrm{a}}^{-1}(-k_{\mathrm{a}}(\theta_{\mathrm{a}}-\theta_s)-f_{\mathrm{a}}(\omega_{\mathrm{a}}-\omega_s)+M_{da})\\
&\theta_s(0)=\theta_{s0},\omega_s(0)=\omega_{s0},\theta_{\mathrm{a}}(0)=\theta_{\mathrm{a}0},\omega_{\mathrm{a}}(0)=\omega_{\mathrm{a}0}\\
&\breve{\theta}_{\mathrm{a}}(t_k)=\theta_{\mathrm{a}}(t_k-\tau_\theta)+\tilde{\theta}_m(t_k)\\
&\breve{\omega}_s(t_i)=\omega_s(t_i-\tau_\omega)+\tilde{\omega}_m(t_i)
\end{aligned}
\tag{14.11}
$$

其中，τ_u 为二阶执行器动力学响应时间（角频率 ω_u，阻尼系数 ζ_u），τ_θ 和 τ_ω 分别是部件姿态传感器和陀螺仪的延迟。式（14.11）是 4.7.2 节中的多体方程（4.143）的 SISO 版本。有如下关系：

$$
K\eta=k_{\mathrm{a}}(\theta_{\mathrm{a}}-\theta_s),\quad Fv=f_{\mathrm{a}}(\omega_{\mathrm{a}}-\omega_s),\quad M\dot{v}=J_{\mathrm{a}}(\dot{\omega}_{\mathrm{a}}-\dot{\omega}_s),\quad H\dot{\omega}=J_{\mathrm{a}}\dot{\omega}_s \tag{14.12}
$$

为了分离嵌入式模型和未建模的动力学项，定义加权平均和差值型的角度和角速度：

$$\omega=\mu\omega_s+(1-\mu)\omega_{\mathrm{a}},\quad \theta=\mu\theta_s+(1-\mu)\theta_{\mathrm{a}},\quad \Delta\omega=\mu(\omega_{\mathrm{a}}-\omega_s),\quad \Delta\theta=\mu(\theta_{\mathrm{a}}-\theta_s) \tag{14.13}$$

其中，$\mu=J_s/J$，$J=J_s+J_{\mathrm{a}}$。如果假设部件可以通过适当的执行器重新调整位姿，那么部件的惯量可以写成 $J_{\mathrm{a}}=J_{\mathrm{a,nom}}(1+\partial J_{\mathrm{a}})$，其中$\partial J_{\mathrm{a}}$为任意方向的惯量变化。

练习 1

证明式（14.13）的状态变换，将式（14.11）变为

$$\begin{bmatrix}\dot{\theta}\\ \dot{\omega}\\ \Delta\dot{\theta}\\ \Delta\dot{\omega}\end{bmatrix}(t)=\begin{bmatrix}0&1&0&0\\0&0&0&0\\0&0&0&1\\0&0&-\omega_{\mathrm{a}}^2&-2\zeta_{\mathrm{a}}\omega_{\mathrm{a}}\end{bmatrix}\begin{bmatrix}\theta\\ \omega\\ \Delta\theta\\ \Delta\omega\end{bmatrix}+\frac{1}{J}\begin{bmatrix}0\\1\\0\\-1\end{bmatrix}(b_u u+M_d)+\begin{bmatrix}0\\0\\0\\1\end{bmatrix}\frac{M_{da}}{J_{\mathrm{a}}} \tag{14.14}$$

$$\breve{\theta}_{\mathrm{a}}(t_k)=\theta+\Delta\theta+\tilde{\theta}_m$$

$$\tilde{\omega}_s(t_i)=\breve{\omega}-\frac{1-\mu}{\mu}\Delta\omega+\tilde{\omega}_m$$

不考虑指令延迟和测量延迟，且有：

$$\omega_{\mathrm{a}}^2=(J_s^{-1}+J_{\mathrm{a}}^{-1})k_{\mathrm{a}},\quad 2\zeta_{\mathrm{a}}\omega_{\mathrm{a}}=(J_s^{-1}+J_{\mathrm{a}}^{-1})f_{\mathrm{a}},\quad M_d=M_{ds}+M_{da}+h(\cdot) \tag{14.15}$$

综上所述，方程式（14.14）与航天器刚体动力学（对应于前两个方程）和阻尼振子（对应于后两个方程）是并行的，都是由相同的指令 u 驱动的。

2. 嵌入式模型

嵌入式模型是 $t_i=iT$ 时刻刚体动力学的离散形式。它由扰动动力学和陀螺仪偏置/漂移构成。M_d 表示扰动动力学，陀螺仪的偏置/漂移，隐含在$\tilde{\omega}_m$中。嵌入式模型和 7.3.4 节中的式（7.83）表示的状态预测器相同，可以写成

$$\begin{bmatrix}\hat{\theta}\\ \hat{x}_b\\ \hat{\omega}_d T\\ \hat{x}_d\end{bmatrix}(i+1)=\begin{bmatrix}1&1&1&0\\0&1&0&0\\0&0&1&1\\0&0&0&1\end{bmatrix}\begin{bmatrix}\hat{\theta}\\ \hat{x}_b\\ \hat{\omega}_d T\\ \hat{x}_d\end{bmatrix}(i)+\begin{bmatrix}0\\0\\b\\0\end{bmatrix}u(i)+\begin{bmatrix}0&0&0\\1&0&0\\0&1&0\\0&0&1\end{bmatrix}\begin{bmatrix}\hat{w}_b\\ \hat{w}_{\mathrm{a}}\\ \hat{w}_d\end{bmatrix}(i) \tag{14.16}$$

$$\breve{\theta}_{\mathrm{a}}(k)=\hat{\theta}(k)+e_{m\theta}(k)$$

$$\breve{\omega}_s(i)T=\hat{\omega}_d(i)T+e_{m\omega}(k)$$

对 7.3.4 节中的一些符号做细微的修改，陀螺仪负偏差从 b 变为 x_b，姿态测量模型误差从 e_m变为 $e_{m\theta}$。回想一下，$\hat{\omega}_d$是受陀螺仪偏置/漂移影响的**受污染的角速度**（dirty angular rate）。状态预测用^表示，噪声估计用符号⌒表示。指令增益 $b=T^2 b_{u,nom}/J_{nom}$是唯一的模型参数。除了 u 以外的其它变量都为角量。

练习 2

证明式（14.16）根据$\breve{\theta}_{\mathrm{a}}$测量值，是不可观测的。通过状态方程的姿态传感器的偏

置和漂移来改写式（14.16）。然后根据$\{\breve{\theta}_a, \breve{\omega}_s\}$来证明新的五阶方程是不可观测的。

状态方程式（14.16）是方程式（14.14）（前两个方程）中刚体动力学和受陀螺仪漂移与扰动力矩$M_d(t)$影响的总动力学的离散型简化转换。简单起见，只考虑刚体动力学

$$\begin{bmatrix}\dot{\theta}\\ \dot{\omega}\end{bmatrix}(t)=\begin{bmatrix}0 & 1\\ 0 & 0\end{bmatrix}\begin{bmatrix}\theta\\ \omega\end{bmatrix}+\begin{bmatrix}0\\ b_u/J\end{bmatrix}u+\begin{bmatrix}0\\ 1/J\end{bmatrix}M_d \tag{14.17}$$

并利用13.2.2节中的采样数据转换，结果为

$$\begin{bmatrix}\theta\\ \omega T\end{bmatrix}(i+1)=\begin{bmatrix}1 & 1\\ 0 & 1\end{bmatrix}\begin{bmatrix}\theta\\ \omega T\end{bmatrix}(i)+b\begin{bmatrix}1/2\\ 1\end{bmatrix}u(i)+\frac{T^2}{J}\begin{bmatrix}1-\eta\\ 1\end{bmatrix}\overline{M}_d(i) \tag{14.18}$$

$u(t)$的积分利用零阶保持插值，即$u(t)=u(i), t_i\leqslant t\leqslant t_{i+1}$，而平均扰动$\overline{M}_d(i)=T^{-1}\int_{t_i}^{t_{i+1}}M_d(\tau)\mathrm{d}\tau$，比例因子$1-\eta, 0\leqslant\eta\leqslant1$。式（14.16）的第一行和第三行的区别只在于命令矩阵和平均扰动，从$B_u=b[0,1]$变为$B_u=[1/2,1]$。若状态矩阵不变，特征值也不变。可控性的属性也不会改变。分式型误差$\partial P(z)$产生于式（14.16）和式（14.18）。

练习3

在$\overline{M}_d=0$时，用式（14.18）计算传递函数$P(z)=\theta(z)/u(z)$。然后，在$\hat{x}_b=\hat{x}_d=0$和式（14.16）为零噪声条件下，计算传递函数$M(z)=\hat{\theta}(z)/u(z)$。证明$\partial P(z)=M^{-1}P-1=(z-1)/2$

3. 分式型误差动力学

由于采用了一对测量值，即部件姿态传感器和航天器本体陀螺仪的测量值，因此必须找出两种不同的误差动力学关系。从姿态传感器的输出$\breve{\theta}_a(s)$开始。在零扰动和零测量误差下，传递函数$P_\theta(s)=\breve{\theta}_a(s)/u(s)$，由式（14.14）计算得到，

$$\begin{aligned}&P_\theta(s)=\frac{b_{\mathrm{nom}}(1+\partial b)}{T^2\exp(s\tau_\theta)}P_u(s)\left(\frac{1}{s^2}-P_a(s)\right)\\ &P_a(s)=\frac{1}{s^2+2\zeta_a\omega_a s+\omega_a^2}, P_u(s)=\frac{\omega_u^2}{s^2+2\zeta_u\omega_u s+\omega_u^2}\end{aligned} \tag{14.19}$$

其中，$b=b_{\mathrm{nom}}(1+\partial b)$。所有的不确定参数都是有界的，特别$|\partial b|\leqslant\partial b_{\max}, \zeta_a\geqslant\zeta_{a,\min}, \omega_a\geqslant\omega_{a,\min}, \zeta_u\geqslant\zeta_{u,\min}, \omega_u\geqslant\omega_{u,\min}, \tau_\theta\leqslant\tau_{\theta,\max}$。利用零测量误差和式（14.14），输出$\breve{\theta}_a$可以用$\theta+\Delta\theta$来代替，因此相关的误差动力学$\partial P_\theta$可以由以下传递函数给出：

$$\partial P_\theta(s)=\frac{\theta+\Delta\theta}{\hat{\theta}}(s)-1=\frac{P_\theta}{M_\theta^*}(s)-1, M_\theta^*(s)=\frac{\hat{\theta}}{u}(s)=\frac{1-\exp(-sT)}{sT}\frac{b_{\mathrm{nom}}}{(\exp(sT)-1)^2} \tag{14.20}$$

其中，$M_\theta^*(s)$是采样数据传递函数$M(z)=b_{\mathrm{nom}}(z-1)^{-2}$。

练习4

证明式（14.19），及$\lim_{s\to0}\partial P_\theta(s)=\partial b$。

在零干扰和零测量误差的情况下，给出第二种分式型误差动力学

$$\partial P_\omega(s)=\frac{\omega-(1-\mu)\mu^{-1}\Delta\omega}{\hat{\omega}_d}(s)-1 \tag{14.21}$$

请读者通过方程式（14.19）和式（14.20）来证明$\partial P_\omega(s)$的表达式。

用于设计和仿真的参数值是：

$$\omega_u \geqslant 50\text{rad/s},\quad \zeta_u \geqslant 0.7, \tau_\theta \leqslant 15\text{ms},\quad \tau_\omega \leqslant 10\text{ms}, |\partial b| \leqslant 0.09,\quad T=10\text{ms}, N=10$$
$$J_s \leqslant 900\text{kg}\cdot\text{m}^2,\quad J_a \leqslant 180\text{kg}\cdot\text{m}^2,\quad k_a \geqslant 11\text{N}\cdot\text{m/mrad},\quad f_a \geqslant 20\text{N}\cdot\text{ms} \tag{14.22}$$

图 14.2 为最坏情况下的相对开环误差幅值（实线）和幅角（虚线）。频段可以扩展到$f=10f_{\max}=500\text{Hz}$，表明$\lim\limits_{|f|\leqslant f_{\max}} \partial P_x(jf) \cong \lim\limits_{s\to\infty} \partial P_x(s)=1, x=\theta,\omega$。在两种情形下发现$\max\limits_{|f|\leqslant f_{\max}} |\partial P_x(jf)| \gg 1$。这些较大的超调量给 13.3.3 节中的小增益定理应用于下一节的$\widetilde{V}_x(z)\partial P_x(z)$带来了挑战。这两个图形还将在 14.3.4 节中进行研究，分析闭环幅值$|\widetilde{V}_x(jf)\partial P_x(jf)|$。

14.3 状态预测设计与不确定性

14.3.1 不确定性的设计方程

13.6.2 节中的式（13.131）是状态预测方程。式（13.136）是预测误差方程，再次重复如下。

$$\begin{aligned}&\widetilde{\boldsymbol{x}}(i+1)=\widetilde{F}\widetilde{\boldsymbol{x}}(i)-\widetilde{G}(\boldsymbol{d}_y(i)+\widetilde{\boldsymbol{y}}_m(i)), \widetilde{\boldsymbol{x}}(0)=\widetilde{\boldsymbol{x}}_0\\&\widetilde{\boldsymbol{y}}(i)=\widetilde{C}\hat{\boldsymbol{e}}(i)+\boldsymbol{d}_y(i)\end{aligned} \tag{14.23}$$

及传递函数等式

$$\widetilde{\boldsymbol{y}}(z)=-\widetilde{V}(z,\widetilde{\Gamma})\widetilde{\boldsymbol{y}}_m(z)+\widetilde{S}(z,\widetilde{\Gamma})\boldsymbol{d}_y(z), \widetilde{\Gamma}=\{\widetilde{\Gamma}_1,\cdots,\widetilde{\Gamma}_j,\cdots,\widetilde{\Gamma}_{n_u}\} \tag{14.24}$$

其中，$\widetilde{\Gamma}_j$是第j个子系统中的状态矩阵$\widetilde{\boldsymbol{F}}_j$的谱。式（14.23）表示的误差方程由两个信号驱动：输出扰动$\boldsymbol{d}_y$和模型误差$\widetilde{\boldsymbol{y}}_m$。这两个向量信号都受到 14.2.1 节的 4 个不确定类的影响。模型误差已经在式（14.4）中表示为

$$\widetilde{\boldsymbol{y}}_m(i)=\widetilde{\boldsymbol{w}}_m(i)+\partial P(\boldsymbol{y}) \tag{14.25}$$

输出扰动$\boldsymbol{d}_y$已经定义为 13.6.2 节中的式（13.134），由于必须考虑因$\boldsymbol{h}(\boldsymbol{x}_c)$引起的参数不确定性，所以需要在下文对它进行重新定义。

$$\begin{aligned}&\boldsymbol{x}_{yd}(i+1)=A\boldsymbol{x}_{yd}(i)+B\boldsymbol{h}(\boldsymbol{x}_c)+G\boldsymbol{w}(i), \boldsymbol{x}_y(0)=\boldsymbol{x}_{y0}\\&\boldsymbol{d}_y(i)=C\boldsymbol{x}_{yd}(i)\end{aligned} \tag{14.26}$$

其中，状态向量$\boldsymbol{x}_{yd}=[\boldsymbol{x}_y,\boldsymbol{x}_d]$，噪声向量$\boldsymbol{w}$在式（14.5）中与四元矩阵$\{A,B,G,C\}$一起定义。实际应用中，$\boldsymbol{d}_y$是整个未知源$\boldsymbol{w}_c,\boldsymbol{w}_d,\boldsymbol{h}(\boldsymbol{x}_c)=\widetilde{\boldsymbol{h}}(\boldsymbol{x}_c)$的输出响应，因为在前几章中假设$\boldsymbol{h}_{\text{nom}}(\boldsymbol{x}_c)=0$。回顾 13.5 节和 13.6 节，$\boldsymbol{h}(\boldsymbol{x}_c)$通过式（13.108）和式（13.142）中的控制律被确切抵消了。在这里采取保守和相反的立场：$\boldsymbol{h}(\boldsymbol{x}_c)$是未知的。关于传递函数可以写成

$$\begin{aligned}&\boldsymbol{d}_y(z)=D(z)\boldsymbol{w}(z)+M(z)\boldsymbol{h}(z)\\&D(z)=C(zI-A)^{-1}G, M(z)=C_c(zI-A_c)^{-1}B_c\end{aligned} \tag{14.27}$$

其中，M是可控传递函数，$D(z)$（不要与 LTI 状态方程的输入-输出矩阵$\boldsymbol{D}$混淆）为从噪声到输入扰动的传递函数，$\boldsymbol{h}(\boldsymbol{x}_c)$曾经暂时被当作信号，它的$z$变换为$\boldsymbol{h}(z)$。

下一步是在式（14.24）中明确输入和输出不确定性与预测误差$\tilde{\boldsymbol{y}}=\boldsymbol{y}-\hat{\boldsymbol{y}}$的关系。

（1）利用式（14.3），将设计模型的输出值$\boldsymbol{y}$分解成参考输出$\boldsymbol{y}_r$、$\hat{\boldsymbol{y}}$及测量跟踪误差三项的和。假设$\boldsymbol{y}_r$相对于$\tilde{\boldsymbol{y}}$独立。测量跟踪误差为$\boldsymbol{\eta}_r=C_c e_r$（如13.5.1节中的表13.2所示）：

$$\begin{aligned}&\boldsymbol{y}=\boldsymbol{y}_r+\tilde{\boldsymbol{y}}+\boldsymbol{\eta}_r\\&\tilde{\boldsymbol{y}}(z)=-\tilde{V}(z)\tilde{\boldsymbol{y}}_m(z)+\tilde{S}(z)\boldsymbol{d}_y(z),\boldsymbol{\eta}_r(z)=S_w(z)(\tilde{\boldsymbol{y}}_m(z)+\boldsymbol{d}_y(z))\end{aligned}\tag{14.28}$$

做一个重要的假设，即测量跟踪误差$\boldsymbol{\eta}_r$与$\tilde{\boldsymbol{y}}$相互独立，只会受到13.5节和13.6节中所述的因果不确定性的影响。这一假设使得从状态预测器到控制律设计的顺序极点配置可行，同时也成为极点配置本身所要达到的目标。事实上参数不确定性$\boldsymbol{h}(\boldsymbol{x}_c)$和未建模的动力学项$\partial P(\boldsymbol{y})$都不会影响$\hat{\boldsymbol{x}}_c$、$\hat{\boldsymbol{x}}_d$，因此$\boldsymbol{e}_r=\hat{\boldsymbol{x}}_c+Q\hat{\boldsymbol{x}}_d-\boldsymbol{x}_r$。在理想条件下$\boldsymbol{h}(\boldsymbol{x}_c)$是完全可以预测的，并能通过13.6.3节中式（13.142）中的$\boldsymbol{u}$而抵消，$\partial P(y)$被防止从测量模型误差$\boldsymbol{e}_m$先后溢出到噪声估计器和状态预测器。如果式（14.38）中的稳定裕度η^{-1}足够大，则在实际应用中可以接近先前的理想状态。因此根据式（14.28）中传感器测量噪声和残余输出扰动的统计特性，可以得到$\boldsymbol{\eta}_r$和$\tilde{\boldsymbol{y}}$的关系。假设$\boldsymbol{\eta}_r$和$\tilde{\boldsymbol{y}}$是二阶零均值平稳过程，$\boldsymbol{\eta}_r$与$\tilde{\boldsymbol{y}}$之间的功率谱密度为$\tilde{S}_{\eta y}(jf)$，也就是协方差$\mathcal{E}\{\boldsymbol{\eta}_r(i)\tilde{\boldsymbol{y}}^T(i+k)\}$的傅里叶变换，可以表达成$\tilde{S}_{\eta y}(jf)=S_\omega(jf)(-\tilde{S}_m^2(f)\tilde{V}^T(-jf)+\tilde{S}_d^2(f)\tilde{S}^T(-jf))$。在这个表达式中$\tilde{S}_m^2$代表测量噪声分量$\tilde{\boldsymbol{w}}_m$和$\tilde{\boldsymbol{y}}_m$的功率谱密度，$\tilde{S}_d^2$是受式（14.4）中$\boldsymbol{w}$驱动的输出扰动$\boldsymbol{d}_y$的随机分量。此外假设$\tilde{\boldsymbol{w}}_m$和$\boldsymbol{d}_y$是不相关的。如果限制在低频带宽，可以忽略灵敏度$\tilde{S}$滤波后的分量并且$\tilde{V}(jf)\cong 1$，功率谱密度可以简化成$\tilde{S}_{\eta y}(jf)\cong -S_w(jf)\tilde{S}_m^2(f)$，可以把它写成一个近似范数等式$\|\tilde{S}_{\eta y}(jf)\tilde{S}_m^2(f)\|_\infty\cong\|S_w(jf)\|_\infty$（PSD是关于$f$的复函数，具有幅度和幅角）。13.6.3节中典型设计的目标是$\|S_w\|_\infty\leqslant\eta_w<1$，因此预测误差和测量跟踪误差之间的相关性可以忽略不计。因此，将$\tilde{\boldsymbol{y}}$、$\boldsymbol{\eta}_r$进行分离，分解的模型误差如下所示。

$$\tilde{\boldsymbol{y}}_m(z)=\partial P(z)(\tilde{\boldsymbol{y}}(z)+\partial P(z)(\boldsymbol{y}_r(z)+C_c\boldsymbol{e}_r(z))+\tilde{\boldsymbol{w}}_m(z)\tag{14.29}$$

（2）交叉耦合项$\boldsymbol{h}(\boldsymbol{x}_c)$，假设$\dim\boldsymbol{h}=n_u,\dim\boldsymbol{x}_c=n_c$是部分有界非线性的[25]，

$$-\boldsymbol{h}_j^T\boldsymbol{x}_c\leqslant h_j(\boldsymbol{x}_c)\leqslant\boldsymbol{h}_j^T\boldsymbol{x}_c,\quad \boldsymbol{h}_j^T=[h_{j1}\ \cdots\ h_{jl}\ \cdots\ h_{jn_c}],\quad j=1,\cdots,n_u,\tag{14.30}$$

其中，$h_{jl}\geqslant 0,h_{j\max}=\max_l\{h_{jl}\}$，正式地写成

$$-H^T\boldsymbol{x}_c\leqslant\boldsymbol{h}(\boldsymbol{x}_c)\leqslant H^T\boldsymbol{x}_c,\quad H=[\boldsymbol{h}_1\ \cdots\ \boldsymbol{h}_j\ \cdots\ \boldsymbol{h}_{n_u}]\tag{14.31}$$

根据前面的解耦假设，式（14.27）中的$M(z)$是对角的，即$M(z)=\mathrm{diag}(M_1,\cdots,M_j,\cdots,M_{nu})$，其中$j$表示通用子系统。假设可以找到一个$n_u\times n_u$的开环因果型传递矩阵$Y(z)$，例如

$$\begin{aligned}&\|\boldsymbol{h}(\boldsymbol{x}_c)\|_2\leqslant\|H^T\boldsymbol{x}_c\|_2\leqslant\|Y(jf)\|_\infty\|\boldsymbol{y}\|_2\\&\|\boldsymbol{h}_y(\boldsymbol{x}_c)\|_2\leqslant\|M(jf)Y(jf)\|_\infty\|\boldsymbol{y}\|_2=\|\partial H(jf)\|_\infty\|\boldsymbol{y}\|_2\end{aligned}\tag{14.32}$$

其中，$\boldsymbol{h}_y(\cdot)$是$\boldsymbol{h}(\cdot)$对$\boldsymbol{d}_y$的贡献，$\partial H_{jk}(z)=M_{jk}(z)Y_{jk}(z)$是参数不确定性的第$jk$分式型传递函数，其中$j=1,\cdots,n_u,k=1,\cdots,n_u,M_{jj}=M_j$，当$j\neq k$时$M_{jk}=0$。式（14.32）第二行的输入输出范数关系，允许将式（14.27）的第一行在最坏情况下用$\partial H(z)\boldsymbol{y}(z)$代替$M(z)\boldsymbol{h}(z)$，可以写成

$$\boldsymbol{d}_y(z)=D(z)\boldsymbol{w}(z)+\partial H(z)\boldsymbol{y}(z)\tag{14.33}$$

根据条件，$\partial H(z)$只能用在如式（14.32）所示的输入输出范数关系中。在几个扰动（回转加速度、引力梯度力矩）对$\boldsymbol{h}(\cdot)$的影响的情况下，$\partial H(z)$可以分解为几个传

递函数的和。考虑传递矩阵 $Y(z)$ 的一个对角分量 $Y_{jj}(z)$，当 $h_j(\boldsymbol{x}_c)$ 是输出 y_j 导数的函数时，$Y_{jj}(z)$ 是高通的；认为 $y_j=\theta,\cdots-h_{jj}\dot{y}_j-\cdots\leqslant h_j(\boldsymbol{x}_c)\leqslant\cdots+h_{jj}\dot{y}_j+\ldots,\dot{y}_j=\omega=\dot{\theta}$。当对输出进行积分得到状态变量时，$Y_{jj}(z)$ 是严格因果的；认为 $,y_j=\omega=\dot{\theta},\cdots-h_{jj}\theta-\cdots\leqslant h_j(\boldsymbol{x}_c)\leqslant\cdots+h_{jj}\theta+\cdots$。因此假设在整个频段 $|f|\leqslant f_{\max}$ 上，$|Y_{jj}(jf)|$ 以渐近线 $|Y_{jj\infty}(f)|\leqslant h_{jj}(f/f_{yjj})^{v_j}$ 为界，其中 h_{jj} 是式（14.30）中的边界尺度因子，$v_j>0$ 时 $Y_{jj}(z)$ 为高通，$v_j\leqslant 0$ 时则相反。也假设 $|v_j|\leqslant\rho_j$，其中 ρ_j 是 $M_j(z)$ 的离散相对阶数。最后将类似的渐近线边界扩展到 $\partial H(z)$ 的一般元素 $\partial H_{jk}(jf)$：

$$|\partial H_{jk}(jf)|\leqslant|M_{j\infty}(jf)\|Y_{jk\infty}(jf)|\leqslant h_{jk}\left(\frac{f_{mj}}{f}\right)^{\rho_j}\left(\frac{f}{f_{yjk}}\right)^{v_j}=\left(\frac{f_{hjk}}{f}\right)^{\mu_j=\rho_j-v_j} \tag{14.34}$$

$$0\leqslant\mu_j=\rho_j-v_j\leqslant 2\rho_j$$

在 7.3.4 节和 7.7.3 节中，边界转移矩阵 $Y(z)$ 和 $\partial H(z)$ 被简化为对角矩阵。特别是在有回转力矩的情况下，对角化是一个苛刻的近似值，必须加以证明。考虑 7.3.4 节式（7.91）中的未知的回转加速度 $\boldsymbol{a}_g=\boldsymbol{h}(\widetilde{\boldsymbol{\omega}}_r)=[h_1(\widetilde{\omega}_{r3}),0,h_3(\widetilde{\omega}_{r1})]$。图 14.3 是离散时间框图。回路符号隐藏在 $\{\sigma_1,\sigma_3\}$ 中。输出摄动 $\boldsymbol{h}_y(\cdot)=[x_{y1},0,x_{y3}]$，单位是 rad/s。在标准设计中，假设实际跟踪误差和预测误差近似相等 $\widetilde{\omega}_r\cong\widetilde{\omega}$。将干扰消除后的残余未知干扰用 $\{\widetilde{a}_1,\widetilde{a}_3\}$ 表示，单位为 $\mathrm{rad/s^2}$，其中 $\widetilde{a}_2$ 因为 $\boldsymbol{h}_y(\cdot)$ 零分量而被忽略。我们感兴趣的是 3×3 的传递矩阵 $Y(z)$ 和 $\partial H(z)$ 的高频渐近线，$M(z)=(z-1)^{-1}I_3$。它们可以通过断开图 14.3方框图中由虚线和灰色箭头指示的两个点之一计算得到。任何严格的因果闭环都倾向于在高频处断开。从 $\{\widetilde{\omega}_{r1},\widetilde{\omega}_{r3}\}$ 到 $\{h_{y1},h_{y3}\}$ 的开环链给出渐近线矩阵：

$$\partial H(z)=M(z)Y_{\infty}(z)=\frac{1}{(z-1)^2}\begin{bmatrix} h_1h_3 & 0 & h_1(z-1)\\ 0 & 0 & 0\\ h_3(z-1) & 0 & h_1h_3\end{bmatrix},\quad h_1=T\sigma_1\omega_{r2},h_3=T\sigma_3\omega_{r2} \tag{14.35}$$

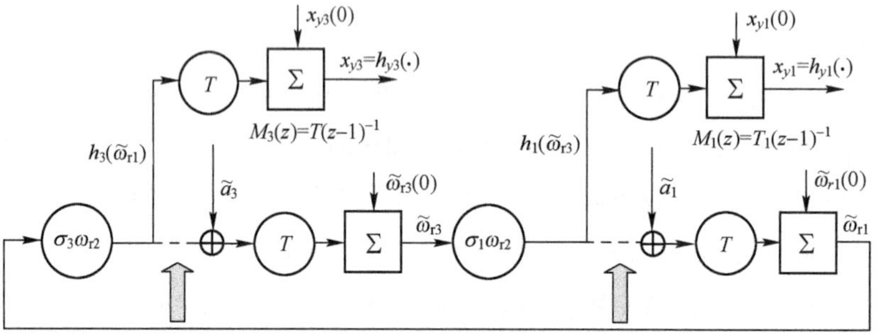

图 14.3　转换输出时，回转加速度的分量框图

可以证明式（14.35）中的 $\partial H(jf)$ 的最大奇异值为 $\sigma_{\max}(\partial H(jf))=\left(\frac{f_h}{f}\right)^2\left(1+\frac{\gamma f}{f_h}\right),\gamma>1$，$2\pi f_h=(|\sigma_1\sigma_2|)^{1/2}\omega_{r2}$。第一个因子 $\left(\frac{f_h}{f}\right)^2$ 对应于 7.3.4 节中 $\partial H(jf)$ 的对角分量。由于式（14.35）中的非对角项，第二个因子对于 $\omega>\omega_{r2}$ 变得重要。7.3.4 节中式（7.107）中的上界 $2\pi f_h$ 与 ω_{r2} 有关，所以 $\partial H(jf)$ 的对角化是合理的，但是第二个因子表明回转力

矩是宽带回路与状态预测灵敏度不能一致衰减的原因。这个问题已经在 7.7.3 节中指出，通常可以部分抵消回转力矩的影响。

用式（14.24）代替式（14.29）和式（14.33），以及与$\widetilde{\boldsymbol{y}},\boldsymbol{y}_r$成比例的项组成如下所示的设计方程。

$$(I+\widetilde{V}\quad\partial P-\widetilde{S}\quad\partial H)\widetilde{\boldsymbol{y}}(z)=(-\widetilde{V}\quad\partial P+\widetilde{S}\quad\partial H)\boldsymbol{y}_r(z)-\widetilde{V}\widetilde{\boldsymbol{w}}_m(z)+\widetilde{S}D\boldsymbol{w}(z)\quad(14.36)$$

其中，$\partial P(z)C_c\boldsymbol{e}_r$和$\partial H(z)C_c\boldsymbol{e}_r$被$\widetilde{\boldsymbol{w}}_m$和 $D\boldsymbol{w}$ 所吸收，相应地，$\{\widetilde{V},\widetilde{S}\}$与式（14.23）中状态矩阵$\widetilde{\boldsymbol{F}}$补谱$\widetilde{\Gamma}$的函数。可以定义两类设计需求。

（1）零参考需求。假设式（14.36）中 $\boldsymbol{y}_r=0$。$\{\widetilde{\boldsymbol{w}}_m,\boldsymbol{w}\}$是一个平稳二阶随机过程，给定谱密度，在 Nyquist 频率附近谱密度曲线变得平坦。输入噪声 $\boldsymbol{w}$ 是零均值的，而输出噪声$\widetilde{\boldsymbol{w}}_m$可能有偏。因此式（14.36）的等式右侧就像 13.6.2 节中式（13.137）一样，都是由因果不确定性的源驱动。用$\widetilde{\boldsymbol{b}}_m$表示$\widetilde{\boldsymbol{w}}_m$的有界偏置/漂移。要求如下：①无偏预测误差$\widetilde{\boldsymbol{y}}+\widetilde{\boldsymbol{b}}_m$必须趋近于零均值，②$\widetilde{\boldsymbol{y}}+\widetilde{\boldsymbol{b}}_m$的渐近线谱密度$\widetilde{S}_y(f)$必须小于给定的界$\widetilde{S}_{y,\max}(f)$。这两个要求被表示为

$$\begin{aligned}&\lim_{i\to\infty}\mathscr{E}\{\widetilde{\boldsymbol{y}}(i)+\widetilde{\boldsymbol{b}}_m(i)\}=0\\&\widetilde{S}_y^2(f)=\mathscr{F}(\widetilde{R}_y(k))\leqslant\widetilde{S}_{y,\max}^2(f)\end{aligned}\quad(14.37)$$

其中，$\widetilde{R}_y(k)=\lim_{i\to\infty}\mathscr{E}\{\widetilde{\boldsymbol{y}}(i)+\widetilde{\boldsymbol{b}}_m(i)(\widetilde{\boldsymbol{y}}(i+k)+\widetilde{\boldsymbol{b}}_m(i+k)\}$是$\widetilde{\boldsymbol{y}}+\widetilde{\boldsymbol{b}}_m$的渐进平稳协方差函数，$\mathscr{F}(\cdot)$表示傅里叶变换（详见 13.7.2 节和 13.7.3 节）。频谱不等式可以在一个任意的频率带宽$f_{\min}\leqslant f\leqslant f_{\max}$内转化为一个方差不等式。渐近的要求需要通过瞬态响应的要求得以实现，与执行器和传感器范围兼容。

（2）非零参考需求。将在 14.4.1 节进行简单的介绍。

14.3.2 稳定性不等式

假设$\boldsymbol{y}_r=0$，为了将 13.6.2 节中的定理 7 用在式（14.36）上，要先证明$(I+\widetilde{V}(z)\partial P(z)-\widetilde{S}(z)\partial H(z))^{-1}$是 Hurwitz 的，如同$\{\widetilde{V}(z),\widetilde{S}(z)D(z)\}$也是 Hurwitz，其中 $D(z)$ 用式（14.27）定义。为了这个目的回顾 13.6.2 节的引理 1，因为它保证$\widetilde{S}(z)$的传输零点和 $D(z)$的极点相互抵消，$D(z)$的极点是式（14.27）矩阵 $\boldsymbol{A}$ 的特征值，是 13.6.2 节中式（13.138）$\widetilde{A}$特征值的一个子集。因为 $M(z)$的极点是 $D(z)$极点的子集，所以在$\partial H(z)$的$\widetilde{S}(z)$和 $D(z)$之间发生了同样的抵消。具体的过程留给读者证明。$(I+\widetilde{V}(z)\partial P(z)-\widetilde{S}(z)\partial H(z))^{-1}$是 Hurwitz 的充分必要条件需要用到 Nyquist 判据，$\widetilde{E}(jf)=\widetilde{V}(jf)\partial P(jf)-\widetilde{S}(jf)\partial H(jf)$。不幸的是这个判据非常依赖于 $\arg\widetilde{E}(jf)=\arg(\widetilde{V}(jf)\partial P(jf)-\widetilde{S}(jf)\partial H(jf))$，也不能假设为已知的，考虑谱$\widetilde{\Gamma}$，假设最坏情形的传递函数$\partial P(z)$和$\partial H(z)$是已知的。事实上，任何被忽视的延迟都可能会彻底的改变辐角 $\arg\widetilde{E}(jf)$。相反延迟不会影响幅值$|\widetilde{V}(jf)\partial P(jf)|$和$|\widetilde{S}(jf)\partial H(jf)|$。因为这个原因，13.3.3 节的式（13.70）中保守的小增益定理更好。即：

$$\begin{aligned}\|\widetilde{E}(jf,\widetilde{\Gamma})\|_\infty&=\|\widetilde{V}(if,\widetilde{\Gamma})\partial P(jf)-\widetilde{S}(jf,\widetilde{\Gamma})\partial H(jf)\|_\infty\\&\leqslant\|\widetilde{V}(jf,\widetilde{\Gamma})\partial P(jf)\|_\infty+\|\widetilde{S}(jf,\widetilde{\Gamma})\partial H(jf)\|_\infty\leqslant\eta<1\end{aligned}\quad(14.38)$$

其中 η^{-1}为增益裕度，$\widetilde{E}(z)$是 Hurwitz，$\|\widetilde{E}(jf)\|_\infty$可以用最大值替代上确界，重新定义：

$$\|\widetilde{E}(jf)\|_\infty=\max_{|f|\leqslant f_{\max}}\sigma_{\max}(\widetilde{E}(jf))\quad(14.39)$$

注意将式（14.38）中 $\|\widetilde{E}(jf,\widetilde{\Gamma})\|_\infty$ 拆分成两部分，会使得小增益定理变得更保守。分解的依据是，这两个范数的参数频率，分别属于互补的频带：$f_{\partial H}=\arg\|\widetilde{S}(jf)\partial H(jf)\|_\infty$ 在低频，$f_{\partial P}=\arg\|\widetilde{V}(jf)\partial P(jf)\|_\infty$ 在高频（这里的“arg”表示横坐标的最大值）。设计模型的一个构建目标是确保$f_{\partial H}<f_{\partial P}$成立，且有足够的裕度。求解式（14.38）的正式而准确的方法是在充分条件 $\min_{\widetilde{\Gamma}}\|\widetilde{E}(jf,\widetilde{\Gamma})\|_\infty<1$ 约束下，取 $\|\widetilde{E}(jf,\widetilde{\Gamma})\|_\infty$ 关于$\widetilde{\Gamma}$的最小值。在这里更倾向于找出$\{\tilde{f}_s,\tilde{f}_v\}$的允许范围，也即$\{\widetilde{S}(jf),\widetilde{V}(jf)\}$的渐近带宽范围，满足可行性条件

$$0<\tilde{f}_{s,\min}\leqslant\tilde{f}_s<\tilde{f}_v\leqslant\tilde{f}_{v,\max}<f_{\max} \tag{14.40}$$

渐近带宽进而定义了可接受的$\widetilde{\Gamma}$。此外利用$\{\widetilde{S}(jf),\widetilde{V}(jf)\}$的渐近线，可以得出$\{\tilde{f}_{s,\min},\tilde{f}_{v,\max}\}$的近似解析表达式，通过仿真或优化的方法对它进行细化和修改。

下面，采用一个解耦假设，尽管它可能不适合最坏情况下的传递矩阵$\partial H(z)$、$\partial P(z)$。一个耦合的多变量例子可以由范数不等式变为单变量：

$$\sigma_{\max}(\widetilde{S}(jf)\partial H(jf))\leqslant\sigma_{\max}(\widetilde{S}(jf))\sigma_{\max}(\partial H(jf))$$
$$\sigma_{\max}(\widetilde{V}(jf)\partial P(jf))\leqslant\sigma_{\max}(\widetilde{V}(jf))\sigma_{\max}(\partial P(jf))$$

其中等式右侧的奇异值扮演了单变量谐波响应角色，所有坐标保持不变。因此式（14.38）可以写成

$$\|\widetilde{E}(jf)\|_\infty\leqslant\max_{|f|\leqslant f_{\max}}(\sigma_{\max}(\widetilde{V})\sigma_{\max}(\partial P))+\max_{|f|\leqslant f_{\max}}(\sigma_{\max}(\widetilde{S})\sigma_{\max}(\partial H))\leqslant\eta<1 \tag{14.41-1}$$

其中参数jf在等式右侧中被消除了。通过频率分解和坐标解耦，式（14.38）可以转化为

$$\begin{aligned}&\text{HFS}:\|\widetilde{V}_j(jf,\widetilde{\Gamma})\partial P_j(jf)\|_\infty\leqslant\eta_{vj}<1\\&\text{LFS}:\|\widetilde{S}_j(jf,\widetilde{\Gamma})\partial H_j(jf)\|_\infty\leqslant\eta_{sj}<1,\quad j=1,2,\cdots,n_u\end{aligned} \tag{14.41-2}$$

采用保守等式 $\eta_{vj}+\eta_{sj}=\eta_j<1$，第一行和第二行中 $\|\cdot\|_\infty$ 的标量参数必须用式（14.41）中适当的奇异值替代。缩写 HFS 代表高频稳定性（high-frequency stability），LFS 代表低频稳定性（low-frequency stability）。接下来去掉下标j，把$\widetilde{S}(z)$、$\partial P(z)$、$\partial H(z)$看成标量的传递函数。两个不等式的近似如下：

（1）高频稳定性不等式和可忽略的动力学项。利用渐近线的近似值$|\widetilde{V}_\infty(jf)|=(\tilde{f}_v/f)^\rho$，其中 ρ 是$\widetilde{V}$的连续相对阶次。假设频率 $f_{\partial P}=\arg\|\widetilde{V}(jf)\partial P(jf)\|_\infty$ 属于$|\widetilde{V}_\infty(jf)|$的高频带，也就是$\tilde{f}_v\leqslant f<f_{\max}$，$f=f_{\partial P}$的附近$|\partial P(jf)|\leqslant\partial P_{\max}(f/f_{\partial P})^\rho$近似成立。所以式（14.41）的高频稳定性不等式可以转化成

$$\left(\frac{\tilde{f}_v}{f_{\partial P}}\right)^\rho\partial P_{\max}\leqslant\eta_v<1\Rightarrow\tilde{f}_v\leqslant\tilde{f}_{v,\text{HFS}}=f_{\partial P}\left(\frac{\eta_v}{\partial P_{\max}}\right)^{1/\rho}<f_{\max} \tag{14.42}$$

根据近似关系得到的不等式可能是不精确的，但是它非常简单，可以作为初次实验结果，后续进一步完善。不等式为状态预测器带宽$\tilde{f}_v$设置了一个上界，这个上界是$\partial P_{\max}^{1/\rho}$的倒数。这个上界对 13.6.2 节中式（13.130）的状态预测器的反馈增益的大小，施加一个上界，除非$\partial P_{\max}\leqslant\eta_v<1$。式（14.42）的不等式表明，给定 η_v、$\partial P_{\max}$、$f_{\partial P}$的值，可以只通过增加ρ来增大上界。这就是为什么要在 13.6.2 节式（13.129）赋予状态预测器动态反馈的原因之一。当需要用到嵌入式模型时，这条原则贯穿本书。13.2.3 节

中定义的连续相对阶次ρ对时间单位T敏感，因为当$f<f_{\max}=0.5/T$时，必须找到斜率为$-20p$dB/decade的连续渐近线。通过增大$f_{\max}$可以减少建立连续渐近线的困难。因此式（14.42）可以使设计者选择时间单位T。∂P、$f_{\partial P}$可以通过在嵌入式模型中加入部分未建模的动力学项来进行修改。这个解决方法可能会带来麻烦或者高昂的代价：任何额外的模型参数可能需要在操作之前和操作期间进行冗长的辨识和调整过程。

（2）低频稳定性不等式和参数不确定性。注意到低频渐近线$|\widetilde{S}_0(jf)|=(f/\tilde{f}_s)^{\delta}$，其中$\delta$是$\widetilde{S}$的导数阶，式（14.34）中的$\partial H(z)$的高频渐近线为$|\partial H(jf)|=(f_{\partial H}/f)^{\mu}$。因为式（14.34）中$\mu\leqslant 2\rho$，所以可以假设$0\leqslant\mu\leqslant\delta$，选择的$\delta$是可兼容的。因为$|\widetilde{S}(jf)|$的极限为1，且在$f>\tilde{f}_s$时成立，对于任意$f_{\partial H},\mu\leqslant\delta$，用$\tilde{f}$代替$f$得到$\|\widetilde{S}(jf)\partial H(jf)\|_\infty$的上界。

$$\max_{|f|\leqslant f_{\max}}|\widetilde{S}(jf)\partial H(jf)|\leqslant\max_{|f|\leqslant f_{\max}}\left(\frac{f}{\tilde{f}_s}\right)^{\delta}\left(\frac{f_{\partial H}}{f}\right)^{\mu}\leqslant\left(\frac{f_{\partial H}}{\tilde{f}_s}\right)^{\mu} \tag{14.43}$$

根据式（14.42）和式（14.43）的近似，给出极点配置不等式：

$$\text{LFS}:f_{\partial H}\eta_s^{1/\mu}=\tilde{f}_{s,\text{LFS}}\leqslant\tilde{f}_s(\widetilde{\Gamma})<\tilde{f}_v(\widetilde{\Gamma})\leqslant\tilde{f}_{v,\text{HFS}}=f_{\partial P}\left(\frac{\eta_v}{\partial P_{\max}}\right)^{1/\rho}<f_{\max}:\text{HFS} \tag{14.44}$$

其中，对闭环谱$\widetilde{\Gamma}$的依赖性已经明确。观察到如果有必要，可以通过减小未知部分$\boldsymbol{h}(\boldsymbol{x}_c)$来减小$\tilde{f}_{s,\text{LFS}}$，这将产生更小的$f_{\partial H}$。当式（14.44）因为$\tilde{f}_{s,\text{LFS}}\approx\tilde{f}_{v,\text{HFS}}$而接近或者不可行时，这种策略将成为强制性的。书中采用的可行性边界为

$$\widetilde{\phi}_s=\tilde{f}_v/\tilde{f}_s\geqslant 2 \tag{14.45}$$

给出了$\widetilde{S}(z)$和$\widetilde{V}(z)$的作为互补特征值的函数表达式$\widetilde{\Gamma}=\{\tilde{\gamma}_1,\cdots,\tilde{\gamma}_n\}$，任何符号工具都能提供$\{\tilde{f}_s(\widetilde{\Gamma}),\tilde{f}_s(\widetilde{\Gamma})\}$的表达式。此外采用13.6.2节中的极点配置式（13.139），即

$$0<\tilde{\gamma}_k=\tilde{\gamma}_1 2^{-\tilde{\alpha}(k-1)}\leqslant 1,\tilde{\alpha}\geqslant 0,\quad\tilde{\gamma}_1=2\pi\tilde{f}_1 T\leqslant 1,\quad k=1,\cdots,n \tag{14.46}$$

式（14.44）的自由度降低为$\{\tilde{\gamma}_0,\tilde{\alpha}\}$，从而便于优化和计算。

14.3.3 性能不等式

给定传递函数$I+\widetilde{E}(z)$且$\|\widetilde{E}\|_\infty\leqslant\eta<1$，可以推出$\|(1+\widetilde{E})^{-1}\|_\infty\leqslant(1-\eta)^{-1}$。可以通过转换式（14.36）来分离稳定性和性能不等式，在$\boldsymbol{y}_r=0$且$\tilde{\omega}_m$与$\boldsymbol{w}$不相关的情况下，得到$n_u\times n_u$矩阵不等式：

$$W_y^2(f;\boldsymbol{p})=(1-\eta)^{-2}(\widetilde{V}(jf)S_m^2(f)\widetilde{V}(-jf)+\widetilde{S}(jf)S_d^2(f)\widetilde{S}(-jf))\widetilde{S}_{y,\max}^{-2}(f)\leqslant I \tag{14.47}$$

其中，括号左边乘以$(1-\eta)^{-2}$是预测误差功率谱密度S_y^2的上界，$\widetilde{S}_{y,\max}^2$是对角谱约束界限，S_m^2是测量噪声的功率谱密度，S_d^2是未知输出扰动$D\boldsymbol{w}$的功率谱密度，$\boldsymbol{p}$是使$\|W_y(f,\boldsymbol{p})\|_\infty$最小的参数向量，$\boldsymbol{p}$包括$\widetilde{\Gamma}$和传感/执行器参数。功率谱密度可以用13.5.2节式（13.103）的带通方差替代。如果功率谱密度矩阵$S_m^2(f)$和$S_d^2(f)$是对角，换言之输入和输出噪声向量是不相关的，式（14.47）可以分解成n_u个标量不等式。同样，在噪声相关的情况下，可以将式（14.47）的矩阵转换成n_u个等标量不等式，方法是将PSD和传递矩阵替换成如式（14.41）的最大奇异值。因此下面将均假设为标量不等式，去掉下标j。

作为$\|W_y(f,\boldsymbol{p})\|_\infty$最小值的替代方案，可以寻找$\{\tilde{f}_s,\tilde{f}_v\}$的允许范围和传感器/执行器的参数的近似表达式。因此将式（14.47）中标量版本的性能不等式转换成4个不等式，通过将谱界限分配到括号中的任意一项，并将它们的低频和高频贡献分开，如

7.3.4 节所示。利用标量加权函数排列 4 个不等式，加权函数如下：

$$W_v(f)=w_v\ (1-\eta)^{-1}\frac{\widetilde{S}_m(f)}{\widetilde{S}_{y,\max}(f)},\quad W_s(f)=w_s\ (1-\eta)^{-1}\frac{S_d(f)}{\widetilde{S}_{y,\max}(f)},\quad w_v^{-2}+w_s^{-2}=1 \tag{14.48}$$

其中，$\{w_v^{-2},w_s^{-2}\}$明确式（14.48）中分母多项式的谱界限。4 种渐近不等式及其缩略语如下所示：

$$\begin{aligned}&\mathrm{LFM}:W_v(f)\leqslant 1,\quad 0\leqslant f<\tilde{f}_v\\&\mathrm{HFA}:W_s(f)\leqslant 1,\quad \tilde{f}_s\leqslant f\leqslant f_{\max}\\&\mathrm{HFP}:\max_{f_v\leqslant f\leqslant\max}\left(\left(\frac{\tilde{f}_v(\widetilde{\Gamma})}{f}\right)^{\rho}W_v(f)\right)\leqslant 1\\&\mathrm{LFP}:\max_{0\leqslant f<f_s}\left(\left(\frac{f}{\tilde{f}_s(\widetilde{\Gamma})}\right)^{\delta}W_s(f)\right)\leqslant 1\end{aligned} \tag{14.49}$$

其中，HFP 和 LFP 代表高（低）频性能，HFA 代表高频执行器，LFM 是低频测量值。高频性能和低频性能的不等式可以转换成：

$$\begin{aligned}&\mathrm{HFP}:\tilde{f}_v(\widetilde{\Gamma})\leqslant f_{v,\mathrm{HFP}}=\frac{1}{\max_{f_v\leqslant f\leqslant f_{\max}}((W_v(f))^{1/\rho}/f)}\\&\mathrm{LFP}:\tilde{f}_s(\widetilde{\Gamma})\geqslant f_{s,\mathrm{LFP}}=\max_{0\leqslant f<f_s}(f(W_s(f))^{1/\delta})\end{aligned} \tag{14.50}$$

当$(W_u(f))^{\frac{1}{\rho}}\cong w_{v\infty}f,\tilde{f}_v\leqslant f\leqslant f_{\max}$和$(W_s(f))^{1/\delta}\cong\dfrac{w_{s0}}{f},0\leqslant f<\tilde{f}_s$时，式（14.50）的最大化最为简单，因为$f$在两行中都消去了，最优值分别是$w_{v\infty}$、$w_{s0}$。

式（14.49）的第一个不等式（低频测量值）给出了传感噪声的低频（中频）的一个上界。第二个不等式（高频执行器）确定了执行器噪声的中频（高频）的一个上界，因为频率高于$\tilde{f}_s$的环境贡献可以忽略。第三个和第四个不等式（高频性能和低频性能），结合起来给出了第二个极点配置不等式，它与式（14.44）一起，得出最后的带宽不等式。

$$\tilde{f}_{s,\min}=\max(\tilde{f}_{s,\mathrm{LFS}},\tilde{f}_{s,\mathrm{LFP}})\leqslant\tilde{f}_s(\widetilde{\Gamma})<\tilde{f}_v(\widetilde{\Gamma})\leqslant\tilde{f}_{v,\max}=\min(\tilde{f}_{v,\mathrm{HFS}},\tilde{f}_{v,\mathrm{HFP}})<f_{\max} \tag{14.51}$$

表 14.1 列出了本书中的极点配置方法。

表 14.1　极点配置方法

序号	设计类型	章节	稳定不等式	性能不等式	验证方法和优化准则
1	姿态和陀螺仪的偏置预测器	6.6.1	无	LFM，HFA，LFP，HFP	仿真验证
2	角速率预测器（设计 A）	7.3.4	LFS，HFS	同上	仿真验证
3	姿态预测器（设计 B）	7.3.5	同上	HFP	仿真验证
4	姿态控制定理（设计 A 和 B）	7.3.5	非典型设计（圆判据）		
5	非旋转质量姿态预测器	7.7.3	LFS	LFP	仿真验证
6	非旋转质量姿态控制	7.7.3	非典型设计（圆判据）		

续表

序号	设计类型	章节	稳定不等式	性能不等式	验证方法和优化准则
7	速率积分陀螺仪	8.5.3	无优化，标准设计		
8	DFC 预测器	11.2.6	HFS	LFP	组合最小化
9	LORF 四元数预测器	11.3.3	LFS	LFM，LFP	方差最小化验证
10	任务姿态预测器（DFM）	12.5.4	无	LFM，HFA，HFP	仿真验证
11	CPM，MFPM 姿态控制	12.5.5	平均动量，最坏情况仿真验证		
12	DFM 姿态控制	12.5.9	组合最小姿态和加速度跟踪误差的方差		
13	案例分析：角速率预测器（SPA）	14.3.4	HFS	LFM，HFA，LFP	仿真验证
14	案例分析：姿态预测器（SPA）	14.3.4	HFS	LFM	与静态反馈观测器的仿真值对比
15	案例分析：控制律	14.4.2	标准设计		仿真验证

14.3.4 案例分析：状态预测器设计

状态预测器设计如 7.3.4 节所示，由两个状态预测器串接而成：①姿态和陀螺仪偏置预测器（SPA，动态反馈二阶嵌入式模型）；②角速率和扰动预测器（SPB，静态反馈二阶嵌入式模型）。已知的交叉耦合项 $h_{\text{nom}}=0$。状态预测器框图如 7.3.4 节的图 7.2 所示。状态预测器方程是 7.3.4 节中式（7.78）～式（7.80）的线性 SISO 形式。用略有差异的状态和增益符号重写如下。

$$\begin{bmatrix}\hat{\theta}\\ \hat{x}_b\\ x_e\\ \hat{\omega}_d T\\ \hat{x}_d\end{bmatrix}(i+1)=\begin{bmatrix}1-l_1(i) & 1 & h_1(i) & 1 & 0\\ -l_2(i) & 1 & h_2(i) & 0 & 0\\ l_3(i) & 0 & 1-l_3(i) & 0 & 0\\ 0 & 0 & 0 & 1-l_{\text{a}} & 1\\ 0 & 0 & 0 & -l_d & 1\end{bmatrix}\begin{bmatrix}\hat{\theta}\\ \hat{x}_b\\ x_e\\ \hat{\omega}_d T\\ \hat{x}_d\end{bmatrix}(i)+\begin{bmatrix}0\\0\\0\\b\\0\end{bmatrix}u(i)$$
$$+\begin{bmatrix}l_1(i) & 0\\ l_2(i) & 0\\ -l_3(i) & 0\\ 0 & l_{\text{a}}\\ 0 & l_d\end{bmatrix}\begin{bmatrix}\breve{\theta}_{\text{a}}\\ \breve{\omega}_s T\end{bmatrix}(i). \tag{14.52}$$

相应的预测误差方程为 7.3.4 节中的式（7.82）和式（7.83），状态变量为$\{b,\eta\}$，式（7.83）中的陀螺仪偏置和动力学反馈状态用$\hat{x}_d$和x_e替代。式（14.52）前三行的反馈增益用一个不同的符号来表示式（14.11）中的两种可选实施方法，且均为多速率测

量所证明：如 7.3.4 节所示的状态预测器和预测器/校正器。时变增益由式（14.53）给出

$$l_k(i)=l_k s(i),\quad k=1,2,3, h_k(i)=h_k s(i),\quad k=1,2 \tag{14.53}$$

当$\breve{\theta}_a(i)$可用时，布尔变量 $s(i)$ 可以切换成 $s(i)=1$，反之则切换成 $s(i)=0$。当$t_{i(k)}=i(k)T=kNT=kT_a$时，$\breve{\theta}_a(i)$可用。因为式（14.52）的状态预测器是多速率的，动态和静态反馈二阶嵌入式模型的极点配置是分开的。需要考虑姿态跟踪误差，它被认为接近于标准设计的预测误差。在设计层面上，角位置和角速率误差假设真变量是式（14.13）中定义的$\{\theta,\omega\}$的均值。同样的要求也适用于卫星和部件的真变量误差。式（14.11）定义了$\{\theta_s,\omega_s\}$和$\{\theta_a,\omega_a\}$。给定 $\alpha=0.995$，12.3.2 节中的表 12.1 给出了零均值相对姿态跟踪误差 $\delta\tilde{\theta}_r$的如下约束。

$$|\delta\tilde{\theta}_r(t)|\cong|\delta\tilde{\theta}(t)|\leqslant\tilde{\sigma}_{\theta,\max}2.8\cong0.92\text{mrad},\quad \tilde{\sigma}_{\theta,\max}=0.33\text{mrad} \tag{14.54}$$

其中，$\tilde{\sigma}_{\theta,\max}$是平稳条件下误差的最大标准差。$\alpha$ 的选择应该考虑异常情况对航天器操作的影响。前文没有考虑姿态传感器的偏置。

由于多速率测量，姿态误差在 N 个步长内受到积分角速率误差$\tilde{\omega}_r T$ 漂移的影响。如果$\tilde{\sigma}_{\omega,\max}$是角速率误差的后验均方根（RMS）的上界，则要求先验漂移的标准差相对于$\tilde{\sigma}_{\theta,\max}$是可以忽略的，即

$$\tilde{\sigma}_{\omega,\max}T\sqrt{N}\leqslant\gamma\,\tilde{\sigma}_{\theta,\max}\Rightarrow\tilde{\sigma}_{\omega,\max}\leqslant1\text{mrad/s}, N=10,\quad T=10\text{ms},\quad \gamma=0.1 \tag{14.55}$$

由于本案例中最重要的不确定性是图 14.2 中未建模动力学的超调，因此状态预测器动态和静态反馈二阶嵌入式模型的极点配置，将使用式（14.44）的高频稳定性不等式来。由实际测量模型误差可以估算进入$\partial P_{\max}$阻尼比ζ_a的幅值。

1. 角速率预测器（SPB）：极点配置

从简单状态预测器的极点配置开始讨论。从图 14.2（b），在$|\partial P_\omega(jf)|$和 $\arg\partial P_\omega(jf)$的坐标图中，通过同时考虑幅值和辐角的参数，对$\partial P_{\omega,\max}$进行评估（建议读者绘制 Nyquist 图）。在$f_{\partial P,w}\geqslant8\text{Hz}$ 时，$\partial P_{\omega,\max}\leqslant2$ 的较小峰值对闭环稳定性至关重要，因为辐角接近$\pm\pi$。给出要设计的互补特征值$\{\tilde{\gamma}_1,\tilde{\gamma}_2\}$，从 7.3.4 节式（7.87）的补灵敏度的高频渐近线和式（14.44）的高频稳定性不等式可以得到

$$\text{HFS}:\tilde{f}_v=\frac{f_{\max}}{\pi}(\tilde{\gamma}_1+\tilde{\gamma}_2)\leqslant\tilde{f}_{v,\max}=f_{\partial P,\omega}\frac{\eta_v}{\partial P_{\omega,\max}}\cong1.2\text{Hz}\Rightarrow\tilde{\gamma}_1\cong0.05@\tilde{\alpha}=1 \tag{14.56}$$

其中，$\partial P_{\omega,\max}\leqslant2$，$f_{\partial P,w}\geqslant8\text{Hz}$，$f_{\max}=50\text{Hz}(T=10\text{ms})$，$\eta_v=0.3,\tilde{\alpha}=1$。如有必要可以对上述暂定值进行修改。

下一步将式（14.49）的低频测量值和高频执行器性能不等式，从频谱不等式转换成方差不等式。它们能够检查传感器和执行器的噪声方差$\tilde{\sigma}_m^2$和$\tilde{\sigma}_u^2$。通过回忆式（14.55）中的上界$\tilde{\sigma}_{\omega,\max}$，发现

$$\begin{aligned}&\text{LFM}: W_v(f)=w_v\,(1-\eta_v)^{-1}\frac{\tilde{\sigma}_m}{\tilde{\sigma}_{\omega,\max}}\leqslant1\Rightarrow\tilde{\sigma}_m\leqslant0.5\text{mrad/s}\\&\text{HFA}: W_s(f)=w_s\,(1-\eta_v)^{-1}\frac{\tilde{\sigma}_u T}{\tilde{\sigma}_{\omega,\max}}\leqslant1\Rightarrow\tilde{\sigma}_u\leqslant25\text{mrad/s}^2\\&w_v^{-1}=w_v^{-1}=1/\sqrt{2}\end{aligned} \tag{14.57}$$

因为$\widetilde{\sigma}_u \leqslant 1\text{mrad/s}^2$和$\widetilde{\sigma}_m = 0.02\text{mrad/s}$的边界都很宽，其中来自6.6.1节表6.1的$\widetilde{\sigma}_m = \gamma_w \widetilde{S}_w \sqrt{f_{\max}}$和$\widetilde{S}_w = 0.5\mu\text{rad}/(\text{s}\sqrt{\text{Hz}})$，以及$\gamma_w \cong 6$是保守的比例因子，这些取值也适用于式（14.64）中的星跟踪器噪声等效角（NEA）。

通过假设输出扰动d_y最坏情况下的中频漂移，来检验极点配置不等式的低频性能：

$$S_d(f) \leqslant (2\pi)^{-1}\sigma_d/(f^2\sqrt{f_{\max}})[\text{rad}/(\text{s}\sqrt{\text{Hz}})],\quad \sigma_d = 0.1\text{mrad/s}^2 \tag{14.58}$$

式（14.50）第二行的低频性能不等式是通过将式（14.58）代入式（14.48）中W_s的加权函数，通过$\widetilde{S}_{y,\max}(f) = \widetilde{\sigma}_{\omega,\max}/\sqrt{f_{\max}}$将式（14.48）的谱密度转换为标准差，并采用7.3.4节式（7.87）的灵敏度低频渐近线，导数的阶$\delta = 2$。因此，找到$\widetilde{f}_s$的第二个下界，即

$$\begin{gathered}\text{LFP}: \widetilde{f}_s(\widetilde{\Gamma}) \geqslant f_{s2} = \max_{f<\widetilde{f}_s}(f(W_s(f))^{1/\delta}) = 0.18\text{Hz} \\ \max_{f<\widetilde{f}_s}(f(W_s(f))^{1/\delta}) = \sqrt{w_s(1-\eta_v)^{-1}\frac{(2\pi)^{-1}\sigma_d}{\widetilde{\sigma}_{\omega,\max}}}\end{gathered} \tag{14.59}$$

新的边界不会修改式（14.56）的边界。

反馈增益与7.3.4节中的式（7.87）相同，即

$$l_a = \widetilde{\gamma}_1 + \widetilde{\gamma}_2, l_d = \widetilde{\gamma}_1 \widetilde{\gamma}_2 \tag{14.60}$$

2. 姿态预测器和预测/校正器（SPA）

当$s(i) = 1$，运行在瞬时时刻$t_k = k T_a = kNT$，闭环姿态状态预测器有两套可供选择的方案可以被研究和设计。第一套方案是6.6.1节和7.3.4节的姿态状态预测器，在t_k时使用过去的预测$\hat{\boldsymbol{x}}_\theta(k) = \boldsymbol{x}_\theta(k/k-1)$作为当前状态。第二个是预测器/校正器，它通过当前的姿态测量来改善当前的状态。当$s(i) = 0$时，即没有可用的姿态测量时，两者都伴有开环预测器。第一个方案的状态方程如下。

$$\begin{gathered}s(i) = 0: \hat{\boldsymbol{x}}_\theta(i+1) = \boldsymbol{A}_\theta(0)\hat{\boldsymbol{x}}_\theta(i) + \boldsymbol{B}_\theta \hat{\omega}_d(i)T, \hat{\boldsymbol{x}}_\theta(0) = \hat{\boldsymbol{x}}_{\theta 0} \\ s(i) = 1: \hat{\boldsymbol{x}}_\theta(k+1) = \hat{\boldsymbol{x}}_\theta(i(k)+N) = \boldsymbol{A}_\theta(1)\hat{\boldsymbol{x}}_\theta(k) + \boldsymbol{B}_\theta \hat{\omega}_d(i(k))T + \boldsymbol{L}_\theta \widetilde{\theta}_a(k) \\ \hat{\boldsymbol{x}}_\theta = \begin{bmatrix}\hat{\theta} \\ \hat{x}_b \\ x_e\end{bmatrix},\quad \boldsymbol{A}_\theta(0) = \begin{bmatrix}1 & 1 & 0 \\ 0 & 1 & 0 \\ 0 & 0 & 1\end{bmatrix},\quad \boldsymbol{A}_\theta(1) = \begin{bmatrix}1 & N & 0 \\ -g-h & 1 & h \\ l & 0 & 1-l\end{bmatrix},\quad \boldsymbol{B}_\theta = \begin{bmatrix}1 \\ 0 \\ 0\end{bmatrix},\quad \boldsymbol{L}_\theta = \begin{bmatrix}0 \\ g+h \\ -l\end{bmatrix}\end{gathered} \tag{14.61}$$

其中，$\boldsymbol{A}_\theta(0)$和$\boldsymbol{A}_\theta(1)$分别代表$s=0$和$s=1$。在式（14.61）中闭环状态预测器第二行的极点配置，是由式（14.41）的高频稳定性不等式和式（14.49）的LFM性能不等式驱动的。第一个目的是减小式（14.20）中未建模的动力学项$\partial P_\theta(s)$不稳定效应的影响。第二个目的是设计/验证姿态传感器的精度。已知补谱$\widetilde{\Gamma} = \{\widetilde{\gamma}_1, \widetilde{\gamma}_2, \widetilde{\gamma}_3\}$和$f_{\max} = \dfrac{0.5}{T_a} = 5\text{Hz}$，状态预测器的渐近传递函数可以在6.6.1节的式（6.175）找到，重复如下：

$$|\widetilde{S}_0(jf)|=(f/\widetilde{f}_s)^2,\quad \widetilde{f}_s=\frac{f_{\max}}{\pi}\sqrt{g}=\frac{f_{\max}}{\pi}\sqrt{\frac{\widetilde{\gamma}_1\widetilde{\gamma}_2\widetilde{\gamma}_3}{\widetilde{\gamma}_1+\widetilde{\gamma}_2+\widetilde{\gamma}_3}}$$
$$|\widetilde{V}_\infty(jf)|=(\widetilde{f}_v/f)^2,\quad \widetilde{f}_v=\frac{f_{\max}}{\pi}\sqrt{g+h}=\frac{f_{\max}}{\pi}\sqrt{\widetilde{\gamma}_1\widetilde{\gamma}_2+\widetilde{\gamma}_1\widetilde{\gamma}_3+\widetilde{\gamma}_2\widetilde{\gamma}_3} \tag{14.62}$$

将式（14.44）中的高频稳定性不等式应用于图 14.2（a）中$|\partial P_\theta(jf)|$的峰值，得到补灵敏度带宽的上界，如下所示。

$$\text{HFS}:\widetilde{f}_v=\frac{f_{\max}}{\pi}\sqrt{\widetilde{\gamma}_1\widetilde{\gamma}_2+\widetilde{\gamma}_1\widetilde{\gamma}_3+\widetilde{\gamma}_2\widetilde{\gamma}_3}\leqslant f_{\partial P,\theta}\left(\frac{\eta_s}{\partial P_{\theta,\max}}\right)^{1/2}\cong 0.07\text{Hz},\Rightarrow\widetilde{\gamma}_1\cong 0.045,\widetilde{\alpha}=1 \tag{14.63}$$

给定参数值$\eta_s=0.3$，$\partial P_{\theta,\max}\leqslant 100$，$f_{\partial P,\theta}\geqslant 1.6\text{Hz}$。星跟踪器噪声等效角的$\widetilde{\sigma}_{\text{NEA}}$是根据低频测量值不等式和式（14.54）中的界限值$\widetilde{\sigma}_{\theta,\max}$来选择的。$\widetilde{\sigma}_{\text{NEA}}$的上界如下所示：

$$\text{LFM}:W_v(f)=w_v(1-\eta_s)^{-1}\frac{\widetilde{\sigma}_{\text{NEA}}}{\widetilde{\sigma}_{\theta,\max}}\leqslant 1\Rightarrow\widetilde{\sigma}_{\text{NEA}}\leqslant 0.16\text{mrad},w_v=1/\sqrt{2} \tag{14.64}$$

所得到的上界大约是 6.6.1 节的表 6.1 第二行括号内的值的 6 倍，并且与式（14.57）中陀螺仪$\widetilde{\sigma}_m$的比例因子γ_ω一致。

接下来推导预测器/校正器实现的状态方程。借助$\boldsymbol{A}_\theta(0)$，将式（14.61）中的N步预测矩阵$\boldsymbol{A}_\theta(1)$进行分解，得：

$$\boldsymbol{A}_\theta(1)=\boldsymbol{A}_\theta^N(0)(I-\boldsymbol{L}^+\boldsymbol{C}^+)$$
$$\boldsymbol{A}_\theta^N(0)=\begin{bmatrix}1&N&0\\0&1&0\\0&0&1\end{bmatrix},\quad \boldsymbol{A}_\theta^N(0)\boldsymbol{L}^+=\begin{bmatrix}0&0\\g+h&-h\\-l&l\end{bmatrix},\quad \boldsymbol{C}^+=\begin{bmatrix}1&0&0\\0&0&1\end{bmatrix} \tag{14.65}$$

将校正/估计增益矩阵$\boldsymbol{L}^+$作为因子输入时，应该加以明确（见 12.5.7 节和 13.7.5 节）。用 13.7.4 节中的式（13.207）代替式（14.61）中第二行的校正和预测方程，有如下表达式：

$$\hat{\boldsymbol{x}}_\theta(i(k))=\hat{\boldsymbol{x}}_\theta(i(k))+\boldsymbol{L}^+(\breve{\theta}_{\text{a}}(k)-\boldsymbol{C}_\theta\hat{\boldsymbol{x}}_\theta(i(k)))$$
$$\hat{\boldsymbol{x}}_\theta(i(k)+N)=A_\theta^N(0)\hat{\boldsymbol{x}}_\theta(i(k))+\sum_{h=0}^{N-1}A_\theta^{N-1-h}(0)B_\theta u(i(k)+h)$$
$$\boldsymbol{L}^+=\begin{bmatrix}-N(g+h)&Nh\\g+h&-h\\-l&l\end{bmatrix},\quad \boldsymbol{C}_\theta=[1\quad 0\quad 0] \tag{14.66}$$

当$s=1$时很容易得出式（14.52）的增益

$$\begin{bmatrix}l_1&-h_1\\l_2&-h_2\\-l_3&l_3\end{bmatrix}=\begin{bmatrix}-(N-1)(g+h)&(N-1)h\\g+h&-h\\-l&l\end{bmatrix} \tag{14.67}$$

如果不执行校正方程式（14.66），则式（14.52）仍然有效，增益可以简化为

$$\begin{bmatrix}l_1&-h_1\\l_2&-h_2\\-l_3&l_3\end{bmatrix}=\begin{bmatrix}0&0\\g+h&-h\\-l&l\end{bmatrix} \tag{14.68}$$

将式（14.67）中反馈增益的实现称为“预测器-校正器”，式（14.68）的增益可以简单的称为“预测器”。在下一段和 14.4.2 节的仿真结果中，使用了保守的“预测器”算法。在相同的随机参考信号 θ_r（参见 14.4.2 节）条件下，图 14.4 显示了两种算法的姿态实际跟踪误差$\tilde{\theta}_r=\theta-\theta_r$的细微差别。均方根方面的差异约 10%，符合预期的“预测器-校正器”性能（图 14.4 中的实线）。

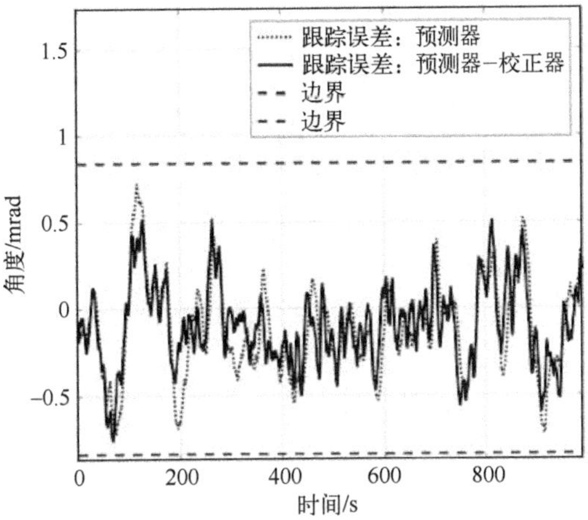

图 14.4　两种实现对同一参考信号的实际跟踪姿态误差：预测器（点形线）和预测器-校正器（实线）

3. 频率分析和仿真结果

图 14.5 比较了不同的状态预测器的灵敏度和补灵敏度：①角速率状态预测（SPB）有更宽的带宽，Nyquist 频率为 50Hz；②姿态状态预测器（SPA）有更窄的带宽，Nyquist 频率为 5Hz；③在 14.4.3 节中概述和讨论的静态反馈观测器（SFO）在灵敏度方面与动态反馈二阶嵌入式模型非常相似，但在补灵敏度方面又不同。因为补灵敏度是以-20dB/decade 减少而不是-40dB/decade。尽管动态反馈二阶嵌入式模型算法和 SFO 算法的传递函数大小有明显的相似性，但 14.4.3 节将介绍相关跟踪误差的时间分布在时间上的不同之处。

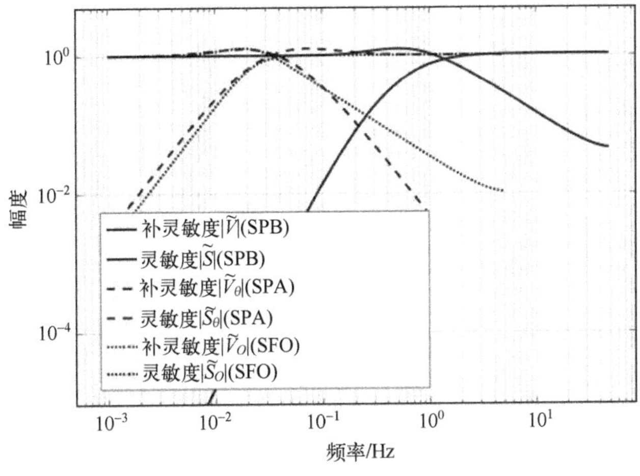

图 14.5　不同状态预测器的补灵敏度和灵敏度的幅值

SPA—姿态状态预测器；SPB—角速率预测器；SFO—静态反馈观测器。

对一阶嵌入式扰动动力学模型中未知扰动（扰动加速度和陀螺仪漂移）的仿真时间曲线和预测时间曲线进行比较是很有意义的。图 14.6（a）显示的是仿真和预测的扰动加速度。在 100~300s 区间内的振荡只影响预测扰动，证明了角速率预测器发现参数不确定性影响的能力。事实上，在相同的时间内，航天器正在进行如图 14.7（a）所示的旋转机动，以跟踪参考角速度 $w_r(t)=\Omega_r(1-\cos(2\pi t/T_r))$，其中 $\Omega_r=70\text{mrad/s}$，$T_r=10\pi s$。振动的振幅 $|\partial b|\dot{w}_{r,\max}\cong 1.3\text{mrad/s}^2$，式（14.22）给出了 ∂b，角加速度 $\dot{w}_{r,\max}=14\text{mrad/s}^2$，与图 14.7（a）中的参考振荡一致。读者可以用类似的推理来验证 -0.2mrad/s^2 的负偏差（实际上它是时变的），看它如何影响从 $t\cong 200\text{s}$ 到最后的预测扰动。

旋转机动的效果在图 14.7（a）中，也可以在图 14.6（b）中陀螺仪漂移预测的时间曲线中看到：大约从 100s 到 200s 有 4 个振荡。为什么？答案来自 14.4.2 节中的练习 5。图 14.6（b）所示为仿真陀螺仪噪声以及预测的陀螺偏置和漂移的整体曲线。

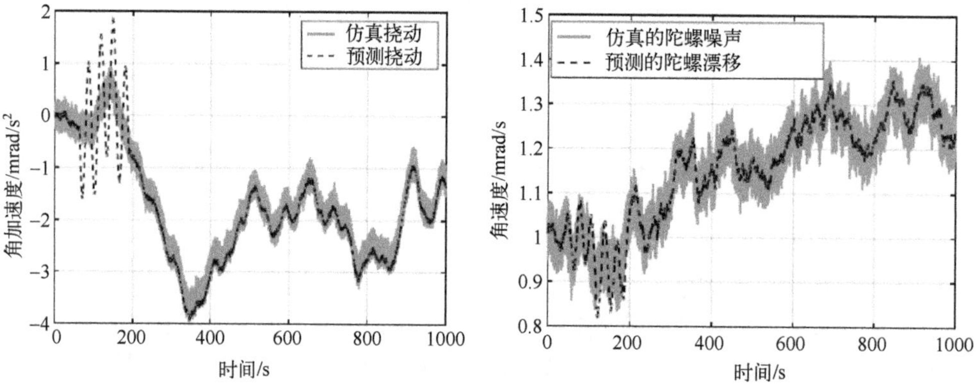

(a) (b)

图 14.6 仿真值和预测值

（a）扰动加速度的仿真和预测值（虚线）；（b）仿真陀螺仪噪声和预测的陀螺漂移（虚线）。

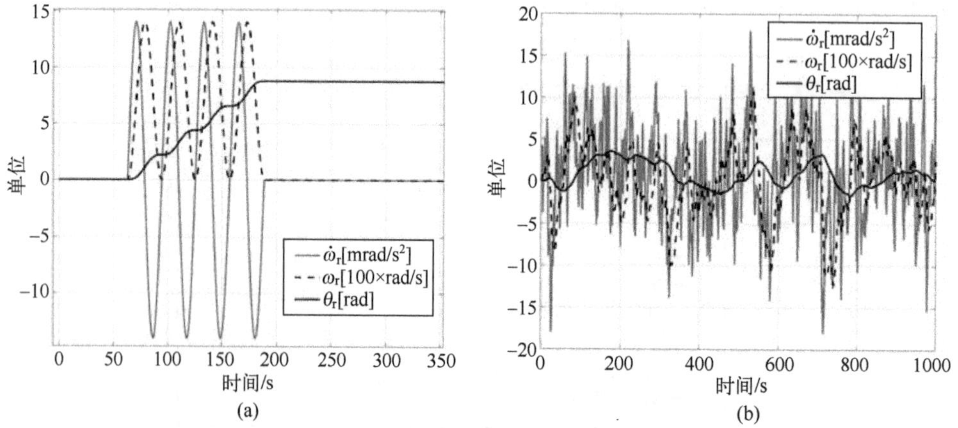

(a) (b)

图 14.7 确定性参考信号与随机参考信号

（a）确定性参考信号：加速度（灰线）、角速率（虚线）和姿态（实线）；（b）随机参考信号。

14.4 控制律的设计

14.4.1 设计方程和极点配置

在 14.3.1 节中做了一个重要假设，即预测误差$\widetilde{\boldsymbol{y}}$和测量跟踪误差 $\boldsymbol{\eta}_{\mathrm{r}}$是不相关的。通过重写式（14.36）的设计公式来表示实际跟踪误差$\widetilde{\boldsymbol{y}}_{\mathrm{r}}$，可以放弃这一假设。从 13.6.3 节的式（13.148）的闭环设计方程出发，在这里重复公式如下：

$$\widetilde{\boldsymbol{y}}_{\mathrm{r}}(z)=-V(z)\widetilde{\boldsymbol{y}}_{m}(z)+S(z)\boldsymbol{d}_{y}(z) \tag{14.69}$$

等式$\boldsymbol{y}=\boldsymbol{y}_{\mathrm{r}}+\widetilde{\boldsymbol{y}}_{\mathrm{r}}$和式（14.36）有相同的参数，特别是交叉耦合项 $\boldsymbol{h}(\boldsymbol{x}_{c})$是未知的（一个保守的假设），可以得出下面的设计方程：

$$(I+V\partial P-S\partial H)\widetilde{\boldsymbol{y}}_{\mathrm{r}}(z)=(-V\partial P+S\partial H)\boldsymbol{y}_{\mathrm{r}}(z)-V\widetilde{\boldsymbol{w}}_{m}(z)+SD\boldsymbol{w}(z) \tag{14.70}$$

其中，在 13.6.3 节中已经对$\{S,V\}$进行了研究。与状态预测器的$\{S,V\}$关键区别在于：13.6.3 节中的$\{S,V\}$依赖于状态预测器和状态反馈的整个闭环谱 $\Gamma=\{\widetilde{\Gamma},\Gamma_{c}\}$。考虑式（14.4）中设计模型的第$j$个子系统。整个谱 Γ_{j}的自由度为 $n+n_{c}$，其中 n 为状态预测器的阶数，n_{c}为可控动力学的阶数。利用 13.5 节中的极点配置公式来降低$\{\widetilde{\gamma}_{1},\widetilde{\alpha}\}$（状态预测器）和$\{\gamma_{c1},\boldsymbol{\beta}\}$（状态反馈）的自由度。设计的相关频率为$\widetilde{f}_{1}=(2\pi T)\widetilde{\gamma}_{1},f_{c1}=(2\pi T)\gamma_{c1}$。它们分别与状态预测器带宽的$\{\widetilde{f}_{s},\widetilde{f}_{v}\}$（分别对应灵敏度和补灵敏度）和控制律带宽$f_{c}$相关。$\{S,V\}$的带宽$\{f_{s},f_{v}\}$通过带宽比$\widetilde{\phi}=\widetilde{f}_{s}/f_{c}$与$\{\widetilde{f}_{s},\widetilde{f}_{v}\}$相关，其中在标准设计下必须满足$\widetilde{\phi}=\widetilde{f}_{s}/f_{c}<1$。当$\widetilde{\phi}\ll1$时，状态预测器和整体（闭环）灵敏度带宽趋于一致，即$f_{s}\to\widetilde{f}_{s}$。该收敛避免了$f_{s}<\widetilde{f}_{s}$时的扰动抑制能力的退化。

14.3 节中出现的稳定性和性能不等式，可以根据式（14.70）将其转换为类似的不等式：我们给出了这种转换。因为这些新的不等式涉及控制律谱 Γ_{c}，式（14.70）的跟踪误差设计方程应使用与 13.6.3 节式（13.158）相同类型的命令方程来完成。类似于 LQG，此类设计已经在 12.5.9 节中进行了介绍。

这里只涉及附加项$(-V\partial P+S\partial H)\boldsymbol{y}_{\mathrm{r}}(z)$，当参考信号非零时附加项会在式（14.70）中显现。如果 $S_{\mathrm{r}}(f)$是参考谱密度的包络线，可分离不同的坐标（解耦假设），可以写出标量不等式：

$$w_{\mathrm{r}}(1-\eta)^{-1}\,|-V(jf)\partial P(if)+S(jf)\partial H(jf)|\,S_{\mathrm{r}}(f)\leqslant\widetilde{S}_{r,\max}(f) \tag{14.71}$$

其中，w_{r}为分配的权重，$\widetilde{S}_{r,\max}$是实际跟踪误差的谱边界。给定的$\{V,S\}$已经被设计成在零参考 $\boldsymbol{y}_{\mathrm{r}}=0$ 下的稳定性和性能不等式，式（14.71）在 $S_{\mathrm{r}}(f)$上提供一个边界，因此该边界在参考信号之上。在 14.4.2 节所介绍的确定参考信号的情况下，$S_{\mathrm{r}}(f)$可以用参考信号后验均方根或其他范数来代替。下一节将给出一个简单的示例。

14.4.2 案例分析：控制律设计

以下控制律与 7.3.4 节式（7.105）中的控制律相同：

$$b_{\mathrm{nom}}u(i)=\dot{\omega}_{\mathrm{r}}T^{2}-k_{\theta}(\hat{\theta}-\theta_{\mathrm{r}})-k_{\omega}(\hat{\omega}_{d}+\hat{x}_{b}-\omega_{\mathrm{r}})T-\hat{x}_{d} \tag{14.72}$$

但使用了式（14.16）的符号。反馈增益矩阵用 $K=[k_{\theta}\quad k_{w}]$，由姿态、角速度和加速度组成的参考三元组用$\{\theta_{\mathrm{r}},\omega_{\mathrm{r}}T,\dot{\omega}_{\mathrm{r}}T^2\}$表示。控制律的时间单元和陀螺仪相同，为$T=10\mathrm{ms}$。

参考动力学与可控动力学相同，即

$$\begin{bmatrix}\theta_{\mathrm{r}}\\ \omega_{\mathrm{r}}T\end{bmatrix}(i+1)=\begin{bmatrix}1&1\\0&1\end{bmatrix}\begin{bmatrix}\theta_{\mathrm{r}}\\ \omega_{\mathrm{r}}T\end{bmatrix}(i)+\begin{bmatrix}0\\ b_{\mathrm{nom}}\end{bmatrix}u_{\mathrm{r}}(i),\quad \dot{\omega}_{\mathrm{r}}(i)T^2=b_{\mathrm{nom}}u_{\mathrm{r}}(i) \tag{14.73}$$

为了建立实际的参考信号，先定义一个标称角$\theta_p(t)$，以及一个标称角速率$\omega_p(t)$和标称角加速度$\dot{\omega}_p(t)$。这些标称取值，必须满足角速率和加速度的限制，目标姿态$\theta_p(t_1)=\theta_{p1}$，可以用如下方程表示。

$$\begin{aligned}
&\dot{\omega}_p(t)=\begin{cases}0,t<t_0,t\geqslant t_1\\ \dot{\Omega}_{\mathrm{r}}\sin(2\pi(t-t_0)/T_{\mathrm{r}}),t_0\leqslant t<t_1=t_0+MT_{\mathrm{r}}\end{cases}\\
&\omega_p(t)=\begin{cases}0,t<t_0,t\geqslant t_1\\ \Omega_{\mathrm{r}}(1-\cos(2\pi(t-t_0)/T_{\mathrm{r}})),\quad t_0\leqslant t<t_1\end{cases}\\
&\Omega_{\mathrm{r}}=(2\pi)^{-1}\dot{\Omega}_{\mathrm{r}}T_{\mathrm{r}}\\
&\theta_p(t)=\theta_p(t_0)+\int_{t_0}^{t}\omega_p(\tau)\mathrm{d}\tau
\end{aligned} \tag{14.74}$$

其中，$M\geqslant1$是整数，$|\dot{\Omega}_{\mathrm{r}}|\leqslant\dot{\omega}_{\max}$，$|\Omega_{\mathrm{r}}|\leqslant\omega_{\max}$，$\{T_{\mathrm{r}},M\}$被选择用来匹配目标姿态$\theta_p(t_1)=\theta_{p1}$。参考命令$u_{\mathrm{r}}(i)$可以通过以下的比例–微分反馈律计算：

$$b_{\mathrm{nom}}u_{\mathrm{r}}(i)=\dot{\omega}_p(i)T^2+k_{\theta r}(\theta_{\mathrm{r}}(i)-\theta_p(i))+k_{\omega r}(\omega_{\mathrm{r}}(i)-\omega_p(i)) \tag{14.75}$$

闭环互补谱$\Gamma_{\mathrm{r}}=\{\gamma_{r1},\gamma_{r2}\}$可以放在$\{1,1\}$附近，以最小化标称取值和参考值之间的延迟。

图14.7（a）显示了参考角加速度、角速度和角位置跟踪式（14.74）标称曲线，把这些参考信号统称为摇摆机动。式（14.74）中的参数为

$$\dot{\omega}_{\max}=14\mathrm{mrad/s^2},\omega_{\max}=70\mathrm{mrad/s},\quad T_{\mathrm{r}}=10\pi s,M=4 \tag{14.76}$$

图14.7（b）显示了满足$\max|\dot{\omega}_{\mathrm{r}}|\cong\dot{\omega}_{\max},\max|\omega_{\mathrm{r}}|\cong\omega_{\max}$的另一组随机参考曲线（角位置、角速率和角加速度），其角加速度和角速率的均方根均小于机动曲线，这一点在较小的角度曲线得到证实。

式（14.27）中的反馈增益$K=[k_\theta\quad k_w]$通过假设一个标准设计来计算得到，即补谱$\Gamma_{\mathrm{r}}=\{\gamma_{r1},\gamma_{r2}\}$被下边的不等式约束。

$$\tilde{f}_s<\tilde{f}_v<f_c=(2\pi T)^{-1}\sqrt{\gamma_{c1}\gamma_{c2}}=\sqrt{f_{c1}f_{c2}}<f_{\max}=50\mathrm{Hz} \tag{14.77}$$

其中，$\{\tilde{f}_s,\tilde{f}_v\}$属于角速度状态预测器（SPB）。式（14.56）中补灵敏度带宽的上界是$\tilde{f}_v\leqslant\tilde{f}_{v,\max}=1.2\mathrm{Hz}$。图14.8表明$f_c=2\tilde{f}_{v,\max}=2.4\mathrm{Hz}$（倍频）可以使测得的姿态跟踪误差$\eta_{\mathrm{r}}$的数值上取零，即数值保持在星跟踪器的量化水平$\rho_\theta$之下。图14.8的横坐标为$f_{c1}=2\pi\gamma_{c1}T$，设计值为

$$f_{c1}=f_c\sqrt{2^\beta}\cong3.4\mathrm{Hz},\quad @\beta=1 \tag{14.78}$$

图14.8是频率为$0.4\mathrm{Hz}\leqslant f_{c1}<8\mathrm{Hz}$范围内，三个性能指标和两个性能边界与$f_{c1}$的对数图，其中包括式（14.78）的设计值。在随机参考信号驱动下进行相应的仿真运行，如图14.7（b）所示。参考信号的种子源在每次运行时被随机提取，这证明了一些不规则性。

（1）中间的曲线（用+标记的实线）是实际跟踪误差的均方根$\widetilde{\sigma}_{\gamma\theta}$，该误差首先随着$f_{c1}$的增加而减小，然后在式（14.54）中定义的$\widetilde{\sigma}_{\theta,\max}=0.33\text{mrad}$目标值附近收敛到一个平坦的曲线。在14.3.4节中提到了预测误差的目标值，但是在标准设计下这个值也适用于跟踪误差。

（2）最上边的曲线（用正方形标记的虚线）是跟踪误差的峰值，它会重复误差的均方根曲线，直到它略低于式（14.54）中定义的目标界限（点划线）$2.8\widetilde{\sigma}_{\theta,\max}=0.92\text{mrad}$。

（3）在底部的曲线（用圆圈标记的实线）是测量跟踪误差的均方根$\widetilde{\sigma}_{\eta\theta}$。这一曲线从图形左侧接近$\widetilde{\sigma}_{\gamma\theta}$值处开始，然后迅速降低到传感器量化级别$\rho_\theta\cong 0.1\text{mrad}$（虚线）之下，如13.6.3节中式（13.170）所要求的那样。图形右侧值小幅度的增加表明反馈幅值随着增益的增大而增大。

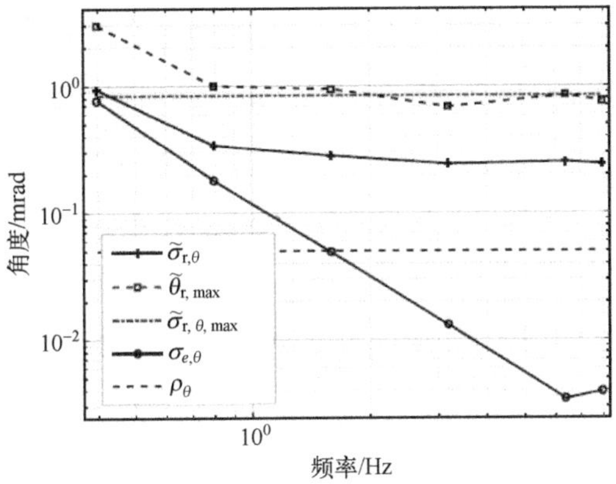

图14.8 仿真运行以检验控制律的解析极点配置

设计的频率$f_{c1}\cong 3.4\text{Hz}$满足所有的边界约束。表14.2是对14.3.4节中关于角速度（SPB）和姿态（SPA）状态预测器极点配置的总结。还介绍了姿态预测器的离散极点，以便与14.4.3节所讨论的二阶静态反馈观测器SFO进行比较。图14.9（a）、（b）分别为卫星姿态真实跟踪误差$\widetilde{\theta}_r=\theta_s-\theta_r$（实线）、测量模型误差$e_\theta=\breve{\theta}_a-\hat{\theta}$（灰色噪声图）和测量跟踪误差$\eta_r=\hat{\theta}-\theta_r$（接近于0的虚线）的时间分布图。因为控制误差由$e=e_\theta+\eta_r$（见13.5.1节的表13.2）所定义，且$\eta_r$可以忽略（数值为零），可以将其写为$e\cong e_\theta$，并确定图14.9中的测量模型误差和控制误差基本一致。还绘制了式（14.54）定义的目标姿态界限为$\pm 2.8\widetilde{\sigma}_{\theta,\max}=\pm 0.92\text{mrad}$时的曲线。实际的跟踪误差$\widetilde{\theta}_r$是有偏差的，星跟踪器偏差的绝对值小于0.2mrad。由于星跟踪器噪声等效角的存在，被测模型误差e_θ存在噪声。还存在测量量化。

表14.2 极点配置的总结

编号	参数	符号	单位	数值	注释
1	角速率预测器（SPA）	$\{\widetilde{\gamma}_1,\widetilde{\alpha}\}$	分数	{0.05,1}	$\widetilde{f}_1=0.8\text{Hz},\widetilde{f}_v=1.2\text{Hz}$
2	姿态预测器（SPA）	$\{\widetilde{\gamma}_1,\widetilde{\alpha}\}$	分数	{0.045,1}	$\widetilde{f}_1=0.07\text{Hz}$

续表

编号	参数	符号	单位	数值	注释
3	姿态预测器（SPA）	$\widetilde{\Lambda}$	分数	$\{0.955, 0.9775, 0.9887\}$	
4	状态反馈（控制律）	$\{\gamma_{c1}, \beta\}$	分数	$\{0.21, 1\}$	$f_{c1}=3.4\text{Hz}, f_c=2.4\text{Hz}$
5	静态反馈观测器（SFO）	$\widetilde{\Lambda}_{\text{SFO}}$	分数	$\{0.9895\pm j0.01043\}$	通过调整输入噪声协方差，从卡尔曼滤波器增益中获得

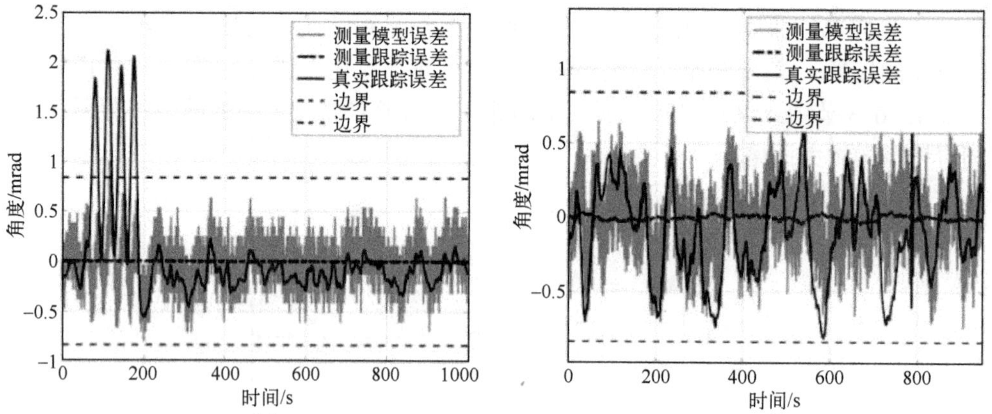

(a)　　　　　　　　(b)

图 14.9　测量模型误差（灰色）、测量跟踪误差（接近于零的虚线）、真跟踪误差（实线）和目标界限

（a）确定性参考；（b）随机的参考。

正如预期的那样，测量到的跟踪误差，即图 14.9 中左右两图零值附近虚线，比星跟踪器的量化因子 $\rho_\theta \cong 0.1\text{mrad}$ 要小，可以忽略不计。这表明满足标准设计的条件。

图 14.9（a）中，卫星姿态的真实跟踪误差$\widetilde{\theta}_r$（实线），在 $t_0=2T_r\cong 63\text{s}$ 到 $t_1=6T_r\cong 188\text{s}$ 的机动间隔内，超越了式（14.54）定义的误差边界。这个超调量可能会被接受（没有明确的需求），因为式（14.22）中存在未建模的姿态传感器延迟 $\tau_\theta \leqslant 15\text{ms}$。

练习 5

给定式（14.11）中姿态传感器延迟 τ_θ，参考角速率 $\omega_r(t)=\Omega_r(1-\cos(2\pi t/T_r))$，证明真实跟踪误差可以近似为

$$\widetilde{\theta}_r(t)\cong \Omega_r\tau_\theta(1-\cos(2\pi t/T_r)) \tag{14.79}$$

作为辅助，考虑到图 14.9（a）中测量模型误差（与控制误差相当），在旋转机动过程中保持为零均值。检查图 14.7（a）和图 14.9（a）的相关时间曲线在数值上是否一致。

图 14.9 讨论了卫星角位置 θ_s的真实跟踪误差。表 14.3 比较了 3 种不同角位置在式（14.11）和式（14.13）中的均方根误差和最大绝对误差：θ_s（卫星），θ_a（部件）和 θ（平均姿态）。它们都满足式（14.54）的保守要求，不考虑姿态传感器的偏置。

表 14.3　不同角位置的真实跟踪误差

编号	变量	符号	单位	RMS 值（最大绝对值）	注　释
1	卫星姿态误差	$\theta_s-\theta_r$	mrad	0.24（0.76）	式（14.11）
2	部件姿态误差	$\theta_a-\theta_r$	mrad	0.26（0.91）	式（14.11）
3	平均姿态误差	$\theta-\theta_r$	mrad	0.24（0.78）	式（14.13）
4	姿态边界	$\widetilde{\sigma}_{\theta,\max}$(RMS)	mrad	0.33（0.92）	式（14.54），不计算姿态传感器的偏置

参考项的检验

作为最后的问题，需检验$(-V\partial P+S\partial H)\boldsymbol{y}_r(z)$项对跟踪误差精度的影响。只保留被忽略的动力学项$-V(z)\partial P_\theta(z)\boldsymbol{y}_r(z)$，其中$\partial P_\theta(s)$由式（14.20）和图 14.2（a）给出，$V$是总的补灵敏度。由于$|\widetilde{V}|$是$|V|$的一个上界，因此可以用式（14.62）的高频渐近线中的姿态预测器的补灵敏度$\widetilde{V}$来近似$|V|$。$\partial P_\theta(s)$的简化：

$$P_\theta(s)-M_\theta(s)=-\frac{b_{\mathrm{nom}}}{s^2+2\zeta_a\omega_a s+\omega_a^2},M_\theta(s)=\frac{b_{\mathrm{nom}}}{s^2}\Rightarrow\partial P_\theta(s)=-\frac{s^2}{s^2+2\zeta_a\omega_a s+\omega_a^2} \tag{14.80}$$

保守地说，考虑一个恒定的参考角加速度，幅值为$\dot{\omega}_{\max}=14\mathrm{mrad/s^2}$。最坏情况下，姿态参考的拉普拉斯变换为

$$y_r(s)=\dot{\omega}_{\max}/s^2 \tag{14.81}$$

如果不考虑$|\widetilde{V}|$对误差的衰减，当$|\partial P_\theta(\mathrm{j}\omega_a)|\cong100$，$\omega_a\cong10\mathrm{Hz}$时，真实跟踪误差的幅值为

$$|\partial P_\theta(\mathrm{j}\omega_a)y_r(j\omega_a)|\cong14\mathrm{mrad} \tag{14.82}$$

远大于目标振幅$2.8\,\widetilde{\sigma}_{\theta,\max}=0.92\mathrm{mrad}$。因为$|\widetilde{V}(\mathrm{j}\omega_a)|<0.01$的作用，除了练习 5 的延迟效应外，参考项对跟踪误差的贡献变得可以忽略。

14.4.3　与静态反馈观测器的比较

在 6.6.2 节中，将姿态状态预测器（SPA）与卡尔曼滤波器进行比较，只考虑了预测误差，不考虑控制回路。在这里，姿态预测器（SPA）和静态反馈观测器 SFO 包含在一个控制回路中，存在未建模的动力学项。我们所说的静态反馈观测器不是卡尔曼滤波器，因为卡尔曼滤波器的设计本身不能过滤未建模动力学项的贡献。事实上，观测器增益L将被设计成卡尔曼滤波器增益，但是输入噪声协方差将受因子$\kappa<1$调节缩放，以接近嵌入式模型控制状态预测器的性能。与 SFO 的比较仅限于 SPA，即式（14.52）的前三个方程。这三个方程简化为一对方程（前两行），如下：

$$\begin{bmatrix}\hat{\theta}\\ \hat{x}_b\\ \hat{\omega}_d T\\ \hat{x}_d\end{bmatrix}(i+1)=\begin{bmatrix}1-l_1(i) & 1 & 1 & 0\\ -l_2(i) & 1 & 0 & 0\\ 0 & 0 & 1-l_a & 1\\ 0 & 0 & -l_d & 1\end{bmatrix}\begin{bmatrix}\hat{\theta}\\ \hat{x}_b\\ \hat{\omega}_d T\\ \hat{x}_d\end{bmatrix}(i)+\begin{bmatrix}0\\0\\b\\0\end{bmatrix}u(i)+\begin{bmatrix}l_1(i) & 0\\ l_2(i) & 0\\ 0 & l_a\\ 0 & l_d\end{bmatrix}\begin{bmatrix}\breve{\theta}_a\\ \breve{\omega}_s T\end{bmatrix}(i) \tag{14.83}$$

如前所述，反馈增益 $L=[l_1,l_2]$ 的标量 $l_k(i)=l_k s(i),k=1,2$，是由 13.7.5 节中的式（13.211）中的增益矩阵 $\boldsymbol{L}$ 的稳态形式和式（13.220）中的协方差矩阵 $\boldsymbol{P}$ 计算得到

$$\begin{aligned}\boldsymbol{L}&=\boldsymbol{APC}^{\mathrm{T}}(\boldsymbol{CPC}^{\mathrm{T}}+\boldsymbol{V})^{-1}\\ \boldsymbol{P}&=\boldsymbol{A}(\boldsymbol{P}^{-1}+\boldsymbol{C}^{\mathrm{T}}\boldsymbol{V}^{-1}\boldsymbol{C})^{-1}\boldsymbol{A}^{\mathrm{T}}+\boldsymbol{GWG}^{\mathrm{T}}\end{aligned} \tag{14.84}$$

用到了下列矩阵和向量：

$$\boldsymbol{A}=\begin{bmatrix}1 & N\\0 & 1\end{bmatrix},\quad \boldsymbol{C}=[1\quad 0],\quad \boldsymbol{G}=I_2,\quad \boldsymbol{W}=\begin{bmatrix}0 & 0\\0 & (\kappa\sigma_{d\omega}N^2T^2)^2\end{bmatrix},\quad \boldsymbol{V}=\widetilde{\sigma}_{\mathrm{NEA}}^2 \tag{14.85}$$

式（14.85）中，$N=10,\widetilde{\sigma}_{\mathrm{NEA}}=0.16\mathrm{mrad}$ 是式（14.64）中设计的星跟踪器噪声等效角，$\widetilde{\sigma}_{d\omega}=0.1\mathrm{mrad/s}^2$是陀螺仪漂移的驱动噪声。$\kappa<1$ 是在式（14.83）中赋予观测器一个足够窄的带宽衰减尺度因子，它能保证整个闭环的稳定性以及相对于式（14.20）中未建模的动力学项∂P_θ所需的性能。14.4.1 节中的角速率预测器［式（14.83）中的最后两行］和 14.4.1 节中的控制律与 14.3.4 节和 14.4.2 节中保持相同的极点配置和表达式。尽管可以通过分析估计 κ 的上限 $\kappa_{\max}$来保证闭环的稳定性，但是仿真运行得到 $\kappa_{\max}\cong 0.25$。进一步降低尺度因子使 $\kappa_{\max}=0.0033$，让式（14.54）的姿态需求能够接近图 14.10（a）所示，卫星姿态的真实跟踪误差通过两种方式得以展现：SFO（与 SPB）和嵌入式模型控制状态预测器（SPA+SPB）。在这种情况下，对测量到的跟踪误差的比较，证实了静态反馈观测器的固有弱点。事实上，图 14.10（b）显示了被测跟踪误差时间曲线的显著差异。原因是式（14.83）的第一行的反馈信号 $l_1(i)(\breve{\theta}_{\mathrm{a}}-\hat{\theta})(i)$，这在嵌入式模型控制预测器［参见式（14.68）的等式右侧中的第一个零行］中是不存在的。反馈信号不符合式（14.16）的不确定性模型［等式右侧矩阵的第一行为 0，其他地方用 G 表示。］，它将模型误差的高频分量引入到嵌入式模型中，也就是噪声和部件的振动。

需要说明的是，式（14.84）中的反馈增益 L 是根据式（14.16）的不确定性模型计算出的：在式（14.85）中假设有一个奇异的输入协方差矩阵 W。难点在于，众所周知卡尔曼滤波器的设计不能明确地考虑来自未建模的动力学项、参数不确定性和不确定性布局的约束。一个常用的替代方法是 J. C. Doyle 和合作者[19]（也可以参考文献［17］）提出的最优控制方法。但是由嵌入式模型所决定的状态预测器和控制律的最小结构几乎没有得到重视，而且嵌入式模型和扰动动力学的概念/实现似乎也不存在。在本章和本书中使用的方法，可能被认为是有些启发式和不成熟的，并通过简化的优化和解耦过程来实现，但它有一个不可否认的优点：它与嵌入式模型具有严格的一致性。因为嵌入式模型是整个控制单元的核心和设计准则，所以会导致一个最小结构的控制单元。

人们可能会问，为什么嵌入式模型控制状态预测器和静态反馈观测器都没有一个合适的陷波滤波器能够衰减隐藏在测量模型误差中的部件振动。①根据嵌入式模型控制原理，任何控制算法应该由嵌入式模型本身决定，这意味着在嵌入式模型中应该增加部件

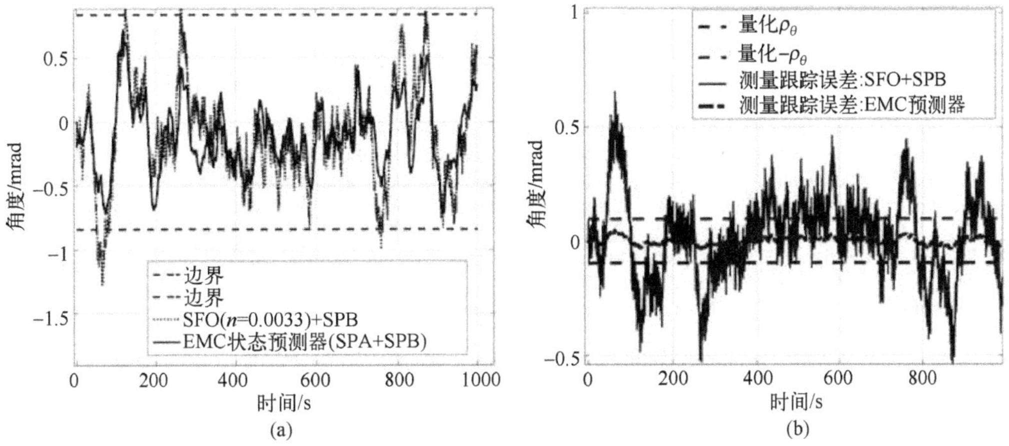

图 14.10　与静态反馈观测器的比较

（a）实际跟踪误差和姿态边界；（b）测量跟踪误差和由姿态传感器量化给出的界限。

振动模型。②这类模型对可变的连接部位和部件的参数依赖性强，随着算法复杂度增加，参数识别和优化的必要性也越来越强。式（14.16）中的四阶嵌入式模型只有一个参数 b，它依赖于执行器和质量特性。

有人可能会说，极点配置是从不确定性类别参数发展而来的，不确定性类别是设计模型的一部分。参数数据库和相应的极点配置算法，可以作为控制器代码的一部分。利用扰动动力学状态变量的连续预测，可以在运行过程中进行参数更新和验证。

参 考 文 献

[1] J.H. Ahrens, H.K. Khalil. High-gain observers in the presence of measurement noise: a switched-gain approach, Automatica 45 (2009) 936–943.

[2] E. Canuto. Sub-nanometric optics stabilization in view of the GAIA astrometric mission, Control Engineering Practice 11 (5) (May 2003) 569–578.

[3] E. Canuto, A. Rolino. Multi-input digital frequency stabilization of monolithic lasers, Automatica 40 (12) (2004) 2139–2147.

[4] E. Canuto. Active vibration suppression in a suspended Fabry-Pérot cavity, ISA Transactions 45 (3) (July 2006) 329–346.

[5] E. Canuto. Embedded model control: outline of the theory, ISA Transactions 46 (3) (June 2007) 363–377.

[6] E. Canuto, F. Musso. Digital control of interferometric metrology lines, European Journal of Control 13 (4) (2007) 398–415.

[7] E. Canuto, F. Musso, L. Massotti. Automation and control of Fabry-Pérot interferometers, IEEE Transactions on Industrial Electronics 54 (2) (April 2007) 848–857.

[8] E. Canuto. Drag-free and attitude control for the GOCE satellite, Automatica (July 2008) 1766–1780.

[9] E. Canuto, F. Musso, J. Ospina. Embedded model control: sub-micro radian horizontality of the thrust-stand Nanobalance, IEEE Transaction on Industrial Electronics 55 (9) (2008) 3435–3446.

[10] E. Canuto, A. Molano, L. Massotti. Drag-free control of the GOCE satellite: noise and observer design, IEEE Transactions on Control Systems Technology 18 (2) (March 2010) 501–509.

[11] E. Canuto, W. Acuna-Bravo, A. Molano, C. Perez. Embedded model control calls for disturbance modeling and rejection, ISA Transactions 51 (5) (2012) 584–595.

[12] E. Canuto, A. Molano Jimenez, C. Perez Montenegro. Disturbance rejection in space applications: problems and solutions, Acta Astronautica 72 (2012) 121–131.
[13] E. Canuto, C. Perez Montenegro, L. Colangelo, M. Lotufo. Active disturbance rejection control and embedded model control: a case study comparison, in: Proc. 33rd Chinese Control Conference, Nanjing, China, 28–30, July 2014, pp. 3697–3702.
[14] E. Canuto, L. Colangelo, M. Lotufo, S. Dionisio. Satellite-to-satellite attitude control of a long-distance spacecraft formation for the Next Generation Gravity Mission, European Journal of Control 25 (September 2015) 1–16.
[15] E. Canuto, L. Colangelo, M. Buonocore, L. Massotti, B. Girouart, Orbit and formation control for low-earth-orbit gravimetry drag-free satellites, Proceedings of the Institution of Mechanical Engineers, Part G: Journal of Aerospace Engineering 229 (7) (2015) 1194–1213.
[16] E. Canuto. On dynamic uncertainty estimators, in: Proc. 2015 American Control Conference (ACC 2015), Chicago, USA, July 1–3, 2015, pp. 3968–3973.
[17] P. Colaneri, J.C. Geromel, A. Locatelli. Control Theory and Design, an RH2 and RHinf Viewpoint, Academic Press, 1997.
[18] F. Donati, M. Vallauri. Guaranteed control of 'almost-linear' plants, IEEE Transaction on Automatic Control 29 (1) (1984) 34–41.
[19] J.C. Doyle, K. Glover, K. Zhou. Robust and Optimal Control, first ed., Prentice-Hall, Englewood Cliffs, NJ, 1996.
[20] B.A. Francis. The internal model principle of control theory, Automatica 12 (5) (1976) 457–465.
[21] G.H. Franklin, J.D. Powell, M. Workman. Digital Control of Dynamic Systems, third ed., Ellis-Kagle Press, Half Moon Bay, CA, 1998.
[22] Z. Gao. Active disturbance rejection control: a paradigm shift in feedback control system design, Proc. 2006 American Control Conf. 1399–2405.
[23] B.-Z. Guo, Z.-L. Zhao. Active Disturbance Rejection Control for Nonlinear Systems: An Introduction, John Wiley & Sons, 2016.
[24] M. Morari, E. Zafiriou. Robust Process Control, Prentice-Hall, Englewood Cliffs, NJ, 1988.
[25] C. Novara, E. Canuto, D. Carlucci. Control of systems with sector-bounded nonlinearities: robust stability and command effort minimization by disturbance rejection, Control Theory and Technology 14 (3) (2016) 177–191.
[26] A.A. Prasov, H.K. Khalil. A nonlinear high-gain observer with measurement noise in a feedback control framework, IEEE Transaction on Automatic Control 58 (3) (2013) 569–580.
[27] C. Steiger, R. Floberhagen, M. Fehringer, J. Piñeiro, P.P. Emanuelli. Flight operations for GOCE, ESA's gravity mission, Proc. of ESA Living Planet Symp., 28 June–2 July 2010, Bergen, Norway. ESA SP-686.
[28] E. Zafiriou, M. Morari. Set point tracking vs disturbance rejection for stable and unstable processes, in: Proc. American Control Conf, 1987, pp. 649–651.